AF893223

Precálculo 2ed

Parte 2: Capítulos 7–12

AUTORES PRINCIPALES

JAY ABRAMSON, ARIZONA STATE UNIVERSITY

openstax™

ISBN: 978-1-711494-97-5

OpenStax
Rice University
6100 Main Street MS-375
Houston, Texas 77005

Para obtener más información sobre OpenStax, visite https://openstax.org.
Pueden adquirirse copias impresas individuales y pedidos al por mayor a través de nuestro sitio web.

VERSIÓN DE TAPA BLANDA ISBN-13	**978-1-711494-97-5**
VERSIÓN DIGITAL ISBN-13	**978-1-951693-55-8**
AÑO DE PUBLICACIÓN ORIGINAL	**2022**

1 2 3 4 5 6 7 8 9 10 CDE 22

Printed by
XanEdu
17177 Laurel Park Dr., Suite 233
Livonia, MI 48152
800-562-2147
www.xanedu.com

OpenStax

OpenStax ofrece libros de texto gratuitos, revisados por expertos y con licencia abierta para cursos de introducción a la universidad y del programa Advanced Placement®, así como software didáctico personalizado de bajo costo que apoyan el aprendizaje de los estudiantes. Es una iniciativa de tecnología educativa sin fines de lucro con sede en Rice University (Universidad Rice), que se compromete a brindarle acceso a los estudiantes a las herramientas que necesitan para terminar sus cursos y alcanzar sus objetivos educativos.

Rice University

OpenStax, OpenStax CNX y OpenStax Tutor son iniciativas de Rice University. Como universidad líder en investigación con un compromiso particular con la educación de pregrado, Rice University aspira a una investigación pionera, una enseñanza insuperable y contribuciones para mejorar nuestro mundo. Su objetivo es cumplir esta misión y cultivar una comunidad diversa de aprendizaje y descubrimiento que forme líderes en todo el ámbito del esfuerzo humano.

RICE

Apoyo Filantrópico

OpenStax agradece a nuestros generosos socios filantrópicos, que apoyan nuestra visión de mejorar las oportunidades educativas para todos los estudiantes. Para ver el impacto de nuestra comunidad de colaboradores y nuestra lista más actualizada de socios, visite openstax.org/impact.

Arnold Ventures
Chan Zuckerberg Initiative
Chegg, Inc.
Arthur and Carlyse Ciocca Charitable Foundation
Digital Promise
Ann and John Doerr
Bill & Melinda Gates Foundation
Girard Foundation
Google Inc.
The William and Flora Hewlett Foundation
The Hewlett-Packard Company
Intel Inc.
Rusty and John Jaggers
The Calvin K. Kazanjian Economics Foundation
Charles Koch Foundation
Leon Lowenstein Foundation, Inc.
The Maxfield Foundation
Burt and Deedee McMurtry
Michelson 20MM Foundation
National Science Foundation
The Open Society Foundations
Jumee Yhu and David E. Park III
Brian D. Patterson USA-International Foundation
The Bill and Stephanie Sick Fund
Steven L. Smith & Diana T. Go
Stand Together
Robin and Sandy Stuart Foundation
The Stuart Family Foundation
Tammy and Guillermo Treviño
Valhalla Charitable Foundation
White Star Education Foundation
Schmidt Futures
William Marsh Rice University

Contenido

7 IDENTIDADES TRIGONOMÉTRICAS Y ECUACIONES

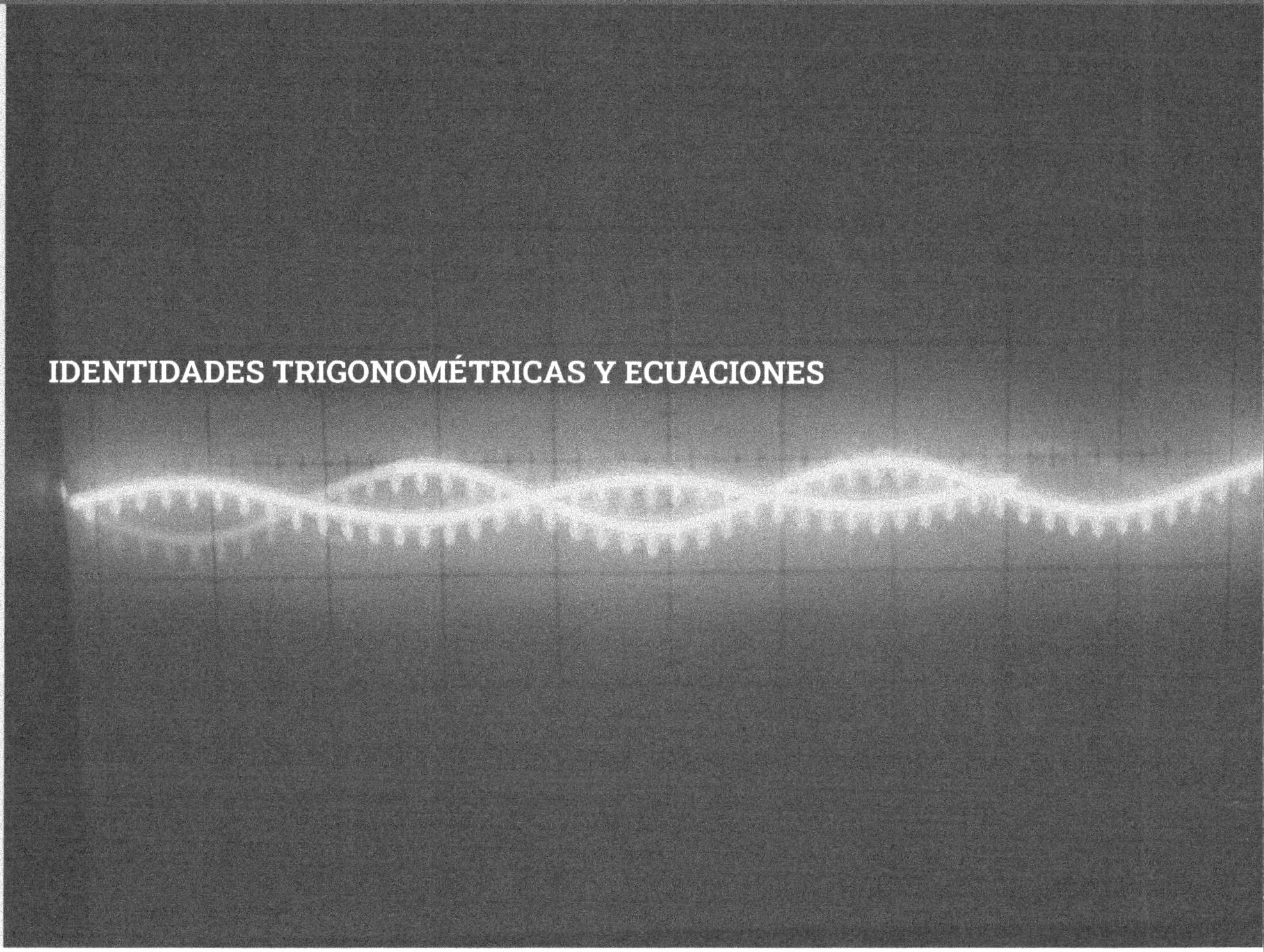

Una onda sinusoidal modela la perturbación. (Créditos: modificación del trabajo de Mikael Altemark, Flickr).

Esquema del capítulo

Introducción

Las matemáticas están en todas partes, incluso en lugares que no reconocemos inmediatamente. Por ejemplo, las relaciones matemáticas describen la transmisión de imágenes, luz y sonido. El gráfico sinusoidal de la figura anterior representa la música que se reproduce en el teléfono, la radio o la computadora. Estos gráficos se describen mediante ecuaciones y funciones trigonométricas. En este capítulo, abordamos cómo manipular ecuaciones trigonométricas algebraicamente mediante la aplicación de varias fórmulas e identidades trigonométricas. También investigaremos algunas de las formas en que se utilizan las ecuaciones trigonométricas para modelar fenómenos de la vida real.

7.1 Resolver ecuaciones trigonométricas con identidades

Objetivos de aprendizaje

En esta sección, podrá:

- Verificar las identidades trigonométricas fundamentales.
- Simplificar expresiones trigonométricas con el álgebra y las identidades.

Figura 1 Pasaportes y documentos de viaje internacionales

En las películas de espionaje, vemos a espías internacionales con varios pasaportes, cada uno de los cuales declara una identidad diferente. Sin embargo, sabemos que cada uno de esos pasaportes representa a la misma persona. Las identidades trigonométricas actúan de forma similar a los pasaportes múltiples: hay muchas formas de representar la misma expresión trigonométrica. Al igual que un espía elige un pasaporte italiano cuando viaja a Italia, nosotros elegimos la identidad que se aplica al escenario dado cuando resolvemos una ecuación trigonométrica.

En esta sección, comenzaremos un examen de las identidades trigonométricas fundamentales, incluso cómo podemos verificarlas y utilizarlas para simplificar expresiones trigonométricas.

Verificar las identidades trigonométricas fundamentales

Las identidades nos permiten simplificar expresiones complicadas. Son las herramientas básicas de la trigonometría que se utilizan para resolver ecuaciones trigonométricas, al igual que la factorización, la búsqueda de denominadores comunes y el uso de fórmulas especiales son las herramientas básicas para resolver ecuaciones algebraicas. De hecho, utilizamos constantemente técnicas algebraicas para simplificar las expresiones trigonométricas. Las propiedades y fórmulas básicas del álgebra, como la fórmula de la diferencia de cuadrados y la fórmula de los cuadrados perfectos, simplificarán el trabajo con las expresiones y ecuaciones trigonométricas. Ya sabemos que todas las funciones trigonométricas están relacionadas porque todas están definidas en términos del círculo unitario. En consecuencia, cualquier identidad trigonométrica se escribe de muchas maneras.

Para verificar las identidades trigonométricas, solemos empezar con el lado más complicado de la ecuación y esencialmente reescribimos la expresión hasta que se haya transformado en la misma expresión que el otro lado de la ecuación. A veces tenemos que factorizar expresiones, expandir expresiones, hallar denominadores comunes o utilizar otras estrategias algebraicas para obtener el resultado deseado. En esta primera sección, trabajaremos con las identidades fundamentales: las identidades pitagóricas, las identidades pares, las identidades recíprocas y las identidades de cociente.

Comenzaremos con las **identidades pitagóricas** (vea la Tabla 1), que son ecuaciones que implican funciones trigonométricas basadas en las propiedades de un triángulo rectángulo. Ya hemos visto y utilizado la primera de estas identificaciones. Esta vez también utilizaremos otras identidades.

Identidades de Pitágoras		
$\text{sen}^2\theta + \cos^2\theta = 1$	$1 + \cot^2\theta = \csc^2\theta$	$1 + \tan^2\theta = \sec^2\theta$

Tabla 1

La segunda y tercera identidades se obtienen al manipular la primera. La identidad $1 + \cot^2\theta = \csc^2\theta$ se halla al reescribir el lado izquierdo de la ecuación en términos de seno y coseno.

Compruebe: $1 + \cot^2\theta = \csc^2\theta$

$$\begin{aligned} 1 + \cot^2\theta &= \left(1 + \frac{\cos^2\theta}{\text{sen}^2\theta}\right) && \text{Reescriba el lado izquierdo.} \\ &= \left(\frac{\text{sen}^2\theta}{\text{sen}^2\theta}\right) + \left(\frac{\cos^2\theta}{\text{sen}^2\theta}\right) && \text{Escriba ambos términos con el denominador común.} \\ &= \frac{\text{sen}^2\theta + \cos^2\theta}{\text{sen}^2\theta} \\ &= \frac{1}{\text{sen}^2\theta} \\ &= \csc^2\theta \end{aligned}$$

De la misma manera, $1 + \tan^2\theta = \sec^2\theta$ se obtiene al reescribir el lado izquierdo de esta identidad en términos de seno y coseno. Esto da

$$\begin{aligned} 1 + \tan^2\theta &= 1 + \left(\frac{\text{sen }\theta}{\cos\theta}\right)^2 && \text{Reescriba el lado izquierdo.} \\ &= \left(\frac{\cos\theta}{\cos\theta}\right)^2 + \left(\frac{\text{sen }\theta}{\cos\theta}\right)^2 && \text{Escriba ambos términos con el denominador común.} \\ &= \frac{\cos^2\theta + \text{sen}^2\theta}{\cos^2\theta} \\ &= \frac{1}{\cos^2\theta} \\ &= \sec^2\theta \end{aligned}$$

El siguiente conjunto de identidades fundamentales es el conjunto de **identidades pares-impares.** Las identidades pares-impares relacionan el valor de una función trigonométrica en un ángulo dado con el valor de la función en el ángulo opuesto y determinan si la identidad es par o impar. (Vea la Tabla 2).

Identidades par-impar		
$\tan(-\theta) = -\tan\theta$	$\text{sen}(-\theta) = -\text{sen }\theta$	$\cos(-\theta) = \cos\theta$
$\cot(-\theta) = -\cot\theta$	$\csc(-\theta) = -\csc\theta$	$\sec(-\theta) = \sec\theta$

Tabla 2

Recordemos que la función impar es aquella en la que $f(-x) = -f(x)$ para todo x en el dominio de f. La función seno es una función impar porque $\text{sen}(-\theta) = -\text{sen }\theta$. El gráfico de una función impar es simétrico respecto al origen. Por ejemplo, consideremos las entradas correspondientes de $\frac{\pi}{2}$ y $-\frac{\pi}{2}$. La salida de $\text{sen}\left(\frac{\pi}{2}\right)$ es opuesta a la salida de $\text{sen}\left(-\frac{\pi}{2}\right)$. Así,

$$\begin{aligned} &\text{sen}\left(\frac{\pi}{2}\right) = 1 \\ &\text{y} \\ &\text{sen}\left(-\frac{\pi}{2}\right) = -\text{sen}\left(\frac{\pi}{2}\right) \\ &= -1 \end{aligned}$$

Esto se muestra en la Figura 2.

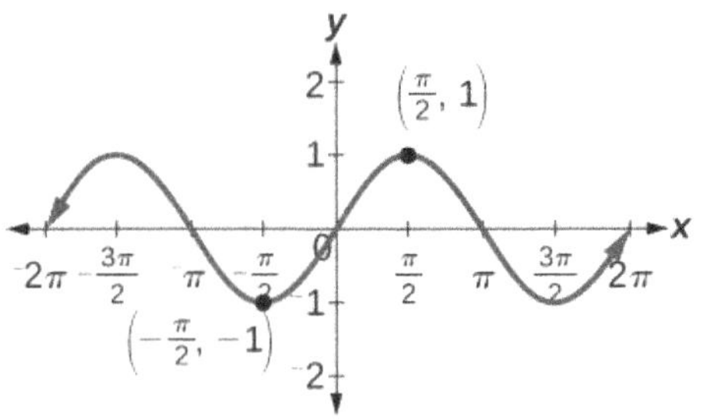

Figura 2 Gráfico de $y = \text{sen } \theta$

Recordemos que la función par es aquella en la que

$$f(-x) = f(x) \text{ para todos } x \text{ en el ámbito de } f$$

El gráfico de la función par es simétrico con respecto al eje *y*. La función coseno es una función par porque $\cos(-\theta) = \cos\ \theta$. Por ejemplo, considere las entradas correspondientes $\frac{\pi}{4}$ y $-\frac{\pi}{4}$. La salida de $\cos\left(\frac{\pi}{4}\right)$ es la misma que la salida de $\cos\left(-\frac{\pi}{4}\right)$. Por lo tanto,

$$\begin{aligned}\cos\left(-\frac{\pi}{4}\right) &= \cos\left(\frac{\pi}{4}\right)\\ &\approx 0{,}707\end{aligned}$$

Vea la Figura 3.

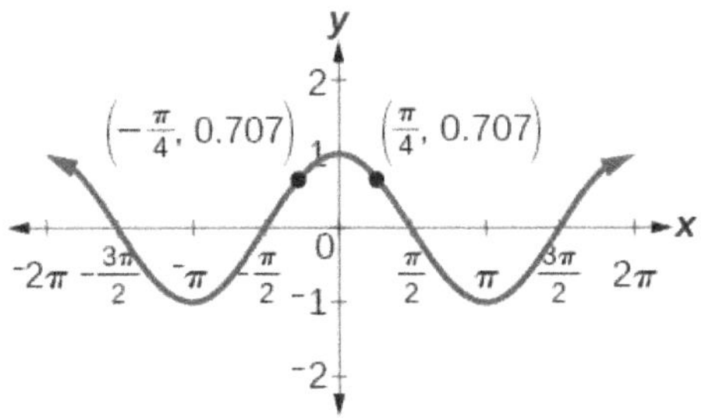

Figura 3 Gráfico de $y = \cos\ \theta$

Para todos θ en el dominio de las funciones seno y coseno, respectivamente, podemos afirmar lo siguiente:

- Dado que $\text{sen }(-\theta) = -\text{sen }\ \theta$, seno es una función impar.
- Dado que, $\cos\ (-\theta) = \cos\ \theta$, coseno es una función par.

Las otras identidades pares-impares se derivan de la naturaleza par e impar de las funciones seno y coseno. Por ejemplo, consideremos la identidad tangente, $\tan\ (-\theta) = -\tan\ \theta$. Podemos interpretar la tangente de un ángulo negativo como $\tan\ (-\theta) = \frac{\text{sen}(-\theta)}{\cos(-\theta)} = \frac{-\text{sen }\ \theta}{\cos\ \theta} = -\tan\ \theta$. La tangente es, por tanto, una función impar, lo que significa que $\tan(-\theta) = -\tan(\theta)$ para todos los θ en el dominio de la función tangente.

La identidad cotangente, $\cot(-\theta) = -\cot\ \theta$, también se deduce de las identidades del seno y del coseno. Podemos interpretar la cotangente de un ángulo negativo como $\cot(-\theta) = \frac{\cos(-\theta)}{\text{sen}(-\theta)} = \frac{\cos\ \theta}{-\text{sen }\ \theta} = -\cot\ \theta$. La cotangente es, por tanto, una función impar, lo que significa que $\cot(-\theta) = -\cot(\theta)$ para todos los θ en el dominio de la función cotangente.

La función cosecante es la recíproca de la función seno, lo que significa que la cosecante de un ángulo negativo se interpretará como $\csc(-\theta) = \frac{1}{\text{sen}(-\theta)} = \frac{1}{-\text{sen }\ \theta} = -\csc\ \theta$. La función cosecante es, por tanto, impar.

Por último, la función secante es la recíproca de la función coseno, y la secante de un ángulo negativo se interpreta como $\sec(-\theta) = \frac{1}{\cos(-\theta)} = \frac{1}{\cos\ \theta} = \sec\ \theta$. La función secante es, por tanto, par.

En resumen, solo dos de las funciones trigonométricas, el coseno y la secante, son pares. Las otras cuatro funciones son impares, que verifican las identidades pares-impares.

El siguiente conjunto de identidades fundamentales es el de **identidades recíprocas**, que, como su nombre lo indica, relacionan funciones trigonométricas que son recíprocas entre sí. Vea la Tabla 3.

Identidades recíprocas	
$\text{sen } \theta = \frac{1}{\csc \theta}$	$\csc \theta = \frac{1}{\text{sen } \theta}$
$\cos \theta = \frac{1}{\sec \theta}$	$\sec \theta = \frac{1}{\cos \theta}$
$\tan \theta = \frac{1}{\cot \theta}$	$\cot \theta = \frac{1}{\tan \theta}$

Tabla 3

El último conjunto de identidades es el de identidades de cociente, que definen relaciones entre ciertas funciones trigonométricas y sirven para verificar otras identidades. Vea la Tabla 4.

Identidades del cociente	
$\tan \theta = \frac{\text{sen } \theta}{\cos \theta}$	$\cot \theta = \frac{\cos \theta}{\text{sen } \theta}$

Tabla 4

Las identidades recíproca y de cociente se derivan de las definiciones de las funciones trigonométricas básicas.

Resumir las identidades trigonométricas

Las **identidades pitagóricas** se basan en las propiedades de un triángulo rectángulo.

$$\cos^2\theta + \text{sen}^2\theta = 1$$
$$1 + \cot^2\theta = \csc^2\theta$$
$$1 + \tan^2\theta = \sec^2\theta$$

Las **identidades pares-impares** relacionan el valor de una función trigonométrica en un ángulo determinado con el valor de la función en el ángulo opuesto.

$$\tan(-\theta) = -\tan \theta$$
$$\cot(-\theta) = -\cot \theta$$
$$\text{sen}(-\theta) = -\text{sen } \theta$$
$$\csc(-\theta) = -\csc \theta$$
$$\cos(-\theta) = \cos \theta$$
$$\sec(-\theta) = \sec \theta$$

Las **identidades recíprocas** definen las recíprocas de las funciones trigonométricas.

$$\text{sen } \theta = \frac{1}{\csc \theta}$$
$$\cos \theta = \frac{1}{\sec \theta}$$
$$\tan \theta = \frac{1}{\cot \theta}$$
$$\csc \theta = \frac{1}{\text{sen } \theta}$$
$$\sec \theta = \frac{1}{\cos \theta}$$
$$\cot \theta = \frac{1}{\tan \theta}$$

Las **identidades de cociente** definen la relación entre las funciones trigonométricas.

$$\tan\ \theta = \frac{\text{sen}\ \theta}{\cos\ \theta}$$

$$\cot\ \theta = \frac{\cos\ \theta}{\text{sen}\ \theta}$$

EJEMPLO 1

Graficar las ecuaciones de una identidad

Grafique ambos lados de la identidad $\cot\ \theta = \frac{1}{\tan\ \theta}$. En otras palabras, en la calculadora gráfica, grafique $y = \cot\ \theta$ y $y = \frac{1}{\tan\ \theta}$.

Solución

Vea la Figura 4.

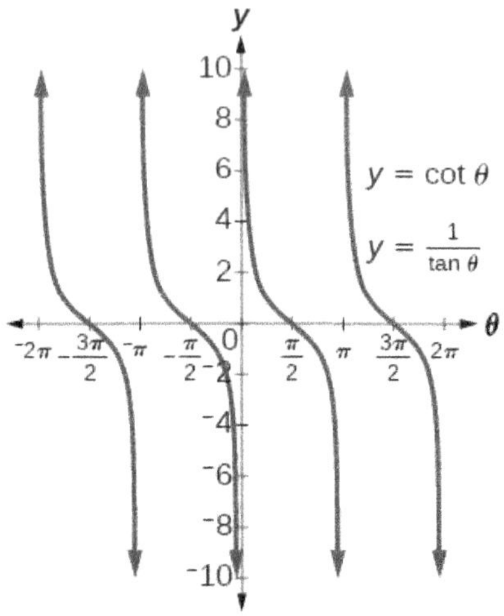

Figura 4

Análisis

Solo vemos un gráfico porque ambas expresiones generan la misma imagen. Una está encima de la otra. Esta es una buena manera de confirmar una identidad verificada con medios analíticos. Si ambas expresiones dan el mismo gráfico, lo más probable es que sean identidades.

CÓMO

Dada una identidad trigonométrica, verificar que es verdadera.

1. Trabaje en un lado de la ecuación. Es mejor empezar por el lado más complejo, ya que es más fácil simplificar que construir.
2. Busque la manera de factorizar expresiones, elevar al cuadrado un binomio o sumar fracciones.
3. Al observar qué funciones hay en la expresión final, busque la manera de utilizar las identidades y hacer las sustituciones adecuadas.
4. Si estos pasos no dan el resultado deseado, intente convertir todos los términos en senos y cosenos.

EJEMPLO 2

Verificar una identidad trigonométrica

Verifique $\tan\ \theta \cos\ \theta = \text{sen}\ \theta$.

Solución

Empezaremos por el lado izquierdo, ya que es el más complicado:

$$\begin{aligned} \tan\ \theta \cos\ \theta &= \left(\frac{\text{sen}\ \theta}{\cos\ \theta}\right)\cos\ \theta \\ &= \left(\frac{\text{sen}\ \theta}{\cancel{\cos\ \theta}}\right)\cancel{\cos\ \theta} \\ &= \text{sen}\ \theta \end{aligned}$$

Análisis

Esta identidad era bastante sencilla de verificar, ya que solo había que escribir $\tan\ \theta$ en términos de $\text{sen}\ \theta$ y $\cos\ \theta$.

> **INTÉNTELO** #1 Verifique la identidad $\csc\ \theta \cos\ \theta \tan\ \theta = 1$.

EJEMPLO 3

Verificar la equivalencia mediante las identidades pares-impares

Verifique la siguiente equivalencia mediante las identidades pares-impares:

$$(1 + \text{sen}\ x)\,[1 + \text{sen}\,(-x)] = \cos^2 x$$

Solución

Trabajando en el lado izquierdo de la ecuación, tenemos

$$\begin{aligned} (1 + \text{sen}\ x)[1 + \text{sen}\ (-x)] &= (1 + \text{sen}\ x)(1 - \text{sen}\ x) && \text{Dado que sen(-}x\text{)}= -\text{ sen }x \\ &= 1 - \text{sen}^2 x && \text{Diferencia de cuadrados} \\ &= \cos^2 x && \cos^2 x = 1 - \text{sen}^2 x \end{aligned}$$

EJEMPLO 4

Verificar una identidad trigonométrica que implique *sec²θ*

Verifique la identidad $\frac{\sec^2\theta - 1}{\sec^2\theta} = \text{sen}^2\theta$

Solución

Dado que el lado izquierdo es más complicado, empecemos por ahí.

$$\begin{aligned} \frac{\sec^2\theta-1}{\sec^2\theta} &= \frac{(\tan^2\theta+1)-1}{\sec^2\theta} && \sec^2\theta = \tan^2\theta + 1 \\ &= \frac{\tan^2\theta}{\sec^2\theta} \\ &= \tan^2\theta\left(\frac{1}{\sec^2\theta}\right) \\ &= \tan^2\theta(\cos^2\theta) && \cos^2\theta = \frac{1}{\sec^2\theta} \\ &= \left(\frac{\text{sen}^2\theta}{\cos^2\theta}\right)(\cos^2\theta) && \tan^2\theta = \frac{\text{sen}^2\theta}{\cos^2\theta} \\ &= \left(\frac{\text{sen}^2\theta}{\cancel{\cos^2\theta}}\right)(\cancel{\cos^2\theta}) \\ &= \text{sen}^2\theta \end{aligned}$$

Hay más de una forma de verificar una identidad. Aquí hay otra posibilidad. De nuevo, podemos empezar por el lado izquierdo.

$$\begin{aligned}\frac{\sec^2\theta-1}{\sec^2\theta} &= \frac{\sec^2\theta}{\sec^2\theta}-\frac{1}{\sec^2\theta}\\ &= 1-\cos^2\theta\\ &= \operatorname{sen}^2\theta\end{aligned}$$

Análisis

En el primer método, utilizamos la identidad $\sec^2\theta = \tan^2\theta + 1$ y continuamos simplificando. En el segundo método, dividimos la fracción, al colocar ambos términos en el numerador sobre el denominador común. Este problema ilustra que hay varias formas de verificar una identidad. Un poco de creatividad a veces simplifica un procedimiento. Siempre que las sustituciones sean correctas, la respuesta será la misma.

INTÉNTELO #2 Demuestre que $\frac{\cot\ \theta}{\csc\ \theta} = \cos\ \theta$.

EJEMPLO 5

Crear y verificar una identidad

Cree una identidad para la expresión $2\tan\ \theta\sec\ \theta$ al reescribir estrictamente en términos de seno.

Solución

Hay varias formas de empezar, pero aquí utilizaremos las identidades de cociente y recíproca para reescribir la expresión:

$$\begin{aligned}2\ \tan\ \theta\sec\ \theta &= 2\left(\frac{\operatorname{sen}\ \theta}{\cos\ \theta}\right)\left(\frac{1}{\cos\ \theta}\right)\\ &= \frac{2\ \operatorname{sen}\ \theta}{\cos^2\theta}\\ &= \frac{2\ \operatorname{sen}\ \theta}{1-\operatorname{sen}^2\theta} && \text{Sustituya } 1-\operatorname{sen}^2\ \theta \text{ para } \cos^2\ \theta\end{aligned}$$

Por lo tanto,

$$2\tan\ \theta\sec\ \theta = \frac{2\ \operatorname{sen}\ \theta}{1-\operatorname{sen}^2\ \theta}$$

EJEMPLO 6

Verificar una identidad mediante el álgebra y las identidades pares-impares

Verifique la identidad:

$$\frac{\operatorname{sen}^2(-\theta)-\cos^2(-\theta)}{\operatorname{sen}(-\theta)-\cos(-\theta)} = \cos\ \theta-\operatorname{sen}\ \theta$$

Solución

Empecemos por el lado izquierdo y simplifiquemos:

$$\begin{aligned}\frac{\operatorname{sen}^2(-\theta)-\cos^2(-\theta)}{\operatorname{sen}(-\theta)-\cos(-\theta)} &= \frac{[\operatorname{sen}(-\theta)]^2-[\cos(-\theta)]^2}{\operatorname{sen}(-\theta)-\cos(-\theta)}\\ &= \frac{(-\operatorname{sen}\ \theta)^2-(\cos\ \theta)^2}{-\operatorname{sen}\ \theta-\cos\ \theta} && \operatorname{sen}(-x) = -\operatorname{sen}\ x \text{ y } \cos(-x) = \cos\ x\\ &= \frac{(\operatorname{sen}\ \theta)^2-(\cos\ \theta)^2}{-\operatorname{sen}\ \theta-\cos\ \theta} && \text{Diferencia de cuadrados}\\ &= \frac{(\operatorname{sen}\ \theta-\cos\ \theta)(\operatorname{sen}\ \theta+\cos\ \theta)}{-(\operatorname{sen}\ \theta+\cos\ \theta)}\\ &= \frac{(\operatorname{sen}\ \theta-\cos\ \theta)\cancel{(\operatorname{sen}\ \theta+\cos\ \theta)}}{-\cancel{(\operatorname{sen}\ \theta+\cos\ \theta)}}\\ &= \cos\ \theta-\operatorname{sen}\ \theta\end{aligned}$$

> **INTÉNTELO** #3 Verifique la identidad $\frac{\text{sen}^2\theta-1}{\tan\theta\,\text{sen}\,\theta-\tan\theta}=\frac{\text{sen}\,\theta+1}{\tan\theta}$.

EJEMPLO 7

Verificar una identidad con coseno y cotangente

Verifique la identidad: $\left(1-\cos^2 x\right)\left(1+\cot^2 x\right)=1$.

Solución

Trabajaremos en el lado izquierdo de la ecuación.

$$\begin{aligned}(1-\cos^2 x)(1+\cot^2 x) &= (1-\cos^2 x)\left(1+\frac{\cos^2 x}{\text{sen}^2 x}\right)\\ &= (1-\cos^2 x)\left(\frac{\text{sen}^2 x}{\text{sen}^2 x}+\frac{\cos^2 x}{\text{sen}^2 x}\right) && \text{Halle el denominador común.}\\ &= (1-\cos^2 x)\left(\frac{\text{sen}^2 x+\cos^2 x}{\text{sen}^2 x}\right)\\ &= (\text{sen}^2 x)\left(\frac{1}{\text{sen}^2 x}\right)\\ &= 1\end{aligned}$$

Usar el álgebra para simplificar expresiones trigonométricas

Hemos visto que el álgebra es muy importante para verificar las identidades trigonométricas, pero es igual de crítica para simplificar las expresiones trigonométricas antes de resolverlas. Estar familiarizado con las propiedades y fórmulas básicas del álgebra, como la fórmula de la diferencia de cuadrados, la fórmula del cuadrado perfecto o la sustitución, simplificará el trabajo con las expresiones y ecuaciones trigonométricas.

Por ejemplo, la ecuación $(\text{sen}\ x+1)(\text{sen}\ x-1)=0$ se parece a la ecuación $(x+1)(x-1)=0$, que utiliza la forma factorizada de la diferencia de cuadrados. El uso del álgebra hace que hallar una solución sea algo sencillo y familiar. Podemos llevar cada factor igual a cero y resolver. Este es un ejemplo de reconocimiento de patrones algebraicos en expresiones o ecuaciones trigonométricas.

Otro ejemplo es la fórmula de la diferencia de cuadrados, $a^2-b^2=(a-b)(a+b)$, que se utiliza ampliamente en muchas áreas distintas de las matemáticas, como la ingeniería, la arquitectura y la física. También podemos crear nuestras propias identidades al ampliar continuamente una expresión y realizar las sustituciones adecuadas. El uso de propiedades y fórmulas algebraicas facilita la comprensión y resolución de muchas ecuaciones trigonométricas.

EJEMPLO 8

Escribir la expresión trigonométrica como expresión algebraica

Escriba la siguiente expresión trigonométrica como expresión algebraica $2\cos^2\theta+\cos\ \theta-1$.

Solución

Observe que el patrón mostrado tiene la misma forma que la típica expresión cuadrática, ax^2+bx+c. Supongamos que $\cos\ \theta=x$, podemos reescribir la expresión como sigue:

$$2x^2+x-1$$

Esta expresión se puede factorizar como $(2x-1)(x+1)$. Si se llevara igual a cero y quisiéramos resolver la ecuación, utilizaríamos la propiedad del factor cero y resolveríamos cada factor para x. En este punto, sustituimos x con la $\cos\ \theta$ y resuelva para θ.

EJEMPLO 9

Reescribir una expresión trigonométrica mediante la diferencia de cuadrados

Reescriba la expresión trigonométrica $4\ \cos^2\theta-1$.

Solución

Observe que tanto el coeficiente como la expresión trigonométrica del primer término están elevados al cuadrado, y el cuadrado del número 1 es 1. Esta es la diferencia de cuadrados. Por lo tanto,

$$\begin{aligned} 4\ \cos^2\theta - 1 &= (2\ \ \cos\ \theta)^2 - 1 \\ &= (2\ \ \cos\ \theta - 1)(2\ \ \cos\ \theta + 1) \end{aligned}$$

Análisis

Si esta expresión se escribiera en forma de ecuación igual a cero, podríamos resolver cada factor con la propiedad del factor cero. También podríamos utilizar la sustitución como hicimos en el problema anterior. Así, supongamos que $\cos\ \theta = x$, reescribimos la expresión como $4x^2 - 1$, y factorizamos $(2x - 1)(2x + 1)$. Entonces sustituimos x con la $\cos\ \theta$ y resolvemos el ángulo.

INTÉNTELO #4 Reescriba la expresión trigonométrica $25 - 9\ \text{sen}^2\ \theta$.

EJEMPLO 10

Simplificar mediante la reescritura y la sustitución

Simplifique la expresión al reescribir y utilizar las identidades:

$$\csc^2\theta - \cot^2\theta$$

Solución

Podemos empezar con la identidad pitagórica.

$$1 + \cot^2\theta = \csc^2\theta$$

Ahora podemos simplificar al sustituir $1 + \cot^2\theta$ por $\csc^2\theta$. Tenemos

$$\begin{aligned} \csc^2\theta - \cot^2\theta &= 1 + \cot^2\theta - \cot^2\theta \\ &= 1 \end{aligned}$$

INTÉNTELO #5 Utilice técnicas algebraicas para verificar la identidad: $\frac{\cos\ \theta}{1+\text{sen}\ \theta} = \frac{1-\text{sen}\ \theta}{\cos\ \theta}$.

(Pista: Multiplique el numerador y el denominador en el lado izquierdo por $1 - \text{sen}\ \theta$.)

MEDIA

Acceda a estos recursos en línea para obtener instrucciones adicionales y practicar con las identidades trigonométricas fundamentales.

Identidades trigonométricas fundamentales (http://openstax.org/l/funtrigiden)
Verificar identidades trigonométricas (http://openstax.org/l/verifytrigiden)

7.1 EJERCICIOS DE SECCIÓN

Verbales

1. Sabemos que $g(x) = \cos\ x$ es una función par, y $f(x) = \text{sen}\ x$ y $h(x) = \tan\ x$ son funciones impares. ¿Qué pasa con $G(x) = \cos^2 x$, $F(x) = \text{sen}^2 x$, y $H(x) = \tan^2 x$? ¿Son pares, impares o ninguna de las dos? ¿Por qué?

2. Examine el gráfico de $f(x) = \sec\ x$ en el intervalo $[-\pi, \pi]$. ¿Cómo podemos saber si la función es par o impar a partir únicamente del gráfico de $f(x) = \sec\ x$?

3. Luego de examinar la identidad recíproca para $\sec\ t$, explique por qué la función es indefinida en ciertos puntos.

4. Todas las identidades pitagóricas están relacionadas. Describa cómo manipular las ecuaciones para pasar de $\text{sen}^2 t + \cos^2 t = 1$ a las demás formas.

Algebraicos

En los siguientes ejercicios, utilice las identidades fundamentales para simplificar completamente la expresión.

5. $\text{sen}\ x\ \cos\ x\ \sec\ x$

6. $\text{sen}(-x)\cos(-x)\csc(-x)$

7. $\tan\ x\,\text{sen}\ x + \sec\ x\cos^2 x$

8. $\csc\ x + \cos\ x\cot(-x)$

9. $\frac{\cot\ t+\tan\ t}{\sec(-t)}$

10. $3\text{sen}^3 t\csc t + \cos^2 t + 2\cos(-t)\cos t$

11. $-\tan(-x)\cot(-x)$

12. $\frac{-\text{sen}(-x)\cos\ x\ \sec\ x\ \csc\ x\ \tan\ x}{\cot\ x}$

13. $\frac{1+\tan^2\theta}{\csc^2\theta} + \text{sen}^2\theta + \frac{1}{\sec^2\theta}$

14. $\left(\frac{\tan\ x}{\csc^2 x} + \frac{\tan\ x}{\sec^2 x}\right)\left(\frac{1+\tan\ x}{1+\cot\ x}\right) - \frac{1}{\cos^2 x}$

15. $\frac{1-\cos^2\ x}{\tan^2\ x} + 2\ \text{sen}^2\ x$

En los siguientes ejercicios, simplifique la primera expresión trigonométrica al escribir la forma simplificada en términos de la segunda expresión.

16. $\frac{\tan\ x+\cot\ x}{\csc\ x};\ \cos\ x$

17. $\frac{\sec\ x+\csc\ x}{1+\tan\ x};\ \text{sen}\ x$

18. $\frac{\cos\ x}{1+\text{sen}\ x} + \tan\ x;\ \cos\ x$

19. $\frac{1}{\text{sen}\ x\cos\ x} - \cot\ x;\ \cot\ x$

20. $\frac{1}{1-\cos\ x} - \frac{\cos\ x}{1+\cos\ x};\ \csc\ x$

21. $(\sec\ x + \csc\ x)(\text{sen}\ x + \cos\ x) - 2 - \cot\ x;\ \tan\ x$

22. $\frac{1}{\csc\ x-\text{sen}\ x};\ \sec\ x$ y $\tan\ x$

23. $\frac{1-\text{sen}\ x}{1+\text{sen}\ x} - \frac{1+\text{sen}\ x}{1-\text{sen}\ x};\ \sec\ x$ y $\tan\ x$

24. $\tan\ x;\ \sec\ x$

25. $\sec x; \cot x$

26. $\sec x; \text{sen}\, x$

27. $\cot x; \text{sen}\, x$

28. $\cot\ x;\ \csc\ x$

En los siguientes ejercicios, verifique la identidad.

29. $\cos\ x - \cos^3 x = \cos\ x\ \text{sen}^2\ x$

30. $\cos\ x(\tan\ x - \sec(-x)) = \text{sen}\ x - 1$

31. $\frac{1+\text{sen}^2 x}{\cos^2 x} = \frac{1}{\cos^2 x} + \frac{\text{sen}^2 x}{\cos^2 x} = 1 + 2\ \tan^2 x$

32. $(\text{sen}\ x + \cos\ x)^2 = 1 + 2\ \text{sen}\ x\cos\ x$

33. $\cos^2 x - \tan^2 x = 2 - \text{sen}^2 x - \sec^2 x$

Extensiones

En los siguientes ejercicios, demuestre o refute la identidad.

34. $\frac{1}{1+\cos\ x} - \frac{1}{1-\cos(-x)} = -2\ \cot\ x\ \csc\ x$

35. $\csc^2 x\left(1 + \operatorname{sen}^2 x\right) = \cot^2 x$

36. $\left(\frac{\sec^2(-x)-\tan^2 x}{\tan\ x}\right)\left(\frac{2+2\ \tan\ x}{2+2\ \cot\ x}\right) - 2\ \operatorname{sen}^2 x = \cos\ 2x$

37. $\frac{\tan\ x}{\sec\ x}\operatorname{sen}(-x) = \cos^2 x$

38. $\frac{\sec(-x)}{\tan\ x+\cot\ x} = -\operatorname{sen}(-x)$

39. $\frac{1+\operatorname{sen}\ x}{\cos\ x} = \frac{\cos\ x}{1+\operatorname{sen}(-x)}$

En los siguientes ejercicios, determine si la identidad es verdadera o falsa. Si es falso, halle una expresión equivalente apropiada.

40. $\frac{\cos^2\theta-\operatorname{sen}^2\theta}{1-\tan^2\theta} = \operatorname{sen}^2\theta$

41. $3\ \operatorname{sen}^2\theta + 4\ \cos^2\theta = 3 + \cos^2\theta$

42. $\frac{\sec\ \theta+\tan\ \theta}{\cot\ \theta+\cos\ \theta} = \sec^2\theta$

7.2 Identidades de suma y resta

Objetivos de aprendizaje

En esta sección, podrá:

- Utilizar las fórmulas de suma y diferencia para el coseno.
- Utilizar las fórmulas de suma y diferencia para el seno.
- Utilizar las fórmulas de suma y diferencia para la tangente.
- Utilizar las fórmulas de suma y diferencia para las cofunciones.
- Utilizar las fórmulas de suma y diferencia para verificar las identidades.

Figura 1 Denali (anteriormente Monte McKinley, en el Parque Nacional de Denali (Alaska), se eleva a 20.237 pies (6.168 metros) sobre el nivel del mar. Es el pico más alto de América del Norte (créditos: Daniel A. Leifheit, Flickr)

¿Cómo se mide la altura de una montaña? ¿Cómo se mide la distancia de la Tierra al Sol? Al igual que muchos problemas aparentemente imposibles, nos basamos en fórmulas matemáticas para dar con las respuestas. Las identidades trigonométricas, que se utilizan comúnmente en las pruebas matemáticas, han tenido aplicaciones en el mundo real durante siglos, incluso para medir grandes distancias.

Las identidades trigonométricas que examinaremos en esta sección se remontan a un astrónomo persa que vivió alrededor del año 950. Sin embargo, los antiguos griegos descubrieron estas mismas fórmulas mucho antes y las enunciaron en términos de cuerdas. Se trata de ecuaciones o postulados especiales, verdaderos para todos los valores introducidos en las ecuaciones, y con innumerables aplicaciones.

En esta sección, aprenderemos técnicas que nos permitirán resolver problemas como los presentados anteriormente.

Las fórmulas que siguen simplificarán muchas expresiones y ecuaciones trigonométricas. Tenga en cuenta que, a lo largo de esta sección, el término *fórmula* se utiliza como sinónimo de la palabra *identidad*.

Usar las fórmulas de suma y diferencia para el coseno

Hallar el valor exacto del seno, del coseno o de la tangente de un ángulo suele ser más fácil si reescribimos el ángulo dado en términos de dos ángulos que tienen valores trigonométricos conocidos. Podemos utilizar los ángulos especiales, que podemos repasar en el círculo unitario, el cual se muestra en la Figura 2.

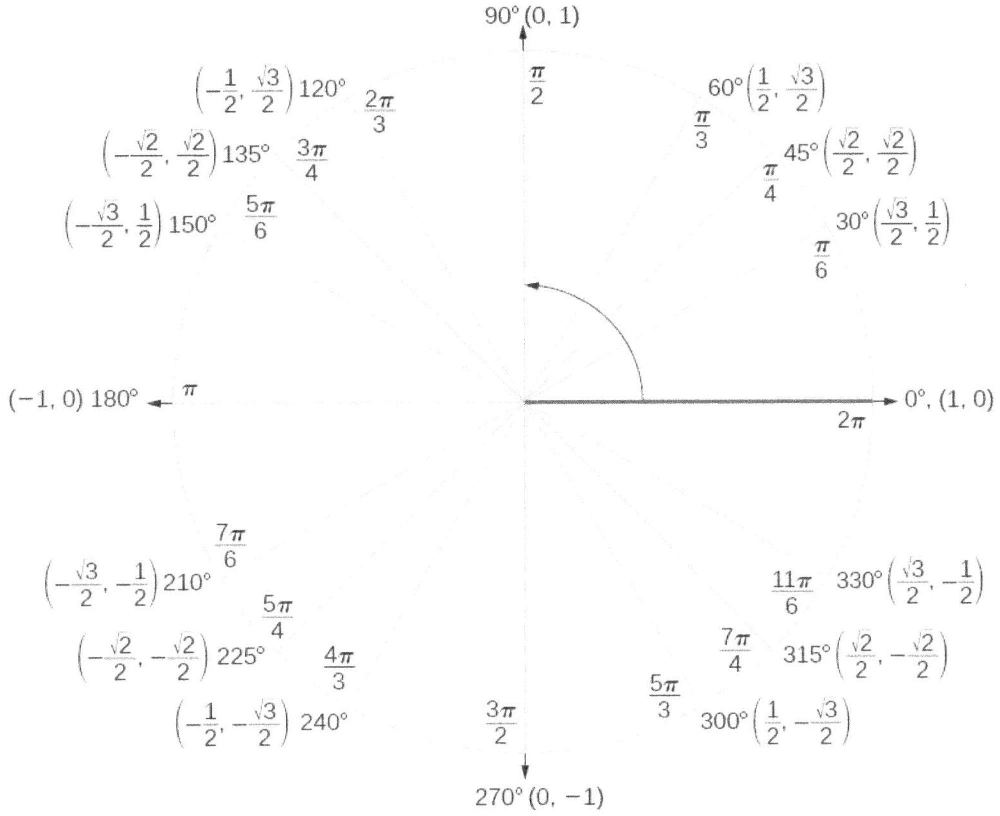

Figura 2 El círculo unitario

Comenzaremos con las fórmulas de suma y diferencia para el coseno, de forma de hallar el coseno de un ángulo dado si podemos descomponerlo en la suma o resta de dos de los ángulos especiales. Vea la Tabla 1.

Fórmula de suma para el coseno	$\cos(\alpha+\beta)=\cos\ \alpha\ \cos\ \beta-\text{sen}\ \alpha\ \text{sen}\ \beta$
Fórmula de la diferencia para el coseno	$\cos(\alpha-\beta)=\cos\ \alpha\ \cos\ \beta+\text{sen}\ \alpha\ \text{sen}\ \beta$

Tabla 1

En primer lugar, demostraremos la fórmula de la diferencia para el coseno. Consideremos dos puntos en el círculo unitario. Vea la Figura 3. El punto P está en ángulo α desde el eje *x* positivo con coordenadas $(\cos\ \alpha, \text{sen}\ \alpha)$ y punto Q está en un ángulo de β desde el eje *x* positivo con coordenadas $(\cos\ \beta, \text{sen}\ \beta)$. Observe la medida del ángulo POQ es $\alpha-\beta$.

Marque dos puntos más: A en un ángulo de $(\alpha-\beta)$ desde el eje *x* positivo con coordenadas $(\cos(\alpha-\beta), \text{sen}(\alpha-\beta))$; y punto B con coordenadas $(1, 0)$. El triángulo POQ es una rotación del triángulo AOB y, por ende, la distancia de P con Q es la misma que la distancia de A hasta B.

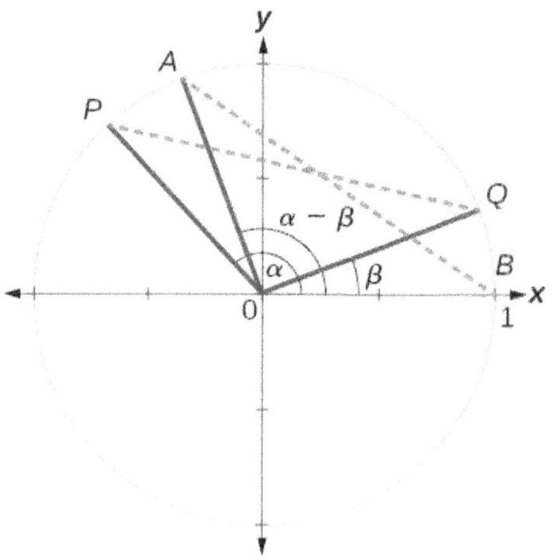

Figura 3

Podemos determinar la distancia de P con Q con la fórmula de la distancia.

$$\begin{aligned} d_{PQ} &= \sqrt{(\cos\ \alpha - \cos\ \beta)^2 + (\operatorname{sen}\ \alpha - \operatorname{sen}\ \beta)^2} \\ &= \sqrt{\cos^2\alpha - 2\ \cos\ \alpha\ \cos\ \beta + \cos^2\beta + \operatorname{sen}^2\alpha - 2\ \operatorname{sen}\ \alpha\ \operatorname{sen}\ \beta + \operatorname{sen}^2\beta} \end{aligned}$$

Luego aplicamos la identidad pitagórica y simplificamos.

$$\begin{aligned} &= \sqrt{(\cos^2\alpha + \operatorname{sen}^2\alpha) + (\cos^2\beta + \operatorname{sen}^2\beta) - 2\ \cos\ \alpha\ \cos\ \beta - 2\ \operatorname{sen}\ \alpha\ \operatorname{sen}\ \beta} \\ &= \sqrt{1 + 1 - 2\ \cos\ \alpha\ \cos\ \beta - 2\ \operatorname{sen}\ \alpha\ \operatorname{sen}\ \beta} \\ &= \sqrt{2 - 2\ \cos\ \alpha\ \cos\ \beta - 2\ \operatorname{sen}\ \alpha\ \operatorname{sen}\ \beta} \end{aligned}$$

Del mismo modo, con la fórmula de la distancia podemos medir la distancia de A hasta B.

$$\begin{aligned} d_{AB} &= \sqrt{(\cos(\alpha - \beta) - 1)^2 + (\operatorname{sen}(\alpha - \beta) - 0)^2} \\ &= \sqrt{\cos^2(\alpha - \beta) - 2\ \cos(\alpha - \beta) + 1 + \operatorname{sen}^2(\alpha - \beta)} \end{aligned}$$

Aplicando la identidad pitagórica y simplificando obtenemos:

$$\begin{aligned} &= \sqrt{(\cos^2(\alpha - \beta) + \operatorname{sen}^2(\alpha - \beta)) - 2\ \cos(\alpha - \beta) + 1} \\ &= \sqrt{1 - 2\ \cos(\alpha - \beta) + 1} \\ &= \sqrt{2 - 2\ \cos(\alpha - \beta)} \end{aligned}$$

Dado que las dos distancias son las mismas, las igualamos y simplificamos.

$$\begin{aligned} \sqrt{2 - 2\ \cos\ \alpha\ \cos\ \beta - 2\ \operatorname{sen}\ \alpha \operatorname{sen}\ \beta} &= \sqrt{2 - 2\ \cos(\alpha - \beta)} \\ 2 - 2\ \cos\ \alpha\ \cos\ \beta - 2\ \operatorname{sen}\ \alpha \operatorname{sen}\ \beta &= 2 - 2\ \cos(\alpha - \beta) \end{aligned}$$

Por último, restamos 2 de ambos lados y dividimos ambos lados entre −2.

$$\cos\ \alpha \cos\ \beta + \operatorname{sen}\ \alpha \operatorname{sen}\ \beta = \cos\,(\alpha - \beta)$$

Así, tenemos la fórmula de diferencia para el coseno. Podemos utilizar métodos similares para derivar el coseno de la suma de dos ángulos.

Fórmulas de suma y diferencia para el coseno

Estas fórmulas pueden utilizarse para calcular el coseno de suma y diferencia de ángulos.

$$\begin{aligned} \cos\,(\alpha + \beta) &= \cos\ \alpha \cos\ \beta - \operatorname{sen}\ \alpha \operatorname{sen}\ \beta \\ \cos\,(\alpha - \beta) &= \cos\ \alpha \cos\ \beta + \operatorname{sen}\ \alpha \operatorname{sen}\ \beta \end{aligned}$$

CÓMO

Dados dos ángulos, hallar el coseno de la diferencia entre estos.

1. Escriba la fórmula de diferencia para el coseno.
2. Sustituya los valores de los ángulos dados en la fórmula.
3. Simplifique.

EJEMPLO 1

Hallar el valor exacto con la fórmula para el coseno de la diferencia de dos ángulos

Con la fórmula para el coseno de la diferencia de dos ángulos, halle el valor exacto de $\cos\left(\frac{5\pi}{4}-\frac{\pi}{6}\right)$.

Solución

Utilice la fórmula para el coseno de la diferencia de dos ángulos. Tenemos

$$\begin{aligned}\cos(\alpha-\beta) &= \cos\ \alpha\cos\ \beta+\operatorname{sen}\ \alpha\operatorname{sen}\ \beta\\ \cos\left(\frac{5\pi}{4}-\frac{\pi}{6}\right) &= \cos\left(\frac{5\pi}{4}\right)\cos\left(\frac{\pi}{6}\right)+\operatorname{sen}\left(\frac{5\pi}{4}\right)\operatorname{sen}\left(\frac{\pi}{6}\right)\\ &= \left(-\frac{\sqrt{2}}{2}\right)\left(\frac{\sqrt{3}}{2}\right)-\left(\frac{\sqrt{2}}{2}\right)\left(\frac{1}{2}\right)\\ &= -\frac{\sqrt{6}}{4}-\frac{\sqrt{2}}{4}\\ &= \frac{-\sqrt{6}-\sqrt{2}}{4}\end{aligned}$$

INTÉNTELO #1 Halle el valor exacto de $\cos\left(\frac{\pi}{3}-\frac{\pi}{4}\right)$.

EJEMPLO 2

Hallar el valor exacto con la fórmula de la suma de dos ángulos para el coseno

Halle el valor exacto de $\cos(75°)$.

Solución

A medida que $75° = 45° + 30°$, podemos evaluar $\cos(75°)$ cuando $\cos(45° + 30°)$. Así,

$$\begin{aligned}\cos(45°+30°) &= \cos(45°)\cos(30°)-\operatorname{sen}(45°)\operatorname{sen}(30°)\\ &= \frac{\sqrt{2}}{2}\left(\frac{\sqrt{3}}{2}\right)-\frac{\sqrt{2}}{2}\left(\frac{1}{2}\right)\\ &= \frac{\sqrt{6}}{4}-\frac{\sqrt{2}}{4}\\ &= \frac{\sqrt{6}-\sqrt{2}}{4}\end{aligned}$$

INTÉNTELO #2 Halle el valor exacto de $\cos(105°)$.

Usar las fórmulas de suma y diferencia para el seno

Las fórmulas de suma y diferencia para el seno pueden derivarse de la misma manera que las del coseno, y se parecen a las fórmulas del coseno.

Fórmulas de suma y diferencia para el seno

Estas fórmulas pueden utilizarse para calcular el seno de la suma y diferencia de los ángulos.

$$\text{sen}\,(\alpha+\beta)=\text{sen}\ \alpha\ \cos\ \beta+\cos\ \alpha\ \text{sen}\ \beta$$
$$\text{sen}\,(\alpha-\beta)=\text{sen}\ \alpha\ \cos\ \beta-\cos\ \alpha\ \text{sen}\ \beta$$

CÓMO

Dados dos ángulos, hallar el seno de la diferencia entre los ángulos.

1. Escriba la fórmula de la diferencia para el seno.
2. Sustituya los ángulos dados en la fórmula.
3. Simplifique.

EJEMPLO 3

Usar las identidades de suma y diferencia para evaluar la diferencia de ángulos
Utilice las identidades de suma y diferencia para evaluar la diferencia de los ángulos y demostrar que la parte *a* es igual a la parte *b*.

Ⓐ $\text{sen}\,(45^\circ-30^\circ)$ Ⓑ $\text{sen}\,(135^\circ-120^\circ)$

Solución

Ⓐ Empecemos por escribir la fórmula y sustituir los ángulos dados.

$$\text{sen}(\alpha-\beta)=\text{sen}\ \alpha\ \cos\ \beta-\cos\ \alpha\ \text{sen}\ \beta$$
$$\text{sen}(45^\circ-30^\circ)=\text{sen}(45^\circ)\cos(30^\circ)-\cos(45^\circ)\,\text{sen}(30^\circ)$$

A continuación, tenemos que hallar los valores de las expresiones trigonométricas.

$$\text{sen}\,(45^\circ)=\frac{\sqrt{2}}{2},\quad \cos\,(30^\circ)=\frac{\sqrt{3}}{2},\quad \cos\,(45^\circ)=\frac{\sqrt{2}}{2},\quad \text{sen}\,(30^\circ)=\frac{1}{2}$$

Ahora podemos sustituir estos valores en la ecuación y simplificar.

$$\text{sen}(45^\circ-30^\circ)=\frac{\sqrt{2}}{2}\left(\frac{\sqrt{3}}{2}\right)-\frac{\sqrt{2}}{2}\left(\frac{1}{2}\right)$$
$$=\frac{\sqrt{6}-\sqrt{2}}{4}$$

Ⓑ De nuevo, escribimos la fórmula y sustituimos los ángulos dados.

$$\operatorname{sen}(\alpha-\beta)=\operatorname{sen}\ \alpha\ \cos\ \beta-\cos\ \alpha\ \operatorname{sen}\ \beta$$

$$\operatorname{sen}(135^\circ-120^\circ)=\operatorname{sen}(135^\circ)\cos(120^\circ)-\cos(135^\circ)\operatorname{sen}(120^\circ)$$

A continuación, calculamos los valores de las expresiones trigonométricas.

$$\operatorname{sen}(135^\circ)=\frac{\sqrt{2}}{2},\cos(120^\circ)=-\frac{1}{2},\cos(135^\circ)=-\frac{\sqrt{2}}{2},\operatorname{sen}(120^\circ)=\frac{\sqrt{3}}{2}$$

Ahora podemos sustituir estos valores en la ecuación y simplificar.

$$\operatorname{sen}(135^\circ-120^\circ)=\tfrac{\sqrt{2}}{2}\left(-\tfrac{1}{2}\right)-\left(-\tfrac{\sqrt{2}}{2}\right)\left(\tfrac{\sqrt{3}}{2}\right)$$

$$=\frac{-\sqrt{2}+\sqrt{6}}{4}$$

$$=\frac{\sqrt{6}-\sqrt{2}}{4}$$

$$\operatorname{sen}(135^\circ-120^\circ)=\tfrac{\sqrt{2}}{2}\left(-\tfrac{1}{2}\right)-\left(-\tfrac{\sqrt{2}}{2}\right)\left(\tfrac{\sqrt{3}}{2}\right)$$

$$=\frac{-\sqrt{2}+\sqrt{6}}{4}$$

$$=\frac{\sqrt{6}-\sqrt{2}}{4}$$

EJEMPLO 4

Hallar el valor exacto de una expresión que implica una función trigonométrica inversa

Halle el valor exacto de $\operatorname{sen}\left(\cos^{-1}\ \frac{1}{2}+\operatorname{sen}^{-1}\ \frac{3}{5}\right)$.

Solución

El patrón que se muestra en este problema es $\operatorname{sen}(\alpha+\beta)$. Supongamos que $\alpha=\cos^{-1}\frac{1}{2}$ y $\beta=\operatorname{sen}^{-1}\frac{3}{5}$. Entonces podemos escribir

$$\cos\ \alpha=\tfrac{1}{2},0\le\alpha\le\pi$$

$$\operatorname{sen}\ \beta=\tfrac{3}{5},-\tfrac{\pi}{2}\le\beta\le\tfrac{\pi}{2}$$

Utilizaremos la identidad pitagórica para hallar $\operatorname{sen}\ \alpha$ y $\cos\ \beta$.

$$\operatorname{sen}\ \alpha=\sqrt{1-\cos^2\alpha}$$

$$=\sqrt{1-\tfrac{1}{4}}$$

$$=\sqrt{\tfrac{3}{4}}$$

$$=\tfrac{\sqrt{3}}{2}$$

$$\cos\ \beta=\sqrt{1-\operatorname{sen}^2\beta}$$

$$=\sqrt{1-\tfrac{9}{25}}$$

$$=\sqrt{\tfrac{16}{25}}$$

$$=\tfrac{4}{5}$$

Con la fórmula de suma para el seno,

$$\begin{aligned}
&\text{sen}\left(\cos^{-1}\ \tfrac{1}{2} + \text{sen}^{-1}\ \tfrac{3}{5}\right) = \text{sen}\,(\alpha + \beta) \\
&= \text{sen}\ \alpha\ \cos\ \beta + \cos\ \alpha\ \text{sen}\ \beta \\
&= \tfrac{\sqrt{3}}{2} \cdot \tfrac{4}{5} + \tfrac{1}{2} \cdot \tfrac{3}{5} \\
&= \tfrac{4\sqrt{3}+3}{10}
\end{aligned}$$

Usar las fórmulas de suma y diferencia para la tangente

Hallar los valores exactos de la tangente de la suma o diferencia de dos ángulos es un poco más complicado. No obstante, cabe recalcar que es cuestión de reconocer el patrón.

Hallar la fórmula de la suma de dos ángulos para la tangente implica tomar el cociente de las fórmulas de la suma para el seno y el coseno y simplificar. Recuerde, $\tan\ x = \frac{\text{sen}\ x}{\cos\ x}, \cos\ x \neq 0.$

Derivemos la fórmula de la suma para la tangente.

$$\begin{aligned}
&\tan\,(\alpha + \beta) = \tfrac{\text{sen}(\alpha+\beta)}{\cos(\alpha+\beta)} \\
&= \tfrac{\text{sen}\ \alpha\ \cos\ \beta + \cos\ \alpha\ \text{sen}\ \beta}{\cos\ \alpha\ \cos\ \beta - \text{sen}\ \alpha\ \text{sen}\ \beta} \\
&= \frac{\frac{\text{sen}\ \alpha\ \cos\ \beta + \cos\ \alpha\ \text{sen}\ \beta}{\cos\ \alpha\ \cos\ \beta}}{\frac{\cos\ \alpha\ \cos\ \beta - \text{sen}\ \alpha\ \text{sen}\ \beta}{\cos\ \alpha\ \cos\ \beta}} \qquad \text{Divida el numerador y el denominador entre } \cos\ \alpha\ \ \cos\ \beta \\
&= \frac{\frac{\text{sen}\ \alpha\ \cancel{\cos\ \beta}}{\cos\ \alpha\ \cancel{\cos\ \beta}} + \frac{\cancel{\cos\ \alpha}\ \text{sen}\ \beta}{\cancel{\cos\ \alpha}\ \cos\ \beta}}{\frac{\cancel{\cos\ \alpha}\ \cancel{\cos\ \beta}}{\cancel{\cos\ \alpha}\ \cancel{\cos\ \beta}} - \frac{\text{sen}\ \alpha\ \text{sen}\ \beta}{\cos\ \alpha\ \cos\ \beta}} \\
&= \frac{\frac{\text{sen}\ \alpha}{\cos\ \alpha} + \frac{\text{sen}\ \beta}{\cos\ \beta}}{1 - \frac{\text{sen}\ \alpha\ \text{sen}\ \beta}{\cos\ \alpha\ \cos\ \beta}} \\
&= \frac{\tan\ \alpha + \tan\ \beta}{1 - \tan\ \alpha\ \tan\ \beta}
\end{aligned}$$

Podemos derivar la fórmula de la diferencia para la tangente de forma similar.

Fórmulas de suma y diferencia para la tangente

Las fórmulas de suma y diferencia para la tangente son:

$$\tan\,(\alpha + \beta) = \frac{\tan\ \alpha + \tan\ \beta}{1 - \tan\ \alpha\ \tan\ \beta}$$

$$\tan\,(\alpha - \beta) = \frac{\tan\ \alpha - \tan\ \beta}{1 + \tan\ \alpha\ \tan\ \beta}$$

CÓMO

Dados dos ángulos, hallar la tangente de la suma de los ángulos.

1. Escriba la fórmula de la suma para la tangente.
2. Sustituya los ángulos dados en la fórmula.
3. Simplifique.

EJEMPLO 5

Hallar el valor exacto de una expresión que implica la tangente

Halle el valor exacto de $\tan\left(\frac{\pi}{6}+\frac{\pi}{4}\right)$.

Solución

Primero escribamos la fórmula de la suma para la tangente y sustituyamos los ángulos dados en la fórmula.

$$\tan(\alpha+\beta)=\frac{\tan\ \alpha+\tan\ \beta}{1-\tan\ \alpha\ \tan\ \beta}$$
$$\tan\left(\frac{\pi}{6}+\frac{\pi}{4}\right)=\frac{\tan\left(\frac{\pi}{6}\right)+\tan\left(\frac{\pi}{4}\right)}{1-\left(\tan\left(\frac{\pi}{6}\right)\right)\left(\tan\left(\frac{\pi}{4}\right)\right)}$$

A continuación, determinamos cada una de las tangentes dentro de la fórmula:

$$\tan\left(\frac{\pi}{6}\right)=\frac{1}{\sqrt{3}},\tan\left(\frac{\pi}{4}\right)=1$$

Así que tenemos

$$\begin{aligned}\tan\left(\frac{\pi}{6}+\frac{\pi}{4}\right)&=\frac{\frac{1}{\sqrt{3}}+1}{1-\left(\frac{1}{\sqrt{3}}\right)(1)}\\&=\frac{\frac{1+\sqrt{3}}{\sqrt{3}}}{\frac{\sqrt{3}-1}{\sqrt{3}}}\\&=\frac{1+\sqrt{3}}{\sqrt{3}}\left(\frac{\sqrt{3}}{\sqrt{3}-1}\right)\\&=\frac{\sqrt{3}+1}{\sqrt{3}-1}\end{aligned}$$

> **INTÉNTELO** #3 Halle el valor exacto de $\tan\left(\frac{2\pi}{3}+\frac{\pi}{4}\right)$.

EJEMPLO 6

Hallar varias sumas y diferencias de ángulos

Dados $\text{sen}\ \alpha=\frac{3}{5}, 0<\alpha<\frac{\pi}{2}, \cos\ \beta=-\frac{5}{13}, \pi<\beta<\frac{3\pi}{2}$, halle

Ⓐ $\text{sen}(\alpha+\beta)$ Ⓑ $\cos(\alpha+\beta)$ Ⓒ $\tan(\alpha+\beta)$ Ⓓ $\tan(\alpha-\beta)$

Solución

Podemos utilizar las fórmulas de suma y diferencia para identificar la suma o diferencia de ángulos cuando se proporciona el cociente del seno, coseno o tangente para cada uno de los ángulos. Para ello, construimos el llamado triángulo de referencia que permita dar con cada elemento de las fórmulas de suma y diferencia.

Ⓐ Para hallar $\text{sen}(\alpha+\beta)$, comenzamos con $\text{sen}\ \alpha=\frac{3}{5}$ y $0<\alpha<\frac{\pi}{2}$. El lado opuesto α tiene una longitud de 3, la hipotenusa tiene una longitud de 5, y α está en el primer cuadrante. Vea la Figura 4. Con el teorema de Pitágoras podemos medir la longitud del lado

$$\begin{aligned}a^2+3^2&=5^2\\a: a^2&=16\\a&=4\end{aligned}$$

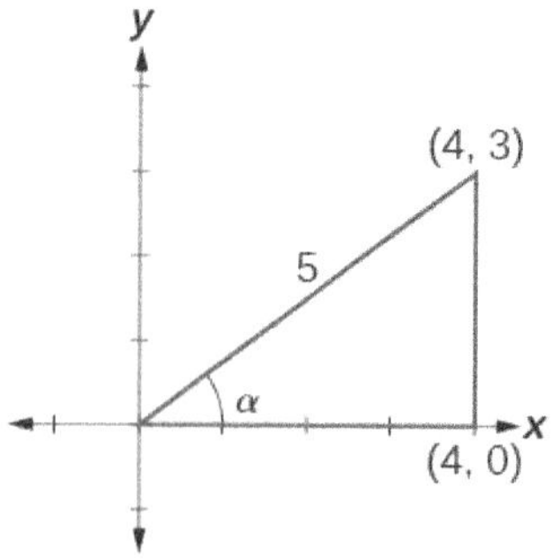

Figura 4

Dado que cos $\beta = -\frac{5}{13}$ y $\pi < \beta < \frac{3\pi}{2}$, el lado adyacente a β es -5, la hipotenusa es 13, y β está en el tercer cuadrante. Vea la Figura 5. De nuevo, con el teorema de Pitágoras, obtenemos

$$\begin{aligned}(-5)^2 + a^2 &= 13^2\\ 25 + a^2 &= 169\\ a^2 &= 144\\ a &= \pm 12\end{aligned}$$

Dado que β está en el tercer cuadrante, $a = -12$.

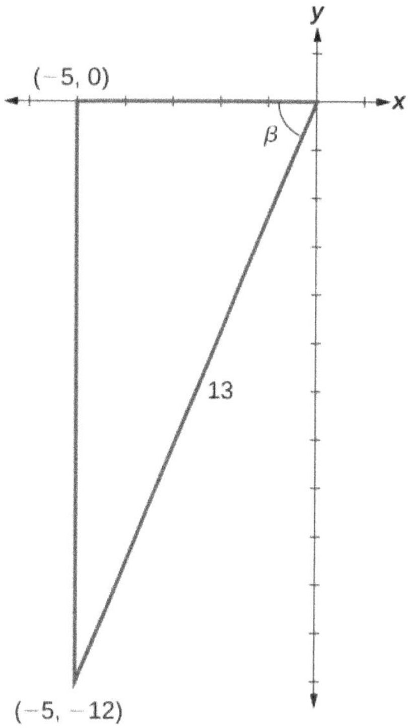

Figura 5

El siguiente paso es hallar el coseno de α y el seno de β. El coseno de α es el lado adyacente sobre la hipotenusa. Podemos hallarlo a partir del triángulo en la Figura 5: $\cos\ \alpha = \frac{4}{5}$. También podemos hallar el seno de β del triángulo en la Figura 5, como el lado opuesto sobre la hipotenusa: $\text{sen}\ \beta = -\frac{12}{13}$. Ahora estamos listos para evaluar $\text{sen}(\alpha + \beta)$.

$$\begin{aligned}\text{sen}(\alpha + \beta) &= \text{sen}\ \alpha \cos\ \beta + \cos\ \alpha\, \text{sen}\ \beta\\ &= \left(\frac{3}{5}\right)\left(-\frac{5}{13}\right) + \left(\frac{4}{5}\right)\left(-\frac{12}{13}\right)\\ &= -\frac{15}{65} - \frac{48}{65}\\ &= -\frac{63}{65}\end{aligned}$$

Ⓑ Podemos hallar $\cos(\alpha+\beta)$ de manera semejante. Sustituimos los valores según la fórmula.

$$\begin{aligned}\cos(\alpha+\beta) &= \cos\alpha\cos\beta-\operatorname{sen}\alpha\operatorname{sen}\beta\\ &= \left(\tfrac{4}{5}\right)\left(-\tfrac{5}{13}\right)-\left(\tfrac{3}{5}\right)\left(-\tfrac{12}{13}\right)\\ &= -\tfrac{20}{65}+\tfrac{36}{65}\\ &= \tfrac{16}{65}\end{aligned}$$

Ⓒ Para $\tan(\alpha+\beta)$, si $\operatorname{sen}\alpha=\frac{3}{5}$ y $\cos\alpha=\frac{4}{5}$, entonces

$$\tan\alpha=\frac{\frac{3}{5}}{\frac{4}{5}}=\frac{3}{4}$$

Si los valores de $\operatorname{sen}\beta=-\frac{12}{13}$ y $\cos\beta=-\frac{5}{13}$, entonces

$$\tan\beta=\frac{\frac{-12}{13}}{\frac{-5}{13}}=\frac{12}{5}$$

Entonces,

$$\begin{aligned}\tan(\alpha+\beta) &= \frac{\tan\alpha+\tan\beta}{1-\tan\alpha\tan\beta}\\ &= \frac{\frac{3}{4}+\frac{12}{5}}{1-\frac{3}{4}\left(\frac{12}{5}\right)}\\ &= \frac{\frac{63}{20}}{-\frac{16}{20}}\\ &= -\frac{63}{16}\end{aligned}$$

Ⓓ Para hallar $\tan(\alpha-\beta)$, tenemos los valores que necesitamos. Podemos sustituirlos y evaluarlos.

$$\begin{aligned}\tan(\alpha-\beta) &= \frac{\tan\alpha-\tan\beta}{1+\tan\alpha\tan\beta}\\ &= \frac{\frac{3}{4}-\frac{12}{5}}{1+\frac{3}{4}\left(\frac{12}{5}\right)}\\ &= \frac{-\frac{33}{20}}{\frac{56}{20}}\\ &= -\frac{33}{56}\end{aligned}$$

Análisis

Un error común al abordar problemas como este es que podemos caer en la tentación de pensar que α y β son ángulos en el mismo triángulo. Por supuesto, no lo son. También hay que tener en cuenta que

$$\tan(\alpha+\beta)=\frac{\operatorname{sen}(\alpha+\beta)}{\cos(\alpha+\beta)}$$

Usar las fórmulas de suma y diferencia para las cofunciones

Ahora que hallamos las funciones seno, coseno y tangente para las sumas y diferencias de los ángulos, podemos utilizarlas para hacer lo mismo con sus cofunciones. Recordará de la Trigonometría de triángulos rectángulos que, si la suma de dos ángulos positivos es $\frac{\pi}{2}$, esos dos ángulos son complementarios, y la suma de los dos ángulos agudos en un triángulo rectángulo es $\frac{\pi}{2}$, por lo que también son complementos. En la Figura 6, observe que, si uno de los ángulos agudos se marca como θ, entonces el otro ángulo agudo debe marcarse $\left(\frac{\pi}{2}-\theta\right)$.

Observe también que $\operatorname{sen}\theta=\cos\left(\frac{\pi}{2}-\theta\right)$: opuesto sobre la hipotenusa. Así, cuando dos ángulos son complementarios, podemos enunciar que el seno de θ es igual a la cofunción del complemento de θ. Del mismo modo, la tangente y la cotangente son cofunciones, y la secante y la cosecante son cofunciones.

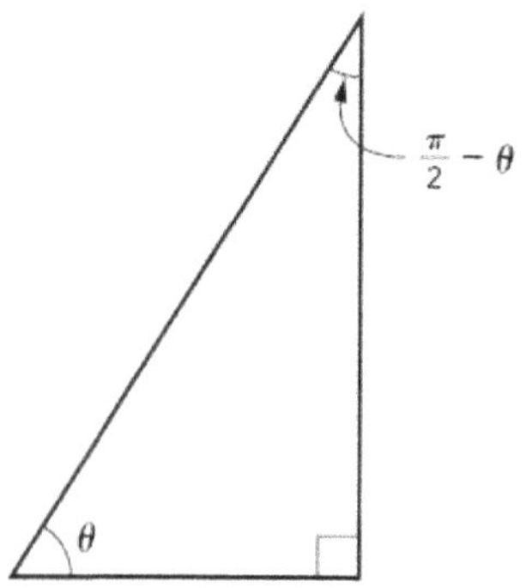

Figura 6

A partir de estas relaciones, se forman las identidades de cofunción.

Identidades de la cofunción

Las identidades de cofunción se resumen en la Tabla 2.

$\text{sen } \theta = \cos\left(\frac{\pi}{2} - \theta\right)$	$\cos \theta = \text{sen}\left(\frac{\pi}{2} - \theta\right)$
$\tan \theta = \cot\left(\frac{\pi}{2} - \theta\right)$	$\cot \theta = \tan\left(\frac{\pi}{2} - \theta\right)$
$\sec \theta = \csc\left(\frac{\pi}{2} - \theta\right)$	$\csc \theta = \sec\left(\frac{\pi}{2} - \theta\right)$

Tabla 2

Observe que las fórmulas de la tabla también pueden justificarse algebraicamente mediante las fórmulas de suma y diferencia. Por ejemplo, utilizando

$$\cos(\alpha - \beta) = \cos \alpha \cos \beta + \text{sen } \alpha \text{ sen } \beta,$$

podemos escribir

$$\begin{aligned}\cos\left(\frac{\pi}{2} - \theta\right) &= \cos \frac{\pi}{2} \cos \theta + \text{sen } \frac{\pi}{2} \text{ sen } \theta \\ &= (0)\cos \theta + (1)\text{ sen } \theta \\ &= \text{sen } \theta\end{aligned}$$

EJEMPLO 7

Hallar una cofunción con el mismo valor que la expresión dada
Escriba $\tan \frac{\pi}{9}$ en términos de su cofunción.

Solución
La cofunción de $\tan \theta = \cot\left(\frac{\pi}{2} - \theta\right)$. Así,

$$\begin{aligned}\tan\left(\frac{\pi}{9}\right) &= \cot\left(\frac{\pi}{2} - \frac{\pi}{9}\right) \\ &= \cot\left(\frac{9\pi}{18} - \frac{2\pi}{18}\right) \\ &= \cot\left(\frac{7\pi}{18}\right)\end{aligned}$$

INTÉNTELO #4 Escriba $\text{sen } \frac{\pi}{7}$ en términos de su cofunción.

Usar las fórmulas de suma y diferencia para verificar las identidades

Verificar una identidad significa demostrar que la ecuación es válida para todos los valores de la variable. Ayuda estar bastante familiarizado con las identidades o tener una lista de ellas accesible mientras se trabajan los problemas. Repasar las reglas generales de Resolución de ecuaciones trigonométricas con identidades simplifica la verificación de identidad.

CÓMO

Dada una identidad, verificarla con las fórmulas de suma y diferencia.

1. Comience con la expresión del lado del signo igual que parezca más compleja. Reescriba esa expresión hasta que coincida con el otro lado del signo de igualdad. Ocasionalmente, es posible que tengamos que alterar ambos lados; sin embargo, trabajar en un solo lado es lo más eficiente.
2. Busque oportunidades para utilizar las fórmulas de suma y diferencia.
3. Reescriba sumas o diferencias de cocientes como cocientes simples.
4. Si el proceso se vuelve engorroso, reescriba la expresión en términos de seno y coseno.

EJEMPLO 8

Verificar una identidad que implique el seno

Verifique la identidad $\text{sen}(\alpha+\beta)+\text{sen}(\alpha-\beta)=2\ \text{sen}\ \alpha\ \cos\ \beta$.

Solución

Vemos que el lado izquierdo de la ecuación incluye el seno de la suma y la diferencia de los ángulos.

$$\text{sen}(\alpha+\beta)=\text{sen}\ \alpha\ \cos\ \beta+\cos\ \alpha\ \text{sen}\ \beta$$
$$\text{sen}(\alpha-\beta)=\text{sen}\ \alpha\ \cos\ \beta-\cos\ \alpha\ \text{sen}\ \beta$$

Podemos reescribir cada una de ellas con las fórmulas de suma y diferencia.

$$\begin{aligned}\text{sen}(\alpha+\beta)+\text{sen}(\alpha-\beta)&=\text{sen}\ \alpha\ \cos\ \beta+\cos\ \alpha\ \text{sen}\ \beta+\text{sen}\ \alpha\ \cos\ \beta-\cos\ \alpha\ \text{sen}\ \beta\\&=2\ \text{sen}\ \alpha\ \cos\ \beta\end{aligned}$$

Vemos que la identidad se verifica.

EJEMPLO 9

Verificar una identidad que implique la tangente

Verifique la siguiente identidad.

$$\frac{\text{sen}(\alpha-\beta)}{\cos\ \alpha\ \cos\ \beta}=\tan\ \alpha-\tan\ \beta$$

Solución

Podemos empezar por reescribir el numerador en el lado izquierdo de la ecuación.

$$\begin{aligned}\frac{\text{sen}(\alpha-\beta)}{\cos\ \alpha\ \cos\ \beta}&=\frac{\text{sen}\ \alpha\ \cos\ \beta-\cos\ \alpha\ \text{sen}\ \beta}{\cos\ \alpha\ \cos\ \beta}\\&=\frac{\text{sen}\ \alpha\ \cancel{\cos\ \beta}}{\cos\ \alpha\ \cancel{\cos\ \beta}}-\frac{\cancel{\cos\ \alpha}\ \text{sen}\ \beta}{\cancel{\cos\ \alpha}\ \cos\ \beta} && \text{Reescribir con un denominador común.}\\&=\frac{\text{sen}\ \alpha}{\cos\ \alpha}-\frac{\text{sen}\ \beta}{\cos\ \beta} && \text{Cancele.}\\&=\tan\ \alpha-\tan\ \beta && \text{Reescriba en términos de tangente.}\end{aligned}$$

Vemos que la identidad se verifica. En muchos casos, se puede verificar exitosamente la identidad de la tangente al escribirla en términos de seno y coseno.

INTÉNTELO #5 Verifique la identidad: $\tan(\pi-\theta)=-\tan\ \theta$.

EJEMPLO 10

Usar las fórmulas de suma y diferencia para resolver un problema de aplicación

Supongamos que L_1 y L_2 denotan dos líneas no verticales que se cruzan, y supongamos que θ denota el ángulo agudo entre L_1 y L_2. Vea la Figura 7. Demuestre que

$$\tan\ \theta = \frac{m_2 - m_1}{1 + m_1 m_2}$$

donde m_1 y m_2 son las pendientes de L_1 y L_2 respectivamente. (**Pista:** Utilice el hecho de que $\tan\ \theta_1 = m_1$ y $\tan\ \theta_2 = m_2$.).

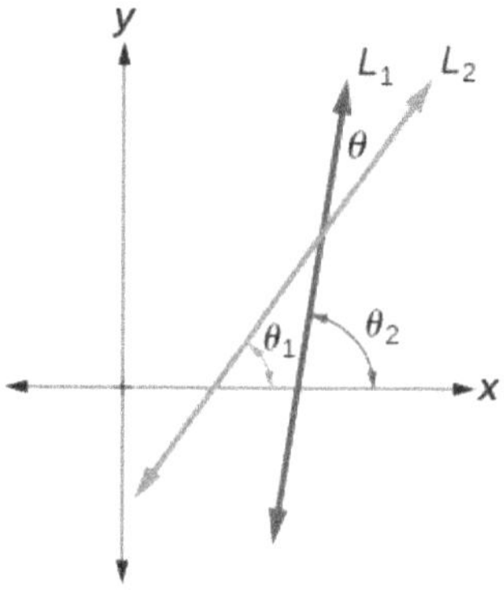

Figura 7

Solución

Con la fórmula de la diferencia para la tangente, este problema no luce tan desalentador.

$$\begin{aligned} \tan\ \theta &= \tan(\theta_2 - \theta_1) \\ &= \frac{\tan\ \theta_2 - \tan\ \theta_1}{1 + \tan\ \theta_1\ \tan\ \theta_2} \\ &= \frac{m_2 - m_1}{1 + m_1 m_2} \end{aligned}$$

EJEMPLO 11

Investigación de un problema de cableado

Para un muro de escalada, un cable de sujeción R está fijado a 47 pies de altura en un poste vertical. El soporte adicional lo proporciona otro cable de sujeción S, que está fijado a 40 pies del suelo en el mismo poste. Si los cables están fijados al suelo a 50 pies del poste, halle el ángulo α entre los cables. Vea la Figura 8.

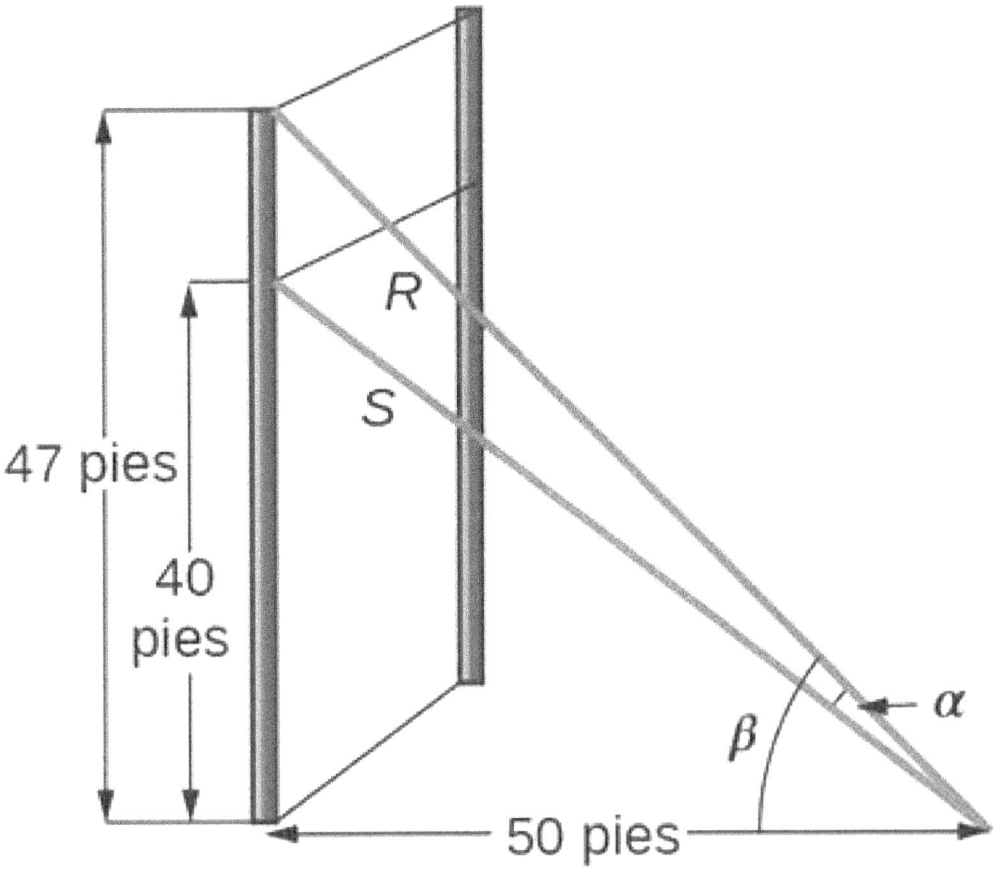

Figura 8

Solución

Resumamos primero la información que podemos obtener del diagrama. Dado que apenas se conocen los lados adyacentes al ángulo recto, podemos utilizar la función tangente. Observe que $\tan\ \beta = \frac{47}{50}$, y $\tan(\beta - \alpha) = \frac{40}{50} = \frac{4}{5}$. Podemos entonces utilizar la fórmula de la diferencia para la tangente.

$$\tan(\beta - \alpha) = \frac{\tan\ \beta - \tan\ \alpha}{1 + \tan\ \beta \tan\ \alpha}$$

Ahora, sustituyendo los valores que conocemos en la fórmula, tenemos

$$\begin{aligned} \frac{4}{5} &= \frac{\frac{47}{50} - \tan\ \alpha}{1 + \frac{47}{50}\tan\ \alpha} \\ 4\left(1 + \frac{47}{50}\tan\ \alpha\right) &= 5\left(\frac{47}{50} - \tan\ \alpha\right) \end{aligned}$$

Utilice la propiedad distributiva y luego simplifique las funciones.

$$\begin{aligned} &4(1) + 4\left(\frac{47}{50}\right)\tan\ \alpha = 5\left(\frac{47}{50}\right) - 5\ \ \tan\ \alpha \\ &4 + 3{,}76\ \ \tan\ \alpha = 4{,}7 - 5\ \ \tan\ \alpha \\ &5\ \ \tan\ \alpha + 3{,}76\ \ \tan\ \alpha = 0{,}7 \\ &8{,}76\ \ \tan\ \alpha = 0{,}7 \\ &\tan\ \alpha \approx 0{,}07991 \\ &\tan^{-1}(0{,}07991) \approx 0{,}079741 \end{aligned}$$

Ahora podemos calcular el ángulo en grados.

$$\alpha \approx 0{,}079741 \left(\frac{180}{\pi}\right) \approx 4{,}57°$$

Análisis

En ocasiones, cuando aparece una aplicación que incluye un triángulo rectángulo, podemos pensar que la resolución es cuestión de aplicar el teorema de Pitágoras. Eso puede ser parcialmente cierto, pero depende de lo que se pida en el problema y de la información que se dé.

MEDIA

Acceda a estos recursos en línea para obtener instrucciones adicionales y practicar con las identidades de suma y diferencia.

Identidades de suma y diferencia para el coseno (http://openstax.org/l/sumdifcos)
Identidades de suma y diferencia para el seno (http://openstax.org/l/sumdifsin)
Identidades de suma y diferencia para la tangente (http://openstax.org/l/sumdiftan)

7.2 EJERCICIOS DE SECCIÓN

Verbales

1. Explique el fundamento de las identidades de cofunción y cuándo se aplican.

2. ¿Existe una sola manera de evaluar $\cos\left(\frac{5\pi}{4}\right)$? Explique cómo establecer la solución de dos maneras diferentes, y luego calcular para que den la misma respuesta.

3. Explique a alguien que haya olvidado las propiedades pares-impares de las funciones sinusoidales cómo las fórmulas de suma y resta pueden determinar esta característica para $f(x) = \text{sen}(x)$ y $g(x) = \cos(x)$. (Pista: $0 - x = -x$).

Algebraicos

En los siguientes ejercicios, halle el valor exacto.

4. $\cos\left(\frac{7\pi}{12}\right)$

5. $\cos\left(\frac{\pi}{12}\right)$

6. $\text{sen}\left(\frac{5\pi}{12}\right)$

7. $\text{sen}\left(\frac{11\pi}{12}\right)$

8. $\tan\left(-\frac{\pi}{12}\right)$

9. $\tan\left(\frac{19\pi}{12}\right)$

En los siguientes ejercicios, reescriba en términos de $\text{sen}\ x$ *y* $\cos\ x$.

10. $\text{sen}\left(x + \frac{11\pi}{6}\right)$

11. $\text{sen}\left(x - \frac{3\pi}{4}\right)$

12. $\cos\left(x - \frac{5\pi}{6}\right)$

13. $\cos\left(x + \frac{2\pi}{3}\right)$

En los siguientes ejercicios, simplifique la expresión dada.

14. $\csc\left(\frac{\pi}{2} - t\right)$

15. $\sec\left(\frac{\pi}{2} - \theta\right)$

16. $\cot\left(\frac{\pi}{2} - x\right)$

17. $\tan\left(\frac{\pi}{2} - x\right)$

18. $\operatorname{sen}(2x)\cos(5x) - \operatorname{sen}(5x)\cos(2x)$

19. $\dfrac{\tan\left(\frac{3}{2}x\right)-\tan\left(\frac{7}{5}x\right)}{1+\tan\left(\frac{3}{2}x\right)\tan\left(\frac{7}{5}x\right)}$

En los siguientes ejercicios, halle la información solicitada.

20. Dado que sen $a = \frac{2}{3}$ y cos $b = -\frac{1}{4}$, con la a y b ambos en el intervalo $\left[\frac{\pi}{2}, \pi\right)$, calcule $\operatorname{sen}(a+b)$ y $\cos(a-b)$.

21. Dado que sen $a = \frac{4}{5}$, y cos $b = \frac{1}{3}$, con la a y b ambos en el intervalo $\left[0, \frac{\pi}{2}\right)$, calcule $\operatorname{sen}(a-b)$ y $\cos(a+b)$.

En los siguientes ejercicios, halle el valor exacto de cada expresión.

22. $\operatorname{sen}\left(\cos^{-1}(0) - \cos^{-1}\left(\frac{1}{2}\right)\right)$

23. $\cos\left(\cos^{-1}\left(\frac{\sqrt{2}}{2}\right) + \operatorname{sen}^{-1}\left(\frac{\sqrt{3}}{2}\right)\right)$

24. $\tan\left(\operatorname{sen}^{-1}\left(\frac{1}{2}\right) - \cos^{-1}\left(\frac{1}{2}\right)\right)$

Gráficos

En los siguientes ejercicios, simplifique la expresión y luego grafique ambas expresiones como funciones para verificar que los gráficos sean idénticos.

25. $\cos\left(\frac{\pi}{2} - x\right)$

26. $\operatorname{sen}(\pi - x)$

27. $\tan\left(\frac{\pi}{3} + x\right)$

28. $\operatorname{sen}\left(\frac{\pi}{3} + x\right)$

29. $\tan\left(\frac{\pi}{4} - x\right)$

30. $\cos\left(\frac{7\pi}{6} + x\right)$

31. $\operatorname{sen}\left(\frac{\pi}{4} + x\right)$

32. $\cos\left(\frac{5\pi}{4} + x\right)$

En los siguientes ejercicios, utilice un gráfico para determinar si las funciones son iguales o diferentes. Si son iguales, demuestre por qué. Si son diferentes, sustituya la segunda función por una idéntica a la primera. (Pista: piense en $2x = x + x$.).

33. $f(x) = \operatorname{sen}(4x) - \operatorname{sen}(3x)\cos x$,
$g(x) = \operatorname{sen} x \cos(3x)$

34. $f(x) = \cos(4x) + \operatorname{sen} x \operatorname{sen}(3x)$, $g(x) = -\cos x \cos(3x)$

35. $f(x) = \operatorname{sen}(3x)\cos(6x)$,
$g(x) = -\operatorname{sen}(3x)\cos(6x)$

36. $f(x) = \operatorname{sen}(4x)$,
$g(x) = \operatorname{sen}(5x)\cos x - \cos(5x)\operatorname{sen} x$

37. $f(x) = \operatorname{sen}(2x)$, $g(x) = 2 \operatorname{sen} x \cos x$

38. $f(\theta) = \cos(2\theta)$, $g(\theta) = \cos^2\theta - \operatorname{sen}^2\theta$

39. $f(\theta) = \tan(2\theta)$, $g(\theta) = \frac{\tan\theta}{1+\tan^2\theta}$

40. $f(x) = \operatorname{sen}(3x)\operatorname{sen} x$,
$g(x) = \operatorname{sen}^2(2x)\cos^2 x - \cos^2(2x)\operatorname{sen}^2 x$

41. $f(x) = \tan(-x),\, g(x) = \frac{\tan\ x - \tan(2x)}{1 - \tan\ x\ \tan(2x)}$

En tecnología

En los siguientes ejercicios, halle el valor exacto algebraicamente y luego confirme la respuesta con una calculadora hasta el cuarto decimal.

42. $\text{sen}\,(75°)$

43. $\text{sen}\,(195°)$

44. $\cos\,(165°)$

45. $\cos\,(345°)$

46. $\tan\,(-15°)$

Extensiones

En los siguientes ejercicios, demuestre las identidades proporcionadas.

47. $\tan(x + \frac{\pi}{4}) = \frac{\tan\ x + 1}{1 - \tan\ x}$

48. $\frac{\tan(a+b)}{\tan(a-b)} = \frac{\text{sen}\ a\ \cos\ a + \text{sen}\ b\ \cos\ b}{\text{sen}\ a\ \cos\ a - \text{sen}\ b\ \cos\ b}$

49. $\frac{\cos(a+b)}{\cos\ a\ \cos\ b} = 1 - \tan\ a\ \tan\ b$

50. $\cos\,(x + y)\cos\,(x - y) = \cos^2 x - \text{sen}^2\, y$

51. $\frac{\cos(x+h) - \cos\ x}{h} = \cos\ x\frac{\cos\ h - 1}{h} - \text{sen}\ x\frac{\text{sen}\ h}{h}$

En los siguientes ejercicios, demuestre o refute los enunciados.

52. $\tan(u + v) = \frac{\tan\ u + \tan\ v}{1 - \tan\ u\ \tan\ v}$

53. $\tan(u - v) = \frac{\tan\ u - \tan\ v}{1 + \tan\ u\ \tan\ v}$

54. $\frac{\tan(x+y)}{1 + \tan\ x\ \tan\ x} = \frac{\tan\ x + \tan\ y}{1 - \tan^2 x\ \tan^2 y}$

55. Si los valores de $\alpha, \beta,$ y γ son ángulos en el mismo triángulo, entonces demuestre o refute $\text{sen}\,(\alpha + \beta) = \text{sen}\ \gamma$.

56. Si los valores de $\alpha, \beta,$ y γ son ángulos en el mismo triángulo, entonces demuestre o refute $\tan\ \alpha + \tan\ \beta + \tan\ \gamma = \tan\ \alpha\ \tan\ \beta\ \tan\ \gamma$

7.3 Fórmulas del ángulo doble, el ángulo medio y la reducción

Objetivos de aprendizaje

En esta sección, podrá:

- Utilizar las fórmulas del ángulo doble para hallar los valores exactos.
- Utilizar las fórmulas del ángulo doble para verificar las identidades.
- Utilizar fórmulas de reducción para simplificar una expresión.
- Utilizar las fórmulas de ángulo medio para calcular los valores exactos.

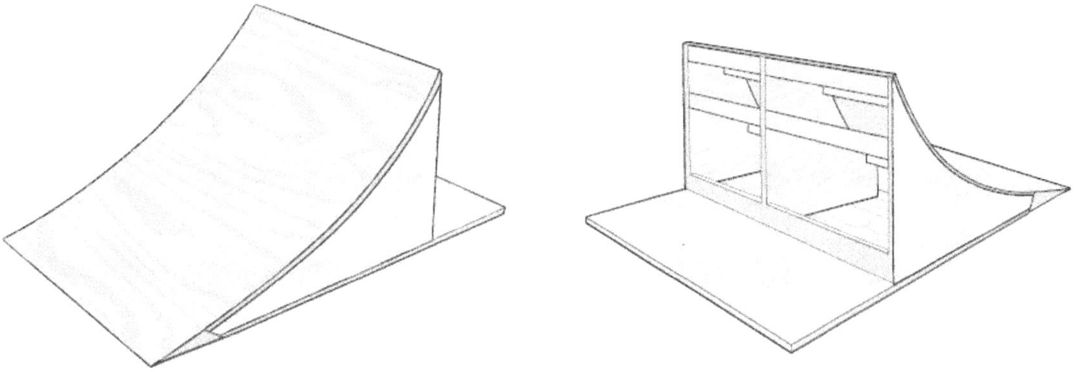

Figura 1 Las rampas para ciclistas avanzados tienen una inclinación más pronunciada que las destinadas a los principiantes.

Las rampas para bicicletas hechas para la competición (ver la Figura 1) deben variar en altura, dependiendo del nivel de habilidad de los competidores. Para los competidores avanzados, el ángulo formado por la rampa y el suelo debe ser θ de manera que $\tan\ \theta = \frac{5}{3}$. El ángulo se divide en dos para los principiantes. ¿Cuál es la inclinación de la rampa para los principiantes? En esta sección, investigaremos tres categorías adicionales de identidades que podemos utilizar para responder a preguntas como esta.

Usar fórmulas del ángulo doble para hallar valores exactos

En el apartado anterior, utilizamos fórmulas de suma y resta de funciones trigonométricas. Ahora, repasamos esas mismas fórmulas. Las fórmulas del ángulo doble son un caso especial de las fórmulas de suma, donde $\alpha = \beta$. La derivación de la fórmula del ángulo doble del seno comienza con la fórmula de la suma,

$$\text{sen}\,(\alpha + \beta) = \text{sen}\ \alpha\ \cos\ \beta + \cos\ \alpha\ \text{sen}\ \beta$$

Supongamos que $\alpha = \beta = \theta$, entonces tenemos

$$\begin{aligned} \text{sen}\,(\theta + \theta) &= \text{sen}\ \theta\ \cos\ \theta + \cos\ \theta\ \text{sen}\ \theta \\ \text{sen}\,(2\theta) &= 2\,\text{sen}\ \theta\ \cos\ \theta \end{aligned}$$

La derivación del ángulo doble para el coseno nos brinda tres opciones. Primero, partiendo de la fórmula de la suma, $\cos\,(\alpha + \beta) = \cos\ \alpha\ \cos\ \beta - \text{sen}\ \alpha\ \text{sen}\ \beta$, y suponiendo que $\alpha = \beta = \theta$, tenemos

$$\begin{aligned} \cos(\theta + \theta) &= \cos\ \theta\ \cos\ \theta - \text{sen}\ \theta\,\text{sen}\ \theta \\ \cos(2\theta) &= \cos^2\theta - \text{sen}^2\theta \end{aligned}$$

Con las propiedades pitagóricas podemos ampliar esta fórmula de ángulo doble para el coseno y obtener otras dos interpretaciones. La primera es:

$$\begin{aligned} \cos(2\theta) &= \cos^2\theta - \text{sen}^2\theta \\ &= (1 - \text{sen}^2\theta) - \text{sen}^2\theta \\ &= 1 - 2\text{sen}^2\theta \end{aligned}$$

La segunda interpretación es:

$$\begin{aligned} \cos(2\theta) &= \cos^2\theta - \text{sen}^2\theta \\ &= \cos^2\theta - (1 - \cos^2\theta) \\ &= 2\ \cos^2\theta - 1 \end{aligned}$$

Del mismo modo, para derivar la fórmula del ángulo doble para la tangente, al sustituir $\alpha = \beta = \theta$ en la fórmula de la suma da

$$\begin{aligned} \tan\,(\alpha + \beta) &= \frac{\tan\ \alpha + \tan\ \beta}{1 - \tan\ \alpha\ \tan\ \beta} \\ \tan\,(\theta + \theta) &= \frac{\tan\ \theta + \tan\ \theta}{1 - \tan\ \theta\ \tan\ \theta} \\ \tan\,(2\theta) &= \frac{2\tan\ \theta}{1 - \tan^2\theta} \end{aligned}$$

Fórmulas del ángulo doble

Las **fórmulas del ángulo doble** se resumen como sigue:

$$\operatorname{sen}(2\theta) = 2 \ \operatorname{sen}\ \theta \ \cos\ \theta$$

$$\begin{aligned}\cos(2\theta) &= \cos^2\theta - \operatorname{sen}^2\theta \\ &= 1 - 2\ \operatorname{sen}^2\theta \\ &= 2\ \cos^2\theta - 1\end{aligned}$$

$$\tan(2\theta) = \frac{2\ \tan\ \theta}{1 - \tan^2\theta}$$

CÓMO

Dada la tangente de un ángulo y el cuadrante en el que se encuentra, utilizar las fórmulas del doble ángulo para hallar el valor exacto.

1. Dibuje un triángulo que refleje la información dada.
2. Determine la fórmula correcta del doble ángulo.
3. Sustituya los valores en la fórmula basada en el triángulo.
4. Simplifique.

EJEMPLO 1

Usar una fórmula de ángulo doble para hallar el valor exacto de la tangente

Dado que $\tan\ \theta = -\frac{3}{4}$ y θ está en el cuadrante II, calcule lo siguiente:

Ⓐ $\operatorname{sen}(2\theta)$ Ⓑ $\cos(2\theta)$ Ⓒ $\tan(2\theta)$

Solución

Si dibujamos un triángulo que refleje la información dada, hallamos los valores necesarios para resolver los problemas en la imagen. Se nos da $\tan\ \theta = -\frac{3}{4}$, de manera que θ está en el cuadrante II. La tangente de un ángulo es igual al lado opuesto sobre el lado adyacente, y porque θ está en el segundo cuadrante, el lado adyacente está en el eje x y es negativo. Utilice el teorema de Pitágoras para medir la longitud de la hipotenusa:

$$\begin{aligned}(-4)^2 + (3)^2 &= c^2 \\ 16 + 9 &= c^2 \\ 25 &= c^2 \\ c &= 5\end{aligned}$$

Ahora podemos dibujar un triángulo similar al que se muestra en la Figura 2.

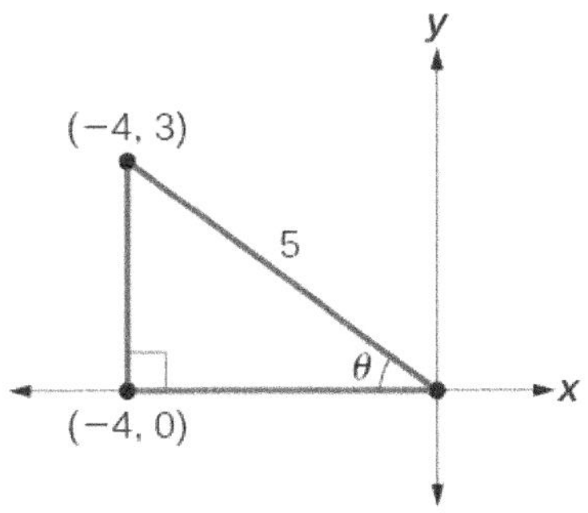

Figura 2

Ⓐ Empecemos por escribir la fórmula del ángulo doble del seno.

$$\text{sen}(2\theta) = 2 \quad \text{sen } \theta \text{ cos } \theta$$

Nos damos cuenta de que tenemos que hallar sen θ y cos θ. Con base en la Figura 2, vemos que la hipotenusa es igual a 5, por lo que sen $\theta = \frac{3}{5}$, y cos $\theta =- \frac{4}{5}$. Sustituya estos valores en la ecuación y simplifique.

Por lo tanto,

$$\begin{aligned} \text{sen}(2\theta) &= 2\left(\tfrac{3}{5}\right)\left(-\tfrac{4}{5}\right) \\ &= -\tfrac{24}{25} \end{aligned}$$

Ⓑ Escriba la fórmula del ángulo doble para el coseno.

$$\cos(2\theta) = \cos^2\theta - \text{sen}^2\theta$$

De nuevo, sustituya los valores del seno y del coseno en la ecuación y simplifique.

$$\begin{aligned} \cos(2\theta) &= \left(-\tfrac{4}{5}\right)^2 - \left(\tfrac{3}{5}\right)^2 \\ &= \tfrac{16}{25} - \tfrac{9}{25} \\ &= \tfrac{7}{25} \end{aligned}$$

Ⓒ Escriba la fórmula del ángulo doble para la tangente.

$$\tan(2\theta) = \frac{2 \tan \theta}{1 - \tan^2\theta}$$

En esta fórmula, necesitamos la tangente, que nos dieron como $\tan \theta = -\frac{3}{4}$. Sustituya este valor en la ecuación y simplifique.

$$\begin{aligned} \tan(2\theta) &= \frac{2\left(-\frac{3}{4}\right)}{1-\left(-\frac{3}{4}\right)^2} \\ &= \frac{-\frac{3}{2}}{1-\frac{9}{16}} \\ &= -\tfrac{3}{2}\left(\tfrac{16}{7}\right) \\ &= -\tfrac{24}{7} \end{aligned}$$

INTÉNTELO #1 Dados sen $\alpha = \frac{5}{8}$, con la θ en el cuadrante I, halle $\cos(2\alpha)$.

EJEMPLO 2

Usar la fórmula del ángulo doble para el coseno sin valores exactos

Utilice la fórmula del ángulo doble del coseno para escribir $\cos(6x)$ en términos de $\cos(3x)$.

Solución

$$\begin{aligned}\cos(6x) &= \cos(2(3x+3x)) \\ &= \cos^2(3x) - \text{sen}^2(3x) \\ &= 2\cos^2(3x) - 1\end{aligned}$$

Análisis

Este ejemplo ilustra que podemos utilizar la fórmula del ángulo doble sin tener valores exactos. Enfatiza que el patrón es lo que necesitamos recordar y que las identidades son verdaderas para todos los valores en el dominio de la función trigonométrica.

Usar fórmulas del ángulo doble para verificar identidades

El establecimiento de las identidades mediante las fórmulas del ángulo doble se realiza con los mismos pasos que utilizamos para derivar las fórmulas de suma y la diferencia. Elija el lado más complicado de la ecuación y reescríbala hasta que coincida con el otro lado.

EJEMPLO 3

Usar las fórmulas del ángulo doble para establecer una identidad

Establezca la siguiente identidad con fórmulas de ángulo doble:

$$1 + \text{sen}\,(2\theta) = (\text{sen}\ \theta + \cos\ \theta)^2$$

Solución

Trabajaremos en el lado derecho del signo de igualdad y reescribiremos la expresión hasta que coincida con el lado izquierdo.

$$\begin{aligned}(\text{sen}\ \theta + \cos\ \theta)^2 &= \text{sen}^2\theta + 2\ \ \text{sen}\ \theta\ \cos\ \theta + \cos^2\theta \\ &= (\text{sen}^2\theta + \cos^2\theta) + 2\ \ \text{sen}\ \theta\ \cos\ \theta \\ &= 1 + 2\ \ \text{sen}\ \theta\ \cos\ \theta \\ &= 1 + \text{sen}(2\theta)\end{aligned}$$

Análisis

Este proceso no es complicado, siempre que recordemos la fórmula del cuadrado perfecto del álgebra:

$$(a \pm b)^2 = a^2 \pm 2ab + b^2$$

donde $a = \text{sen}\ \theta$ y $b = \cos\ \theta$. Parte del éxito en las matemáticas es la capacidad de reconocer patrones. Aunque los términos o símbolos pueden cambiar, el álgebra sigue siendo coherente.

INTÉNTELO #2 Establezca la identidad: $\cos^4\theta - \text{sen}^4\theta = \cos(2\theta)$.

EJEMPLO 4

Verificar una identidad de ángulo doble para la tangente

Verifique la identidad:

$$\tan(2\theta) = \frac{2}{\cot\ \theta - \tan\ \theta}$$

Solución

En este caso, trabajaremos con el lado izquierdo de la ecuación y simplificaremos o reescribiremos hasta que sea igual al lado derecho de la ecuación.

$$\tan(2\theta) = \frac{2\ \tan\ \theta}{1-\tan^2\theta}$$ Fórmula del ángulo doble

$$= \frac{2\ \tan\ \theta\left(\frac{1}{\tan\ \theta}\right)}{\left(1-\tan^2\theta\right)\left(\frac{1}{\tan\ \theta}\right)}$$ Multiplique por un término que dé como resultado el numerador deseado.

$$= \frac{2}{\frac{1}{\tan\ \theta}-\frac{\tan^2\theta}{\tan\ \theta}}$$

$$= \frac{2}{\cot\ \theta - \tan\ \theta}$$ Utilice la identidad recíproca para $\frac{1}{\tan\ \theta}$.

Análisis

Este es un caso en el que el lado más complicado de la ecuación inicial aparecía a la derecha, pero elegimos trabajar el lado izquierdo. Sin embargo, si hubiéramos elegido el lado izquierdo para reescribir, habríamos estado trabajando hacia atrás para llegar a la equivalencia. Por ejemplo, supongamos que queremos mostrar

$$\frac{2\tan\ \theta}{1-\tan^2\theta} = \frac{2}{\cot\ \theta - \tan\ \theta}$$

Trabajemos en el lado derecho.

$$\frac{2}{\cot\ \theta - \tan\ \theta} = \frac{2}{\frac{1}{\tan\ \theta}-\tan\ \theta}\left(\frac{\tan\ \theta}{\tan\ \theta}\right)$$

$$= \frac{2\ \tan\ \theta}{\frac{1}{\cancel{\tan\ \theta}}(\cancel{\tan\ \theta})-\tan\ \theta(\tan\ \theta)}$$

$$= \frac{2\ \tan\ \theta}{1-\tan^2\theta}$$

Cuando se utilizan las identidades para simplificar o resolver una ecuación trigonométrica, hay varias vías para llegar al resultado deseado. No hay ninguna regla establecida sobre qué lado debería manipularse. Sin embargo, deberíamos empezar con las directrices expuestas anteriormente.

INTÉNTELO #3 Verifique la identidad: $\cos(2\theta)\cos\ \theta = \cos^3\theta - \cos\ \theta\ \text{sen}^2\theta$.

Usar fórmulas de reducción para simplificar una expresión

Las fórmulas del ángulo doble se pueden utilizar para derivar las fórmulas de reducción, las cuales podemos utilizar para reducir la potencia de una expresión dada que implique potencias pares de seno o coseno. Nos permiten reescribir las potencias pares del seno o del coseno en términos de la primera potencia del coseno. Estas fórmulas son especialmente importantes en los cursos de matemáticas de nivel superior, el cálculo en particular. También llamadas fórmulas de reducción de potencia, se incluyen tres identidades que se derivan fácilmente de las fórmulas del ángulo doble.

Podemos utilizar dos de las tres fórmulas del ángulo doble del coseno para derivar las fórmulas de reducción del seno y del coseno. Comencemos con $\cos(2\theta) = 1 - 2\ \text{sen}^2\theta$. Resuelva para $\text{sen}^2\theta$:

$$\cos(2\theta) = 1 - 2\ \text{sen}^2\theta$$
$$2\ \text{sen}^2\theta = 1 - \cos(2\theta)$$
$$\text{sen}^2\theta = \frac{1-\cos(2\theta)}{2}$$

A continuación, utilizamos la fórmula $\cos(2\theta) = 2\ \cos^2\theta - 1$. Resuelva para $\cos^2\theta$:

$$\cos(2\theta) = 2\ \cos^2\theta - 1$$
$$1 + \cos(2\theta) = 2\ \cos^2\theta$$
$$\frac{1+\cos(2\theta)}{2} = \cos^2\theta$$

La última fórmula de reducción se deriva al escribir la tangente en términos de seno y coseno:

$$\begin{aligned} \tan^2\theta &= \frac{\operatorname{sen}^2\theta}{\cos^2\theta} \\ &= \frac{\frac{1-\cos(2\theta)}{2}}{\frac{1+\cos(2\theta)}{2}} && \text{Sustituya las fórmulas de reducción.} \\ &= \left(\frac{1-\cos(2\theta)}{2}\right)\left(\frac{2}{1+\cos(2\theta)}\right) \\ &= \frac{1-\cos(2\theta)}{1+\cos(2\theta)} \end{aligned}$$

Fórmulas de reducción

Las **fórmulas de reducción** se resumen como sigue:

$$\operatorname{sen}^2\theta = \frac{1-\cos(2\theta)}{2}$$

$$\cos^2\theta = \frac{1+\cos(2\theta)}{2}$$

$$\tan^2\theta = \frac{1-\cos(2\theta)}{1+\cos(2\theta)}$$

EJEMPLO 5

Escribir una expresión equivalente que no contenga potencias mayores que 1

Escriba una expresión equivalente para $\cos^4 x$ que no implique ninguna potencia de seno o coseno mayor que 1.

Solución

Aplicaremos dos veces la fórmula de reducción del coseno.

$$\begin{aligned} \cos^4 x &= (\cos^2 x)^2 \\ &= \left(\frac{1+\cos(2x)}{2}\right)^2 && \text{Sustituya la fórmula de reducción para el coseno}^2 x. \\ &= \frac{1}{4}\left(1+2\cos(2x)+\cos^2(2x)\right) \\ &= \frac{1}{4}+\frac{1}{2}\cos(2x)+\frac{1}{4}\left(\frac{1+\cos 2(2x)}{2}\right) && \text{Sustituya la fórmula de reducción para el coseno}^2 x. \\ &= \frac{1}{4}+\frac{1}{2}\cos(2x)+\frac{1}{8}+\frac{1}{8}\cos(4x) \\ &= \frac{3}{8}+\frac{1}{2}\cos(2x)+\frac{1}{8}\cos(4x) \end{aligned}$$

Análisis

La solución se encuentra al utilizar dos veces la fórmula de reducción, como se ha señalado, así como la fórmula del cuadrado perfecto del álgebra.

EJEMPLO 6

Usar las fórmulas de reducción de potencia para demostrar una identidad

Utilice las fórmulas de reducción de potencia para demostrar

$$\operatorname{sen}^3(2x) = \left[\frac{1}{2}\operatorname{sen}(2x)\right][1-\cos(4x)]$$

Solución

Trabajaremos en la simplificación del lado izquierdo de la ecuación:

$$\begin{aligned}\text{sen}^3(2x) &= [\text{sen}(2x)][\text{sen}^2(2x)] \\ &= \text{sen}(2x)\left[\tfrac{1-\cos(4x)}{2}\right] && \text{Sustituya la fórmula de reducción de potencia.} \\ &= \text{sen}(2x)\left(\tfrac{1}{2}\right)[1-\cos(4x)] \\ &= \tfrac{1}{2}[\text{sen}(2x)][1-\cos(4x)]\end{aligned}$$

Análisis

Tenga en cuenta que en este ejemplo, hemos sustituido

$$\frac{1-\cos(4x)}{2}$$

por $\text{sen}^2(2x)$. La fórmula establece

$$\text{sen}^2\theta = \frac{1-\cos(2\theta)}{2}$$

Supongamos que $\theta = 2x$, por lo que $2\theta = 4x$.

INTÉNTELO #4 Utilice las fórmulas de reducción de potencia para demostrar que $10\ \cos^4 x = \frac{15}{4} + 5\ \cos(2x) + \frac{5}{4}\ \cos(4x)$.

Usar fórmulas del ángulo medio para calcular valores exactos

El siguiente conjunto de identidades es el de las **fórmulas del ángulo mitad**, que pueden derivarse de las fórmulas de reducción y que podemos utilizar cuando tenemos un ángulo que sea la mitad de un ángulo especial. Si sustituimos θ con la $\frac{\alpha}{2}$, la fórmula del ángulo medio para el seno se determina al simplificar la ecuación y resolver para $\text{sen}\left(\frac{\alpha}{2}\right)$. Observe que las fórmulas del ángulo medio van precedidas del signo $\pm$ Esto no significa que tanto las expresiones positivas como las negativas son válidas. Más bien, depende del cuadrante en el que $\frac{\alpha}{2}$ termina.

La fórmula del semicírculo del seno se obtiene como sigue:

$$\begin{aligned}\text{sen}^2\theta &= \tfrac{1-\cos(2\theta)}{2} \\ \text{sen}^2\left(\tfrac{\alpha}{2}\right) &= \frac{1-\cos\left(2\cdot\frac{\alpha}{2}\right)}{2} \\ &= \tfrac{1-\cos\ \alpha}{2} \\ \text{sen}\left(\tfrac{\alpha}{2}\right) &= \pm\sqrt{\tfrac{1-\cos\ \alpha}{2}}\end{aligned}$$

Para derivar la fórmula del ángulo medio para el coseno, tenemos

$$\begin{aligned}\cos^2\theta &= \tfrac{1+\cos(2\theta)}{2} \\ \cos^2\left(\tfrac{\alpha}{2}\right) &= \frac{1+\cos\left(2\cdot\frac{\alpha}{2}\right)}{2} \\ &= \tfrac{1+\cos\ \alpha}{2} \\ \cos\left(\tfrac{\alpha}{2}\right) &= \pm\sqrt{\tfrac{1+\cos\ \alpha}{2}}\end{aligned}$$

Para la identidad tangente, tenemos

$$\begin{aligned}\tan^2\theta &= \tfrac{1-\cos(2\theta)}{1+\cos(2\theta)} \\ \tan^2\left(\tfrac{\alpha}{2}\right) &= \frac{1-\cos\left(2\cdot\frac{\alpha}{2}\right)}{1+\cos\left(2\cdot\frac{\alpha}{2}\right)} \\ &= \tfrac{1-\cos\ \alpha}{1+\cos\ \alpha} \\ \tan\left(\tfrac{\alpha}{2}\right) &= \pm\sqrt{\tfrac{1-\cos\ \alpha}{1+\cos\ \alpha}}\end{aligned}$$

Fórmulas del ángulo medio

Las **fórmulas del ángulo medio** son las siguientes:

$$\text{sen}\left(\frac{\alpha}{2}\right) = \pm\sqrt{\frac{1-\cos\ \alpha}{2}}$$

$$\cos\left(\frac{\alpha}{2}\right) = \pm\sqrt{\frac{1+\cos\ \alpha}{2}}$$

$$\begin{aligned}\tan\left(\frac{\alpha}{2}\right) &= \pm\sqrt{\frac{1-\cos\ \alpha}{1+\cos\ \alpha}}\\ &= \frac{\text{sen}\ \alpha}{1+\cos\ \alpha}\\ &= \frac{1-\cos\ \alpha}{\text{sen}\ \alpha}\end{aligned}$$

EJEMPLO 7

Usar una fórmula del ángulo medio para calcular el valor exacto de una función seno

Halle $\text{sen}\,(15°)$ con una fórmula del ángulo medio.

Solución

Dado que $15° = \frac{30°}{2}$, utilizamos la fórmula del ángulo medio para el seno:

$$\begin{aligned}\text{sen}\ \frac{30°}{2} &= \sqrt{\frac{1-\cos 30°}{2}}\\ &= \sqrt{\frac{1-\frac{\sqrt{3}}{2}}{2}}\\ &= \sqrt{\frac{\frac{2-\sqrt{3}}{2}}{2}}\\ &= \sqrt{\frac{2-\sqrt{3}}{4}}\\ &= \frac{\sqrt{2-\sqrt{3}}}{2}\end{aligned}$$

Análisis

Observe que hemos utilizado únicamente la raíz positiva porque $\text{sen}(15^{i})$ es positivo.

CÓMO

Dada la tangente de un ángulo y el cuadrante en el que se encuentra el ángulo, calcular los valores exactos de las funciones trigonométricas de la mitad del ángulo.

1. Dibuje un triángulo que represente la información dada.
2. Determine la fórmula correcta del ángulo medio.
3. Sustituya los valores en la fórmula basada en el triángulo.
4. Simplifique.

EJEMPLO 8

Calcular valores exactos con identidades de ángulo medio

Dado que $\tan\ \alpha = \frac{8}{15}$ y α se encuentra en el cuadrante III, calcule el valor exacto de lo siguiente:

Ⓐ $\operatorname{sen}\left(\frac{\alpha}{2}\right)$ Ⓑ $\cos\left(\frac{\alpha}{2}\right)$ Ⓒ $\tan\left(\frac{\alpha}{2}\right)$

Solución

Con la información dada podemos dibujar el triángulo que aparece en la Figura 3. Con el teorema de Pitágoras hallamos que la hipotenusa es 17. Por lo tanto, podemos calcular $\operatorname{sen}\ \alpha = -\frac{8}{17}$ y $\cos\ \alpha = -\frac{15}{17}$.

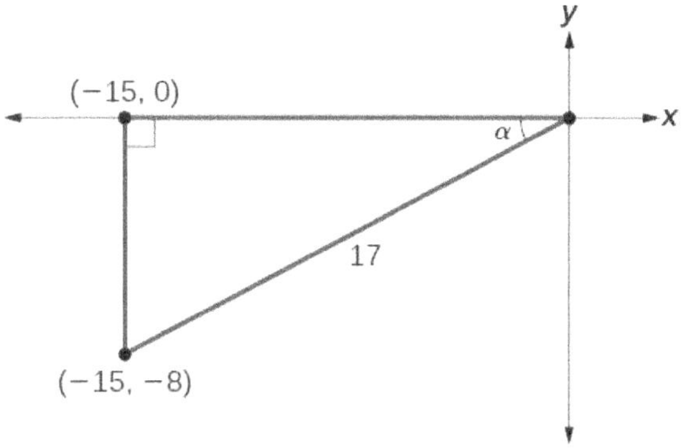

Figura 3

Ⓐ Antes de empezar, debemos recordar que, si α está en el cuadrante III, entonces $180° < \alpha < 270°$, por lo que $\frac{180°}{2} < \frac{\alpha}{2} < \frac{270°}{2}$. Esto significa que el lado del terminal de $\frac{\alpha}{2}$ está en el cuadrante II, ya que $90° < \frac{\alpha}{2} < 135°$.

Para hallar $\operatorname{sen}\ \frac{\alpha}{2}$, comenzamos por escribir la fórmula del ángulo medio para el seno. Luego sustituimos el valor del coseno que determinamos del triángulo en la Figura 3 y simplificamos.

$$\begin{aligned}
\operatorname{sen}\ \frac{\alpha}{2} &= \pm\sqrt{\frac{1-\cos\ \alpha}{2}} \\
&= \pm\sqrt{\frac{1-\left(-\frac{15}{17}\right)}{2}} \\
&= \pm\sqrt{\frac{\frac{32}{17}}{2}} \\
&= \pm\sqrt{\frac{32}{17}\cdot\frac{1}{2}} \\
&= \pm\sqrt{\frac{16}{17}} \\
&= \pm\frac{4}{\sqrt{17}} \\
&= \frac{4\sqrt{17}}{17}
\end{aligned}$$

Elegimos el valor positivo de $\operatorname{sen}\ \frac{\alpha}{2}$ porque el ángulo termina en el cuadrante II y el seno es positivo en el cuadrante II.

Ⓑ Para hallar $\cos\ \frac{\alpha}{2}$, escribimos la fórmula del ángulo medio para el coseno, sustituimos el valor del coseno que hallamos del triángulo en la Figura 3, y simplificamos.

$$\begin{aligned}\cos\ \frac{\alpha}{2} &= \pm\sqrt{\frac{1+\cos\ \alpha}{2}}\\ &= \pm\sqrt{\frac{1+\left(-\frac{15}{17}\right)}{2}}\\ &= \pm\sqrt{\frac{\frac{2}{17}}{2}}\\ &= \pm\sqrt{\frac{2}{17}\cdot\frac{1}{2}}\\ &= \pm\sqrt{\frac{1}{17}}\\ &= -\frac{\sqrt{17}}{17}\end{aligned}$$

Elegimos el valor negativo de $\cos\ \frac{\alpha}{2}$ porque el ángulo está en el cuadrante II y porque el coseno es negativo en el cuadrante II.

Ⓒ Para hallar $\tan\ \frac{\alpha}{2}$, escribimos la fórmula del ángulo medio para la tangente. De nuevo, sustituimos el valor del coseno que hemos hallamos del triángulo en la Figura 3 y simplificamos.

$$\begin{aligned}\tan\ \frac{\alpha}{2} &= \pm\sqrt{\frac{1-\cos\ \alpha}{1+\cos\ \alpha}}\\ &= \pm\sqrt{\frac{1-(-\frac{15}{17})}{1+(-\frac{15}{17})}}\\ &= \pm\sqrt{\frac{\frac{32}{17}}{\frac{2}{17}}}\\ &= \pm\sqrt{\frac{32}{2}}\\ &= -\sqrt{16}\\ &=-4\end{aligned}$$

Elegimos el valor negativo de $\tan\ \frac{\alpha}{2}$ porque $\frac{\alpha}{2}$ se halla en el cuadrante II, y la tangente es negativa en el cuadrante II.

INTÉNTELO #5 Dado que $\text{sen}\ \alpha =-\frac{4}{5}$ y α se halla en el cuadrante IV, calcule el valor exacto de $\cos\ \left(\frac{\alpha}{2}\right)$.

EJEMPLO 9

Hallar la medida de un ángulo medio

Ahora, volvemos al problema planteado al principio de la sección. Se construye una rampa para bicicletas de alta competición en un ángulo de θ formado por la rampa y el suelo. Se va a construir otra rampa con la mitad de pendiente para la competición de principiantes. Si los valores de $\tan\ \theta = \frac{5}{3}$ para la competición de nivel superior, ¿cuál es la medida del ángulo para la competición de principiantes?

Solución

Dado que el ángulo para la competición de principiantes mide la mitad de la inclinación del ángulo para la competición de nivel superior, y $\tan\ \theta = \frac{5}{3}$ para la competición de nivel superior, podemos hallar $\cos\ \theta$ del triángulo rectángulo y el teorema de Pitágoras para que podamos utilizar las identidades de ángulo medio. Vea la Figura 4.

$$3^2 + 5^2 = 34$$
$$c = \sqrt{34}$$

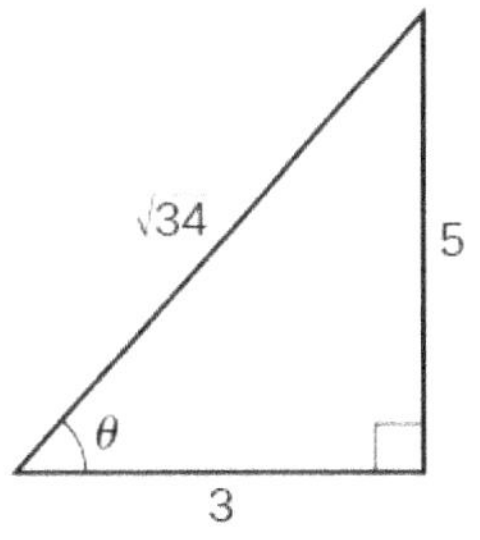

Figura 4

Vemos que $\cos\ \theta = \frac{3}{\sqrt{34}} = \frac{3\sqrt{34}}{34}$. Podemos utilizar la fórmula del ángulo medio para la tangente $\tan\ \frac{\theta}{2} = \sqrt{\frac{1-\cos\ \theta}{1+\cos\ \theta}}$. Dado que $\tan\ \theta$ está en el primer cuadrante, así que es $\tan\ \frac{\theta}{2}$. Así,

$$\begin{aligned}\tan\ \frac{\theta}{2} &= \sqrt{\frac{1-\frac{3\sqrt{34}}{34}}{1+\frac{3\sqrt{34}}{34}}}\\ &= \sqrt{\frac{\frac{34-3\sqrt{34}}{34}}{\frac{34+3\sqrt{34}}{34}}}\\ &= \sqrt{\frac{34-3\sqrt{34}}{34+3\sqrt{34}}}\\ &\approx 0{,}57\end{aligned}$$

Podemos tomar la tangente inversa para hallar el ángulo: $\tan^{-1}(0{,}57) \approx 29{,}7°$. Así que el ángulo de la rampa para la competición de principiantes es $\approx 29{,}7°$.

MEDIA

Acceda a estos recursos en línea para obtener instrucciones adicionales y practicar con las fórmulas del ángulo doble, el ángulo medio y la reducción.

Identidades del ángulo doble (http://openstax.org/l/doubleangiden)
Identidades del ángulo medio (http://openstax.org/l/halfangleident)

7.3 EJERCICIOS DE SECCIÓN

Verbales

1. Explique cómo determinar las identidades de reducción a partir de la identidad del ángulo doble $\cos(2x) = \cos^2 x - \operatorname{sen}^2 x$.

2. Explique cómo determinar la fórmula del ángulo doble para $\tan(2x)$ con las fórmulas de ángulo doble para $\cos(2x)$ y $\operatorname{sen}(2x)$.

3. Podemos determinar la fórmula del ángulo medio para $\tan\left(\frac{x}{2}\right) = \frac{\sqrt{1-\cos\ x}}{\sqrt{1+\cos\ x}}$ al dividir la fórmula para $\text{sen}\left(\frac{x}{2}\right)$ entre $\cos\left(\frac{x}{2}\right)$. Explique cómo determinar dos fórmulas para $\tan\left(\frac{x}{2}\right)$ que no impliquen ninguna raíz cuadrada.

4. Con respecto a la fórmula de ángulo medio que se suministró en el ejercicio anterior para $\tan\left(\frac{x}{2}\right)$, explique por qué la división entre 0 no es relevante. (Pista: examine los valores de $\cos\ x$ necesarios para que el denominador sea 0).

Algebraicos

En los siguientes ejercicios, halle los valores exactos de a) $\text{sen}(2x)$ *, b)* $\cos(2x)$ *, y c)* $\tan(2x)$ *sin resolver para* x*.*

5. Si los valores de sen $x = \frac{1}{8}$, y x está en el cuadrante I.

6. Si los valores de cos $x = \frac{2}{3}$, y x está en el cuadrante I.

7. Si los valores de $\cos\ x = -\frac{1}{2}$, y x está en el cuadrante III.

8. Si $\tan\ x = -8$, y x está en el cuadrante IV.

En los siguientes ejercicios, calcule los valores de las seis funciones trigonométricas si se cumplen las condiciones previstas.

9. $\cos(2\theta) = \frac{3}{5}$ y $90° \leq \theta \leq 180°$

10. $\cos(2\theta) = \frac{1}{\sqrt{2}}$ y $180° \leq \theta \leq 270°$

En los siguientes ejercicios, simplifique a una expresión trigonométrica.

11. $2\,\text{sen}\left(\frac{\pi}{4}\right)\ 2\ \cos\left(\frac{\pi}{4}\right)$

12. $4\ \text{sen}\left(\frac{\pi}{8}\right)\ \cos\left(\frac{\pi}{8}\right)$

En los siguientes ejercicios, calcule el valor exacto con las fórmulas de ángulo medio.

13. $\text{sen}\left(\frac{\pi}{8}\right)$

14. $\cos\left(-\frac{11\pi}{12}\right)$

15. $\text{sen}\left(\frac{11\pi}{12}\right)$

16. $\cos\left(\frac{7\pi}{8}\right)$

17. $\tan\left(\frac{5\pi}{12}\right)$

18. $\tan\left(-\frac{3\pi}{12}\right)$

19. $\tan\left(-\frac{3\pi}{8}\right)$

En los siguientes ejercicios, halle los valores exactos de a) $\text{sen}\left(\frac{x}{2}\right)$ *, b)* $\cos\left(\frac{x}{2}\right)$ *, y c)* $\tan\left(\frac{x}{2}\right)$ *sin resolver para* x*, cuando* $0° \leq x \leq 360°$

20. Si $\tan\ x = -\frac{4}{3}$, y x está en el cuadrante IV.

21. Si los valores de sen $x = -\frac{12}{13}$, y x está en el cuadrante III.

22. Si los valores de csc $x = 7$, y x está en el cuadrante II.

23. Si los valores de sec $x = -4$, y x está en el cuadrante II.

En los siguientes ejercicios, utilice la Figura 5 para hallar los ángulos medios y los ángulos doble solicitados.

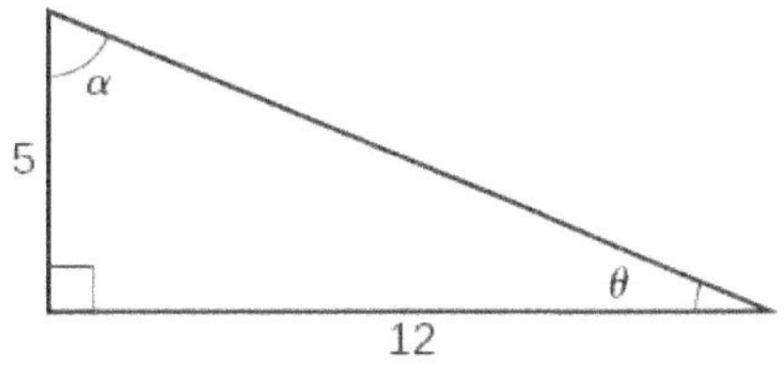

Figura 5

24. Halle $\operatorname{sen}(2\theta)$, $\cos(2\theta)$, y $\tan(2\theta)$.

25. Halle $\operatorname{sen}(2\alpha)$, $\cos(2\alpha)$, y $\tan(2\alpha)$.

26. Halle $\operatorname{sen}\left(\frac{\theta}{2}\right)$, $\cos\left(\frac{\theta}{2}\right)$, y $\tan\left(\frac{\theta}{2}\right)$.

27. Halle $\operatorname{sen}\left(\frac{\alpha}{2}\right)$, $\cos\left(\frac{\alpha}{2}\right)$, y $\tan\left(\frac{\alpha}{2}\right)$.

En los siguientes ejercicios, simplifique cada expresión. No evalúe.

28. $\cos^2(28°) - \operatorname{sen}^2(28°)$

29. $2\cos^2(37°) - 1$

30. $1 - 2\ \operatorname{sen}^2(17°)$

31. $\cos^2(9x) - \operatorname{sen}^2(9x)$

32. $4\ \operatorname{sen}(8x)\ \cos(8x)$

33. $6\ \operatorname{sen}(5x)\ \cos(5x)$

En los siguientes ejercicios, demuestre la identidad dada.

34. $(\operatorname{sen}\ t - \cos\ t)^2 = 1 - \operatorname{sen}(2t)$

35. $\operatorname{sen}(2x) = -2\ \operatorname{sen}(-x)\ \cos(-x)$

36. $\cot\ x - \tan\ x = 2\ \cot(2x)$

37. $\frac{1+\cos(2\theta)}{\operatorname{sen}(2\theta)}\tan^2\theta = \tan\ \theta$

En los siguientes ejercicios, reescriba la expresión con un exponente no mayor a 1.

38. $\cos^2(5x)$

39. $\cos^2(6x)$

40. $\operatorname{sen}^4(8x)$

41. $\operatorname{sen}^4(3x)$

42. $\cos^2 x\ \operatorname{sen}^4 x$

43. $\cos^4 x\ \operatorname{sen}^2 x$

44. $\tan^2 x\ \operatorname{sen}^2 x$

En tecnología

En los siguientes ejercicios, reduzca las ecuaciones a potencias de uno y luego compruebe la respuesta gráficamente.

45. $\tan^4 x$

46. $\operatorname{sen}^2(2x)$

47. $\operatorname{sen}^2 x\ \cos^2 x$

48. $\tan^2 x\ \operatorname{sen}\ x$

49. $\tan^4 x\ \cos^2 x$

50. $\cos^2 x\ \operatorname{sen}(2x)$

51. $\cos^2(2x)\operatorname{sen}\ x$

52. $\tan^2\left(\frac{x}{2}\right)\ \operatorname{sen}\ x$

En los siguientes ejercicios, halle algebraicamente una función equivalente, solo en términos de $\operatorname{sen} x$ *o* $\cos x$, *y luego compruebe la respuesta al graficar ambas ecuaciones.*

53. $\operatorname{sen}(4x)$

54. $\cos(4x)$

Extensiones

En los siguientes ejercicios, demuestre las identidades.

55. $\operatorname{sen}(2x) = \frac{2 \tan x}{1+\tan^2 x}$

56. $\cos(2\alpha) = \frac{1-\tan^2\alpha}{1+\tan^2\alpha}$

57. $\tan(2x) = \frac{2 \operatorname{sen} x \cos x}{2\cos^2 x-1}$

58. $\left(\operatorname{sen}^2 x-1\right)^2 = \cos(2x) + \operatorname{sen}^4 x$

59. $\operatorname{sen}(3x) = 3 \operatorname{sen} x \cos^2 x - \operatorname{sen}^3 x$

60. $\cos(3x) = \cos^3 x - 3\operatorname{sen}^2 x \cos x$

61. $\frac{1+\cos(2t)}{\operatorname{sen}(2t)-\cos t} = \frac{2 \cos t}{2 \operatorname{sen} t-1}$

62. $\operatorname{sen}(16x) = 16 \operatorname{sen} x \cos x \cos(2x)\cos(4x)\cos(8x)$

63. $\cos(16x) = \left(\cos^2(4x) - \operatorname{sen}^2(4x) - \operatorname{sen}(8x)\right)\left(\cos^2(4x) - \operatorname{sen}^2(4x) + \operatorname{sen}(8x)\right)$

7.4 Fórmulas de suma a producto y de producto a suma

Objetivos de aprendizaje

En esta sección, podrá:

- Expresar los productos como sumas.
- Expresar las sumas como productos.

Figura 1 La banda de música de la UCLA (créditos: Eric Chan, Flickr).

Una banda marcha por el campo creando un sonido increíble que anima al público. Ese sonido viaja como una onda que puede interpretarse mediante funciones trigonométricas. Por ejemplo, la Figura 2 representa una onda sonora para la nota musical A. En esta sección, investigaremos las identidades trigonométricas que son la base de fenómenos cotidianos como las ondas sonoras.

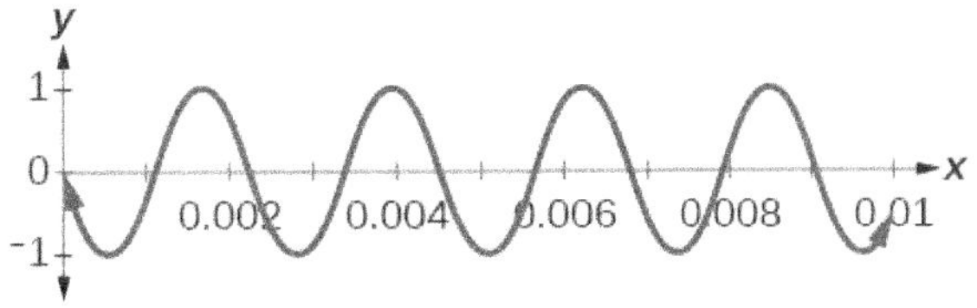

Figura 2

Expresar el producto como suma

Ya hemos aprendido varias fórmulas útiles para expandir o simplificar expresiones trigonométricas, pero a veces puede que tengamos que expresar el producto del coseno y el seno como una suma. Podemos utilizar las fórmulas de producto a suma, que expresan productos de funciones trigonométricas como sumas. Investiguemos primero la identidad del coseno y luego la del seno.

Expresar productos como sumas para el coseno

Podemos derivar la fórmula de producto a suma a partir de las identidades de suma y diferencia para el coseno. Si sumamos las dos ecuaciones, obtenemos:

$$\begin{array}{r} \cos\alpha\cos\beta + \operatorname{sen}\alpha\operatorname{sen}\beta = \cos(\alpha-\beta) \\ +\underline{\cos\alpha\cos\beta - \operatorname{sen}\alpha\operatorname{sen}\beta = \cos(\alpha+\beta)} \\ 2\cos\alpha\cos\beta = \cos(\alpha-\beta)+\cos(\alpha+\beta) \end{array}$$

A continuación, dividimos entre 2 para aislar el producto de los cosenos:

$$\cos\alpha\cos\beta = \frac{1}{2}[\cos(\alpha-\beta)+\cos(\alpha+\beta)]$$

CÓMO

Dado un producto de cosenos, expresarlo como una suma.

1. Escriba la fórmula del producto de cosenos.
2. Sustituya los ángulos dados en la fórmula.
3. Simplifique.

EJEMPLO 1

Escribir el producto como una suma con la fórmula producto a suma para el coseno

Escriba el siguiente producto de cosenos como una suma: $2\cos\left(\frac{7x}{2}\right)\cos\frac{3x}{2}$.

Solución

Comenzamos por escribir la fórmula del producto de cosenos:

$$\cos\alpha\cos\beta = \frac{1}{2}[\cos(\alpha-\beta)+\cos(\alpha+\beta)]$$

Podemos entonces sustituir los ángulos dados en la fórmula y simplificar.

$$\begin{aligned} 2\cos\left(\frac{7x}{2}\right)\cos\left(\frac{3x}{2}\right) &= (2)\left(\frac{1}{2}\right)\left[\cos\left(\frac{7x}{2}-\frac{3x}{2}\right)+\cos\left(\frac{7x}{2}+\frac{3x}{2}\right)\right] \\ &= \left[\cos\left(\frac{4x}{2}\right)+\cos\left(\frac{10x}{2}\right)\right] \\ &= \cos 2x + \cos 5x \end{aligned}$$

INTÉNTELO #1 Utilice la fórmula producto a suma para escribir el producto como suma o diferencia: $\cos(2\theta)\cos(4\theta)$.

Expresar el producto del seno y el coseno como suma

A continuación, derivaremos la fórmula de producto a suma para el seno y el coseno a partir de las fórmulas de la suma y la diferencia para el seno. Si sumamos las identidades de suma y diferencia, obtenemos:

$$\begin{array}{rl} & \operatorname{sen}(\alpha+\beta) = \operatorname{sen}\ \alpha\ \cos\ \beta + \cos\ \alpha\ \operatorname{sen}\ \beta \\ + & \operatorname{sen}(\alpha-\beta) = \operatorname{sen}\ \alpha\ \cos\ \beta - \cos\ \alpha\ \operatorname{sen}\ \beta \\ \hline & \operatorname{sen}(\alpha+\beta) + \operatorname{sen}(\alpha-\beta) = 2\ \operatorname{sen}\ \alpha\ \cos\ \beta \end{array}$$

Luego, dividimos entre 2 para aislar el producto del coseno y el seno:

$$\operatorname{sen}\ \alpha\ \cos\ \beta = \frac{1}{2}[\operatorname{sen}(\alpha+\beta) + \operatorname{sen}(\alpha-\beta)]$$

EJEMPLO 2

Escribir el producto como una suma que contenga únicamente el seno o el coseno

Exprese el siguiente producto como una suma que contenga únicamente el seno o el coseno y ningún producto $\operatorname{sen}(4\theta)\cos(2\theta)$.

Solución

Escriba la fórmula del producto del seno y el coseno. A continuación, sustituya los valores dados en la fórmula y simplifique.

$$\begin{aligned} \operatorname{sen}\ \alpha\ \cos\ \beta &= \tfrac{1}{2}[\operatorname{sen}(\alpha+\beta) + \operatorname{sen}(\alpha-\beta)] \\ \operatorname{sen}(4\theta)\cos(2\theta) &= \tfrac{1}{2}[\operatorname{sen}(4\theta+2\theta) + \operatorname{sen}(4\theta-2\theta)] \\ &= \tfrac{1}{2}[\operatorname{sen}(6\theta) + \operatorname{sen}(2\theta)] \end{aligned}$$

> **INTÉNTELO** #2 Utilice la fórmula producto a suma para escribir el producto como una suma: $\operatorname{sen}(x+y)\cos(x-y)$.

Expresar el producto del seno en términos de coseno

Expresar el producto del seno en términos del coseno también se deriva de las identidades de suma y diferencia del coseno. En este caso, primero restaremos las dos fórmulas del coseno:

$$\begin{array}{rl} & \cos(\alpha-\beta) = \cos\ \alpha\ \cos\ \beta + \operatorname{sen}\ \alpha\ \operatorname{sen}\ \beta \\ - & \cos(\alpha+\beta) = -(\cos\ \alpha\ \cos\ \beta - \operatorname{sen}\ \alpha\ \operatorname{sen}\ \beta) \\ \hline & \cos(\alpha-\beta) - \cos(\alpha+\beta) = 2\ \operatorname{sen}\ \alpha\ \operatorname{sen}\ \beta \end{array}$$

Luego, dividimos entre 2 para aislar el producto del seno:

$$\operatorname{sen}\ \alpha\ \operatorname{sen}\ \beta = \frac{1}{2}[\cos(\alpha-\beta) - \cos(\alpha+\beta)]$$

De forma similar podríamos expresar el producto del coseno en términos de seno o derivar otras fórmulas de producto a suma.

Las fórmulas de producto a suma

Las **fórmulas de producto a suma** son las siguientes:

$$\cos\ \alpha\ \cos\ \beta = \frac{1}{2}[\cos(\alpha-\beta) + \cos(\alpha+\beta)]$$

$$\operatorname{sen}\ \alpha\ \cos\ \beta = \frac{1}{2}[\operatorname{sen}(\alpha+\beta) + \operatorname{sen}(\alpha-\beta)]$$

$$\operatorname{sen}\ \alpha\ \operatorname{sen}\ \beta = \frac{1}{2}[\cos(\alpha-\beta) - \cos(\alpha+\beta)]$$

$$\cos\ \alpha\ \operatorname{sen}\ \beta = \frac{1}{2}[\operatorname{sen}(\alpha+\beta) - \operatorname{sen}(\alpha-\beta)]$$

EJEMPLO 3

Expresar el producto como suma o diferencia

Escriba $\cos(3\theta)\quad\cos(5\theta)$ como suma o diferencia.

Solución

Tenemos el producto del coseno, así que empezamos por escribir la fórmula relacionada. Luego sustituimos los ángulos dados y simplificamos.

$$\begin{aligned}\cos\ \alpha\ \cos\ \beta &= \tfrac{1}{2}[\cos(\alpha-\beta)+\cos(\alpha+\beta)]\\ \cos(3\theta)\cos(5\theta) &= \tfrac{1}{2}[\cos(3\theta-5\theta)+\cos(3\theta+5\theta)]\\ &= \tfrac{1}{2}[\cos(2\theta)+\cos(8\theta)] && \text{Utilizamos la identidad par-impar.}\end{aligned}$$

> **INTÉNTELO** #3 Utilice la fórmula de producto a suma para evaluar $\cos\ \frac{11\pi}{12}\ \cos\ \frac{\pi}{12}$.

Expresar suma como producto

Algunos problemas requieren el proceso inverso al que acabamos de utilizar. Las fórmulas de suma a producto nos permiten expresar sumas de seno o coseno como productos. Estas fórmulas pueden derivarse de las identidades de producto a suma. Por ejemplo, con unas cuantas sustituciones, podemos derivar la identidad de suma a producto para el seno. Supongamos que $\frac{u+v}{2} = \alpha$ y $\frac{u-v}{2} = \beta$.

Entonces,

$$\begin{aligned}\alpha+\beta &= \tfrac{u+v}{2} + \tfrac{u-v}{2}\\ &= \tfrac{2u}{2}\\ &= u\end{aligned}$$

$$\begin{aligned}\alpha-\beta &= \tfrac{u+v}{2} - \tfrac{u-v}{2}\\ &= \tfrac{2v}{2}\\ &= v\end{aligned}$$

Así, al sustituir α y β en la fórmula de producto a suma con las expresiones sustitutivas, tenemos:

$$\begin{aligned}\operatorname{sen}\ \alpha\ \cos\ \beta &= \tfrac{1}{2}[\operatorname{sen}(\alpha+\beta)+\operatorname{sen}(\alpha-\beta)]\\ \operatorname{sen}\left(\tfrac{u+v}{2}\right)\cos\left(\tfrac{u-v}{2}\right) &= \tfrac{1}{2}[\operatorname{sen}\ u+\operatorname{sen}\ v] && \text{Sustituya por}(\alpha+\beta)\text{ y }(\alpha-\beta)\\ 2\ \operatorname{sen}\left(\tfrac{u+v}{2}\right)\cos\left(\tfrac{u-v}{2}\right) &= \operatorname{sen}\ u+\operatorname{sen}\ v].\end{aligned}$$

Las demás identidades de suma a producto se derivan de forma similar.

Fórmulas de suma a producto

Las **fórmulas de suma a producto** son las siguientes:

$$\operatorname{sen}\ \alpha + \operatorname{sen}\ \beta = 2\operatorname{sen}\left(\frac{\alpha+\beta}{2}\right)\cos\left(\frac{\alpha-\beta}{2}\right)$$

$$\operatorname{sen}\ \alpha - \operatorname{sen}\ \beta = 2\operatorname{sen}\left(\frac{\alpha-\beta}{2}\right)\cos\left(\frac{\alpha+\beta}{2}\right)$$

$$\cos\ \alpha - \cos\ \beta = -2\,\text{sen}\left(\frac{\alpha+\beta}{2}\right)\text{sen}\left(\frac{\alpha-\beta}{2}\right)$$

$$\cos\ \alpha + \cos\ \beta = 2\cos\left(\frac{\alpha+\beta}{2}\right)\cos\left(\frac{\alpha-\beta}{2}\right)$$

EJEMPLO 4

Escribir la diferencia de senos como producto

Escriba la siguiente expresión de diferencia de senos como producto: $\text{sen}\,(4\theta) - \text{sen}\,(2\theta)$.

Solución

Comenzamos por escribir la fórmula de la diferencia de senos.

$$\text{sen}\ \alpha - \text{sen}\ \beta = 2\,\text{sen}\left(\frac{\alpha-\beta}{2}\right)\cos\left(\frac{\alpha+\beta}{2}\right)$$

Sustituya los valores en la fórmula y simplifique.

$$\begin{aligned}\text{sen}(4\theta) - \text{sen}(2\theta) &= 2\,\text{sen}\left(\tfrac{4\theta-2\theta}{2}\right)\ \cos\left(\tfrac{4\theta+2\theta}{2}\right)\\ &= 2\,\text{sen}\left(\tfrac{2\theta}{2}\right)\ \cos\left(\tfrac{6\theta}{2}\right)\\ &= 2\ \ \text{sen}\ \theta\ \cos(3\theta)\end{aligned}$$

INTÉNTELO #4 Utilice la fórmula de suma a producto para escribir la suma como producto: $\text{sen}\,(3\theta) + \text{sen}\,(\theta)$.

EJEMPLO 5

Evaluar mediante la fórmula de suma a producto

Evalúe $\cos\,(15^\circ) - \cos\,(75^\circ)$.

Solución

Comenzamos por escribir la fórmula para la diferencia de cosenos.

$$\cos\ \alpha - \cos\ \beta = -2\ \ \text{sen}\left(\frac{\alpha+\beta}{2}\right)\ \ \text{sen}\left(\frac{\alpha-\beta}{2}\right)$$

Luego sustituimos los ángulos dados y simplificamos.

$$\begin{aligned}\cos(15^\circ) - \cos(75^\circ) &= -2\,\text{sen}\left(\tfrac{15^\circ+75^\circ}{2}\right)\ \ \text{sen}\left(\tfrac{15^\circ-75^\circ}{2}\right)\\ &= -2\,\text{sen}(45^\circ)\ \ \text{sen}(-30^\circ)\\ &= -2\left(\frac{\sqrt{2}}{2}\right)\left(-\tfrac{1}{2}\right)\\ &= \frac{\sqrt{2}}{2}\end{aligned}$$

EJEMPLO 6

Probar una identidad

Pruebe la identidad:

$$\frac{\cos\,(4t) - \cos\,(2t)}{\text{sen}\,(4t) + \text{sen}\,(2t)} = -\tan\ t$$

Solución

Empezaremos por el lado izquierdo, el más complicado de la ecuación, y reescribiremos la expresión hasta que coincida con el lado derecho.

$$\begin{aligned}\frac{\cos(4t)-\cos(2t)}{\operatorname{sen}(4t)+\operatorname{sen}(2t)} &= \frac{-2\ \operatorname{sen}\left(\frac{4t+2t}{2}\right)\ \operatorname{sen}\left(\frac{4t-2t}{2}\right)}{2\ \operatorname{sen}\left(\frac{4t+2t}{2}\right)\ \cos\left(\frac{4t-2t}{2}\right)}\\ &= \frac{-2\ \operatorname{sen}(3t)\operatorname{sen}\ t}{2\ \operatorname{sen}(3t)\cos\ t}\\ &= \frac{-\cancel{2}\ \cancel{\operatorname{sen}(3t)}\ \operatorname{sen}\ t}{\cancel{2}\ \cancel{\operatorname{sen}(3t)}\ \cos\ t}\\ &= -\frac{\operatorname{sen}\ t}{\cos\ t}\\ &= -\tan\ t\end{aligned}$$

Análisis

Recordemos que la verificación de las identidades trigonométricas tiene su propio conjunto de reglas. Los procedimientos para resolver una ecuación no son los mismos que los procedimientos para verificar una identidad. Cuando comprobamos una identidad, elegimos un lado para trabajar y hacemos sustituciones hasta que ese lado se transforme en el otro.

EJEMPLO 7

Verificar la identidad mediante fórmulas de ángulo doble e identidades recíprocas

Verifique la identidad $\csc^2\theta - 2 = \frac{\cos(2\theta)}{\operatorname{sen}^2\theta}$.

Solución

Para verificar esta ecuación, reunimos varias de las identidades. Utilizaremos la fórmula del doble ángulo y las identidades recíprocas. Trabajaremos con el lado derecho de la ecuación y lo reescribiremos hasta que coincida con el lado izquierdo.

$$\begin{aligned}\frac{\cos(2\theta)}{\operatorname{sen}^2\theta} &= \frac{1-2\ \operatorname{sen}^2\theta}{\operatorname{sen}^2\theta}\\ &= \frac{1}{\operatorname{sen}^2\theta} - \frac{2\ \operatorname{sen}^2\theta}{\operatorname{sen}^2\theta}\\ &= \csc^2\theta - 2\end{aligned}$$

INTÉNTELO #5 Verifique la identidad $\tan\ \theta\ \cot\ \theta - \cos^2\theta = \operatorname{sen}^2\theta$.

MEDIA

Acceda a estos recursos en línea para obtener instrucciones adicionales y practicar con las identidades de producto a suma y suma a producto.

Identidades de suma a producto (http://openstax.org/l/sumtoprod)
Identidades de suma a producto y producto a suma (http://openstax.org/l/sumtpptsum)

7.4 EJERCICIOS DE SECCIÓN

Verbales

1. Empezando por la fórmula de producto a suma $\operatorname{sen}\ \alpha\ \cos\ \beta = \frac{1}{2}[\operatorname{sen}(\alpha+\beta)+\operatorname{sen}(\alpha-\beta)]$, explique cómo determinar la fórmula para $\cos\ \alpha\ \operatorname{sen}\ \beta$.

2. Explique dos métodos distintos de cálculo $\cos(195°)\cos(105°)$, uno de los cuales utiliza el producto a suma. ¿Qué método es más fácil?

3. Explique una situación en la que convertiríamos una ecuación de suma a producto y dé un ejemplo.

4. Explique una situación en la que convertiríamos una ecuación de producto a suma, y dé un ejemplo.

Algebraicos

En los siguientes ejercicios, reescriba el producto como suma o diferencia.

5. $16\ \operatorname{sen}(16x)\operatorname{sen}(11x)$
6. $20\ \cos(36t)\cos(6t)$
7. $2\ \operatorname{sen}(5x)\cos(3x)$
8. $10\ \cos(5x)\operatorname{sen}(10x)$
9. $\operatorname{sen}(-x)\operatorname{sen}(5x)$
10. $\operatorname{sen}(3x)\cos(5x)$

En los siguientes ejercicios, reescriba la suma o la diferencia como un producto.

11. $\cos(6t)+\cos(4t)$
12. $\operatorname{sen}(3x)+\operatorname{sen}(7x)$
13. $\cos(7x)+\cos(-7x)$
14. $\operatorname{sen}(3x)-\operatorname{sen}(-3x)$
15. $\cos(3x)+\cos(9x)$
16. $\operatorname{sen}\ h-\operatorname{sen}(3h)$

En los siguientes ejercicios, evalúe el producto de lo siguiente mediante la suma o diferencia de dos funciones.

17. $\cos(45°)\cos(15°)$
18. $\cos(45°)\operatorname{sen}(15°)$
19. $\operatorname{sen}(-345°)\operatorname{sen}(-15°)$
20. $\operatorname{sen}(195°)\cos(15°)$
21. $\operatorname{sen}(-45°)\operatorname{sen}(-15°)$

En los siguientes ejercicios, evalúe el producto mediante la suma o diferencia de dos funciones. Deje en términos de seno y coseno.

22. $\cos(23°)\operatorname{sen}(17°)$
23. $2\ \operatorname{sen}(100°)\operatorname{sen}(20°)$
24. $2\ \operatorname{sen}(-100°)\operatorname{sen}(-20°)$
25. $\operatorname{sen}(213°)\cos(8°)$
26. $2\ \cos(56°)\cos(47°)$

En los siguientes ejercicios, reescriba la suma como producto de dos funciones. Deje en términos de seno y coseno.

27. $\operatorname{sen}(76°)+\operatorname{sen}(14°)$
28. $\cos(58°)-\cos(12°)$
29. $\operatorname{sen}(101°)-\operatorname{sen}(32°)$
30. $\cos(100°)+\cos(200°)$
31. $\operatorname{sen}(-1°)+\operatorname{sen}(-2°)$

En los siguientes ejercicios, demuestre la identidad.

32. $\frac{\cos(a+b)}{\cos(a-b)} = \frac{1-\tan\ a\ \tan\ b}{1+\tan\ a\ \tan\ b}$
33. $4\ \operatorname{sen}(3x)\cos(4x) = 2\ \operatorname{sen}(7x) - 2\ \operatorname{sen}\ x$

34. $\frac{6\ \cos(8x)\,\text{sen}(2x)}{\text{sen}(-6x)} = -3\ \ \text{sen}\,(10x)\,\csc\,(6x) + 3$

35. $\text{sen}\ \ x + \text{sen}\,(3x) = 4\ \ \text{sen}\ \ x\ \ \cos^2 x$

36. $2\left(\cos^3 x - \cos\ \ x\ \ \text{sen}^2 x\right) = \cos\,(3x) + \cos\ \ x$

37. $2\tan\ \ x\ \ \cos\,(3x) = \sec\ \ x\,(\text{sen}\,(4x) - \text{sen}\,(2x))$

38. $\cos\,(a+b) + \cos\,(a-b) = 2\ \ \cos\ \ a\ \ \cos\ \ b$

Numéricos

En los siguientes ejercicios, reescriba la suma como producto de dos funciones o el producto como suma de dos funciones. Responda en términos de seno y coseno. A continuación, evalúe la respuesta final numéricamente, redondeada a cuatro decimales.

39. $\cos(58°) + \cos(12°)$

40. $\text{sen}(2°) - \text{sen}(3°)$

41. $\cos(44°) - \cos(22°)$

42. $\cos(176°)\,\text{sen}(9°)$

43. $\text{sen(-14°)}\,\text{sen}(85°)$

En tecnología

En los siguientes ejercicios, determine algebraicamente si cada una de las expresiones dadas es una identidad verdadera. Si no es una identidad, sustituya el lado derecho por una expresión equivalente al lado izquierdo. Verifique los resultados al graficar ambas expresiones en la calculadora.

44. $2\,\text{sen}(2x)\,\text{sen}(3x) = \cos\ \ x - \cos(5x)$

45. $\frac{\cos(10\theta)+\cos(6\theta)}{\cos(6\theta)-\cos(10\theta)} = \cot\,(2\theta)\cot\,(8\theta)$

46. $\frac{\text{sen}(3x)-\text{sen}(5x)}{\cos(3x)+\cos(5x)} = \tan\ \ x$

47. $2\cos(2x)\cos\ \ x + \text{sen}(2x)\,\text{sen}\ \ x = 2\ \ \text{sen}\,x$

48. $\frac{\text{sen}(2x)+\text{sen}(4x)}{\text{sen}(2x)-\text{sen}(4x)} = -\tan\,(3x)\cot\ \ x$

En los siguientes ejercicios, simplifique la expresión a un término, luego grafique la función original y su versión simplificada para verificar que sean idénticas.

49. $\frac{\text{sen}(9t)-\text{sen}(3t)}{\cos(9t)+\cos(3t)}$

50. $2\,\text{sen}\,(8x)\cos\,(6x) - \text{sen}\,(2x)$

51. $\frac{\text{sen}(3x)-\text{sen}\ \ x}{\text{sen}\ \ x}$

52. $\frac{\cos(5x)+\cos(3x)}{\text{sen}(5x)+\text{sen}(3x)}$

53. $\text{sen}\ \ x\ \ \cos\,(15x) - \cos\ \ x\ \ \text{sen}\,(15x)$

Extensiones

En los siguientes ejercicios, compruebe las siguientes fórmulas de suma a producto.

54. $\text{sen}\ \ x - \text{sen}\ \ y = 2\ \ \text{sen}\left(\frac{x-y}{2}\right)\cos\left(\frac{x+y}{2}\right)$

55. $\cos\ \ x + \cos\ \ y = 2\ \ \cos\left(\frac{x+y}{2}\right)\cos\left(\frac{x-y}{2}\right)$

En los siguientes ejercicios, demuestre la identidad.

56. $\frac{\text{sen}(6x)+\text{sen}(4x)}{\text{sen}(6x)-\text{sen}(4x)} = \tan\ \ (5x)\cot\ \ x$

57. $\frac{\cos(3x)+\cos\ \ x}{\cos(3x)-\cos\ \ x} = -\cot\ \ (2x)\cot\ \ x$

58. $\frac{\cos(6y)+\cos(8y)}{\operatorname{sen}(6y)-\operatorname{sen}(4y)} = \cot\ y\ \cos\ (7y)\sec\ (5y)$

59. $\frac{\cos(2y)-\cos(4y)}{\operatorname{sen}(2y)+\operatorname{sen}(4y)} = \tan\ y$

60. $\frac{\operatorname{sen}(10x)-\operatorname{sen}(2x)}{\cos(10x)+\cos(2x)} = \tan(4x)$

61. $\cos\ x - \cos(3x) = 4\ \operatorname{sen}^2 x \cos\ x$

62. $(\cos(2x) - \cos(4x))^2 + (\operatorname{sen}(4x) + \operatorname{sen}(2x))^2 = 4\ \operatorname{sen}^2(3x)$

63. $\tan\left(\frac{\pi}{4} - t\right) = \frac{1-\tan\ t}{1+\tan\ t}$

7.5 Resolver ecuaciones trigonométricas

Objetivos de aprendizaje

En esta sección, podrá:

- Resolver ecuaciones trigonométricas lineales en seno y coseno.
- Resolver ecuaciones que impliquen una sola función trigonométrica.
- Resolver ecuaciones trigonométricas con la calculadora.
- Resolver ecuaciones trigonométricas de forma cuadrática.
- Resolver ecuaciones trigonométricas con las identidades fundamentales.
- Resolver ecuaciones trigonométricas con múltiples ángulos.
- Resolver problemas de triángulos rectángulos.

Figura 1 Pirámides egipcias cerca de una ciudad moderna (créditos: Oisin Mulvihill)

Tales de Mileto (circa 625-547 a.C.) es conocido por ser el fundador de la geometría. La leyenda cuenta que calculó la altura de la Gran Pirámide de Guiza en Egipto con base en la teoría de los *triángulos semejantes*, que desarrolló al medir la sombra de su bastón. Basada en las proporciones, esta teoría tiene aplicaciones en varios ámbitos, como la geometría fractal, la ingeniería y la arquitectura. A menudo, el ángulo de elevación y el ángulo de depresión se encuentran mediante el empleo de triángulos semejantes.

En secciones anteriores de este capítulo, hemos visto las identidades trigonométricas. Las identidades son verdaderas para todos los valores en el dominio de la variable. En esta sección, comenzamos nuestro estudio de las ecuaciones trigonométricas para explorar escenarios del mundo real como el de calcular las dimensiones de las pirámides.

Resolver ecuaciones trigonométricas lineales en seno y coseno

Las ecuaciones trigonométricas, como su nombre lo indica, implican funciones trigonométricas. Semejante en muchos aspectos a la resolución de ecuaciones polinómicas o racionales, solo los valores específicos de la variable serán soluciones, si es que las hay. A menudo resolveremos una ecuación trigonométrica en un intervalo determinado. Sin embargo, con la misma frecuencia, se nos pedirá que hallemos todas las soluciones posibles, y como las funciones trigonométricas son periódicas, las soluciones se repiten dentro de cada período. En otras palabras, las ecuaciones trigonométricas pueden tener infinidad de soluciones. Además, al igual que las ecuaciones racionales, hay que tener en cuenta el dominio de la función antes de asumir que cualquier solución sea válida. El periodo de la función seno y de la función coseno es 2π. En otras palabras, cada 2π unidades, los valores de y se repiten. Si necesitamos hallar todas las soluciones posibles, entonces debemos sumar $2\pi k$, donde k es un número entero, a la solución inicial. Recordemos la regla que da el formato para enunciar todas las posibles soluciones de una función cuyo periodo es 2π :

$$\text{sen } \theta = \text{sen}(\theta \pm 2k\pi)$$

Existen reglas similares para indicar todas las posibles soluciones de las demás funciones trigonométricas. La resolución de ecuaciones trigonométricas exige las mismas técnicas que la resolución de ecuaciones algebraicas. Leemos la ecuación de izquierda a derecha, en horizontal, como una frase. Buscamos patrones conocidos, factorizamos, hallamos denominadores comunes y sustituimos ciertas expresiones con una variable para que la resolución sea un proceso más sencillo. Sin embargo, con las ecuaciones trigonométricas, también tenemos la ventaja de utilizar las identidades que hemos desarrollado en las secciones anteriores.

EJEMPLO 1

Resolver una ecuación trigonométrica lineal con la función coseno

Halle todas las soluciones posibles exactas de la ecuación $\cos\ \theta = \frac{1}{2}$.

Solución

A partir del círculo unitario, sabemos que

$$\cos\ \theta = \frac{1}{2}$$
$$\theta = \frac{\pi}{3}, \frac{5\pi}{3}$$

Estas son las soluciones en el intervalo $[0, 2\pi]$. Todas las soluciones posibles vienen dadas por

$$\frac{\pi}{3} \pm 2k\pi \text{ y } \frac{5\pi}{3} \pm 2k\pi$$

donde k es un número entero.

EJEMPLO 2

Resolver una ecuación lineal con la función seno

Halle todas las soluciones posibles exactas de la ecuación $\text{sen } t = \frac{1}{2}$.

Solución

Resolver para todos los valores posibles de t significa que las soluciones incluyen ángulos más allá del periodo de 2π. A partir de la Figura 2, podemos ver que las soluciones son $\frac{\pi}{6}$ y $\frac{5\pi}{6}$. No obstante, el problema pide todos los valores posibles que resuelven la ecuación. Por lo tanto, la respuesta es

$$\frac{\pi}{6} \pm 2\pi k \text{ y } \frac{5\pi}{6} \pm 2\pi k$$

donde k es un número entero.

CÓMO

Dada una ecuación trigonométrica, resolverla con el álgebra.

1. Busque un patrón que sugiera una propiedad algebraica, como la diferencia de cuadrados o una oportunidad de factorización.
2. Sustituya la expresión trigonométrica con una sola variable, como x o u.
3. Resuelva la ecuación del mismo modo que se resolvería una ecuación algebraica.
4. Sustituya de nuevo la expresión trigonométrica por la variable en las expresiones resultantes.
5. Resuelva el ángulo.

EJEMPLO 3

Resolver la ecuación trigonométrica en forma lineal

Resuelva la ecuación exactamente: $2\ \cos\ \theta - 3 = -5, 0 \leq \theta < 2\pi$.

Solución

Utilice técnicas algebraicas para resolver la ecuación.

$$\begin{aligned} 2\ \cos\ \theta - 3 &= -5 \\ 2\ \cos\ \theta &= -2 \\ \cos\ \theta &= -1 \\ \theta &= \pi \end{aligned}$$

INTÉNTELO #1 Resuelva exactamente la siguiente ecuación lineal en el intervalo $[0, 2\pi)$: $2\ \text{sen}\ x + 1 = 0$.

Resolver ecuaciones con una sola función trigonométrica

Cuando se nos dan ecuaciones que implican solo una de las seis funciones trigonométricas, sus soluciones implican el uso de técnicas algebraicas y del círculo unitario (vea la Figura 2). Tenemos que hacer varias consideraciones cuando la ecuación implica funciones trigonométricas distintas del seno y del coseno. Los problemas en los que intervienen los recíprocos de las funciones trigonométricas primarias deben considerarse desde una perspectiva algebraica. En otras palabras, escribiremos la función recíproca, y resolveremos los ángulos por medio de la función. Además, una ecuación en la que interviene la función tangente es ligeramente diferente de la que contiene una función seno o coseno. En primer lugar, como sabemos, el periodo de la tangente es π, no 2π. Además, el dominio de la tangente son todos los números reales, a excepción de los múltiplos enteros impares de $\frac{\pi}{2}$, a menos que, por supuesto, un problema imponga sus propias restricciones al dominio.

EJEMPLO 4

Resolver un problema con una sola función trigonométrica

Resuelva el problema con exactitud: $2\ \text{sen}^2\theta - 1 = 0, 0 \leq \theta < 2\pi$.

Solución

Ya que este problema no se factoriza fácilmente, lo resolveremos con la propiedad de la raíz cuadrada. En primer lugar, utilizamos el álgebra para aislar $\text{sen}\,\theta$. Entonces determinaremos los ángulos.

$$\begin{aligned} 2\ \text{sen}^2\theta - 1 &= 0 \\ 2\ \text{sen}^2\theta &= 1 \\ \text{sen}^2\theta &= \tfrac{1}{2} \\ \sqrt{\text{sen}^2\theta} &= \pm\sqrt{\tfrac{1}{2}} \\ \text{sen}\ \theta &= \pm\frac{1}{\sqrt{2}} = \pm\frac{\sqrt{2}}{2} \\ \theta &= \tfrac{\pi}{4}, \tfrac{3\pi}{4}, \tfrac{5\pi}{4}, \tfrac{7\pi}{4} \end{aligned}$$

EJEMPLO 5

Resolver una ecuación trigonométrica con cosecante

Resuelva exactamente la siguiente ecuación: $\csc\ \theta = -2, 0 \leq \theta < 4\pi$.

Solución

Queremos que todos los valores de θ para los cuales $\csc\ \theta = -2$ en el intervalo $0 \leq \theta < 4\pi$.

$$\begin{aligned} \csc\ \theta &= -2 \\ \frac{1}{\text{sen}\ \theta} &= -2 \\ \text{sen}\ \theta &= -\tfrac{1}{2} \\ \theta &= \tfrac{7\pi}{6}, \tfrac{11\pi}{6}, \tfrac{19\pi}{6}, \tfrac{23\pi}{6} \end{aligned}$$

Análisis

Dado que sen $\theta = -\frac{1}{2}$, observe que las cuatro soluciones están en el tercer y cuarto cuadrante.

EJEMPLO 6

Resolver una ecuación con tangente

Resuelva la ecuación exactamente: $\tan\left(\theta - \frac{\pi}{2}\right) = 1, 0 \leq \theta < 2\pi$.

Solución

Recordemos que la función tangente tiene un periodo de π. En el intervalo $[0, \pi)$, y en el ángulo de $\frac{\pi}{4}$, la tangente tiene un valor de 1. Sin embargo, el ángulo que queremos es $\left(\theta - \frac{\pi}{2}\right)$. Por lo tanto, si $\tan\left(\frac{\pi}{4}\right) = 1$, entonces

$$\begin{aligned} \theta - \tfrac{\pi}{2} &= \tfrac{\pi}{4} \\ \theta &= \tfrac{3\pi}{4} \pm k\pi \end{aligned}$$

En el intervalo $[0, 2\pi)$, tenemos dos soluciones:

$$\frac{3\pi}{4} \text{ y } \frac{3\pi}{4} + \pi = \frac{7\pi}{4}$$

INTÉNTELO #2 Halle todas las soluciones para $\tan\ x = \sqrt{3}$.

EJEMPLO 7

Identificar todas las soluciones de la ecuación que implica la tangente

Identifique todas las soluciones exactas de la ecuación $2\,(\tan\ x + 3) = 5 + \tan\ x, 0 \leq x < 2\pi$.

Solución

Podemos resolver esta ecuación solamente con el álgebra. Aísle la expresión $\tan\ x$ a la izquierda del signo de igualdad.

$$\begin{aligned} 2(\tan x) + 2(3) &= 5 + \tan x \\ 2\tan\ x + 6 &= 5 + \tan\ x \\ 2\tan x - \tan x &= 5 - 6 \\ \tan x &= -1 \end{aligned}$$

Hay dos ángulos en el círculo unitario que tienen un valor tangente de -1 : $\theta = \frac{3\pi}{4}$ y $\theta = \frac{7\pi}{4}$.

Resolver ecuaciones trigonométricas con la calculadora

No todas las funciones pueden resolverse exactamente solo con el círculo unitario. Cuando tengamos que resolver una ecuación que implique un ángulo, que no sea ninguno de los ángulos especiales, tendremos que recurrir a la calculadora. Asegúrese de que esté configurada en el modo adecuado, ya sea grados o radianes, dependiendo de los criterios del problema dado.

EJEMPLO 8

Usar la calculadora para resolver una ecuación trigonométrica que implica el seno

Utilice una calculadora para resolver la ecuación sen $\theta = 0{,}8$, donde θ está en radianes.

Solución

Asegúrese de que el modo esté ajustado a radianes. Para hallar θ, utilice la función del seno inverso. En la mayoría de las calculadoras, tendrá que pulsar el botón 2ND y luego el botón SIN para que aparezca la función sen^{-1}. Lo que se muestra en la pantalla es sen^{-1}(. La calculadora está lista para la entrada dentro del paréntesis. Para este problema, introducimos $\text{sen}^{-1}\,(0{,}8)$, y pulsamos ENTER. Por lo tanto, a cuatro decimales,

$$\text{sen}^{-1}(0{,}8) \approx 0{,}9273$$

La solución es

$$0{,}9273 \pm 2\pi k$$

La medida del ángulo en grados es:

$$\begin{aligned} \theta &\approx 53{,}1° \\ \theta &\approx 180° - 53{,}1° \\ &\approx 126{,}9° \end{aligned}$$

Análisis

Tenga en cuenta que la calculadora solo arrojará un ángulo en los cuadrantes I o IV para la función seno, ya que ese es el rango del seno inverso. El otro ángulo se obtiene al utilizar $\pi - \theta$.

EJEMPLO 9

Usar una calculadora para resolver una ecuación trigonométrica que implica la secante

Utilice una calculadora para resolver la ecuación $\sec\ \theta = -4$, dando su respuesta en radianes.

Solución

Podemos empezar con algo de álgebra.

$$\begin{aligned} \sec\ \theta &= -4 \\ \frac{1}{\cos\ \theta} &= -4 \\ \cos\ \theta &= -\frac{1}{4} \end{aligned}$$

Compruebe que el MODO esté en radianes. Ahora, utilice la función coseno inversa.

$$\begin{aligned} \cos^{-1}\left(-\tfrac{1}{4}\right) &\approx 1{,}8235 \\ \theta &\approx 1{,}8235 + 2\pi k \end{aligned}$$

Dado que $\frac{\pi}{2} \approx 1{,}57$ y $\pi \approx 3{,}14$, 1,8235 está entre estos dos números, por lo que $\theta \approx 10{,}8235$ está en el cuadrante II. El coseno también es negativo en el cuadrante III. Tenga en cuenta que una calculadora solo devolverá un ángulo en los cuadrantes I o II para la función coseno, ya que ese es el rango del coseno inverso. Vea la Figura 2.

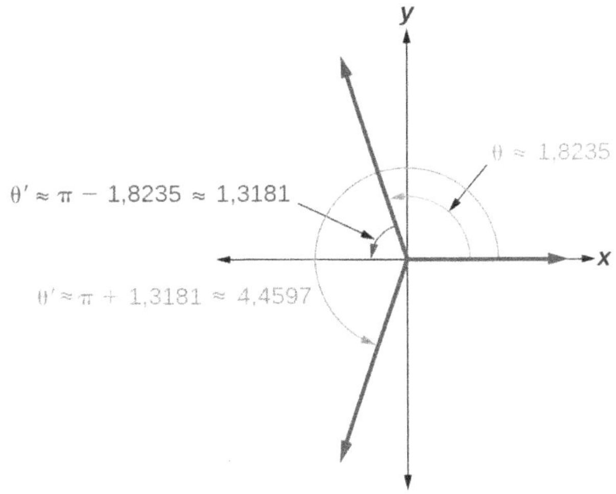

Figura 2

Por lo tanto, también necesitamos hallar la medida del ángulo en el cuadrante III. En el cuadrante III, el ángulo de referencia es $\theta' \approx \pi - 10{,}8235 \approx 10{,}3181$. La otra solución del cuadrante III es $\pi + 10{,}3181 \approx 40{,}4597$.

Las soluciones son $1{,}8235 \pm 2\pi k$ y $4{,}4597 \pm 2\pi k$.

> **INTÉNTELO** #3 Resuelva $\cos\ \theta = -0{,}2$.

Resolver ecuaciones trigonométricas en forma cuadrática

Resolver una ecuación cuadrática puede ser más complicado, pero una vez más, podemos utilizar el álgebra como lo haríamos para cualquier ecuación cuadrática. Mire el patrón de la ecuación. ¿Hay más de una función trigonométrica en la ecuación o solo hay una? ¿Qué función trigonométrica es al cuadrado? Si solo hay una función representada y uno de los términos está elevado al cuadrado, piense en la forma estándar de una cuadrática. Sustituya la función trigonométrica por una variable como x o u. Si la sustitución hace que la ecuación parezca una ecuación cuadrática, entonces podemos utilizar los mismos métodos para resolver cuadráticas y, por consiguiente, las ecuaciones trigonométricas.

EJEMPLO 10

Resolver una ecuación trigonométrica en forma cuadrática

Resuelva la ecuación exactamente: $\cos^2\theta + 3\quad\cos\ \theta - 1 = 0, 0 \le \theta < 2\pi$.

Solución

Comenzamos por utilizar la sustitución y reemplazar $\cos\ \theta$ con la x. No es necesario utilizar la sustitución, pero puede hacer que el problema sea más fácil de resolver visualmente. Supongamos que $\cos\ \theta = x$. Tenemos

$$x^2 + 3x - 1 = 0$$

La ecuación no se puede factorizar, por lo que utilizaremos la fórmula cuadrática $x = \frac{-b \pm \sqrt{b^2 - 4ac}}{2a}$.

$$\begin{aligned} x &= \frac{-3 \pm \sqrt{(3)^2 - 4(1)(-1)}}{2} \\ &= \frac{-3 \pm \sqrt{13}}{2} \end{aligned}$$

Sustituya x con la $\cos\ \theta$, y resolvemos. Por lo tanto,

$$\begin{aligned} \cos\ \theta &= \frac{-3 \pm \sqrt{13}}{2} \\ \theta &= \cos^{-1}\left(\frac{-3 + \sqrt{13}}{2}\right) \end{aligned}$$

Observe que solo se utiliza el signo +. Esto se debe a que obtenemos un error cuando resolvemos $\theta = \cos^{-1}\left(\frac{-3-\sqrt{13}}{2}\right)$ en una calculadora, ya que el dominio de la función coseno inversa es $[-1, 1]$. Sin embargo, existe una segunda solución:

$$\cos^{-1}\left(\frac{-3+\sqrt{13}}{2}\right)$$
$$\approx 1{,}26$$

Este lado terminal del ángulo se encuentra en el cuadrante I. Debido a que el coseno también es positivo en el cuadrante IV, la segunda solución es

$$2\pi - \cos^{-1}\left(\frac{-3+\sqrt{13}}{2}\right)$$
$$\approx 5{,}02$$

EJEMPLO 11

Resolver una ecuación trigonométrica en forma cuadrática mediante factorización

Resuelva la ecuación exactamente: $2\ \text{sen}^2\theta - 5\ \ \text{sen}\ \theta + 3 = 0, 0 \leq \theta \leq 2\pi$.

Solución

Usando la agrupación, esta cuadrática puede factorizarse. Alternativamente, hacer la sustitución real, $\text{sen}\ \theta = u$, o imaginarla, ya que factorizamos:

$$2\ \text{sen}^2\theta - 5\ \ \text{sen}\ \theta + 3 = 0$$
$$(2\ \ \text{sen}\ \theta - 3)(\text{sen}\ \theta - 1) = 0$$

Ahora, lleve cada factor igual a cero.

$$2\ \ \text{sen}\ \theta - 3 = 0$$
$$2\ \ \text{sen}\ \theta = 3$$
$$\text{sen}\ \theta = \frac{3}{2}$$

$$\text{sen}\ \theta - 1 = 0$$
$$\text{sen}\ \theta = 1$$

Luego, resuelva para θ : $\text{sen}\ \theta \neq \frac{3}{2}$, ya que el rango de la función seno es $[-1, 1]$. Sin embargo, el que $\text{sen}\ \theta = 1$, dando la solución $\frac{\pi}{2}$.

Análisis

Asegúrese de comprobar todas las soluciones en el dominio dado, ya que algunos factores no tienen solución.

INTÉNTELO #4 Resuelva $\text{sen}^2\theta = 2\ \ \cos\ \theta + 2, 0 \leq \theta \leq 2\pi$. [Pista: Haga una sustitución para expresar la ecuación solo en términos de coseno].

EJEMPLO 12

Resolver una ecuación trigonométrica mediante el álgebra

Resuelva exactamente:

$$2\ \text{sen}^2\theta + \text{sen}\ \theta = 0; 0 \leq \theta < 2\pi$$

Solución

Este problema debería parecerle familiar, ya que es similar a una cuadrática. Supongamos que $\text{sen}\ \theta = x$. La ecuación se convierte en $2x^2 + x = 0$. Comenzamos por la factorización:

$$\begin{aligned} 2x^2 + x &= 0 \\ x(2x+1) &= 0 \end{aligned}$$

Lleve cada factor igual a cero.

$$\begin{aligned} x &= 0 \\ (2x+1) &= 0 \\ x &= -\tfrac{1}{2} \end{aligned}$$

A continuación, sustituya de nuevo en la ecuación la expresión original $\operatorname{sen}\theta$ por x. Así,

$$\begin{aligned} \operatorname{sen}\ \theta &= 0 \\ \theta &= 0, \pi \end{aligned}$$

$$\begin{aligned} \operatorname{sen}\ \theta &= -\tfrac{1}{2} \\ \theta &= \tfrac{7\pi}{6}, \tfrac{11\pi}{6} \end{aligned}$$

Las soluciones dentro del dominio $0 \leq \theta < 2\pi$ son $0, \pi, \frac{7\pi}{6}, \frac{11\pi}{6}$.

Si preferimos no sustituir, podemos resolver la ecuación al seguir el mismo patrón de factorización y llevar cada factor igual a cero.

$$\begin{aligned} 2\ \operatorname{sen}^2\theta + \operatorname{sen}\ \theta &= 0 \\ \operatorname{sen}\ \theta(2 \operatorname{sen}\ \theta + 1) &= 0 \\ \operatorname{sen}\ \theta &= 0 \\ \theta &= 0, \pi \end{aligned}$$

$$\begin{aligned} 2\ \operatorname{sen}\ \theta + 1 &= 0 \\ 2 \operatorname{sen}\ \theta &= -1 \\ \operatorname{sen}\ \theta &= -\tfrac{1}{2} \\ \theta &= \tfrac{7\pi}{6}, \tfrac{11\pi}{6} \end{aligned}$$

Análisis

Podemos ver las soluciones en el gráfico en la Figura 3. En el intervalo $0 \leq \theta < 2\pi$, el gráfico cruza el eje *x* cuatro veces, en las soluciones señaladas. Observe que las ecuaciones trigonométricas que tienen forma cuadrática pueden dar hasta cuatro soluciones en lugar de las dos esperadas que se encuentran con las ecuaciones cuadráticas. En este ejemplo, cada solución (ángulo) correspondiente a un valor de seno positivo arrojarán dos ángulos que darían lugar a ese valor.

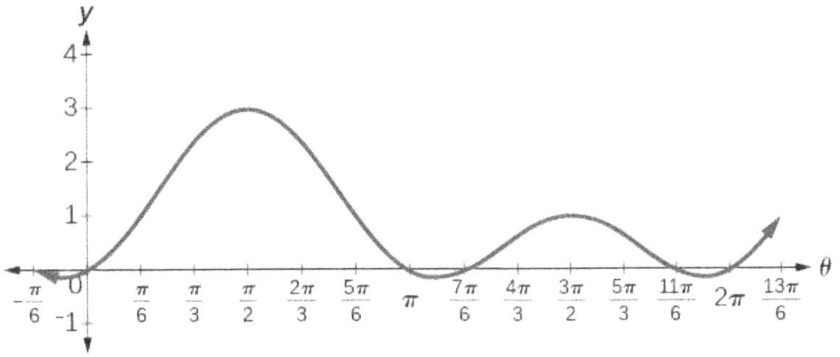

Figura 3

También podemos verificar las soluciones en el círculo unitario en la Figura 2.

EJEMPLO 13

Resolver una ecuación trigonométrica cuadrática en forma

Resuelva la ecuación cuadrática en forma exacta: $2\ \operatorname{sen}^2\theta - 3\operatorname{sen}\ \theta + 1 = 0, 0 \leq \theta < 2\pi$.

Solución

Podemos factorizar mediante la agrupación. Los valores de solución de θ se hallan en el círculo unitario:

$$\begin{aligned}(2\ \operatorname{sen}\ \theta - 1)(\operatorname{sen}\ \theta - 1) &= 0\\ 2\ \operatorname{sen}\ \theta - 1 &= 0\\ \operatorname{sen}\ \theta &= \tfrac{1}{2}\\ \theta &= \tfrac{\pi}{6}, \tfrac{5\pi}{6}\\ \\ \operatorname{sen}\ \theta &= 1\\ \theta &= \tfrac{\pi}{2}\end{aligned}$$

INTÉNTELO #5 Resuelva la ecuación cuadrática $2\ \cos^2\theta + \cos\ \theta = 0$.

Resolver ecuaciones trigonométricas mediante identidades fundamentales

Aunque se puede utilizar el álgebra para resolver una serie de ecuaciones trigonométricas, también podemos utilizar las identidades fundamentales porque hacen que la resolución de ecuaciones sea más sencilla. Recuerde que las técnicas que utilizamos para resolver no son las mismas que para verificar las identidades. Aquí se aplican las reglas básicas del álgebra, a diferencia de reescribir un lado de la identidad para que coincida con el otro lado. En el siguiente ejemplo, utilizamos dos identidades para simplificar la ecuación.

EJEMPLO 14

Utilizar las identidades para resolver una ecuación

Utilice las identidades para resolver exactamente la ecuación trigonométrica sobre el intervalo $0 \leq x < 2\pi$.

$$\cos\ x\ \cos(2x) + \operatorname{sen}\ x\ \operatorname{sen}(2x) = \frac{\sqrt{3}}{2}$$

Solución

Observe que el lado izquierdo de la ecuación es la fórmula de la diferencia del coseno.

$$\begin{aligned}\cos\ x\ \cos(2x) + \operatorname{sen}\ x\ \operatorname{sen}(2x) &= \tfrac{\sqrt{3}}{2}\\ \cos(x - 2x) &= \tfrac{\sqrt{3}}{2} && \text{Fórmula de la diferencia del coseno}\\ \cos(-x) &= \tfrac{\sqrt{3}}{2} && \text{Utilice la identidad de ángulo negativo.}\\ \cos\ x &= \tfrac{\sqrt{3}}{2}\end{aligned}$$

A partir del círculo unitario en la Figura 2, vemos que $\cos\ x = \frac{\sqrt{3}}{2}$ cuando $x = \frac{\pi}{6}, \frac{11\pi}{6}$.

EJEMPLO 15

Resolver la ecuación mediante una fórmula de doble ángulo

Resuelva la ecuación con exactitud mediante una fórmula de doble ángulo: $\cos(2\ \theta) = \cos\ \theta$.

Solución

Tenemos tres opciones de expresiones para sustituir el doble ángulo del coseno. Ya que es más sencillo resolver una función trigonométrica a la vez, elegiremos la identidad de doble ángulo que involucra solo el coseno:

$$\begin{aligned}\cos(2\theta) &= \cos\ \theta\\ 2\cos^2\theta - 1 &= \cos\ \theta\\ 2\ \cos^2\theta - \cos\ \theta - 1 &= 0\\ (2\ \cos\ \theta + 1)(\cos\ \theta - 1) &= 0\\ 2\cos\ \theta + 1 &= 0\\ \cos\ \theta &= -\tfrac{1}{2}\end{aligned}$$

$$\begin{aligned}\cos\ \theta - 1 &= 0\\ \cos\ \theta &= 1\end{aligned}$$

Por lo tanto, si $\cos\ \theta = -\frac{1}{2}$, entonces $\theta = \frac{2\pi}{3} \pm 2\pi k$ y $\theta = \frac{4\pi}{3} \pm 2\pi k$; si $\cos\ \theta = 1$, entonces $\theta = 0 \pm 2\pi k$.

EJEMPLO 16

Resolver una ecuación mediante el empleo de una identidad

Resuelva la ecuación exactamente con una identidad: $3\ \cos\ \theta + 3 = 2\ \text{sen}^2\theta, 0 \leq \theta < 2\pi$.

Solución

Si reescribimos el lado derecho, podemos escribir la ecuación en términos de coseno:

$$\begin{aligned}3\cos\ \theta + 3 &= 2\,\text{sen}^2\theta\\ 3\cos\ \theta + 3 &= 2(1 - \cos^2\theta)\\ 3\cos\ \theta + 3 &= 2 - 2\cos^2\theta\\ 2\ \cos^2\theta + 3\cos\ \theta + 1 &= 0\\ (2\cos\ \theta + 1)(\cos\ \theta + 1) &= 0\\ 2\cos\ \theta + 1 &= 0\\ \cos\ \theta &= -\tfrac{1}{2}\\ \theta &= \tfrac{2\pi}{3}, \tfrac{4\pi}{3}\\ \cos\ \theta + 1 &= 0\\ \cos\ \theta &= -1\\ \theta &= \pi\end{aligned}$$

Nuestras soluciones son $\frac{2\pi}{3}, \frac{4\pi}{3}, \pi$.

Resolver ecuaciones trigonométricas con ángulos múltiples

A veces no es posible resolver una ecuación trigonométrica con identidades que tienen un ángulo múltiple, como por ejemplo $\text{sen}(2x)$ o $\cos(3x)$. Cuando se enfrente a estas ecuaciones, recuerde que $y = \text{sen}(2x)$ es una compresión horizontal por un factor de 2 de la función $y = \text{sen}\ x$. En un intervalo de 2π, podemos graficar dos periodos de $y = \text{sen}(2x)$, frente a un ciclo de $y = \text{sen}\ x$. Esta compresión del gráfico nos lleva a pensar que puede haber el doble de intersecciones en *x* o soluciones a $\text{sen}(2x) = 0$ en comparación con $\text{sen}\ x = 0$. Esta información nos ayudará a resolver la ecuación.

EJEMPLO 17

Resolver una ecuación trigonométrica de ángulos múltiples

Resuelva exactamente $\cos(2x) = \frac{1}{2}$ en $[0, 2\pi)$.

Solución

Podemos ver que esta es la ecuación estándar con un múltiplo de un ángulo. Si los valores de $\cos(\alpha) = \frac{1}{2}$, sabemos que α está en los cuadrantes I y IV. Mientras que $\theta = \cos^{-1}\frac{1}{2}$ solo arrojará soluciones en los cuadrantes I y II, reconocemos que las soluciones de la ecuación $\cos\ \theta = \frac{1}{2}$ estará en los cuadrantes I y IV.

Por lo tanto, los ángulos posibles son $\theta = \frac{\pi}{3}$ y $\theta = \frac{5\pi}{3}$. Así que, $2x = \frac{\pi}{3}$ o $2x = \frac{5\pi}{3}$, lo que significa que $x = \frac{\pi}{6}$ o $x = \frac{5\pi}{6}$. ¿Tiene esto sentido? Sí, porque $\cos\left(2\left(\frac{\pi}{6}\right)\right) = \cos\left(\frac{\pi}{3}\right) = \frac{1}{2}$.

¿Hay otras respuestas posibles? Volvamos a nuestro primer paso.

En el cuadrante I, $2x = \frac{\pi}{3}$, por lo que $x = \frac{\pi}{6}$ como se indica. Volvamos a girar alrededor del círculo:

$$\begin{aligned} 2x &= \frac{\pi}{3} + 2\pi \\ &= \frac{\pi}{3} + \frac{6\pi}{3} \\ &= \frac{7\pi}{3} \end{aligned}$$

por lo que $x = \frac{7\pi}{6}$.

Una rotación más produce

$$\begin{aligned} 2x &= \frac{\pi}{3} + 4\pi \\ &= \frac{\pi}{3} + \frac{12\pi}{3} \\ &= \frac{13\pi}{3} \end{aligned}$$

$x = \frac{13\pi}{6} > 2\pi$, por lo que este valor para x es mayor que 2π, por lo que no es una solución en $[0, 2\pi)$.

En el cuadrante IV, $2x = \frac{5\pi}{3}$, por lo que $x = \frac{5\pi}{6}$ como se indica. Volvamos a girar alrededor del círculo:

$$\begin{aligned} 2x &= \frac{5\pi}{3} + 2\pi \\ &= \frac{5\pi}{3} + \frac{6\pi}{3} \\ &= \frac{11\pi}{3} \end{aligned}$$

por lo que $x = \frac{11\pi}{6}$.

Una rotación más produce

$$\begin{aligned} 2x &= \frac{5\pi}{3} + 4\pi \\ &= \frac{5\pi}{3} + \frac{12\pi}{3} \\ &= \frac{17\pi}{3} \end{aligned}$$

$x = \frac{17\pi}{6} > 2\pi$, por lo que este valor para x es mayor que 2π, por lo que no es una solución en $[0, 2\pi)$.

Nuestras soluciones son $\frac{\pi}{6}, \frac{5\pi}{6}, \frac{7\pi}{6}$, y $\frac{11\pi}{6}$. Observe que, siempre que resolvemos un problema en forma de $\operatorname{sen}(nx) = c$, debemos rodear el círculo unitario n veces.

Resolver problemas de triángulos rectángulos

Ahora podemos utilizar todos los métodos que hemos aprendido para resolver problemas que impliquen la aplicación de las propiedades de los triángulos rectángulos y del teorema de Pitágoras. Comenzamos con el conocido teorema de Pitágoras, $a^2 + b^2 = c^2$, y modelamos una ecuación que se ajuste a una situación.

EJEMPLO 18

Usar el teorema de Pitágoras para modelar una ecuación

Utilice el teorema de Pitágoras y las propiedades de los triángulos rectángulos para modelar una ecuación que se ajuste al problema.

Uno de los cables que ancla el centro de la rueda de la fortuna del London Eye al suelo necesita reemplazo. El centro de la rueda está a 69,5 metros del suelo, y el segundo anclaje en el suelo está a 23 metros de su base ¿Qué longitud tiene el cable, aproximadamente, y cuál es el ángulo de elevación (desde el suelo hasta el centro de la rueda de la fortuna)? Vea la Figura 4.

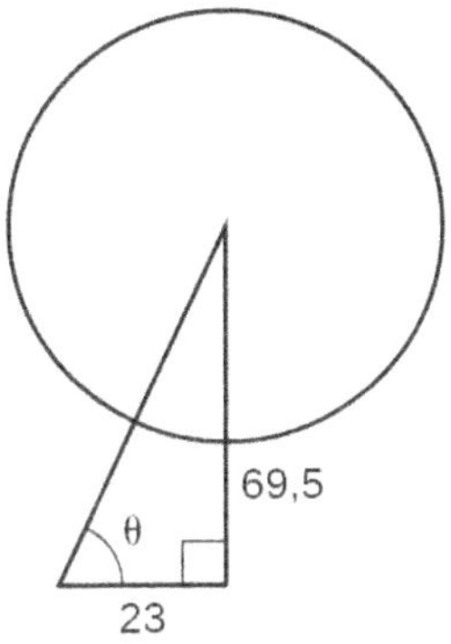

Figura 4

Solución

Con la información dada, podemos dibujar un triángulo rectángulo. Podemos determinar la longitud del cable con el teorema de Pitágoras.

$$\begin{aligned} a^2 + b^2 &= c^2 \\ (23)^2 + (69{,}5)^2 &\approx 5359 \\ \sqrt{5359} &\approx 73{,}2 \text{ m} \end{aligned}$$

El ángulo de elevación es θ, formado por el segundo anclaje en el suelo y el cable que llega al centro de la rueda. Podemos utilizar la función tangente para hallar su medida. Redondee a dos decimales.

$$\tan\ \theta = \frac{69{,}5}{23}$$

$$\begin{aligned} \tan^{-1}\left(\frac{69{,}5}{23}\right) &\approx 1{,}2522 \\ &\approx 71{,}69° \end{aligned}$$

El ángulo de elevación es aproximadamente $71{,}7°$, y la longitud del cable es de 73,2 metros.

EJEMPLO 19

Uso del teorema de Pitágoras para modelar un problema abstracto

Las normas de seguridad de la Administración de Seguridad y Salud Ocupacional (Occupational Safety and Health Administration, OSHA) exigen que la base de una escalera se sitúe a 1 pie de la pared por cada 4 pies de longitud de la escalera. Halle el ángulo que forma una escalera de cualquier longitud con el suelo y la altura a la que toca la pared.

Solución

Para cualquier longitud de la escalera, la base debe estar a una distancia de la pared igual a la cuarta parte de la longitud de la escalera. Por equivalencia, si la base de la escalera está a "*a*" pies de la pared, la longitud de la escalera será de 4*a* pies. Vea la Figura 5.

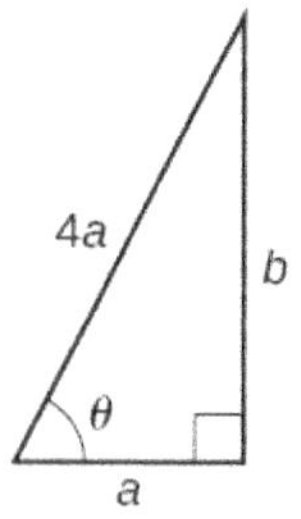

Figura 5

El lado adyacente a θ es a y la hipotenusa es $4a$. Así,

$$\cos\ \theta = \frac{a}{4a} = \frac{1}{4}$$
$$\cos^{-1}\left(\frac{1}{4}\right) \approx 75{,}5°$$

La elevación de la escalera forma un ángulo de $75{,}5°$ con el suelo. La altura a la que la escalera toca la pared se puede calcular con el teorema de Pitágoras:

$$\begin{aligned} a^2 + b^2 &= (4a)^2 \\ b^2 &= (4a)^2 - a^2 \\ b^2 &= 16a^2 - a^2 \\ b^2 &= 15a^2 \\ b &= \sqrt{15}a \end{aligned}$$

Así, la escalera toca la pared a $\sqrt{15}a$ pies del suelo.

MEDIA

Acceda a estos recursos en línea para obtener instrucciones adicionales y practicar la resolución de ecuaciones trigonométricas.

Resolver ecuaciones trigonométricas I (http://openstax.org/l/solvetrigeqI)
Resolver ecuaciones trigonométricas II (http://openstax.org/l/solvetrigeqII)
Resolver ecuaciones trigonométricas III (http://openstax.org/l/solvetrigeqIII)
Resolver ecuaciones trigonométricas IV (http://openstax.org/l/solvetrigeqIV)
Resolver ecuaciones trigonométricas V (http://openstax.org/l/solvetrigeqV)
Resolver ecuaciones trigonométricas VI (http://openstax.org/l/solvetrigeqVI)

7.5 EJERCICIOS DE SECCIÓN

Verbales

1. ¿Habrá siempre soluciones a las ecuaciones de las funciones trigonométricas? Si no es así, describa una ecuación que no tenga solución. Explique por qué sí o por qué no.
2. Cuando se resuelve una ecuación trigonométrica en la que interviene más de una función trigonométrica, ¿queremos siempre intentar reescribir la ecuación para que se exprese en términos de una sola función trigonométrica? ¿Por qué sí o por qué no?
3. Cuando se resuelven ecuaciones trigonométricas lineales en términos solo de seno o coseno, ¿cómo sabemos si habrá soluciones?

Algebraicos

En los siguientes ejercicios, halle todas las soluciones exactamente en el intervalo $0 \leq \theta < 2\pi$.

4. $2\,\text{sen}\ \theta = -\sqrt{2}$

5. $2\,\text{sen}\ \theta = \sqrt{3}$

6. $2\cos\ \theta = 1$

7. $2\cos\ \theta = -\sqrt{2}$

8. $\tan\ \theta = -1$

9. $\tan\ x = 1$

10. $\cot\ x + 1 = 0$

11. $4\text{sen}^2 x - 2 = 0$

12. $\csc^2 x - 4 = 0$

En los siguientes ejercicios, resuelva exactamente en $[0, 2\pi)$.

13. $2\cos\ \theta = \sqrt{2}$

14. $2\cos\ \theta = -1$

15. $2\,\text{sen}\ \theta = -1$

16. $2\,\text{sen}\ \theta = -\sqrt{3}$

17. $2\,\text{sen}\,(3\theta) = 1$

18. $2\,\text{sen}\,(2\theta) = \sqrt{3}$

19. $2\cos\,(3\theta) = -\sqrt{2}$

20. $\cos\,(2\theta) = -\frac{\sqrt{3}}{2}$

21. $2\,\text{sen}\,(\pi\theta) = 1$

22. $2\ \cos\left(\frac{\pi}{5}\theta\right) = \sqrt{3}$

En los siguientes ejercicios, halle todas las soluciones exactas en $[0, 2\pi)$.

23. $\sec(x)\,\text{sen}(x) - 2\ \ \text{sen}(x) = 0$

24. $\tan(x) - 2\ \ \text{sen}(x)\tan(x) = 0$

25. $2\ \cos^2 t + \cos\,(t) = 1$

26. $2\ \tan^2(t) = 3\ \ \sec(t)$

27. $2\ \ \text{sen}(x)\cos(x) - \text{sen}(x) + 2\ \ \cos(x) - 1 = 0$

28. $\cos^2\theta = \frac{1}{2}$

29. $\sec^2 x = 1$

30. $\tan^2\,(x) = -1 + 2\ \ \tan\,(-x)$

31. $8\ \ \text{sen}^2(x) + 6\ \ \text{sen}(x) + 1 = 0$

32. $\tan^5(x) = \tan(x)$

En los siguientes ejercicios, resuelva con los métodos mostrados en esta sección exactamente en el intervalo $[0, 2\pi)$.

33. $\text{sen}(3x)\cos(6x) - \cos(3x)\,\text{sen}(6x) = -0{,}9$

34. $\text{sen}(6x)\cos(11x) - \cos(6x)\,\text{sen}(11x) = -0{,}1$

35. $\cos\,(2x)\cos\ \ x + \text{sen}\,(2x)\,\text{sen}\ \ x = 1$

36. $6\ \ \text{sen}\,(2t) + 9\ \ \text{sen}\ \ t = 0$

37. $9\ \cos\,(2\theta) = 9\ \ \cos^2\theta - 4$

38. $\text{sen}\,(2t) = \cos\ \ t$

39. $\cos\,(2t) = \text{sen}\ \ t$

40. $\cos(6x) - \cos(3x) = 0$

En los siguientes ejercicios, resuelva exactamente en el intervalo $[0, 2\pi)$. Utilice la fórmula cuadrática si las ecuaciones no son factorizables.

41. $\tan^2 x - \sqrt{3}\ \ \tan\ \ x = 0$

42. $\text{sen}^2 x + \text{sen}\ \ x - 2 = 0$

43. $\text{sen}^2 x - 2\ \ \text{sen}\ \ x - 4 = 0$

44. $5\ \cos^2 x + 3\ \ \cos\ \ x - 1 = 0$

45. $3\ \cos^2 x - 2\ \ \cos\ \ x - 2 = 0$

46. $5\ \text{sen}^2 x + 2\ \ \text{sen}\ \ x - 1 = 0$

47. $\tan^2 x + 5\tan\ x - 1 = 0$

48. $\cot^2 x = -\cot\ x$

49. $-\tan^2 x - \tan\ x - 2 = 0$

En los siguientes ejercicios, halle soluciones exactas en el intervalo $[0, 2\pi)$. Busque las oportunidades para utilizar las identidades trigonométricas.

50. $\text{sen}^2 x - \cos^2 x - \text{sen}\ x = 0$

51. $\text{sen}^2 x + \cos^2 x = 0$

52. $\text{sen}\,(2x) - \text{sen}\ x = 0$

53. $\cos\,(2x) - \cos\ x = 0$

54. $\frac{2\ \tan\ x}{2-\sec^2 x} - \text{sen}^2 x = \cos^2 x$

55. $1 - \cos(2x) = 1 + \cos(2x)$

56. $\sec^2 x = 7$

57. $10\ \text{sen}\ x\ \cos\ x = 6\ \cos\ x$

58. $-3\ \text{sen}\ t = 15\ \cos\ t\ \text{sen}\ t$

59. $4\ \cos^2 x - 4 = 15\ \cos\ x$

60. $8\ \text{sen}^2 x + 6\ \text{sen}\ x + 1 = 0$

61. $8\ \cos^2\theta = 3 - 2\ \cos\ \theta$

62. $6\ \cos^2 x + 7\ \text{sen}\ x - 8 = 0$

63. $12\ \text{sen}^2 t + \cos\ t - 6 = 0$

64. $\tan\ x = 3\ \text{sen}\ x$

65. $\cos^3 t = \cos\ t$

Gráficos

En los siguientes ejercicios, determine algebraicamente todas las soluciones de la ecuación trigonométrica con exactitud, luego verifique los resultados al graficar la ecuación y hallar los ceros.

66. $6\ \text{sen}^2 x - 5\ \text{sen}\ x + 1 = 0$

67. $8\ \cos^2 x - 2\ \cos\ x - 1 = 0$

68. $100\ \tan^2 x + 20\ \tan\ x - 3 = 0$

69. $2\ \cos^2 x - \cos\ x + 15 = 0$

70. $20\ \text{sen}^2 x - 27\ \text{sen}\ x + 7 = 0$

71. $2\ \tan^2 x + 7\ \tan\ x + 6 = 0$

72. $130\ \tan^2 x + 69\ \tan\ x - 130 = 0$

En tecnología

En los siguientes ejercicios, utilice la calculadora para hallar todas las soluciones a cuatro decimales.

73. $\text{sen}\ x = 0{,}27$

74. $\text{sen}\ x = -0{,}55$

75. $\tan\ x = -0{,}34$

76. $\cos\ x = 0{,}71$

En los siguientes ejercicios, resuelva las ecuaciones algebraicamente y luego utilice la calculadora para estimar los valores en el intervalo $[0, 2\pi)$. Redondee a cuatro decimales.

77. $\tan^2 x + 3\ \tan\ x - 3 = 0$

78. $6\ \tan^2 x + 13\ \tan\ x = -6$

79. $\tan^2 x - \sec\ x = 1$

80. $\text{sen}^2 x - 2\ \cos^2 x = 0$

81. $2\ \tan^2 x + 9\ \tan\ x - 6 = 0$

82. $4\ \text{sen}^2 x + \text{sen}\,(2x)\,\sec\ x - 3 = 0$

Extensiones

En los siguientes ejercicios, halle todas las soluciones exactas de las ecuaciones en el intervalo $[0, 2\pi)$.

83. $\csc^2 x - 3 \csc x - 4 = 0$

84. $\text{sen}^2 x - \cos^2 x - 1 = 0$

85. $\text{sen}^2 x \left(1 - \text{sen}^2 x\right) + \cos^2 x \left(1 - \text{sen}^2 x\right) = 0$

86. $3 \sec^2 x + 2 + \text{sen}^2 x - \tan^2 x + \cos^2 x = 0$

87. $\text{sen}^2 x - 1 + 2 \cos(2x) - \cos^2 x = 1$

88. $\tan^2 x - 1 - \sec^3 x \cos x = 0$

89. $\frac{\text{sen}(2x)}{\sec^2 x} = 0$

90. $\frac{\text{sen}(2x)}{2\csc^2 x} = 0$

91. $2 \cos^2 x - \text{sen}^2 x - \cos x - 5 = 0$

92. $\frac{1}{\sec^2 x} + 2 + \text{sen}^2 x + 4 \cos^2 x = 4$

Aplicaciones en el mundo real

93. Un avión tiene gasolina suficiente únicamente para volar hasta una ciudad situada a 200 millas al noreste de su ubicación actual. Si el piloto sabe que la ciudad está a 25 millas al norte, ¿a cuántos grados al norte del este debe volar el avión?

94. Si se coloca una rampa de carga junto a un camión, a una altura de 4 pies, y la rampa tiene 15 pies de longitud, ¿qué ángulo forma la rampa con el suelo?

95. Si se coloca una rampa de carga junto a un camión, a una altura de 2 pies, y la rampa tiene 20 pies de longitud, ¿qué ángulo forma la rampa con el suelo?

96. Una mujer observa el lanzamiento de un cohete a 11 millas de altitud. Si está de pie a 4 millas de la plataforma de lanzamiento, ¿en qué ángulo mira hacia arriba desde la horizontal?

97. Una astronauta se encuentra en un cohete lanzado a 15 millas de altitud. Si un hombre está de pie a 2 millas de la plataforma de lanzamiento, ¿en qué ángulo ella lo mira a él desde la horizontal? (Pista: esto recibe el nombre de ángulo de depresión).

98. Una mujer está de pie a 8 metros de un edificio de 10 metros de altura. ¿En qué ángulo mira hacia la parte superior del edificio?

99. Un hombre está de pie a 10 metros de un edificio de 6 metros de altura. Alguien lo mira desde la parte superior del edificio. ¿En qué ángulo lo mira esta persona?

100. Un edificio de 20 pies de altura proyecta una sombra de 55 pies de largo. ¿Cuál es el ángulo de elevación del sol?

101. Un edificio de 90 pies de altura proyecta una sombra de 2 pies de largo. ¿Cuál es el ángulo de elevación del sol?

102. Un reflector en el suelo a 3 metros de un hombre de 2 metros de altura proyecta una sombra de 6 metros en una pared situada a 6 metros de él. ¿En qué ángulo está la luz?

103. Un reflector en el suelo a 3 pies de una mujer de 5 pies de alto proyecta una sombra de 15 pies de alto en una pared situada a 6 pies de ella. ¿En qué ángulo está la luz?

En los siguientes ejercicios, halle la solución del problema de forma algebraica. A continuación, utilice la calculadora para verificar el resultado. Redondee la respuesta a la décima de grado más cercana.

104. Una persona hace una parada de manos; los pies tocan la pared y las manos están a 3 pies de la pared. Si la persona mide 6 pies, ¿qué ángulo forman sus pies con la pared?

105. Una persona hace una parada de manos; los pies tocan la pared y las manos están a 3 pies de la pared. Si la persona mide 5 pies, ¿qué ángulo forman sus pies con la pared?

106. Una escalera de 23 pies está colocada junto a una casa. Si la escalera resbala a 7 pies de la casa cuando no hay suficiente tracción, ¿qué ángulo debe formar la escalera con el suelo para no resbalar?

7.6 Modelado con funciones trigonométricas

Objetivos de aprendizaje

En esta sección, podrá:

- Determinar la amplitud y el período de las funciones sinusoidales.
- Modelar ecuaciones y graficar funciones sinusoidales.
- Modelar el comportamiento periódico.
- Modelar las funciones de movimiento armónico.

Figura 1 Las agujas del reloj son periódicas: repiten las posiciones cada doce horas. (Créditos: "zoutedrop"/Flickr)

Supongamos que graficamos el promedio de temperaturas diarias en la ciudad de Nueva York en el transcurso de un año. Es de esperar que las temperaturas más bajas se den en enero y febrero y las más altas, en julio y agosto. Este ciclo familiar se repite año tras año, y si extendiéramos el gráfico a lo largo de varios años, se asemejaría a una función periódica.

Muchos otros fenómenos naturales también son periódicos. Por ejemplo, las fases de la luna tienen un periodo de aproximadamente 28 días, y las aves migran hacia el sur más o menos en la misma época cada año.

Entonces, ¿cómo podemos modelar una ecuación que refleje un comportamiento periódico? Primero, debemos recopilar y registrar datos. A continuación, hallamos una función que se asemeje a un patrón observado. Por último, realizamos las modificaciones necesarias en la función para obtener un modelo fiable. En esta sección, profundizaremos en tipos específicos de comportamiento periódico y en las ecuaciones de los modelos que se ajustan a los datos.

Determinar la amplitud y el periodo de la función sinusoidal.

Cualquier movimiento que se repita en un tiempo fijo se considera un movimiento periódico y puede modelarse mediante una función sinusoidal. La amplitud de una función sinusoidal es la distancia de la línea media al valor máximo, o de la línea media al valor mínimo. La línea media es el valor promedio. Las funciones sinusoidales oscilan por encima y por debajo de la línea media, son periódicas y repiten los valores en ciclos establecidos. Recuerde a partir de los gráficos de las funciones de seno y coseno que el periodo de las funciones de seno y de coseno es 2π. En otras palabras, para cualquier valor de x,

$$\operatorname{sen}(x \pm 2\pi k) = \operatorname{sen}\ x \quad \text{y} \quad \cos(x \pm 2\pi k) = \cos\ x \quad \text{donde } k \text{ es un número entero}$$

Forma típica de las ecuaciones sinusoidales.

Las formas generales de una ecuación sinusoidal vienen dadas por

$$y = A\ \text{sen}\,(Bt - C) + D \text{ o } y = A\ \cos\,(Bt - C) + D$$

donde amplitud $= |A|$, B guarda relación con el periodo tal que el periodo $= \frac{2\pi}{B}$, C es el deslizamiento de fase tal que $\frac{C}{B}$ denota el desplazamiento horizontal, y D representa el desplazamiento vertical del gráfico matriz.

Observe que los modelos a veces se escriben como $y = a\ \text{sen}\,(\omega\, t \pm C) + D$ o $y = a\ \cos\,(\omega\, t \pm C) + D$, y el periodo viene dado como $\frac{2\pi}{\omega}$.

La diferencia entre los gráficos de seno y coseno es que el gráfico de seno comienza con el valor promedio de la función, mientras que el gráfico de coseno comienza con el valor máximo o mínimo de la función.

EJEMPLO 1

Mostrar cómo las propiedades de una función trigonométrica pueden transformar un gráfico.

Indique la transformación del gráfico de $y = \text{sen}\ x$ en el gráfico de $y = 2\ \text{sen}\left(4x - \frac{\pi}{2}\right) + 2$.

Solución

Tenga en cuenta la serie de gráficos en la Figura 2 y la manera en que cada cambio a la ecuación transforma la imagen.

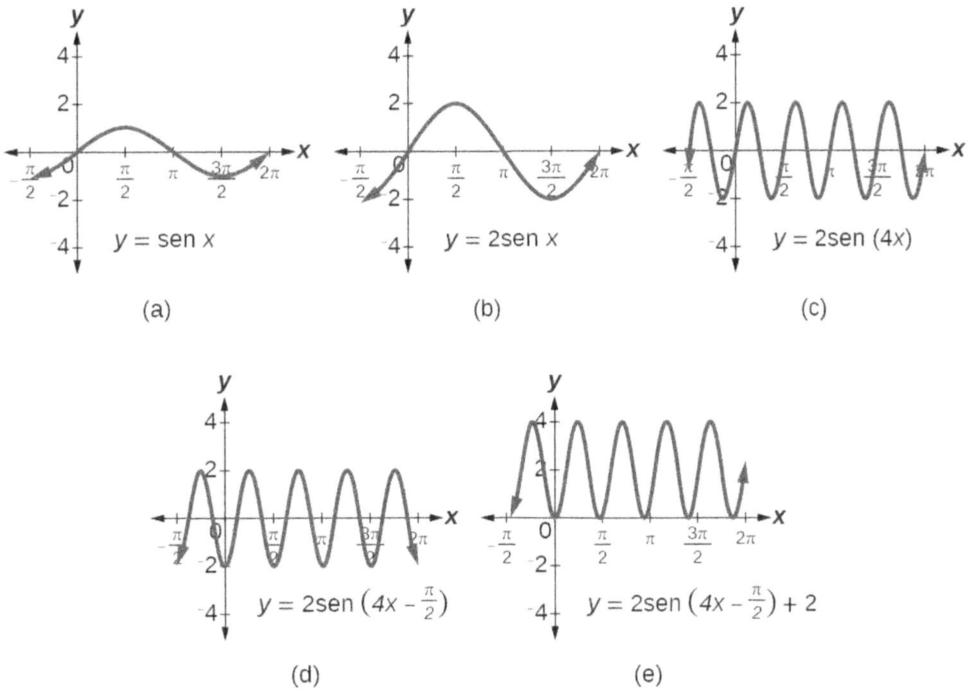

Figura 2 (a) El gráfico básico de $y = \text{sen}\,x$ (b) Cambiar la amplitud de 1 a 2 genera el gráfico de $y = 2\,\text{sen}\,x$. (c) El periodo de la función de seno cambia con el valor de B, de manera que periodo $= \frac{2\pi}{B}$. Aquí tenemos $B = 4$, lo que se traduce en un periodo de $\frac{\pi}{2}$. El gráfico realiza un ciclo completo en $\frac{\pi}{2}$ unidades. (d) El gráfico exhibe un desplazamiento horizontal igual a $\frac{C}{B}$, o $\frac{\frac{\pi}{2}}{4} = \frac{\pi}{8}$. (e) Finalmente, el gráfico se desplaza verticalmente en el valor de D. En este caso, el gráfico se desplaza en 2 unidades.

EJEMPLO 2

Hallar la amplitud y el periodo de una función

Halle la amplitud y el periodo de las siguientes funciones y grafique un ciclo.

Ⓐ $y = 2\ \text{sen}\left(\frac{1}{4}x\right)$ Ⓑ $y = -3\ \text{sen}\left(2x + \frac{\pi}{2}\right)$ Ⓒ $y = \cos\ x + 3$

Solución

Resolveremos estos problemas de acuerdo con los modelos.

Ⓐ $y = 2\ \text{sen}\left(\frac{1}{4}x\right)$ implica el seno, por lo que utilizamos la forma

$$y = A\ \text{sen}\,(Bt + C) + D$$

Sabemos que $|A|$ es la amplitud, por lo que la amplitud es 2. El periodo es $\frac{2\pi}{B}$, por lo que el periodo es

$$\begin{aligned}\frac{2\pi}{B} &= \frac{2\pi}{\frac{1}{4}}\\ &= 8\pi\end{aligned}$$

Observe el gráfico en la Figura 3.

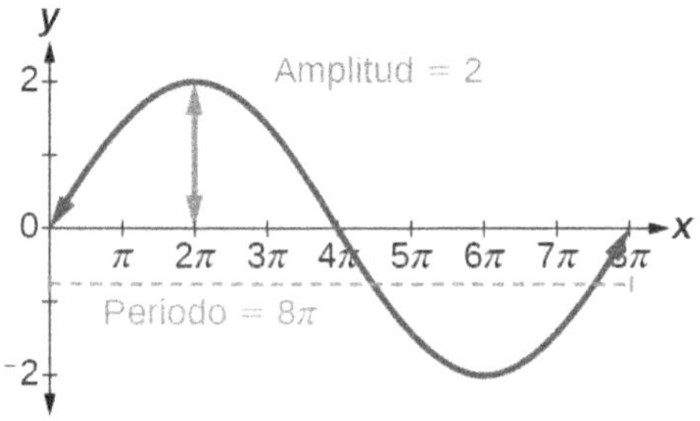

Figura 3

Ⓑ $y = -3\ \text{sen}\left(2x + \frac{\pi}{2}\right)$ implica el seno, por lo que utilizamos la forma

$$y = A\ \text{sen}\,(Bt - C) + D$$

La amplitud es $|A|$, por lo que la amplitud es $|-3| = 3$. Dado que A es negativo, el gráfico se refleja en el eje x. El periodo es $\frac{2\pi}{B}$, por lo que el periodo es

$$\frac{2\pi}{B} = \frac{2\pi}{2} = \pi$$

El gráfico se desplaza hacia la derecha en $\frac{C}{B} = \frac{\frac{\pi}{2}}{2} = \frac{\pi}{4}$ unidades. Vea la Figura 4.

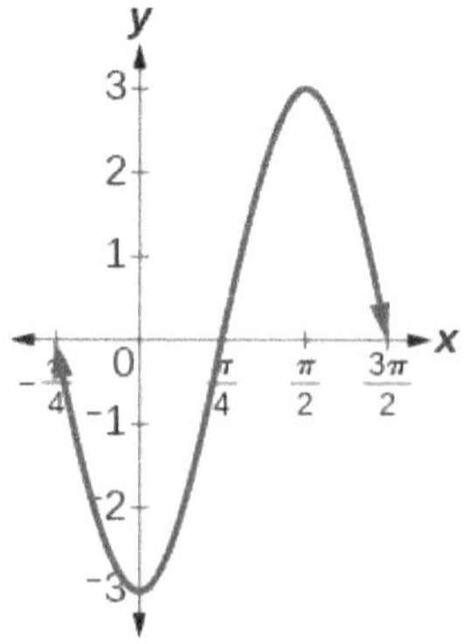

Figura 4

Ⓒ $y = \cos\ x + 3$ implica el coseno, por lo que utilizamos la forma

$$y = A\ \cos(Bt \pm C) + D$$

La amplitud es $|A|$, por lo que la amplitud es 1. El periodo es 2π. Vea la Figura 5. Esta es la típica función coseno, desplazada a tres unidades.

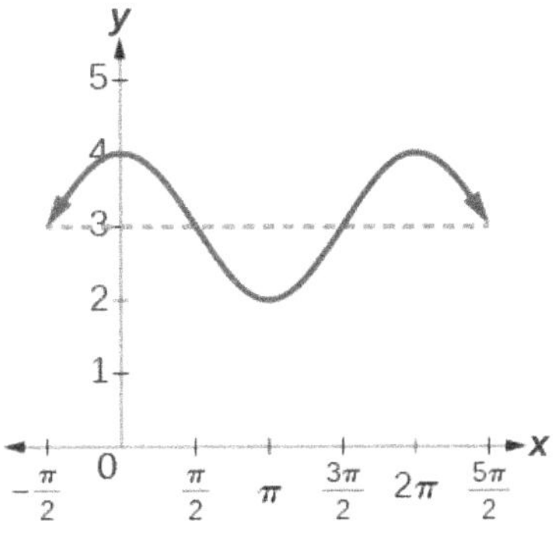

Figura 5

INTÉNTELO #1 ¿Cuáles son la amplitud y el periodo de la función $y = 3\ \cos(3\pi x)$?

Hallar ecuaciones y graficar funciones sinusoidales

Un método para graficar las funciones sinusoidales consiste en hallar cinco puntos clave. Estos puntos corresponderán a intervalos de igual longitud que representan $\frac{1}{4}$ del periodo. Los puntos clave indicarán la ubicación de los valores máximos y mínimos. Si no hay desplazamiento vertical, también indicarán las intersecciones en *x*. Por ejemplo, supongamos que queremos graficar la función $y = \cos\ \theta$. Sabemos que el periodo es 2π, por lo que hallamos el intervalo entre los puntos clave, de la siguiente manera.

$$\frac{2\pi}{4} = \frac{\pi}{2}$$

Comenzando por $\theta = 0$, calculamos el primer valor de *y*, sumamos la longitud del intervalo $\frac{\pi}{2}$ a 0, y calculamos el segundo valor de *y*. Luego sumamos $\frac{\pi}{2}$ varias veces hasta que se determinen los cinco puntos clave. El último valor debería ser igual al primero, ya que los cálculos abarcan un periodo entero. Al hacer una tabla parecida a la Tabla 1, podemos ver estos puntos clave claramente en el gráfico que se muestra en la Figura 6.

θ	0	$\frac{\pi}{2}$	π	$\frac{3\pi}{2}$	2π
$y = \cos\ \theta$	1	0	-1	0	1

Tabla 1

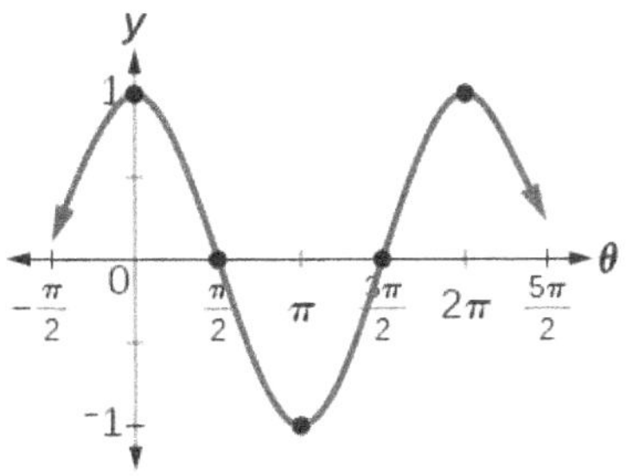

Figura 6

EJEMPLO 3

Graficar funciones sinusoidales con puntos clave

Grafique la función $y = -4\ \cos(\pi x)$ mediante el empleo de la amplitud, el periodo y los puntos clave.

Solución

La amplitud es $|-4| = 4$. El periodo es $\frac{2\pi}{\omega} = \frac{2\pi}{\pi} = 2$. (Recuerde que a veces nos referimos a B cuando ω). Puede trazarse un ciclo del gráfico a lo largo del intervalo $[0, 2]$. Para hallar los puntos clave, dividimos el periodo entre 4. Haga una tabla parecida a la Tabla 2; comience con $x = 0$ y luego sume $\frac{1}{2}$ sucesivamente hasta x y calcule y. Observe el gráfico en la Figura 7.

x	0	$\frac{1}{2}$	1	$\frac{3}{2}$	2
$y = -4\ \cos(\pi x)$	-4	0	4	0	-4

Tabla 2

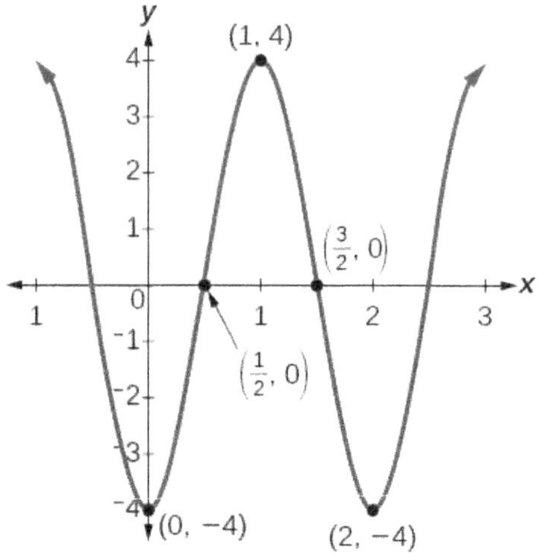

Figura 7

INTÉNTELO #2 Grafique la función $y = 3\ \text{sen}(3x)$ mediante el empleo de la amplitud, el periodo y los cinco puntos clave.

Modelar el comportamiento periódico

Ahora aplicaremos estas ideas a los problemas que impliquen comportamiento periódico.

EJEMPLO 4

Modelar una ecuación y dibujar un gráfico sinusoidal que se ajuste a los criterios

El promedio de la temperatura mensual para un pueblito en Oregón se da en la Tabla 3. Halle la función sinusoidal de la forma $y = A\ \text{sen}(Bt - C) + D$ que se ajuste a los datos (redondee hasta la décima más próxima) y dibuje el gráfico.

Mes	Temperatura, ˈF
Enero	42,5
Febrero	44,5

Tabla 3

Mes	Temperatura, ¡F
Marzo	48,5
Abril	52,5
Mayo	58
Junio	63
Julio	68,5
Agosto	69
Septiembre	64,5
Octubre	55,5
Noviembre	46,5
Diciembre	43,5

Tabla 3

Solución

Recuerde que la amplitud se calcula con la fórmula

$$A = \frac{\text{el valor más alto } - \text{el valor más bajo}}{2}$$

Así, la amplitud es

$$\begin{aligned} |A| &= \frac{69-42{,}5}{2} \\ &= 13{,}25 \end{aligned}$$

Los datos abarcan un periodo de 12 meses, por lo que $\frac{2\pi}{B} = 12$ que da $B = \frac{2\pi}{12} = \frac{\pi}{6}$.

El desplazamiento vertical se calcula con la siguiente ecuación.

$$D = \frac{\text{el valor más alto} + \text{el valor más bajo}}{2}$$

Así, el desplazamiento vertical es

$$\begin{aligned} D &= \frac{69+42{,}5}{2} \\ &= 55{,}8 \end{aligned}$$

Hasta ahora, tenemos la ecuación $y = 13{,}3 \ \operatorname{sen}\left(\frac{\pi}{6}x - C\right) + 55{,}8$.

Para calcular el desplazamiento horizontal, introducimos el valor de x y y del primer mes y resolvemos para C.

$$
\begin{aligned}
42{,}5 &= 13{,}3 \ \operatorname{sen}\left(\tfrac{\pi}{6}(1) - C\right) + 55{,}8 \\
-13{,}3 &= 13{,}3 \ \operatorname{sen}\left(\tfrac{\pi}{6} - C\right) \\
-1 &= \operatorname{sen}\left(\tfrac{\pi}{6} - C\right) \qquad \operatorname{sen}\theta = -1 \to \theta = -\tfrac{\pi}{2} \\
\tfrac{\pi}{6} - C &= -\tfrac{\pi}{2} \\
\tfrac{\pi}{6} + \tfrac{\pi}{2} &= C \\
&= \tfrac{2\pi}{3}
\end{aligned}
$$

Tenemos la ecuación $y = 13{,}3 \ \operatorname{sen}\left(\frac{\pi}{6}x - \frac{2\pi}{3}\right) + 55{,}8$. Observe el gráfico en la Figura 8.

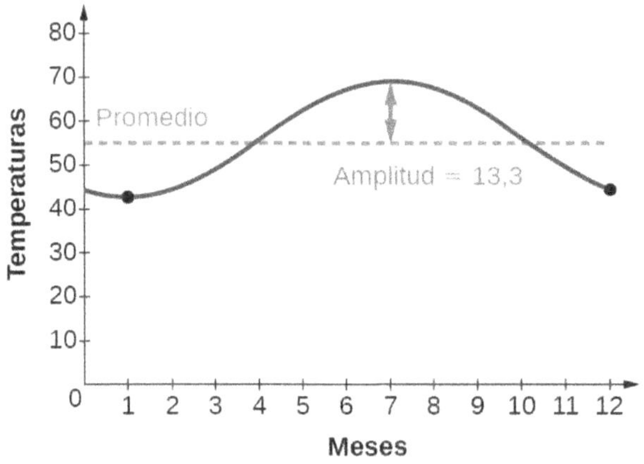

Figura 8

EJEMPLO 5

Describir el movimiento periódico

La aguja que marca las horas del reloj que está en la pared en Union Station mide 24 pulgadas. A mediodía, el puntero de la aguja que marca las horas está a 30 pulgadas del techo. A las 3 p. m., el puntero está a 54 pulgadas del techo, y a las 6 p. m., a 78 pulgadas. A las 9 p. m., está nuevamente a 54 pulgadas del techo, y a la medianoche, la punta de la aguja que marca las horas regresa a su posición original: a 30 pulgadas del techo. Supongamos que y es igual a la distancia que va desde el puntero de la aguja que marca las horas hasta el techo x horas después del mediodía. Halle la ecuación que modele el movimiento del reloj y dibuje el gráfico.

Solución

Empiece por hacer una tabla de los valores que se indican en la Tabla 4.

x	y	Puntos a trazar
Mediodía	30 in	$(0, 30)$
3 p. m.	54 in	$(3, 54)$
6 p. m.	78 in	$(6, 78)$
9 p. m.	54 in	$(9, 54)$
Medianoche	30 in	$(12, 30)$

Tabla 4

Para modelar una ecuación, primero tenemos que hallar la amplitud.

$$|A| = \left|\frac{78-30}{2}\right| \\ = 24$$

El ciclo horario se repite cada 12 horas. Por lo tanto,

$$B = \frac{2\pi}{12} \\ = \frac{\pi}{6}$$

El desplazamiento vertical es

$$D = \frac{78+30}{2} \\ = 54$$

No hay desplazamiento horizontal, por lo que $C = 0$. Dado que la función comienza con el valor mínimo de y cuando $x = 0$ (en contraposición al valor máximo), utilizaremos la función coseno con el valor negativo para A. En la forma $y = A \ \cos(Bx \pm C) + D$, la ecuación es

$$y = -24 \ \cos\left(\frac{\pi}{6}x\right) + 54$$

Vea la Figura 9.

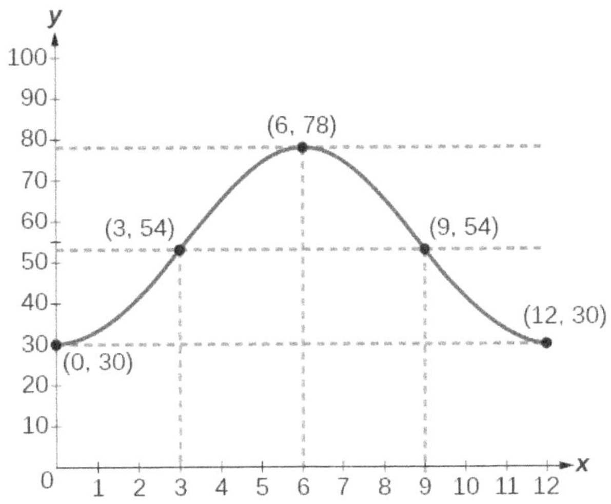

Figura 9

EJEMPLO 6

Determinar un modelo para las mareas

La altura de la ola en un pueblito costero se mide a lo largo de un malecón. El nivel del agua oscila entre 7 pies en marea baja y 15 pies en marea alta. En un día en particular, hubo marea baja a las 6 a. m. y marea alta al mediodía. El ciclo se repite aproximadamente cada 12 horas. Halle una ecuación que modele el nivel del agua.

Solución

Dado que el nivel del agua varía desde 7 pies hasta 15 pies, podemos calcular la amplitud como

$$|A| = \left|\frac{(15-7)}{2}\right| \\ = 4$$

Se repite el ciclo cada 12 horas, por lo tanto, B es

$$\frac{2\pi}{12} = \frac{\pi}{6}$$

Hay una traslación vertical de $\frac{(15+7)}{2} = 11{,}5$. Dado que el valor de la función está a un máximo en $t = 0$, utilizaremos la función coseno, con el valor positivo para A.

$$y = 4\ \cos\left(\frac{\pi}{6}\right)\ t + 11$$

Vea la Figura 10.

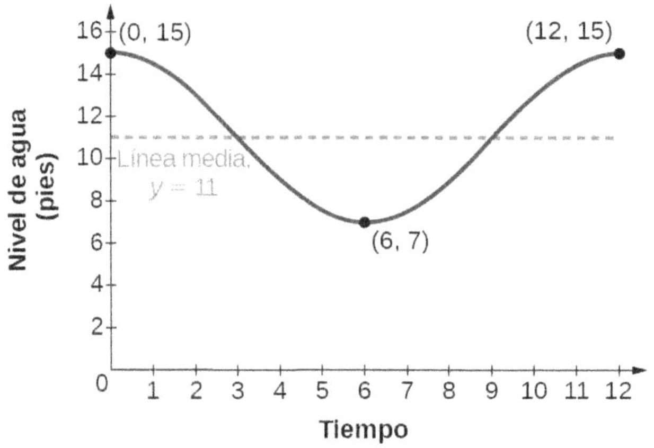

Figura 10

INTÉNTELO #3 La temperatura diaria en el mes de marzo en una determinada ciudad varía desde una baja de 24 °F hasta un alta de 40 °F. Halle una función sinusoidal para modelar la temperatura diaria y dibuje el gráfico. Calcule el tiempo aproximado cuando la temperatura alcanza el punto de congelación 32 °F. Supongamos que $t = 0$ corresponde al mediodía.

EJEMPLO 7

Interpretar la ecuación del comportamiento periódico

La presión arterial de una persona promedio se modela con la función $f(t) = 20\ \text{sen}(160\pi t) + 100$, donde $f(t)$ representa la presión arterial en el tiempo t, medida en minutos. Interprete la función en términos de periodo y frecuencia. Trace el gráfico y halle la lectura de la presión arterial.

Solución

El periodo viene dado por

$$\begin{aligned}\frac{2\pi}{\omega} &= \frac{2\pi}{160\pi}\\ &= \frac{1}{80}\end{aligned}$$

En una función de presión arterial, la frecuencia representa el número de latidos por minuto. La frecuencia es la reciprocidad de periodo y viene dada por

$$\begin{aligned}\frac{\omega}{2\pi} &= \frac{160\pi}{2\pi}\\ &= 80\end{aligned}$$

Observe el gráfico en la Figura 11.

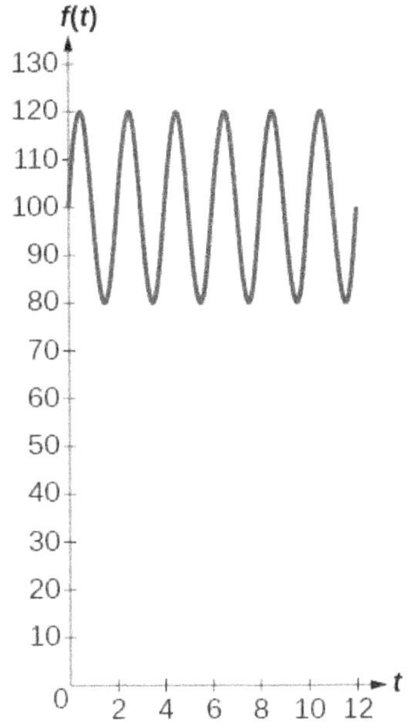

Figura 11 La lectura de la presión arterial en el gráfico es $\frac{120}{80}$ $\left(\frac{\text{máximo}}{\text{mínimo}}\right)$.

Análisis

La presión arterial en $\frac{120}{80}$ se considera normal. La cifra de arriba es la lectura máxima o sístole, que mide la presión en las arterias cuando el corazón se contrae. La cifra de abajo es la lectura mínima o diástole, que mide la presión en las arterias cuando el corazón se relaja entre los latidos y se vuelve a llenar de sangre. Así, la presión arterial normal puede modelarse por una función periódica con un máximo de 120 y un mínimo de 80.

Modelar las funciones del movimiento armónico

El movimiento armónico es una forma de movimiento periódico, pero han de considerarse ciertos factores para diferenciar estos dos tipos. Mientras las aplicaciones del movimiento periódico en general recorren sus periodos sin interferencia externa, el movimiento armónico exige una fuerza restauradora. Algunos ejemplos del movimiento armónico son los resortes, la fuerza gravitacional y la fuerza magnética.

Movimiento armónico simple

El tipo de movimiento que se califica de movimiento armónico simple involucra una fuerza restauradora, pero asume que el movimiento continuará por siempre. Imagine un objeto lastrado que cuelga de un resorte. Cuando no se altera ese objeto, decimos que está en reposo o en equilibrio. Si el objeto se hala y luego se suelta, la fuerza del resorte lleva el objeto de vuelta al equilibrio y comienza el movimiento armónico. La fuerza restauradora es directamente proporcional al desplazamiento del objeto a partir de su punto de equilibrio. Cuando $t = 0, d = 0$.

Movimiento armónico simple

Observamos que las ecuaciones del **movimiento armónico simple** vienen dadas en términos de desplazamiento:

$$d = a\ \cos(\omega t) \quad \text{o} \quad d = a\ \operatorname{sen}(\omega t)$$

donde $|a|$ es la amplitud, $\frac{2\pi}{\omega}$ es el periodo, y $\frac{\omega}{2\pi}$ es la frecuencia o el número de ciclos por unidad de fuerza.

EJEMPLO 8

Calcular el desplazamiento, el periodo y la frecuencia, y graficar una función

Para las funciones dadas:

1. Calcule el desplazamiento máximo de un objeto.

2. Calcule el periodo o el tiempo necesario para una vibración.
3. Calcule la frecuencia.
4. Dibuje el gráfico.

Ⓐ $y = 5\ \text{sen}(3t)$ Ⓑ $y = 6\ \cos(\pi t)$ Ⓒ $y = 5\ \cos\left(\frac{\pi}{2}t\right)$

Solución

Ⓐ $y = 5\ \text{sen}(3t)$

1. El desplazamiento máximo es igual a la amplitud, $|a|$, que es 5.
2. El periodo es $\frac{2\pi}{\omega} = \frac{2\pi}{3}$.
3. La frecuencia viene dada como $\frac{\omega}{2\pi} = \frac{3}{2\pi}$.
4. Vea la Figura 12. El gráfico ilustra los cinco puntos clave

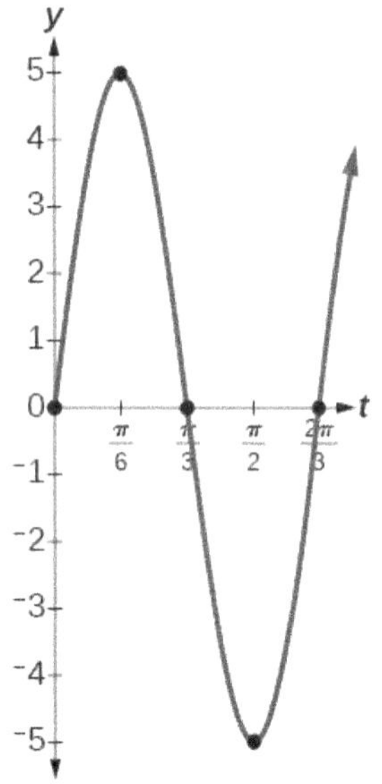

Figura 12

Ⓑ $y = 6\ \cos(\pi t)$

1. El desplazamiento máximo es 6.
2. El periodo es $\frac{2\pi}{\omega} = \frac{2\pi}{\pi} = 2$.
3. La frecuencia es $\frac{\omega}{2\pi} = \frac{\pi}{2\pi} = \frac{1}{2}$.
4. Vea la Figura 13.

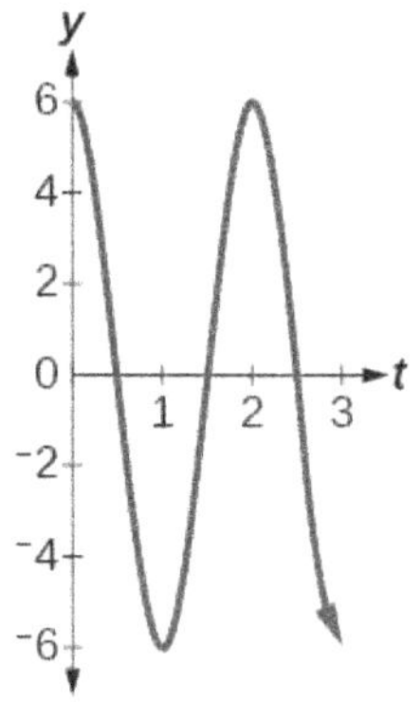

Figura 13

Ⓒ $y = 5\ \cos\left(\frac{\pi}{2}\right)\ t$

1. El desplazamiento máximo es 5.
2. El periodo es $\frac{2\pi}{\omega} = \frac{2\pi}{\frac{\pi}{2}} = 4$.
3. La frecuencia es $\frac{1}{4}$.
4. Vea la Figura 14.

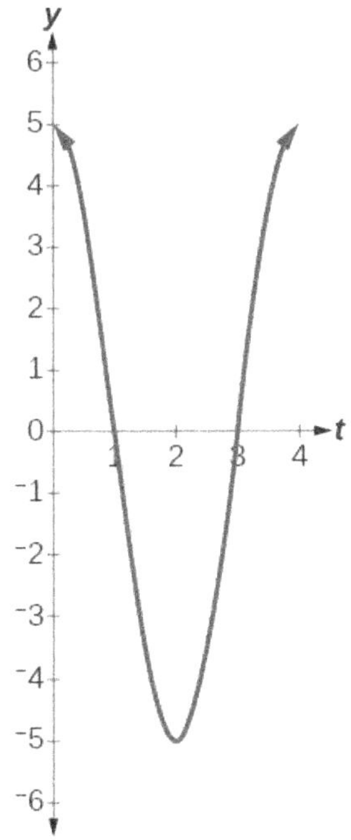

Figura 14

Movimiento armónico amortiguado

En realidad, un péndulo no oscila de un lado a otro por siempre, como tampoco un objeto en un resorte rebota hacia arriba y hacia abajo. A la larga, el péndulo deja de oscilar y el objeto deja de rebotar y ambos vuelven al equilibrio. El movimiento periódico en el cual actúa una fuerza disipadora de energía, o factor de amortiguamiento, se conoce como movimiento armónico amortiguado. La fricción es típicamente el factor de amortiguamiento.

En física se utilizan diversas fórmulas para representar el factor de amortiguamiento en el objeto móvil. Algunas de estas fórmulas se basan en el cálculo e integran derivadas. Para nuestros propósitos, utilizaremos fórmulas para modelos básicos de movimiento armónico amortiguado.

Movimiento armónico amortiguado

En el **movimiento armónico amortiguado**, el desplazamiento de un objeto oscilante desde su posición de reposo en tiempo t se da como

$$f(t) = ae^{-ct}\ \text{sen}(\omega t)\ \text{ o }\ f(t) = ae^{-ct}\ \cos(\omega t)$$

donde c es un factor de amortiguamiento, $|a|$ es el desplazamiento inicial y $\frac{2\pi}{\omega}$ es el periodo.

EJEMPLO 9

Modelar el movimiento armónico amortiguado

Modele las ecuaciones que se ajusten a las dos situaciones y utilice una herramienta para graficar las funciones: Dos sistemas de masa-resorte exhiben un movimiento armónico amortiguado a una frecuencia de $0,5$ ciclos por segundo. Ambos tienen un desplazamiento inicial de 10 cm. El primero tiene un factor de amortiguamiento de $0,5$ y el segundo tiene un factor de amortiguamiento de $0{,}1$.

Solución

En el tiempo $t = 0$, el desplazamiento es el máximo de 10 cm, que aboga por la función coseno. Se aplicará la función coseno a ambos modelos.

Nos dan la frecuencia $f = \frac{\omega}{2\pi}$ de 0,5 ciclos por segundo. Por lo tanto,

$$\begin{aligned} \frac{\omega}{2\pi} &= 0{,}5 \\ \omega &= (0{,}5)2\pi \\ &= \pi \end{aligned}$$

El primer sistema de resorte tiene un factor de amortiguamiento de $c = 0{,}5$. Siguiendo el modelo general para el movimiento armónico amortiguado, obtenemos

$$f(t) = 10e^{-0{,}5t} \cos(\pi t)$$

La Figura 15 modela el movimiento del primer sistema de resorte.

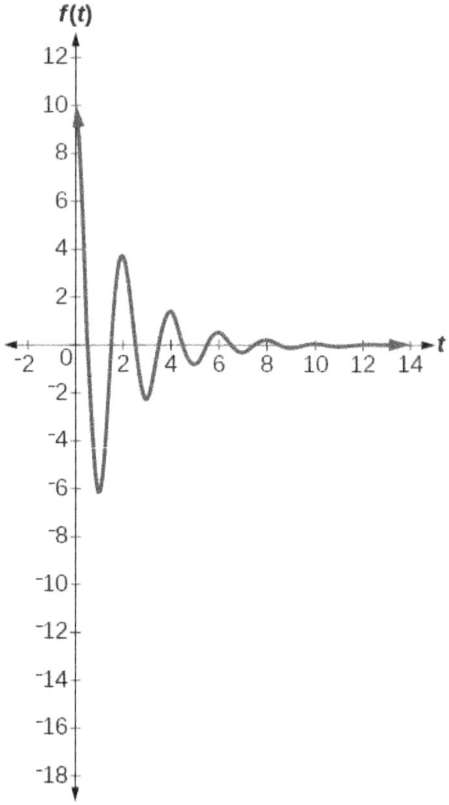

Figura 15

El segundo sistema de resorte consta de un factor de amortiguamiento de $c = 0{,}1$ y puede modelarse como

$$f(t) = 10e^{-0{,}1t} \cos(\pi t)$$

La Figura 16 modela el movimiento del segundo sistema de resorte

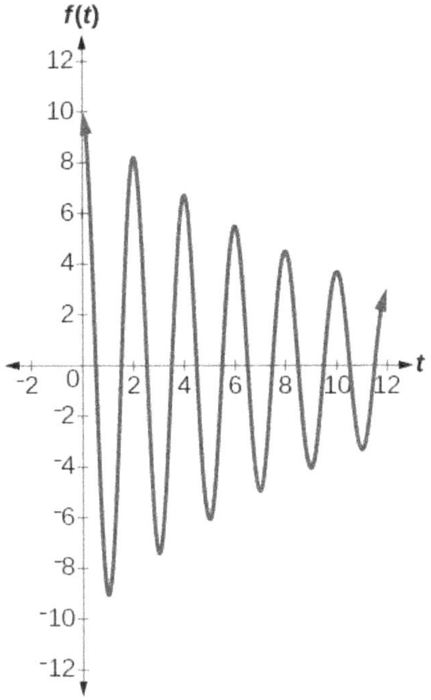

Figura 16

Análisis

Observe los distintos efectos de la constante de amortiguamiento. Los valores locales máximo y mínimo de la función con el factor de amortiguamiento $c = 0{,}5$ desciende mucho más rápidamente que el de la función con $c = 0{,}1$.

EJEMPLO 10

Hallar una función coseno que modele el movimiento armónico amortiguado

Calcule y grafique una función de la forma $y = ae^{-ct}\cos(\omega t)$ que represente la información dada.

Ⓐ $a = 20, c = 0{,}05, p = 4$ Ⓑ $a = 2, c = 1{,}5, f = 3$

Solución

Sustituya los valores dados en el modelo. Recuerde que el periodo es $\frac{2\pi}{\omega}$ y la frecuencia es $\frac{\omega}{2\pi}$.

Ⓐ $y = 20e^{-0{,}05t}\cos\left(\frac{\pi}{2}t\right)$. Vea la Figura 17.

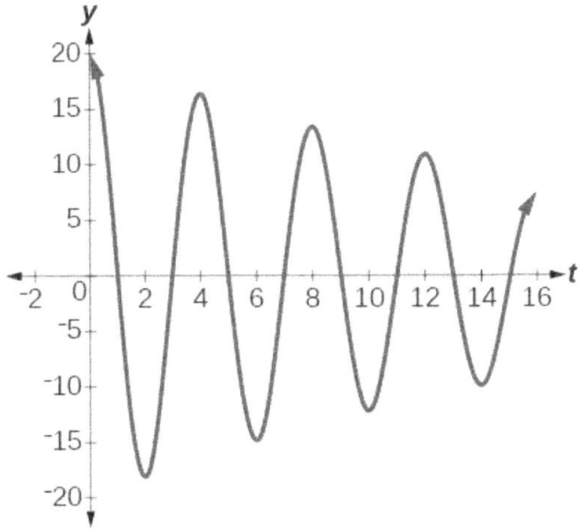

Figura 17

Ⓑ $y = 2e^{-1,5t}\cos(6\pi t)$. Vea la Figura 18.

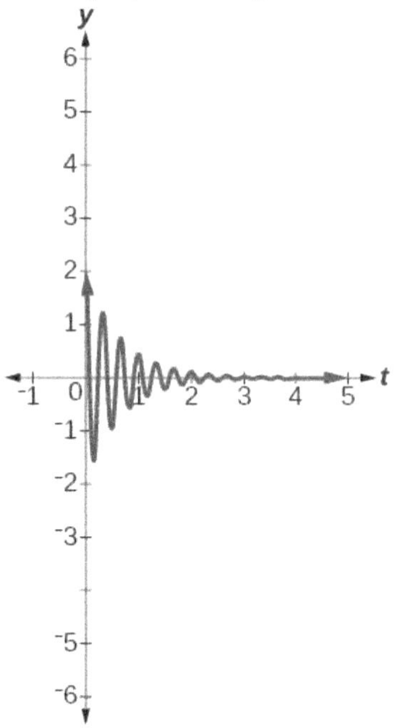

Figura 18

INTÉNTELO #4 La siguiente ecuación representa un modelo de movimiento armónico amortiguado: $f(t) = 5e^{-6t}\cos(4t)$ Halle el desplazamiento inicial, la constante de amortiguamiento y la frecuencia.

EJEMPLO 11

Hallar una función de seno que modele el movimiento armónico amortiguado

Calcule y grafique una función de la forma $y = ae^{-ct}\,\mathrm{sen}(\omega t)$ que represente la información dada.

Ⓐ $a = 7, c = 10, p = \frac{\pi}{6}$ Ⓑ $a = 0{,}3, c = 0{,}2, f = 20$

Solución

Calcule el valor de ω y sustituya los valores conocidos en el modelo.

Ⓐ Dado que el periodo es $\frac{2\pi}{\omega}$, tenemos

$$\frac{\pi}{6} = \frac{2\pi}{\omega}$$
$$\omega\pi = 6(2\pi)$$
$$\omega = 12$$

El factor de amortiguamiento se da como 10 y la amplitud es 7. Así, el modelo es $y = 7e^{-10t}\,\text{sen}\,(12t)$. Vea la Figura 19.

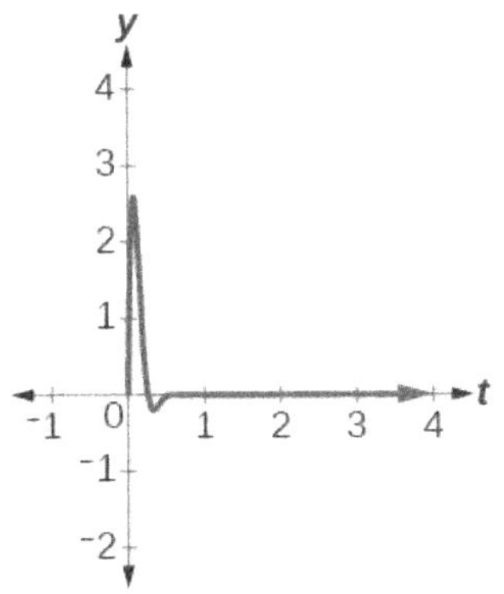

Figura 19

Ⓑ Dado que la frecuencia es $\frac{\omega}{2\pi}$, tenemos

$$20 = \frac{\omega}{2\pi}$$
$$40\pi = \omega$$

El factor de amortiguamiento viene dado como $0{,}2$ y la amplitud es $0{,}3$. El modelo es $y = 0{,}3e^{-0{,}2t}\,\text{sen}\,(40\pi t)$. Vea la Figura 20.

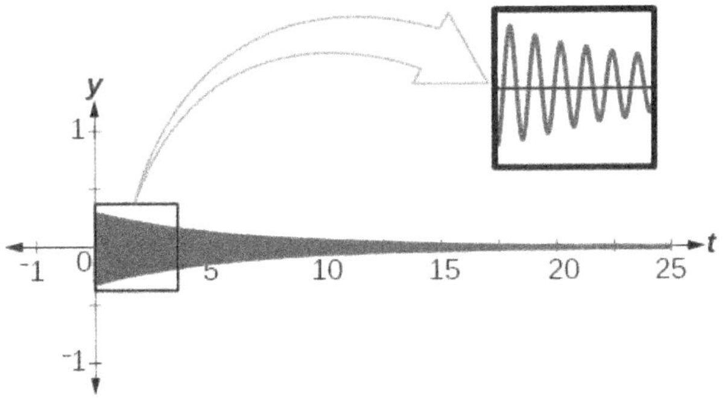

Figura 20

Análisis

La comparación de los últimos dos ejemplos ilustra la manera en que escogemos entre la función de seno y la función coseno para modelar los criterios sinusoidales. Observamos que la función coseno se encuentra en el desplazamiento máximo cuando $t = 0$, y la función de seno se encuentra en el punto de equilibrio cuando $t = 0$. Por ejemplo, considere la ecuación $y = 20e^{-0{,}05t}\cos\left(\frac{\pi}{2}t\right)$ desde el Ejemplo 10. Podemos ver a partir del gráfico que, cuando $t = 0$, $y = 20$, que es la amplitud inicial. Compruebe esto al ajustar $t = 0$ en la ecuación de coseno:

$$\begin{aligned} y &= 20e^{-0{,}05(0)}\cos\left(\frac{\pi}{2}\right)(0) \\ &= 20(1)(1) \\ &= 20 \end{aligned}$$

Con la función de seno arroja

$$\begin{aligned} y &= 20e^{-0,05(0)} \operatorname{sen}\left(\tfrac{\pi}{2}\right)(0) \\ &= 20(1)(0) \\ &= 0 \end{aligned}$$

Así, el coseno es la función correcta.

> INTÉNTELO #5 Escriba la ecuación para el movimiento armónico amortiguado, dado $a = 10$, $c = 0{,}5$, y $p = 2$.

EJEMPLO 12

Modelar la oscilación de un resorte

Un resorte que mide 10 pulgadas en su longitud natural se comprime en 5 pulgadas y se suelta. Oscila una vez cada 3 segundos, y su amplitud disminuye en 30 % cada segundo. Halle una ecuación que modele la posición del resorte t segundos después de ser liberado.

Solución

La amplitud empieza a 5 in y disminuye 30 % cada segundo. Dado que el resorte está comprimido inicialmente, escribiremos *A* como valor negativo. Podemos escribir la parte de la amplitud de la función como

$$A(t) = 5(1 - 0{,}30)^t$$

Colocamos $(1 - 0{,}30)^t$ en la forma e^{ct} de la siguiente forma:

$$\begin{aligned} 0{,}7 &= e^c \\ c &= \ln 0{,}7 \\ c &= -0{,}357 \end{aligned}$$

Ahora, abordemos el periodo. El resorte recorre sus posiciones cada 3 segundos, este es el periodo, y podemos utilizar la fórmula para hallar el omega.

$$\begin{aligned} 3 &= \tfrac{2\pi}{\omega} \\ \omega &= \tfrac{2\pi}{3} \end{aligned}$$

La longitud natural de 10 pulgadas es la línea media. Utilizaremos la función coseno, ya que el resorte comienza en su desplazamiento máximo. Esta parte de la ecuación se representa como

$$y = \cos\left(\frac{2\pi}{3}t\right) + 10$$

Finalmente, juntamos ambas funciones. El modelo para la posición del resorte en t segundos viene dado como

$$y = -5e^{-0{,}357t}\cos\left(\frac{2\pi}{3}t\right) + 10$$

Observe el gráfico en la Figura 21.

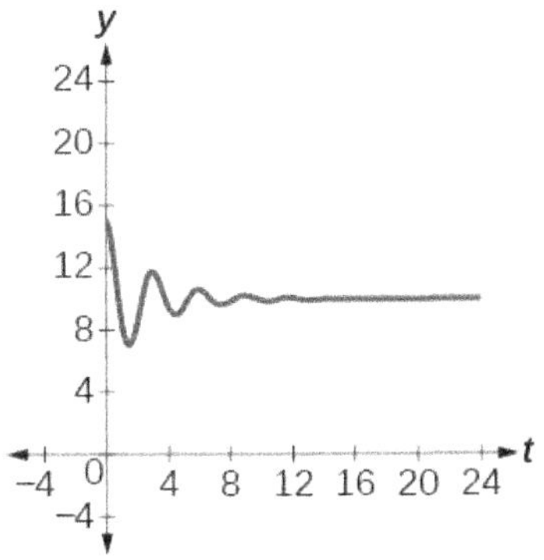

Figura 21

> **INTÉNTELO** #6 La masa suspendida de un resorte se eleva a una distancia de 5 cm por encima de su posición de reposo. La masa se suelta en el tiempo $t = 0$ y se deja oscilar. Después de $\frac{1}{3}$ segundos, se observa que la masa retorna a su posición más elevada. Halle una función para modelar este movimiento con respecto a su posición inicial de reposo.

EJEMPLO 13

Calcular el valor de la constante de amortiguamiento *c* conforme a los criterios aportados

La cuerda de una guitarra se rasga y vibra en movimiento armónico amortiguado. Se pulsa la cuerda y se desplaza 2 cm desde su posición de reposo. A los 3 segundos, el desplazamiento de la cuerda mide 1 cm. Halle la constante de amortiguamiento.

Solución

El factor de desplazamiento representa la amplitud y se determina por el coeficiente ae^{-ct} en el modelo para el movimiento armónico amortiguado. La constate de amortiguamiento en el término e^{-ct}. Se sabe que, después de 3 segundos, el valor local máximo mide la mitad de su valor original. Por lo tanto, tenemos la ecuación

$$ae^{-c(t+3)} = \frac{1}{2} ae^{-ct}$$

Utilice el álgebra y las leyes de los exponentes para resolver c.

$$\begin{aligned} ae^{-c(t+3)} &= \tfrac{1}{2}ae^{-ct} \\ e^{-ct} \cdot e^{-3c} &= \tfrac{1}{2}e^{-ct} && \text{Dividir } a. \\ e^{-3c} &= \tfrac{1}{2} && \text{Dividir } e^{-ct}. \\ e^{3c} &= 2 && \text{Tome la reciprocidad.} \end{aligned}$$

Luego, use las leyes de los logaritmos.

$$\begin{aligned} e^{3c} &= 2 \\ 3c &= \ln\ (2) \\ c &= \frac{\ln\ (2)}{3} \end{aligned}$$

La constante de amortiguamiento es $\frac{\ln\ (2)}{3}$.

Delimitar curvas en movimiento armónico

Los gráficos de movimiento armónico pueden estar encerrados por curvas delimitadoras. Cuando una función tiene una amplitud variable, que se eleva y cae varias veces dentro de un período, podemos determinar las curvas delimitadoras a partir de una parte de la función.

EJEMPLO 14

Graficar una curva oscilante de coseno

Grafique la función $f(x) = \cos(2\pi x)\cos(16\pi x)$.

Solución

El gráfico que se genera de esta función se mostrará en dos partes. El primer gráfico será la función exacta $f(x)$ (vea la Figura 22), y el segundo gráfico es la función exacta $f(x)$ más una función delimitadora (vea la Figura 23). El gráfico se ve totalmente diferente.

Figura 22

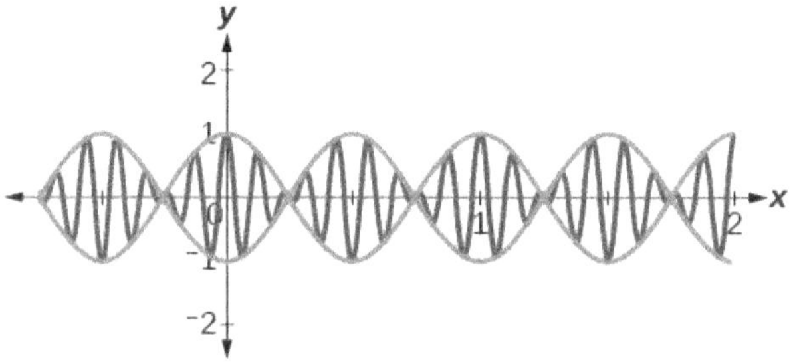

Figura 23

Análisis

Las curvas $y = \cos(2\pi x)$ y $y = -\cos(2\pi x)$ son curvas delimitadoras: delimitan la función desde arriba y desde abajo, para trazar los puntos superiores e inferiores. El gráfico del movimiento armónico se sitúa dentro de las curvas delimitadoras. Este es un ejemplo de una función cuya amplitud no solamente disminuye con el tiempo, sino que realmente aumenta y disminuye varias veces en un periodo.

MEDIA

Acceda a estos recursos en línea para obtener más información y practicar las aplicaciones trigonométricas.

Resolver problemas con trigonometría (http://openstax.org/l/solvetrigprob)
Trigonometría de rueda de la fortuna (http://openstax.org/l/ferriswheel)
Temperaturas diarias y trigonometría (http://openstax.org/l/dailytemp)
Movimiento armónico simple (http://openstax.org/l/simpleharm)

7.6 EJERCICIOS DE SECCIÓN

Verbales

1. Explique cuáles son los tipos de fenómenos físicos que se modelan mejor con las funciones sinusoidales. ¿Cuáles son las características necesarias?

2. ¿Cuál información hace falta para construir un modelo trigonométrico de la temperatura diaria? Dé ejemplos de dos distintos conjuntos de información que permitan el modelado con una ecuación.

3. Si quisiéramos modelar el índice pluviométrico acumulado en el transcurso de un año, ¿la función sinusoidal sería un modelo apropiado? ¿Por qué sí o por qué no?

4. Explique el efecto de un factor de amortiguamiento en los gráficos de las funciones de movimiento armónico.

Algebraicos

En los siguientes ejercicios, halle una posible fórmula para la función trigonométrica, que se representa con la tabla dada de valores.

5.

x	y
0	−4
3	−1
6	2
9	−1
12	−4
15	−1
18	2

6.

x	y
0	5
2	1
4	−3
6	1
8	5
10	1
12	−3

7.

x	y
0	2
$\frac{\pi}{4}$	7
$\frac{\pi}{2}$	2
$\frac{3\pi}{4}$	−3
π	2
$\frac{5\pi}{4}$	7
$\frac{3\pi}{2}$	2

8.

x	y
0	1
1	−3
2	−7
3	−3
4	1
5	−3
6	−7

9.

x	y
0	−2
1	4
2	10
3	4
4	−2
5	4
6	10

10.

x	y
0	5
1	−3
2	5
3	13
4	5
5	−3
6	5

11.

x	y
-3	$-1-\sqrt{2}$
-2	-1
-1	$1-\sqrt{2}$
0	0
1	$\sqrt{2}-1$
2	1
3	$\sqrt{2}+1$

12.

x	y
-1	$\sqrt{3}-2$
0	0
1	$2-\sqrt{3}$
2	$\frac{\sqrt{3}}{3}$
3	1
4	$\sqrt{3}$
5	$2+\sqrt{3}$

Gráficos

En los siguientes ejercicios, grafique la función dada, luego halle un posible proceso físico que pueda modelar la ecuación.

13. $f(x) = -30 \cos\left(\frac{x\pi}{6}\right) - 20 \cos^2\left(\frac{x\pi}{6}\right) + 80 \; [0, 12]$

14. $f(x) = -18 \cos\left(\frac{x\pi}{12}\right) - 5 \operatorname{sen}\left(\frac{x\pi}{12}\right) + 100$ en el intervalo $[0, 24]$

15. $f(x) = 10 - \operatorname{sen}\left(\frac{x\pi}{6}\right) + 24 \tan\left(\frac{x\pi}{240}\right)$ en el intervalo $[0, 80]$

En tecnología

En el siguiente ejercicio, construya un comportamiento de modelado de función y utilice una calculadora para estimar los resultados deseados.

16. El promedio anual del índice pluviométrico en una ciudad es actualmente de 20 pulgadas y varía de una estación a otra en 5 pulgadas. Debido a circunstancias imprevistas, el índice pluviométrico pareciera disminuir en 15 % cada año. ¿Cuántos años a partir de ahora se prevé que el índice pluviométrico llegue inicialmente a 0 pulgadas? Observe que el modelo es inválido una vez que predice el índice pluviométrico negativo, por lo que elija el primer punto en el cual va por debajo de 0.

Aplicaciones en el mundo real

En los siguientes ejercicios, construya una función sinusoidal con base en la información suministrada y luego resuelva la ecuación para los valores solicitados.

17. La temperatura exterior a lo largo de un día se puede modelar como una función sinusoidal. Supongamos que la temperatura alta de $105\ °\mathrm{F}$ ocurre a las 5 p. m. y la temperatura promedio del día es $85\ °\mathrm{F}$. Calcule la temperatura, hasta el grado más próximo, a las 9 a. m.

18. La temperatura exterior a lo largo de un día se puede modelar como una función sinusoidal. Supongamos que la temperatura alta de $84\ °\mathrm{F}$ ocurre a las 6 p. m. y la temperatura promedio del día es $70\ °\mathrm{F}$. Calcule la temperatura, al grado más próximo, a las 7 a. m.

19. La temperatura exterior a lo largo de un día se puede modelar como una función sinusoidal. Supongamos que la temperatura varía entre $47\ °\mathrm{F}$ y $63\ °\mathrm{F}$ durante el día y la temperatura promedio del día ocurre a las 10 a. m. ¿Cuántas horas después de la medianoche la temperatura alcanza por primera vez $51\ °\mathrm{F}$?

20. La temperatura exterior a lo largo de un día se puede modelar como una función sinusoidal. Supongamos que la temperatura varía entre $64\ °\mathrm{F}$ y $86\ °\mathrm{F}$ durante el día y la temperatura promedio del día ocurre por primera vez a las 12 m. ¿Cuántas horas después de la medianoche la temperatura alcanza por primera vez $70\ °\mathrm{F}$?

21. Una rueda de la fortuna tiene 20 metros de diámetro y se aborda desde una plataforma que está a 2 metros del suelo. La posición de las seis en punto de la rueda de la fortuna está al nivel de la plataforma de carga. La rueda completa una revolución completa en 6 minutos. ¿Cuánto del recorrido, en minutos y segundos, tarda a un nivel por encima de los 13 metros sobre el suelo?

22. Una rueda de la fortuna tiene 45 metros de diámetro y se aborda desde una plataforma que está a 1 metro del suelo. La posición de las seis en punto de la rueda de la fortuna está al nivel de la plataforma de carga. La rueda completa 1 revolución completa en 10 minutos. ¿Cuántos minutos del recorrido tarda a un nivel por encima de 26 metros sobre el suelo? Redondee al segundo más próximo.

23. La banquisa que circunda el Polo Norte fluctúa entre unos 6 millones de kilómetros cuadrados el 1 de septiembre y 14 millones de kilómetros cuadrados el 1 de marzo. Suponiendo una fluctuación sinusoidal, ¿cuándo hay menos de 9 millones de kilómetros cuadrados de banquisa? Indique su respuesta en forma de intervalo de fechas, con una aproximación de un día.

24. La banquisa que circunda el Polo Norte fluctúa entre unos 18 millones de kilómetros cuadrados en septiembre y 3 millones de kilómetros cuadrados en marzo. Suponiendo una fluctuación sinusoidal, ¿cuándo hay más de 15 millones de kilómetros cuadrados de banquisa? Indique su respuesta en forma de intervalo de fechas, con una aproximación de un día.

25. Durante una estación monzónica de 90 días, las precipitaciones diarias se pueden modelar mediante funciones sinusoidales. Si el índice pluviométrico fluctúa entre una baja de 2 pulgadas el día 10 y 12 pulgadas el día 55, ¿durante cuál periodo el índice pluviométrico diario es superior a 10 pulgadas?

26. Durante una estación monzónica de 90 días, las precipitaciones diarias se pueden modelar mediante funciones sinusoidales. Se registró una baja de 4 pulgadas en el índice pluviométrico el día 30, y en general el promedio diario para el índice pluviométrico fue de 8 pulgadas. ¿Durante cuál periodo el índice pluviométrico diario fue inferior a 5 pulgadas?

27. En una región determinada, la precipitación mensual repunta a 8 pulgadas el 1 de junio y cae a una baja de 1 pulgada el 1 de diciembre. Identifique los periodos cuando la región está por debajo de condiciones de inundación (más de 7 pulgadas) y condiciones de sequía (menos de 2 pulgadas). Indique su respuesta en términos del día más cercano.

28. En una región determinada, la precipitación mensual repunta a 24 pulgadas en septiembre y cae a una baja de 4 pulgada en marzo. Identifique los periodos cuando la región está por debajo de condiciones de inundación (más de 22 pulgadas) y condiciones de sequía (menos de 5 pulgadas). Indique su respuesta en términos del día más cercano.

En los siguientes ejercicios, calcule la amplitud, el periodo y la frecuencia de la función dada.

29. El desplazamiento $h(t)$ en centímetros de una masa suspendida por un resorte se modela mediante la función $h(t) = 8\operatorname{sen}(6\pi t)$, donde t se mide en segundos. Calcule la amplitud, el periodo y la frecuencia de este desplazamiento.

30. El desplazamiento $h(t)$ en centímetros de una masa suspendida por un resorte se modela mediante la función $h(t) = 11\operatorname{sen}(12\pi t)$, donde t se mide en segundos. Calcule la amplitud, el periodo y la frecuencia de este desplazamiento.

31. El desplazamiento $h(t)$ en centímetros de una masa suspendida por un resorte se modela mediante la función $h(t) = 4\cos\left(\frac{\pi}{2}t\right)$, donde t se mide en segundos. Calcule la amplitud, el periodo y la frecuencia de este desplazamiento.

En los siguientes ejercicios, construya una ecuación que modele el comportamiento descrito.

32. El desplazamiento $h(t)$, en centímetros, de una masa suspendida por un resorte se modela con la función $h(t) = -5\ \cos(60\pi t)$, donde t se mide en segundos. Calcule la amplitud, el periodo y la frecuencia de este desplazamiento.

En los siguientes ejercicios, construya una ecuación que modele el comportamiento descrito.

33. La población de ciervos oscila en 19 por encima y por debajo del promedio durante el año, hasta alcanzar el valor más bajo en enero. La población promedio comienza en 800 ciervos y aumenta en 160 cada año. Halle una función que modele la población, P, en términos de meses desde enero, t.

34. La población de liebres oscila en 15 por encima y por debajo del promedio durante el año, hasta alcanzar el valor más bajo en enero. La población promedio comienza en 650 liebres y aumenta en 110 cada año. Halle una función que modele la población, P, en términos de meses desde enero, t.

35. La población de ratas almizcleras oscila en 33 por encima y por debajo del promedio durante el año, hasta alcanzar el valor más bajo en enero. La población promedio comienza en 900 ratas almizcleras y aumenta en 7 % cada mes. Halle una función que modele la población, P, en términos de meses desde enero, t.

36. La población de peces oscila en 40 por encima y por debajo del promedio durante el año, hasta alcanzar el valor más bajo en enero. La población promedio comienza en 800 peces y aumenta en 4 % cada mes. Halle una función que modele la población, P, en términos de meses desde enero, t.

37. Un resorte se hala del techo a 10 cm del punto de equilibrio y se suelta. La amplitud disminuye en $15\ \%$ cada segundo. El resorte oscila 18 veces cada segundo. Halle una función que modele la distancia, D, el extremo del resorte se aleja del equilibrio en términos de segundos, t, desde que se liberó el resorte.

38. Un resorte se hala del techo a 7 cm del punto de equilibrio y se suelta. La amplitud disminuye en $11\ \%$ cada segundo. El resorte oscila 20 veces por segundo. Halle una función que modele la distancia, D, el extremo del resorte se aleja del equilibrio en términos de segundos, t, desde que se liberó el resorte.

39. Un resorte se hala del techo a 17 cm del punto de equilibrio y se suelta. A los 3 segundos, la amplitud disminuye a 13 cm. El resorte oscila 14 veces cada segundo. Halle una función que modele la distancia, D, el extremo del resorte se aleja del equilibrio en términos de segundos, t, desde que se liberó el resorte.

40. Un resorte se hala del techo a 19 cm del punto de equilibrio y se suelta. A los 4 segundos, la amplitud disminuye a 14 cm. El resorte oscila 13 veces cada segundo. Halle una función que modele la distancia, D, el extremo del resorte se aleja del equilibrio en términos de segundos, t, desde que se liberó el resorte.

En los siguientes ejercicios, cree una función que modele el comportamiento descrito. Luego calcule el resultado deseado con una calculadora.

41. Un determinado lago tiene actualmente una población de truchas promedio de 20.000. La población oscila de forma natural por encima y por debajo del promedio en 2.000 cada año. Este año, se levantó la veda en el lago. Si los pescadores atrapan 3.000 peces cada año, ¿cuánto tardará para que el lago se quede sin truchas?

42. La población actual de corégonos en un lago es de 500. La población oscila de forma natural por encima y por debajo del promedio en 25 cada año. De haber sobrepesca, al tomar 4 % de la población cada año, ¿cuántos años pasarán para que el lago tenga por primera vez menos de 200 corégonos?

43. Un resorte se hala del techo a 11 cm del punto de equilibrio y se suelta. A los 2 segundos, la amplitud disminuye a 6 cm. El resorte oscila 8 veces cada segundo. Calcule cuándo el resorte llega primero entre $-0{,}1$ y $0{,}1$ cm, efectivamente en reposo.

44. Un resorte se hala del techo a 21 cm del punto de equilibrio y se suelta. A los 6 segundos, la amplitud disminuye a 4 cm. El resorte oscila 20 veces por segundo. Calcule cuándo el resorte llega primero entre $-0{,}1$ y $0{,}1$ cm, efectivamente en reposo.

45. Dos resortes se halan del techo y se sueltan al mismo tiempo. El primer resorte, que oscila 8 veces por segundo, inicialmente se empujó hacia abajo 32 cm de su punto de equilibrio, y la amplitud desciende en 50 % cada segundo. El segundo resorte, que oscila 18 veces por segundo, inicialmente se empujó hacia abajo 15 cm de su punto de equilibrio, y a los 4 segundos tiene una amplitud de 2 cm. ¿Cuál resorte se detiene primero y en qué momento? Considere el "reposo" como una amplitud inferior a $0{,}1$ cm.

46. Dos resortes se halan del techo y se sueltan al mismo tiempo. El primer resorte, que oscila 14 veces por segundo, inicialmente se empujó hacia abajo 2 cm de su punto de equilibrio, y la amplitud desciende en 8 % cada segundo. El segundo resorte, que oscila 22 veces por segundo, inicialmente se empujó hacia abajo 10 cm de su punto de equilibrio, y a los 3 segundos tiene una amplitud de 2 cm. ¿Cuál resorte se detiene primero y en qué momento? Considere el "reposo" como una amplitud inferior a $0{,}1$ cm.

Extensiones

47. Un avión vuela 1 hora a 150 mph en $22°$ al este del norte, luego continúa volando durante 1,5 horas a 120 mph, esta vez a un rodamiento de $112°$ al este del norte. Halle la distancia total desde el punto de inicio y el ángulo directo en que se vuela al norte del este.

48. Un avión vuela 2 horas a 200 mph, a un rodamiento de $60°$, luego continúa volando durante 1,5 horas con la misma rapidez, esta vez a un rodamiento de $150°$. Halle la distancia y el rodamiento desde el punto de inicio. Pista: el rodamiento se mide en el sentido contrario de las agujas del reloj desde el norte.

En los siguientes ejercicios, halle una función de la forma $y = ab^x + c\,\text{sen}\left(\frac{\pi}{2}x\right)$ *que se ajusta a los datos dados.*

49.

x	0	1	2	3
y	6	29	96	379

50.

x	0	1	2	3
y	6	34	150	746

51.

x	0	1	2	3
y	4	0	16	-40

En los siguientes ejercicios, halle una función de la forma $y = ab^x \cos\left(\frac{\pi}{2}x\right) + c$ *que se ajusta a los datos dados.*

52.

x	0	1	2	3
y	11	3	1	3

53.

x	0	1	2	3
y	4	1	−11	1

Revisión del capítulo

Términos clave

fórmula de producto a suma identidad trigonométrica que permite escribir el producto de funciones trigonométricas como la suma o diferencia de funciones trigonométricas

fórmula de suma a producto identidad trigonométrica que permite, mediante sustitución, escribir la suma de funciones trigonométricas como el producto de funciones trigonométricas

fórmulas de la reducción identidades derivadas de las fórmulas del ángulo doble y utilizadas para reducir la potencia de una función trigonométrica

fórmulas del ángulo doble identidades derivadas de las fórmulas de suma de seno, coseno y tangente en las que los ángulos son iguales

fórmulas del ángulo medio identidades derivadas de las fórmulas de la reducción y utilizadas para determinar los valores del ángulo medio de las funciones trigonométricas

identidades de cociente par de identidades basadas en el hecho de que la tangente es el cociente del seno y el coseno, y la cotangente es el cociente del coseno y el seno

identidades pares-impares conjunto de ecuaciones que implican funciones trigonométricas tales que si $f(-x) = -f(x)$, la identidad es impar, y si $f(-x) = f(x)$, la identidad es par

identidades pitagóricas conjunto de ecuaciones que implican funciones trigonométricas basadas en las propiedades del triángulo rectángulo

identidades recíprocas conjunto de ecuaciones que implican los recíprocos de las definiciones trigonométricas básicas

movimiento armónico amortiguado movimiento oscilante que asemeja el movimiento periódico y el movimiento armónico simple, excepto que el gráfico resulta afectado por un factor de amortiguamiento, una energía que disipa la influencia en el movimiento periódico, tal como la fricción.

movimiento armónico simple movimiento repetitivo que puede modelarse con la oscilación sinusoidal periódica.

Ecuaciones clave

Identidades de Pitágoras	$\operatorname{sen}^2\theta + \cos^2\theta = 1$ $1 + \cot^2\theta = \csc^2\theta$ $1 + \tan^2\theta = \sec^2\theta$
Identidades pares-impares	$\tan(-\theta) = -\tan\theta$ $\cot(-\theta) = -\cot\theta$ $\operatorname{sen}(-\theta) = -\operatorname{sen}\theta$ $\csc(-\theta) = -\csc\theta$ $\cos(-\theta) = \cos\theta$ $\sec(-\theta) = \sec\theta$
Identidades recíprocas	$\operatorname{sen}\theta = \frac{1}{\csc\theta}$ $\cos\theta = \frac{1}{\sec\theta}$ $\tan\theta = \frac{1}{\cot\theta}$ $\csc\theta = \frac{1}{\operatorname{sen}\theta}$ $\sec\theta = \frac{1}{\cos\theta}$ $\cot\theta = \frac{1}{\tan\theta}$
Identidades del cociente	$\tan\theta = \frac{\operatorname{sen}\theta}{\cos\theta}$ $\cot\theta = \frac{\cos\theta}{\operatorname{sen}\theta}$

Fórmula de la suma del coseno	$\cos(\alpha+\beta)=\cos\ \alpha\ \cos\ \beta-\text{sen}\ \alpha\,\text{sen}\ \beta$
Fórmula de la diferencia para el coseno	$\cos(\alpha-\beta)=\cos\ \alpha\ \cos\ \beta+\text{sen}\ \alpha\ \text{sen}\ \beta$
Fórmula de la suma para el seno	$\text{sen}(\alpha+\beta)=\text{sen}\ \alpha\ \cos\ \beta+\cos\ \alpha\ \text{sen}\ \beta$
Fórmula de la diferencia para el seno	$\text{sen}(\alpha-\beta)=\text{sen}\ \alpha\ \cos\ \beta-\cos\ \alpha\ \text{sen}\ \beta$
Fórmula de la suma para la tangente	$\tan(\alpha+\beta)=\frac{\tan\ \alpha+\tan\ \beta}{1-\tan\ \alpha\ \tan\ \beta}$
Fórmula de la diferencia para la tangente	$\tan(\alpha-\beta)=\frac{\tan\ \alpha-\tan\ \beta}{1+\tan\ \alpha\ \tan\ \beta}$
Identidades de cofunción	$\text{sen}\ \theta=\cos\left(\frac{\pi}{2}-\theta\right)$ $\cos\ \theta=\text{sen}\left(\frac{\pi}{2}-\theta\right)$ $\tan\ \theta=\cot\left(\frac{\pi}{2}-\theta\right)$ $\cot\ \theta=\tan\left(\frac{\pi}{2}-\theta\right)$ $\sec\ \theta=\csc\left(\frac{\pi}{2}-\theta\right)$ $\csc\ \theta=\sec\left(\frac{\pi}{2}-\theta\right)$

Fórmulas de ángulo doble

$$\begin{aligned}\text{sen}(2\theta)&=2\,\text{sen}\ \theta\ \cos\ \theta\\ \cos(2\theta)&=\cos^2\theta-\text{sen}^2\theta\\ &=1-2\text{sen}^2\theta\\ &=2\cos^2\theta-1\\ \tan(2\theta)&=\frac{2\tan\ \theta}{1-\tan^2\theta}\end{aligned}$$

Fórmulas de la reducción

$$\begin{aligned}\text{sen}^2\ \theta&=\frac{1-\cos(2\theta)}{2}\\ \cos^2\ \theta&=\frac{1+\cos(2\theta)}{2}\\ \tan^2\ \theta&=\frac{1-\cos(2\theta)}{1+\cos(2\theta)}\end{aligned}$$

Fórmulas del ángulo medio

$$\begin{aligned}\text{sen}\ \frac{\alpha}{2}&=\pm\sqrt{\frac{1-\cos\ \alpha}{2}}\\ \cos\ \frac{\alpha}{2}&=\pm\sqrt{\frac{1+\cos\ \alpha}{2}}\\ \tan\ \frac{\alpha}{2}&=\pm\sqrt{\frac{1-\cos\ \alpha}{1+\cos\ \alpha}}\\ &=\frac{\text{sen}\ \alpha}{1+\cos\ \alpha}\\ &=\frac{1-\cos\ \alpha}{\text{sen}\ \alpha}\end{aligned}$$

Fórmulas de producto a suma	$\cos\ \alpha\ \cos\ \beta = \frac{1}{2}[\cos(\alpha-\beta)+\cos(\alpha+\beta)]$ $\text{sen}\ \alpha\ \cos\ \beta = \frac{1}{2}[\text{sen}(\alpha+\beta)+\text{sen}(\alpha-\beta)]$ $\text{sen}\ \alpha\ \text{sen}\ \beta = \frac{1}{2}[\cos(\alpha-\beta)-\cos(\alpha+\beta)]$ $\cos\ \alpha\ \text{sen}\ \beta = \frac{1}{2}[\text{sen}(\alpha+\beta)-\text{sen}(\alpha-\beta)]$
Fórmulas de suma a producto	$\text{sen}\ \alpha + \text{sen}\ \beta = 2\ \text{sen}\left(\frac{\alpha+\beta}{2}\right)\cos\left(\frac{\alpha-\beta}{2}\right)$ $\text{sen}\ \alpha - \text{sen}\ \beta = 2\ \text{sen}\left(\frac{\alpha-\beta}{2}\right)\cos\left(\frac{\alpha+\beta}{2}\right)$ $\cos\ \alpha - \cos\ \beta = -2\ \text{sen}\left(\frac{\alpha+\beta}{2}\right)\text{sen}\left(\frac{\alpha-\beta}{2}\right)$ $\cos\ \alpha + \cos\ \beta = 2\ \cos\left(\frac{\alpha+\beta}{2}\right)\cos\left(\frac{\alpha-\beta}{2}\right)$
Forma típica de ecuación sinusoidal	$y = A\ \text{sen}(Bt-C)+D$ o $y = A\ \cos(Bt-C)+D$
Movimiento armónico simple	$d = a\ \cos(\omega t)$ o $d = a\ \text{sen}(\omega t)$
Movimiento armónico amortiguado	$f(t) = ae^{-ct}\ \text{sen}(\omega t)$ o $f(t) = ae^{-ct}\cos(\omega t)$

Conceptos clave

7.1 Resolver ecuaciones trigonométricas con identidades

- Hay varias maneras de representar una expresión trigonométrica. La verificación de las identidades ilustra cómo se pueden reescribir las expresiones para simplificar un problema.
- El gráfico de ambos lados de una identidad la verificará. Vea el Ejemplo 1.
- Simplificar un lado de la ecuación para que sea igual al otro lado es otro método para verificar una identidad. Vea el Ejemplo 2 y el Ejemplo 3.
- El enfoque para verificar una identidad depende de su naturaleza. A menudo conviene empezar por el lado más complejo de la ecuación. Vea el Ejemplo 4.
- Podemos crear una identidad al simplificar una expresión y luego verificarla. Vea el Ejemplo 5.
- La verificación de una identidad implicaría el álgebra con las identidades fundamentales. Vea el Ejemplo 6 y el Ejemplo 7.
- Se pueden utilizar técnicas algebraicas para simplificar las expresiones trigonométricas. A lo largo de este texto utilizamos técnicas algebraicas, ya que consisten en las reglas fundamentales de las matemáticas. Vea el Ejemplo 8, el Ejemplo 9 y el Ejemplo 10.

7.2 Identidades de suma y resta

- La fórmula de la suma para el coseno establece que el coseno de la suma de dos ángulos es igual al producto del coseno de los ángulos menos el producto del seno de los ángulos. La fórmula de la diferencia para el coseno establece que el coseno de la diferencia de dos ángulos es igual al producto del coseno de los ángulos más el producto del seno de los ángulos.
- Las fórmulas de suma y diferencia pueden utilizarse para determinar los valores exactos del seno, coseno o tangente de un ángulo. Vea el Ejemplo 1 y el Ejemplo 2.
- La fórmula de la suma para el seno establece que el seno de la suma de dos ángulos es igual al producto del seno del primer ángulo y el coseno del segundo ángulo más el producto del coseno del primer ángulo y el seno del segundo ángulo. La fórmula de la diferencia para el seno establece que el seno de la diferencia de dos ángulos es igual al producto del seno del primer ángulo y el coseno del segundo ángulo menos el producto del coseno del primer ángulo y el seno del segundo ángulo. Vea el Ejemplo 3.
- Las fórmulas de suma y diferencia para el seno y el coseno también pueden utilizarse para las funciones trigonométricas inversas. Vea el Ejemplo 4.

- La fórmula de la suma para la tangente establece que la tangente de la suma de dos ángulos es igual a la suma de la tangente de los ángulos dividida entre 1 menos el producto de la tangente de los ángulos. La fórmula de la diferencia para la tangente establece que la tangente de la diferencia de dos ángulos es igual a la diferencia de las tangentes de los ángulos dividida entre 1 más el producto de la tangente de los ángulos. Vea el Ejemplo 5.
- El teorema de Pitágoras, junto con las fórmulas de suma y diferencia, se utiliza para hallar varias sumas y diferencias de ángulos. Vea el Ejemplo 6.
- Las identidades de cofunción se aplican a los ángulos complementarios y a los pares de funciones recíprocas. Vea el Ejemplo 7.
- Las fórmulas de suma y diferencia son útiles para verificar las identidades. Vea el Ejemplo 8 y el Ejemplo 9.
- Los problemas de aplicación suelen ser más fáciles de resolver con las fórmulas de suma y diferencia. Vea el Ejemplo 10 y el Ejemplo 11.

7.3 Fórmulas del ángulo doble, el ángulo medio y la reducción

- Las identidades de ángulo doble se derivan de las fórmulas de suma de las funciones trigonométricas fundamentales: seno, coseno y tangente. Vea el Ejemplo 1, el Ejemplo 2, el Ejemplo 3 y el Ejemplo 4.
- Las fórmulas de la reducción son especialmente útiles en el cálculo, ya que nos permiten reducir la potencia del término trigonométrico. Vea el Ejemplo 5 y el Ejemplo 6.
- Las fórmulas de ángulo medio nos permiten calcular el valor de las funciones trigonométricas que implican el ángulo medio, tanto si se conoce el ángulo original como si no. Vea el Ejemplo 7, el Ejemplo 8 y el Ejemplo 9.

7.4 Fórmulas de suma a producto y de producto a suma

- A partir de las identidades de suma y diferencia, podemos derivar las fórmulas de producto a suma y de suma a producto para el seno y el coseno.
- Podemos utilizar las fórmulas de producto a suma para reescribir productos de senos, cosenos y de seno y coseno como sumas o diferencias de senos y cosenos. Vea el Ejemplo 1, el Ejemplo 2 y el Ejemplo 3.
- También podemos derivar las identidades de suma a producto a partir de las identidades de producto a suma mediante la sustitución.
- Podemos utilizar las fórmulas de suma a producto para reescribir la suma o diferencia de senos, cosenos o productos seno y coseno como productos de senos y cosenos. Vea el Ejemplo 4.
- Las expresiones trigonométricas suelen ser más sencillas de evaluar con las fórmulas. Vea el Ejemplo 5.
- Las identidades se pueden verificar con otras fórmulas o al convertir las expresiones en seno y coseno. Para verificar una identidad, elegimos el lado más complicado del signo de igualdad y lo reescribimos hasta transformarlo en el otro lado. Vea el Ejemplo 6 y el Ejemplo 7.

7.5 Resolver ecuaciones trigonométricas

- A la hora de resolver ecuaciones trigonométricas lineales, podemos utilizar técnicas algebraicas al igual que lo hacemos para resolver ecuaciones algebraicas. Busque patrones, como la diferencia de cuadrados, la forma cuadrática o una expresión que se preste a la sustitución. Vea el Ejemplo 1, el Ejemplo 2 y el Ejemplo 3.
- Las ecuaciones que implican una sola función trigonométrica pueden resolverse o verificarse con el círculo unitario. Vea el Ejemplo 4, el Ejemplo 5, el Ejemplo 6 y el Ejemplo 7.
- También podemos resolver ecuaciones trigonométricas con la calculadora gráfica. Vea el Ejemplo 8 y el Ejemplo 9.
- Muchas ecuaciones tienen forma cuadrática. Podemos utilizar la sustitución para que la ecuación parezca más sencilla, y luego utilizar las mismas técnicas que utilizamos para resolver una cuadrática algebraica: la factorización, la fórmula cuadrática, etc. Vea el Ejemplo 10, el Ejemplo 11, el Ejemplo 12 y el Ejemplo 13.
- Igualmente, podemos utilizar las identidades para resolver la ecuación trigonométrica. Vea el Ejemplo 14, el Ejemplo 15 y el Ejemplo 16.
- Podemos utilizar la sustitución para resolver una ecuación trigonométrica de ángulo múltiple, que es la compresión de una función trigonométrica estándar. Tendremos que tener en cuenta la compresión y comprobar que hemos encontrado todas las soluciones en el intervalo dado. Vea el Ejemplo 17.
- Las situaciones en el mundo real se pueden modelar y resolver con el teorema de Pitágoras y las funciones trigonométricas. Vea el Ejemplo 18.

7.6 Modelado con funciones trigonométricas

- Las funciones sinusoidales están representadas por los gráficos de seno y coseno. En la forma típica, podemos hallar la amplitud, el período y los desplazamientos horizontal y vertical. Vea el Ejemplo 1 y el Ejemplo 2.
- Utilice los puntos clave para graficar una función sinusoidal. Los cinco puntos clave comprenden los valores mínimo, máximo y de línea media. Vea el Ejemplo 3.
- Las funciones periódicas pueden modelar acontecimientos que ocurren en determinados ciclos, como las fases de

la luna, las manecillas del reloj y las estaciones del año. Vea el Ejemplo 4, el Ejemplo 5, el Ejemplo 6 y el Ejemplo 7.

- Las funciones de movimiento armónico se modelan a partir de determinados datos. Semejante a las aplicaciones de movimiento periódico, el movimiento periódico armónico requiere una fuerza restauradora. Algunos ejemplos son la fuerza gravitacional y el movimiento de resorte, activado por el peso. Vea el Ejemplo 8.
- El movimiento armónico amortiguado es una forma de comportamiento periódico que resulta afectado por un factor de amortiguamiento. Los factores que disipan la energía, como la fricción, hacen que el desplazamiento del objeto se contraiga. Vea el Ejemplo 9, el Ejemplo 10, el Ejemplo 11, el Ejemplo 12 y el Ejemplo 13.
- Las curvas delimitadoras delinean el gráfico de movimiento armónico con valores máximos y mínimos variables. Vea el Ejemplo 14.

Ejercicios

Ejercicios de repaso

Resolver ecuaciones trigonométricas con identidades

En los siguientes ejercicios, halle exactamente lo que existe en el intervalo $[0, 2\pi)$.

1. $\csc^2 t = 3$

2. $\cos^2 x = \frac{1}{4}$

3. $2 \text{ sen } \theta = -1$

4. $\tan x \text{ sen } x + \text{sen}(-x) = 0$

5. $9 \text{ sen } \omega - 2 = 4 \text{ sen}^2 \omega$

6. $1 - 2 \tan(\omega) = \tan^2(\omega)$

En los siguientes ejercicios, utilice las identidades básicas para simplificar la expresión.

7. $\sec x \cos x + \cos x - \frac{1}{\sec x}$

8. $\text{sen}^3 x + \cos^2 x \text{ sen } x$

En los siguientes ejercicios, determine si las identidades dadas son equivalentes.

9. $\text{sen}^2 x + \sec^2 x - 1 = \frac{\left(1 - \cos^2 x\right)\left(1 + \cos^2 x\right)}{\cos^2 x}$

10. $\tan^3 x \csc^2 x \cot^2 x \cos x \text{ sen } x = 1$

Identidades de suma y resta

En los siguientes ejercicios, halle el valor exacto.

11. $\tan\left(\frac{7\pi}{12}\right)$

12. $\cos\left(\frac{25\pi}{12}\right)$

13. $\text{sen}(70°)\cos(25°) - \cos(70°)\text{sen}(25°)$

14. $\cos(83°)\cos(23°) + \text{sen}(83°)\text{sen}(23°)$

En los siguientes ejercicios, demuestre la identidad.

15. $\cos(4x) - \cos(3x)\cos x = \text{sen}^2 x - 4 \cos^2 x \text{ sen}^2 x$

16. $\cos(3x) - \cos^3 x = -\cos x \text{ sen}^2 x - \text{sen } x \text{ sen}(2x)$

En el siguiente ejercicio, simplifique la expresión.

17. $\frac{\tan\left(\frac{1}{2}x\right) + \tan\left(\frac{1}{8}x\right)}{1 - \tan\left(\frac{1}{8}x\right)\tan\left(\frac{1}{2}x\right)}$

En los siguientes ejercicios, halle el valor exacto.

18. $\cos\left(\text{sen}^{-1}(0) - \cos^{-1}\left(\frac{1}{2}\right)\right)$

19. $\tan\left(\text{sen}^{-1}(0) + \text{sen}^{-1}\left(\frac{1}{2}\right)\right)$

Fórmulas del ángulo doble, del ángulo medio y de la reducción

En los siguientes ejercicios, halle el valor exacto.

20. Halle $\text{sen}\,(2\theta)$, $\cos(2\theta)$, y $\tan(2\theta)$ dado $\cos\ \theta = -\frac{1}{3}$ y θ está en el intervalo $\left[\frac{\pi}{2}, \pi\right]$.

21. Halle $\text{sen}\,(2\theta)$, $\cos(2\theta)$, y $\tan(2\theta)$ dado $\sec\ \theta = -\frac{5}{3}$ y θ está en el intervalo $\left[\frac{\pi}{2}, \pi\right]$.

22. $\text{sen}\left(\frac{7\pi}{8}\right)$

23. $\sec\left(\frac{3\pi}{8}\right)$

En los siguientes ejercicios, utilice la Figura 1 para determinar las cantidades deseadas.

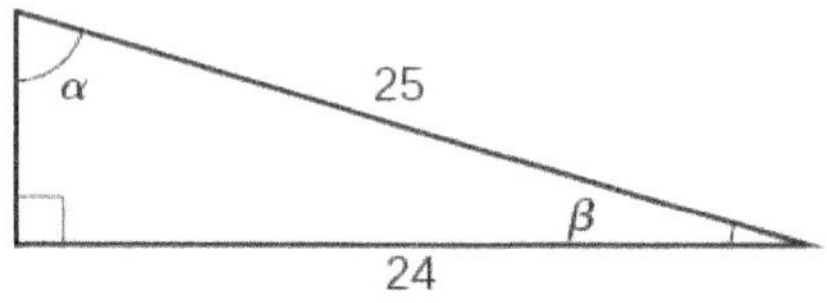

Figura 1

24. $\text{sen}(2\beta), \cos(2\beta), \tan(2\beta), \text{sen}(2\alpha), \cos(2\alpha),\ \text{y}\ \tan(2\alpha)$

25. $\text{sen}\left(\frac{\beta}{2}\right), \cos\left(\frac{\beta}{2}\right), \tan\left(\frac{\beta}{2}\right), \text{sen}\left(\frac{\alpha}{2}\right), \cos\left(\frac{\alpha}{2}\right),\ \text{y}\ \tan\left(\frac{\alpha}{2}\right)$

En los siguientes ejercicios, demuestre la identidad.

26. $\frac{2\cos(2x)}{\text{sen}(2x)} = \cot\ x - \tan\ x$

27. $\cot\ x\ \cos(2x) = -\,\text{sen}(2x) + \cot\ x$

En los siguientes ejercicios, rescriba la expresión sin potencia.

28. $\cos^2 x\ \text{sen}^4(2x)$

29. $\tan^2 x\ \text{sen}^3 x$

Fórmulas de suma a producto y de producto a suma

En los siguientes ejercicios, evalúe el producto para la expresión dada con la suma o resta de dos funciones. Escriba la respuesta exacta.

30. $\cos\left(\frac{\pi}{3}\right)\ \text{sen}\left(\frac{\pi}{4}\right)$

31. $2\ \text{sen}\left(\frac{2\pi}{3}\right)\ \text{sen}\left(\frac{5\pi}{6}\right)$

32. $2\ \cos\left(\frac{\pi}{5}\right)\ \cos\left(\frac{\pi}{3}\right)$

En los siguientes ejercicios, evalúe la suma con una fórmula del producto. Escriba la respuesta exacta.

33. $\text{sen}\left(\frac{\pi}{12}\right) - \text{sen}\left(\frac{7\pi}{12}\right)$

34. $\cos\left(\frac{5\pi}{12}\right) + \cos\left(\frac{7\pi}{12}\right)$

En los siguientes ejercicios, cambie las funciones de producto a suma o de suma a producto.

35. $\text{sen}(9x)\cos(3x)$

36. $\cos(7x)\cos(12x)$

37. $\text{sen}(11x) + \text{sen}(2x)$

38. $\cos(6x) + \cos(5x)$

Resolver ecuaciones trigonométricas

En los siguientes ejercicios, halle todas las soluciones exactas en el intervalo $[0, 2\pi)$.

39. $\tan x + 1 = 0$

40. $2 \operatorname{sen}(2x) + \sqrt{2} = 0$

En los siguientes ejercicios, halle todas las soluciones exactas en el intervalo $[0, 2\pi)$.

41. $2 \operatorname{sen}^2 x - \operatorname{sen} x = 0$

42. $\cos^2 x - \cos x - 1 = 0$

43. $2 \operatorname{sen}^2 x + 5 \operatorname{sen} x + 3 = 0$

44. $\cos x - 5 \operatorname{sen}(2x) = 0$

45. $\frac{1}{\sec^2 x} + 2 + \operatorname{sen}^2 x + 4 \cos^2 x = 0$

En los siguientes ejercicios, simplifique la ecuación algebraicamente tanto como sea posible. Luego utilice una calculadora para hallar las soluciones en el intervalo $[0, 2\pi)$. Redondee a cuatro decimales.

46. $\sqrt{3} \cot^2 x + \cot x = 1$

47. $\csc^2 x - 3 \csc x - 4 = 0$

En los siguientes ejercicios, grafique cada lado de la ecuación para hallar los ceros en el intervalo $[0, 2\pi)$.

48. $20 \cos^2 x + 21 \cos x + 1 = 0$

49. $\sec^2 x - 2 \sec x = 15$

Modelar con ecuaciones trigonométricas

En los siguientes ejercicios, grafique los puntos y halle una fórmula posible para los valores trigonométricos en la tabla dada.

50.

x	y
0	1
1	6
2	11
3	−6
4	−1
5	6

51.

x	y
0	−2
1	1
2	−2
3	−5
4	−2
5	1

52.

x	y
−3	$3+2\sqrt{2}$
−2	3
−1	$2\sqrt{2}-1$
0	1
1	$3-2\sqrt{2}$
2	−1
3	$-1-2\sqrt{2}$

53. Un hombre con un nivel a la altura de sus ojos de 6 pies por encima del suelo está parado a 3 pies de la base de una escalera vertical de 15 pies. Si mira hacia el tope de la escalera, ¿en qué ángulo por encima de la horizontal está mirando?

54. Con la escalera del ejercicio anterior, si un trabajador de la construcción de 6 pies de alto que está parado en el tope de la escalera y mira hacia abajo, hacia los pies del hombre que está parado en la parte inferior, ¿en qué ángulo de la horizontal está mirando?

En los siguientes ejercicios, construya funciones que modelen el comportamiento descrito.

55. La población de leminos varía con una baja anual de 500 en marzo. Si el promedio anual de la población de leminos es 950, anote una función que modele la población con respecto a t, el mes.

56. Las temperaturas diurnas en el desierto pueden ser muy extremas. Si la temperatura varía desde 90 °F con 30 °F y la temperatura promedio del día ocurre por primera vez a las 10 a. m., escriba una función que modele este comportamiento.

En los siguientes ejercicios, halle la amplitud, la frecuencia y el periodo de las ecuaciones dadas.

57. $y = 3\ \cos(x\pi)$

58. $y = -2\ \text{sen}(16x\pi)$

En los siguientes ejercicios, modele el comportamiento descrito y halle los valores que se piden.

59. Una especie invasiva de carpa se introduce en el lago Freshwater. Al principio hay 100 carpas en el lago y la población varía en 20 peces estacionalmente. Si para el año 5, hay 625 carpas, halle una función que modele la población de carpas con respecto a t, el número de años desde ahora.

60. La población de peces endémicos en el lago Freshwater es en promedio de 2.500, y varía en 100 peces estacionalmente. Debido a la competencia de la carpa invasiva por los recursos, se prevé un descenso de 5 % en la población de peces endémicos cada año. Halle una función que modele la población de peces endémicos con respecto a t, el número de años desde ahora. Asimismo, determine cuántos años tardará para que la carpa sobrepase la población de peces endémicos.

Examen de práctica

En los siguientes ejercicios, simplifique la expresión dada.

1. $\cos(\text{-}x)\,\text{sen}\ x\ \cot\ x + \text{sen}^2 x$

2. $\text{sen}(\text{-}x)\cos(-2x)\text{-}\ \text{sen}(\text{-}x)\cos(-2x)$

En los siguientes ejercicios, halle el valor exacto.

3. $\cos\left(\frac{7\pi}{12}\right)$

4. $\tan\left(\frac{3\pi}{8}\right)$

5. $\tan\left(\text{sen}^{-1}\left(\frac{\sqrt{2}}{2}\right) + \tan^{-1}\sqrt{3}\right)$

6. $2\,\text{sen}\left(\frac{\pi}{4}\right)\text{sen}\left(\frac{\pi}{6}\right)$

En los siguientes ejercicios, halle todas las soluciones exactas a la ecuación en $[0, 2\pi)$.

7. $\cos^2 x - \text{sen}^2 x\text{–}1 = 0$

8. $\cos^2 x = \cos\ x$

9. $\cos(2x) + \text{sen}^2 x = 0$

10. $2\ \text{sen}^2 x - \text{sen}\ x = 0$

11. Rescriba la expresión como producto en vez de suma: $\cos(2x) + \cos(-8x)$.

12. Halle todas las soluciones de $\tan(x) - \sqrt{3} = 0$.

13. Halle las soluciones de $\sec^2 x - 2\ \sec\ x = 15$ en el intervalo $[0, 2\pi)$ algebraicamente; luego grafique ambos lados de la ecuación para determinar la respuesta.

14. Halle $\text{sen}\,(2\theta)$, $\cos\,(2\theta)$, y $\tan\,(2\theta)$ dado $\cot\ \theta = -\frac{3}{4}$ y θ están en el intervalo $\left[\frac{\pi}{2}, \pi\right]$.

15. Halle $\text{sen}\left(\frac{\theta}{2}\right)$, $\cos\left(\frac{\theta}{2}\right)$, y $\tan\left(\frac{\theta}{2}\right)$ dado $\cos\ \theta = \frac{7}{25}$ y θ está en el cuadrante IV.

16. Rescriba la expresión $\text{sen}^4 x$ sin potencia mayor a 1.

En los siguientes ejercicios, demuestre la identidad.

17. $\tan^3 x - \tan\ x\ \sec^2 x = \tan\,(-x)$

18. $\text{sen}\,(3x) - \cos\ x\ \text{sen}\,(2x) = \cos^2 x\ \text{sen}\ x - \text{sen}^3 x$

19. $\frac{\text{sen}(2x)}{\text{sen}\ x} - \frac{\cos(2x)}{\cos\ x} = \sec\ x$

20. Grafique los puntos y halle una función de la forma $y = A\cos\,(Bx + C) + D$ que se ajusta a los datos dados.

x	0	1	2	3	4	5
y	−2	2	−2	2	−2	2

21. El desplazamiento $h(t)$ en centímetros de una masa suspendida por un resorte se modela mediante la función $h(t) = \frac{1}{4}\ \text{sen}(120\pi t)$, donde t se mide en segundos. Calcule la amplitud, el periodo y la frecuencia de este desplazamiento.

22. Una mujer está parada a 300 pies de un edificio de 2.000 pies. Si mira hacia la parte superior del edificio, ¿en qué ángulo sobre la horizontal está mirando? Un trabajador aburrido la observa desde el 15.º piso (1.500 pies por encima de ella). ¿En qué ángulo la está mirando? Redondee a la décima más próxima de un grado.

23. Dos frecuencias de sonido se tocan en un instrumento que se rige por la ecuación $n(t) = 8\ \cos(20\pi t)\cos(1.000\pi t)$. ¿Cuáles son el periodo y la frecuencia de las oscilaciones "rápida" y "lenta"? ¿Cuál es la amplitud?

24. La nevada mensual promedio en una pequeña aldea en los Himalayas es de 6 pulgadas, donde la baja de 1 pulgada se produce en julio. Construya una función que modele este comportamiento. ¿En qué periodo hay más de 10 pulgadas de nevada?

25. Un resorte se hala del techo a 20 cm. A los 3 segundos, cuando realiza 6 periodos completos, la amplitud es de apenas 15 cm. Halle la función al modelar la posición del resorte t segundos después de ser liberado. ¿En qué momento el resorte entra en reposo? En este caso, utilice 1 cm de amplitud en el reposo.

26. El promedio actual del nivel de agua cerca de un glaciar es de 9 pies, y varía estacionalmente en 2 pulgadas por encima y por debajo del promedio, para alcanzar su punto máximo en enero. A causa del calentamiento global, el glaciar ha empezado a derretirse más rápido de lo normal. Cada año, el nivel del agua experimenta un ascenso sostenido de 3 pulgadas. Halle una función que modele la profundidad del agua t meses a partir de ahora. Si los diques tienen 2 pies por encima del nivel actual del agua, ¿en qué punto se elevará el agua por primera vez por encima de los diques?

El General Sherman, el árbol vivo más grande del mundo. (Créditos: Mike Baird, Flickr).

Esquema del capítulo

Introducción

El árbol más grande del mundo por su volumen, llamado General Sherman, tiene una altura de 274,9 pies y está situado en el norte de California.[1] ¿Cómo saben los científicos su verdadera altura? Una forma habitual de medir la altura consiste en determinar el ángulo de elevación que forman el árbol y el suelo en un punto situado a cierta distancia de la base del árbol. Este método es mucho más práctico que subir al árbol y dejar caer una cinta métrica muy larga.

En este capítulo, exploraremos aplicaciones de la trigonometría que nos permitirán resolver muchos tipos de problemas diferentes, entre ellos, calcular la altura de un árbol. Ampliamos los temas que introdujimos en Funciones trigonométricas e investigamos las aplicaciones de forma más profunda y significativa.

8.1 Triángulos no rectángulos: ley de senos

Objetivos de aprendizaje

En esta sección, podrá:

- Utilizar la ley de senos para resolver triángulos oblicuos.
- Calcular el área de un triángulo oblicuo con la función seno.
- Resolver problemas aplicados con la ley de senos.

Para garantizar la seguridad de los más de 5.000 aviones estadounidenses que vuelan simultáneamente en horas punta, los controladores aéreos los supervisan y se comunican con ellos tras recibir los datos del robusto sistema de balizas de radar. Supongamos que dos estaciones de radar, situadas a 20 millas de distancia, detectan una aeronave entre ellas. El

1 Fuente: Servicio de Parques Nacionales. "El árbol General Sherman". http://www.nps.gov/seki/naturescience/sherman.htm. Consultado el 25 de abril de 2014.

ángulo de elevación medido por la primera estación es de 35 grados, mientras que el ángulo de elevación medido por la segunda estación es de 15 grados. ¿Cómo podemos determinar la altitud de la aeronave? Vemos en la Figura 1 que el triángulo formado por la aeronave y las dos estaciones no es un triángulo rectángulo, por lo que no podemos utilizar lo que sabemos al respecto. En esta sección, descubriremos cómo resolver problemas que implican triángulos no rectángulos.

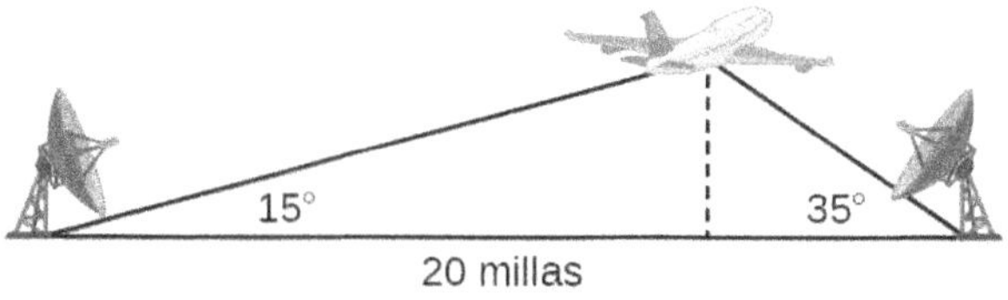

Figura 1

Usar la ley de senos para resolver triángulos oblicuos

En cualquier triángulo, podemos trazar una **altitud**, una línea perpendicular desde un vértice hasta el lado opuesto, para formar dos triángulos rectángulos. Sin embargo, sería preferible tener métodos que podamos aplicar directamente a los triángulos no rectángulos sin tener que crear primero triángulos rectángulos.

Cualquier triángulo que no sea un triángulo rectángulo es un **triángulo oblicuo**. Resolver un triángulo oblicuo significa calcular las medidas de los tres ángulos y los tres lados. Para ello, tenemos que empezar con al menos tres de estos valores, incluso al menos uno de los lados. Investigaremos tres posibles situaciones de problemas de triángulos oblicuos:

1. **ALA (ángulo-lado-ángulo)**. Conocemos las medidas de dos ángulos y el lado incluido. Vea la Figura 2.

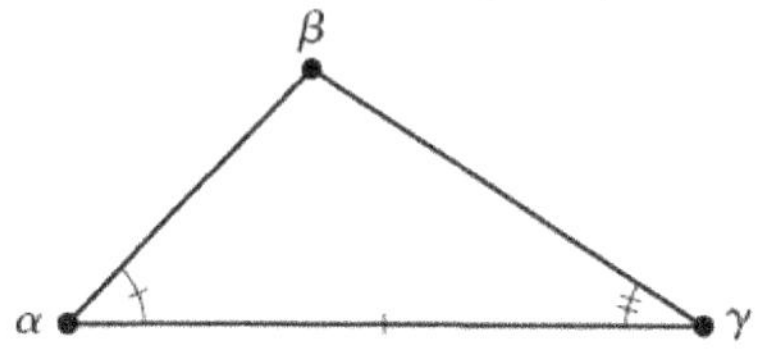

Figura 2

2. **AAL (ángulo-ángulo-lado).** Conocemos las medidas de dos ángulos y un lado que no está entre los ángulos conocidos. Vea la Figura 3.

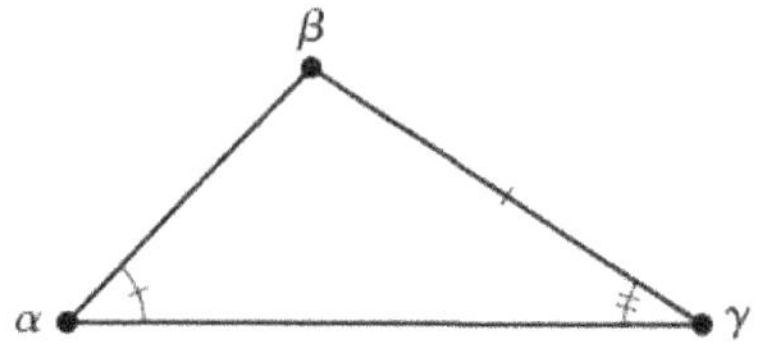

Figura 3

3. **LLA (lado-lado-ángulo).** Conocemos las medidas de dos lados y un ángulo que no está entre los lados conocidos. Vea la Figura 4.

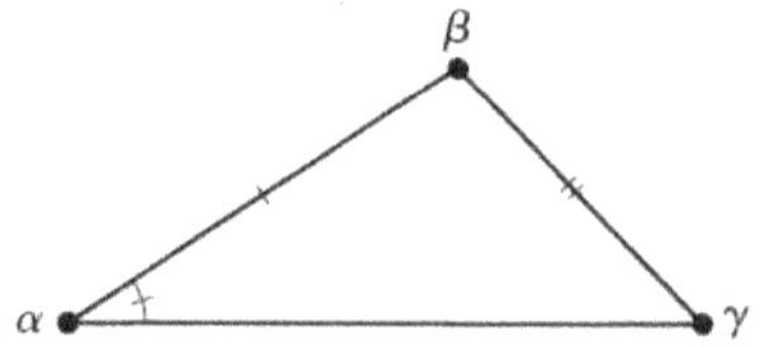

Figura 4

Saber cómo enfocar cada una de estas situaciones nos permite resolver triángulos oblicuos sin tener que soltar una perpendicular para formar dos triángulos rectángulos. En su lugar, podemos utilizar el hecho de que la relación entre la medida de uno de los ángulos y la longitud de su lado opuesto será igual a las otras dos relaciones entre la medida del ángulo y el lado opuesto. Veamos cómo se deriva esta afirmación considerando el triángulo que se muestra en la Figura 5.

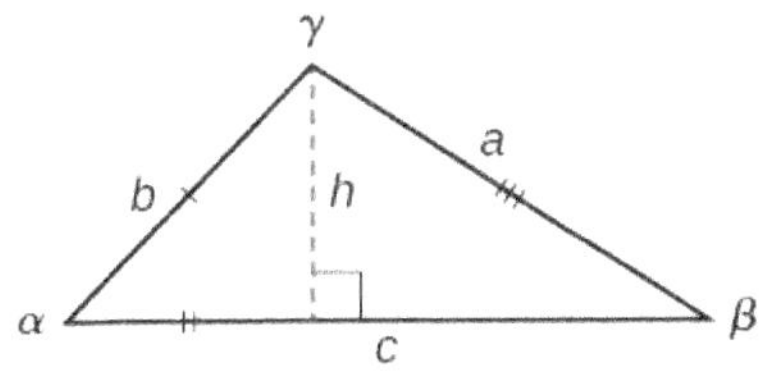

Figura 5

Utilizando las relaciones del triángulo rectángulo, sabemos que sen $\alpha = \frac{h}{b}$ y sen $\beta = \frac{h}{a}$. Resolviendo ambas ecuaciones para h da dos expresiones diferentes para h.

$$h = b\,\text{sen}\ \alpha \text{ y } h = a\,\text{sen}\ \beta$$

A continuación, igualamos las expresiones.

$$b\,\text{sen}\ \alpha = a\,\text{sen}\ \beta$$
$$\left(\frac{1}{ab}\right)(b\,\text{sen}\ \alpha) = (a\,\text{sen}\ \beta)\left(\frac{1}{ab}\right) \qquad \text{Multiplique ambos lados por } \frac{1}{ab}.$$
$$\frac{\text{sen}\ \alpha}{a} = \frac{\text{sen}\ \beta}{b}$$

Del mismo modo, podemos comparar los otros cocientes.

$$\frac{\text{sen}\ \alpha}{a} = \frac{\text{sen}\ \gamma}{c} \text{ y } \frac{\text{sen}\ \beta}{b} = \frac{\text{sen}\ \gamma}{c}$$

En conjunto, estas relaciones reciben el nombre de **ley de senos**.

$$\frac{\text{sen}\ \alpha}{a} = \frac{\text{sen}\ \beta}{b} = \frac{\text{sen}\ \gamma}{c}$$

Observe la forma estándar de etiquetar los triángulos: el ángulo α (alfa) es el lado opuesto a; el ángulo β (beta) es el lado opuesto b; y el ángulo γ (gamma) es el lado opuesto c. Vea la Figura 6.

Al calcular los ángulos y los lados, lleve los valores exactos hasta la respuesta final. Por lo general, las respuestas finales se redondean a la décima más cercana, a menos que se especifique lo contrario.

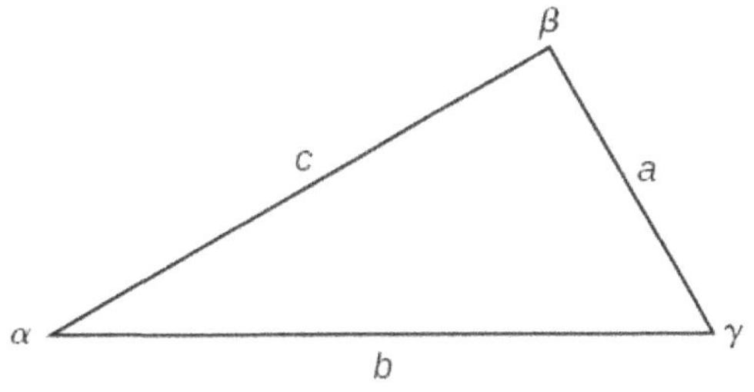

Figura 6

Ley de senos

Dado un triángulo con ángulos y lados opuestos etiquetados como en la Figura 6, el cociente entre la medida de un ángulo y la longitud de su lado opuesto será igual a los otros dos cocientes entre la medida del ángulo y el lado opuesto. Todas las proporciones serán iguales. La **ley de senos** se basa en las proporciones y se presenta simbólicamente de dos maneras.

$$\frac{\text{sen}\ \alpha}{a} = \frac{\text{sen}\ \beta}{b} = \frac{\text{sen}\ \gamma}{c}$$
$$\frac{a}{\text{sen}\ \alpha} = \frac{b}{\text{sen}\ \beta} = \frac{c}{\text{sen}\ \gamma}$$

Para resolver un triángulo oblicuo, utilice cualquier par de cocientes aplicables.

EJEMPLO 1

Resolver dos lados y un ángulo desconocidos de un triángulo AAL

Resuelva el triángulo que se muestra en la Figura 7 a la décima más cercana.

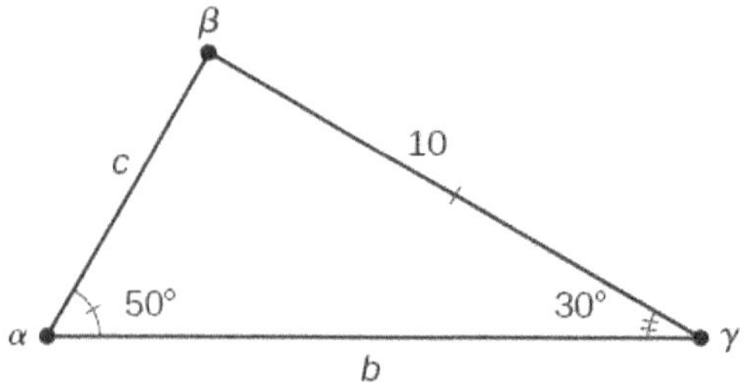

Figura 7

Solución

Los tres ángulos deben sumar 180 grados. A partir de esto, podemos determinar que

$$\begin{aligned}\beta &= 180° - 50° - 30° \\ &= 100°\end{aligned}$$

Para hallar un lado desconocido, necesitamos conocer el ángulo correspondiente y un cociente conocido. Sabemos que el ángulo $\alpha = 50°$ y su lado correspondiente $a = 10$. Podemos utilizar la siguiente proporción de la ley de senos para determinar la longitud de c.

$$\begin{aligned}&\frac{\text{sen}(50°)}{10} = \frac{\text{sen}(30°)}{c} \\ &c\frac{\text{sen}(50°)}{10} = \text{sen}(30°) && \text{Multiplique ambos lados por } c. \\ &c = \text{sen}(30°)\frac{10}{\text{sen}(50°)} && \text{Multiplique por el recíproco para aislar } c. \\ &c \approx 6{,}5\end{aligned}$$

Del mismo modo, resuelva para b, establecemos otra proporción.

$$\begin{aligned}&\frac{\text{sen}(50°)}{10} = \frac{\text{sen}(100°)}{b} \\ &b\,\text{sen}(50°) = 10\,\text{sen}(100°) && \text{Multiplique ambos lados por } b. \\ &b = \frac{10\,\text{sen}(100°)}{\text{sen}(50°)} && \text{Multiplique por el recíproco para aislar } b. \\ &b \approx 12{,}9\end{aligned}$$

Por lo tanto, el conjunto completo de ángulos y lados es

$$\begin{aligned}\alpha &= 50° & a &= 10 \\ \beta &= 100° & b &\approx 12{,}9 \\ \gamma &= 30° & c &\approx 6{,}5\end{aligned}$$

INTÉNTELO #1 Resuelva el triángulo que se muestra en la Figura 8 a la décima más cercana.

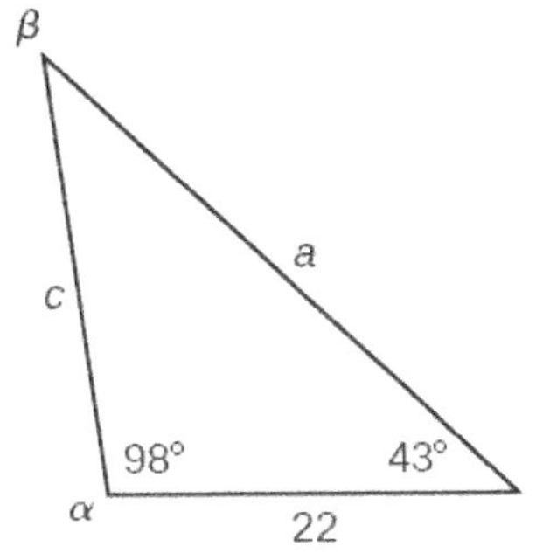

Figura 8

Usar la ley de senos para resolver triángulos LLA

Podemos utilizar la ley de senos para resolver cualquier triángulo oblicuo, aunque algunas soluciones pueden no ser sencillas. En algunos casos, más de un triángulo puede satisfacer los criterios dados, lo que describimos como un **caso ambiguo**. Los triángulos clasificados como LLA, aquellos en los que conocemos las longitudes de dos lados y la medida del ángulo opuesto a uno de los lados dados, pueden dar lugar a una o dos soluciones, o incluso a ninguna solución.

Posibles resultados de los triángulos LLA

Los triángulos oblicuos de la categoría LLA pueden tener cuatro resultados diferentes. La Figura 9 ilustra las soluciones con los lados conocidos a y b y ángulo conocido α.

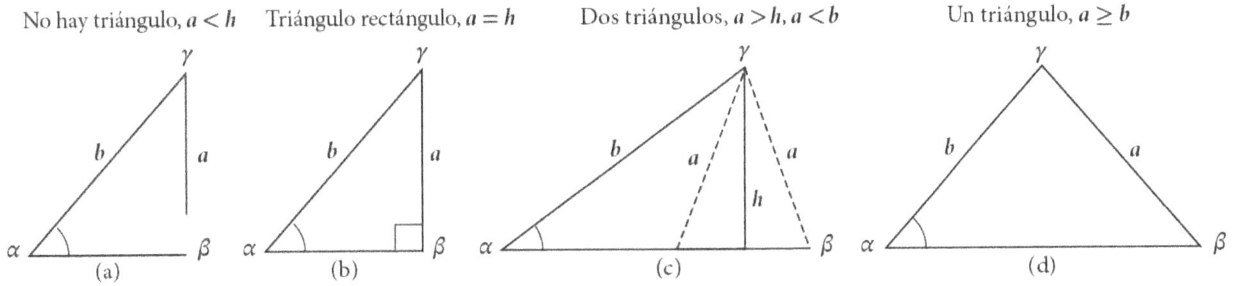

Figura 9

EJEMPLO 2

Resolver un triángulo LLA oblicuo

Resuelva el triángulo en la Figura 10 para el lado que falta y calcule las medidas de los ángulos que faltan a la décima más cercana.

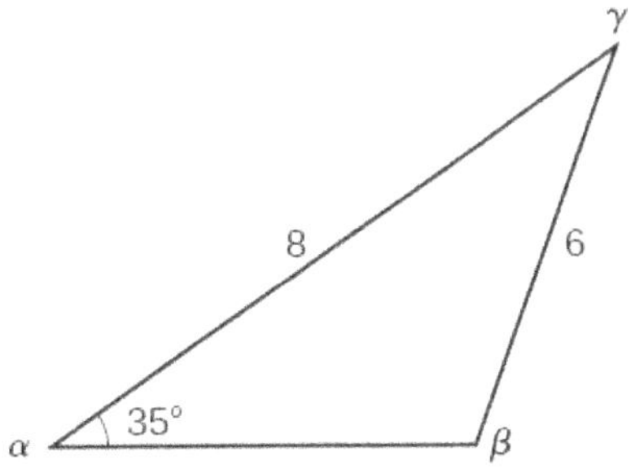

Figura 10

Solución

Utilice la ley de senos para hallar el ángulo β y el ángulo γ, y luego el lado c. Al resolver β, tenemos la proporción

$$\begin{aligned} \frac{\text{sen } \alpha}{a} &= \frac{\text{sen } \beta}{b} \\ \frac{\text{sen}(35°)}{6} &= \frac{\text{sen } \beta}{8} \\ \frac{8 \text{ sen}(35°)}{6} &= \text{sen } \beta \\ 0{,}7648 &\approx \text{sen } \beta \\ \text{sen}^{-1}(0{,}7648) &\approx 49{,}9° \\ \beta &\approx 49{,}9° \end{aligned}$$

Sin embargo, en el diagrama, el ángulo β parece ser un ángulo obtuso y puede ser mayor de 90°. ¿Cómo conseguimos un ángulo agudo, y cómo calculamos la medida de β? Investiguemos más a fondo. Al dejar caer una perpendicular desde γ y ver el triángulo desde una perspectiva de ángulo recto, tenemos la Figura 11. Podría haber un segundo triángulo que se ajuste a los criterios dados.

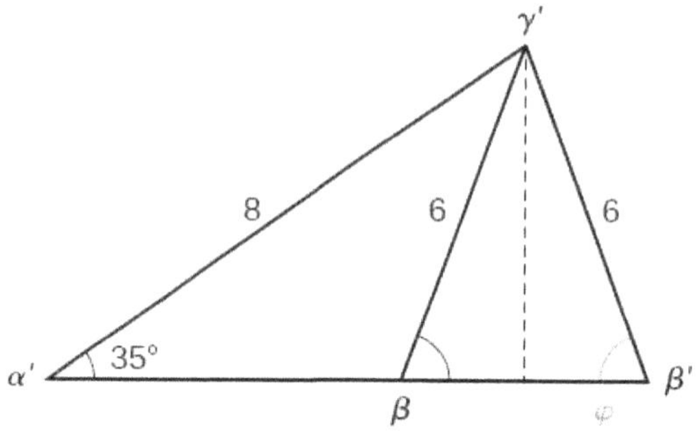

Figura 11

El ángulo complementario a β es aproximadamente igual a 49,9°, lo que significa que $\beta = 180° - 49{,}9° = 130{,}1°$. (Recuerde que la función seno es positiva tanto en el primero como en el segundo cuadrante). Al resolver para γ, tenemos

$$\gamma = 180° - 35° - 130{,}1° \approx 14{,}9°$$

A continuación, podemos utilizar estas medidas para resolver el otro triángulo. Dado que γ' es complementario a la suma de α' y β', tenemos

$$\gamma' = 180° - 35° - 49{,}9° \approx 95{,}1°$$

Ahora tenemos que hallar c y c'.

Tenemos

$$\begin{aligned} \frac{c}{\text{sen}(14{,}9°)} &= \frac{6}{\text{sen}(35°)} \\ c &= \frac{6 \text{ sen}(14{,}9°)}{\text{sen}(35°)} \approx 2{,}7 \end{aligned}$$

Finalmente,

$$\begin{aligned} \frac{c'}{\text{sen}(95{,}1°)} &= \frac{6}{\text{sen}(35°)} \\ c' &= \frac{6 \text{ sen}(95{,}1°)}{\text{sen}(35°)} \approx 10{,}4 \end{aligned}$$

En resumen, hay dos triángulos con un ángulo de 35°, un lado adyacente de 8 y un lado opuesto de 6, como se muestra en la Figura 12.

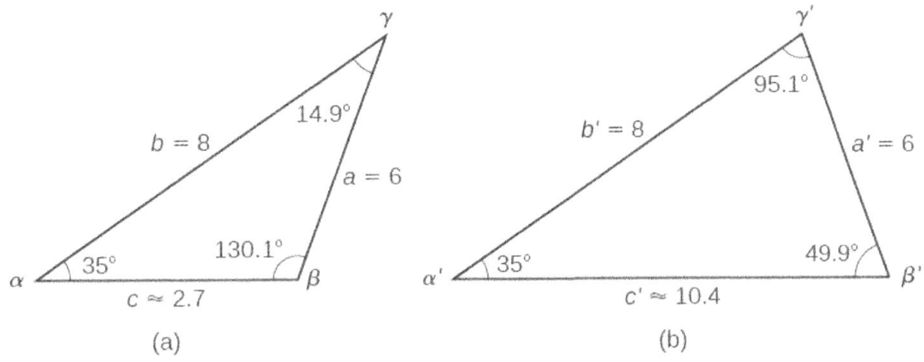

Figura 12

Sin embargo, estábamos buscando los valores para el triángulo con un ángulo obtuso β. Podemos verlos en el primer triángulo (a) en la Figura 12.

> INTÉNTELO #2 Dados $\alpha = 80°$, $a = 120$, y $b = 121$, halle el lado y los ángulos que faltan. Si hay más de una solución posible, muestre ambas.

EJEMPLO 3

Resolver los lados y ángulos desconocidos de un triángulo LLA

En el triángulo que se muestra en la Figura 13, resuelva el lado y los ángulos desconocidos. Redondee sus respuestas a la décima más cercana.

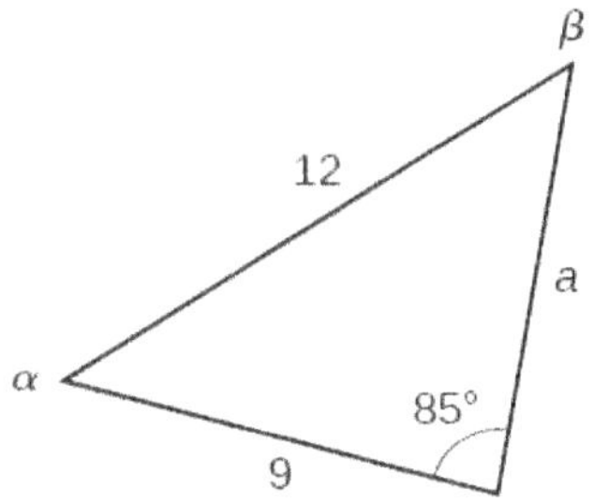

Figura 13

Solución

Al momento de elegir el par de proporciones de la ley de senos que vaya a utilizar, fíjese en la información que se da. En este caso, conocemos el ángulo $\gamma = 85°$, y su lado correspondiente $c = 12$, y conocemos el lado $b = 9$. Utilizaremos esta proporción para resolver β.

$$\frac{\text{sen}(85°)}{12} = \frac{\text{sen }\beta}{9} \qquad \text{Aísle la incógnita.}$$

$$\frac{9\,\text{sen}(85°)}{12} = \text{sen }\beta$$

Para hallar β, aplique la función seno inversa. La función seno inversa arrojará un único resultado, pero tenga en cuenta que puede haber dos valores para β. Es importante verificar el resultado, ya que puede haber dos soluciones viables, una sola solución (el caso habitual) o ninguna.

$$\beta = \text{sen}^{-1}\left(\frac{9\,\text{sen}(85°)}{12}\right)$$

$$\beta \approx \text{sen}^{-1}(0{,}7471)$$

$$\beta \approx 48{,}3°$$

En este caso, si restamos β de 180°, hallamos que puede haber otra solución posible. Así, $\beta = 180° - 48{,}3° \approx 131{,}7°$. Para comprobar la solución, reste ambos ángulos, 131,7° y 85°, de 180°. Esto da

$$\alpha = 180° - 85° - 131{,}7° \approx -36{,}7°,$$

lo cual es imposible, y por lo tanto $\beta \approx 48{,}3°$.

Para hallar los valores que faltan, calculamos $\alpha = 180° - 85° - 48{,}3° \approx 46{,}7°$. Ahora, solo el lado a es necesario. Utilice la ley de senos para resolver a por una de las proporciones.

$$\begin{aligned} \frac{\text{sen}(85°)}{12} &= \frac{\text{sen}(46{,}7°)}{a} \\ a\frac{\text{sen}(85°)}{12} &= \text{sen}(46{,}7°) \\ a &= \frac{12\ \text{sen}(46{,}7°)}{\text{sen}(85°)} \approx 8{,}8 \end{aligned}$$

El conjunto completo de soluciones para el triángulo dado es

$$\begin{aligned} \alpha &\approx 46{,}7° \quad a \approx 8{,}8 \\ \beta &\approx 48{,}3° \quad b = 9 \\ \gamma &= 85° \quad c = 12 \end{aligned}$$

> INTÉNTELO #3 Dados $\alpha = 80°, a = 100, \ b = 10$, halle el lado y los ángulos que faltan. Si hay más de una solución posible, muestre ambas. Redondee sus respuestas a la décima más cercana.

EJEMPLO 4

Hallar los triángulos que satisfagan los criterios dados

Halle todos los triángulos posibles si un lado tiene longitud 4 frente a un ángulo de 50°, y el otro lado tiene longitud 10.

Solución

Con la información dada, podemos resolver el ángulo opuesto al lado de longitud 10. Vea la Figura 14.

$$\begin{aligned} \frac{\text{sen}\ \alpha}{10} &= \frac{\text{sen}(50°)}{4} \\ \text{sen}\ \alpha &= \frac{10\ \text{sen}(50°)}{4} \\ \text{sen}\ \alpha &\approx 1{,}915 \end{aligned}$$

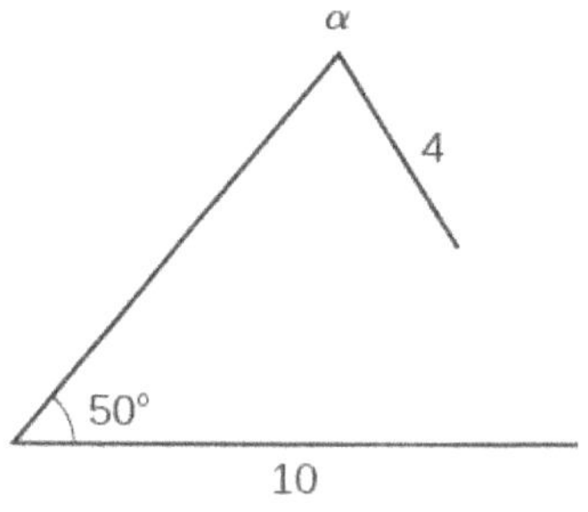

Figura 14

Podemos detenernos aquí sin hallar el valor de α. Debido a que el rango de la función seno es $[-1, 1]$, es imposible que el valor del seno sea 1,915. De hecho, la introducción de $\text{sen}^{-1}\ (1{,}915)$ en una calculadora gráfica genera un DOMINIO DE ERROR. Por lo tanto, no se pueden dibujar triángulos con las dimensiones proporcionadas.

> INTÉNTELO #4 Determine el número de triángulos posibles dado $a = 31, b = 26, \beta = 48°$.

Calcular el área de un triángulo oblicuo mediante la función seno

Ahora que podemos resolver un triángulo para los valores que faltan, podemos utilizar algunos de esos valores y la función seno para calcular el área de un triángulo oblicuo. Recordemos que la fórmula del área de un triángulo viene dada por $\text{Área} = \frac{1}{2}bh$, donde b es la base y h es la altura. En los triángulos oblicuos, debemos hallar h antes de poder utilizar la fórmula del área. Al observar los dos triángulos en la Figura 15, uno agudo y otro obtuso, podemos dejar caer una perpendicular que represente la altura y luego aplicar la propiedad trigonométrica $\text{sen } \alpha = \frac{\text{opuesto}}{\text{hipotenusa}}$ para escribir una ecuación del área en triángulos oblicuos. En el triángulo agudo, tenemos $\text{sen } \alpha = \frac{h}{c}$ o $c \text{ sen } \alpha = h$. Sin embargo, en el triángulo obtuso, dejamos caer la perpendicular fuera del triángulo y extendemos la base b para formar un triángulo rectángulo. El ángulo utilizado en el cálculo es α', o $180 - \alpha$.

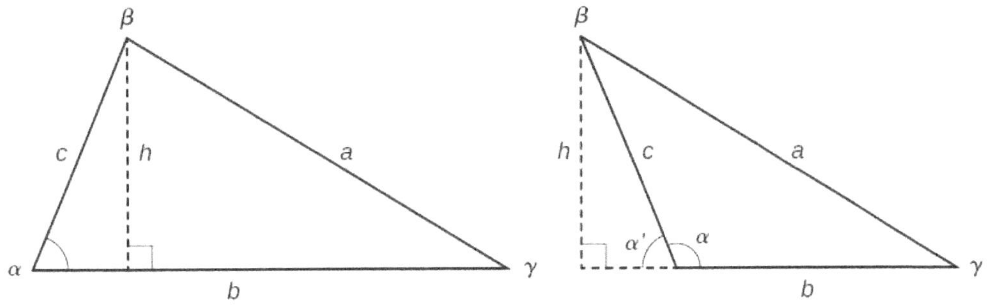

Figura 15

Por lo tanto,

$$\text{Área} = \frac{1}{2}(\text{base})(\text{altura}) = \frac{1}{2}b(c \text{ sen } \alpha)$$

De la misma manera,

$$\text{Área} = \frac{1}{2}a(b \text{ sen } \gamma) = \frac{1}{2}a(c \text{ sen } \beta)$$

Área de un triángulo oblicuo

La fórmula del área de un triángulo oblicuo viene dada por

$$\begin{aligned}\text{Área} &= \tfrac{1}{2}bc \text{ sen } \alpha \\ &= \tfrac{1}{2}ac \text{ sen } \beta \\ &= \tfrac{1}{2}ab \text{ sen } \gamma\end{aligned}$$

Esto equivale a la mitad del producto de dos lados y el seno de su ángulo incluido.

EJEMPLO 5

Calcular el área de un triángulo oblicuo

Calcule el área de un triángulo con lados $a = 90$, $b = 52$, y el ángulo $\gamma = 102°$. Redondee el área al número entero más cercano.

Solución

Utilizando la fórmula, tenemos

$$\begin{aligned}\text{Área} &= \tfrac{1}{2}ab \text{ sen } \gamma \\ \text{Área} &= \tfrac{1}{2}(90)(52) \text{ sen}(102°) \\ \text{Área} &\approx 2289 \text{ unidades al cuadrado}\end{aligned}$$

INTÉNTELO #5 Calcule el área del triángulo dado $\beta = 42°$, $a = 7{,}2$ pies, $c = 3{,}4$ pies. Redondee el área a la décima más cercana.

Resolver problemas aplicados mediante la ley de senos

Cuanto más estudiamos las aplicaciones trigonométricas, más descubrimos que son innumerables. Algunas son situaciones planas, tipo diagrama, pero muchas aplicaciones de cálculo, ingeniería y física implican tres dimensiones y movimiento.

EJEMPLO 6

Calcular la altitud

Calcule la altitud de la aeronave en el problema presentado al comienzo de esta sección, que se muestra en la Figura 16. Redondee la altitud a la décima de milla más cercana.

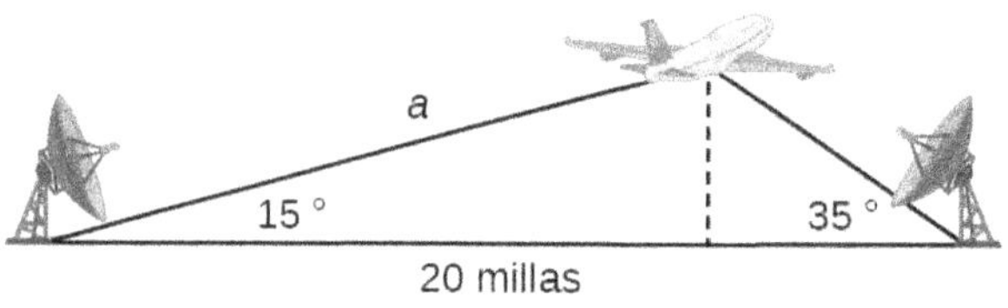

Figura 16

Solución

Para determinar la elevación de la aeronave, primero calculamos la distancia desde una estación hasta la aeronave, como el lado a, y luego utilizamos las relaciones de triángulo rectángulo para calcular la altura del avión, h.

Debido a que los ángulos del triángulo suman 180 grados, el ángulo desconocido deberá ser 180°-15°-35°=130°. Este ángulo es opuesto al lado de longitud 20, lo que nos permite establecer una relación de la ley de senos.

$$\begin{aligned}\frac{\operatorname{sen}(130°)}{20} &= \frac{\operatorname{sen}(35°)}{a}\\ a\operatorname{sen}(130°) &= 20\operatorname{sen}(35°)\\ a &= \frac{20\operatorname{sen}(35°)}{\operatorname{sen}(130°)}\\ a &\approx 14{,}98\end{aligned}$$

La distancia entre una estación y la aeronave es de unas 14,98 millas.

Ahora, que conocemos a, podemos utilizar las relaciones de triángulo rectángulo para resolver h.

$$\begin{aligned}\operatorname{sen}(15°) &= \frac{\text{opuesto}}{\text{hipotenusa}}\\ \operatorname{sen}(15°) &= \frac{h}{a}\\ \operatorname{sen}(15°) &= \frac{h}{14{,}98}\\ h &= 14{,}98\operatorname{sen}(15°)\\ h &\approx 3{,}88\end{aligned}$$

La aeronave está a una altitud de aproximadamente 3,9 millas.

INTÉNTELO #6 El diagrama que se muestra en la Figura 17 representa la altura de un dirigible que sobrevuela un estadio de fútbol. Calcule la altura del dirigible si el ángulo de elevación en la zona del extremo sur, punto A, es de 70°, el ángulo de elevación desde la zona del extremo norte, punto B, es de 62°, y la distancia entre los puntos de visión de las dos zonas de anotación es de 145 yardas.

Figura 17

MEDIA

Acceda a estos recursos en línea para obtener más información y practicar las aplicaciones trigonométricas.

Ley de senos: Nociones elementales (http://openstax.org/l/sinesbasic)
Ley de senos: El caso ambiguo (http://openstax.org/l/sinesambiguous)

8.1 EJERCICIOS DE SECCIÓN

Verbales

1. Describa la altitud de un triángulo.
2. Compare los triángulos rectángulos y los oblicuos.
3. ¿Cuándo utilizar la ley de senos para hallar el ángulo que falta?
4. En la ley de senos, ¿cuál es la relación entre el ángulo en el numerador y el lado en el denominador?
5. ¿Qué tipo de triángulo da lugar a un caso ambiguo?

Algebraicos

En los siguientes ejercicios, supongamos que α es el lado opuesto a, β es el lado opuesto b, y γ es el lado opuesto c. Resuelva cada triángulo, si es posible. Redondee cada respuesta a la décima más cercana.

6. $\alpha = 43°, \gamma = 69°, a = 20$
7. $\alpha = 35°, \gamma = 73°, c = 20$
8. $\alpha = 60°, \beta = 60°, \gamma = 60°$
9. $a = 4, \alpha = 60°, \beta = 100°$
10. $b = 10, \beta = 95°, \gamma = 30°$

En los siguientes ejercicios, utilice la ley de senos para resolver el lado que falta en cada triángulo oblicuo. Redondee cada respuesta a la centésima más cercana. Supongamos que el ángulo A es el lado opuesto a, el ángulo B es el lado opuesto b, y el ángulo C es el lado opuesto c.

11. Halle el lado b cuando $A = 37°, B = 49°, c = 5.$

12. Halle el lado a cuando $A = 132°, C = 23°, b = 10.$

13. Halle el lado c cuando $B = 37°, C = 21°, b = 23.$

En los siguientes ejercicios, supongamos que α es el lado opuesto a, β es el lado opuesto b, y γ es el lado opuesto c. Determine si no hay ningún triángulo, un triángulo o dos triángulos. A continuación, resuelva cada triángulo, si es posible. Redondee cada respuesta a la décima más cercana.

14. $\alpha = 119°, a = 14, b = 26$

15. $\gamma = 113°, b = 10, c = 32$

16. $b = 3{,}5, c = 5{,}3, \gamma = 80°$

17. $a = 12, c = 17, \alpha = 35°$

18. $a = 20{,}5, b = 35{,}0, \beta = 25°$

19. $a = 7, c = 9, \alpha = 43°$

20. $a = 7, b = 3, \beta = 24°$

21. $b = 13, c = 5, \gamma = 10°$

22. $a = 2{,}3, c = 1{,}8, \gamma = 28°$

23. $\beta = 119°, b = 8{,}2, a = 11{,}3$

En los siguientes ejercicios, utilice la ley de senos para resolver, si es posible, el lado o ángulo que falta para cada triángulo o triángulos en el caso ambiguo. Redondee cada respuesta a la décima más cercana.

24. Halle el ángulo A cuando $a = 24, b = 5, B = 22°.$

25. Halle el ángulo A cuando $a = 13, b = 6, B = 20°.$

26. Halle el ángulo B cuando $A = 12°, a = 2, b = 9.$

En los siguientes ejercicios, calcule el área del triángulo con las medidas dadas. Redondee cada respuesta a la décima más cercana.

27. $a = 5, c = 6, \beta = 35°$

28. $b = 11, c = 8, \alpha = 28°$

29. $a = 32, b = 24, \gamma = 75°$

30. $a = 7{,}2, b = 4{,}5, \gamma = 43°$

Gráficos

En los siguientes ejercicios, calcule la longitud del lado x. Redondee a la décima más cercana.

31.

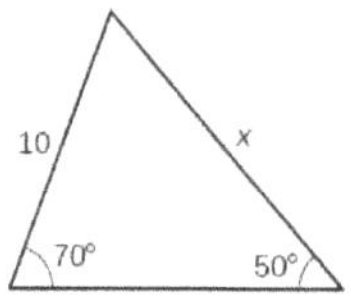

32.

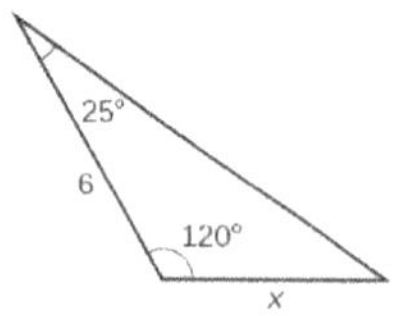

33.

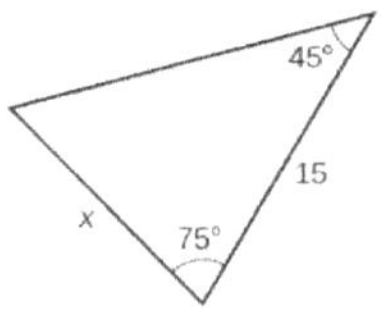

34.

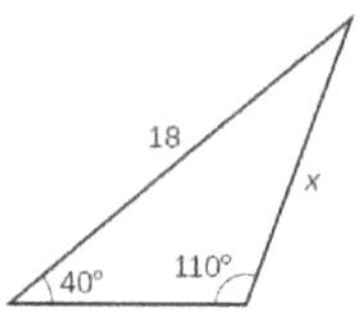

35.

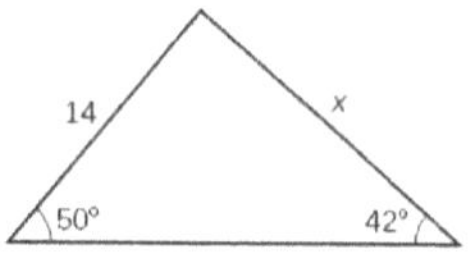

36.

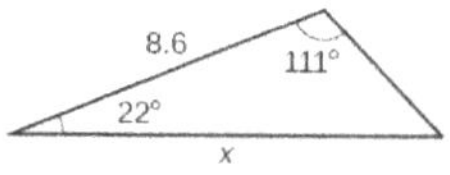

En los siguientes ejercicios, calcule la medida del ángulo x, si es posible. Redondee a la décima más cercana.

37.

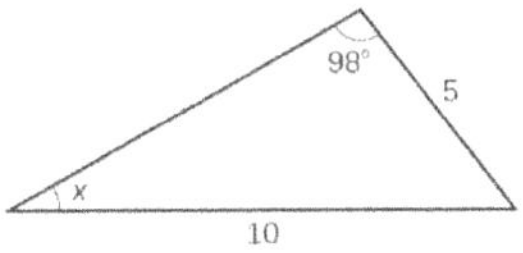

38.

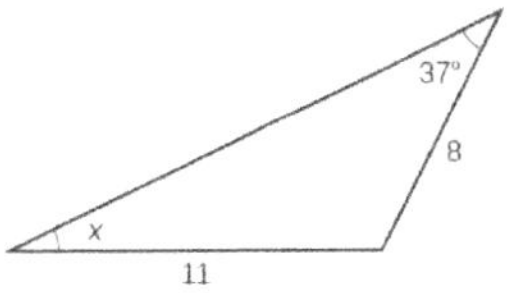

39.

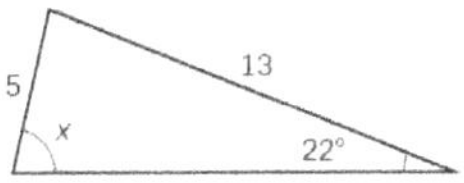

40.

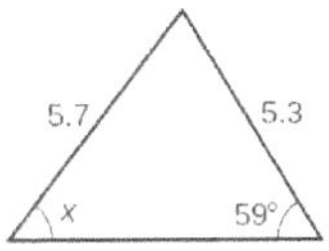

41. Observe que x es un ángulo obtuso.

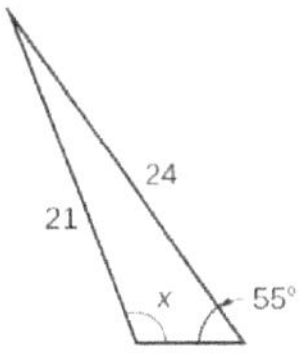

42.

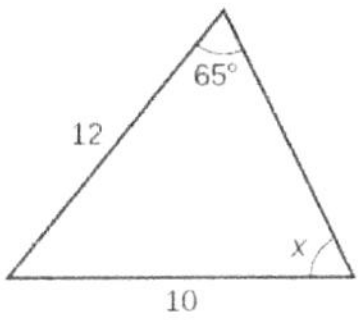

En el siguiente ejercicio, resuelva el triángulo. Redondee cada respuesta a la décima más cercana.

43.

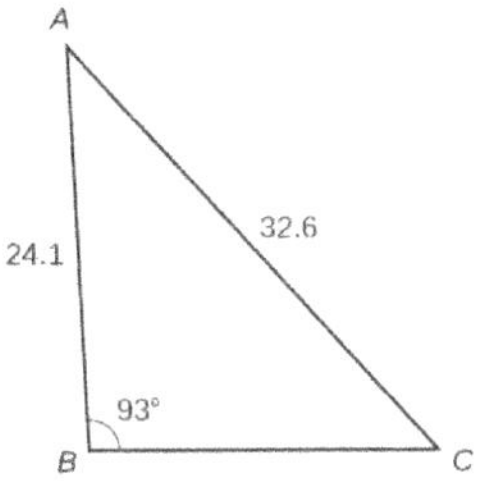

44. En los siguientes ejercicios, calcule el área de cada triángulo. Redondee cada respuesta a la décima más cercana.

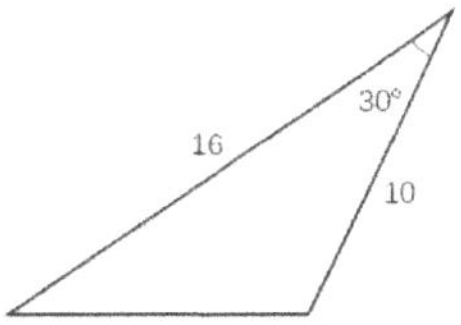

45.

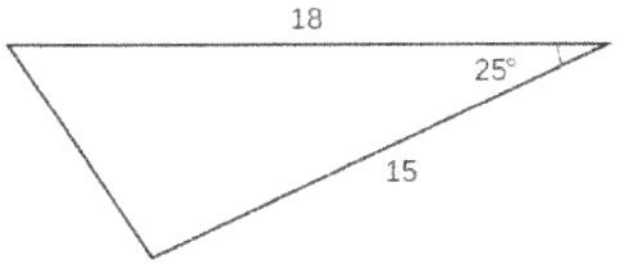

46.

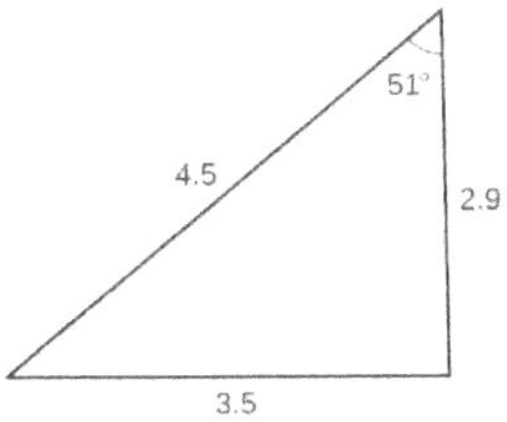

47.

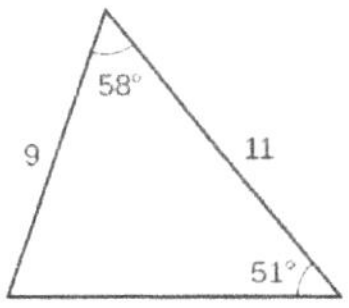

48.

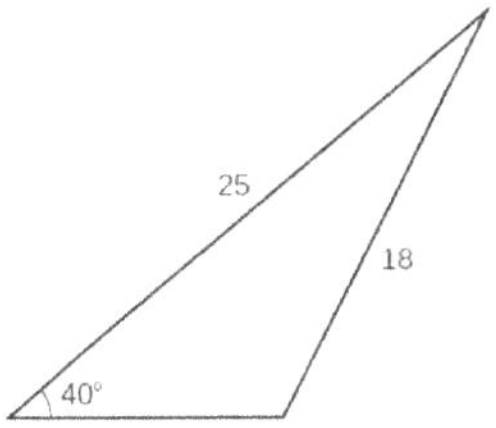

49.

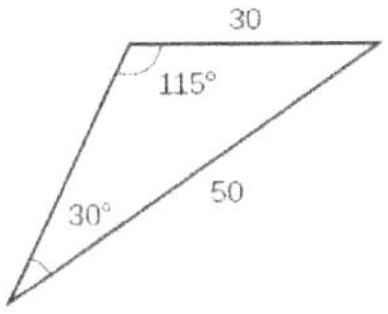

Extensiones

50. Halle el radio del círculo en la Figura 18. Redondee a la décima más cercana.

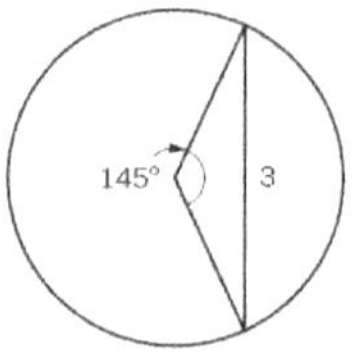

Figura 18

51. Halle el diámetro del círculo en la Figura 19. Redondee a la décima más cercana.

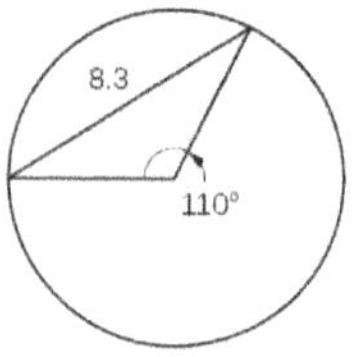

Figura 19

52. Halle $m\angle ADC$ en la Figura 20. Redondee a la décima más cercana.

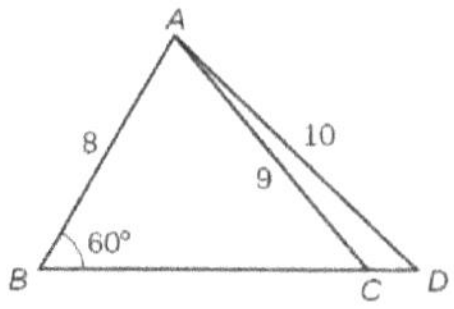

Figura 20

53. Halle AD en la Figura 21. Redondee a la décima más cercana.

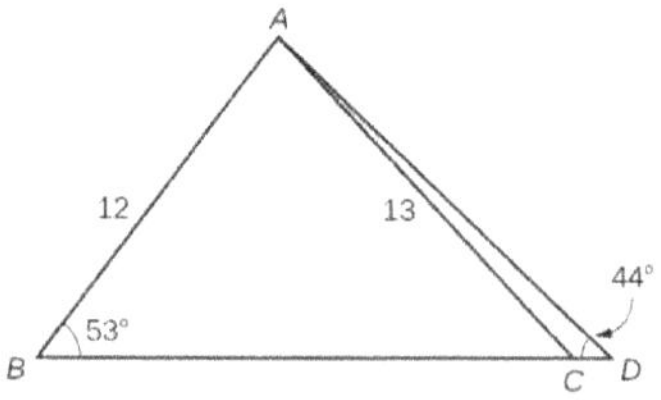

Figura 21

54. Resuelva ambos triángulos en la Figura 22. Redondee cada respuesta a la décima más cercana.

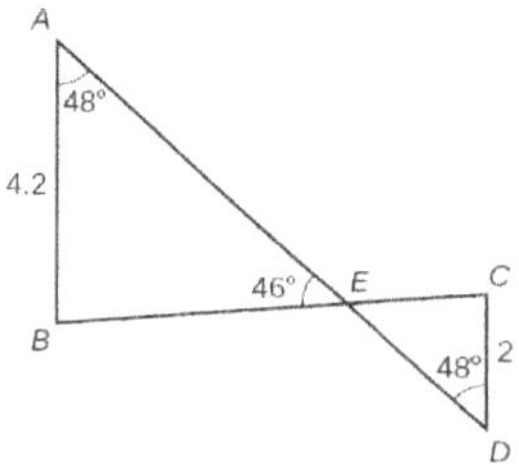

Figura 22

55. Halle AB en el paralelogramo que se muestra en la Figura 23.

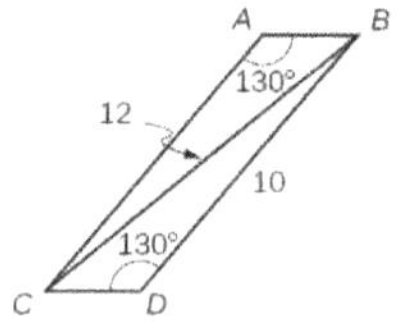

Figura 23

56. Resuelva el triángulo en la Figura 24. (Pista: Dibuje una perpendicular desde H hasta JK). Redondee cada respuesta a la décima más cercana.

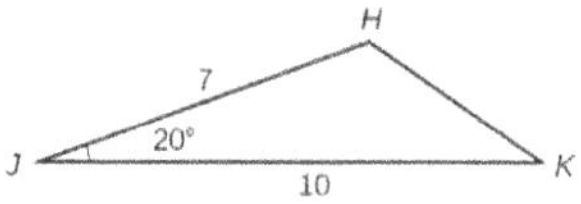

Figura 24

57. Resuelva el triángulo en la Figura 25. (Pista: Dibuje una perpendicular desde N hasta LM). Redondee cada respuesta a la décima más cercana.

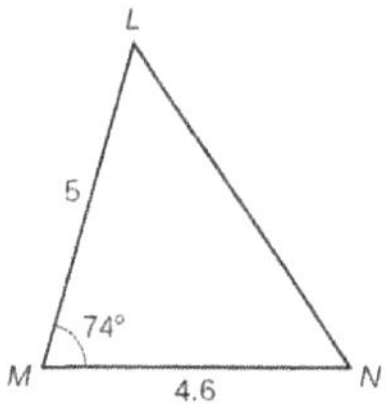

Figura 25

58. En la Figura 26, $ABCD$ no es un paralelogramo $\angle m$ es obtuso. Resuelva ambos triángulos. Redondee cada respuesta a la décima más cercana.

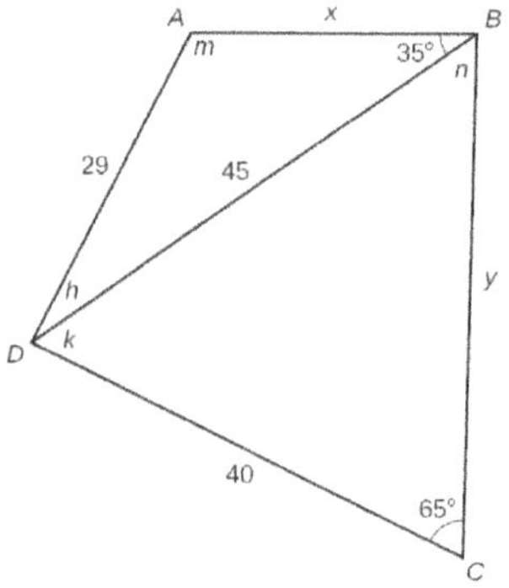

Figura 26

Aplicaciones en el mundo real

59. Un poste se aleja del sol en un ángulo de $7°$ a la vertical, como se muestra en la Figura 27. Cuando la elevación del sol es $55°$, el poste proyecta una sombra de 42 pies de largo en el suelo plano. ¿Qué longitud tiene el poste? Redondee la respuesta a la décima más cercana.

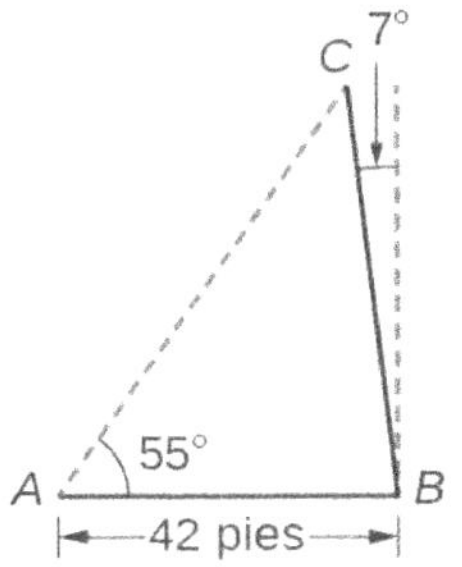

Figura 27

60. Para determinar cuán lejos está un barco de la costa, dos estaciones de radar situadas a 500 pies de distancia determinan los ángulos hacia el barco, como se muestra en la Figura 28. Determine la distancia del barco desde la estación A y la distancia del barco a la costa. Redondee sus respuestas al pie entero más cercano.

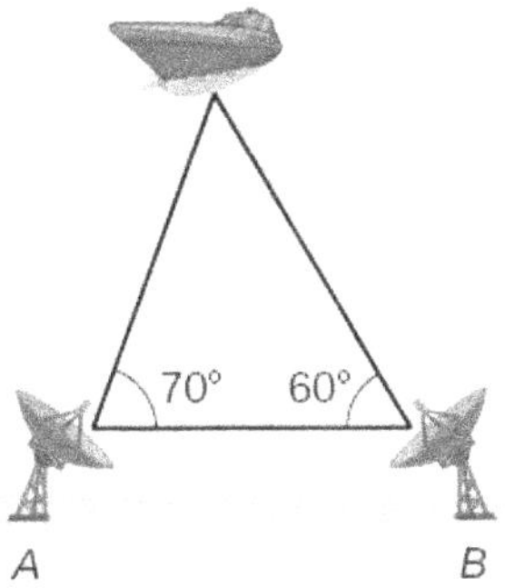

Figura 28

61. La Figura 29 muestra un satélite en órbita alrededor de la Tierra. El satélite pasa directamente sobre dos estaciones rastreadoras A y B, que están a 69 millas de distancia. Cuando el satélite está en un lado de las dos estaciones, los ángulos de elevación en A y B se miden en $83{,}9°$ y $86{,}2°$, respectivamente. ¿A qué distancia está el satélite de la estación A y a qué altura está el satélite sobre el suelo? Redondee las respuestas a la milla entera más cercana.

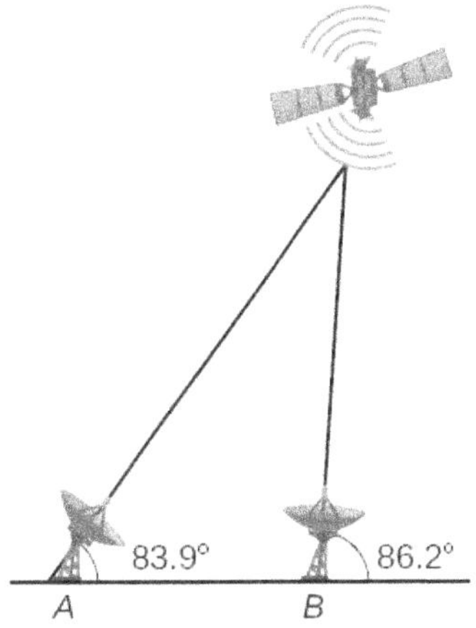

Figura 29

62. Una torre de comunicaciones está situada en la cima de una colina empinada, como se muestra en la Figura 30. El ángulo de inclinación de la colina es $67°$. Se debe fijar un cable de sujeción en la parte superior de la torre y en el suelo, 165 metros cuesta abajo desde la base de la torre. El ángulo formado por el cable de sujeción y la colina es de $16°$. Calcule la longitud del cable necesario para el cable de sujeción con una precisión de un metro.

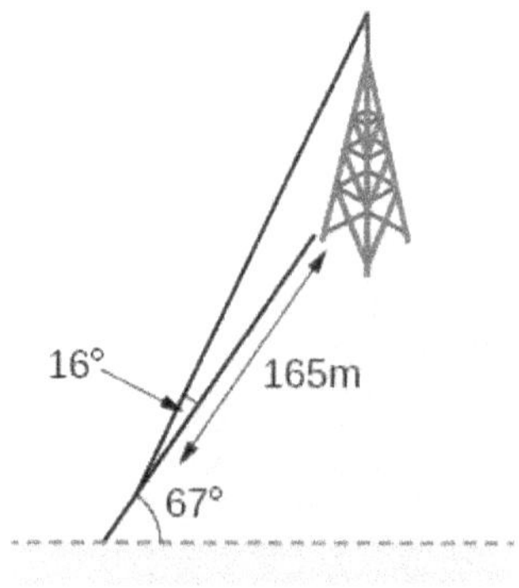

Figura 30

63. El tejado de una casa está a un ángulo de $20°$ Se instalará un panel solar de 8 pies en el tejado y deberá estar en un ángulo de $38°$ respecto a la horizontal para obtener resultados óptimos. (Vea la Figura 31). ¿Qué longitud debe tener el soporte vertical que sostiene la parte trasera del panel? Redondee a la décima más cercana.

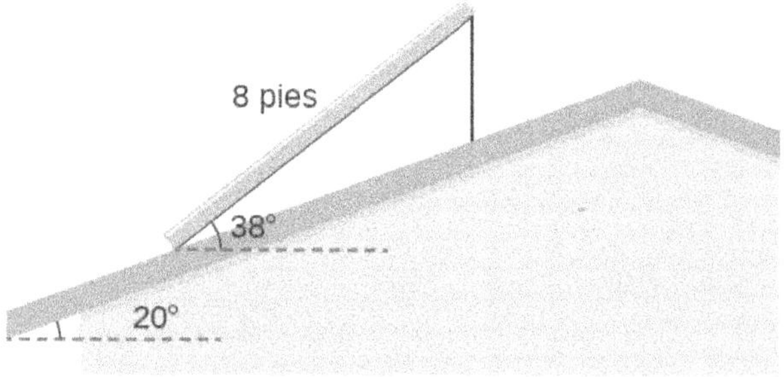

Figura 31

64. Al igual que el ángulo de elevación, el *ángulo de depresión* es el ángulo agudo formado por una línea horizontal y la línea de visión de un observador hacia un objeto situado por debajo de la horizontal. Un piloto vuela sobre una carretera recta. Determine que los ángulos de depresión de dos hitos, separados por 6,6 km, sean de 37° y 44°, como se muestra en la Figura 32. Calcule la distancia del avión al punto A a la décima de kilómetro más cercana.

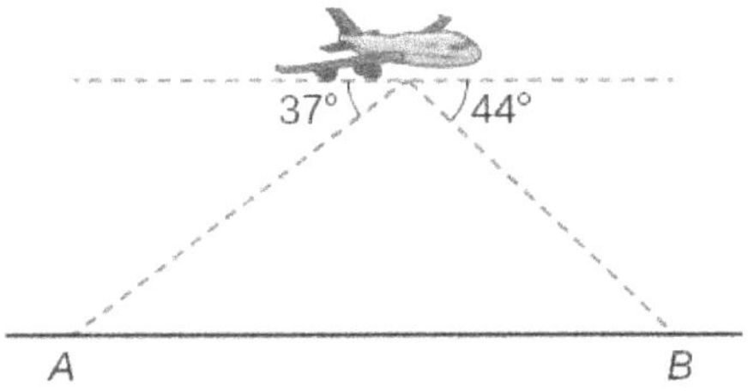

Figura 32

65. Un piloto vuela sobre una carretera recta. Determine que los ángulos de depresión de dos hitos, separados por 4,3 km, son de 32° y 56°, como se muestra en la Figura 33. Calcule la distancia del avión al punto A a la décima de kilómetro más cercana.

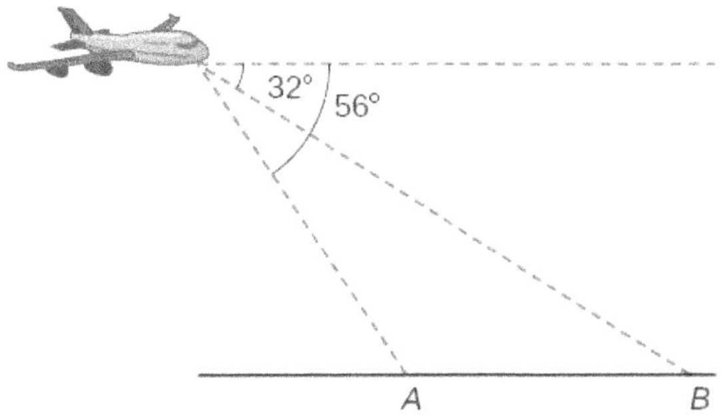

Figura 33

66. Para estimar la altura de un edificio, dos estudiantes se sitúan a cierta distancia del edificio a nivel de la calle. Desde este punto, calculan que el ángulo de elevación desde la calle hasta la parte superior del edificio es de 39°. A continuación, se acercan 300 pies al edificio y descubren que el ángulo de elevación es de 50°. Suponiendo que la calle está nivelada, calcule la altura del edificio con una aproximación de un pie.

67. Para estimar la altura de un edificio, dos estudiantes se sitúan a cierta distancia del edificio a nivel de la calle. Desde este punto, calculan que el ángulo de elevación desde la calle hasta la parte superior del edificio es de 35°. A continuación, se acercan 250 pies al edificio y descubren que el ángulo de elevación es de 53°. Suponiendo que la calle está nivelada, calcule la altura del edificio con una aproximación de un pie.

68. Los puntos A y B están en lados opuestos de un lago. El punto C está a 97 metros de A. La medida del ángulo BAC se determina que es de 101°, mientras que la medida del ángulo ACB se determina que es de 53°. ¿Cuál es la distancia desde A hasta B, redondeada al metro entero más cercano?

69. Un hombre y una mujer de pie $3\frac{1}{2}$ millas de distancia divisan un globo aerostático al mismo tiempo. Si el ángulo de elevación desde el hombre hasta el globo es de 27°, y el ángulo de elevación desde la mujer hasta el globo es de 41°, calcule la altitud del globo al pie más cercano.

70. Dos equipos de búsqueda localizan a un escalador varado en una montaña. El primer equipo de búsqueda está a 0,5 millas del segundo equipo de búsqueda, y ambos están a una altura de 1 milla. El ángulo de elevación desde el primer equipo de búsqueda hasta el escalador varado es de 15°. El ángulo de elevación del segundo equipo de búsqueda al escalador es de 22°. ¿Cuál es la altitud del escalador? Redondee a la décima de milla más cercana.

71. Una farola está montada en un poste. Un hombre de 6 pies de alto está de pie en la calle, a poca distancia del poste, proyectando una sombra. El ángulo de elevación desde la punta de la sombra del hombre hasta la parte superior de su cabeza de 28°. Una mujer de 6 pies de alto se encuentra en la misma calle, en el lado opuesto del poste del hombre. El ángulo de elevación desde la punta de su sombra hasta la parte superior de su cabeza es de 28°. Si el hombre y la mujer están a 20 pies de distancia, ¿a qué distancia está la farola de la punta de la sombra de cada persona? Redondee la distancia a la décima de pie más cercana.

72. Tres ciudades, A, B, y C, están situadas de manera que la ciudad A está al este de la ciudad B. Si la ciudad C se encuentra a 35° al oeste del norte de la ciudad B y está a 100 millas de la ciudad A y 70 millas de la ciudad B, a qué distancia se encuentra la ciudad A de la ciudad B? Redondee la distancia a la décima de milla más cercana.

73. Dos calles se encuentran en un ángulo de 80°. En la esquina se construye un parque en forma de triángulo. Calcule el área del parque si, a lo largo de una calle, el parque mide 180 pies, y a lo largo de la otra calle, el parque mide 215 pies.

74. La casa de Brian está en una esquina. Calcule el área del patio delantero si los bordes miden 40 y 56 pies, como se muestra en la Figura 34.

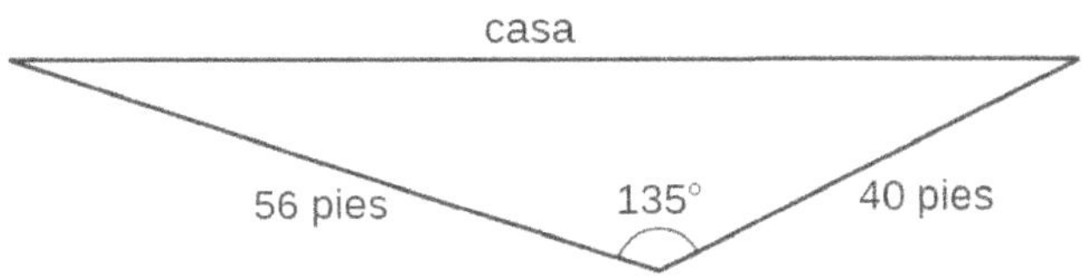

Figura 34

75. El triángulo de las Bermudas es una región del océano Atlántico que conecta las Bermudas, Florida y Puerto Rico. Calcule el área del triángulo de las Bermudas si la distancia de Florida a las Bermudas es de 1.030 millas, la distancia de Puerto Rico a las Bermudas es de 980 millas y el ángulo creado por las dos distancias es de 62°.

76. Un cartel de ceda el paso mide 30 pulgadas en los tres lados. ¿Cuál es el área del cartel?

77. Naomi compró una mesa de comedor cuyo tablero tiene forma triangular. Calcule el área del tablero de la mesa si dos de los lados miden 4 pies y 4,5 pies, y los ángulos menores miden 32° y 42°, como se muestra en la Figura 35.

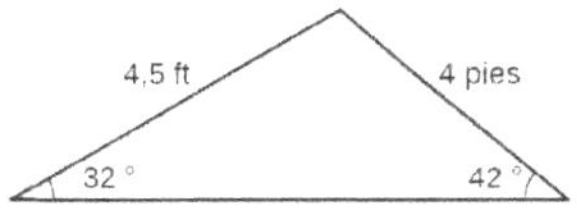

Figura 35

8.2 Triángulos no rectángulos: ley de cosenos

Objetivos de aprendizaje

En esta sección, podrá:

- Utilizar la ley de cosenos para resolver triángulos oblicuos.
- Resolver problemas aplicados con la ley de cosenos.
- Utilizar la fórmula de Herón para calcular el área de un triángulo.

Supongamos que un barco zarpa del puerto, recorre 10 millas, gira 20 grados y recorre otras 8 millas como se muestra en la Figura 1. ¿A qué distancia del puerto está el barco?

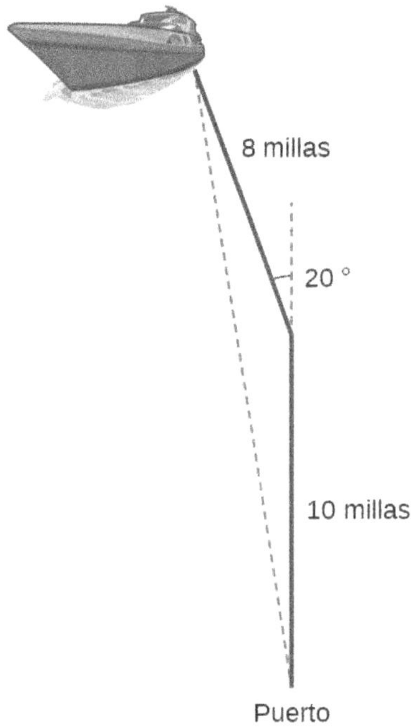

Figura 1

Por desgracia, aunque la ley de senos nos permite abordar muchos casos de triángulos no rectángulos, no nos ayuda con los triángulos en los que el ángulo conocido está entre dos lados conocidos, triángulo LAL (lado-ángulo-lado), o cuando se conocen los tres lados, pero no se conocen los ángulos, triángulo LLL (lado-lado-lado). En esta sección, investigaremos otra herramienta para resolver los triángulos oblicuos descritos en los dos últimos casos.

Usar la ley de cosenos para resolver triángulos oblicuos

La herramienta que necesitamos para resolver el problema de la distancia del barco al puerto es la **ley de cosenos**, que define la relación entre las medidas de los ángulos y las longitudes laterales en los triángulos oblicuos. Tres fórmulas componen la ley de cosenos. A primera vista, las fórmulas pueden parecer complicadas porque incluyen muchas variables. Sin embargo, una vez que se entiende el patrón, es más fácil trabajar con la ley de cosenos que con la mayoría de las fórmulas a este nivel matemático.

Vale la pena entender cómo se deriva la ley de cosenos en la utilización de las fórmulas. La derivación comienza con el **teorema generalizado de Pitágoras**, que es una extensión del teorema de Pitágoras a los triángulos no rectángulos. Así es como funciona: Un triángulo arbitrario no rectángulo ABC se sitúa en el plano de coordenadas con el vértice A en el origen, el lado c dibujado a lo largo del eje x, y el vértice C situado en algún punto (x, y) en el plano, como se ilustra en la Figura 2. Generalmente, los triángulos existen en cualquier parte del plano; sin embargo, para esta explicación, colocaremos el triángulo como se indica.

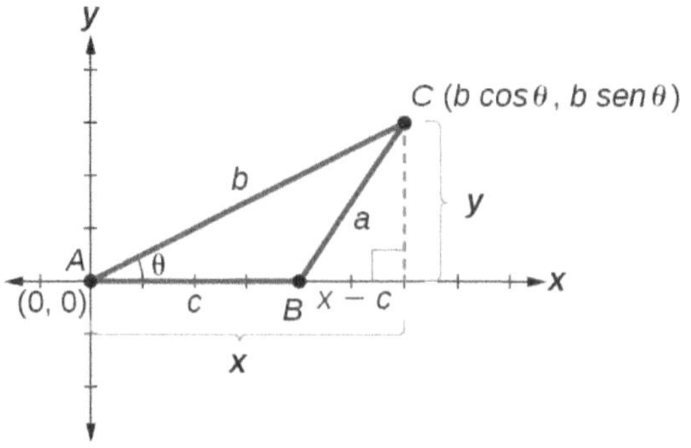

Figura 2

Podemos dejar caer una perpendicular desde C al eje x (esta es la altitud o altura). Tras un repaso de las identidades trigonométricas básicas, sabemos que

$$\cos\ \theta = \frac{x(\text{adyacente})}{b(\text{hipotenusa})} \text{ y } \text{sen}\ \theta = \frac{y(\text{opuesto})}{b(\text{hipotenusa})}$$

En términos de θ, $x = b\cos\ \theta$ y $y = b\,\text{sen}\ \theta$. El punto (x, y) situado en C tiene coordenadas $(b\cos\ \theta, b\,\text{sen}\ \theta)$. Al utilizar el lado $(x - c)$ como cateto de un triángulo rectángulo, además de y como el segundo cateto, podemos determinar la longitud de la hipotenusa a con el teorema de Pitágoras. Por lo tanto,

$$\begin{aligned}
a^2 &= (x-c)^2 + y^2 \\
&= (b\cos\ \theta - c)^2 + (b\,\text{sen}\ \theta)^2 && \text{Sustituya } (b\cos\ \theta) \text{ para } x \text{ y } (b\,\text{sen}\ \theta) \text{ para } y. \\
&= \left(b^2\cos^2\theta - 2bc\cos\ \theta + c^2\right) + b^2\text{sen}^2\theta && \text{Expanda el cuadrado perfecto.} \\
&= b^2\cos^2\theta + b^2\text{sen}^2\theta + c^2 - 2bc\cos\ \theta && \text{Agrupe los términos al destacar que } \cos^2\theta + \text{sen}^2\theta = 1. \\
&= b^2\left(\cos^2\theta + \text{sen}^2\theta\right) + c^2 - 2bc\cos\ \theta && \text{Factorice } b^2. \\
a^2 &= b^2 + c^2 - 2bc\cos\ \theta
\end{aligned}$$

La fórmula derivada es una de las tres ecuaciones de la ley de cosenos. Las demás ecuaciones se determinan de forma similar.

Tenga en cuenta que siempre es útil dibujar el triángulo al resolver los ángulos o los lados. En una situación del mundo real, intente dibujar un diagrama de la situación. A medida que surja más información, quizás haya que modificar el diagrama. Haga esas modificaciones en el diagrama y, al final, será más fácil resolver el problema.

Ley de cosenos

La **ley de cosenos** establece que el cuadrado de cualquier lado de un triángulo es igual a la suma de los cuadrados de los otros dos lados menos el doble del producto de los otros dos lados y el coseno del ángulo incluido. En los triángulos etiquetados como en la Figura 3, con ángulos α, β, y γ, y los lados opuestos correspondientes a, b, y c, respectivamente, la ley de cosenos se da en tres ecuaciones.

$$\begin{aligned}
a^2 &= b^2 + c^2 - 2bc\ \ \cos\ \alpha \\
b^2 &= a^2 + c^2 - 2ac\ \ \cos\ \beta \\
c^2 &= a^2 + b^2 - 2ab\ \ \cos\ \gamma
\end{aligned}$$

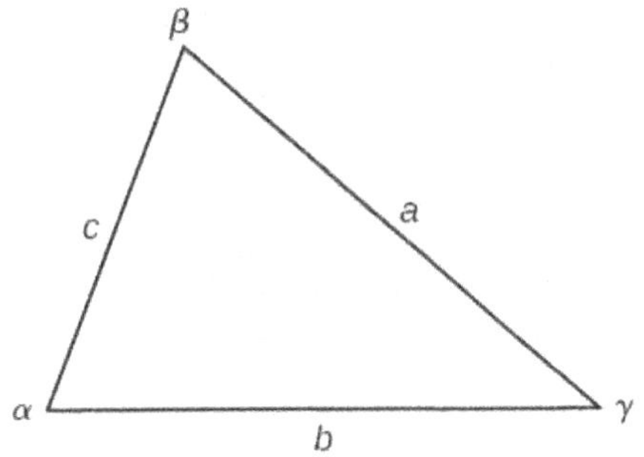

Figura 3

Para resolver la medida que falta de un lado, se necesita la medida correspondiente del ángulo opuesto.

Al momento de resolver un ángulo, se necesita la medida correspondiente del lado opuesto. Podemos utilizar otra versión de la ley de cosenos para resolver un ángulo.

$$\begin{aligned}
\cos\ \alpha &= \frac{b^2+c^2-a^2}{2bc} \\
\cos\ \beta &= \frac{a^2+c^2-b^2}{2ac} \\
\cos\ \gamma &= \frac{a^2+b^2-c^2}{2ab}
\end{aligned}$$

CÓMO

Dados dos lados y el ángulo entre ellos (LAL), hallar las medidas del lado y los ángulos restantes de un triángulo.

1. Dibuje el triángulo. Identifique las medidas de los lados y ángulos conocidos. Utilice las variables para representar las medidas de los lados y ángulos desconocidos.
2. Aplique la ley de cosenos para medir la longitud del lado o ángulo desconocido.
3. Aplique la ley de senos o cosenos para hallar la medida de un segundo ángulo.
4. Calcule la medida del ángulo restante.

EJEMPLO 1

Hallar el lado y los ángulos desconocidos de un triángulo LAL

Halle el lado y los ángulos desconocidos del triángulo en la Figura 4.

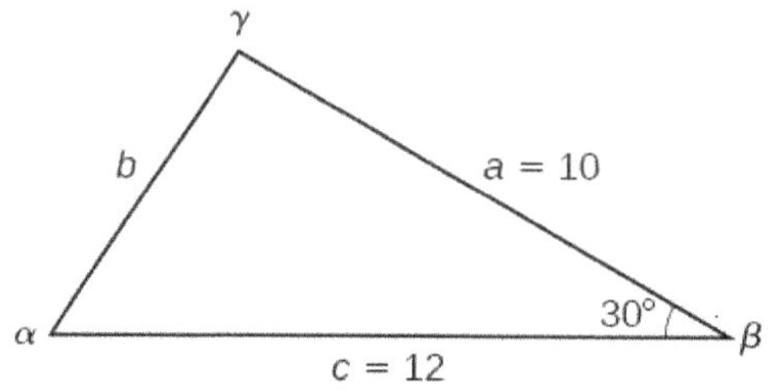

Figura 4

Solución

En primer lugar, tome nota de lo que se da: dos lados y el ángulo entre ellos. Esta disposición se clasifica como LAL y suministra los datos necesarios para aplicar la ley de cosenos.

Cada una de las tres leyes de los cosenos comienza con el cuadrado de un lado desconocido opuesto a un ángulo conocido. Para este ejemplo, el primer lado por resolver es el lado b, ya que conocemos la medida del ángulo opuesto β.

$$b^2 = a^2 + c^2 - 2ac\cos\ \beta$$

$$b^2 = 10^2 + 12^2 - 2(10)(12)\cos(30°) \qquad \text{Sustituya las medidas por las cantidades conocidas.}$$

$$b^2 = 100 + 144 - 240\left(\frac{\sqrt{3}}{2}\right) \qquad \text{Evalúe el coseno y empiece a simplificar.}$$

$$b^2 = 244 - 120\sqrt{3}$$

$$b = \sqrt{244 - 120\sqrt{3}} \qquad \text{Utilice la propiedad de la raíz cuadrada.}$$

$$b \approx 6{,}013$$

Ya que estamos resolviendo una longitud, utilizamos solo la raíz cuadrada positiva. Ahora que sabemos la longitud b, podemos utilizar la ley de senos para completar los ángulos restantes del triángulo. Al resolver el ángulo α, tenemos

$$\frac{\text{sen}\ \alpha}{a} = \frac{\text{sen}\ \beta}{b}$$

$$\frac{\text{sen}\ \alpha}{10} = \frac{\text{sen}(30°)}{6{,}013}$$

$$\text{sen}\ \alpha = \frac{10\,\text{sen}(30°)}{6{,}013} \qquad \text{Multiplique ambos lados de la ecuación por 10.}$$

$$\alpha = \text{sen}^{-1}\left(\frac{10\,\text{sen}(30°)}{6{,}013}\right) \qquad \text{Halle el seno inverso de } \frac{10\,\text{sen}(30°)}{6{,}013}.$$

$$\alpha \approx 56{,}3°$$

La otra posibilidad para α sería $\alpha = 180° - 56{,}3° \approx 123{,}7°$. En el diagrama original, α es adyacente al lado más largo, por lo que α es un ángulo agudo y, por lo tanto, $123{,}7°$ no tiene sentido. Observe que si optamos por aplicar la ley de cosenos, llegamos a una respuesta única. No tenemos que considerar las otras posibilidades, ya que el coseno es único para ángulos entre 0° y 180°. Al proceder con $\alpha \approx 56{,}3°$, podemos entonces hallar el tercer ángulo del triángulo.

$$\gamma = 180° - 30° - 56{,}3° \approx 93{,}7°$$

El conjunto completo de ángulos y lados es

$$\begin{array}{ll} \alpha \approx 56{,}3° & a = 10 \\ \beta = 30° & b \approx 6{,}013 \\ \gamma \approx 93{,}7° & c = 12 \end{array}$$

> **INTÉNTELO** #1 Halle el lado y los ángulos que faltan en el triángulo dado: $\alpha = 30°$, $b = 12$, $c = 24$.

EJEMPLO 2

Resolver un ángulo de un triángulo LLL

Halle el ángulo α para el triángulo dado si el lado $a = 20$, el lado $b = 25$, y el lado $c = 18$.

Solución

Para este ejemplo no tenemos ángulos. Podemos resolver cualquier ángulo con la ley de cosenos. Para resolver el ángulo α, tenemos

$$\begin{array}{rll} a^2 &= b^2 + c^2 - 2bc\cos\alpha & \\ 20^2 &= 25^2 + 18^2 - 2(25)(18)\cos\alpha & \text{Sustituya las medidas pertinentes.} \\ 400 &= 625 + 324 - 900\cos\alpha & \text{Simplifique en cada paso.} \\ 400 &= 949 - 900\cos\alpha & \\ -549 &= -900\cos\alpha & \text{Aísle el coseno } \alpha. \\ \frac{-549}{-900} &= \cos\alpha & \\ 0{,}61 &\approx \cos\alpha & \\ \cos^{-1}(0{,}61) &\approx \alpha & \text{Halle el coseno inverso.} \\ \alpha &\approx 52{,}4° & \end{array}$$

Vea el Figura 5.

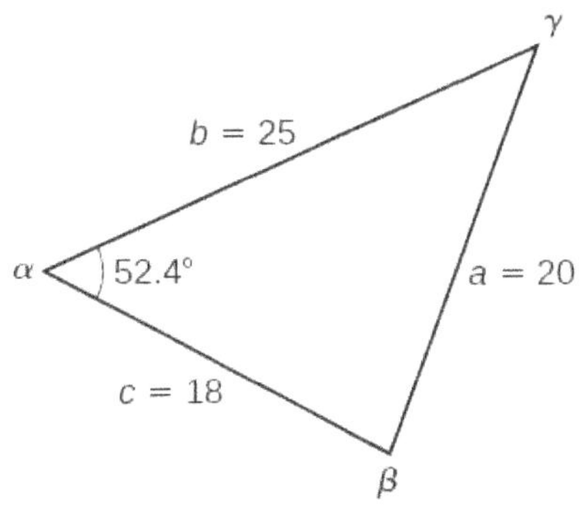

Figura 5

Análisis

Dado que el coseno inverso puede arrojar cualquier ángulo entre 0 y 180 grados, no habrá ninguna ambigüedad con este método.

> **INTÉNTELO** #2 Dados $a = 5$, $b = 7$, y $c = 10$, halle los ángulos que faltan.

Resolver problemas aplicados mediante la ley de cosenos

Así como la ley de senos proporcionó las ecuaciones apropiadas para resolver una serie de aplicaciones, la ley de cosenos se aplica a las situaciones en las que los datos dados se ajustan a los modelos del coseno. Podemos verlos en los campos de la navegación, la agrimensura, la astronomía y la geometría, por nombrar tan solo algunos.

EJEMPLO 3

Usar la ley de cosenos para resolver un problema de comunicaciones

En muchos teléfonos móviles con GPS, se puede dar una ubicación aproximada antes de recibir la señal GPS. Esto se consigue mediante un proceso llamado triangulación, que funciona utilizando las distancias de dos puntos conocidos. Supongamos que hay dos torres de telefonía móvil dentro del rango de un teléfono móvil. Las dos torres están situadas a 6.000 pies de distancia a lo largo de una autopista recta, que va de este a oeste, y el teléfono móvil está al norte de la autopista. Basándose en el retardo de la señal, se puede determinar que la señal está a 5.050 pies de la primera torre y a 2.420 pies de la segunda torre. Determine la posición del teléfono móvil al norte y al este de la primera torre, y ubique a qué distancia se encuentra de la autopista.

Solución

Para simplificar, empezamos por dibujar un diagrama similar al de la Figura 6 y etiquetar nuestra información dada.

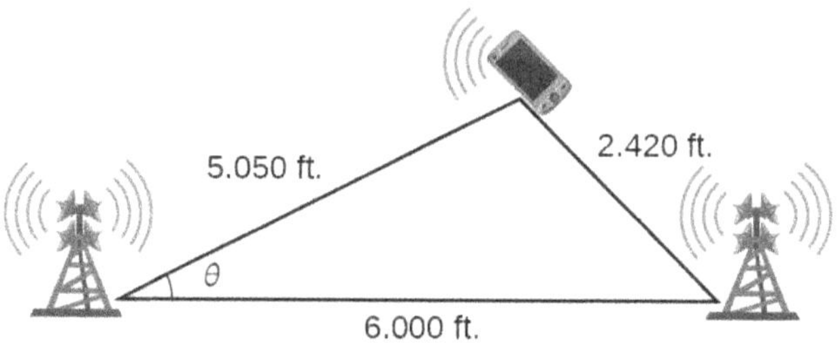

Figura 6

Utilizando la ley de cosenos, podemos resolver el ángulo θ. Recuerde que en la ley de cosenos se utiliza el cuadrado de un lado para hallar el coseno del ángulo opuesto. Para este ejemplo, supongamos que $a = 2.420$, $b = 5.050$, y $c = 6.000$. Por lo tanto, θ corresponde al lado opuesto $a = 2.420$.

$$\begin{aligned}
a^2 &= b^2 + c^2 - 2bc\ \cos\theta \\
(2,420)^2 &= (5.050)^2 + (6.000)^2 - 2(5.050)(6.000)\ \cos\theta \\
(2.420)^2 - (5.050)^2 - (6,000)^2 &= -2(5.050)(6.000)\ \cos\theta \\
\frac{(2.420)^2 - (5.050)^2 - (6.000)^2}{-2(5.050)(6.000)} &= \cos\theta \\
\cos\theta &\approx 0{,}9183 \\
\theta &\approx \cos^{-1}(0{,}9183) \\
\theta &\approx 23{,}3^\circ
\end{aligned}$$

Para responder las preguntas acerca de la posición del teléfono al norte y al este de la torre, y la distancia a la autopista, deje caer una perpendicular desde la posición del teléfono móvil, como en la Figura 7. Esto forma dos triángulos rectángulos, aunque para este problema solo necesitamos el triángulo rectángulo que incluye la primera torre.

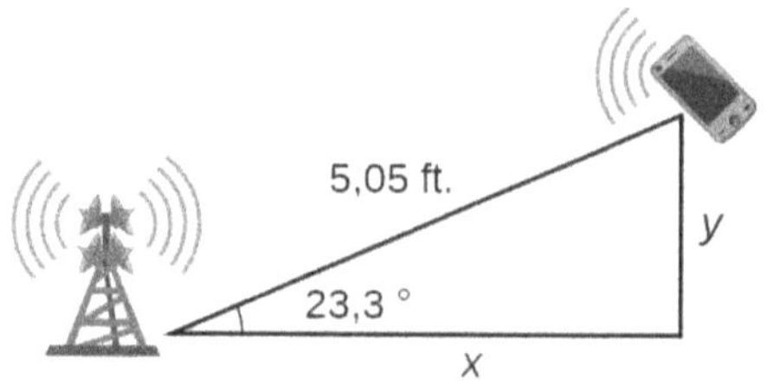

Figura 7

Con el ángulo $\theta = 23{,}3^\circ$ y las identidades trigonométricas básicas, podemos hallar las soluciones. Así,

$$\cos(23{,}3°) = \frac{x}{5.050}$$
$$x = 5.050\cos(23{,}3°)$$
$$x \approx 4.638{,}15 \text{ pies}$$
$$\operatorname{sen}(23{,}3°) = \frac{y}{5.050}$$
$$y = 5.050\operatorname{sen}(23{,}3°)$$
$$y \approx 1.997{,}5 \text{ pies}$$

El teléfono celular se encuentra aproximadamente a 4.638 pies al este, a 1.998 pies al norte de la primera torre, y a 1.998 pies de la autopista.

EJEMPLO 4

Calcular la distancia recorrida mediante un triángulo LAL

Volviendo a nuestro problema al principio de esta sección, supongamos que un barco zarpa del puerto, recorre 10 millas, gira 20 grados y recorre otras 8 millas. ¿A qué distancia del puerto está el barco? El diagrama se repite aquí en la Figura 8.

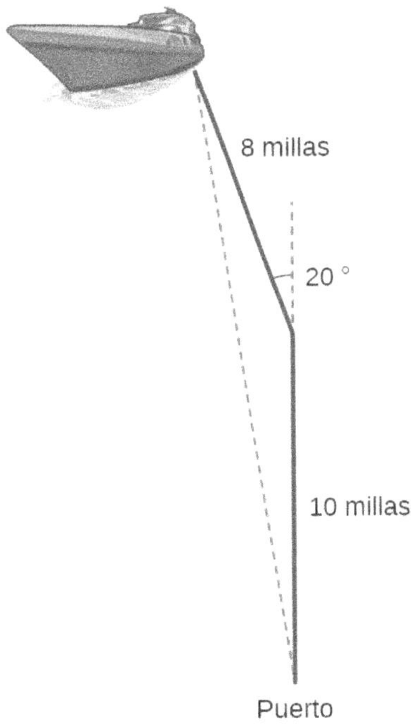

Figura 8

Solución

El barco viró 20 grados, por lo que el ángulo obtuso del triángulo no rectángulo es el ángulo complementario, $180° - 20° = 160°$. Con esto, podemos utilizar la ley de cosenos para hallar el lado que falta en el triángulo obtuso: la distancia del barco al puerto.

$$x^2 = 8^2 + 10^2 - 2(8)(10)\cos(160°)$$
$$x^2 = 314{,}35$$
$$x = \sqrt{314{,}35}$$
$$x \approx 17{,}7 \text{ millas}$$

El barco está a unas 17,7 millas del puerto.

Usar la fórmula de Herón para calcular el área de un triángulo

Ya hemos aprendido a calcular el área de un triángulo oblicuo cuando conocemos dos lados y un ángulo. También conocemos la fórmula para hallar el área de un triángulo mediante la base y la altura. Sin embargo, cuando conocemos los tres lados, podemos utilizar la fórmula de Herón en lugar de calcular la altura. Herón de Alejandría fue un geómetra que vivió durante el siglo I d.C. Descubrió una fórmula para hallar el área de triángulos oblicuos cuando se conocen tres lados.

Fórmula de Herón

La fórmula de Herón sirve para determinar el área de los triángulos oblicuos cuyos lados $a, b,$ y c son conocidas.

$$\text{Área} = \sqrt{s(s-a)(s-b)(s-c)}$$

donde $s = \frac{(a+b+c)}{2}$ es la mitad del perímetro del triángulo, a veces llamado semiperímetro.

EJEMPLO 5

Usar la fórmula de Herón para calcular el área de un triángulo dado

Calcule el área del triángulo en la Figura 9 con la fórmula de Herón.

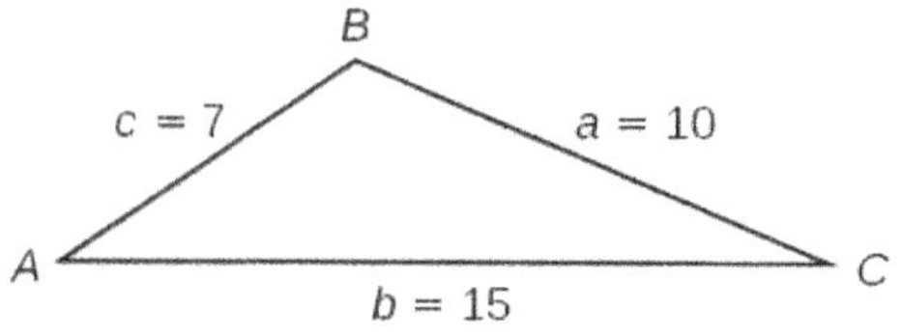

Figura 9

Solución

En primer lugar, calculamos s.

$$s = \frac{(a+b+c)}{2}$$
$$s = \frac{(10+15+7)}{2} = 16$$

Entonces aplicamos la fórmula.

$$\text{Área} = \sqrt{s(s-a)(s-b)(s-c)}$$
$$\text{Área} = \sqrt{16(16-10)(16-15)(16-7)}$$
$$\text{Área} \approx 29{,}4$$

El área es de aproximadamente 29,4 unidades cuadradas.

INTÉNTELO #3 Utilice la fórmula de Herón para calcular el área de un triángulo con lados de longitudes $a = 29{,}7$ pies, $b = 42{,}3$ pies, y $c = 38{,}4$ pies.

EJEMPLO 6

Aplicar la fórmula de Herón a un problema del mundo real

Un promotor de la ciudad de Chicago quiere construir un edificio de estudios para artistas en un solar triangular delimitado por Rush Street, Wabash Avenue y Pearson Street. La fachada a lo largo de la calle Rush es de aproximadamente 62,4 metros, a lo largo de la avenida Wabash es de aproximadamente 43,5 metros, y a lo largo de la calle Pearson es de aproximadamente 34,1 metros. ¿De cuántos metros cuadrados dispone el promotor? Vea la Figura 10 para una vista de la propiedad de la ciudad.

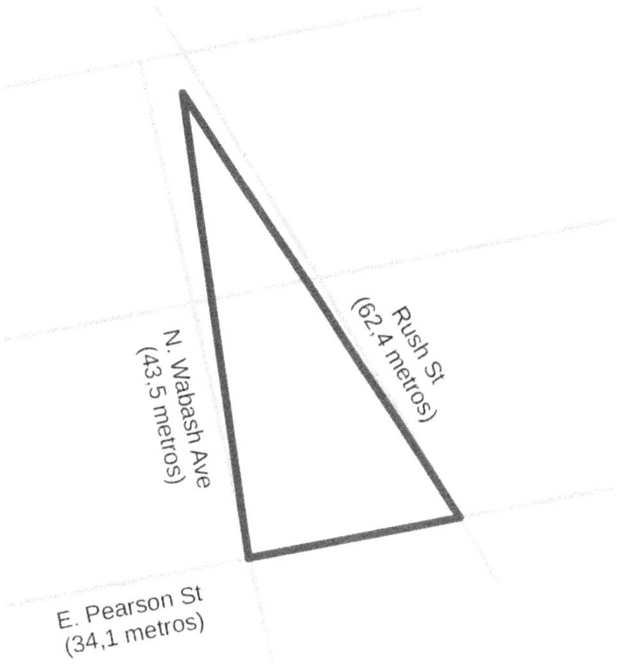

Figura 10

Solución

Halle la medida para s, que es la mitad del perímetro.

$$s = \frac{(62,4+43,5+34,1)}{2}$$
$$s = 70 \text{ m}$$

Aplique la fórmula de Herón.

$$\text{Área} = \sqrt{70(70-62,4)(70-43,5)(70-34,1)}$$
$$\text{Área} = \sqrt{506.118,2}$$
$$\text{Área} \approx 711,4$$

El promotor tiene unos 711,4 metros cuadrados.

INTÉNTELO #4 Calcule el área de un triángulo dado $a = 4,38$ pies , $b = 3,79$ pies, y $c = 5,22$ pies.

MEDIA

Acceda a estos recursos en línea para obtener más información y practicar con la ley de cosenos.

Ley de cosenos (http://openstax.org/l/lawcosines)
Ley de cosenos: Aplicaciones (http://openstax.org/l/cosineapp)
Ley de cosenos: Aplicaciones 2 (http://openstax.org/l/cosineapp2)

8.2 EJERCICIOS DE SECCIÓN

Verbales

1. Si busca un lado que falta en un triángulo, ¿qué necesita saber al momento de utilizar la ley de cosenos?

2. Si busca un ángulo que falta en un triángulo, ¿qué necesita saber al momento de utilizar la ley de cosenos?

3. Explique qué representa s en la fórmula de Herón.

4. Explique la relación entre el teorema de Pitágoras y la ley de cosenos.

5. ¿Cuándo hay que utilizar la ley de cosenos en lugar del teorema de Pitágoras?

Algebraicos

En los siguientes ejercicios, supongamos que α es el lado opuesto a, β es el lado opuesto b, y γ es el lado opuesto c. Si es posible, resuelva cada triángulo para el lado desconocido. Redondee a la décima más cercana.

6. $\gamma = 41{,}2°, a = 2{,}49, b = 3{,}13$

7. $\alpha = 120°, b = 6, c = 7$

8. $\beta = 58{,}7°, a = 10{,}6, c = 15{,}7$

9. $\gamma = 115°, a = 18, b = 23$

10. $\alpha = 119°, a = 26, b = 14$

11. $\gamma = 113°, b = 10, c = 32$

12. $\beta = 67°, a = 49, b = 38$

13. $\alpha = 43{,}1°, a = 184{,}2, b = 242{,}8$

14. $\alpha = 36{,}6°, a = 186{,}2, b = 242{,}2$

15. $\beta = 50°, a = 105, b = 45$

En los siguientes ejercicios, utilice la ley de cosenos para resolver el ángulo que falta en el triángulo oblicuo. Redondee a la décima más cercana.

16. $a = 42, b = 19, c = 30;$ halle el ángulo A.

17. $a = 14,\ \ b = 13,\ \ c = 20;$ halle el ángulo C.

18. $a = 16, b = 31, c = 20;$ halle el ángulo B.

19. $a = 13,\ \ b = 22,\ \ c = 28;$ halle el ángulo A.

20. $a = 108,\ \ b = 132,\ \ c = 160;$ halle el ángulo C.

En los siguientes ejercicios, resuelva el triángulo. Redondee a la décima más cercana.

21. $A = 35°, b = 8, c = 11$

22. $B = 88°, a = 4{,}4, c = 5{,}2$

23. $C = 121°, a = 21, b = 37$

24. $a = 13, b = 11, c = 15$

25. $a = 3{,}1, b = 3{,}5, c = 5$

26. $a = 51, b = 25, c = 29$

En los siguientes ejercicios, utilice la fórmula de Herón para calcular el área del triángulo. Redondee a la centésima más cercana.

27. Calcule el área de un triángulo cuyos lados miden 18 pulgadas, 21 pulgadas y 32 pulgadas. Redondee a la décima más cercana.

28. Calcule el área de un triángulo cuyos lados miden 20 cm, 26 cm y 37 cm. Redondee a la décima más cercana.

29. $a = \frac{1}{2}\text{ m}, b = \frac{1}{3}\text{ m}, c = \frac{1}{4}\text{ m}$

30. $a = 12{,}4\text{ pies},\ \ b = 13{,}7\text{ pies},\ \ c = 20{,}2\text{ pies}$

31. $a = 1{,}6\text{ yardas},\ \ b = 2{,}6\text{ yardas},\ \ c = 4{,}1\text{ yardas}$

Gráficos

En los siguientes ejercicios, calcule la longitud del lado x. Redondee a la décima más cercana.

32.

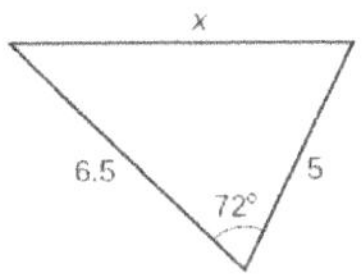

33.

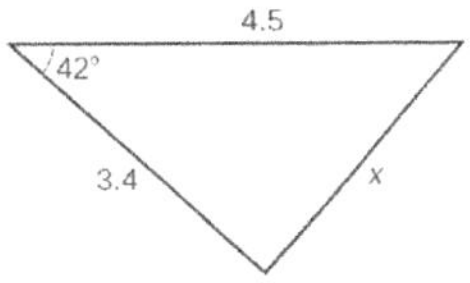

34.

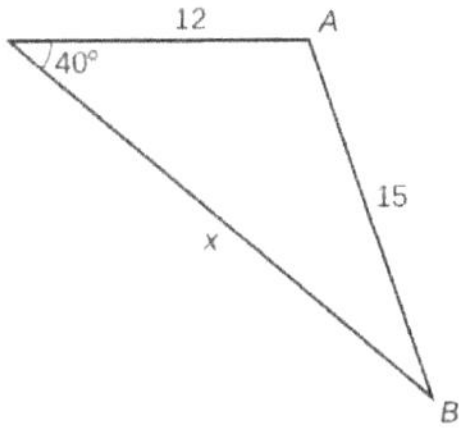

35.

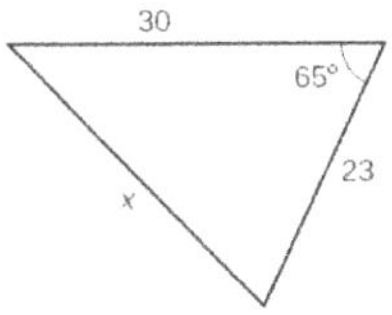

36.

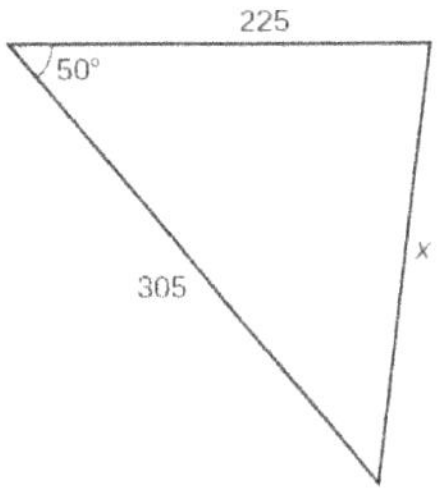

37.

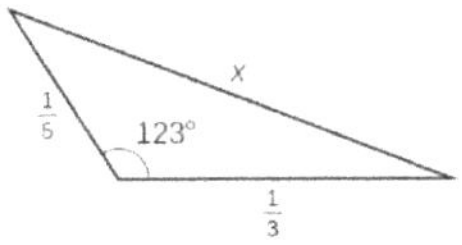

En los siguientes ejercicios, halle la medida del ángulo A.

38.

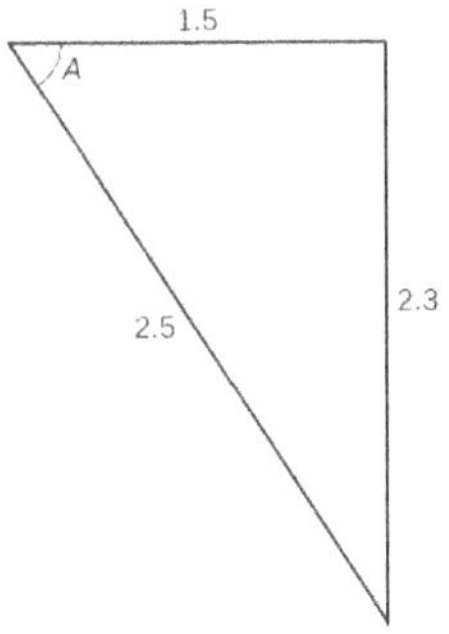

39.

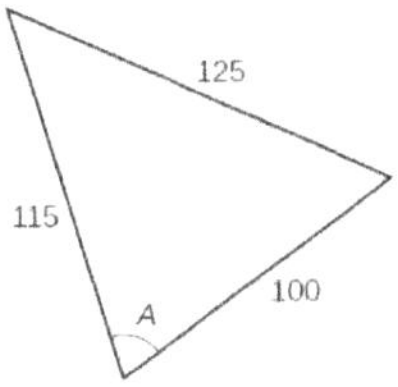

40.

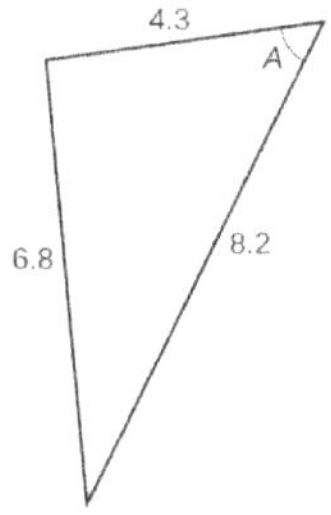

41.

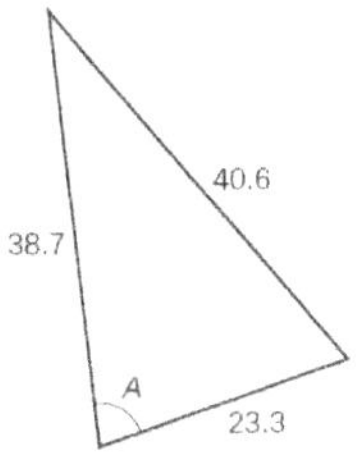

42. Calcule la medida de cada ángulo en el triángulo que se indica en la Figura 11. Redondee a la décima más cercana.

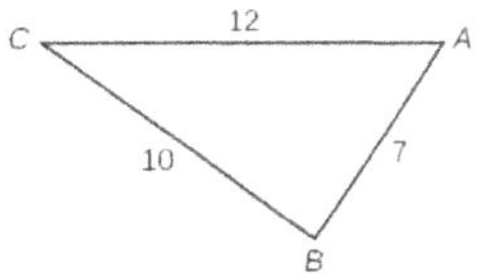

Figura 11

En los siguientes ejercicios, resuelva el lado desconocido. Redondee a la décima más cercana.

43.

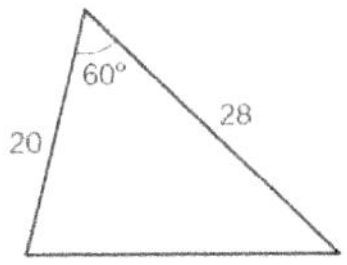

44.

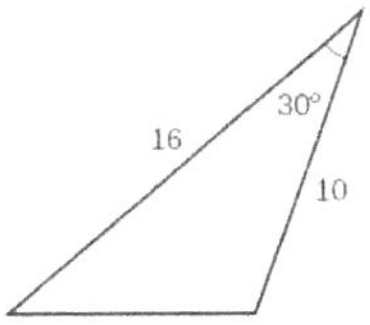

45.

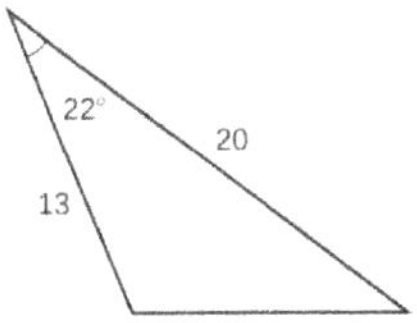

46.

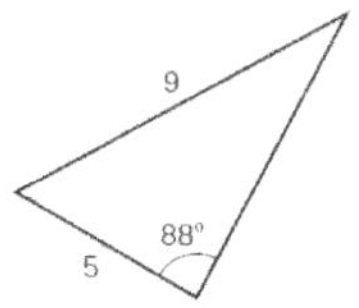

En los siguientes ejercicios, calcule el área del triángulo. Redondee a la centésima más cercana.

47.

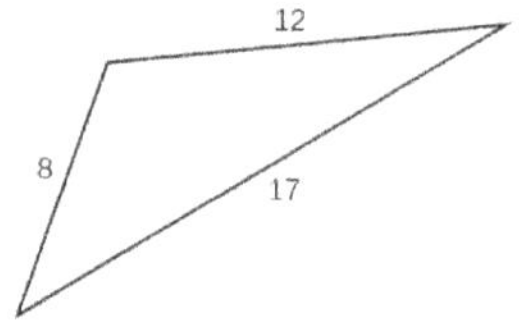

48.

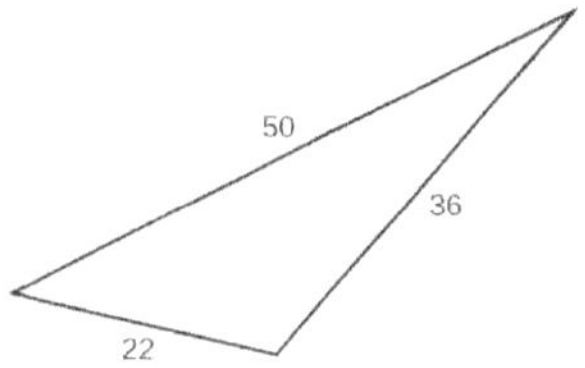

49.

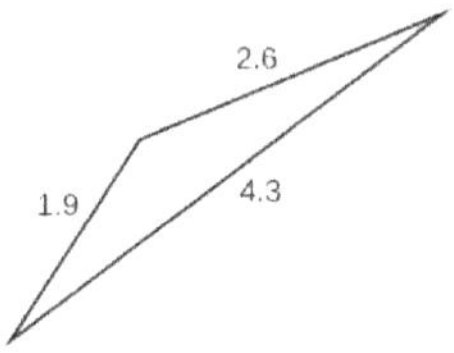

50.

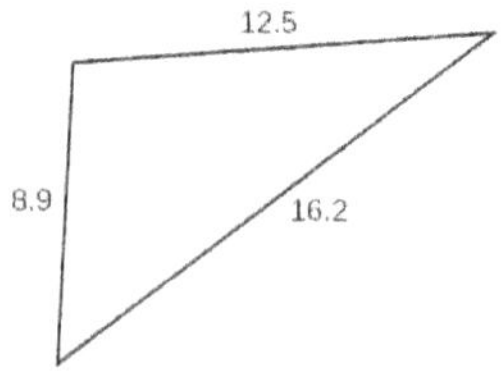

51.

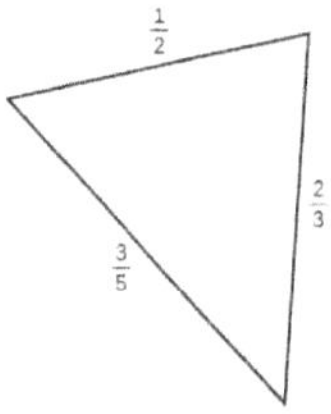

Extensiones

52. Un paralelogramo tiene lados de longitud 16 unidades y 10 unidades. La diagonal más corta es de 12 unidades. Calcule la medida de la diagonal más larga.

53. Los lados de un paralelogramo son 11 pies y 17 pies. La diagonal más larga es de 22 pies. Calcule la longitud de la diagonal más corta.

54. Los lados de un paralelogramo miden 28 centímetros y 40 centímetros. La medida del ángulo mayor es 100°. Calcule la longitud de la diagonal más corta.

55. Un octógono regular está inscrito en un círculo con un radio de 8 pulgadas. (Vea la Figura 12). Halle el perímetro del octógono.

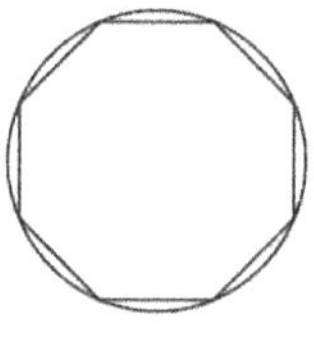

Figura 12

56. Un pentágono regular está inscrito en un círculo de radio de 12 cm. (Vea la Figura 13). Halle el perímetro del pentágono. Redondee a la décima de centímetro más cercana.

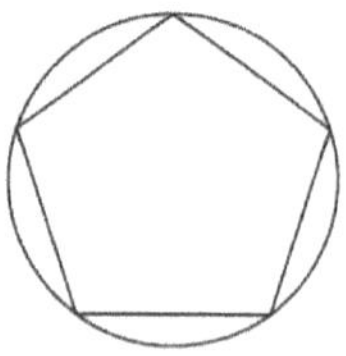

Figura 13

En los siguientes ejercicios, supongamos que $x^2 = 25 + 36 - 60\cos(52)$ *representa la relación de tres lados de un triángulo y el coseno de un ángulo.*

57. Dibuje el triángulo.

58. Mida la longitud del tercer lado.

En los siguientes ejercicios, calcule el área del triángulo.

59.

60.

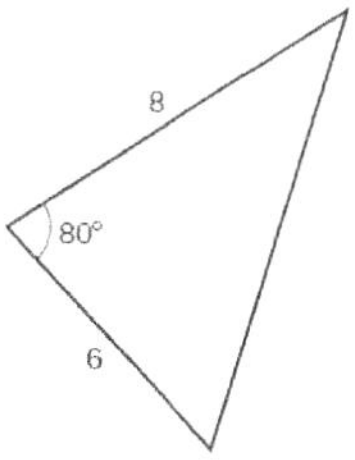

61.

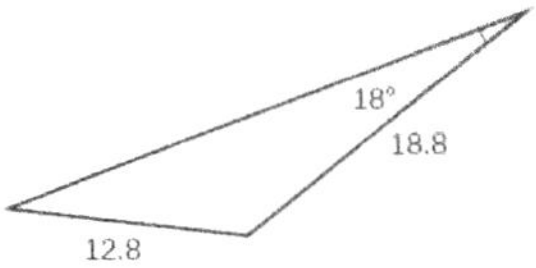

Aplicaciones en el mundo real

62. Un topógrafo ha tomado las medidas indicadas en la Figura 14. Mida la distancia a través del lago. Redondee las respuestas a la décima más cercana.

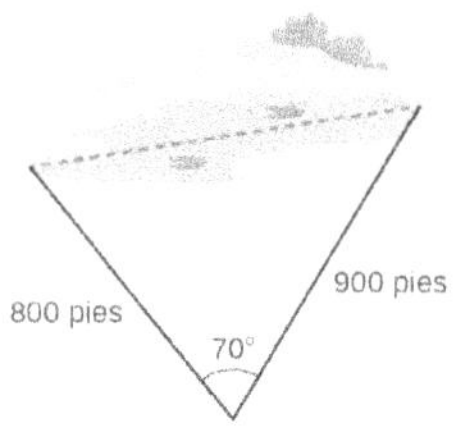

Figura 14

63. Un satélite calcula las distancias y el ángulo que se muestran en la Figura 15 (no a escala). Calcule la distancia entre las dos ciudades. Redondee las respuestas a la décima más cercana.

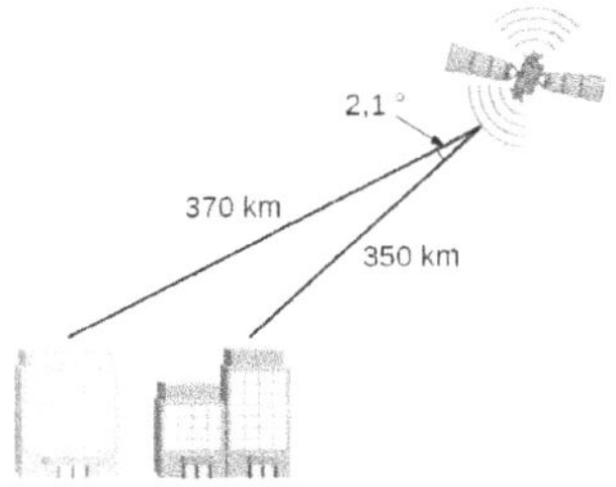

Figura 15

64. Un avión vuela 220 millas con un rumbo de 40°, y luego vuela 180 millas con un rumbo de 170°. ¿A qué distancia está el avión de su punto de partida y con qué rumbo? Redondee las respuestas a la décima más cercana.

65. Una torre de 113 pies está situada en una colina con una inclinación de 34° respecto a la horizontal, como se muestra en la Figura 16. Se fijará un cable de sujeción en la parte superior de la torre y se anclará en un punto situado a 98 pies de la base de la torre. Halle la longitud del cable necesario.

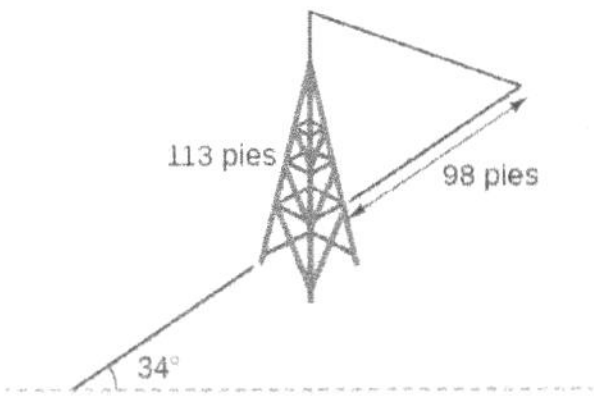

Figura 16

66. Dos barcos zarpan del puerto al mismo tiempo. Un barco viaja a una velocidad de 18 millas por hora con un rumbo de 320°. El otro barco viaja a una velocidad de 22 millas por hora con un rumbo de 194°. Calcule la distancia entre los dos barcos después de 10 horas de viaje.

67. El gráfico en la Figura 17 representa dos barcos que zarpan al mismo tiempo del mismo muelle. El primer barco viaja a 18 millas por hora con un rumbo de 327° y el segundo barco viaja a 4 millas por hora con un rumbo de 60°. Calcule la distancia entre los dos barcos después de 2 horas.

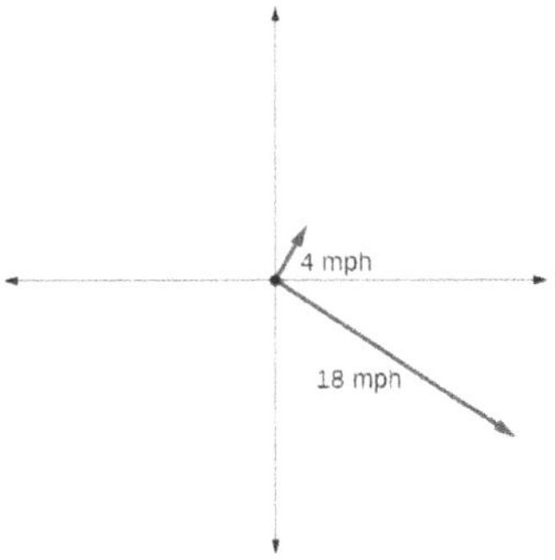

Figura 17

68. Una piscina triangular mide 40 pies por un lado y 65 pies por el otro. Estos lados forman un ángulo que mide 50°. ¿Qué longitud tiene el tercer lado (redondeando a la décima más cercana)?

69. Un piloto vuela en una trayectoria recta durante 1 hora y 30 minutos. A continuación, realiza una corrección de rumbo, dirigiéndose 10° a la derecha de su rumbo original, y vuela 2 horas en la nueva dirección. Si mantiene una velocidad constante de 680 millas por hora, ¿a qué distancia se encuentra de su posición inicial?

70. Los Ángeles está a 1.744 millas de Chicago, Chicago está a 714 millas de Nueva York y Nueva York está a 2.451 millas de Los Ángeles. Dibuje un triángulo que conecte estas tres ciudades y halle los ángulos del triángulo.

71. Filadelfia está a 140 millas de Washington D.C., Washington D.C. está a 442 millas de Boston y Boston está a 315 millas de Filadelfia. Dibuje un triángulo que conecte estas tres ciudades y encuentra los ángulos del triángulo.

72. Dos aviones salen del mismo aeropuerto a la vez. Uno vuela a 20° al este del norte a 500 millas por hora. El segundo vuela a 30° al este del sur a 600 millas por hora. ¿A qué distancia están los aviones después de 2 horas?

73. Dos aviones despegan en direcciones diferentes. Uno viaja a 300 mph hacia el oeste y el otro viaja 25° al norte del oeste a 420 mph. Después de 90 minutos, ¿a qué distancia están, suponiendo que vuelan a la misma altitud?

74. Un paralelogramo tiene lados de longitud 15,4 unidades y 9,8 unidades. Su área es de 72,9 unidades cuadradas. Calcule la medida de la diagonal más larga.

75. Los cuatro lados secuenciales de un cuadrilátero tienen longitudes de 4,5 cm, 7,9 cm, 9,4 cm y 12,9 cm. El ángulo entre los dos lados más pequeños es de 117°. ¿Cuál es el área de este cuadrilátero?

76. Los cuatro lados secuenciales de un cuadrilátero tienen longitudes de 5,7 cm, 7,2 cm, 9,4 cm y 12,8 cm. El ángulo entre los dos lados más pequeños es de 106°. ¿Cuál es el área de este cuadrilátero?

77. Calcule el área de una parcela triangular que mide 30 pies en un lado y 42 pies en otro; el ángulo incluido mide 132°. Redondee al pie cuadrado más cercano.

78. Calcule el área de una parcela triangular que mide 110 pies en un lado y 250 pies en otro; el ángulo incluido mide 85°. Redondee al pie cuadrado más cercano.

8.3 Coordenadas polares

Objetivos de aprendizaje

En esta sección, podrá:

- Trazar puntos con las coordenadas polares.
- Convertir de coordenadas polares a coordenadas rectangulares.
- Convertir de coordenadas rectangulares a coordenadas polares.
- Transformar ecuaciones entre formas polares y rectangulares.
- Identificar y graficar ecuaciones polares al convertirlas en ecuaciones rectangulares.

A más de 12 kilómetros del puerto, un velero se topa con mal tiempo y lo desvía de su rumbo un viento de 16 nudos (vea la Figura 1). ¿Cómo puede el marinero indicar su ubicación a los guardacostas? En esta sección, investigaremos un método de representación de la ubicación, que es diferente de la típica cuadrícula de coordenadas.

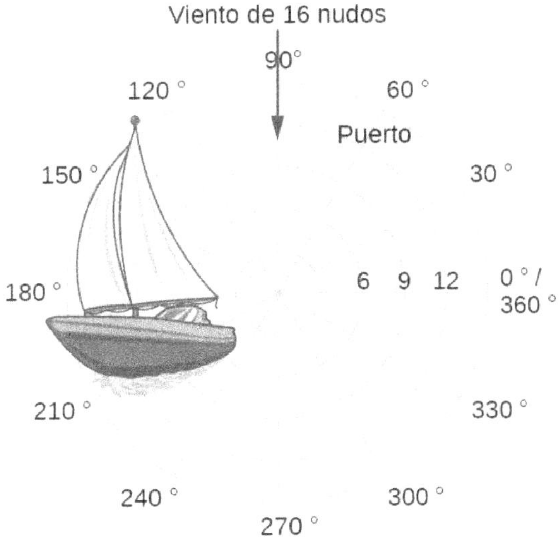

Figura 1

Trazar puntos mediante coordenadas polares

Cuando pensamos en trazar puntos en el plano, pensamos en coordenadas rectangulares (x, y) en el plano de coordenadas cartesianas. Sin embargo, hay otras formas de escribir un par de coordenadas y otros tipos de sistemas de cuadrícula. En esta sección, introducimos a las **coordenadas polares**, que son puntos marcados (r, θ) y trazados en una cuadrícula polar. La cuadrícula polar se representa como una serie de círculos concéntricos que irradian desde el **polo** o el origen del plano de coordenadas.

La cuadrícula polar se presenta a escala como el círculo unitario con el eje *x* positivo visto ahora como el **eje polar** y el origen como el polo. La primera coordenada *r* es el radio o la longitud del segmento rectilíneo dirigido desde el polo. El ángulo θ, medido en radianes, indica la dirección de r. Nos movemos en sentido contrario al de las agujas del reloj desde el eje polar en un ángulo de θ, y medimos un segmento rectilíneo dirigido de longitud r en dirección a θ. Aunque midamos θ primero y luego r, el punto polar se escribe primero con la coordenada *r*. Por ejemplo, para trazar el punto $\left(2, \frac{\pi}{4}\right)$, nos trasladaríamos $\frac{\pi}{4}$ unidades en el sentido contrario a las agujas del reloj y luego en una longitud de 2 desde el polo. Este punto se representa en la cuadrícula en la Figura 2.

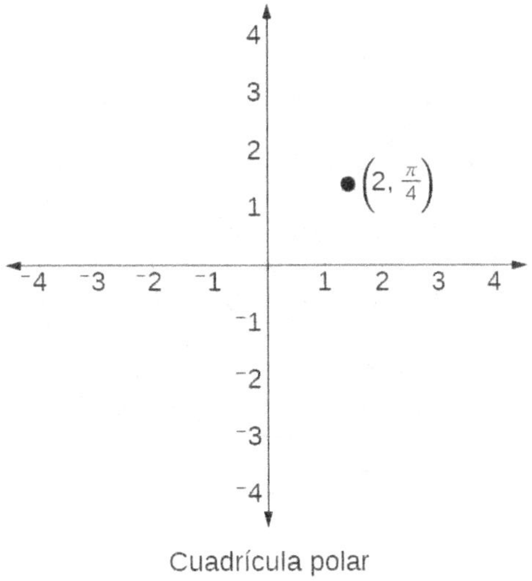

Figura 2

EJEMPLO 1

Trazar un punto en la cuadrícula polar

Trace el punto $\left(3, \frac{\pi}{2}\right)$ en la cuadrícula de coordenadas polares.

Solución

El ángulo $\frac{\pi}{2}$ se encuentra al hacer un barrido en sentido contrario a las agujas del reloj a 90° del eje polar. El punto se sitúa a una longitud de 3 unidades del polo en la dirección $\frac{\pi}{2}$, como se muestra en la Figura 3.

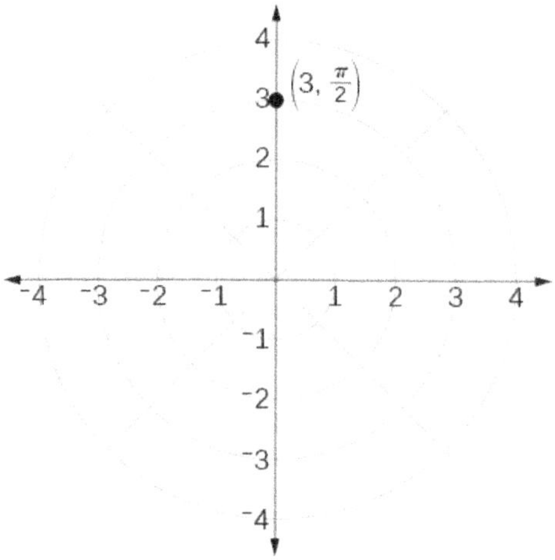

Figura 3

INTÉNTELO #1 Trace el punto $\left(2, \frac{\pi}{3}\right)$ en la cuadrícula polar.

EJEMPLO 2

Trazar un punto en el sistema de coordenadas polares con componente negativa

Trace el punto $\left(-2, \frac{\pi}{6}\right)$ en la cuadrícula de coordenadas polares.

Solución

Sabemos que $\frac{\pi}{6}$ se localiza en el primer cuadrante. Sin embargo, $r = -2$. Podemos acercarnos a trazar un punto con coordenada r negativa de dos maneras:

1. Trace el punto $\left(2, \frac{\pi}{6}\right)$ al mover $\frac{\pi}{6}$ en el sentido contrario a las agujas del reloj y al extender un segmento rectilíneo dirigido 2 unidades en el primer cuadrante. A continuación, vuelva a trazar el segmento rectilíneo dirigido a través del polo, y continúe 2 unidades en el tercer cuadrante.
2. Desplace $\frac{\pi}{6}$ en el sentido contrario a las agujas del reloj, y dibuje el segmento rectilíneo dirigido desde el polo 2 unidades en la dirección negativa, en el tercer cuadrante.

Vea la Figura 4(a). Compare esto con el gráfico de la coordenada polar $\left(2, \frac{\pi}{6}\right)$ que se muestra en la Figura 4(b).

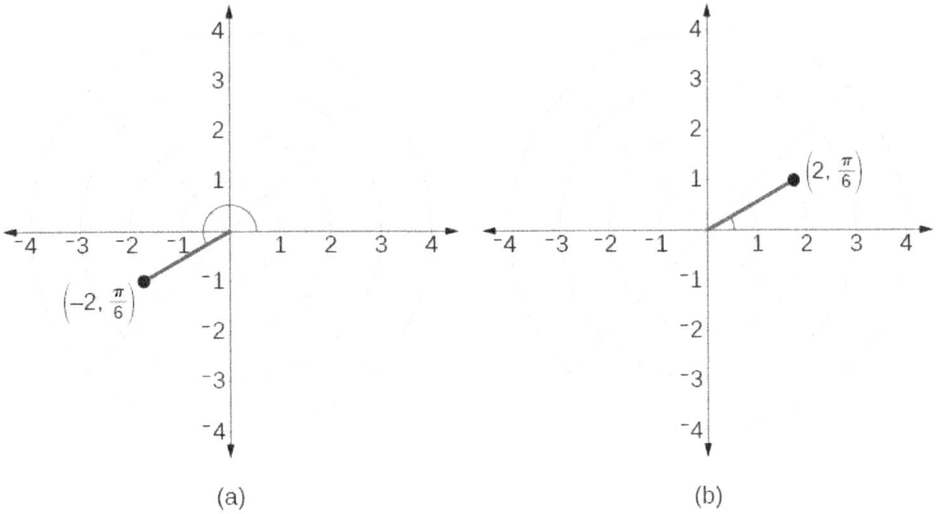

Figura 4

> **INTÉNTELO** #2 Trace los puntos $\left(3, -\frac{\pi}{6}\right)$ y $\left(2, \frac{9\pi}{4}\right)$ en la misma cuadrícula polar.

Convertir coordenadas polares a coordenadas rectangulares

Cuando se da un conjunto de coordenadas polares, quizá tengamos que convertirlas en coordenadas rectangulares. Para ello, podemos recordar las relaciones que existen entre las variables $x, \ y, \ r$, y θ.

$$\cos\ \theta = \frac{x}{r} \rightarrow x = r \cos\ \theta$$
$$\operatorname{sen}\ \theta = \frac{y}{r} \rightarrow y = r \operatorname{sen}\ \theta$$

La perpendicular que cae desde el punto del plano hasta el eje x forma un triángulo rectángulo, como se ilustra en la Figura 5. Una forma fácil de recordar las ecuaciones anteriores es pensar en cos θ como el lado adyacente sobre la hipotenusa y sen θ como el lado opuesto sobre la hipotenusa.

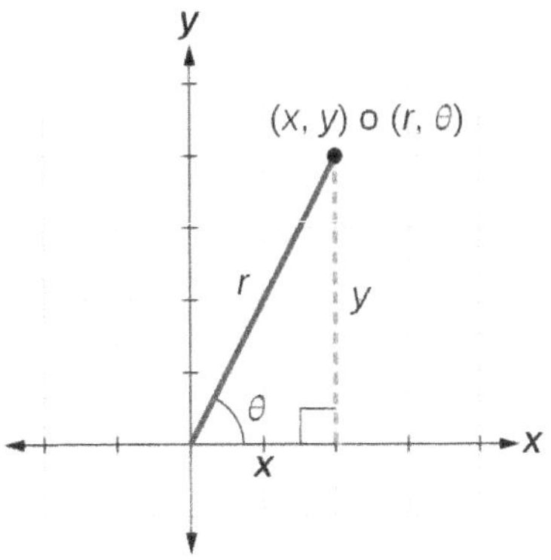

Figura 5

Convertir coordenadas polares a coordenadas rectangulares

Para convertir las coordenadas polares $(r, \ \theta)$ a coordenadas rectangulares $(x, \ y)$, supongamos que

$$\cos\ \theta = \frac{x}{r} \rightarrow x = r \cos\ \theta$$

$$\operatorname{sen}\ \theta = \frac{y}{r} \rightarrow y = r \operatorname{sen}\ \theta$$

CÓMO

Dadas las coordenadas polares, convertir a coordenadas rectangulares.

1. Dada la coordenada polar (r, θ), escriba $x = r\cos\ \theta$ y $y = r\,\text{sen}\ \theta$.
2. Evalúe $\cos\ \theta$ y $\text{sen}\ \theta$.
3. Multiplique $\cos\ \theta$ entre r para hallar la coordenada de la x de la forma rectangular.
4. Multiplique $\text{sen}\ \theta$ entre r para hallar la coordenada de l a y de la forma rectangular.

EJEMPLO 3

Escribir coordenadas polares como coordenadas rectangulares

Escriba las coordenadas polares $\left(3, \frac{\pi}{2}\right)$ como coordenadas rectangulares.

Solución

Utilice las relaciones equivalentes.

$$x = r\cos\ \theta$$
$$x = 3\cos\ \frac{\pi}{2} = 0$$
$$y = r\,\text{sen}\ \theta$$
$$y = 3\,\text{sen}\ \frac{\pi}{2} = 3$$

Las coordenadas rectangulares son $(0, 3)$. Vea la Figura 6.

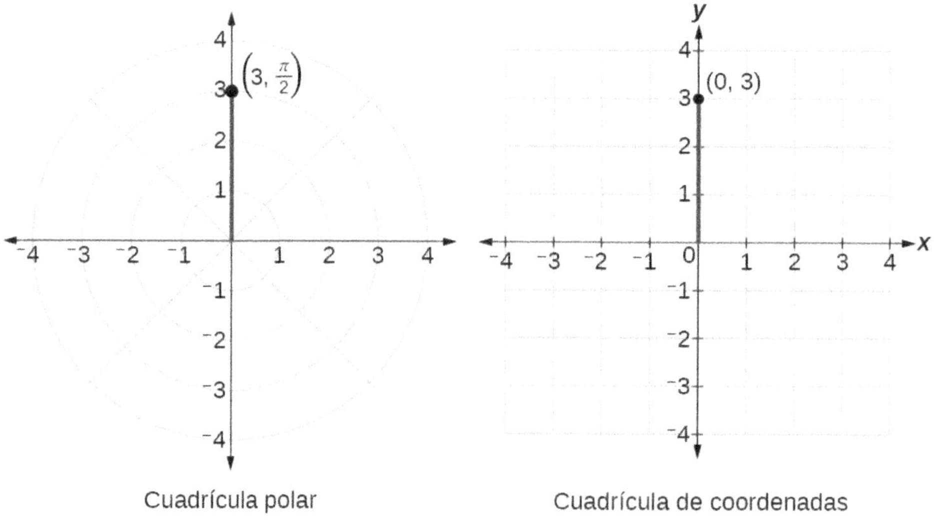

Figura 6

EJEMPLO 4

Escribir coordenadas polares como coordenadas rectangulares

Escriba las coordenadas polares $(-2, 0)$ como coordenadas rectangulares.

Solución

Vea la Figura 7. Al escribir las coordenadas polares como rectangulares, tenemos

$$x = r\cos\ \theta$$
$$x = -2\cos(0) = -2$$

$$y = r\,\text{sen}\ \theta$$
$$y = -2\,\text{sen}(0) = 0$$

Las coordenadas rectangulares también son $(-2, 0)$.

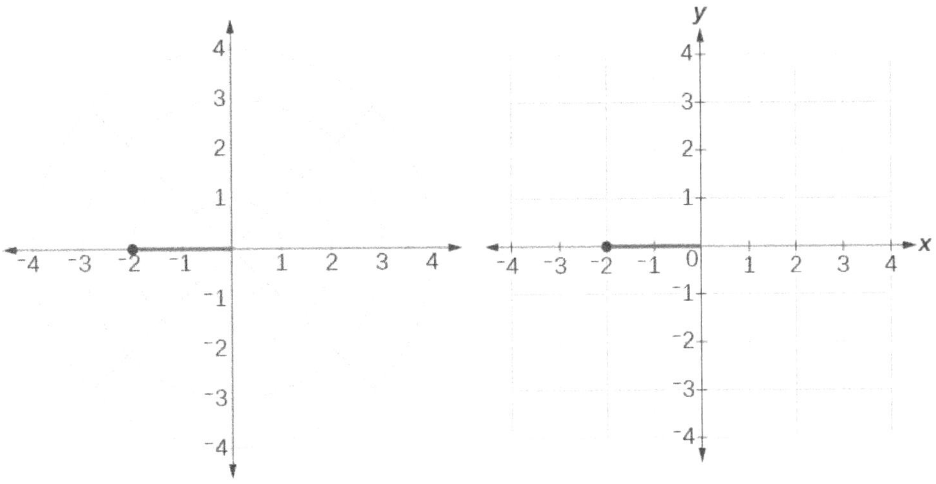

Figura 7

INTÉNTELO #3 Escriba las coordenadas polares $\left(-1, \frac{2\pi}{3}\right)$ como coordenadas rectangulares.

Convertir coordenadas rectangulares a coordenadas polares

Para convertir las coordenadas rectangulares en coordenadas polares, utilizaremos otras dos relaciones conocidas. Con esta conversión, sin embargo, tenemos que ser conscientes de que un conjunto de coordenadas rectangulares dará lugar a más de un punto polar.

Convertir coordenadas rectangulares a coordenadas polares

La conversión de coordenadas rectangulares a coordenadas polares requiere el uso de una o más de las relaciones ilustradas en la Figura 8.

$$\cos\ \theta = \frac{x}{r} x = r\cos\ \theta$$
$$\text{sen}\ \theta = \frac{y}{r} \quad \text{o} \quad y = r\,\text{sen}\ \theta$$
$$r^2 = x^2 + y^2$$
$$\tan\ \theta = \frac{y}{x}$$

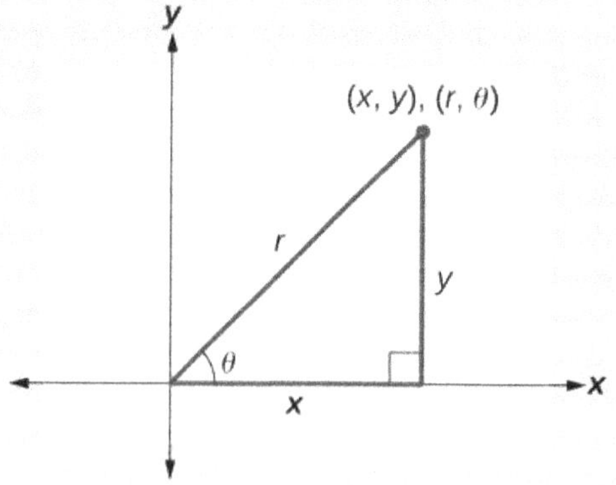

Figura 8

EJEMPLO 5

Escribir coordenadas rectangulares como coordenadas polares
Convierta las coordenadas rectangulares $(3, 3)$ a coordenadas polares.

Solución
Vemos que el punto original $(3, 3)$ está en el primer cuadrante. Para hallar θ, utilice la fórmula $\tan\ \theta = \frac{y}{x}$. Esto da

$$\begin{aligned}\tan\ \theta &= \tfrac{3}{3}\\ \tan\ \theta &= 1\\ \theta &= \tan^{-1}(1)\\ \theta &= \tfrac{\pi}{4}\end{aligned}$$

Para hallar r, sustituimos los valores de x como y en la fórmula $r = \sqrt{x^2 + y^2}$. Sabemos que r debe ser positivo, ya que $\frac{\pi}{4}$ está en el primer cuadrante. Así,

$$\begin{aligned}r &= \sqrt{3^2 + 3^2}\\ r &= \sqrt{9 + 9}\\ r &= \sqrt{18} = 3\sqrt{2}\end{aligned}$$

Así que, $r = 3\sqrt{2}$ y $\theta = \frac{\pi}{4}$, lo que nos da el punto polar $\left(3\sqrt{2}, \frac{\pi}{4}\right)$. Vea la Figura 9.

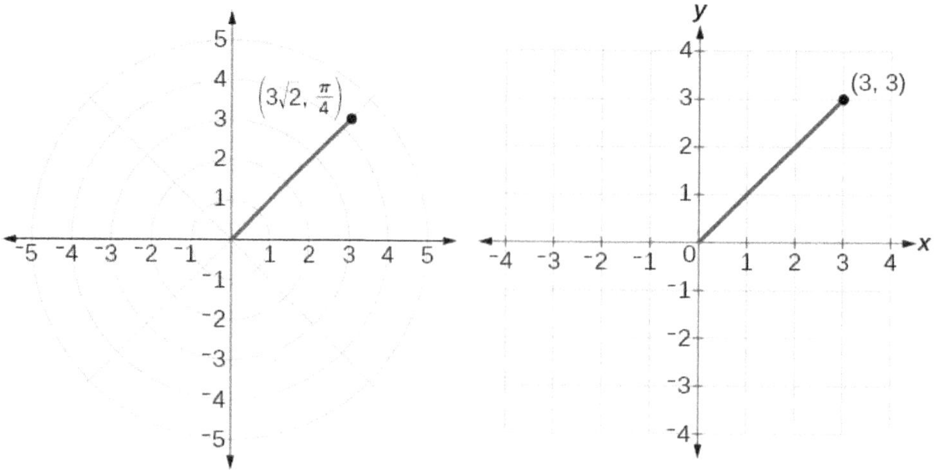

Figura 9

Análisis

Hay otros conjuntos de coordenadas polares que serán iguales a nuestra primera solución. Por ejemplo, los puntos $\left(-3\sqrt{2},\ \frac{5\pi}{4}\right)$ y $\left(3\sqrt{2},-\frac{7\pi}{4}\right)$ coincidirán con la solución original de $\left(3\sqrt{2},\ \frac{\pi}{4}\right)$. El punto $\left(-3\sqrt{2},\ \frac{5\pi}{4}\right)$ indica un movimiento en sentido contrario a las agujas del reloj por π, que está justo enfrente de $\frac{\pi}{4}$. El radio se expresa como $-3\sqrt{2}$. Sin embargo, el ángulo $\frac{5\pi}{4}$ se sitúa en el tercer cuadrante y, dado que r es negativo, extendemos el segmento rectilíneo dirigido en la dirección opuesta, en el primer cuadrante. Este es el mismo punto que $\left(3\sqrt{2},\ \frac{\pi}{4}\right)$. El punto $\left(3\sqrt{2},\ -\frac{7\pi}{4}\right)$ es un movimiento más en el sentido de las agujas del reloj por $-\frac{7\pi}{4}$, a partir de $\frac{\pi}{4}$. El radio, $3\sqrt{2}$, es el mismo.

Transformar ecuaciones entre formas polares y rectangulares

Ahora podemos convertir las coordenadas entre la forma polar y la rectangular. La conversión de ecuaciones puede ser más difícil, pero valdría la pena convertir entre las dos formas. Debido a que hay una serie de ecuaciones polares que no pueden expresarse claramente en forma cartesiana, y viceversa, podemos utilizar los mismos procedimientos que utilizamos para convertir puntos entre los sistemas de coordenadas. A continuación, podemos utilizar una calculadora gráfica para representar la forma rectangular o la forma polar de la ecuación.

CÓMO

Dada una ecuación en forma polar, grafíquela con una calculadora gráfica.

1. Cambie el **MODO** a **POL**, que representa la forma polar.
2. Pulse el botón **Y=** para que aparezca una pantalla que permite introducir seis ecuaciones $r_1,\ r_2,\ .\ .\ .\ ,\ r_6.$
3. Introduzca la ecuación polar, ajustada a r.
4. Pulse **GRAPH**.

EJEMPLO 6

Escribir una ecuación cartesiana en forma polar

Escriba la ecuación cartesiana $x^2 + y^2 = 9$ en forma polar.

Solución

El objetivo es eliminar la x como y de la ecuación e introducir r y θ. Lo ideal sería escribir la ecuación r en función de θ. Para obtener la forma polar, utilizaremos las relaciones entre (x, y) y (r, θ). Dado que $x = r\cos\ \theta$ y $y = r\operatorname{sen}\ \theta$, podemos sustituir y resolver r.

$$\begin{aligned} (r\cos\ \theta)^2 + (r\operatorname{sen}\ \theta)^2 &= 9 \\ r^2\cos^2\theta + r^2\operatorname{sen}^2\theta &= 9 \\ r^2(\cos^2\theta + \operatorname{sen}^2\theta) &= 9 \\ r^2(1) &= 9 && \text{Sustituya a } \cos^2\theta + \operatorname{sen}^2\theta = 1. \\ r &= \pm 3 && \text{Utilice la propiedad de la raíz cuadrada.} \end{aligned}$$

Así, $x^2 + y^2 = 9, r = 3$, y $r = -3$ debería generar el mismo gráfico. Vea el Figura 10.

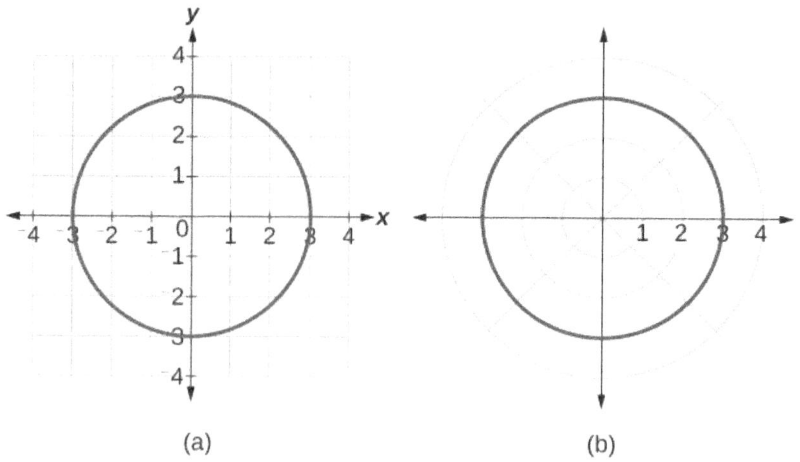

Figura 10 (a) Forma cartesiana $x^2 + y^2 = 9$ (b) Forma polar $r = 3$

Para graficar un círculo en forma rectangular, primero debemos resolver y.

$$\begin{aligned} x^2 + y^2 &= 9 \\ y^2 &= 9 - x^2 \\ y &= \pm\sqrt{9 - x^2} \end{aligned}$$

Observe que se trata de dos funciones distintas, ya que un círculo no supera la prueba de la línea vertical. Por lo tanto, tenemos que introducir en la calculadora las raíces cuadradas positivas y negativas por separado, como dos ecuaciones de la forma $Y_1 = \sqrt{9 - x^2}$ y $Y_2 = -\sqrt{9 - x^2}$. Pulse **GRAPH.**

EJEMPLO 7

Reescribir una ecuación cartesiana como ecuación polar

Reescribir la ecuación cartesiana $x^2 + y^2 = 6y$ como una ecuación polar.

Solución

Esta ecuación es similar a la del ejemplo anterior, pero requiere diferentes pasos para convertir la ecuación.

Podemos seguir los mismos procedimientos que ya hemos aprendido y hacer las siguientes sustituciones:

$$\begin{array}{ll} r^2 = 6y & \text{Uso } x^2 + y^2 = r^2. \\ r^2 = 6r \operatorname{sen} \theta & \text{Sustituya } y = r \operatorname{sen} \theta. \\ r^2 - 6r \operatorname{sen} \theta = 0 & \text{Iguale a 0.} \\ r(r - 6 \operatorname{sen} \theta) = 0 & \text{Factorice y resuelva.} \\ r = 0 & \text{Rechazamos } r = 0, \text{ ya que solo representa un punto, } (0, 0). \\ r = 6 \operatorname{sen} \theta & \end{array}$$

Por lo tanto, las ecuaciones $x^2 + y^2 = 6y$ y $r = 6 \operatorname{sen} \theta$ debería darnos el mismo gráfico. Vea la Figura 11.

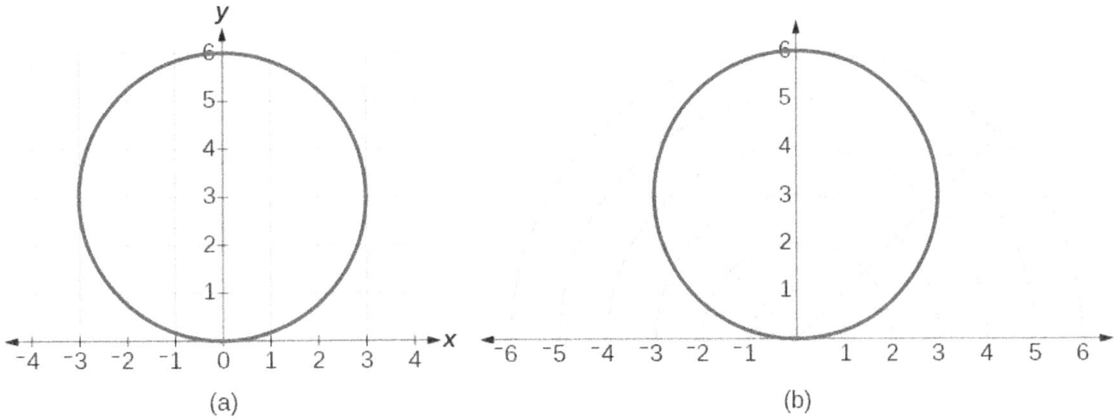

Figura 11 (a) Forma cartesiana $x^2 + y^2 = 6y$ (b) forma polar $r = 6 \operatorname{sen} \theta$

La ecuación cartesiana o rectangular se traza en la cuadrícula rectangular, y la ecuación polar se traza en la cuadrícula polar. Claramente, los gráficos son idénticos.

EJEMPLO 8

Reescribir una ecuación cartesiana en forma polar

Reescribir la ecuación cartesiana $y = 3x + 2$ como una ecuación polar.

Solución

Utilizaremos las relaciones $x = r\cos\theta$ y $y = r \operatorname{sen} \theta$.

$$\begin{aligned} y &= 3x + 2 \\ r \operatorname{sen} \theta &= 3r\cos\theta + 2 \\ r \operatorname{sen} \theta - 3r\cos\theta &= 2 \\ r(\operatorname{sen} \theta - 3\cos\theta) &= 2 && \text{Aísle } r. \\ r &= \frac{2}{\operatorname{sen} \theta - 3\cos\theta} && \text{Resuelva para } r. \end{aligned}$$

INTÉNTELO #4 Reescribir la ecuación cartesiana $y^2 = 3 - x^2$ en forma polar.

Identificar y graficar ecuaciones polares al convertirlas en ecuaciones rectangulares

Hemos aprendido a convertir coordenadas rectangulares en coordenadas polares, y hemos visto que los puntos son efectivamente los mismos. También hemos transformado ecuaciones polares en ecuaciones rectangulares y viceversa. Ahora demostraremos que sus gráficos, aunque dibujados en cuadrículas diferentes, son idénticos.

EJEMPLO 9

Graficar una ecuación polar al convertirla en una ecuación rectangular

Convierta la ecuación polar $r = 2s\,\theta$ en una ecuación rectangular, y dibuje su correspondiente gráfico.

Solución

La conversión es

$$\begin{aligned} r &= 2s\,\theta \\ r &= \frac{2}{\cos\theta} \\ r\cos\theta &= 2 \\ x &= 2 \end{aligned}$$

Observe que la ecuación $r = 2s\ \theta$ dibujada en la cuadrícula polar es claramente la misma que la línea vertical $x = 2$ dibujada en la cuadrícula rectangular (vea la Figura 12). Así como $x = c$ es la forma estándar para una línea vertical en forma rectangular, $r = c \sec\ \theta$ es la forma estándar para una línea vertical en forma polar.

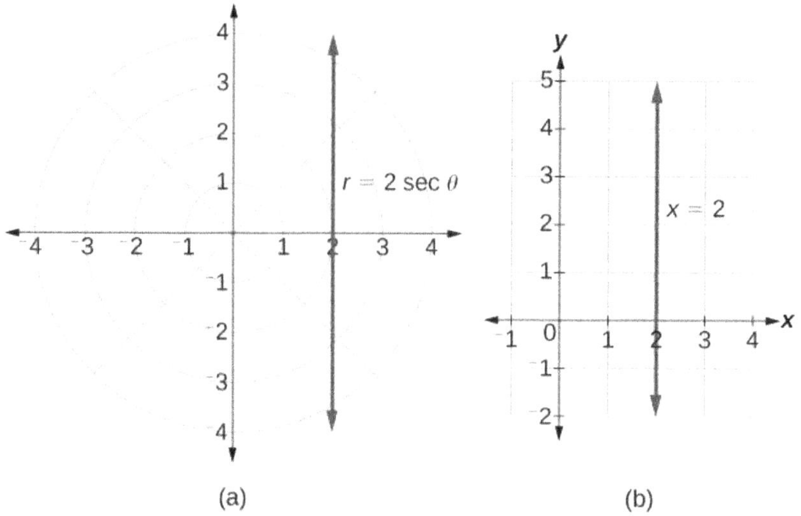

Figura 12 (a) Cuadrícula polar (b) Sistema de coordenadas rectangulares

Una explicación similar demostraría que el gráfico de la función $r = 2 \csc\ \theta$ será la línea horizontal $y = 2$. De hecho, $r = c \csc\ \theta$ es la forma estándar de una línea horizontal en forma polar, correspondiente a la forma rectangular $y = c$.

EJEMPLO 10

Reescribir una ecuación polar en forma cartesiana

Reescriba la ecuación polar $r = \frac{3}{1-2\cos\ \theta}$ como una ecuación cartesiana.

Solución

El objetivo es eliminar la θ y r, e introducir la x como y. Despejamos la fracción y luego utilizamos la sustitución. Para sustituir r con la x como y, debemos utilizar la expresión $x^2 + y^2 = r^2$.

$$\begin{aligned}
r &= \frac{3}{12\ \cos\ \theta} && \\
r\left(12\left(\tfrac{x}{r}\right)\right) &= 3 && \\
r2x &= 3 && \text{Uso } \cos\ \theta = \tfrac{x}{r}\ ti \text{ elimine } \theta \\
r2x &= 3 && \\
r &= 3 + 2x && \text{Aísle } r \\
r^2 &= (3 + 2x)^2 && \text{Lleve al cuadrado ambos lados} \\
x^2 + y^2 &= (3 + 2x)^2 && \text{Uso } x^2 + y^2 = r^2
\end{aligned}$$

La ecuación cartesiana es $x^2 + y^2 = (3 + 2x)^2$. Sin embargo, para graficarlo, especialmente con una calculadora gráfica o un programa computarizado, queremos aislar y.

$$\begin{aligned}
x^2 + y^2 &= (3 + 2x)^2 \\
y^2 &= (3 + 2x)^2 - x^2 \\
y &= \pm\sqrt{(3 + 2x)^2 - x^2}
\end{aligned}$$

Cuando toda nuestra ecuación se haya cambiado de r y θ a la x como y, podemos parar, a no ser que se nos pida que resolvamos y o simplificar. Vea la Figura 13.

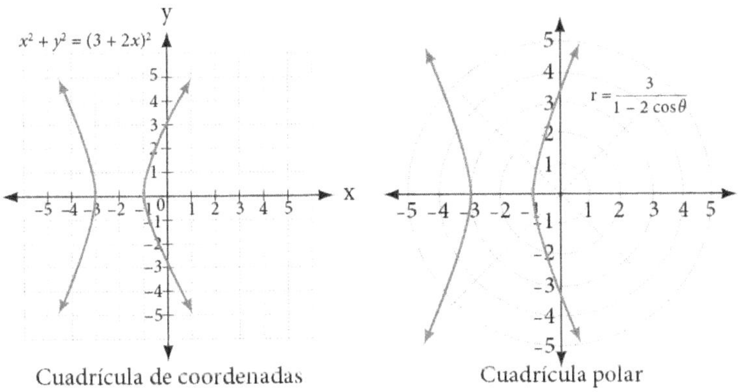

Figura 13

La forma de "reloj de arena" en el gráfico se denomina *hipérbola*. Las hipérbolas tienen muchas características y aplicaciones geométricas interesantes, que investigaremos más a fondo en Geometría Analítica.

Análisis

En este ejemplo, el lado derecho de la ecuación puede expandirse y la ecuación simplificarse aún más, como se indica arriba. Sin embargo, la ecuación no puede escribirse como una sola función en forma cartesiana. Podemos escribir la ecuación rectangular en la forma estándar de la hipérbola. Para ello, podemos empezar con la ecuación inicial.

$$\begin{aligned}
x^2 + y^2 &= (3+2x)^2 \\
x^2 + y^2(3+2x)^2 &= 0 \\
x^2 + y^2\left(9+12x+4x^2\right) &= 0 \\
x^2 + y^2 912x4x^2 &= 0 \\
3x^2 12x + y^2 &= 9 && \text{Multiplique esto por 1} \\
3x^2 + 12xy^2 &= 9 \\
3\left(x^2+4x+\right)y^2 &= 9 \\
3\left(x^2+4x+4\right)y^2 &= 9+12 && \textit{Organice} \text{ los términos para completar el unidades para } x \\
3(x+2)^2 y^2 &= 3 \\
(x+2)^2 \tfrac{y2}{3} &= 1
\end{aligned}$$

INTÉNTELO #5 Reescriba la ecuación polar $r = 2\,\text{sen}\ \theta$ en forma cartesiana.

EJEMPLO 11

Reescribir una ecuación polar en forma cartesiana

Reescriba la ecuación polar $r = \text{sen}\,(2\theta)$ en forma cartesiana.

Solución

$$\begin{aligned}
r &= \text{sen}(2\theta) && \text{Utilice la identidad de ángulo doble para el seno.} \\
r &= 2\,\text{sen}\ \theta \cos\ \theta && \text{Uso } \cos\ \theta = \tfrac{x}{r} \text{ y } \text{sen}\ \theta = \tfrac{y}{r}. \\
r &= 2\left(\tfrac{x}{r}\right)\left(\tfrac{y}{r}\right) && \text{Simplifique.} \\
r &= \frac{2xy}{r^2} && \text{Multiplique ambos lados por } r^2. \\
r^3 &= 2xy \\
\left(\sqrt{x^2+y^2}\right)^3 &= 2xy && \text{Dado que } x^2+y^2=r^2, r=\sqrt{x^2+y^2}.
\end{aligned}$$

Esta ecuación también se escribe como

$$\left(x^2+y^2\right)^{\frac{3}{2}}=2xy \text{ o } x^2+y^2=(2xy)^{\frac{2}{3}}$$

MEDIA

Acceda a estos recursos en línea para obtener más información y practicar con las coordenadas polares.

Introducción a las coordenadas polares (http://openstax.org/l/intropolar)
Comparación de coordenadas polares y rectangulares (http://openstax.org/l/polarrect)

8.3 EJERCICIOS DE SECCIÓN

Verbales

1. ¿En qué se diferencian las coordenadas polares de las rectangulares?
2. ¿En qué se diferencian los ejes polares de los ejes de *x* y de *y* en el plano cartesiano?
3. Explique cómo se grafican las coordenadas polares.
4. ¿Cómo son los puntos $\left(3, \frac{\pi}{2}\right)$ y $\left(-3, \frac{\pi}{2}\right)$?
5. Explique por qué los puntos $\left(-3, \frac{\pi}{2}\right)$ y $\left(3, -\frac{\pi}{2}\right)$ son los mismos.

Algebraicos

En los siguientes ejercicios, convierta las coordenadas polares dadas en coordenadas cartesianas. Recuerde el cuadrante donde se encuentra el punto dado cuando determine θ para el punto.

6. $\left(7, \frac{7\pi}{6}\right)$
7. $(5, \pi)$
8. $\left(6, -\frac{\pi}{4}\right)$
9. $\left(-3, \frac{\pi}{6}\right)$
10. $\left(4, \frac{7\pi}{4}\right)$

En los siguientes ejercicios, convierta las coordenadas cartesianas dadas en coordenadas polares con $r > 0,\ 0 \leq \theta < 2\pi$. Recuerde considerar el cuadrante en el que se localiza el punto dado.

11. $(4, 2)$
12. $(-4, 6)$
13. $(3, -5)$
14. $(-10, -13)$
15. $(8, 8)$

En los siguientes ejercicios, convierta la ecuación cartesiana dada en una ecuación polar.

16. $x = 3$
17. $y = 4$
18. $y = 4x^2$
19. $y = 2x^4$
20. $x^2 + y^2 = 4y$
21. $x^2 + y^2 = 3x$
22. $x^2 - y^2 = x$
23. $x^2 - y^2 = 3y$
24. $x^2 + y^2 = 9$
25. $x^2 = 9y$
26. $y^2 = 9x$
27. $9xy = 1$

En los siguientes ejercicios, convierta la ecuación polar dada en una ecuación cartesiana. Escriba en la forma estándar de una cónica, si es posible, e identifique la sección cónica representada.

28. $r = 3 \text{ sen } \theta$

29. $r = 4 \cos \theta$

30. $r = \frac{4}{\text{sen } \theta + 7 \cos \theta}$

31. $r = \frac{6}{\cos \theta + 3 \text{ sen } \theta}$

32. $r = 2s\ \theta$

33. $r = 3 \csc \theta$

34. $r = \sqrt{r \cos \theta + 2}$

35. $r^2 = 4 \sec \theta \csc \theta$

36. $r = 4$

37. $r^2 = 4$

38. $r = \frac{1}{4 \cos \theta - 3 \text{ sen } \theta}$

39. $r = \frac{3}{\cos \theta - 5 \text{ sen } \theta}$

Gráficos

En los siguientes ejercicios, halle las coordenadas polares del punto.

40.

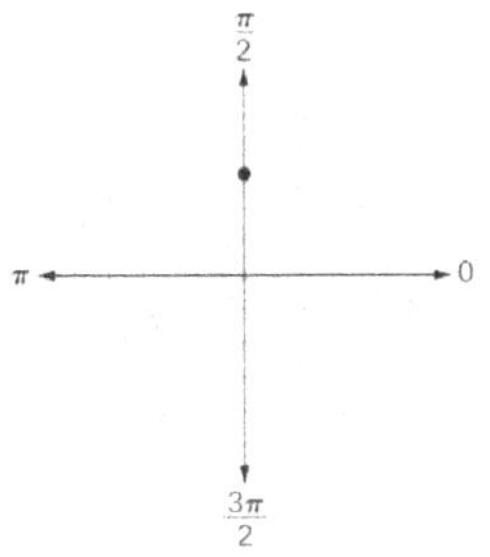

41.

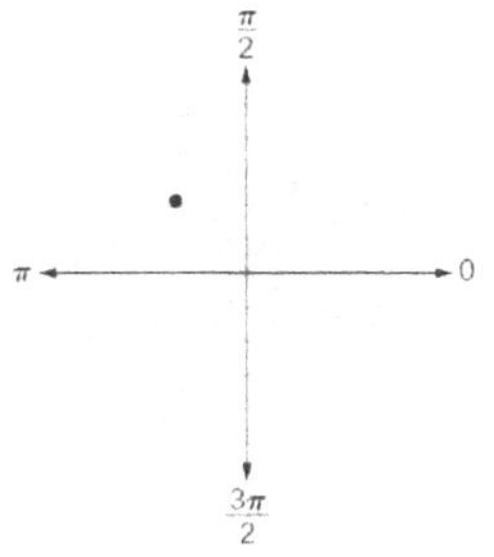

42.

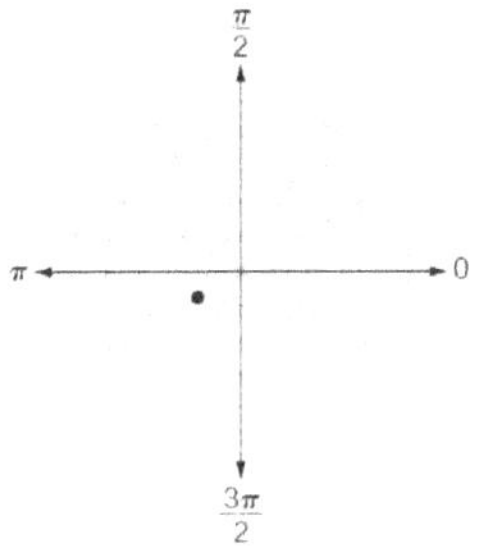

43.

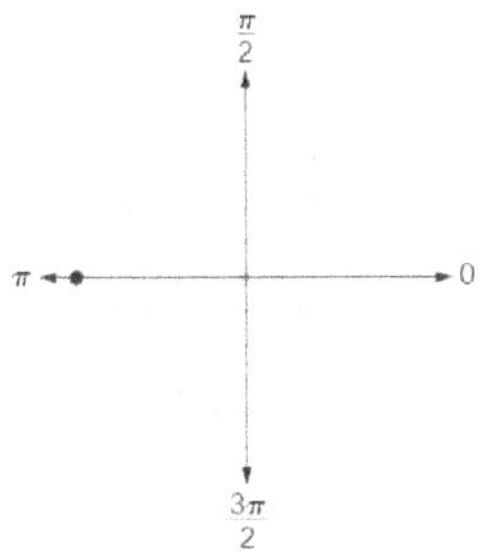

44.

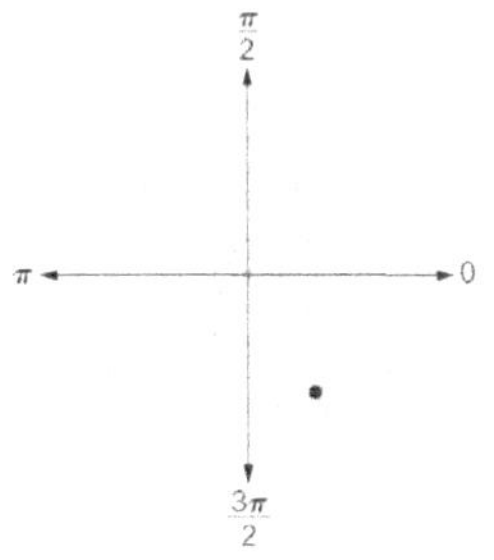

En los siguientes ejercicios, trace los puntos.

45. $\left(-2, \frac{\pi}{3}\right)$

46. $\left(-1, -\frac{\pi}{2}\right)$

47. $\left(3{,}5, \frac{7\pi}{4}\right)$

48. $\left(-4, \frac{\pi}{3}\right)$

49. $\left(5, \frac{\pi}{2}\right)$

50. $\left(4, \frac{-5\pi}{4}\right)$

51. $\left(3, \frac{5\pi}{6}\right)$

52. $\left(-1{,}5, \frac{7\pi}{6}\right)$

53. $\left(-2, \frac{\pi}{4}\right)$

54. $\left(1, \frac{3\pi}{2}\right)$

En los siguientes ejercicios, convierta la ecuación de forma rectangular a polar y grafique en el eje polar.

55. $5x - y = 6$

56. $2x + 7y = -3$

57. $x^2 + (y - 1)^2 = 1$

58. $(x+2)^2+(y+3)^2=13$

59. $x=2$

60. $x^2+y^2=5y$

61. $x^2+y^2=3x$

En los siguientes ejercicios, convierta la ecuación de forma polar a rectangular y grafique en el plano rectangular.

62. $r=6$

63. $r=-4$

64. $\theta=-\frac{2\pi}{3}$

65. $\theta=\frac{\pi}{4}$

66. $r=\sec\ \theta$

67. $r=-10\,\text{sen}\ \theta$

68. $r=3\cos\ \theta$

En tecnología

69. Utilice una calculadora gráfica para calcular las coordenadas rectangulares de $\left(2,-\frac{\pi}{5}\right)$. Redondee a la milésima más cercana.

70. Utilice una calculadora gráfica para calcular las coordenadas rectangulares de $\left(-3,\frac{3\pi}{7}\right)$. Redondee a la milésima más cercana.

71. Utilice una calculadora gráfica para calcular las coordenadas polares de $(-7,8)$ en grados. Redondee a la milésima más cercana.

72. Utilice una calculadora gráfica para calcular las coordenadas polares de $(3,-4)$ en grados. Redondee a la centésima más cercana.

73. Utilice una calculadora gráfica para calcular las coordenadas polares de $(-2,0)$ en radianes. Redondee a la centésima más cercana.

Extensiones

74. Describa el gráfico de $r=a\sec\ \theta; a>0$.

75. Describa el gráfico de $r=a\sec\ \theta; a<0$.

76. Describa el gráfico de $r=a\csc\ \theta; a>0$.

77. Describa el gráfico de $r=a\csc\ \theta; a<0$.

78. ¿Qué ecuaciones polares darán una línea oblicua?

En el siguiente ejercicio, grafique la inecuación polar.

79. $r<4$

80. $0\le\theta\le\frac{\pi}{4}$

81. $\theta=\frac{\pi}{4},\ r\ge 2$

82. $\theta=\frac{\pi}{4},\ r\ge -3$

83. $0\le\theta\le\frac{\pi}{3},\ r<2$

84. $\frac{-\pi}{6}<\theta\le\frac{\pi}{3}, -3<r<2$

8.4 Coordenadas polares: gráficos

Objetivos de aprendizaje

En esta sección podrá:

- Comprobar la simetría de las ecuaciones polares.
- Representar gráficamente ecuaciones polares mediante trazado de puntos.

Los planetas se mueven por el espacio en órbitas elípticas y periódicas alrededor del sol, como se muestra en la Figura 1. Están en constante movimiento, por lo que fijar una posición exacta de cualquier planeta solo es válido durante un momento. En otras palabras, solo podemos fijar la posición *instantánea* de un planeta. Esta es una aplicación de las coordenadas polares, representadas como (r, θ). Interpretamos r como la distancia al Sol y θ como el rumbo angular del planeta, o su dirección desde un punto fijo del Sol. En esta sección nos centraremos en el sistema polar y en los gráficos que se generan directamente a partir de coordenadas polares.

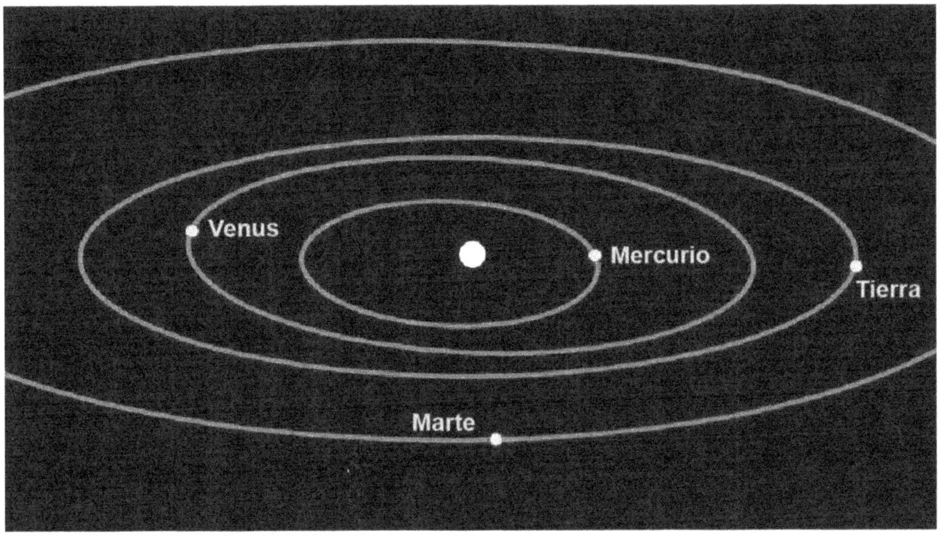

Figura 1 Los planetas siguen trayectorias elípticas mientras orbitan alrededor del Sol (créditos: modificación del trabajo de la NASA/Laboratorio de Propulsión a Chorro [Jet Propulsion Laboratory, JPL]-Instituto de Tecnología de California [California Institute of Technology, Caltech]).

Probar la simetría de las ecuaciones polares

Al igual que una ecuación rectangular como $y = x^2$ describe la relación entre x y y en una cuadrícula cartesiana, una **ecuación polar** describe una relación entre r y θ en una cuadrícula polar. Recordemos que el par de coordenadas (r, θ) indica que nos movemos en sentido contrario a las agujas del reloj desde el eje polar (eje *x* positivo) en un ángulo de θ, y extiende un rayo desde el polo (origen) de r unidades en la dirección de θ. Todos los puntos que satisfacen la ecuación polar están en el gráfico.

La simetría es una propiedad que nos ayuda a reconocer y trazar el gráfico de cualquier ecuación. Si una ecuación tiene un gráfico que es simétrico respecto a un eje, significa que si doblamos el gráfico por la mitad sobre ese eje, la parte del gráfico de un lado coincidiría con la parte del otro lado. Realizando tres pruebas, veremos cómo aplicar las propiedades de la simetría a las ecuaciones polares. Además, utilizaremos la simetría (además de trazar puntos clave, ceros y máximos de r) para determinar el gráfico de una ecuación polar.

En la primera prueba, consideramos la simetría con respecto a la línea $\theta = \frac{\pi}{2}$ (eje *y*). Reemplazamos (r, θ) con la $(-r, -\theta)$ para determinar si la nueva ecuación es equivalente a la ecuación original. Por ejemplo, supongamos que nos dan la ecuación $r = 2 \operatorname{sen} \theta$;

$$\begin{aligned} r &= 2 \operatorname{sen} \theta \\ -r &= 2 \operatorname{sen}(-\theta) && \text{Sustituya } (r, \theta) \text{ con } (-r, -\theta). \\ -r &= -2 \operatorname{sen} \theta && \text{La identidad: } \operatorname{sen}(-\theta) = -\operatorname{sen} \theta. \\ r &= 2 \operatorname{sen} \theta && \text{Multiplique ambos lados por} -1. \end{aligned}$$

Esta ecuación presenta simetría con respecto a la línea $\theta = \frac{\pi}{2}$.

En la segunda prueba, consideramos la simetría con respecto al eje polar (eje x). Reemplazamos (r, θ) con la $(r, -\theta)$ o $(-r, \pi - \theta)$ para determinar la equivalencia entre la ecuación probada y la original. Por ejemplo, supongamos que nos dan la ecuación $r = 1 - 2 \cos \theta$.

$$\begin{aligned} r &= 1 - 2 \cos \theta \\ r &= 1 - 2 \cos(-\theta) && \text{Sustituya } (r, \theta) \text{ con } (r, -\theta). \\ r &= 1 - 2 \cos \theta && \text{Identidad par/impar} \end{aligned}$$

El gráfico de esta ecuación presenta simetría con respecto al eje polar.

En la tercera prueba, consideramos la simetría con respecto al polo (origen). Reemplazamos (r, θ) con la $(-r, \theta)$ para determinar si la ecuación probada es equivalente a la ecuación original. Por ejemplo, supongamos que nos dan la ecuación $r = 2\,\text{sen}(3\theta\,)$.

$$r = 2\,\text{sen}(3\theta)$$
$$-r = 2\,\text{sen}(3\theta)$$

La ecuación no ha superado la prueba de simetría, pero eso no significa que no sea simétrica con respecto al polo. La superación de una o más pruebas de simetría verifica que la simetría se mostrará en un gráfico. Sin embargo, el hecho de no superar las pruebas de simetría no indica necesariamente que un gráfico no sea simétrico con respecto a la línea $\theta = \frac{\pi}{2}$, el eje polar, o el polo. En estos casos, podemos confirmar que la simetría existe trazando puntos de reflexión a través del eje de simetría aparente o del polo. La prueba de simetría es una técnica que simplifica hacer gráficos de las ecuaciones polares, pero su aplicación no es perfecta.

Pruebas de simetría

Una **ecuación polar** describe una curva en la cuadrícula polar. El gráfico de la ecuación polar se evalúa para tres tipos de simetría, como se indica la Figura 2.

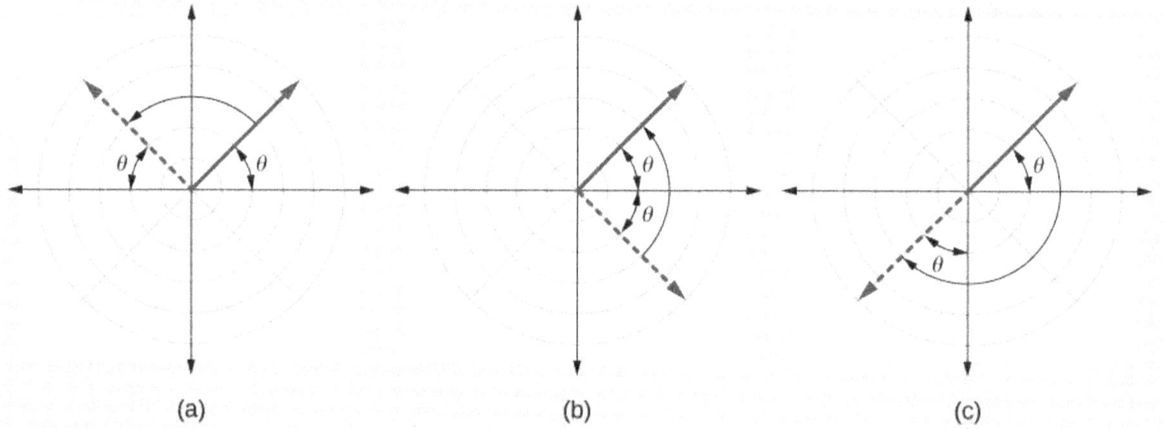

Figura 2 (a) Un gráfico es simétrico respecto a la línea $\theta = \frac{\pi}{2}$ (eje *y*) si la sustitución de (r, θ) con la $(-r, -\theta)$ produce una ecuación equivalente. (b) Un gráfico es simétrico con respecto al eje polar (eje *x*) si la sustitución de (r, θ) con la $(r, -\theta)$ o $(-r, \pi{-}\theta)$ produce una ecuación equivalente. (c) Un gráfico es simétrico con respecto al polo (origen) si la sustitución de (r, θ) con la $(-r, \theta)$ produce una ecuación equivalente.

CÓMO

Dada una ecuación polar, pruebe la simetría.

1. Sustituya la combinación adecuada de componentes para (r, θ) : $(-r, -\theta)$ para la simetría $\theta = \frac{\pi}{2}$; $(r, -\theta)$ para la simetría del eje polar y $(-r, \theta)$ para la simetría con respecto al polo.
2. Si las ecuaciones resultantes son equivalentes en una o más de las pruebas, el gráfico produce la simetría esperada.

EJEMPLO 1

Probar la simetría de una ecuación polar

Pruebe la ecuación $r = 2\,\text{sen}\ \theta$ para la simetría.

Solución

Comprobación para cada uno de los tres tipos de simetría.

1) Sustituir (r, θ) con la $(-r, -\theta)$ produce el mismo resultado. Por lo tanto, el gráfico es simétrico con respecto a la línea $\theta = \frac{\pi}{2}$.	$-r = 2\,\text{sen}(-\theta)$ $-r = -2\,\text{sen}\ \theta$ Identidad par-impar $r = 2\,\text{sen}\ \theta$ Multiplique por -1 Aprobado
2) La sustitución de θ con $-\theta$ no produce la misma ecuación. Por lo tanto, el gráfico no pasa la prueba y puede o no ser simétrico con respecto al eje polar.	$r = 2\,\text{sen}(-\theta)$ $r = -2\,\text{sen}\ \theta$ Identidad par-impar $r = -2\,\text{sen}\ \theta \neq 2\,\text{sen}\ \theta$ Fallido
3) La sustitución de r con la $-r$ cambia la ecuación y no pasa la prueba. El gráfico puede o no ser simétrico con respecto al polo.	$-r = 2\,\text{sen}\ \theta$ $r = -2\,\text{sen}\ \theta \neq 2\,\text{sen}\ \theta$ Fallido

Tabla 1

Análisis

Utilizando una calculadora gráfica podemos ver que la ecuación $r = 2\,\text{sen}\ \theta$ es un círculo centrado en $(0, 1)$ con radio $r = 1$ y es efectivamente simétrica a la línea $\theta = \frac{\pi}{2}$. También podemos ver que el gráfico no es simétrico con el eje polar ni el polo. Vea la Figura 3.

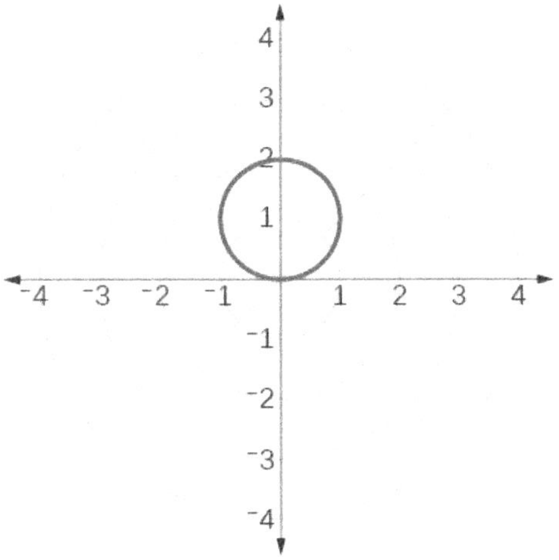

Figura 3

INTÉNTELO #1 Pruebe la simetría de la ecuación: $r = -2\cos\ \theta$.

Representar gráficamente ecuaciones polares mediante trazado de puntos

Para hacer un gráfico en el sistema de coordenadas rectangulares construimos una tabla de valores de x y y. Para hacer un gráfico en el sistema de coordenadas polares construimos una tabla de valores θ y r. Introducimos valores de θ en una ecuación polar y calculamos r. Sin embargo, al usar las propiedades de simetría y calcular los valores clave de θ y r significa que se necesitarán menos cálculos.

Hallar ceros y máximos

Para hallar los ceros de una ecuación polar, resolvemos los valores de θ que resultan en $r = 0$. Recordemos que, para hallar los ceros de las funciones polinómicas, fijamos la ecuación igual a cero y luego resolvemos para x. Utilizamos el mismo proceso para las ecuaciones polares. Establezca $r = 0$, y resuelva para θ.

Para muchas de las formas que encontraremos, el valor máximo de una ecuación polar se calcula sustituyendo aquellos valores de θ en la ecuación que da como resultado el valor máximo de las funciones trigonométricas. Considere que $r = 5\cos\ \theta$; la distancia máxima entre la curva y el poste es de 5 unidades. El valor máximo de la función coseno es 1 cuando $\theta = 0$, por lo que nuestra ecuación polar es $5\cos\ \theta$, y el valor $\theta = 0$ producirá el máximo $|r|$.

Del mismo modo, el valor máximo de la función de seno es 1 cuando $\theta = \frac{\pi}{2}$, y si nuestra ecuación polar es $r = 5\,\text{sen}\ \theta$, el valor $\theta = \frac{\pi}{2}$ producirá el máximo $|r|$. Podemos hallar información adicional calculando los valores de r cuando $\theta = 0$. Estos puntos serían las intersecciones de los ejes polares, que pueden ser útiles para dibujar el gráfico e identificar la curva de una ecuación polar.

EJEMPLO 2

Hallar los ceros y los valores máximos de una ecuación polar

Utilizando la ecuación del Ejemplo 1, halle los ceros y el máximo $|r|$ y, si es necesario, las intersecciones del eje polar de $r = 2\,\text{sen}\ \theta$.

Solución

Para hallar los ceros, establezca r igual a cero y resuelva para θ.

$$\begin{aligned} &2\,\text{sen}\ \theta = 0 \\ &\text{sen}\ \theta = 0 \\ &\theta = \text{sen}^{-1} 0 \\ &\theta = n\pi \qquad \text{donde } n \text{ es un número entero} \end{aligned}$$

Sustituya cualquiera de los valores θ en la ecuación. Utilizaremos 0,

$$\begin{aligned} r &= 2\,\text{sen}(0) \\ r &= 0 \end{aligned}$$

Los puntos $(0, 0)$ y $(0, \pm n\pi)$ son los ceros de la ecuación. Todos coinciden, por lo que solo se ve un punto en el gráfico. Este punto es también la única intersección del eje polar.

Para hallar el valor máximo de la ecuación, observe el valor máximo de la función trigonométrica $\text{sen}\ \theta$, que se produce cuando $\theta = \frac{\pi}{2} \pm 2k\pi$ lo que da como resultado $\text{sen}\left(\frac{\pi}{2}\right) = 1$. Sustituya $\frac{\pi}{2}$ por θ.

$$\begin{aligned} r &= 2\,\text{sen}\left(\frac{\pi}{2}\right) \\ r &= 2(1) \\ r &= 2 \end{aligned}$$

Análisis

El punto $\left(2, \frac{\pi}{2}\right)$ será el valor máximo del gráfico. Vamos a trazar algunos puntos más para verificar el gráfico de un círculo. Vea la Tabla 2 y la Figura 4.

θ	$r = 2\,\text{sen}\ \theta$	r
0	$r = 2\,\text{sen}(0) = 0$	0
$\frac{\pi}{6}$	$r = 2\,\text{sen}\left(\frac{\pi}{6}\right) = 1$	1
$\frac{\pi}{3}$	$r = 2\,\text{sen}\left(\frac{\pi}{3}\right) \approx 1{,}73$	$1{,}73$
$\frac{\pi}{2}$	$r = 2\,\text{sen}\left(\frac{\pi}{2}\right) = 2$	2
$\frac{2\pi}{3}$	$r = 2\,\text{sen}\left(\frac{2\pi}{3}\right) \approx 1{,}73$	$1{,}73$

Tabla 2

θ	$r = 2\operatorname{sen}\ \theta$	r
$\frac{5\pi}{6}$	$r = 2\operatorname{sen}\left(\frac{5\pi}{6}\right) = 1$	1
π	$r = 2\operatorname{sen}(\pi) = 0$	0

Tabla 2

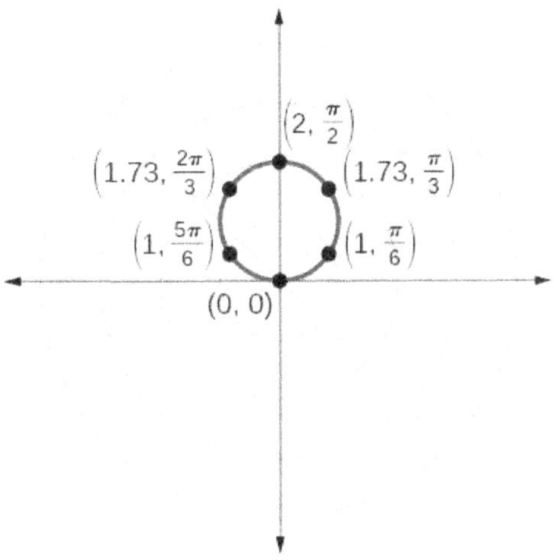

Figura 4

INTÉNTELO #2 Sin convertir a coordenadas cartesianas, pruebe la simetría de la ecuación dada y halle los ceros y valores máximos de $|r|$: $r = 3\cos\ \theta$.

Investigar sobre círculos

Ahora hemos visto la ecuación de un círculo en el sistema de coordenadas polares. En los dos ejemplos anteriores se utilizó la misma ecuación para ilustrar las propiedades de la simetría y demostrar cómo hallar los ceros, los valores máximos y los puntos trazados que produjeron los gráficos. Sin embargo, el círculo es solo una de las muchas formas del conjunto de curvas polares.

Existen cinco curvas polares clásicas: **cardioides**, **caracoles de Pascal, lemniscatas, curvas de rosa polar (rhodonea)** y **espirales de Arquímedes**. Trataremos brevemente las fórmulas polares del círculo antes de pasar a las curvas clásicas y sus variaciones.

Fórmulas para la ecuación de un círculo

Algunas de las fórmulas que producen el gráfico de un círculo en coordenadas polares están dadas por $r = a\cos\ \theta$ y $r = a\operatorname{sen}\ \theta$, donde a es el diámetro de la circunferencia o la distancia desde el polo hasta el punto más alejado del círculo. El radio es $\frac{|a|}{2}$, o la mitad del diámetro. Para $r = a\cos\ \theta$, el centro es $\left(\frac{a}{2}, 0\right)$. Para $r = a\operatorname{sen}\ \theta$, el centro es $\left(\frac{a}{2}, \frac{\pi}{2}\right)$. La Figura 5 muestra los gráficos de estos cuatro círculos.

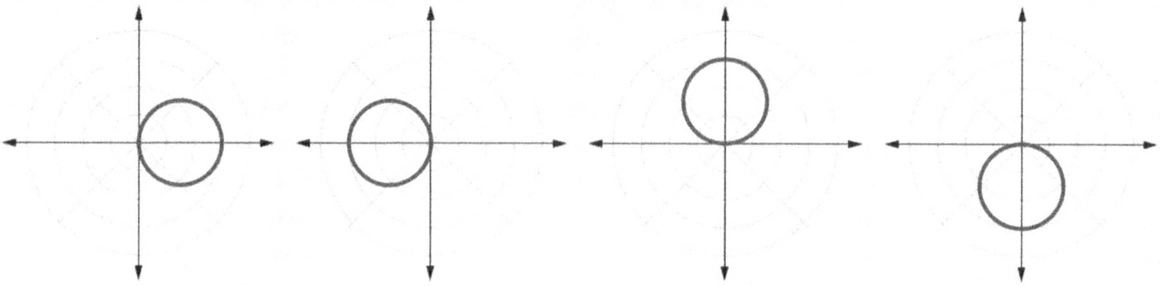

$r = a\cos\theta,\ a > 0$ (a) | $r = a\cos\theta,\ a < 0$ (b) | $r = a\,\text{sen}\,\theta,\ a > 0$ (c) | $r = a\,\text{sen}\,\theta,\ a < 0$ (d)

Figura 5

EJEMPLO 3

Dibujar el gráfico de una ecuación polar para un círculo

Dibuje el gráfico de $r = 4\cos\ \theta$.

Solución

En primer lugar, al comprobar la simetría de la ecuación, nos damos cuenta de que el gráfico es simétrico respecto al eje polar. Luego, hallamos los ceros y el máximo $|r|$ por $r = 4\cos\ \theta$. Primero, establezca $r = 0$, y resuelva para θ. Por lo tanto, se produce un cero en $\theta = \frac{\pi}{2} \pm k\pi$. Un punto clave para trazar es $\left(0,\quad \frac{\pi}{2}\right)$.

Para hallar el valor máximo de r, observe que el valor máximo de la función coseno es 1 cuando $\theta = 0 \pm 2k\pi$. Sustituya $\theta = 0$ en la ecuación:

$$r = 4\cos\ \theta$$
$$r = 4\cos(0)$$
$$r = 4(1) = 4$$

El valor máximo de la ecuación es 4. Un punto clave para trazar es $(4,\ 0)$.

Dado que $r = 4\cos\ \theta$ es simétrica con respecto al eje polar, solo tenemos que calcular los valores r para θ en el intervalo $[0, \pi]$. Los puntos del cuadrante superior se pueden reflejar en el cuadrante inferior. Haga una tabla de valores similar a la Tabla 3. El gráfico se muestra en la Figura 6.

θ	0	$\frac{\pi}{6}$	$\frac{\pi}{4}$	$\frac{\pi}{3}$	$\frac{\pi}{2}$	$\frac{2\pi}{3}$	$\frac{3\pi}{4}$	$\frac{5\pi}{6}$	π
r	4	3,46	2,83	2	0	−2	-2,83	-3,46	-4

Tabla 3

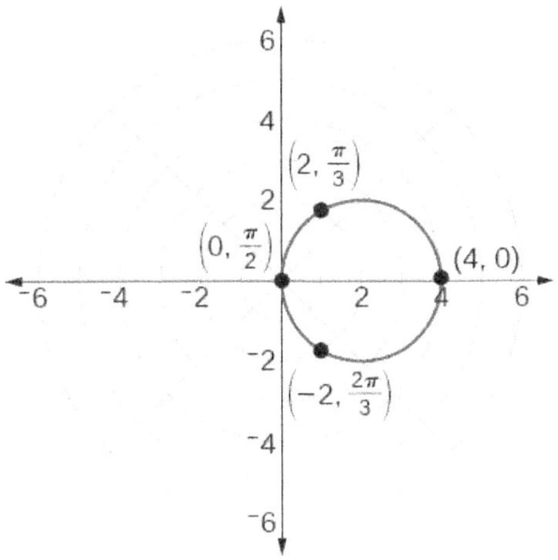

Figura 6

Investigar las cardioides

Aunque la traslación de coordenadas polares a coordenadas cartesianas puede parecer más sencilla en algunos casos, la representación gráfica de las curvas clásicas es en realidad menos complicada en el sistema polar. La siguiente curva se llama cardioide, ya que se parece a un corazón. Esta forma se incluye, a menudo, con la familia de curvas llamada caracoles de Pascal, pero aquí hablaremos de la cardioide por sí sola.

Fórmulas para una cardioide

Las fórmulas que producen los gráficos de una **cardioide** están dadas por $r = a \pm b\cos\ \theta$ y $r = a \pm b\,\text{sen}\ \theta$ donde $a > 0, b > 0,$ y $\frac{a}{b} = 1$. El gráfico de la cardioide pasa por el polo, como podemos ver en la Figura 7.

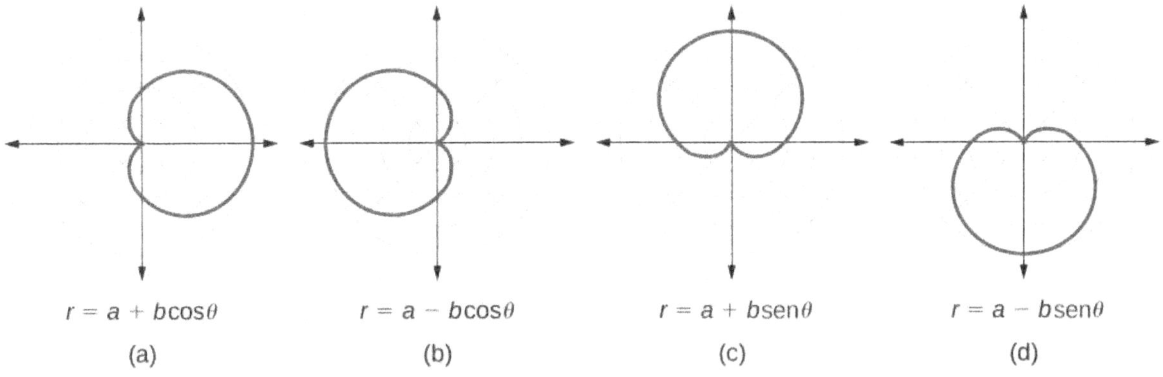

Figura 7

CÓMO

Dada la ecuación polar de una cardioide, dibuje su gráfico.

1. Compruebe la ecuación de los tres tipos de simetría.
2. Halle los ceros. Establezca $r = 0$.
3. Halle el valor máximo de la ecuación según el valor máximo de la expresión trigonométrica.
4. Haga una tabla de valores para r y θ.
5. Trace los puntos y dibuje el gráfico.

EJEMPLO 4

Dibujar el gráfico de una cardioide
Dibuje el gráfico de $r = 2 + 2\cos\ \theta$.

Solución

Primero, al probar la simetría de la ecuación, hallamos que el gráfico de esta ecuación será simétrico alrededor del eje polar. Luego, hallamos los ceros y los máximos. Si establecemos que $r = 0$, tenemos $\theta = \pi + 2k\pi$. El cero de la ecuación se encuentra en $(0, \pi)$. El gráfico pasa por este punto.

El valor máximo de $r = 2 + 2\cos\ \theta$ se produce cuando $\cos\ \theta$ es un máximo, lo que se da cuando $\cos\ \theta = 1$ o cuando $\theta = 0$. Sustituya $\theta = 0$ en la ecuación y resuelva para r.

$$r = 2 + 2\cos(0)$$
$$r = 2 + 2(1) = 4$$

El punto $(4, 0)$ es el valor máximo del gráfico.

Comprobamos que la ecuación polar es simétrica con respecto al eje polar, pero como se extiende a los cuatro cuadrantes, necesitamos trazar los valores sobre el intervalo $[0,\ \pi]$. La parte superior del gráfico se refleja entonces sobre el eje polar. A continuación, hacemos una tabla de valores, como en la Tabla 4, y luego trazamos los puntos y dibujamos el gráfico. Vea la Figura 8.

θ	0	$\frac{\pi}{4}$	$\frac{\pi}{2}$	$\frac{2\pi}{3}$	π
r	4	3,41	2	1	0

Tabla 4

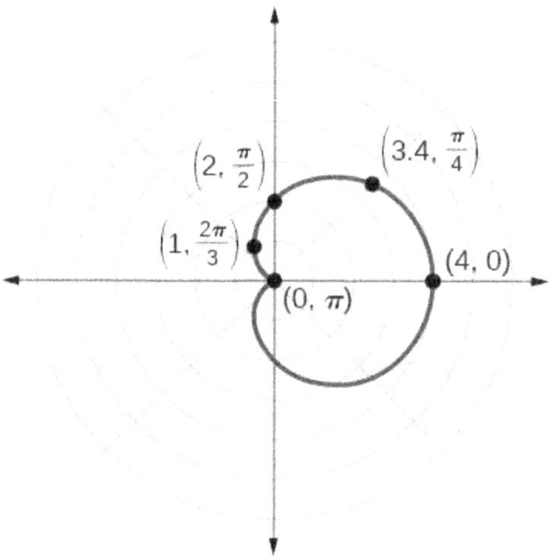

Figura 8

Investigar sobre caracoles de Pascal

La palabra *limaçon* significa "caracol" en francés antiguo, nombre que describe la forma del gráfico. Como se ha mencionado anteriormente, el cardioide es un miembro de la familia de los caracoles de Pascal, y podemos ver las similitudes en los gráficos. Las demás imágenes de esta categoría consisten en un caracol de Pascal de un lazo y un caracol de Pascal de dos lazos (o de lazo interno). **Los caracoles de Pascal de un lazo**, a veces, se denominan **caracoles de Pascal con hoyuelos** cuando $1 < \frac{a}{b} < 2$ y **caracoles de Pascal convexos** cuando $\frac{a}{b} \geq 2$.

Fórmulas para los caracoles de Pascal de un lazo

Las fórmulas que producen el gráfico de un **caracol de Pascal de un lazo** con hoyuelos están dadas por $r = a \pm b\cos\ \theta$ y $r = a \pm b\,\text{sen}\ \theta$ donde $a > 0,\ b > 0$, y $1 < \frac{a}{b} < 2$. Los cuatro gráficos se muestran en la Figura 9.

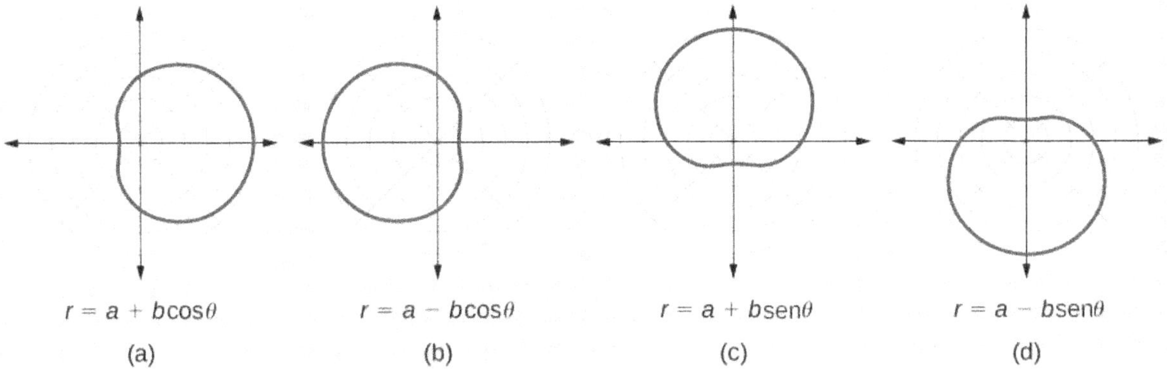

Figura 9 Caracoles de Pascal con hoyuelos

CÓMO

Dada una ecuación polar para un caracol de Pascal de un lazo, dibuje el gráfico.

1. Pruebe la simetría de la ecuación. Recuerde que el hecho de no superar la prueba de simetría no significa que la forma no presente simetría. A menudo, la simetría puede revelarse al trazar los puntos.
2. Halle los ceros.
3. Halle los valores máximos según la expresión trigonométrica.
4. Haga una tabla.
5. Trace los puntos y dibuje el gráfico.

EJEMPLO 5

Dibujar el gráfico de un caracol de Pascal de un lazo

Represente gráficamente la ecuación $r = 4 - 3\,\text{sen}\ \theta$.

Solución

Primero, al probar la simetría de la ecuación, hallamos que no supera las tres pruebas de simetría, lo que significa que el gráfico puede o no presentar simetría, por lo que no podemos utilizar la simetría para ayudarnos a graficarla. Sin embargo, esta ecuación tiene un gráfico que muestra claramente la simetría con respecto a la línea $\theta = \frac{\pi}{2}$, pero no supera las tres pruebas de simetría. Una calculadora gráfica ilustrará inmediatamente la cualidad de reflexión del gráfico.

Luego, hallamos los ceros y el máximo, y trazamos los puntos de reflexión para verificar cualquier simetría. Si establecemos que $r = 0$ da como resultado que θ es indefinido. ¿Qué significa esto? ¿Cómo podría θ ser indefinido? El ángulo θ es indefinido para cualquier valor de $\text{sen}\ \theta > 1$. Por lo tanto, θ es indefinido porque no hay ningún valor de θ para los cuales $\text{sen}\ \theta > 1$. En consecuencia, el gráfico no pasa por el polo. Quizás el gráfico sí cruza el eje polar, pero no en el polo. Podemos investigar otras intersecciones al calcular r cuando $\theta = 0$.

$$r(0) = 4 - 3\,\text{sen}(0)$$
$$r = 4 - 3 \cdot 0 = 4$$

Por lo tanto, hay al menos una intersección del eje polar en $(4, 0)$.

Luego, como el valor máximo de la función seno es 1 cuando $\theta = \frac{\pi}{2}$, sustituiremos $\theta = \frac{\pi}{2}$ en la ecuación y resolvemos para r. Por lo tanto, $r = 1$.

Haga una tabla de las coordenadas similar a la Tabla 5

θ	0	$\frac{\pi}{6}$	$\frac{\pi}{3}$	$\frac{\pi}{2}$	$\frac{2\pi}{3}$	$\frac{5\pi}{6}$	π	$\frac{7\pi}{6}$	$\frac{4\pi}{3}$	$\frac{3\pi}{2}$	$\frac{5\pi}{3}$	$\frac{11\pi}{6}$	2π
r	4	2,5	1,4	1	1,4	2,5	4	5,5	6,6	7	6,6	5,5	4

Tabla 5

El gráfico se muestra en la Figura 10.

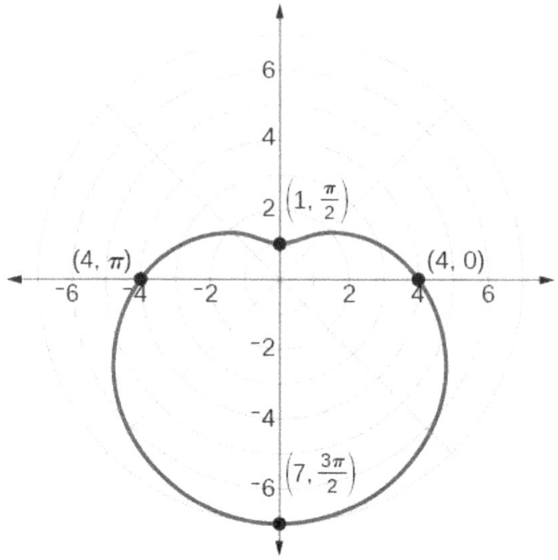

Figura 10 Caracol de Pascal de un lazo

Análisis

Este es un ejemplo de una curva para la que la elaboración de una tabla de valores es fundamental para producir un gráfico preciso. Las pruebas de simetría fallan; el cero es indefinido. Aunque puede ser evidente que una ecuación que incluya sen θ es probablemente simétrica con respecto a la línea $\theta = \frac{\pi}{2}$, evaluar más puntos ayuda a verificar que el gráfico es correcto.

INTÉNTELO #3 Dibuje el gráfico de $r = 3 - 2\cos\ \theta$.

Otro tipo de caracol, el **caracol de Pascal de lazo interno**, recibe su nombre por el lazo que se forma dentro de la forma general del caracol. Lo descubrió el artista alemán Albrecht Dürer(1471 a 1528), quien reveló un método para dibujar el caracol de Pascal de lazo interno en su libro de 1525 *Underweysung der Messing*. Un siglo más tarde, el padre del matemático Blaise Pascal, Étienne Pascal (1588 a 1651), lo redescubrió.

Fórmulas para caracoles de Pascal de lazo interno

Las fórmulas que generan los **caracoles de Pascal de lazo interno** están dadas por $r = a \pm b\cos\ \theta$ y $r = a \pm b\,\text{sen}\ \theta$ donde $a > 0$, $b > 0$, y $a < b$. El gráfico del caracol de Pascal de lazo interno pasa por el polo dos veces: una para el lazo externo y otra para el lazo interno. Vea los gráficos en la Figura 11.

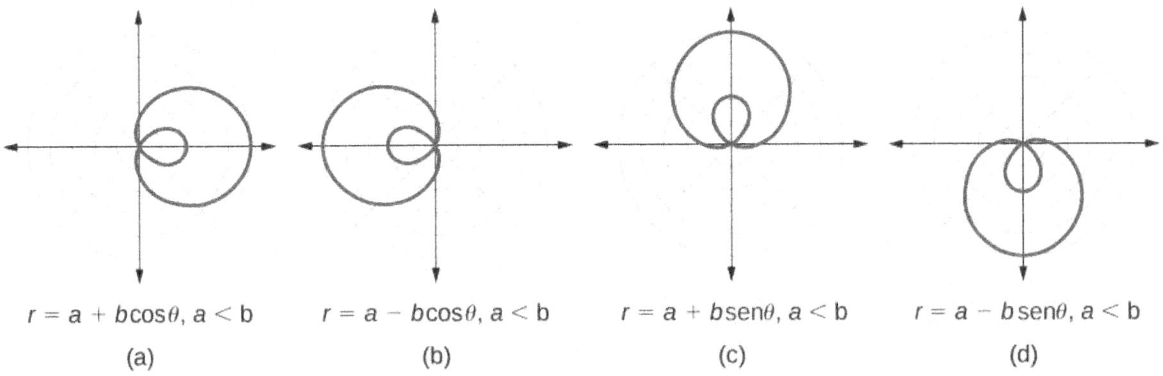

Figura 11

EJEMPLO 6

Dibujar el gráfico de un caracol de Pascal de lazo interno

Dibuje el gráfico de $r = 2 + 5\cos\,\theta$.

Solución

Al probar la simetría, hallamos que el gráfico de la ecuación es simétrico alrededor del eje polar. Luego, hallar los ceros revela que cuando $r = 0, \theta = 1{,}98$. El máximo $|r|$ se halla cuando $\cos\ \theta = 1$ o cuando $\theta = 0$. Por lo tanto, el máximo se encuentra en el punto (7, 0).

Aunque hayamos calculado la simetría, el cero y el máximo, el trazado de más puntos ayudará a definir la forma, y entonces surgirá un patrón.

Vea la Tabla 6.

θ	0	$\frac{\pi}{6}$	$\frac{\pi}{3}$	$\frac{\pi}{2}$	$\frac{2\pi}{3}$	$\frac{5\pi}{6}$	π	$\frac{7\pi}{6}$	$\frac{4\pi}{3}$	$\frac{3\pi}{2}$	$\frac{5\pi}{3}$	$\frac{11\pi}{6}$	2π
r	7	6,3	4,5	2	-0,5	−2,3	−3	−2,3	-0,5	2	4,5	6,3	7

Tabla 6

Como era de esperar, los valores comienzan a repetirse después de $\theta = \pi$. El gráfico se muestra en la Figura 12.

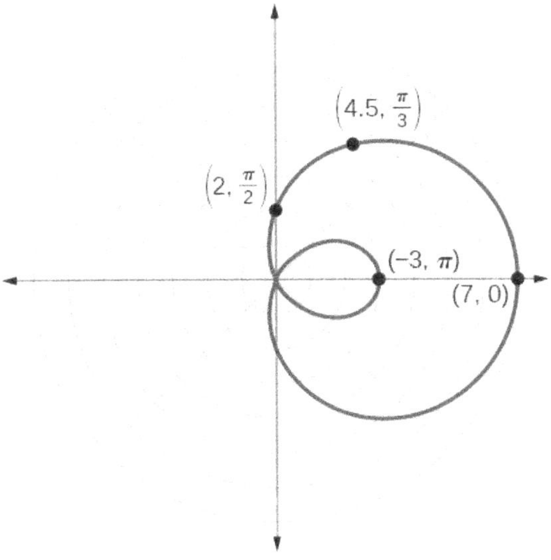

Figura 12 Caracol de Pascal de lazo interno

Investigar las lemniscatas

La lemniscata es una curva polar que se asemeja al símbolo del infinito ∞ o un número 8. Centrada en el polo, una lemniscata es simétrica por definición.

Fórmulas para lemniscata

Las fórmulas que generan el gráfico de una **lemniscata** están dadas por $r^2 = a^2 \cos 2\theta$ y $r^2 = a^2 \operatorname{sen} 2\theta$ donde $a \neq 0$. La fórmula $r^2 = a^2 \operatorname{sen} 2\theta$ es simétrica con respecto al polo. La fórmula $r^2 = a^2 \cos 2\theta$ es simétrica con respecto al polo, la línea $\theta = \frac{\pi}{2}$ y el eje polar. Vea los gráficos en la Figura 13.

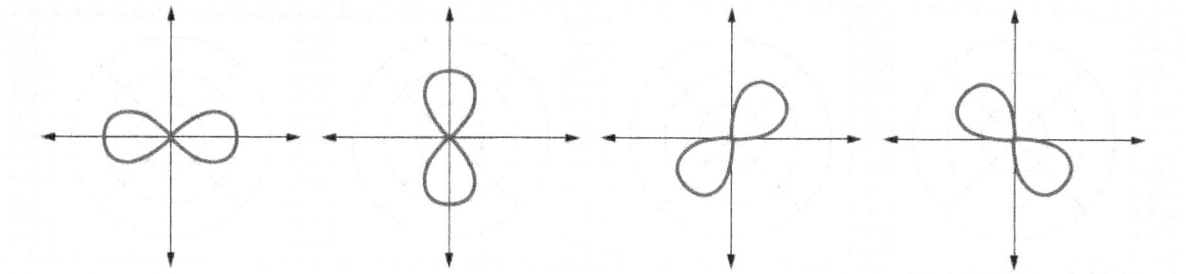

Figura 13

EJEMPLO 7

Dibujar el gráfico de una lemniscata

Dibuje el gráfico de $r^2 = 4\cos 2\theta$.

Solución

La ecuación presenta simetría respecto a la línea $\theta = \frac{\pi}{2}$, el eje polar y el polo.

Hallemos los ceros. Ya debería ser rutinario, pero abordaremos esta ecuación de forma un poco diferente haciendo la sustitución $u = 2\theta$.

$$\begin{aligned} 0 &= 4\cos 2\theta \\ 0 &= 4\cos u \\ 0 &= \cos u \\ \cos^{-1} 0 &= \frac{\pi}{2} \\ u &= \frac{\pi}{2} && \text{Sustituya } 2\theta \text{ de nuevo para } u. \\ 2\theta &= \frac{\pi}{2} \\ \theta &= \frac{\pi}{4} \end{aligned}$$

Por lo tanto, el punto $\left(0, \frac{\pi}{4}\right)$ es un cero de la ecuación.

Ahora vamos a hallar el valor máximo. Dado que el máximo de $\cos u = 1$ cuando $u = 0$, el máximo de $\cos 2\theta = 1$ cuando $2\theta = 0$. Por lo tanto,

$$\begin{aligned} r^2 &= 4\cos(0) \\ r^2 &= 4(1) = 4 \\ r &= \pm\sqrt{4} \ \pm 2 \end{aligned}$$

Tenemos un máximo en (2, 0). Dado que este gráfico es simétrico con respecto al polo, la línea $\theta = \frac{\pi}{2}$, y el eje polar, solo necesitamos trazar puntos en el primer cuadrante.

Haga una tabla similar a la Tabla 7.

θ	0	$\frac{\pi}{6}$	$\frac{\pi}{4}$
r	± 2	$\pm\sqrt{2}$	0

Tabla 7

Trace los puntos en el gráfico, como el que se muestra en la Figura 14.

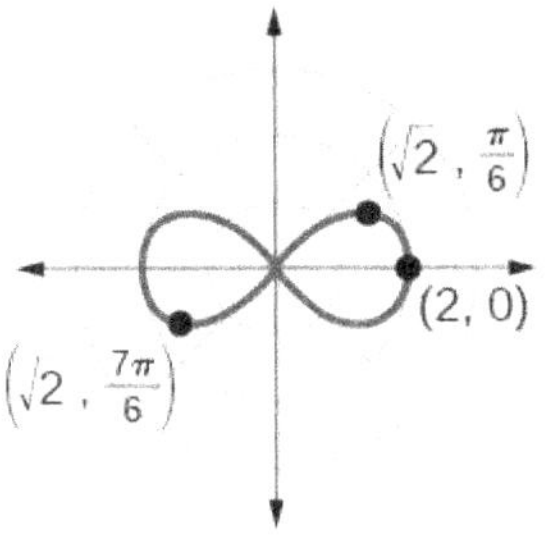

Figura 14 Lemniscata

Análisis

Al hacer una sustitución como $u = 2\theta$ es una práctica habitual en matemáticas porque puede simplificar los cálculos. Sin embargo, no debemos olvidar sustituir el término de sustitución por el término original al final y, luego, resolver la incógnita.

Es posible que algunos de los puntos de este gráfico no aparezcan utilizando la función Trace de la calculadora gráfica TI-84, y que la tabla de la calculadora muestre un error para estos mismos puntos de r. Esto se debe a que no hay raíces cuadradas reales para estos valores de θ. En otras palabras, los correspondientes valores r de $\sqrt{4\cos(2\theta)}$ son números complejos porque hay un número negativo bajo el radical.

Investigar sobre curvas rosa polar (rhodonea)

El siguiente tipo de ecuación polar produce una forma parecida a un pétalo llamada curva rosa polar. Aunque los gráficos parecen complejos, una simple ecuación polar genera el patrón.

Curva rosa polar

Las fórmulas que generan el gráfico de una **curva rosa polar** están dadas por $r = a\cos\ n\theta$ y $r = a\,\text{sen}\ n\theta$ donde $a \neq 0$. Si n es par, la curva tiene $2n$ pétalos. Si los valores de n es impar, la curva tiene n pétalos. Vea la Figura 15.

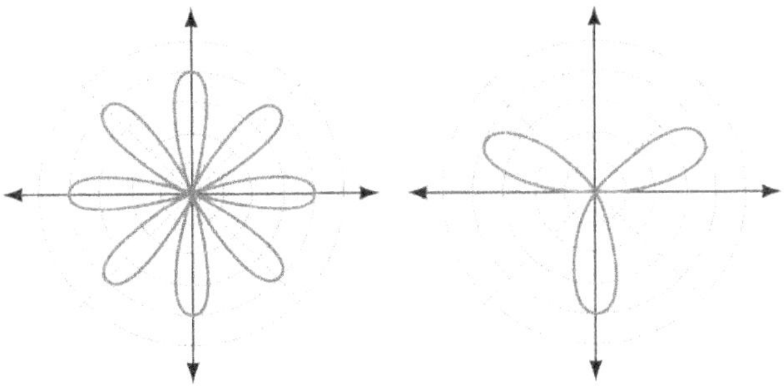

$r = a\cos(n\theta)$, n par
(a)

$r = a\,\text{sen}(n\theta)$, n impar
(b)

Figura 15

EJEMPLO 8

Dibujar el gráfico de una curva rosa polar (*n* par)

Dibuje el gráfico de $r = 2\cos\ 4\theta$.

Solución

Al comprobar la simetría, hallamos de nuevo que las pruebas de simetría no cuentan toda la historia. El gráfico no solo es simétrico con respecto al eje polar, sino también con respecto a la línea $\theta = \frac{\pi}{2}$ y al polo.

Ahora, hallaremos los ceros. Primero, haga la sustitución de $u = 4\theta$.

$$\begin{aligned} 0 &= 2\cos\ 4\theta \\ 0 &= \cos\ 4\theta \\ 0 &= \cos\ u \\ \cos^{-1}0 &= u \\ u &= \frac{\pi}{2} \\ 4\theta &= \frac{\pi}{2} \\ \theta &= \frac{\pi}{8} \end{aligned}$$

El cero es $\theta = \frac{\pi}{8}$. El punto $\left(0, \frac{\pi}{8}\right)$ está en la curva.

Luego, hallamos el máximo $|r|$. Sabemos que el valor máximo de $\cos\ u = 1$ cuando $\theta = 0$. Por lo tanto,

$$\begin{aligned} r &= 2\cos(4 \cdot 0) \\ r &= 2\cos(0) \\ r &= 2(1) = 2 \end{aligned}$$

El punto $(2, 0)$ está en la curva.

El gráfico de la curva rosa polar tiene propiedades únicas, que se revelan en la Tabla 8.

θ	0	$\frac{\pi}{8}$	$\frac{\pi}{4}$	$\frac{3\pi}{8}$	$\frac{\pi}{2}$	$\frac{5\pi}{8}$	$\frac{3\pi}{4}$
r	2	0	−2	0	2	0	−2

Tabla 8

A medida que $r = 0$ cuando $\theta = \frac{\pi}{8}$, tiene sentido dividir los valores de la tabla entre $\frac{\pi}{8}$ unidades. Surge un patrón definido. Mire el rango de valores *r*: 2, 0, –2, 0, 2, 0, –2 y así sucesivamente. Esto representa el desarrollo de la curva un pétalo a la vez. A partir de $r = 0$, cada pétalo se extiende una distancia de $r = 2$, y luego vuelve a cero $2n$ veces para un total de ocho pétalos. Vea el gráfico en la Figura 16.

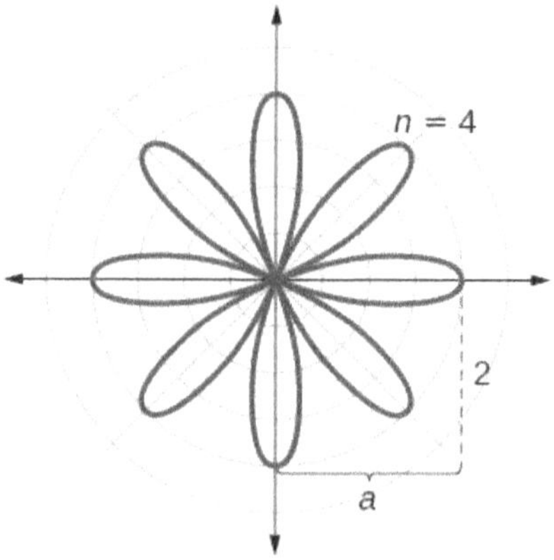

Figura 16 Curva rosa polar, *n* par

Análisis

Cuando se dibujan estas curvas, lo mejor es trazar los puntos en orden, como en la Tabla 8. Esto nos permite ver cómo el gráfico alcanza un máximo (la punta de un pétalo), hace una vuelta cruzando el polo, alcanza el máximo opuesto y vuelve a hacer una vuelta hacia el polo. La acción es continua hasta que se dibujan todos los pétalos.

INTÉNTELO #4 Dibuje el gráfico de $r = 4\,\text{sen}\,(2\theta)$.

EJEMPLO 9

Dibujar el gráfico de una curva rosa polar (*n* impar)

Dibuje el gráfico de $r = 2\,\text{sen}\,(5\theta)$.

Solución

El gráfico de la ecuación muestra simetría con respecto a la línea $\theta = \frac{\pi}{2}$. A continuación, halle los ceros y el máximo. Queremos hacer la sustitución de $u = 5\theta$.

$$\begin{gathered} 0 = 2\,\text{sen}(5\theta) \\ 0 = \text{sen}\;u \\ \text{sen}^{-1} 0 = 0 \\ u = 0 \\ 5\theta = 0 \\ \theta = 0 \end{gathered}$$

El valor máximo se calcula en el ángulo donde $\text{sen}\;\theta$ es un máximo. Por lo tanto,

$$\begin{aligned} r &= 2\,\text{sen}\left(5 \cdot \frac{\pi}{2}\right) \\ r &= 2(1) = 2 \end{aligned}$$

Por lo tanto, el valor máximo de la ecuación polar es 2. Esta es la longitud de cada pétalo. Como la curva de n impar produce el mismo número de pétalos que n, habrá cinco pétalos en el gráfico. Vea la Figura 17.

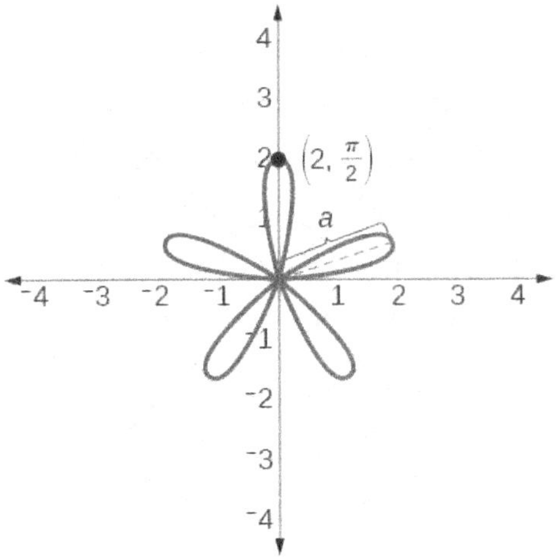

Figura 17 Curva rosa polar, n impar

Cree una tabla de valores similar a la Tabla 9.

θ	0	$\frac{\pi}{6}$	$\frac{\pi}{3}$	$\frac{\pi}{2}$	$\frac{2\pi}{3}$	$\frac{5\pi}{6}$	π
r	0	1	-1,73	2	-1,73	1	0

Tabla 9

INTÉNTELO #5 Dibuje el gráfico de $r = 3\cos(3\theta)$.

Investigar sobre la espiral de Arquímedes

La última ecuación polar que analizaremos es la espiral de Arquímedes, llamada así por su descubridor, el matemático griego Arquímedes (c. 287 a.C. a c. 212 a.C.), a quien se le atribuyen numerosos descubrimientos en los campos de la geometría y la mecánica.

Espiral de Arquímedes

La fórmula que genera el gráfico de la **espiral de Arquímedes** está dada por $r = \theta$ por $\theta \geq 0$. A medida que θ aumenta, r aumenta a una tasa constante en una trayectoria en espiral cada vez más amplia e interminable. Vea la Figura 18.

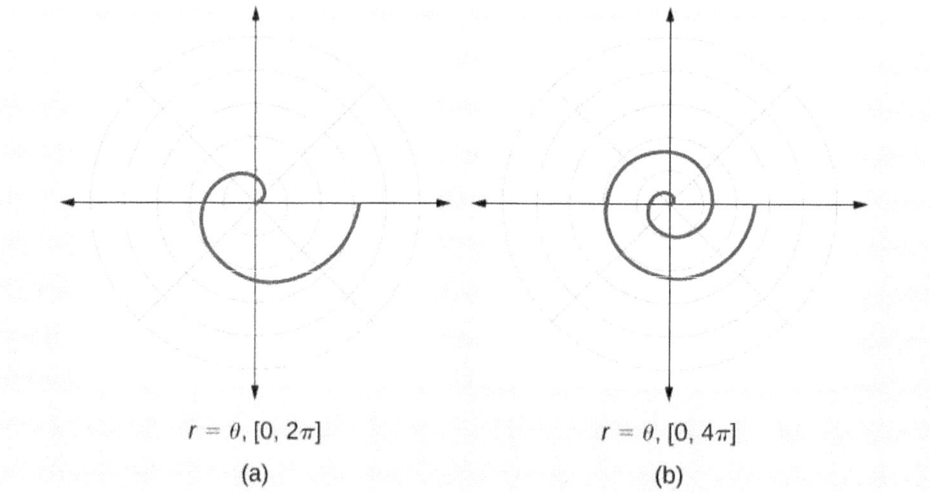

Figura 18

CÓMO

Dada una espiral de Arquímedes sobre $[0, 2\pi]$, dibuje el gráfico.

1. Haga una tabla de valores para r y θ sobre el dominio dado.
2. Trace los puntos y dibuje el gráfico.

EJEMPLO 10

Dibujar el gráfico de una espiral de Arquímedes

Dibuje el gráfico de $r = \theta$ en $[0, 2\pi]$.

Solución

Dado que r es igual a θ, el gráfico de la espiral de Arquímedes comienza en el polo en el punto (0, 0). Aunque el gráfico insinúa una simetría, no existe una simetría formal con respecto a la superación de las pruebas de simetría. Además, no hay un valor máximo, a menos que el dominio esté restringido.

Cree una tabla como la Tabla 10.

θ	$\frac{\pi}{4}$	$\frac{\pi}{2}$	π	$\frac{3\pi}{2}$	$\frac{7\pi}{4}$	2π
r	0,785	1,57	3,14	4,71	5,50	6,28

Tabla 10

Observe que los valores r son solo la forma decimal del ángulo medido en radianes. Podemos verlos en un gráfico en la Figura 19.

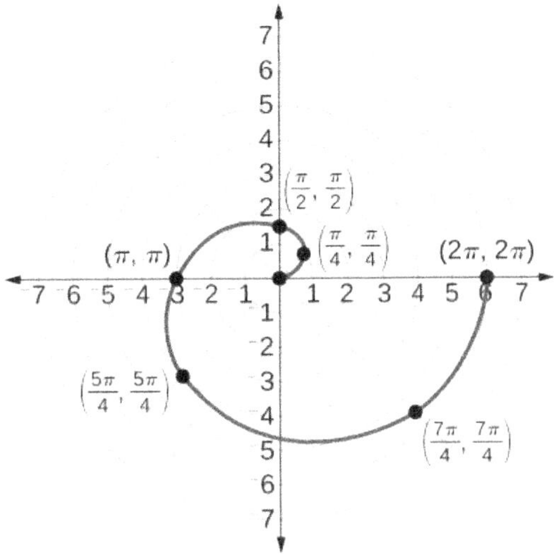

Figura 19 espiral de Arquímedes

Análisis

El dominio de esta curva polar es $[0, 2\pi]$. Sin embargo, en general, el dominio de esta función es $(-\infty, \infty)$. Graficar la ecuación de la espiral de Arquímedes es bastante sencillo, aunque la imagen hace pensar que sería complejo.

INTÉNTELO #6 Dibuje el gráfico de $r = -\theta$ en el intervalo $[0, 4\pi]$.

Resumen de curvas

En esta sección hemos explorado una serie de curvas polares aparentemente complejas. La Figura 20 y la Figura 21 resumen los gráficos y ecuaciones de cada una de estas curvas.

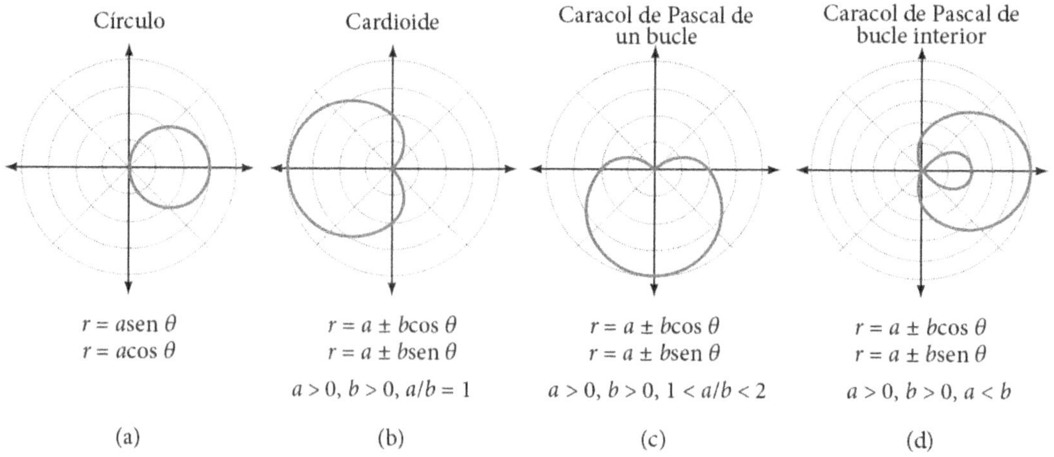

Figura 20

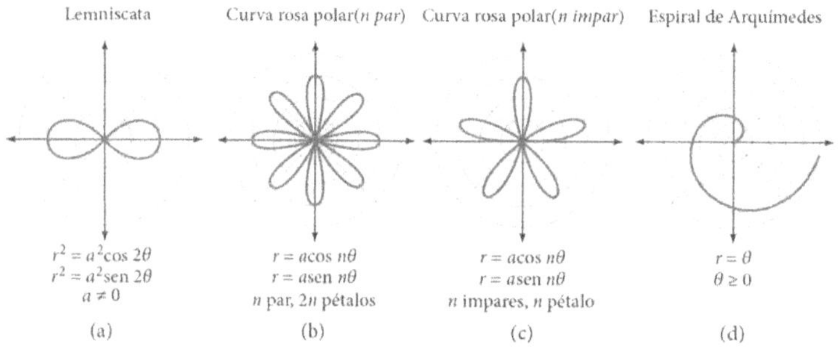

Figura 21

MEDIA

Acceda a estos recursos en línea para obtener más información y practicar con los gráficos de coordenadas polares.

Graficar ecuaciones polares parte 1 (http://openstax.org/l/polargraph1)
Graficar ecuaciones polares parte 2 (http://openstax.org/l/polargraph2)
Animación: Los gráficos de las ecuaciones polares (http://openstax.org/l/polaranim)
Graficar ecuaciones polares en la TI-84 (http://openstax.org/l/polarTI84)

8.4 EJERCICIOS DE SECCIÓN

Verbales

1. Describa los tres tipos de simetría en los gráficos polares y compárelos con la simetría del plano cartesiano.

2. ¿Cuál de los tres tipos de simetrías de los gráficos polares corresponde a las simetrías con respecto al eje *x*, al eje *y* y al origen?

3. ¿Cuáles son los pasos que se deben seguir para hacer gráficos de ecuaciones polares?

4. Describa las formas de los gráficos de cardioides, caracol de Pascal y lemniscatas.

5. ¿Qué parte de la ecuación determina la forma del gráfico de una ecuación polar?

Gráficos

En los siguientes ejercicios, compruebe la simetría de la ecuación.

6. $r = 5\cos\ 3\theta$

7. $r = 3 - 3\cos\ \theta$

8. $r = 3 + 2\operatorname{sen}\ \theta$

9. $r = 3\operatorname{sen}\ 2\theta$

10. $r = 4$

11. $r = 2\theta$

12. $r = 4\cos\ \frac{\theta}{2}$

13. $r = \frac{2}{\theta}$

14. $r = 3\sqrt{1 - \cos^2\theta}$

15. $r = \sqrt{5\operatorname{sen}\ 2\theta}$

En los siguientes ejercicios, grafique la ecuación polar. Identifique el nombre de la forma.

16. $r = 3\cos\ \theta$

17. $r = 4\operatorname{sen}\ \theta$

18. $r = 2 + 2\cos\ \theta$

19. $r = 2 - 2\cos\ \theta$

20. $r = 5 - 5\operatorname{sen}\ \theta$

21. $r = 3 + 3\operatorname{sen}\ \theta$

22. $r = 3 + 2\operatorname{sen}\ \theta$

23. $r = 7 + 4\operatorname{sen}\ \theta$

24. $r = 4 + 3\cos\ \theta$

25. $r = 5 + 4\cos\ \theta$

26. $r = 10 + 9\cos\ \theta$

27. $r = 1 + 3\operatorname{sen}\ \theta$

28. $r = 2 + 5\operatorname{sen}\ \theta$

29. $r = 5 + 7\operatorname{sen}\ \theta$

30. $r = 2 + 4\cos\ \theta$

31. $r = 5 + 6\cos\ \theta$

32. $r^2 = 36\cos(2\theta)$

33. $r^2 = 10\cos(2\theta)$

34. $r^2 = 4\operatorname{sen}(2\theta)$

35. $r^2 = 10\operatorname{sen}(2\theta)$

36. $r = 3\operatorname{sen}(2\theta)$

37. $r = 3\cos(2\theta)$

38. $r = 5\operatorname{sen}(3\theta)$

39. $r = 4\operatorname{sen}(4\theta)$

40. $r = 4\operatorname{sen}(5\theta)$

41. $r = -\theta$

42. $r = 2\theta$

43. $r = -3\theta$

En tecnología

En los siguientes ejercicios, utilice una calculadora gráfica para dibujar el gráfico de la ecuación polar.

44. $r = \frac{1}{\theta}$

45. $r = \frac{1}{\sqrt{\theta}}$

46. $r = 2\operatorname{sen}\ \theta\tan\ \theta$, una cisoide

47. $r = 2\sqrt{1 - \operatorname{sen}^2\theta}$, una hipopoda

48. $r = 5 + \cos(4\theta)$

49. $r = 2 - \operatorname{sen}(2\theta)$

50. $r = \theta^2$

51. $r = \theta + 1$

52. $r = \theta\operatorname{sen}\ \theta$

53. $r = \theta\cos\ \theta$

En los siguientes ejercicios, utilice una herramienta gráfica para graficar cada par de ecuaciones polares sobre un dominio de $[0, 4\pi]$ y, luego, explique las diferencias que aparecen en los gráficos.

54. $r = \theta, r = -\theta$

55. $r = \theta, r = \theta + \text{sen } \theta$

56. $r = \text{sen } \theta + \theta, r = \text{sen } \theta - \theta$

57. $r = 2\,\text{sen}\left(\frac{\theta}{2}\right), r = \theta\,\text{sen}\left(\frac{\theta}{2}\right)$

58. $r = \text{sen}\,(\cos(3\theta))\ \ r = \text{sen}(3\theta)$

59. En una herramienta gráfica, grafique $r = \text{sen}\left(\frac{16}{5}\theta\right)$ en $[0, 4\pi]$, $[0, 8\pi]$, $[0, 12\pi]$ y $[0, 16\pi]$. Describa el efecto de aumentar la anchura del dominio.

60. En una herramienta gráfica, grafique y dibuje $r = \text{sen } \theta + \left(\text{sen}\left(\frac{5}{2}\theta\right)\right)^3$ en $[0, 4\pi]$.

61. En una herramienta gráfica, grafique cada ecuación polar. Explique las similitudes y diferencias que observa en los gráficos.

$$r_1 = 3\,\text{sen}(3\theta)$$
$$r_2 = 2\,\text{sen}(3\theta)$$
$$r_3 = \text{sen}(3\theta)$$

62. En una herramienta gráfica, grafique cada ecuación polar. Explique las similitudes y diferencias que observa en los gráficos.

$$r_1 = 3 + 3\cos\ \theta$$
$$r_2 = 2 + 2\cos\ \theta$$
$$r_3 = 1 + \cos\ \theta$$

63. En una herramienta gráfica, grafique cada ecuación polar. Explique las similitudes y diferencias que observa en los gráficos.

$$r_1 = 3\theta$$
$$r_2 = 2\theta$$
$$r_3 = \theta$$

Extensiones

En los siguientes ejercicios, dibuje cada ecuación polar sobre el mismo conjunto de ejes polares y halle los puntos de intersección.

64. $r_1 = 3 + 2\,\text{sen } \theta,\ r_2 = 2$

65. $r_1 = 6 - 4\cos\ \theta,\ r_2 = 4$

66. $r_1 = 1 + \text{sen } \theta,\ r_2 = 3\,\text{sen } \theta$

67. $r_1 = 1 + \cos\ \theta,\ r_2 = 3\cos\ \theta$

68. $r_1 = \cos(2\theta),\ r_2 = \text{sen}(2\theta)$

69. $r_1 = \text{sen}^2(2\theta),$ $r_2 = 1 - \cos(4\theta)$

70. $r_1 = \sqrt{3},\ r_2 = 2\,\text{sen}(\theta)$

71. $r_1{}^2 = \text{sen } \theta, r_2{}^2 = \cos\ \theta$

72. $r_1 = 1 + \cos\ \theta,$ $r_2 = 1 - \text{sen } \theta$

8.5 Forma polar de los números complejos

Objetivos de aprendizaje

En esta sección, podrá:

- Graficar números complejos en el plano complejo.
- Hallar el valor absoluto de un número complejo.
- Escribir números complejos en forma polar.
- Convertir un número complejo de forma polar a rectangular.
- Hallar productos de números complejos en forma polar.
- Hallar cocientes de números complejos en forma polar.
- Hallar potencias de números complejos en forma polar.
- Hallar raíces de números complejos en forma polar.

"Dios hizo los números enteros; todo lo demás es obra del hombre". Esta célebre cita del matemático alemán del siglo XIX Leopold Kronecker sienta las bases de esta sección sobre la forma polar de un número complejo. Los números complejos fueron inventados por personas y representan más de mil años de investigación y lucha continúa por parte de matemáticos como Pitágoras, Descartes, De Moivre, Euler, Gauss y otros. Los números complejos respondieron a preguntas que durante siglos habían desconcertado a las mentes más brillantes de la ciencia.

La primera vez que vimos los números complejos fue en la sección Números complejos. En esta sección, nos centraremos en la mecánica de trabajo con los números complejos: conversión de números complejos de la forma polar a la forma rectangular y viceversa, interpretación de números complejos en el esquema de aplicaciones y aplicación del teorema de Moivre.

Graficar números complejos en el plano complejo.

Trazar un número complejo $a + bi$ es similar a trazar un número real, excepto que el eje horizontal representa la parte real del número, a, y el eje vertical representa la parte imaginaria del número, bi.

CÓMO

Dado un número complejo $a + bi$, trácelo en el plano complejo.

1. Marque el eje horizontal como eje *real* y el eje vertical como *eje imaginario.*
2. Trace el punto en el plano complejo moviendo las unidades de las unidades en la dirección horizontal y las unidades de las unidades b en la dirección vertical.

EJEMPLO 1

Trazar un número complejo en el plano complejo

Trace el número complejo $2 - 3i$ en el plano complejo.

Solución

Desde el origen, muévase dos unidades en la dirección horizontal positiva y tres unidades en la dirección vertical negativa. Vea la Figura 1.

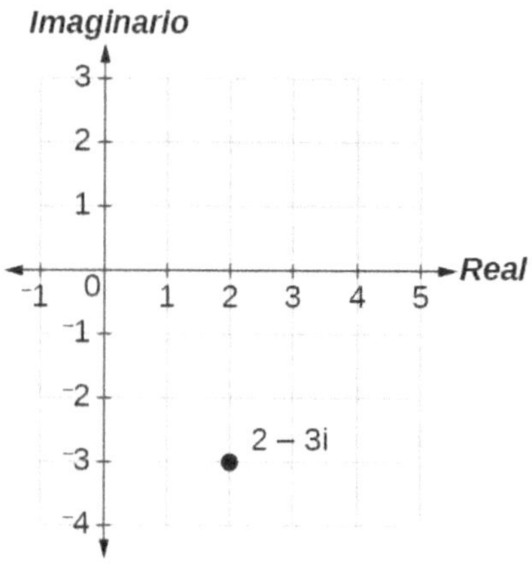

Figura 1

INTÉNTELO #1 Trace el punto $1 + 5i$ en el plano complejo.

Hallar el valor absoluto de un número complejo

El primer paso para trabajar con un número complejo en forma polar es calcular el valor absoluto. El valor absoluto de un número complejo es igual a su magnitud, o $|z|$. Mide la distancia del origen a un punto en el plano. Por ejemplo, el gráfico de $c = 2 + 4i$, en la Figura 2, muestra $|z|$.

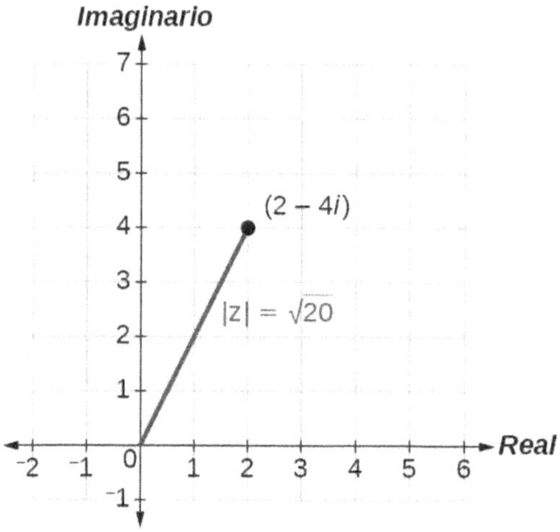

Figura 2

Valor absoluto de un número complejo

Dado $z = x + yi$, un número complejo, el valor absoluto de c se define como

$$|z| = \sqrt{x^2 + y^2}$$

Es la distancia del origen al punto (x, y) .

Observe que el valor absoluto de un número real da la distancia del número desde 0, mientras que el valor absoluto de un número complejo da la distancia del número desde el origen, $(0,\ \ 0)$.

EJEMPLO 2

Hallar el valor absoluto de un número complejo con un radical

Halle el valor absoluto de $c = \sqrt{5} - i$.

Solución

Con la fórmula tenemos

$$|z| = \sqrt{x^2 + y^2}$$
$$|z| = \sqrt{\left(\sqrt{5}\right)^2 + (-1)^2}$$
$$|z| = \sqrt{5 + 1}$$
$$|z| = \sqrt{6}$$

Vea la Figura 3.

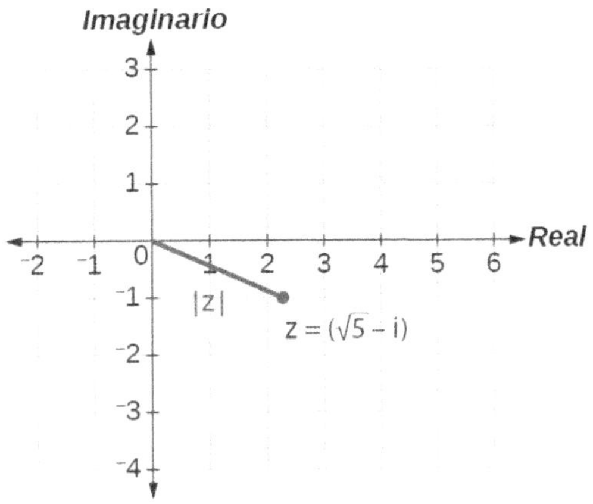

Figura 3

INTÉNTELO #2 Halle el valor absoluto del número complejo $c = 12 - 5i$.

EJEMPLO 3

Hallar el valor absoluto de un número complejo

Dados $z = 3 - 4i$, halle $|z|$.

Solución

Con la fórmula tenemos

$$|z| = \sqrt{x^2 + y^2}$$
$$|z| = \sqrt{(3)^2 + (-4)^2}$$
$$|z| = \sqrt{9 + 16}$$
$$|z| = \sqrt{25}$$
$$|z| = 5$$

El valor absoluto c es 5. Vea la Figura 4.

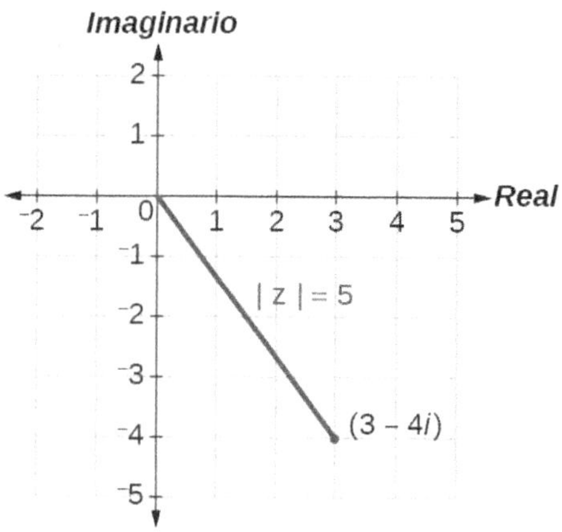

Figura 4

> INTÉNTELO #3 Dados $z = 1 - 7i$, halle $|z|$.

Escribir números complejos en forma polar

La **forma polar de un número complejo** expresa un número en términos de un ángulo θ y su distancia desde el origen r. Dado un número complejo en forma rectangular expresado como $c = x + yi$, utilizamos las mismas fórmulas de conversión que para escribir el número en forma trigonométrica:

$$x = r\cos\ \theta$$
$$y = r\,\text{sen}\ \theta$$
$$r = \sqrt{x^2 + y^2}$$

Revisamos estas relaciones en la Figura 5.

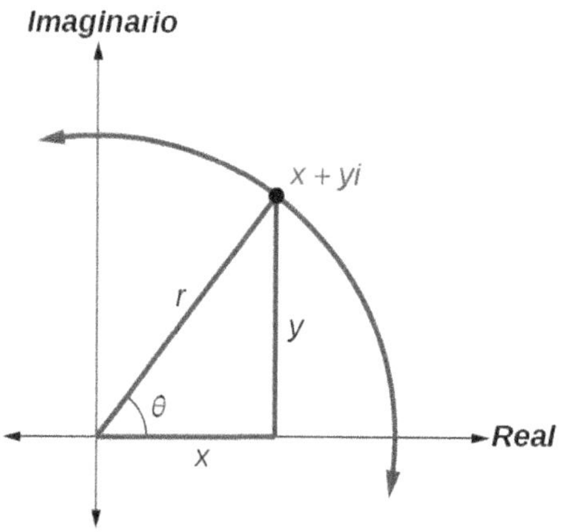

Figura 5

Usamos el término **módulo** para representar el valor absoluto de un número complejo o la distancia desde el origen al punto (x, y). El módulo, entonces, es el mismo que r, el radio en forma polar. Usamos θ para indicar el ángulo de dirección (igual que con las coordenadas polares). Al sustituir, tenemos

$$c = x + yi$$
$$c = r\cos\ \theta + (r\,\text{sen}\ \theta)\,i$$
$$c = r(\cos\ \theta + i\,\text{sen}\ \theta)$$

Forma polar de un número complejo

Escribir un número complejo en forma polar implica las siguientes fórmulas de conversión:

$$x = r\cos\ \theta$$
$$y = r\,\text{sen}\ \theta$$
$$r = \sqrt{x^2 + y^2}$$

Al hacer una sustitución directa, tenemos

$$c = x + yi$$
$$c = (r\cos\ \theta) + i\,(r\,\text{sen}\ \theta)$$
$$z = r(\cos\ \theta + i\,\text{sen}\ \theta)$$

donde r es el **módulo** y θ es el **argumento**. A menudo utilizamos la abreviatura $r\text{cis}\ \theta$ para representar $r(\cos\ \theta + i\,\text{sen}\ \theta)$.

EJEMPLO 4

Expresión de un número complejo mediante coordenadas polares

Exprese el número complejo $4i$ mediante coordenadas polares.

Solución

En el plano complejo, el número $c = 4i$ es lo mismo que $c = 0 + 4i$. Al escribirlo en forma polar, tenemos que calcular r primero.

$$r = \sqrt{x^2 + y^2}$$
$$r = \sqrt{0^2 + 4^2}$$
$$r = \sqrt{16}$$
$$r = 4$$

A continuación, examinamos x. Si $x = r\cos\ \theta$, y $x = 0$, entonces $\theta = \frac{\pi}{2}$. En coordenadas polares, el número complejo $c = 0 + 4i$ se puede escribir como $c = 4\left(\cos\left(\frac{\pi}{2}\right) + i\,\text{sen}\left(\frac{\pi}{2}\right)\right)$ o $4\text{cis}\left(\frac{\pi}{2}\right)$. Vea la Figura 6.

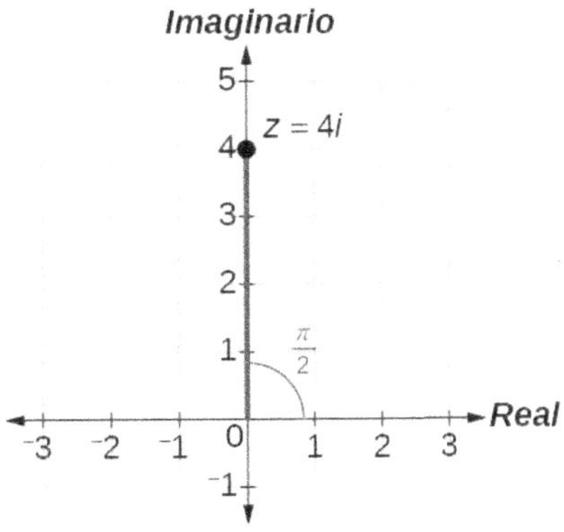

Figura 6

INTÉNTELO #4 Exprese $c = 3i$ como $r\text{ cis }\theta$ en forma polar.

EJEMPLO 5

Hallar la forma polar de un número complejo

Halle la forma polar de $-4 + 4i$.

Solución

Primero, halle el valor de r.

$$r = \sqrt{x^2 + y^2}$$
$$r = \sqrt{(-4)^2 + (4^2)}$$
$$r = \sqrt{32}$$
$$r = 4\sqrt{2}$$

Halle el ángulo θ mediante la fórmula:

$$\cos\ \theta = \frac{x}{r}$$
$$\cos\ \theta = \frac{-4}{4\sqrt{2}}$$
$$\cos\ \theta = -\frac{1}{\sqrt{2}}$$
$$\theta = \cos^{-1}\left(-\frac{1}{\sqrt{2}}\right) = \frac{3\pi}{4}$$

Así, la solución es $4\sqrt{2}\text{cis}\left(\frac{3\pi}{4}\right)$.

INTÉNTELO #5 Escriba $c = \sqrt{3} + i$ en forma polar.

Conversión de un número complejo de la forma polar a la rectangular

Convertir un número complejo de la forma polar a la rectangular es cuestión de evaluar lo que se da y utilizar la propiedad distributiva. En otras palabras, dado que $c = r(\cos\ \theta + i \text{ sen }\ \theta)$, primero evalúe las funciones trigonométricas $\cos\ \theta$ y $\text{sen}\ \theta$. Entonces, multiplique por r.

EJEMPLO 6

Conversión de la forma polar a la rectangular

Convierta el número complejo dado de la forma polar a la rectangular:

$$z = 12\left(\cos\left(\frac{\pi}{6}\right) + i \text{ sen}\left(\frac{\pi}{6}\right)\right)$$

Solución

Para comenzar evaluamos las expresiones trigonométricas.

$$\cos\left(\frac{\pi}{6}\right) = \frac{\sqrt{3}}{2} \text{ y } \text{sen}\left(\frac{\pi}{6}\right) = \frac{1}{2}$$

Después de la sustitución, el número complejo es

$$c = 12\left(\frac{\sqrt{3}}{2} + \frac{1}{2}i\right)$$

Aplicamos la propiedad distributiva:

$$\begin{aligned} c &= 12\left(\frac{\sqrt{3}}{2} + \frac{1}{2}i\right) \\ &= (12)\frac{\sqrt{3}}{2} + (12)\frac{1}{2}i \\ &= 6\sqrt{3} + 6i \end{aligned}$$

La forma rectangular del punto dado en forma compleja es $6\sqrt{3} + 6i$.

EJEMPLO 7

Hallar la forma rectangular de un número complejo
Halle la forma rectangular del número complejo dado $r = 13$ y $\tan\ \theta = \frac{5}{12}$.

Solución
Si $\tan\ \theta = \frac{5}{12}$, y $\tan\ \theta = \frac{y}{x}$, primero determinamos $r = \sqrt{x^2 + y^2} = \sqrt{12^2 + 5^2} = 13$. Hallamos entonces que $\cos\ \theta = \frac{x}{r}$ y $\text{sen}\ \theta = \frac{y}{r}$.

$$\begin{aligned} c &= 13(\cos\ \theta + i\,\text{sen}\ \theta) \\ &= 13\left(\tfrac{12}{13} + \tfrac{5}{13}i\right) \\ &= 12 + 5i \end{aligned}$$

La forma rectangular del número dado en forma compleja es $12 + 5i$.

INTÉNTELO #6 Convierta el número complejo en forma rectangular:

$$c = 4\left(\cos\frac{11\pi}{6} + i\,\text{sen}\,\frac{11\pi}{6}\right)$$

Hallar productos de números complejos en forma polar

Ahora, que podemos convertir los números complejos a la forma polar, aprenderemos a realizar operaciones con los números complejos en forma polar. En el resto de esta sección trabajaremos con fórmulas desarrolladas por el matemático francés Abraham De Moivre (1667-1754). Estas fórmulas han hecho que trabajar con productos, cocientes, potencias y raíces de números complejos sea mucho más sencillo de lo que parece. Las reglas se basan en la multiplicación de los módulos y la suma de los argumentos.

Productos de números complejos en forma polar

Si los valores de $c_1 = r_1(\cos\ \theta_1 + i\,\text{sen}\ \theta_1)$ y $z_2 = r_2(\cos\ \theta_2 + i\,\text{sen}\ \theta_2)$, entonces el producto de estos números se da como:

$$\begin{aligned} c_1 z_2 &= r_1 r_2\,[\cos(\theta_1 + \theta_2) + i\,\text{sen}(\theta_1 + \theta_2)] \\ c_1 z_2 &= r_1 r_2 \text{cis}(\theta_1 + \theta_2) \end{aligned}$$

Observe que el producto exige multiplicar los módulos y sumar los ángulos.

EJEMPLO 8

Hallar el producto de dos números complejos en forma polar
Halle el producto de $c_1 z_2$, dado que $c_1 = 4(\cos(80°) + i\,\text{sen}(80°))$ y $z_2 = 2(\cos(145°) + i\,\text{sen}(145°))$.

Solución
Siga la fórmula

$$\begin{aligned} c_1 z_2 &= 4 \cdot 2[\cos(80° + 145°) + i\,\text{sen}(80° + 145°)] \\ c_1 z_2 &= 8[\cos(225°) + i\,\text{sen}(225°)] \\ c_1 z_2 &= 8\left[\cos\left(\tfrac{5\pi}{4}\right) + i\,\text{sen}\left(\tfrac{5\pi}{4}\right)\right] \\ c_1 z_2 &= 8\left[-\tfrac{\sqrt{2}}{2} + i\left(-\tfrac{\sqrt{2}}{2}\right)\right] \\ c_1 z_2 &= -4\sqrt{2} - 4i\sqrt{2} \end{aligned}$$

Hallar cocientes de números complejos en forma polar

El cociente de dos números complejos en forma polar es el cociente de los dos módulos y la diferencia de los dos argumentos.

Cocientes de números complejos en forma polar

Si los valores de $c_1 = r_1(\cos\ \theta_1 + i \operatorname{sen}\ \theta_1)$ y $z_2 = r_2(\cos\ \theta_2 + i \operatorname{sen}\ \theta_2)$, entonces el cociente de estos números es

$$\frac{c_1}{z_2} = \frac{r_1}{r_2}[\cos(\theta_1 - \theta_2) + i \operatorname{sen}(\theta_1 - \theta_2)], \quad z_2 \neq 0$$
$$\frac{z_1}{z_2} = \frac{r_1}{r_2}\operatorname{cis}(\theta_1 - \theta_2), \quad z_2 \neq 0$$

Observe que los módulos se dividen y los ángulos se restan.

CÓMO

Dados dos números complejos en forma polar, calcule el cociente.

1. Divida $\frac{r_1}{r_2}$.
2. Halle $\theta_1 - \theta_2$.
3. Sustituya los resultados en la fórmula: $c = r(\cos\ \theta + i \operatorname{sen}\ \theta)$. Sustituya r con $\frac{r_1}{r_2}$, y sustituya θ con $\theta_1 - \theta_2$.
4. Calcule las nuevas expresiones trigonométricas y multiplique por r.

EJEMPLO 9

Hallar el cociente de dos números complejos

Halle el cociente de $c_1 = 2(\cos(213°) + i \operatorname{sen}(213°))$ y $z_2 = 4(\cos(33°) + i \operatorname{sen}(33°))$.

Solución

Con la fórmula tenemos

$$\frac{c_1}{z_2} = \frac{2}{4}[\cos(213° - 33°) + i \operatorname{sen}(213° - 33°)]$$
$$\frac{c_1}{z_2} = \frac{1}{2}[\cos(180°) + i \operatorname{sen}(180°)]$$
$$\frac{c_1}{z_2} = \frac{1}{2}[-1 + 0i]$$
$$\frac{c_1}{z_2} = -\frac{1}{2} + 0i$$
$$\frac{c_1}{z_2} = -\frac{1}{2}$$

INTÉNTELO #7 Halle el producto y el cociente de $c_1 = 2\sqrt{3}(\cos(150°) + i \operatorname{sen}(150°))$ y $z_2 = 2(\cos(30°) + i \operatorname{sen}(30°))$.

Hallar potencias de números complejos en forma polar

El cálculo de potencias de números complejos se simplifica enormemente con **el teorema de Moivre**. Establece que, para un número entero positivo n, c^n se calcula elevando el módulo a enésimo potencia y multiplicando el argumento por n. Es el método estándar utilizado en las matemáticas modernas.

Teorema de Moivre

Si los valores de $z = r(\cos\ \theta + i \operatorname{sen}\ \theta)$ es un número complejo, entonces

$$c^n = r^n\left[\cos(n\theta) + i\,\text{sen}\,(n\theta)\right]$$
$$c^n = r^n \text{cis}\,(n\theta)$$

donde n es un número entero positivo.

EJEMPLO 10

Evaluación de una expresión mediante el teorema de Moivre

Evalúe la expresión $(1+i)^5$ mediante el teorema de Moivre.

Solución

Como el teorema de Moivre se aplica a números complejos escritos en forma polar, debemos escribir primero $(1+i)$ en forma polar. Hallemos r.

$$r = \sqrt{x^2 + y^2}$$
$$r = \sqrt{(1)^2 + (1)^2}$$
$$r = \sqrt{2}$$

Luego calculamos θ. Si utilizamos la fórmula $\tan\ \theta = \frac{y}{x}$ da como resultado

$$\tan\ \theta = \frac{1}{1}$$
$$\tan\ \theta = 1$$
$$\theta = \frac{\pi}{4}$$

Use el teorema de Moivre para evaluar la expresión.

$$(a+bi)^n = r^n[\cos(n\theta) + i\,\text{sen}(n\theta)]$$
$$(1+i)^5 = \left(\sqrt{2}\right)^5\left[\cos\left(5\cdot\tfrac{\pi}{4}\right) + i\,\text{sen}\left(5\cdot\tfrac{\pi}{4}\right)\right]$$
$$(1+i)^5 = 4\sqrt{2}\left[\cos\left(\tfrac{5\pi}{4}\right) + i\,\text{sen}\left(\tfrac{5\pi}{4}\right)\right]$$
$$(1+i)^5 = 4\sqrt{2}\left[-\frac{\sqrt{2}}{2} + i\left(-\frac{\sqrt{2}}{2}\right)\right]$$
$$(1+i)^5 = -4 - 4i$$

Hallar raíces de números complejos en forma polar

Para hallar la raíz *enésima* de un número complejo en forma polar, usamos el $n$enésimo o teorema de Moivre y se eleva el número complejo a una potencia con exponente racional. Hay varias maneras de representar una fórmula para hallar raícesenésimas de números complejos en forma polar.

El teorema de raíz a la n

Para calcular la raízenésima de un número complejo en forma polar, use la fórmula dada

$$c^{\frac{1}{n}} = r^{\frac{1}{n}}\left[\cos\left(\frac{\theta}{n} + \frac{2k\pi}{n}\right) + i\,\text{sen}\left(\frac{\theta}{n} + \frac{2k\pi}{n}\right)\right]$$

donde $k = 0, \quad 1, \quad 2, \quad 3, \ . \quad . \quad . \quad , \quad n-1$. Añadimos $\frac{2k\pi}{n}$ con $\frac{\theta}{n}$ para obtener las raíces periódicas.

EJEMPLO 11

Hallar la raíz *enésima* de un número complejo

Evaluar las raíces cúbicas de $c = 8\left(\cos\left(\frac{2\pi}{3}\right) + i\,\text{sen}\left(\frac{2\pi}{3}\right)\right)$.

Solución

Tenemos

$$c^{\frac{1}{3}} = 8^{\frac{1}{3}}\left[\cos\left(\frac{\frac{2\pi}{3}}{3} + \frac{2k\pi}{3}\right) + i\,\text{sen}\left(\frac{\frac{2\pi}{3}}{3} + \frac{2k\pi}{3}\right)\right]$$

$$c^{\frac{1}{3}} = 2\left[\cos\left(\frac{2\pi}{9} + \frac{2k\pi}{3}\right) + i\,\text{sen}\left(\frac{2\pi}{9} + \frac{2k\pi}{3}\right)\right]$$

Habrá tres raíces: $k = 0, \quad 1, \quad 2.$ Cuando $k = 0$, tenemos

$$c^{\frac{1}{3}} = 2\left(\cos\left(\frac{2\pi}{9}\right) + i\,\text{sen}\left(\frac{2\pi}{9}\right)\right)$$

Cuando $k = 1$, tenemos

$$c^{\frac{1}{3}} = 2\left[\cos\left(\frac{2\pi}{9} + \frac{6\pi}{9}\right) + i\,\text{sen}\left(\frac{2\pi}{9} + \frac{6\pi}{9}\right)\right] \qquad \text{Sume } \frac{2(1)\pi}{3} \text{ a cada ángulo.}$$

$$c^{\frac{1}{3}} = 2\left(\cos\left(\frac{8\pi}{9}\right) + i\,\text{sen}\left(\frac{8\pi}{9}\right)\right)$$

Cuando $k = 2$, tenemos

$$c^{\frac{1}{3}} = 2\left[\cos\left(\frac{2\pi}{9} + \frac{12\pi}{9}\right) + i\,\text{sen}\left(\frac{2\pi}{9} + \frac{12\pi}{9}\right)\right] \qquad \text{Sume } \frac{2(2)\pi}{3} \text{ a cada ángulo.}$$

$$c^{\frac{1}{3}} = 2\left(\cos\left(\frac{14\pi}{9}\right) + i\,\text{sen}\left(\frac{14\pi}{9}\right)\right)$$

Recuerde hallar el denominador común para simplificar las fracciones en situaciones como esta. Para $k = 1$, la simplificación del ángulo es

$$\begin{aligned}&\frac{\frac{2\pi}{3}}{3} + \frac{2(1)\pi}{3} = \frac{2\pi}{3}\left(\frac{1}{3}\right) + \frac{2(1)\pi}{3}\left(\frac{3}{3}\right)\\ &= \frac{2\pi}{9} + \frac{6\pi}{9}\\ &= \frac{8\pi}{9}\end{aligned}$$

INTÉNTELO #8 Halle las cuatro raíces cuartas de $16(\cos(120°) + i\,\text{sen}(120°))$.

MEDIA

Acceda a estos recursos en línea para obtener más información y practicar formas polares de números complejos.

El producto y el cociente de números complejos en forma trigonométrica (http://openstax.org/l/prodquocomplex)
Teorema de Moivre (http://openstax.org/l/demoivre)

8.5 EJERCICIOS DE SECCIÓN

Verbal

1. Un número complejo es $a + bi$. Explique cada parte.
2. ¿Qué representa el valor absoluto de un número complejo?
3. ¿Cómo se convierte un número complejo en forma polar?
4. ¿Cómo se calcula el producto de dos números complejos?
5. ¿Qué es el teorema de Moivre y para qué sirve?

Algebraicos

En los siguientes ejercicios, halle el valor absoluto del número complejo dado.

6. $5 + \quad 3i$

7. $-7 + \quad i$

8. $-3 - 3i$

9. $\sqrt{2} - 6i$

10. $2i$

11. $2{,}2 - 3{,}1i$

En los siguientes ejercicios, escriba el número complejo en forma polar.

12. $2 + 2i$

13. $8 - 4i$

14. $-\frac{1}{2} - \frac{1}{2} \quad i$

15. $\sqrt{3} + i$

16. $3i$

En los siguientes ejercicios, convierta el número complejo de forma polar a rectangular.

17. $z = 7 \operatorname{cis}\left(\frac{\pi}{6}\right)$

18. $z = 2 \operatorname{cis}\left(\frac{\pi}{3}\right)$

19. $z = 4 \operatorname{cis}\left(\frac{7\pi}{6}\right)$

20. $z = 7 \operatorname{cis}(25°)$

21. $z = 3 \operatorname{cis}(240°)$

22. $z = \sqrt{2} \operatorname{cis}(100°)$

En los siguientes ejercicios, calcule $c_1 z_2$ en forma polar.

23. $z_1 = 2\sqrt{3} \operatorname{cis}(116°)$; $c_2 = 2 \operatorname{cis}(82°)$

24. $z_1 = \sqrt{2} \operatorname{cis}(205°)$; $c_2 = 2\sqrt{2} \operatorname{cis}(118°)$

25. $z_1 = 3 \operatorname{cis}(120°)$; $c_2 = \frac{1}{4} \operatorname{cis}(60°)$

26. $z_1 = 3 \operatorname{cis}\left(\frac{\pi}{4}\right)$; $c_2 = 5 \operatorname{cis}\left(\frac{\pi}{6}\right)$

27. $z_1 = \sqrt{5} \operatorname{cis}\left(\frac{5\pi}{8}\right)$; $c_2 = \sqrt{15} \operatorname{cis}\left(\frac{\pi}{12}\right)$

28. $z_1 = 4 \operatorname{cis}\left(\frac{\pi}{2}\right)$; $c_2 = 2 \operatorname{cis}\left(\frac{\pi}{4}\right)$

En los siguientes ejercicios, calcule $\frac{c_1}{z_2}$ en forma polar.

29. $z_1 = 21 \operatorname{cis}(135°)$; $c_2 = 3 \operatorname{cis}(65°)$

30. $z_1 = \sqrt{2} \operatorname{cis}(90°)$; $c_2 = 2 \operatorname{cis}(60°)$

31. $z_1 = 15 \operatorname{cis}(120°)$; $c_2 = 3 \operatorname{cis}(40°)$

32. $z_1 = 6 \operatorname{cis}\left(\frac{\pi}{3}\right)$; $c_2 = 2 \operatorname{cis}\left(\frac{\pi}{4}\right)$

33. $z_1 = 5\sqrt{2} \operatorname{cis}(\pi)$; $c_2 = \sqrt{2} \operatorname{cis}\left(\frac{2\pi}{3}\right)$

34. $z_1 = 2 \operatorname{cis}\left(\frac{3\pi}{5}\right)$; $c_2 = 3 \operatorname{cis}\left(\frac{\pi}{4}\right)$

En los siguientes ejercicios, calcule las potencias de cada número complejo en forma polar.

35. Calcule c^3 cuando $z = 5 \operatorname{cis}(45°)$.

36. Calcule z^4 cuando $z = 2 \operatorname{cis}(70°)$.

37. Calcule z^2 cuando $z = 3 \operatorname{cis}(120°)$.

38. Calcule z^2 cuando $z = 4 \operatorname{cis}\left(\frac{\pi}{4}\right)$.

39. Calcule z^4 cuando $z = \operatorname{cis}\left(\frac{3\pi}{16}\right)$.

40. Calcule c^3 cuando $z = 3 \operatorname{cis}\left(\frac{5\pi}{3}\right)$.

En los siguientes ejercicios, evalúe cada raíz.

41. Evalúe la raíz cúbica de z cuando $z = 27\,\text{cis}\,(240°)$.

42. Evalúe la raíz cuadrada de z cuando $z = 16\,\text{cis}\,(100°)$.

43. Evalúe la raíz cúbica de z cuando $z = 32\,\text{cis}\left(\frac{2\pi}{3}\right)$.

44. Evalúe la raíz cuadrada de z cuando $z = 32\text{cis}\,(\pi)$.

45. Evalúe la raíz cuadrada de z cuando $z = 8\,\text{cis}\left(\frac{7\pi}{4}\right)$.

Gráficos

En los siguientes ejercicios, trace el número complejo en el plano complejo.

46. $2 + 4i$

47. $-3 - 3i$

48. $5 - 4i$

49. $-1 - 5i$

50. $3 + 2i$

51. $2i$

52. -4

53. $6 - 2i$

54. $-2 + i$

55. $1 - 4i$

En tecnología

En los siguientes ejercicios, calcule todas las respuestas redondeadas a la centésima más cercana.

56. Utilice la función de rectangular a polar de la calculadora gráfica para cambiar $5 + 5i$ a la forma polar.

57. Utilice la función de rectangular a polar de la calculadora gráfica para cambiar $3 - 2i$ a la forma polar.

58. Utilice la función de rectangular a polar de la calculadora gráfica para cambiar $-3 - 8i$ a la forma polar.

59. Utilice la función de polar a rectangular de la calculadora gráfica para cambiar $4\,\text{cis}\,(120°)$ a la forma rectangular.

60. Utilice la función de polar a rectangular de la calculadora gráfica para cambiar $2\,\text{cis}\,(45°)$ a la forma rectangular.

61. Utilice la función de polar a rectangular de la calculadora gráfica para cambiar $5\,\text{cis}\,(210°)$ a la forma rectangular.

8.6 Ecuaciones paramétricas

Objetivos de aprendizaje

En esta sección, podrá:

- Parametrizar una curva.
- Eliminar el parámetro.
- Hallar una ecuación rectangular para una curva definida paramétricamente.
- Hallar ecuaciones paramétricas para curvas definidas por ecuaciones rectangulares.

Considere la trayectoria que sigue una luna al orbitar un planeta, que gira simultáneamente alrededor del sol, como se ve en la Figura 1. En todo momento, la luna se encuentra en un punto determinado con respecto al planeta. Pero, ¿cómo escribimos y resolvemos la ecuación para la posición de la luna cuando la distancia del planeta, la velocidad de la órbita de la luna alrededor del planeta y la velocidad de rotación alrededor del Sol son todas incógnitas? Solo podemos resolver una variable a la vez.

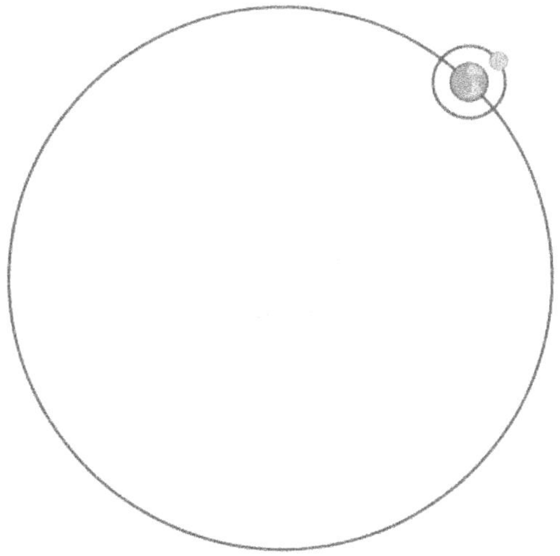

Figura 1

En esta sección consideraremos conjuntos de ecuaciones dadas por $x(t)$ y $y(t)$ donde t es la variable independiente del tiempo. Podemos utilizar estas ecuaciones paramétricas en un número de aplicaciones cuando buscamos no solo una posición concreta, sino también la dirección del movimiento. Al trazar los valores sucesivos de t, la orientación de la curva se hace evidente. Esta es una de las principales ventajas de utilizar ecuaciones paramétricas: podemos trazar el movimiento de un objeto a lo largo de una trayectoria en función del tiempo. Comenzamos esta sección con una mirada a los componentes básicos de las ecuaciones paramétricas y lo que significa parametrizar una curva. Luego, aprenderemos a eliminar el parámetro, a trasladar las ecuaciones de una curva definida paramétricamente en ecuaciones rectangulares y a hallar las ecuaciones paramétricas de las curvas definidas por ecuaciones rectangulares.

Parametrizar una curva

Cuando un objeto se desplaza a lo largo de una curva —o trayectoria curvilínea— en una dirección y un tiempo determinados, la posición del objeto en el plano viene dada por la coordenada x y la coordenada y. Sin embargo, ambos x y y varían con el tiempo y, por tanto, son funciones del tiempo. Por este motivo, añadimos otra variable, el **parámetro**, del que tanto x y y son funciones dependientes. En el ejemplo de principio de la sección, el parámetro es tiempo, t. La intersección en x posición de la luna en el tiempo, t, se representa como la función $x(t)$, y la intersección y posición de la luna en el tiempo, t, se representa como la función $y(t)$. Juntos, $x(t)$ y $y(t)$ se llaman ecuaciones paramétricas y generan un par ordenado $(x(t),\ y(t))$. Las ecuaciones paramétricas describen principalmente el movimiento y la dirección.

Cuando parametrizamos una curva, estamos trasladando una única ecuación en dos variables, como por ejemplo x y y , en un par de ecuaciones equivalentes en tres variables, x, y, y t. Una de las razones por las que parametrizamos una curva es porque las ecuaciones paramétricas proporcionan más información: concretamente, la dirección del movimiento del objeto en el tiempo.

Cuando graficamos ecuaciones paramétricas, podemos observar los comportamientos individuales de x y de y. Hay formas que no se pueden representar en la forma $y = f(x)$, lo que significa que no son funciones. Por ejemplo, consideremos el gráfico de un círculo, dado como $r^2 = x^2 + y^2$. Al resolver y da como resultado $y = \pm\sqrt{r^2 - x^2}$, o dos ecuaciones: $y_1 = \sqrt{r^2 - x^2}$ y $y_2 = -\sqrt{r^2 - x^2}$. Si graficamos y_1 y y_2 juntos, el gráfico no pasará la prueba de la línea vertical, como se muestra en la Figura 2. Por lo tanto, la ecuación del gráfico de un círculo no es una función.

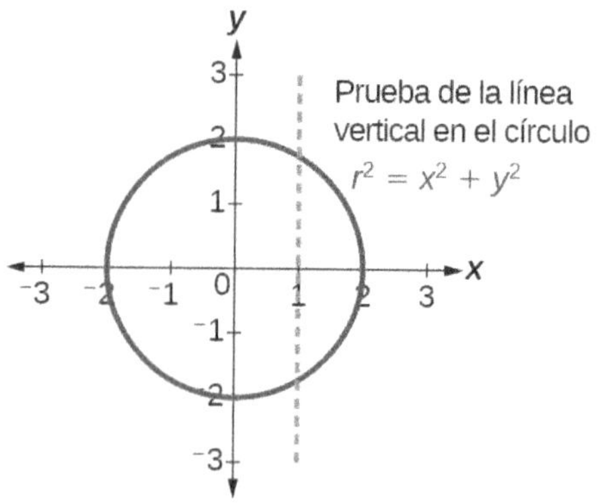

Figura 2

Sin embargo, si graficáramos cada ecuación por separado, cada una pasaría la prueba de la línea vertical y, por lo tanto, representaría una función. En algunos casos, el concepto de descomponer la ecuación de un círculo en dos funciones es similar al concepto de crear ecuaciones paramétricas, ya que utilizamos dos funciones para producir una no-función. Esto se aclarará a medida que avancemos.

Ecuaciones paramétricas

Supongamos que t es un número en un intervalo, I. El conjunto de pares ordenados, $(x(t), y(t))$, donde $x = f(t)$ y $y = g(t)$, forma una curva plana basada en el parámetro t. Las ecuaciones $x = f(t)$ y $y = g(t)$ son las ecuaciones paramétricas.

EJEMPLO 1

Parametrizar una curva

Parametrizar la curva $y = x^2 - 1$ supongamos que $x(t) = t$. Grafique ambas ecuaciones.

Solución

Si los valores de $x(t) = t$, entonces para hallar $y(t)$ sustituimos la variable x con la expresión dada en $x(t)$. En otras palabras, $y(t) = t^2 - 1$. Haga una tabla de valores similar a la Tabla 1, y trace el gráfico.

t	$x(t)$	$y(t)$
-4	-4	$y(-4) = (-4)^2 - 1 = 15$
-3	-3	$y(-3) = (-3)^2 - 1 = 8$
-2	-2	$y(-2) = (-2)^2 - 1 = 3$
-1	-1	$y(-1) = (-1)^2 - 1 = 0$
0	0	$y(0) = (0)^2 - 1 = -1$
1	1	$y(1) = (1)^2 - 1 = 0$
2	2	$y(2) = (2)^2 - 1 = 3$

Tabla 1

t	$x(t)$	$y(t)$
3	3	$y(3) = (3)^2 - 1 = 8$
4	4	$y(4) = (4)^2 - 1 = 15$

Tabla 1

Observe los gráficos en la Figura 3. Puede ser útil utilizar la función **TRACE** de una calculadora gráfica para ver cómo se generan los puntos cuando t aumenta.

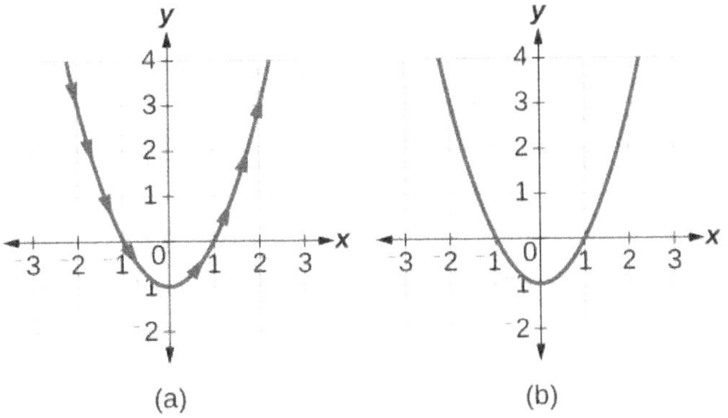

Figura 3 (a) Paramétrica $y(t) = t^2 - 1$ (b) Rectangular $y = x^2 - 1$

Análisis

Las flechas indican la dirección en la que se genera la curva. Observe que la curva es idéntica a la curva de $y = x^2 - 1$.

INTÉNTELO #1 Construya una tabla de valores y trace las ecuaciones paramétricas: $x(t) = t - 3$, $y(t) = 2t + 4$; $-1 \leq t \leq 2$.

EJEMPLO 2

Hallar un par de ecuaciones paramétricas

Halle un par de ecuaciones paramétricas que modelen el gráfico de $y = 1 - x^2$, utilizando el parámetro $x(t) = t$. Trace algunos puntos y dibuje el gráfico.

Solución

Si los valores de $x(t) = t$ y sustituimos t por x en la ecuación y, entonces $y(t) = 1 - t^2$. Nuestro par de ecuaciones paramétricas es

$$x(t) = t$$
$$y(t) = 1 - t^2$$

Para graficar las ecuaciones, primero construimos una tabla de valores como la que aparece en la Tabla 2. Podemos elegir valores de aproximadamente $t = 0$, a partir de $t = -3$ con $t = 3$. Los valores de $x(t)$ serán los mismos que los de la columna t porque $x(t) = t$. Calcule los valores de la columna $y(t)$.

t	$x(t) = t$	$y(t) = 1 - t^2$
-3	-3	$y(-3) = 1 - (-3)^2 = -8$
-2	-2	$y(-2) = 1 - (-2)^2 = -3$
-1	-1	$y(-1) = 1 - (-1)^2 = 0$
0	0	$y(0) = 1 - 0 = 1$
1	1	$y(1) = 1 - (1)^2 = 0$
2	2	$y(2) = 1 - (2)^2 = -3$
3	3	$y(3) = 1 - (3)^2 = -8$

Tabla 2

el gráfico de $y = 1 - t^2$ es una parábola orientada hacia abajo, como se muestra en la Figura 4. Hemos trazado la curva sobre el intervalo $[-3,\ 3]$, que se muestra como una línea sólida con flechas que indican la orientación de la curva según t. La orientación se refiere a la trayectoria trazada a lo largo de la curva en términos de valores crecientes de t. Como esta parábola es simétrica respecto a la línea $x = 0$, los valores de x se reflejan a través del eje y.

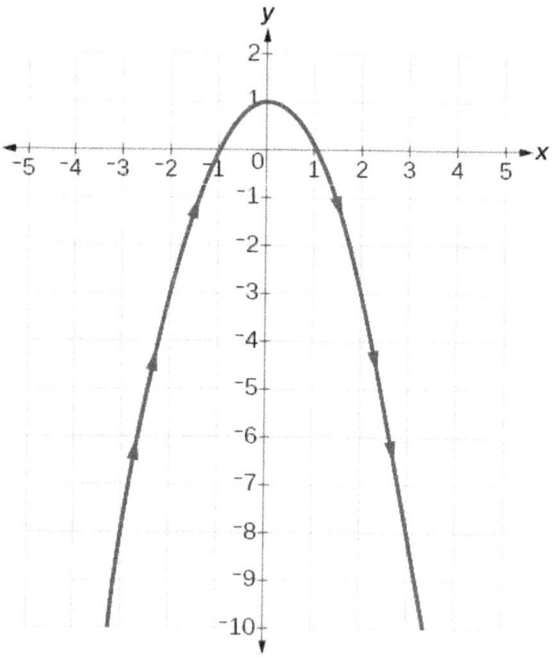

Figura 4

INTÉNTELO #2 Parametrizar la curva dada por $x = y^3 - 2y$.

EJEMPLO 3

Hallar ecuaciones paramétricas que modelen criterios dados

Un objeto se desplaza a una velocidad constante a lo largo de una trayectoria recta $(-5,\ 3)$ al $(3,\ -1)$ en el mismo plano en cuatro segundos. Las coordenadas están medidas en metros. Halle ecuaciones paramétricas para la posición del objeto.

Solución

Las ecuaciones paramétricas son expresiones lineales sencillas, pero tenemos que ver este problema paso a paso. El valor x del objeto comienza en -5 metros y va hasta 3 metros. Esto significa que la distancia x cambió 8 metros en 4 segundos, lo que supone una proporción de $\frac{8 \text{ m}}{4 \text{ s}}$, o 2 m/s. Podemos escribir la coordenada x como una función lineal con respecto al tiempo como $x(t) = 2t - 5$. En la plantilla de función lineal $y = mx + b, 2t = mx$ y $-5 = b$.

Del mismo modo, el valor y del objeto comienza en 3 y va hasta -1, lo que supone un cambio en la distancia y de -4 metros en 4 segundos, lo que supone una proporción de $\frac{-4 \text{ m}}{4 \text{ s}}$, o -1m/s. También podemos escribir la coordenada y como la función lineal $y(t) = -t + 3$. En conjunto, estas son las ecuaciones paramétricas para la posición del objeto, donde x y y se expresan en metros y t representa el tiempo:

$$x(t) = 2t - 5$$
$$y(t) = -t + 3$$

Si utilizamos estas ecuaciones, podemos construir una tabla de valores para $t, x,$ y y (vea la Tabla 3). En este ejemplo, limitamos los valores de t a números no negativos. En general, cualquier valor de t se puede utilizar.

t	$x(t) = 2t - 5$	$y(t) = -t + 3$
0	$x = 2(0) - 5 = -5$	$y = -(0) + 3 = 3$
1	$x = 2(1) - 5 = -3$	$y = -(1) + 3 = 2$
2	$x = 2(2) - 5 = -1$	$y = -(2) + 3 = 1$
3	$x = 2(3) - 5 = 1$	$y = -(3) + 3 = 0$
4	$x = 2(4) - 5 = 3$	$y = -(4) + 3 = -1$

Tabla 3

A partir de esta tabla, podemos crear tres gráficos, como se muestra en la Figura 5.

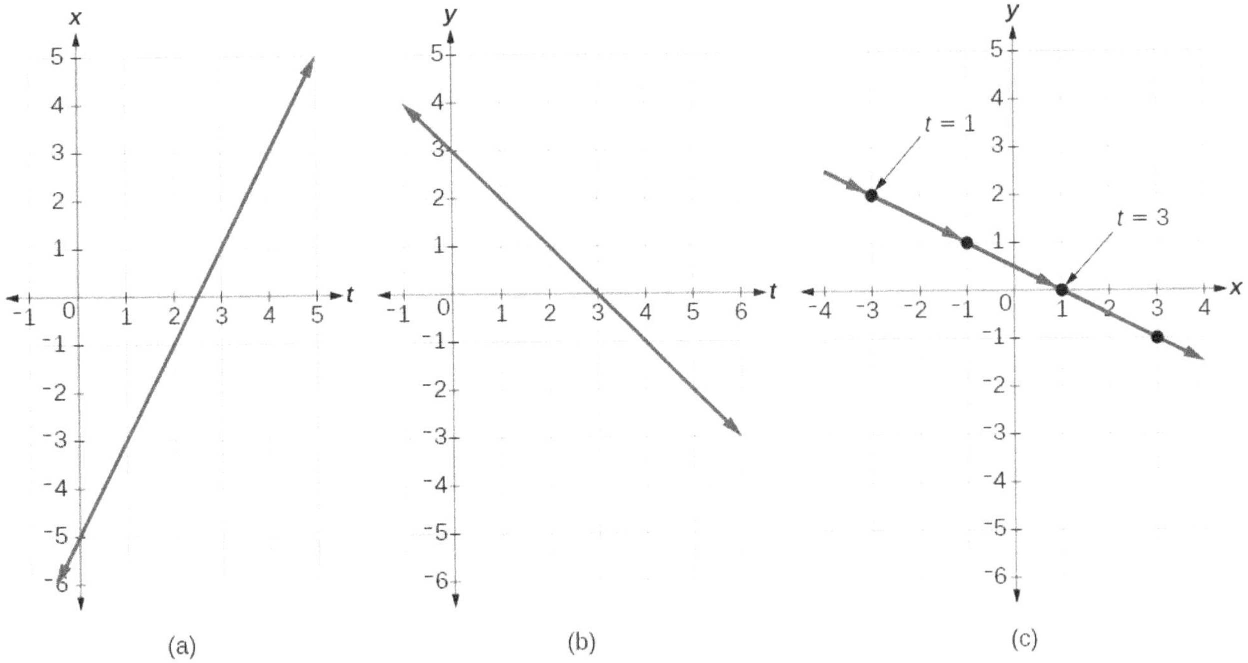

Figura 5 (a) Un gráfico de x versus t, que representa la posición horizontal en el tiempo. (b) Un gráfico de y versus t,

que representa la posición vertical en el tiempo. (c) Un gráfico de y versus x, que representa la posición del objeto en el plano en el tiempo t.

Análisis

De nuevo, vemos que, en la Figura 5(c), cuando el parámetro representa el tiempo, podemos indicar el movimiento del objeto a lo largo de la trayectoria con flechas.

Eliminar el parámetro

En muchos casos, podemos tener un par de ecuaciones paramétricas, pero vemos que es más sencillo dibujar una curva si la ecuación involucra solo dos variables, como por ejemplo x y y. La eliminación del parámetro es un método que puede hacer más fácil hacer el gráfico de algunas curvas. Sin embargo, si se trata de la cartografía de la ecuación en función del tiempo, será necesario indicar también la orientación de la curva. Existen varios métodos para eliminar el parámetro t a partir de un conjunto de ecuaciones paramétricas; no todos los métodos funcionan para cada tipo de ecuación. Aquí revisaremos los métodos para los tipos de ecuaciones más comunes.

Eliminación del parámetro de ecuaciones polinómicas, exponenciales y logarítmicas

Para ecuaciones polinómicas, exponenciales o logarítmicas expresadas como dos ecuaciones paramétricas, elegimos la ecuación que sea más fácil de manipular y resolvemos para t. Sustituimos la expresión resultante por t en la segunda ecuación. Esto da una ecuación en x y y.

EJEMPLO 4

Eliminación del parámetro en polinomios

Dados $x(t) = t^2 + 1$ y $y(t) = 2 + t$, elimine el parámetro y escriba las ecuaciones paramétricas como una ecuación cartesiana.

Solución

Comenzaremos con la ecuación para y porque la ecuación lineal es más fácil de resolver para t.

$$\begin{aligned} y &= 2 + t \\ y - 2 &= t \end{aligned}$$

A continuación, sustituya $y - 2$ por t en $x(t)$.

$$\begin{aligned} x &= t^2 + 1 \\ x &= (y-2)^2 + 1 && \text{Sustituya la expresión de } t \text{ en } x. \\ x &= y^2 - 4y + 4 + 1 \\ x &= y^2 - 4y + 5 \\ x &= y^2 - 4y + 5 \end{aligned}$$

La forma cartesiana es $x = y^2 - 4y + 5$.

Análisis

Esta es una ecuación para una parábola en la que, en términos rectangulares, x depende de y. Desde el vértice de la curva en $(1, 2)$, el gráfico se desplaza hacia la derecha. Vea el Figura 6. En esta sección consideramos conjuntos de ecuaciones dadas por las funciones $x(t)$ y $y(t)$, donde t es la variable independiente del tiempo. Observe que tanto x y y son funciones del tiempo; así que, en general, y no es una función de x.

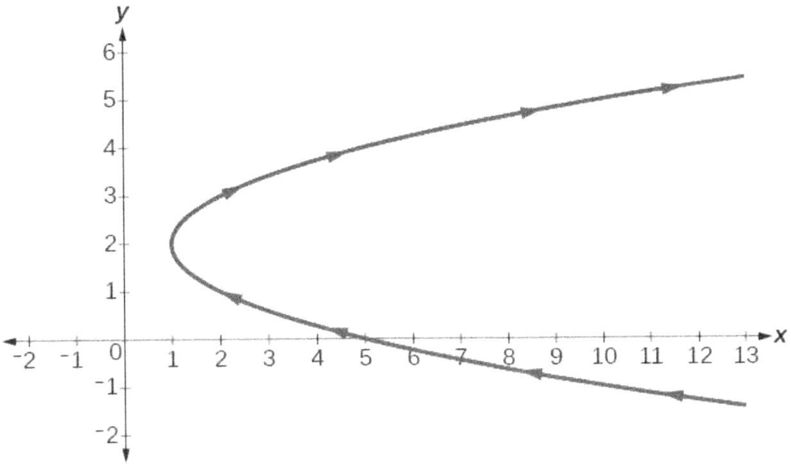

Figura 6

INTÉNTELO #3 Dadas las ecuaciones siguientes, elimine el parámetro y escriba como ecuación rectangular para y en función de x.

$$x(t) = 2t^2 + 6$$
$$y(t) = 5 - t$$

EJEMPLO 5

Eliminar el parámetro en ecuaciones exponenciales

Elimine el parámetro y escriba como una ecuación cartesiana $x(t) = e^{-t}$ y $y(t) = 3e^t$, $t > 0$,

Solución

Aísle e^t.

$$x = e^{-t}$$
$$e^t = \frac{1}{x}$$

Sustituya la expresión en $y(t)$.

$$y = 3e^t$$
$$y = 3\left(\frac{1}{x}\right)$$
$$y = \frac{3}{x}$$

La forma cartesiana es $y = \frac{3}{x}$.

Análisis

El gráfico de la ecuación paramétrica se muestra en la Figura 7**(a)**. El dominio está restringido a $t > 0$, La ecuación cartesiana, $y = \frac{3}{x}$ se muestra en la Figura 7**(b)** y solo tiene una restricción en el dominio, $x \neq 0$,

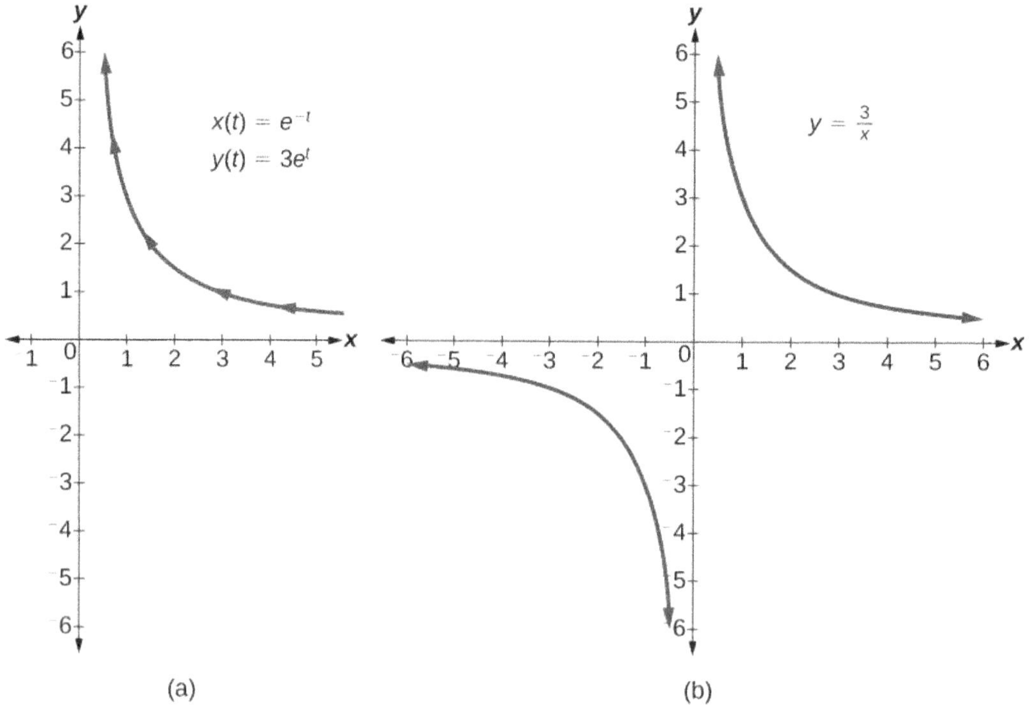

Figura 7

EJEMPLO 6

Eliminar el parámetro en ecuaciones logarítmicas

Elimine el parámetro y escriba como una ecuación cartesiana $x(t) = \sqrt{t} + 2$ y $y(t) = \log(t)$.

Solución

Resuelva la primera ecuación para t.

$$\begin{aligned} x &= \sqrt{t} + 2 \\ x - 2 &= \sqrt{t} \\ (x-2)^2 &= t \qquad \text{Eleve ambos lados al cuadrado.} \end{aligned}$$

A continuación, sustituya la expresión por t en la ecuación y.

$$\begin{aligned} y &= \log(t) \\ y &= \log(x-2)^2 \end{aligned}$$

La forma cartesiana es $y = \log(x-2)^2$.

Análisis

Para estar seguro de que las ecuaciones paramétricas son equivalentes a la ecuación cartesiana, compruebe los dominios. Las ecuaciones paramétricas limitan el dominio en $x = \sqrt{t} + 2$ al $t > 0$; restringimos el dominio en x a $x > 2$. El dominio para la ecuación paramétrica $y = \log(t)$ se restringe a $t > 0$; limitamos el dominio en $y = \log(x-2)^2$ hasta $x > 2$.

INTÉNTELO #4 Elimine el parámetro y escriba como una ecuación rectangular.

$$\begin{aligned} x(t) &= t^2 \\ y(t) &= \ln t \quad t > 0 \end{aligned}$$

Eliminar el parámetro de ecuaciones trigonométricas

Eliminar el parámetro de ecuaciones trigonométricas es una sustitución sencilla. Podemos utilizar algunas de las identidades trigonométricas conocidas y el teorema de Pitágoras.

Primero, usamos las identidades:

$$x(t) = a\cos\ t$$
$$y(t) = b\,\text{sen}\ t$$

Resolvemos para $\cos\ t$ y $\text{sen}\ t$, tenemos

$$\frac{x}{a} = \cos\ t$$
$$\frac{y}{b} = \text{sen}\ t$$

Entonces, usamos el teorema de Pitágoras:

$$\cos^2 t + \text{sen}^2 t = 1$$

La sustitución da como resultado

$$\cos^2 t + \text{sen}^2 t = \left(\frac{x}{a}\right)^2 + \left(\frac{y}{b}\right)^2 = 1$$

EJEMPLO 7

Eliminación del parámetro de un par de ecuaciones paramétricas trigonométricas

Elimine el parámetro del par de ecuaciones trigonométricas dadas donde $0 \leq t \leq 2\pi$ y dibujar el gráfico.

$$x(t) = 4\cos\ t$$
$$y(t) = 3\,\text{sen}\ t$$

Solución

Resolvemos para $\cos\ t$ y $\text{sen}\ t$, tenemos

$$x = 4\cos\ t$$
$$\frac{x}{4} = \cos\ t$$
$$y = 3\,\text{sen}\ t$$
$$\frac{y}{3} = \text{sen}\ t$$

A continuación, utilice la identidad pitagórica y haga las sustituciones.

$$\cos^2 t + \text{sen}^2 t = 1$$
$$\left(\frac{x}{4}\right)^2 + \left(\frac{y}{3}\right)^2 = 1$$
$$\frac{x^2}{16} + \frac{y^2}{9} = 1$$

El gráfico de la ecuación se muestra en la Figura 8.

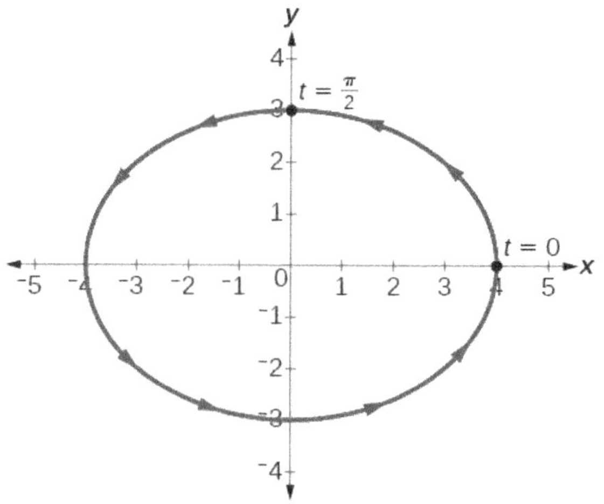

Figura 8

Análisis

Al aplicar las ecuaciones generales de las secciones cónicas (introducidas en la sección Geometría analítica), podemos identificar $\frac{x^2}{16} + \frac{y^2}{9} = 1$ como una elipse centrada en $(0, 0)$. Observe que cuando $t = 0$ las coordenadas son $(4, 0)$, y cuando $t = \frac{\pi}{2}$ las coordenadas son $(0, 3)$. Esto muestra la orientación de la curva con valores crecientes de t.

INTÉNTELO #5 Elimine el parámetro del par de ecuaciones paramétricas dadas y escríbalo como una ecuación cartesiana: $x(t) = 2\cos\ t$ y $y(t) = 3\,\text{sen}\ t$.

Hallar ecuaciones cartesianas de curvas definidas paramétricamente

Cuando nos dan un conjunto de ecuaciones paramétricas y necesitamos hallar una ecuación cartesiana equivalente, estamos esencialmente "eliminando el parámetro". Sin embargo, hay varios métodos que podemos utilizar para reescribir un conjunto de ecuaciones paramétricas como una ecuación cartesiana. El método más sencillo es establecer una ecuación igual al parámetro, como por ejemplo $x(t) = t$. En este caso, $y(t)$ puede ser cualquier expresión. Por ejemplo, considere el siguiente par de ecuaciones.

$$x(t) = t$$
$$y(t) = t^2 - 3$$

Reescribir este conjunto de ecuaciones paramétricas es cuestión de sustituir x por t. Así, la ecuación cartesiana es $y = x^2 - 3$,

---

EJEMPLO 8

Hallar una ecuación cartesiana utilizando métodos alternativos

Utilice dos métodos diferentes para hallar la ecuación cartesiana equivalente al conjunto de ecuaciones paramétricas dadas.

$$x(t) = 3t - 2$$
$$y(t) = t + 1$$

Solución

Método 1. Primero, vamos a resolver la ecuación x para t. Entonces podemos sustituir el resultado en la ecuación y.

$$x = 3t - 2$$
$$x + 2 = 3t$$
$$\frac{x+2}{3} = t$$

Ahora, sustituya la expresión para t en la ecuación y.

$$y = t + 1$$
$$y = \left(\frac{x+2}{3}\right) + 1$$
$$y = \frac{x}{3} + \frac{2}{3} + 1$$
$$y = \frac{1}{3}x + \frac{5}{3}$$

Método 2. Resolver la ecuación y para t y sustituir esta expresión en la ecuación x.

$$y = t + 1$$
$$y - 1 = t$$

Haga la sustitución y luego resuelva para y.

$$x = 3(y - 1) - 2$$
$$x = 3y - 3 - 2$$
$$x = 3y - 5$$
$$x + 5 = 3y$$
$$\frac{x+5}{3} = y$$
$$y = \frac{1}{3}x + \frac{5}{3}$$

INTÉNTELO #6 Escriba las ecuaciones paramétricas dadas como una ecuación cartesiana: $x(t) = t^3$ y $y(t) = t^6$.

Hallar ecuaciones paramétricas para curvas definidas por ecuaciones rectangulares

Aunque acabamos de demostrar que solo hay una forma de interpretar un conjunto de ecuaciones paramétricas como una ecuación rectangular, hay varias formas de interpretar una ecuación rectangular como un conjunto de ecuaciones paramétricas. Cualquier estrategia que utilicemos para hallar las ecuaciones paramétricas es válida si produce una equivalencia. En otras palabras, si elegimos una expresión para representar x, y luego sustituirlo en la ecuación y, y produce el mismo gráfico sobre el mismo dominio que la ecuación rectangular, entonces el conjunto de ecuaciones paramétricas es válido. Si el dominio se limita en el conjunto de ecuaciones paramétricas y la función no permite los mismos valores para x como el dominio de la ecuación rectangular, entonces los gráficos serán diferentes.

EJEMPLO 9

Hallar un conjunto de ecuaciones paramétricas para curvas definidas por ecuaciones rectangulares

Halle un conjunto de ecuaciones paramétricas equivalentes para $y = (x + 3)^2 + 1$.

Solución

Una opción obvia sería dejar que $x(t) = t$. Entonces $y(t) = (t + 3)^2 + 1$. Pero intentemos algo más interesante. ¿Y si dejamos que $x = t + 3$? Entonces tenemos

$$y = (x + 3)^2 + 1$$
$$y = ((t + 3) + 3)^2 + 1$$
$$y = (t + 6)^2 + 1$$

El conjunto de ecuaciones paramétricas es

$$x(t) = t + 3$$
$$y(t) = (t + 6)^2 + 1$$

Vea la Figura 9.

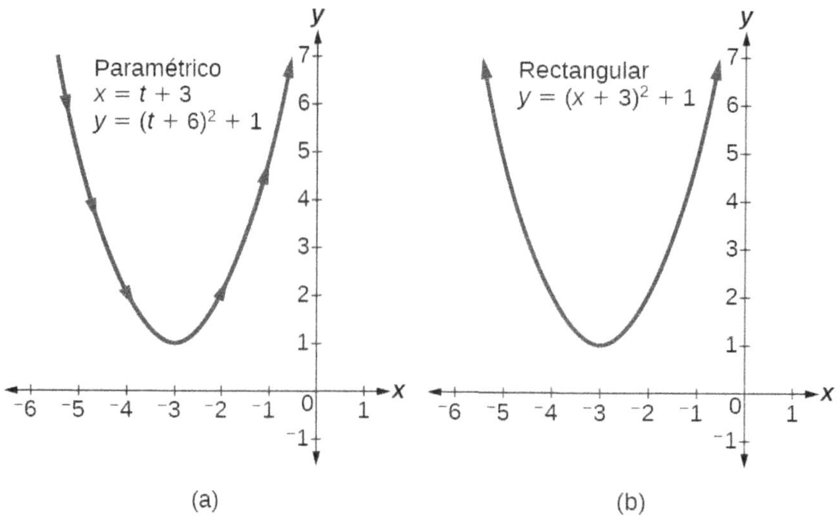

Figura 9

MEDIA

Acceda a estos recursos en línea para obtener más información y practicar las ecuaciones paramétricas.

Introducción a las ecuaciones paramétricas (http://openstax.org/l/introparametric)
Convertir ecuaciones paramétricas a la forma rectangular (http://openstax.org/l/convertpara)

8.6 EJERCICIOS DE SECCIÓN

Verbales

1. ¿Qué es un sistema de ecuaciones paramétricas?

2. Algunos ejemplos de un tercer parámetro son el tiempo, la longitud, la velocidad y la escala. Explique cuándo se utiliza el tiempo como parámetro.

3. Explique cómo eliminar un parámetro dado un conjunto de ecuaciones paramétricas.

4. ¿Cuál es la ventaja de escribir un sistema de ecuaciones paramétricas como una ecuación cartesiana?

5. ¿Cuál es la ventaja de utilizar ecuaciones paramétricas?

6. ¿Por qué hay muchos conjuntos de ecuaciones paramétricas para representar una función cartesiana?

Algebraicos

En los siguientes ejercicios, elimine el parámetro t para reescribir la ecuación paramétrica como una ecuación cartesiana.

7. $\begin{cases} x(t) = 5 - t \\ y(t) = 8 - 2t \end{cases}$

8. $\begin{cases} x(t) = 6 - 3t \\ y(t) = 10 - t \end{cases}$

9. $\begin{cases} x(t) = 2t + 1 \\ y(t) = 3\sqrt{t} \end{cases}$

10. $\begin{cases} x(t) = 3t - 1 \\ y(t) = 2t^2 \end{cases}$

11. $\begin{cases} x(t) = 2e^t \\ y(t) = 1 - 5t \end{cases}$

12. $\begin{cases} x(t) = e^{-2t} \\ y(t) = 2e^{-t} \end{cases}$

13. $\begin{cases} x(t) = 4\log(t) \\ y(t) = 3 + 2t \end{cases}$

14. $\begin{cases} x(t) = \log(2t) \\ y(t) = \sqrt{t-1} \end{cases}$

15. $\begin{cases} x(t) = t^3 - t \\ y(t) = 2t \end{cases}$

16. $\begin{cases} x(t) = t - t^4 \\ y(t) = t + 2 \end{cases}$

17. $\begin{cases} x(t) = e^{2t} \\ y(t) = e^{6t} \end{cases}$

18. $\begin{cases} x(t) = t^5 \\ y(t) = t^{10} \end{cases}$

19. $\begin{cases} x(t) = 4\cos\ t \\ y(t) = 5\,\text{sen}\ t \end{cases}$

20. $\begin{cases} x(t) = 3\,\text{sen}\ t \\ y(t) = 6\cos\ t \end{cases}$

21. $\begin{cases} x(t) = 2\cos^2 t \\ y(t) = -\,\text{sen}\ t \end{cases}$

22. $\begin{cases} x(t) = \cos\ t + 4 \\ y(t) = 2\,\text{sen}^2\,t \end{cases}$

23. $\begin{cases} x(t) = t - 1 \\ y(t) = t^2 \end{cases}$

24. $\begin{cases} x(t) = -t \\ y(t) = t^3 + 1 \end{cases}$

25. $\begin{cases} x(t) = 2t - 1 \\ y(t) = t^3 - 2 \end{cases}$

En los siguientes ejercicios, reescriba la ecuación paramétrica como una ecuación cartesiana y construya una tabla de $x\,y$.

26. $\begin{cases} x(t) = 2t - 1 \\ y(t) = t + 4 \end{cases}$

27. $\begin{cases} x(t) = 4 - t \\ y(t) = 3t + 2 \end{cases}$

28. $\begin{cases} x(t) = 2t - 1 \\ y(t) = 5t \end{cases}$

29. $\begin{cases} x(t) = 4t - 1 \\ y(t) = 4t + 2 \end{cases}$

En los siguientes ejercicios, parametrice (escriba ecuaciones paramétricas) para cada ecuación cartesiana y establezca $x(t) = t$ o establezca $y(t) = t$.

30. $y(x) = 3x^2 + 3$

31. $y(x) = 2\,\text{sen}\ x + 1$

32. $x(y) = 3\log(y) + y$

33. $x(y) = \sqrt{y} + 2y$

En los siguientes ejercicios, parametrice (escriba ecuaciones paramétricas) para cada ecuación cartesiana utilizando $x(t) = a\cos\ t$ y $y(t) = b\,\text{sen}\ t$. Identifique la curva.

34. $\frac{x^2}{4} + \frac{y^2}{9} = 1$

35. $\frac{x^2}{16} + \frac{y^2}{36} = 1$

36. $x^2 + y^2 = 16$

37. $x^2 + y^2 = 10$

38. Parametrice la línea de $(3, 0)$ al $(-2, -5)$ para que la línea esté en $(3, 0)$ en $t = 0$, y en $(-2, -5)$ en $t = 1$.

39. Parametrice la línea de $(-1, 0)$ al $(3, -2)$ para que la línea esté en $(-1, 0)$ en $t = 0$, y en $(3, -2)$ en $t = 1$.

40. Parametrice la línea de $(-1, 5)$ al $(2, 3)$ para que la línea esté en $(-1, 5)$ en $t = 0$, y en $(2, 3)$ en $t = 1$.

41. Parametrice la línea de $(4, 1)$ al $(6, -2)$ para que la línea esté en $(4, 1)$ en $t = 0$, y en $(6, -2)$ en $t = 1$.

En tecnología

En los siguientes ejercicios, utilice la función de tabla de la calculadora gráfica para determinar si los gráficos se intersecan.

42. $\begin{cases} x_1(t) = 3t \\ y_1(t) = 2t - 1 \end{cases}$ y $\begin{cases} x_2(t) = t + 3 \\ y_2(t) = 4t - 4 \end{cases}$

43. $\begin{cases} x_1(t) = t^2 \\ y_1(t) = 2t - 1 \end{cases}$ y $\begin{cases} x_2(t) = -t + 6 \\ y_2(t) = t + 1 \end{cases}$

En los siguientes ejercicios, utilice una calculadora gráfica para completar la tabla de valores de cada conjunto de ecuaciones paramétricas.

44. $\begin{cases} x_1(t) = 3t^2 - 3t + 7 \\ y_1(t) = 2t + 3 \end{cases}$

t	x	y
-1		
0		
1		

45. $\begin{cases} x_1(t) = t^2 - 4 \\ y_1(t) = 2t^2 - 1 \end{cases}$

t	x	y
1		
2		
3		

46. $\begin{cases} x_1(t) = t^4 \\ y_1(t) = t^3 + 4 \end{cases}$

t	x	y
-1		
0		
1		
2		

Extensiones

47. Halle dos conjuntos diferentes de ecuaciones paramétricas para $y = (x + 1)^2$.

48. Halle dos conjuntos diferentes de ecuaciones paramétricas para $y = 3x - 2$.

49. Halle dos conjuntos diferentes de ecuaciones paramétricas para $y = x^2 - 4x + 4$.

8.7 Ecuaciones paramétricas: gráficos

Objetivos de aprendizaje

En esta sección podrá:

- Representar gráficamente curvas planas descritas por ecuaciones paramétricas mediante el trazado de puntos.
- Graficar ecuaciones paramétricas.

Aunque no todos los aficionados (o directores de equipo) lo aprecian, el béisbol y muchos otros deportes se han vuelto dependientes de la analítica, que implica un complejo registro de datos y una evaluación cuantitativa utilizados para comprender y predecir el comportamiento. La primera influencia de la analítica fue sobre todo estadística; más recientemente, han entrado en juego la física y otras ciencias. El más importante es el enfoque en el ángulo de lanzamiento y la velocidad de salida, que cuando están en ciertos valores pueden casi garantizar un jonrón. Por otro lado, el énfasis en el ángulo de lanzamiento y la concentración en los jonrones en lugar de en el bateo en general da como resultado muchos más outs. Considere la siguiente situación: es la parte baja de la novena entrada, con dos outs y dos jugadores en base. El equipo local pierde por dos carreras. El bateador abanica y golpea la bola de béisbol a 140 pies por segundo y con un ángulo de aproximadamente $45°$ de la horizontal. ¿Qué distancia recorrerá la pelota? ¿Superará la cerca para conseguir un jonrón ganador del partido? El resultado puede depender en parte de otros factores (por ejemplo, el viento), pero los matemáticos pueden modelar la trayectoria de un proyectil y predecir aproximadamente la distancia que recorrerá mediante ecuaciones paramétricas. En esta sección, discutiremos las ecuaciones paramétricas y algunas aplicaciones comunes, como los problemas de movimiento de proyectiles.

Figura 1 Las ecuaciones paramétricas pueden modelar la trayectoria de un proyectil (créditos: Paul Kreher, Flickr).

Graficar ecuaciones paramétricas mediante el trazado de puntos

En vez de una calculadora gráfica o un programa de gráficos de computadora, el método estándar es trazar puntos para representar el gráfico de una ecuación. Siempre que seamos cuidadosos al calcular los valores, el trazado de puntos es muy fiable.

CÓMO

Dado un par de ecuaciones paramétricas, dibuje un gráfico mediante el trazado de puntos.

1. Construya una tabla con tres columnas $t, x(t),$ y $y(t)$.
2. Evalúe x y y para los valores de t sobre el intervalo para el que se definen las funciones.
3. Trace los pares resultantes (x, y).

EJEMPLO 1

Elaboración del gráfico de un par de ecuaciones paramétricas mediante el trazado de puntos

Dibuje el gráfico de las ecuaciones paramétricas $x(t) = t^2 + 1, y(t) = 2 + t$.

Solución

Construya una tabla de valores para $t, x(t),$ y $y(t)$, como en la Tabla 1, y trace los puntos en un plano.

t	$x(t) = t^2 + 1$	$y(t) = 2 + t$
-5	26	-3
-4	17	-2
-3	10	-1
-2	5	0

Tabla 1

t	$x(t) = t^2 + 1$	$y(t) = 2 + t$
−1	2	1
0	1	2
1	2	3
2	5	4
3	10	5
4	17	6
5	26	7

Tabla 1

El gráfico es una parábola con vértice en el punto $(1, 2)$, que abre hacia la derecha. Vea la Figura 2.

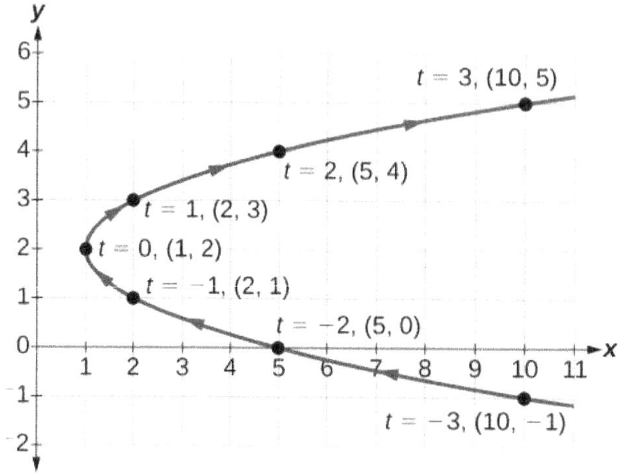

Figura 2

Análisis

Como los valores del avance de t en sentido positivo de 0 a 5, los puntos trazados trazan la mitad superior de la parábola. Como los valores de t se vuelven negativos, trazan la mitad inferior de la parábola. No hay restricciones en el dominio. Las flechas indican la dirección según los valores crecientes de t. El gráfico no representa una función, ya que no pasará la prueba de la línea vertical. El gráfico se dibuja en dos partes: los valores positivos de t, y los valores negativos de t.

INTÉNTELO #1 Dibuje el gráfico de las ecuaciones paramétricas $x = \sqrt{t}$, $y = 2t + 3$, $0 \leq t \leq 3$.

EJEMPLO 2

Trazar el gráfico de ecuaciones paramétricas trigonométricas

Construya una tabla de valores para las ecuaciones paramétricas dadas y dibuje el gráfico:

$$x = 2 \cos\ t$$
$$y = 4 \operatorname{sen}\ t$$

Solución

Construya una tabla como la de la Tabla 2 utilizando la medida del ángulo en radianes como entradas para t, adecuados, y evaluando x y y. Utilizar ángulos con valores conocidos de seno y coseno para t facilita los cálculos.

t	$x = 2\cos t$	$y = 4\,\text{sen}\ t$
0	$x = 2\cos(0) = 2$	$y = 4\,\text{sen}(0) = 0$
$\frac{\pi}{6}$	$x = 2\cos\left(\frac{\pi}{6}\right) = \sqrt{3}$	$y = 4\,\text{sen}\left(\frac{\pi}{6}\right) = 2$
$\frac{\pi}{3}$	$x = 2\cos\left(\frac{\pi}{3}\right) = 1$	$y = 4\,\text{sen}\left(\frac{\pi}{3}\right) = 2\sqrt{3}$
$\frac{\pi}{2}$	$x = 2\cos\left(\frac{\pi}{2}\right) = 0$	$y = 4\,\text{sen}\left(\frac{\pi}{2}\right) = 4$
$\frac{2\pi}{3}$	$x = 2\cos\left(\frac{2\pi}{3}\right) = -1$	$y = 4\,\text{sen}\left(\frac{2\pi}{3}\right) = 2\sqrt{3}$
$\frac{5\pi}{6}$	$x = 2\cos\left(\frac{5\pi}{6}\right) = -\sqrt{3}$	$y = 4\,\text{sen}\left(\frac{5\pi}{6}\right) = 2$
π	$x = 2\cos(\pi) = -2$	$y = 4\,\text{sen}(\pi) = 0$
$\frac{7\pi}{6}$	$x = 2\cos\left(\frac{7\pi}{6}\right) = -\sqrt{3}$	$y = 4\,\text{sen}\left(\frac{7\pi}{6}\right) = -2$
$\frac{4\pi}{3}$	$x = 2\cos\left(\frac{4\pi}{3}\right) = -1$	$y = 4\,\text{sen}\left(\frac{4\pi}{3}\right) = -2\sqrt{3}$
$\frac{3\pi}{2}$	$x = 2\cos\left(\frac{3\pi}{2}\right) = 0$	$y = 4\,\text{sen}\left(\frac{3\pi}{2}\right) =- 4$
$\frac{5\pi}{3}$	$x = 2\cos\left(\frac{5\pi}{3}\right) = 1$	$y = 4\,\text{sen}\left(\frac{5\pi}{3}\right) = -2\sqrt{3}$
$\frac{11\pi}{6}$	$x = 2\cos\left(\frac{11\pi}{6}\right) = \sqrt{3}$	$y = 4\,\text{sen}\left(\frac{11\pi}{6}\right) = -2$
2π	$x = 2\cos(2\pi) = 2$	$y = 4\,\text{sen}(2\pi) = 0$

Tabla 2

En la Figura 3 se muestra el gráfico.

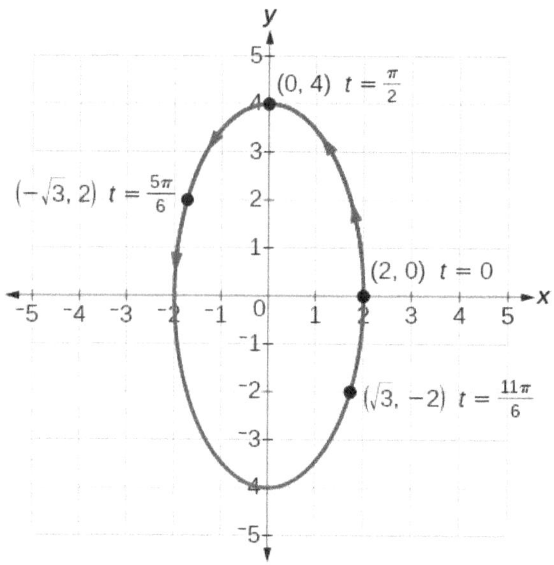

Figura 3

Por la simetría mostrada en los valores de x y y, vemos que las ecuaciones paramétricas representan una elipse. El elipse se mapea en sentido contrario a las agujas del reloj, como muestran las flechas que indican el aumento de t.

Análisis

Hemos visto que las ecuaciones paramétricas se pueden representar gráficamente mediante trazado de puntos. Sin embargo, una calculadora gráfica ahorrará tiempo y revelará matices en un gráfico que pueden ser demasiado tediosos de descubrir utilizando solo cálculos manuales.

Asegúrese de cambiar el modo de la calculadora a paramétrico (PAR). Para confirmar, la ventana $Y =$ debería aparecer

$$X_{1T} =$$
$$Y_{1T} =$$

en vez de $Y_1 =$.

INTÉNTELO #2 Grafique las ecuaciones paramétricas: $x = 5\cos\ t$, $y = 3\operatorname{sen}\ t$.

EJEMPLO 3

Graficar ecuaciones paramétricas y forma rectangular juntas

Represente gráficamente las ecuaciones paramétricas $x = 5\cos\ t$ y $y = 2\operatorname{sen}\ t$. En primer lugar, elabore el gráfico utilizando los puntos de datos generados a partir de la forma paramétrica. Luego grafique la forma rectangular de la ecuación. Compare los dos gráficos.

Solución

Elabore una tabla de valores como la de la Tabla 3.

t	$x = 5\cos\ t$	$y = 2\operatorname{sen}\ t$
0	$x = 5\cos(0) = 5$	$y = 2\operatorname{sen}(0) = 0$
1	$x = 5\cos(1) \approx 2{,}7$	$y = 2\operatorname{sen}(1) \approx 1{,}7$
2	$x = 5\cos(2) \approx -2{,}1$	$y = 2\operatorname{sen}(2) \approx 1{,}8$

Tabla 3

t	$x = 5\cos\ t$	$y = 2\,\text{sen}\ t$
3	$x = 5\cos(3) \approx -4{,}95$	$y = 2\,\text{sen}(3) \approx 0{,}28$
4	$x = 5\cos(4) \approx -3{,}3$	$y = 2\,\text{sen}(4) \approx -1{,}5$
5	$x = 5\cos(5) \approx 1{,}4$	$y = 2\,\text{sen}(5) \approx -1{,}9$
−1	$x = 5\cos(-1) \approx 2{,}7$	$y = 2\,\text{sen}(-1) \approx -1{,}7$
−2	$x = 5\cos(-2) \approx -2{,}1$	$y = 2\,\text{sen}(-2) \approx -1{,}8$
−3	$x = 5\cos(-3) \approx -4{,}95$	$y = 2\,\text{sen}(-3) \approx -0{,}28$
−4	$x = 5\cos(-4) \approx -3{,}3$	$y = 2\,\text{sen}(-4) \approx 1{,}5$
−5	$x = 5\cos(-5) \approx 1{,}4$	$y = 2\,\text{sen}(-5) \approx 1{,}9$

Tabla 3

Trace los valores (x, y) de la tabla. Vea la Figura 4.

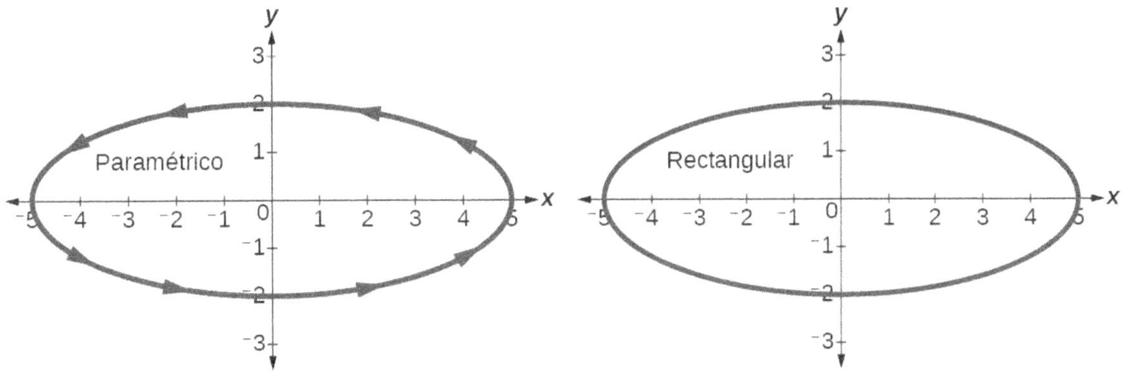

Figura 4

A continuación, traslade las ecuaciones paramétricas a la forma rectangular. Para ello, resolvemos t en $x(t)$ o $y(t)$, y luego sustituimos la expresión por t en la otra ecuación. El resultado será una función $y(x)$ si se resuelve para t en función de x, o $x(y)$ si se resuelve para t en función de y.

$$\begin{aligned} x &= 5\cos\ t \\ \tfrac{x}{5} &= \cos\ t && \text{Resuelva para } \cos\ t. \\ y &= 2\,\text{sen}\ t && \text{Resuelva para } \text{sen}\ t. \\ \tfrac{y}{2} &= \text{sen}\ t \end{aligned}$$

Entonces, utilice el teorema de Pitágoras.

$$\begin{aligned} \cos^2 t + \text{sen}^2 t &= 1 \\ \left(\tfrac{x}{5}\right)^2 + \left(\tfrac{y}{2}\right)^2 &= 1 \\ \tfrac{x^2}{25} + \tfrac{y^2}{4} &= 1 \end{aligned}$$

Análisis

En la Figura 5, los datos de las ecuaciones paramétricas y de la ecuación rectangular se trazan juntos. Las ecuaciones paramétricas se trazan en azul; el gráfico de la ecuación rectangular se dibuja encima de la paramétrica en un estilo discontinuo coloreado en rojo. Evidentemente, ambas formas producen el mismo gráfico.

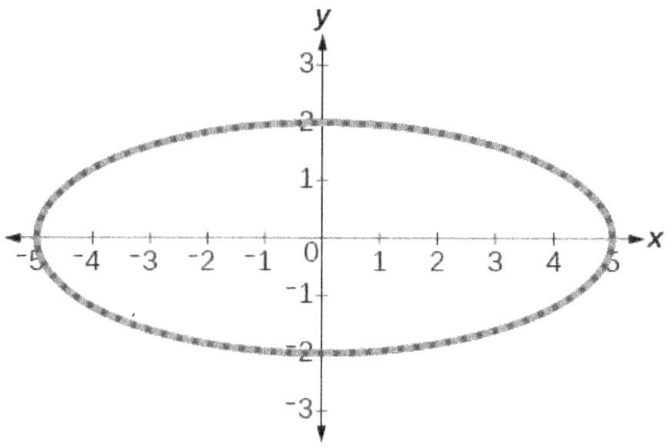

Figura 5

EJEMPLO 4

Graficar ecuaciones paramétricas y ecuaciones rectangulares en el sistema de coordenadas

Represente gráficamente las ecuaciones paramétricas $x = t + 1$ y $y = \sqrt{t}, t \geq 0$, y el equivalente rectangular $y = \sqrt{x-1}$ en el mismo sistema de coordenadas.

Solución

Construya una tabla de valores para las ecuaciones paramétricas, como hicimos en el ejemplo anterior, y grafique $y = \sqrt{t}, t \geq 0$ en la misma cuadrícula, como en la Figura 6.

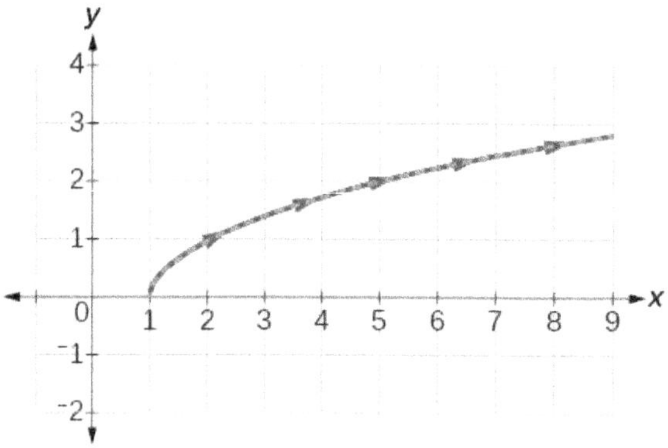

Figura 6

Análisis

Con el dominio en t restringido, solo trazamos valores positivos de t. Los datos paramétricos se grafican en azul y el gráfico de la ecuación rectangular está punteado en rojo. Una vez más, vemos que las dos formas se superponen.

INTÉNTELO #3 Dibuje el gráfico de las ecuaciones paramétricas $x = 2\cos\ \theta$ y $y = 4\,\text{sen}\ \theta$, junto con la ecuación rectangular en la misma cuadrícula.

Aplicaciones de las ecuaciones paramétricas

Muchas de las ventajas de las ecuaciones paramétricas se hacen evidentes cuando se aplican a resolver problemas del mundo real. Aunque las ecuaciones rectangulares en *x* y *y* ofrecen una imagen global de la trayectoria de un objeto, no revelan la posición de un objeto en un momento determinado. Las ecuaciones paramétricas, sin embargo, ilustran cómo los valores de *x* y *y* cambian en función de *t*, como la ubicación de un objeto en movimiento en un momento determinado.

Una aplicación común de las ecuaciones paramétricas es resolver problemas relacionados con el movimiento de proyectil. En este tipo de movimiento, un objeto se impulsa hacia delante en dirección hacia arriba formando un ángulo de θ a la horizontal, con una velocidad inicial de v_0, y a una altura h sobre la horizontal.

La trayectoria de un objeto impulsado con una inclinación de θ a la horizontal, con rapidez inicial v_0, y a una altura h sobre la horizontal, viene dada por

$$x = (v_0 \cos\theta)t$$
$$y = -\frac{1}{2}gt^2 + (v_0 \operatorname{sen}\theta)t + h$$

donde g tiene en cuenta los efectos de la gravedad y h es la altura inicial del objeto. De acuerdo con las unidades implicadas en el problema, utilice $g = 32 \text{ pies/s}^2$ o $g = 9{,}8 \text{ m/s}^2$. La ecuación para x da la distancia horizontal, y la ecuación para y da la distancia vertical.

CÓMO

Dado un problema de movimiento de proyectil, utilice ecuaciones paramétricas para resolverlo.

1. La distancia horizontal viene dada por $x = (v_0 \cos\ \theta)\,t$. Sustituir la velocidad inicial del objeto por v_0.
2. La expresión $\cos\ \theta$ indica el ángulo con el que se impulsa el objeto. Sustituya ese ángulo en grados por $\cos\ \theta$.
3. La distancia vertical viene dada por la fórmula $y = -\frac{1}{2}gt^2 + (v_0 \operatorname{sen}\ \theta)\,t + h$. El término $-\frac{1}{2}gt^2$ representa el efecto de la gravedad. De acuerdo con las unidades involucradas, utilice $g = 32 \text{ pies/s}^2$ o $g = 9{,}8 \text{ m/s}^2$. De nuevo, sustituya la velocidad inicial por v_0, y la altura a la que se impulsó el objeto para h.
4. Proceda con el cálculo de cada término para resolver t.

EJEMPLO 5

Hallar las ecuaciones paramétricas para describir el movimiento de una pelota de béisbol

Resuelva el problema presentado al principio de esta sección. ¿El bateador batea el jonrón ganador del partido? Supongamos que la pelota se golpea con una velocidad inicial de 140 pies por segundo en un ángulo de 45° a la horizontal, y hace contacto a 3 pies del suelo.

Ⓐ Halle las ecuaciones paramétricas para modelar la trayectoria de la pelota de béisbol.

Ⓑ ¿Dónde está la pelota después de 2 segundos? Ⓒ ¿Cuánto tiempo está la pelota en el aire?

Ⓓ ¿Es un jonrón?

Solución

Ⓐ

Utilice las fórmulas para establecer las ecuaciones. La posición horizontal se halla utilizando la ecuación paramétrica para x. Así,

$$x = (v_0 \cos\ \theta)t$$
$$x = (140\cos(45°))t$$

La posición vertical se halla utilizando la ecuación paramétrica para y. Así,

$$y = -16t^2 + (v_0 \operatorname{sen}\ \theta)t + h$$
$$y = -16t^2 + (140\operatorname{sen}(45°))t + 3$$

Ⓑ

Sustituya el 2 en las ecuaciones para hallar las posiciones horizontal y vertical de la pelota.

$$x = (140\cos(45°))(2)$$
$$x = 198 \text{ pies}$$

$$y = -16(2)^2 + (140\operatorname{sen}(45°))(2) + 3$$
$$y = 137 \text{ pies}$$

Después de 2 segundos, la pelota está a 198 pies de la caja de bateo y a 137 pies del suelo.

Ⓒ
Para calcular cuánto tiempo está la pelota en el aire, tenemos que averiguar cuándo va a tocar el suelo, o cuándo $y = 0$. Por lo tanto,

$$\begin{aligned} y &= -16t^2 + (140\,\text{sen}(45°))\,t + 3 \\ y &= 0 \qquad \text{Establezca } y(t) = 0 \text{ y resuelva la cuadrática.} \\ t &= 6{,}2173 \end{aligned}$$

Cuando $t = 6{,}2173$ segundos, la pelota ha tocado el suelo (la ecuación cuadrática se puede resolver de varias maneras, pero este problema se resolvió utilizando un programa matemático de computadora).

Ⓓ
No podemos confirmar que el golpe fue un jonrón sin tener en cuenta el tamaño del campo exterior, que varía de un campo a otro. Sin embargo, para simplificar, vamos a suponer que el muro del campo está a 400 pies de la base del bateador en la parte más profunda del parque. Supongamos también que el muro tiene 10 pies de altura. Para determinar si la pelota pasa por encima de la pared, tenemos que calcular a qué altura está la pelota cuando $x = 400$ pies. Así que fijaremos $x = 400$ pies, resolvemos para t, e introducimos t en y.

$$\begin{aligned} x &= (140\cos(45°))\,t \\ 400 &= (140\cos(45°))\,t \\ t &= 4{,}04 \end{aligned} \qquad \begin{aligned} y &= -16(4{,}04)^2 + (140\,\text{sen}(45°))\,(4{,}04) + 3 \\ y &= 141{,}8 \end{aligned}$$

La pelota está a 141,8 pies en el aire cuando sale disparada del estadio. Fue, efectivamente, un jonrón. Vea la Figura 7.

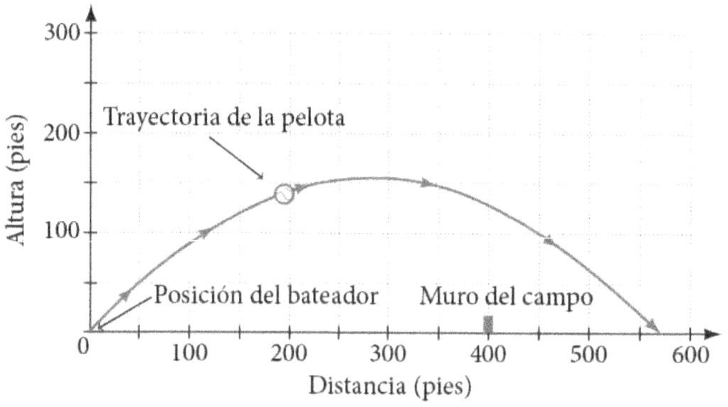

Figura 7

MEDIA

Acceda al siguiente recurso en línea para obtener instrucciones adicionales y practicar con gráficos de ecuaciones paramétricas.

Graficar ecuaciones paramétricas en la TI-84 (http://openstax.org/l/graphpara84)

8.7 EJERCICIOS DE SECCIÓN

Verbales

1. ¿Cuáles son los dos métodos utilizados para representar gráficamente ecuaciones paramétricas?

2. ¿Cuál es una diferencia en el trazado de ecuaciones paramétricas en comparación con las ecuaciones cartesianas?

3. ¿Por qué algunos gráficos se dibujan con flechas?

4. Nombre algunos tipos comunes de gráficos de ecuaciones paramétricas.

5. ¿Por qué son importantes los gráficos paramétricos para entender el movimiento de proyectil?

Gráficos

En los siguientes ejercicios, grafique cada conjunto de ecuaciones paramétricas y haga una tabla de valores. Incluya la orientación en el gráfico.

6. $\begin{cases} x(t) = t \\ y(t) = t^2 - 1 \end{cases}$

t	-3	-2	-1	0	1	2	3
x							
y							

7. $\begin{cases} x(t) = t - 1 \\ y(t) = t^2 \end{cases}$

t	-3	-2	-1	0	1	2
x						
y						

8. $\begin{cases} x(t) = 2 + t \\ y(t) = 3 - 2t \end{cases}$

t	-2	-1	0	1	2	3
x						
y						

9. $\begin{cases} x(t) = -2 - 2t \\ y(t) = 3 + t \end{cases}$

t	-3	-2	-1	0	1
x					
y					

10. $\begin{cases} x(t) = t^3 \\ y(t) = t + 2 \end{cases}$

t	-2	-1	0	1	2
x					
y					

11. $\begin{cases} x(t) = t^2 \\ y(t) = t + 3 \end{cases}$

t	-2	-1	0	1	2
x					
y					

En los siguientes ejercicios, dibuje la curva e incluya la orientación.

12. $\begin{cases} x(t) = t \\ y(t) = \sqrt{t} \end{cases}$

13. $\begin{cases} x(t) = -\sqrt{t} \\ y(t) = t \end{cases}$

14. $\begin{cases} x(t) = 5 - |t| \\ y(t) = t + 2 \end{cases}$

15. $\begin{cases} x(t) = -t + 2 \\ y(t) = 5 - |t| \end{cases}$

16. $\begin{cases} x(t) = 4\text{sen } t \\ y(t) = 2\cos t \end{cases}$

17. $\begin{cases} x(t) = 2\text{sen } t \\ y(t) = 4\cos t \end{cases}$

18. $\begin{cases} x(t) = 3\cos^2 t \\ y(t) = -3 \text{ sen } t \end{cases}$

19. $\begin{cases} x(t) = 3\cos^2 t \\ y(t) = -3 \text{ sen}^2 t \end{cases}$

20. $\begin{cases} x(t) = \sec t \\ y(t) = \tan t \end{cases}$

21. $\begin{cases} x(t) = \sec t \\ y(t) = \tan^2 t \end{cases}$

22. $\begin{cases} x(t) = \frac{1}{e^{2t}} \\ y(t) = e^{-t} \end{cases}$

En los siguientes ejercicios, grafique la ecuación e incluya la orientación. Luego, escriba la ecuación cartesiana.

23. $\begin{cases} x(t) = t - 1 \\ y(t) = -t^2 \end{cases}$

24. $\begin{cases} x(t) = t^3 \\ y(t) = t + 3 \end{cases}$

25. $\begin{cases} x(t) = 2\cos t \\ y(t) = -\text{sen } t \end{cases}$

26. $\begin{cases} x(t) = 7\cos t \\ y(t) = 7 \text{ sen } t \end{cases}$

27. $\begin{cases} x(t) = e^{2t} \\ y(t) = -e^{t} \end{cases}$

En los siguientes ejercicios, grafique la ecuación e incluya la orientación.

28. $x = t^2,\ y = 3t,\ 0 \le t \le 5$

29. $x = 2t,\ y = t^2,\ -5 \le t \le 5$

30. $x = t,\ y = \sqrt{25 - t^2},\ 0 < t \le 5$

31. $x(t) = -t,\ y(t) = \sqrt{t},\ t \ge 0$

32. $x = -2\cos t,\ y = 6 \text{ sen } t,\ 0 \le t \le \pi$

33. $x = -\sec t,\ y = \tan t,\ -\frac{\pi}{2} < t < \frac{\pi}{2}$

En los siguientes ejercicios, utilice las ecuaciones paramétricas para los enteros a y b:

$$x(t) = a\cos((a + b)t)$$
$$y(t) = a\cos((a - b)t)$$

34. Grafique en el dominio $[-\pi, 0]$, donde $a = 2$ y $b = 1$, e incluya la orientación.

35. Grafique en el dominio $[-\pi, 0]$, donde $a = 3$ y $b = 2$ e incluya la orientación.

36. Grafique en el dominio $[-\pi, 0]$, donde $a = 4$ y $b = 3$ e incluya la orientación.

37. Grafique en el dominio $[-\pi, 0]$, donde $a = 5$ y $b = 4$ e incluya la orientación.

38. Si los valores de a es 1 más que b, describa el efecto que los valores de a y b tienen en el gráfico de las ecuaciones paramétricas.

39. Describa el gráfico si $a = 100$ y $b = 99$.

40. ¿Qué pasa si b es 1 más que a? Describa el gráfico.

41. Si las ecuaciones paramétricas $x(t) = t^2$ y $y(t) = 6 - 3t$ tenemos el gráfico de una parábola horizontal que se abre hacia la derecha, ¿qué cambiaría la dirección de la curva?

En los siguientes ejercicios, describa el gráfico del conjunto de ecuaciones paramétricas.

42. $x(t) = -t^2$ y $y(t)$ es lineal

43. $y(t) = t^2$ y $x(t)$ es lineal

44. $y(t) = -t^2$ y $x(t)$ es lineal

45. Escriba las ecuaciones paramétricas de un círculo con centro $(0, 0)$, radio 5 y una orientación en sentido contrario a las agujas del reloj.

46. Escriba las ecuaciones paramétricas de una elipse con centro $(0, 0)$, eje mayor de longitud 10, eje menor de longitud 6 y una orientación en sentido contrario a las agujas del reloj.

En los siguientes ejercicios, utilice una herramienta gráfica para graficar en la ventana $[-3, 3]$ entre $[-3, 3]$ en el dominio $[0, 2\pi)$ para los siguientes valores de a y b e incluya la orientación.

$$\begin{cases} x(t) = \text{sen}(at) \\ y(t) = \text{sen}(bt) \end{cases}$$

47. $a = 1, b = 2$

48. $a = 2, b = 1$

49. $a = 3, b = 3$

50. $a = 5, b = 5$

51. $a = 2, b = 5$

52. $a = 5, b = 2$

En tecnología

En los siguientes ejercicios, observe los gráficos creados por ecuaciones paramétricas de la forma $\begin{cases} x(t) = a\cos(bt) \\ y(t) = c\,\text{sen}(dt) \end{cases}$. Utilice el modo paramétrico de la calculadora gráfica para hallar los valores de $a, b, c,$ y d para lograr cada gráfico.

53.

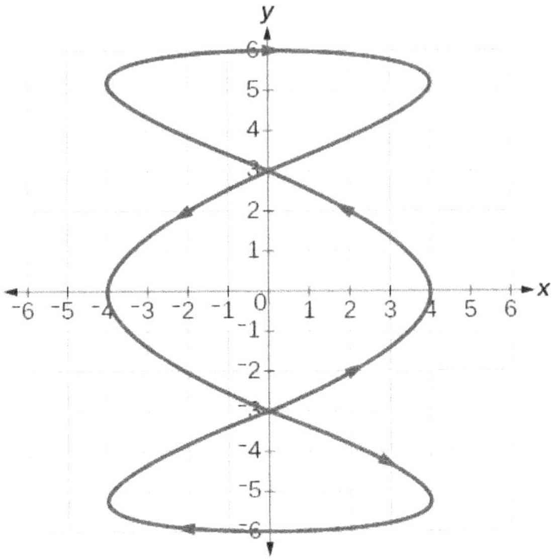

54.

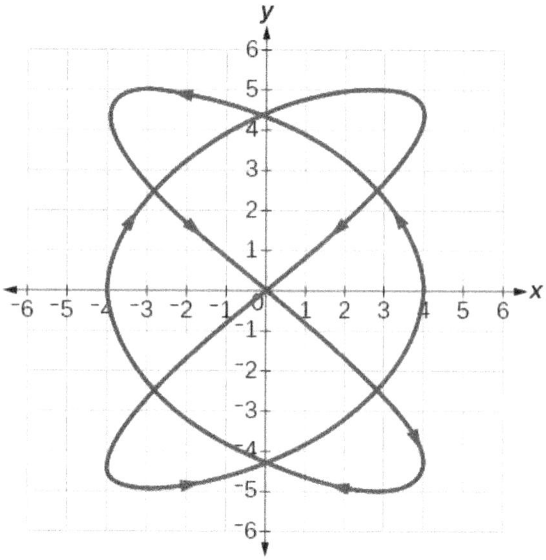
y
x
6
5
4
3
2
1
0
-1
-2
-3
-4
-5
-6
-6 -5 -4 -3 -2 -1 1 2 3 4 5 6

55.

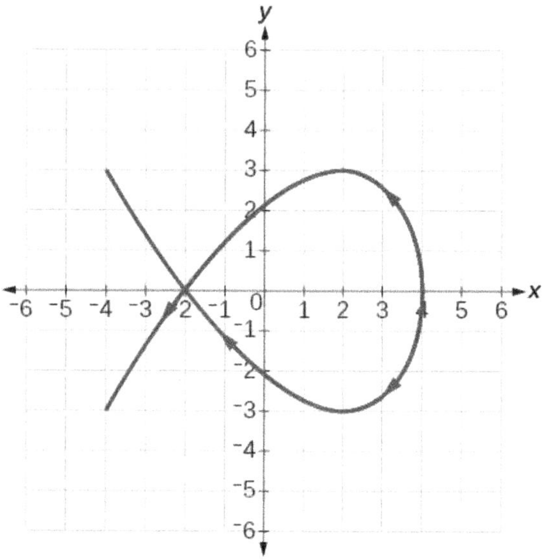
y
x
6
5
4
3
2
1
0
-1
-2
-3
-4
-5
-6
-6 -5 -4 -3 -2 -1 1 2 3 4 5 6

56.

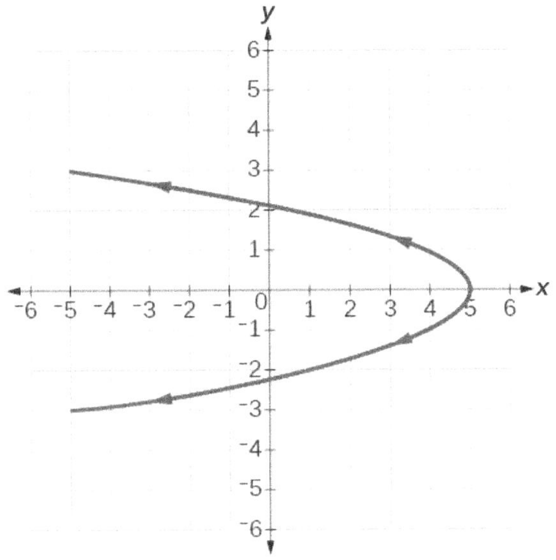

En los siguientes ejercicios, utilice una herramienta gráfica para graficar las ecuaciones paramétricas dadas.

a. $\begin{cases} x(t) = \cos t - 1 \\ y(t) = \operatorname{sen} t + t \end{cases}$

b. $\begin{cases} x(t) = \cos t + t \\ y(t) = \operatorname{sen} t - 1 \end{cases}$

c. $\begin{cases} x(t) = t - \operatorname{sen} t \\ y(t) = \cos t - 1 \end{cases}$

57. Grafique los tres conjuntos de ecuaciones paramétricas en el dominio $[0, 2\pi]$.

58. Grafique los tres conjuntos de ecuaciones paramétricas en el dominio $[0, 4\pi]$.

59. Grafique los tres conjuntos de ecuaciones paramétricas en el dominio $[-4\pi, 6\pi]$.

60. El gráfico de cada conjunto de ecuaciones paramétricas parece "desplazarse" por uno de los ejes. ¿Qué controla el eje por el que se desplaza el gráfico?

61. Explique el efecto en el gráfico de la ecuación paramétrica cuando cambiamos $\operatorname{sen}\ t$ y $\cos\ t$.

62. Explique el efecto de la ecuación paramétrica en el gráfico cuando cambiamos el dominio.

Extensiones

63. Un objeto se lanza al aire con una velocidad vertical de 20 ft/s y una velocidad horizontal de 15 ft/s. Se puede describir la altura del objeto mediante la ecuación $y(t) = -16t^2 + 20t$, mientras el objeto se mueve horizontalmente con una velocidad constante de 15 ft/s. Escriba ecuaciones paramétricas para la posición del objeto y luego elimine el tiempo para que escriba la altura en función de la posición horizontal.

64. Un patinador que circula en patineta por una superficie plana a una velocidad constante de 9 ft/s lanza una pelota al aire, cuya altura se puede describir mediante la ecuación $y(t) = -16t^2 + 10t + 5$. Escriba ecuaciones paramétricas para la posición de la pelota y luego elimine el tiempo para escribir la altura en función de la posición horizontal.

En los siguientes ejercicios, utilice este escenario: Se lanza un dardo hacia arriba con una velocidad inicial de 65 ft/s a un ángulo de elevación de 52°. Considere la posición del dardo en cualquier momento t. Ignore la resistencia del aire.

65. Halle ecuaciones paramétricas que modelen la situación del problema.

66. Halle todos los valores posibles de x que representan la situación.

67. ¿Cuándo llegará el dardo al suelo?

68. Halle la altura máxima del dardo.

69. ¿A qué hora alcanzará el dardo su máxima altura?

En los siguientes ejercicios, observe los gráficos de cada una de las cuatro ecuaciones paramétricas. Aunque tienen un aspecto inusual y hermoso, son tan comunes que tienen nombres, como se indica en cada ejercicio. Utilice una herramienta gráfica para graficar cada una de ellas en el dominio indicado.

70. Una epicicloide: $\begin{cases} x(t) = 14\cos\ t - \cos(14t) \\ y(t) = 14\,\text{sen}\ t + \text{sen}(14t) \end{cases}$ en el dominio $[0, 2\pi]$.

71. Una hipocicloide: $\begin{cases} x(t) = 6\,\text{sen}\ t + 2\,\text{sen}(6t) \\ y(t) = 6\cos\ t - 2\cos(6t) \end{cases}$ en el dominio $[0, 2\pi]$.

72. Una hipotrocoide: $\begin{cases} x(t) = 2\,\text{sen}\ t + 5\cos(6t) \\ y(t) = 5\cos\ t - 2\,\text{sen}(6t) \end{cases}$ en el dominio $[0, 2\pi]$.

73. Una rosa: $\begin{cases} x(t) = 5\,\text{sen}(2t)\,\text{sen}\,t \\ y(t) = 5\,\text{sen}(2t)\cos t \end{cases}$ en el dominio $[0, 2\pi]$.

8.8 Vectores

Objetivos de aprendizaje

En esta sección podrá:

- Ver los vectores geométricamente.
- Hallar la magnitud y la dirección.
- Realizar suma de vectores y multiplicación escalar.
- Hallar la forma en componentes de un vector.
- Hallar el vector unitario en la dirección de $\mathbf{v}$.
- Realizar operaciones con vectores en términos de $\mathbf{i}$ y $\mathbf{j}$.
- Calcular el producto punto de dos vectores.

Un avión vuela a una velocidad aerodinámica de 200 millas por hora y se dirige a un rumbo SE de 140°. Un viento del norte (de norte a sur) sopla a 16,2 millas por hora, como se muestra en la Figura 1. ¿Cuál es la velocidad con respecto al suelo y el rumbo real del avión?

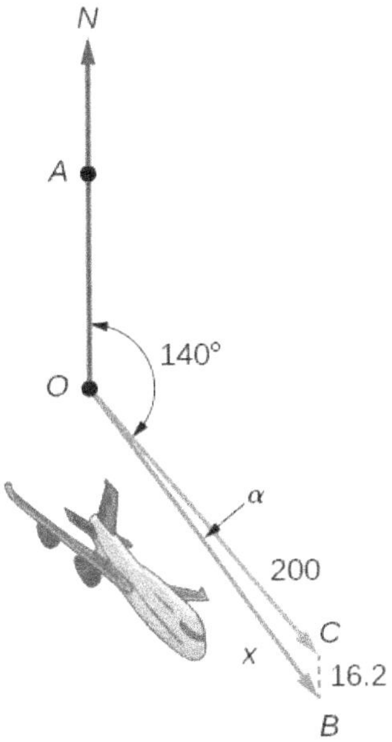

Figura 1

La velocidad con respecto al suelo se refiere a la velocidad de un avión que está en tierra. La velocidad aerodinámica se refiere a la velocidad que puede alcanzar un avión en relación con la masa de aire que lo rodea. Estas dos cantidades no son iguales debido al efecto del viento. En una sección anterior, utilizamos triángulos para resolver un problema similar relacionado con el movimiento de los barcos. Más adelante en esta sección hallaremos la velocidad con respecto al suelo y el rumbo del avión, mientras investigamos otro enfoque para problemas de este tipo. Sin embargo, primero vamos a examinar los fundamentos de los vectores.

Visión geométrica de los vectores

Un **vector** es una cantidad específica dibujada como un segmento de línea con una punta de flecha en un extremo. Tiene un **punto inicial**, donde comienza, y un **punto terminal**, donde termina. El vector se define por su **magnitud**, o la longitud de la línea, y su dirección, indicada por una punta de flecha en el punto terminal. Por lo tanto, el vector es un segmento rectilíneo dirigido. Hay varios símbolos que distinguen los vectores de otras cantidades:

- Letras minúsculas y en negrita, con o sin flecha en la parte superior, como por ejemplo $\mathbf{v}, \mathbf{u}, w, \vec{\mathbf{v}}, \vec{\mathbf{u}}, \vec{w}$.
- Dado el punto inicial P y punto terminal Q, un vector se puede representar como $\overrightarrow{PQ}$. La punta de flecha en la parte superior es lo que indica que no es solo una línea, sino un segmento rectilíneo dirigido.
- Dado un punto inicial de $(0, 0)$ y punto terminal $(a, \mathbf{b})$, un vector se puede representar como $\langle a, \mathbf{b} \rangle$.

Este último símbolo $\langle a, \mathbf{b} \rangle$ tiene un significado especial. Este se denomina **posición estándar**. El vector de posición tiene un punto inicial $(0, 0)$ y un punto terminal $(a, \mathbf{b})$. Para cambiar cualquier vector por el vector de posición, pensamos en el cambio de las coordenadas *x* y el cambio de las coordenadas *y*. Por lo tanto, si el punto inicial de un vector $\overrightarrow{CD}$ es $C(x_1, y_1)$ y el punto terminal es $D(x_2, y_2)$, entonces el vector de posición se halla calculando

$$\begin{aligned}\overrightarrow{A\mathbf{b}} &= \langle x_2 - x_1, y_2 - y_1 \rangle \\ &= \langle a, \mathbf{b} \rangle\end{aligned}$$

En la Figura 2 vemos el vector original $\overrightarrow{CD}$ y el vector de posición $\overrightarrow{A\mathbf{b}}$.

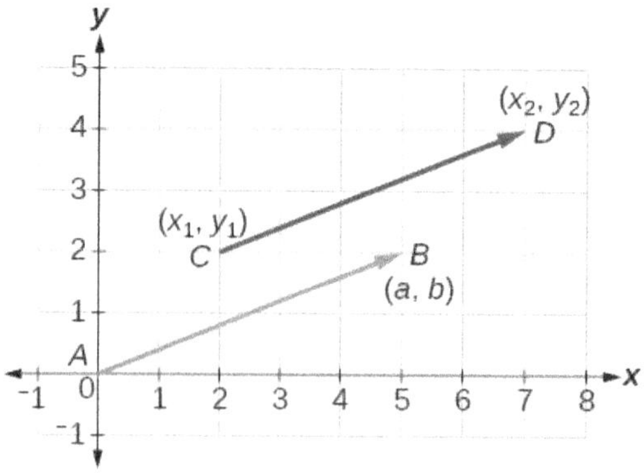

Figura 2

Propiedades de los vectores

Un vector es un segmento rectilíneo dirigido con un punto inicial y un punto terminal. Los vectores se identifican por la magnitud, o la longitud de la línea, y la dirección, representada por la punta de la flecha que apunta hacia el punto terminal. El vector de posición tiene un punto inicial en $(0, 0)$ y se identifica por su punto terminal $(a, \mathbf{b})$.

EJEMPLO 1

Hallar el vector de posición

Consideremos el vector cuyo punto inicial es $P(2, 3)$ y el punto terminal es $Q(6, 4)$. Halle el vector de posición.

Solución

El vector de posición se halla al restar una coordenada *x* de la otra coordenada *x*, y una coordenada *y* de la otra coordenada *y*. Así,

$$\begin{aligned}\mathbf{v} &= \langle 6-2, 4-3\rangle \\ &= \langle 4, 1\rangle\end{aligned}$$

El vector de posición comienza en $(0, 0)$ y termina en $(4, 1)$. Los gráficos de ambos vectores se muestran en la Figura 3.

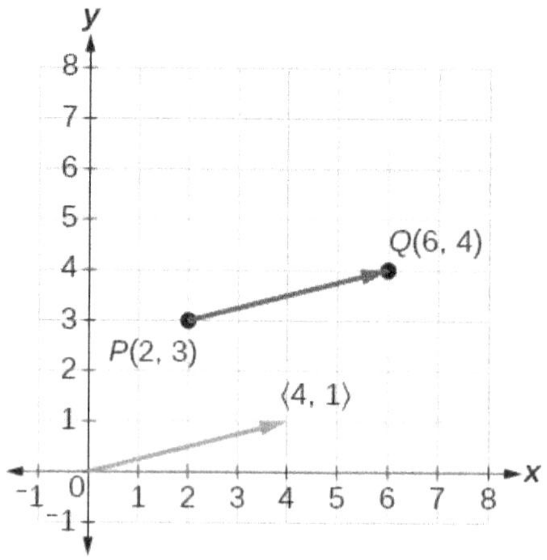

Figura 3

Vemos que el vector de posición es $\langle 4, 1\rangle$.

EJEMPLO 2

Dibujar un vector con el criterio dado y su vector de posición equivalente

Halle el vector de posición dado el vector $\mathbf{v}$ tiene un punto inicial en $(-3, 2)$ y un punto terminal en $(4, 5)$, luego, grafique ambos vectores en el mismo plano.

Solución

El vector de posición se halla utilizando el siguiente cálculo:

$$\begin{aligned}\mathbf{v} &= \langle 4 - (-3), 5 - 2\rangle \\ &= \langle 7, 3\rangle\end{aligned}$$

Así, el vector de posición comienza en $(0, 0)$ y termina en $(7, 3)$. Vea la Figura 4.

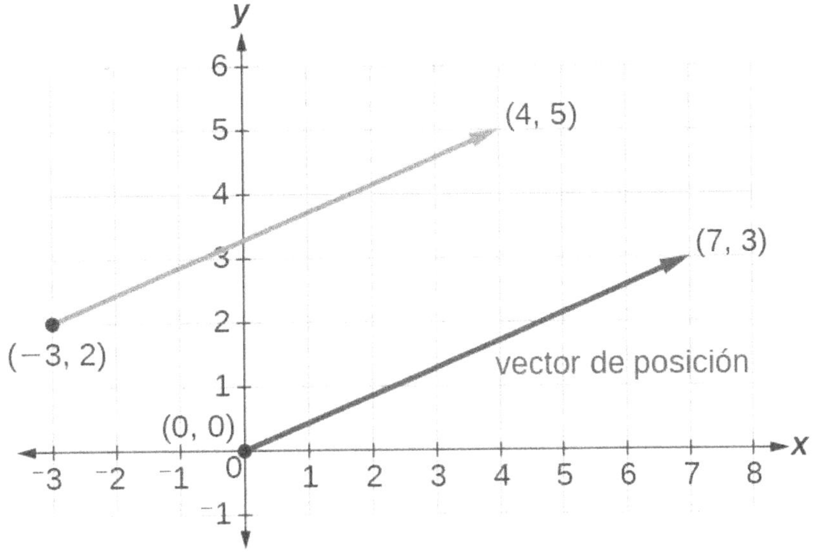

Figura 4

> **INTÉNTELO** #1 Dibuje un vector $\mathbf{v}$ que conecta desde el origen hasta el punto $(3, 5)$.

Hallar la magnitud y la dirección

Para trabajar con un vector, tenemos que ser capaces de hallar su magnitud y su dirección. Hallamos su magnitud mediante el teorema de Pitágoras o la fórmula de distancia, y hallamos su dirección mediante la función tangente inversa.

Magnitud y dirección de un vector

Dado un vector de posición $\mathbf{v} = \langle a, \mathbf{b}\rangle$, la magnitud se halla por $|\mathbf{v}| = \sqrt{a^2 + \mathbf{b}^2}$. La dirección es igual al ángulo formado con el eje *x*, o con el eje *y*, según la aplicación. Para un vector de posición, la dirección se halla mediante $\tan\ \theta = \left(\frac{\mathbf{b}}{a}\right) \Rightarrow \theta = \tan^{-1}\left(\frac{\mathbf{b}}{a}\right)$, como se ilustra en la Figura 5.

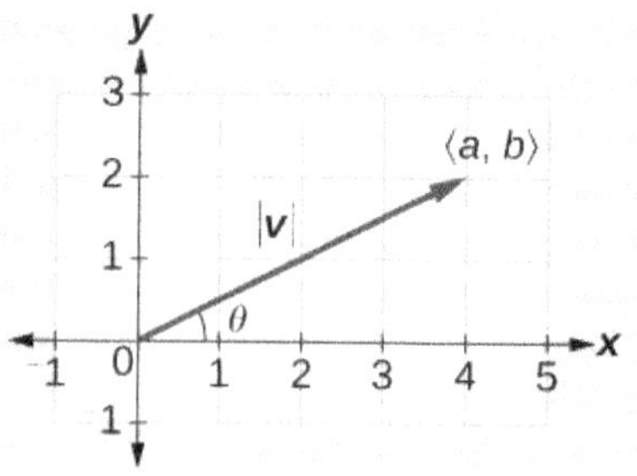

Figura 5

Dos vectores ***v*** y ***u*** se consideran iguales si tienen la misma magnitud y la misma dirección. Además, si ambos vectores tienen el mismo vector de posición, son iguales.

EJEMPLO 3

Hallar la magnitud y la dirección de un vector

Halle la magnitud y la dirección del vector con punto inicial $P(-8, 1)$ y punto terminal $Q(-2, -5)$. Dibuje el vector.

Solución

Primero, halle el vector de posición.

$$\begin{aligned}\mathbf{u} &= \langle -2, -(-8), -5-1 \rangle \\ &= \langle 6, -6 \rangle\end{aligned}$$

Utilizamos el teorema de Pitágoras para hallar la magnitud.

$$\begin{aligned}|\mathbf{u}| &= \sqrt{(6)^2 + (-6)^2} \\ &= \sqrt{72} \\ &= 6\sqrt{2}\end{aligned}$$

La dirección está dada como

$$\begin{aligned}\tan\ \theta &= \tfrac{-6}{6} = -1 \Rightarrow \theta = \tan^{-1}(-1) \\ &= -45°\end{aligned}$$

Sin embargo, el ángulo termina en el cuarto cuadrante, por lo que sumamos 360° para obtener un ángulo positivo. Así, $-45° + 360° = 315°$. Vea la Figura 6.

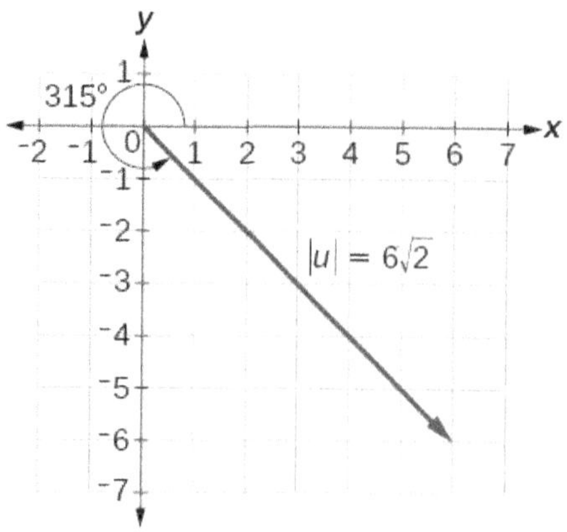

Figura 6

EJEMPLO 4

Demostrar que dos vectores son iguales

Demuestre que el vector ***v*** con punto inicial en $(5, -3)$ y punto terminal en $(-1, 2)$ es igual al vector ***u*** con punto inicial en $(-1, -3)$ y punto terminal en $(-7, 2)$. Dibuje el vector de posición en la misma cuadrícula que ***v*** y ***u***. A continuación, calcule la magnitud and dirección de cada vector.

Solución

Como se muestra en la Figura 7, dibuje el vector $\mathbf{v}$ comenzando por el punto inicial $(5, -3)$ y punto terminal $(-1, 2)$. Dibuje el vector $\mathbf{u}$ con punto inicial $(-1, -3)$ y punto terminal $(-7, 2)$. Calcule la posición estándar de cada uno.

A continuación, halle y dibuje el vector de posición para ***v*** y ***u***. Tenemos

$$\begin{aligned} \mathbf{v} &= \langle -1-5, 2-(-3) \rangle \\ &= \langle -6, 5 \rangle \end{aligned}$$

$$\begin{aligned} \mathbf{u} &= \langle -7-(-1), 2-(-3) \rangle \\ &= \langle -6, 5 \rangle \end{aligned}$$

Dado que los vectores de posición son los mismos ***v*** y ***u*** son iguales.

Otra manera de comprobar la igualdad de los vectores es demostrar que la magnitud y la dirección son iguales para ambos vectores. Para demostrar que las magnitudes son iguales, utilice el teorema de Pitágoras.

$$\begin{aligned} |\mathbf{v}| &= \sqrt{(-1-5)^2 + (2-(-3))^2} \\ &= \sqrt{(-6)^2 + (5)^2} \\ &= \sqrt{36+25} \\ &= \sqrt{61} \\ |\mathbf{u}| &= \sqrt{(-7-(-1))^2 + (2-(-3))^2} \\ &= \sqrt{(-6)^2 + (5)^2} \\ &= \sqrt{36+25} \\ &= \sqrt{61} \end{aligned}$$

Como las magnitudes son iguales, ahora tenemos que verificar la dirección. Al utilizar la función tangente con el vector de posición se obtiene

$$\begin{aligned} \tan\ \theta &= -\tfrac{5}{6} \Rightarrow \theta = \tan^{-1}\left(-\tfrac{5}{6}\right) \\ &= -39{,}8° \end{aligned}$$

Sin embargo, podemos ver que el vector de posición termina en el segundo cuadrante, por lo que sumamos $180°$. Así, la dirección es $-39{,}8° + 180° = 140{,}2\ °$.

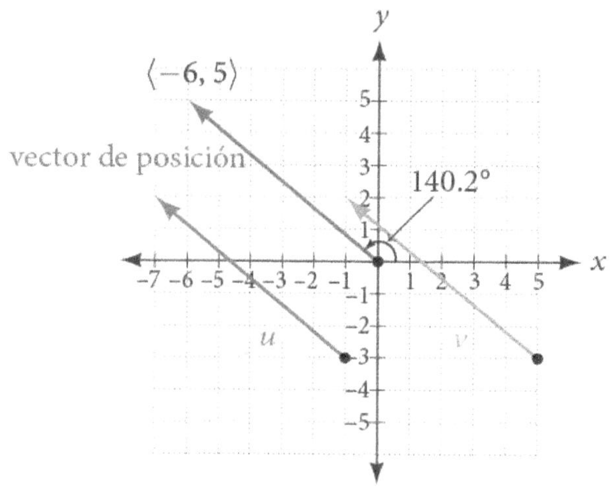

Figura 7

Realizar suma de vectores y multiplicación escalar

Ahora que entendemos las propiedades de los vectores, podemos realizar operaciones con ellos. Aunque es conveniente pensar en el vector $\mathbf{u} = \langle x, y \rangle$ como una flecha o segmento rectilíneo dirigido desde el origen hasta el punto (x, y), los vectores se sitúan en cualquier lugar del plano. La suma de dos vectores ***u*** y ***v***, o **suma de vectores**, produce un tercer vector ***u***+ ***v***, el vector **resultante**.

Para calcular ***u*** + ***v***, primero dibujamos el vector ***u***, y desde el punto terminal de ***u***, dibujamos el vector ***v***. Es decir, tenemos que el punto inicial de ***v*** se encuentra con el punto terminal de ***u***. Esta posición corresponde a la noción de que nos movemos a lo largo del primer vector y luego, desde su punto terminal, nos movemos a lo largo del segundo vector. La suma ***u*** + ***v*** es el vector resultante porque resulta de la suma o la resta de dos vectores. El vector resultante va directamente desde el principio de ***u*** hasta el final de ***v*** en una trayectoria recta, como se muestra en Figura 8.

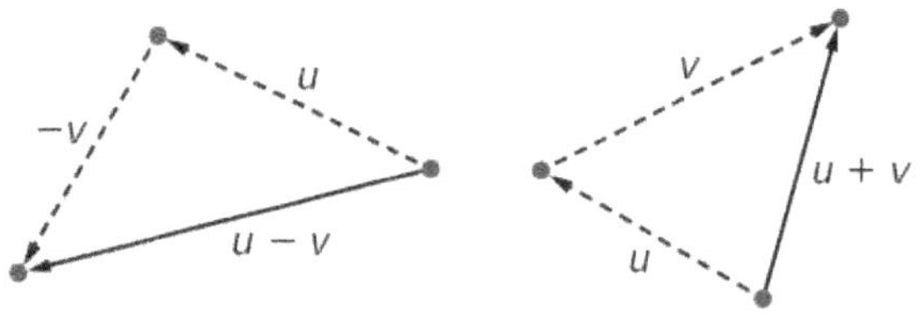

Figura 8

La resta de vectores es similar a la suma de vectores. Para hallar ***u*** − ***v***, véalo como ***u*** + (−***v***). Para sumar -***v*** se invierte el sentido de **vpara** sumarlo al extremo de ***u***. El nuevo vector comienza en el inicio de ***u*** y se detiene en el punto final de -***v***. Ver Figura 9 para una visual que compara la suma de vectores y la resta de vectores usando paralelogramos.

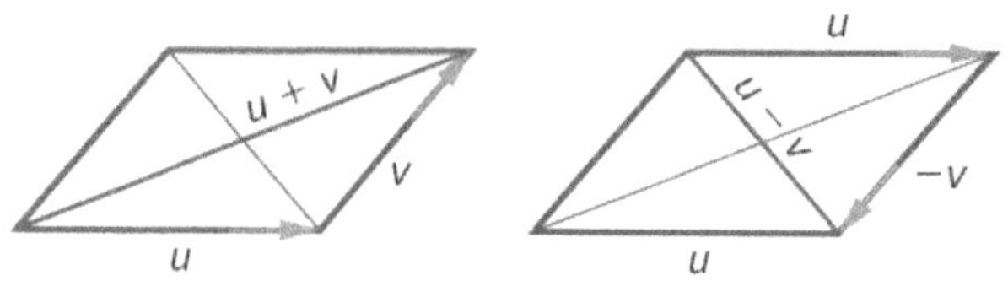

Figura 9

EJEMPLO 5

Sumar y restar vectores

Dado $\mathbf{u} = \langle 3, -2 \rangle$ y $\mathbf{v} = \langle -1, 4 \rangle$, hallar dos nuevos vectores ***u*** + ***v*** y ***u*** − ***v***.

Solución

Para dar con la suma de dos vectores, sumamos sus componentes. Por lo tanto,

$$\begin{aligned}\mathbf{u} + \mathbf{v} &= \langle 3, -2\rangle + \langle -1, 4\rangle \\ &= \langle 3 + (-1), -2 + 4\rangle \\ &= \langle 2, 2\rangle\end{aligned}$$

Vea la Figura 10**(a)**.

Para hallar la diferencia de dos vectores, se suman los componentes negativos de **v** a **u**. Así,

$$\begin{aligned}\mathbf{u} + (-\mathbf{v}) &= \langle 3, -2\rangle + \langle 1, -4\rangle \\ &= \langle 3 + 1, -2 + (-4)\rangle \\ &= \langle 4, -6\rangle\end{aligned}$$

Vea la Figura 10**(b).**

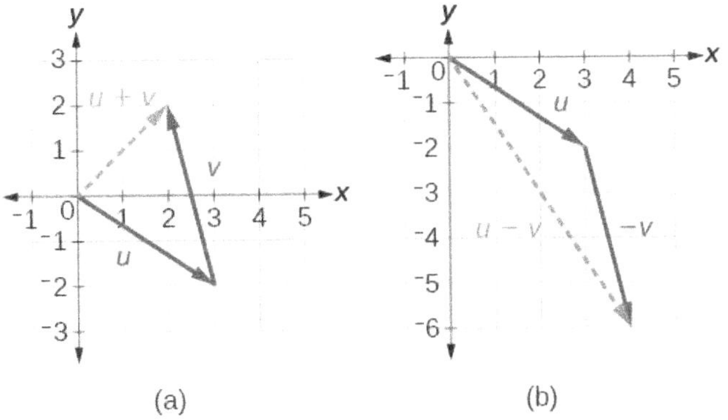

Figura 10 (a) Suma de dos vectores (b) Diferencia de dos vectores

Multiplicar por un escalar

Mientras que la suma y la resta de vectores nos da un nuevo vector con una magnitud y una dirección diferentes, el proceso de multiplicar un vector por un **escalar**, una constante, solo cambia la magnitud del vector o la longitud de la línea. La multiplicación escalar no tiene efecto en la dirección a menos que el escalar sea negativo, en cuyo caso la dirección del vector resultante es opuesta a la del vector original.

Multiplicación escalar

La **multiplicación escalar** implica el producto de un vector por un escalar. Cada componente del vector se multiplica por el escalar. Así, para multiplicar $\mathbf{v} = \langle a, \mathbf{b}\rangle$ entre k, tenemos

$$k\mathbf{v} = \langle ka, k\mathbf{b}\rangle$$

Solo cambia la magnitud, a menos que k sea negativo, y entonces el vector invierte su dirección.

EJEMPLO 6

Realizar multiplicación escalar

Vector dado $\mathbf{v} = \langle 3, 1\rangle$, hallar 3***v***, $\frac{1}{2}$ **v**, y −***v***.

Solución

Véase Figura 11 para una interpretación geométrica. Si $\mathbf{v} = \langle 3, 1\rangle$, entonces

$$3\mathbf{v} = \langle 3 \cdot 3, 3 \cdot 1 \rangle$$
$$= \langle 9, 3 \rangle$$
$$\tfrac{1}{2}\mathbf{v} = \left\langle \tfrac{1}{2} \cdot 3, \tfrac{1}{2} \cdot 1 \right\rangle$$
$$= \left\langle \tfrac{3}{2}, \tfrac{1}{2} \right\rangle$$
$$\text{-}\mathbf{v} = \langle -3, -1 \rangle$$

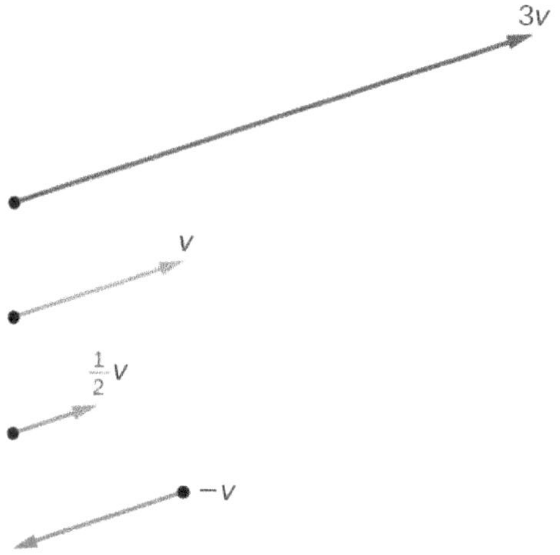

Figura 11

Análisis

Observe que el vector 3***v*** es tres veces la longitud de ***v***, $\frac{1}{2}$ **v** es la mitad de la longitud de ***v***, y –***v*** es la misma longitud de ***v***, pero en sentido contrario.

INTÉNTELO #2 Halle el múltiplo escalar $3\,\mathbf{u}$ dado $\mathbf{u} = \langle 5, 4 \rangle$.

EJEMPLO 7

Usar la suma de vectores y la multiplicación escalar para hallar un nuevo vector

Dado $\mathbf{u} = \langle 3, -2 \rangle$ y $\mathbf{v} = \langle -1, 4 \rangle$, hallar un nuevo vector ***w*** = 3***u*** + 2***v***.

Solución

Primero, debemos multiplicar cada vector por el escalar.

$$3\mathbf{u} = 3\,\langle 3, -2 \rangle$$
$$= \langle 9, -6 \rangle$$
$$2\mathbf{v} = 2\,\langle -1, 4 \rangle$$
$$= \langle -2, 8 \rangle$$

Luego, sumar los dos elementos.

$$w = 3\mathbf{u} + 2\mathbf{v}$$
$$= \langle 9, -6 \rangle + \langle -2, 8 \rangle$$
$$= \langle 9 - 2, -6 + 8 \rangle$$
$$= \langle 7, 2 \rangle$$

Así que, $w = \langle 7, 2 \rangle$.

Hallar la forma en componentes

En algunas aplicaciones en las que intervienen vectores, nos resulta útil poder descomponer un vector en sus componentes. Los vectores están formados por dos componentes: el componente horizontal es la dirección x y el componente vertical es la dirección y. Por ejemplo, podemos ver en el gráfico de la Figura 12 que el vector de posición $\langle 2, 3\rangle$ resulta de sumar los vectores $\mathbf{v}_1$ y $\mathbf{v}_2$. Tenemos $\mathbf{v}_1$ con punto inicial $(0, 0)$ y punto terminal $(2, 0)$.

$$\begin{aligned}\mathbf{v}_1 &= \langle 2-0, 0-0\rangle \\ &= \langle 2, 0\rangle\end{aligned}$$

También tenemos $\mathbf{v}_2$ con punto inicial $(0, 0)$ y punto terminal $(0,\ 3)$.

$$\begin{aligned}\mathbf{v}_2 &= \langle 0-0, 3-0\rangle \\ &= \langle 0, 3\rangle\end{aligned}$$

Por lo tanto, el vector de posición es

$$\begin{aligned}\mathbf{v} &= \langle 2+0, 3+0\rangle \\ &= \langle 2, 3\rangle\end{aligned}$$

Con el teorema de Pitágoras, la magnitud de $\mathbf{v}_1$ es 2, y la magnitud de $\mathbf{v}_2$ es 3. Para hallar la magnitud de $\mathbf{v}$, utilice la fórmula con el vector de posición.

$$\begin{aligned}|\mathbf{v}| &= \sqrt{|\mathbf{v}_1|^2 + |\mathbf{v}_2|^2} \\ &= \sqrt{2^2 + 3^2} \\ &= \sqrt{13}\end{aligned}$$

La magnitud de $\mathbf{v}$ es $\sqrt{13}$. Para hallar la dirección, utilizamos la función tangente $\tan\ \theta = \frac{y}{x}$.

$$\begin{aligned}\tan\ \theta &= \frac{\mathbf{v}_2}{\mathbf{v}_1} \\ \tan\ \theta &= \frac{3}{2} \\ \theta &= \tan^{-1}\left(\frac{3}{2}\right) = 56{,}3°\end{aligned}$$

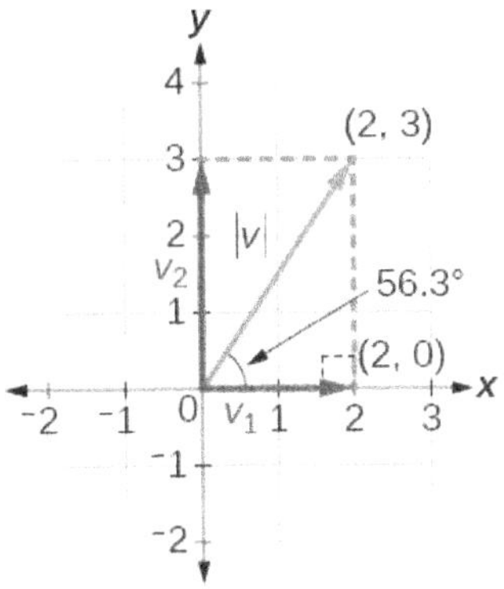

Figura 12

Así, la magnitud de $\mathbf{v}$ es $\sqrt{13}$ y la dirección es $56{,}3°$ de la horizontal.

EJEMPLO 8

Hallar los componentes del vector

Halle los componentes del vector $\mathbf{v}$ con punto inicial $(3, 2)$ y punto terminal $(7, 4)$.

Solución

Primero, halle la posición estándar.

$$\begin{aligned}\mathbf{v} &= \langle 7-3, 4-2\rangle \\ &= \langle 4, 2\rangle\end{aligned}$$

Vea la ilustración en la Figura 13.

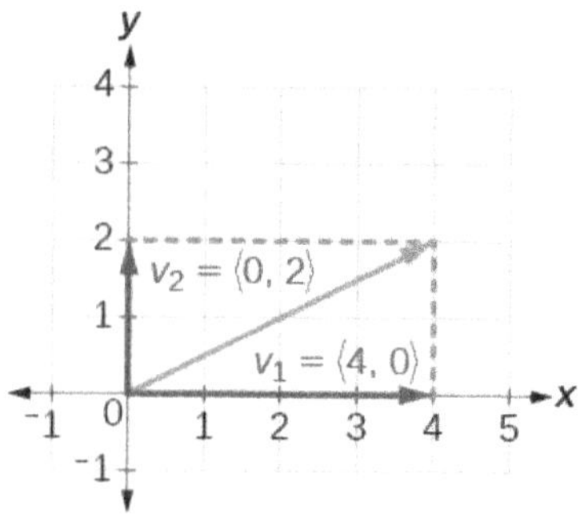

Figura 13

El componente horizontal es $\mathbf{v}_1 = \langle 4, 0\rangle$ y el componente vertical es $\mathbf{v}_2 = \langle 0, 2\rangle$.

Hallar el vector unitario en la dirección de *v*

Además de hallar los componentes de un vector, también sirve para resolver problemas hallar un vector en la misma dirección que el vector dado, pero de magnitud 1. Llamamos **vector unitario** a un vector con una magnitud de 1. Así podemos conservar la dirección del vector original y simplificar los cálculos.

Los vectores unitarios se definen en términos de componentes. El vector unitario horizontal se escribe como $\mathbf{i} = \langle 1, 0\rangle$ y se dirige a lo largo del eje horizontal positivo. El vector unitario vertical se escribe como $\mathbf{j} = \langle 0, 1\rangle$ y se dirige a lo largo del eje vertical positivo. Vea la Figura 14.

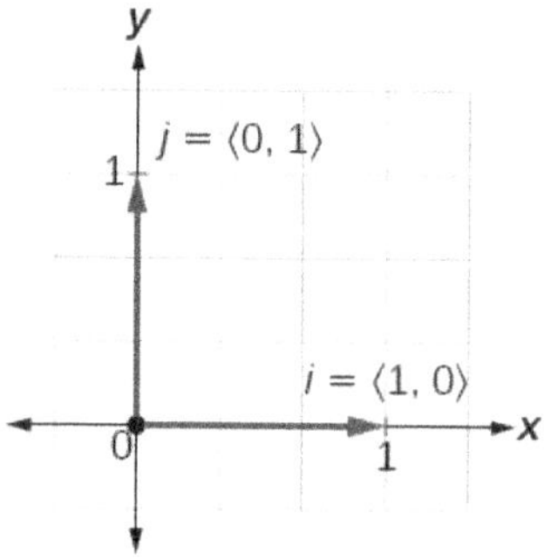

Figura 14

Los vectores unitarios

Si $\mathbf{v}$ es un vector distinto de cero, entonces $\frac{\mathbf{v}}{|\mathbf{v}|}$ es un vector unitario en la dirección de $\mathbf{v}$. Cualquier vector dividido entre su magnitud es un vector unitario. Observe que la magnitud es siempre un escalar, y que dividir entre un escalar es lo mismo que multiplicar por el recíproco del escalar.

EJEMPLO 9

Hallar el vector unitario en la dirección de *v*

Halle un vector unitario en la misma dirección que $\mathbf{v} = \langle -5, 12\rangle$.

Solución

Primero hallaremos la magnitud.

$$\begin{aligned}|\mathbf{v}| &= \sqrt{(-5)^2 + (12)^2} \\ &= \sqrt{25 + 144} \\ &= \sqrt{169} \\ &= 13\end{aligned}$$

A continuación, dividimos cada componente entre $|\mathbf{v}|$, lo cual resulta en un vector unitario en la misma dirección que ***v***:

$$\frac{\mathbf{v}}{|\mathbf{v}|} = -\frac{5}{13}\mathbf{i} + \frac{12}{13}\mathbf{j}$$

o en forma de componente

$$\frac{\mathbf{v}}{|\mathbf{v}|} = \left\langle -\frac{5}{13}, \frac{12}{13} \right\rangle$$

Vea la Figura 15.

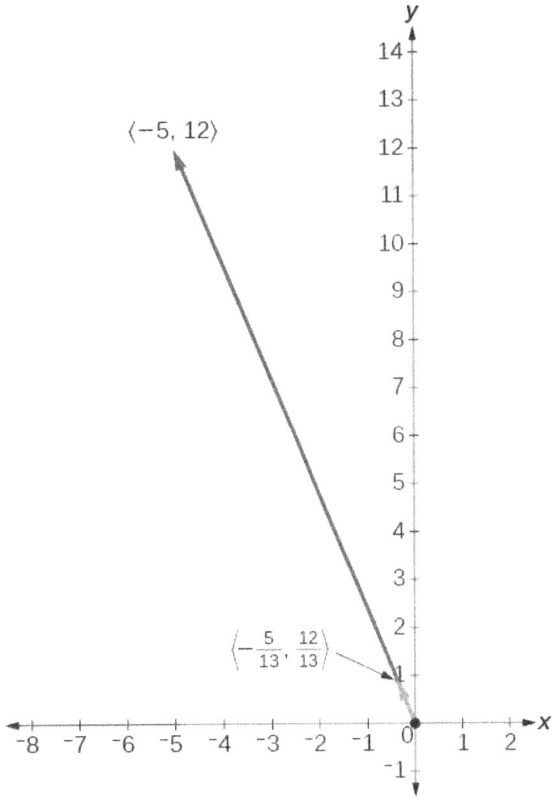

Figura 15

Compruebe que la magnitud del vector unitario es igual a 1. La magnitud de $-\frac{5}{13}\mathbf{i} + \frac{12}{13}\mathbf{j}$ se da como

$$\begin{aligned}\sqrt{\left(-\tfrac{5}{13}\right)^2 + \left(\tfrac{12}{13}\right)^2} &= \sqrt{\tfrac{25}{169} + \tfrac{144}{169}} \\ &= \sqrt{\tfrac{169}{169}} = 1\end{aligned}$$

El vector $\boldsymbol{u} = \frac{5}{13}\,\boldsymbol{i} + \frac{12}{13}\,\boldsymbol{j}$ es el vector unitario en la misma dirección que $\boldsymbol{v} = \langle -5, 12 \rangle$.

Realizar operaciones con vectores en términos de *i* y *j*

Hasta ahora hemos investigado los fundamentos de los vectores: magnitud y dirección, suma y resta de vectores, multiplicación escalar, las componentes de los vectores y la representación de los vectores geométricamente. Ahora que estamos familiarizados con las estrategias generales utilizadas en el trabajo con vectores, representaremos los vectores en coordenadas rectangulares en términos de ***i*** y ***j***.

Vectores en el plano rectangular

Dado un vector $\mathbf{v}$ con punto inicial $P = (x_1, y_1)$ y punto terminal $Q = (x_2, y_2)$, ***v*** se escribe como

$$\mathbf{v} = (x_2 - x_1)\mathbf{i} + (y_2 - y_1)\mathbf{j}$$

El vector de posición de $(0, 0)$ al $(a, \mathbf{b})$, donde $(x_2 - x_1) = a$ y $(y_2 - y_1) = \mathbf{b}$, se escribe como ***v*** = *ai* + *bj*. Esta suma vectorial se denomina a) combinación lineal de los vectores ***i*** y ***j***.

La magnitud de ***v*** = *ai* + *bj* viene dada como $|\mathbf{v}| = \sqrt{a^2 + \mathbf{b}^2}$. Vea la Figura 16.

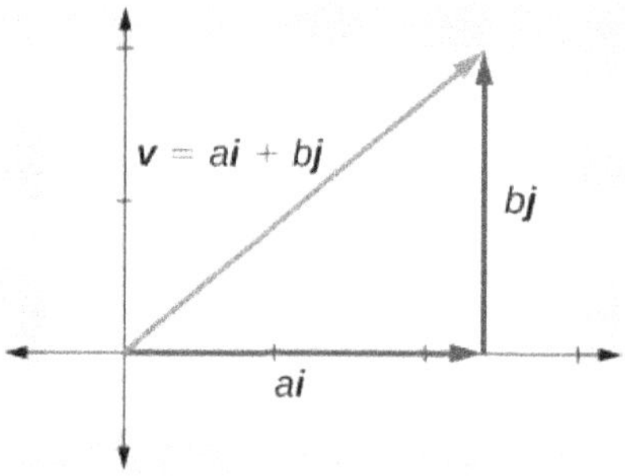

Figura 16

EJEMPLO 10

Escribir un vector en términos de *i* y *j*

Dado un vector $\mathbf{v}$ con punto inicial $P = (2, -6)$ y punto terminal $Q = (-6, 6)$, escriba el vector en términos de $\mathbf{i}$ y $\mathbf{j}$.

Solución

Comience escribiendo la forma general del vector. A continuación, sustituya las coordenadas por los valores dados.

$$\begin{aligned} \mathbf{v} &= (x_2 - x_1)\mathbf{i} + (y_2 - y_1)\mathbf{j} \\ &= (-6 - 2)\mathbf{i} + (6 - (-6))\mathbf{j} \\ &= -8\mathbf{i} + 12\mathbf{j} \end{aligned}$$

EJEMPLO 11

Escribir un vector en términos de *i* y *j* utilizando los puntos inicial y final

Dado el punto inicial $P_1 = (-1, 3)$ y punto terminal $P_2 = (2, 7)$, escriba el vector $\mathbf{v}$ en términos de $\mathbf{i}$ y $\mathbf{j}$.

Solución

Comience escribiendo la forma general del vector. A continuación, sustituya las coordenadas por los valores dados.

$$\begin{aligned} \mathbf{v} &= (x_2 - x_1)\mathbf{i} + (y_2 - y_1)\mathbf{j} \\ \mathbf{v} &= (2 - (-1))\mathbf{i} + (7 - 3)\mathbf{j} \\ &= 3\mathbf{i} + 4\mathbf{j} \end{aligned}$$

INTÉNTELO #3 Escriba el vector $\mathbf{u}$ con punto inicial $P = (-1, 6)$ y punto terminal $Q = (7, -5)$ en términos de $\mathbf{i}$ y $\mathbf{j}$.

Realizar operaciones con vectores en términos de *i* y *j*

Cuando los vectores se escriben en términos de $\mathbf{i}$ y $\mathbf{j}$, podemos realizar sumas, restas y multiplicaciones escalares con operaciones sobre los componentes correspondientes.

Suma y resta de vectores en coordenadas rectangulares

Dado $\mathbf{v} = a\mathbf{i} + b\mathbf{j}$ y $\mathbf{u} = c\mathbf{i} + d\mathbf{j}$, entonces

$$\mathbf{v} + \mathbf{u} = (a + c)\,\mathbf{i} + (\mathbf{b} + d)\,\mathbf{j}$$
$$\mathbf{v} - \mathbf{u} = (a - c)\,\mathbf{i} + (\mathbf{b} - d)\,\mathbf{j}$$

EJEMPLO 12

Hallar la suma de los vectores

Calcule la suma de $\mathbf{v}_1 = 2\mathbf{i} - 3\mathbf{j}$ y $\mathbf{v}_2 = 4\mathbf{i} + 5\mathbf{j}$.

Solución

Según la fórmula, tenemos

$$\begin{aligned} \mathbf{v}_1 + \mathbf{v}_2 &= (2 + 4)\mathbf{i} + (-3 + 5)\mathbf{j} \\ &= 6\mathbf{i} + 2\mathbf{j} \end{aligned}$$

Calcular la forma en componentes de un vector: Dirección

Hemos visto cómo dibujar vectores según sus puntos iniciales y terminales y cómo hallar el vector de posición. También hemos examinado la notación para vectores dibujados específicamente en el plano de coordenadas cartesianas utilizando $\mathbf{i}$ y $\mathbf{j}$. Para cualquiera de estos vectores, podemos calcular la magnitud. Ahora queremos combinar los puntos clave y profundizar en las ideas de magnitud y dirección.

El cálculo de la dirección sigue el mismo proceso directo que utilizamos para las coordenadas polares. Hallamos la dirección del vector al hallar el ángulo con la horizontal. Para ello utilizamos las identidades trigonométricas básicas, pero con $|\mathbf{v}|$ sustituyendo a r.

Componentes vectoriales en términos de magnitud y dirección

Dado un vector de posición $\mathbf{v} = \langle x, y \rangle$ y un ángulo de dirección θ,

$$\cos\ \theta = \frac{x}{|\mathbf{v}|} \qquad \text{y} \qquad \text{sen}\ \theta = \frac{y}{|\mathbf{v}|}$$
$$x = |\mathbf{v}| \cos\ \theta \qquad\qquad y = |\mathbf{v}|\ \text{sen}\ \theta$$

Por lo tanto, $\mathbf{v} = x\mathbf{i} + y\mathbf{j} = |\mathbf{v}| \cos\ \theta\mathbf{i} + |\mathbf{v}|\ \text{sen}\ \theta\mathbf{j}$, y la magnitud se expresa como $|\mathbf{v}| = \sqrt{x^2 + y^2}$.

EJEMPLO 13

Escribir un vector en términos de magnitud y dirección

Escriba un vector de longitud 7 con un ángulo de 135° respecto al eje *x* positivo en términos de magnitud y dirección.

Solución

Si utilizamos las fórmulas de conversión $x = |\mathbf{v}| \cos\ \theta$ y $y = |\mathbf{v}|\ \text{sen}\ \theta$, hallamos que

$$\begin{aligned} x &= 7\cos(135°) \\ &= -\frac{7\sqrt{2}}{2} \\ y &= 7\,\text{sen}(135°) \\ &= \frac{7\sqrt{2}}{2} \end{aligned}$$

Este vector se puede escribir como $\mathbf{v} = 7\cos(135°) + 7\,\text{sen}(135°)$ o simplificarse como

$$\mathbf{v} = -\frac{7\sqrt{2}}{2} + \frac{7\sqrt{2}}{2}$$

INTÉNTELO #4 Un vector se desplaza desde el origen hasta el punto $(3, 5)$. Escriba el vector en términos de magnitud y dirección.

Calcular el producto punto de dos vectores

Como ya hemos comentado en esta sección, la multiplicación escalar consiste en multiplicar un vector por un escalar, y el resultado es un vector. Como hemos visto, multiplicar un vector por un número se llama multiplicación escalar. Si multiplicamos un vector por otro vector, existen dos posibilidades: el *producto punto* y el *producto cruzado*. Aquí solo examinaremos el producto punto; es posible que halle el producto cruzado en cursos de matemáticas más avanzados.

El producto punto de dos vectores consiste en multiplicar dos vectores entre sí, y el resultado es un escalar.

Producto escalar

El **producto punto** de dos vectores $\mathbf{v} = \langle a, \mathbf{b} \rangle$ y $\mathbf{u} = \langle c, d \rangle$ es la suma del producto de los componentes horizontales y el producto de los componentes verticales.

$$\mathbf{v} \cdot \mathbf{u} = ac + \mathbf{b}d$$

Para hallar el ángulo entre los dos vectores, utilice la siguiente fórmula.

$$\cos\ \theta = \frac{\mathbf{v}}{|\mathbf{v}|} \cdot \frac{\mathbf{u}}{|\mathbf{u}|}$$

EJEMPLO 14

Calcular el producto punto de dos vectores

Halle el producto punto de $\mathbf{v} = \langle 5, 12 \rangle$ y $\mathbf{u} = \langle -3, 4 \rangle$.

Solución

Utilizando la fórmula, tenemos

$$\begin{aligned} \mathbf{v} \cdot \mathbf{u} &= \langle 5, 12 \rangle \cdot \langle -3, 4 \rangle \\ &= 5 \cdot (-3) + 12 \cdot 4 \\ &= -15 + 48 \\ &= 33 \end{aligned}$$

EJEMPLO 15

Hallar el producto escalar de dos vectores y el ángulo entre ellos

Halle el producto punto de $\boldsymbol{v}_1 = 5\boldsymbol{i} + 2\boldsymbol{j}$ y $\boldsymbol{v}_2 = 3\boldsymbol{i} + 7\boldsymbol{j}$. Luego, halle el ángulo entre los dos vectores.

Solución

Al hallar el producto punto, multiplicamos los componentes correspondientes.

$$\begin{aligned} \mathbf{v}_1 \cdot \mathbf{v}_2 &= \langle 5, 2 \rangle \cdot \langle 3, 7 \rangle \\ &= 5 \cdot 3 + 2 \cdot 7 \\ &= 15 + 14 \\ &= 29 \end{aligned}$$

Para hallar el ángulo entre ellos, utilizamos la fórmula $\cos\ \theta = \frac{\mathbf{v}}{|\mathbf{v}|} \cdot \frac{\mathbf{u}}{|\mathbf{u}|}$.

$$\frac{\mathbf{v}}{|\mathbf{v}|} \cdot \frac{\mathbf{u}}{|\mathbf{u}|} = \left\langle \frac{5}{\sqrt{29}} + \frac{2}{\sqrt{29}} \right\rangle \cdot \left\langle \frac{3}{\sqrt{58}} + \frac{7}{\sqrt{58}} \right\rangle$$
$$= \frac{5}{\sqrt{29}} \cdot \frac{3}{\sqrt{58}} + \frac{2}{\sqrt{29}} \cdot \frac{7}{\sqrt{58}}$$
$$= \frac{15}{\sqrt{1682}} + \frac{14}{\sqrt{1682}} = \frac{29}{\sqrt{1682}}$$
$$= 0{,}707107$$
$$\cos^{-1}(0{,}707107) = 45°$$

Vea la Figura 17.

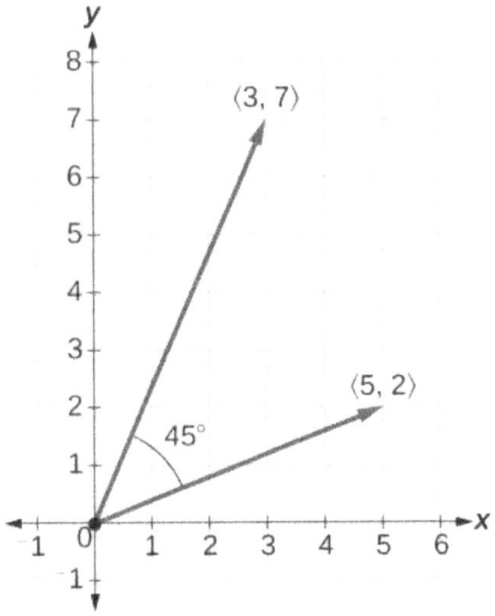

Figura 17

EJEMPLO 16

Calcular el ángulo entre dos vectores

Calcule el ángulo entre $\mathbf{u} = \langle -3, 4 \rangle$ y $\mathbf{v} = \langle 5, 12 \rangle$.

Solución

Con la fórmula tenemos

$$\theta = \cos^{-1}\left(\frac{\mathbf{u}}{|\mathbf{u}|} \cdot \frac{\mathbf{v}}{|\mathbf{v}|}\right)$$
$$\left(\frac{\mathbf{u}}{|\mathbf{u}|} \cdot \frac{\mathbf{v}}{|\mathbf{v}|}\right) = \frac{-3\mathbf{i}+4\mathbf{j}}{5} \cdot \frac{5\mathbf{i}+12\mathbf{j}}{13}$$
$$= \left(-\tfrac{3}{5} \cdot \tfrac{5}{13}\right) + \left(\tfrac{4}{5} \cdot \tfrac{12}{13}\right)$$
$$= -\tfrac{15}{65} + \tfrac{48}{65}$$
$$= \tfrac{33}{65}$$
$$\theta = \cos^{-1}\left(\tfrac{33}{65}\right)$$
$$= 59{,}5°$$

Vea la Figura 18.

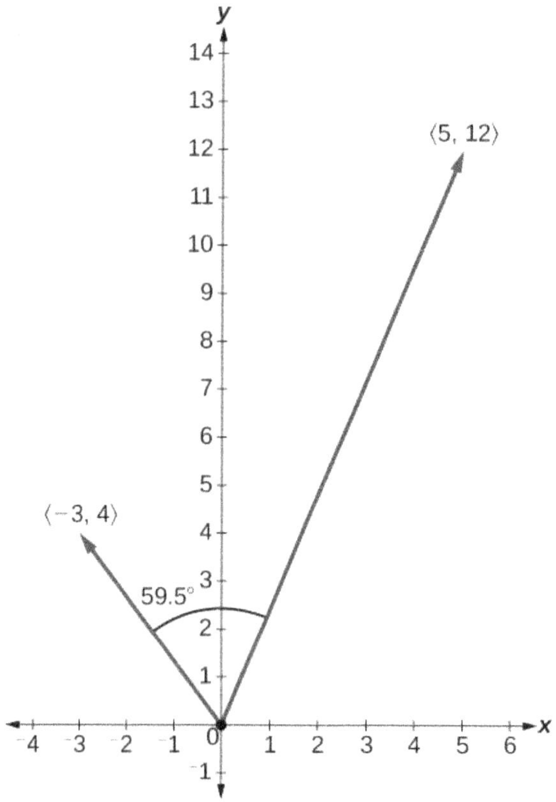

Figura 18

EJEMPLO 17

Hallar la velocidad con respecto al suelo y el rumbo utilizando vectores

Ahora tenemos las herramientas para resolver el problema que introdujimos en la apertura de la sección.

Un avión vuela a una velocidad aerodinámica de 200 millas por hora y se dirige a un rumbo SE de 140°. Un viento del norte (de norte a sur) sopla a 16,2 millas por hora. ¿Cuál es la velocidad con respecto al suelo y el rumbo real del avión? Vea la Figura 19.

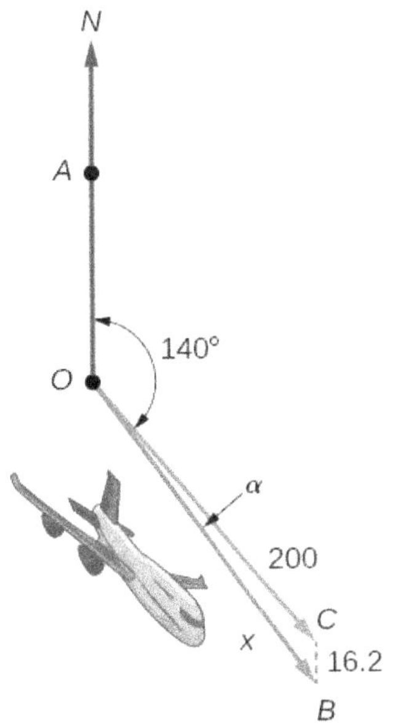

Figura 19

Solución

La velocidad con respecto al suelo está representada por x en el diagrama, y necesitamos hallar el ángulo α para calcular el rumbo ajustado, que será $140° + \alpha$.

Observe que en la Figura 19, el ángulo $\mathbf{b}CO$ debe ser igual al ángulo AOC por la regla de los ángulos interiores alternos, por lo que el ángulo $\mathbf{b}CO$ es de 140°. Podemos hallar x por la ley de cosenos:

$$
\begin{aligned}
x^2 &= (16{,}2)^2 + (200)^2 - 2(16{,}2)(200)\cos(140°) \\
x^2 &= 45{,}226{,}41 \\
x &= \sqrt{45{,}226{,}41} \\
x &= 212{,}7
\end{aligned}
$$

La velocidad con respecto al suelo es de 213 millas por hora aproximadamente. Ahora podemos calcular el rumbo utilizando la ley de senos.

$$
\begin{aligned}
\frac{\text{sen}\ \alpha}{16{,}2} &= \frac{\text{sen}(140°)}{212{,}7} \\
\text{sen}\ \alpha &= \frac{16{,}2\ \text{sen}(140°)}{212{,}7} \\
&= 0{,}04896 \\
\text{sen}^{-1}(0{,}04896) &= 2{,}8\ °
\end{aligned}
$$

Por lo tanto, el avión tiene un rumbo SE de 140° + 2,8° = 142,8°. La velocidad con respecto al suelo es de 212,7 millas por hora.

MEDIA

Acceda a estos recursos en línea para obtener más información y practicar los vectores.

Introducción a vectores (http://openstax.org/l/introvectors)
Operaciones vectoriales (http://openstax.org/l/vectoroperation)
El vector unitario (http://openstax.org/l/unitvector)

8.8 EJERCICIOS DE SECCIÓN

Verbales

1. ¿Cuáles son las características de las letras que se suelen utilizar para representar vectores?

2. ¿Por qué un vector es más específico que un segmento de línea?

3. ¿Qué son $\mathbf{i}$ y $\mathbf{j}$, y qué representan?

4. ¿Qué es la forma de los componentes?

5. Cuando un vector unitario se expresa como $\langle a, \mathbf{b} \rangle$, ¿cuál letra es el coeficiente de la $\mathbf{i}$ y cuál es la de la $\mathbf{j}$?

Algebraicos

6. Dado un vector con punto inicial $(5, 2)$ y punto terminal $(-1, -3)$, halle un vector equivalente cuyo punto inicial es $(0, 0)$. Escriba el vector en forma de componentes $\langle a, \mathbf{b} \rangle$.

7. Dado un vector con punto inicial $(-4, 2)$ y punto terminal $(3, -3)$, halle un vector equivalente cuyo punto inicial es $(0, 0)$. Escriba el vector en forma de componentes $\langle a, \mathbf{b} \rangle$.

8. Dado un vector con punto inicial $(7, -1)$ y punto terminal $(-1, -7)$, halle un vector equivalente cuyo punto inicial es $(0, 0)$. Escriba el vector en forma de componentes $\langle a, \mathbf{b} \rangle$.

En los siguientes ejercicios, determine si los dos vectores $\mathbf{u}$ *y* $\mathbf{v}$ *son iguales, donde* $\mathbf{u}$ *tiene un punto inicial* P_1 *y un punto terminal* P_2 *y* $\mathbf{v}$ *tiene un punto inicial* P_3 *y un punto terminal* P_4.

9. $P_1 = (5, 1)$, $P_2 = (3, -2)$, $P_3 = (-1, 3)$, y $P_4 = (9, -4)$

10. $P_1 = (2, -3)$, $P_2 = (5, 1)$, $P_3 = (6, -1)$, y $P_4 = (9, 3)$

11. $P_1 = (-1, -1)$, $P_2 = (-4, 5)$, $P_3 = (-10, 6)$, y $P_4 = (-13, 12)$

12. $P_1 = (3, 7)$, $P_2 = (2, 1)$, $P_3 = (1, 2)$, y $P_4 = (-1, -4)$

13. $P_1 = (8, 3)$, $P_2 = (6, 5)$, $P_3 = (11, 8)$, y $P_4 = (9, 10)$

14. Dado el punto inicial $P_1 = (-3, 1)$ y punto terminal $P_2 = (5, 2)$, escriba el vector $\mathbf{v}$ en términos de $\mathbf{i}$ y $\mathbf{j}$.

15. Dado el punto inicial $P_1 = (6, 0)$ y punto terminal $P_2 = (-1, -3)$, escriba el vector $\mathbf{v}$ en términos de $\mathbf{i}$ y $\mathbf{j}$.

En los siguientes ejercicios, utilice los vectores $\boldsymbol{u} = \boldsymbol{i} + 5\boldsymbol{j}$, $\boldsymbol{v} = -2\boldsymbol{i} - 3\boldsymbol{j}$, *y* $\boldsymbol{w} = 4\boldsymbol{i} - \boldsymbol{j}$.

16. Halle $\boldsymbol{u} + (\boldsymbol{v} - \boldsymbol{w})$

17. Halle $4\boldsymbol{v} + 2\boldsymbol{u}$

*En los siguientes ejercicios, utilice los vectores dados para calcular **u** + **v**, **u** − **v** y 2**u** − 3**v**.*

18. $\mathbf{u} = \langle 2, -3 \rangle, \mathbf{v} = \langle 1, 5 \rangle$

19. $\mathbf{u} = \langle -3, 4 \rangle, \mathbf{v} = \langle -2, 1 \rangle$

20. Supongamos que ***v*** = −4***i*** + 3***j***. Halle un vector que tenga la mitad de la longitud y apunte en la misma dirección que $\mathbf{v}$.

21. Supongamos que ***v*** = 5***i*** + 2***j***. Halle un vector que tenga el doble de longitud y apunte en la dirección opuesta a $\mathbf{v}$.

En los siguientes ejercicios, halle un vector unitario en la misma dirección que el vector dado.

22. ***a*** = 3***i*** + 4***j***

23. ***b*** = −2***i*** + 5***j***

24. ***c*** = 10***i*** − ***j***

25. $d = -\frac{1}{3}\mathbf{i} + \frac{5}{2}\mathbf{j}$

26. ***u*** = 100***i*** + 200***j***

27. ***u*** = −14***i*** + 2***j***

En los siguientes ejercicios, halle la magnitud y la dirección del vector, $0 \le \theta < 2\pi$.

28. $\langle 0, 4 \rangle$

29. $\langle 6, 5 \rangle$

30. $\langle 2, -5 \rangle$

31. $\langle -4, -6 \rangle$

32. Dado ***u*** = 3***i*** − 4***j*** y ***v*** = −2***i*** + 3***j***, calcule $\mathbf{u} \cdot \mathbf{v}$.

33. Dado ***u*** = −***i*** − ***j*** y ***v*** = ***i*** + 5***j***, calcule $\mathbf{u} \cdot \mathbf{v}$.

34. Dados $\mathbf{u} = \langle -2, 4 \rangle$ y $\mathbf{v} = \langle -3, 1 \rangle$, calcule $\mathbf{u} \cdot \mathbf{v}$.

35. Dado que $\boldsymbol{u} = \langle -1, 6 \rangle$ y $\boldsymbol{v} = \langle 6, -1 \rangle$, calcule $\mathbf{u} \cdot \mathbf{v}$.

Gráficos

*En los siguientes ejercicios, dados $\mathbf{v}$, dibuje $\mathbf{v}$, 3**v** y $\frac{1}{2}\mathbf{v}$.*

36. $\langle 2, -1 \rangle$

37. $\langle -1, 4 \rangle$

38. $\langle -3, -2 \rangle$

*En los siguientes ejercicios, utilice los vectores mostrados para hacer un dibujo **u** + **v**, **u** − **v** y 2**u**.*

39.

40.

41.

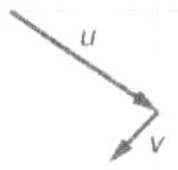

*En los siguientes ejercicios, utilice los vectores mostrados para dibujar 2**u** + **v**.*

42.

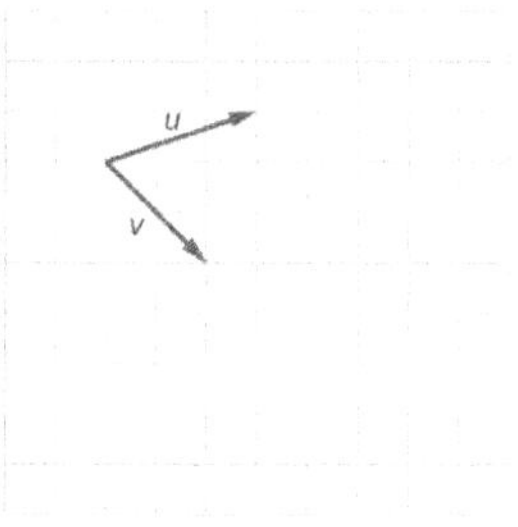

43.

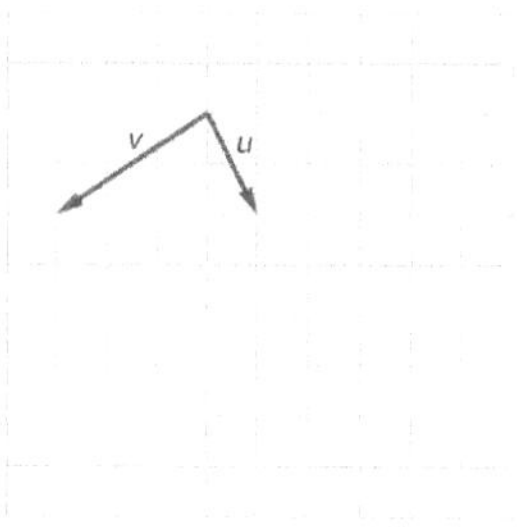

*En los siguientes ejercicios, utilice los vectores mostrados para dibujar **u** – 3**v**.*

44.

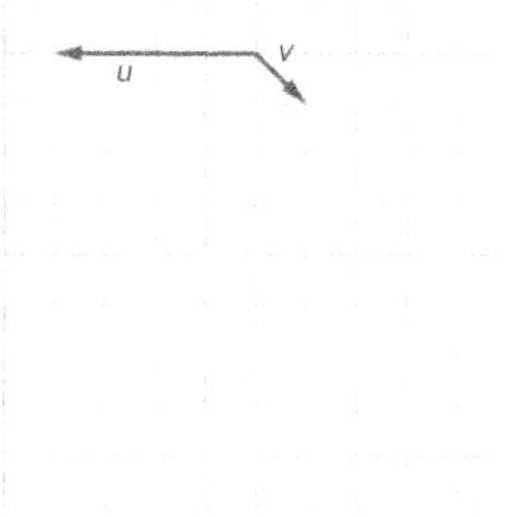

45.

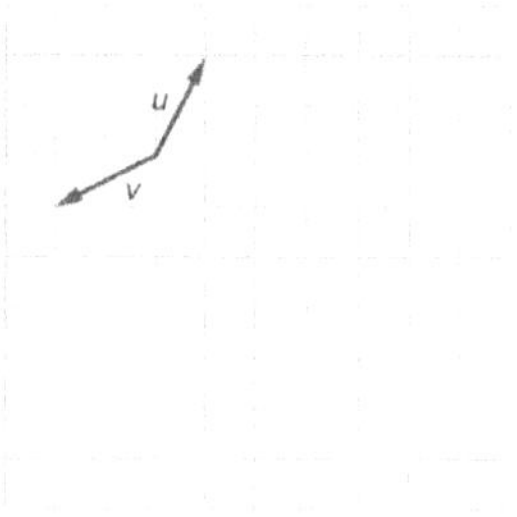

En los siguientes ejercicios, escriba el vector mostrado en forma de componentes.

46.

47.

48. Dado el punto inicial $P_1 = (2, 1)$ y punto terminal $P_2 = (-1, 2)$, escriba el vector $\mathbf{v}$ en términos de $\mathbf{i}$ y $\mathbf{j}$, y luego dibuje el vector en el gráfico.

49. Dado el punto inicial $P_1 = (4, -1)$ y punto terminal $P_2 = (-3, 2)$, escriba el vector $\mathbf{v}$ en términos de $\mathbf{i}$ y $\mathbf{j}$. Dibuje los puntos y el vector en el gráfico.

50. Dado el punto inicial $P_1 = (3, 3)$ y punto terminal $P_2 = (-3, 3)$, escriba el vector $\mathbf{v}$ en términos de $\mathbf{i}$ y $\mathbf{j}$. Dibuje los puntos y el vector en el gráfico.

Extensiones

En los siguientes ejercicios, utilice la magnitud y la dirección dadas en posición estándar, escriba el vector en forma de componente.

51. $|\mathbf{v}| = 6, \theta = 45°$

52. $|\mathbf{v}| = 8, \theta = 220°$

53. $|\mathbf{v}| = 2, \theta = 300°$

54. $|\mathbf{v}| = 5, \theta = 135°$

55. Una caja de 60 libras está apoyada en una rampa con una inclinación de 12°. Redondeando a la décima más cercana,

Ⓐ Calcule la magnitud de la componente normal (perpendicular) de la fuerza.
Ⓑ Calcule la magnitud de la componente de la fuerza que es paralela a la rampa.

56. Una caja de 25 libras está apoyada en una rampa con una inclinación de 8°. Redondeando a la décima más cercana,

Ⓐ Calcule la magnitud de la componente normal (perpendicular) de la fuerza.
Ⓑ Calcule la magnitud de la componente de la fuerza que es paralela a la rampa.

57. Hallar la magnitud de los componentes horizontal y vertical de un vector de magnitud 8 libras que apunta en una dirección de 27° sobre la horizontal. Redondee a la centésima más cercana.

58. Hallar la magnitud de los componentes horizontal y vertical del vector de magnitud 4 libras que apunta en una dirección de 127° sobre la horizontal. Redondee a la centésima más cercana.

59. Hallar la magnitud de los componentes horizontal y vertical de un vector de magnitud 5 libras que apunta en una dirección de 55° sobre la horizontal. Redondee a la centésima más cercana.

60. Hallar la magnitud de los componentes horizontal y vertical del vector de magnitud 1 libra que apunta en una dirección de 8° sobre la horizontal. Redondee a la centésima más cercana.

Aplicaciones en el mundo real

61. Una mujer sale de su casa y camina 3 millas hacia el oeste y luego 2 millas hacia el suroeste. ¿A qué distancia está de su casa y en qué dirección debe caminar para dirigirse directamente a la casa?

62. Un barco sale del puerto deportivo y navega 6 millas hacia el norte, luego 2 millas hacia el noreste. ¿A qué distancia del puerto deportivo está el barco y en qué dirección debe navegar para volver directamente al puerto?

63. Un hombre comienza a caminar desde su casa y recorre 4 millas al este, 2 millas al sureste, 5 millas al sur, 4 millas al suroeste y 2 millas al este. ¿Cuánto ha caminado? Si regresara a casa en línea recta, ¿cuánto tendría que caminar?

64. Una mujer empieza a caminar desde su casa y recorre 4 millas al este, 7 millas al sureste, 6 millas al sur, 5 millas al suroeste y 3 millas al este. ¿Cuánto ha caminado? Si volviera a casa en línea recta, ¿cuánto tendría que caminar?

65. Un hombre comienza a caminar desde su casa y recorre 3 millas a 20° al norte del oeste, luego 5 millas a 10° al oeste del sur, luego 4 millas a 15° al norte del este. Si volviera a casa en línea recta, ¿qué distancia tendría que recorrer y en qué dirección?

66. Una mujer comienza a caminar desde su casa y recorre 6 millas a 40° al norte del este, luego 2 millas a 15° al este del sur y luego 5 millas a 30° al sur del oeste. Si volviera a casa en línea recta, ¿cuánto tendría que caminar y en qué dirección?

67. Un avión se dirige al norte a una velocidad aerodinámica de 600 km/h, pero hay un viento que sopla del suroeste a 80 km/h. ¿Cuántos grados de desviación del rumbo terminará volando el avión y cuál es la velocidad del avión con respecto al suelo?

68. Un avión se dirige al norte a una velocidad aerodinámica de 500 km/h, pero hay un viento que sopla del noroeste a 50 km/h. ¿Cuántos grados de desviación del rumbo terminará volando el avión y cuál es la velocidad del avión con respecto al suelo?

69. Un avión tiene que dirigirse hacia el norte, pero hay un viento que sopla del suroeste a 60 km/h. El avión vuela con una velocidad aerodinámica de 550 km/h. Para acabar volando hacia el norte, ¿cuántos grados al oeste del norte necesitará el piloto para volar el avión?

70. Un avión necesita dirigirse hacia el norte, pero hay un viento que sopla del noroeste a 80 km/h. El avión vuela con una velocidad aerodinámica de 500 km/h. Para acabar volando hacia el norte, ¿cuántos grados al oeste del norte necesitará el piloto para volar el avión?

71. Como parte de un videojuego, el punto $(5, 7)$ se gira en sentido contrario a las agujas del reloj en torno al origen con un ángulo de 35°. Halle las nuevas coordenadas de este punto.

72. Como parte de un videojuego, el punto $(7, 3)$ se gira en sentido contrario a las agujas del reloj en torno al origen con un ángulo de 40°. Halle las nuevas coordenadas de este punto.

73. Dos niños se lanzan una pelota de un lado a otro del asiento trasero de un auto. La pelota se lanza a 10 mph en relación con el automóvil, y el automóvil está viajando a 25 mph por la carretera. Si uno de los niños no atrapa la pelota y esta sale volando por la ventana, ¿en qué dirección vuela la pelota (sin tener en cuenta la resistencia del viento)?

74. Dos niños se lanzan una pelota de un lado a otro del asiento trasero de un auto. La pelota se lanza a 8 mph en relación con el automóvil, y el automóvil está viajando a 45 mph por la carretera. Si uno de los niños no atrapa la pelota y esta sale volando por la ventana, ¿en qué dirección vuela la pelota (sin tener en cuenta la resistencia del viento)?

75. Un objeto de 50 libras descansa en una rampa con una inclinación de 19°. Halle la magnitud de los componentes de la fuerza paralela y perpendicular (normal) a la rampa, con una precisión de una décima de una libra.

76. Supongamos que un cuerpo tiene una fuerza de 10 libras que actúan sobre él hacia la derecha, 25 libras que actúan sobre él hacia arriba y 5 libras que actúan sobre él a 45° de la horizontal. ¿Qué fuerza única es la resultante que actúa sobre el cuerpo?

77. Supongamos que un cuerpo tiene una fuerza de 10 libras que actúan sobre él hacia la derecha, 25 libras que actúan sobre él –135° desde la horizontal y 5 libras que actúan sobre él dirigidas 150° desde la horizontal. ¿Qué fuerza única es la resultante que actúa sobre el cuerpo?

78. La condición de equilibrio es cuando la suma de las fuerzas que actúan sobre un cuerpo es el vector cero. Supongamos que un cuerpo tiene una fuerza de 2 libras que actúan sobre él hacia la derecha, 5 libras que actúan sobre él hacia arriba y 3 libras que actúan sobre él a 45° de la horizontal. ¿Qué fuerza única se necesita para producir un estado de equilibrio en el cuerpo?

79. Supongamos que un cuerpo tiene una fuerza de 3 libras que actúan sobre él hacia la izquierda, 4 libras que actúan sobre él hacia arriba y 2 libras que actúan sobre él a 30° de la horizontal. ¿Qué fuerza única se necesita para producir un estado de equilibrio en el cuerpo? Dibuje el vector.

Revisión del capítulo

Términos clave

altitud línea perpendicular de un vértice de un triángulo al lado opuesto, o en el caso de un triángulo obtuso, a la línea que contiene el lado opuesto, para formar dos triángulos rectángulos

argumento el ángulo asociado a un número complejo; el ángulo entre la línea del origen al punto y el eje real positivo

caracol de Pascal con hoyuelos un tipo de caracol de Pascal de un lazo representado por $r = a \pm b\cos\ \theta$ y $r = a \pm b\text{sen}\ \theta$ de manera que $1 < \frac{a}{b} < 2$

caracol de Pascal convexo un tipo de caracol de Pascal de un lazo representado por $r = a \pm b\cos\ \theta$ y $r = a \pm b\text{sen}\ \theta$ de manera que $\frac{a}{b} \geq 2$

caracol de Pascal de lazo interno una curva polar similar a la cardioide, pero con un lazo interno; pasa dos veces por el polo; representada por $r = a \pm b\cos\ \theta$ y $r = a \pm b\ \text{sen}\ \theta$ donde $a < b$

caracol de Pascal de un lazo una curva polar representada por $r = a \pm b\cos\ \theta$ y $r = a \pm b\text{sen}\ \theta$ de manera que $a > 0, b > 0,$ y $\frac{a}{b} > 1$; puede tener hoyuelos o ser convexa; no pasa por el polo

cardioide miembro de la familia de las curvas de caracoles de Pascal, llamada así por su parecido con un corazón; su ecuación está dada por $r = a \pm b\cos\ \theta$ y $r = a \pm b\text{sen}\ \theta$, donde $\frac{a}{b} = 1$

caso ambiguo un escenario en el que más de un triángulo es una solución válida para un triángulo LLA oblicuo dado

coordenadas polares en la cuadrícula polar, las coordenadas de un punto marcado como (r, θ), donde θ indica el ángulo de rotación con respecto al eje polar y r representa el radio o la distancia del punto desde el polo en la dirección de θ

curva rosa polar una ecuación polar parecida a una flor, dada por las ecuaciones $r = a\cos\ n\theta$ y $r = a\text{sen}\ n\theta$; cuando n es par tiene $2n$ pétalos, y la curva es muy simétrica; cuando n es impar tiene n pétalos.

ecuación polar una ecuación que describe una curva en la cuadrícula polar.

eje polar en la cuadrícula polar, el equivalente al eje positivo x en la cuadrícula rectangular

escalar una cantidad asociada a la magnitud, pero no a la dirección; una constante

espiral de Arquímedes una curva polar dada por $r = \theta$. Cuando se multiplica por una constante, la ecuación aparece como $r = a\theta$. Dado que $r = \theta$, la curva continúa ampliándose en una trayectoria en espiral sobre el dominio.

forma polar de un número complejo un número complejo expresado en términos de un ángulo θ y su distancia desde el origen r; se puede calcular mediante fórmulas de conversión $x = r\cos\ \theta$, $y = r\text{sen}\ \theta$, y $r = \sqrt{x^2 + y^2}$

lemniscata una curva polar parecida al número 8 y dada por la ecuación $r^2 = a^2\cos\ 2\theta$ y $r^2 = a^2\ \text{sen}\ 2\theta, a \neq 0$

Ley de cosenos establece que el cuadrado de cualquier lado de un triángulo es igual a la suma de los cuadrados de los otros dos lados menos el doble del producto de los otros dos lados y el coseno del ángulo incluido

Ley de senos afirma que el cociente entre la medida de un ángulo de un triángulo y la longitud de su lado opuesto es igual a los dos cocientes restantes entre la medida del ángulo y el lado opuesto; cualquier par de proporciones puede utilizarse para resolver un ángulo o un lado que falte

magnitud la longitud de un vector; puede representar una cantidad como la velocidad, y se calcula utilizando el teorema de Pitágoras

módulo el valor absoluto de un número complejo o la distancia del origen al punto (x, y); también llamado la amplitud

multiplicación escalar el producto de una constante por cada componente de un vector

parámetro una variable, que suele representar el tiempo, sobre la que x y y son dependientes

polo el origen de la cuadrícula polar

posición estándar la colocación de un vector con el punto inicial en $(0, 0)$ y el punto terminal $(a, \mathbf{b})$, representado por el cambio en las coordenadas x y el cambio en las coordenadas y del vector original

producto punto dados dos vectores, la suma del producto de los componentes horizontales y el producto de los componentes verticales

punto inicial el origen de un vector

punto terminal el punto final de un vector, normalmente representado por una flecha que indica su dirección

resultante un vector que resulta de la suma o la resta de dos vectores o de la multiplicación escalar

suma de vectores la suma de dos vectores que se halla al sumar los componentes correspondientes

Teorema de Moivre fórmula utilizada para calcular la enésimo potencia o raíces *enésimas* de un número complejo; afirma que, para un número entero positivo n, c^n se calcula elevando el módulo a enésimo potencia y multiplicando los ángulos por n

Teorema generalizado de Pitágoras extensión de la ley de cosenos; relaciona los lados de un triángulo oblicuo y se utiliza para los triángulos LAL y LLL

triángulo oblicuo cualquier triángulo que no sea un triángulo rectángulo

vector una cantidad asociada tanto a la magnitud como a la dirección, representada como un segmento rectilíneo dirigido con un punto de partida (punto inicial) y un punto final (punto terminal)

vector unitario un vector que comienza en el origen y tiene magnitud de 1; el vector unitario horizontal recorre el eje *x* y se define como $\mathbf{v}_1 = \langle 1, 0 \rangle$ el vector unitario vertical está a lo largo del eje *y* y se define como $\mathbf{v}_2 = \langle 0, 1 \rangle$.

Ecuaciones clave

Ley de senos	$\frac{\text{sen } \alpha}{a} = \frac{\text{sen } \beta}{b} = \frac{\text{sen } \gamma}{c}$ $\frac{a}{\text{sen } \alpha} = \frac{b}{\text{sen } \beta} = \frac{c}{\text{sen } \gamma}$
Área para triángulos oblicuos	$\text{Área} = \frac{1}{2}bc\,\text{sen } \alpha$ $= \frac{1}{2}ac\,\text{sen } \beta$ $= \frac{1}{2}ab\,\text{sen } \gamma$
Ley de cosenos	$a^2 = b^2 + c^2 - 2bc\cos \alpha$ $b^2 = a^2 + c^2 - 2ac\cos \beta$ $c^2 = a^2 + b^2 - 2abcos\ \gamma$
fórmula de Herón	$\text{Área} = \sqrt{s(s-a)(s-b)(s-c)}$ donde $s = \frac{(a+b+c)}{2}$
Fórmulas de conversión	$\cos \theta = \frac{x}{r} \rightarrow x = r\cos \theta$ $\text{sen } \theta = \frac{y}{r} \rightarrow y = r\,\text{sen } \theta$ $r^2 = x^2 + y^2$ $\tan \theta = \frac{y}{x}$

Conceptos clave

8.1 Triángulos no rectángulos: ley de senos

- La ley de senos puede utilizarse para resolver triángulos oblicuos, que son triángulos no rectángulos.
- Según la ley de senos, el cociente entre la medida de uno de los ángulos y la longitud de su lado opuesto es igual a los otros dos cocientes entre la medida del ángulo y el lado opuesto.
- Hay tres casos posibles: ALA, AAL, LLA. En función de la información facilitada, podemos elegir la ecuación adecuada para dar con la solución solicitada. Vea el Ejemplo 1.
- El caso ambiguo surge cuando un triángulo oblicuo puede tener diferentes resultados.
- Hay tres casos posibles que surgen de la disposición de LLA: una solución única, dos soluciones posibles y ninguna solución. Vea el Ejemplo 2 y el Ejemplo 3.
- La ley de senos se puede utilizar para resolver triángulos con criterios dados. Vea el Ejemplo 4.
- La fórmula general del área de los triángulos se traduce en triángulos oblicuos tras hallar primero el valor de la altura correspondiente. Vea el Ejemplo 5.
- Hay muchas aplicaciones trigonométricas. A menudo se pueden resolver al dibujar primero un diagrama de la información dada y utilizar después la ecuación apropiada. Vea el Ejemplo 6.

8.2 Triángulos no rectángulos: ley de cosenos

- La ley de cosenos define la relación entre las medidas de los ángulos y las longitudes de los lados en los triángulos oblicuos.
- El teorema generalizado de Pitágoras es la Ley de cosenos para dos casos de triángulos oblicuos: LAL y LLL. Al dejar caer una perpendicular imaginaria se divide el triángulo oblicuo en dos triángulos rectángulos o se forma uno solo, lo que permite relacionar los lados y calcular las medidas. Vea el Ejemplo 1 y el Ejemplo 2.
- La ley de cosenos es útil para muchos tipos de problemas aplicados. El primer paso para resolver este tipo de problemas suele ser hacer un esquema del problema planteado. Si la información dada se ajusta a uno de los tres modelos (las tres ecuaciones), entonces se aplica la ley de cosenos para dar con una solución. Vea el Ejemplo 3 y el

Ejemplo 4.

- La fórmula de Herón permite calcular el área en triángulos oblicuos. Hay que conocer los tres lados para aplicar la fórmula de Herón. Vea el Ejemplo 5 y el Ejemplo 6.

8.3 Coordenadas polares

- La cuadrícula polar se representa como una serie de círculos concéntricos que irradian desde el polo u origen.
- Para trazar un punto en la forma (r, θ), $\theta > 0$, se mueven en dirección contraria al eje polar en un ángulo de θ, y luego se extiende un segmento rectilíneo dirigido desde el polo de la longitud de r en dirección a θ. Si θ es negativo, muévalo en el sentido de las agujas del reloj y extienda un segmento rectilíneo dirigido de la longitud de r en dirección a θ. Vea el Ejemplo 1.
- Si los valores de r es negativo, extienda el segmento rectilíneo dirigido en la dirección opuesta a θ. Vea el Ejemplo 2.
- Para convertir de coordenadas polares a coordenadas rectangulares, utilice las fórmulas $x = r\cos\ \theta$ y $y = r\,\text{sen}\ \theta$. Vea el Ejemplo 3 y el Ejemplo 4.
- Para convertir de coordenadas rectangulares a coordenadas polares, utilice una o varias de las fórmulas $\cos\ \theta = \frac{x}{r}, \text{sen}\ \theta = \frac{y}{r}, \tan\ \theta = \frac{y}{x}$, y $r = \sqrt{x^2 + y^2}$. Vea el Ejemplo 5.
- La transformación de las ecuaciones entre las formas polares y rectangulares implica la realización de las sustituciones adecuadas a partir de las fórmulas disponibles, junto con manipulaciones algebraicas. Vea el Ejemplo 6, el Ejemplo 7 y el Ejemplo 8.
- El uso de las sustituciones adecuadas permite reescribir una ecuación polar como una ecuación rectangular y luego graficarla en el plano rectangular. Vea el Ejemplo 9, el Ejemplo 10 y el Ejemplo 11.

8.4 Coordenadas polares: gráficos

- Es más fácil graficar las ecuaciones polares si podemos comprobar la simetría de las ecuaciones con respecto a la línea $\theta = \frac{\pi}{2}$, el eje polar, o el polo.
- Hay tres pruebas de simetría que indican si el gráfico de una ecuación polar presentará simetría. Si una ecuación no supera la prueba de simetría, el gráfico puede o no presentar simetría. Vea el Ejemplo 1.
- Las ecuaciones polares se pueden graficar haciendo una tabla de valores para θ y r.
- El valor máximo de una ecuación polar se calcula sustituyendo el valor θ que lleva al valor máximo de la expresión trigonométrica.
- Los ceros de una ecuación polar se encuentran al establecer $r = 0$ y resolver θ. Vea el Ejemplo 2.
- Algunas fórmulas que producen el gráfico de un círculo en coordenadas polares están dadas por $r = a\cos\ \theta$ y $r = a\,\text{sen}\ \theta$. Vea el Ejemplo 3.
- Las fórmulas que producen los gráficos de una cardioide están dadas por $r = a \pm b\cos\ \theta$ y $r = a \pm b\,\text{sen}\ \theta$, por $a > 0, b > 0$, y $\frac{a}{b} = 1$. Vea el Ejemplo 4.
- Las fórmulas que producen los gráficos de un caracol de Pascal de un lazo están dadas por $r = a \pm b\cos\ \theta$ y $r = a \pm b\,\text{sen}\ \theta$ por $1 < \frac{a}{b} < 2$. Vea el Ejemplo 5.
- Las fórmulas que producen los gráficos de un caracol de Pascal de lazo interno están dadas por $r = a \pm b\cos\ \theta$ y $r = a \pm b\,\text{sen}\ \theta$ por $a > 0, b > 0$, y $a < b$. Vea el Ejemplo 6.
- Las fórmulas que producen los gráficos de una lemniscata están dadas por $r^2 = a^2\cos\ 2\theta$ y $r^2 = a^2\,\text{sen}\ 2\theta$, donde $a \neq 0$. Vea el Ejemplo 7.
- Las fórmulas que producen los gráficos de las curvas rosa polar están dadas por $r = a\cos\ n\theta$ y $r = a\,\text{sen}\ n\theta$, donde $a \neq 0$; si n es par, hay $2n$ pétalos, y si n es impar, hay n pétalos. Vea el Ejemplo 8 y el Ejemplo 9.
- La fórmula que produce el gráfico de una espiral de Arquímedes está dada por $r = \theta$. $\theta \geq 0$. Vea el Ejemplo 10.

8.5 Forma polar de los números complejos

- Números complejos de la forma $a + bi$ se trazan en el plano complejo de forma similar a como se trazan las coordenadas rectangulares en el plano rectangular. Identifique el eje x como eje *real* y el eje y como eje *imaginario*. Vea el Ejemplo 1.
- El valor absoluto de un número complejo es el mismo que su magnitud. Es la distancia del origen al punto: $|z| = \sqrt{a^2 + b^2}$. Vea el Ejemplo 2 y el Ejemplo 3.
- Para escribir números complejos en forma polar, usamos las fórmulas $x = r\cos\ \theta, y = r\,\text{sen}\ \theta$, y $r = \sqrt{x^2 + y^2}$. Entonces, $z = r(\cos\ \theta + i\,\text{sen}\ \theta)$. Vea el Ejemplo 4 y el Ejemplo 5.
- Para convertir de la forma polar a la forma rectangular, primero hay que evaluar las funciones trigonométricas. A continuación, multiplique por r. Vea el Ejemplo 6 y el Ejemplo 7.
- Para calcular el producto de dos números complejos, multiplique los dos módulos y sume los dos ángulos. Evalúe las funciones trigonométricas y multiplique usando la propiedad distributiva. Vea el Ejemplo 8.
- Para hallar el cociente de dos números complejos en forma polar, calcule el cociente de los dos módulos y la

diferencia de los dos ángulos. Vea el Ejemplo 9.

- Para calcular la potencia de un número complejo c^n, eleve r a la potencia n, y multiplique θ entre n. Vea el Ejemplo 10.
- Hallar las raíces de un número complejo es lo mismo que elevar un número complejo a una potencia, pero utilizando un exponente racional. Vea el Ejemplo 11.

8.6 Ecuaciones paramétricas

- Parametrizar una curva implica trasladar una ecuación rectangular en dos variables, x y y, en dos ecuaciones en tres variables, *x*, *y* y *t*. A menudo, se obtiene más información de un conjunto de ecuaciones paramétricas. Vea el Ejemplo 1, el Ejemplo 2 y el Ejemplo 3.
- A veces las ecuaciones son más sencillas de graficar cuando se escriben en forma rectangular. Al eliminar t, el resultado es una ecuación en x y y.
- Para eliminar t, se resuelve una de las ecuaciones para t, y se sustituye la expresión en la segunda ecuación. Vea el Ejemplo 4, el Ejemplo 5, el Ejemplo 6 y el Ejemplo 7.
- Hallar la ecuación rectangular de una curva definida paramétricamente es básicamente lo mismo que eliminar el parámetro. Resuelva para t en una de las ecuaciones, y sustituya la expresión en la segunda ecuación. Vea el Ejemplo 8.
- Hay un número infinito de maneras de elegir un conjunto de ecuaciones paramétricas para una curva definida como una ecuación rectangular.
- Halle una expresión para x de manera que el dominio del conjunto de ecuaciones paramétricas siga siendo el mismo que la ecuación rectangular original. Vea el Ejemplo 9.

8.7 Ecuaciones paramétricas: gráficos

- Se pueden utilizar ecuaciones paramétricas cuando hay una tercera variable, un tercer parámetro sobre el que x y y dependen.
- Para graficar ecuaciones paramétricas mediante el trazado de puntos, haga una tabla con tres columnas marcadas $t, x(t)$, y $y(t)$. Elija los valores para t en orden creciente. Trace las dos últimas columnas para x y y. Vea el Ejemplo 1 y el Ejemplo 2.
- Al graficar una curva paramétrica mediante el trazado de puntos, anote los *valores t* asociados y muestre flechas en el gráfico que indiquen la orientación de la curva. Vea el Ejemplo 3 y el Ejemplo 4.
- Las ecuaciones paramétricas permiten mostrar la dirección o la orientación de la curva en el gráfico. Las ecuaciones que no son funciones se pueden graficar y usar en muchas aplicaciones que implican movimiento. Vea el Ejemplo 5.
- El movimiento de proyectil depende de dos ecuaciones paramétricas $x = (v_0 \cos\ \theta)t$ y $y = -16t^2 + (v_0 \operatorname{sen}\ \theta)t + h.$ La velocidad inicial se simboliza como v_0. θ representa el ángulo inicial del objeto al ser lanzado, y h representa la altura a la que se impulsa el objeto.

8.8 Vectores

- El vector de posición tiene su punto inicial en el origen. Vea el Ejemplo 1.
- Si el vector de posición es el mismo para dos vectores, son iguales. Vea el Ejemplo 2.
- Los vectores se definen por su magnitud y dirección. Vea el Ejemplo 3.
- Si dos vectores tienen la misma magnitud y dirección, son iguales. Vea el Ejemplo 4.
- La suma y la resta de vectores dan como resultado un nuevo vector que se halla al sumar o restar los elementos correspondientes. Vea el Ejemplo 5.
- La multiplicación escalar consiste en multiplicar un vector por una constante. Solo cambia la magnitud; la dirección sigue siendo la misma. Vea el Ejemplo 6 y el Ejemplo 7.
- Los vectores están formados por dos componentes: el componente horizontal a lo largo del eje *x* positivo y el componente vertical a lo largo del eje *y* positivo. Vea el Ejemplo 8.
- El vector unitario en la misma dirección de cualquier vector distinto de cero se halla al dividir el vector entre su magnitud.
- La magnitud de un vector en el sistema de coordenadas rectangulares es $|\mathbf{v}| = \sqrt{a^2 + \mathbf{b}^2}$. Ver el Ejemplo 9.
- En el sistema de coordenadas rectangulares, los vectores unitarios pueden representarse en términos de $\mathbf{i}$ y $\mathbf{j}$ donde $\mathbf{i}$ representa el componente horizontal y $\mathbf{j}$ representa el componente vertical. Entonces, $\boldsymbol{v} = a\boldsymbol{i} + b\boldsymbol{j}$ es un múltiplo escalar de $\mathbf{v}$ por números reales a y $\mathbf{b}$. Vea el Ejemplo 10 y el Ejemplo 11.
- Sumar y restar vectores en términos de *i* y *j* consiste en sumar o restar los coeficientes correspondientes de *i* y los coeficientes correspondientes de *j*. Vea el Ejemplo 12.
- Un vector $v = a\boldsymbol{i} + b\boldsymbol{j}$ se escribe en términos de magnitud y dirección como $\mathbf{v} = |\mathbf{v}| \cos\ \theta\mathbf{i} + |\mathbf{v}| \operatorname{sen}\ \theta\mathbf{j}$. Vea el Ejemplo 13.
- El producto punto de dos vectores es el producto de los términos $\mathbf{i}$ más el producto de los términos $\mathbf{j}$. Vea el

Ejemplo 14.

- Podemos utilizar el producto punto para hallar el ángulo entre dos vectores. Ejemplo 15 y Ejemplo 16.
- Los productos punto son útiles para muchos tipos de aplicaciones físicas. Vea el Ejemplo 17.

Ejercicios

Ejercicios de repaso

Triángulos no rectos: ley de senos

En los siguientes ejercicios, supongamos que α es el lado opuesto a, β es el lado opuesto $\mathbf{b}$, y γ es el lado opuesto c. Resuelva cada triángulo, si es posible. Redondee cada respuesta a la décima más cercana.

1. $\beta = 50°, a = 105, \mathbf{b} = 45$

2. $\alpha = 43{,}1°, a = 184{,}2, \mathbf{b} = 242{,}8$

3. Resuelva el triángulo.

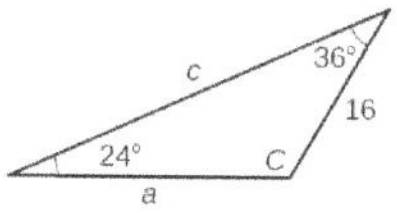

4. Halle el área del triángulo.

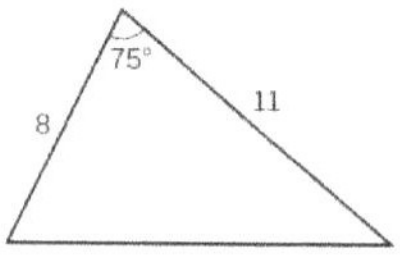

5. Un piloto vuela sobre una carretera recta. Él determina que los ángulos de depresión de dos hitos, separados por 2,1 km, son de 25° y 49°, como se muestra en la Figura 1. Calcule la distancia del avión al punto A y la elevación del avión.

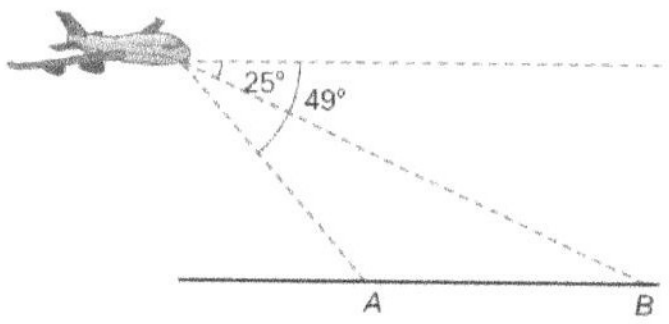

Figura 1

Triángulos no rectos: ley de cosenos

6. Resuelva el triángulo, redondeando a la décima más cercana, suponiendo que α es el lado opuesto a, β es el lado opuesto $\mathbf{b}$, y γ es el lado opuesto c: $a = 4$, $\mathbf{b} = 6, c = 8$.

7. Resuelva el triángulo de la Figura 2, redondeando a la décima más cercana.

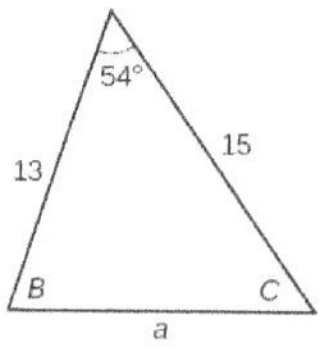

Figura 2

8. Halle el área de un triángulo con lados de longitud 8,3, 6,6 y 9,1.

9. Para hallar la distancia entre dos ciudades, un satélite calcula las distancias y el ángulo que se muestran en la Figura 3 (no a escala). Halle la distancia entre las ciudades. Redondee las respuestas a la décima más cercana.

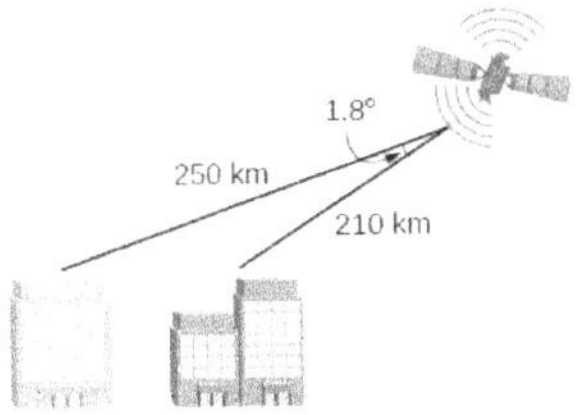

Figura 3

Coordenadas polares

10. Trace el punto con coordenadas polares $\left(3, \frac{\pi}{6}\right)$.

11. Trace el punto con coordenadas polares $\left(5, -\frac{2\pi}{3}\right)$

12. Convierta $\left(6, -\frac{3\pi}{4}\right)$ a coordenadas rectangulares.

13. Convierta $\left(-2, \frac{3\pi}{2}\right)$ a coordenadas rectangulares.

14. Convierta $(7, -2)$ a coordenadas polares.

15. Convierta $(-9, -4)$ a coordenadas polares.

En los siguientes ejercicios, convierta la ecuación cartesiana dada en una ecuación polar.

16. $x = -2$

17. $x^2 + y^2 = 64$

18. $x^2 + y^2 = -2y$

En los siguientes ejercicios, convierta la ecuación polar dada en una ecuación cartesiana.

19. $r = 7\cos\theta$

20. $r = \frac{-2}{4\cos\theta + \operatorname{sen}\theta}$

En los siguientes ejercicios, convierta a forma rectangular y grafique.

21. $\theta = \frac{3\pi}{4}$

22. $r = 5\sec\theta$

Coordenadas polares: gráficos

En los siguientes ejercicios, compruebe la simetría de cada ecuación.

23. $r = 4 + 4\operatorname{sen}\theta$

24. $r = 7$

25. Dibuje un gráfico de la ecuación polar $r = 1 - 5\operatorname{sen}\theta$. Marcar las intersecciones del eje.

26. Dibuje un gráfico de la ecuación polar $r = 5\operatorname{sen}(7\theta)$.

27. Dibuje un gráfico de la ecuación polar $r = 3 - 3\cos\theta$

Forma polar de números complejos

En los siguientes ejercicios, halle el valor absoluto de cada número complejo.

28. $-2+6\mathbf{i}$

29. $4-\ \ 3\mathbf{i}$

Escriba el número complejo en forma polar.

30. $5+9\mathbf{i}$

31. $\frac{1}{2}-\frac{\sqrt{3}}{2}\ \mathbf{i}$

En los siguientes ejercicios, convierta el número complejo de forma polar a rectangular.

32. $z=5\operatorname{cis}\left(\frac{5\pi}{6}\right)$

33. $z=3\operatorname{cis}(40°)$

En los siguientes ejercicios, halle el producto $z_1 z_2$ en forma polar.

34. $z_1=2\operatorname{cis}(89°)$
$z_2=5\operatorname{cis}(23°)$

35. $z_1=10\operatorname{cis}\left(\frac{\pi}{6}\right)$
$z_2=6\operatorname{cis}\left(\frac{\pi}{3}\right)$

En los siguientes ejercicios, halle el cociente $\frac{z_1}{z_2}$ en forma polar.

36. $z_1=12\operatorname{cis}(55°)$
$z_2=3\operatorname{cis}(18°)$

37. $z_1=27\operatorname{cis}\left(\frac{5\pi}{3}\right)$
$z_2=9\operatorname{cis}\left(\frac{\pi}{3}\right)$

En los siguientes ejercicios, calcule las potencias de cada número complejo en forma polar.

38. Calcule z^4 cuando
$z=2\operatorname{cis}(70°)$

39. Calcule z^2 cuando
$z=5\operatorname{cis}\left(\frac{3\pi}{4}\right)$

En los siguientes ejercicios, evalúe cada raíz.

40. Evalúe la raíz cúbica de z cuando $z=64\operatorname{cis}(210°)$.

41. Evalúe la raíz cuadrada de z cuando $z=25\operatorname{cis}\left(\frac{3\pi}{2}\right)$.

En los siguientes ejercicios, trace el número complejo en el plano complejo.

42. $6-2\mathbf{i}$

43. $-1+3\mathbf{i}$

Ecuaciones paramétricas

En los siguientes ejercicios, elimine el parámetro t para reescribir la ecuación paramétrica como una ecuación cartesiana.

44. $\begin{cases} x(t) = 3t - 1 \\ y(t) = \sqrt{t} \end{cases}$

45. $\begin{cases} x(t) = -\cos t \\ y(t) = 2\text{sen}^2 t \end{cases}$

46. Parametrizar (escribir una ecuación paramétrica) cada ecuación cartesiana utilizando $x(t) = a\cos t$ y $y(t) = \mathbf{b}\,\text{sen}\ t$ por $\frac{x^2}{25} + \frac{y^2}{16} = 1.$

47. Parametrice la línea de $(-2, 3)$ al $(4, 7)$ para que la línea esté en $(-2, 3)$ en $t = 0$ y $(4, 7)$ en $t = 1.$

Ecuaciones paramétricas: gráficos

En los siguientes ejercicios, haga una tabla de valores para cada conjunto de ecuaciones paramétricas, grafique las ecuaciones e incluya una orientación; luego escriba la ecuación cartesiana.

48. $\begin{cases} x(t) = 3t^2 \\ y(t) = 2t - 1 \end{cases}$

49. $\begin{cases} x(t) = e^t \\ y(t) = -2e^{5t} \end{cases}$

50. $\begin{cases} x(t) = 3\cos t \\ y(t) = 2\,\text{sen}\ t \end{cases}$

51. Se lanza una pelota con una velocidad inicial de 80 pies por segundo con un ángulo de 40° respecto a la horizontal. La pelota se suelta a una altura de 4 pies del suelo.

Ⓐ Halle las ecuaciones paramétricas para modelar la trayectoria de la pelota.
Ⓑ ¿Dónde está el balón después de 3 segundos?
Ⓒ ¿Cuánto tiempo está la pelota en el aire?

Vectores

En los siguientes ejercicios, determine si los dos vectores, $\mathbf{u}$ y $\mathbf{v}$, son iguales, donde $\mathbf{u}$ tiene un punto inicial P_1 y un punto terminal P_2, y $\mathbf{v}$ tiene un punto inicial P_3 y un punto terminal P_4.

52. $P_1 = (-1, 4)$, $P_2 = (3, 1)$, $P_3 = (5, 5)$ y $P_4 = (9, 2)$

53. $P_1 = (6, 11)$, $P_2 = (-2, 8)$, $P_3 = (0, -1)$ y $P_4 = (-8, 2)$

En los siguientes ejercicios, utilice los vectores $\mathbf{u} = 2\mathbf{i} - \mathbf{j}$, $\mathbf{v} = 4\mathbf{i} - 3\mathbf{j}$, y $w = -2\mathbf{i} + 5\mathbf{j}$ para evaluar la expresión.

54. $\boldsymbol{u} - \boldsymbol{v}$

55. $2\boldsymbol{v} - \boldsymbol{u} + \boldsymbol{w}$

En los siguientes ejercicios, halle un vector unitario en la misma dirección que el vector dado.

56. $\boldsymbol{a} = 8\boldsymbol{i} - 6\boldsymbol{j}$

57. $\boldsymbol{b} = -3\boldsymbol{i} - \boldsymbol{j}$

En los siguientes ejercicios, calcule la magnitud y la dirección del vector.

58. $\langle 6, -2 \rangle$

59. $\langle -3, -3 \rangle$

En los siguientes ejercicios, calcule $\mathbf{u} \cdot \mathbf{v}$.

60. $\boldsymbol{u} = -2\boldsymbol{i} + \boldsymbol{j}$ y $\boldsymbol{v} = 3\boldsymbol{i} + 7\boldsymbol{j}$

61. $\boldsymbol{u} = \boldsymbol{i} + 4\boldsymbol{j}$ y $\boldsymbol{v} = 4\boldsymbol{i} + 3\boldsymbol{j}$

62. Dado que $\boldsymbol{v} = \langle -3, 4 \rangle$ dibuje $\boldsymbol{v}$, $2\boldsymbol{v}$ y $\frac{1}{2}$ $\boldsymbol{v}$.

63. Dados los vectores que se muestran en la Figura 4, dibuje $\boldsymbol{u} + \boldsymbol{v}$, $\boldsymbol{u} - \boldsymbol{v}$ y $3\boldsymbol{v}$

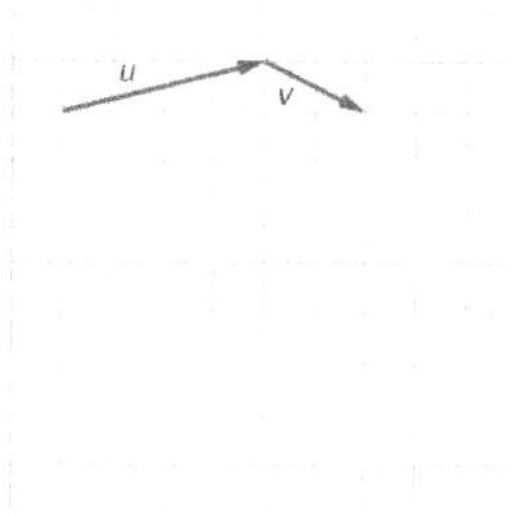

Figura 4

64. Dado el punto inicial $P_1 = (3, 2)$ y punto terminal $P_2 = (-5, -1)$, escriba el vector $\mathbf{v}$ en términos de $\mathbf{i}$ y $\mathbf{j}$. Dibuje los puntos y el vector en el gráfico.

Examen de práctica

1. Supongamos que α es el lado opuesto a, β es el lado opuesto $\mathbf{b}$, y γ es el lado opuesto c. Resuelva el triángulo, si es posible, y redondee cada respuesta a la décima más cercana, dado que $\beta = 68°, \mathbf{b} = 21, c = 16$.

2. Halle el área del triángulo en la Figura 1. Redondee cada respuesta a la décima más cercana.

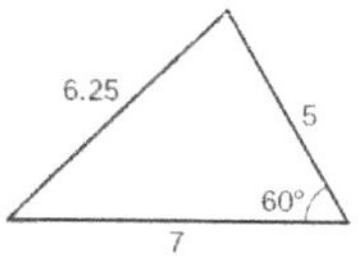

Figura 1

3. Un piloto vuela en una trayectoria recta durante 2 horas. A continuación, realiza una corrección de rumbo, dirigiéndose 15° a la derecha de su rumbo original, y vuela 1 hora en la nueva dirección. Si mantiene una velocidad constante de 575 millas por hora, ¿a qué distancia se encuentra de su posición inicial?

4. Convierta $(2, 2)$ a coordenadas polares y luego dibuje el punto.

5. Convierta $\left(2, \frac{\pi}{3}\right)$ a coordenadas rectangulares.

6. Convierta la ecuación polar en una ecuación cartesiana: $x^2 + y^2 = 5y$.

7. Convierta a forma rectangular y grafique: $r = -3 \csc\ \theta$.

8. Pruebe la simetría de la ecuación: $r = -4\ \text{sen}(2\theta\ )$.

9. Grafique $r = 3 + 3 \cos\ \theta$.

10. Grafique $r = 3 - 5\text{sen}\ \theta$.

11. Halle el valor absoluto del número complejo $5 - 9\mathbf{i}$.

12. Escriba el número complejo en forma polar: $4 + \mathbf{i}$.

13. Convierta el número complejo de forma polar a rectangular: $z = 5\text{cis}\left(\frac{2\pi}{3}\right)$.

Dados $z_1 = 8\,\text{cis}\,(36°)$ y $z_2 = 2\,\text{cis}\,(15°)$, evalúe cada expresión.

14. $z_1 z_2$

15. $\frac{z_1}{z_2}$

16. $(z_2)^3$

17. $\sqrt{z_1}$

18. Trace el número complejo $-5 - \mathbf{i}$ en el plano complejo.

19. Eliminar el parámetro t para reescribir las siguientes ecuaciones paramétricas como una ecuación cartesiana: $\begin{cases} x(t) = t + 1 \\ y(t) = 2t^2 \end{cases}$.

20. Parametrice (escriba una ecuación paramétrica) la siguiente ecuación cartesiana utilizando $x\,(t) = a\cos\ t$ y $y(t) = \mathbf{b}\,\text{sen}\ t$: $\frac{x^2}{36} + \frac{y^2}{100} = 1$.

21. Grafique el conjunto de ecuaciones paramétricas y halle la ecuación cartesiana: $\begin{cases} x(t) = -2\,\text{sen}\ t \\ y(t) = 5\cos\ t \end{cases}$.

22. Se lanza una pelota con una velocidad inicial de 95 pies por segundo a un ángulo de 52° con respecto a la horizontal. La pelota se suelta a una altura de 3,5 pies del suelo.

    Ⓐ Halle las ecuaciones paramétricas para modelar la trayectoria de la pelota.
    Ⓑ ¿Dónde está la pelota después de 2 segundos?
    Ⓒ ¿Cuánto tiempo está la pelota en el aire?

*En los siguientes ejercicios, utilice los vectores **u** = **i** – 3**j** y **v** = 2**i** + 3**j**.*

23. Halle 2***u*** – 3***v***.

24. Calcule $\mathbf{u} \cdot \mathbf{v}$.

25. Halle un vector unitario en la misma dirección que $\mathbf{v}$.

26. Vector dado $\mathbf{v}$ tiene un punto inicial $P_1 = (2, 2)$ y punto terminal $P_2 = (-1, 0)$, escriba el vector $\mathbf{v}$ en términos de $\mathbf{i}$ y $\mathbf{j}$. En el gráfico, dibuje $\mathbf{v}$, y $-\mathbf{v}$.

9 SISTEMAS DE ECUACIONES E INECUACIONES

Máquinas Enigma como esta fueron utilizadas por funcionarios gubernamentales y militares para cifrar y descifrar comunicaciones de alto secreto durante la Segunda Guerra Mundial. Variando las combinaciones del tablero de conexiones y los ajustes de los rotores, los codificadores podían añadir un cifrado complejo a sus mensajes. Nótese que los tres rotores contienen 26 clavijas cada uno, una por cada letra del alfabeto; las versiones posteriores tenían cuatro y cinco rotores. (Créditos: modificación de la "Máquina Enigma" por la Escuela de Matemáticas de la Universidad de Manchester/flickr).

Esquema del capítulo

Introducción

Al comienzo de la Segunda Guerra Mundial, los oficiales militares y de inteligencia británicos reconocieron que para derrotar a la Alemania nazi era necesario que los aliados supieran lo que el enemigo estaba planeando. Esta tarea se complicó por el hecho de que los militares alemanes transmitían todas sus comunicaciones a través de un código presuntamente indescifrable, creado por una máquina llamada Enigma. Los alemanes llevaban codificando sus mensajes con esta máquina desde principios de la década de 1930, y confiaban tanto en su seguridad que la utilizaban tanto para las comunicaciones militares cotidianas como para los mensajes estratégicos de gran importancia. Preocupadas ante la creciente amenaza militar, otras naciones europeas comenzaron a trabajar para descifrar los códigos Enigma. Polonia fue el primer país en realizar avances significativos cuando formó y reclutó a un nuevo grupo de descifradores de códigos: los estudiantes de matemáticas de la Universidad de Poznań. Con la ayuda de la información obtenida por los espías franceses, los matemáticos polacos, dirigidos por Marian Rejewski, lograron descifrar los códigos iniciales y, más tarde, comprender el cableado de las máquinas; finalmente, crearon réplicas. Sin embargo, los militares alemanes acabaron por aumentar la complejidad de las máquinas añadiendo rotores adicionales, lo que requirió un nuevo método de descifrado.

La máquina unía las letras de un teclado a tres, cuatro o cinco rotores (según la versión), cada uno con 26 posiciones iniciales que podían fijarse antes de la codificación; un código de descifrado (llamado clave de cifrado) transmitía esencialmente estas configuraciones al destinatario del mensaje, y permitía interpretar el mensaje utilizando otra máquina Enigma. Incluso con el codificador de tres rotores más sencillo, había 17.576 combinaciones diferentes de posiciones de salida (26 x 26 x 26); además, la máquina tenía otros numerosos métodos para introducir variaciones. Poco después del comienzo de la guerra, los británicos reclutaron un equipo de extraordinarios descifradores de códigos para descifrar el código Enigma. Los descifradores de códigos, dirigidos por Alan Turing, utilizaron lo que sabían sobre la máquina Enigma para construir una computadora mecánica que pudiera descifrar el código. Ese conocimiento de lo que los alemanes estaban planeando resultó ser una parte clave de la victoria final de los Aliados sobre la Alemania nazi en 1945.

La máquina Enigma es quizás el dispositivo criptográfico más famoso que se conoce. Es un ejemplo del papel fundamental que ha desempeñado la criptografía en la sociedad. Ahora, la tecnología ha trasladado el criptoanálisis al mundo digital.

Muchos cifrados se diseñan utilizando matrices invertibles como método de transferencia de mensajes, ya que calcular la inversa de una matriz suele formar parte del proceso de descodificación. Además de conocer la matriz y su inversa, el receptor debe conocer también la clave que, al utilizarla con la matriz inversa, permitirá leer el mensaje.

En este capítulo investigaremos sobre las matrices y sus inversas, y varias formas de utilizar las matrices para resolver sistemas de ecuaciones. Sin embargo, primero estudiaremos los sistemas de ecuaciones en sí mismos: lineales y no lineales, y luego las fracciones parciales. Aquí no vamos a descifrar ningún código secreto, pero sí vamos a sentar las bases para futuros cursos.

9.1 Sistemas de ecuaciones lineales: dos variables

Objetivos de aprendizaje

En esta sección, podrá:

- Resolver sistemas de ecuaciones mediante gráficos.
- Resolver sistemas de ecuaciones por sustitución.
- Resolver sistemas de ecuaciones por adición.
- Identificar sistemas inconsistentes de ecuaciones que contengan dos variables.
- Expresar la solución de un sistema de ecuaciones dependientes que contiene dos variables.

Figura 1 (Créditos: Thomas Sørenes).

Un fabricante de patinetas presenta una nueva línea de sus productos. El fabricante hace seguimiento de sus costos, lo cual es la cantidad que gasta para producir las patinetas, y de sus ingresos, lo cual es la cantidad que gana con su venta. ¿Cómo la compañía puede determinar si obtiene ganancias con su nueva línea? ¿Cuántas patinetas se deben producir y vender para obtener ganancias? En esta sección consideraremos ecuaciones lineales con dos variables para responder estas y otras preguntas similares.

Introducción a los sistemas de ecuaciones

Para investigar situaciones como la del fabricante de patinetas, tenemos que reconocer que estamos tratando con más de una variable y probablemente con más de una ecuación. Un **sistema de ecuaciones lineales** consiste en dos o más ecuaciones lineales formadas por dos o más variables, de manera que todas las ecuaciones del sistema se consideran simultáneamente. Para dar con la solución única de un sistema de ecuaciones lineales, debemos hallar un valor numérico para cada variable del sistema que satisfaga todas las ecuaciones del sistema al mismo tiempo. Algunos sistemas lineales pueden no tener solución y otros pueden tener un número infinito de soluciones. Para que un sistema lineal tenga una solución única, debe haber, al menos, tantas ecuaciones como variables. Aun así, esto no garantiza una solución única.

En esta sección veremos los sistemas de ecuaciones lineales en dos variables, lo cual consiste en dos ecuaciones que contienen dos variables diferentes. Por ejemplo, considere el siguiente sistema de ecuaciones lineales con dos variables.

$$\begin{aligned} 2x + y &= 15 \\ 3x - y &= 5 \end{aligned}$$

La *solución* de un sistema de ecuaciones lineales en dos variables es cualquier par ordenado que satisface cada ecuación de forma independiente. En este ejemplo, el par ordenado (4, 7) es la solución del sistema de ecuaciones lineales. Podemos verificar la solución sustituyendo los valores en cada ecuación para ver si el par ordenado satisface ambas ecuaciones. En breve, investigaremos métodos para hallar esa solución, si es que existe.

$$\begin{aligned} 2(4) + (7) &= 15 \text{ Verdadero} \\ 3(4) - (7) &= 5 \text{ Verdadero} \end{aligned}$$

Además de considerar el número de ecuaciones y variables, clasificamos los sistemas de ecuaciones lineales por el número de soluciones. Un **sistema consistente** de ecuaciones tiene, al menos, una solución. Se considera que un sistema consistente es un **sistema independiente** si tiene una única solución, como el ejemplo que acabamos de explorar. Las dos líneas tienen pendientes diferentes y se intersecan en un punto del plano. Se considera que un sistema consistente es un **sistema dependiente** si las ecuaciones tienen la misma pendiente y las mismas intersecciones en *y*. En otras palabras, las líneas coinciden, por lo que las ecuaciones representan la misma línea. Cada punto de la línea representa un par de coordenadas que satisface el sistema. Por lo tanto, hay un número infinito de soluciones.

Otro tipo de sistema de ecuaciones lineales es un **sistema inconsistente**, que es aquel en el que las ecuaciones representan dos líneas paralelas. Las líneas tienen la misma pendiente y diferentes intersecciones en *y*. No hay puntos comunes a ambas líneas; por lo tanto, no hay solución al sistema.

Tipos de sistemas lineales

Hay tres tipos de sistemas de ecuaciones lineales en dos variables, y tres tipos de soluciones.

- Un **sistema independiente** tiene exactamente un par de soluciones (x, y). El punto de intersección de las dos líneas es la única solución.
- Un **sistema inconsistente** no tiene solución. Observe que las dos líneas son paralelas y nunca se intersecan.
- Un **sistema dependiente** tiene infinitas soluciones. Las líneas son coincidentes. Son la misma línea, por lo que cada par de coordenadas de la línea es una solución de ambas ecuaciones.

En la Figura 2 se comparan las representaciones gráficas de cada tipo de sistema.

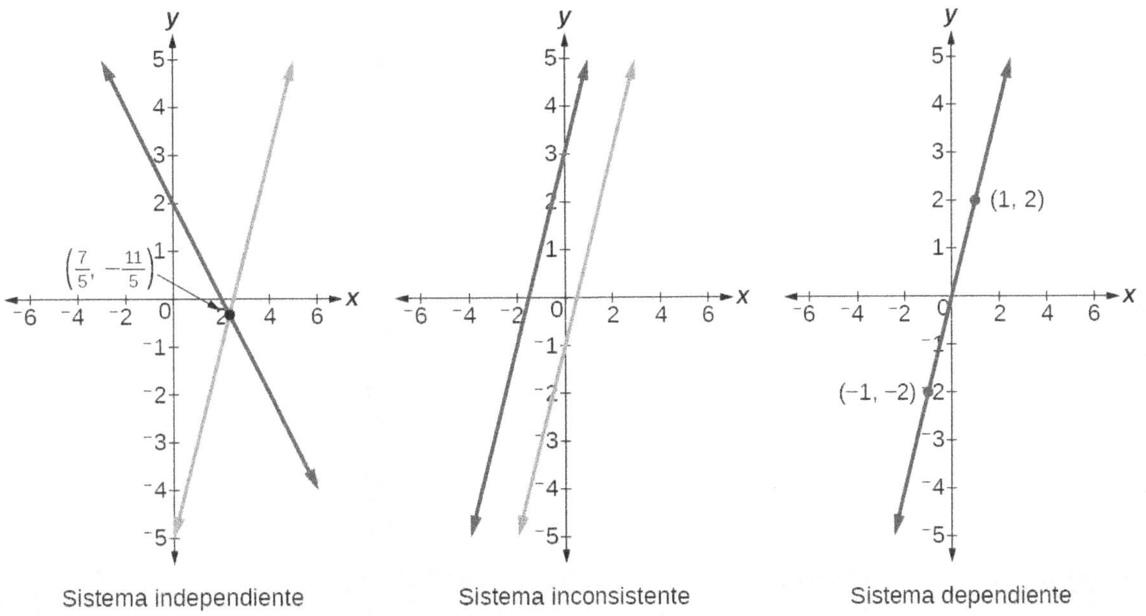

Figura 2

CÓMO

Dado un sistema de ecuaciones lineales y un par ordenado, determine si el par ordenado es una solución.

1. Sustituya el par ordenado en cada ecuación del sistema.
2. Determine si los enunciados verdaderos resultan de la sustitución en ambas ecuaciones; si es así, el par ordenado es una solución.

EJEMPLO 1

Cómo determinar si un par ordenado es una solución de un sistema de ecuaciones
Determine si el par ordenado $(5, 1)$ es una solución del sistema de ecuaciones dado.

$$\begin{aligned} x + 3y &= 8 \\ 2x - 9 &= y \end{aligned}$$

Solución
Sustituya el par ordenado $(5, 1)$ en ambas ecuaciones.

$$\begin{array}{ll} (5) + 3(1) = 8 & \\ 8 = 8 & \text{Verdadero} \\ 2(5) - 9 = (1) & \\ 1 = 1 & \text{Verdadero} \end{array}$$

El par ordenado $(5, 1)$ satisface ambas ecuaciones, por lo que es la solución del sistema.

Análisis
Podemos ver claramente la solución al trazar el gráfico de cada ecuación. Como la solución es un par ordenado que satisface ambas ecuaciones, es un punto en ambas líneas y, por tanto, el punto de intersección de las dos líneas. Vea la Figura 3.

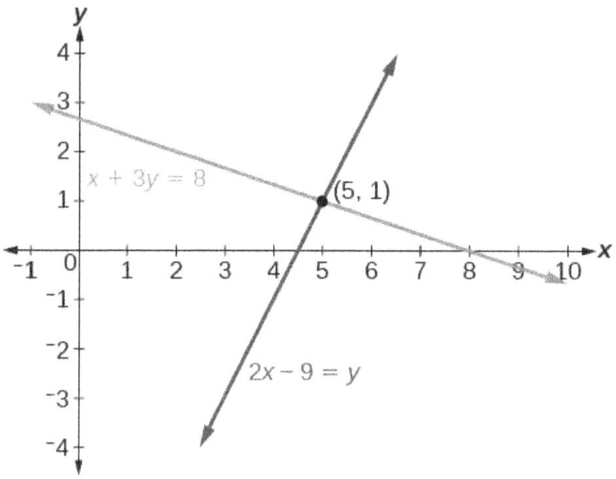

Figura 3

INTÉNTELO #1 Determine si el par ordenado $(8, 5)$ es una solución al siguiente sistema.

$$\begin{aligned} 5x - 4y &= 20 \\ 2x + 1 &= 3y \end{aligned}$$

Resolver sistemas de ecuaciones mediante un gráfico

Existen varios métodos para resolver sistemas de ecuaciones lineales. Para un sistema de ecuaciones lineales en dos variables, podemos determinar tanto el tipo de sistema como la solución al graficar el sistema de ecuaciones en el mismo conjunto de ejes.

EJEMPLO 2

Resolución de un sistema de ecuaciones de dos variables mediante un gráfico

Resuelva el siguiente sistema de ecuaciones mediante un gráfico. Identifique el tipo de sistema.

$$2x + y = -8$$
$$x - y = -1$$

Solución

Resuelva la primera ecuación para y.

$$2x + y = -8$$
$$y = -2x - 8$$

Resuelva la segunda ecuación para y.

$$x - y = -1$$
$$y = x + 1$$

Grafique ambas ecuaciones en el mismo conjunto de ejes que en la Figura 4.

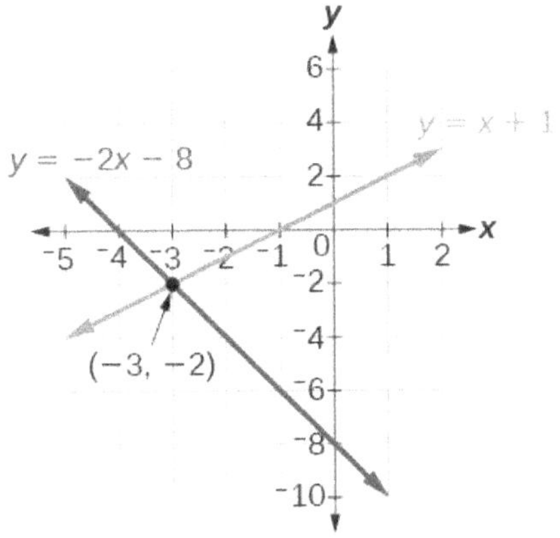

Figura 4

Las líneas parecen intersecarse en el punto $(-3,-2)$. Podemos comprobar que esta es la solución del sistema al sustituir el par ordenado en ambas ecuaciones.

$$\begin{array}{ll} 2(-3) + (-2) = -8 & \\ -8 = -8 & \text{Verdadero} \\ (-3) - (-2) = -1 & \\ -1 = -1 & \text{Verdadero} \end{array}$$

La solución del sistema es el par ordenado $(-3,-2)$, para que el sistema sea independiente.

INTÉNTELO #2 Resuelva el siguiente sistema de ecuaciones mediante un gráfico.

$$2x - 5y = -25$$
$$-4x + 5y = 35$$

PREGUNTAS Y RESPUESTAS

¿Se puede utilizar el gráfico si el sistema es inconsistente o dependiente?

Sí, en ambos casos podemos graficar el sistema para determinar el tipo de sistema y la solución. Si las dos líneas son paralelas, el sistema no tiene solución y es inconsistente. Si las dos líneas son idénticas, el sistema tiene infinitas soluciones y es un sistema dependiente.

Resolver sistemas de ecuaciones por sustitución

Resolver un sistema lineal de dos variables mediante un gráfico funciona cuando la solución está formada por valores enteros. Sin embargo, si nuestra solución contiene decimales o fracciones, no es el método más preciso. Consideraremos dos métodos más para resolver un sistema de ecuaciones lineales que son más precisos que el gráfico. Uno de estos métodos es la resolución de un sistema de ecuaciones por el método de **método de sustitución**, en el que resolvemos una de las ecuaciones para una variable y luego sustituimos el resultado en la segunda ecuación para resolver la segunda variable. Recordemos que solo podemos resolver para una variable a la vez, que es la razón por la que el método de sustitución es valioso y práctico.

CÓMO

Dado un sistema de dos ecuaciones en dos variables, resuelva mediante el método de sustitución.

1. Resuelva una de las dos ecuaciones para una de las variables en términos de la otra.
2. Sustituya la expresión de esta variable en la segunda ecuación y luego resuelva para la variable restante.
3. Sustituya esa solución en cualquiera de las ecuaciones originales para calcular el valor de la primera variable. Si es posible, escriba la solución como un par ordenado.
4. Compruebe la solución en ambas ecuaciones.

EJEMPLO 3

Resolver un sistema de ecuaciones en dos variables por sustitución

Resuelva el siguiente sistema de ecuaciones por sustitución.

$$\begin{aligned} -x + y &= -5 \\ 2x - 5y &= 1 \end{aligned}$$

Solución

Primero, resolveremos la primera ecuación para y.

$$\begin{aligned} -x + y &= -5 \\ y &= x - 5 \end{aligned}$$

Ahora, podemos sustituir la expresión $x-5$ por y en la segunda ecuación.

$$\begin{aligned} 2x - 5y &= 1 \\ 2x - 5(x - 5) &= 1 \\ 2x - 5x + 25 &= 1 \\ -3x &= -24 \\ x &= 8 \end{aligned}$$

Ahora, sustituimos $x = 8$ en la primera ecuación y resolvemos para y.

$$\begin{aligned} -(8) + y &= -5 \\ y &= 3 \end{aligned}$$

Nuestra solución es $(8, 3)$.

Compruebe la solución sustituyendo $(8, 3)$ en ambas ecuaciones.

$$\begin{aligned} -x + y &= -5 & & \\ -(8) + (3) &= -5 & & \text{Verdadero} \\ 2x - 5y &= 1 & & \\ 2(8) - 5(3) &= 1 & & \text{Verdadero} \end{aligned}$$

INTÉNTELO #3 Resuelva el siguiente sistema de ecuaciones por sustitución.

$$x = y + 3$$
$$4 = 3x - 2y$$

PREGUNTAS Y RESPUESTAS

¿Se puede usar el método de sustitución para resolver cualquier sistema lineal en dos variables?

Sí, pero el método funciona mejor si una de las ecuaciones contiene un coeficiente de 1 o –1 para no tener que lidiar con fracciones.

Resolución de sistemas de ecuaciones de dos variables por el método de la suma

Un tercer método para resolver sistemas de ecuaciones lineales es el **método de adición**. En este método, sumamos dos términos con la misma variable, pero con coeficientes opuestos, para que la suma sea cero. Por supuesto, no todos los sistemas se establecen con los dos términos de una variable con coeficientes opuestos. A menudo, debemos ajustar una o las dos ecuaciones mediante multiplicación para que una de las variables se elimine con adición.

CÓMO

Dado un sistema de ecuaciones, resuelva utilizando el método de adición.

1. Escriba ambas ecuaciones con las variables *x* y *y* a la izquierda del signo de igual y las constantes a la derecha.
2. Escriba una ecuación sobre la otra, y alinee las variables correspondientes. Si una de las variables de la ecuación superior tiene el coeficiente opuesto de la misma variable en la ecuación inferior, sume las ecuaciones y elimine una variable. Si no es así, utilice la multiplicación por un número distinto de cero para que una de las variables de la ecuación superior tenga el coeficiente opuesto de la misma variable en la ecuación inferior, y luego sume las ecuaciones para eliminar la variable.
3. Resuelva la ecuación resultante para la variable restante.
4. Sustituya ese valor en una de las ecuaciones originales y resuelva para la segunda variable.
5. Compruebe la solución sustituyendo los valores en la otra ecuación.

EJEMPLO 4

Resolver un sistema por el método de adición

Resuelva el sistema de ecuaciones dado por adición.

$$x + 2y = -1$$
$$-x + y = 3$$

Solución

Ambas ecuaciones ya están ajustadas a una constante. Observe que el coeficiente de x en la segunda ecuación, –1, es el opuesto al coeficiente de x en la primera ecuación, 1. Podemos sumar las dos ecuaciones para eliminar x sin necesidad de multiplicar por una constante.

$$\begin{array}{r} x + 2y = -1 \\ \underline{-x + y = 3} \\ 3y = 2 \end{array}$$

Ahora que hemos eliminado x, podemos resolver la ecuación resultante para y.

$$3y = 2$$
$$y = \frac{2}{3}$$

A continuación, sustituya este valor por y en una de las ecuaciones originales y resuelva para x.

$$\begin{aligned} -x + y &= 3 \\ -x + \tfrac{2}{3} &= 3 \\ -x &= 3 - \tfrac{2}{3} \\ -x &= \tfrac{7}{3} \\ x &= -\tfrac{7}{3} \end{aligned}$$

La solución a este sistema es $\left(-\frac{7}{3}, \frac{2}{3}\right)$.

Compruebe la solución en la primera ecuación.

$$\begin{aligned} &x + 2y = -1 \\ &\left(-\tfrac{7}{3}\right) + 2\left(\tfrac{2}{3}\right) = \\ &-\tfrac{7}{3} + \tfrac{4}{3} = \\ &-\tfrac{3}{3} = \\ &-1 = -1 \qquad \text{Verdadero} \end{aligned}$$

Análisis

La representación gráfica de los sistemas de ecuaciones nos ofrece una perspectiva importante. Vea la Figura 5 para calcular que las ecuaciones se intersecan en la solución. No necesitamos preguntarnos si puede haber una segunda solución porque la observación del gráfico confirma que el sistema tiene exactamente una solución.

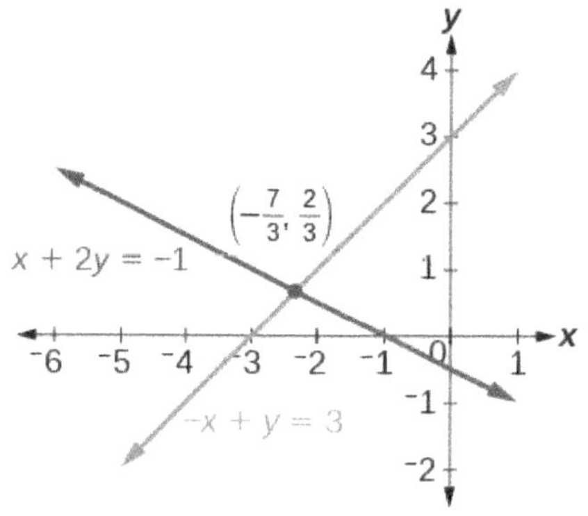

Figura 5

EJEMPLO 5

Uso del método de adición cuando se requiere la multiplicación de una ecuación

Resuelva el sistema de ecuaciones dado por el método de adición.

$$3x + 5y = -11$$

$$x - 2y = 11$$

Solución

La adición de estas ecuaciones, tal y como se presentan, no eliminará ninguna variable. Sin embargo, vemos que la primera ecuación tiene $3x$ en ella y la segunda ecuación tiene x. Así que si multiplicamos la segunda ecuación por -3, los términos x se sumarán a cero.

$$\begin{aligned} x - 2y &= 11 \\ -3(x - 2y) &= -3(11) && \text{Multiplique ambos lados por } -3. \\ -3x + 6y &= -33 && \text{Utilice la propiedad distributiva.} \end{aligned}$$

Ahora, vamos a sumarlos.

$$\begin{array}{r} 3x+5y=-11 \\ -3x+6y=-33 \\ \hline 11y=-44 \\ y=-4 \end{array}$$

Para el último paso, sustituya $y=-4$ en una de las ecuaciones originales y resuelva para x.

$$\begin{aligned} 3x+5y&=-11 \\ 3x+5(-4)&=-11 \\ 3x-20&=-11 \\ 3x&=9 \\ x&=3 \end{aligned}$$

Nuestra solución es el par ordenado $(3,-4)$. Vea la Figura 6. Compruebe la solución en la segunda ecuación original.

$$\begin{aligned} x-2y&=11 \\ (3)-2(-4)&=3+8 \\ 11&=11 \qquad \text{Verdadero} \end{aligned}$$

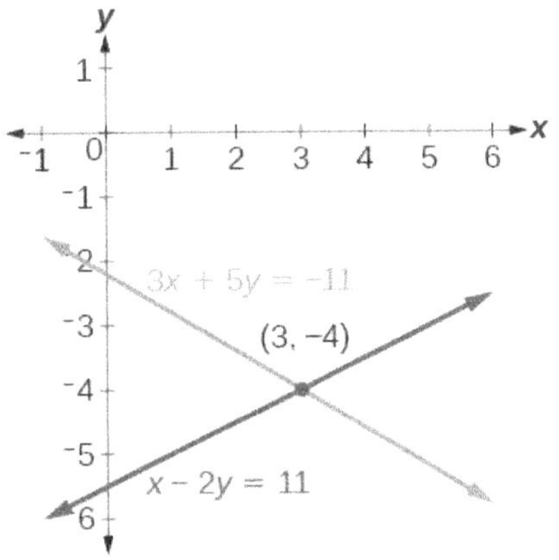

Figura 6

INTÉNTELO #4 Resuelva el sistema de ecuaciones por adición.

$$\begin{aligned} 2x-7y&=2 \\ 3x+y&=-20 \end{aligned}$$

EJEMPLO 6

Usar el método de adición cuando se requiere la multiplicación de ambas ecuaciones

Resuelva el sistema de ecuaciones en dos variables dado por adición.

$$\begin{aligned} 2x+3y&=-16 \\ 5x-10y&=30 \end{aligned}$$

Solución

Una ecuación tiene $2x$ y el otro tiene $5x$. El mínimo común múltiplo es $10x$ por lo que tendremos que multiplicar ambas ecuaciones por una constante para eliminar una variable. Eliminemos x multiplicando la primera ecuación por -5 y la segunda ecuación por 2.

$$-5(2x + 3y) = -5(-16)$$
$$-10x - 15y = 80$$
$$2(5x - 10y) = 2(30)$$
$$10x - 20y = 60$$

A continuación, sumamos las dos ecuaciones.

$$\begin{array}{l} -10x-15y = 80 \\ \underline{10x-20y = 60} \\ -35y = 140 \\ y = -4 \end{array}$$

Sustituya $y = -4$ en la primera ecuación original.

$$2x + 3(-4) = -16$$
$$2x - 12 = -16$$
$$2x = -4$$
$$x = -2$$

La solución es $(-2, -4)$. Compruébelo en la otra ecuación.

$$5x-10y = 30$$
$$5(-2)-10(-4) = 30$$
$$-10 + 40 = 30$$
$$30 = 30$$

Vea la Figura 7.

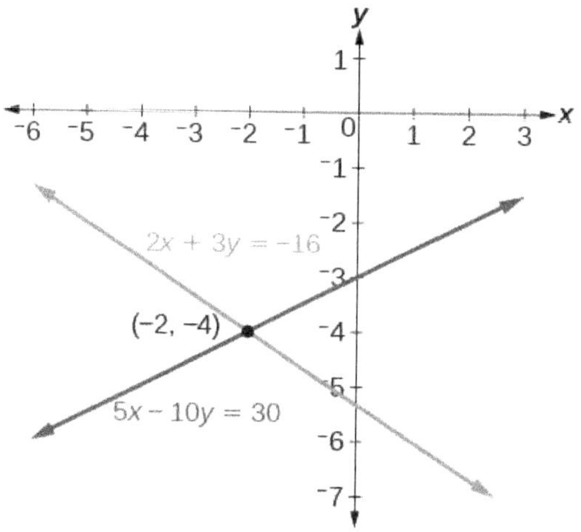

Figura 7

EJEMPLO 7

Usar el método de adición en sistemas de ecuaciones que contienen fracciones

Resuelva el sistema de ecuaciones en dos variables dado por adición.

$$\frac{x}{3} + \frac{y}{6} = 3$$
$$\frac{x}{2} - \frac{y}{4} = \quad 1$$

Solución

Primero despeje cada ecuación de fracciones y multiplique ambos lados de la ecuación por el mínimo común denominador.

$$\begin{aligned} 6\left(\frac{x}{3}+\frac{y}{6}\right) &= 6(3) \\ 2x+y &= 18 \\ 4\left(\frac{x}{2}-\frac{y}{4}\right) &= 4(1) \\ 2x-y &= 4 \end{aligned}$$

Ahora, multiplique la segunda ecuación por -1 para poder eliminar la variable x.

$$\begin{aligned} -1(2x-y) &= -1(4) \\ -2x+y &= -4 \end{aligned}$$

Sume las dos ecuaciones para eliminar la variable x y resuelva la ecuación resultante.

$$\begin{array}{l} 2x+y=18 \\ \underline{-2x+y=-4} \\ 2y=14 \\ y=7 \end{array}$$

Sustituya $y = 7$ en la primera ecuación.

$$\begin{aligned} 2x+(7) &= 18 \\ 2x &= 11 \\ x &= \frac{11}{2} \\ &= 5{,}5 \end{aligned}$$

La solución es $\left(\frac{11}{2}, 7\right)$. Compruébelo en la otra ecuación.

$$\begin{aligned} \frac{x}{2}-\frac{y}{4} &= 1 \\ \frac{\frac{11}{2}}{2}-\frac{7}{4} &= 1 \\ \frac{11}{4}-\frac{7}{4} &= 1 \\ \frac{4}{4} &= 1 \end{aligned}$$

INTÉNTELO #5 Resuelva el sistema de ecuaciones por adición.

$$\begin{aligned} 2x+3y &= 8 \\ 3x+5y &= 10 \end{aligned}$$

Identificar sistemas inconsistentes de ecuaciones que contienen dos variables

Ahora que tenemos varios métodos para resolver sistemas de ecuaciones, podemos usar los métodos para identificar sistemas inconsistentes. Recordemos que un sistema inconsistente está formado por líneas paralelas que tienen la misma pendiente, pero diferente intersección y. Nunca se intersecarán. Al buscar una solución a un sistema inconsistente, llegaremos a un enunciado falso, como $12 = 0$,

EJEMPLO 8

Resolver un sistema inconsistente de ecuaciones

Resuelva el siguiente sistema de ecuaciones.

$$\begin{aligned} x &= 9-2y \\ x+2y &= 13 \end{aligned}$$

Solución

Podemos abordar este problema de dos maneras. Debido a que una ecuación ya está resuelta para x, el paso más obvio es utilizar sustitución.

$$
\begin{aligned}
x + 2y &= 13 \\
(9 - 2y) + 2y &= 13 \\
9 + 0y &= 13 \\
9 &= 13
\end{aligned}
$$

Es evidente que este enunciado es una contradicción porque $9 \neq 13$. Por lo tanto, el sistema no tiene solución.

El segundo enfoque sería manipular primero las ecuaciones para que ambas estén en forma de intersección de pendientes. Manipulamos la primera ecuación de la siguiente manera.

$$
\begin{aligned}
x &= 9 - 2y \\
2y &= -x + 9 \\
y &= -\tfrac{1}{2}x + \tfrac{9}{2}
\end{aligned}
$$

A continuación, convertimos la segunda ecuación expresada en forma de intersección de pendiente.

$$
\begin{aligned}
x + 2y &= 13 \\
2y &= -x + 13 \\
y &= -\tfrac{1}{2}x + \tfrac{13}{2}
\end{aligned}
$$

Al comparar las ecuaciones, vemos que tienen la misma pendiente, pero diferentes intersecciones en y. Por lo tanto, las líneas son paralelas y no se intersecan.

$$
\begin{aligned}
y &= -\tfrac{1}{2}x + \tfrac{9}{2} \\
y &= -\tfrac{1}{2}x + \tfrac{13}{2}
\end{aligned}
$$

Análisis

Al escribir las ecuaciones en forma de intersección de pendientes se confirma que el sistema es inconsistente porque todas las líneas finalmente se intersecan, a menos que sean paralelas. Las líneas paralelas nunca se intersecan; por lo tanto, las dos líneas no tienen puntos en común. Los gráficos de las ecuaciones de este ejemplo se muestran en la Figura 8.

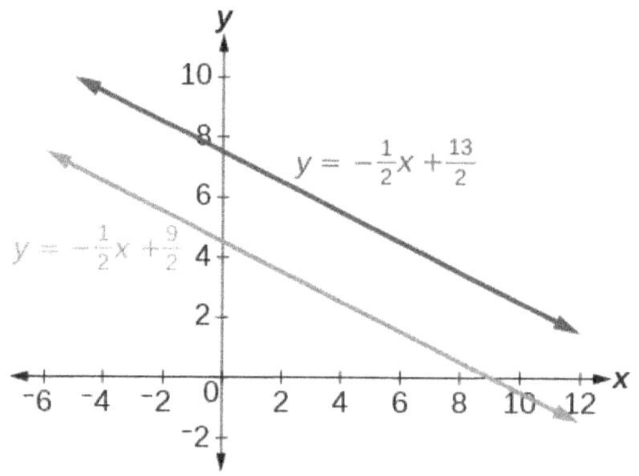

Figura 8

INTÉNTELO #6 Resuelva el siguiente sistema de ecuaciones en dos variables.

$$
\begin{aligned}
2y - 2x &= 2 \\
2y - 2x &= 6
\end{aligned}
$$

Expresión de la solución de un sistema de ecuaciones dependientes que contiene dos variables

Recordemos que un sistema dependiente de ecuaciones en dos variables es un sistema en el cual las dos ecuaciones representan la misma línea. Los sistemas dependientes tienen un número infinito de soluciones porque todos los puntos de una recta están también en la otra. Después de utilizar la sustitución o la adición, la ecuación resultante será una identidad, como $0 = 0$,

EJEMPLO 9

Hallar la solución a un sistema dependiente de ecuaciones lineales

Halle una solución al sistema de ecuaciones mediante el método de adición.

$$\begin{aligned} x + 3y &= 2 \\ 3x + 9y &= 6 \end{aligned}$$

Solución

Con el método de adición queremos eliminar una de las variables sumando las ecuaciones. En este caso, vamos a centrarnos en eliminar x. Si multiplicamos ambos lados de la primera ecuación por -3, entonces podremos eliminar la variable x.

$$\begin{aligned} x + 3y &= 2 \\ (-3)(x + 3y) &= (-3)(2) \\ -3x - 9y &= -6 \end{aligned}$$

Ahora sume las ecuaciones.

$$\begin{array}{rl} -3x - 9y & = -6 \\ +\ 3x + 9y & = 6 \\ \hline 0 & = 0 \end{array}$$

Podemos ver que habrá un número infinito de soluciones que satisfagan ambas ecuaciones.

Análisis

Si reescribimos ambas ecuaciones en la forma pendiente-intersección, podríamos saber cómo sería la solución antes de sumar. Veamos lo que ocurre cuando convertimos el sistema a la forma pendiente-intersección.

$$\begin{aligned} x + 3y &= 2 \\ 3y &= -x + 2 \\ y &= -\tfrac{1}{3}x + \tfrac{2}{3} \\ 3x + 9y &= 6 \\ 9y &= -3x + 6 \\ y &= -\tfrac{3}{9}x + \tfrac{6}{9} \\ y &= -\tfrac{1}{3}x + \tfrac{2}{3} \end{aligned}$$

Vea la Figura 9. Observe que los resultados son los mismos. La solución general del sistema es $\left(x\ ,\ -\ \frac{1}{3}x + \frac{2}{3}\right)$.

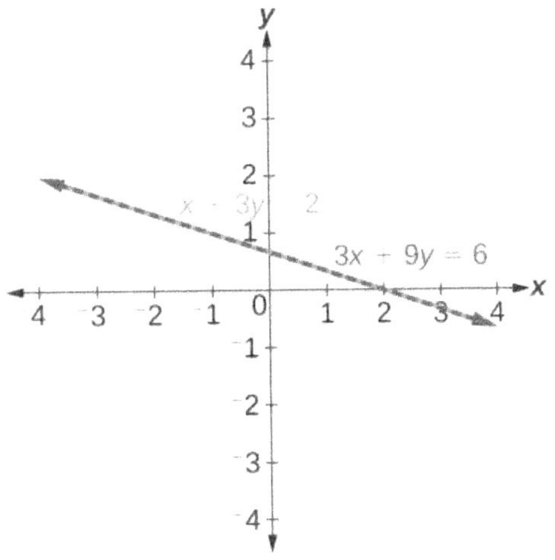

Figura 9

INTÉNTELO #7 Resuelva el siguiente sistema de ecuaciones en dos variables.

$$y - 2x = 5$$
$$-3y + 6x = -15$$

Usar sistemas de ecuaciones para investigar ganancias

Con base en lo que hemos aprendido sobre los sistemas de ecuaciones, podemos volver al problema de fabricación de patinetas del principio de la sección. La **función de ingresos** del fabricante de patinetas es la función utilizada para calcular la cantidad de dinero que entra al negocio. Se puede representar mediante la ecuación $R = xp$, donde $x =$ cantidad y $p =$ precio. La función de ingresos se muestra en naranja en la Figura 10.

La **función de costo** es la función utilizada para calcular los costos de la actividad comercial. Incluye los costos fijos, como el alquiler y los salarios, y los costos variables, como los servicios públicos. La función de costo se muestra en azul en la Figura 10. El eje x representa la cantidad en cientos de unidades. El eje y representa los costos o los ingresos en cientos de dólares.

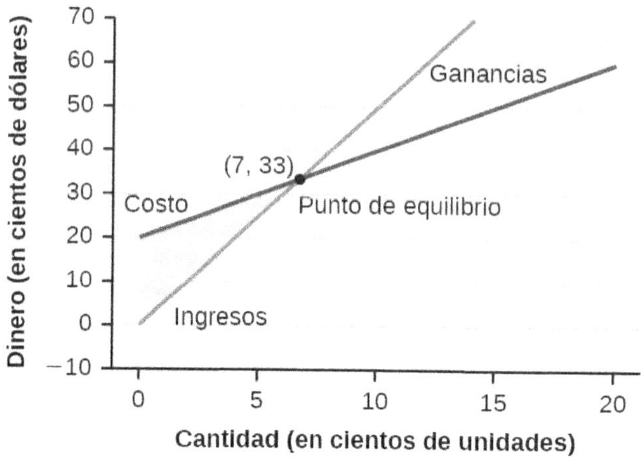

Figura 10

El punto de intersección de las dos líneas se denomina **punto de equilibrio**. Observamos en el gráfico que, si se producen 700 unidades, el costo es de 3.300 dólares y los ingresos también son de 3.300 dólares. En otras palabras, la compañía alcanza el equilibrio si produce y vende 700 unidades. No ganan ni pierden dinero.

La región sombreada a la derecha del punto de equilibrio representa las cantidades por las cuales la compañía obtiene ganancias. La región sombreada de la izquierda representa las cantidades por las que la empresa sufre pérdidas. La **función de ganancias** es la función de ingresos menos la función de costo, escrita como $P(x) = R(x) - C(x)$. Está claro que conocer la cantidad para la cual el costo es igual a los ingresos es de gran importancia para los negocios.

EJEMPLO 10

Hallar el punto de equilibrio y la función de ganancias mediante sustitución

Dada la función de costo $C(x) = 0{,}85x + 35.000$ y la función de ingresos $R(x) = 1{,}55x$, calcule el punto de equilibrio y la función de ganancias.

Solución

Escriba el sistema de ecuaciones y use y para sustituir la notación de función.

$$y = 0{,}85x + 35.000$$
$$y = 1{,}55x$$

Sustituya la expresión $0{,}85x + 35.000$ de la primera ecuación en la segunda ecuación y resuelva para x.

$$\begin{aligned}0{,}85x + 35.000 &= 1{,}55x\\ 35.000 &= 0{,}7x\\ 50.000 &= x\end{aligned}$$

Entonces, sustituimos $x = 50.000$ en la función de costo o en la función de ingresos.

$$1{,}55\,(50.000) = 77.500$$

El punto de equilibrio es $(50.000, 77.500)$.

La función de ganancias se obtiene mediante la fórmula $P(x) = R(x) - C(x)$.

$$\begin{aligned}P(x) &= 1{,}55x - (0{,}85x + 35.000)\\ &= 0{,}7x - 35.000\end{aligned}$$

La función de ganancias es $P(x) = 0{,}7x - 35.000$.

Análisis

El costo de producción de 50.000 unidades es de 77.500 dólares y los ingresos por la venta de 50.000 unidades son también de 77.500 dólares. Para obtener ganancias, el negocio debe producir y vender más de 50.000 unidades. Vea la Figura 11.

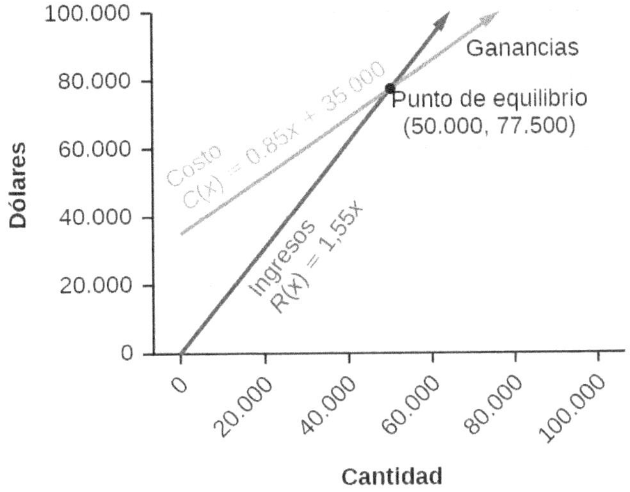

Figura 11

Vemos en el gráfico de la Figura 12 que la función de ganancias tiene un valor negativo hasta $x = 50.000$, cuando el gráfico cruza el eje *x*. A continuación, el gráfico emerge en valores *y* positivos y continúa en esta trayectoria, ya que la función de ganancias es una línea recta. Esto ilustra que el punto de equilibrio de los negocios se produce cuando la función de ganancias es 0. El área a la izquierda del punto de equilibrio representa el funcionamiento con pérdidas.

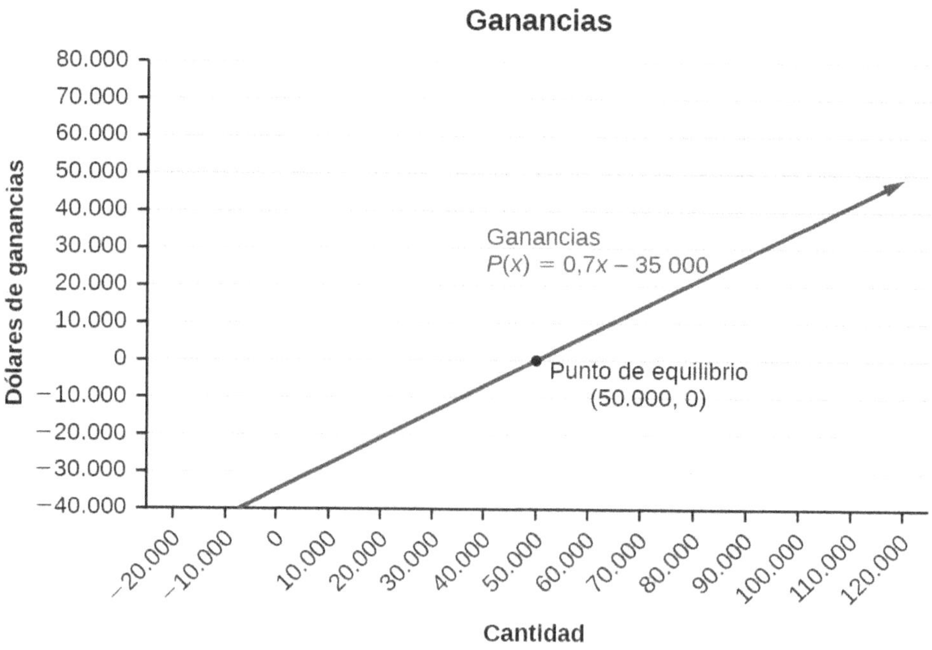

Figura 12

EJEMPLO 11

Escribir y resolver un sistema de ecuaciones en dos variables

El costo de una entrada al circo es $25{,}00$ dólares para niños y $50{,}00$ dólares para adultos. En un día determinado, la asistencia al circo es 2.000 y los ingresos totales de taquilla son 70.000 dólares. ¿Cuántos niños y cuántos adultos compraron entradas?

Solución

Si c = el número de niños y a = el número de adultos asistentes.

El número total de personas es 2.000. Podemos usar esto para escribir una ecuación para el número de personas en el circo ese día.

$$c + a = 2.000$$

Los ingresos de todos los niños se pueden hallar al multiplicar $25{,}00$ dólares por el número de niños, $25c$. Los ingresos de todos los adultos se pueden hallar al multiplicar $50{,}00$ dólares por el número de adultos, $50a$. Los ingresos totales son 70.000 dólares. Podemos usar esto para escribir una ecuación para los ingresos.

$$25c + 50a = 70.000$$

Ahora tenemos un sistema de ecuaciones lineales con dos variables.

$$\begin{aligned} c + a &= 2.000 \\ 25c + 50a &= 70.000 \end{aligned}$$

En la primera ecuación, el coeficiente de ambas variables es 1. Podemos resolver rápidamente la primera ecuación para c o a. Resolveremos para a.

$$\begin{aligned} c + a &= 2.000 \\ a &= 2.000 - c \end{aligned}$$

Sustituya la expresión $2.000 - c$ en la segunda ecuación para a y resolver para c.

$$
\begin{aligned}
25c + 50(2.000 - c) &= 70.000 \\
25c + 100.000 - 50c &= 70.000 \\
-25c &= -30.000 \\
c &= 1.200
\end{aligned}
$$

Sustituya $c = 1.200$ en la primera ecuación para resolver a.

$$
\begin{aligned}
1.200 + a &= 2.000 \\
a &= 800
\end{aligned}
$$

Tenemos que 1.200 niños y 800 adultos compraron entradas para el circo ese día.

INTÉNTELO #8 Los boletos de comida en el circo cuestan 4,00 dólares para niños y 12,00 dólares para adultos. Si se compraron1.650 boletos de comida por un total de 14.200 dólares, ¿cuántos niños y cuántos adultos compraron boletos de comida?

MEDIA

Acceda a estos recursos en línea para obtener más información y practicar con sistemas de ecuaciones lineales.

Resolver sistemas de ecuaciones mediante sustitución (http://openstax.org/l/syssubst)
Resolver sistemas de ecuaciones mediante eliminación (http://openstax.org/l/syselim)
Aplicaciones de los sistemas de ecuaciones (http://openstax.org/l/sysapp)

9.1 EJERCICIOS DE SECCIÓN

Verbales

1. ¿Un sistema de ecuaciones lineales puede tener exactamente dos soluciones? Explique por qué sí o por qué no.

2. Si está realizando un análisis de equilibrio para una actividad comercial y sus ecuaciones de costos e ingresos son dependientes, explique qué significa esto para los márgenes de ganancias de la compañía.

3. Si está resolviendo un análisis de equilibrio y obtiene un punto de equilibrio negativo, explique qué significa esto para la compañía.

4. Si está resolviendo un análisis de equilibrio y no hay punto de equilibrio, explique qué significa esto para la compañía. ¿Cómo deben asegurarse de que haya un punto de equilibrio?

5. Dado un sistema de ecuaciones, explique dos métodos diferentes para resolver ese sistema, como mínimo.

Algebraicos

En los siguientes ejercicios, determine si el par ordenado dado es una solución del sistema de ecuaciones.

6. $\begin{aligned} 5x - y &= 4 \\ x + 6y &= 2 \end{aligned}$ y $(4, 0)$

7. $\begin{aligned} -3x - 5y &= 13 \\ -x + 4y &= 10 \end{aligned}$ y $(-6, 1)$

8. $\begin{aligned} 3x + 7y &= 1 \\ 2x + 4y &= 0 \end{aligned}$ y $(2, 3)$

9. $\begin{array}{r} -2x+5y=7 \\ 2x+9y=7 \end{array}$ y $(-1,1)$

10. $\begin{array}{r} x+8y=43 \\ 3x-2y=-1 \end{array}$ y $(3,5)$

En los siguientes ejercicios, resuelva cada sistema por sustitución.

11. $\begin{array}{r} x+3y=5 \\ 2x+3y=4 \end{array}$

12. $\begin{array}{r} 3x-2y=18 \\ 5x+10y=-10 \end{array}$

13. $\begin{array}{l} 4x+2y=-10 \\ 3x+9y=0 \end{array}$

14. $\begin{array}{l} 2x+4y=-3{,}8 \\ 9x-5y=1.3 \end{array}$

15. $\begin{array}{r} -2x+3y=1{,}2 \\ -3x-6y=1{,}8 \end{array}$

16. $\begin{array}{r} x-0{,}2y=1 \\ -10x+2y=5 \end{array}$

17. $\begin{array}{r} 3x+5y=9 \\ 30x+50y=-90 \end{array}$

18. $\begin{array}{r} -3x+y=2 \\ 12x-4y=-8 \end{array}$

19. $\begin{array}{l} \frac{1}{2}x+\frac{1}{3}y=16 \\ \frac{1}{6}x+\frac{1}{4}y=9 \end{array}$

20. $\begin{array}{l} -\frac{1}{4}x+\frac{3}{2}y=11 \\ -\frac{1}{8}x+\frac{1}{3}y=3 \end{array}$

En los siguientes ejercicios, resuelva cada sistema por adición.

21. $\begin{array}{r} -2x+5y=-42 \\ 7x+2y=30 \end{array}$

22. $\begin{array}{l} 6x-5y=-34 \\ 2x+6y=4 \end{array}$

23. $\begin{array}{r} 5x-y=-2{,}6 \\ -4x-6y=1{,}4 \end{array}$

24. $\begin{array}{l} 7x-2y=3 \\ 4x+5y=3{,}25 \end{array}$

25. $\begin{array}{r} -x+2y=-1 \\ 5x-10y=6 \end{array}$

26. $\begin{array}{r} 7x+6y=2 \\ -28x-24y=-8 \end{array}$

27. $\begin{array}{l} \frac{5}{6}x+\frac{1}{4}y=0 \\ \frac{1}{8}x-\frac{1}{2}y=-\frac{43}{120} \end{array}$

28. $\begin{array}{r} \frac{1}{3}x+\frac{1}{9}y=\frac{2}{9} \\ -\frac{1}{2}x+\frac{4}{5}y=-\frac{1}{3} \end{array}$

29. $\begin{array}{r} -0{,}2x+0{,}4y=0{,}6 \\ x-2y=-3 \end{array}$

30. $\begin{array}{r} -0{,}1x+0{,}2y=0{,}6 \\ 5x-10y=1 \end{array}$

En los siguientes ejercicios, resuelva cada sistema por cualquier método.

31. $\begin{array}{r} 5x+9y=16 \\ x+2y=4 \end{array}$

32. $\begin{array}{l} 6x-8y=-0{,}6 \\ 3x+2y=0{,}9 \end{array}$

33. $\begin{array}{l} 5x-2y=2{,}25 \\ 7x-4y=3 \end{array}$

34. $\begin{array}{r} x-\frac{5}{12}y=-\frac{55}{12} \\ -6x+\frac{5}{2}y=\frac{55}{2} \end{array}$

35. $\begin{array}{l} 7x-4y=\frac{7}{6} \\ 2x+4y=\frac{1}{3} \end{array}$

36. $\begin{array}{l} 3x+6y=11 \\ 2x+4y=9 \end{array}$

37. $\begin{array}{r} \frac{7}{3}x-\frac{1}{6}y=2 \\ -\frac{21}{6}x+\frac{3}{12}y=-3 \end{array}$

38. $\begin{array}{l} \frac{1}{2}x+\frac{1}{3}y=\frac{1}{3} \\ \frac{3}{2}x+\frac{1}{4}y=-\frac{1}{8} \end{array}$

39. $\begin{array}{l} 2{,}2x+1.3y=-0{,}1 \\ 4{,}2x+4{,}2y=2{,}1 \end{array}$

40. $\begin{array}{l} 0{,}1x+0{,}2y=2 \\ 0{,}35x-0{,}3y=0 \end{array}$

Gráficos

En los siguientes ejercicios, grafique el sistema de ecuaciones y diga si el sistema es consistente, inconsistente o dependiente y si tiene una solución, ninguna solución o infinitas soluciones.

41. $\begin{aligned} 3x - y &= 0{,}6 \\ x - 2y &= 1.3 \end{aligned}$

42. $\begin{aligned} -x + 2y &= 4 \\ 2x - 4y &= 1 \end{aligned}$

43. $\begin{aligned} x + 2y &= 7 \\ 2x + 6y &= 12 \end{aligned}$

44. $\begin{aligned} 3x - 5y &= 7 \\ x - 2y &= 3 \end{aligned}$

45. $\begin{aligned} 3x - 2y &= 5 \\ -9x + 6y &= -15 \end{aligned}$

En tecnología

En los siguientes ejercicios, utilice la función de intersección en un dispositivo gráfico para resolver cada sistema. Redondee todas las respuestas a la centésima más cercana.

46. $\begin{aligned} 0{,}1x + 0{,}2y &= 0{,}3 \\ -0{,}3x + 0{,}5y &= 1 \end{aligned}$

47. $\begin{aligned} -0{,}01x + 0{,}12y &= 0{,}62 \\ 0{,}15x + 0{,}20y &= 0{,}52 \end{aligned}$

48. $\begin{aligned} 0{,}5x + 0{,}3y &= 4 \\ 0{,}25x - 0{,}9y &= 0{,}46 \end{aligned}$

49. $\begin{aligned} 0{,}15x + 0{,}27y &= 0{,}39 \\ -0{,}34x + 0{,}56y &= 1{,}8 \end{aligned}$

50. $\begin{aligned} -0{,}71x + 0{,}92y &= 0{,}13 \\ 0{,}83x + 0{,}05y &= 2{,}1 \end{aligned}$

Extensiones

En los siguientes ejercicios, resuelva cada sistema en términos de A, B, C, D, E y F donde A– F son números distintos de cero. Observe que $A \neq B$ y $AE \neq BD$.

51. $\begin{aligned} x + y &= A \\ x - y &= B \end{aligned}$

52. $\begin{aligned} x + Ay &= 1 \\ x + By &= 1 \end{aligned}$

53. $\begin{aligned} Ax + y &= 0 \\ Bx + y &= 1 \end{aligned}$

54. $\begin{aligned} Ax + By &= C \\ x + y &= 1 \end{aligned}$

55. $\begin{aligned} Ax + By &= C \\ Dx + Ey &= F \end{aligned}$

Aplicaciones en el mundo real

En los siguientes ejercicios, resuelva la cantidad deseada.

56. Un negocio de peluches tiene un costo total de producción $C = 12x + 30$ y una función de ingresos $R = 20x$. Halle el punto de equilibrio.

57. Un restaurante etíope tiene un costo de producción $C(x) = 11x + 120$ y una función de ingresos $R(x) = 5x$. ¿Cuándo la compañía empieza a dar ganancias?

58. Una fábrica de teléfonos móviles tiene un costo de producción $C(x) = 150x + 10.000$ y una función de ingresos $R(x) = 200x$. ¿Cuál es el punto de equilibrio?

59. Un músico cobra $C(x) = 64x + 20.000$ donde x es el número total de asistentes al concierto. El local cobra 80 dólares por entrada. ¿Después de cuántas entradas vendidas el local alcanza el punto de equilibrio y cuál es el valor del total de entradas vendidas en ese momento?

60. Una fábrica de guitarras tiene un costo de producción $C(x) = 75x + 50.000$. Si la compañía necesita alcanzar el punto de equilibrio después de vender 150 unidades, ¿a qué precio debería vender cada guitarra? Redondee al dólar más cercano y escriba la función de ingresos.

En los siguientes ejercicios, utilice un sistema de ecuaciones lineales con dos variables y dos ecuaciones para resolver.

61. Halle dos números cuya suma es 28 y la diferencia es 13.

62. Un número es 9 veces mayor que otro número. El doble de la suma de los dos números es 10. Halle los dos números.

63. El costo de puesta en marcha de un restaurante es de 120.000 dólares y hacer cada comida le cuesta 10 dólares al restaurante. Si cada comida se vende por 15 dólares, ¿después de cuántas comidas el restaurante alcanza el punto de equilibrio?

64. Una compañía de mudanzas cobra una tarifa plana de 150 dólares y 5 dólares más por cada caja. Si un servicio de taxi cobra 20 dólares por cada caja, ¿cuántas cajas necesitaría para que le saliera más barato utilizar la compañía de mudanzas y cuál sería el costo total?

65. Un total de 1.595 estudiantes de primer y segundo año de la universidad se reunieron en una concentración motivacional. El número de estudiantes de primer año superó en 15 al de segundo. ¿Cuántos estudiantes de cada curso asistieron?

66. 276 estudiantes matriculados en una clase de introducción a la química. Al final del semestre, el número de estudiantes que aprobaron es 5 veces mayor que el de los que suspendieron. Calcule el número de estudiantes que aprobaron y el número de estudiantes que aplazaron.

67. Había 130 profesores en una conferencia. Si asistieron 18 mujeres más que hombres, ¿cuántos de cada sexo asistieron a la conferencia?

68. Un jeep y una camioneta entran en una autopista que va de este a oeste en la misma salida dirigiéndose en direcciones opuestas. El jeep entró en la autopista 30 minutos antes que la camioneta, y viajaba 7 mph más lento que la camioneta. Después de 2 horas desde que la camioneta entró en la autopista, los autos estaban a 306,5 millas de distancia. Calcule la velocidad de cada auto, suponiendo que se condujera con control de crucero y se mantuviera la misma velocidad.

69. Si un científico mezcla una solución salina al 10 % con una solución salina al 60 % para obtener 25 galones de solución salina al 40 %, ¿cuántos galones de soluciones al 10 % y al 60 % se mezclaron?

70. Un inversor obtuvo el triple de beneficios que el año pasado. Si ganaron 500.000,48 dólares en total en ambos años, ¿cuánto ganó el inversor en beneficios cada año?

71. Una inversora invirtió 1,1 millones de dólares en dos inversiones en terrenos. En la primera inversión, Swan Peak, su rendimiento fue un aumento del 110 % del dinero invertido. En la segunda inversión, Riverside Community, ganó el 50 % sobre lo invertido. Si obtuvo 1 millón de dólares de ganancias, ¿cuánto invirtió en cada uno de los negocios de los terrenos?

72. Si un inversionista invierte un total de 25.000 dólares en dos bonos, uno que paga el 3 % de interés simple y otro que paga el $2\frac{7}{8}\%$ de interés, y el inversionista gana 737,50 dólares de interés anual, ¿cuánto se invirtió en cada cuenta?

73. Si un inversionista invierte 23.000 dólares en dos bonos, uno que paga el 4 % de interés simple y otro que paga el 2 % de interés simple, y el inversionista gana 710,00 dólares de interés anual, ¿cuánto ha invertido en cada cuenta?

74. Los blu-rays cuestan 5,96 dólares más que los DVD normales en All Bets Are Off Electronics. ¿Cuánto costarían 6 blu-rays y 2 DVDs si 5 blu-rays y 2 DVD cuestan 127,73 dólares?

75. El empleado de una tienda vendió 60 pares de calzados deportivos. Los zapatos de caña alta se vendieron a 98,99 dólares y los de corte bajo a 129,99 dólares. Si los ingresos de los dos tipos de ventas ascendieron a 6.404,40 dólares, ¿cuántos zapatos se vendieron de cada tipo?

76. Un administrador de conciertos contó 350 recibos de entradas el día después de un concierto. El precio de la entrada de estudiante era de 12,50 dólares y el de la entrada de adulto, de 16 dólares. El registro confirma que ingresaron 5.075 dólares. ¿Cuántas entradas de estudiantes y cuántas de adultos se vendieron?

77. La entrada al parque de atracciones para 4 niños y 2 adultos cuesta 116,90 dólares. Para 6 niños y 3 adultos, cuesta 175,35 dólares. Suponiendo un precio diferente para niños y adultos, ¿cuál es el precio de la entrada de niño y el de la entrada de adulto?

9.2 Sistemas de ecuaciones lineales: tres variables

Objetivos de aprendizaje

En esta sección, podrá:

- Resolver sistemas de tres ecuaciones de tres variables.
- Identificar sistemas inconsistentes de ecuaciones que contengan tres variables.
- Expresar la solución de un sistema de ecuaciones dependientes que contiene tres variables.

Figura 1 (Créditos: "Elembis", Wikimedia Commons).

Jordi recibió una herencia de 12.000 dólares que dividió en tres partes e invirtió de tres maneras: en un fondo del mercado monetario que paga un 3 % de interés anual; en bonos municipales que pagan un 4 % de interés anual; y en fondos de inversión que pagan un 7 % de interés anual. Jordi invirtió 4.000 dólares más en fondos municipales que en bonos municipales. Ganó 670 dólares en intereses el primer año. ¿Cuánto invirtió Jordi en cada tipo de fondo?

Comprender el enfoque correcto para plantear problemas como este hace que hallar una solución sea cuestión de seguir un patrón. En esta sección resolveremos este y otros problemas similares que implican tres ecuaciones y tres variables. Para ello se utilizan técnicas parecidas a las que se emplean para resolver sistemas de dos ecuaciones con dos variables. Sin embargo, dar con las soluciones a los sistemas de tres ecuaciones exige un poco más de organización y un toque de visualización.

Resolución de sistemas de tres ecuaciones de tres variables

Para resolver sistemas de ecuaciones de tres variables, conocidos como sistemas de tres en tres, la principal herramienta que utilizaremos se llama eliminación de Gauss-Jordan, que recibe su nombre del prolífico matemático alemán Karl Friedrich Gauss. Aunque no existe ningún orden definitivo para realizar las operaciones, sí hay directrices específicas sobre el tipo de movimientos que se pueden realizar. Podemos numerar las ecuaciones para llevar la cuenta de los pasos que aplicamos. La meta es eliminar una variable a la vez para lograr la forma triangular superior, la forma ideal para un sistema de tres por tres porque permite volver a sustituir de forma directa para hallar una solución (x, y, z), lo cual llamamos un triple ordenado. Un sistema en forma de triángulo superior tiene el siguiente aspecto:

$$\begin{aligned} Ax + By + Cc &= D \\ Ey + Fc &= G \\ Hc &= K \end{aligned}$$

La tercera ecuación se puede resolver para c, y luego volvemos a sustituir para hallar y y x. Para escribir el sistema en forma triangular superior, podemos realizar las siguientes operaciones:

1. Intercambie el orden de dos ecuaciones cualesquiera.
2. Multiplique ambos lados de una ecuación por una constante distinta de cero.
3. Sume un múltiplo distinto de cero de una ecuación a otra ecuación.

El **conjunto de soluciones** de un sistema de tres por tres es un triple ordenado $\{(x, y, z)\}$. Gráficamente, el triple ordenado define el punto que es la intersección de tres planos en el espacio. Puede visualizar dicha intersección imaginando cualquier esquina de una habitación rectangular. Una esquina está definida por tres planos: dos paredes contiguas y el piso (o el techo). Cualquier punto de encuentro entre dos paredes y el piso representa la intersección de tres planos.

Número de soluciones posibles

La Figura 2 y la Figura 3 ilustran posibles escenarios de solución para sistemas de tres por tres.

- Los sistemas que tienen una única solución son aquellos que, tras la eliminación, dan como resultado un **conjunto de soluciones** formado por un triple ordenado $\{(x, y, z)\}$. Gráficamente, el triple ordenado define un punto que es la intersección de tres planos en el espacio.
- Los sistemas que tienen un número infinito de soluciones son aquellos que, tras su eliminación, dan como resultado una expresión que siempre es verdadera, como por ejemplo $0 = 0$. Gráficamente, un número infinito de soluciones representa una línea o plano coincidente que sirve de intersección de tres planos en el espacio.
- Los sistemas que no tienen solución son aquellos que, tras su eliminación, dan como resultado un enunciado que es una contradicción, como por ejemplo $3 = 0$. Gráficamente, un sistema sin solución se representa mediante tres planos sin ningún punto en común.

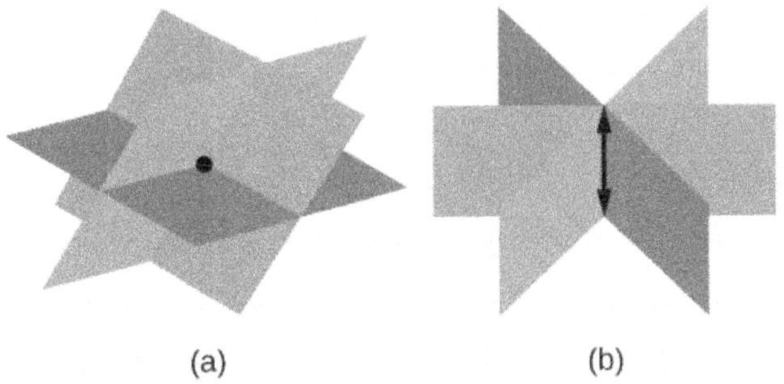

Figura 2 (a) Tres planos se intersecan en un único punto, y representan un sistema de tres por tres con una única solución. (b) Tres planos se intersecan en una línea, y representan un sistema de tres por tres con infinitas soluciones.

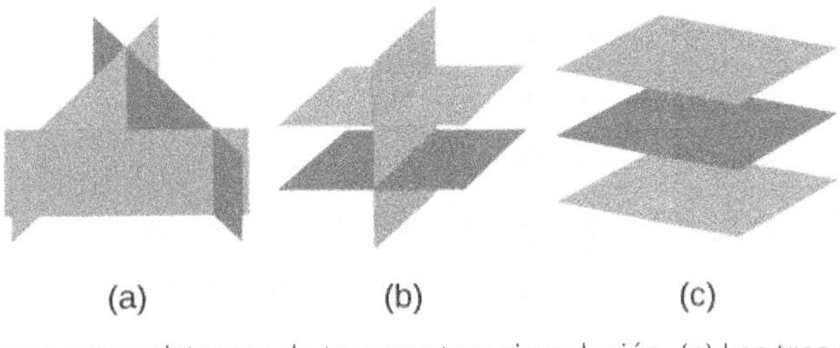

Figura 3 Las tres figuras representan sistemas de tres por tres sin solución. (a) Los tres planos se intersecan entre sí, pero no en un punto común. (b) Dos de los planos son paralelos y se intersecan con el tercer plano, pero no entre sí. (c) Los tres planos son paralelos, por lo que no hay punto de intersección.

EJEMPLO 1

Determinar si un triple ordenado es una solución para un sistema

Determinar si el triple ordenado $(3, -2, 1)$ es una solución del sistema.

$$\begin{aligned} x + y + z &= 2 \\ 6x - 4y + 5z &= 31 \\ 5x + 2y + 2z &= 13 \end{aligned}$$

Solución

Comprobaremos cada ecuación sustituyendo los valores del triple ordenado por x, y, y z.

$$\begin{aligned} x + y + z &= 2 \\ (3) + (-2) + (1) &= 2 \\ &\text{Verdadero} \end{aligned}$$

$$\begin{aligned} 6x-4y + 5z &= 31 \\ 6(3)-4(-2) + 5(1) &= 31 \\ 18 + 8 + 5 &= 31 \\ &\text{Verdadero} \end{aligned}$$

$$\begin{aligned} 5x + 2y + 2z &= 13 \\ 5(3) + 2(-2) + 2(1) &= 13 \\ 15-4 + 2 &= 13 \\ &\text{Verdadero} \end{aligned}$$

El triple ordenado $(3, -2, 1)$ es, en efecto, una solución para el sistema.

CÓMO

Dado un sistema lineal de tres ecuaciones, resuelva las tres incógnitas.

1. Escoja cualquier par de ecuaciones y resuelva para una variable.
2. Elija otro par de ecuaciones y resuelva para la misma variable.
3. Ha creado un sistema de dos ecuaciones en dos incógnitas. Resuelva el sistema resultante de dos en dos.
4. Vuelva a sustituir las variables conocidas en cualquiera de las ecuaciones originales y resuelva la variable que falta.

EJEMPLO 2

Resolver un sistema de tres ecuaciones de tres variables por eliminación

Halle una solución al siguiente sistema:

$$\begin{aligned} x-2y + 3z &= 9 \quad (1) \\ -x + 3y - z &= -6 \quad (2) \\ 2x-5y + 5z &= 17 \quad (3) \end{aligned}$$

Solución

Siempre habrá varias opciones por dónde empezar, pero el primer paso más obvio aquí es eliminar x sumando las ecuaciones (1) y (2).

$$\begin{aligned} x - 2y + 3z &= 9 \quad (1) \\ -x + 3y - z &= -6 \quad (2) \\ \hline y + 2z &= 3 \quad (3) \end{aligned}$$

El segundo paso es multiplicar la ecuación (1) por -2 y añadir el resultado a la ecuación (3). Estos dos pasos eliminarán la variable x.

$$\begin{aligned} -2x + 4y - 6z &= -18 \quad (1) \text{ multiplicado por } -2 \\ 2x - 5y + 5z &= 17 \quad (3) \\ \hline -y - z &= -1 \quad (5) \end{aligned}$$

En las ecuaciones (4) y (5) hemos creado un nuevo sistema de dos por dos. Podemos resolver para c sumando las dos ecuaciones.

$$\begin{array}{rl} y+2z=3 & (4) \\ -y-z=-1 & (5) \\ \hline z=2 & (6) \end{array}$$

Al elegir una ecuación de cada nuevo sistema, obtenemos la forma triangular superior:

$$\begin{array}{ll} x-2y+3z=9 & (1) \\ y+2z=3 & (4) \\ z=2 & (6) \end{array}$$

A continuación, volvemos a sustituir $c=2$ en la ecuación (4) y resolver para y.

$$\begin{aligned} y+2(2)&=3 \\ y+4&=3 \\ y&=-1 \end{aligned}$$

Por último, podemos volver a sustituir $c=2$ y $y=-1$ en la ecuación (1). Esto dará la solución para x.

$$\begin{aligned} x-2(-1)+3(2)&=9 \\ x+2+6&=9 \\ x&=1 \end{aligned}$$

La solución es el triple ordenado $(1,-1,2)$. Vea la Figura 4.

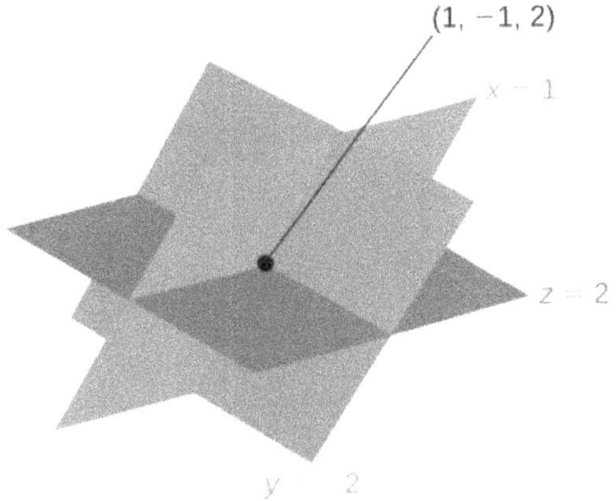

Figura 4

EJEMPLO 3

Resolución de un problema del mundo real mediante un sistema de tres ecuaciones en tres variables

En el problema planteado al principio de la sección, Jordi invirtió su herencia de 12.000 dólares en tres fondos diferentes: una parte en un fondo del mercado monetario que paga un 3 % de interés anual; otra parte en bonos municipales que pagan un 4 % anual; y el resto en fondos de inversión que pagan un 7 % anual. Jordi invirtió 4.000 dólares más en fondos de inversión que en bonos municipales. El interés total obtenido en un año fue de 670 dólares. ¿Cuánto invirtió en cada tipo de fondo?

Solución

Para resolver este problema, utilizamos toda la información dada y establecemos tres ecuaciones. Primero, asignamos una variable a cada uno de los tres montos de inversión:

$$\begin{aligned} x &= \text{cantidad invertida en un fondo del mercado monetario} \\ y &= \text{cantidad invertida en bonos municipales} \\ c &= \text{cantidad invertida en fondos de inversión} \end{aligned}$$

La primera ecuación indica que la suma de los tres montos principales es de 12.000 dólares.

$$x + y + z = 12.000$$

Formamos la segunda ecuación según la información de que Jordi invirtió 4.000 dólares más en fondos de inversión que en bonos municipales.

$$z = y + 4.000$$

La tercera ecuación muestra que el monto total de los intereses obtenidos de cada fondo es igual a 670 dólares.

$$0{,}03x + 0{,}04y + 0{,}07c = 670$$

Entonces, escribimos las tres ecuaciones como un sistema.

$$\begin{aligned} x + y + z &= 12.000 \\ -y + z &= 4.000 \\ 0{,}03x + 0{,}04y + 0{,}07c &= 670 \end{aligned}$$

Para simplificar los cálculos, podemos multiplicar la tercera ecuación por 100. Por lo tanto,

$$\begin{aligned} x + y + z &= 12.000 \quad (1) \\ -y + z &= 4.000 \quad (2) \\ 3x + 4y + 7z &= 67.000 \quad (3) \end{aligned}$$

Paso 1. Intercambie la ecuación (2) y la ecuación (3) para que las dos ecuaciones de tres variables se alineen.

$$\begin{aligned} x + y + z &= 12.000 \\ 3x + 4y + 7z &= 67.000 \\ -y + z &= 4.000 \end{aligned}$$

Paso 2. Multiplique la ecuación (1) por −3 y súmela a la ecuación (2). Escriba el resultado como fila 2.

$$\begin{aligned} x + y + z &= 12.000 \\ y + 4z &= 31.000 \\ -y + z &= 4.000 \end{aligned}$$

Paso 3. Sume la ecuación (2) a la ecuación (3) y escriba el resultado como ecuación (3).

$$\begin{aligned} x + y + z &= 12.000 \\ y + 4z &= 31.000 \\ 5z &= 35.000 \end{aligned}$$

Paso 4. Resuelva para c en la ecuación (3). Vuelva a sustituir ese valor en la ecuación (2) y resuelva y. A continuación, vuelva a sustituir los valores de c y y en la ecuación (1) y resuelva para x.

$$\begin{aligned} 5z &= 35.000 \\ c &= 7.000 \end{aligned}$$

$$\begin{aligned} y + 4(7.000) &= 31.000 \\ y &= 3.000 \end{aligned}$$

$$\begin{aligned} x + 3.000 + 7.000 &= 12.000 \\ x &= 2.000 \end{aligned}$$

Jordi invirtió 2.000 dólares en un fondo del mercado monetario, 3.000 en bonos municipales y 7.000 en fondos de inversión.

> **INTÉNTELO** #1 Resuelva el sistema de ecuaciones de tres variables.

$$2x + y - 2c = -1$$
$$3x - 3y - z = 5$$
$$x - 2y + 3z = 6$$

Identificación de sistemas inconsistentes de ecuaciones que contienen tres variables

Al igual que con los sistemas de ecuaciones en dos variables, podemos encontrarnos con un sistema de ecuaciones inconsistente en tres variables, lo que significa que no tiene una solución que satisfaga las tres ecuaciones. Las ecuaciones pueden representar tres planos paralelos, dos planos paralelos y un plano de intersección, o tres planos que se cruzan con los otros dos pero no en el mismo lugar. El proceso de eliminación dará como resultado un enunciado falso, como por ejemplo $3 = 7$ o alguna otra contradicción.

EJEMPLO 4

Resolver un sistema inconsistente de tres ecuaciones de tres variables

Resuelva el siguiente sistema.

$$x - 3y + z = 4 \quad (1)$$
$$-x + 2y - 5c = 3 \quad (2)$$
$$5x - 13y + 13c = 8 \quad (3)$$

Solución

Al observar los coeficientes de x, podemos ver que podemos eliminar la x sumando la ecuación (1) a la ecuación (2).

$$\begin{array}{r} x - 3y + z = 4 \ (1) \\ \underline{-x + 2y - 5c = 3 \ (2)} \\ -y - 4c = 7 \ (4) \end{array}$$

A continuación, multiplicamos la ecuación (1) por -5 y la sumamos a la ecuación (3).

$$\begin{array}{ll} -5x + 15y - 5z = -20 & (1) \text{ multiplicado por } -5 \\ \underline{5x - 13y + 13c = 8} & \underline{(3)} \\ 2y + 8z = -12 & (5) \end{array}$$

A continuación, multiplicamos la ecuación (4) por 2 y la sumamos a la ecuación (5).

$$\begin{array}{l} -2y - 8z = 14(4) \text{ multiplicado por } 2 \\ \underline{2y + 8z = -12 \ (5)} \\ 0 = 2 \end{array}$$

La ecuación final $0 = 2$ es una contradicción, por lo que concluimos que el sistema de ecuaciones en inconsistente y, por tanto, no tiene solución.

Análisis

En este sistema, cada plano se interseca con los otros dos, pero no en el mismo lugar. Por lo tanto, el sistema es inconsistente.

INTÉNTELO #2 Resuelva el sistema de tres ecuaciones de tres variables.

$$x + y + z = 2$$
$$y - 3c = 1$$
$$2x + y + 5z = 0$$

Expresión de la solución de un sistema de ecuaciones dependientes que contiene tres variables

Sabemos por haber trabajado con sistemas de ecuaciones con dos variables que un sistema de ecuaciones dependiente tiene un número infinito de soluciones. Lo mismo ocurre con los sistemas dependientes de ecuaciones de tres variables.

De varias situaciones puede resultar un número infinito de soluciones. Los tres planos pueden ser iguales, de modo que la solución de una ecuación será la solución de las otras dos ecuaciones. Las tres ecuaciones podrían ser diferentes, pero se intersecan en una línea, lo cual tiene infinitas soluciones. O bien, dos de las ecuaciones podrían ser iguales e intersecar a la tercera en una línea.

EJEMPLO 5

Hallar la solución de un sistema de ecuaciones dependiente

Halle la solución del sistema de tres ecuaciones de tres variables dado.

$$\begin{aligned} 2x + y - 3c &= 0 \quad (1) \\ 4x + 2y - 6c &= 0 \quad (2) \\ x - y + z &= 0 \quad (3) \end{aligned}$$

Solución

Primero, podemos multiplicar la ecuación (1) por -2 y sumarla a la ecuación (2).

$$\begin{aligned} -4x - 2y + 6z &= 0 \ \text{ ecuación(1) multiplicado por } -2 \\ 4x + 2y - 6c &= 0 \quad (2) \\ \hline 0 &= 0 \end{aligned}$$

No es necesario seguir adelante. El resultado que obtenemos es una identidad, $0 = 0$, lo que nos dice que este sistema tiene un número infinito de soluciones. Hay otras formas de empezar a resolver este sistema, como multiplicar la ecuación (3) por -2, y sumarla a la ecuación (1). A continuación, realizamos los mismos pasos que en el caso anterior y hallamos el mismo resultado, $0 = 0$.

Cuando un sistema es dependiente, podemos hallar expresiones generales para las soluciones. Al sumar las ecuaciones (1) y (3), tenemos

$$\begin{aligned} 2x + y - 3c &= 0 \\ x - y + z &= 0 \\ \hline 3x - 2c &= 0 \end{aligned}$$

A continuación, resolvemos la ecuación resultante para c.

$$\begin{aligned} 3x - 2c &= 0 \\ z &= \frac{3}{2}x \end{aligned}$$

Volvemos a sustituir la expresión de c en una de las ecuaciones y resolvemos para y.

$$\begin{aligned} 2x + y - 3\left(\frac{3}{2}x\right) &= 0 \\ 2x + y - \frac{9}{2}x &= 0 \\ y &= \frac{9}{2}x - 2x \\ y &= \frac{5}{2}x \end{aligned}$$

Así que la solución general es $\left(x, \frac{5}{2}x, \frac{3}{2}x\right)$. En esta solución, x puede ser cualquier número real. Los valores de y y de c dependen del valor seleccionado para x.

Análisis

Como se muestra en la Figura 5, dos de los planos son iguales y se intersecan con el tercer plano en una línea. El conjunto de soluciones es infinito, ya que todos los puntos a lo largo de la línea de intersección satisfacen las tres ecuaciones.

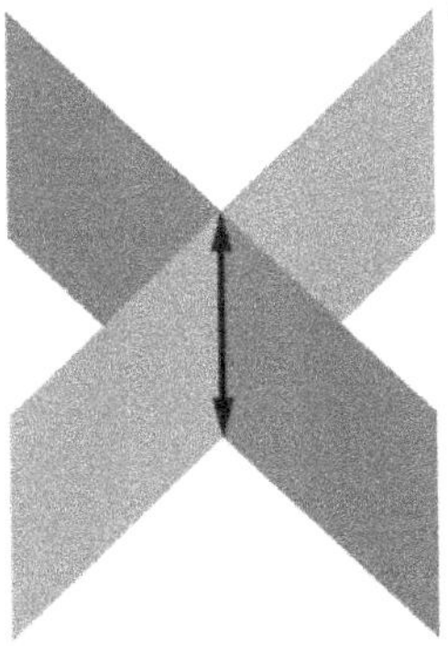

Figura 5

PREGUNTAS Y RESPUESTAS

¿La solución genérica de un sistema dependiente se debe escribir siempre en términos de x?

No, se puede escribir la solución genérica en términos de cualquiera de las variables, pero es común escribirla en términos de x, y si es necesario x como y.

INTÉNTELO #3 Resuelva el siguiente sistema.

$$\begin{aligned} x+y+z&=7 \\ 3x-2y-z&=4 \\ x+6y+5z&=24 \end{aligned}$$

MEDIA

Acceda a estos recursos en línea para obtener instrucción adicional y practicar sistemas de ecuaciones de tres variables.

Ej. 1: Sistema de tres ecuaciones con tres incógnitas utilizando la eliminación (http://openstax.org/l/systhree)
Ej. 2: Sistema de tres ecuaciones con tres incógnitas utilizando la eliminación (http://openstax.org/l/systhelim)

9.2 EJERCICIOS DE SECCIÓN

Verbales

1. ¿Un sistema lineal de tres ecuaciones puede tener exactamente dos soluciones? Explique por qué sí o por qué no

2. Si un triple ordenado resuelve el sistema de ecuaciones, ¿es esa solución única? Si es así, explique por qué. Si no es así, ponga un ejemplo en el que no sea único.

3. Si un triple ordenado dado no resuelve el sistema de ecuaciones, ¿no hay solución? Si es así, explique por qué. Si no es así, dé un ejemplo.

4. Al utilizar el método de la adición, ¿hay una sola forma de resolver el sistema?

5. ¿Puede explicar si solo puede haber un método para resolver un sistema lineal de ecuaciones? Si la respuesta es afirmativa, dé un ejemplo de un sistema de ecuaciones de este tipo. Si no, explique por qué no.

Algebraicos

En los siguientes ejercicios, determine si el triple ordenado dado es la solución del sistema de ecuaciones.

6. $\begin{array}{l} 2x-6y+6z=-12 \\ x+4y+5z=-1 \\ -x+2y+3z=-1 \end{array}$ y $(0,1,-1)$

7. $\begin{array}{l} 6x-y+3z=6 \\ 3x+5y+2z=0 \\ x+y=0 \end{array}$ y $(3,-3,-5)$

8. $\begin{array}{l} 6x-7y+z=2 \\ -x-y+3z=4 \\ 2x+y-z=1 \end{array}$ y $(4,2,-6)$

9. $\begin{array}{l} x-y=0 \\ x-z=5 \\ x-y+z=-1 \end{array}$ y $(4,4,-1)$

10. $\begin{array}{l} x-y+2z=3 \\ 5x+8y-3c=4 \\ -x+3y-5c=-5 \end{array}$ y $(4,1,-7)$

En los siguientes ejercicios, resuelva cada sistema por eliminación.

11. $\begin{array}{l} 3x-4y+2z=-15 \\ 2x+4y+z=16 \\ 2x+3y+5z=20 \end{array}$

12. $\begin{array}{l} 5x-2y+3z=20 \\ 2x-4y-3c=-9 \\ x+6y-8c=21 \end{array}$

13. $\begin{array}{l} 5x+2y+4z=9 \\ -3x+2y+z=10 \\ 4x-3y+5z=-3 \end{array}$

14. $\begin{array}{l} 4x-3y+5z=31 \\ -x+2y+4z=20 \\ x+5y-2c=-29 \end{array}$

15. $\begin{array}{l} 5x-2y+3z=4 \\ -4x+6y-7c=-1 \\ 3x+2y-z=4 \end{array}$

16. $\begin{array}{l} 4x+6y+9z=0 \\ -5x+2y-6c=3 \\ 7x-4y+3z=-3 \end{array}$

En los siguientes ejercicios, resuelva cada sistema por eliminación de Gauss-Jordan.

17. $\begin{array}{l} 2x-y+3z=17 \\ -5x+4y-2c=-46 \\ 2y+5z=-7 \end{array}$

18. $\begin{array}{l} 5x-6y+3z=50 \\ -x+4y=10 \\ 2x-z=10 \end{array}$

19. $\begin{array}{l} 2x+3y-6c=1 \\ -4x-6y+12c=-2 \\ x+2y+5z=10 \end{array}$

20. $\begin{array}{l} 4x+6y-2c=8 \\ 6x+9y-3c=12 \\ -2x-3y+z=-4 \end{array}$

21. $\begin{array}{l} 2x+3y-4c=5 \\ -3x+2y+z=11 \\ -x+5y+3z=4 \end{array}$

22. $\begin{array}{l} 10x+2y-14c=8 \\ -x-2y-4c=-1 \\ -12x-6y+6z=-12 \end{array}$

23. $\begin{array}{l} x+y+z=14 \\ 2y+3z=-14 \\ -16y-24c=-112 \end{array}$

24. $\begin{array}{l} 5x-3y+4z=-1 \\ -4x+2y-3c=0 \\ -x+5y+7z=-11 \end{array}$

25. $\begin{array}{l} x+y+z=0 \\ 2x-y+3z=0 \\ x-z=0 \end{array}$

26. $\begin{array}{l} 3x+2y-5c=6 \\ 5x-4y+3z=-12 \\ 4x+5y-2c=15 \end{array}$

27. $\begin{array}{l} x+y+z=0 \\ 2x-y+3z=0 \\ x-z=1 \end{array}$

28. $\begin{array}{l} 3x-\frac{1}{2}y-z=-\frac{1}{2} \\ 4x+z=3 \\ -x+\frac{3}{2}y=\frac{5}{2} \end{array}$

29. $\begin{array}{l} 6x-5y+6z=38 \\ \frac{1}{5}x-\frac{1}{2}y+\frac{3}{5}z=1 \\ -4x-\frac{3}{2}y-z=-74 \end{array}$

30. $\begin{array}{l} \frac{1}{2}x-\frac{1}{5}y+\frac{2}{5}z=-\frac{13}{10} \\ \frac{1}{4}x-\frac{2}{5}y-\frac{1}{5}z=-\frac{7}{20} \\ -\frac{1}{2}x-\frac{3}{4}y-\frac{1}{2}z=-\frac{5}{4} \end{array}$

31. $\begin{array}{l} -\frac{1}{3}x-\frac{1}{2}y-\frac{1}{4}z=\frac{3}{4} \\ -\frac{1}{2}x-\frac{1}{4}y-\frac{1}{2}z=2 \\ -\frac{1}{4}x-\frac{3}{4}y-\frac{1}{2}z=-\frac{1}{2} \end{array}$

32. $\begin{aligned} \frac{1}{2}x - \frac{1}{4}y + \frac{3}{4}z &= 0 \\ \frac{1}{4}x - \frac{1}{10}y + \frac{2}{5}z &= -2 \\ \frac{1}{8}x + \frac{1}{5}y - \frac{1}{8}z &= 2 \end{aligned}$

33. $\begin{aligned} \frac{4}{5}x - \frac{7}{8}y + \frac{1}{2}z &= 1 \\ -\frac{4}{5}x - \frac{3}{4}y + \frac{1}{3}z &= -8 \\ -\frac{2}{5}x - \frac{7}{8}y + \frac{1}{2}z &= -5 \end{aligned}$

34. $\begin{aligned} -\frac{1}{3}x - \frac{1}{8}y + \frac{1}{6}z &= -\frac{4}{3} \\ -\frac{2}{3}x - \frac{7}{8}y + \frac{1}{3}z &= -\frac{23}{3} \\ -\frac{1}{3}x - \frac{5}{8}y + \frac{5}{6}z &= 0 \end{aligned}$

35. $\begin{aligned} -\frac{1}{4}x - \frac{5}{4}y + \frac{5}{2}z &= -5 \\ -\frac{1}{2}x - \frac{5}{3}y + \frac{5}{4}z &= \frac{55}{12} \\ -\frac{1}{3}x - \frac{1}{3}y + \frac{1}{3}z &= \frac{5}{3} \end{aligned}$

36. $\begin{aligned} \frac{1}{40}x + \frac{1}{60}y + \frac{1}{80}c &= \frac{1}{100} \\ -\frac{1}{2}x - \frac{1}{3}y - \frac{1}{4}z &= -\frac{1}{5} \\ \frac{3}{8}x + \frac{3}{12}y + \frac{3}{16}c &= \frac{3}{20} \end{aligned}$

37. $\begin{aligned} 0{,}1x - 0{,}2y + 0{,}3c &= 2 \\ 0{,}5x - 0{,}1y + 0{,}4c &= 8 \\ 0{,}7x - 0{,}2y + 0{,}3c &= 8 \end{aligned}$

38. $\begin{aligned} 0{,}2x + 0{,}1y - 0{,}3c &= 0{,}2 \\ 0{,}8x + 0{,}4y - 1{,}2c &= 0{,}1 \\ 1{,}6x + 0{,}8y - 2{,}4c &= 0{,}2 \end{aligned}$

39. $\begin{aligned} 1{,}1x + 0{,}7y - 3{,}1c &= -1{,}79 \\ 2{,}1x + 0{,}5y - 1{,}6c &= -0{,}13 \\ 0{,}5x + 0{,}4y - 0{,}5c &= -0{,}07 \end{aligned}$

40. $\begin{aligned} 0{,}5x - 0{,}5y + 0{,}5c &= 10 \\ 0{,}2x - 0{,}2y + 0{,}2c &= 4 \\ 0{,}1x - 0{,}1y + 0{,}1c &= 2 \end{aligned}$

41. $\begin{aligned} 0{,}1x + 0{,}2y + 0{,}3c &= 0{,}37 \\ 0{,}1x - 0{,}2y - 0{,}3c &= -0{,}27 \\ 0{,}5x - 0{,}1y - 0{,}3c &= -0{,}03 \end{aligned}$

42. $\begin{aligned} 0{,}5x - 0{,}5y - 0{,}3c &= 0{,}13 \\ 0{,}4x - 0{,}1y - 0{,}3c &= 0{,}11 \\ 0{,}2x - 0{,}8y - 0{,}9c &= -0{,}32 \end{aligned}$

43. $\begin{aligned} 0{,}5x + 0{,}2y - 0{,}3c &= 1 \\ 0{,}4x - 0{,}6y + 0{,}7c &= 0{,}8 \\ 0{,}3x - 0{,}1y - 0{,}9c &= 0{,}6 \end{aligned}$

44. $\begin{aligned} 0{,}3x + 0{,}3y + 0{,}5c &= 0{,}6 \\ 0{,}4x + 0{,}4y + 0{,}4c &= 1{,}8 \\ 0{,}4x + 0{,}2y + 0{,}1c &= 1{,}6 \end{aligned}$

45. $\begin{aligned} 0{,}8x + 0{,}8y + 0{,}8c &= 2{,}4 \\ 0{,}3x - 0{,}5y + 0{,}2c &= 0 \\ 0{,}1x + 0{,}2y + 0{,}3c &= 0{,}6 \end{aligned}$

Extensiones

En los siguientes ejercicios, resuelva el sistema para x, y, y z.

46. $\begin{aligned} x + y + z &= 3 \\ \frac{x-1}{2} + \frac{y-3}{2} + \frac{z+1}{2} &= 0 \\ \frac{x-2}{3} + \frac{y+4}{3} + \frac{c-3}{3} &= \frac{2}{3} \end{aligned}$

47. $\begin{aligned} 5x - 3y - \frac{z+1}{2} &= \frac{1}{2} \\ 6x + \frac{y-9}{2} + 2z &= -3 \\ \frac{x+8}{2} - 4y + z &= 4 \end{aligned}$

48. $\begin{aligned} \frac{x+4}{7} - \frac{y-1}{6} + \frac{z+2}{3} &= 1 \\ \frac{x-2}{4} + \frac{y+1}{8} - \frac{z+8}{12} &= 0 \\ \frac{x+6}{3} - \frac{y+2}{3} + \frac{z+4}{2} &= 3 \end{aligned}$

49. $\begin{aligned} \frac{x-3}{6} + \frac{y+2}{2} - \frac{c-3}{3} &= 2 \\ \frac{x+2}{4} + \frac{y-5}{2} + \frac{z+4}{2} &= 1 \\ \frac{x+6}{2} - \frac{y-3}{2} + z + 1 &= 9 \end{aligned}$

50. $\begin{aligned} \frac{x-1}{3} + \frac{y+3}{4} + \frac{z+2}{6} &= 1 \\ 4x + 3y - 2c &= 11 \\ 0{,}02x + 0{,}015y - 0{,}01c &= 0{,}065 \end{aligned}$

Aplicaciones en el mundo real

51. Tres números pares suman 108. El menor es la mitad del mayor y el número del medio es $\frac{3}{4}$ del número mayor. ¿Cuáles son los tres números?

52. Tres números suman 147. El número más pequeño es la mitad del número medio, el cual es la mitad del número más grande. ¿Cuáles son los tres números?

53. En una reunión familiar, solo asistieron parientes de sangre, compuestos por hijos, padres y abuelos. Había 400 personas en total. Había el doble de padres que de abuelos y 50 niños más que padres. ¿Cuántos niños, padres y abuelos asistieron?

54. Un refugio de animales tiene un total de 350 animales entre gatos, perros y conejos. Si el número de conejos es 5 menos que la mitad del número de gatos, y hay 20 gatos más que perros, ¿cuántos de cada animal hay en el refugio?

55. Su compañera de cuarto, Shani, se ofreció a comprar alimentos para usted y su otro compañero de cuarto. La factura total fue de 82 dólares. Se olvidó de guardar los recibos individuales, pero se acordó de que los alimentos de usted eran 0,05 dólares más baratos que la mitad de los de ella, y que los de su otro compañero de vivienda eran 2,10 dólares más que los de usted. ¿A cuánto asciende la parte de la compra de cada uno?

56. Su compañero de piso, John, se ofreció a comprar material doméstico para usted y su otro compañero. Usted vive cerca de la frontera de tres estados, cada uno de los cuales tiene un impuesto sobre las ventas diferente. La cantidad total de dinero gastada fue de 100,75 dólares. Sus suministros se compraron con el 5 % de impuestos, los de John con el 8 % y los de su tercer compañero con el 9 % de impuestos. La cantidad total de dinero gastada sin impuestos es de 93,50 dólares. Si sus provisiones antes de impuestos fueron de 1 dólar más de la mitad de lo que fueron las provisiones de su tercer compañero antes de impuestos, ¿cuánto gastaron cada uno de ustedes? Responda con y sin impuestos.

57. Tres compañeros trabajan en la misma compañía. Sus puestos de trabajo son los de administrador de almacén, gerente de oficina y conductor de camión. La suma de los salarios anuales del administrador de almacén y del gerente de oficina es de 82.000 dólares. El gerente de la oficina gana 4.000 dólares más que el conductor del camión al año. Los salarios anuales del administrador de almacén y del conductor del camión ascienden a 78.000 dólares. ¿Cuál es el salario anual de cada uno de los compañeros de trabajo?

58. En una feria se recaudaron 2.914,25 dólares al final del día. El costo de la entrada de niño era de 20,50 dólares, la de adulto de 29,75 dólares y la de personas mayores de 15,25 dólares. Asistieron el doble de personas mayores que de adultos y 20 niños más que personas mayores. ¿Cuántas entradas para niños, adultos y personas mayores se vendieron?

59. Una banda local agota las entradas para su concierto. Venden las 1.175 entradas para una bolsa total de 28.112,50 dólares. Las entradas tenían un precio de 20 dólares para estudiantes, 22,50 dólares para niños y 29 dólares para adultos. Si la banda vendió el doble de entradas para adultos que para niños, ¿cuántas se vendieron de cada tipo?

60. Un niño tiene 325 monedas en una bolsa, con un valor de 19,50 dólares. Había tres tipos de monedas: de un centavo, de cinco centavos y de diez centavos. Si la bolsa contenía el mismo número de monedas de cinco centavos que de diez, ¿cuántas de cada tipo de moneda había en la bolsa?

61. El año pasado, en el concesionario Haven's Pond Car Dealership, para modelos específicos de BMW, Jeep y Toyota, uno podía comprar los tres automóviles por un total de 140.000 dólares. Este año, debido a la inflación, los mismos vehículos costarían 151.830 dólares. El costo del BMW aumentó el 8 %, el del Jeep el 5 % y el del Toyota el 12 %. Si el precio del Jeep del año pasado era 7.000 dólares menos que el precio del BMW del año pasado, ¿cuál era el precio de cada uno de los tres automóviles el año pasado?

62. Cuando su hijo menor se mudó, Deandre vendió su casa e hizo tres inversiones con las ganancias de la venta. Invirtió 80.500 dólares en tres cuentas, una que pagaba un 4 % de interés simple, otra que pagaba $3\frac{1}{8}$% de interés simple y una que pagaba el $2\frac{1}{2}$% de interés simple. Ganó 2.670 dólares de intereses al cabo de un año. Si la cantidad de dinero invertida en la segunda cuenta era cuatro veces superior a la invertida en la tercera, ¿cuánto invirtió en cada cuenta?

63. Usted hereda un millón de dólares. Lo invierte todo en tres cuentas durante un año. La primera cuenta paga el $3\ \%$ compuesto anualmente, la segunda cuenta paga el $4\ \%$ compuesto anualmente y la tercera cuenta paga el $2\ \%$ compuesto anualmente. Al cabo de un año, gana 34.000 dólares en intereses. Si invierte cuatro veces más dinero en la cuenta que paga el $3\ \%$ en comparación con el $3\ \%$, ¿cuánto ha invertido en cada cuenta?

64. Un empresario vende una parte de su negocio por cien mil dólares y lo invierte todo en tres cuentas durante un año. La primera cuenta paga un $4\ \%$ calculado anualmente, la segunda cuenta paga un $3\ \%$ calculado anualmente y la tercera cuenta paga un $2\ \%$ calculado anualmente. Al cabo de un año, el empresario gana 3.650 dólares en intereses. Si invirtió cinco veces más dinero en la cuenta que paga el $4\ \%$ en comparación con el $3\ \%$, ¿cuánto invirtió en cada cuenta?

65. Los tres primeros países en consumo de petróleo en un año determinado son los siguientes: Estados Unidos, Japón y China. En millones de barriles diarios, los tres primeros países consumieron el $39{,}8\ \%$ del petróleo consumido en el mundo. Estados Unidos consumió el $0{,}7\ \%$ más que cuatro veces el consumo de China. Estados Unidos consumió el $5\ \%$ más que el triple que Japón. ¿Qué porcentaje del consumo mundial de petróleo fue de Estados Unidos, Japón y China?[1]

66. Los tres primeros países en producción de petróleo en el mismo año son Arabia Saudita, Estados Unidos y Rusia. En millones de barriles diarios, los tres primeros países produjeron el 31,4 % del petróleo producido en el mundo. Arabia Saudita y Estados Unidos sumaron el $22{,}1\ \%$ de la producción mundial, y Arabia Saudita produjo un $2\ \%$ más de petróleo que Rusia. ¿Qué porcentaje de la producción mundial de petróleo produjeron Arabia Saudita, Estados Unidos y Rusia?[2]

67. Las tres principales fuentes de importación de petróleo para Estados Unidos en el mismo año fueron Arabia Saudita, México y Canadá. Los tres primeros países representan el $47\ \%$ de las importaciones de petróleo. Estados Unidos importó de Arabia Saudita un $1{,}8\ \%$ más de lo que importó de México y un $1{,}7\ \%$ más de lo que importó de Canadá. ¿Qué porcentaje de las importaciones de petróleo de Estados Unidos procedían de estos tres países?[3]

68. Los tres principales productores de petróleo de Estados Unidos en un año determinado son el golfo de México, Texas y Alaska. Las tres regiones son responsables del $64\ \%$ de la producción de petróleo de Estados Unidos. El golfo de México y Texas combinan el $47\ \%$ de la producción de petróleo. Texas produjo el $3\ \%$ más que Alaska. ¿Qué porcentaje de la producción de petróleo de Estados Unidos procede de estas regiones?[4]

---

1 "Reservas, producción y consumo de petróleo en 2001", consultado el 6 de abril de 2014, http://scaruffi.com/politics/oil.html.

2 "Reservas, producción y consumo de petróleo en 2001", consultado el 6 de abril de 2014, http://scaruffi.com/politics/oil.html.

3 "Reservas, producción y consumo de petróleo en 2001", consultado el 6 de abril de 2014, http://scaruffi.com/politics/oil.html.

4 "USA: The coming global oil crisis" (EE. UU.: la próxima crisis mundial del petróleo), consultado el 6 de abril de 2014, http://www.oilcrisis.com/us/.

69. En un momento dado, en Estados Unidos, 398 especies de animales estaban en la lista de especies en peligro. Los grupos más importantes son los mamíferos, las aves y los peces, lo cuales representan el $55\ \%$ de las especies amenazadas. Las aves representan el $0{,}7\ \%$ más que los peces, y estos el $1{,}5\ \%$ más que los mamíferos. ¿Qué porcentaje de las especies en peligro de extinción proceden de mamíferos, aves y peces?

70. El consumo de carne en Estados Unidos se puede dividir en tres categorías: carne roja, aves de corral y pescado. Si el pescado representa el $4\ \%$ menos de la cuarta parte del consumo de aves de corral y el consumo de carne roja es el $18{,}2\ \%$ mayor que el de aves de corral, ¿cuáles son los porcentajes de consumo de carne?[5]

9.3 Sistemas de ecuaciones e inecuaciones no lineales: dos variables

Objetivos de aprendizaje

En esta sección, podrá:

- Resolver un sistema de ecuaciones no lineales utilizando la sustitución.
- Resolver un sistema de ecuaciones no lineales mediante eliminación.
- Graficar una inecuación no lineal.
- Graficar un sistema de inecuaciones no lineales.

El cometa Halley (Figura 1) orbita el Sol aproximadamente una vez cada 75 años. Su trayectoria puede considerarse una elipse muy alargada. Otros cometas siguen trayectorias similares en el espacio. Estas trayectorias orbitales se pueden estudiar mediante sistemas de ecuaciones. Estos sistemas, sin embargo, son diferentes de los que hemos considerado en la sección anterior porque las ecuaciones no son lineales.

Figura 1 El cometa Halley (créditos: "NASA Blueshift"/Flickr).

En esta sección, consideraremos la intersección de una parábola y una línea, un círculo y una línea y un círculo y una elipse. Los métodos para resolver sistemas de ecuaciones no lineales son similares a los de las ecuaciones lineales.

Resolución de un sistema de ecuaciones no lineales mediante sustitución

Un **sistema de ecuaciones no lineales** es un sistema de dos o más ecuaciones en dos o más variables que contiene, al menos, una ecuación que no es lineal. Recordemos que la ecuación lineal puede tomar la forma $Ax + By + C = 0$, Cualquier ecuación que no se pueda escribir en esta forma es no lineal. El método de sustitución que utilizamos para los

5 "The United States Meat Industry at a Glance", consultado el 6 de abril de 2014, http://www.meatami.com/ht/d/sp/i/47465/pid/47465.

sistemas lineales es el mismo que utilizaremos para los sistemas no lineales. Resolvemos una ecuación para una variable y luego sustituimos el resultado en la segunda ecuación para resolver otra variable, y así sucesivamente. Sin embargo, hay una variación en los posibles resultados.

Intersección de una parábola y una línea

Hay tres posibles tipos de soluciones para un sistema de ecuaciones no lineales que involucran una parábola y una línea.

Posibles tipos de soluciones para los puntos de intersección de una parábola y una línea

La Figura 2 ilustra posibles conjuntos de soluciones para un sistema de ecuaciones que involucra una parábola y una línea.

- No hay solución. La línea nunca intersecará la parábola.
- Una solución. La línea es tangente a la parábola y la interseca exactamente en un punto.
- Dos soluciones. La línea cruza por el interior de la parábola y la interseca en dos puntos.

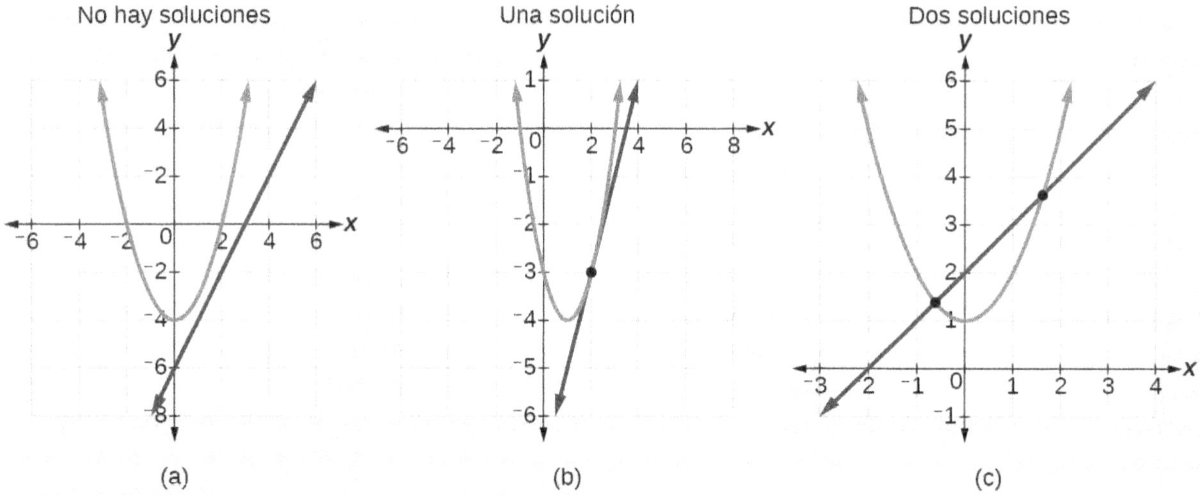

Figura 2

CÓMO

Dado un sistema de ecuaciones que contiene una línea y una parábola, halle la solución.

1. Resuelva la ecuación lineal para una de las variables.
2. Sustituya la expresión obtenida en el primer paso en la ecuación de la parábola.
3. Resuelva para la variable restante.
4. Compruebe sus soluciones en ambas ecuaciones.

EJEMPLO 1

Resolver un sistema de ecuaciones no lineales que representan una parábola y una línea

Resuelva el sistema de ecuaciones.

$$x - y = -1$$
$$y = x^2 + 1$$

Solución

Resuelva la primera ecuación para x y luego sustituya la expresión resultante en la segunda ecuación.

$$x - y = -1$$
$$x = y - 1 \quad \text{Resuelva para } x.$$

$$y = x^2 + 1$$
$$y = (y-1)^2 + 1 \quad \text{Sustituya la expresión por } x.$$

Expanda la ecuación e iguálela a cero.

$$\begin{aligned} y &= (y-1)^2 + 1 \\ &= (y^2 - 2y + 1) + 1 \\ &= y^2 - 2y + 2 \\ 0 &= y^2 - 3y + 2 \\ &= (y-2)(y-1) \end{aligned}$$

Resuelva para y da como resultado $y = 2$ y $y = 1$. A continuación, sustituya cada valor por y en la primera ecuación para resolver x. Sustituya siempre el valor en la ecuación lineal para comprobar si hay soluciones extrañas.

$$\begin{aligned} x - y &= -1 \\ x - (2) &= -1 \\ x &= 1 \end{aligned}$$

$$\begin{aligned} x - (1) &= -1 \\ x &= 0 \end{aligned}$$

Las soluciones son $(1, 2)$ y $(0, 1)$, que puede verificarse sustituyendo estos (x, y) en las dos ecuaciones originales. Vea la Figura 3.

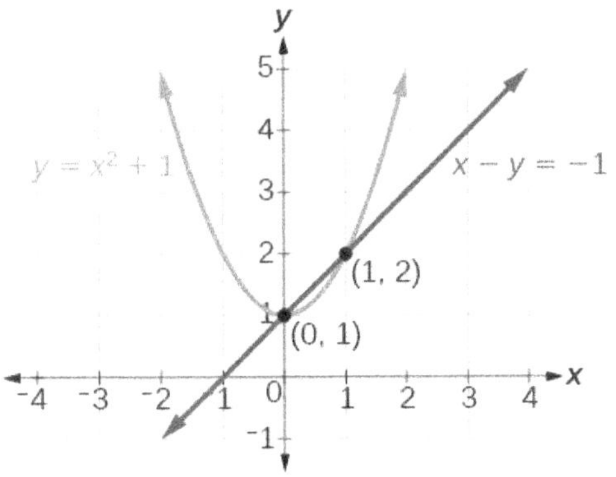

Figura 3

PREGUNTAS Y RESPUESTAS

¿Podríamos haber sustituido los valores de y en la segunda ecuación para resolver x en el Ejemplo 1?

Sí, pero debido a que x se eleva al cuadrado en la segunda ecuación, esto podría darnos soluciones extrañas para x.

Para $y = 1$

$$\begin{aligned} y &= x^2 + 1 \\ 1 &= x^2 + 1 \\ x^2 &= 0 \\ x &= \pm\sqrt{0} = 0 \end{aligned}$$

Esto nos da el mismo valor que en la solución.

Para $y = 2$

$$y = x^2 + 1$$
$$2 = x^2 + 1$$
$$x^2 = 1$$
$$x = \pm\sqrt{1} = \pm 1$$

Tenga en cuenta que -1 es una solución extraña.

INTÉNTELO #1 Resuelva el sistema de ecuaciones dado por sustitución.

$$\begin{aligned} 3xy &= -2 \\ 2x^2y &= 0 \end{aligned}$$

Intersección de un círculo y una línea

Al igual que con una parábola y una línea, hay tres resultados posibles al resolver un sistema de ecuaciones que representa un círculo y una línea.

Posibles tipos de soluciones para los puntos de intersección de un círculo y una línea

La Figura 4 ilustra posibles conjuntos de soluciones para un sistema de ecuaciones que involucra un círculo y una línea.

- No hay solución. La línea no interseca el círculo.
- Una solución. La línea es tangente al círculo y la interseca exactamente en un punto.
- Dos soluciones. La línea cruza el círculo y la interseca en dos puntos.

Figura 4

CÓMO

Dado un sistema de ecuaciones que contiene una línea y un círculo, halle la solución.

1. Resuelva la ecuación lineal para una de las variables.
2. Sustituya la expresión obtenida en el primer paso en la ecuación del círculo.
3. Resuelva para la variable restante.
4. Compruebe sus soluciones en ambas ecuaciones.

EJEMPLO 2

Hallar la intersección de un círculo y una línea por sustitución

Halle la intersección del círculo y la línea dados por sustitución.

$$x^2 + y^2 = 5$$
$$y = 3x-5$$

Solución

Una de las ecuaciones ya ha sido resuelta para y. Sustituiremos $y = 3x-5$ en la ecuación del círculo.

$$x^2 + (3x-5)^2 = 5$$
$$x^2 + 9x^2-30x + 25 = 5$$
$$10x^2-30x + 20 = 0$$

Ahora, factorizamos y resolvemos para x.

$$10(x^2 - 3x + 2) = 0$$
$$10(x - 2)(x-1) = 0$$
$$x = 2$$
$$x = 1$$

Sustituya los dos valores de x en la ecuación lineal original para resolver y.

$$y = 3(2)-5$$
$$= 1$$

$$y = 3(1)-5$$
$$= -2$$

La línea interseca el círculo en $(2, 1)$ y $(1, -2)$, que puede verificarse sustituyendo estos (x, y) en las dos ecuaciones originales. Vea la Figura 5.

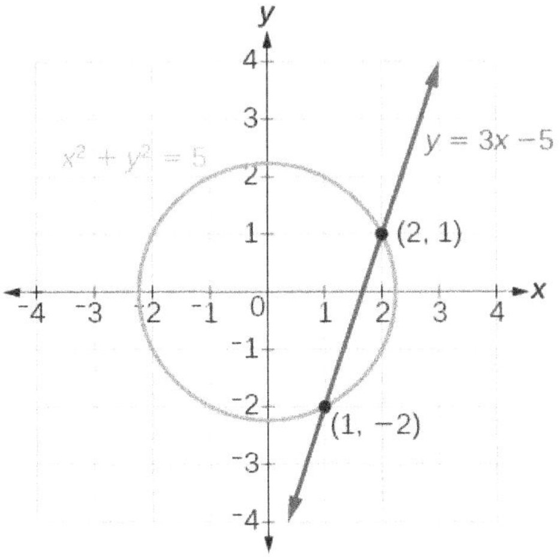

Figura 5

INTÉNTELO #2 Resuelva el sistema de ecuaciones no lineales.

$$x^2 + y^2 = 10$$
$$x3y = -10$$

Resolver un sistema de ecuaciones no lineales mediante eliminación

Hemos visto que la sustitución suele ser el método preferido cuando un sistema de ecuaciones incluye una ecuación lineal y una ecuación no lineal. Sin embargo, cuando las dos ecuaciones del sistema tienen variables semejantes de segundo grado, resolverlas mediante la eliminación por adición es más fácil que la sustitución. En general, la eliminación es un método mucho más sencillo cuando el sistema implica solo dos ecuaciones en dos variables (un sistema de dos por dos), en lugar de un sistema de tres por tres, ya que hay menos pasos. A modo de ejemplo, investigaremos los posibles tipos de soluciones al resolver un sistema de ecuaciones que representa un círculo y una elipse.

Posibles tipos de soluciones para los puntos de intersección de un círculo y una elipse

La Figura 6 ilustra posibles conjuntos de soluciones para un sistema de ecuaciones que involucra un círculo y una elipse.

- No hay solución. El círculo y la elipse no se intersecan. Una forma está dentro de la otra o el círculo y la elipse están a una distancia de la otra.
- Una solución. El círculo y la elipse son tangentes entre sí y se intersecan exactamente en un punto.
- Dos soluciones. El círculo y la elipse se intersecan en dos puntos.
- Tres soluciones. El círculo y la elipse se intersecan en tres puntos.
- Cuatro soluciones. El círculo y la elipse se intersecan en cuatro puntos.

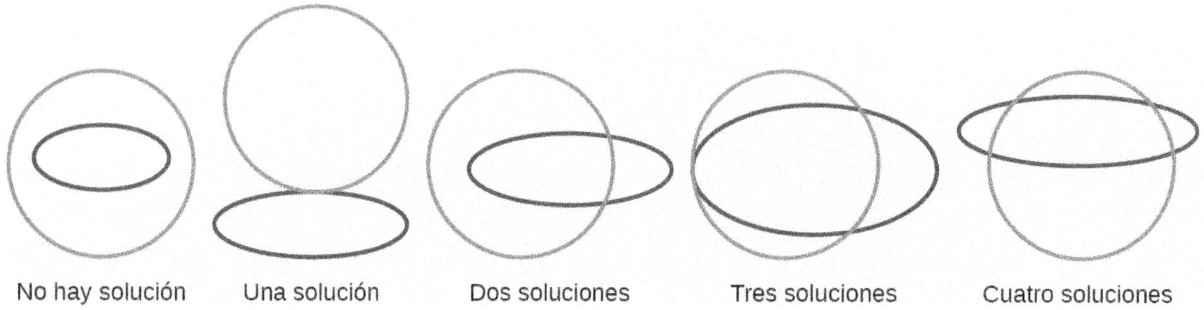

Figura 6

EJEMPLO 3

Resolver un sistema de ecuaciones no lineales que representan un círculo y una elipse
Resuelva el sistema de ecuaciones no lineales.

$$\begin{aligned} x^2 + y^2 &= 26 \quad (1) \\ 3x^2 + 25y^2 &= 100 \quad (2) \end{aligned}$$

Solución
Comencemos multiplicando la ecuación (1) por -3, y sumamos este resultado a la ecuación (2).

$$\begin{aligned} (-3)(x^2 + y^2) &= (-3)(26) \\ -3x^2 - 3y^2 &= -78 \\ \underline{3x^2 + 25y^2} &\underline{= 100} \\ 22y^2 &= 22 \end{aligned}$$

Después de sumar las dos ecuaciones, resolvemos para y.

$$\begin{aligned} y^2 &= 1 \\ y &= \pm\sqrt{1} = \pm 1 \end{aligned}$$

Sustituya $y = \pm 1$ en una de las ecuaciones y resolvemos para x.

$$
\begin{aligned}
x^2 + (1)^2 &= 26 \\
x^2 + 1 &= 26 \\
x^2 &= 25 \\
x &= \pm\sqrt{25} = \pm 5
\end{aligned}
$$

$$
\begin{aligned}
x^2 + (-1)^2 &= 26 \\
x^2 + 1 &= 26 \\
x^2 &= 25 = \pm 5
\end{aligned}
$$

Hay cuatro soluciones: $(5, 1), (-5, 1), (5, -1)$, y $(-5, -1)$. Vea la Figura 7.

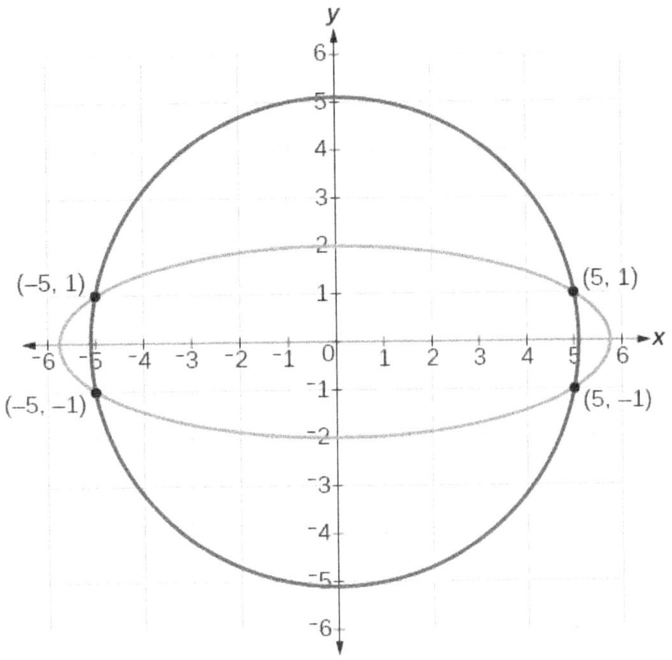

Figura 7

> INTÉNTELO #3 Halle el conjunto de soluciones para el sistema de ecuaciones no lineales dado.

$$
\begin{aligned}
4x^2 + y^2 &= 13 \\
x^2 + y^2 &= 10
\end{aligned}
$$

Graficar una inecuación no lineal

Todas las ecuaciones de los sistemas que hemos hallado hasta ahora han implicado igualdades, pero también podemos hallar sistemas que impliquen inecuaciones. Ya hemos aprendido a graficar inecuaciones lineales al graficar la ecuación correspondiente y luego sombrear la región representada por el símbolo de inecuación. Ahora, seguiremos pasos similares para graficar una inecuación no lineal para que aprendamos a resolver sistemas de inecuaciones no lineales. Una **inecuación no lineal** es una inecuación que contiene una expresión no lineal. Graficar una inecuación no lineal es muy parecido a graficar una inecuación lineal.

Recordemos que cuando la inecuación es mayor que, $y > a$, o menos que, $y < a$, el gráfico se dibuja con una línea discontinua. Cuando la inecuación es mayor que o igual a, $y \geq a$, o menor que o igual a, $y \leq a$, el gráfico se dibuja con una línea sólida. Los gráficos crearán regiones en el plano y probaremos cada región para hallar una solución. Si un punto de la región funciona, toda la región funciona. Esa es la región que sombreamos. Vea la Figura 8.

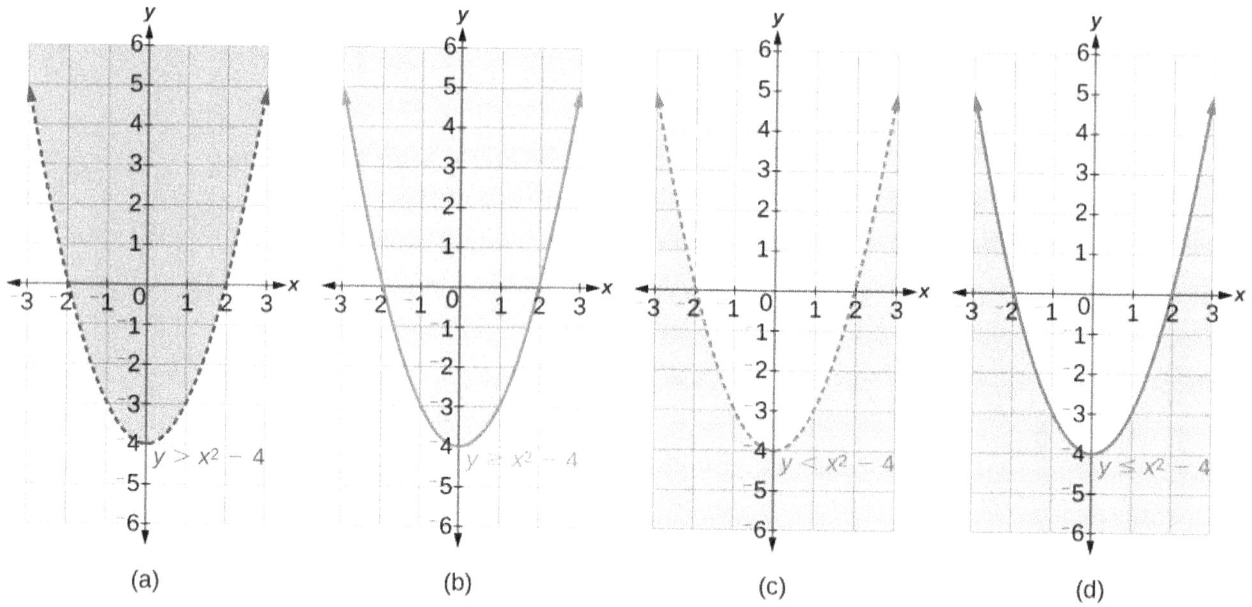

Figura 8 (a) un ejemplo de $y > a$; (b) un ejemplo de $y \geq a$; (c) un ejemplo de $y < a$; (d) un ejemplo de $y \leq a$

CÓMO

Dada una inecuación delimitada por una parábola, dibuje un gráfico.

1. Grafique la parábola como si fuera una ecuación. Este es el límite de la región que es el conjunto de soluciones.
2. Si el límite está incluido en la región (el operador es $\leq$ o $\geq$), la parábola se grafica como una línea sólida.
3. Si el límite no está incluido en la región (el operador es < o >), la parábola se grafica como una línea discontinua.
4. Compruebe un punto en una de las regiones para determinar si satisface el enunciado de la inecuación. Si el enunciado es verdadero, el conjunto solución es la región que incluye el punto. Si el enunciado es falso, el conjunto de soluciones es la región al otro lado de la línea límite.
5. Sombree la región que representa el conjunto de soluciones.

EJEMPLO 4

Graficar una inecuación para una parábola
Represente gráficamente la inecuación $y > x^2 + 1$.

Solución

Primero, grafique la ecuación correspondiente $y = x^2 + 1$. Dado que $y > x^2 + 1$ tiene un símbolo mayor que, dibujamos el gráfico con una línea discontinua. A continuación, elegimos puntos para probar tanto dentro como fuera de la parábola. Probemos los puntos $(0, 2)$ y $(2, 0)$. Un punto está claramente dentro de la parábola y el otro punto está claramente fuera.

$$\begin{aligned} y &> x^2 + 1 \\ 2 &> (0)^2 + 1 \\ 2 &> 1 \quad \text{Verdadero} \end{aligned}$$

$$\begin{aligned} 0 &> (2)^2 + 1 \\ 0 &> 5 \quad \text{Falso} \end{aligned}$$

El gráfico se muestra en la Figura 9. Podemos ver que el conjunto de soluciones consiste en todos los puntos dentro de la parábola, pero no en el gráfico en sí.

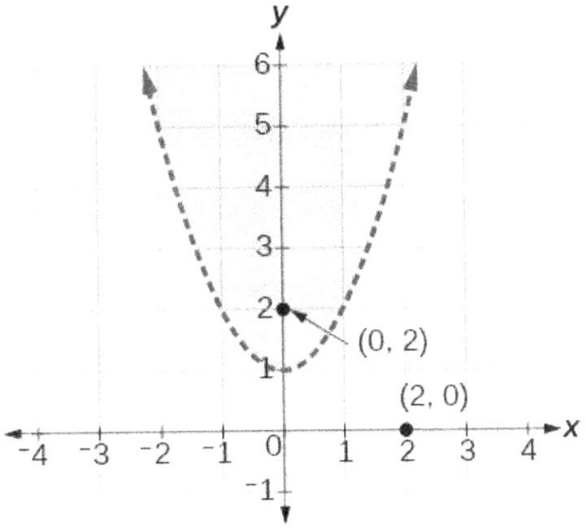

Figura 9

Graficar un sistema de inecuaciones no lineales

Ahora, que hemos aprendido a graficar desigualdades no lineales, podemos aprender a graficar sistemas de desigualdades no lineales. Un **sistema de inecuaciones no lineales** es un sistema de dos o más inecuaciones en dos o más variables que contiene, al menos, una inecuación que no es lineal. Graficar un sistema de inecuaciones no lineales es similar a graficar un sistema de inecuaciones lineales. La diferencia es que nuestro gráfico puede dar lugar a más regiones sombreadas que representan una solución que hallamos en un sistema de inecuaciones lineales. La solución de un sistema de inecuaciones no lineales es la región del gráfico en la que se superponen las regiones sombreadas del gráfico de cada inecuación, o en la que las regiones se intersecan, llamada **región factible**.

CÓMO

Dado un sistema de inecuaciones no lineales, dibuje un gráfico.

1. Halle los puntos de intersección y resuelva el correspondiente sistema de ecuaciones no lineales.
2. Grafique las ecuaciones no lineales.
3. Halle las regiones sombreadas de cada inecuación.
4. Identifique la región factible como la intersección de las regiones sombreadas de cada inecuación o el conjunto de puntos comunes a cada inecuación.

EJEMPLO 5

Graficar un sistema de inecuaciones

Grafique el sistema de inecuaciones dado.

$$x^2 - y \leq 0$$
$$2x^2 + y \leq 12$$

Solución

Estas dos ecuaciones son claramente parábolas. Podemos hallar los puntos de intersección mediante el proceso de eliminación: Sume ambas ecuaciones y la variable y será eliminada. Entonces, resolvemos para x.

$$\begin{aligned} x^2 - y &= 0 \\ 2x^2 + y &= 12 \\ \hline 3x^2 &= 12 \\ x^2 &= 4 \\ x &= \pm 2 \end{aligned}$$

Sustituya los valores de x en una de las ecuaciones y resuelva para y.

$$\begin{aligned} x^2 - y &= 0 \\ (2)^2 - y &= 0 \\ 4 - y &= 0 \\ y &= 4 \end{aligned}$$

$$\begin{aligned} (-2)^2 - y &= 0 \\ 4 - y &= 0 \\ y &= 4 \end{aligned}$$

Los dos puntos de intersección son $(2, 4)$ y $(-2, 4)$. Tome en cuenta que las ecuaciones se pueden reescribir de la siguiente forma.

$$\begin{aligned} &x^2 - y \leq 0 \\ &x^2 \leq y \\ &y \geq x^2 \end{aligned}$$

$$\begin{aligned} &2x^2 + y \leq 12 \\ &y \leq -2x^2 + 12 \end{aligned}$$

Grafique cada inecuación. Vea la Figura 10. La región factible es la región entre las dos ecuaciones delimitadas por $2x^2 + y \leq 12$ en la parte superior y $x^2 - y \leq 0$ en la parte inferior.

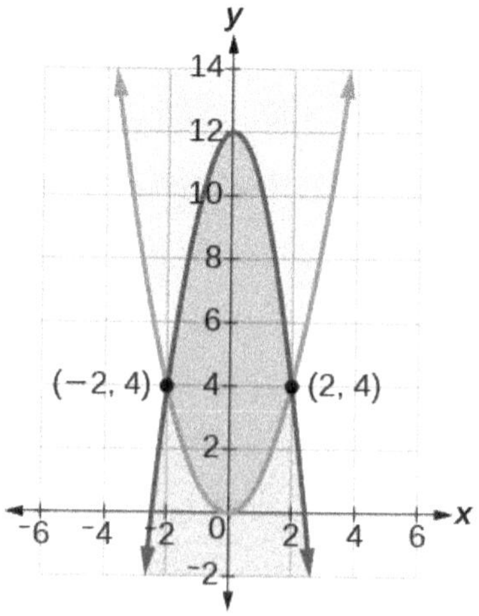

Figura 10

> INTÉNTELO #4 Grafique el sistema de inecuaciones dado.

$$\begin{aligned} y &\geq x^2 - 1 \\ x - y &\geq -1 \end{aligned}$$

MEDIA

Acceda a estos recursos en línea para obtener más información y practicar las ecuaciones no lineales.

Resolver un sistema de ecuaciones no lineales mediante sustitución (http://openstax.org/l/nonlinsub)
Resolver un sistema de ecuaciones no lineales mediante eliminación (http://openstax.org/l/nonlinelim)

9.3 EJERCICIOS DE SECCIÓN

Verbales

1. Explique si un sistema de dos ecuaciones no lineales puede tener exactamente dos soluciones. ¿Y exactamente tres? Si no, explique por qué no. En caso afirmativo, ponga un ejemplo de dicho sistema en forma de gráfico y explique por qué su elección da dos o tres respuestas.

2. Al representar gráficamente una inecuación, explique por qué solo necesitamos comprobar un punto para determinar si toda una región es la solución

3. Al graficar un sistema de inecuaciones, ¿habrá siempre una región factible? Si es así, explique por qué. Si no es así, ponga un ejemplo de un gráfico de inecuaciones que no tenga una región factible. ¿Por qué no tiene una región factible?

4. Si grafica una función de ingresos y una función de costo, explique cómo determinar en qué regiones hay ganancias.

5. Si realiza su análisis de equilibrio y hay más de una solución, explique cómo determinaría qué valores *x* son ganancias y cuáles no.

Algebraicos

En los siguientes ejercicios, resuelva el sistema de ecuaciones no lineales mediante sustitución.

6. $\begin{aligned} x + y &= 4 \\ x^2 + y^2 &= 9 \end{aligned}$

7. $\begin{aligned} y &= x-3 \\ x^2 + y^2 &= 9 \end{aligned}$

8. $\begin{aligned} y &= x \\ x^2 + y^2 &= 9 \end{aligned}$

9. $\begin{aligned} y &= -x \\ x^2 + y^2 &= 9 \end{aligned}$

10. $\begin{aligned} x &= 2 \\ x^2 - y^2 &= 9 \end{aligned}$

En los siguientes ejercicios, resuelva el sistema de ecuaciones no lineales mediante eliminación.

11. $\begin{aligned} 4x^2-9y^2 &= 36 \\ 4x^2 + 9y^2 &= 36 \end{aligned}$

12. $\begin{aligned} x^2 + y^2 &= 25 \\ x^2 - y^2 &= 1 \end{aligned}$

13. $\begin{aligned} 2x^2 + 4y^2 &= 4 \\ 2x^2-4y^2 &= 25x-10 \end{aligned}$

14. $\begin{aligned} y^2 - x^2 &= 9 \\ 3x^2 + 2y^2 &= 8 \end{aligned}$

15. $\begin{aligned} x^2 + y^2 + \tfrac{1}{16} &= 2.500 \\ y &= 2x^2 \end{aligned}$

En los siguientes ejercicios, utilice cualquier método para resolver el sistema de ecuaciones no lineales.

16. $\begin{aligned} -2x^2 + y &= -5 \\ 6x - y &= 9 \end{aligned}$

17. $\begin{aligned} -x^2 + y &= 2 \\ -x + y &= 2 \end{aligned}$

18. $\begin{aligned} x^2 + y^2 &= 1 \\ y &= 20x^2-1 \end{aligned}$

19. $x^2 + y^2 = 1$
$y = -x^2$

20. $2x^3 - x^2 = y$
$y = \frac{1}{2} - x$

21. $9x^2 + 25y^2 = 225$
$(x-6)^2 + y^2 = 1$

22. $x^4 - x^2 = y$
$x^2 + y = 0$

23. $2x^3 - x^2 = y$
$x^2 + y = 0$

En los siguientes ejercicios, utilice cualquier método para resolver el sistema no lineal.

24. $x^2 + y^2 = 9$
$y = 3 - x^2$

25. $x^2 - y^2 = 9$
$x = 3$

26. $x^2 - y^2 = 9$
$y = 3$

27. $x^2 - y^2 = 9$
$x - y = 0$

28. $-x^2 + y = 2$
$-4x + y = -1$

29. $-x^2 + y = 2$
$2y = -x$

30. $x^2 + y^2 = 25$
$x^2 - y^2 = 36$

31. $x^2 + y^2 = 1$
$y^2 = x^2$

32. $16x^2 - 9y^2 + 144 = 0$
$y^2 + x^2 = 16$

33. $3x^2 - y^2 = 12$
$(x-1)^2 + y^2 = 1$

34. $3x^2 - y^2 = 12$
$(x-1)^2 + y^2 = 4$

35. $3x^2 - y^2 = 12$
$x^2 + y^2 = 16$

36. $x^2 - y^2 - 6x - 4y - 11 = 0$
$-x^2 + y^2 = 5$

37. $x^2 + y^2 - 6y = 7$
$x^2 + y = 1$

38. $x^2 + y^2 = 6$
$xy = 1$

Gráficos

En los siguientes ejercicios, grafique la inecuación.

39. $x^2 + y < 9$

40. $x^2 + y^2 < 4$

En los siguientes ejercicios, grafique el sistema de inecuaciones. Marcar todos los puntos de intersección.

41. $x^2 + y < 1$
$y > 2x$

42. $x^2 + y < -5$
$y > 5x + 10$

43. $x^2 + y^2 < 25$
$3x^2 - y^2 > 12$

44. $x^2 - y^2 > -4$
$x^2 + y^2 < 12$

45. $x^2 + 3y^2 > 16$
$3x^2 - y^2 < 1$

Extensiones

En los siguientes ejercicios, grafique la inecuación.

46. $y \geq e^x$
$y \leq \ln(x) + 5$

47. $y \leq -\log(x)$
$y \leq e^x$

En los siguientes ejercicios, halle las soluciones de las ecuaciones no lineales con dos variables.

48. $\frac{4}{x^2} + \frac{1}{y^2} = 24$
$\frac{5}{x^2} - \frac{2}{y^2} + 4 = 0$

49. $\frac{6}{x^2} - \frac{1}{y^2} = 8$
$\frac{1}{x^2} - \frac{6}{y^2} = \frac{1}{8}$

50. $x^2 - xy + y^2 - 2 = 0$
$x + 3y = 4$

51. $x^2 - xy - 2y^2 - 6 = 0$
$x^2 + y^2 = 1$

52. $x^2 + 4xy - 2y^2 - 6 = 0$
$x = y + 2$

En tecnología

En los siguientes ejercicios, resuelva el sistema de inecuaciones. Utilice una calculadora para representar gráficamente el sistema y confirmar la respuesta.

53. $xy < 1$
$y > \sqrt{x}$

54. $x^2 + y < 3$
$y > 2x$

Aplicaciones en el mundo real

En los siguientes ejercicios, construya un sistema de ecuaciones no lineales que describa el comportamiento dado, y luego resuelva las soluciones solicitadas.

55. Dos números suman 300. Un número es el doble del cuadrado del otro. ¿Cuáles son los números?

56. Los cuadrados de dos números suman 360. El segundo número es la mitad del valor del primer número al cuadrado. ¿Cuáles son los números?

57. Una compañía de computadoras portátiles ha descubierto sus funciones de costos e ingresos para cada día: $C(x) = 3x^2 - 10x + 200$ y $R(x) = -2x^2 + 100x + 50$. Si quieren obtener ganancias, ¿cuál es el rango de computadoras portátiles por día que deberían producir? Redondee al número más cercano que genere ganancias.

58. Una compañía de telefonía móvil tiene las siguientes funciones de costos e ingresos: $C(x) = 8x^2 - 600x + 21.500$ y $R(x) = -3x^2 + 480x$. ¿Cuál es el rango de teléfonos móviles que deben producir cada día para que haya ganancias? Redondee al número más cercano que genere ganancias.

9.4 Fracciones parciales

Objetivos de aprendizaje

En esta sección, podrá:

- Descomponer $\frac{P(x)}{Q(x)}$, donde $Q(x)$ solo tiene factores lineales no repetidos.
- Descomponer $\frac{P(x)}{Q(x)}$, donde $Q(x)$ tiene factores lineales repetidos.
- Descomponer $\frac{P(x)}{Q(x)}$, donde $Q(x)$ tiene un factor cuadrático irreducible no repetido.
- Descomponer $\frac{P(x)}{Q(x)}$, donde $Q(x)$ tiene un factor cuadrático irreducible repetido.

En este capítulo hemos estudiado sistemas de dos ecuaciones en dos variables, sistemas de tres ecuaciones en tres variables y sistemas no lineales. Aquí introducimos otra forma de utilizar los sistemas de ecuaciones: la descomposición de expresiones racionales.

Las fracciones pueden ser complicadas; sumar una variable en el denominador las hace aún más complicadas. Los métodos estudiados en esta sección ayudarán a simplificar el concepto de expresión racional.

Descomponer $\frac{P(x)}{Q(x)}$ donde $Q(x)$ solo tiene factores lineales no repetidos

Recuerde el álgebra relativa a la suma y la resta de expresiones racionales. Estas operaciones dependen de hallar un denominador común para que podamos escribir la suma o la diferencia como una única expresión racional simplificada. En esta sección, veremos la descomposición parcial de fracciones, que es el deshecho del procedimiento para sumar o restar expresiones racionales. Es decir, se trata de un retorno de la única expresión racional simplificada a las expresiones originales, llamada la **fracción parcial**.

Por ejemplo, supongamos que sumamos las siguientes fracciones:

$$\frac{2}{x-3}+\frac{-1}{x+2}$$

Primero tendríamos que hallar un denominador común, $(x+2)(x-3)$.

A continuación, escribiríamos cada expresión con este denominador común y hallaríamos la suma de los términos.

$$\frac{2}{x-3}\left(\frac{x+2}{x+2}\right)+\frac{-1}{x+2}\left(\frac{x-3}{x-3}\right)=$$
$$\frac{2x+4-x+3}{(x+2)(x-3)}=\frac{x+7}{x^2-x-6}$$

La descomposición parcial de fracciones es lo inverso de este procedimiento. Empezaríamos con la solución y la reescribiríamos (descompondríamos) como la suma de dos fracciones.

$$\frac{x+7}{x^2-x-6} \qquad = \qquad \frac{2}{x-3}+\frac{-1}{x+2}$$

Suma simplificada   Descomposición parcial de fracciones

Investigaremos expresiones racionales con factores lineales y factores cuadráticos en el denominador donde el grado del numerador es menor que el grado del denominador. Independientemente del tipo de expresión que estemos descomponiendo, lo primero y más importante es factorizar el denominador.

Cuando el denominador de la expresión simplificada contiene distintos factores lineales es probable que cada una de las expresiones racionales originales que se sumaron o restaron tuvieran uno de los factores lineales como denominador. En otras palabras, al utilizar el ejemplo anterior, los factores de x^2-x-6 son $(x-3)(x+2)$, los denominadores de la expresión racional descompuesta. Así que reescribiremos la forma simplificada como la suma de fracciones individuales y utilizaremos una variable para cada numerador. A continuación, resolveremos cada numerador utilizando uno de varios métodos disponibles para la descomposición parcial de fracciones.

Descomposición parcial de fracciones $\frac{P(x)}{Q(x)}$ donde $Q(x)$ tiene factores lineales no repetidos

La descomposición parcial de fracciones de $\frac{P(x)}{Q(x)}$ cuando $Q(x)$ tiene factores lineales no repetidos y el grado de $P(x)$ es menor que el grado de $Q(x)$ es

$$\frac{P(x)}{Q(x)}=\frac{A_1}{(a_1x+b_1)}+\frac{A_2}{(a_2x+b_2)}+\frac{A_3}{(a_3x+b_3)}+\cdots+\frac{A_n}{(a_nx+b_n)}.$$

CÓMO

Dada una expresión racional con factores lineales distintos en el denominador, descompóngala.

1. Utilice una variable para los numeradores originales, normalmente $A, B,$ o C, dependiendo del número de factores, y coloque cada variable sobre un único factor. A efectos de esta definición, utilizamos A_n para cada numerador

$$\frac{P(x)}{Q(x)}=\frac{A_1}{(a_1x+b_1)}+\frac{A_2}{(a_2x+b_2)}+\cdots+\frac{A_n}{(a_nx+b_n)}$$

2. Multiplique ambos lados de la ecuación por el denominador común para eliminar las fracciones.
3. Expanda el lado derecho de la ecuación y reúna los términos similares.
4. Establezca los coeficientes de los términos similares del lado izquierdo de la ecuación iguales a los del lado derecho a fin de crear un sistema de ecuaciones para resolver los numeradores.

EJEMPLO 1

Descomposición de una función racional con factores lineales distintos

Descomponer la expresión racional dada con factores lineales distintos.

$$\frac{3x}{(x+2)(x-1)}$$

Solución

Separaremos los factores del denominador y daremos a cada numerador una marca simbólica, como A, B, o C.

$$\frac{3x}{(x+2)(x-1)}=\frac{A}{(x+2)}+\frac{B}{(x-1)}$$

Multiplique ambos lados de la ecuación por el denominador común para eliminar las fracciones:

$$(x+2)(x-1)\left[\frac{3x}{(x+2)(x-1)}\right]=\cancel{(x+2)}(x-1)\left[\frac{A}{\cancel{(x+2)}}\right]+(x+2)\cancel{(x-1)}\left[\frac{B}{\cancel{(x-1)}}\right]$$

La ecuación resultante es

$$3x=A(x-1)+B(x+2)$$

Expanda el lado derecho de la ecuación y reúna los términos similares.

$$\begin{aligned}3x&=Ax-A+Bx+2B\\3x&=(A+B)x-A+2B\end{aligned}$$

Establezca un sistema de ecuaciones asociando los coeficientes correspondientes.

$$\begin{aligned}3&=\quad A+B\\0&=-A+2B\end{aligned}$$

Sume las dos ecuaciones y resuelva para B.

$$\begin{aligned}3&=\quad A+B\\0&=-A+2B\\\hline 3&=\quad 0\;+3B\\1&=B\end{aligned}$$

Sustituya $B=1$ en una de las ecuaciones originales del sistema.

$$\begin{aligned}3&=A+1\\2&=A\end{aligned}$$

Así, la descomposición parcial de fracciones es

$$\frac{3x}{(x+2)(x-1)}=\frac{2}{(x+2)}+\frac{1}{(x-1)}$$

Otro método que se utiliza para resolver A o B es considerando la ecuación que resulta al eliminar las fracciones y sustituir un valor por x que hará que el término *A* o el término *B* sea igual a 0. Supongamos que $x=1$, el término A se convierte en 0 y podemos simplemente resolver para B.

$$\begin{aligned} 3x &= A(x-1) + B(x+2) \\ 3(1) &= A[(1)-1] + B[(1)+2] \\ 3 &= 0 + 3B \\ 1 &= B \end{aligned}$$

A continuación, sustituya $B = 1$ en la ecuación y resolvemos para A, o haga que el término B sea 0 sustituyendo $x = -2$ en la ecuación.

$$\begin{aligned} 3x &= A(x-1) + B(x+2) \\ 3(-2) &= A[(-2)-1] + B[(-2)+2] \\ -6 &= -3A + 0 \\ \frac{-6}{-3} &= A \\ 2 &= A \end{aligned}$$

Obtenemos los mismos valores para A y B utilizando cualquiera de los dos métodos, por lo tanto, las descomposiciones son las mismas al utilizar cualquiera de los dos métodos.

$$\frac{3x}{(x+2)(x-1)} = \frac{2}{(x+2)} + \frac{1}{(x-1)}$$

Aunque este método no se ve muy a menudo en los libros de texto, lo presentamos aquí como una alternativa que puede facilitar algunas descomposiciones de fracciones parciales. Se conoce como el método de Heaviside, llamado así por Charles Heaviside, pionero en el estudio de la electrónica.

> **INTÉNTELO** #1 Halle la descomposición parcial de fracciones de la siguiente expresión.

$$\frac{x}{(x-3)(x-2)}$$

Descomposición de $\frac{P(x)}{Q(x)}$ donde $Q(x)$ tiene factores lineales repetidos

Algunas fracciones con las que nos podemos encontrar son casos especiales que podemos descomponer en fracciones parciales con factores lineales repetidos. Debemos recordar que contabilizamos los factores repetidos escribiendo cada factor en potencias crecientes.

Descomposición parcial de fracciones de $\frac{P(x)}{Q(x)}$ donde $Q(x)$ tiene factores lineales repetidos

La descomposición parcial de fracciones de $\frac{P(x)}{Q(x)}$, cuando $Q(x)$ tiene un factor lineal repetido que ocurre n veces y el grado de $P(x)$ es menor que el grado de $Q(x)$, es

$$\frac{P(x)}{Q(x)} = \frac{A_1}{(ax+b)} + \frac{A_2}{(ax+b)^2} + \frac{A_3}{(ax+b)^3} + \cdots + \frac{A_n}{(ax+b)^n}$$

Escriba las potencias del denominador en orden creciente.

CÓMO

Dada una expresión racional con factores lineales repetidos, descompóngala.

1. Utilice una variable como A, B, o C para los numeradores y considere que los denominadores tienen potencias crecientes.

$$\frac{P(x)}{Q(x)} = \frac{A_1}{(ax+b)} + \frac{A_2}{(ax+b)^2} + \ldots + \frac{A_n}{(ax+b)^n}$$

2. Multiplique ambos lados de la ecuación por el denominador común para eliminar las fracciones.

3. Expanda el lado derecho de la ecuación y reúna los términos similares.
4. Establezca los coeficientes de los términos similares del lado izquierdo de la ecuación iguales a los del lado derecho a fin de crear un sistema de ecuaciones para resolver los numeradores.

EJEMPLO 2

Descomponer con factores lineales repetidos

Descomponga la expresión racional dada con factores lineales repetidos.

$$\frac{-x^2+2x+4}{x^3-4x^2+4x}$$

Solución

Los factores del denominador son $x(x-2)^2$. Para tener en cuenta el factor repetido de $(x-2)$, la descomposición incluirá tres denominadores x, $(x-2)$, y $(x-2)^2$. Así,

$$\frac{-x^2+2x+4}{x^3-4x^2+4x}=\frac{A}{x}+\frac{B}{(x-2)}+\frac{C}{(x-2)^2}$$

A continuación, multiplicamos ambos lados por el denominador común.

$$x(x-2)^2\left[\frac{-x^2+2x+4}{x(x-2)^2}\right]=\left[\frac{A}{x}+\frac{B}{(x-2)}+\frac{C}{(x-2)^2}\right]x(x-2)^2$$

$$-x^2+2x+4=A(x-2)^2+Bx(x-2)+Cx$$

En el lado derecho de la ecuación, ampliamos y reunimos términos similares.

$$\begin{aligned}-x^2+2x+4&=A(x^2-4x+4)+B(x^2-2x)+Cx\\&=Ax^2-4Ax+4A+Bx^2-2Bx+Cx\\&=(A+B)x^2+(-4A-2B+C)x+4A\end{aligned}$$

A continuación, comparamos los coeficientes de ambos lados. Esto dará el sistema de ecuaciones en tres variables:

$$-x^2+2x+4=(A+B)\,x^2+(-4A-2B+C)\,x+4A$$

$$\begin{aligned}A+B&=-1 && (1)\\-4A-2B+C&=2 && (2)\\4A&=4 && (3)\end{aligned}$$

Al resolver para A, tenemos

$$\begin{aligned}4A&=4\\A&=1\end{aligned}$$

Sustituya $A=1$ en la ecuación (1).

$$\begin{aligned}A+B&=-1\\(1)+B&=-1\\B&=-2\end{aligned}$$

Entonces, para resolver C, sustituya los valores de A y B en la ecuación (2).

$$\begin{aligned}-4A-2B+C&=2\\-4(1)-2(-2)+C&=2\\-4+4+C&=2\\C&=2\end{aligned}$$

Por lo tanto,

$$\frac{-x^2+2x+4}{x^3-4x^2+4x}=\frac{1}{x}-\frac{2}{(x-2)}+\frac{2}{(x-2)^2}$$

INTÉNTELO #2 Halle la descomposición parcial de fracciones de la expresión con factores lineales repetidos.

$$\frac{6x-11}{(x-1)^2}$$

Descomposición de $\frac{P(x)}{Q(x)}$, donde $Q(x)$ tiene un factor cuadrático irreducible no repetido

Hasta ahora, hemos realizado la descomposición parcial de fracciones con expresiones que han tenido factores lineales en el denominador, y hemos aplicado numeradores $A, B,$ o C que representan las constantes. Ahora veremos un ejemplo en el que uno de los factores del denominador es una expresión cuadrática que no se factoriza. Esto se denomina factor cuadrático irreducible. En casos como este, utilizamos un numerador lineal como $Ax + B, Bx + C,$ etc.

Descomposición de $\frac{P(x)}{Q(x)}$: $Q(x)$ tiene un factor cuadrático irreductible no repetido

La descomposición parcial de fracciones de $\frac{P(x)}{Q(x)}$ de manera que $Q(x)$ tiene un factor cuadrático irreducible no repetido y el grado de $P(x)$ es menor que el grado de $Q(x)$ se escribe como

$$\frac{P(x)}{Q(x)} = \frac{A_1x + B_1}{\left(a_1x^2 + b_1x + c_1\right)} + \frac{A_2x + B_2}{\left(a_2x^2 + b_2x + c_2\right)} + \cdots + \frac{A_nx + B_n}{\left(a_nx^2 + b_nx + c_n\right)}$$

La descomposición puede contener más expresiones racionales si hay factores lineales. Cada factor lineal tendrá un numerador constante diferente $A, B, C,$ y así sucesivamente.

CÓMO

Dada una expresión racional en la que los factores del denominador son factores cuadráticos distintos e irreducibles, descompóngala.

1. Utilice variables como $A, B,$ o C para los numeradores constantes sobre factores lineales, y expresiones lineales como $A_1x + B_1, A_2x + B_2,$ etc., para los numeradores de cada factor cuadrático en el denominador.
$$\frac{P(x)}{Q(x)} = \frac{A}{ax + b} + \frac{A_1x + B_1}{\left(a_1x^2 + b_1x + c_1\right)} + \frac{A_2x + B_2}{\left(a_2x^2 + b_2x + c_2\right)} + \cdots + \frac{A_nx + B_n}{\left(a_nx^2 + b_nx + c_n\right)}$$
2. Multiplique ambos lados de la ecuación por el denominador común para eliminar las fracciones.
3. Expanda el lado derecho de la ecuación y reúna los términos similares.
4. Establezca los coeficientes de los términos similares del lado izquierdo de la ecuación iguales a los del lado derecho a fin de crear un sistema de ecuaciones para resolver los numeradores.

EJEMPLO 3

Descomposición de $\frac{P(x)}{Q(x)}$ cuando $Q(x)$ contiene un factor cuadrático irreducible no repetido

Halle una descomposición parcial de fracciones de la expresión dada.

$$\frac{8x^2 + 12x - 20}{(x + 3)\left(x^2 + x + 2\right)}$$

Solución

Tenemos un factor lineal y un factor cuadrático irreducible en el denominador, por lo que un numerador será una constante y el otro numerador será una expresión lineal. Por lo tanto,

$$\frac{8x^2+12x-20}{(x+3)\left(x^2+x+2\right)}=\frac{A}{(x+3)}+\frac{Bx+C}{\left(x^2+x+2\right)}$$

Seguimos los mismos pasos que en los problemas anteriores. Primero, despeje las fracciones multiplicando ambos lados de la ecuación por el denominador común.

$$(x+3)(x^2+x+2)\left[\frac{8x^2+12x-20}{(x+3)(x^2+x+2)}\right]=\left[\frac{A}{(x+3)}+\frac{Bx+C}{(x^2+x+2)}\right](x+3)(x^2+x+2)$$
$$8x^2+12x-20=A(x^2+x+2)+(Bx+C)(x+3)$$

Tome en cuenta que podríamos resolver fácilmente para A al elegir un valor para x que hará que el término $Bx+C$ sea igual a 0. Supongamos que $x=-3$ y sustitúyalo en la ecuación.

$$\begin{aligned}8x^2+12x-20&=A(x^2+x+2)+(Bx+C)(x+3)\\8(-3)^2+12(-3)-20&=A((-3)^2+(-3)+2)+(B(-3)+C)((-3)+3)\\16&=8A\\A&=2\end{aligned}$$

Ahora que conocemos el valor de $A,$ sustitúyalo de nuevo en la ecuación. A continuación, amplíe el lado derecho y reúna términos similares.

$$\begin{aligned}8x^2+12x-20&=2(x^2+x+2)+(Bx+C)(x+3)\\8x^2+12x-20&=2x^2+2x+4+Bx^2+3B+Cx+3C\\8x^2+12x-20&=(2+B)x^2+(2+3B+C)x+(4+3C)\end{aligned}$$

Si los coeficientes de los términos del lado derecho son iguales a los coeficientes de los términos del lado izquierdo, se obtiene el sistema de ecuaciones.

$$\begin{aligned}2+B&=8 &&(1)\\2+3B+C&=12 &&(2)\\4+3C&=-20 &&(3)\end{aligned}$$

Resuelva para B utilizando la ecuación (1) y resuelva para C utilizando la ecuación (3).

$$\begin{aligned}2+B&=8 &&(1)\\B&=6\end{aligned}$$

$$\begin{aligned}4+3C&=-20 &&(3)\\3C&=-24\\C&=-8\end{aligned}$$

De esta forma, la descomposición parcial de fracciones de la expresión es

$$\frac{8x^2+12x-20}{(x+3)\left(x^2+x+2\right)}=\frac{2}{(x+3)}+\frac{6x-8}{\left(x^2+x+2\right)}$$

PREGUNTAS Y RESPUESTAS

¿Podríamos haber establecido un sistema de ecuaciones para resolver el Ejemplo 3?

Sí, podríamos haberlo resuelto estableciendo un sistema de ecuaciones sin resolver para A primero. La expansión de la derecha sería:

$$\begin{aligned}8x^2+12x-20&=Ax^2+Ax+2A+Bx^2+3B+Cx+3C\\8x^2+12x-20&=(A+B)x^2+(A+3B+C)x+(2A+3C)\end{aligned}$$

Así que el sistema de ecuaciones sería:

$$\begin{aligned} A + B &= 8 \\ A + 3B + C &= 12 \\ 2A + 3C &= -20 \end{aligned}$$

> **INTÉNTELO** #3 Halle la descomposición parcial de fracciones de la expresión con un factor cuadrático irreducible no repetido.

$$\frac{5x^2-6x+7}{(x-1)\left(x^2+1\right)}$$

Descomposición de $\frac{P(x)}{Q(x)}$ cuando $Q(x)$ tiene un factor cuadrático irreductible repetido

Ahora que podemos descomponer una expresión racional simplificada con un factor cuadrático irreducible, aprenderemos a hacer la descomposición parcial de fracciones cuando la expresión racional simplificada tiene factores cuadráticos irreducibles repetidos. La descomposición consistirá en fracciones parciales con numeradores lineales sobre cada factor cuadrático irreducible representado en potencias crecientes.

Descomposición de $\frac{P(x)}{Q(x)}$ cuando $Q(x)$ tiene un factor cuadrático irreductible repetido

La descomposición parcial de fracciones de $\frac{P(x)}{Q(x)}$, cuando $Q(x)$ tiene un factor cuadrático irreducible repetido y el grado de $P(x)$ es menor que el grado de $Q(x)$, es

$$\frac{P(x)}{\left(ax^2+bx+c\right)^n} = \frac{A_1x+B_1}{\left(ax^2+bx+c\right)} + \frac{A_2x+B_2}{\left(ax^2+bx+c\right)^2} + \frac{A_3x+B_3}{\left(ax^2+bx+c\right)^3} + \cdots + \frac{A_nx+B_n}{\left(ax^2+bx+c\right)^n}$$

Escriba los denominadores en potencias crecientes.

CÓMO

Dada una expresión racional que tiene un factor irreducible repetido, descompóngala.

1. Utilice variables como $A, B,$ o C para los numeradores constantes sobre factores lineales, y expresiones lineales como $A_1x+B_1, A_2x+B_2,$ etc., para los numeradores de cada factor cuadrático en el denominador escrito en potencias crecientes, como
$$\frac{P(x)}{Q(x)} = \frac{A}{ax+b} + \frac{A_1x+B_1}{(ax^2+bx+c)} + \frac{A_2x+B_2}{(ax^2+bx+c)^2} + \cdots + \frac{A_n+B_n}{(ax^2+bx+c)^n}$$
2. Multiplique ambos lados de la ecuación por el denominador común para eliminar las fracciones.
3. Expanda el lado derecho de la ecuación y reúna los términos similares.
4. Establezca los coeficientes de los términos similares del lado izquierdo de la ecuación iguales a los del lado derecho a fin de crear un sistema de ecuaciones para resolver los numeradores.

EJEMPLO 4

Descomponer una función racional con un factor cuadrático irreducible repetido en el denominador

Descomponga la expresión dada que tiene un factor irreducible repetido en el denominador.

$$\frac{x^4+x^3+x^2-x+1}{x\left(x^2+1\right)^2}$$

Solución

Los factores del denominador son $x, (x^2+1),$ y $(x^2+1)^2$. Recordemos que, cuando un factor del denominador es un cuadrático que incluye al menos dos términos, el numerador debe ser de la forma lineal $Ax+B$. Así que vamos a empezar la descomposición.

$$\frac{x^4+x^3+x^2-x+1}{x(x^2+1)^2}=\frac{A}{x}+\frac{Bx+C}{(x^2+1)}+\frac{Dx+E}{(x^2+1)^2}$$

Eliminamos los denominadores al multiplicar cada término por $x(x^2+1)^2$. Así,

$$x^4+x^3+x^2-x+1=A(x^2+1)^2+(Bx+C)(x)(x^2+1)+(Dx+E)(x)$$

Amplíe el lado derecho.

$$\begin{aligned}x^4+x^3+x^2-x+1&=A(x^4+2x^2+1)+Bx^4+Bx^2+Cx^3+Cx+Dx^2+Ex\\&=Ax^4+2Ax^2+A+Bx^4+Bx^2+Cx^3+Cx+Dx^2+Ex\end{aligned}$$

Ahora recopilaremos términos similares.

$$x^4+x^3+x^2-x+1=(A+B)x^4+(C)x^3+(2A+B+D)x^2+(C+E)x+A$$

Establezca el sistema de ecuaciones haciendo coincidir los coeficientes correspondientes a cada lado del signo de igual.

$$\begin{aligned}A+B&=1\\C&=1\\2A+B+D&=1\\C+E&=-1\\A&=1\end{aligned}$$

A partir de este punto podemos utilizar la sustitución. Sustituya $A=1$ en la primera ecuación.

$$\begin{aligned}1+B&=1\\B&=0\end{aligned}$$

Sustituya $A=1$ y $B=0$ en la tercera ecuación.

$$\begin{aligned}2(1)+0+D&=1\\D&=-1\end{aligned}$$

Sustituya $C=1$ en la cuarta ecuación.

$$\begin{aligned}1+E&=-1\\E&=-2\end{aligned}$$

Ahora hemos resuelto todas las incógnitas del lado derecho del signo de igual. Tenemos $A=1, B=0, C=1, D=-1$, y $E=-2$. Podemos escribir la descomposición de la siguiente manera:

$$\frac{x^4+x^3+x^2-x+1}{x(x^2+1)^2}=\frac{1}{x}+\frac{1}{(x^2+1)}-\frac{x+2}{(x^2+1)^2}$$

INTÉNTELO #4 Halle la descomposición parcial de fracciones de la expresión con un factor cuadrático irreducible repetido.

$$\frac{x^3-4x^2+9x-5}{(x^2-2x+3)^2}$$

MEDIA

Acceda a estos recursos en línea para obtener más información y practicar fracciones parciales.

Descomposición parcial de fracciones (http://openstax.org/l/partdecomp)

Descomposición parcial de fracciones con factores lineales repetidos (http://openstax.org/l/partdecomprlf)
Descomposición parcial de fracciones con factores lineales y cuadráticos (http://openstax.org/l/partdecomlqu)

9.4 EJERCICIOS DE SECCIÓN

Verbales

1. ¿Se puede descomponer cualquier cociente de polinomios en al menos dos fracciones parciales? Si es así, explique por qué, y si no es así, dé un ejemplo de dicha fracción

2. ¿Puede explicar por qué la descomposición parcial de fracciones es única? (Pista: Piense en ello como un sistema de ecuaciones).

3. ¿Puede explicar cómo verificar gráficamente una descomposición parcial de fracciones?

4. No está seguro de haber descompuesto correctamente la fracción parcial. Explique cómo podría comprobar su respuesta.

5. Una vez que tiene un sistema de ecuaciones generado por la descomposición parcial de fracciones, ¿puede explicar otro método para resolverlo? Por ejemplo, si tuviera $\frac{7x+13}{3x^2+8x+15} = \frac{A}{x+1} + \frac{B}{3x+5}$, finalmente simplificamos a $7x + 13 = A(3x + 5) + B(x + 1)$. Explique cómo podría elegir inteligentemente un valor x que elimine A o B y resuelva para A y B.

Algebraicos

En los siguientes ejercicios, halle la descomposición de la fracción parcial para los factores lineales no repetitivos.

6. $\frac{5x+16}{x^2+10x+24}$

7. $\frac{3x-79}{x^2-5x-24}$

8. $\frac{-x-24}{x^2-2x-24}$

9. $\frac{10x+47}{x^2+7x+10}$

10. $\frac{x}{6x^2+25x+25}$

11. $\frac{32x-11}{20x^2-13x+2}$

12. $\frac{x+1}{x^2+7x+10}$

13. $\frac{5x}{x^2-9}$

14. $\frac{10x}{x^2-25}$

15. $\frac{6x}{x^2-4}$

16. $\frac{2x-3}{x^2-6x+5}$

17. $\frac{4x-1}{x^2-x-6}$

18. $\frac{4x+3}{x^2+8x+15}$

19. $\frac{3x-1}{x^2-5x+6}$

En los siguientes ejercicios, halle la descomposición de la fracción parcial para los factores lineales repetidos.

20. $\frac{-5x-19}{(x+4)^2}$

21. $\frac{x}{(x-2)^2}$

22. $\frac{7x+14}{(x+3)^2}$

23. $\frac{-24x-27}{(4x+5)^2}$

24. $\frac{-24x-27}{(6x-7)^2}$

25. $\frac{5-x}{(x-7)^2}$

26. $\frac{5x+14}{2x^2+12x+18}$

27. $\frac{5x^2+20x+8}{2x(x+1)^2}$

28. $\frac{4x^2+55x+25}{5x(3x+5)^2}$

29. $\frac{54x^3+127x^2+80x+16}{2x^2(3x+2)^2}$

30. $\frac{x^3-5x^2+12x+144}{x^2\left(x^2+12x+36\right)}$

En los siguientes ejercicios, halle la descomposición de la fracción parcial para el factor cuadrático irreducible no repetitivo.

31. $\frac{4x^2+6x+11}{(x+2)\left(x^2+x+3\right)}$

32. $\frac{4x^2+9x+23}{(x-1)\left(x^2+6x+11\right)}$

33. $\frac{-2x^2+10x+4}{(x-1)\left(x^2+3x+8\right)}$

34. $\frac{x^2+3x+1}{(x+1)\left(x^2+5x-2\right)}$

35. $\frac{4x^2+17x-1}{(x+3)\left(x^2+6x+1\right)}$

36. $\frac{4x^2}{(x+5)\left(x^2+7x-5\right)}$

37. $\frac{4x^2+5x+3}{x^3-1}$

38. $\frac{-5x^2+18x-4}{x^3+8}$

39. $\frac{3x^2-7x+33}{x^3+27}$

40. $\frac{x^2+2x+40}{x^3-125}$

41. $\frac{4x^2+4x+12}{8x^3-27}$

42. $\frac{-50x^2+5x-3}{125x^3-1}$

43. $\frac{-2x^3-30x^2+36x+216}{x^4+216x}$

En los siguientes ejercicios, halle la descomposición de la fracción parcial para el factor cuadrático repetido irreducible.

44. $\frac{3x^3+2x^2+14x+15}{\left(x^2+4\right)^2}$

45. $\frac{x^3+6x^2+5x+9}{\left(x^2+1\right)^2}$

46. $\frac{x^3-x^2+x-1}{\left(x^2-3\right)^2}$

47. $\frac{x^2+5x+5}{(x+2)^2}$

48. $\frac{x^3+2x^2+4x}{\left(x^2+2x+9\right)^2}$

49. $\frac{x^2+25}{\left(x^2+3x+25\right)^2}$

50. $\frac{2x^3+11x^2+7x+70}{\left(2x^2+x+14\right)^2}$

51. $\frac{5x+2}{x\left(x^2+4\right)^2}$

52. $\frac{x^4+x^3+8x^2+6x+36}{x\left(x^2+6\right)^2}$

53. $\frac{2x-9}{\left(x^2-x\right)^2}$

54. $\frac{5x^3-2x+1}{\left(x^2+2x\right)^2}$

Extensiones

En los siguientes ejercicios, halle la expansión de fracción parcial.

55. $\frac{x^2+4}{(x+1)^3}$

56. $\frac{x^3-4x^2+5x+4}{(x-2)^3}$

En los siguientes ejercicios, realice la operación y luego halle la descomposición de la fracción parcial.

57. $\frac{7}{x+8}+\frac{5}{x-2}-\frac{x-1}{x^2-6x-16}$

58. $\frac{1}{x-4}-\frac{3}{x+6}-\frac{2x+7}{x^2+2x-24}$

59. $\frac{2x}{x^2-16}-\frac{1-2x}{x^2+6x+8}-\frac{x-5}{x^2-4x}$

9.5 Matrices y operaciones con matrices

Objetivos de aprendizaje

En esta sección, podrá:

- Hallar la suma y la diferencia de dos matrices.
- Hallar múltiplos escalares de una matriz.
- Hallar la multiplicación de dos matrices.

Figura 1 (Créditos: "SD Dirk", Flickr).

Dos equipos de fútbol de club, los Wildcats y los Mud Cats, esperan obtener nuevo equipamiento para una próxima temporada. La Tabla 1 muestra las necesidades de ambos equipos.

	Wildcats	Mud Cats
Porterías	6	10
Pelotas	30	24
Camisetas	14	20

Tabla 1

Una portería cuesta 300 dólares, un balón 10 dólares y una camiseta 30 dólares. ¿Cómo podemos calcular el costo total del equipamiento necesario para cada equipo? En esta sección descubrimos un método en el que los datos de la tabla de equipos de fútbol se pueden mostrar y utilizar para calcular otra información. Entonces, podremos calcular el costo del equipamiento.

Hallar la suma y la diferencia de dos matrices

Para resolver un problema como el descrito de los equipos de fútbol, podemos utilizar una matriz, que es un conjunto rectangular de números. La fila de una matriz es un conjunto de números alineados horizontalmente. La columna de una matriz es un conjunto de números alineados verticalmente. Cada número es una entrada, a veces llamado elemento, de la matriz. Las matrices (en plural) se encierran en [ ] o ( ), y suelen nombrarse con letras mayúsculas. Por ejemplo, tres matrices denominadas A, B, y C se muestran a continuación.

$$A = \begin{bmatrix} 1 & 2 \\ 3 & 4 \end{bmatrix}, B = \begin{bmatrix} 1 & 2 & 7 \\ 0 & -5 & 6 \\ 7 & 8 & 2 \end{bmatrix}, C = \begin{bmatrix} -1 & 3 \\ 0 & 2 \\ 3 & 1 \end{bmatrix}$$

Descripción de matrices

A menudo se hace referencia a una matriz por su tamaño o sus dimensiones: $m \times n$ indicando m filas y n columnas. Las entradas de la matriz se definen primero por fila y luego por columna. Por ejemplo, para localizar la entrada en la matriz A identificada como a_{ij}, buscamos la entrada en la fila i, columna j. En la matriz A, que se muestra a continuación, la entrada en la fila 2, columna 3 es a_{23}.

$$A = \begin{bmatrix} a_{11} & a_{12} & a_{13} \\ a_{21} & a_{22} & a_{23} \\ a_{31} & a_{32} & a_{33} \end{bmatrix}$$

Una matriz cuadrada es una matriz de dimensiones $n \times n$, lo que significa que tiene el mismo número de filas que de columnas. La matriz 3×3 La anterior es un ejemplo de matriz cuadrada.

Una matriz de filas es una matriz formada por una fila de dimensiones $1 \times n$.

$$\begin{bmatrix} a_{11} & a_{12} & a_{13} \end{bmatrix}$$

Una matriz de columnas es una matriz formada por una columna de dimensiones $m \times 1$.

$$\begin{bmatrix} a_{11} \\ a_{21} \\ a_{31} \end{bmatrix}$$

Se puede utilizar una matriz para representar un sistema de ecuaciones. En estos casos, los números representan los coeficientes de las variables del sistema. Las matrices facilitan la resolución de sistemas de ecuaciones porque no están cargadas de variables. Investigaremos esta idea más a fondo en la siguiente sección, pero primero veremos las operaciones con matrices básicas.

Matrices

Una **matriz** es un conjunto rectangular de números que se suele nombrar con una letra mayúscula A, B, C, y así sucesivamente. Cada entrada de una matriz se denomina a_{ij}, de manera que i representa la fila y j representa la columna. Las matrices suelen denominarse por sus dimensiones $m \times n$ indicando m filas y n columnas.

EJEMPLO 1

Hallar las dimensiones de la matriz dada y localizar las entradas

Matriz dada A :

Ⓐ ¿Cuáles son las dimensiones de la matriz A?

Ⓑ ¿Cuáles son las entradas en a_{31} y a_{22}?

$$A = \begin{bmatrix} 2 & 1 & 0 \\ 2 & 4 & 7 \\ 3 & 1 & -2 \end{bmatrix}$$

Solución

Ⓐ Las dimensiones son 3×3 porque hay tres filas y tres columnas.

Ⓑ Entrada a_{31} es el número de la fila 3, columna 1, que es el 3. La entrada a_{22} es el número de la fila 2, columna 2, que es el 4. Recuerde que primero va la fila y luego la columna.

Suma y resta de matrices

Utilizamos las matrices para enumerar datos o representar sistemas. Como las entradas son números, podemos realizar operaciones con matrices. Sumamos o restamos matrices al sumar o restar las entradas correspondientes.

Para ello, las entradas deben corresponder. Por lo tanto, la *suma y la resta de matrices solo es posible cuando las matrices tienen las mismas dimensiones.* Podemos sumar o restar una matriz 3×3 y otra matriz 3×3, pero no podemos sumar o restar una matriz 2×3 y una matriz 3×3 porque algunas entradas de una matriz no tendrán una entrada correspondiente en la otra matriz.

Suma y resta de matrices

Dadas las matrices A y B de dimensiones similares, la suma y la resta de A y B producirá la matriz C o la matriz D de la misma dimensión.

$$A+B=C \text{ tal que } a_{ij}+b_{ij}=c_{ij}$$
$$A-B=D \text{ tal que } a_{ij}-b_{ij}=d_{ij}$$

La suma de matrices es conmutativa.

$$A+B=B+A$$

También es asociativa.

$$(A+B)+C=A+(B+C)$$

EJEMPLO 2

Calcular la suma de matrices

Calcule la suma de A y B, dado

$$A=\begin{bmatrix} a & b \\ c & d \end{bmatrix} \quad \text{y} \quad B=\begin{bmatrix} e & f \\ g & h \end{bmatrix}$$

Solución

Sume las entradas correspondientes.

$$\begin{aligned} A+B &= \begin{bmatrix} a & b \\ c & d \end{bmatrix}+\begin{bmatrix} e & f \\ g & h \end{bmatrix} \\ &= \begin{bmatrix} a+e & b+f \\ c+g & d+h \end{bmatrix} \end{aligned}$$

EJEMPLO 3

Sumar la matriz *A* y la matriz *B*

Calcule la suma de A y B.

$$A=\begin{bmatrix} 4 & 1 \\ 3 & 2 \end{bmatrix} \quad \text{y} \quad B=\begin{bmatrix} 5 & 9 \\ 0 & 7 \end{bmatrix}$$

Solución

Sume las entradas correspondientes. Sume la entrada en la fila 1, columna 1, a_{11}, de la matriz A a la entrada de la fila 1, columna 1, b_{11}, de B. Continúe el patrón hasta que se hayan sumado todas las entradas.

$$\begin{aligned} A+B &= \begin{bmatrix} 4 & 1 \\ 3 & 2 \end{bmatrix}+\begin{bmatrix} 5 & 9 \\ 0 & 7 \end{bmatrix} \\ &= \begin{bmatrix} 4+5 & 1+9 \\ 3+0 & 2+7 \end{bmatrix} \\ &= \begin{bmatrix} 9 & 10 \\ 3 & 9 \end{bmatrix} \end{aligned}$$

EJEMPLO 4

Calcular la diferencia de dos matrices

Calcule la diferencia de A y B.

$$A = \begin{bmatrix} -2 & 3 \\ 0 & 1 \end{bmatrix} \text{ y } B = \begin{bmatrix} 8 & 1 \\ 5 & 4 \end{bmatrix}$$

Solución

Restamos las entradas correspondientes de cada matriz.

$$\begin{aligned} A - B &= \begin{bmatrix} -2 & 3 \\ 0 & 1 \end{bmatrix} - \begin{bmatrix} 8 & 1 \\ 5 & 4 \end{bmatrix} \\ &= \begin{bmatrix} -2-8 & 3-1 \\ 0-5 & 1-4 \end{bmatrix} \\ &= \begin{bmatrix} -10 & 2 \\ -5 & -3 \end{bmatrix} \end{aligned}$$

EJEMPLO 5

Calcular la suma y la diferencia de dos matrices 3 x 3

Dados A y B :

Ⓐ Calcule la suma. Ⓑ Calcule la diferencia.

$$A = \begin{bmatrix} 2 & -10 & -2 \\ 14 & 12 & 10 \\ 4 & -2 & 2 \end{bmatrix} \text{ y } B = \begin{bmatrix} 6 & 10 & -2 \\ 0 & -12 & -4 \\ -5 & 2 & -2 \end{bmatrix}$$

Solución

Ⓐ Sume las entradas correspondientes.

$$\begin{aligned} A + B &= \begin{bmatrix} 2 & -10 & -2 \\ 14 & 12 & 10 \\ 4 & -2 & 2 \end{bmatrix} + \begin{bmatrix} 6 & 10 & -2 \\ 0 & -12 & -4 \\ -5 & 2 & -2 \end{bmatrix} \\ &= \begin{bmatrix} 2+6 & -10+10 & -2-2 \\ 14+0 & 12-12 & 10-4 \\ 4-5 & -2+2 & 2-2 \end{bmatrix} \\ &= \begin{bmatrix} 8 & 0 & -4 \\ 14 & 0 & 6 \\ -1 & 0 & 0 \end{bmatrix} \end{aligned}$$

Ⓑ Reste las entradas correspondientes.

$$\begin{aligned} A - B &= \begin{bmatrix} 2 & -10 & -2 \\ 14 & 12 & 10 \\ 4 & -2 & 2 \end{bmatrix} - \begin{bmatrix} 6 & 10 & -2 \\ 0 & -12 & -4 \\ -5 & 2 & -2 \end{bmatrix} \\ &= \begin{bmatrix} 2-6 & -10-10 & -2+2 \\ 14-0 & 12+12 & 10+4 \\ 4+5 & -2-2 & 2+2 \end{bmatrix} \\ &= \begin{bmatrix} -4 & -20 & 0 \\ 14 & 24 & 14 \\ 9 & -4 & 4 \end{bmatrix} \end{aligned}$$

INTÉNTELO #1 Sume la matriz A y la matriz B.

$$A = \begin{bmatrix} 2 & 6 \\ 1 & 0 \\ 1 & -3 \end{bmatrix} \text{ y } B = \begin{bmatrix} 3 & -2 \\ 1 & 5 \\ -4 & 3 \end{bmatrix}$$

Hallar múltiplos escalares de una matriz

Además de sumar y restar matrices enteras, hay muchas situaciones en las que necesitamos multiplicar una matriz por una constante denominada escalar. Recordemos que un escalar es una cantidad de números reales que tiene magnitud, pero no dirección. Por ejemplo, el tiempo, la temperatura y la distancia son cantidades escalares. La multiplicación escalar consiste en multiplicar cada entrada de una matriz por un escalar. Un **múltiplo escalar** es cualquier entrada de una matriz que resulta de una multiplicación escalar.

Considere un escenario del mundo real en el que una universidad necesita aumentar su inventario de computadoras, mesas de computadora y sillas en dos de los laboratorios del campus debido al aumento de las inscripciones. Calculan que se necesita un 15 % más de equipamiento en ambos laboratorios. El inventario actual de la escuela se muestra en la Tabla 2.

	Laboratorio A	Laboratorio B
Computadoras	15	27
Mesas de computadora	16	34
Sillas	16	34

Tabla 2

Al convertir los datos en una matriz, tenemos

$$C_{2013} = \begin{bmatrix} 15 & 27 \\ 16 & 34 \\ 16 & 34 \end{bmatrix}$$

Para calcular cuánto equipo informático se necesitará, multiplicamos todas las entradas de la matriz C por 0,15.

$$(0{,}15)C_{2013} = \begin{bmatrix} (0{,}15)15 & (0{,}15)27 \\ (0{,}15)16 & (0{,}15)34 \\ (0{,}15)16 & (0{,}15)34 \end{bmatrix} = \begin{bmatrix} 2{,}25 & 4{,}05 \\ 2{,}4 & 5{,}1 \\ 2{,}4 & 5{,}1 \end{bmatrix}$$

Debemos redondear al siguiente número entero, por lo que la cantidad de equipos nuevos necesarios es

$$\begin{bmatrix} 3 & 5 \\ 3 & 6 \\ 3 & 6 \end{bmatrix}$$

Al sumar las dos matrices como se muestra a continuación, vemos las nuevas cantidades de inventario.

$$\begin{bmatrix} 15 & 27 \\ 16 & 34 \\ 16 & 34 \end{bmatrix} + \begin{bmatrix} 3 & 5 \\ 3 & 6 \\ 3 & 6 \end{bmatrix} = \begin{bmatrix} 18 & 32 \\ 19 & 40 \\ 19 & 40 \end{bmatrix}$$

Esto significa que

$$C_{2014} = \begin{bmatrix} 18 & 32 \\ 19 & 40 \\ 19 & 40 \end{bmatrix}$$

Así, el laboratorio A tendrá 18 computadoras, 19 mesas de computadora y 19 sillas; el laboratorio B tendrá 32 computadoras, 40 mesas de computadora y 40 sillas.

Multiplicación escalar

La multiplicación escalar consiste en hallar el producto de una constante por cada entrada de la matriz. Dado

$$A = \begin{bmatrix} a_{11} & a_{12} \\ a_{21} & a_{22} \end{bmatrix}$$

el múltiplo escalar cA es

$$\begin{aligned} cA &= c\begin{bmatrix} a_{11} & a_{12} \\ a_{21} & a_{22} \end{bmatrix} \\ &= \begin{bmatrix} ca_{11} & ca_{12} \\ ca_{21} & ca_{22} \end{bmatrix} \end{aligned}$$

La multiplicación escalar es distributiva. Para las matrices A, B, y C con escalares a y b,

$$a(A + B) = aA + aB$$
$$(a + b)A = aA + bA$$

EJEMPLO 6

Multiplicar la matriz por un escalar

Multiplique la matriz A por el escalar 3.

$$A = \begin{bmatrix} 8 & 1 \\ 5 & 4 \end{bmatrix}$$

Solución

Multiplique cada entrada en A por el escalar 3.

$$\begin{aligned} 3A &= 3\begin{bmatrix} 8 & 1 \\ 5 & 4 \end{bmatrix} \\ &= \begin{bmatrix} 3 \cdot 8 & 3 \cdot 1 \\ 3 \cdot 5 & 3 \cdot 4 \end{bmatrix} \\ &= \begin{bmatrix} 24 & 3 \\ 15 & 12 \end{bmatrix} \end{aligned}$$

> **INTÉNTELO** #2 Matriz dada B, halle $-2B$ donde

$$B = \begin{bmatrix} 4 & 1 \\ 3 & 2 \end{bmatrix}$$

EJEMPLO 7

Calcular la suma de múltiplos escalares

Calcule la suma $3A + 2B$.

$$A = \begin{bmatrix} 1 & -2 & 0 \\ 0 & -1 & 2 \\ 4 & 3 & -6 \end{bmatrix} \text{ y } B = \begin{bmatrix} -1 & 2 & 1 \\ 0 & -3 & 2 \\ 0 & 1 & -4 \end{bmatrix}$$

Solución

En primer lugar, calcule $3A$, entonces $2B$.

$$\begin{aligned} 3A &= \begin{bmatrix} 3 \cdot 1 & 3(-2) & 3 \cdot 0 \\ 3 \cdot 0 & 3(-1) & 3 \cdot 2 \\ 3 \cdot 4 & 3 \cdot 3 & 3(-6) \end{bmatrix} \\ &= \begin{bmatrix} 3 & -6 & 0 \\ 0 & -3 & 6 \\ 12 & 9 & -18 \end{bmatrix} \end{aligned}$$

$$2B = \begin{bmatrix} 2(-1) & 2\cdot 2 & 2\cdot 1 \\ 2\cdot 0 & 2(-3) & 2\cdot 2 \\ 2\cdot 0 & 2\cdot 1 & 2(-4) \end{bmatrix}$$
$$= \begin{bmatrix} -2 & 4 & 2 \\ 0 & -6 & 4 \\ 0 & 2 & -8 \end{bmatrix}$$

Ahora, sume $3A + 2B$.

$$3A + 2B = \begin{bmatrix} 3 & -6 & 0 \\ 0 & -3 & 6 \\ 12 & 9 & -18 \end{bmatrix} + \begin{bmatrix} -2 & 4 & 2 \\ 0 & -6 & 4 \\ 0 & 2 & -8 \end{bmatrix}$$
$$= \begin{bmatrix} 3-2 & -6+4 & 0+2 \\ 0+0 & -3-6 & 6+4 \\ 12+0 & 9+2 & -18-8 \end{bmatrix}$$
$$= \begin{bmatrix} 1 & -2 & 2 \\ 0 & -9 & 10 \\ 12 & 11 & -26 \end{bmatrix}$$

Calcular la multiplicación de dos matrices

Además de multiplicar una matriz por un escalar, podemos multiplicar dos matrices. Calcular la multiplicación de dos matrices solo es posible cuando las dimensiones internas son iguales, es decir, cuando el número de columnas de la primera matriz es igual al número de filas de la segunda. Si los valores de A es una matriz $m \times r$ y B es una matriz $r \times n$, entonces la matriz producto AB es una matriz $m \times n$. Por ejemplo, el producto AB es posible porque el número de columnas en A es el mismo que el número de filas en B. Si las dimensiones interiores no coinciden, el producto no está definido.

$$A \quad \bullet \quad B$$
$$2\times 3 \qquad 3\times 3$$
son iguales

Multiplicamos las entradas de A con entradas de B de acuerdo con un patrón específico que se describe a continuación. El proceso de la multiplicación de matrices se hace más claro cuando se trabaja un problema con números reales.

Para obtener las entradas de la fila i de AB, multiplicamos las entradas de la fila i de A por columna j en B y sumamos. Por ejemplo, dadas las matrices A y B, donde las dimensiones de A son 2×3 y las dimensiones de B son 3×3, el producto de AB será una matriz 2×3.

$$A = \begin{bmatrix} a_{11} & a_{12} & a_{13} \\ a_{21} & a_{22} & a_{23} \end{bmatrix} \text{ y } B = \begin{bmatrix} b_{11} & b_{12} & b_{13} \\ b_{21} & b_{22} & b_{23} \\ b_{31} & b_{32} & b_{33} \end{bmatrix}$$

Multiplique y sume de la siguiente forma para obtener la primera entrada de la matriz producto AB.

1. Para obtener la entrada en la fila 1, columna 1 de AB, multiplique la primera fila de A por la primera columna de B, y sumamos.

$$\begin{bmatrix} a_{11} & a_{12} & a_{13} \end{bmatrix} \begin{bmatrix} b_{11} \\ b_{21} \\ b_{31} \end{bmatrix} = a_{11} \cdot b_{11} + a_{12} \cdot b_{21} + a_{13} \cdot b_{31}$$

2. Para obtener la entrada en la fila 1, columna 2 de AB, multiplique la primera fila de A por la segunda columna de B, y sumamos.

$$\begin{bmatrix} a_{11} & a_{12} & a_{13} \end{bmatrix} \begin{bmatrix} b_{12} \\ b_{22} \\ b_{32} \end{bmatrix} = a_{11} \cdot b_{12} + a_{12} \cdot b_{22} + a_{13} \cdot b_{32}$$

3. Para obtener la entrada en la fila 1, columna 3 de AB, multiplique la primera fila de A por la tercera columna de B, y sumamos.

$$\begin{bmatrix} a_{11} & a_{12} & a_{13} \end{bmatrix} \begin{bmatrix} b_{13} \\ b_{23} \\ b_{33} \end{bmatrix} = a_{11} \cdot b_{13} + a_{12} \cdot b_{23} + a_{13} \cdot b_{33}$$

Procedemos de la misma manera para obtener la segunda fila de AB. En otras palabras, la fila 2 de A por la columna 1 de B; fila 2 de A por la columna 2 de B; fila 2 de A por la columna 3 de B. Cuando se haya culminado, la matriz producto será

$$AB = \begin{bmatrix} a_{11} \cdot b_{11} + a_{12} \cdot b_{21} + a_{13} \cdot b_{31} & a_{11} \cdot b_{12} + a_{12} \cdot b_{22} + a_{13} \cdot b_{32} & a_{11} \cdot b_{13} + a_{12} \cdot b_{23} + a_{13} \cdot b_{33} \\ \\ a_{21} \cdot b_{11} + a_{22} \cdot b_{21} + a_{23} \cdot b_{31} & a_{21} \cdot b_{12} + a_{22} \cdot b_{22} + a_{23} \cdot b_{32} & a_{21} \cdot b_{13} + a_{22} \cdot b_{23} + a_{23} \cdot b_{33} \end{bmatrix}$$

Propiedades de la multiplicación de matrices

Para las matrices A, B, y C las siguientes propiedades se mantienen.

- La multiplicación de matrices es asociativa: $(AB)C = A(BC)$.
- La multiplicación de matrices es distributiva: $C(A + B) = CA + CB,$
  $(A + B)C = AC + BC.$

Tenga en cuenta que la multiplicación de matrices no es conmutativa.

EJEMPLO 8

Multiplicación de dos matrices

Multiplique la matriz A y la matriz B.

$$A = \begin{bmatrix} 1 & 2 \\ 3 & 4 \end{bmatrix} \text{ y } B = \begin{bmatrix} 5 & 6 \\ 7 & 8 \end{bmatrix}$$

Solución

Primero, comprobamos las dimensiones de las matrices. La matriz A tiene dimensiones 2×2 y la matriz B tiene dimensiones 2×2. Las dimensiones interiores son las mismas por lo que podemos realizar la multiplicación. El producto tendrá las dimensiones 2×2.

Realizamos las operaciones descritas anteriormente.

$$\begin{aligned} AB &= \begin{bmatrix} 1 & 2 \\ 3 & 4 \end{bmatrix} \cdot \begin{bmatrix} 5 & 6 \\ 7 & 8 \end{bmatrix} \\ &= \begin{bmatrix} 1(5) + 2(7) & 1(6) + 2(8) \\ 3(5) + 4(7) & 3(6) + 4(8) \end{bmatrix} \\ &= \begin{bmatrix} 19 & 22 \\ 43 & 50 \end{bmatrix} \end{aligned}$$

EJEMPLO 9

Multiplicación de dos matrices

Dados A y B:

Ⓐ Calcule AB. Ⓑ Calcule BA.

$$A = \begin{bmatrix} -1 & 2 & 3 \\ 4 & 0 & 5 \end{bmatrix} \text{ y } B = \begin{bmatrix} 5 & -1 \\ -4 & 0 \\ 2 & 3 \end{bmatrix}$$

Solución

Ⓐ Como las dimensiones de A son 2×3 y las dimensiones de B son 3×2, estas matrices pueden multiplicarse entre sí porque el número de columnas de A coincide con el número de filas de B. El producto resultante será una matriz 2×2, el número de filas de A por el número de columnas de B.

$$\begin{aligned} AB &= \begin{bmatrix} -1 & 2 & 3 \\ 4 & 0 & 5 \end{bmatrix} \begin{bmatrix} 5 & -1 \\ -4 & 0 \\ 2 & 3 \end{bmatrix} \\ &= \begin{bmatrix} -1(5)+2(-4)+3(2) & -1(-1)+2(0)+3(3) \\ 4(5)+0(-4)+5(2) & 4(-1)+0(0)+5(3) \end{bmatrix} \\ &= \begin{bmatrix} -7 & 10 \\ 30 & 11 \end{bmatrix} \end{aligned}$$

Ⓑ Las dimensiones de B son 3×2 y las dimensiones de A son 2×3. Las dimensiones interiores coinciden, por lo que el producto está definido y será una matriz 3×3.

$$\begin{aligned} BA &= \begin{bmatrix} 5 & -1 \\ -4 & 0 \\ 2 & 3 \end{bmatrix} \begin{bmatrix} -1 & 2 & 3 \\ 4 & 0 & 5 \end{bmatrix} \\ &= \begin{bmatrix} 5(-1)+-1(4) & 5(2)+-1(0) & 5(3)+-1(5) \\ -4(-1)+0(4) & -4(2)+0(0) & -4(3)+0(5) \\ 2(-1)+3(4) & 2(2)+3(0) & 2(3)+3(5) \end{bmatrix} \\ &= \begin{bmatrix} -9 & 10 & 10 \\ 4 & -8 & -12 \\ 10 & 4 & 21 \end{bmatrix} \end{aligned}$$

Análisis

Tenga en cuenta que los productos AB y BA no son iguales.

$$AB = \begin{bmatrix} -7 & 10 \\ 30 & 11 \end{bmatrix} \neq \begin{bmatrix} -9 & 10 & 10 \\ 4 & -8 & -12 \\ 10 & 4 & 21 \end{bmatrix} = BA$$

Esto ilustra el hecho de que la multiplicación de matrices no es conmutativa.

PREGUNTAS Y RESPUESTAS

¿Es posible que se defina *AB* pero no *BA*?

Sí, consideremos una matriz A de dimensión 3×4 y la matriz B con dimensión 4×2. Para el producto AB las dimensiones interiores son 4 y el producto está definido, pero para el producto BA las dimensiones interiores son 2 y 3 por lo que el producto no está definido.

EJEMPLO 10

Usar matrices en problemas del mundo real

Volvamos al problema presentado al principio de esta sección. Tenemos la Tabla 3, que representa las necesidades de equipamiento de dos equipos de fútbol.

	Wildcats	Mud Cats
Porterías	6	10
Pelotas	30	24
Camisetas	14	20

Tabla 3

También se nos facilitan los precios de los equipos, como se indica en la Tabla 4.

Meta	300 dólares
Balón	10 dólares
Camiseta	30 dólares

Tabla 4

Convertiremos los datos en matrices. Así, la matriz de necesidades de equipamiento se escribe como

$$E = \begin{bmatrix} 6 & 10 \\ 30 & 24 \\ 14 & 20 \end{bmatrix}$$

La matriz de costos se escribe como

$$C = \begin{bmatrix} 300 & 10 & 30 \end{bmatrix}$$

Realizamos una multiplicación de matrices para obtener los costos de los equipos

$$\begin{aligned} CE &= \begin{bmatrix} 300 & 10 & 30 \end{bmatrix} \begin{bmatrix} 6 & 10 \\ 30 & 24 \\ 14 & 20 \end{bmatrix} \\ &= \begin{bmatrix} 300(6) + 10(30) + 30(14) & 300(10) + 10(24) + 30(20) \end{bmatrix} \\ &= \begin{bmatrix} 2.520 & 3.840 \end{bmatrix} \end{aligned}$$

El costo total del equipamiento de los Wildcats es de 2.520 dólares y el de los Mud Cats de 3.840 dólares.

CÓMO

Dada una operación de matrices, evalúe utilizando una calculadora.

1. Guarde cada matriz como una variable de matriz. $[A], [B], [C], \ldots$
2. Introduzca la operación en la calculadora, llamando a cada variable de la matriz según sea necesario.

3. Si la operación está definida, la calculadora presentará la matriz de solución; si la operación no está definida, mostrará un mensaje de error.

EJEMPLO 11

Usar una calculadora para realizar operaciones con matrices

Calcule $AB - C$ dado

$$A = \begin{bmatrix} -15 & 25 & 32 \\ 41 & -7 & -28 \\ 10 & 34 & -2 \end{bmatrix}, B = \begin{bmatrix} 45 & 21 & -37 \\ -24 & 52 & 19 \\ 6 & -48 & -31 \end{bmatrix}, \text{y } C = \begin{bmatrix} -100 & -89 & -98 \\ 25 & -56 & 74 \\ -67 & 42 & -75 \end{bmatrix}.$$

Solución

En la página de matrices de la calculadora, introducimos la matriz A arriba como la variable de la matriz $[A]$, B arriba como la variable de la matriz $[B]$, y la matriz C arriba como la variable de la matriz $[C]$.

En la pantalla de inicio de la calculadora, escribimos el problema y llamamos a cada variable de la matriz según sea necesario.

$$[A]\,[B] - [C]$$

La calculadora nos da la siguiente matriz.

$$\begin{bmatrix} -983 & -462 & 136 \\ 1,820 & 1,897 & -856 \\ -311 & 2,032 & 413 \end{bmatrix}$$

MEDIA

Acceda a estos recursos en línea para obtener más información y practicar las matrices y las operaciones con matrices.

Dimensiones de una matriz (http://openstax.org/l/matrixdimen)
Suma y resta de matrices (http://openstax.org/l/matrixaddsub)
Operaciones con matrices (http://openstax.org/l/matrixoper)
Multiplicación de matrices (http://openstax.org/l/matrixmult)

9.5 EJERCICIOS DE SECCIÓN

Verbales

1. ¿Podemos sumar dos matrices cualesquiera? Si es así, explique por qué; si no, explique por qué no y dé un ejemplo de dos matrices que no puedan sumarse.

2. ¿Podemos multiplicar cualquier matriz de columnas por cualquier matriz de filas? Explique por qué sí o por qué no.

3. ¿Se pueden definir los productos AB y BA? Si es así, explique cómo; si no, explique por qué.

4. ¿Dos matrices del mismo tamaño se pueden multiplicar? Si es así, explique por qué, y si no, explique por qué no y dé un ejemplo de dos matrices del mismo tamaño que no se puedan multiplicar juntas.

5. ¿La multiplicación de matrices es conmutativa? Es decir, ¿es $AB = BA$? Si es así, demuestre por qué lo es. Si no, explique por qué no lo es.

Algebraicos

En los siguientes ejercicios, utilice las matrices que aparecen a continuación y realice la suma o la resta de matrices. Indicar si la operación es indefinida.

$$A = \begin{bmatrix} 1 & 3 \\ 0 & 7 \end{bmatrix}, B = \begin{bmatrix} 2 & 14 \\ 22 & 6 \end{bmatrix}, C = \begin{bmatrix} 1 & 5 \\ 8 & 92 \\ 12 & 6 \end{bmatrix}, D = \begin{bmatrix} 10 & 14 \\ 7 & 2 \\ 5 & 61 \end{bmatrix}, E = \begin{bmatrix} 6 & 12 \\ 14 & 5 \end{bmatrix}, F = \begin{bmatrix} 0 & 9 \\ 78 & 17 \\ 15 & 4 \end{bmatrix}$$

6. $A + B$

7. $C + D$

8. $A + C$

9. $B - E$

10. $C + F$

11. $D - B$

En los siguientes ejercicios, utilice las matrices que aparecen a continuación para realizar la multiplicación escalar.

$$A = \begin{bmatrix} 4 & 6 \\ 13 & 12 \end{bmatrix}, B = \begin{bmatrix} 3 & 9 \\ 21 & 12 \\ 0 & 64 \end{bmatrix}, C = \begin{bmatrix} 16 & 3 & 7 & 18 \\ 90 & 5 & 3 & 29 \end{bmatrix}, D = \begin{bmatrix} 18 & 12 & 13 \\ 8 & 14 & 6 \\ 7 & 4 & 21 \end{bmatrix}$$

12. $5A$

13. $3B$

14. $-2B$

15. $-4C$

16. $\frac{1}{2}C$

17. $100D$

En los siguientes ejercicios, utilice las matrices que aparecen a continuación para realizar la multiplicación.

$$A = \begin{bmatrix} -1 & 5 \\ 3 & 2 \end{bmatrix}, B = \begin{bmatrix} 3 & 6 & 4 \\ -8 & 0 & 12 \end{bmatrix}, C = \begin{bmatrix} 4 & 10 \\ -2 & 6 \\ 5 & 9 \end{bmatrix}, D = \begin{bmatrix} 2 & -3 & 12 \\ 9 & 3 & 1 \\ 0 & 8 & -10 \end{bmatrix}$$

18. AB

19. BC

20. CA

21. BD

22. DC

23. CB

En los siguientes ejercicios, utilice las matrices que aparecen a continuación para realizar la operación indicada si es posible. Si no es posible, explique por qué no se puede realizar la operación.

$$A = \begin{bmatrix} 2 & -5 \\ 6 & 7 \end{bmatrix}, B = \begin{bmatrix} -9 & 6 \\ -4 & 2 \end{bmatrix}, C = \begin{bmatrix} 0 & 9 \\ 7 & 1 \end{bmatrix}, D = \begin{bmatrix} -8 & 7 & -5 \\ 4 & 3 & 2 \\ 0 & 9 & 2 \end{bmatrix}, E = \begin{bmatrix} 4 & 5 & 3 \\ 7 & -6 & -5 \\ 1 & 0 & 9 \end{bmatrix}$$

24. $A + B - C$

25. $4A + 5D$

26. $2C + B$

27. $3D + 4E$

28. $C - 0{,}5D$

29. $100D - 10E$

En los siguientes ejercicios, utilice las matrices que aparecen a continuación para realizar la operación indicada si es posible. Si no es posible, explique por qué no se puede realizar la operación. (Pista: $A^2 = A \cdot A$)

$$A = \begin{bmatrix} -10 & 20 \\ 5 & 25 \end{bmatrix}, B = \begin{bmatrix} 40 & 10 \\ -20 & 30 \end{bmatrix}, C = \begin{bmatrix} -1 & 0 \\ 0 & -1 \\ 1 & 0 \end{bmatrix}$$

30. AB

31. BA

32. CA

33. BC

34. A^2

35. B^2

36. C^2

37. B^2A^2

38. A^2B^2

39. $(AB)^2$

40. $(BA)^2$

En los siguientes ejercicios, utilice las matrices que aparecen a continuación para realizar la operación indicada si es posible. Si no es posible, explique por qué no se puede realizar la operación. (Pista: $A^2 = A \cdot A$)

$$A = \begin{bmatrix} 1 & 0 \\ 2 & 3 \end{bmatrix}, B = \begin{bmatrix} -2 & 3 & 4 \\ -1 & 1 & -5 \end{bmatrix}, C = \begin{bmatrix} 0{,}5 & 0{,}1 \\ 1 & 0{,}2 \\ -0{,}5 & 0{,}3 \end{bmatrix}, D = \begin{bmatrix} 1 & 0 & -1 \\ -6 & 7 & 5 \\ 4 & 2 & 1 \end{bmatrix}$$

41. AB

42. BA

43. BD

44. DC

45. D^2

46. A^2

47. D^3

48. $(AB)C$

49. $A(BC)$

En tecnología

En los siguientes ejercicios, utilice las matrices que aparecen a continuación para realizar la operación indicada si es posible. Si no es posible, explique por qué no se puede realizar la operación. Utilice una calculadora para verificar su solución.

$$A = \begin{bmatrix} -2 & 0 & 9 \\ 1 & 8 & -3 \\ 0{,}5 & 4 & 5 \end{bmatrix}, B = \begin{bmatrix} 0{,}5 & 3 & 0 \\ -4 & 1 & 6 \\ 8 & 7 & 2 \end{bmatrix}, C = \begin{bmatrix} 1 & 0 & 1 \\ 0 & 1 & 0 \\ 1 & 0 & 1 \end{bmatrix}$$

50. AB

51. BA

52. CA

53. BC

54. ABC

Extensiones

En los siguientes ejercicios, utilice la matriz que aparece a continuación para realizar la operación indicada.

$$B = \begin{bmatrix} 1 & 0 & 0 \\ 0 & 0 & 1 \\ 0 & 1 & 0 \end{bmatrix}$$

55. B^2

56. B^3

57. B^4

58. B^5

59. Utilizando las preguntas anteriores, halle una fórmula para B^n. Pruebe la fórmula para B^{201} y B^{202}, utilizando una calculadora.

9.6 Resolver sistemas con eliminación de Gauss-Jordan

Objetivos de aprendizaje

En esta sección, podrá:

- Escribir la matriz aumentada de un sistema de ecuaciones.
- Escribir el sistema de ecuaciones de una matriz aumentada.
- Realizar operaciones de fila en una matriz.
- Resolver un sistema de ecuaciones lineales utilizando matrices.

Figura 1 El matemático alemán Carl Friedrich Gauss (1777-1855).

Carl Friedrich Gauss vivió a finales del siglo XVIII y principios del XIX, pero se lo sigue considerando uno de los matemáticos más prolíficos de la historia. Sus aportes a la ciencia de las matemáticas y la física abarcan campos como el álgebra, la teoría de números, el análisis, la geometría diferencial, la astronomía y la óptica, entre otros. Sus descubrimientos sobre la teoría de las matrices cambiaron la forma de trabajar de los matemáticos durante los dos siglos pasados.

La primera vez que estudiamos la eliminación de Gauss-Jordan fue en la sección Sistemas de ecuaciones lineales: dos variables En esta sección volveremos a examinar esta técnica de resolver sistemas, esta vez mediante matrices.

Escribir la matriz aumentada de un sistema de ecuaciones

Una matriz puede servir como dispositivo para representar y resolver un sistema de ecuaciones. Para expresar un sistema en forma de matriz, extraemos los coeficientes de las variables y las constantes, y estas se convierten en las entradas de la matriz. Utilizamos una línea vertical para separar las entradas de los coeficientes de las constantes, sustituyendo esencialmente los signos de igualdad. Cuando un sistema se escribe de esta forma, lo llamamos **matriz aumentada**.

Por ejemplo, consideremos el siguiente sistema de ecuaciones 2×2 dado.

$$\begin{aligned} 3x + 4y &= 7 \\ 4x - 2y &= 5 \end{aligned}$$

Podemos escribir este sistema como una matriz aumentada:

$$\left[\begin{array}{cc|c} 3 & 4 & 7 \\ 4 & -2 & 5 \end{array}\right]$$

También podemos escribir una matriz que contenga solo los coeficientes. Esto se llama la **matriz de coeficientes**.

$$\begin{bmatrix} 3 & 4 \\ 4 & -2 \end{bmatrix}$$

Un sistema de ecuaciones de tres por tres como

$$\begin{aligned} 3x - y - z &= 0 \\ x + y &= 5 \\ 2x - 3c &= 2 \end{aligned}$$

tiene una matriz de coeficientes

$$\begin{bmatrix} 3 & -1 & -1 \\ 1 & 1 & 0 \\ 2 & 0 & -3 \end{bmatrix}$$

y está representada por la matriz aumentada

$$\left[\begin{array}{ccc|c} 3 & -1 & -1 & 0 \\ 1 & 1 & 0 & 5 \\ 2 & 0 & -3 & 2 \end{array}\right]$$

Tome en cuenta que la matriz está escrita de forma que las variables se alinean en sus propias columnas: los términos *x* van en la primera columna, los términos *y* en la segunda columna y los términos *z* en la tercera columna. Es muy importante que cada ecuación se escriba en forma estándar $ax + by + cz = d$ para que las variables se alineen. Cuando en una ecuación falta un término variable, el coeficiente es 0.

CÓMO

Dado un sistema de ecuaciones, escriba una matriz aumentada.

1. Escriba los coeficientes de los términos *x* como los números de la primera columna.
2. Escriba los coeficientes de los términos *y* como los números de la segunda columna.
3. Si hay términos *z*, escriba los coeficientes como los números de la tercera columna.
4. Dibuje una línea vertical y escriba las constantes a la derecha de la línea.

EJEMPLO 1

Escribir la matriz aumentada de un sistema de ecuaciones

Escriba la matriz aumentada para el sistema de ecuaciones dado.

$$\begin{aligned} x + 2y - z &= 3 \\ 2x - y + 2z &= 6 \\ x - 3y + 3z &= 4 \end{aligned}$$

Solución

La matriz aumentada muestra los coeficientes de las variables y una columna adicional para las constantes.

$$\left[\begin{array}{ccc|c} 1 & 2 & -1 & 3 \\ 2 & -1 & 2 & 6 \\ 1 & -3 & 3 & 4 \end{array}\right]$$

INTÉNTELO #1 Escriba la matriz aumentada del sistema de ecuaciones dado.

$$\begin{array}{l} 4x - 3y = 11 \\ 3x + 2y = 4 \end{array}$$

Escribir un sistema de ecuaciones a partir de una matriz aumentada

Podemos utilizar las matrices aumentadas para ayudarnos a resolver sistemas de ecuaciones porque simplifican las operaciones cuando los sistemas no están condicionados por las variables. Sin embargo, es importante saber cómo pasar de un formato a otro para que la búsqueda de soluciones sea más fácil e intuitiva. Aquí, utilizaremos la información de una matriz aumentada para escribir el sistema de ecuaciones en forma estándar.

EJEMPLO 2

Escribir un sistema de ecuaciones a partir de una forma de matriz aumentada

Halle el sistema de ecuaciones de la matriz aumentada.

$$\left[\begin{array}{ccc|c} 1 & -3 & -5 & -2 \\ 2 & -5 & -4 & 5 \\ -3 & 5 & 4 & 6 \end{array}\right]$$

Solución

Cuando las columnas representan las variables x, y, y z,

$$\left[\begin{array}{ccc|c} 1 & -3 & -5 & -2 \\ 2 & -5 & -4 & 5 \\ -3 & 5 & 4 & 6 \end{array}\right] \rightarrow \begin{array}{r} x - 3y - 5z = -2 \\ 2x - 5y - 4z = 5 \\ -3x + 5y + 4z = 6 \end{array}$$

INTÉNTELO #2 Escriba el sistema de ecuaciones de la matriz aumentada.

$$\left[\begin{array}{ccc|c} 1 & -1 & 1 & 5 \\ 2 & -1 & 3 & 1 \\ 0 & 1 & 1 & -9 \end{array}\right]$$

Realizar operaciones de fila en una matriz

Ahora que podemos escribir sistemas de ecuaciones en forma de matriz aumentada, examinaremos las distintas **operaciones de fila** que se pueden realizar en una matriz, como adición, multiplicación por una constante e intercambio de filas.

Realizar operaciones de fila en una matriz es el método que utilizamos para resolver un sistema de ecuaciones. Para resolver el sistema de ecuaciones, queremos convertir la matriz a la **forma escalonada por filas**, en la cual hay unos en la **diagonal principal** desde la esquina superior izquierda hasta la esquina inferior derecha y ceros en cada posición por debajo de la diagonal principal como se muestra.

Forma escalonada por filas

$$\begin{bmatrix} 1 & a & b \\ 0 & 1 & d \\ 0 & 0 & 1 \end{bmatrix}$$

Utilizamos las operaciones de fila correspondientes a las operaciones de ecuación para obtener una nueva matriz que es **una equivalencia de fila** en una forma más simple. Estas son las directrices para obtener la forma escalonada por filas.

1. En cualquier fila distinta de cero, el primer número distinto de cero es un 1. Se denomina 1 *líder*.

2. Todas las filas con ceros se colocan en la parte inferior de la matriz.
3. Cualquier 1 líder está por debajo y a la derecha de un 1 líder anterior.
4. Cualquier columna que contenga un 1 líder tiene ceros en todas las demás posiciones de la columna.

Para resolver un sistema de ecuaciones podemos realizar las siguientes operaciones de fila para convertir la matriz de coeficientes a la forma escalonada por filas y volver a sustituir para hallar la solución.

1. Filas de intercambio (notación: $R_i \quad \leftrightarrow \quad R_j$).
2. Multiplique una fila por una constante (notación: cR_i).
3. Sume el producto de una fila multiplicado por una constante a otra fila (notación: $R_i + cR_j$)

Cada una de las operaciones de fila corresponde a las operaciones que ya hemos aprendido para resolver sistemas de ecuaciones con tres variables. Con estas operaciones, hay algunos movimientos clave que lograrán rápidamente el objetivo de escribir una matriz en forma escalonada por filas. Para obtener una matriz en forma escalonada por filas para hallar soluciones, utilizamos la eliminación de Gauss-Jordan, un método que utiliza las operaciones de fila para obtener un 1 como primera entrada, de modo que la fila 1 se puede usar para convertir las filas restantes.

Eliminación de Gauss-Jordan

El método de **eliminación de Gauss-Jordan** se refiere a una estrategia utilizada para obtener la forma escalonada por filas de una matriz. El objetivo es escribir la matriz A con el número 1 como entrada en la diagonal principal y con todos los ceros debajo.

$$A = \begin{bmatrix} a_{11} & a_{12} & a_{13} \\ a_{21} & a_{22} & a_{23} \\ a_{31} & a_{32} & a_{33} \end{bmatrix} \xrightarrow{\text{Después de la eliminación de Gauss-Jordan}} A = \begin{bmatrix} 1 & b_{12} & b_{13} \\ 0 & 1 & b_{23} \\ 0 & 0 & 1 \end{bmatrix}$$

El primer paso de la estrategia de Gauss-Jordan incluye la obtención de un 1 como primera entrada, de modo que la fila 1 se pueda usar para modificar las filas siguientes.

CÓMO

Dada una matriz aumentada, realice las operaciones de fila para conseguir la forma escalonada por filas.

1. La primera ecuación debe tener un coeficiente principal de 1. Intercambie las filas o multiplique por una constante, si es necesario.
2. Utilice las operaciones de fila para obtener ceros en la primera columna por debajo de la primera entrada de 1.
3. Utilice las operaciones de fila para obtener un 1 en la fila 2, columna 2.
4. Utilice las operaciones de fila para obtener ceros en la columna 2, debajo de la entrada de 1.
5. Utilice las operaciones de fila para obtener un 1 en la fila 3, columna 3.
6. Continúe este proceso para todas las filas hasta que haya un 1 en cada entrada de la diagonal principal y solo haya ceros debajo.
7. Si algunas filas contienen todos los ceros, colóquelas al final.

EJEMPLO 3

Resolver un sistema 2×2 por eliminación de Gauss-Jordan

Resuelva el sistema dado por eliminación de Gauss-Jordan.

$$\begin{aligned} 2x + 3y &= 6 \\ x - y &= \tfrac{1}{2} \end{aligned}$$

Solución

Primero, lo escribimos como una matriz aumentada.

$$\left[\begin{array}{cc|c} 2 & 3 & 6 \\ 1 & -1 & \frac{1}{2} \end{array}\right]$$

Queremos un 1 en la fila 1, columna 1. Esto se puede lograr intercambiando la fila 1 y la fila 2.

$$R_1 \leftrightarrow R_2 \rightarrow \left[\begin{array}{cc|c} 1 & -1 & \frac{1}{2} \\ 2 & 3 & 6 \end{array}\right]$$

Ahora tenemos un 1 como primera entrada en la fila 1, columna 1. Ahora vamos a obtener un 0 en la fila 2, columna 1. Esto se puede lograr multiplicando la fila 1 por -2, y luego se suma el resultado a la fila 2.

$$-2R_1 + R_2 = R_2 \rightarrow \left[\begin{array}{cc|c} 1 & -1 & \frac{1}{2} \\ 0 & 5 & 5 \end{array}\right]$$

Solo nos queda un paso más, multiplicar la fila 2 por $\frac{1}{5}$.

$$\frac{1}{5}R_2 = R_2 \rightarrow \left[\begin{array}{cc|c} 1 & -1 & \frac{1}{2} \\ 0 & 1 & 1 \end{array}\right]$$

Vuelva a sustituir. La segunda fila de la matriz representa $y = 1$. Vuelva a sustituir $y = 1$ en la primera ecuación.

$$\begin{aligned} x - (1) &= \tfrac{1}{2} \\ x &= \tfrac{3}{2} \end{aligned}$$

La solución es el punto $\left(\frac{3}{2}, 1\right)$.

INTÉNTELO #3 Resuelva el sistema dado por eliminación de Gauss-Jordan.

$$\begin{aligned} 4x + 3y &= 11 \\ x - 3y &= -1 \end{aligned}$$

EJEMPLO 4

Uso de la eliminación de Gauss para resolver un sistema de ecuaciones

Use la eliminación de Gauss-Jordan para resolver el sistema de ecuaciones 2×2 dado.

$$\begin{aligned} 2x + y &= 1 \\ 4x + 2y &= 6 \end{aligned}$$

Solución

Escriba el sistema como una matriz aumentada.

$$\left[\begin{array}{cc|c} 2 & 1 & 1 \\ 4 & 2 & 6 \end{array}\right]$$

Obtenga un 1 en la fila 1, columna 1. Esto se puede lograr multiplicando la primera fila por $\frac{1}{2}$.

$$\frac{1}{2}R_1 = R_1 \rightarrow \left[\begin{array}{cc|c} 1 & \frac{1}{2} & \frac{1}{2} \\ 4 & 2 & 6 \end{array}\right]$$

A continuación, queremos un 0 en la fila 2, columna 1. Multiplique la fila 1 por -4 y sume la fila 1 a la fila 2.

$$-4R_1 + R_2 = R_2 \rightarrow \left[\begin{array}{cc|c} 1 & \frac{1}{2} & \frac{1}{2} \\ 0 & 0 & 4 \end{array}\right]$$

La segunda fila representa la ecuación $0 = 4$. Por lo tanto, el sistema es inconsistente y no tiene solución.

EJEMPLO 5

Resolver un sistema dependiente

Resuelva el sistema de ecuaciones.

$$3x + 4y = 12$$
$$6x + 8y = 24$$

Solución

Realice operaciones de fila en la matriz aumentada para intentar conseguir la forma escalonada por filas.

$$A = \left[\begin{array}{cc|c} 3 & 4 & 12 \\ 6 & 8 & 24 \end{array}\right]$$

$$-\tfrac{1}{2}R_2 + R_1 = R_1 \rightarrow \left[\begin{array}{cc|c} 0 & 0 & 0 \\ 6 & 8 & 24 \end{array}\right]$$
$$R_1 \leftrightarrow R_2 \rightarrow \left[\begin{array}{cc|c} 6 & 8 & 24 \\ 0 & 0 & 0 \end{array}\right]$$

La matriz termina con todos los ceros en la última fila: $0y = 0$. Por lo tanto, hay un número infinito de soluciones y el sistema se clasifica como dependiente. Para hallar la solución genérica, vuelva a una de las ecuaciones originales y resuelva para y.

$$\begin{aligned} 3x + 4y &= 12 \\ 4y &= 12{-}3x \\ y &= 3 - \tfrac{3}{4}x \end{aligned}$$

Así que la solución a este sistema es $\left(x, 3 - \frac{3}{4}x\right)$.

EJEMPLO 6

Realizar operaciones de fila en una matriz aumentada 3×3 para obtener la forma escalonada por filas

Realice operaciones de fila en la matriz dada para obtener la forma escalonada por filas.

$$\left[\begin{array}{rrr|r} 1 & -3 & 4 & 3 \\ 2 & -5 & 6 & 6 \\ -3 & 3 & 4 & 6 \end{array}\right]$$

Solución

La primera fila ya tiene un 1 en la fila 1, columna 1. El siguiente paso es multiplicar la fila 1 por -2 y sumarla a la fila 2. A continuación, sustituya la fila 2 por el resultado.

$$-2R_1 + R_2 = R_2 \rightarrow \left[\begin{array}{rrr|r} 1 & -3 & 4 & 3 \\ 0 & 1 & -2 & 0 \\ -3 & 3 & 4 & 6 \end{array}\right]$$

A continuación, obtenga un cero en la fila 3, columna 1.

$$3R_1 + R_3 = R_3 \rightarrow \left[\begin{array}{rrr|r} 1 & -3 & 4 & 3 \\ 0 & 1 & -2 & 0 \\ 0 & -6 & 16 & 15 \end{array}\right]$$

A continuación, obtenga un cero en la fila 3, columna 2.

$$6R_2 + R_3 = R_3 \rightarrow \left[\begin{array}{rrr|r} 1 & -3 & 4 & 3 \\ 0 & 1 & -2 & 0 \\ 0 & 0 & 4 & 15 \end{array}\right]$$

El último paso es obtener un 1 en la fila 3, columna 3.

$$\frac{1}{4}R_3 = R_3 \rightarrow \left[\begin{array}{ccc|c} 1 & -3 & 4 & 3 \\ 0 & 1 & -2 & 0 \\ 0 & 0 & 1 & \frac{15}{4} \end{array}\right]$$

INTÉNTELO #4 Escriba el sistema de ecuaciones en forma escalonada por filas.

$$\begin{aligned} x - 2y + 3z &= 9 \\ -x + 3y &= -4 \\ 2x - 5y + 5z &= 17 \end{aligned}$$

Resolver un sistema de ecuaciones lineales mediante matrices

Hemos visto cómo escribir un sistema de ecuaciones con una matriz aumentada y, luego cómo utilizar las operaciones de fila y volver a sustituir para obtener la forma escalonada por filas. Ahora, llevaremos la forma escalonada por filas un paso más allá para resolver un sistema de ecuaciones lineales de 3 por 3. La idea general es eliminar todas las variables menos una mediante operaciones de fila y luego volver a sustituir para resolver las otras variables.

EJEMPLO 7

Resolver un sistema de ecuaciones lineales mediante matrices

Resuelva el sistema de ecuaciones lineales mediante matrices.

$$\begin{aligned} x - y + z &= 8 \\ 2x + 3y - z &= -2 \\ 3x - 2y - 9z &= 9 \end{aligned}$$

Solución

Primero, escribimos la matriz aumentada.

$$\left[\begin{array}{ccc|c} 1 & -1 & 1 & 8 \\ 2 & 3 & -1 & -2 \\ 3 & -2 & -9 & 9 \end{array}\right]$$

Luego, realizamos las operaciones de fila para obtener la forma escalonada por filas.

$$-2R_1 + R_2 = R_2 \rightarrow \left[\begin{array}{ccc|c} 1 & -1 & 1 & 8 \\ 0 & 5 & -3 & -18 \\ 3 & -2 & -9 & 9 \end{array}\right] \qquad -3R_1 + R_3 = R_3 \rightarrow \left[\begin{array}{ccc|c} 1 & -1 & 1 & 8 \\ 0 & 5 & -3 & -18 \\ 0 & 1 & -12 & -15 \end{array}\right]$$

La forma más fácil de obtener un 1 en la fila 2 de la columna 1 es intercambiar R_2 y R_3.

$$\text{Intercambie la } R_2 \text{ y } R_3 \rightarrow \begin{bmatrix} 1 & -1 & 1 & 8 \\ 0 & 1 & -12 & -15 \\ 0 & 5 & -3 & -18 \end{bmatrix}$$

Entonces

$$-5R_2 + R_3 = R_3 \rightarrow \left[\begin{array}{ccc|c} 1 & -1 & 1 & 8 \\ 0 & 1 & -12 & -15 \\ 0 & 0 & 57 & 57 \end{array}\right] \qquad -\frac{1}{57}R_3 = R_3 \rightarrow \left[\begin{array}{ccc|c} 1 & -1 & 1 & 8 \\ 0 & 1 & -12 & -15 \\ 0 & 0 & 1 & 1 \end{array}\right]$$

La última matriz representa el sistema equivalente.

$$\begin{aligned} x - y + z &= 8 \\ y - 12c &= -15 \\ c &= 1 \end{aligned}$$

Al volver a sustituir, obtenemos la solución como $(4, -3, 1)$.

EJEMPLO 8

Resolver un sistema dependiente de ecuaciones lineales mediante matrices

Resuelva el siguiente sistema de ecuaciones lineales mediante matrices.

$$\begin{aligned} -x-2y + z &= -1 \\ 2x + 3y &= 2 \\ y-2c &= 0 \end{aligned}$$

Solución

Escriba la matriz aumentada.

$$\left[\begin{array}{rrr|r} -1 & -2 & 1 & -1 \\ 2 & 3 & 0 & 2 \\ 0 & 1 & -2 & 0 \end{array}\right]$$

Primero, multiplique la fila 1 por -1 para obtener un 1 en la fila 1, columna 1. A continuación, realice las operaciones de fila para obtener la forma escalonada por filas.

$$-R_1 \rightarrow \left[\begin{array}{rrr|r} 1 & 2 & -1 & 1 \\ 2 & 3 & 0 & 2 \\ 0 & 1 & -2 & 0 \end{array}\right]$$

$$R_2 \leftrightarrow R_3 \rightarrow \left[\begin{array}{rrr|r} 1 & 2 & -1 & 1 \\ 0 & 1 & -2 & 0 \\ 2 & 3 & 0 & 2 \end{array}\right]$$

$$-2R_1 + R_3 = R_3 \rightarrow \left[\begin{array}{rrr|r} 1 & 2 & -1 & 1 \\ 0 & 1 & -2 & 0 \\ 0 & -1 & 2 & 0 \end{array}\right]$$

$$R_2 + R_3 = R_3 \rightarrow \left[\begin{array}{rrr|r} 1 & 2 & -1 & 2 \\ 0 & 1 & -2 & 1 \\ 0 & 0 & 0 & 0 \end{array}\right]$$

La última matriz representa el siguiente sistema.

$$\begin{aligned} x + 2y - z &= 1 \\ y - 2z &= 0 \\ 0 &= 0 \end{aligned}$$

Vemos por la identidad $0 = 0$ que se trata de un sistema dependiente con un número infinito de soluciones. Luego, calculamos la solución genérica. Al resolver la segunda ecuación para y y sustituyéndola en la primera ecuación podemos resolver c en términos de x.

$$\begin{aligned} x + 2y - z &= 1 \\ y &= 2z \end{aligned}$$

$$\begin{aligned} x + 2(2z) - z &= 1 \\ x + 3z &= 1 \\ z &= \tfrac{1-x}{3} \end{aligned}$$

Ahora, sustituimos la expresión de c en la segunda ecuación para resolver y en términos de x.

$$y - 2z = 0$$
$$z = \frac{1-x}{3}$$

$$y - 2\left(\frac{1-x}{3}\right) = 0$$
$$y = \frac{2-2x}{3}$$

La solución genérica es $\left(x, \frac{2-2x}{3}, \frac{1-x}{3}\right)$.

INTÉNTELO #5 Resuelva el sistema mediante matrices.

$$x + 4y - z = 4$$
$$2x + 5y + 8z = 15$$
$$x + 3y-3c = 1$$

PREGUNTAS Y RESPUESTAS

¿Se puede resolver cualquier sistema de ecuaciones lineales por eliminación de Gauss-Jordan?

Sí, un sistema de ecuaciones lineales de cualquier tamaño se puede resolver por eliminación de Gauss-Jordan.

CÓMO

Dado un sistema de ecuaciones, resuelva con matrices utilizando una calculadora.

1. Guardar la matriz aumentada como una variable de la matriz $[A]$, $[B]$, $[C]$, ….
2. Utilice la función **ref(** en la calculadora, llamando a cada variable de la matriz según sea necesario.

EJEMPLO 9

Resolver sistemas de ecuaciones con matrices utilizando una calculadora

Resuelva el sistema de ecuaciones.

$$5x + 3y + 9z = -1$$
$$-2x + 3y - z = -2$$
$$-x-4y + 5z = 1$$

Solución

Escriba la matriz aumentada para el sistema de ecuaciones.

$$\left[\begin{array}{ccc|c} 5 & 3 & 9 & -1 \\ -2 & 3 & -1 & -2 \\ -1 & -4 & 5 & -1 \end{array}\right]$$

En la página de la matriz de la calculadora, introduzca la matriz aumentada anterior como variable de la matriz $[A]$.

$$[A] = \begin{bmatrix} 5 & 3 & 9 & -1 \\ -2 & 3 & -1 & -2 \\ -1 & -4 & 5 & 1 \end{bmatrix}$$

Use la función **ref(** en la calculadora, llamando a la variable matriz $[A]$.

$$\text{ref}([A])$$

Evalúe.

$$\begin{bmatrix} 1 & \frac{3}{5} & \frac{9}{5} & \frac{1}{5} \\ 0 & 1 & \frac{13}{21} & -\frac{4}{7} \\ 0 & 0 & 1 & -\frac{24}{187} \end{bmatrix} \rightarrow \begin{array}{r} x + \frac{3}{5}y + \frac{9}{5}z = -\frac{1}{5} \\ y + \frac{13}{21}c =- \frac{4}{7} \\ z = -\frac{24}{187} \end{array}$$

Al volver a sustituir, la solución es $\left(\frac{61}{187}, -\frac{92}{187}, -\frac{24}{187}\right)$.

EJEMPLO 10

Aplicación de matrices 2 × 2 a las finanzas

Carolyn invierte un total de 12.000 dólares en dos bonos municipales, uno de los cuales paga el 10,5 % de interés y el otro el 12 %. El interés anual obtenido por las dos inversiones el año pasado fue de 1.335 dólares. ¿Cuánto se invirtió en cada tasa?

Solución

Tenemos un sistema de dos ecuaciones en dos variables. Supongamos que $x =$ la cantidad invertida a un interés del 10,5 %, y $y =$ la cantidad invertida a un interés del 12 %.

$$\begin{aligned} x + y &= 12.000 \\ 0{,}105x + 0{,}12y &= 1335 \end{aligned}$$

Como matriz, tenemos

$$\left[\begin{array}{cc|c} 1 & 1 & 12.000 \\ 0{,}105 & 0{,}12 & 1335 \end{array}\right]$$

Multiplique la fila 1 por $-0{,}105$ y sume el resultado a la fila 2.

$$\left[\begin{array}{cc|c} 1 & 1 & 12.000 \\ 0 & 0{,}015 & 75 \end{array}\right]$$

Entonces,

$$\begin{aligned} 0{,}015y &= 75 \\ y &= 5.000 \end{aligned}$$

Así que $12.000 - 5.000 = 7.000$.

Así, se invirtieron 5.000 dólares al 12 % de interés y 7.000 dólares al 10,5 % de interés.

EJEMPLO 11

Aplicación de matrices 3 × 3 a las finanzas

Ava invierte un total de 10.000 dólares en tres cuentas, una que paga el 5 % de interés, otra que paga el 8 % de interés y la tercera que paga el 9 % de interés. Los intereses anuales obtenidos por las tres inversiones el año pasado fueron de 770 dólares. La cantidad invertida al 9 % era el doble de la invertida al 5 %. ¿Cuánto se invirtió en cada tasa?

Solución

Tenemos un sistema de tres ecuaciones en tres variables. Supongamos que x es la cantidad invertida al 5 % de interés, y y es la cantidad invertida al 8 % de interés, y que c es la cantidad invertida al 9 % de interés. Por lo tanto,

$$\begin{aligned} x + y + z &= 10.000 \\ 0{,}05x + 0{,}08y + 0{,}09c &= 770 \\ 2x - z &= 0 \end{aligned}$$

Como matriz, tenemos

$$\left[\begin{array}{ccc|c} 1 & 1 & 1 & 10.000 \\ 0,05 & 0,08 & 0,09 & 770 \\ 2 & 0 & -1 & 0 \end{array}\right]$$

Ahora, realizamos la eliminación de Gauss-Jordan para conseguir la forma escalonada por filas.

$$-0,05R_1 + R_2 = R_2 \rightarrow \left[\begin{array}{ccc|c} 1 & 1 & 1 & 10.000 \\ 0 & 0,03 & 0,04 & 270 \\ 2 & 0 & -1 & 0 \end{array}\right]$$

$$-2R_1 + R_3 = R_3 \rightarrow \left[\begin{array}{ccc|c} 1 & 1 & 1 & 10.000 \\ 0 & 0,03 & 0,04 & 270 \\ 0 & -2 & -3 & -20.000 \end{array}\right]$$

$$\frac{1}{0,03}R_2 = R_2 \rightarrow \left[\begin{array}{ccc|c} 0 & 1 & 1 & 10.000 \\ 0 & 1 & \frac{4}{3} & 9.000 \\ 0 & -2 & -3 & -20.000 \end{array}\right]$$

$$2R_2 + R_3 = R_3 \rightarrow \left[\begin{array}{ccc|c} 1 & 1 & 1 & 10.000 \\ 0 & 1 & \frac{4}{3} & 9.000 \\ 0 & 0 & -\frac{1}{3} & -2.000 \end{array}\right]$$

La tercera fila nos dice $-\frac{1}{3}z = -2.000$; por lo tanto $c = 6.000$.

La segunda fila nos dice $y + \frac{4}{3}z = 9.000$. Al sustituir $c = 6.000$, obtenemos

$$\begin{aligned} y + \tfrac{4}{3}(6.000) &= 9.000 \\ y + 8.000 &= 9.000 \\ y &= 1.000 \end{aligned}$$

La primera fila nos dice $x + y + z = 10.000$. Al sustituir $y = 1.000$ y $z = 6.000$, obtenemos

$$\begin{aligned} x + 1.000 + 6.000 &= 10.000 \\ x &= 3.000 \end{aligned}$$

La respuesta es 3.000 dólares invertidos al 5 % de interés, 1.000 dólares invertidos al 8 % y 6.000 dólares invertidos al 9 % de interés.

INTÉNTELO #6 Una pequeña compañía de calzado pidió un préstamo de 1.500.000 dólares para ampliar su inventario. Una parte del dinero se prestó al 7 %, otra al 8 % y otra al 10 %. La cantidad prestada al 10 % era cuatro veces superior a la prestada al 7 %, y el interés anual de los tres préstamos era de 130.500 dólares. Utilice las matrices para calcular la cantidad prestada a cada tasa de interés.

MEDIA

Acceda a estos recursos en línea para obtener más información y practicar la resolución de sistemas de ecuaciones lineales mediante la eliminación de Gauss-Jordan.

Resolver un sistema de dos ecuaciones mediante una matriz aumentada (http://openstax.org/l/system2augmat)
Resolver un sistema de tres ecuaciones mediante una matriz aumentada (http://openstax.org/l/system3augmat)
Matrices aumentadas en la calculadora (http://openstax.org/l/augmatcalc)

9.6 EJERCICIOS DE SECCIÓN

Verbales

1. ¿Se puede escribir cualquier sistema de ecuaciones lineales como una matriz aumentada? Explique por qué sí o por qué no. Explique cómo escribir esa matriz aumentada.

2. ¿Se puede escribir cualquier matriz como un sistema de ecuaciones lineales? Explique por qué sí o por qué no. Explique cómo escribir ese sistema de ecuaciones.

3. ¿Existe un único método correcto para utilizar las operaciones de fila en una matriz? Intente explicar dos operaciones de fila diferentes posibles para resolver la matriz aumentada $\left[\begin{array}{cc|c} 9 & 3 & 0 \\ 1 & -2 & 6 \end{array}\right]$.

4. ¿Se puede resolver una matriz cuya entrada es 0 en la diagonal? Explique por qué sí o por qué no. ¿Qué haría usted para remediar la situación?

5. ¿Una matriz que tiene 0 entradas para toda una fila puede tener una solución? Explique por qué sí o por qué no.

Algebraicos

En los siguientes ejercicios, escriba la matriz aumentada del sistema lineal.

6. $\begin{array}{l} 8x - 37y = 8 \\ 2x + 12y = 3 \end{array}$

7. $\begin{array}{l} 16y = 4 \\ 9x - y = 2 \end{array}$

8. $\begin{array}{r} 3x + 2y + 10z = 3 \\ -6x + 2y + 5z = 13 \\ 4x + z = 18 \end{array}$

9. $\begin{array}{l} x + 5y + 8z = 19 \\ 12x + 3y = 4 \\ 3x + 4y + 9z = -7 \end{array}$

10. $\begin{array}{r} 6x + 12y + 16c = 4 \\ 19x - 5y + 3z = -9 \\ x + 2y = -8 \end{array}$

En los siguientes ejercicios, escriba el sistema lineal a partir de la matriz aumentada.

11. $\left[\begin{array}{cc|c} -2 & 5 & 5 \\ 6 & -18 & 26 \end{array}\right]$

12. $\left[\begin{array}{cc|c} 3 & 4 & 10 \\ 10 & 17 & 439 \end{array}\right]$

13. $\left[\begin{array}{ccc|c} 3 & 2 & 0 & 3 \\ -1 & -9 & 4 & -1 \\ 8 & 5 & 7 & 8 \end{array}\right]$

14. $\left[\begin{array}{ccc|c} 8 & 29 & 1 & 43 \\ -1 & 7 & 5 & 38 \\ 0 & 0 & 3 & 10 \end{array}\right]$

15. $\left[\begin{array}{ccc|c} 4 & 5 & -2 & 12 \\ 0 & 1 & 58 & 2 \\ 8 & 7 & -3 & -5 \end{array}\right]$

En los siguientes ejercicios, resuelva el sistema por eliminación de Gauss-Jordan.

16. $\left[\begin{array}{cc|c} 1 & 0 & 3 \\ 0 & 0 & 0 \end{array}\right]$

17. $\left[\begin{array}{cc|c} 1 & 0 & 1 \\ 1 & 0 & 2 \end{array}\right]$

18. $\left[\begin{array}{cc|c} 1 & 2 & 3 \\ 4 & 5 & 6 \end{array}\right]$

19. $\left[\begin{array}{cc|c} -1 & 2 & -3 \\ 4 & -5 & 6 \end{array}\right]$

20. $\left[\begin{array}{cc|c} -2 & 0 & 1 \\ 0 & 2 & -1 \end{array}\right]$

21. $\begin{aligned} 2x - 3y &= -9 \\ 5x + 4y &= 58 \end{aligned}$

22. $\begin{aligned} 6x + 2y &= -4 \\ 3x + 4y &= -17 \end{aligned}$

23. $\begin{aligned} 2x + 3y &= 12 \\ 4x + y &= 14 \end{aligned}$

24. $\begin{aligned} -4x - 3y &= -2 \\ 3x - 5y &= -13 \end{aligned}$

25. $\begin{aligned} -5x + 8y &= 3 \\ 10x + 6y &= 5 \end{aligned}$

26. $\begin{aligned} 3x + 4y &= 12 \\ -6x - 8y &= -24 \end{aligned}$

27. $\begin{aligned} -60x + 45y &= 12 \\ 20x - 15y &= -4 \end{aligned}$

28. $\begin{aligned} 11x + 10y &= 43 \\ 15x + 20y &= 65 \end{aligned}$

29. $\begin{aligned} 2x - y &= 2 \\ 3x + 2y &= 17 \end{aligned}$

30. $\begin{aligned} -1{,}06x - 2{,}25y &= 5{,}51 \\ -5{,}03x - 1{,}08y &= 5{,}40 \end{aligned}$

31. $\begin{aligned} \tfrac{3}{4}x - \tfrac{3}{5}y &= 4 \\ \tfrac{1}{4}x + \tfrac{2}{3}y &= 1 \end{aligned}$

32. $\begin{aligned} \tfrac{1}{4}x - \tfrac{2}{3}y &= -1 \\ \tfrac{1}{2}x + \tfrac{1}{3}y &= 3 \end{aligned}$

33. $\left[\begin{array}{ccc|c} 1 & 0 & 0 & 31 \\ 0 & 1 & 1 & 45 \\ 0 & 0 & 1 & 87 \end{array}\right]$

34. $\left[\begin{array}{ccc|c} 1 & 0 & 1 & 50 \\ 1 & 1 & 0 & 20 \\ 0 & 1 & 1 & -90 \end{array}\right]$

35. $\left[\begin{array}{ccc|c} 1 & 2 & 3 & 4 \\ 0 & 5 & 6 & 7 \\ 0 & 0 & 8 & 9 \end{array}\right]$

36. $\left[\begin{array}{ccc|c} -0{,}1 & 0{,}3 & -0{,}1 & 0{,}2 \\ -0{,}4 & 0{,}2 & 0{,}1 & 0{,}8 \\ 0{,}6 & 0{,}1 & 0{,}7 & -0{,}8 \end{array}\right]$

37. $\begin{aligned} -2x + 3y - 2z &= 3 \\ 4x + 2y - z &= 9 \\ 4x - 8y + 2z &= -6 \end{aligned}$

38. $\begin{aligned} x + y - 4z &= -4 \\ 5x - 3y - 2z &= 0 \\ 2x + 6y + 7z &= 30 \end{aligned}$

39. $\begin{aligned} 2x + 3y + 2z &= 1 \\ -4x - 6y - 4z &= -2 \\ 10x + 15y + 10z &= 5 \end{aligned}$

40. $\begin{aligned} x + 2y - z &= 1 \\ -x - 2y + 2z &= -2 \\ 3x + 6y - 3z &= 5 \end{aligned}$

41. $\begin{aligned} x + 2y - z &= 1 \\ -x - 2y + 2z &= -2 \\ 3x + 6y - 3c &= 3 \end{aligned}$

42. $\begin{aligned} x + y &= 2 \\ x + z &= 1 \\ -y - z &= -3 \end{aligned}$

43. $\begin{aligned} x + y + z &= 100 \\ x + 2z &= 125 \\ -y + 2z &= 25 \end{aligned}$

44. $\begin{aligned} \tfrac{1}{4}x - \tfrac{2}{3}z &= -\tfrac{1}{2} \\ \tfrac{1}{5}x + \tfrac{1}{3}y &= \tfrac{4}{7} \\ \tfrac{1}{5}y - \tfrac{1}{3}z &= \tfrac{2}{9} \end{aligned}$

45. $\begin{aligned} -\tfrac{1}{2}x + \tfrac{1}{2}y + \tfrac{1}{7}z &= -\tfrac{53}{14} \\ \tfrac{1}{2}x - \tfrac{1}{2}y + \tfrac{1}{4}z &= 3 \\ \tfrac{1}{4}x + \tfrac{1}{5}y + \tfrac{1}{3}z &= \tfrac{23}{15} \end{aligned}$

46. $\begin{aligned} -\tfrac{1}{2}x - \tfrac{1}{3}y + \tfrac{1}{4}z &= -\tfrac{29}{6} \\ \tfrac{1}{5}x + \tfrac{1}{6}y - \tfrac{1}{7}z &= \tfrac{431}{210} \\ -\tfrac{1}{8}x + \tfrac{1}{9}y + \tfrac{1}{10}z &= -\tfrac{49}{45} \end{aligned}$

Extensiones

En los siguientes ejercicios, utilice la eliminación de Gauss-Jordan para resolver el sistema.

47. $\begin{aligned} \tfrac{x-1}{7} + \tfrac{y-2}{8} + \tfrac{c-3}{4} &= 0 \\ x + y + z &= 6 \\ \tfrac{x+2}{3} + 2y + \tfrac{c-3}{3} &= 5 \end{aligned}$

48. $\begin{aligned} \tfrac{x-1}{4} - \tfrac{y+1}{4} + 3z &= -1 \\ \tfrac{x+5}{2} + \tfrac{y+7}{4} - z &= 4 \\ x + y - \tfrac{c-2}{2} &= 1 \end{aligned}$

49. $\begin{aligned} \tfrac{x-3}{4} - \tfrac{y-1}{3} + 2z &= -1 \\ \tfrac{x+5}{2} + \tfrac{y+5}{2} + \tfrac{z+5}{2} &= 8 \\ x + y + z &= 1 \end{aligned}$

50. $\frac{x-3}{10} + \frac{y+3}{2} - 2c = 3$
$\frac{x+5}{4} - \frac{y-1}{8} + z = \frac{3}{2}$
$\frac{x-1}{4} + \frac{y+4}{2} + 3z = \frac{3}{2}$

51. $\frac{x-3}{4} - \frac{y-1}{3} + 2z = -1$
$\frac{x+5}{2} + \frac{y+5}{2} + \frac{z+5}{2} = 7$
$x + y + z = 1$

Aplicaciones en el mundo real

En los siguientes ejercicios, establezca la matriz aumentada que describe la situación y obtenga la solución deseada.

52. Cada día, la tienda de magdalenas de Angeni vende 5.000 unidades de sabores de chocolate y vainilla. Si el sabor de chocolate es 3 veces más popular que el de vainilla, ¿cuántas magdalenas de cada sabor vende la tienda al día?

53. En la tienda de la competencia de Bakari se venden diariamente 4.520 dólares. Los de chocolate cuestan 2,25 dólares y los de terciopelo rojo 1,75 dólares. Si el número total de cupcakes vendidos al día es de 2.200, ¿cuántos de cada sabor se venden cada día?

54. Ha invertido 10.000 dólares en dos cuentas: una con un interés simple del $3\ \%$ y otra con un interés del $2{,}5\ \%$. Si el pago total de intereses al cabo de un año fue de 283,50 dólares, ¿cuánto había en cada cuenta una vez transcurrido el año?

55. Ha invertido 2.300 dólares en la cuenta 1 y 2.700 dólares en la cuenta 2. Si el monto total de los intereses al cabo de un año es de 254 dólares y la cuenta 2 tiene 1,5 veces la tasa de interés de la cuenta 1, ¿cuáles son las tasas de interés? Supongamos que las tasas de interés son simples.

56. Bikes'R'Us fabrica bicicletas que se venden por 250 dólares. Al fabricante le cuesta 180 dólares cada bicicleta, más una tarifa de puesta en marcha de 3.500 dólares. ¿Después de cuántas bicicletas vendidas el fabricante alcanzará el punto de equilibrio?

57. Una importante tienda de electrodomésticos accedió ordenar aspiradoras de una nueva empresa fundada por estudiantes universitarios de ingeniería. La tienda podría comprar las aspiradoras por 86 dólares cada una, con una tarifa de entrega de 9.200 dólares, independientemente del número de aspiradoras que se vendan. Si la tienda tiene que empezar a ver ganancias después de vender 230 unidades, ¿cuánto debería cobrar por las aspiradoras?

58. Los tres sabores de helado más populares son chocolate, fresa y vainilla, que representan el $83\ \%$ de los sabores vendidos en una heladería. Si el de vainilla se vende el $1\ \%$ más que el doble de la fresa y el de chocolate se vende el $11\ \%$ más que el de vainilla, ¿qué porcentaje del consumo total de helados corresponde a los sabores vainilla, chocolate y fresa?

59. En una heladería tres sabores aumentan su demanda. El año pasado, los helados de banana, calabaza y rocky road representaron el $12\ \%$ de las ventas totales de helados. Este año, los mismos tres helados representaron el $16{,}9\ \%$ de las ventas de helados. Las ventas de rocky road se duplicaron, las de banana aumentaron el $50\ \%$ y las de calabaza el $20\ \%$. Si el helado rocky road tuvo menos porcentaje de ventas que el helado de banana, halle el porcentaje de ventas de cada helado el año pasado.

60. Una bolsa de frutos secos mixtos contiene anacardos, pistachos y almendras. Hay 1.000 frutos secos en total en la bolsa, y hay 100 almendras menos que pistachos. Los anacardos pesan 3 g, los pistachos 4 g y las almendras 5 g. Si la bolsa pesa 3,7 kg, calcule cuántos frutos secos de cada tipo hay en la bolsa.

61. Una bolsa de frutos secos mixtos contiene anacardos, pistachos y almendras. Originalmente había 900 frutos secos en la bolsa. Se han comido el $30\ \%$ de las almendras, el $20\ \%$ de los anacardos y el $10\ \%$ de los pistachos, y ahora quedan 770 frutos secos en la bolsa. Originalmente, había 100 anacardos más que almendras. Calcule cuántos frutos secos de cada tipo había en la bolsa al principio.

9.7 Resolver sistemas con inversas

Objetivos de aprendizaje

En esta sección, podrá:

- Hallar la inversa de una matriz.
- Resolver un sistema de ecuaciones lineales mediante una matriz inversa.

Soriya planea invertir 10.500 dólares en dos bonos diferentes para repartir su riesgo. El primer bono tiene una rentabilidad anual del $10\ \%$, y el segundo bono tiene una rentabilidad anual del $6\ \%$. Para recibir un rendimiento del $8{,}5\ \%$ de los dos bonos, ¿cuánto debería invertir Soriya en cada uno de ellos? ¿Cuál es el mejor método para resolver este problema?

Hay varias maneras de resolver este problema. Como hemos visto en las secciones anteriores, los sistemas de ecuaciones y las matrices son útiles para resolver problemas del mundo real relacionados con las finanzas. Después de estudiar esta sección, tendremos las herramientas para resolver el problema de los bonos utilizando la inversa de una matriz.

Hallar la inversa de una matriz

Sabemos que el multiplicador inverso de un número real a es a^{-1}, y $aa^{-1} = a^{-1}a = \left(\frac{1}{a}\right)a = 1$. Por ejemplo, $2^{-1} = \frac{1}{2}$ y $\left(\frac{1}{2}\right)2 = 1$. El multiplicador inverso de una matriz es similar en concepto, excepto que el producto de la matriz A y su inversa A^{-1} es igual a la matriz identidad. La matriz identidad es una matriz cuadrada que contiene unos en la diagonal principal y ceros en el resto. Identificamos las matrices de identidad mediante I_n donde n representa la dimensión de la matriz. Observe las siguientes ecuaciones.

$$I_2 = \begin{bmatrix} 1 & 0 \\ 0 & 1 \end{bmatrix}$$

$$I_3 = \begin{bmatrix} 1 & 0 & 0 \\ 0 & 1 & 0 \\ 0 & 0 & 1 \end{bmatrix}$$

La matriz identidad actúa como un 1 en el álgebra de la matriz. Por ejemplo, $AI = IA = A$.

Una matriz que tiene un multiplicador inverso tiene las propiedades

$$AA^{-1} = I$$
$$A^{-1}A = I$$

Una matriz que tiene un multiplicador inverso se llama matriz invertible. Solo una matriz cuadrada puede tener un multiplicador inverso, como la reversibilidad, $AA^{-1} = A^{-1}A = I$, es un requisito. No todas las matrices cuadradas tienen una inversa, pero si A es invertible, entonces A^{-1} es único. Veremos dos métodos para hallar la inversa de una matriz 2×2 y un tercer método que se puede utilizar en ambas matrices 2×2 y 3×3.

La matriz identidad y el multiplicador inverso

La **matriz identidad**, I_n, es una matriz cuadrada que contiene unos en la diagonal principal y ceros en el resto.

$$I_2 = \begin{bmatrix} 1 & 0 \\ 0 & 1 \end{bmatrix} \qquad I_3 = \begin{bmatrix} 1 & 0 & 0 \\ 0 & 1 & 0 \\ 0 & 0 & 1 \end{bmatrix}$$

2×2 $\qquad$ 3×3

Si A es una matriz $n \times n$ y B es una matriz $n \times n$, tal que $AB = BA = I_n$, entonces $B = A^{-1}$, el **multiplicador inverso de una matriz** A.

EJEMPLO 1

Demostrar que la matriz identidad actúa como un 1

Dada la matriz *A*, demuestre que $AI = IA = A$.

$$A = \begin{bmatrix} 3 & 4 \\ -2 & 5 \end{bmatrix}$$

Solución

Utilice la multiplicación de matrices para demostrar que el producto de A y la identidad es igual al producto de la identidad y *A*.

$$AI = \begin{bmatrix} 3 & 4 \\ -2 & 5 \end{bmatrix} \begin{bmatrix} 1 & 0 \\ 0 & 1 \end{bmatrix} = \begin{bmatrix} 3 \cdot 1 + 4 \cdot 0 & 3 \cdot 0 + 4 \cdot 1 \\ -2 \cdot 1 + 5 \cdot 0 & -2 \cdot 0 + 5 \cdot 1 \end{bmatrix} = \begin{bmatrix} 3 & 4 \\ -2 & 5 \end{bmatrix}$$

$$IA = \begin{bmatrix} 1 & 0 \\ 0 & 1 \end{bmatrix} \begin{bmatrix} 3 & 4 \\ -2 & 5 \end{bmatrix} = \begin{bmatrix} 1 \cdot 3 + 0 \cdot (-2) & 1 \cdot 4 + 0 \cdot 5 \\ 0 \cdot 3 + 1 \cdot (-2) & 0 \cdot 4 + 1 \cdot 5 \end{bmatrix} = \begin{bmatrix} 3 & 4 \\ -2 & 5 \end{bmatrix}$$

CÓMO

Dadas dos matrices, demuestre que una es el multiplicador inverso de la otra.

1. Matriz dada A de orden $n \times n$ y la matriz B de orden $n \times n$ multiplique AB.
2. Si $AB = I$, entonces halle el producto BA. Si $BA = I$, entonces $B = A^{-1}$ y $A = B^{-1}$.

EJEMPLO 2

Demostrar que la matriz *A* es el multiplicador inverso de la matriz *B*

Demuestre que las matrices dadas son multiplicadores inversos entre sí.

$$A = \begin{bmatrix} 1 & 5 \\ -2 & -9 \end{bmatrix}, B = \begin{bmatrix} -9 & -5 \\ 2 & 1 \end{bmatrix}$$

Solución

Multiplique AB y BA. Si ambos productos son iguales a la identidad, entonces las dos matrices son inversas entre sí.

$$\begin{aligned} AB &= \begin{bmatrix} 1 & 5 \\ -2 & -9 \end{bmatrix} \cdot \begin{bmatrix} -9 & -5 \\ 2 & 1 \end{bmatrix} \\ &= \begin{bmatrix} 1(-9) + 5(2) & 1(-5) + 5(1) \\ -2(-9) - 9(2) & -2(-5) - 9(1) \end{bmatrix} \\ &= \begin{bmatrix} 1 & 0 \\ 0 & 1 \end{bmatrix} \\ BA &= \begin{bmatrix} -9 & -5 \\ 2 & 1 \end{bmatrix} \cdot \begin{bmatrix} 1 & 5 \\ -2 & -9 \end{bmatrix} \\ &= \begin{bmatrix} -9(1) - 5(-2) & -9(5) - 5(-9) \\ 2(1) + 1(-2) & 2(5) + 1(-9) \end{bmatrix} \\ &= \begin{bmatrix} 1 & 0 \\ 0 & 1 \end{bmatrix} \end{aligned}$$

A y B son inversas entre sí.

INTÉNTELO #1 Demuestre que las dos matrices siguientes son inversas entre sí.

$$A = \begin{bmatrix} 1 & 4 \\ -1 & -3 \end{bmatrix}, B = \begin{bmatrix} -3 & -4 \\ 1 & 1 \end{bmatrix}$$

Calcular el multiplicador inverso utilizando la multiplicación de matrices

Ahora podemos determinar si dos matrices son inversas, pero ¿cómo podríamos hallar la inversa de una matriz dada? Como sabemos que el producto de una matriz y su inversa es la matriz identidad, podemos hallar la inversa de una matriz planteando una ecuación mediante la multiplicación de matrices.

EJEMPLO 3

Calcular el multiplicador inverso utilizando la multiplicación de matrices

Utilice la multiplicación de matrices para hallar la inversa de la matriz dada.

$$A = \begin{bmatrix} 1 & -2 \\ 2 & -3 \end{bmatrix}$$

Solución

Para este método, multiplicamos A por una matriz que contiene constantes desconocidas y la hace igual a la identidad.

$$\begin{bmatrix} 1 & -2 \\ 2 & -3 \end{bmatrix} \begin{bmatrix} a & b \\ c & d \end{bmatrix} = \begin{bmatrix} 1 & 0 \\ 0 & 1 \end{bmatrix}$$

Halle la multiplicación de las dos matrices del lado izquierdo del signo de igual.

$$\begin{bmatrix} 1 & -2 \\ 2 & -3 \end{bmatrix} \begin{bmatrix} a & b \\ c & d \end{bmatrix} = \begin{bmatrix} 1a-2c & 1b-2d \\ 2a-3c & 2b-3d \end{bmatrix}$$

A continuación, establezca un sistema de ecuaciones con la entrada de la fila 1, columna 1 de la nueva matriz igual a la primera entrada de la identidad, 1. Establezca la entrada de la fila 2, columna 1 de la nueva matriz igual a la entrada correspondiente de la identidad, que es 0.

$$\begin{aligned} 1a-2c &= 1 \quad R_1 \\ 2a-3c &= 0 \quad R_2 \end{aligned}$$

Utilizando las operaciones de fila, multiplique y sume de la siguiente forma: $(-2)R_1 + R_2 \rightarrow R_2$. Sume las ecuaciones y resuelva para c.

$$\begin{aligned} 1a - 2c &= 1 \\ 0 + 1c &= -2 \\ c &= -2 \end{aligned}$$

Vuelva a sustituir para resolver a.

$$\begin{aligned} a-2(-2) &= 1 \\ a+4 &= 1 \\ a &= -3 \end{aligned}$$

Escriba otro sistema de ecuaciones estableciendo la entrada de la fila 1, columna 2 de la nueva matriz igual a la entrada correspondiente de la identidad, 0. Establezca la entrada de la fila 2, columna 2 igual a la entrada correspondiente de la identidad.

$$\begin{aligned} 1b-2d &= 0 \quad R_1 \\ 2b-3d &= 1 \quad R_2 \end{aligned}$$

Utilizando las operaciones de fila, multiplique y sume de la siguiente forma: $(-2)\, R_1 + R_2 = R_2$. Sume las dos ecuaciones y resuelva para d.

$$\begin{aligned} 1b-2d &= 0 \\ \underline{0+1d=1} \\ d=1 \end{aligned}$$

Una vez más, vuelva a sustituir y resuelva para b.

$$\begin{aligned} b-2(1) &= 0 \\ b-2 &= 0 \\ b &= 2 \end{aligned}$$

$$A^{-1} = \begin{bmatrix} -3 & 2 \\ -2 & 1 \end{bmatrix}$$

Hallar el multiplicador inverso al aumentar con la identidad

Otra forma de hallar el multiplicador inverso es mediante el aumento de la identidad. Cuando la matriz A se transforma en I, la matriz aumentada I se transforma en A^{-1}.

Por ejemplo, dado

$$A = \begin{bmatrix} 2 & 1 \\ 5 & 3 \end{bmatrix}$$

aumente A con la identidad

$$\left[\begin{array}{cc|cc} 2 & 1 & 1 & 0 \\ 5 & 3 & 0 & 1 \end{array}\right]$$

Realice operaciones de fila con la meta de convertir A en la identidad.

1. Cambie la fila 1 y la fila 2.

$$\left[\begin{array}{cc|cc} 5 & 3 & 0 & 1 \\ 2 & 1 & 1 & 0 \end{array}\right]$$

2. Multiplique la fila 2 por -2 y sume a la fila 1.

$$\left[\begin{array}{cc|cc} 1 & 1 & -2 & 1 \\ 2 & 1 & 1 & 0 \end{array}\right]$$

3. Multiplique la fila 1 por -2 y sume a la fila 2.

$$\left[\begin{array}{cc|cc} 1 & 1 & -2 & 1 \\ 0 & -1 & 5 & -2 \end{array}\right]$$

4. Sume la fila 2 a la fila 1.

$$\left[\begin{array}{cc|cc} 1 & 0 & 3 & -1 \\ 0 & -1 & 5 & -2 \end{array}\right]$$

5. Multiplique la fila 2 por -1.

$$\left[\begin{array}{cc|cc} 1 & 0 & 3 & -1 \\ 0 & 1 & -5 & 2 \end{array}\right]$$

La matriz que hemos hallado es A^{-1}.

$$A^{-1} = \begin{bmatrix} 3 & -1 \\ -5 & 2 \end{bmatrix}$$

Hallar el multiplicador inverso de las matrices de 2×2 utilizando una fórmula

Cuando necesitemos hallar el multiplicador inverso de una matriz 2×2, podemos utilizar una fórmula especial en vez de utilizar la multiplicación de matrices o aumentar con la identidad.

Si los valores de A es una matriz 2×2, de forma que

$$A = \begin{bmatrix} a & b \\ c & d \end{bmatrix}$$

el multiplicador inverso de A viene dado por la fórmula

$$A^{-1} = \frac{1}{ad - bc} \begin{bmatrix} d & -b \\ -c & a \end{bmatrix}$$

donde $ad - bc \neq 0$. Si $ad - bc = 0$, entonces A no tiene inversa.

EJEMPLO 4

Usar la fórmula para hallar el multiplicador inverso de la matriz *A*

Utilice la fórmula para hallar el multiplicador inverso de

$$A = \begin{bmatrix} 1 & -2 \\ 2 & -3 \end{bmatrix}$$

Solución

Con la fórmula tenemos

$$\begin{aligned} A^{-1} &= \frac{1}{(1)(-3)-(-2)(2)} \begin{bmatrix} -3 & 2 \\ -2 & 1 \end{bmatrix} \\ &= \frac{1}{-3+4} \begin{bmatrix} -3 & 2 \\ -2 & 1 \end{bmatrix} \\ &= \begin{bmatrix} -3 & 2 \\ -2 & 1 \end{bmatrix} \end{aligned}$$

Análisis

Podemos comprobar que nuestra fórmula funciona utilizando uno de los otros métodos para calcular la inversa.

Aumentemos A con la identidad.

$$\left[\begin{array}{cc|cc} 1 & -2 & 1 & 0 \\ 2 & -3 & 0 & 1 \end{array}\right]$$

Realice operaciones de fila con la meta de convertir A en la identidad.

1. Multiplique la fila 1 por −2 y sume a la fila 2.

$$\left[\begin{array}{cc|cc} 1 & -2 & 1 & 0 \\ 0 & 1 & -2 & 1 \end{array}\right]$$

2. Multiplique la fila 1 por 2 y súmela a la fila 1.

$$\left[\begin{array}{cc|cc} 1 & 0 & -3 & 2 \\ 0 & 1 & -2 & 1 \end{array}\right]$$

Así, hemos verificado nuestra solución original.

$$A^{-1} = \begin{bmatrix} -3 & 2 \\ -2 & 1 \end{bmatrix}$$

INTÉNTELO #2 Utilice la fórmula para hallar la inversa de la matriz A. Verifique su respuesta mediante el aumento con la matriz identidad.

$$A = \begin{bmatrix} 1 & -1 \\ 2 & 3 \end{bmatrix}$$

EJEMPLO 5

Hallar la inversa de la matriz, si existe

Halle la inversa de la matriz dada, si existe.

$$A = \begin{bmatrix} 3 & 6 \\ 1 & 2 \end{bmatrix}$$

Solución

Utilizaremos el método de aumento con la identidad.

$$\left[\begin{array}{cc|cc} 3 & 6 & 1 & 0 \\ 1 & 2 & 0 & 1 \end{array}\right]$$

1. Cambie la fila 1 y la fila 2.

$$\left[\begin{array}{cc|cc} 1 & 3 & 0 & 1 \\ 3 & 2 & 1 & 0 \end{array}\right]$$

2. Multiplique la fila 1 por −3 y súmela a la fila 2.

$$\left[\begin{array}{cc|cc} 1 & 2 & 1 & 0 \\ 0 & 0 & -3 & 1 \end{array}\right]$$

3. No hay nada más que podamos hacer. Los ceros de la fila 2 indican que esta matriz no tiene inversa.

Hallar el multiplicador inverso de matrices 3 × 3

Lamentablemente, no disponemos de una fórmula similar a la de la matriz 2×2 para hallar la inversa de una matriz 3×3. En vez de eso, aumentaremos la matriz original con la matriz identidad y utilizaremos operaciones de fila para obtener la inversa.

Dada una matriz 3×3

$$A = \begin{bmatrix} 2 & 3 & 1 \\ 3 & 3 & 1 \\ 2 & 4 & 1 \end{bmatrix}$$

aumente A con la matriz identidad

$$A|I = \left[\begin{array}{ccc|ccc} 2 & 3 & 1 & 1 & 0 & 0 \\ 3 & 3 & 1 & 0 & 1 & 0 \\ 2 & 4 & 1 & 0 & 0 & 1 \end{array}\right]$$

Para empezar, escribimos la matriz aumentada con la identidad a la derecha y A a la izquierda. Realizando operaciones de fila elementales para que la matriz identidad aparezca a la izquierda, obtendremos la matriz inversa a la derecha. Hallaremos la inversa de esta matriz en el ejemplo siguiente.

CÓMO

Dada una matriz 3×3, hallar la inversa.

1. Escriba la matriz original aumentada con la matriz identidad a la derecha.
2. Utilice las operaciones de fila elementales para que la identidad aparezca a la izquierda.
3. Lo que se obtiene a la derecha es la inversa de la matriz original.
4. Utilice la multiplicación de matrices para demostrar que $AA^{-1} = I$ y $A^{-1}A = I$.

EJEMPLO 6

Hallar la inversa de una matriz 3 × 3

Dada la matriz 3×3 A, halle la inversa.

$$A = \begin{bmatrix} 2 & 3 & 1 \\ 3 & 3 & 1 \\ 2 & 4 & 1 \end{bmatrix}$$

Solución

Aumente A con la matriz identidad, y luego comience las operaciones de fila hasta que la matriz identidad sustituya a A. La matriz de la derecha será la inversa de A.

$$\left[\begin{array}{ccc|ccc} 2 & 3 & 1 & 1 & 0 & 0 \\ 3 & 3 & 1 & 0 & 1 & 0 \\ 2 & 4 & 1 & 0 & 0 & 1 \end{array}\right] \xrightarrow{\text{Intercambie la } R_2 \text{ y } R_1} \left[\begin{array}{ccc|ccc} 3 & 3 & 1 & 0 & 1 & 0 \\ 2 & 3 & 1 & 1 & 0 & 0 \\ 2 & 4 & 1 & 0 & 0 & 1 \end{array}\right]$$

$$-R_2 + R_1 = R_1 \rightarrow \left[\begin{array}{ccc|ccc} 1 & 0 & 0 & -1 & 1 & 0 \\ 2 & 3 & 1 & 1 & 0 & 0 \\ 2 & 4 & 1 & 0 & 0 & 1 \end{array}\right]$$

$$-R_2 + R_3 = R_3 \rightarrow \left[\begin{array}{ccc|ccc} 1 & 0 & 0 & -1 & 1 & 0 \\ 2 & 3 & 1 & 1 & 0 & 0 \\ 0 & 1 & 0 & -1 & 0 & 1 \end{array}\right]$$

$$R_3 \leftrightarrow R_2 \rightarrow \left[\begin{array}{ccc|ccc} 1 & 0 & 0 & -1 & 1 & 0 \\ 0 & 1 & 0 & -1 & 0 & 1 \\ 2 & 3 & 1 & 1 & 0 & 0 \end{array}\right]$$

$$-2R_1 + R_3 = R_3 \rightarrow \left[\begin{array}{ccc|ccc} 1 & 0 & 0 & -1 & 1 & 0 \\ 0 & 1 & 0 & -1 & 0 & 1 \\ 0 & 3 & 1 & 3 & -2 & 0 \end{array}\right]$$

$$-3R_2 + R_3 = R_3 \rightarrow \left[\begin{array}{ccc|ccc} 1 & 0 & 0 & -1 & 1 & 0 \\ 0 & 1 & 0 & -1 & 0 & 1 \\ 0 & 0 & 1 & 6 & -2 & -3 \end{array}\right]$$

Por lo tanto,

$$A^{-1} = B = \begin{bmatrix} -1 & 1 & 0 \\ -1 & 0 & 1 \\ 6 & -2 & -3 \end{bmatrix}$$

Análisis

Para demostrar que $B = A^{-1}$, multipliquemos las dos matrices para ver si el producto es igual a la identidad, si $AA^{-1} = I$ y $A^{-1}A = I$.

$$\begin{aligned} AA^{-1} &= \begin{bmatrix} 2 & 3 & 1 \\ 3 & 3 & 1 \\ 2 & 4 & 1 \end{bmatrix} \begin{bmatrix} -1 & 1 & 0 \\ -1 & 0 & 1 \\ 6 & -2 & -3 \end{bmatrix} \\ &= \begin{bmatrix} 2(-1)+3(-1)+1(6) & 2(1)+3(0)+1(-2) & 2(0)+3(1)+1(-3) \\ 3(-1)+3(-1)+1(6) & 3(1)+3(0)+1(-2) & 3(0)+3(1)+1(-3) \\ 2(-1)+4(-1)+1(6) & 2(1)+4(0)+1(-2) & 2(0)+4(1)+1(-3) \end{bmatrix} \\ &= \begin{bmatrix} 1 & 0 & 0 \\ 0 & 1 & 0 \\ 0 & 0 & 1 \end{bmatrix} \end{aligned}$$

$$\begin{aligned} A^{-1}A &= \begin{bmatrix} -1 & 1 & 0 \\ -1 & 0 & 1 \\ 6 & -2 & -3 \end{bmatrix} \begin{bmatrix} 2 & 3 & 1 \\ 3 & 3 & 1 \\ 2 & 4 & 1 \end{bmatrix} \\ &= \begin{bmatrix} -1(2)+1(3)+0(2) & -1(3)+1(3)+0(4) & -1(1)+1(1)+0(1) \\ -1(2)+0(3)+1(2) & -1(3)+0(3)+1(4) & -1(1)+0(1)+1(1) \\ 6(2)+-2(3)+-3(2) & 6(3)+-2(3)+-3(4) & 6(1)+-2(1)+-3(1) \end{bmatrix} \\ &= \begin{bmatrix} 1 & 0 & 0 \\ 0 & 1 & 0 \\ 0 & 0 & 1 \end{bmatrix} \end{aligned}$$

INTÉNTELO #3 Halle la inversa de la matriz 3×3.

$$A = \begin{bmatrix} 2 & -17 & 11 \\ -1 & 11 & -7 \\ 0 & 3 & -2 \end{bmatrix}$$

Resolver un sistema de ecuaciones lineales mediante la inversa de una matriz

Resolver un sistema de ecuaciones lineales utilizando la inversa de una matriz requiere la definición de dos nuevas matrices: X es la matriz que representa las variables del sistema y B es la matriz que representa las constantes. Utilizando la multiplicación de matrices, podemos definir un sistema de ecuaciones con el mismo número de ecuaciones que de variables como

$$AX = B$$

Para resolver un sistema de ecuaciones lineales utilizando una matriz inversa, consideremos que A representa la matriz de coeficientes, consideremos que X representa la matriz variable y que B representa la matriz constante. Así, queremos resolver un sistema $AX = B$. Por ejemplo, observe el siguiente sistema de ecuaciones.

$$\begin{aligned} a_1x + b_1y &= c_1 \\ a_2x + b_2y &= c_2 \end{aligned}$$

A partir de este sistema, la matriz de coeficientes es

$$A = \begin{bmatrix} a_1 & b_1 \\ a_2 & b_2 \end{bmatrix}$$

La matriz variable es

$$X = \begin{bmatrix} x \\ y \end{bmatrix}$$

Y la matriz constante es

$$B = \begin{bmatrix} c_1 \\ c_2 \end{bmatrix}$$

Luego $AX = B$ parece

$$\begin{bmatrix} a_1 & b_1 \\ a_2 & b_2 \end{bmatrix} \begin{bmatrix} x \\ y \end{bmatrix} = \begin{bmatrix} c_1 \\ c_2 \end{bmatrix}$$

Recordemos el análisis anterior en esta sección sobre la multiplicación de un número real por su inverso, $(2^{-1})\ 2 = \left(\frac{1}{2}\right)\ 2 = 1$. Para resolver una sola ecuación lineal $ax = b$ por x, simplemente multiplicaríamos ambos lados de la ecuación por el multiplicador inverso (recíproco) de a. Así,

$$\begin{aligned} ax &= b \\ \left(\tfrac{1}{a}\right) ax &= \left(\tfrac{1}{a}\right) b \\ (a^{-1})ax &= (a^{-1})b \\ [(a^{-1})a]x &= (a^{-1})b \\ 1x &= (a^{-1})b \\ x &= (a^{-1})b \end{aligned}$$

La única diferencia entre resolver una ecuación lineal y un sistema de ecuaciones escrito en forma de matriz es que calcular la inversa de una matriz es más complicado, y la multiplicación de matrices es un proceso más largo. Sin embargo, el objetivo es el mismo: aislar la variable.

Investigaremos sobre esta idea en detalle, pero es útil comenzar con un sistema 2×2 y luego pasar a un sistema 3×3.

Resolver un sistema de ecuaciones mediante la inversa de una matriz

Dado un sistema de ecuaciones, escriba la matriz de coeficientes A, la matriz variable X y la matriz constante B. Entonces

$$AX = B$$

Multiplique ambos lados por la inversa de A para obtener la solución.

$$\begin{aligned} \left(A^{-1}\right) AX &= \left(A^{-1}\right) B \\ \left[\left(A^{-1}\right) A\right] X &= \left(A^{-1}\right) B \\ IX &= \left(A^{-1}\right) B \\ X &= \left(A^{-1}\right) B \end{aligned}$$

PREGUNTAS Y RESPUESTAS

Si la matriz de coeficientes no tiene una inversa, ¿significa que el sistema no tiene solución?

No, si la matriz de coeficientes no es invertible, el sistema podría ser inconsistente y no tener solución o ser dependiente y tener infinitas soluciones.

EJEMPLO 7

Resolver un sistema 2 × 2 mediante la inversa de una matriz

Resuelva el sistema de ecuaciones dado utilizando la inversa de una matriz.

$$\begin{aligned} 3x + 8y &= 5 \\ 4x + 11y &= 7 \end{aligned}$$

Solución

Escriba el sistema en términos de una matriz de coeficientes, una matriz variable y una matriz constante.

$$A = \begin{bmatrix} 3 & 8 \\ 4 & 11 \end{bmatrix}, X = \begin{bmatrix} x \\ y \end{bmatrix}, B = \begin{bmatrix} 5 \\ 7 \end{bmatrix}$$

Entonces

$$\begin{bmatrix} 3 & 8 \\ 4 & 11 \end{bmatrix} \begin{bmatrix} x \\ y \end{bmatrix} = \begin{bmatrix} 5 \\ 7 \end{bmatrix}$$

Primero, tenemos que calcular A^{-1}. Mediante la fórmula para calcular la inversa de una matriz 2 por 2, tenemos:

$$\begin{aligned} A^{-1} &= \frac{1}{ad-bc} \begin{bmatrix} d & -b \\ -c & a \end{bmatrix} \\ &= \frac{1}{3(11)-8(4)} \begin{bmatrix} 11 & -8 \\ -4 & 3 \end{bmatrix} \\ &= \frac{1}{1} \begin{bmatrix} 11 & -8 \\ -4 & 3 \end{bmatrix} \end{aligned}$$

Así que,

$$A^{-1} = \begin{bmatrix} 11 & -8 \\ -4 & 3 \end{bmatrix}$$

Ahora estamos listos para resolver. Multiplique ambos lados de la ecuación por A^{-1}.

$$\begin{aligned} &(A^{-1})AX = (A^{-1})B \\ &\begin{bmatrix} 11 & -8 \\ -4 & 3 \end{bmatrix} \begin{bmatrix} 3 & 8 \\ 4 & 11 \end{bmatrix} \begin{bmatrix} x \\ y \end{bmatrix} = \begin{bmatrix} 11 & -8 \\ -4 & 3 \end{bmatrix} \begin{bmatrix} 5 \\ 7 \end{bmatrix} \\ &\begin{bmatrix} 1 & 0 \\ 0 & 1 \end{bmatrix} \begin{bmatrix} x \\ y \end{bmatrix} = \begin{bmatrix} 11(5) + (-8)7 \\ -4(5) + 3(7) \end{bmatrix} \\ &\begin{bmatrix} x \\ y \end{bmatrix} = \begin{bmatrix} -1 \\ 1 \end{bmatrix} \end{aligned}$$

La solución es $(-1, 1)$.

PREGUNTAS Y RESPUESTAS

¿Podemos resolver para X hallando el producto BA^{-1}?

No, recuerde que la multiplicación de matrices no es conmutativa, por lo que $A^{-1}B \neq BA^{-1}$. Considere nuestros pasos para resolver la ecuación de la matriz.

$$\begin{aligned} \left(A^{-1}\right) AX &= \left(A^{-1}\right) B \\ \left[\left(A^{-1}\right) A\right] X &= \left(A^{-1}\right) B \\ IX &= \left(A^{-1}\right) B \\ X &= \left(A^{-1}\right) B \end{aligned}$$

Observe que en el primer paso hemos multiplicado ambos lados de la ecuación por A^{-1}, pero el A^{-1} estaba a la izquierda de A en el lado izquierdo y a la izquierda de B en el lado derecho. Como la multiplicación de matrices no es conmutativa, el orden es importante.

EJEMPLO 8

Resolver un sistema 3 × 3 mediante la inversa de una matriz

Resuelva el siguiente sistema utilizando la inversa de una matriz.

$$\begin{aligned} 5x + 15y + 56c &= 35 \\ -4x - 11y - 41c &= -26 \\ -x - 3y - 11c &= -7 \end{aligned}$$

Solución

Escriba la ecuación $AX = B$.

$$\begin{bmatrix} 5 & 15 & 56 \\ -4 & -11 & -41 \\ -1 & -3 & -11 \end{bmatrix} \begin{bmatrix} x \\ y \\ z \end{bmatrix} = \begin{bmatrix} 35 \\ -26 \\ -7 \end{bmatrix}$$

Primero, hallaremos la inversa de A aumentándola con la identidad.

$$\left[\begin{array}{ccc|ccc} 5 & 15 & 56 & 1 & 0 & 0 \\ -4 & -11 & -41 & 0 & 1 & 0 \\ -1 & -3 & -11 & 0 & 0 & 1 \end{array}\right]$$

Multiplique la fila 1 por $\frac{1}{5}$.

$$\left[\begin{array}{ccc|ccc} 1 & 3 & \frac{56}{5} & \frac{1}{5} & 0 & 0 \\ -4 & -11 & -41 & 0 & 1 & 0 \\ -1 & -3 & -11 & 0 & 0 & 1 \end{array}\right]$$

Multiplique la fila 1 por 4 y súmela a la fila 2.

$$\left[\begin{array}{ccc|ccc} 1 & 3 & \frac{56}{5} & \frac{1}{5} & 0 & 0 \\ 0 & 1 & \frac{19}{5} & \frac{4}{5} & 1 & 0 \\ -1 & -3 & -11 & 0 & 0 & 1 \end{array}\right]$$

Sume la fila 1 a la fila 3.

$$\left[\begin{array}{ccc|ccc} 1 & 3 & \frac{56}{5} & \frac{1}{5} & 0 & 0 \\ 0 & 1 & \frac{19}{5} & \frac{4}{5} & 1 & 0 \\ 0 & 0 & \frac{1}{5} & \frac{1}{5} & 0 & 1 \end{array}\right]$$

Multiplique la fila 2 por −3 y súmela a la fila 1.

$$\left[\begin{array}{ccc|ccc} 1 & 0 & -\frac{1}{5} & -\frac{11}{5} & -3 & 0 \\ 0 & 1 & \frac{19}{5} & \frac{4}{5} & 1 & 0 \\ 0 & 0 & \frac{1}{5} & \frac{1}{5} & 0 & 1 \end{array}\right]$$

Multiplique la fila 3 por 5.

$$\left[\begin{array}{ccc|ccc} 1 & 0 & -\frac{1}{5} & -\frac{11}{5} & -3 & 0 \\ 0 & 1 & \frac{19}{5} & \frac{4}{5} & 1 & 0 \\ 0 & 0 & 1 & 1 & 0 & 5 \end{array}\right]$$

Multiplique la fila 3 por $\frac{1}{5}$ y sume a la fila 1.

$$\left[\begin{array}{ccc|ccc} 1 & 0 & 0 & -2 & -3 & 1 \\ 0 & 1 & \frac{19}{5} & \frac{4}{5} & 1 & 0 \\ 0 & 0 & 1 & 1 & 0 & 5 \end{array}\right]$$

Multiplique la fila 3 por $-\frac{19}{5}$ y sume a la fila 2.

$$\left[\begin{array}{ccc|ccc} 1 & 0 & 0 & -2 & -3 & 1 \\ 0 & 1 & 0 & -3 & 1 & -19 \\ 0 & 0 & 1 & 1 & 0 & 5 \end{array}\right]$$

Así que,

$$A^{-1} = \begin{bmatrix} -2 & -3 & 1 \\ -3 & 1 & -19 \\ 1 & 0 & 5 \end{bmatrix}$$

Multiplique ambos lados de la ecuación por A^{-1}. Queremos $A^{-1}AX = A^{-1}B$:

$$\begin{bmatrix} -2 & -3 & 1 \\ -3 & 1 & -19 \\ 1 & 0 & 5 \end{bmatrix} \begin{bmatrix} 5 & 15 & 56 \\ -4 & -11 & -41 \\ -1 & -3 & -11 \end{bmatrix} \begin{bmatrix} x \\ y \\ z \end{bmatrix} = \begin{bmatrix} -2 & -3 & 1 \\ -3 & 1 & -19 \\ 1 & 0 & 5 \end{bmatrix} \begin{bmatrix} 35 \\ -26 \\ -7 \end{bmatrix}$$

Por lo tanto,

$$A^{-1}B = \begin{bmatrix} -70 + 78 - 7 \\ -105 - 26 + 133 \\ 35 + 0 - 35 \end{bmatrix} = \begin{bmatrix} 1 \\ 2 \\ 0 \end{bmatrix}$$

La solución es $(1, 2, 0)$.

INTÉNTELO #4 Resuelva el sistema utilizando la inversa de la matriz de coeficientes.

$$\begin{aligned} 2x - 17y + 11c &= 0 \\ -x + 11y - 7z &= 8 \\ 3y - 2z &= -2 \end{aligned}$$

CÓMO

Dado un sistema de ecuaciones, resuelva con matrices inversas utilizando una calculadora.

1. Guarde la matriz de coeficientes y la matriz constante como variables de la matriz $[A]$ y $[B]$.
2. Introduzca la multiplicación en la calculadora, y llame cada variable de la matriz según sea necesario.
3. Si la matriz de coeficientes es invertible, la calculadora presentará la matriz solución; si la matriz de coeficientes no es invertible, la calculadora presentará un mensaje de error.

EJEMPLO 9

Uso de la calculadora para resolver un sistema de ecuaciones con matrices inversas

Resuelva el sistema de ecuaciones con matrices inversas utilizando una calculadora

$$\begin{aligned} 2x + 3y + z &= 32 \\ 3x + 3y + z &= -27 \\ 2x + 4y + z &= -2 \end{aligned}$$

Solución

En la página de matrices de la calculadora, introduzca la matriz de coeficientes como variable de la matriz $[A]$, e introduzca la matriz constante como variable de la matriz $[B]$.

$$[A] = \begin{bmatrix} 2 & 3 & 1 \\ 3 & 3 & 1 \\ 2 & 4 & 1 \end{bmatrix}, \quad [B] = \begin{bmatrix} 32 \\ -27 \\ -2 \end{bmatrix}$$

En la pantalla de inicio de la calculadora, escriba la multiplicación para resolver X, y llame cada variable de la matriz según sea necesario.

$$[A]^{-1} \times [B]$$

Evaluar la expresión.

$$\begin{bmatrix} -59 \\ -34 \\ 252 \end{bmatrix}$$

MEDIA

Acceda a estos recursos en línea para obtener instrucciones adicionales y practicar la resolución de sistemas con inversos.

La matriz identidad (http://openstax.org/l/identmatrix)
Determinar matrices inversas (http://openstax.org/l/inversematrix)
Usar una ecuación de la matriz para resolver un sistema de ecuaciones (http://openstax.org/l/matrixsystem)

9.7 EJERCICIOS DE SECCIÓN

Verbales

1. En una sección anterior mostramos que la multiplicación de matrices no es conmutativa, es decir, $AB \neq BA$ en la mayoría de los casos. ¿Puede explicar por qué la multiplicación de matrices es conmutativa para las matrices inversas, es decir, $A^{-1}A = AA^{-1}$?

2. ¿Todas las matrices 2×2 tienen una inversa? Explique por qué sí o por qué no. Explique qué condición es necesaria para que exista una inversa.

3. ¿Puede explicar si una matriz 2×2 con una fila entera de ceros puede tener una inversa?

4. ¿Una matriz con una columna entera de ceros puede tener una inversa? Explique por qué sí o por qué no.

5. ¿Una matriz con ceros en la diagonal puede tener una inversa? Si es así, busque un ejemplo. Si no es así, demuestre por qué no. Para simplificar, supongamos una matriz 2×2.

Algebraicos

En los siguientes ejercicios, demuestre que la matriz A es la inversa de la matriz B.

6. $A = \begin{bmatrix} 1 & 0 \\ -1 & 1 \end{bmatrix}, \; B = \begin{bmatrix} 1 & 0 \\ 1 & 1 \end{bmatrix}$

7. $A = \begin{bmatrix} 1 & 2 \\ 3 & 4 \end{bmatrix}, \; B = \begin{bmatrix} -2 & 1 \\ \frac{3}{2} & -\frac{1}{2} \end{bmatrix}$

8. $A = \begin{bmatrix} 4 & 5 \\ 7 & 0 \end{bmatrix}$, $B = \begin{bmatrix} 0 & \frac{1}{7} \\ \frac{1}{5} & -\frac{4}{35} \end{bmatrix}$

9. $A = \begin{bmatrix} -2 & \frac{1}{2} \\ 3 & -1 \end{bmatrix}$, $B = \begin{bmatrix} -2 & -1 \\ -6 & -4 \end{bmatrix}$

10. $A = \begin{bmatrix} 1 & 0 & 1 \\ 0 & 1 & -1 \\ 0 & 1 & 1 \end{bmatrix}$, $B = \frac{1}{2}\begin{bmatrix} 2 & 1 & -1 \\ 0 & 1 & 1 \\ 0 & -1 & 1 \end{bmatrix}$

11. $A = \begin{bmatrix} 1 & 2 & 3 \\ 4 & 0 & 2 \\ 1 & 6 & 9 \end{bmatrix}$, $B = \frac{1}{4}\begin{bmatrix} 6 & 0 & -2 \\ 17 & -3 & -5 \\ -12 & 2 & 4 \end{bmatrix}$

12. $A = \begin{bmatrix} 3 & 8 & 2 \\ 1 & 1 & 1 \\ 5 & 6 & 12 \end{bmatrix}$, $B = \frac{1}{36}\begin{bmatrix} -6 & 84 & -6 \\ 7 & -26 & 1 \\ -1 & -22 & 5 \end{bmatrix}$

En los siguientes ejercicios, halle el multiplicador inverso de cada matriz, si existe.

13. $\begin{bmatrix} 3 & -2 \\ 1 & 9 \end{bmatrix}$

14. $\begin{bmatrix} -2 & 2 \\ 3 & 1 \end{bmatrix}$

15. $\begin{bmatrix} -3 & 7 \\ 9 & 2 \end{bmatrix}$

16. $\begin{bmatrix} -4 & -3 \\ -5 & 8 \end{bmatrix}$

17. $\begin{bmatrix} 1 & 1 \\ 2 & 2 \end{bmatrix}$

18. $\begin{bmatrix} 0 & 1 \\ 1 & 0 \end{bmatrix}$

19. $\begin{bmatrix} 0{,}5 & 1{,}5 \\ 1 & -0{,}5 \end{bmatrix}$

20. $\begin{bmatrix} 1 & 0 & 6 \\ -2 & 1 & 7 \\ 3 & 0 & 2 \end{bmatrix}$

21. $\begin{bmatrix} 0 & 1 & -3 \\ 4 & 1 & 0 \\ 1 & 0 & 5 \end{bmatrix}$

22. $\begin{bmatrix} 1 & 2 & -1 \\ -3 & 4 & 1 \\ -2 & -4 & -5 \end{bmatrix}$

23. $\begin{bmatrix} 1 & 9 & -3 \\ 2 & 5 & 6 \\ 4 & -2 & 7 \end{bmatrix}$

24. $\begin{bmatrix} 1 & -2 & 3 \\ -4 & 8 & -12 \\ 1 & 4 & 2 \end{bmatrix}$

25. $\begin{bmatrix} \frac{1}{2} & \frac{1}{2} & \frac{1}{2} \\ \frac{1}{3} & \frac{1}{4} & \frac{1}{5} \\ \frac{1}{6} & \frac{1}{7} & \frac{1}{8} \end{bmatrix}$

26. $\begin{bmatrix} 1 & 2 & 3 \\ 4 & 5 & 6 \\ 7 & 8 & 9 \end{bmatrix}$

En los siguientes ejercicios, resuelva el sistema utilizando la inversa de una matriz 2×2.

27. $\begin{aligned} 5x - 6y &= -61 \\ 4x + 3y &= -2 \end{aligned}$

28. $\begin{aligned} 8x + 4y &= -100 \\ 3x - 4y &= 1 \end{aligned}$

29. $\begin{aligned} 3x - 2y &= 6 \\ -x + 5y &= -2 \end{aligned}$

30. $\begin{aligned} 5x - 4y &= -5 \\ 4x + y &= 2{,}3 \end{aligned}$

31. $\begin{aligned} -3x - 4y &= 9 \\ 12x + 4y &= -6 \end{aligned}$

32. $\begin{aligned} -2x + 3y &= \frac{3}{10} \\ -x + 5y &= \frac{1}{2} \end{aligned}$

33. $\begin{aligned} \frac{8}{5}x - \frac{4}{5}y &= \frac{2}{5} \\ -\frac{8}{5}x + \frac{1}{5}y &= \frac{7}{10} \end{aligned}$

34. $\begin{aligned} \frac{1}{2}x + \frac{1}{5}y &= -\frac{1}{4} \\ \frac{1}{2}x - \frac{3}{5}y &= -\frac{9}{4} \end{aligned}$

En los siguientes ejercicios, resuelva un sistema utilizando la inversa de una matriz 3×3.

35. $\begin{aligned} 3x - 2y + 5z &= 21 \\ 5x + 4y &= 37 \\ x - 2y - 5c &= 5 \end{aligned}$

36. $\begin{aligned} 4x + 4y + 4z &= 40 \\ 2x - 3y + 4z &= -12 \\ -x + 3y + 4z &= 9 \end{aligned}$

37. $\begin{aligned} 6x - 5y - z &= 31 \\ -x + 2y + z &= -6 \\ 3x + 3y + 2z &= 13 \end{aligned}$

38. $\begin{aligned} 6x - 5y + 2z &= -4 \\ 2x + 5y - z &= 12 \\ 2x + 5y + z &= 12 \end{aligned}$

39. $\begin{aligned} 4x - 2y + 3z &= -12 \\ 2x + 2y - 9c &= 33 \\ 6y - 4c &= 1 \end{aligned}$

40. $\begin{aligned} \tfrac{1}{10}x - \tfrac{1}{5}y + 4z &= \tfrac{-41}{2} \\ \tfrac{1}{5}x - 20y + \tfrac{2}{5}z &= -101 \\ \tfrac{3}{10}x + 4y - \tfrac{3}{10}z &= 23 \end{aligned}$

41. $\begin{aligned} \tfrac{1}{2}x - \tfrac{1}{5}y + \tfrac{1}{5}z &= \tfrac{31}{100} \\ -\tfrac{3}{4}x - \tfrac{1}{4}y + \tfrac{1}{2}z &= \tfrac{7}{40} \\ -\tfrac{4}{5}x - \tfrac{1}{2}y + \tfrac{3}{2}z &= \tfrac{1}{4} \end{aligned}$

42. $\begin{aligned} 0{,}1x + 0{,}2y + 0{,}3c &= -1{,}4 \\ 0{,}1x - 0{,}2y + 0{,}3c &= 0{,}6 \\ 0{,}4y + 0{,}9c &= -2 \end{aligned}$

En tecnología

En los siguientes ejercicios, utilice una calculadora para resolver el sistema de ecuaciones con matrices inversas.

43. $\begin{aligned} 2x - y &= -3 \\ -x + 2y &= 2{,}3 \end{aligned}$

44. $\begin{aligned} -\tfrac{1}{2}x - \tfrac{3}{2}y &= -\tfrac{43}{20} \\ \tfrac{5}{2}x + \tfrac{11}{5}y &= \tfrac{31}{4} \end{aligned}$

45. $\begin{aligned} 12{,}3x - 2y - 2{,}5c &= 2 \\ 36{,}9x + 7y - 7{,}5c &= -7 \\ 8y - 5c &= -10 \end{aligned}$

46. $\begin{aligned} 0{,}5x - 3y + 6z &= -0{,}8 \\ 0{,}7x - 2y &= -0{,}06 \\ 0{,}5x + 4y + 5z &= 0 \end{aligned}$

Extensiones

En los siguientes ejercicios, halle la inversa de la matriz dada.

47. $\begin{bmatrix} 1 & 0 & 1 & 0 \\ 0 & 1 & 0 & 1 \\ 0 & 1 & 1 & 0 \\ 0 & 0 & 1 & 1 \end{bmatrix}$

48. $\begin{bmatrix} -1 & 0 & 2 & 5 \\ 0 & 0 & 0 & 2 \\ 0 & 2 & -1 & 0 \\ 1 & -3 & 0 & 1 \end{bmatrix}$

49. $\begin{bmatrix} 1 & -2 & 3 & 0 \\ 0 & 1 & 0 & 2 \\ 1 & 4 & -2 & 3 \\ -5 & 0 & 1 & 1 \end{bmatrix}$

50. $\begin{bmatrix} 1 & 2 & 0 & 2 & 3 \\ 0 & 2 & 1 & 0 & 0 \\ 0 & 0 & 3 & 0 & 1 \\ 0 & 2 & 0 & 0 & 1 \\ 0 & 0 & 1 & 2 & 0 \end{bmatrix}$

51. $\begin{bmatrix} 1 & 0 & 0 & 0 & 0 & 0 \\ 0 & 1 & 0 & 0 & 0 & 0 \\ 0 & 0 & 1 & 0 & 0 & 0 \\ 0 & 0 & 0 & 1 & 0 & 0 \\ 0 & 0 & 0 & 0 & 1 & 0 \\ 1 & 1 & 1 & 1 & 1 & 1 \end{bmatrix}$

Aplicaciones en el mundo real

En los siguientes ejercicios, escriba un sistema de ecuaciones que represente la situación. Luego, resuelva el sistema utilizando la inversa de una matriz.

52. Se vendieron 2.400 entradas para un partido de baloncesto. Si los precios de la zona 1 y de la zona 2 eran diferentes, y la cantidad total de dinero recaudado es de 64.000 dólares, ¿cuál era el precio de cada entrada?

53. En el ejercicio anterior, si le dicen que se han vendido 400 entradas más para la zona 2 que para la zona 1, ¿cuál es el precio de cada entrada?

54. Una colecta de alimentos recogió dos tipos diferentes de productos enlatados, judías verdes y frijoles rojos. El número total de latas recogidas fue de 350 y el peso total de todos los alimentos donados fue de 348 lb, 12 oz. Si las latas de judías verdes pesan 2 oz menos que las latas de frijoles rojos, ¿cuántas de cada lata se donaron?

55. Se pidió a los estudiantes que trajeran a clase su fruta favorita. El $95\ \%$ de las frutas consistían en bananas, manzanas y naranjas. Si las naranjas son dos veces más populares que las bananas, y las manzanas son el $5\ \%$ menos populares que las bananas, ¿cuáles son los porcentajes de cada fruta?

56. El club de enfermería organizó una venta de pasteles para recaudar fondos y vendió brownies y galletas de chocolate. El precio de los brownies es de 1 dólar y el de las galletas de chocolate de 0,75 dólares. Recaudaron 700 dólares y vendieron 850 artículos. ¿Cuántos brownies y cuántas galletas se vendieron?

57. Una tienda de ropa necesita pedir un nuevo inventario. Tiene tres tipos de sombreros a la venta: sombreros de paja, gorros y sombreros de vaquero. El sombrero de paja tiene un precio de 13,99 dólares, el gorro de 7,99 dólares y el sombrero de vaquero de 14,49 dólares. Si el trimestre pasado se vendieron 100 sombreros, se recaudaron 1.119 dólares por las ventas, y la cantidad de gorros vendidos fue 10 más que la de sombreros de vaquero, ¿cuántos de cada uno debería pedir la tienda de ropa para reponer los ya vendidos?

58. Anna, Percy y Morgan pesan conjuntamente 370 lb. Si Morgan pesa 20 lb más que Percy, y Anna pesa 1,5 veces más que Percy, ¿cuánto pesa cada persona?

59. Tres compañeros de apartamento compartieron un paquete de 12 barritas de helado, pero nadie recuerda cuántas comió cada quien. Si Micah comió el doble de barritas de helado que Joe, y Albert comió tres menos que Micah, ¿cuántas barritas de helado comió cada compañero?

60. Un granjero construyó un gallinero con malla metálica, madera y madera contrachapada. La malla metálica cuesta 2 dólares por pie cuadrado, la madera 10 dólares por pie cuadrado y el contrachapado 5 dólares por pie cuadrado. El agricultor gastó un total de 51 dólares, y la cantidad total de materiales utilizados fue 14 ft^2. Utilizó 3 ft^2 más de alambre de gallinero que de madera contrachapada. ¿Qué cantidad de cada material utilizó el agricultor?

61. Jay tiene limoneros, naranjos y granados en su patio trasero. Una naranja pesa 8 oz, un limón 5 oz y una granada 11 oz. Jay recogió 142 piezas de fruta con un peso total de 70 lb, 10 oz. Recogió 15,5 veces más naranjas que granadas. ¿Cuántas de cada fruta recogió Jay?

9.8 Resolver sistemas con la regla de Cramer

Objetivos de aprendizaje

En esta sección, podrá:

- Evaluar determinantes 2 x 2.
- Utilizar la regla de Cramer para resolver un sistema de ecuaciones en dos variables.
- Evaluar determinantes 3 × 3.
- Utilizar la regla de Cramer para resolver un sistema de tres ecuaciones en tres variables.
- Conocer las propiedades de los determinantes.

Hemos aprendido a resolver sistemas de ecuaciones en dos variables y en tres variables, y por varios métodos: sustitución, adición, eliminación de Gauss-Jordan, utilizando la inversa de una matriz y mediante gráficos. Algunos de estos métodos son más fáciles de aplicar que otros y son más adecuados en determinadas situaciones. En esta sección estudiaremos otras dos estrategias para resolver sistemas de ecuaciones.

Evaluar el determinante de una matriz 2×2

El determinante es un número real que puede ser muy útil en matemáticas porque tiene múltiples aplicaciones, como calcular el área, el volumen y otras cantidades. Aquí, utilizaremos los determinantes para revelar si una matriz es invertible utilizando las entradas de una matriz cuadrada para determinar si existe una solución al sistema de ecuaciones. Sin embargo, una de las aplicaciones más interesantes es su uso en criptografía. Las señales o mensajes seguros se envían a veces codificados en una matriz. Los datos solo se pueden descifrar con una matriz invertible y el determinante. Para nuestro propósito, nos centramos en el determinante como indicación de la invertibilidad de la matriz. El cálculo del determinante de una matriz implica seguir las pautas específicas que se exponen en esta sección.

Halle el determinante de una matriz de 2 × 2

El **determinante** de una matriz 2×2 dado que

$$A = \begin{bmatrix} a & b \\ c & d \end{bmatrix}$$

se define como

$$\det(A) = \begin{vmatrix} a & b \\ c & d \end{vmatrix} = ad - cb$$

Fíjese en el cambio de notación. Hay varias formas de indicar el determinante, entre ellas $\det(A)$ y sustituir los corchetes de una matriz por líneas rectas, $|A|$.

EJEMPLO 1

Hallar el determinante de una matriz 2 × 2

Halle el determinante de la matriz dada.

$$A = \begin{bmatrix} 5 & 2 \\ -6 & 3 \end{bmatrix}$$

Solución

$$\begin{aligned} \det(A) &= \begin{vmatrix} 5 & 2 \\ -6 & 3 \end{vmatrix} \\ &= 5(3) - (-6)(2) \\ &= 27 \end{aligned}$$

Usar la regla de Cramer para resolver un sistema de dos ecuaciones en dos variables

Ahora presentaremos un último método para resolver sistemas de ecuaciones que utiliza determinantes. Conocida como regla de Cramer, esta técnica se remonta a mediados del siglo XVIII y lleva el nombre de su innovador, el matemático suizo Gabriel Cramer (1704-1752), que la introdujo en 1750 en Introduction à l'Analyse des lignes Courbes algébriques "Introducción al análisis de curvas algebraicas".. La regla de Cramer es un método viable y eficiente para calcular soluciones a sistemas con un número arbitrario de incógnitas, siempre que tengamos el mismo número de ecuaciones que de incógnitas.

La regla de Cramer nos dará la solución única de un sistema de ecuaciones, si existe. Sin embargo, si el sistema no tiene solución o tiene un número infinito de soluciones, esto se indicará con un determinante de cero. Para saber si el sistema es inconsistente o dependiente, habrá que utilizar otro método, como la eliminación.

Para entender la regla de Cramer, vamos a ver de cerca cómo resolvemos los sistemas de ecuaciones lineales mediante operaciones básicas de fila. Consideremos un sistema de dos ecuaciones en dos variables.

$$\begin{aligned} a_1x + b_1y &= c_1 \quad (1) \\ a_2x + b_2y &= c_2 \quad (2) \end{aligned}$$

Eliminamos una variable mediante operaciones de fila y resolvemos la otra. Digamos que deseamos resolver para x. Si la ecuación (2) se multiplica por el contrario del coeficiente de y en la ecuación (1), la ecuación (1) se multiplica por el coeficiente de y en la ecuación (2) y sumamos las dos ecuaciones, la variable y será eliminada.

$$\begin{array}{ll} b_2a_1x + b_2b_1y = b_2c_1 & \text{Multiplique } R_1 \text{ por } b_2 \\ -b_1a_2x - b_1b_2y = -b_1c_2 & \text{Multiplique } R_2 \text{ por } -b_1 \\ \hline b_2a_1x - b_1a_2x = b_2c_1 - b_1c_2 & \end{array}$$

Ahora, resuelva para x.

$$b_2a_1x - b_1a_2x = b_2c_1 - b_1c_2$$
$$x(b_2a_1 - b_1a_2) = b_2c_1 - b_1c_2$$
$$x = \frac{b_2c_1 - b_1c_2}{b_2a_1 - b_1a_2} = \frac{\begin{vmatrix} c_1 & b_1 \\ c_2 & b_2 \end{vmatrix}}{\begin{vmatrix} a_1 & b_1 \\ a_2 & b_2 \end{vmatrix}}$$

Del mismo modo, resuelva para y, eliminaremos x.

$$\begin{array}{ll} a_2a_1x + a_2b_1y = a_2c_1 & \text{Multiplique } R_1 \text{ por } a_2 \\ -a_1a_2x - a_1b_2y = -a_1c_2 & \text{Multiplique } R_2 \text{ por } -a_1 \\ \hline a_2b_1y - a_1b_2y = a_2c_1 - a_1c_2 & \end{array}$$

Resuelva para y da como resultado

$$a_2b_1y - a_1b_2y = a_2c_1 - a_1c_2$$
$$y(a_2b_1 - a_1b_2) = a_2c_1 - a_1c_2$$
$$y = \frac{a_2c_1 - a_1c_2}{a_2b_1 - a_1b_2} = \frac{a_1c_2 - a_2c_1}{a_1b_2 - a_2b_1} = \frac{\begin{vmatrix} a_1 & c_1 \\ a_2 & c_2 \end{vmatrix}}{\begin{vmatrix} a_1 & b_1 \\ a_2 & b_2 \end{vmatrix}}$$

Observe que el denominador de ambos x y y es el determinante de la matriz de coeficientes.

Podemos utilizar estas fórmulas para resolver x y y, pero la regla de Cramer también introduce una nueva notación:

- D : determinante de la matriz de coeficientes
- D_x : determinante del numerador en la solución de x

$$x = \frac{D_x}{D}$$

- D_y : determinante del numerador en la solución de y

$$y = \frac{D_y}{D}$$

La clave de la regla de Cramer es sustituir la columna variable de interés por la columna constante y calcular los determinantes. Podemos entonces expresar x y y como cociente de dos determinantes.

Regla de Cramer para sistemas de 2×2

La regla de Cramer es un método que utiliza los determinantes para resolver sistemas de ecuaciones que tienen el mismo número de ecuaciones que de variables.

Consideremos un sistema de dos ecuaciones lineales en dos variables.

$$a_1x + b_1y = c_1$$
$$a_2x + b_2y = c_2$$

La solución utilizando la regla de Cramer es

$$x = \frac{D_x}{D} = \frac{\begin{vmatrix} c_1 & b_1 \\ c_2 & b_2 \end{vmatrix}}{\begin{vmatrix} a_1 & b_1 \\ a_2 & b_2 \end{vmatrix}}, \quad D \neq 0; \qquad y = \frac{D_y}{D} = \frac{\begin{vmatrix} a_1 & c_1 \\ a_2 & c_2 \end{vmatrix}}{\begin{vmatrix} a_1 & b_1 \\ a_2 & b_2 \end{vmatrix}}, \quad D \neq 0.$$

Si resolvemos para x, la intersección x se sustituye por la columna constante. Si resolvemos para y, la columna y se sustituye por la columna constante.

EJEMPLO 2

Usar la regla de Cramer para resolver un sistema 2 × 2

Resuelva el siguiente sistema 2×2 mediante la regla de Cramer.

$$\begin{aligned} 12x + 3y &= 15 \\ 2x - 3y &= 13 \end{aligned}$$

Solución

Resuelva para x.

$$x = \frac{D_x}{D} = \frac{\begin{vmatrix} 15 & 3 \\ 13 & -3 \end{vmatrix}}{\begin{vmatrix} 12 & 3 \\ 2 & -3 \end{vmatrix}} = \frac{-45 - 39}{-36 - 6} = \frac{-84}{-42} = 2$$

Resuelva para y.

$$y = \frac{D_y}{D} = \frac{\begin{vmatrix} 12 & 15 \\ 2 & 13 \end{vmatrix}}{\begin{vmatrix} 12 & 3 \\ 2 & -3 \end{vmatrix}} = \frac{156 - 30}{-36 - 6} = -\frac{126}{42} = -3$$

La solución es $(2, -3)$.

INTÉNTELO #1 Utilice la regla de Cramer para resolver el sistema de ecuaciones 2 × 2.

$$\begin{aligned} x + 2y &= -11 \\ -2x + y &= -13 \end{aligned}$$

Evaluar el determinante de una matriz 3 × 3

Hallar el determinante de una matriz 2×2 es sencillo, pero hallar el determinante de una matriz 3×3 es más complicado. Un método consiste en aumentar la matriz 3×3 con una repetición de las dos primeras columnas, lo que genera una matriz 3×5. A continuación, calculamos la suma de los productos de las entradas *hacia abajo* de cada una de las tres diagonales (de la izquierda a la derecha) y restamos los productos de las entradas *hacia arriba* de cada una de las tres diagonales (de la izquierda a la derecha). Esto se entiende mejor con una imagen y un ejemplo.

Halle el determinante de la matriz 3×3.

$$A = \begin{bmatrix} a_1 & b_1 & c_1 \\ a_2 & b_2 & c_2 \\ a_3 & b_3 & c_3 \end{bmatrix}$$

1. Aumente A con las dos primeras columnas.

$$\det(A) = \left|\begin{matrix} a_1 & b_1 & c_1 \\ a_2 & b_2 & c_2 \\ a_3 & b_3 & c_3 \end{matrix}\right|\begin{matrix} a_1 & b_1 \\ a_2 & b_2 \\ a_3 & b_3 \end{matrix}\right|$$

2. De arriba a la izquierda a abajo a la derecha: multiplique las entradas por la primera diagonal. Sume el resultado al producto de las entradas de la segunda diagonal. Sume este resultado al producto de las entradas de la tercera diagonal.
3. De abajo a la izquierda a arriba a la derecha: reste el producto de las entradas de la primera diagonal. A este resultado hay que restarle el producto de las entradas de la segunda diagonal. A este resultado hay que restarle el producto de las entradas de la tercera diagonal.

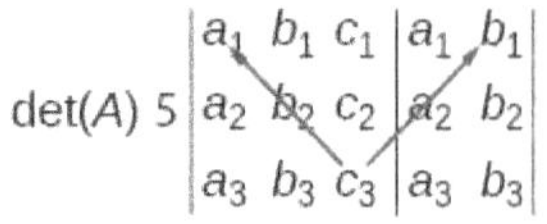

El álgebra es la siguiente:

$$|A| = a_1b_2c_3 + b_1c_2a_3 + c_1a_2b_3 - a_3b_2c_1 - b_3c_2a_1 - c_3a_2b_1$$

EJEMPLO 3

Hallar el determinante de una matriz 3 × 3

Halle el determinante de la matriz 3 × 3 dada

$$A = \begin{bmatrix} 0 & 2 & 1 \\ 3 & -1 & 1 \\ 4 & 0 & 1 \end{bmatrix}$$

Solución

Aumente la matriz con las dos primeras columnas y siga la fórmula. Por lo tanto,

$$\begin{aligned} |A| &= \left|\begin{array}{ccc|cc} 0 & 2 & 1 & 0 & 2 \\ 3 & -1 & 1 & 3 & -1 \\ 4 & 0 & 1 & 4 & 0 \end{array}\right| \\ &= 0(-1)(1) + 2(1)(4) + 1(3)(0) - 4(-1)(1) - 0(1)(0) - 1(3)(2) \\ &= 0 + 8 + 0 + 4 - 0 - 6 \\ &= 6 \end{aligned}$$

> **INTÉNTELO** #2 Halle el determinante de la matriz 3 × 3.

$$\det(A) = \begin{vmatrix} 1 & -3 & 7 \\ 1 & 1 & 1 \\ 1 & -2 & 3 \end{vmatrix}$$

PREGUNTAS Y RESPUESTAS **¿Podemos utilizar el mismo método para hallar el determinante de una matriz más grande?**

No, este método solo funciona para matrices 2×2 y 3×3. Para matrices más grandes, es mejor utilizar una herramienta gráfica o un software.

Uso de la regla de Cramer para resolver un sistema de tres ecuaciones en tres variables

Ahora que podemos calcular el determinante de una matriz 3 × 3, podemos aplicar la regla de Cramer para resolver un sistema de tres ecuaciones en tres variables. La regla de Cramer es sencilla y sigue un patrón consistente con la regla de Cramer para matrices de 2 × 2. Sin embargo, a medida que el orden de la matriz aumenta a 3 × 3, se requieren muchos más cálculos.

Cuando calculamos que el determinante es cero, la regla de Cramer no da ninguna indicación de si el sistema no tiene solución o tiene un número infinito de soluciones. Para averiguarlo, tenemos que hacer una eliminación en el sistema.

Considere un sistema de ecuaciones 3 × 3.

$$\begin{aligned} a_1x + b_1y + c_1z &= d_1 \\ a_2x + b_2y + c_2z &= d_2 \\ a_3x + b_3y + c_3z &= d_3 \end{aligned}$$

$$x = \frac{D_x}{D}, y = \frac{D_y}{D}, z = \frac{D_c}{D}, D \neq 0$$

donde

$$D = \begin{vmatrix} a_1 & b_1 & c_1 \\ a_2 & b_2 & c_2 \\ a_3 & b_3 & c_3 \end{vmatrix}, \; D_x = \begin{vmatrix} d_1 & b_1 & c_1 \\ d_2 & b_2 & c_2 \\ d_3 & b_3 & c_3 \end{vmatrix}, \; D_y = \begin{vmatrix} a_1 & d_1 & c_1 \\ a_2 & d_2 & c_2 \\ a_3 & d_3 & c_3 \end{vmatrix}, \; D_z = \begin{vmatrix} a_1 & b_1 & d_1 \\ a_2 & b_2 & d_2 \\ a_3 & b_3 & d_3 \end{vmatrix}$$

Si escribimos el determinante D_x, sustituimos la columna x con la columna constante. Si escribimos el determinante D_y, sustituimos la columna y con la columna constante. Si escribimos el determinante D_c, sustituimos la columna c con la columna constante. Compruebe siempre la respuesta.

EJEMPLO 4

Resolver un sistema de 3 × 3 mediante la regla de Cramer

Halle la solución del sistema de 3 × 3 dado mediante la regla de Cramer.

$$\begin{aligned} x + y - z &= 6 \\ 3x - 2y + z &= -5 \\ x + 3y - 2z &= 14 \end{aligned}$$

Solución

Utilice la regla de Cramer.

$$D = \begin{vmatrix} 1 & 1 & -1 \\ 3 & -2 & 1 \\ 1 & 3 & -2 \end{vmatrix}, D_x = \begin{vmatrix} 6 & 1 & -1 \\ -5 & -2 & 1 \\ 14 & 3 & -2 \end{vmatrix}, D_y = \begin{vmatrix} 1 & 6 & -1 \\ 3 & -5 & 1 \\ 1 & 14 & -2 \end{vmatrix}, D_c = \begin{vmatrix} 1 & 1 & 6 \\ 3 & -2 & -5 \\ 1 & 3 & 14 \end{vmatrix}$$

Entonces,

$$\begin{aligned} x &= \frac{D_x}{D} = \frac{-3}{-3} = 1 \\ y &= \frac{D_y}{D} = \frac{-9}{-3} = 3 \\ z &= \frac{D_c}{D} = \frac{6}{-3} = -2 \end{aligned}$$

La solución es $(1, 3, -2)$.

> INTÉNTELO #3 Usar la regla de Cramer para resolver la matriz 3 × 3.

$$\begin{aligned} x - 3y + 7z &= 13 \\ x + y + z &= 1 \\ x - 2y + 3z &= 4 \end{aligned}$$

EJEMPLO 5

Usar la regla de Cramer para resolver un sistema inconsistente

Resuelva el sistema de ecuaciones mediante la regla de Cramer.

$$3x - 2y = 4 \quad (1)$$

$$6x - 4y = 0 \quad (2)$$

Solución

Comenzamos por hallar los determinantes D, D_x, y D_y.

$$D = \begin{vmatrix} 3 & -2 \\ 6 & -4 \end{vmatrix} = 3(-4) - 6(-2) = 0$$

Sabemos que un determinante de cero significa que, o bien, el sistema no tiene solución, o bien, tiene un número infinito de soluciones. Para ver cuál es, utilizamos el proceso de eliminación. Nuestra meta es eliminar una de las variables.

1. Multiplique la ecuación (1) por −2.
2. Sume el resultado a la ecuación (2).

$$\begin{array}{r} -6x + 4y \ = -8 \\ \underline{6x - 4y = 0} \\ 0 = -8 \end{array}$$

Obtenemos la ecuación $0 = -8$, lo cual es falso. Por lo tanto, el sistema no tiene solución. El gráfico del sistema revela dos líneas paralelas. Vea la Figura 1.

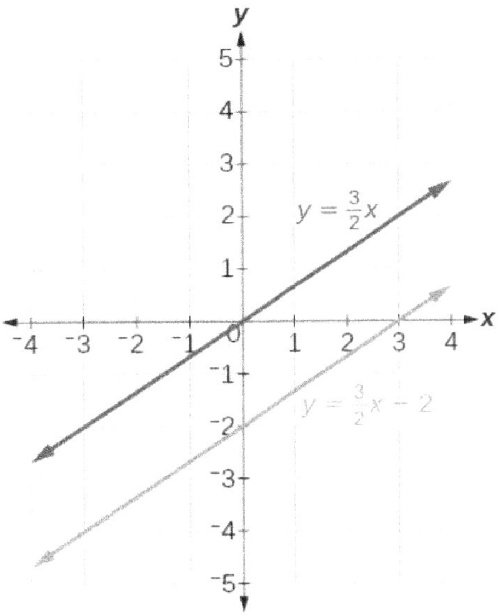

Figura 1

EJEMPLO 6

Utilizar la regla de Cramer para resolver un sistema dependiente

Resuelva el sistema con un número infinito de soluciones.

$$\begin{aligned} x - 2y + 3z &= 0 \quad (1) \\ 3x + y - 2z &= 0 \quad (2) \\ 2x - 4y + 6z &= 0 \quad (3) \end{aligned}$$

Solución

Primero hallemos el determinante. Establezca una matriz aumentada por las dos primeras columnas.

$$\left| \begin{array}{ccc|cc} 1 & -2 & 3 & 1 & -2 \\ 3 & 1 & -2 & 3 & 1 \\ 2 & -4 & 6 & 2 & -4 \end{array} \right|$$

Entonces,

$$1\,(1)\,(6) + (-2)\,(-2)\,(2) + 3\,(3)\,(-4) - 2\,(1)\,(3) - (-4)\,(-2)\,(1) - 6\,(3)\,(-2) = 0$$

Como el determinante es igual a cero, no hay solución o hay un número infinito de soluciones. Tenemos que realizar la eliminación para averiguarlo.

1. Multiplique la ecuación (1) por -2 y sume el resultado a la ecuación (3):

$$\begin{array}{r} -2x + 4y - 6z = 0 \\ \underline{2x - 4y + 6z = 0} \\ 0 = 0 \end{array}$$

2. Obtener una respuesta de $0 = 0$, un enunciado que siempre es verdadero, significa que el sistema tiene un número infinito de soluciones. Al graficar el sistema, podemos ver que dos de los planos son iguales y ambos intersecan al

tercer plano en una línea. Vea la Figura 2.

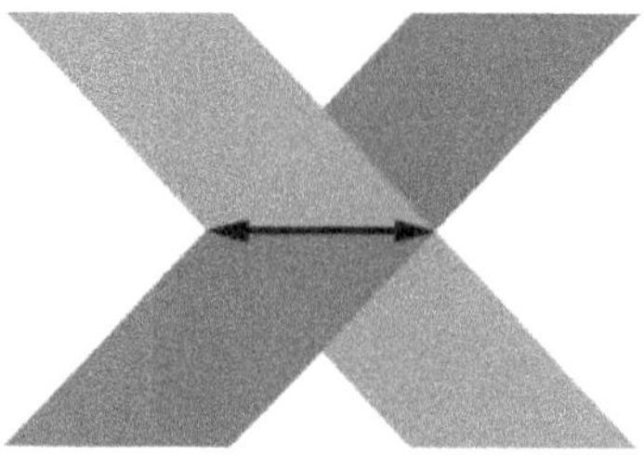

Figura 2

Comprender las propiedades de los determinantes

Hay muchas propiedades de los determinantes. A continuación, se enumeran algunas propiedades que pueden ser útiles para calcular el determinante de una matriz.

Propiedades de los determinantes

1. Si la matriz está en forma triangular superior, el determinante es igual al producto de las entradas por la diagonal principal.
2. Cuando se intercambian dos filas, el determinante cambia de signo.
3. Si dos filas o dos columnas son idénticas, el determinante es igual a cero.
4. Si una matriz contiene una fila de ceros o una columna de ceros, el determinante es igual a cero.
5. El determinante de una matriz inversa A^{-1} es el recíproco del determinante de la matriz A.
6. Si cualquier fila o columna se multiplica por una constante, el determinante se multiplica por el mismo factor.

EJEMPLO 7

Ilustrar propiedades de los determinantes
Ilustre cada una de las propiedades de los determinantes.

Solución
La propiedad 1 establece que si la matriz está en forma triangular superior, el determinante es el producto de las entradas por la diagonal principal.

$$A = \begin{bmatrix} 1 & 2 & 3 \\ 0 & 2 & 1 \\ 0 & 0 & -1 \end{bmatrix}$$

Aumente A con las dos primeras columnas.

$$A = \left[\begin{array}{ccc|cc} 1 & 2 & 3 & 1 & 2 \\ 0 & 2 & 1 & 0 & 2 \\ 0 & 0 & -1 & 0 & 0 \end{array}\right]$$

Entonces

$$\begin{aligned} \det(A) &= 1(2)(-1) + 2(1)(0) + 3(0)(0) - 0(2)(3) - 0(1)(1) + 1(0)(2) \\ &= -2 \end{aligned}$$

La propiedad 2 establece que el intercambio de filas cambia el signo. Dado

$$A = \begin{bmatrix} -1 & 5 \\ 4 & -3 \end{bmatrix}, \quad \det(A) = (-1)(-3) - (4)(5) = 3 - 20 = -17$$

$$B = \begin{bmatrix} 4 & -3 \\ -1 & 5 \end{bmatrix}, \quad \det(B) = (4)(5) - (-1)(-3) = 20 - 3 = 17$$

La propiedad 3 establece que si dos filas o dos columnas son idénticas, el determinante es igual a cero.

$$A = \left[\begin{array}{ccc|cc} 1 & 2 & 2 & 1 & 2 \\ 2 & 2 & 2 & 2 & 2 \\ -1 & 2 & 2 & -1 & 2 \end{array}\right]$$

$$\begin{aligned} \det(A) &= 1(2)(2) + 2(2)(-1) + 2(2)(2) + 1(2)(2) - 2(2)(1) - 2(2)(2) \\ &= 4 - 4 + 8 + 4 - 4 - 8 = 0 \end{aligned}$$

La propiedad 4 establece que si una fila o una columna es igual a cero, el determinante es igual a cero. Por lo tanto,

$$A = \begin{bmatrix} 1 & 2 \\ 0 & 0 \end{bmatrix}, \quad \det(A) = 1\,(0) - 2\,(0) = 0$$

La propiedad 5 establece que el determinante de una matriz inversa A^{-1} es el recíproco del determinante A. Así,

$$A = \begin{bmatrix} 1 & 2 \\ 3 & 4 \end{bmatrix}, \det(A) = 1\,(4) - 3\,(2) = -2$$

$$A^{-1} = \begin{bmatrix} -2 & 1 \\ \frac{3}{2} & -\frac{1}{2} \end{bmatrix}, \det\left(A^{-1}\right) = -2\left(-\tfrac{1}{2}\right) - \left(\tfrac{3}{2}\right)(1) = -\tfrac{1}{2}$$

La propiedad 6 establece que si cualquier fila o columna de una matriz se multiplica por una constante, el determinante se multiplica por el mismo factor. Por lo tanto,

$$A = \begin{bmatrix} 1 & 2 \\ 3 & 4 \end{bmatrix}, \det(A) = 1\,(4) - 2\,(3) = -2$$

$$B = \begin{bmatrix} 2\,(1) & 2\,(2) \\ 3 & 4 \end{bmatrix}, \det(B) = 2\,(4) - 3\,(4) = -4$$

EJEMPLO 8

Usar la regla de Cramer y propiedades de los determinantes para resolver un sistema

Halle la solución del sistema 3 × 3 dado.

$$\begin{aligned} 2x + 4y + 4z &= 2 \quad (1) \\ 3x + 7y + 7z &= -5 \quad (2) \\ x + 2y + 2z &= 4 \quad (3) \end{aligned}$$

Solución

Al utilizar la regla de Cramer, tenemos

$$D = \begin{vmatrix} 2 & 4 & 4 \\ 3 & 7 & 7 \\ 1 & 2 & 2 \end{vmatrix}$$

Observe que la segunda y la tercera columna son idénticas. Según la propiedad 3, el determinante será cero, por lo que no hay solución o hay un número infinito de soluciones. Tenemos que realizar la eliminación para averiguarlo.

1. Multiplique la ecuación (3) por –2 y sume el resultado a la ecuación (1).

$$\begin{array}{r} -2x - 4y - 4x = -8 \\ \underline{2x + 4y + 4z = 2} \\ 0 = -6 \end{array}$$

Obtener un enunciado que sea una contradicción significa que el sistema no tiene solución.

MEDIA

Acceda a estos recursos en línea para obtener más instrucciones y practicar la regla de Cramer.

Resolver un sistema de dos ecuaciones mediante la regla de Cramer (http://openstax.org/l/system2cramer)
Resolver un sistema de tres ecuaciones mediante la regla de Cramer (http://openstax.org/l/system3cramer)

9.8 EJERCICIOS DE SECCIÓN

Verbales

1. Explique por qué siempre podemos evaluar el determinante de una matriz cuadrada.

2. Examine la regla de Cramer y explique por qué no existe una solución única para el sistema cuando el determinante de su matriz es 0. Para simplificar, utilice una matriz 2×2.

3. Explique qué significa en términos de inversa que una matriz tenga un determinante 0.

4. El determinante de la matriz 2×2 A es 3. Si cambia las filas y multiplica la primera fila por 6 y la segunda por 2, explique cómo hallar el determinante y proporcione la respuesta.

Algebraicos

En los siguientes ejercicios, calcule el determinante.

5. $\begin{vmatrix} 1 & 2 \\ 3 & 4 \end{vmatrix}$

6. $\begin{vmatrix} -1 & 2 \\ 3 & -4 \end{vmatrix}$

7. $\begin{vmatrix} 2 & -5 \\ -1 & 6 \end{vmatrix}$

8. $\begin{vmatrix} -8 & 4 \\ -1 & 5 \end{vmatrix}$

9. $\begin{vmatrix} 1 & 0 \\ 3 & -4 \end{vmatrix}$

10. $\begin{vmatrix} 10 & 20 \\ 0 & -10 \end{vmatrix}$

11. $\begin{vmatrix} 10 & 0{,}2 \\ 5 & 0{,}1 \end{vmatrix}$

12. $\begin{vmatrix} 6 & -3 \\ 8 & 4 \end{vmatrix}$

13. $\begin{vmatrix} -2 & -3 \\ 3{,}1 & 4.000 \end{vmatrix}$

14. $\begin{vmatrix} -1{,}1 & 0{,}6 \\ 7{,}2 & -0{,}5 \end{vmatrix}$

15. $\begin{vmatrix} -1 & 0 & 0 \\ 0 & 1 & 0 \\ 0 & 0 & -3 \end{vmatrix}$

16. $\begin{vmatrix} -1 & 4 & 0 \\ 0 & 2 & 3 \\ 0 & 0 & -3 \end{vmatrix}$

17. $\begin{vmatrix} 1 & 0 & 1 \\ 0 & 1 & 0 \\ 1 & 0 & 0 \end{vmatrix}$

18. $\begin{vmatrix} 2 & -3 & 1 \\ 3 & -4 & 1 \\ -5 & 6 & 1 \end{vmatrix}$

19. $\begin{vmatrix} -2 & 1 & 4 \\ -4 & 2 & -8 \\ 2 & -8 & -3 \end{vmatrix}$

20. $\begin{vmatrix} 6 & -1 & 2 \\ -4 & -3 & 5 \\ 1 & 9 & -1 \end{vmatrix}$

21. $\begin{vmatrix} 5 & 1 & -1 \\ 2 & 3 & 1 \\ 3 & -6 & -3 \end{vmatrix}$

22. $\begin{vmatrix} 1{,}1 & 2 & -1 \\ -4 & 0 & 0 \\ 4{,}1 & -0{,}4 & 2{,}5 \end{vmatrix}$

23. $\begin{vmatrix} 2 & -1{,}6 & 3{,}1 \\ 1{,}1 & 3 & -8 \\ -9{,}3 & 0 & 2 \end{vmatrix}$

24. $\begin{vmatrix} -\frac{1}{2} & \frac{1}{3} & \frac{1}{4} \\ \frac{1}{5} & -\frac{1}{6} & \frac{1}{7} \\ 0 & 0 & \frac{1}{8} \end{vmatrix}$

En los siguientes ejercicios, resuelva el sistema de ecuaciones lineales utilizando la regla de Cramer.

25. $\begin{aligned} 2x - 3y &= -1 \\ 4x + 5y &= 9 \end{aligned}$

26. $\begin{aligned} 5x - 4y &= 2 \\ -4x + 7y &= 6 \end{aligned}$

27. $\begin{aligned} 6x - 3y &= 2 \\ -8x + 9y &= -1 \end{aligned}$

28. $\begin{aligned} 2x + 6y &= 12 \\ 5x - 2y &= 13 \end{aligned}$

29. $\begin{aligned} 4x + 3y &= 23 \\ 2x - y &= -1 \end{aligned}$

30. $\begin{aligned} 10x - 6y &= 2 \\ -5x + 8y &= -1 \end{aligned}$

31. $\begin{aligned} 4x - 3y &= -3 \\ 2x + 6y &= -4 \end{aligned}$

32. $\begin{aligned} 4x - 5y &= 7 \\ -3x + 9y &= 0 \end{aligned}$

33. $\begin{aligned} 4x + 10y &= 180 \\ -3x - 5y &= -105 \end{aligned}$

34. $\begin{aligned} 8x - 2y &= -3 \\ -4x + 6y &= 4 \end{aligned}$

En los siguientes ejercicios, resuelva el sistema de ecuaciones lineales utilizando la regla de Cramer.

35. $\begin{aligned} x + 2y - 4z &= -1 \\ 7x + 3y + 5z &= 26 \\ -2x - 6y + 7z &= -6 \end{aligned}$

36. $\begin{aligned} -5x + 2y - 4z &= -47 \\ 4x - 3y - z &= -94 \\ 3x - 3y + 2z &= 94 \end{aligned}$

37. $\begin{aligned} 4x + 5y - z &= -7 \\ -2x - 9y + 2z &= 8 \\ 5y + 7z &= 21 \end{aligned}$

38. $\begin{aligned} 4x - 3y + 4z &= 10 \\ 5x - 2z &= -2 \\ 3x + 2y - 5z &= -9 \end{aligned}$

39. $\begin{aligned} 4x - 2y + 3z &= 6 \\ -6x + y &= -2 \\ 2x + 7y + 8z &= 24 \end{aligned}$

40. $\begin{aligned} 5x + 2y - z &= 1 \\ -7x - 8y + 3z &= 1{,}5 \\ 6x - 12y + z &= 7 \end{aligned}$

41. $\begin{aligned} 13x - 17y + 16c &= 73 \\ -11x + 15y + 17c &= 61 \\ 46x + 10y - 30c &= -18 \end{aligned}$

42. $\begin{aligned} -4x - 3y - 8z &= -7 \\ 2x - 9y + 5z &= 0{,}5 \\ 5x - 6y - 5z &= -2 \end{aligned}$

43. $\begin{aligned} 4x - 6y + 8z &= 10 \\ -2x + 3y - 4z &= -5 \\ x + y + z &= 1 \end{aligned}$

44. $\begin{aligned} 4x - 6y + 8z &= 10 \\ -2x + 3y - 4z &= -5 \\ 12x + 18y - 24c &= -30 \end{aligned}$

En tecnología

En los siguientes ejercicios, utilice la función determinante en una herramienta gráfica.

45. $\begin{vmatrix} 1 & 0 & 8 & 9 \\ 0 & 2 & 1 & 0 \\ 1 & 0 & 3 & 0 \\ 0 & 2 & 4 & 3 \end{vmatrix}$

46. $\begin{vmatrix} 1 & 0 & 2 & 1 \\ 0 & -9 & 1 & 3 \\ 3 & 0 & -2 & -1 \\ 0 & 1 & 1 & -2 \end{vmatrix}$

47. $\begin{vmatrix} \frac{1}{2} & 1 & 7 & 4 \\ 0 & \frac{1}{2} & 100 & 5 \\ 0 & 0 & 2 & 2.000 \\ 0 & 0 & 0 & 2 \end{vmatrix}$

48. $\begin{vmatrix} 1 & 0 & 0 & 0 \\ 2 & 3 & 0 & 0 \\ 4 & 5 & 6 & 0 \\ 7 & 8 & 9 & 0 \end{vmatrix}$

Aplicaciones en el mundo real

En los siguientes ejercicios, cree un sistema de ecuaciones lineales para describir el comportamiento. Luego, calcule el determinante. ¿Habrá una solución única? Si es así, halle la solución única.

49. Dos números suman 56. Un número es 20 menos que el otro.

50. Dos números suman 104. Si suma dos veces el primer número más dos veces el segundo, el total es 208

51. Tres números suman 106. El primer número es 3 menos que el segundo. El tercer número es 4 más que el primero.

52. Tres números suman 216. La suma de los dos primeros números es 112. El tercer número es 8 menos que los dos primeros números juntos.

En los siguientes ejercicios, cree un sistema de ecuaciones lineales para describir el comportamiento. A continuación, resuelva el sistema para todas las soluciones mediante la regla de Cramer.

53. Invierte 10.000 dólares en dos cuentas: una recibe un interés del 8 % y la otra del 5 %. Al final de un año, tenía 10.710 dólares en sus cuentas combinadas. ¿Cuánto se invirtió en cada cuenta?

54. Invierte 80.000 dólares en dos cuentas: 22.000 dólares en una cuenta y 58.000 dólares en la otra. Al cabo de un año, si suponemos un interés simple, ha ganado 2.470 dólares en intereses. La segunda cuenta recibe medio porcentaje menos que el doble de intereses de la primera. ¿Cuáles son las tasas de interés de sus cuentas?

55. El teatro necesita saber cuántas entradas de adulto y de niño se vendieron de las 1.200 entradas totales. Si las entradas para niños cuestan 5,95 dólares, las de los adultos 11,15 dólares, y el importe total de los ingresos fue de 12.756 dólares, ¿cuántas entradas de niños y de adultos se vendieron?

56. Un local de conciertos vende entradas individuales por 40 dólares cada una y entradas para parejas por 65 dólares. Si los ingresos totales fueron de 18.090 dólares y se vendieron las 321 entradas, ¿cuántas entradas individuales y cuántas entradas de pareja se vendieron?

57. Decide pintar su cocina de verde. El color de la pintura se crea mezclando pinturas amarillas y azules. No puede recordar cuántos galones de cada color se pusieron en la mezcla, pero sabe que fueron 10 galones en total. Además, guardó su recibo y sabe que el monto total gastado fue de 29,50 dólares. Si cada galón de amarillo cuesta 2,59 dólares y cada galón de azul cuesta 3,19 dólares, ¿cuántos galones de cada color entran en su mezcla verde?

58. Ha vendido dos tipos de bufandas en un mercado de productores y le gustaría saber cuál ha sido más popular. El número total de bufandas vendidas fue de 56, la bufanda amarilla costó 10 dólares y la bufanda morada 11 dólares. Si los ingresos totales fueron de 583 dólares, ¿cuántas bufandas amarillas y cuántas bufandas moradas se vendieron?

59. Su huerto produjo dos tipos de tomates, uno verde y otro rojo. Los rojos pesan 10 oz, y los verdes pesan 4 oz. Tiene 30 tomates, y un peso total de 13 lb, 14 oz. ¿Cuántos de cada tipo de tomate tiene?

60. En un mercado, las tres hortalizas más populares representan el 53 % de las ventas del rubro. El maíz tiene el 4 % más de ventas que el brócoli, que tiene el 5 % más de ventas que la cebolla. ¿Qué porcentaje tiene cada hortaliza en la cuota de mercado?

61. En el mismo mercado, las tres frutas más populares representan el 37 % del total de la fruta vendida. Las fresas se venden el doble que las naranjas y los kiwis un punto porcentual más que estas. Para cada fruta halle el porcentaje del total de frutas vendidas.

62. Tres artistas actuaron en una sala de conciertos. El primero cobraba 15 dólares por entrada, el segundo artista cobraba 45 dólares por entrada y el último cobraba 22 dólares por entrada. Se vendieron 510 entradas, por un total de 12.700 dólares. Si la primera banda tenía 40 espectadores más que la segunda, ¿cuántas entradas se vendieron para cada banda?

63. Una sala de cine vendía entradas para tres películas. Las entradas para la primera película costaban 5 dólares, las de la segunda 11 y las de la tercera 12. Se vendieron 100 entradas para la primera película. El número total de entradas vendidas fue de 642, con unos ingresos totales de 6.774 dólares. ¿Cuántas entradas se vendieron para cada película?

En los siguientes ejercicios, utilice este escenario: Una compañía preocupada por la salud decide hacer una mezcla de frutos secos con almendras, arándanos secos y anacardos cubiertos de chocolate. La información nutricional de estos artículos se muestra en la Tabla 1.

	Grasa (g)	Proteínas (g)	Carbohidratos (g)
Almendras (10)	6	2	3
Arándanos (10)	0,02	0	8
Anacardos (10)	7	3,5	5,5

Tabla 1

64. Para la mezcla de frutos secos especial "baja en carbohidratos", hay 1.000 piezas de mezcla. El número total de carbohidratos es de 425 g y la cantidad total de grasa es de 570,2 g. Si hay 200 piezas más de anacardos que de arándanos, ¿cuántas piezas de cada elemento hay en la mezcla de frutos secos?

65. En el caso de la mezcla de "senderismo", hay 1.000 piezas en la mezcla, que contienen 390,8 g de grasa y 165 g de proteína. Si hay la misma cantidad de almendras que de anacardos, ¿cuál es la cantidad de cada elemento en la mezcla de frutos secos?

66. En el caso de la mezcla "potenciadora de energía", hay 1.000 piezas en la mezcla que contienen 145 g de proteínas y 625 g de carbohidratos. Si el número de almendras y anacardos sumados equivale a la cantidad de arándanos, ¿cuál es la cantidad de cada elemento en la mezcla de frutos secos?

Revisión del capítulo

Términos clave

columna un conjunto de números alineados verticalmente en una matriz

conjunto de soluciones el conjunto de todos los pares o triples ordenados que satisfacen todas las ecuaciones de un sistema de ecuaciones

descomposición parcial de fracciones el proceso de devolver una expresión racional simplificada a su forma original, una suma o diferencia de expresiones racionales más simples

determinante número calculado a partir de las entradas de una matriz cuadrada que determina, por ejemplo, si existe una solución a un sistema de ecuaciones

diagonal principal entradas desde la esquina superior izquierda en diagonal hasta la esquina inferior derecha de una matriz cuadrada

eliminación de Gauss-Jordan utilizar operaciones de fila elementales para obtener una matriz en forma escalonada por filas

entrada un elemento, coeficiente o constante de una matriz

equivalencia de fila dos matrices A y B son equivalencias de fila si una puede obtenerse a partir de la otra realizando operaciones básicas de fila

fila un conjunto de números alineados horizontalmente en una matriz

forma escalonada por filas después de realizar las operaciones de fila, la forma de la matriz que contiene unos en la diagonal principal y ceros en cada espacio por debajo de la diagonal

fracciones parciales las fracciones individuales que componen la suma o la diferencia de una expresión racional antes de combinarlas en una expresión racional simplificada

función de costo función que se usa para calcular los costos de la actividad comercial; suele tener dos partes: costos fijos y costos variables

función de ganancias la función de ganancias se escribe como $P(x) = R(x) - C(x)$, ingresos menos costos

función de ingresos función que se utiliza para calcular ingresos, simplemente escrita como $R = xp$, donde $x =$ cantidad y $p =$ precio

inecuación no lineal una inecuación que contiene una expresión no lineal

matriz un conjunto rectangular de números

matriz aumentada una matriz de coeficientes con la columna de constantes adyacente, separada por una línea vertical dentro de los corchetes de la matriz

matriz de coeficientes una matriz que contiene solo los coeficientes de un sistema de ecuaciones

matriz identidad una matriz cuadrada que contiene unos en la diagonal principal y ceros en el resto; actúa como un 1 en el álgebra de la matriz

método de adición técnica algebraica utilizada para resolver sistemas de ecuaciones lineales en la cual las ecuaciones se suman de forma que se elimina una variable, lo que permite resolver la ecuación resultante para la variable restante; la sustitución se usa entonces para resolver la primera variable

método de sustitución técnica algebraica utilizada para resolver sistemas de ecuaciones lineales en la que una de las dos ecuaciones se resuelve para una variable y luego se sustituye en la segunda ecuación para resolver la segunda variable

multiplicador inverso de una matriz una matriz que, multiplicada por la original, es igual a la matriz identidad

múltiplo escalar una entrada de una matriz que ha sido multiplicada por un escalar

operaciones de fila sumar una fila a otra fila, multiplicar una fila por una constante, intercambiar filas, etc., con la meta de conseguir la forma escalonada por filas

punto de equilibrio el punto en el cual una función de costo se interseca con una función de ingresos; donde la ganancia es cero

región factible la solución de un sistema de inecuaciones no lineales que es la región del gráfico donde se intersecan las regiones sombreadas de cada inecuación

Regla de Cramer un método para resolver sistemas de ecuaciones que tienen el mismo número de ecuaciones que de variables utilizando determinantes

sistema consistente sistema para el cual hay una única solución para todas las ecuaciones del sistema y es un sistema independiente, o si hay un número infinito de soluciones y es un sistema dependiente

sistema de ecuaciones lineales conjunto de dos o más ecuaciones en dos o más variables que deben ser consideradas simultáneamente.

sistema de ecuaciones no lineales un sistema de ecuaciones que contiene, al menos, una ecuación de grado mayor que uno

sistema de inecuaciones no lineales un sistema de dos o más inecuaciones en dos o más variables que contiene, al menos, una inecuación que no es lineal

sistema dependiente sistema de ecuaciones lineales en el que las dos ecuaciones representan la misma línea; hay un número infinito de soluciones para un sistema dependiente

sistema inconsistente sistema de ecuaciones lineales sin solución común porque representan líneas paralelas, las cuales no tienen ningún punto ni línea en común

sistema independiente un sistema de ecuaciones lineales con exactamente un par de soluciones (x, y)

Ecuaciones clave

Matriz identidad para una matriz 2×2	$I_2 = \begin{bmatrix} 1 & 0 \\ 0 & 1 \end{bmatrix}$
Matriz identidad para una matriz 3×3	$I_3 = \begin{bmatrix} 1 & 0 & 0 \\ 0 & 1 & 0 \\ 0 & 0 & 1 \end{bmatrix}$
Multiplicador inverso de una matriz 2×2	$A^{-1} = \frac{1}{ad-bc}\begin{bmatrix} d & -b \\ -c & a \end{bmatrix}$, donde $ad - bc \neq 0$

Conceptos clave

9.1 Sistemas de ecuaciones lineales: dos variables

- Un sistema de ecuaciones lineales consiste en dos o más ecuaciones formadas por dos o más variables, de manera que todas las ecuaciones del sistema se consideran simultáneamente.
- La solución de un sistema de ecuaciones lineales en dos variables es cualquier par ordenado que satisface cada ecuación de forma independiente. Vea el Ejemplo 1.
- Los sistemas de ecuaciones se clasifican en independientes con una solución, dependientes con un número infinito de soluciones o inconsistentes sin solución.
- Un método para resolver un sistema de ecuaciones lineales en dos variables es utilizar un gráfico. En este método, graficamos las ecuaciones en el mismo conjunto de ejes. Vea el Ejemplo 2.
- Otro método para resolver un sistema de ecuaciones lineales es la sustitución. Con este método, resolvemos una variable en una ecuación y sustituimos el resultado en la segunda ecuación. Vea el Ejemplo 3.
- Un tercer método para resolver un sistema de ecuaciones lineales es la adición, con el cual podemos eliminar una variable sumando coeficientes opuestos de variables correspondientes. Vea el Ejemplo 4.
- A menudo es necesario multiplicar una o ambas ecuaciones por una constante para facilitar la eliminación de una variable al sumar las dos ecuaciones. Vea el Ejemplo 5, el Ejemplo 6 y el Ejemplo 7.
- Cualquiera de los dos métodos para resolver un sistema de ecuaciones da como resultado un enunciado falso para los sistemas inconsistentes porque están formados por líneas paralelas que nunca se intersecan. Vea el Ejemplo 8.
- La solución de un sistema de ecuaciones dependientes siempre será verdadera porque ambas ecuaciones describen la misma línea. Vea el Ejemplo 9.
- Los sistemas de ecuaciones se pueden usar para resolver problemas del mundo real en los que interviene más de una variable, como los relacionados con ingresos, costos y ganancias. Vea el Ejemplo 10 y el Ejemplo 11.

9.2 Sistemas de ecuaciones lineales: tres variables

- Un conjunto de soluciones es un triple ordenado $\{(x, y, z)\}$ que representa la intersección de tres planos en el espacio. Vea el Ejemplo 1.
- Un sistema de tres ecuaciones de tres variables se puede resolver mediante una serie de pasos que obligan a eliminar una variable. Los pasos incluyen intercambiar el orden de las ecuaciones, multiplicar ambos lados de una ecuación por una constante distinta de cero y sumar un múltiplo que no sea cero de una ecuación a otra ecuación. Vea el Ejemplo 2.
- Los sistemas de tres ecuaciones de tres variables son útiles para resolver muchos tipos de problemas del mundo real. Vea el Ejemplo 3.
- Un sistema de ecuaciones de tres variables es inconsistente si no existe solución. Tras realizar las operaciones de eliminación, el resultado es una contradicción. Vea el Ejemplo 4.
- Los sistemas de ecuaciones de tres variables que son inconsistentes pueden ser el resultado de tres planos paralelos, dos planos paralelos y un plano de intersección o tres planos que se intersecan con los otros dos, pero no en el mismo lugar.

- Un sistema de ecuaciones de tres variables es dependiente si tiene un número infinito de soluciones. Tras realizar las operaciones de eliminación, el resultado es una identidad. Vea el Ejemplo 5.
- Los sistemas de ecuaciones de tres variables que son dependientes pueden ser el resultado de tres planos idénticos, tres planos que se intersecan en una línea o dos planos idénticos que se intersecan con el tercero en una línea.

9.3 Sistemas de ecuaciones e inecuaciones no lineales: dos variables

- Hay tres tipos posibles de soluciones a un sistema de ecuaciones que representan una línea y una parábola: (1) ninguna solución, la línea no interseca la parábola; (2) una solución, la línea es tangente a la parábola; y (3) dos soluciones, la línea interseca la parábola en dos puntos. Vea el Ejemplo 1.
- Hay tres tipos de soluciones posibles para un sistema de ecuaciones que representa un círculo y una línea: (1) ninguna solución, la línea no interseca el círculo; (2) una solución, la recta es tangente al círculo; (3) dos soluciones, la línea interseca el círculo en dos puntos. Vea el Ejemplo 2.
- Hay cinco tipos posibles de soluciones al sistema de ecuaciones no lineales que representan una elipse y un círculo: (1) ninguna solución, el círculo y la elipse no se intersecan; (2) una solución, el círculo y la elipse son tangentes entre sí; (3) dos soluciones, el círculo y la elipse se intersecan en dos puntos; (4) tres soluciones, el círculo y la elipse se intersecan en tres lugares; (5) cuatro soluciones, el círculo y la elipse se intersecan en cuatro puntos. Vea el Ejemplo 3.
- Una inecuación se representa gráficamente de la misma manera que una ecuación, excepto que para > o <, dibujamos una línea discontinua y sombreamos la región que contiene el conjunto de soluciones. Vea el Ejemplo 4.
- Las inecuaciones se resuelven de la misma manera que las igualdades, pero las soluciones a los sistemas de inecuaciones deben satisfacer ambas inecuaciones. Vea el Ejemplo 5.

9.4 Fracciones parciales

- Descomponer $\frac{P(x)}{Q(x)}$ al escribir las fracciones parciales como $\frac{A}{a_1x+b_1}+\frac{B}{a_2x+b_2}$. Para resolver, despeje las fracciones, amplíe el lado derecho, reúna términos semejantes y establezca coeficientes correspondientes iguales entre sí, para luego plantear y resolver un sistema de ecuaciones. Vea el Ejemplo 1.
- La descomposición de $\frac{P(x)}{Q(x)}$ con factores lineales repetidos debe considerar los factores del denominador en potencias crecientes. Vea el Ejemplo 2.
- La descomposición de $\frac{P(x)}{Q(x)}$ con un factor cuadrático irreducible no repetido necesita un numerador lineal sobre el factor cuadrático, como en $\frac{A}{x}+\frac{Bx+C}{(ax^2+bx+c)}$. Vea el Ejemplo 3.
- En la descomposición de $\frac{P(x)}{Q(x)}$, donde $Q(x)$ tiene un factor cuadrático irreducible repetido, cuando los factores cuadráticos irreducibles se repiten, las potencias de los factores del denominador deben representarse en potencias crecientes como

$$\frac{Ax+B}{(ax^2+bx+c)}+\frac{A_2x+B_2}{(ax^2+bx+c)^2}+\cdots+\frac{A_nx+B_n}{(ax^2+bx+c)^n}.$$

  Vea el Ejemplo 4.

9.5 Matrices y operaciones con matrices

- Una matriz es un conjunto rectangular de números. Las entradas se organizan en filas y columnas.
- Las dimensiones de una matriz se refieren al número de filas y al número de columnas. Un triángulo de 3×2 matriz tiene tres filas y dos columnas. Vea el Ejemplo 1.
- Sumamos y restamos matrices de igual dimensión al sumar y restar las entradas correspondientes de cada matriz. Vea el Ejemplo 2, el Ejemplo 3, el Ejemplo 4 y el Ejemplo 5.
- La multiplicación escalar consiste en multiplicar cada entrada de una matriz por una constante. Vea el Ejemplo 6.
- La multiplicación escalar suele ser necesaria antes de que se produzca la suma o la resta. Vea el Ejemplo 7.
- La multiplicación de matrices es posible cuando las dimensiones interiores son las mismas: el número de columnas de la primera matriz debe coincidir con el número de filas de la segunda.
- La multiplicación de dos matrices, A y B, se obtiene multiplicando cada entrada de la fila 1 de A por cada entrada de la columna 1 de B; y multiplicar cada entrada de la fila 1 de A por cada entrada en las columnas 2 de B, y así sucesivamente. Vea el Ejemplo 8 y el Ejemplo 9.
- Muchos problemas del mundo real se pueden resolver, a menudo, utilizando matrices. Vea el Ejemplo 10.
- Podemos utilizar una calculadora para realizar operaciones con matrices después de guardar cada matriz como una variable de matriz. Vea el Ejemplo 11.

9.6 Resolver sistemas con eliminación de Gauss-Jordan

- Una matriz aumentada es aquella que contiene los coeficientes y las constantes de un sistema de ecuaciones. Vea el Ejemplo 1.
- Una matriz aumentada con la columna constante se puede representar como el sistema de ecuaciones original. Vea el Ejemplo 2.
- Las operaciones con filas incluyen la multiplicación de una fila por una constante, la adición de una fila a otra fila y el intercambio de filas.
- Podemos utilizar la eliminación de Gauss-Jordan para resolver un sistema de ecuaciones. Vea el Ejemplo 3, el Ejemplo 4 y el Ejemplo 5.
- Las operaciones de fila se realizan en las matrices para obtener la forma escalonada por filas. Vea el Ejemplo 6.
- Para resolver un sistema de ecuaciones, escríbalo en forma de matriz aumentada. Realice las operaciones de fila para obtener la forma escalonada por filas. Volver a sustituir para hallar las soluciones. Vea el Ejemplo 7 y el Ejemplo 8.
- Se puede utilizar una calculadora para resolver sistemas de ecuaciones utilizando matrices. Vea el Ejemplo 9.
- Muchos problemas del mundo real se pueden resolver con matrices aumentadas. Vea el Ejemplo 10 y el Ejemplo 11.

9.7 Resolver sistemas con inversas

- Una matriz identidad tiene la propiedad $AI = IA = A$. Vea el Ejemplo 1.
- Una matriz invertible tiene la propiedad $AA^{-1} = A^{-1}A = I$. Vea el Ejemplo 2.
- Utilice la multiplicación de matrices y la identidad para hallar la inversa de una matriz 2×2. Vea el Ejemplo 3.
- El multiplicador inverso se puede hallar mediante una fórmula. Vea el Ejemplo 4.
- Otro método para hallar la inversa es aumentándola con la identidad. Vea el Ejemplo 5.
- Podemos aumentar una matriz 3×3 con la identidad a la derecha y utilizar las operaciones de fila para convertir la matriz original en la identidad, y la matriz de la derecha se convierte en la inversa. Vea el Ejemplo 6.
- Escriba el sistema de ecuaciones como $AX = B$, y multiplique ambos lados por la inversa de $A : A^{-1}AX = A^{-1}B$. Vea el Ejemplo 7 y el Ejemplo 8.
- También podemos utilizar una calculadora para resolver un sistema de ecuaciones con matrices inversas. Vea el Ejemplo 9.

9.8 Resolver sistemas con la regla de Cramer

- El determinante para $\begin{bmatrix} a & b \\ c & d \end{bmatrix}$ es $ad - bc$. Vea el Ejemplo 1.
- La regla de Cramer sustituye una columna variable por la columna constante. Las soluciones son $x = \frac{D_x}{D}, y = \frac{D_y}{D}$. Vea el Ejemplo 2.
- Para calcular el determinante de una matriz 3×3, aumente con las dos primeras columnas. Sume las tres entradas diagonales (de la izquierda superior a la derecha inferior) y reste las tres entradas diagonales (de la izquierda inferior a la derecha superior). Vea el Ejemplo 3.
- Para resolver un sistema de tres ecuaciones en tres variables mediante la regla de Cramer, sustituya una columna variable por la columna de la constante para cada solución deseada $x = \frac{D_x}{D}, y = \frac{D_y}{D}, z = \frac{D_c}{D}$. Vea el Ejemplo 4.
- La regla de Cramer también es útil para hallar la solución de un sistema de ecuaciones sin solución o con infinitas soluciones. Vea el Ejemplo 5 y el Ejemplo 6.
- Ciertas propiedades de los determinantes son útiles para resolver problemas. Por ejemplo:
  - Si la matriz está en forma triangular superior, el determinante es igual al producto de las entradas por la diagonal principal.
  - Cuando se intercambian dos filas, el determinante cambia de signo.
  - Si dos filas o dos columnas son idénticas, el determinante es igual a cero.
  - Si una matriz contiene una fila de ceros o una columna de ceros, el determinante es igual a cero.
  - El determinante de una matriz inversa A^{-1} es el recíproco del determinante de la matriz A.
  - Si cualquier fila o columna se multiplica por una constante, el determinante se multiplica por el mismo factor. Vea el Ejemplo 7 y el Ejemplo 8.

Ejercicios

Ejercicios de repaso

Sistemas de ecuaciones lineales: dos variables

En los siguientes ejercicios, determina si el par ordenado es una solución del sistema de ecuaciones.

1. $\begin{array}{l} 3x - y = 4 \\ x + 4y = -3 \end{array}$ y $(-1, 1)$

2. $\begin{array}{l} 6x - 2y = 24 \\ -3x + 3y = 18 \end{array}$ y $(9, 15)$

En los siguientes ejercicios, utilice la sustitución para resolver el sistema de ecuaciones.

3. $\begin{array}{l} 10x + 5y = -5 \\ 3x - 2y = -12 \end{array}$

4. $\begin{array}{l} \frac{4}{7}x + \frac{1}{5}y = \frac{43}{70} \\ \frac{5}{6}x - \frac{1}{3}y = -\frac{2}{3} \end{array}$

5. $\begin{array}{l} 5x + 6y = 14 \\ 4x + 8y = 8 \end{array}$

En los siguientes ejercicios, utilice adición para resolver el sistema de ecuaciones.

6. $\begin{array}{l} 3x + 2y = -7 \\ 2x + 4y = 6 \end{array}$

7. $\begin{array}{l} 3x + 4y = 2 \\ 9x + 12y = 3 \end{array}$

8. $\begin{array}{l} 8x + 4y = 2 \\ 6x - 5y = 0{,}7 \end{array}$

En los siguientes ejercicios, escriba un sistema de ecuaciones para resolver cada problema. Resuelva el sistema de ecuaciones.

9. Una fábrica tiene un costo de producción $C(x) = 150x + 15.000$ y una función de ingresos $R(x) = 200x$. ¿Cuál es el punto de equilibrio?

10. Un artista cobra $C(x) = 50x + 10.000$, donde x es el número total de asistentes a un espectáculo. El local cobra 75 dólares por entrada. ¿Después de cuántas entradas vendidas el local alcanza el punto de equilibrio y cuál es el valor del total de entradas vendidas en ese momento?

Sistemas de ecuaciones lineales: tres variables

En los siguientes ejercicios, resuelva el sistema de tres ecuaciones utilizando la sustitución o la adición.

11. $\begin{array}{l} 0{,}5x - 0{,}5y = 10 \\ -0{,}2y + 0{,}2x = 4 \\ 0{,}1x + 0{,}1c = 2 \end{array}$

12. $\begin{array}{l} 5x + 3y - z = 5 \\ 3x - 2y + 4z = 13 \\ 4x + 3y + 5z = 22 \end{array}$

13. $\begin{array}{r} x + y + z = 1 \\ 2x + 2y + 2z = 1 \\ 3x + 3y = 2 \end{array}$

14. $\begin{array}{l} 2x - 3y + z = -1 \\ x + y + z = -4 \\ 4x + 2y - 3z = 33 \end{array}$

15. $\begin{array}{l} 3x + 2y - z = -10 \\ x - y + 2z = 7 \\ -x + 3y + z = -2 \end{array}$

16. $\begin{array}{r} 3x + 4z = -11 \\ x - 2y = 5 \\ 4y - z = -10 \end{array}$

17. $\begin{array}{l} 2x - 3y + z = 0 \\ 2x + 4y - 3z = 0 \\ 6x - 2y - z = 0 \end{array}$

18. $\begin{array}{r} 6x - 4y - 2z = 2 \\ 3x + 2y - 5z = 4 \\ 6y - 7z = 5 \end{array}$

En los siguientes ejercicios, escriba un sistema de ecuaciones para resolver cada problema. Resuelva el sistema de ecuaciones.

19. Tres números impares suman 61. El menor es un tercio del mayor y el número del medio es 16 menos que el mayor. ¿Cuáles son los tres números?

20. Un teatro local agota las entradas para su espectáculo. Venden las 500 entradas para una bolsa total de 8.070 dólares. Las entradas tenían un precio de 15 dólares para estudiantes, 12 para niños y 18 para adultos. Si la banda vendió el triple de entradas para adultos que para niños, ¿cuántas se vendieron de cada tipo?

Sistemas de ecuaciones e inecuaciones no lineales: dos variables

En los siguientes ejercicios, resuelva el sistema de ecuaciones no lineales.

21. $\begin{array}{l} y = x^2 - 7 \\ y = 5x - 13 \end{array}$

22. $\begin{array}{l} y = x^2 - 4 \\ y = 5x + 10 \end{array}$

23. $\begin{array}{l} x^2 + y^2 = 16 \\ y = x - 8 \end{array}$

24. $\begin{array}{l} x^2 + y^2 = 25 \\ y = x^2 + 5 \end{array}$

25. $\begin{array}{l} x^2 + y^2 = 4 \\ y - x^2 = 3 \end{array}$

En los siguientes ejercicios, grafique la inecuación.

26. $y > x^2 - 1$

27. $\frac{1}{4}x^2 + y^2 < 4$

En los siguientes ejercicios, grafique el sistema de inecuaciones.

28. $\begin{array}{l} x^2 + y^2 + 2x < 3 \\ y > -x^2 - 3 \end{array}$

29. $\begin{array}{l} x^2 - 2x + y^2 - 4x < 4 \\ y < -x + 4 \end{array}$

30. $\begin{array}{l} x^2 + y^2 < 1 \\ y^2 < x \end{array}$

Fracciones parciales

En los siguientes ejercicios, descomponga en fracciones parciales.

31. $\frac{-2x+6}{x^2+3x+2}$

32. $\frac{10x+2}{4x^2+4x+1}$

33. $\frac{7x+20}{x^2+10x+25}$

34. $\frac{x-18}{x^2-12x+36}$

35. $\frac{-x^2+36x+70}{x^3-125}$

36. $\frac{-5x^2+6x-2}{x^3+27}$

37. $\frac{x^3-4x^2+3x+11}{(x^2-2)^2}$

38. $\frac{4x^4-2x^3+22x^2-6x+48}{x(x^2+4)^2}$

Matrices y operaciones con matrices

En los siguientes ejercicios, realice las operaciones solicitadas con las matrices dadas.

$$A=\begin{bmatrix}4 & -2\\ 1 & 3\end{bmatrix}, B=\begin{bmatrix}6 & 7 & -3\\ 11 & -2 & 4\end{bmatrix}, C=\begin{bmatrix}6 & 7\\ 11 & -2\\ 14 & 0\end{bmatrix}, D=\begin{bmatrix}1 & -4 & 9\\ 10 & 5 & -7\\ 2 & 8 & 5\end{bmatrix}, E=\begin{bmatrix}7 & -14 & 3\\ 2 & -1 & 3\\ 0 & 1 & 9\end{bmatrix}$$

39. $-4A$

40. $10D-6E$

41. $B+C$

42. AB

43. BA

44. BC

45. CB

46. DE

47. ED

48. EC

49. CE

50. A^3

Resolver sistemas con eliminación de Gauss-Jordan

En los siguientes ejercicios, escriba el sistema de ecuaciones lineales a partir de la matriz aumentada. Indique si habrá una solución única.

51. $\left[\begin{array}{ccc|c}1 & 0 & -3 & 7\\ 0 & 1 & 2 & -5\\ 0 & 0 & 0 & 0\end{array}\right]$

52. $\left[\begin{array}{ccc|c}1 & 0 & 5 & -9\\ 0 & 1 & -2 & 4\\ 0 & 0 & 0 & 3\end{array}\right]$

En los siguientes ejercicios, escriba la matriz aumentada del sistema de ecuaciones lineales.

53. $\begin{aligned}-2x+2y+z&=7\\ 2x-8y+5z&=0\\ 19x-10y+22c&=3\end{aligned}$

54. $\begin{aligned}4x+2y-3z&=14\\ -12x+3y+z&=100\\ 9x-6y+2z&=31\end{aligned}$

55. $\begin{aligned}x+3z&=12\\ -x+4y&=0\\ y+2z&=-7\end{aligned}$

En los siguientes ejercicios, resuelva el sistema de ecuaciones lineales mediante la eliminación de Gauss-Jordan.

56. $\begin{aligned}3x-4y&=-7\\ -6x+8y&=14\end{aligned}$

57. $\begin{aligned}3x-4y&=1\\ -6x+8y&=6\end{aligned}$

58. $\begin{aligned}-1{,}1x-2{,}3y&=6{,}2\\ -5{,}2x-4{,}1y&=4{,}3\end{aligned}$

59. $\begin{aligned}2x+3y+2z&=1\\ -4x-6y-4z&=-2\\ 10x+15y+10z&=0\end{aligned}$

60. $\begin{aligned}-x+2y-4z&=8\\ 3y+8z&=-4\\ -7x+y+2z&=1\end{aligned}$

Resolver sistemas con inversos

En los siguientes ejercicios, halle la inversa de la matriz.

61. $\begin{bmatrix}-0{,}2 & 1{,}4\\ 1{,}2 & -0{,}4\end{bmatrix}$

62. $\begin{bmatrix}\frac{1}{2} & -\frac{1}{2}\\ -\frac{1}{4} & \frac{3}{4}\end{bmatrix}$

63. $\begin{bmatrix}12 & 9 & -6\\ -1 & 3 & 2\\ -4 & -3 & 2\end{bmatrix}$

64. $\begin{bmatrix}2 & 1 & 3\\ 1 & 2 & 3\\ 3 & 2 & 1\end{bmatrix}$

En los siguientes ejercicios, halle las soluciones mediante el cálculo de la inversa de la matriz.

65. $\begin{aligned} 0{,}3x - 0{,}1y &= -10 \\ -0{,}1x + 0{,}3y &= 14 \end{aligned}$

66. $\begin{aligned} 0{,}4x - 0{,}2y &= -0{,}6 \\ -0{,}1x + 0{,}05y &= 0{,}3 \end{aligned}$

67. $\begin{aligned} 4x + 3y - 3z &= -4{,}3 \\ 5x - 4y - z &= -6{,}1 \\ x + z &= -0{,}7 \end{aligned}$

68. $\begin{aligned} -2x - 3y + 2z &= 3 \\ -x + 2y + 4z &= -5 \\ -2y + 5z &= -3 \end{aligned}$

En los siguientes ejercicios, escriba un sistema de ecuaciones para resolver cada problema. Resuelva el sistema de ecuaciones.

69. Se pidió a los estudiantes que trajeran a clase su fruta favorita. El 90 % de las frutas consistía en bananas, manzanas y naranjas. Si las naranjas fueran la mitad de populares que las bananas y las manzanas fueran el 5 % más populares que las bananas, ¿cuáles son los porcentajes de cada fruta?

70. Un club escolar organizó una venta de pasteles para recaudar fondos y vendió brownies y galletas de chocolate. El precio de los brownies es de 2 dólares y el de las galletas de chocolate de 1 dólar. Recaudaron 250 dólares y vendieron 175 artículos. ¿Cuántos brownies y cuántas galletas se vendieron?

Resolver sistemas con la regla de Cramer

En los siguientes ejercicios, calcule el determinante.

71. $\begin{vmatrix} 100 & 0 \\ 0 & 0 \end{vmatrix}$

72. $\begin{vmatrix} 0{,}2 & -0{,}6 \\ 0{,}7 & -1{,}1 \end{vmatrix}$

73. $\begin{vmatrix} -1 & 4 & 3 \\ 0 & 2 & 3 \\ 0 & 0 & -3 \end{vmatrix}$

74. $\begin{vmatrix} \sqrt{2} & 0 & 0 \\ 0 & \sqrt{2} & 0 \\ 0 & 0 & \sqrt{2} \end{vmatrix}$

En los siguientes ejercicios, utilice la regla de Cramer para resolver los sistemas lineales de ecuaciones.

75. $\begin{aligned} 4x - 2y &= 23 \\ -5x - 10y &= -35 \end{aligned}$

76. $\begin{aligned} 0{,}2x - 0{,}1y &= 0 \\ -0{,}3x + 0{,}3y &= 2{,}5 \end{aligned}$

77. $\begin{aligned} -0{,}5x + 0{,}1y &= 0{,}3 \\ -0{,}25x + 0{,}05y &= 0{,}15 \end{aligned}$

78. $\begin{aligned} x + 6y + 3z &= 4 \\ 2x + y + 2z &= 3 \\ 3x - 2y + z &= 0 \end{aligned}$

79. $\begin{aligned} 4x - 3y + 5z &= -\tfrac{5}{2} \\ 7x - 9y - 3z &= \tfrac{3}{2} \\ x - 5y - 5z &= \tfrac{5}{2} \end{aligned}$

80. $\begin{aligned} \tfrac{3}{10}x - \tfrac{1}{5}y - \tfrac{3}{10}z &= -\tfrac{1}{50} \\ \tfrac{1}{10}x - \tfrac{1}{10}y - \tfrac{1}{2}z &= -\tfrac{9}{50} \\ \tfrac{2}{5}x - \tfrac{1}{2}y - \tfrac{3}{5}z &= -\tfrac{1}{5} \end{aligned}$

Examen de práctica

¿El siguiente par ordenado es una solución del sistema de ecuaciones?

1. $-5x - y = 12$ con la
$x + 4y = 9$
$(-3, 3)$

En los siguientes ejercicios, resuelva los sistemas de ecuaciones lineales y no lineales mediante sustitución o eliminación. Indicar si no existe solución.

2. $\begin{aligned} \tfrac{1}{2}x - \tfrac{1}{3}y &= 4 \\ \tfrac{3}{2}x - y &= 0 \end{aligned}$

3. $\begin{aligned} -\tfrac{1}{2}x - 4y &= 4 \\ 2x + 16y &= 2 \end{aligned}$

4. $\begin{aligned} 5x - y &= 1 \\ -10x + 2y &= -2 \end{aligned}$

5. $\begin{aligned} 4x - 6y - 2z &= \tfrac{1}{10} \\ x - 7y + 5z &= -\tfrac{1}{4} \\ 3x + 6y - 9z &= \tfrac{6}{5} \end{aligned}$

6. $\begin{aligned} x + z &= 20 \\ x + y + z &= 20 \\ x + 2y + z &= 10 \end{aligned}$

7. $\begin{aligned} 5x - 4y - 3z &= 0 \\ 2x + y + 2z &= 0 \\ x - 6y - 7z &= 0 \end{aligned}$

8. $\begin{aligned} y &= x^2 + 2x - 3 \\ y &= x - 1 \end{aligned}$

9. $\begin{aligned} y^2 + x^2 &= 25 \\ y^2 - 2x^2 &= 1 \end{aligned}$

En los siguientes ejercicios, grafique las siguientes inecuaciones.

10. $y < x^2 + 9$

11. $\begin{aligned} x^2 + y^2 &> 4 \\ y &< x^2 + 1 \end{aligned}$

En los siguientes ejercicios, escriba la descomposición parcial de fracciones.

12. $\frac{-8x-30}{x^2+10x+25}$

13. $\frac{13x+2}{(3x+1)^2}$

14. $\frac{x^4-x^3+2x-1}{x(x^2+1)^2}$

En los siguientes ejercicios, realice las operaciones con matrices dadas.

15. $5\begin{bmatrix} 4 & 9 \\ -2 & 3 \end{bmatrix} + \frac{1}{2}\begin{bmatrix} -6 & 12 \\ 4 & -8 \end{bmatrix}$

16. $\begin{bmatrix} 1 & 4 & -7 \\ -2 & 9 & 5 \\ 12 & 0 & -4 \end{bmatrix}\begin{bmatrix} 3 & -4 \\ 1 & 3 \\ 5 & 10 \end{bmatrix}$

17. $\begin{bmatrix} \frac{1}{2} & \frac{1}{3} \\ \frac{1}{4} & \frac{1}{5} \end{bmatrix}^{-1}$

18. $\det\begin{vmatrix} 0 & 0 \\ 400 & 4.000 \end{vmatrix}$

19. $\det\begin{vmatrix} \frac{1}{2} & -\frac{1}{2} & 0 \\ -\frac{1}{2} & 0 & \frac{1}{2} \\ 0 & \frac{1}{2} & 0 \end{vmatrix}$

20. Si los valores de $\det(A) = -6$, ¿cuál sería el determinante si se intercambian las filas 1 y 3, se multiplica la segunda fila por 12 y se toma la inversa?

21. Reescriba el sistema de ecuaciones lineales como una matriz aumentada.

$$\begin{aligned} 14x - 2y + 13c &= 140 \\ -2x + 3y - 6z &= -1 \\ x - 5y + 12c &= 11 \end{aligned}$$

22. Reescriba la matriz aumentada como un sistema de ecuaciones lineales.

$$\left[\begin{array}{ccc|c} 1 & 0 & 3 & 12 \\ -2 & 4 & 9 & -5 \\ -6 & 1 & 2 & 8 \end{array}\right]$$

En los siguientes ejercicios, utilice la eliminación de Gauss-Jordan para resolver los sistemas de ecuaciones.

23. $$\begin{aligned} x - 6y &= 4 \\ 2x - 12y &= 0 \end{aligned}$$

24. $$\begin{aligned} 2x + y + z &= -3 \\ x - 2y + 3z &= 6 \\ x - y - z &= 6 \end{aligned}$$

En los siguientes ejercicios, utilice la inversa de una matriz para resolver los sistemas de ecuaciones.

25. $$\begin{aligned} 4x - 5y &= -50 \\ -x + 2y &= 80 \end{aligned}$$

26. $$\begin{aligned} \tfrac{1}{100}x - \tfrac{3}{100}y + \tfrac{1}{20}c &= -49 \\ \tfrac{3}{100}x - \tfrac{7}{100}y - \tfrac{1}{100}c &= 13 \\ \tfrac{9}{100}x - \tfrac{9}{100}y - \tfrac{9}{100}c &= 99 \end{aligned}$$

En los siguientes ejercicios, utilice la regla de Cramer para resolver los sistemas de ecuaciones.

27. $$\begin{aligned} 200x - 300y &= 2 \\ 400x + 715y &= 4 \end{aligned}$$

28. $$\begin{aligned} 0{,}1x + 0{,}1y - 0{,}1c &= -1{,}2 \\ 0{,}1x - 0{,}2y + 0{,}4c &= -1{,}2 \\ 0{,}5x - 0{,}3y + 0{,}8c &= -5{,}9 \end{aligned}$$

En los siguientes ejercicios, resuelva mediante un sistema de ecuaciones lineales.

29. Una fábrica que produce teléfonos móviles tiene las siguientes funciones de costos e ingresos: $C(x) = x^2 + 75x + 2.688$ y $R(x) = x^2 + 160x$. ¿Cuál es el rango de teléfonos móviles que deben producir cada día para que haya ganancias? Redondee al número más cercano que genere ganancias.

30. En una feria pequeña se cobra 1,50 dólares a los estudiantes, 1 dólar a los niños y 2 dólares a los adultos. En un día, asistieron tres veces más niños que adultos. Se vendieron un total de 800 entradas, con una recaudación total de 1.050 dólares. ¿Cuántas entradas de cada tipo se vendieron?

10 GEOMETRÍA ANALÍTICA

Los anillos de Saturno han producido asombro, así como malentendidos, desde que Galileo los descubriera (al principio creyó que eran lunas). Aunque parecen ser una serie de discos sólidos incluso en este primer plano de 2004 de la sonda Cassini, los matemáticos del siglo XIX demostraron que están formados por miles de millones de pequeños objetos agrupados. (Créditos: modificación de "Saturno" por NASA/JPL-Caltech/SSI/Kevin M. Gill/flickr).

Esquema del capítulo

Introducción

El matemático griego Menecmo (c. 380–a. C. 320 a. C.) se le atribuye generalmente el descubrimiento de las formas que se generan por la intersección de un plano y un cono circular recto. Según cómo inclinara el plano cuando se cruzara con el cono, formaba diferentes formas en la intersección: bellas formas con una simetría casi perfecta.

También se dijo que Aristóteles pudo haber tenido una comprensión intuitiva de estas formas, ya que observó que la órbita del planeta era circular. Supuso que los planetas se movían en órbitas circulares alrededor de la Tierra, y durante casi 2.000 años esta fue la creencia común.

No fue hasta el movimiento del Renacimiento cuando Johannes Kepler se dio cuenta de que las órbitas del planeta no eran de naturaleza circular. La ley del movimiento planetario que publicó en el siglo XVII cambió para siempre nuestra visión del sistema solar. Afirmaba que el sol estaba en un extremo de las órbitas y que los planetas giraban alrededor del sol en una trayectoria ovalada.

Otros objetos del sistema solar (y quizá de otros sistemas) siguen una trayectoria elíptica similar, incluidos los espectaculares anillos de Saturno. A partir de esta idea, matemáticos del siglo XIX como James Clerk Maxwell y Sofya Kovalevskaya demostraron que, a pesar de su apariencia a través de los telescopios de la época (e incluso en los actuales), los anillos no son sólidos y continuos, sino que están compuestos por pequeñas partículas. Incluso después de que las misiones Voyager y Cassini suministraran datos en primer plano y detallados sobre las estructuras de los anillos, la comprensión completa de su construcción depende en gran medida del análisis matemático. Son especialmente interesantes las influencias de las lunas y los lunares de Saturno, y la forma en que alteran y preservan la estructura del anillo.

En este capítulo investigaremos las figuras bidimensionales que se forman cuando a un cono circular recto lo interseca un plano. Comenzaremos estudiando cada una de las tres figuras creadas de esta manera. Desarrollaremos ecuaciones de definición para cada figura y luego aprenderemos a utilizar estas ecuaciones para resolver una variedad de problemas.

10.1 La elipse

Objetivos de aprendizaje

En esta sección, podrá:

- Escribir ecuaciones de elipses en forma estándar.
- Graficar elipses centradas en el origen.
- Graficar elipses no centradas en el origen.
- Resolver problemas aplicados con elipses.

Figura 1 El National Statuary Hall en Washington, D.C. [District of Columbia] (créditos: Greg Palmer, Flickr).

¿Se imagina estar de pie en un extremo de una gran sala y seguir oyendo un susurro de una persona situada en el otro extremo? El National Statuary Hall en Washington, D.C., que se muestra en la Figura 1, es una de esas salas.[1] Se trata de una sala semicircular llamada *cámara de los susurros* porque su forma hace posible que el sonido se desplace por las paredes y la cúpula. En esta sección, investigaremos la forma de esta sala y sus aplicaciones en el mundo real, incluida la distancia a la que pueden situarse dos personas en la Sala de las Estatuas y seguir oyéndose susurrar.

Escribir la ecuación de elipse en la forma estándar

Una sección cónica, o **cónica**, es una forma resultante de la intersección de un cono circular recto con un plano. El ángulo en los que el plano interseca el cono determina la forma, como se muestra en la Figura 2.

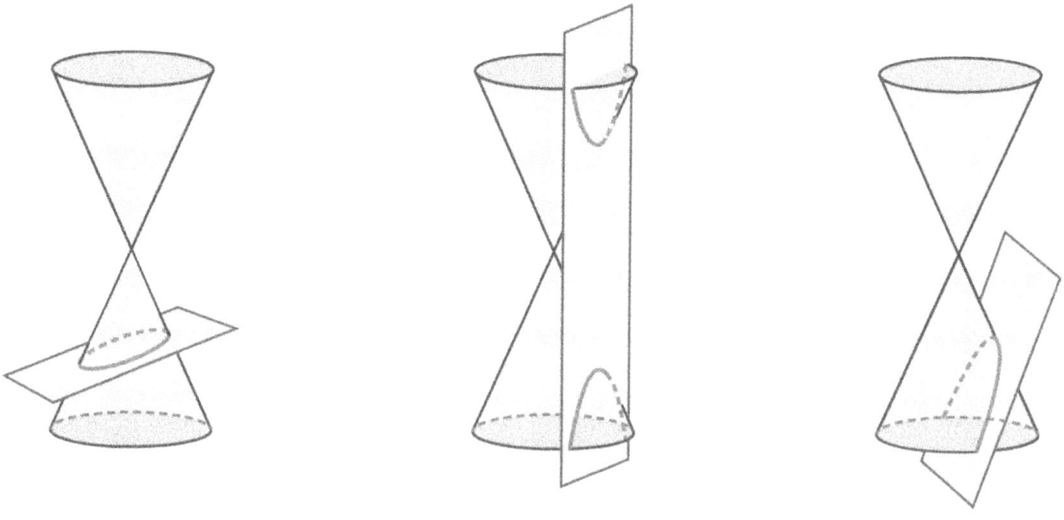

Figura 2

Las secciones cónicas también se pueden describir mediante un conjunto de puntos en el plano de coordenadas. Más adelante en este capítulo, veremos que el gráfico de cualquier ecuación cuadrática en dos variables es una sección cónica. Los signos de las ecuaciones y los coeficientes de los términos variables determinan la forma. Esta sección se

---

1 Arquitecto del Capitolio. http://www.aoc.gov. Consultado el 15 de abril de 2014.

centra en las cuatro variaciones de la forma estándar de la ecuación de la elipse. Una **elipse** es el conjunto de todos los puntos (x, y) en un plano tal que la suma de sus distancias a dos puntos fijos es una constante. Cada punto fijo se llama **foco** (plural: **focos**).

Podemos dibujar una elipse con un trozo de cartón, dos chinchetas, un lápiz y un cordel. Coloque las chinchetas en la cartulina para formar los focos de la elipse. Corte un trozo de cuerda más largo que la distancia entre las dos chinchetas (la longitud de la cuerda representa la constante de la definición). Fije cada extremo de la cuerda a la cartulina y trace una curva con un lápiz tensado contra la cuerda. El resultado es una elipse. Vea la Figura 3.

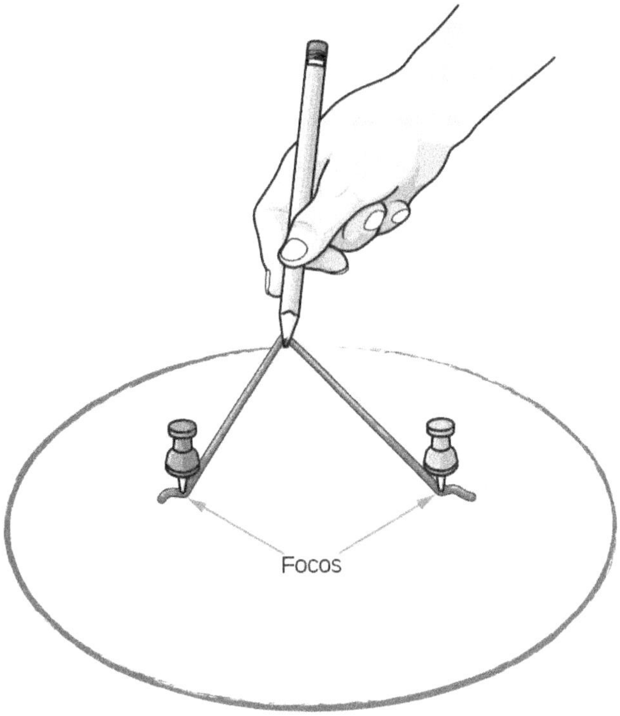

Figura 3

Toda elipse tiene dos ejes de simetría. El eje más largo se llama **eje mayor** y el más corto, **eje menor**. Cada extremo del eje mayor es el **vértice** de la elipse (plural: **vértices**), y cada extremo del eje menor es un **covértice** de la elipse. El **centro de una elipse** es el punto medio de los ejes mayor y menor. Los ejes son perpendiculares en el centro. Los focos siempre se encuentran en el eje mayor, y la suma de las distancias de los focos a cualquier punto de la elipse (la suma constante) es mayor que la distancia entre los focos. Vea la Figura 4.

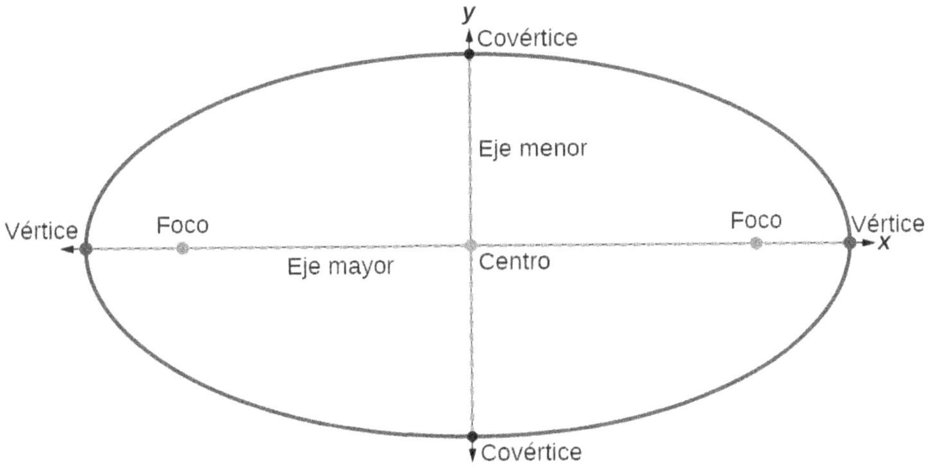

Figura 4

En esta sección nos limitamos a las elipses que se sitúan vertical u horizontalmente en el plano de coordenadas. Es decir, los ejes estarán situados o serán paralelos a los ejes *x* y *y*. Más adelante, veremos elipses giradas en el plano de coordenadas.

Para trabajar con elipses horizontales y verticales en el plano de coordenadas, consideramos dos casos: las que están centradas en el origen y las que están centradas en un punto distinto del origen. Primero, aprenderemos a derivar las ecuaciones de las elipses y luego, aprenderemos a escribir las ecuaciones de las elipses en forma estándar. Posteriormente utilizaremos lo aprendido para dibujar los gráficos.

Derivación de la ecuación de una elipse centrada en el origen

Para derivar la ecuación de una elipse centrada en el origen, comenzamos con los focos $(-c, 0)$ y $(c, 0)$. La elipse es el conjunto de todos los puntos (x, y) tal que la suma de las distancias a los focos (x, y) es constante, como se muestra en la Figura 5.

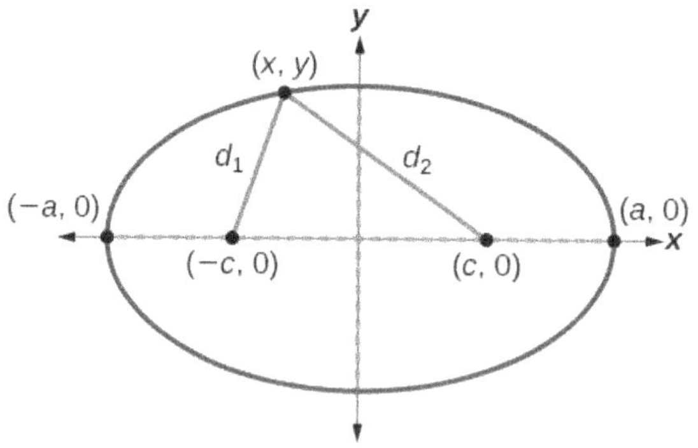

Figura 5

Si los valores de $(a, 0)$ es un vértice de la elipse, la distancia desde $(-c, 0)$ al $(a, 0)$ es $a - (-c) = a + c$. La distancia de $(c, 0)$ al $(a, 0)$ es $a - c$. La suma de las distancias de los focos al vértice es

$$(a + c) + (a - c) = 2a$$

Si los valores de (x, y) es un punto de la elipse, entonces podemos definir las siguientes variables:

$$d_1 = \text{la distancia de } (-c, 0) \text{ para } (x, y)$$
$$d_2 = \text{la distancia de } (c, 0) \text{ para } (x, y)$$

Por la definición de una elipse, $d_1 + d_2$ es constante para cualquier punto (x, y) en la elipse. Sabemos que la suma de estas distancias es $2a$ para el vértice $(a, 0)$. Se deduce que $d_1 + d_2 = 2a$ para cualquier punto de la elipse. Comenzaremos la derivación aplicando la fórmula de distancia. El resto de la derivación es algebraica.

$d_1 + d_2 = \sqrt{(x-(-c))^2 + (y-0)^2} + \sqrt{(x-c)^2 + (y-0)^2} = 2a$	Fórmula de distancia
$\sqrt{(x+c)^2 + y^2} + \sqrt{(x-c)^2 + y^2} = 2a$	Simplifique las expresiones.
$\sqrt{(x+c)^2 + y^2} = 2a - \sqrt{(x-c)^2 + y^2}$	Mueva el radical al lado opuesto.
$(x+c)^2 + y^2 = \left[2a - \sqrt{(x-c)^2 + y^2}\right]^2$	Eleve ambos lados al cuadrado.
$x^2 + 2cx + c^2 + y^2 = 4a^2 - 4a\sqrt{(x-c)^2 + y^2} + (x-c)^2 + y^2$	Expanda los cuadrados.
$x^2 + 2cx + c^2 + y^2 = 4a^2 - 4a\sqrt{(x-c)^2 + y^2} + x^2 - 2cx + c^2 + y^2$	Expanda los cuadrados restantes.
$2cx = 4a^2 - 4a\sqrt{(x-c)^2 + y^2} - 2cx$	Combine términos similares.
$4cx - 4a^2 =-4a\sqrt{(x-c)^2 + y^2}$	Aísle el radical.
$cx-a^2 = -a\sqrt{(x-c)^2 + y^2}$	Divida entre 4.
$\left[cx-a^2\right]^2 = a^2\left[\sqrt{(x-c)^2 + y^2}\right]^2$	Eleve ambos lados al cuadrado.
$c^2x^2 - 2a^2cx + a^4 = a^2\left(x^2 - 2cx + c^2 + y^2\right)$	Expanda los cuadrados.
$c^2x^2 - 2a^2cx + a^4 = a^2x^2 - 2a^2cx + a^2c^2 + a^2y^2$	Distribuya a^2.
$a^2x^2 - c^2x^2 + a^2y^2 = a^4 - a^2c^2$	Reescriba.
$x^2\left(a^2 - c^2\right) + a^2y^2 = a^2\left(a^2 - c^2\right)$	Factorice los términos comunes.
$x^2b^2 + a^2y^2 = a^2b^2$	Establezca $b^2 = a^2 - c^2$.
$\frac{x^2b^2}{a^2b^2} + \frac{a^2y^2}{a^2b^2} = \frac{a^2b^2}{a^2b^2}$	Divida ambos lados entre a^2b^2.
$\frac{x^2}{a^2} + \frac{y^2}{b^2} = 1$	Simplifique.

Así, la ecuación estándar de una elipse es $\frac{x^2}{a^2} + \frac{y^2}{b^2} = 1$. Esta ecuación define una elipse centrada en el origen. Si los valores de $a > b$, la elipse se estira más en la dirección horizontal, y si $b > a$, la elipse se estira más en la dirección vertical.

Escribir ecuaciones de elipses centradas en el origen en forma estándar

Las formas estándar de las ecuaciones nos hablan de las características clave de los gráficos. Tómese un momento para recordar algunas de las formas estándar de ecuaciones con las que hemos trabajado en el pasado: lineal, cuadrática, cúbica, exponencial, logarítmica, etc. Al aprender a interpretar las formas estándar de las ecuaciones, se tiende un puente entre las representaciones algebraicas y geométricas de los fenómenos matemáticos.

Las características clave de la elipse son su centro, vértices, covértices, focos y longitudes y posiciones de los ejes mayor y menor. Al igual que con otras ecuaciones, identificamos todas estas características con solo mirar la forma estándar de la ecuación. Existen cuatro variaciones de la forma estándar de la elipse. Estas variaciones se clasifican primero por la ubicación del centro (el origen o no el origen), y luego por la posición (horizontal o vertical). Cada una de ellas se presenta junto con una descripción de cómo se relacionan las partes de la ecuación con el gráfico. La interpretación de estas partes nos permite formarnos una imagen mental de la elipse.

Formas estándar de la ecuación de una elipse con centro (0,0)

La forma estándar de la ecuación de una elipse con centro $(0, 0)$ y el eje mayor en el eje *x* es

$$\frac{x^2}{a^2} + \frac{y^2}{b^2} = 1$$

donde

- $a > b$
- la longitud del eje mayor es $2a$
- las coordenadas de los vértices son $(\pm a, 0)$
- la longitud del eje menor es $2b$
- las coordenadas de los covértices son $(0, \pm b)$

- las coordenadas de los focos son $(\pm c, 0)$, donde $c^2 = a^2 - b^2$. Vea la Figura 6 **a**

La forma estándar de la ecuación de una elipse con centro $(0, 0)$ y el eje mayor en el eje *y* es

$$\frac{x^2}{b^2} + \frac{y^2}{a^2} = 1$$

donde

- $a > b$
- la longitud del eje mayor es $2a$
- las coordenadas de los vértices son $(0, \pm a)$
- la longitud del eje menor es $2b$
- las coordenadas de los covértices son $(\pm b, 0)$
- las coordenadas de los focos son $(0, \pm c)$, donde $c^2 = a^2 - b^2$. Vea la Figura 6 **b**

Observe que los vértices, covértices y focos están relacionados por la ecuación $c^2 = a^2 - b^2$. Cuando se nos dan las coordenadas de los focos y vértices de una elipse, podemos utilizar esta relación para hallar la ecuación de la elipse en forma estándar.

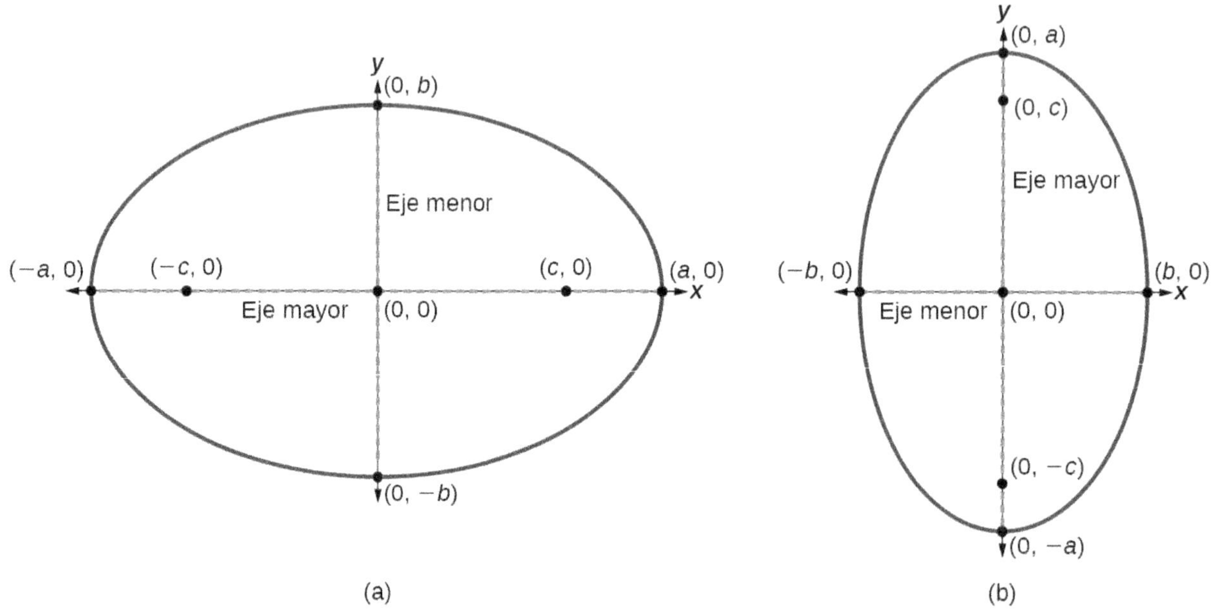

Figura 6 (a) Elipse horizontal con centro $(0, 0)$ (b) Elipse vertical con centro $(0, 0)$

CÓMO

Dados los vértices y focos de una elipse centrada en el origen, escriba su ecuación en forma estándar.

1. Determine si el eje mayor se encuentra en el eje *x* o en el eje *y*.
   a. Si las coordenadas dadas de los vértices y focos tienen la forma $(\pm a, 0)$ y $(\pm c, 0)$ respectivamente, entonces el eje mayor es el eje *x*. Utilice la forma estándar $\frac{x^2}{a^2} + \frac{y^2}{b^2} = 1$.
   b. Si las coordenadas dadas de los vértices y focos tienen la forma $(0, \pm a)$ y $(0, \pm c)$, respectivamente, entonces el eje mayor es el eje *y*. Utilice la forma estándar $\frac{x^2}{b^2} + \frac{y^2}{a^2} = 1$.
2. Utilice la ecuación $c^2 = a^2 - b^2$, junto con las coordenadas dadas de los vértices y los focos, para resolver b^2.
3. Sustituya los valores de a^2 y b^2 en la forma estándar de la ecuación determinada en el paso 1.

EJEMPLO 1

Escribir la ecuación de una elipse centrada en el origen en la forma estándar

¿Cuál es la ecuación de la forma estándar de la elipse que tiene vértices $(\pm 8, 0)$ y focos $(\pm 5, 0)$?

Solución

Los focos están en el eje *x*, por lo que el eje mayor es el eje *x*. Así, la ecuación tendrá la forma

$$\frac{x^2}{a^2} + \frac{y^2}{b^2} = 1$$

Los vértices son $(\pm 8, 0)$, así que $a = 8$ y $a^2 = 64$.

Los focos son $(\pm 5, 0)$, por lo que $c = 5$ y $c^2 = 25$.

Sabemos que los vértices y los focos están relacionados por la ecuación $c^2 = a^2 - b^2$. Al resolver b^2, tenemos:

$$c^2 = a^2 - b^2$$

$$25 = 64 - b^2 \qquad \text{Sustituya por } c^2 \text{ y } a^2.$$

$$b^2 = 39 \qquad \text{Resuelva para } b^2.$$

Ahora solo tenemos que sustituir $a^2 = 64$ y $b^2 = 39$ en la forma estándar de la ecuación. La ecuación de la elipse es $\frac{x^2}{64} + \frac{y^2}{39} = 1$.

INTÉNTELO #1 ¿Cuál es la ecuación de la forma estándar de la elipse que tiene vértices $(0, \pm 4)$ y focos $\left(0, \pm \sqrt{15}\right)$?

PREGUNTAS Y RESPUESTAS **¿Podemos escribir la ecuación de una elipse centrada en el origen dadas las coordenadas de un solo foco y vértice?**

Sí. Las elipses son simétricas, por lo que las coordenadas de los vértices de una elipse centrada en el origen tendrán siempre la forma $(\pm a, 0)$ o $(0, \pm a)$. Del mismo modo, las coordenadas de los focos siempre tendrán la forma $(\pm c, 0)$ o $(0, \pm c)$. Sabiendo esto, podemos utilizar a y c de los puntos dados, junto con la ecuación $c^2 = a^2 - b^2$, para calcular b^2.

Escribir ecuaciones de elipses no centradas en el origen

Al igual que los gráficos de otras ecuaciones, el gráfico de una elipse se puede trasladar. Si se traslada una elipse h unidades en horizontal y k unidades verticalmente, el centro de la elipse será (h, k). Esta traslación da como resultado la forma estándar de la ecuación que vimos anteriormente, con x sustituido por $(x - h)$ y y se sustituye por $(y - k)$.

Formas estándar de la ecuación de una elipse con centro (h, k)

La forma estándar de la ecuación de una elipse con centro (h, k) y el eje mayor paralelo al eje *x* es

$$\frac{(x-h)^2}{a^2} + \frac{(y-k)^2}{b^2} = 1$$

donde

- $a > b$
- la longitud del eje mayor es $2a$
- las coordenadas de los vértices son $(h \pm a, k)$
- la longitud del eje menor es $2b$
- las coordenadas de los covértices son $(h, k \pm b)$
- las coordenadas de los focos son $(h \pm c, k)$, donde $c^2 = a^2 - b^2$. Vea la Figura 7**a**

La forma estándar de la ecuación de una elipse con centro (h, k) y el eje mayor paralelo al eje *y* es

$$\frac{(x-h)^2}{b^2} + \frac{(y-k)^2}{a^2} = 1$$

donde

- $a > b$
- la longitud del eje mayor es $2a$
- las coordenadas de los vértices son $(h, k \pm a)$
- la longitud del eje menor es $2b$
- las coordenadas de los covértices son $(h \pm b, k)$
- las coordenadas de los focos son $(h, k \pm c)$, donde $c^2 = a^2 - b^2$. Vea la Figura 7**b**

Al igual que con las elipses centradas en el origen, las elipses centradas en un punto (h, k) tienen vértices, covértices y focos que están relacionados por la ecuación $c^2 = a^2 - b^2$. Podemos utilizar esta relación junto con las fórmulas de punto medio y de distancia para hallar la ecuación de la elipse en forma estándar cuando se dan los vértices y los focos.

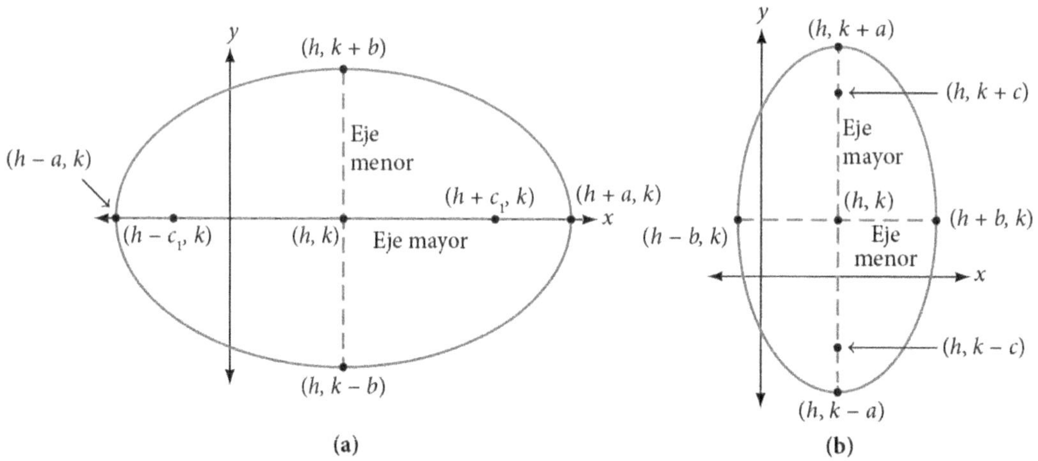

Figura 7 (a) Elipse horizontal con centro (h, k) (b) Elipse vertical con centro (h, k)

CÓMO

Dados los vértices y los focos de una elipse no centrada en el origen, escriba su ecuación en forma estándar.

1. Determine si el eje mayor es paralelo al eje *x* o al eje *y*.
   a. Si las coordenadas *y* de los vértices y los focos dados son iguales, entonces el eje mayor es paralelo al eje *x*. Utilice la forma estándar $\frac{(x-h)^2}{a^2} + \frac{(y-k)^2}{b^2} = 1$.
   b. Si las coordenadas *x* de los vértices y los focos dados son iguales, entonces el eje mayor es paralelo al eje *y*. Utilice la forma estándar $\frac{(x-h)^2}{b^2} + \frac{(y-k)^2}{a^2} = 1$.
2. Identificar el centro de la elipse (h, k) utilizando la fórmula del punto medio y las coordenadas dadas para los vértices.
3. Calcule a^2 al resolver la longitud del eje mayor, $2a$, que es la distancia entre los vértices dados.
4. Calcule c^2 utilizando h y k, hallados en el paso 2, junto con las coordenadas dadas para los focos.
5. Resuelva para b^2 utilizando la ecuación $c^2 = a^2 - b^2$.
6. Sustituya los valores de h, k, a^2, y b^2 en la forma estándar de la ecuación determinada en el paso 1.

EJEMPLO 2

Escribir la ecuación de una elipse centrada en un punto distinto del origen

¿Cuál es la ecuación de la forma estándar de la elipse que tiene vértices $(-2,-8)$ y $(-2,2)$

y focos $(-2,-7)$ y $(-2,1)$?

Solución

Las coordenadas *x* de los vértices y los focos son las mismas, por lo que el eje mayor es paralelo al eje *y*. Así, la ecuación de la elipse tendrá la forma

$$\frac{(x-h)^2}{b^2}+\frac{(y-k)^2}{a^2}=1$$

En primer lugar, identificamos el centro, (h,k). El centro está a medio camino entre los vértices, $(-2,-8)$ y $(-2,2)$. Al aplicar la fórmula del punto medio, tenemos:

$$\begin{aligned}(h,k) &= \left(\tfrac{-2+(-2)}{2},\tfrac{-8+2}{2}\right)\\ &= (-2,-3)\end{aligned}$$

Luego, hallamos a^2. La longitud del eje mayor, $2a$, está delimitada por los vértices. Resolvemos para a al hallar la distancia entre las coordenadas *y* de los vértices.

$$\begin{aligned}2a &= 2-(-8)\\ 2a &= 10\\ a &= 5\end{aligned}$$

Así que $a^2=25$.

Ahora hallamos c^2. Los focos vienen dados por $(h,k\pm c)$. Así que, $(h,k-c)=(-2,-7)$ y $(h,k+c)=(-2,1)$. Sustituimos $k=-3$ y usamos cualquiera de estos puntos para resolver c.

$$\begin{aligned}k+c &= 1\\ -3+c &= 1\\ c &= 4\end{aligned}$$

Así que $c^2=16$.

A continuación, resolvemos para b^2 utilizando la ecuación $c^2=a^2-b^2$.

$$\begin{aligned}c^2 &= a^2-b^2\\ 16 &= 25-b^2\\ b^2 &= 9\end{aligned}$$

Por último, sustituimos los valores hallados para h, k, a^2, y b^2 en la ecuación de forma estándar para una elipse:

$$\frac{(x+2)^2}{9}+\frac{(y+3)^2}{25}=1$$

> INTÉNTELO #2 ¿Cuál es la ecuación de la forma estándar de la elipse que tiene vértices $(-3,3)$ y $(5,3)$ y focos $\left(1-2\sqrt{3},3\right)$ y $\left(1+2\sqrt{3},3\right)$?

Graficar elipses centradas en el origen

Al igual que podemos escribir la ecuación de una elipse dado su gráfico, podemos graficar una elipse dada su ecuación. Para graficar elipses centradas en el origen, utilizamos la forma estándar $\frac{x^2}{a^2}+\frac{y^2}{b^2}=1,\ \ a>b$ para las elipses horizontales y $\frac{x^2}{b^2}+\frac{y^2}{a^2}=1,\ \ a>b$ para las elipses verticales.

CÓMO

Dada la forma estándar de una ecuación para una elipse centrada en $(0, 0)$, dibuje el gráfico.

1. Utilice las formas estándar de las ecuaciones de una elipse para determinar el eje mayor, los vértices, los covértices y los focos
   a. Si la ecuación es de la forma $\frac{x^2}{a^2} + \frac{y^2}{b^2} = 1$, donde $a > b$, entonces
      - el eje mayor es el eje *x*
      - las coordenadas de los vértices son $(\pm a, 0)$
      - las coordenadas de los covértices son $(0, \pm b)$
      - las coordenadas de los focos son $(\pm c, 0)$

   b. Si la ecuación es de la forma $\frac{x^2}{b^2} + \frac{y^2}{a^2} = 1$, donde $a > b$, entonces
      - el eje mayor es el eje *y*
      - las coordenadas de los vértices son $(0, \pm a)$
      - las coordenadas de los covértices son $(\pm b, 0)$
      - las coordenadas de los focos son $(0, \pm c)$
2. Resuelva para c utilizando la ecuación $c^2 = a^2 - b^2$.
3. Trace el centro, los vértices, los covértices y los focos en el plano de coordenadas y dibuje una curva suave para formar la elipse.

EJEMPLO 3

Graficar una elipse centrada en el origen

Grafique la elipse dada por la ecuación, $\frac{x^2}{9} + \frac{y^2}{25} = 1$. Identifique y marque el centro, los vértices, los covértices y los focos.

Solución

En primer lugar, determinamos la posición del eje mayor. Dado que $25 > 9$, el eje mayor está en el eje *y*. Por lo tanto, la ecuación es de la forma $\frac{x^2}{b^2} + \frac{y^2}{a^2} = 1$, donde $b^2 = 9$ y $a^2 = 25$. Se deduce que:

- el centro de la elipse es $(0, 0)$
- las coordenadas de los vértices son $(0, \pm a) = \left(0, \pm \sqrt{25}\right) = (0, \pm 5)$
- las coordenadas de los covértices son $(\pm b, 0) = \left(\pm\sqrt{9}, 0\right) = (\pm 3, 0)$
- las coordenadas de los focos son $(0, \pm c)$, donde $c^2 = a^2 - b^2$ Al resolver c, tenemos:

$$\begin{aligned} c &= \pm\sqrt{a^2 - b^2} \\ &= \pm\sqrt{25 - 9} \\ &= \pm\sqrt{16} \\ &= \pm 4 \end{aligned}$$

Por lo tanto, las coordenadas de los focos son $(0, \pm 4)$.

A continuación, trazamos y etiquetamos el centro, los vértices, los covértices y los focos y dibujamos una curva suave para formar la elipse. Vea la Figura 8.

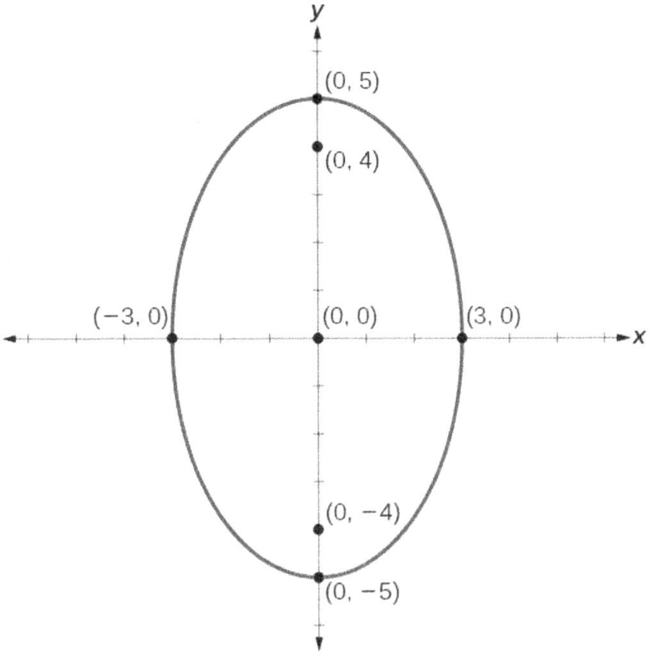

Figura 8

INTÉNTELO #3 Grafique la elipse dada por la ecuación $\frac{x^2}{36} + \frac{y^2}{4} = 1$. Identifique y marque el centro, los vértices, los covértices y los focos.

EJEMPLO 4

Graficar una elipse centrada en el origen a partir de una ecuación que no está en forma estándar

Grafique la elipse dada por la ecuación $4x^2 + 25y^2 = 100$. Reescriba la ecuación en forma estándar. A continuación, identifique y marque el centro, los vértices, los covértices y los focos.

Solución

Primero, use álgebra para reescribir la ecuación en forma estándar.

$$4x^2 + 25y^2 = 100$$
$$\frac{4x^2}{100} + \frac{25y^2}{100} = \frac{100}{100}$$
$$\frac{x^2}{25} + \frac{y^2}{4} = 1$$

A continuación, determinamos la posición del eje mayor. Dado que $25 > 4$, el eje mayor está en el eje *x*. Por lo tanto, la ecuación es de la forma $\frac{x^2}{a^2} + \frac{y^2}{b^2} = 1$, donde $a^2 = 25$ y $b^2 = 4$. Se deduce que:

- el centro de la elipse es $(0, 0)$
- las coordenadas de los vértices son $(\pm a, 0) = \left(\pm\sqrt{25}, 0\right) = (\pm 5, 0)$
- las coordenadas de los covértices son $(0, \pm b) = \left(0, \pm\sqrt{4}\right) = (0, \pm 2)$
- las coordenadas de los focos son $(\pm c, 0)$, donde $c^2 = a^2 - b^2$. Al resolver c, tenemos:

$$\begin{aligned} c &= \pm\sqrt{a^2 - b^2} \\ &= \pm\sqrt{25 - 4} \\ &= \pm\sqrt{21} \end{aligned}$$

Por lo tanto, las coordenadas de los focos son $\left(\pm\sqrt{21}, 0\right)$.

A continuación, trazamos y etiquetamos el centro, los vértices, los covértices y los focos y dibujamos una curva suave para formar la elipse.

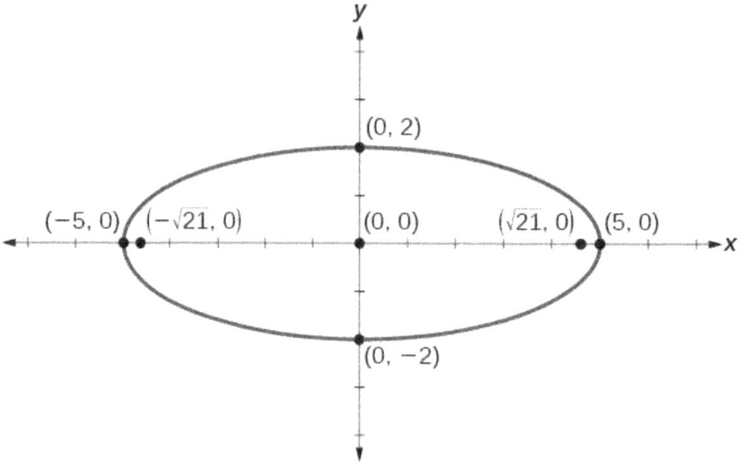

Figura 9

INTÉNTELO #4 Grafique la elipse dada por la ecuación $49x^2 + 16y^2 = 784$. Reescriba la ecuación en forma estándar. A continuación, identifique y marque el centro, los vértices, los covértices y los focos.

Graficar elipses no centradas en el origen

Cuando una elipse no está centrada en el origen, todavía podemos utilizar las formas estándar para hallar las características clave del gráfico. Cuando la elipse está centrada en algún punto, (h, k), utilizamos las formas estándar $\frac{(x-h)^2}{a^2} + \frac{(y-k)^2}{b^2} = 1, \;\; a > b$ para las elipses horizontales y $\frac{(x-h)^2}{b^2} + \frac{(y-k)^2}{a^2} = 1, \;\; a > b$ para las elipses verticales. A partir de estas ecuaciones estándar, podemos determinar fácilmente el centro, los vértices, los covértices, los focos y las posiciones de los ejes mayor y menor.

CÓMO

Dada la forma estándar de una ecuación para una elipse centrada en (h, k), dibuje el gráfico.

1. Utilice las formas estándar de las ecuaciones de una elipse para determinar el centro, la posición del eje mayor, los vértices, los covértices y los focos.
   a. Si la ecuación es de la forma $\frac{(x-h)^2}{a^2} + \frac{(y-k)^2}{b^2} = 1$, donde $a > b$, entonces
      - el centro es (h, k)
      - el eje mayor es paralelo al eje x
      - las coordenadas de los vértices son $(h \pm a, k)$
      - las coordenadas de los covértices son $(h, k \pm b)$
      - las coordenadas de los focos son $(h \pm c, k)$

   b. Si la ecuación es de la forma $\frac{(x-h)^2}{b^2} + \frac{(y-k)^2}{a^2} = 1$, donde $a > b$, entonces
      - el centro es (h, k)
      - el eje mayor es paralelo al eje y
      - las coordenadas de los vértices son $(h, k \pm a)$
      - las coordenadas de los covértices son $(h \pm b, k)$

- las coordenadas de los focos son $(h, k \pm c)$

2. Resuelva para c utilizando la ecuación $c^2 = a^2 - b^2$.
3. Trace el centro, los vértices, los covértices y los focos en el plano de coordenadas y dibuje una curva suave para formar la elipse.

EJEMPLO 5

Graficar una elipse centrada en (*h*, *k*)

Grafique la elipse dada por la ecuación, $\frac{(x+2)^2}{4} + \frac{(y-5)^2}{9} = 1$. Identifique y marque el centro, los vértices, los covértices y los focos.

Solución

En primer lugar, determinamos la posición del eje mayor. Dado que $9 > 4$, el eje mayor es paralelo al eje *y*. Por lo tanto, la ecuación es de la forma $\frac{(x-h)^2}{b^2} + \frac{(y-k)^2}{a^2} = 1$, donde $b^2 = 4$ y $a^2 = 9$. Se deduce que:

- el centro de la elipse es $(h, k) = (-2, 5)$
- las coordenadas de los vértices son $(h, k \pm a) = (-2, 5 \pm \sqrt{9}) = (-2, 5 \pm 3)$, o $(-2, 2)$ y $(-2, 8)$
- las coordenadas de los covértices son $(h \pm b, k) = (-2 \pm \sqrt{4}, 5) = (-2 \pm 2, 5)$, o $(-4, 5)$ y $(0, 5)$
- las coordenadas de los focos son $(h, k \pm c)$, donde $c^2 = a^2 - b^2$. Al resolver c, tenemos:

$$\begin{aligned} c &= \pm\sqrt{a^2 - b^2} \\ &= \pm\sqrt{9 - 4} \\ &= \pm\sqrt{5} \end{aligned}$$

Por lo tanto, las coordenadas de los focos son $\left(-2, 5 - \sqrt{5}\right)$ y $\left(-2, \text{Más de } 5\sqrt{5}\right)$.

A continuación, trazamos y etiquetamos el centro, los vértices, los covértices y los focos y dibujamos una curva suave para formar la elipse.

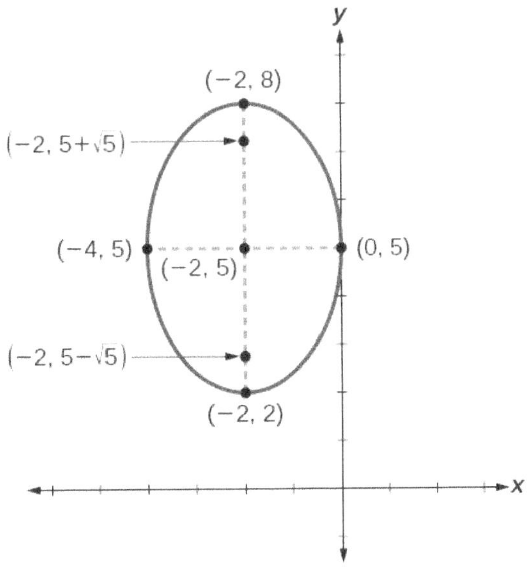

Figura 10

> **INTÉNTELO** #5 Grafique la elipse dada por la ecuación $\frac{(x-4)^2}{36} + \frac{(y-2)^2}{20} = 1$. Identifique y marque el centro, los vértices, los covértices y los focos.

CÓMO

Dada la forma general de una ecuación para una elipse centrada en (h, k), exprese la ecuación en forma estándar.

1. Reconozca que una elipse descrita por una ecuación de la forma $ax^2 + by^2 + cx + dy + e = 0$ está en forma general.
2. Reordene la ecuación agrupando los términos que contienen la misma variable. Mueva el término constante al lado opuesto de la ecuación.
3. Factorice los coeficientes de los términos x^2 y y^2 en la preparación para completar el cuadrado.
4. Complete el cuadrado de cada variable para reescribir la ecuación en forma de suma de múltiplos de dos binomios elevados al cuadrado e iguales a una constante, $m_1(x-h)^2 + m_2(y-k)^2 = m_3$, donde m_1, m_2, y m_3 son constantes.
5. Divida ambos lados de la ecuación entre el término constante para expresar la ecuación en forma estándar.

EJEMPLO 6

Graficar una elipse centrada en (h, k) escribiéndola primero en forma estándar

Grafique la elipse dada por la ecuación $4x^2 + 9y^2 - 40x + 36y + 100 = 0$. Identifique y marque el centro, los vértices, los covértices y los focos.

Solución

Debemos empezar por reescribir la ecuación en forma estándar.

$$4x^2 + 9y^2 - 40x + 36y + 100 = 0$$

Agrupe los términos que contengan la misma variable y mueva la constante al lado opuesto de la ecuación.

$$\left(4x^2 - 40x\right) + \left(9y^2 + 36y\right) = -100$$

Factorice los coeficientes de los términos al cuadrado.

$$4\left(x^2 - 10x\right) + 9\left(y^2 + 4y\right) = -100$$

Complete el cuadrado dos veces. Recuerde equilibrar la ecuación sumando las mismas constantes a cada lado.

$$4\left(x^2 - 10x + 25\right) + 9\left(y^2 + 4y + 4\right) = -100 + 100 + 36$$

Reescriba como cuadrados perfectos.

$$4(x-5)^2 + 9(y+2)^2 = 36$$

Divida ambos lados entre el término constante para poner la ecuación en forma estándar.

$$\frac{(x-5)^2}{9} + \frac{(y+2)^2}{4} = 1$$

Ahora que la ecuación está en forma estándar, podemos determinar la posición del eje mayor. Dado que $9 > 4$, el eje mayor es paralelo al eje *x*. Por lo tanto, la ecuación es de la forma $\frac{(x-h)^2}{a^2} + \frac{(y-k)^2}{b^2} = 1$, donde $a^2 = 9$ y $b^2 = 4$. Se deduce que:

- el centro de la elipse es $(h, k) = (5, -2)$
- las coordenadas de los vértices son $(h \pm a, k) = \left(5 \pm \sqrt{9}, -2\right) = (5 \pm 3, -2)$, o $(2, -2)$ y $(8, -2)$
- las coordenadas de los covértices son $(h, k \pm b) = \left(5, -2 \pm \sqrt{4}\right) = (5, -2 \pm 2)$, o $(5, -4)$ y $(5, 0)$
- las coordenadas de los focos son $(h \pm c, k)$, donde $c^2 = a^2 - b^2$. Al resolver c, tenemos:

$$\begin{aligned} c &= \pm\sqrt{a^2 - b^2} \\ &= \pm\sqrt{9-4} \\ &= \pm\sqrt{5} \end{aligned}$$

Por lo tanto, las coordenadas de los focos son $\left(5 - \sqrt{5}, -2\right)$ y $\left(\text{Más de } 5\sqrt{5}, -2\right)$.

A continuación, graficamos y marcamos el centro, los vértices, los covértices y los focos, y dibujamos una curva suave para formar la elipse como se muestra en la Figura 11.

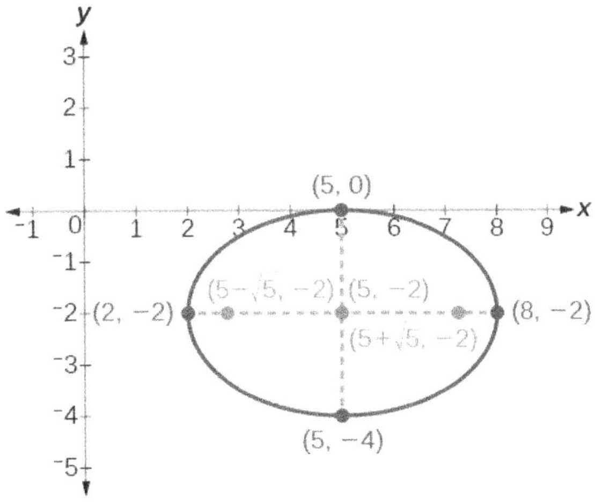

Figura 11

> **INTÉNTELO** #6 Exprese la ecuación de la elipse dada en forma estándar. Identifique el centro, los vértices, los covértices y los focos de la elipse.

$$4x^2 + y^2 - 24x + 2y + 21 = 0$$

Resolver problemas aplicados con elipses

Muchas situaciones del mundo real se pueden representar mediante elipses, como las órbitas de los planetas, satélites, lunas y cometas y las formas de las quillas de los barcos, los timones y algunas alas de los aviones. Un dispositivo médico llamado litotriptor utiliza reflectores elípticos para romper cálculos renales mediante la generación de ondas sonoras. Algunos edificios, llamados cámaras de susurros, están diseñados con cúpulas elípticas para que una persona que susurra en un foco pueda ser escuchada fácilmente por alguien que esté en el otro foco. Esto ocurre debido a las propiedades acústicas de una elipse. Cuando una onda sonora se origina en un foco de una cámara de susurros, la onda sonora se reflejará en la cúpula elíptica y volverá al otro foco. Vea la Figura 12. En la cámara de susurros del Museo de Ciencia y la Industria de Chicago, dos personas situadas en el foco —a unos 43 pies de distancia— pueden oírse mutuamente. Cuando estas cámaras se colocan en lugares inesperados, como las que hay en el interior del aeropuerto internacional Bush de Houston y en la terminal Grand Central de Nueva York, pueden inducir reacciones de sorpresa entre los viajeros.

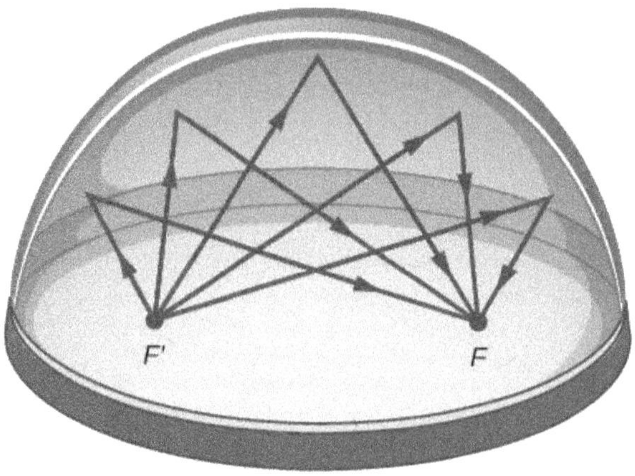

Figura 12 Las ondas sonoras se reflejan entre los focos en una sala elíptica, llamada cámara de los susurros.

EJEMPLO 7

Localización de los focos de una cámara de susurros

Una gran sala en una galería de arte es una cámara de susurros. Sus dimensiones son de 46 pies de ancho por 96 pies de largo, como se muestra en la Figura 13.

a. ¿Cuál es la forma estándar de la ecuación de la elipse que representa el contorno de la sala? Pista: suponga una elipse horizontal, y deje que el centro del espacio sea el punto $(0, 0)$.
b. Si dos visitantes situados en los focos de esta sala pueden oírse mutuamente susurrando, ¿a qué distancia están los visitantes? Redondee al pie más cercano.

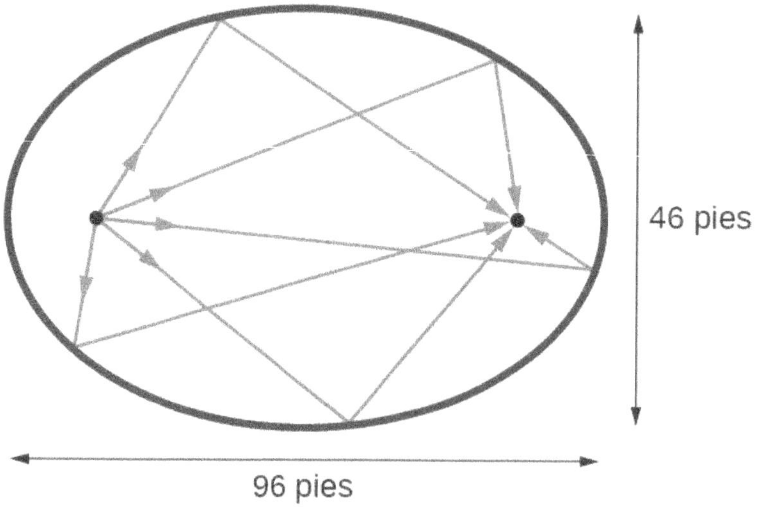

Figura 13

Solución

a. Suponemos una elipse horizontal con centro $(0, 0)$, por lo que necesitamos hallar una ecuación de la forma $\frac{x^2}{a^2} + \frac{y^2}{b^2} = 1$, donde $a > b$. Sabemos que la longitud del eje mayor, $2a$, es más largo que la longitud del eje menor, $2b$. Así, la longitud de la sala, 96, está representada por el eje mayor, y el ancho de la sala, 46, por el eje menor
   - Al resolver para a, tenemos $2a = 96$, así que $a = 48$, y $a^2 = 2304$
   - Al resolver para b, tenemos $2b = 46$, por lo que $b = 23$, y $b^2 = 529$.

   Por lo tanto, la ecuación de la elipse es $\frac{x^2}{2304} + \frac{y^2}{529} = 1$.

b. Para hallar la distancia entre los senadores, debemos hallar la distancia entre los focos, $(\pm c, 0)$, donde $c^2 = a^2 - b^2$. Al resolver c, tenemos:

$$c^2 = a^2 - b^2$$

$$c^2 = 2304 - 529 \quad \text{Sustituya utilizando los valores hallados en la parte (a).}$$

$$c = \pm\sqrt{2304 - 529} \quad \text{Obtenga la raíz cuadrada de ambos lados.}$$

$$c = \pm\sqrt{1775} \quad \text{Reste.}$$

$$c \approx \pm 42 \quad \text{Redondee al pie más cercano.}$$

Los puntos $(\pm 42, 0)$ representan los focos. Por lo tanto, la distancia entre los senadores es $2(42) = 84$ pies.

INTÉNTELO #7 Supongamos que una cámara de susurros tiene 480 pies de largo y 320 pies de ancho.

Ⓐ ¿Cuál es la forma estándar de la ecuación de la elipse que representa la sala? Pista: suponga una elipse horizontal, y deje que el centro del espacio sea el punto $(0, 0)$.

Ⓑ Si dos personas están de pie en el foco de esta sala y pueden oírse mutuamente susurrando, ¿a qué distancia están las personas? Redondee al pie más cercano.

MEDIA

Acceda a estos recursos en línea para obtener más información y practicar las elipses.

Secciones cónicas: La elipse (http://openstax.org/l/conicellipse)
Graficar una elipse con centro en el origen (http://openstax.org/l/grphellorigin)
Graficar una elipse no centrada en el origen (http://openstax.org/l/grphellnot)

10.1 EJERCICIOS DE SECCIÓN

Verbales

1. Defina una elipse en términos de sus focos.

2. ¿Dónde deben estar los focos de una elipse?

3. ¿Qué caso especial de la elipse tenemos cuando los ejes mayor y menor tienen la misma longitud?

4. Para el caso especial mencionado en la pregunta anterior, ¿qué sería cierto sobre los focos de esa elipse?

5. ¿Qué se puede decir de la simetría del gráfico de una elipse con centro en el origen y focos a lo largo del eje *y*?

Algebraicos

En los siguientes ejercicios, determine si las ecuaciones dadas representan elipses. Si la respuesta es afirmativa, escríbala en la forma estándar.

6. $2x^2 + y = 4$

7. $4x^2 + 9y^2 = 36$

8. $4x^2 - y^2 = 4$

9. $4x^2 + 9y^2 = 1$

10. $4x^2 - 8x + 9y^2 - 72y + 112 = 0$

En los siguientes ejercicios, escriba la ecuación de una elipse en forma estándar, e identifique los puntos finales de los ejes mayor y menor, así como los focos.

11. $\frac{x^2}{4} + \frac{y^2}{49} = 1$

12. $\frac{x^2}{100} + \frac{y^2}{64} = 1$

13. $x^2 + 9y^2 = 1$

14. $4x^2 + 16y^2 = 1$

15. $\frac{(x-2)^2}{49} + \frac{(y-4)^2}{25} = 1$

16. $\frac{(x-2)^2}{81} + \frac{(y+1)^2}{16} = 1$

17. $\frac{(x+5)^2}{4} + \frac{(y-7)^2}{9} = 1$

18. $\frac{(x-7)^2}{49} + \frac{(y-7)^2}{49} = 1$

19. $4x^2 - 8x + 9y^2 - 72y + 112 = 0$

20. $9x^2 - 54x + 9y^2 - 54y + 81 = 0$

21. $4x^2 - 24x + 36y^2 - 360y + 864 = 0$

22. $4x^2 + 24x + 16y^2 - 128y + 228 = 0$

23. $4x^2 + 40x + 25y^2 - 100y + 100 = 0$

24. $x^2 + 2x + 100y^2 - 1.000y + 2401 = 0$

25. $4x^2 + 24x + 25y^2 + 200y + 336 = 0$

26. $9x^2 + 72x + 16y^2 + 16y + 4 = 0$

En los siguientes ejercicios, halle los focos de las elipses dadas.

27. $\frac{(x+3)^2}{25} + \frac{(y+1)^2}{36} = 1$

28. $\frac{(x+1)^2}{100} + \frac{(y-2)^2}{4} = 1$

29. $x^2 + y^2 = 1$

30. $x^2 + 4y^2 + 4x + 8y = 1$

31. $10x^2 + y^2 + 200x = 0$

Gráficos

En los siguientes ejercicios, grafique las elipses dadas y tome en cuenta el centro, los vértices y los focos.

32. $\frac{x^2}{25} + \frac{y^2}{36} = 1$

33. $\frac{x^2}{16} + \frac{y^2}{9} = 1$

34. $4x^2 + 9y^2 = 1$

35. $81x^2 + 49y^2 = 1$

36. $\frac{(x-2)^2}{64} + \frac{(y-4)^2}{16} = 1$

37. $\frac{(x+3)^2}{9} + \frac{(y-3)^2}{9} = 1$

38. $\frac{x^2}{2} + \frac{(y+1)^2}{5} = 1$

39. $4x^2 - 8x + 16y^2 - 32y - 44 = 0$

40. $x^2 - 8x + 25y^2 - 100y + 91 = 0$

41. $x^2 + 8x + 4y^2 - 40y + 112 = 0$

42. $64x^2 + 128x + 9y^2 - 72y - 368 = 0$

43. $16x^2 + 64x + 4y^2 - 8y + 4 = 0$

44. $100x^2 + 1.000x + y^2 - 10y + 2425 = 0$

45. $4x^2 + 16x + 4y^2 + 16y + 16 = 0$

En los siguientes ejercicios, utilice la información dada sobre el gráfico de cada elipse para determinar su ecuación.

46. Centro en el origen, simétrico respecto a los ejes x y y foco en $(4, 0)$, y punto en el gráfico $(0, 3)$.

47. Centro en el origen, simétrico respecto a los ejes x y y foco en $(0, -2)$, y punto en el gráfico $(5, 0)$.

48. Centro en el origen, simétrico respecto a los ejes x y y foco en $(3, 0)$, y el eje mayor es dos veces más largo que el eje menor.

49. Centro $(4, 2)$; vértice $(9, 2)$; un foco: $\left(4+2\sqrt{6}, 2\right)$.

50. Centro $(3, 5)$; vértice $(3, 11)$; un foco: $\left(3,\ 5+4\sqrt{2}\right)$

51. Centro $(-3, 4)$; vértice $(1, 4)$; un foco: $\left(-3+2\sqrt{3}, 4\right)$

En los siguientes ejercicios, dado el gráfico de la elipse, determine su ecuación.

52.

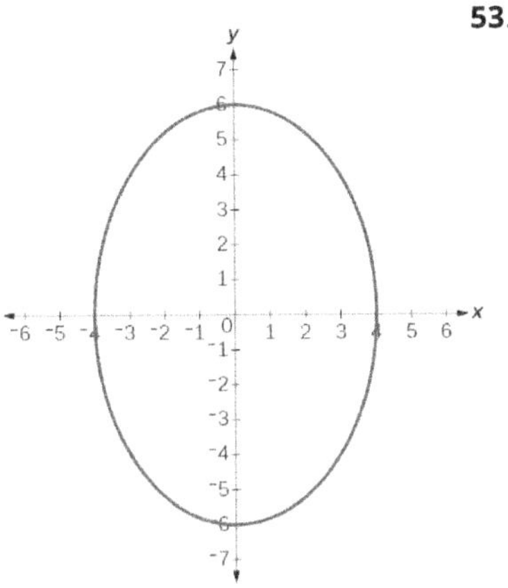

53.

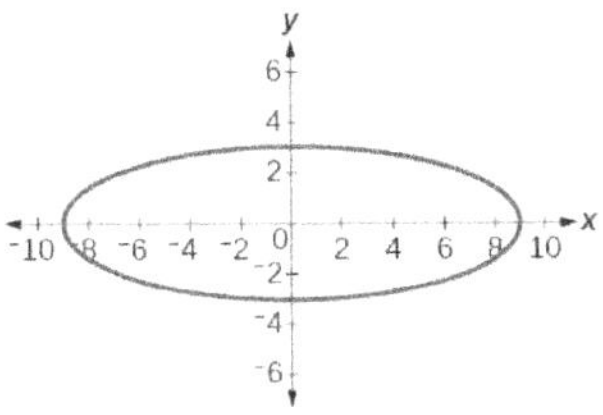

54.

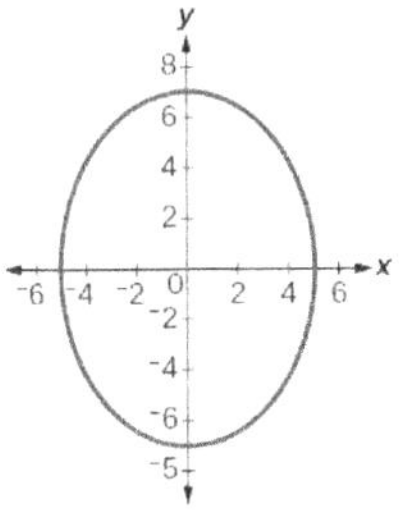

55.

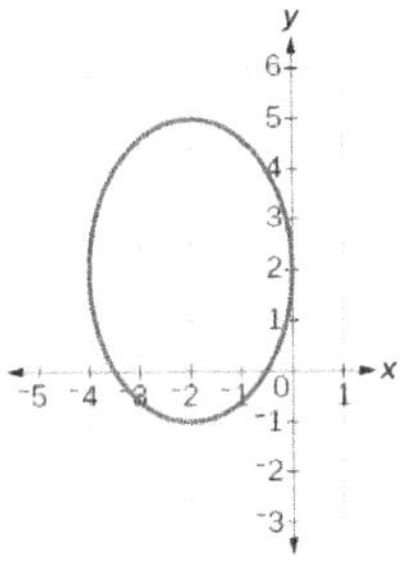

56.

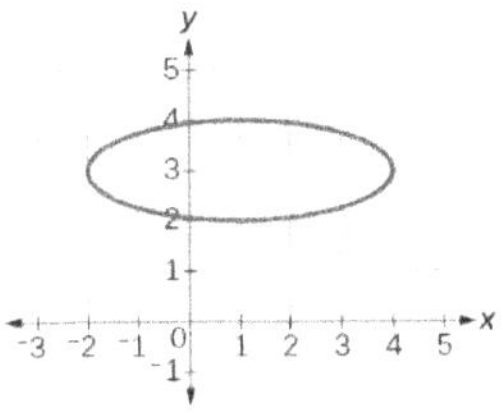

Extensiones

En los siguientes ejercicios, calcule el área de la elipse. El área de una elipse viene dada por la fórmula Área $= a \cdot b \cdot \pi$.

57. $\frac{(x-3)^2}{9} + \frac{(y-3)^2}{16} = 1$

58. $\frac{(x+6)^2}{16} + \frac{(y-6)^2}{36} = 1$

59. $\frac{(x+1)^2}{4} + \frac{(y-2)^2}{5} = 1$

60. $4x^2 - 8x + 9y^2 - 72y + 112 = 0$

61. $9x^2 - 54x + 9y^2 - 54y + 81 = 0$

Aplicaciones en el mundo real

62. Halle la ecuación de la elipse que cabe dentro de una caja de 8 unidades de ancho y 4 de alto.

63. Halle la ecuación de la elipse que cabe dentro de una caja que es cuatro veces más ancha que alta. Expresar la altura en términos de h.

64. Un arco tiene la forma de una semielipse (la mitad superior de una elipse). El arco tiene una altura de 8 pies y una amplitud de 20 pies. Halle una ecuación para la elipse y utilícela para calcular la altura, con una precisión de 0,01 pies del arco a una distancia de 4 pies del centro.

65. Un arco tiene la forma de una semielipse. El arco tiene una altura de 12 pies y una amplitud de 40 pies. Halle una ecuación para la elipse y utilícela para calcular la distancia desde el centro hasta un punto en el que la altura sea de 6 pies. Redondee a la centésima más cercana.

66. Se va a construir un puente con forma de arco semielíptico y con una amplitud de 120 pies. La altura del arco a una distancia de 40 pies del centro será de 8 pies. Halle la altura del arco en su centro.

67. Una persona en una galería de susurros situada en un foco de la elipse puede susurrar y ser escuchada por una persona situada en el otro foco porque todas las ondas sonoras que llegan al techo se reflejan en la otra persona. Si una galería de susurros tiene una longitud de 120 pies, y los focos están situados a 30 pies del centro, calcule la altura del techo en el centro.

68. Una persona está de pie a 8 pies de la pared más cercana en una galería de susurros. Si esa persona está en un foco, y el otro foco está a 80 pies de distancia, ¿cuáles son la longitud y la altura en el centro de la galería?

10.2 La hipérbola

Objetivos de aprendizaje

En esta sección, podrá:

- Localizar los vértices y focos de una hipérbola.
- Escribir ecuaciones de hipérbolas en forma estándar.
- Graficar hipérbolas centradas en el origen.
- Graficar hipérbolas no centradas en el origen.
- Resolver problemas aplicados que involucren hipérbolas.

¿Qué tienen en común las trayectorias de los cometas, los estampidos supersónicos, los antiguos pilares griegos y las torres de refrigeración de tiro natural? Todos ellos pueden ser modelados por el mismo tipo de cónica. Por ejemplo, cuando algo se mueve más rápido que la velocidad del sonido, se crea una onda expansiva en forma de cono. Cuando la onda se interseca con el suelo, se forma una porción cónica que ocasiona una explosión sónica. Vea la Figura 1.

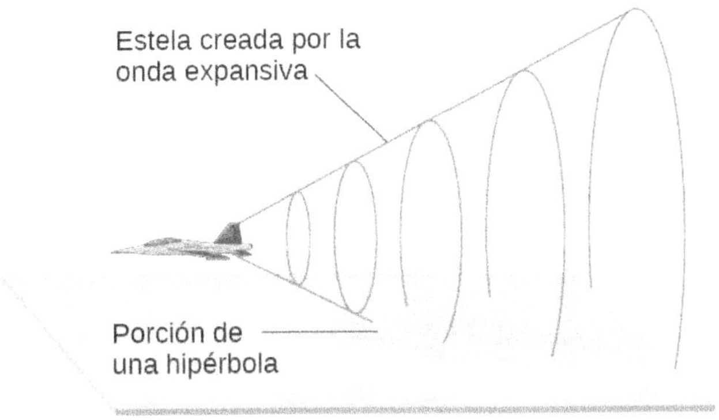

Figura 1 Una onda expansiva que se interseca con el suelo forma una parte de una sección cónica y ocasiona una explosión sónica.

La mayoría de las personas están familiarizadas con la explosión sónica creada por los aviones supersónicos, pero el ser humano ya rompía la barrera del sonido mucho antes del primer vuelo supersónico. El chasquido de un látigo se produce porque la punta supera la velocidad del sonido. Las balas disparadas por muchas armas de fuego también rompen la barrera del sonido, aunque el estampido del arma suele superar el sonido de la explosión sónica.

Localización de los vértices y focos de una hipérbola

En geometría analítica, una **hipérbola** es una sección cónica formada por la intersección de un cono circular recto con un plano en un ángulo tal que ambas mitades del cono se intersecan. Esta intersección produce dos curvas separadas no limitadas que son imágenes especulares la una de la otra. Vea la Figura 2.

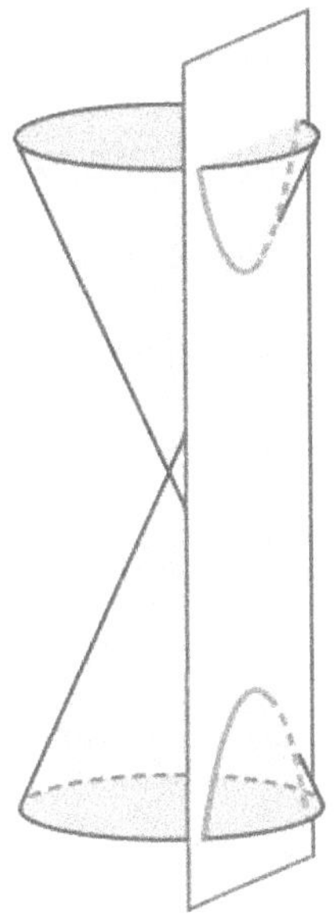

Figura 2 Una hipérbola

Al igual que la elipse, la hipérbola también se puede definir como un conjunto de puntos en el plano de coordenadas. Una hipérbola es el conjunto de todos los puntos (x, y) en un plano tal que la diferencia de las distancias entre (x, y) y los focos es una constante positiva.

Observe que la definición de una hipérbola es muy similar a la de una elipse. La distinción es que la hipérbola se define en términos de la *diferencia* de dos distancias, mientras que la elipse se define en términos de la *suma* de dos distancias.

Al igual que la elipse, toda hipérbola tiene dos ejes de simetría. El **eje transversal** es un segmento de línea que pasa por el centro de la hipérbola y tiene como puntos extremos los vértices. Los focos se encuentran en la línea que contiene el eje transversal. El **eje conjugado** es perpendicular al eje transversal y tiene como puntos extremos los covértices. El **centro de una hipérbola** es el punto medio de los ejes transversal y conjugado, donde se intersecan. Toda hipérbola tiene también dos **asíntotas** que pasan por su centro. A medida que una hipérbola se aleja del centro, sus ramas se acercan a estas asíntotas. El **rectángulo central** de la hipérbola está centrado en el origen con lados que pasan por cada vértice y covértice; es una herramienta útil para graficar la hipérbola y sus asíntotas. Para dibujar las asíntotas de la hipérbola, basta con dibujar y extender las diagonales del rectángulo central. Vea la Figura 3.

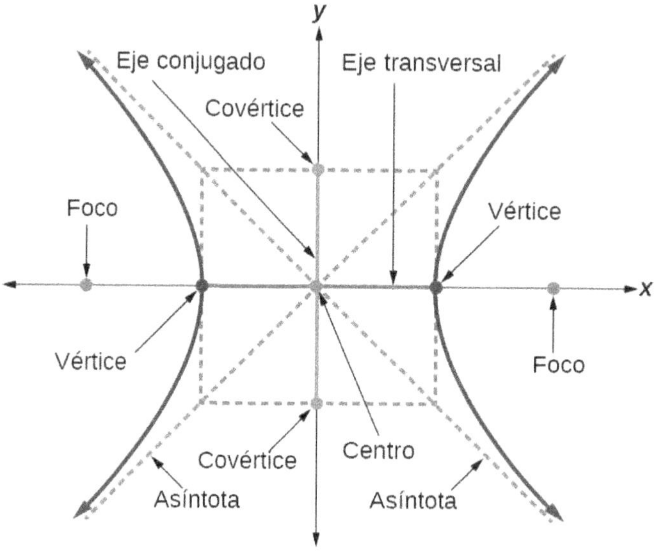

Figura 3 Características principales de la hipérbola

En esta sección limitaremos nuestra discusión a las hipérbolas que están posicionadas verticalmente u horizontalmente en el plano de coordenadas; los ejes estarán sobre o serán paralelos a los ejes *x* y *y*. Consideraremos dos casos: los que están centrados en el origen y los que están centrados en un punto distinto del origen.

Derivar la ecuación de una hipérbola centrada en el origen

Supongamos que $(-c, 0)$ y $(c, 0)$ son los focos de una hipérbola centrada en el origen. La hipérbola es el conjunto de todos los puntos (x, y) de manera que la diferencia de las distancias de (x, y) a los focos es constante. Vea la Figura 4.

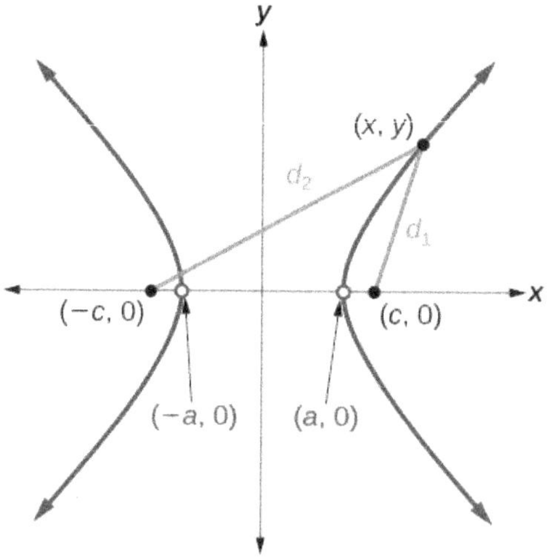

Figura 4

Si los valores de $(a, 0)$ es un vértice de la hipérbola, la distancia de $(-c, 0)$ al $(a, 0)$ es $a - (-c) = a + c$. La distancia de $(c, 0)$ al $(a, 0)$ es $c - a$. La diferencia de las distancias de los focos al vértice es

$$(a + c) - (c - a) = 2a$$

Si los valores de (x, y) es un punto de la hipérbola, podemos definir las siguientes variables:

$$d_2 = \text{la distancia de } (-c, 0) \text{ para } (x, y)$$
$$d_1 = \text{la distancia de } (c, 0) \text{ para } (x, y)$$

Por definición de una hipérbola, $d_2 - d_1$ es constante para cualquier punto (x, y) en la hipérbola. Sabemos que la diferencia de estas distancias es $2a$ para el vértice $(a, 0)$. Se deduce que $d_2 - d_1 = 2a$ para cualquier punto de la hipérbola. Al igual que con la derivación de la ecuación de una elipse, comenzaremos aplicando la fórmula de distancia. El resto de la derivación es algebraica. Compare esta derivación con la de la sección anterior para las elipses.

$d_2 - d_1 = \sqrt{(x-(-c))^2 + (y-0)^2} - \sqrt{(x-c)^2 + (y-0)^2} = 2a$	Fórmula de distancia
$\sqrt{(x+c)^2 + y^2} - \sqrt{(x-c)^2 + y^2} = 2a$	Simplifique las expresiones.
$\sqrt{(x+c)^2 + y^2} = 2a + \sqrt{(x-c)^2 + y^2}$	Mueva el radical al lado opuesto.
$(x+c)^2 + y^2 = \left(2a + \sqrt{(x-c)^2 + y^2}\right)^2$	Eleve ambos lados al cuadrado.
$x^2 + 2cx + c^2 + y^2 = 4a^2 + 4a\sqrt{(x-c)^2 + y^2} + (x-c)^2 + y^2$	Expanda los cuadrados.
$x^2 + 2cx + c^2 + y^2 = 4a^2 + 4a\sqrt{(x-c)^2 + y^2} + x^2 - 2cx + c^2 + y^2$	Expanda el cuadrado restante.
$2cx = 4a^2 + 4a\sqrt{(x-c)^2 + y^2} - 2cx$	Combine términos similares.
$4cx - 4a^2 = 4a\sqrt{(x-c)^2 + y^2}$	Aísle el radical.
$cx - a^2 = a\sqrt{(x-c)^2 + y^2}$	Divida entre 4.
$\left(cx - a^2\right)^2 = a^2\left(\sqrt{(x-c)^2 + y^2}\right)^2$	Eleve ambos lados al cuadrado.
$c^2x^2 - 2a^2cx + a^4 = a^2\left(x^2 - 2cx + c^2 + y^2\right)$	Expanda los cuadrados.
$c^2x^2 - 2a^2cx + a^4 = a^2x^2 - 2a^2cx + a^2c^2 + a^2y^2$	Distribuya a^2.
$a^4 + c^2x^2 = a^2x^2 + a^2c^2 + a^2y^2$	Combine términos similares.
$c^2x^2 - a^2x^2 - a^2y^2 = a^2c^2 - a^4$	Reordene los términos.
$x^2\left(c^2 - a^2\right) - a^2y^2 = a^2\left(c^2 - a^2\right)$	Factorice los términos comunes.
$x^2b^2 - a^2y^2 = a^2b^2$	Establezca $b^2 = c^2 - a^2$.
$\frac{x^2b^2}{a^2b^2} - \frac{a^2y^2}{a^2b^2} = \frac{a^2b^2}{a^2b^2}$	Divida ambos lados entre a^2b^2
$\frac{x^2}{a^2} - \frac{y^2}{b^2} = 1$	

Esta ecuación define una hipérbola centrada en el origen con vértices $(\pm a, 0)$ y covértices $(0 \pm b)$.

Formas estándar de la ecuación de una hipérbola con centro (0,0)

La forma estándar de la ecuación de una hipérbola con centro $(0, 0)$ y el eje transversal en el eje *x* es

$$\frac{x^2}{a^2} - \frac{y^2}{b^2} = 1$$

donde

- la longitud del eje transversal es $2a$
- las coordenadas de los vértices son $(\pm a, 0)$
- la longitud del eje conjugado es $2b$
- las coordenadas de los covértices son $(0, \pm b)$
- la distancia entre los focos es $2c$, donde $c^2 = a^2 + b^2$
- las coordenadas de los focos son $(\pm c, 0)$
- las ecuaciones de las asíntotas son $y = \pm \frac{b}{a}x$

Vea la Figura 5**a**.

La forma estándar de la ecuación de una hipérbola con centro $(0, 0)$ y el eje transversal en el eje *y* es

$$\frac{y^2}{a^2} - \frac{x^2}{b^2} = 1$$

donde

- la longitud del eje transversal es $2a$
- las coordenadas de los vértices son $(0, \pm a)$
- la longitud del eje conjugado es $2b$
- las coordenadas de los covértices son $(\pm b, 0)$

- la distancia entre los focos es $2c$, donde $c^2 = a^2 + b^2$
- las coordenadas de los focos son $(0, \pm c)$
- las ecuaciones de las asíntotas son $y = \pm \frac{a}{b}x$

Vea la Figura 5**b**.

Observe que los vértices, covértices y focos están relacionados por la ecuación $c^2 = a^2 + b^2$. Cuando nos dan la ecuación de una hipérbola, podemos utilizar esta relación para identificar sus vértices y focos.

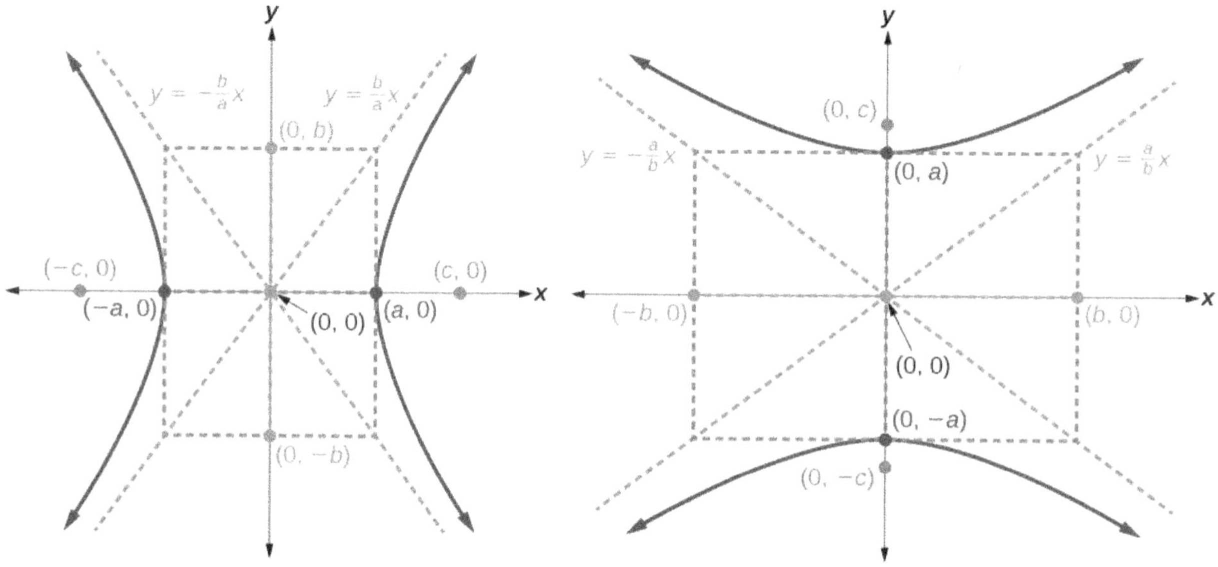

Figura 5 (a) Hipérbola horizontal con centro $(0, 0)$ (b) Hipérbola vertical con centro $(0, 0)$

CÓMO

Dada la ecuación de una hipérbola en forma estándar, ubique sus vértices y focos.

1. Determine si el eje transversal se encuentra en el eje *x* o en el eje *y*. Observe que a^2 está siempre debajo de la variable con el coeficiente positivo. Por lo tanto, si se establece la otra variable igual a cero, se pueden hallar fácilmente las intersecciones. En el caso de que la hipérbola esté centrada en el origen, las intersecciones coinciden con los vértices.
   a. Si la ecuación tiene la forma $\frac{x^2}{a^2} - \frac{y^2}{b^2} = 1$, entonces el eje transversal se encuentra en el eje *x*. Los vértices se encuentran en $(\pm a, 0)$, y los focos se encuentran en $(\pm c, 0)$.
   b. Si la ecuación tiene la forma $\frac{y^2}{a^2} - \frac{x^2}{b^2} = 1$, entonces el eje transversal se encuentra en el eje *y*. Los vértices se encuentran en $(0, \pm a)$, y los focos se encuentran en $(0, \pm c)$.
2. Resuelva para a utilizando la ecuación $a = \sqrt{a^2}$.
3. Resuelva para c utilizando la ecuación $c = \sqrt{a^2 + b^2}$.

EJEMPLO 1

Localización de los vértices y focos de una hipérbola

Identifique los vértices y focos de la hipérbola con ecuación $\frac{y^2}{49} - \frac{x^2}{32} = 1$.

Solución

La ecuación tiene la forma $\frac{y^2}{a^2} - \frac{x^2}{b^2} = 1$, por lo que el eje transversal se encuentra en el eje *y*. La hipérbola está centrada en el origen, por lo que los vértices sirven como *intersecciones en y* del gráfico. Para hallar los vértices, establezca $x = 0$, y resolver para y.

$$\begin{aligned} 1 &= \frac{y^2}{49} - \frac{x^2}{32} \\ 1 &= \frac{y^2}{49} - \frac{0^2}{32} \\ 1 &= \frac{y^2}{49} \\ y^2 &= 49 \\ y &= \pm\sqrt{49} = \pm 7 \end{aligned}$$

Los focos se encuentran en $(0, \pm\, c)$. Al resolver c,

$$c = \sqrt{a^2 + b^2} = \sqrt{49 + 32} = \sqrt{81} = 9$$

Por lo tanto, los vértices se encuentran en $(0, \pm\, 7)$, y los focos se encuentran en $(0, 9)$.

> **INTÉNTELO** #1 Identificar los vértices y los focos de la hipérbola con la ecuación $\frac{x^2}{9} - \frac{y^2}{25} = 1$.

Escribir ecuaciones de hipérbolas en forma estándar

Al igual que con las elipses, escribir la ecuación de una hipérbola en forma estándar nos permite calcular las características clave: centro, vértices, covértices, focos, asíntotas y las longitudes y posiciones de los ejes transversal y conjugado. Por otra parte, se puede hallar una ecuación para una hipérbola dadas sus características principales. Empezamos por hallar las ecuaciones estándar para hipérbolas centradas en el origen. Luego, nos centraremos en hallar ecuaciones estándar para hipérbolas centradas en algún punto distinto del origen.

Hipérbolas centradas en el origen

Si repasamos las formas estándar dadas para las hipérbolas centradas en $(0, 0)$, vemos que los vértices, los covértices y los focos están relacionados por la ecuación $c^2 = a^2 + b^2$. Observe que esta ecuación también se puede reescribir como $b^2 = c^2 - a^2$. Esta relación se utiliza para escribir la ecuación de una hipérbola cuando se dan las coordenadas de sus focos y sus vértices.

CÓMO

Dados los vértices y los focos de una hipérbola centrada en $(0,\ 0)$, escriba su ecuación en forma estándar.

1. Determine si el eje transversal se encuentra en el eje *x* o en el eje *y*.
   a. Si las coordenadas dadas de los vértices y focos tienen la forma $(\pm a, 0)$ y $(\pm c, 0)$, respectivamente, entonces el eje transversal es el eje *x*. Utilice la forma estándar $\frac{x^2}{a^2} - \frac{y^2}{b^2} = 1$.
   b. Si las coordenadas dadas de los vértices y focos tienen la forma $(0, \pm\, a)$ y $(0, \pm\, c)$, respectivamente, entonces el eje transversal es el eje *y*. Utilice la forma estándar $\frac{y^2}{a^2} - \frac{x^2}{b^2} = 1$.
2. Calcule b^2 utilizando la ecuación $b^2 = c^2 - a^2$.
3. Sustituya los valores de a^2 y b^2 en la forma estándar de la ecuación determinada en el paso 1.

EJEMPLO 2

Hallar la ecuación de una hipérbola centrada en (0,0) dados sus focos y vértices

¿Cuál es la ecuación de la forma estándar de la hipérbola que tiene vértices $(\pm 6, 0)$ y focos $\left(\pm 2\sqrt{10}, 0\right)$?

Solución

Los vértices y los focos están en el eje *x*. Así, la ecuación de la hipérbola tendrá la forma $\frac{x^2}{a^2} - \frac{y^2}{b^2} = 1$.

Los vértices son $(\pm 6, 0)$, así que $a = 6$ y $a^2 = 36$.

Los focos son $\left(\pm 2\sqrt{10}, 0\right)$, por lo que $c = 2\sqrt{10}$ y $c^2 = 40$.

Al resolver para b^2, tenemos

$$\begin{aligned} b^2 &= c^2 - a^2 & \\ b^2 &= 40 - 36 & \text{Sustituya por } c^2 \text{ y } a^2. \\ b^2 &= 4 & \text{Reste.} \end{aligned}$$

Por último, sustituimos $a^2 = 36$ y $b^2 = 4$ en la forma estándar de la ecuación, $\frac{x^2}{a^2} - \frac{y^2}{b^2} = 1$. La ecuación de la hipérbola es $\frac{x^2}{36} - \frac{y^2}{4} = 1$, como se muestra en la Figura 6.

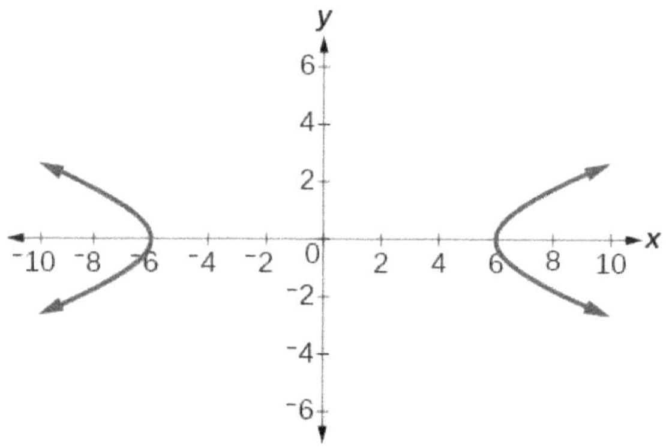

Figura 6

INTÉNTELO #2 Cuál es la ecuación de la forma estándar de la hipérbola que tiene vértices $(0, \pm 2)$ y focos $\left(0, \pm 2\sqrt{5}\right)$?

Hipérbolas no centradas en el origen

Al igual que los gráficos de otras ecuaciones, el gráfico de una hipérbola se puede trasladar. Si se traslada una hipérbola h unidades en horizontal y k unidades en vertical, el centro de la hipérbola será (h, k). Esta traslación da como resultado la forma estándar de la ecuación que vimos anteriormente, con x sustituido por $(x - h)$ y de y sustituido por $(y - k)$.

Formas estándar de la ecuación de una hipérbola con centro (h, k)

La forma estándar de la ecuación de una hipérbola con centro (h, k) y el eje transversal paralelo al eje *x* es

$$\frac{(x-h)^2}{a^2} - \frac{(y-k)^2}{b^2} = 1$$

donde

- la longitud del eje transversal es $2a$
- las coordenadas de los vértices son $(h \pm a, k)$
- la longitud del eje conjugado es $2b$
- las coordenadas de los covértices son $(h, k \pm b)$
- la distancia entre los focos es $2c$, donde $c^2 = a^2 + b^2$
- las coordenadas de los focos son $(h \pm c, k)$

Las asíntotas de la hipérbola coinciden con las diagonales del rectángulo central. La longitud del rectángulo es $2a$ y su ancho es $2b$. Las pendientes de las diagonales son $\pm\frac{b}{a}$, y cada diagonal pasa por el centro (h, k). Si utilizamos la **fórmula punto-pendiente**, es sencillo demostrar que las ecuaciones de las asíntotas son $y = \pm\frac{b}{a}(x - h) + k$. Vea la Figura 7**a**

La forma estándar de la ecuación de una hipérbola con centro (h, k) y el eje transversal paralelo al eje *y* es

$$\frac{(y-k)^2}{a^2} - \frac{(x-h)^2}{b^2} = 1$$

donde

- la longitud del eje transversal es $2a$
- las coordenadas de los vértices son $(h, k \pm a)$
- la longitud del eje conjugado es $2b$
- las coordenadas de los covértices son $(h \pm b, k)$
- la distancia entre los focos es $2c$, donde $c^2 = a^2 + b^2$
- las coordenadas de los focos son $(h, k \pm c)$

Si utilizamos el razonamiento anterior, las ecuaciones de las asíntotas son $y = \pm\frac{a}{b}(x - h) + k$. Vea la Figura 7**b**.

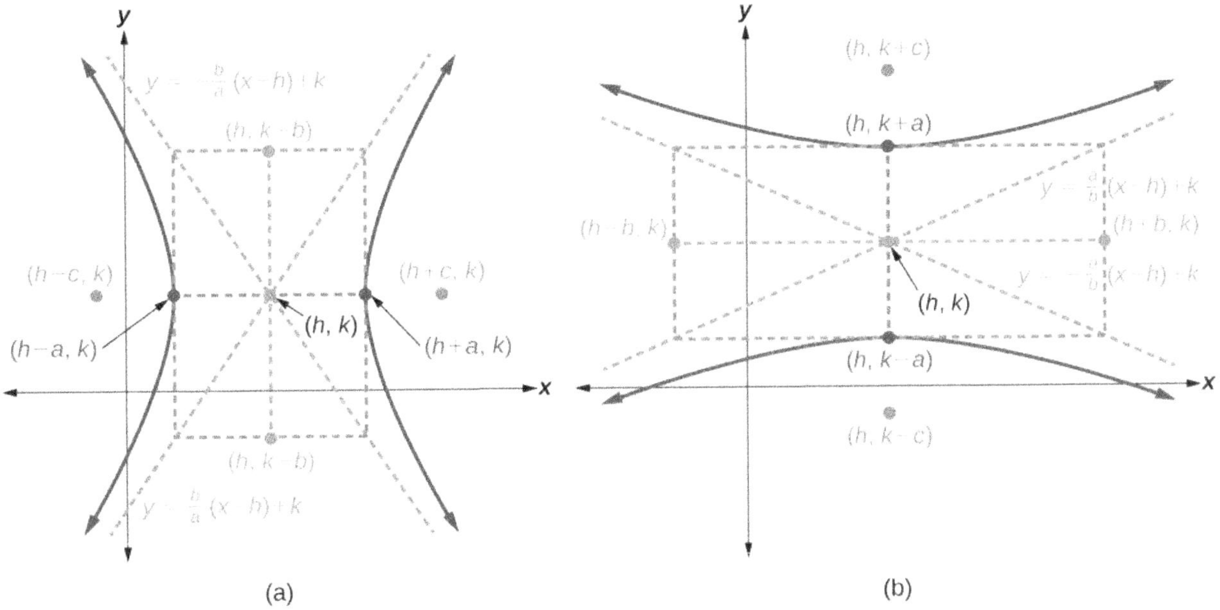

Figura 7 (a) Hipérbola horizontal con centro (h, k) (b) Hipérbola vertical con centro (h, k)

Al igual que las hipérbolas centradas en el origen, las hipérbolas centradas en un punto (h, k) tienen vértices, covértices y focos que están relacionados por la ecuación $c^2 = a^2 + b^2$. Podemos utilizar esta relación junto con las fórmulas del punto medio y de distancia para hallar la ecuación estándar de una hipérbola cuando se dan los vértices y los focos.

CÓMO

Dados los vértices y los focos de una hipérbola centrada en (h, k), escriba su ecuación en forma estándar.

1. Determine si el eje transversal es paralelo al eje *x* o al eje *y*.
   a. Si las coordenadas *y* de los vértices y los focos dados son iguales, entonces el eje transversal es paralelo al eje *x*. Utilice la forma estándar $\frac{(x-h)^2}{a^2} - \frac{(y-k)^2}{b^2} = 1$.
   b. Si las coordenadas *x* de los vértices y los focos dados son iguales, entonces el eje transversal es paralelo al eje *y*. Utilice la forma estándar $\frac{(y-k)^2}{a^2} - \frac{(x-h)^2}{b^2} = 1$.

2. Identifique el centro de la hipérbola, (h, k), utilizando la fórmula del punto medio y las coordenadas dadas para los vértices.
3. Calcule a^2 resolviendo la longitud del eje transversal, $2a$, que es la distancia entre los vértices dados.
4. Calcule c^2 utilizando h y k calculada en el paso 2 junto con las coordenadas dadas para los focos.
5. Resuelva para b^2 utilizando la ecuación $b^2 = c^2 - a^2$.
6. Sustituya los valores de h, k, a^2, y b^2 en la forma estándar de la ecuación determinada en el paso 1.

EJEMPLO 3

Hallar la ecuación de una hipérbola centrada en (*h*, *k*) dados sus focos y vértices

¿Cuál es la ecuación de la forma estándar de la hipérbola que tiene vértices en $(0, -2)$ y $(6, -2)$ y focos en $(-2, -2)$ y $(8, -2)$?

Solución

Las coordenadas *y* de los vértices y los focos son las mismas, por lo que el eje transversal es paralelo al eje *x*. Así, la ecuación de la hipérbola tendrá la forma

$$\frac{(x-h)^2}{a^2} - \frac{(y-k)^2}{b^2} = 1$$

En primer lugar, identificamos el centro, (h, k). El centro está a medio camino entre los vértices $(0, -2)$ y $(6, -2)$. Al aplicar la fórmula del punto medio, tenemos

$$(h, k) = \left(\frac{0+6}{2}, \frac{-2+(-2)}{2}\right) = (3, -2)$$

Luego, hallamos a^2. La longitud del eje transversal, $2a$, está delimitada por los vértices. Así, podemos hallar a^2 al calcular la distancia entre las coordenadas *x* de los vértices.

$$\begin{aligned} 2a &= |0-6| \\ 2a &= 6 \\ a &= 3 \\ a^2 &= 9 \end{aligned}$$

Ahora tenemos que hallar c^2. Las coordenadas de los focos son $(h \pm c, k)$. Así que $(h-c, k) = (-2, -2)$ y $(h+c, k) = (8, -2)$. Podemos utilizar la coordenada *x* de cualquiera de estos puntos para resolver *c*. Al utilizar el punto $(8, -2)$, y sustituir $h = 3$,

$$\begin{aligned} h+c &= 8 \\ 3+c &= 8 \\ c &= 5 \\ c^2 &= 25 \end{aligned}$$

A continuación, resuelva b^2 utilizando la ecuación $b^2 = c^2 - a^2$:

$$\begin{aligned} b^2 &= c^2 - a^2 \\ &= 25 - 9 \\ &= 16 \end{aligned}$$

Por último, sustituya los valores hallados para h, k, a^2, y b^2 en la forma estándar de la ecuación.

$$\frac{(x-3)^2}{9} - \frac{(y+2)^2}{16} = 1$$

> **INTÉNTELO** #3 ¿Cuál es la ecuación de la forma estándar de la hipérbola que tiene vértices $(1, -2)$ y $(1, 8)$ y focos $(1, -10)$ y $(1, 16)$?

Graficar hipérbolas centradas en el origen

Cuando tenemos una ecuación en forma estándar para una hipérbola centrada en el origen, podemos interpretar sus partes para identificar las características clave de su gráfico: el centro, los vértices, los covértices, las asíntotas, los focos y las longitudes y posiciones de los ejes transversal y conjugado. Para graficar las hipérbolas centradas en el origen, utilizamos la forma estándar $\frac{x^2}{a^2} - \frac{y^2}{b^2} = 1$ para las hipérbolas horizontales y la forma estándar $\frac{y^2}{a^2} - \frac{x^2}{b^2} = 1$ para las hipérbolas verticales.

CÓMO

Dada una ecuación de forma estándar para una hipérbola centrada en $(0, 0)$, dibuje el gráfico.

1. Determine cuál de las formas estándar se aplica a la ecuación dada.
2. Utilice la forma estándar identificada en el paso 1 para determinar la posición del eje transversal; las coordenadas de los vértices, los covértices y los focos; y las ecuaciones de las asíntotas.
   a. Si la ecuación es de la forma $\frac{x^2}{a^2} - \frac{y^2}{b^2} = 1$, entonces
      - el eje transversal está en el eje *x*
      - las coordenadas de los vértices son $(\pm a, 0)$
      - las coordenadas de los covértices son $(0, \pm b)$
      - las coordenadas de los focos son $(\pm c, 0)$
      - las ecuaciones de las asíntotas son $y = \pm \frac{b}{a} x$
   b. Si la ecuación es de la forma $\frac{y^2}{a^2} - \frac{x^2}{b^2} = 1$, entonces
      - el eje transversal está en el eje *y*
      - las coordenadas de los vértices son $(0, \pm a)$
      - las coordenadas de los covértices son $(\pm b, 0)$
      - las coordenadas de los focos son $(0, \pm c)$
      - las ecuaciones de las asíntotas son $y = \pm \frac{a}{b} x$
3. Resuelva las coordenadas de los focos mediante la ecuación $c = \pm\sqrt{a^2 + b^2}$.
4. Trace los vértices, los covértices, los focos y las asíntotas en el plano de coordenadas y dibuje una curva suave para formar la hipérbola.

EJEMPLO 4

Gráfico de una hipérbola centrada en (0, 0) dada una ecuación en forma estándar

Grafique la hipérbola dada por la ecuación $\frac{y^2}{64} - \frac{x^2}{36} = 1$. Identifique y marque los vértices, los covértices, los focos y las asíntotas.

Solución

La forma estándar que se aplica a la ecuación dada es $\frac{y^2}{a^2} - \frac{x^2}{b^2} = 1$. Por lo tanto, el eje transversal está en el eje *y*

Las coordenadas de los vértices son $(0, \pm a) = \left(0, \pm\sqrt{64}\right) = (0, \pm 8)$

Las coordenadas de los covértices son $(\pm b, 0) = \left(\pm\sqrt{36},\ 0\right) = (\pm 6, 0)$

Las coordenadas de los focos son $(0, \pm c)$, donde $c = \pm\sqrt{a^2 + b^2}$. Al resolver c, tenemos

$$c = \pm\sqrt{a^2 + b^2} = \pm\sqrt{64 + 36} = \pm\sqrt{100} = \pm 10$$

Por lo tanto, las coordenadas de los focos son $(0, \pm 10)$

Las ecuaciones de las asíntotas son $y = \pm\frac{a}{b}x = \pm\frac{8}{6}x = \pm\frac{4}{3}x$

Trace e identifique los vértices y los covértices, y luego dibuje el rectángulo central. Los lados del rectángulo son paralelos a los ejes y pasan por los vértices y los covértices. Dibuje y extienda las diagonales del rectángulo central para mostrar las asíntotas. El rectángulo central y las asíntotas proporcionan el marco necesario para dibujar un gráfico preciso de la hipérbola. Identifique los focos y las asíntotas, y dibuje una curva suave para formar la hipérbola, como se muestra en la Figura 8.

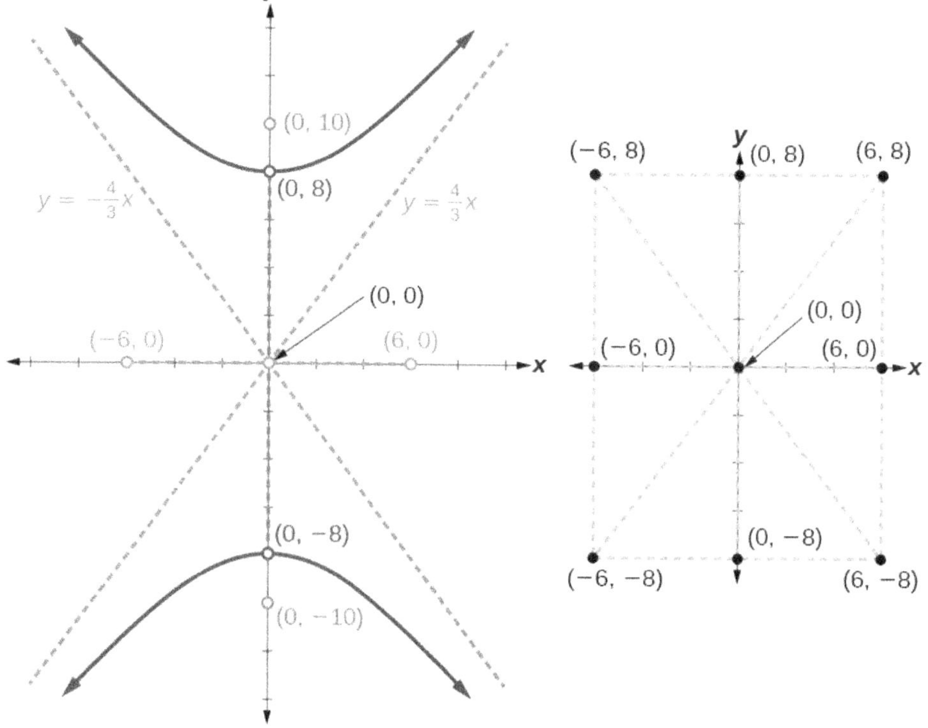

Figura 8

INTÉNTELO #4 Grafique la hipérbola dada por la ecuación $\frac{x^2}{144} - \frac{y^2}{81} = 1$. Identifique y marque los vértices, los covértices, los focos y las asíntotas.

Graficar hipérbolas no centradas en el origen

Graficar hipérbolas centradas en un punto (h, k) distinto del origen es similar a graficar elipses centradas en un punto distinto del origen. Utilizamos las formas estándar $\frac{(x-h)^2}{a^2} - \frac{(y-k)^2}{b^2} = 1$ para las hipérbolas horizontales y $\frac{(y-k)^2}{a^2} - \frac{(x-h)^2}{b^2} = 1$ para las hipérbolas verticales. A partir de estas ecuaciones de forma estándar podemos calcular y representar fácilmente las características clave del gráfico: las coordenadas de su centro, los vértices, los covértices y los focos; las ecuaciones de sus asíntotas; y las posiciones de los ejes transversales y conjugados.

CÓMO

Dada una forma general para una hipérbola centrada en (h, k), dibuje el gráfico.

1. Convierta la forma general en esa forma estándar. Determine cuál de las formas estándar se aplica a la ecuación dada.
2. Utilice la forma estándar identificada en el paso 1 para determinar la posición del eje transversal; las coordenadas del centro, los vértices, los covértices y los focos; y las ecuaciones de las asíntotas.
   a. Si la ecuación es de la forma $\frac{(x-h)^2}{a^2} - \frac{(y-k)^2}{b^2} = 1$, entonces

- el eje transversal es paralelo al eje *x*
- el centro es (h, k)
- las coordenadas de los vértices son $(h \pm a, k)$
- las coordenadas de los covértices son $(h, k \pm b)$
- las coordenadas de los focos son $(h \pm c, k)$
- las ecuaciones de las asíntotas son $y = \pm\frac{b}{a}(x - h) + k$

b. Si la ecuación es de la forma $\frac{(y-k)^2}{a^2} - \frac{(x-h)^2}{b^2} = 1$, entonces

- el eje transversal es paralelo al eje *y*
- el centro es (h, k)
- las coordenadas de los vértices son $(h, k \pm a)$
- las coordenadas de los covértices son $(h \pm b, k)$
- las coordenadas de los focos son $(h, k \pm c)$
- las ecuaciones de las asíntotas son $y = \pm\frac{a}{b}(x - h) + k$

3. Resuelva las coordenadas de los focos mediante la ecuación $c = \pm\sqrt{a^2 + b^2}$.
4. Trace el centro, los vértices, los covértices, los focos y las asíntotas en el plano de coordenadas y dibuje una curva suave para formar la hipérbola.

EJEMPLO 5

Gráfico de una hipérbola centrada en (*h*, *k*) dada una ecuación en forma general

Grafique la hipérbola dada por la ecuación $9x^2 - 4y^2 - 36x - 40y - 388 = 0$, Identifique y marque el centro, los vértices, los covértices, los focos y las asíntotas.

Solución

Primero, exprese la ecuación en forma estándar. Agrupe los términos que contengan la misma variable y mueva la constante al lado opuesto de la ecuación.

$$\left(9x^2 - 36x\right) - \left(4y^2 + 40y\right) = 388$$

Factorice el coeficiente líder de cada expresión.

$$9\left(x^2 - 4x\right) - 4\left(y^2 + 10y\right) = 388$$

Complete el cuadrado dos veces. Recuerde equilibrar la ecuación sumando las mismas constantes a cada lado.

$$9\left(x^2 - 4x + 4\right) - 4\left(y^2 + 10y + 25\right) = 388 + 36 - 100$$

Reescriba como cuadrados perfectos.

$$9(x-2)^2 - 4(y+5)^2 = 324$$

Divida ambos lados entre el término constante para poner la ecuación en forma estándar.

$$\frac{(x-2)^2}{36} - \frac{(y+5)^2}{81} = 1$$

La forma estándar que se aplica a la ecuación dada es $\frac{(x-h)^2}{a^2} - \frac{(y-k)^2}{b^2} = 1$, donde $a^2 = 36$ y $b^2 = 81$, o $a = 6$ y $b = 9$. Así, el eje transversal es paralelo al eje *x*. De ello se desprende que:

- el centro de la elipse es $(h, k) = (2, -5)$
- las coordenadas de los vértices son $(h \pm a, k) = (2 \pm 6, -5)$, o $(-4, -5)$ y $(8, -5)$
- las coordenadas de los covértices son $(h, k \pm b) = (2, -5 \pm 9)$, o $(2, -14)$ y $(2, 4)$
- las coordenadas de los focos son $(h \pm c, k)$, donde $c = \pm\sqrt{a^2 + b^2}$. Al resolver c, tenemos

$$c = \pm\sqrt{36 + 81} = \pm\sqrt{117} = \pm 3\sqrt{13}$$

Por lo tanto, las coordenadas de los focos son $\left(2-3\sqrt{13},-5\right)$ y $\left(2+3\sqrt{13},-5\right)$.

Las ecuaciones de las asíntotas son $y=\pm\frac{b}{a}(x-h)+k=\pm\frac{3}{2}(x-2)-5$.

A continuación, trazamos y marcamos el centro, los vértices, los covértices, los focos y las asíntotas y dibujamos curvas suaves para formar la hipérbola, como se muestra en la Figura 9.

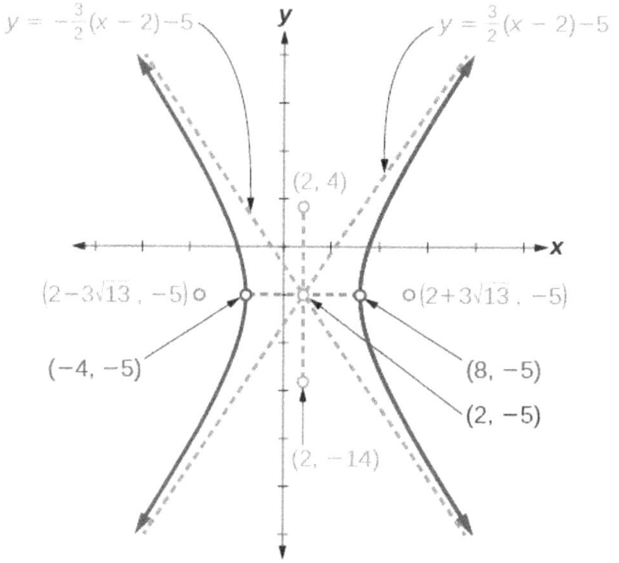

Figura 9

INTÉNTELO #5 Representar gráficamente la hipérbola dada por la forma estándar de una ecuación $\frac{(y+4)^2}{100}-\frac{(x-3)^2}{64}=1$. Identifique y marque el centro, los vértices, los covértices, los focos y las asíntotas.

Resolver problemas aplicados con hipérbolas

Como hemos comentado al principio de esta sección, las hipérbolas tienen aplicaciones en el mundo real en muchos campos, como astronomía, física, ingeniería y arquitectura. La eficacia del diseño de torres de refrigeración hiperbólicas es especialmente interesante. Las torres de refrigeración se utilicen para transferir el calor residual a la atmósfera y, a menudo, se promocionan por su capacidad para generar energía de forma eficiente. Debido a su forma hiperbólica, estas estructuras son capaces de resistir vientos extremos y requieren menos material que otras formas de su tamaño y resistencia. Vea la Figura 10. Por ejemplo, una torre de 500 pies puede estar hecha de un armazón de hormigón reforzado ¡de solo 6 u 8 pulgadas de ancho!

Figura 10 Torres de refrigeración de la central eléctrica de Drax en North Yorkshire, Reino Unido (créditos: Les Haines, Flickr).

Las primeras torres hiperbólicas se diseñaron en 1914 y tenían 35 metros de altura. En la actualidad, las torres de refrigeración más altas se encuentran en Francia, con la notable altura de 170 metros. En el Ejemplo 6 utilizaremos el diseño de una torre de refrigeración para hallar una ecuación hiperbólica que modele sus lados.

EJEMPLO 6

Resolver problemas aplicados con hipérbolas

El diseño de una torre de refrigeración se muestra en la Figura 11. La torre tiene 179,6 metros de altura. El diámetro de la cima es de 72 metros. En su punto más cercano, los lados de la torre están separados por 60 metros.

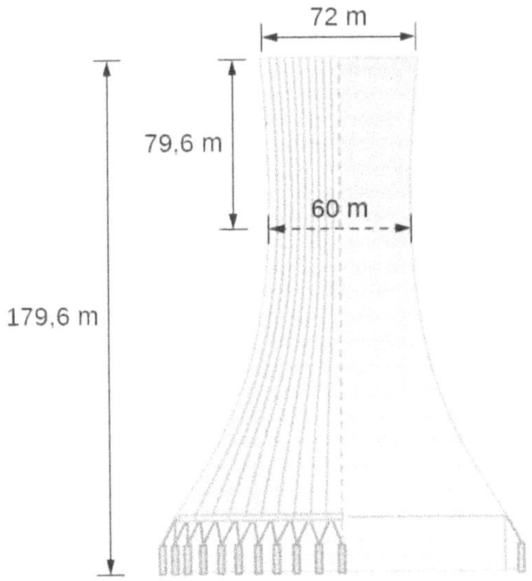

Figura 11 Diseño del proyecto de una torre de refrigeración de tiro natural

Halle la ecuación de la hipérbola que representa los lados de la torre de refrigeración. Supongamos que el centro de la hipérbola, indicado por la intersección de las líneas perpendiculares discontinuas en la figura, es el origen del plano de coordenadas. Redondee los valores finales a cuatro decimales.

Solución

Suponemos que el centro de la torre está en el origen, por lo que podemos utilizar la forma estándar de una hipérbola horizontal centrada en el origen: $\frac{x^2}{a^2} - \frac{y^2}{b^2} = 1$, donde las ramas de la hipérbola forman los lados de la torre de refrigeración. Debemos hallar los valores de a^2 y b^2 para completar el modelo.

Primero hallamos a^2. Recordemos que la longitud del eje transversal de una hipérbola es $2a$. Esta longitud está representada por la distancia en la que los lados están más próximos, que viene dada por 60 metros. Así que, $2a = 60$. Por lo tanto, $a = 30$ y $a^2 = 900$.

Para resolver b^2, tenemos que sustituir por x como y en nuestra ecuación utilizando un punto conocido. Para ello, podemos utilizar las dimensiones de la torre para hallar algún punto (x, y) que se encuentra en la hipérbola. Utilizaremos la esquina superior derecha de la torre para representar ese punto. Dado que el eje y biseca la torre, nuestro valor x se puede representar por el radio de la cima, es decir, 36 metros. El valor y está representado por la distancia desde el origen hasta la cima, que se da como 79,6 metros. Por lo tanto,

$$\frac{x^2}{a^2} - \frac{y^2}{b^2} = 1 \qquad \text{Forma estándar de la hipérbola horizontal.}$$

$$b^2 = \frac{y^2}{\frac{x^2}{a^2} - 1} \qquad \text{Aísle } b^2$$

$$= \frac{(79{,}6)^2}{\frac{(36)^2}{900} - 1} \qquad \text{Sustituya por } a^2, x, \text{ y } y$$

$$\approx 14.400{,}3636 \qquad \text{Redondear a cuatro decimales}$$

Los lados de la torre se pueden modelar mediante la ecuación hiperbólica

$$\frac{x^2}{900} - \frac{y^2}{14.400{,}3636} = 1, \text{o} \quad \frac{x^2}{30^2} - \frac{y^2}{120{,}0015^2} = 1$$

INTÉNTELO #6 El diseño de un proyecto de torre de refrigeración se muestra en la Figura 12. Halle la ecuación de la hipérbola que representa los lados de la torre de refrigeración. Supongamos que el centro de la hipérbola, indicado por la intersección de las líneas perpendiculares discontinuas en la figura, es el origen del plano de coordenadas. Redondee los valores finales a cuatro decimales.

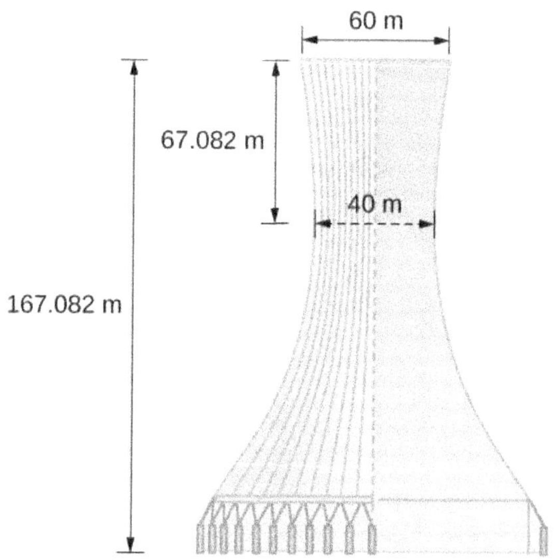

Figura 12

MEDIA

Acceda a estos recursos en línea para obtener más información y practicar con hipérbolas.

Secciones cónicas: la hipérbola, parte 1 de 2 (http://openstax.org/l/hyperbola1)
Secciones cónicas: la hipérbola, parte 2 de 2 (http://openstax.org/l/hyperbola2)
Graficar una hipérbola con centro en el origen (http://openstax.org/l/hyperbolaorigin)
Graficar una hipérbola no centrada en el origen (http://openstax.org/l/hbnotorigin)

10.2 EJERCICIOS DE SECCIÓN

Verbales

1. Defina una hipérbola en términos de sus focos.
2. ¿Qué podemos concluir sobre una hipérbola si sus asíntotas se intersecan en el origen?
3. ¿Qué debe ser cierto para los focos de una hipérbola?
4. Si el eje transversal de una hipérbola es vertical, ¿qué sabemos del gráfico?
5. ¿Dónde debe estar el centro de la hipérbola respecto a sus focos?

Algebraicos

En los siguientes ejercicios, determine si las siguientes ecuaciones representan hipérbolas. Si es así, escríbalo en la forma estándar.

6. $3y^2 + 2x = 6$
7. $\frac{x^2}{36} - \frac{y^2}{9} = 1$
8. $5y^2 + 4x^2 = 6x$
9. $25x^2 - 16y^2 = 400$
10. $-9x^2 + 18x + y^2 + 4y - 14 = 0$

En los siguientes ejercicios, escriba la ecuación de la hipérbola en forma estándar si no lo está ya, identifique los vértices y los focos y escriba las ecuaciones de las asíntotas.

11. $\frac{x^2}{25} - \frac{y^2}{36} = 1$
12. $\frac{x^2}{100} - \frac{y^2}{9} = 1$
13. $\frac{y^2}{4} - \frac{x^2}{81} = 1$
14. $9y^2 - 4x^2 = 1$
15. $\frac{(x-1)^2}{9} - \frac{(y-2)^2}{16} = 1$
16. $\frac{(y-6)^2}{36} - \frac{(x+1)^2}{16} = 1$
17. $\frac{(x-2)^2}{49} - \frac{(y+7)^2}{49} = 1$
18. $4x^2 - 8x - 9y^2 - 72y + 112 = 0$
19. $-9x^2 - 54x + 9y^2 - 54y + 81 = 0$
20. $4x^2 - 24x - 36y^2 - 360y + 864 = 0$
21. $-4x^2 + 24x + 16y^2 - 128y + 156 = 0$
22. $-4x^2 + 40x + 25y^2 - 100y + 100 = 0$
23. $x^2 + 2x - 100y^2 - 1.000y + 2401 = 0$
24. $-9x^2 + 72x + 16y^2 + 16y + 4 = 0$
25. $4x^2 + 24x - 25y^2 + 200y - 464 = 0$

En los siguientes ejercicios, halle las ecuaciones de las asíntotas de cada hipérbola.

26. $\frac{y^2}{3^2} - \frac{x^2}{3^2} = 1$
27. $\frac{(x-3)^2}{5^2} - \frac{(y+4)^2}{2^2} = 1$
28. $\frac{(y-3)^2}{3^2} - \frac{(x+5)^2}{6^2} = 1$
29. $9x^2 - 18x - 16y^2 + 32y - 151 = 0$
30. $16y^2 + 96y - 4x^2 + 16x + 112 = 0$

Gráficos

En los siguientes ejercicios, dibuje un gráfico de la hipérbola, donde marque los vértices y los focos.

31. $\frac{x^2}{49} - \frac{y^2}{16} = 1$

32. $\frac{x^2}{64} - \frac{y^2}{4} = 1$

33. $\frac{y^2}{9} - \frac{x^2}{25} = 1$

34. $81x^2 - 9y^2 = 1$

35. $\frac{(y+5)^2}{9} - \frac{(x-4)^2}{25} = 1$

36. $\frac{(x-2)^2}{8} - \frac{(y+3)^2}{27} = 1$

37. $\frac{(y-3)^2}{9} - \frac{(x-3)^2}{9} = 1$

38. $-4x^2 - 8x + 16y^2 - 32y - 52 = 0$

39. $x^2 - 8x - 25y^2 - 100y - 109 = 0$

40. $-x^2 + 8x + 4y^2 - 40y + 88 = 0$

41. $64x^2 + 128x - 9y^2 - 72y - 656 = 0$

42. $16x^2 + 64x - 4y^2 - 8y - 4 = 0$

43. $-100x^2 + 1.000x + y^2 - 10y - 2575 = 0$

44. $4x^2 + 16x - 4y^2 + 16y + 16 = 0$

En los siguientes ejercicios, dada la información sobre el gráfico de la hipérbola, halle su ecuación.

45. Vértices en $(3, 0)$ y $(-3, 0)$ y un foco en $(5, 0)$.

46. Vértices en $(0, 6)$ y $(0, -6)$ y un foco en $(0, -8)$.

47. Vértices en $(1, 1)$ y $(11, 1)$ y un foco en $(12, 1)$.

48. Centro: $(0, 0)$; vértice: $(0, -13)$; un foco: $\left(0, \sqrt{313}\right)$.

49. Centro: $(4, 2)$; vértice: $(9, 2)$; un foco: $\left(4 + \sqrt{26}, 2\right)$.

50. Centro: $(3, 5)$; vértice: $(3, 11)$; un foco: $\left(3, 5 + 2\sqrt{10}\right)$.

En los siguientes ejercicios, dado el gráfico de la hipérbola, halle su ecuación.

51.

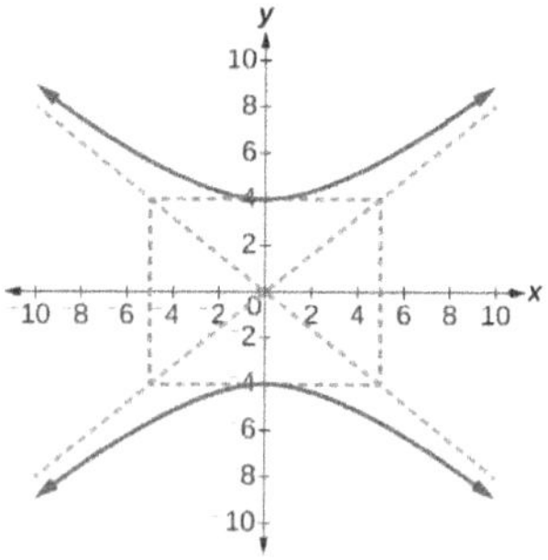

52.

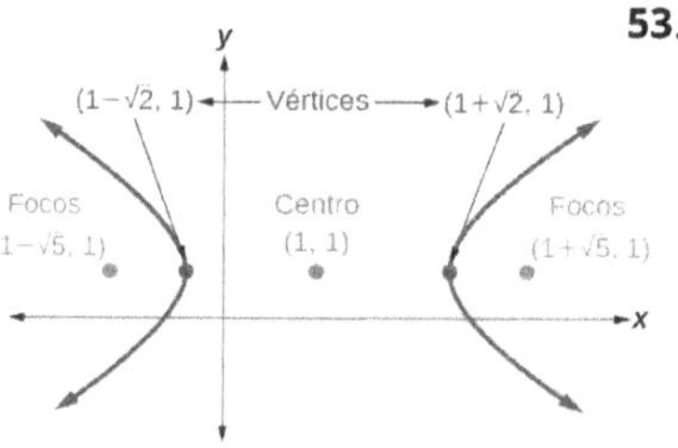

53.

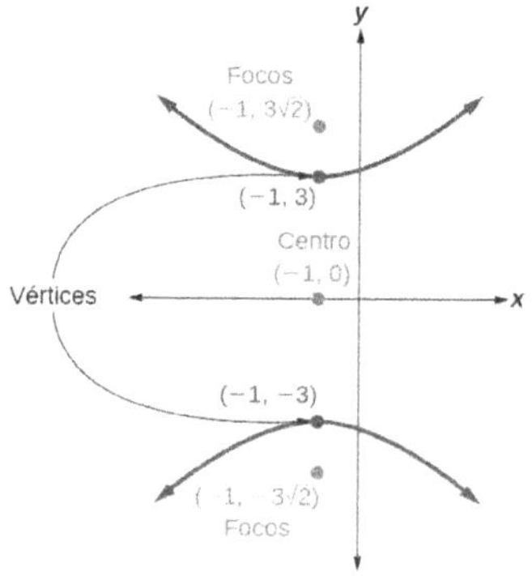

54.

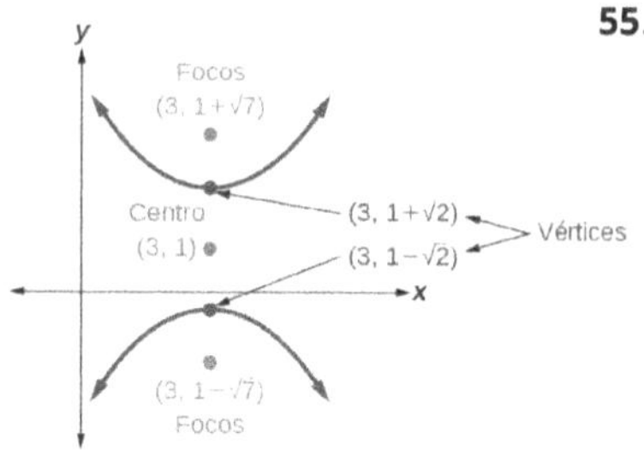

55.

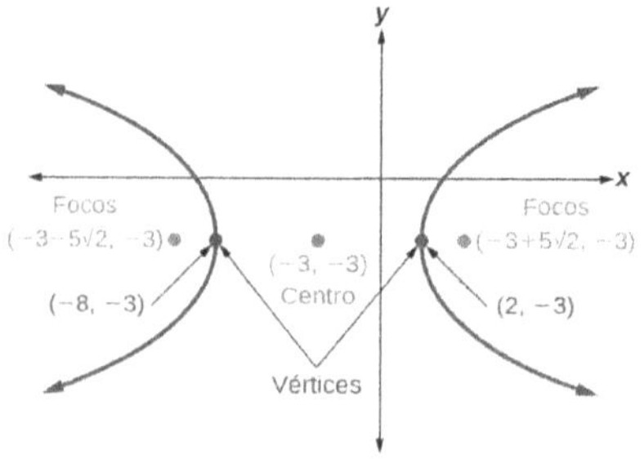

Extensiones

En los siguientes ejercicios, exprese la ecuación de la hipérbola como dos funciones, con y en función de x. Exprese de la forma más sencilla posible. Use una calculadora gráfica para trazar el gráfico de las dos funciones en los mismos ejes.

56. $\frac{x^2}{4} - \frac{y^2}{9} = 1$

57. $\frac{y^2}{9} - \frac{x^2}{1} = 1$

58. $\frac{(x-2)^2}{16} - \frac{(y+3)^2}{25} = 1$

59. $-4x^2 - 16x + y^2 - 2y - 19 = 0$

60. $4x^2 - 24x - y^2 - 4y + 16 = 0$

Aplicaciones en el mundo real

En los siguientes ejercicios hay que construir un seto en forma de hipérbola cerca de una fuente en el centro del patio. Halle la ecuación de la hipérbola y dibuje el gráfico.

61. El seto seguirá las asíntotas $y = x$ y $y = -x$, y su distancia más cercana a la fuente central es de 5 yardas.

62. El seto seguirá las asíntotas $y = 2x$ y $y = -2x$, y su distancia más cercana a la fuente central es de 6 yardas.

63. El seto seguirá las asíntotas $y = \frac{1}{2}x$ como $y = -\frac{1}{2}x$, y su distancia más cercana a la fuente central es de 10 yardas.

64. El seto seguirá las asíntotas $y = \frac{2}{3}x$ como $y = -\frac{2}{3}x$, y su distancia más cercana a la fuente central es de 12 yardas.

65. El seto seguirá las asíntotas $y = \frac{3}{4}x$ como $y = -\frac{3}{4}x$, y su distancia más cercana a la fuente central es de 20 yardas.

En los siguientes ejercicios, supongamos que un objeto entra en nuestro sistema solar y queremos graficar su trayectoria en un sistema de coordenadas con el Sol en el origen y el eje x como eje de simetría de la trayectoria del objeto. Dé la ecuación de la trayectoria de vuelo de cada objeto utilizando la información dada.

66. El objeto entra por una trayectoria aproximada por la línea $y = x - 2$ y pasa a menos de 1 UA (unidad astronómica) del Sol en su máxima aproximación, por lo que el Sol es un foco de la hipérbola. Luego sale del sistema solar por una trayectoria aproximada por la línea $y = -x + 2$.

67. El objeto entra por una trayectoria aproximada por la línea $y = 2x - 2$ y pasa a 0,5 UA del Sol en su máxima aproximación, por lo que el Sol es un foco de la hipérbola. Luego sale del sistema solar por una trayectoria aproximada por la línea $y = -2x + 2$.

68. El objeto entra por una trayectoria aproximada por la línea $y = 0{,}5x + 2$ y pasa a menos de 1 ua del Sol en su máxima aproximación, por lo que el sol es un foco de la hipérbola. Luego sale del sistema solar por una trayectoria aproximada por la línea $y = -0{,}5x - 2$.

69. El objeto entra por una trayectoria aproximada por la línea $y = \frac{1}{3}x - 1$ y pasa a menos de 1 ua del Sol en su máxima aproximación, por lo que el sol es un foco de la hipérbola. Luego sale del sistema solar por una trayectoria aproximada por la línea $y = -\frac{1}{3}x + 1$.

70. El objeto entra por una trayectoria aproximada por la línea $y = 3x - 9$ y pasa a menos de 1 ua del Sol en su máxima aproximación, por lo que el sol es un foco de la hipérbola. Luego sale del sistema solar por una trayectoria aproximada por la línea $y = -3x + 9$.

10.3 La parábola

Objetivos de aprendizaje

En esta sección, podrá:

- Graficar parábolas con vértices en el origen.
- Escribir ecuaciones de parábolas en forma estándar.
- Graficar parábolas con vértices que no están en el origen.
- Resolver problemas aplicados que involucren parábolas.

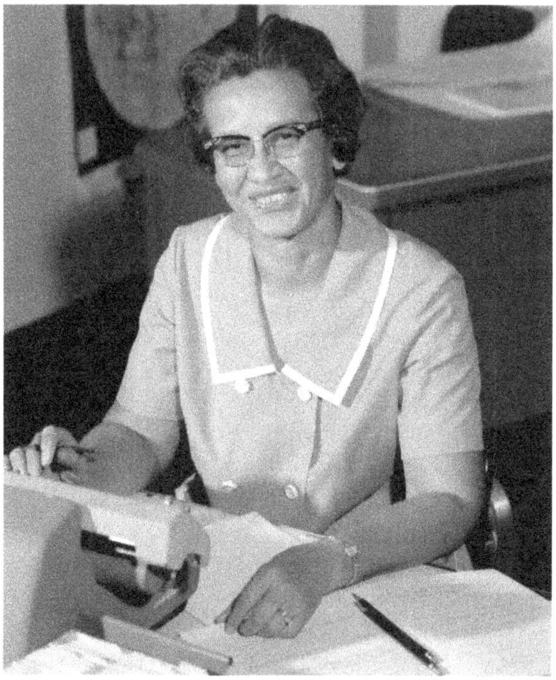

Figura 1 El trabajo matemático pionero de Katherine Johnson en el ámbito de los cálculos parabólicos y otros cálculos orbitales desempeñó un papel importante en el desarrollo de los vuelos espaciales estadounidenses. (Créditos: NASA).

Katherine Johnson es la matemática pionera de la NASA que fue fundamental para el éxito y la seguridad del vuelo y el regreso de muchas misiones humanas, así como de los satélites. Antes del trabajo que aparece en la película *Hidden Figures* , ya había hecho importantes contribuciones al programa espacial. Realizó el análisis de la trayectoria de la misión Mercury, en la que Alan Shepard se convirtió en el primer estadounidense en llegar al espacio, y fue autora, junto con el ingeniero Ted Sopinski, de un monumental artículo sobre la colocación de un objeto en una posición orbital precisa y su regreso seguro a la Tierra. Muchas de las órbitas que determinó estaban formadas por parábolas, y su capacidad para combinar diferentes tipos de matemáticas permitió un nivel de precisión sin precedentes. Johnson manifestó: "Dígame cuándo y dónde quiere que aterrice, y yo lo haré al revés y le diré cuándo debe despegar".

El trabajo de Johnson sobre las órbitas parabólicas y otras matemáticas complejas dio como resultado órbitas exitosas, alunizajes y el desarrollo del programa del transbordador espacial. Las aplicaciones de las parábolas también son fundamentales para otras áreas de la ciencia. Los espejos parabólicos (o reflectores) son capaces de captar la energía y concentrarla en un solo punto. Las ventajas de esta propiedad se ponen de manifiesto en la amplia lista de objetos parabólicos que utilizamos a diario: antenas parabólicas, puentes colgantes, telescopios, micrófonos, focos y faros de automóviles, por citar algunos. Los reflectores parabólicos también se utilizan en dispositivos de energía alternativa, como cocinas y calentadores de agua solares, porque son baratos de fabricar y necesitan poco mantenimiento. En esta sección exploraremos la parábola y sus usos, lo que incluye diseños solares de bajo costo y eficiencia energética.

Graficar parábolas con vértices en el origen

En la sección La elipse vimos que una elipse se forma cuando un plano corta a un cono circular recto. Si el plano es paralelo al borde del cono, se forma una curva ilimitada. Esta curva es una **parábola**. Vea la Figura 2.

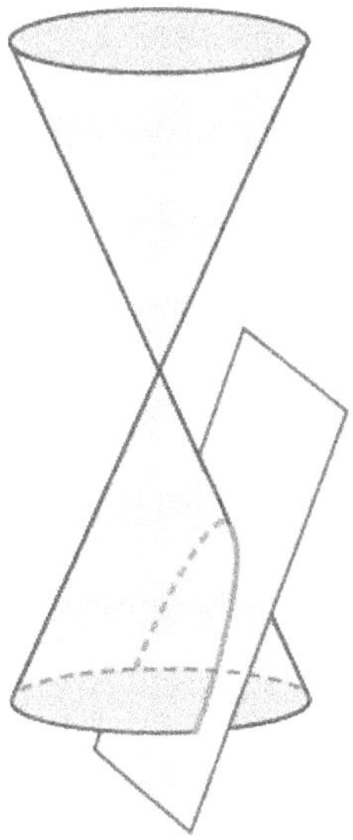

Figura 2 Parábola

Al igual que la elipse y la hipérbola, la parábola también se puede definir mediante un conjunto de puntos en el plano de coordenadas. Una parábola es el conjunto de todos los puntos (x, y) en un plano que están a la misma distancia de una línea fija, llamada la **directriz**, y un punto fijo (el **foco**) que no está en la directriz.

En Funciones cuadráticas, aprendimos sobre el vértice y el eje de simetría de una parábola. Ahora ampliamos la discusión para incluir otras características clave de la parábola. Vea la Figura 3. Tenga en cuenta que el eje de simetría pasa por el foco, y el vértice y es perpendicular a la directriz. El vértice es el punto medio entre la directriz y el foco.

El segmento de línea que pasa por el foco y es paralelo a la directriz se llama **latus rectum**. Los extremos del latus rectum se encuentran en la curva. Por definición, la distancia d del foco a cualquier punto P en la parábola es igual a la distancia de P a la directriz.

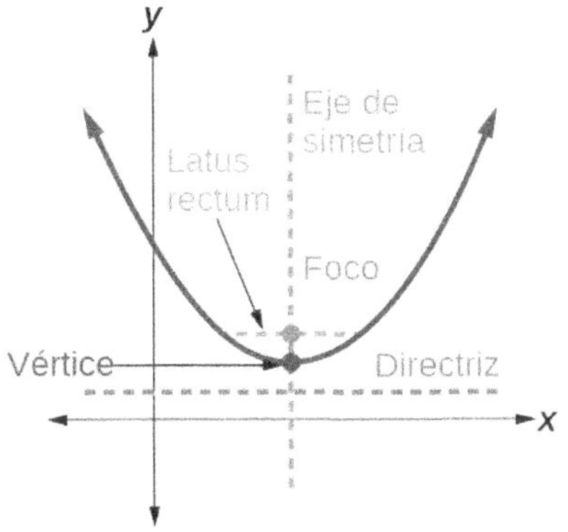

Figura 3 Características principales de la parábola

Para trabajar con parábolas en el plano de coordenadas, consideramos dos casos: las que tienen un vértice en el origen y las que tienen un vértice en un punto distinto del origen. Comenzamos con el primero.

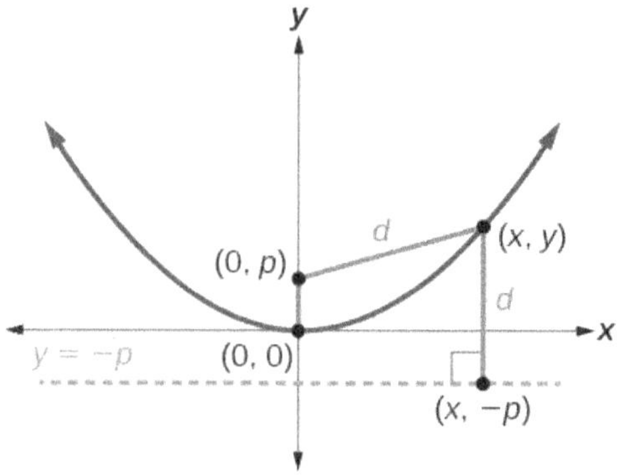

Figura 4

Supongamos que (x, y) sea un punto de la parábola con vértice $(0, 0)$, foco $(0, p)$, y directriz $y = -p$ como se muestra en la Figura 4. La distancia d desde el punto (x, y) al punto $(x, -p)$ en la directriz es la diferencia de los valores *y*: $d = y + p$. La distancia del foco $(0, p)$ al punto (x, y) también es igual a d, y se puede expresar mediante la fórmula de distancia.

$$\begin{aligned} d &= \sqrt{(x-0)^2 + (y-p)^2} \\ &= \sqrt{x^2 + (y-p)^2} \end{aligned}$$

Establezca las dos expresiones para d iguales entre sí y resuelva para y para derivar la ecuación de la parábola. Lo hacemos porque la distancia de (x, y) al $(0, p)$ es igual a la distancia de (x, y) al $(x\ , -\ p)$.

$$\sqrt{x^2 + (y-p)^2} = y + p$$

A continuación, elevamos al cuadrado ambos lados de la ecuación, expandimos los términos elevados al cuadrado y simplificamos combinando términos similares.

$$\begin{aligned} x^2 + (y-p)^2 &= (y+p)^2 \\ x^2 + y^2 - 2py + p^2 &= y^2 + 2py + p^2 \\ x^2 - 2py &= 2py \\ x^2 &= 4py \end{aligned}$$

Las ecuaciones de las parábolas con vértice $(0, 0)$ son $y^2 = 4px$ cuando el eje *x* es el eje de simetría y $x^2 = 4py$ cuando el eje *y* es el eje de simetría. Estas formas estándar se indican a continuación, junto con sus gráficos generales y sus características principales.

Formas estándar de parábolas con vértice (0, 0)

La Tabla 1 y la Figura 5 resumen las características estándar de las parábolas con un vértice en el origen.

Eje de simetría	Ecuación	Foco	Directriz	Puntos extremos del latus rectum
eje *x*	$y^2 = 4px$	(valor, 0)	$x = -p$	(valor, ±2,2p)
eje *y*	$x^2 = 4py$	$(0, p)$	$y = -p$	$(\pm 2p, p)$

Tabla 1

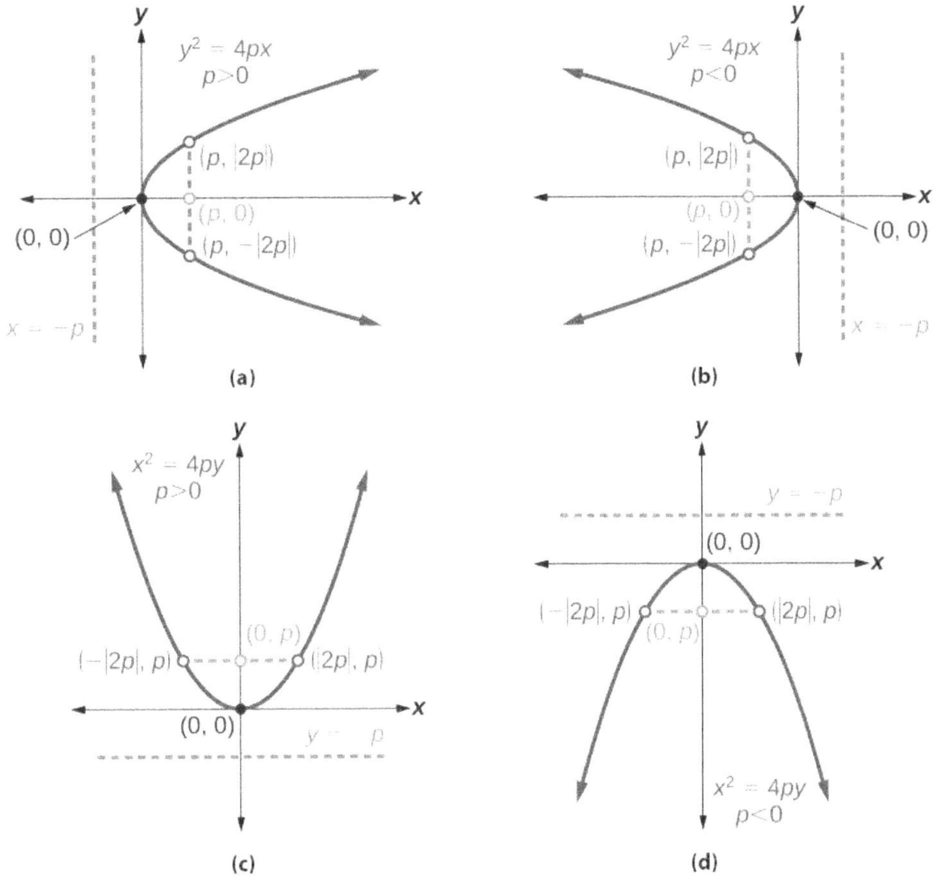

Figura 5 (a) Cuando $p > 0$ y el eje de simetría es el eje *x*, la parábola se abre hacia la derecha. (b) Cuando $p < 0$ y el eje de simetría es el eje *x*, la parábola se abre hacia la izquierda. (c) Cuando $p > 0$ y el eje de simetría es el eje *y*, la parábola se abre hacia arriba. (d) Cuando $p < 0$ y el eje de simetría es el eje *y*, la parábola se abre hacia abajo.

Las características principales de una parábola son el vértice, el eje de simetría, el foco, la directriz y el latus rectum. Vea la Figura 5. Cuando se da una ecuación estándar para una parábola centrada en el origen, podemos identificar fácilmente las características clave para graficar la parábola.

Se dice que una línea es tangente a una curva si la interseca exactamente en un punto. Si dibujamos líneas tangentes a la parábola en los puntos extremos del latus rectum, estas líneas se intersecan en el eje de simetría, como se muestra en la Figura 6.

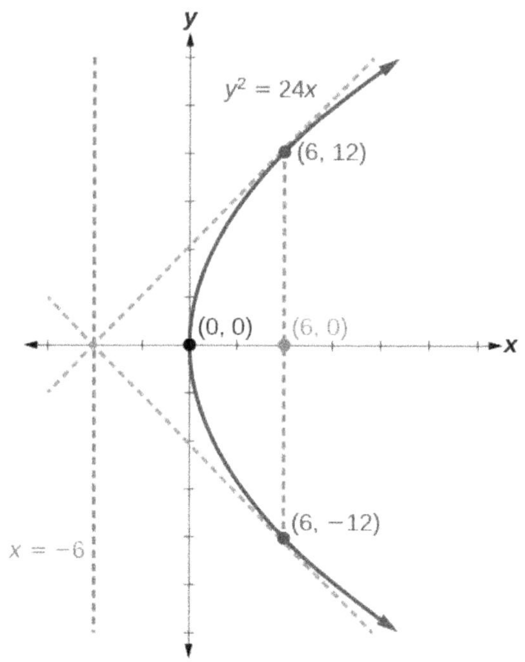

Figura 6

CÓMO

Dada una ecuación de forma estándar para una parábola centrada en (0, 0), dibuje el gráfico.

1. Determine cuál de las formas estándar se aplica a la ecuación dada: $y^2 = 4px$ o $x^2 = 4py$.
2. Utilice la forma estándar identificada en el paso 1 para determinar el eje de simetría, el foco, la ecuación de la directriz y los puntos extremos del latus rectum.
   a. Si la ecuación es de la forma $y^2 = 4px$, entonces
      - el eje de simetría es el eje *x*, $y = 0$
      - establece $4p$ igual al coeficiente de *x* en la ecuación dada para resolver p. Si $p > 0$, la parábola se abre a la derecha. Si los valores de $p < 0$, la parábola se abre a la izquierda.
      - utilice p para hallar las coordenadas del foco, $(\text{valor}, 0)$
      - utilice p para hallar la ecuación de la directriz, $x = -p$
      - utilice p para hallar los puntos finales del latus rectum, $(\text{valor}, \pm 2{,}2p)$. Alternativamente, sustituya $x = p$ en la ecuación original.
   b. Si la ecuación es de la forma $x^2 = 4py$, entonces
      - el eje de simetría es el eje *y*, $x = 0$
      - establece $4p$ igual al coeficiente de *y* en la ecuación dada para resolver p. Si $p > 0$, la parábola se abre. Si los valores de $p < 0$, la parábola se abre hacia abajo.
      - utilice p para hallar las coordenadas del foco, $(0, p)$
      - utilice p para hallar la ecuación de la directriz, $y = -p$
      - utilice p para hallar los puntos finales del latus rectum, $(\pm 2p, p)$
3. Dibuje el foco, la directriz y el latus rectum, y dibuje una curva suave para formar la parábola.

EJEMPLO 1

Gráfico de una parábola con vértice (0, 0) y el eje *x* como eje de simetría

Grafique $y^2 = 24x$. Identifique y marque el foco, la directriz y los puntos finales del latus rectum.

Solución

La forma estándar que se aplica a la ecuación dada es $y^2 = 4px$. Así, el eje de simetría es el eje *x*. De ello se desprende que:

- $24 = 4p$, por lo que $p = 6$. Dado que $p > 0$, la parábola se abre a la derecha
- las coordenadas del foco son $(\text{valor}, 0) = (6, 0)$
- la ecuación de la directriz es $x = -p = -6$
- los puntos extremos del lado recto tienen la misma coordenada *x* en el foco. Para hallar los puntos extremos, sustituya $x = 6$ en la ecuación original: $(6, \pm 12)$

A continuación dibujamos el foco, la directriz y el latus rectum, y dibujamos una curva suave para formar la parábola. Figura 7

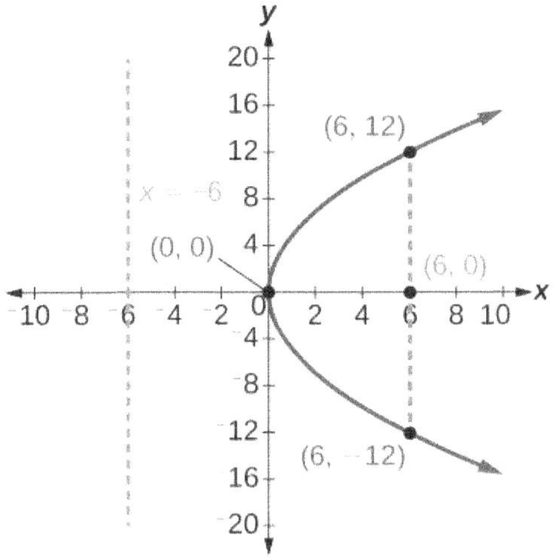

Figura 7

INTÉNTELO #1 Grafique $y^2 = -16x$. Identifique y marque el foco, la directriz y los puntos finales del latus rectum.

EJEMPLO 2

Gráfico de una parábola con vértice (0, 0) y el eje *y* como eje de simetría

Grafique $x^2 = -6y$. Identifique y marque el foco, la directriz y los puntos finales del latus rectum.

Solución

La forma estándar que se aplica a la ecuación dada es $x^2 = 4py$. Por lo tanto, el eje de simetría es el eje *y*. De ello se desprende que:

- $-6 = 4p$, por lo que $p = -\frac{3}{2}$. Dado que $p < 0$, la parábola se abre hacia abajo
- las coordenadas del foco son $(0, p) = \left(0, -\frac{3}{2}\right)$
- la ecuación de la directriz es $y = -p = \frac{3}{2}$
- los puntos extremos del latus rectum se pueden hallar sustituyendo $y = \frac{3}{2}$ en la ecuación original, $\left(\pm 3, -\frac{3}{2}\right)$

Luego, dibujamos el foco, la directriz y el latus rectum, y dibujamos una curva suave para formar la parábola.

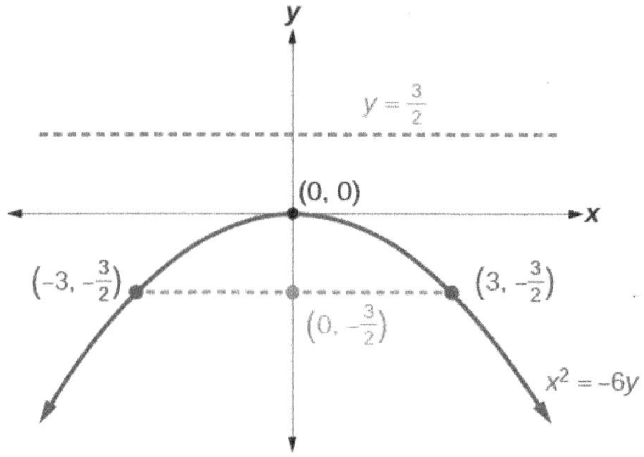

Figura 8

INTÉNTELO #2 Grafique $x^2 = 8y$. Identifique y marque el foco, la directriz y los puntos finales del latus rectum.

Escribir ecuaciones de parábolas en forma estándar

En los ejemplos anteriores utilizamos la ecuación de la forma estándar de una parábola para calcular la ubicación de sus rasgos principales. También podemos utilizar los cálculos a la inversa para escribir una ecuación de una parábola cuando se dan sus características principales.

CÓMO

Dados su foco y su directriz, escriba la ecuación de una parábola en forma estándar.

1. Determine si el eje de simetría es el eje *x* o el eje *y*.
   a. Si las coordenadas dadas del foco tienen la forma $(\text{valor}, 0)$, entonces el eje de simetría es el eje *x*. Utilice la forma estándar $y^2 = 4px$.
   b. Si las coordenadas dadas del foco tienen la forma $(0, p)$, entonces el eje de simetría es el eje *y*. Utilice la forma estándar $x^2 = 4py$.
2. Multiplique $4p$.
3. Sustituya el valor del paso 2 en la ecuación determinada en el paso 1.

EJEMPLO 3

Escribir la ecuación de una parábola en forma estándar dados su foco y directriz

¿Cuál es la ecuación de la parábola con foco $\left(-\frac{1}{2}, 0\right)$ y directriz $x = \frac{1}{2}$?

Solución

El foco tiene la forma $(\text{valor}, 0)$, por lo que la ecuación tendrá la forma $y^2 = 4px$.

- Al multiplicar $4p$, tenemos $4p = 4\left(-\frac{1}{2}\right) = -2$.
- Al sustituir por $4p$, tenemos $y^2 = 4px = -2x$.

Por lo tanto, la ecuación de la parábola es $y^2 = -2x$.

INTÉNTELO #3 ¿Cuál es la ecuación de la parábola con foco $\left(0, \frac{7}{2}\right)$ y directriz $y = -\frac{7}{2}$?

Graficar parábolas con vértices que no están en el origen

Al igual que otros gráficos con los que hemos trabajado, el gráfico de una parábola se puede trasladar. Si se traslada una parábola h unidades en horizontal y k unidades en vertical, el vértice será (h, k) . Esta traslación da como resultado la forma estándar de la ecuación que vimos anteriormente con x sustituido por $(x - h)$ y de y sustituido por $(y - k)$.

Para graficar parábolas con un vértice (h, k) que no sea el origen, utilizamos la forma estándar $(y - k)^2 = 4p(x - h)$ para las parábolas que tienen un eje de simetría paralelo al eje *x*, y $(x - h)^2 = 4p(y - k)$ para parábolas que tienen un eje de simetría paralelo al eje *y*. Estas formas estándar se indican a continuación, junto con sus gráficos generales y sus características principales.

Formas estándar de parábolas con vértice (h, k)

La Tabla 2 y la Figura 9 resumen las características estándar de las parábolas con vértice en un punto (h, k) .

Eje de simetría	Ecuación	Foco	Directriz	Puntos extremos del latus rectum
$y = k$	$(y - k)^2 = 4p(x - h)$	$(h + p,\ k)$	$x = h - p$	$(h + p,\ k \pm 2p)$
$x = h$	$(x - h)^2 = 4p(y - k)$	$(h,\ k + p)$	$y = k - p$	$(h \pm 2p,\ k + p)$

Tabla 2

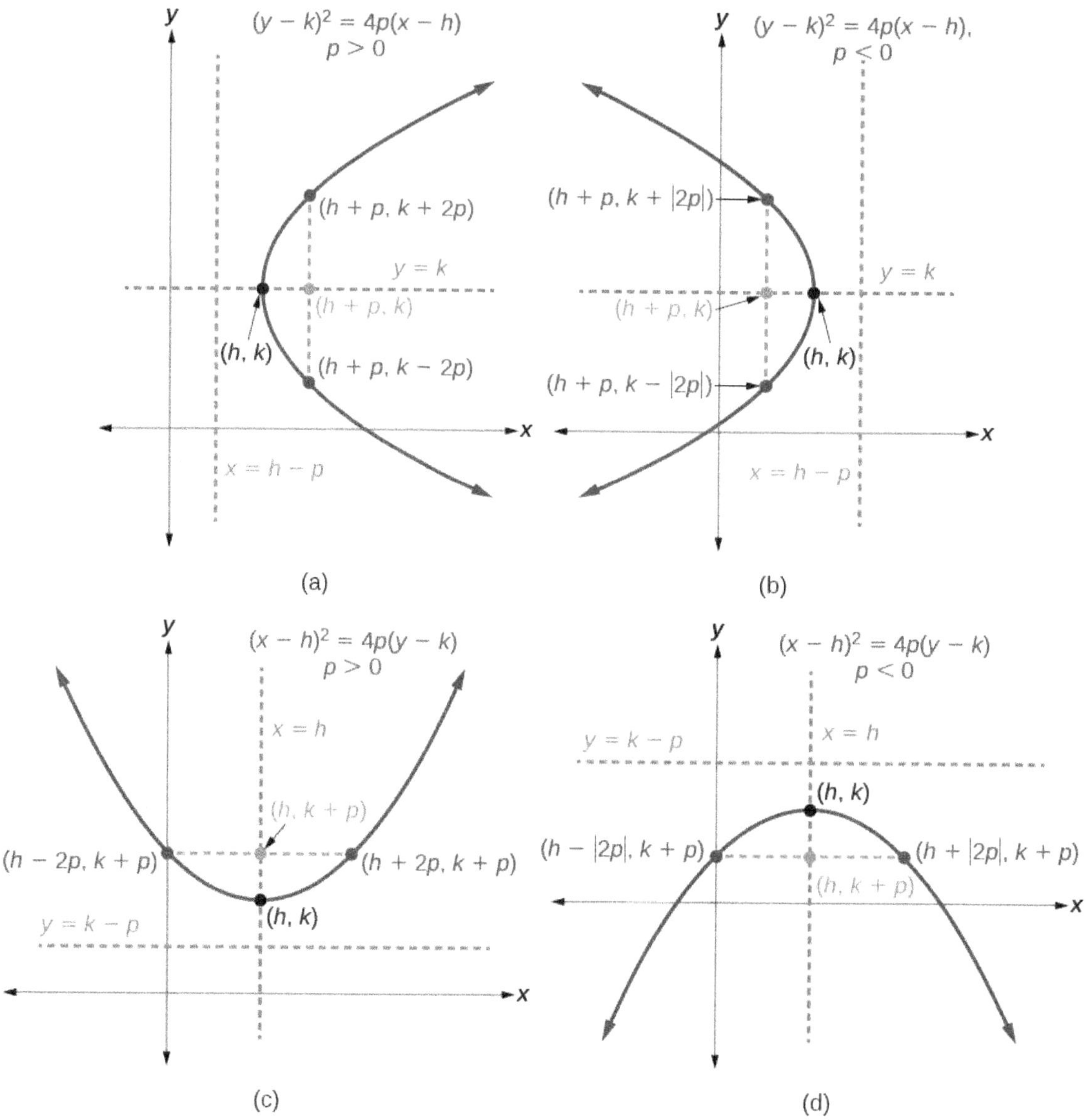

Figura 9 (a) Cuando $p > 0$, la parábola se abre hacia la derecha. (b) Cuando $p < 0$, la parábola se abre hacia la izquierda. (c) Cuando $p > 0$, la parábola se abre hacia arriba. (d) Cuando $p < 0$, la parábola se abre hacia abajo.

CÓMO

Dada una ecuación de forma estándar para una parábola centrada en (*h*, *k*), dibuje el gráfico.

1. Determine cuál de las formas estándar se aplica a la ecuación dada: $(y-k)^2 = 4p(x-h)$ o $(x-h)^2 = 4p(y-k)$.
2. Utilice la forma estándar identificada en el paso 1 para determinar el vértice, el eje de simetría, el foco, la ecuación de la directriz y los puntos extremos del latus rectum.
   a. Si la ecuación es de la forma $(y-k)^2 = 4p(x-h)$, entonces:
      - utilice la ecuación dada para identificar h y k para el vértice, (h, k)
      - utilice el valor de k para determinar el eje de simetría, $y = k$
      - establezca $4p$ igual al coeficiente de $(x-h)$ en la ecuación dada para resolver p. Si $p > 0$, la parábola se abre a la derecha. Si los valores de $p < 0$, la parábola se abre a la izquierda.

- utilice $h, k,$ y p para hallar las coordenadas del foco, $(h + p, \ \ k)$
- utilice h y p para hallar la ecuación de la directriz, $x = h - p$
- utilice $h, k,$ y p para hallar los puntos finales del latus rectum, $(h + p, k \pm 2p)$

b. Si la ecuación es de la forma $(x - h)^2 = 4p(y - k)$, entonces:
- utilice la ecuación dada para identificar h y k para el vértice, (h, k)
- utilice el valor de h para determinar el eje de simetría, $x = h$
- establezca $4p$ igual al coeficiente de $(y - k)$ en la ecuación dada para resolver p. Si $p > 0$, la parábola se abre. Si los valores de $p < 0$, la parábola se abre hacia abajo.
- utilice $h, k,$ y p para hallar las coordenadas del foco, $(h, \ \ k + p)$
- utilice k y p para hallar la ecuación de la directriz, $y = k - p$
- utilice $h, k,$ y p para hallar los puntos finales del latus rectum, $(h \pm 2p, \ \ k + p)$

3. Trace el vértice, el eje de simetría, el foco, la directriz y el latus rectum, y dibuje una curva suave para formar la parábola.

EJEMPLO 4

Gráfico de una parábola con vértice (*h*, *k*) y eje de simetría paralelo al eje *x*

Grafique $(y - 1)^2 = -16(x + 3)$. Identifique y marque el vértice, el eje de simetría, el foco, la directriz y los puntos extremos del latus rectum.

Solución

La forma estándar que se aplica a la ecuación dada es $(y - k)^2 = 4p(x - h)$. Así, el eje de simetría es paralelo al eje *x*. De ello se desprende que:

- el vértice es $(h, k) = (-3, 1)$
- el eje de simetría es $y = k = 1$
- $-16 = 4p$, por lo que $p = -4$. Dado que $p < 0$, la parábola se abre a la izquierda.
- las coordenadas del foco son $(h + p, k) = (-3 + (-4), 1) = (-7, 1)$
- la ecuación de la directriz es $x = h - p = -3 - (-4) = 1$
- los puntos finales del latus rectum son $(h + p, k \pm 2p) = (-3 + (-4), 1 \pm 2(-4))$, o $(-7, -7)$ y $(-7, 9)$

A continuación trazamos el vértice, el eje de simetría, el foco, la directriz y el latus rectum, y dibujamos una curva suave para formar la parábola. Vea la Figura 10.

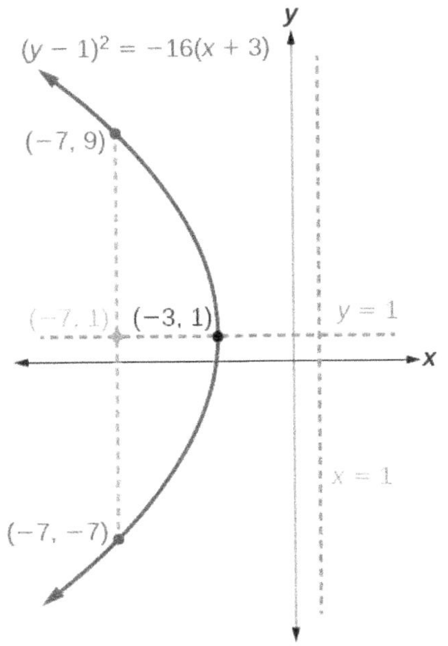

Figura 10

INTÉNTELO #4 Grafique $(y+1)^2 = 4(x-8)$. Identifique y marque el vértice, el eje de simetría, el foco, la directriz y los puntos finales del latus rectum.

EJEMPLO 5

Graficar una parábola a partir de una ecuación dada en forma general

Grafique $x^2 - 8x - 28y - 208 = 0$. Identifique y marque el vértice, el eje de simetría, el foco, la directriz y los puntos finales del latus rectum.

Solución

Empiece escribiendo la ecuación de la parábola en forma estándar. La forma estándar que se aplica a la ecuación dada es $(x-h)^2 = 4p(y-k)$. Por lo tanto, el eje de simetría es paralelo al eje *y*. Para expresar la ecuación de la parábola en esta forma, empezamos por aislar los términos que contienen la variable *x* para completar el cuadrado.

$$\begin{aligned} x^2 - 8x - 28y - 208 &= 0 \\ x^2 - 8x &= 28y + 208 \\ x^2 - 8x + 16 &= 28y + 208 + 16 \\ (x-4)^2 &= 28y + 224 \\ (x-4)^2 &= 28(y+8) \\ (x-4)^2 &= 4 \cdot 7 \cdot (y+8) \end{aligned}$$

De ello se desprende que:

- el vértice es $(h, k) = (4, -8)$
- el eje de simetría es $x = h = 4$
- dado que $p = 7, p > 0$ y así la parábola se abre hacia arriba
- las coordenadas del foco son $(h, k+p) = (4, -8+7) = (4, -1)$
- la ecuación de la directriz es $y = k - p = -8 - 7 = -15$
- los puntos finales del latus rectum son $(h \pm 2p, k+p) = (4 \pm 2(7), -8+7)$, o $(-10, -1)$ y $(18, -1)$

A continuación trazamos el vértice, el eje de simetría, el foco, la directriz y el latus rectum, y dibujamos una curva suave para formar la parábola. Vea la Figura 11.

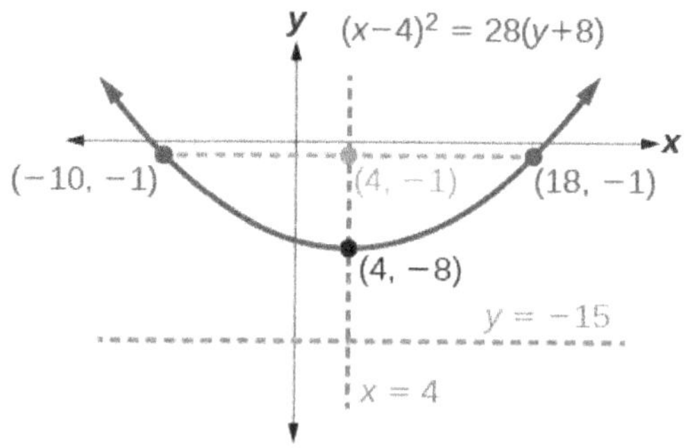

Figura 11

INTÉNTELO #5 Grafique $(x+2)^2 = -20(y-3)$. Identifique y marque el vértice, el eje de simetría, el foco, la directriz y los puntos finales del latus rectum.

Resolver problemas aplicados con parábolas

Como hemos mencionado al principio de la sección, las parábolas se utilizan para diseñar muchos objetos que utilizamos a diario, como telescopios, puentes colgantes, micrófonos y equipos de radar. Los espejos parabólicos, como el utilizado para iluminar la antorcha olímpica, tienen una propiedad reflectante muy singular. Cuando los rayos de luz paralelos al eje de simetría de la parábola se dirigen hacia cualquier superficie del espejo, la luz se refleja directamente en el foco. Vea la Figura 12. Por ello, la antorcha olímpica se enciende cuando se sostiene en el foco del espejo parabólico.

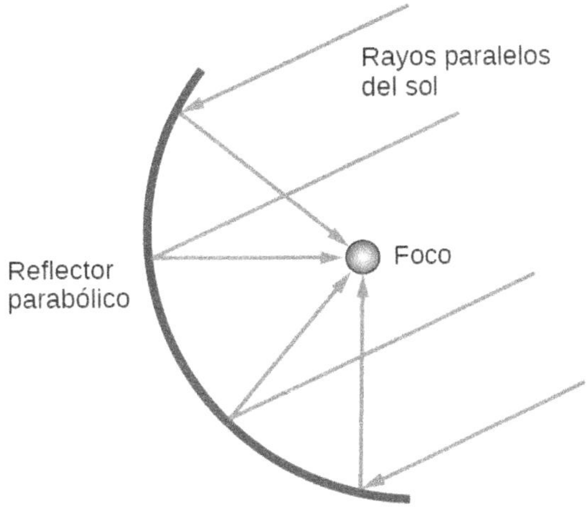

Figura 12 Propiedad de reflexión de las parábolas

Los espejos parabólicos tienen la capacidad de concentrar la energía del sol en un solo punto, lo que eleva la temperatura cientos de grados en cuestión de segundos. Así, los espejos parabólicos aparecen en muchos productos solares de bajo costo y alta eficiencia energética, como cocinas y calentadores solares e incluso encendedores de tamaño de viaje.

EJEMPLO 6

Resolver problemas aplicados con parábolas

En la Figura 13 se muestra una sección transversal de un diseño para un encendedor solar de tamaño de viaje. Los rayos del sol se reflejan en el espejo parabólico hacia un objeto unido al encendedor. Debido a que el encendedor está ubicado en el foco de la parábola, los rayos reflejados hacen que el objeto se queme en solo unos segundos.

Ⓐ Halle la ecuación de la parábola que modela el encendedor. Supongamos que el vértice del espejo parabólico es el origen del plano de coordenadas.

Ⓑ Utilice la ecuación hallada en la parte ⓐ para calcular la profundidad del encendedor.

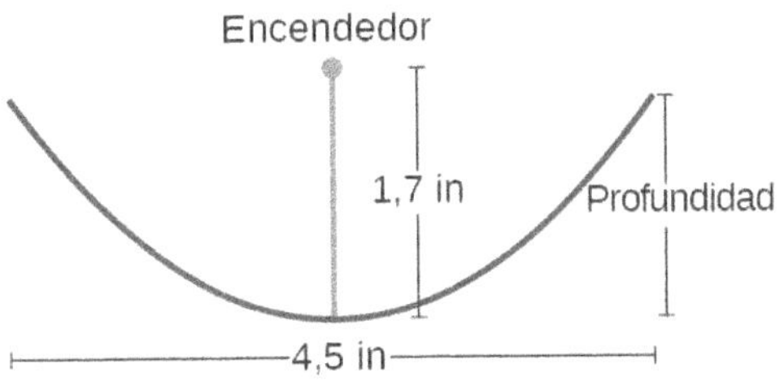

Figura 13 Sección transversal de un encendedor de fuego solar del tamaño de un viaje

Solución

Ⓐ El vértice de la antena es el origen del plano de coordenadas, por lo que la parábola adoptará la forma estándar $x^2 = 4py$, donde $p > 0$. El encendedor, que es el foco, está a 1,7 pulgadas por encima del vértice de la antena. Así, tenemos $p = 1{,}7$.

$x^2 = 4py$	Forma estándar de parábola orientada hacia arriba con vértice (0,0)
$x^2 = 4(1{,}7)y$	Sustituya 1,7 para p.
$x^2 = 6{,}8y$	Multiplique.

Ⓑ La antena se extiende $\frac{4{,}5}{2} = 2{,}25$ pulgadas a cada lado del origen. Podemos sustituir 2,25 por x en la ecuación de la parte (a) para hallar la profundidad de la antena.

$x^2 = 6{,}8y$	Ecuación hallada en la parte (a).
$(2{,}25)^2 = 6{,}8y$	Sustituya 2,25 por x.
$y \approx 0{,}74$	Resuelva para y.

La antena tiene una profundidad de unas 0,74 pulgadas.

INTÉNTELO #6 Se han diseñado cocinas solares del tamaño de un balcón para familias que viven en la India. La parte superior de una antena tiene un diámetro de 1.600 mm. Los rayos del sol se reflejan en el espejo parabólico hacia la "cocina", situada a 320 mm de la base.

Ⓐ Halle una ecuación que modele una sección transversal de la cocina solar. Supongamos que el vértice del espejo parabólico es el origen del plano de coordenadas, y que la parábola se abre hacia la derecha (es decir, tiene el eje x como eje de simetría).

Ⓑ Utilice la ecuación hallada en la parte Ⓐ para calcular la profundidad de la cocina.

MEDIA

Acceda a estos recursos en línea para obtener más información y practicar las parábolas.

Secciones cónicas: la parábola, parte 1 de 2 (http://openstax.org/l/parabola1)
Secciones cónicas: la parábola, parte 2 de 2 (http://openstax.org/l/parabola2)
Parábola con eje vertical (http://openstax.org/l/parabolavertcal)
Parábola con eje horizontal (http://openstax.org/l/parabolahoriz)

10.3 EJERCICIOS DE SECCIÓN

Verbales

1. Defina una parábola en términos de su foco y su directriz.

2. Si la ecuación de una parábola está escrita en forma estándar y p es positiva y la directriz es una línea vertical, entonces ¿qué podemos concluir sobre su gráfico?

3. Si la ecuación de una parábola está escrita en forma estándar y p es negativo y la directriz es una línea horizontal, entonces ¿qué podemos concluir sobre su gráfico?

4. ¿Cuál es el efecto en el gráfico de una parábola si su ecuación en forma estándar tiene valores crecientes de p?

5. A medida que el gráfico de una parábola se hace más ancho, ¿qué ocurrirá con la distancia entre el foco y la directriz?

Algebraicos

En los siguientes ejercicios, determine si la ecuación dada es una parábola. Si es así, reescriba la ecuación en forma estándar.

6. $y^2 = 4 - x^2$

7. $y = 4x^2$

8. $3x^2 - 6y^2 = 12$

9. $(y-3)^2 = 8(x-2)$

10. $y^2 + 12x - 6y - 51 = 0$

En los siguientes ejercicios, reescriba la ecuación dada en forma estándar, y luego determine el vértice (V), foco (F), y directriz (d) de la parábola.

11. $x = 8y^2$

12. $y = \frac{1}{4}x^2$

13. $y = -4x^2$

14. $x = \frac{1}{8}y^2$

15. $x = 36y^2$

16. $x = \frac{1}{36}y^2$

17. $(x-1)^2 = 4(y-1)$

18. $(y-2)^2 = \frac{4}{5}(x+4)$

19. $(y-4)^2 = 2(x+3)$

20. $(x+1)^2 = 2(y+4)$

21. $(x+4)^2 = 24(y+1)$

22. $(y+4)^2 = 16(x+4)$

23. $y^2 + 12x - 6y + 21 = 0$

24. $x^2 - 4x - 24y + 28 = 0$

25. $5x^2 - 50x - 4y + 113 = 0$

26. $y^2 - 24x + 4y - 68 = 0$

27. $x^2 - 4x + 2y - 6 = 0$

28. $y^2 - 6y + 12x - 3 = 0$

29. $3y^2 - 4x - 6y + 23 = 0$

30. $x^2 + 4x + 8y - 4 = 0$

Gráficos

En los siguientes ejercicios, grafique la parábola, identifique el foco y la directriz.

31. $x = \frac{1}{8}y^2$

32. $y = 36x^2$

33. $y = \frac{1}{36}x^2$

34. $y = -9x^2$

35. $(y-2)^2 = -\frac{4}{3}(x+2)$

36. $-5(x+5)^2 = 4(y+5)$

37. $-6(y+5)^2 = 4(x-4)$

38. $y^2 - 6y - 8x + 1 = 0$

39. $x^2 + 8x + 4y + 20 = 0$

40. $3x^2 + 30x - 4y + 95 = 0$

41. $y^2 - 8x + 10y + 9 = 0$

42. $x^2 + 4x + 2y + 2 = 0$

43. $y^2 + 2y - 12x + 61 = 0$

44. $-2x^2 + 8x - 4y - 24 = 0$

En los siguientes ejercicios, halle la ecuación de la parábola dada la información sobre su gráfico.

45. El vértice es $(0,0)$; la directriz es $y = 4$, el foco es $(0,-4)$.

46. El vértice es $(0,0)$; la directriz es $x = 4$, el foco es $(-4,0)$.

47. El vértice es $(2,2)$; la directriz es $x = 2 - \sqrt{2}$, el foco es $\left(2+\sqrt{2}, 2\right)$.

48. El vértice es $(-2,3)$; la directriz es $x = -\frac{7}{2}$, el foco es $\left(-\frac{1}{2}, 3\right)$.

49. El vértice es $\left(\sqrt{2}, -\sqrt{3}\right)$; la directriz es $x = 2\sqrt{2}$, el foco es $\left(0, -\sqrt{3}\right)$.

50. El vértice es $(1,2)$; la directriz es $y = \frac{11}{3}$, el foco es $\left(1, \frac{1}{3}\right)$.

En los siguientes ejercicios, determine la ecuación de la parábola a partir de su gráfico.

51.

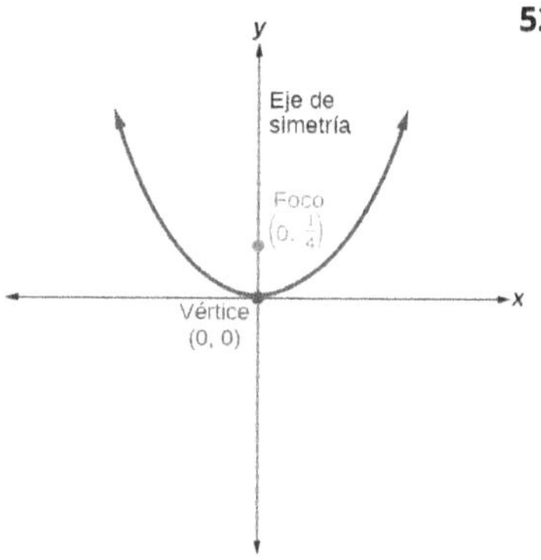

52.

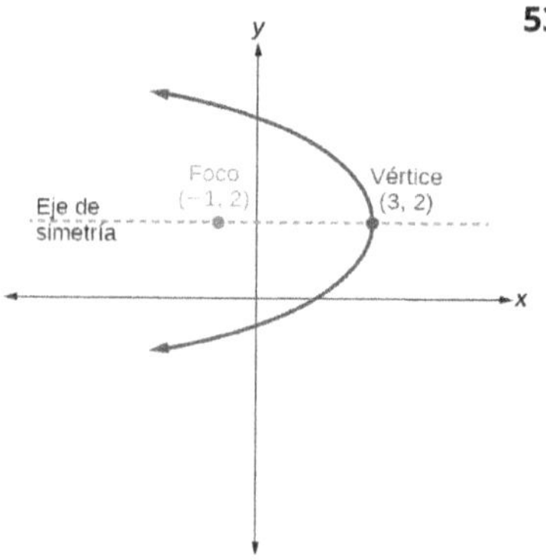

53.

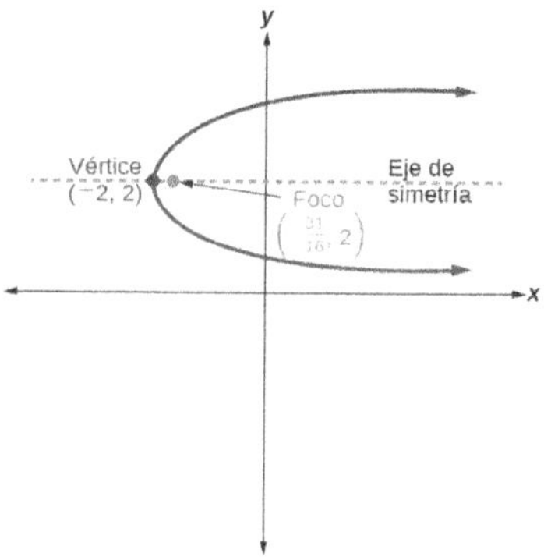

54.

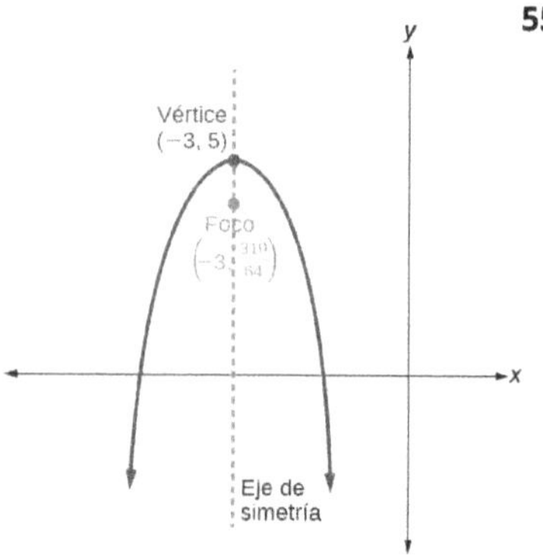

55.

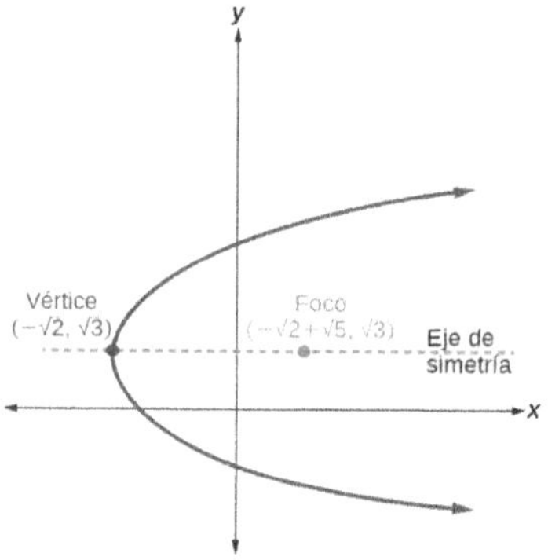

Extensiones

En los siguientes ejercicios, se da el vértice y los puntos extremos del latus rectum de una parábola. Halle la ecuación.

56. $V(0, 0)$, los puntos extremos $(2, 1)$, $(-2, 1)$

57. $V(0, 0)$, puntos finales $(-2, 4)$, $(-2, -4)$

58. $V(1, 2)$, puntos finales $(-5, 5)$, $(7, 5)$

59. $V(-3, -1)$, puntos finales $(0, 5)$, $(0, -7)$

60. $V(4, -3)$, puntos finales $\left(5, -\frac{7}{2}\right)$, $\left(3, -\frac{7}{2}\right)$

Aplicaciones en el mundo real

61. El espejo de un faro de automóvil tiene una sección transversal parabólica con la bombilla en el foco. En un esquema, la ecuación de la parábola viene dada por $x^2 = 4y$. ¿En qué coordenadas debe colocar la bombilla?

62. Si queremos construir el espejo del ejercicio anterior de forma que el foco esté situado en $(0, 0{,}25)$, ¿cuál debería ser la ecuación de la parábola?

63. Una antena parabólica tiene forma de paraboloide de revolución. Esto significa que se puede formar girando una parábola alrededor de su eje de simetría. El receptor debe situarse en el foco. Si la antena parabólica tiene 12 pies de diámetro en la abertura y 4 pies de profundidad en su centro, ¿dónde debe colocarse el receptor?

64. Considere la antena parabólica del ejercicio anterior. Si la antena parabólica tiene 8 pies de ancho en la abertura y 2 pies de profundidad, ¿dónde debemos colocar el receptor?

65. El reflector de un faro tiene forma de paraboloide de revolución. Una fuente de luz está situada a 1 pie de la base a lo largo del eje de simetría. Si la abertura del reflector es de 3 pies de ancho, halle la profundidad.

66. Si el reflector del faro del ejercicio anterior tiene la fuente de luz situada a 6 pulgadas de la base a lo largo del eje de simetría y la abertura es de 4 pies, calcule la profundidad.

67. Un arco tiene forma de parábola. Tiene una arcada de 100 pies y una altura máxima de 20 pies. Halle la ecuación de la parábola y determine la altura del arco a 40 pies del centro.

68. Si el arco del ejercicio anterior tiene una arcada de 160 pies y una altura máxima de 40 pies, halle la ecuación de la parábola y determine la distancia desde el centro a la que la altura es de 20 pies.

69. Un objeto se proyecta para seguir una trayectoria parabólica dada por $y = -x^2 + 96x$, donde x es la distancia horizontal recorrida en pies y y es la altura. Determina la altura máxima que alcanza el objeto.

70. Para el objeto del ejercicio anterior, supongamos que la trayectoria seguida viene dada por $y = -0{,}5x^2 + 80x$. Determine qué distancia a lo largo de la horizontal recorrió el objeto para alcanzar la máxima altura.

10.4 Rotación de ejes

Objetivos de aprendizaje

En esta sección, podrá:

- Identificar secciones cónicas no degeneradas dadas sus ecuaciones de forma general.
- Usar fórmulas de rotación de ejes.
- Escribir ecuaciones de cónicas giradas en la forma estándar.
- Identificar secciones cónicas sin ejes de rotación.

Como hemos visto, las secciones cónicas se forman cuando un plano interseca dos conos circulares rectos alineados de punta a punta y que se extienden infinitamente en direcciones opuestas, lo que también llamamos *cono*. La forma en que cortemos el cono determinará el tipo de sección cónica formada en la intersección. Un círculo se forma al cortar un cono con un plano perpendicular al eje de simetría del cono. Una elipse se forma al cortar un cono único con un plano inclinado no perpendicular al eje de simetría. Una parábola se forma al cortar el plano por la parte superior o la inferior del doble cono, mientras que una hipérbola se forma cuando el plano corta tanto la parte superior como la inferior del cono. Vea la Figura 1.

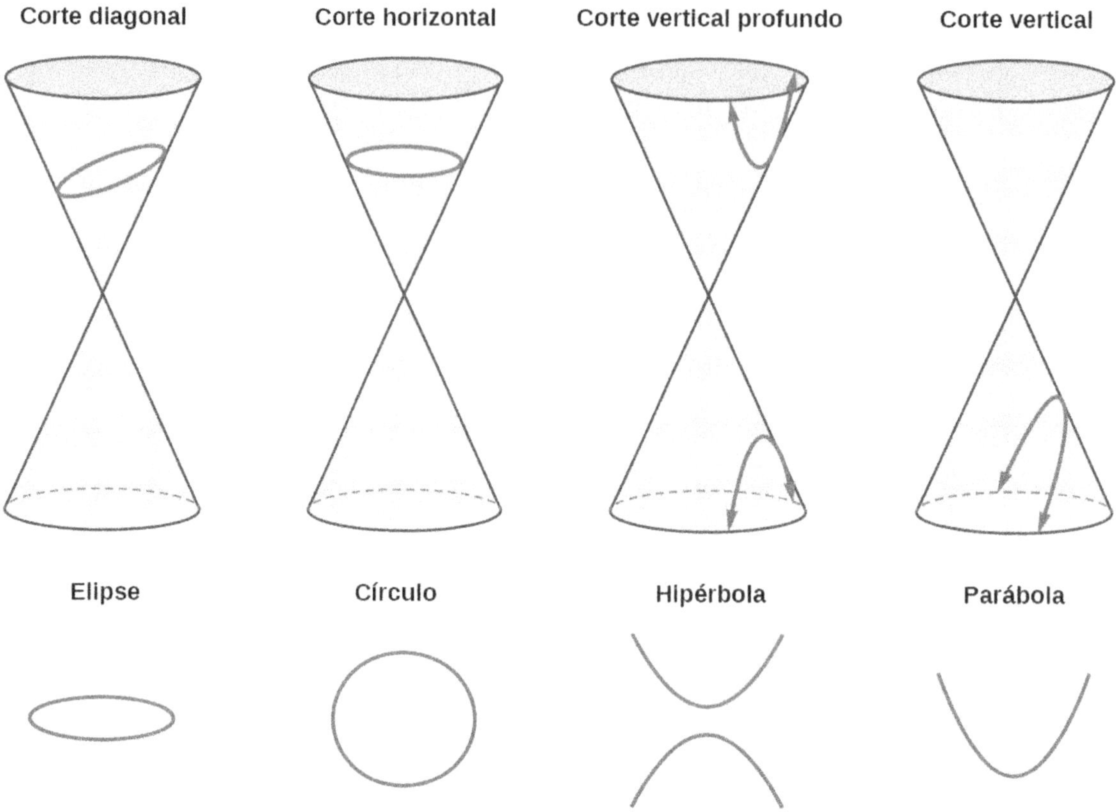

Figura 1 Secciones cónicas no degeneradas

Las elipses, los círculos, las hipérbolas y las parábolas se denominan, a veces, **secciones cónicas no degeneradas**, en contraste con las **secciones cónicas degeneradas**, que se muestran en la Figura 2. La cónica degenerada resulta cuando un plano interseca el doble cono y pasa por el vértice. Según el ángulo del plano, son posibles tres tipos de secciones cónicas degeneradas: un punto, una línea o dos líneas que se intersecan.

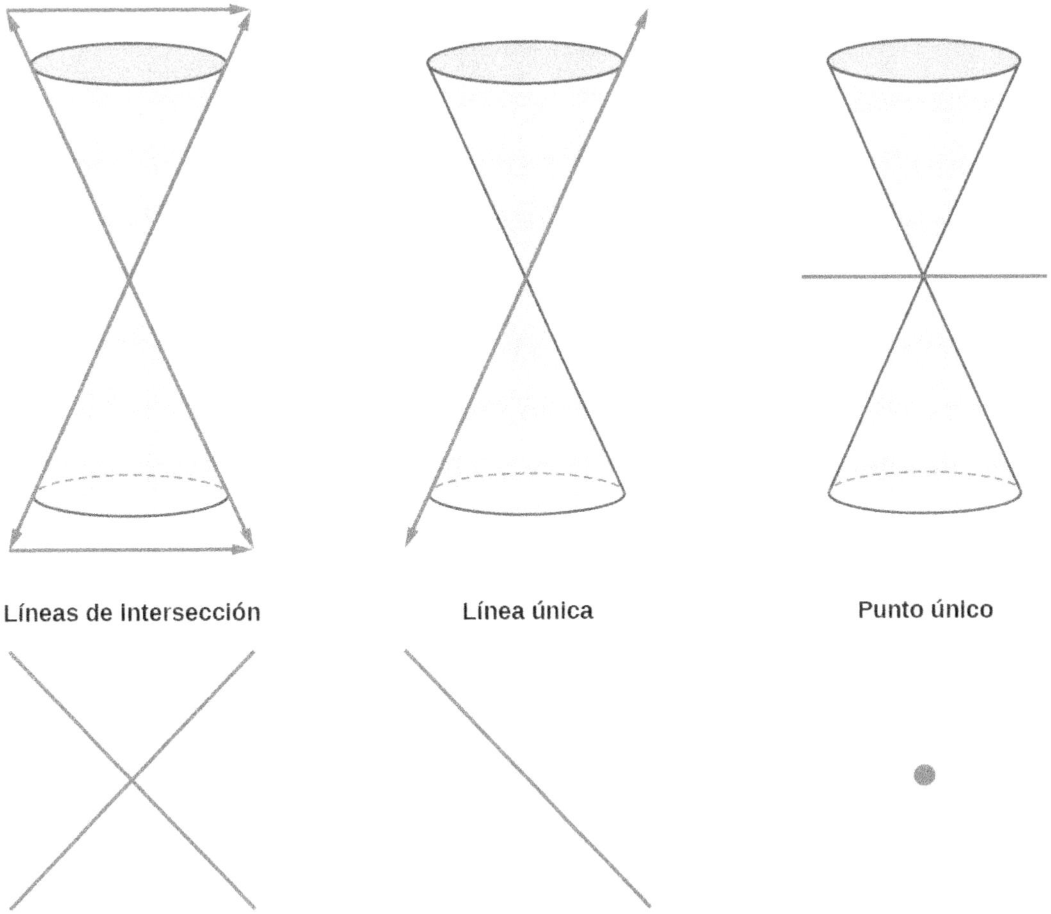

Figura 2 Secciones cónicas degeneradas

Identificación de secciones cónicas no degeneradas en forma general

En las secciones anteriores de este capítulo nos hemos centrado en las ecuaciones en la forma estándar para secciones cónicas no degeneradas. En esta sección nos centraremos en la ecuación de forma general, que se puede usar para cualquier sección cónica. La forma general se hace igual a cero, y los términos y coeficientes se dan en un orden particular, como se muestra a continuación.

$$Ax^2 + Bxy + Cy^2 + Dx + Ey + F = 0$$

donde A, B, y C no son todos cero. Podemos utilizar los valores de los coeficientes para identificar qué tipo de sección cónica representa una ecuación determinada.

Puede observar que la ecuación de forma general tiene un término xy que no hemos visto en ninguna de las ecuaciones de la forma estándar. Como veremos más adelante, el término xy rota la sección cónica siempre que B no sea igual a cero.

Secciones cónicas	Ejemplo
elipse	$4x^2 + 9y^2 = 1$
círculo	$4x^2 + 4y^2 = 1$
hipérbola	$4x^2 - 9y^2 = 1$
parábola	$4x^2 = 9y$ o $4y^2 = 9x$

Tabla 1

Secciones cónicas	Ejemplo
una línea	$4x + 9y = 1$
líneas de intersección	$(x - 4)(y + 4) = 0$
líneas paralelas	$(x - 4)(x - 9) = 0$
un punto	$4x^2 + 4y^2 = 0$
no hay gráfico	$4x^2 + 4y^2 = -1$

Tabla 1

Forma general de las secciones cónicas

Una **sección cónica** tiene la forma general

$$Ax^2 + Bxy + Cy^2 + Dx + Ey + F = 0$$

donde $A, B,$ y C no son todos cero.

En la Tabla 2 se resumen las diferentes secciones cónicas en las que $B = 0,$ y A y C son números reales diferentes de cero. Esto indica que la cónica no se ha girado.

elipse	$Ax^2 + Cy^2 + Dx + Ey + F = 0, \quad A \neq C \text{ y } AC > 0$
círculo	$Ax^2 + Cy^2 + Dx + Ey + F = 0, \quad A = C$
hipérbola	$Ax^2 - Cy^2 + Dx + Ey + F = 0 \text{ o } -Ax^2 + Cy^2 + Dx + Ey + F = 0,$ donde A y C son positivos
parábola	$Ax^2 + Dx + Ey + F = 0 \text{ o } Cy^2 + Dx + Ey + F = 0$

Tabla 2

CÓMO

Dada la ecuación de una sección cónica, identifique el tipo de sección cónica.

1. Reescriba la ecuación en la forma general, $Ax^2 + Bxy + Cy^2 + Dx + Ey + F = 0.$
2. Identifique los valores de A y C de la forma general
   a. Si A y C son distintos de cero, tienen el mismo signo y no son iguales entre sí, entonces el gráfico puede ser una elipse.
   b. Si los valores de A y C son iguales y distintos de cero y tienen el mismo signo, entonces el gráfico puede ser un círculo.
   c. Si los valores de A y C son distintos de cero y tienen signos opuestos, entonces el gráfico puede ser una hipérbola.
   d. Si cualquiera de A o C es cero, entonces el gráfico puede ser una parábola.

Si $B = 0$, la sección cónica tendrá un eje vertical u horizontal. Si B no es igual a 0, como se muestra a continuación, la sección cónica se rota. Tome en cuenta la expresión "puede ser" en las definiciones. Esto se debe a que la ecuación puede no representar una sección cónica en absoluto, según los valores de A, B, C, D, E y F. Por ejemplo, el caso degenerado de un círculo o una elipse es un punto:

$Ax^2 + By^2 = 0$, cuando *A* y *B* tienen el mismo signo.
El caso degenerado de una hipérbola son dos líneas que se intersecan: $Ax^2 + By^2 = 0$, cuando A y B tienen signos opuestos.
Por otro lado, la ecuación, $Ax^2 + By^2 + 1 = 0$, cuando A y B son positivos no representa un gráfico en absoluto, ya que no hay pares reales ordenados que lo satisfagan.

EJEMPLO 1

Identificación de una sección cónica a partir de su forma general

Identifique el gráfico de cada una de las siguientes secciones cónicas no degeneradas.

Ⓐ $4x^2 - 9y^2 + 36x + 36y - 125 = 0$ Ⓑ $9y^2 + 16x + 36y - 10 = 0$ Ⓒ $3x^2 + 3y^2 - 2x - 6y - 4 = 0$
Ⓓ $-25x^2 - 4y^2 + 100x + 16y + 20 = 0$

Solución

Ⓐ Si reescribimos la forma general, tenemos
$$\begin{aligned} Ax^2 + Bxy + Cy^2 + Dx + Ey + F &= 0 \\ 4x^2 + 0xy + (-9)y^2 + 36x + 36y + (-125) &= 0 \end{aligned}$$
$A = 4$ y $C = -9$, por lo que observamos que A y C tienen signos opuestos. El gráfico de esta ecuación es una hipérbola.

Ⓑ Si reescribimos la forma general, tenemos
$$\begin{aligned} Ax^2 + Bxy + Cy^2 + Dx + Ey + F &= 0 \\ 0x^2 + 0xy + 9y^2 + 16x + 36y + (-10) &= 0 \end{aligned}$$
$A = 0$ y $C = 9$. Podemos determinar que la ecuación es una parábola, ya que A es cero.

Ⓒ Si reescribimos la forma general, tenemos
$$\begin{aligned} Ax^2 + Bxy + Cy^2 + Dx + Ey + F &= 0 \\ 3x^2 + 0xy + 3y^2 + (-2)x + (-6)y + (-4) &= 0 \end{aligned}$$
$A = 3$ y $C = 3$. Dado que $A = C$, el gráfico de esta ecuación es un círculo.

Ⓓ Si reescribimos la forma general, tenemos
$$\begin{aligned} Ax^2 + Bxy + Cy^2 + Dx + Ey + F &= 0 \\ (-25)x^2 + 0xy + (-4)y^2 + 100x + 16y + 20 &= 0 \end{aligned}$$
$A = -25$ y $C = -4$. Dado que $AC > 0$ y $A \neq C$, el gráfico de esta ecuación es una elipse.

INTÉNTELO #1 Identifique el gráfico de cada una de las siguientes secciones cónicas no degeneradas.

Ⓐ $16y^2 - x^2 + x - 4y - 9 = 0$ Ⓑ $16x^2 + 4y^2 + 16x + 49y - 81 = 0$

Calcular una nueva representación de la ecuación dada después de rotar por un ángulo dado

Hasta ahora hemos examinado ecuaciones de secciones cónicas sin un término xy que alinee los gráficos con los ejes *x* y *y*. Cuando añadimos un término xy, rotamos la sección cónica alrededor del origen. Si los ejes *x* y *y* se giran en un ángulo, por ejemplo θ, entonces se puede pensar que cada punto del plano tiene dos representaciones: (x, y) en el plano cartesiano con los ejes *x* y *y* originales y (x', y') en el nuevo plano definido por los nuevos ejes rotados, denominados los ejes *x'* y *y'*. Vea la Figura 3.

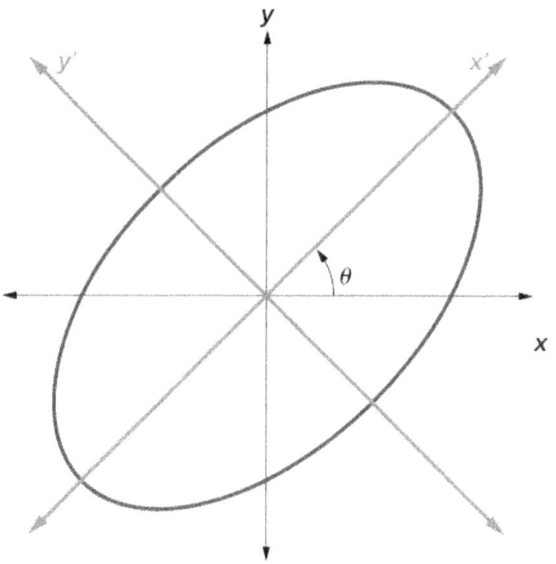

Figura 3 El gráfico de la elipse rotada $x^2 + y^2 - xy - 15 = 0$

Hallaremos las relaciones entre x y y en el plano cartesiano con x' y y' en el nuevo plano rotado. Vea la Figura 4.

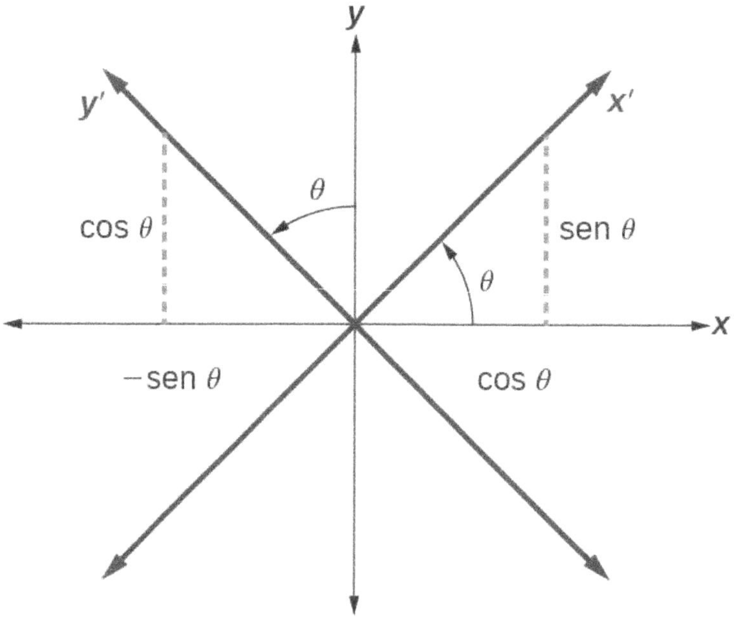

Figura 4 El plano cartesiano con los ejes x y y y los ejes x' y y' resultantes formados por una rotación de un ángulo θ.

Los ejes de coordenadas x y y originales tienen vectores unitarios i y j. Los ejes de coordenadas rotados tienen vectores unitarios i' y j'. El ángulo θ se conoce como el **ángulo de rotación**. Vea la Figura 5. Podemos escribir los nuevos vectores unitarios en términos de los originales.

$$i' = \cos\ \theta i + \text{sen}\ \theta j$$
$$j' = -\text{sen}\ \theta i + \cos\ \theta j$$

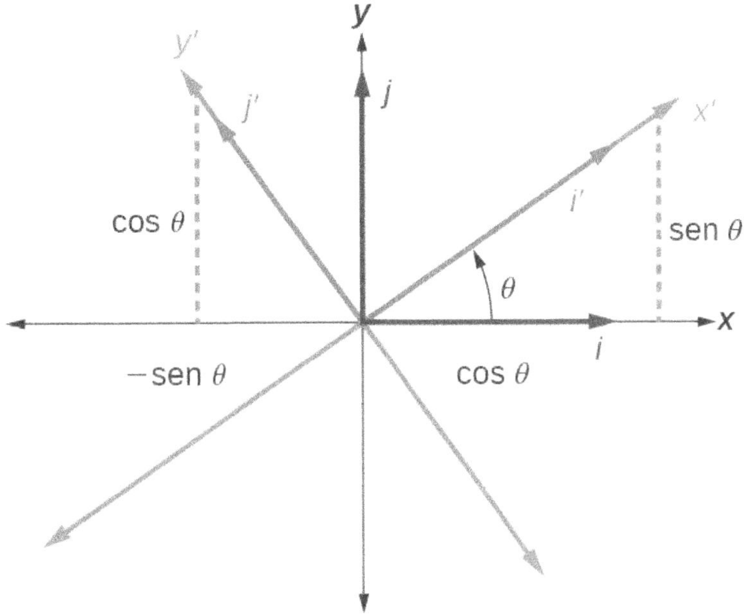

Figura 5 Relación entre los planos de coordenadas anteriores y los nuevos.

Considere un vector u en el nuevo plano de coordenadas. Se puede representar en términos de sus ejes de coordenadas.

$u = x'i' + y'j'$	
$u = x'(i\ \cos\ \theta + j\ \text{sen}\ \theta) + y'(-i\ \text{sen}\ \theta + j\ \cos\ \theta)$	Sustituya.
$u = ix'\ \cos\ \theta + jx'\ \text{sen}\ \theta - iy'\ \text{sen}\ \theta + jy'\ \cos\ \theta$	Distribuya.
$u = ix'\ \cos\ \theta - iy'\ \text{sen}\ \theta + jx'\ \text{sen}\ \theta + jy'\ \cos\ \theta$	Aplique la propiedad conmutativa.
$u = (x'\ \cos\ \theta - y'\ \text{sen}\ \theta)i + (x'\ \text{sen}\ \theta + y'\ \cos\ \theta)j$	Factorice por agrupación.

Debido a que $u = x'i' + y'j'$, tenemos representaciones de x y y en términos del nuevo sistema de coordenadas.

$$x = x'\cos\ \theta - y'\ \text{sen}\ \theta$$

y

$$y = x'\ \text{sen}\ \theta + y'\cos\ \theta$$

Ecuaciones de rotación

Si un punto (x, y) en el plano cartesiano se representa en un nuevo plano de coordenadas en el que los ejes de rotación se forman girando un ángulo θ del eje x positivo, entonces las coordenadas del punto con respecto a los nuevos ejes son $\left(x', y'\right)$. Podemos utilizar las siguientes ecuaciones de rotación para definir la relación entre (x, y) y $\left(x', y'\right)$:

$$x = x'\cos\ \theta - y'\ \text{sen}\ \theta$$

y

$$y = x'\ \text{sen}\ \theta + y'\cos\ \theta$$

CÓMO

Dada la ecuación de una sección cónica, calcule una nueva representación después de girar un ángulo.

1. Calcule x y y donde $x = x'\cos\ \theta - y'\ \text{sen}\ \theta$ y $y = x'\ \text{sen}\ \theta + y'\cos\ \theta$.
2. Sustituya la expresión de x y y en la ecuación dada, luego simplifique.
3. Escriba las ecuaciones con x' y y' en la forma estándar.

EJEMPLO 2

Calcular una nueva representación de una ecuación después de rotar por un ángulo dado

Calcule una nueva representación de la ecuación $2x^2 - xy + 2y^2 - 30 = 0$ después de rotar por un ángulo de $\theta = 45°$.

Solución

Calcule x y y, donde $x = x' \cos \theta - y' \operatorname{sen} \theta$ y $y = x' \operatorname{sen} \theta + y' \cos \theta$.

Dado que $\theta = 45°$,

$$\begin{aligned} x &= x' \cos(45°) - y' \operatorname{sen}(45°) \\ x &= x'\left(\frac{1}{\sqrt{2}}\right) - y'\left(\frac{1}{\sqrt{2}}\right) \\ x &= \frac{x'-y'}{\sqrt{2}} \end{aligned}$$

y

$$\begin{aligned} y &= x' \operatorname{sen}(45°) + y' \cos(45°) \\ y &= x'\left(\frac{1}{\sqrt{2}}\right) + y'\left(\frac{1}{\sqrt{2}}\right) \\ y &= \frac{x'+y'}{\sqrt{2}} \end{aligned}$$

Sustituya $x = x' \cos\theta - y' \operatorname{sen}\theta$ y $y = x' \operatorname{sen} \theta + y' \cos \theta$ en $2x^2 - xy + 2y^2 - 30 = 0$.

$$2\left(\frac{x'-y'}{\sqrt{2}}\right)^2 - \left(\frac{x'-y'}{\sqrt{2}}\right)\left(\frac{x'+y'}{\sqrt{2}}\right) + 2\left(\frac{x'+y'}{\sqrt{2}}\right)^2 - 30 = 0$$

Simplifique.

$$\cancel{2}\frac{(x'-y')(x'-y')}{\cancel{2}} - \frac{(x'-y')(x'+y')}{2} + \cancel{2}\frac{(x'+y')(x'+y')}{\cancel{2}} - 30 = 0 \qquad \text{Método FOIL}$$

$$x'^2 \cancel{-2x'y'} + y'^2 - \frac{(x'^2-y'^2)}{2} + x'^2 \cancel{+2x'y'} + y'^2 - 30 = 0 \qquad \text{Combine términos similares.}$$

$$2x'^2 + 2y'^2 - \frac{(x'^2-y'^2)}{2} = 30 \qquad \text{Combine términos similares.}$$

$$2\left(2x'^2 + 2y'^2 - \frac{(x'^2-y'^2)}{2}\right) = 2(30) \qquad \text{Multiplique ambos lados por 2.}$$

$$4x'^2 + 4y'^2 - (x'^2 - y'^2) = 60 \qquad \text{Simplifique.}$$

$$4x'^2 + 4y'^2 - x'^2 + y'^2 = 60 \qquad \text{Distribuya.}$$

$$\frac{3x'^2}{60} + \frac{5y'^2}{60} = \frac{60}{60} \qquad \text{Se igualan a 1.}$$

Escriba las ecuaciones con x' y y' en la forma estándar.

$$\frac{x'^2}{20} + \frac{y'^2}{12} = 1$$

Esta ecuación es una elipse. La Figura 6 muestra el gráfico.

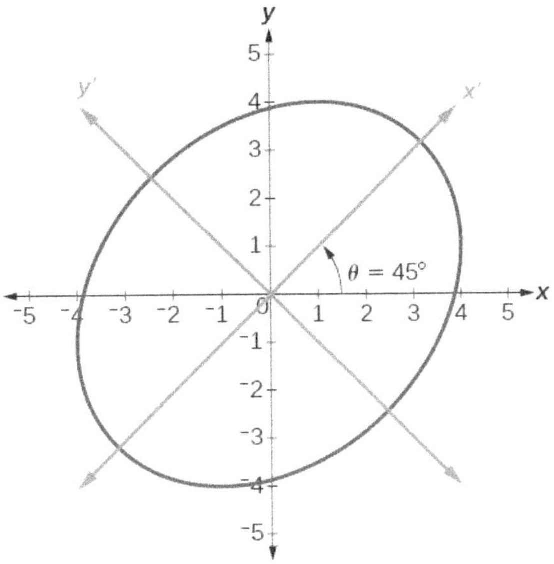

Figura 6

Escritura de ecuaciones de secciones cónicas rotadas en la forma estándar

Ahora que podemos calcular la forma estándar de una sección cónica cuando nos dan un ángulo de rotación, aprenderemos a transformar la ecuación de una sección cónica dada en la forma $Ax^2 + Bxy + Cy^2 + Dx + Ey + F = 0$ en la forma estándar rotando los ejes. Para ello, reescribiremos la forma general como una ecuación en el sistema de coordenadas de x' y y' sin $x'y'$, rotando los ejes en una medida de θ que satisfaga

$$\cot(2\theta) = \frac{A - C}{B}$$

Ya hemos aprendido que cualquier sección cónica se puede representar con la ecuación de segundo grado

$$Ax^2 + Bxy + Cy^2 + Dx + Ey + F = 0$$

donde A, B, y C no son todos cero. Sin embargo, si $B \neq 0$, entonces tenemos un término xy que nos impide reescribir la ecuación en forma estándar. Para eliminarlo, podemos rotar los ejes en un ángulo agudo θ donde $\cot(2\theta) = \frac{A-C}{B}$.

- Si los valores de $\cot(2\theta) > 0$, entonces 2θ está en el primer cuadrante y θ está entre $(0°, 45°)$.
- Si los valores de $\cot(2\theta) < 0$, entonces 2θ está en el segundo cuadrante y θ está entre $(45°, 90°)$.
- Si $A = C$, entonces $\theta = 45°$.

CÓMO

Dada una ecuación para una sección cónica en el sistema $x'y'$, reescriba la ecuación sin el término $x'y'$ en lo que respecta a x' y y', donde x' y y' son rotaciones de los ejes estándar por grados θ.

1. Calcule $\cot(2\theta)$.
2. Halle $\operatorname{sen}\theta$ y $\cos\theta$.
3. Sustituya $\operatorname{sen}\theta$ y $\cos\theta$ en $x = x'\cos\theta - y'\operatorname{sen}\theta$ y $y = x'\operatorname{sen}\theta + y'\cos\theta$.
4. Sustituya la expresión de x y y en la ecuación dada y luego simplifique.
5. Escriba las ecuaciones con x' y y' en la forma estándar con respecto a los ejes rotados.

EJEMPLO 3

Reescriba una ecuación con respecto a los ejes x' y y' sin el término $x'y'$

Reescriba la ecuación $8x^2 - 12xy + 17y^2 = 20$ en el sistema $x'y'$ sin un término $x'y'$.

Solución

Primero hallamos $\cot(2\theta)$. Vea la Figura 7.

$$8x^2 - 12xy + 17y^2 = 20 \Rightarrow A = 8, \quad B = -12 \text{ y } C = 17$$
$$\cot(2\theta) = \frac{A-C}{B} = \frac{8-17}{-12}$$
$$\cot(2\theta) = \frac{-9}{-12} = \frac{3}{4}$$

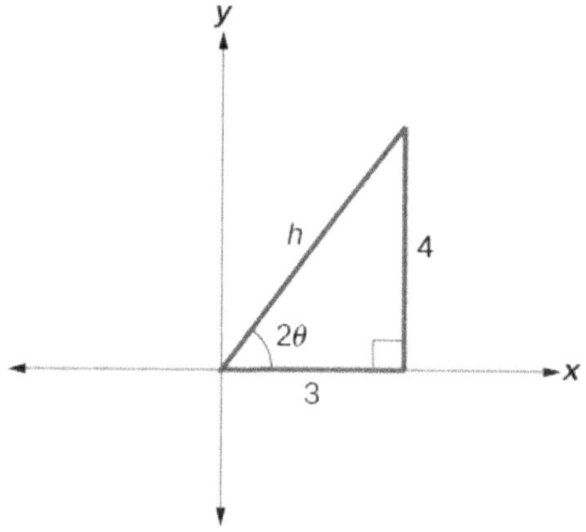

Figura 7

$$\cot(2\theta) = \frac{3}{4} = \frac{\text{adyacente}}{\text{opuesto}}$$

Entonces la hipotenusa es

$$3^2 + 4^2 = h^2$$
$$9 + 16 = h^2$$
$$25 = h^2$$
$$h = 5$$

Luego, hallamos sen θ y cos θ.

$$\text{sen } \theta = \sqrt{\frac{1-\cos(2\theta)}{2}} = \sqrt{\frac{1-\frac{3}{5}}{2}} = \sqrt{\frac{\frac{5}{5}-\frac{3}{5}}{2}} = \sqrt{\frac{5-3}{5} \cdot \frac{1}{2}} = \sqrt{\frac{2}{10}} = \sqrt{\frac{1}{5}}$$
$$\text{sen } \theta = \frac{1}{\sqrt{5}}$$
$$\cos \theta = \sqrt{\frac{1+\cos(2\theta)}{2}} = \sqrt{\frac{1+\frac{3}{5}}{2}} = \sqrt{\frac{\frac{5}{5}+\frac{3}{5}}{2}} = \sqrt{\frac{5+3}{5} \cdot \frac{1}{2}} = \sqrt{\frac{8}{10}} = \sqrt{\frac{4}{5}}$$
$$\cos \theta = \frac{2}{\sqrt{5}}$$

Sustituya los valores de sen θ y cos θ en $x = x' \cos \theta - y' \text{ sen } \theta$ y $y = x' \text{ sen } \theta + y' \cos \theta$.

$$x = x' \cos \theta - y' \text{ sen } \theta$$
$$x = x'\left(\frac{2}{\sqrt{5}}\right) - y'\left(\frac{1}{\sqrt{5}}\right)$$
$$x = \frac{2x' - y'}{\sqrt{5}}$$

y

$$y = x' \text{ sen } \theta + y' \cos \theta$$
$$y = x'\left(\frac{1}{\sqrt{5}}\right) + y'\left(\frac{2}{\sqrt{5}}\right)$$
$$y = \frac{x'+2y'}{\sqrt{5}}$$

Sustituya las expresiones de x y y en la ecuación dada y luego simplifique.

$$8\left(\frac{2x'-y'}{\sqrt{5}}\right)^2 - 12\left(\frac{2x'-y'}{\sqrt{5}}\right)\left(\frac{x'+2y'}{\sqrt{5}}\right) + 17\left(\frac{x'+2y'}{\sqrt{5}}\right)^2 = 20$$
$$8\left(\frac{(2x'-y')(2x'-y')}{5}\right) - 12\left(\frac{(2x'-y')(x'+2y')}{5}\right) + 17\left(\frac{(x'+2y')(x'+2y')}{5}\right) = 20$$
$$8\left(4x'^2 - 4x'y' + y'^2\right) - 12\left(2x'^2 + 3x'y' - 2y'^2\right) + 17\left(x'^2 + 4x'y' + 4y'^2\right) = 100$$
$$32x'^2 - 32x'y' + 8y'^2 - 24x'^2 - 36x'y' + 24y'^2 + 17x'^2 + 68x'y' + 68y'^2 = 100$$
$$25x'^2 + 100y'^2 = 100$$
$$\frac{25}{100}x'^2 + \frac{100}{100}y'^2 = \frac{100}{100}$$

Escriba las ecuaciones con x' y y' en la forma estándar con respecto al nuevo sistema de coordenadas.

$$\frac{x'^2}{4} + \frac{y'^2}{1} = 1$$

La Figura 8 muestra el gráfico de la elipse.

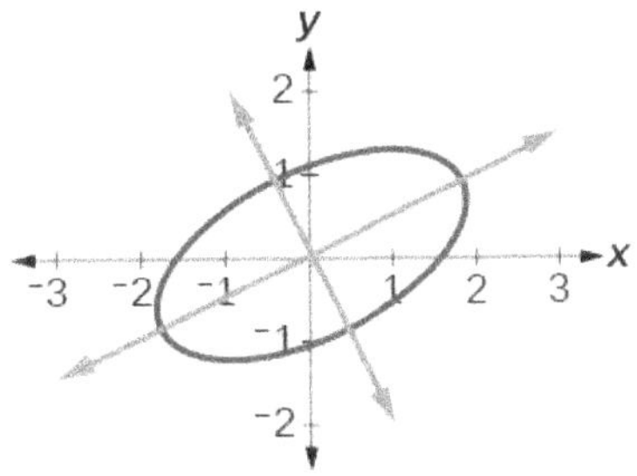

Figura 8

INTÉNTELO #2 Vuelva a escribir el $13x^2 - 6\sqrt{3}xy + 7y^2 = 16$ en el plano $x'y'$ sin el término $x'y'$.

EJEMPLO 4

Graficar una ecuación que no tiene términos $x'y'$

Grafique la siguiente ecuación en relación con el sistema $x'y'$:

$$x^2 + 12xy - 4y^2 = 30$$

Solución

Primero hallamos $\cot(2\theta)$.

$$x^2 + 12xy - 4y^2 = 20 \Rightarrow A = 1, \quad B = 12, \text{ y } C = -4$$
$$\cot(2\theta) = \frac{A-C}{B}$$
$$\cot(2\theta) = \frac{1-(-4)}{12}$$
$$\cot(2\theta) = \frac{5}{12}$$

Dado que $\cot(2\theta) = \frac{5}{12}$, podemos dibujar un triángulo de referencia como en la Figura 9.

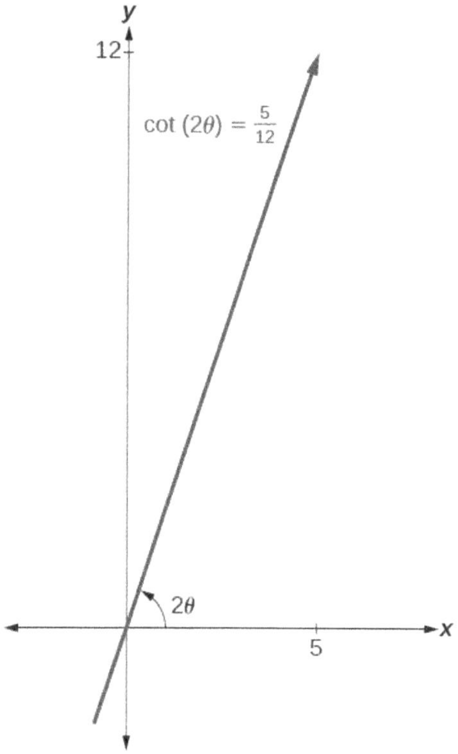

Figura 9

$$\cot(2\theta) = \frac{5}{12} = \frac{\text{adyacente}}{\text{opuesto}}$$

Así, la hipotenusa es

$$\begin{aligned} 5^2 + 12^2 &= h^2 \\ 25 + 144 &= h^2 \\ 169 &= h^2 \\ h &= 13 \end{aligned}$$

Luego, hallamos sen θ y cos θ. Utilizaremos identidades de ángulo medio.

$$\begin{aligned} \text{sen } \theta &= \sqrt{\frac{1-\cos(2\theta)}{2}} = \sqrt{\frac{1-\frac{5}{13}}{2}} = \sqrt{\frac{\frac{13}{13}-\frac{5}{13}}{2}} = \sqrt{\frac{8}{13}\cdot\frac{1}{2}} = \frac{2}{\sqrt{13}} \\ \cos \theta &= \sqrt{\frac{1+\cos(2\theta)}{2}} = \sqrt{\frac{1+\frac{5}{13}}{2}} = \sqrt{\frac{\frac{13}{13}+\frac{5}{13}}{2}} = \sqrt{\frac{18}{13}\cdot\frac{1}{2}} = \frac{3}{\sqrt{13}} \end{aligned}$$

Ahora hallamos x y y.

$$\begin{aligned} x &= x' \cos \theta - y' \text{ sen } \theta \\ x &= x'\left(\frac{3}{\sqrt{13}}\right) - y'\left(\frac{2}{\sqrt{13}}\right) \\ x &= \frac{3x' - 2y'}{\sqrt{13}} \end{aligned}$$

y

$$y = x' \operatorname{sen} \theta + y' \cos \theta$$
$$y = x'\left(\frac{2}{\sqrt{13}}\right) + y'\left(\frac{3}{\sqrt{13}}\right)$$
$$y = \frac{2x'+3y'}{\sqrt{13}}$$

Ahora sustituimos $x = \frac{3x'-2y'}{\sqrt{13}}$ y $y = \frac{2x'+3y'}{\sqrt{13}}$ en $x^2 + 12xy - 4y^2 = 30$.

$$\left(\frac{3x'-2y'}{\sqrt{13}}\right)^2 + 12\left(\frac{3x'-2y'}{\sqrt{13}}\right)\left(\frac{2x'+3y'}{\sqrt{13}}\right) - 4\left(\frac{2x'+3y'}{\sqrt{13}}\right)^2 = 30$$

$$\left(\tfrac{1}{13}\right)\left[(3x'-2y')^2 + 12(3x'-2y')(2x'+3y') - 4(2x'+3y')^2\right] = 30 \qquad \text{Factorice.}$$

$$\left(\tfrac{1}{13}\right)\left[9x'^2 - 12x'y' + 4y'^2 + 12\left(6x'^2 + 5x'y' - 6y'^2\right) - 4\left(4x'^2 + 12x'y' + 9y'^2\right)\right] = 30 \qquad \text{Multiplique.}$$

$$\left(\tfrac{1}{13}\right)\left[9x'^2 - 12x'y' + 4y'^2 + 72x'^2 + 60x'y' - 72y'^2 - 16x'^2 - 48x'y' - 36y'^2\right] = 30 \qquad \text{Distribuya.}$$

$$\left(\tfrac{1}{13}\right)\left[65x'^2 - 104y'^2\right] = 30 \qquad \text{Combine términos similares.}$$

$$65x'^2 - 104y'^2 = 390 \qquad \text{Multiplique.}$$

$$\frac{x'^2}{6} - \frac{4y'^2}{15} = 1 \qquad \text{Divida entre 390.}$$

La Figura 10 muestra el gráfico de la hipérbola $\frac{x'^2}{6} - \frac{4y'^2}{15} = 1$.

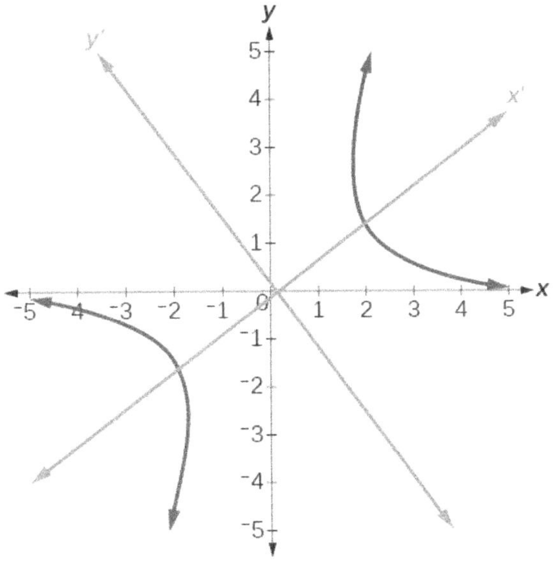

Figura 10

Identificar secciones cónicas sin ejes de rotación

Ahora hemos cerrado el círculo. ¿Cómo identificamos el tipo de sección cónica descrito por una ecuación? ¿Qué ocurre cuando se rotan los ejes? Recordemos que la forma general de una sección cónica es

$$Ax^2 + Bxy + Cy^2 + Dx + Ey + F = 0$$

Si aplicamos las fórmulas de rotación a esta ecuación obtenemos la forma

$$A'x'^2 + B'x'y' + C'y'^2 + D'x' + E'y' + F' = 0$$

Se puede demostrar que $B^2 - 4AC = B'^2 - 4A'C'$. La expresión no varía después de la rotación, por lo que llamamos a esta expresión invariante. El discriminante, $B^2 - 4AC$, es invariable y permanece sin cambios después de la rotación. Como el discriminante no cambia, la observación del discriminante nos permite identificar la sección cónica.

Uso del discriminante para identificar una sección cónica

Si la ecuación $Ax^2 + Bxy + Cy^2 + Dx + Ey + F = 0$ se transforma mediante la rotación de los ejes en la ecuación $A'x'^2 + B'x'y' + C'y'^2 + D'x' + E'y' + F' = 0$, entonces $B^2 - 4AC = B'^2 - 4A'C'$.

La ecuación $Ax^2 + Bxy + Cy^2 + Dx + Ey + F = 0$ es una elipse, una parábola o una hipérbola o un caso degenerado de una de ellas.

Si el discriminante, $B^2 - 4AC$, es

- < 0, la sección cónica es una elipse
- $= 0$, la sección cónica es una parábola
- > 0, la sección cónica es una hipérbola

EJEMPLO 5

Identificar la sección cónica sin ejes de rotación

Identifique la sección cónica de cada una de las siguientes sin rotar los ejes.

Ⓐ $5x^2 + 2\sqrt{3}xy + 2y^2 - 5 = 0$ Ⓑ $5x^2 + 2\sqrt{3}xy + 12y^2 - 5 = 0$

Solución

Ⓐ Empecemos por determinar A, B, y C.

$$\underbrace{5}_{A}x^2 + \underbrace{2\sqrt{3}}_{B}xy + \underbrace{2}_{C}y^2 - 5 = 0$$

Ahora, hallaremos el discriminante.

$$\begin{aligned} B^2 - 4AC &= \left(2\sqrt{3}\right)^2 - 4(5)(2) \\ &= 4(3) - 40 \\ &= 12 - 40 \\ &= -28 < 0 \end{aligned}$$

Por lo tanto, $5x^2 + 2\sqrt{3}xy + 2y^2 - 5 = 0$ representa una elipse.

Ⓑ De nuevo, empecemos por determinar A, B, y C.

$$\underbrace{5}_{A}x^2 + \underbrace{2\sqrt{3}}_{B}xy + \underbrace{12}_{C}y^2 - 5 = 0$$

Ahora, hallaremos el discriminante.

$$\begin{aligned} B^2 - 4AC &= \left(2\sqrt{3}\right)^2 - 4(5)(12) \\ &= 4(3) - 240 \\ &= 12 - 240 \\ &= -228 < 0 \end{aligned}$$

Por lo tanto, $5x^2 + 2\sqrt{3}xy + 12y^2 - 5 = 0$ representa una elipse.

INTÉNTELO #3 Identifique la sección cónica de cada una de las siguientes sin rotar los ejes.

Ⓐ $x^2 - 9xy + 3y^2 - 12 = 0$ Ⓑ $10x^2 - 9xy + 4y^2 - 4 = 0$

MEDIA

Acceda a este recurso en línea para obtener instrucciones adicionales y practicar secciones cónicas y rotación de ejes.

Introducción a las secciones cónicas (http://openstax.org/l/introconic)

10.4 EJERCICIOS DE SECCIÓN

Verbales

1. ¿Qué efecto tiene el término xy en el gráfico de una sección cónica?

2. Si la ecuación de una sección cónica se escribe en la forma $Ax^2 + By^2 + Cx + Dy + E = 0$ y $AB = 0$, ¿qué podemos concluir?

3. Si la ecuación de una sección cónica se escribe en la forma $Ax^2 + Bxy + Cy^2 + Dx + Ey + F = 0$, y $B^2 - 4AC > 0$, ¿qué podemos concluir?

4. Dada la ecuación $ax^2 + 4x + 3y^2 - 12 = 0$, ¿qué podemos concluir si $a > 0$?

5. Para la ecuación $Ax^2 + Bxy + Cy^2 + Dx + Ey + F = 0$, el valor de θ que satisface $\cot(2\theta) = \frac{A-C}{B}$ ¿qué información nos da?

Algebraicos

En los siguientes ejercicios, determine qué sección cónica está representada a partir de la ecuación dada.

6. $9x^2 + 4y^2 + 72x + 36y - 500 = 0$

7. $x^2 - 10x + 4y - 10 = 0$

8. $2x^2 - 2y^2 + 4x - 6y - 2 = 0$

9. $4x^2 - y^2 + 8x - 1 = 0$

10. $4y^2 - 5x + 9y + 1 = 0$

11. $2x^2 + 3y^2 - 8x - 12y + 2 = 0$

12. $4x^2 + 9xy + 4y^2 - 36y - 125 = 0$

13. $3x^2 + 6xy + 3y^2 - 36y - 125 = 0$

14. $-3x^2 + 3\sqrt{3}xy - 4y^2 + 9 = 0$

15. $2x^2 + 4\sqrt{3}xy + 6y^2 - 6x - 3 = 0$

16. $-x^2 + 4\sqrt{2}xy + 2y^2 - 2y + 1 = 0$

17. $8x^2 + 4\sqrt{2}xy + 4y^2 - 10x + 1 = 0$

En los siguientes ejercicios, halle una nueva representación de la ecuación dada después de rotar el ángulo dado.

18. $3x^2 + xy + 3y^2 - 5 = 0, \theta = 45°$

19. $4x^2 - xy + 4y^2 - 2 = 0, \theta = 45°$

20. $2x^2 + 8xy - 1 = 0, \theta = 30°$

21. $-2x^2 + 8xy + 1 = 0, \theta = 45°$

22. $4x^2 + \sqrt{2}xy + 4y^2 + y + 2 = 0, \theta = 45°$

En los siguientes ejercicios, determine el ángulo θ que eliminará el término xy y escriba la ecuación correspondiente sin el término xy.

23. $x^2 + 3\sqrt{3}xy + 4y^2 + y - 2 = 0$

24. $4x^2 + 2\sqrt{3}xy + 6y^2 + y - 2 = 0$

25. $9x^2 - 3\sqrt{3}xy + 6y^2 + 4y - 3 = 0$

26. $-3x^2 - \sqrt{3}xy - 2y^2 - x = 0$

27. $16x^2 + 24xy + 9y^2 + 6x - 6y + 2 = 0$

28. $x^2 + 4xy + 4y^2 + 3x - 2 = 0$

29. $x^2 + 4xy + y^2 - 2x + 1 = 0$

30. $4x^2 - 2\sqrt{3}xy + 6y^2 - 1 = 0$

Gráficos

En los siguientes ejercicios, gire el ángulo dado basándose en la ecuación dada. Obtenga la nueva ecuación y grafique la ecuación original y la rotada.

31. $y = -x^2, \theta = -45°$

32. $x = y^2, \theta = 45°$

33. $\frac{x^2}{4} + \frac{y^2}{1} = 1, \theta = 45°$

34. $\frac{y^2}{16} + \frac{x^2}{9} = 1, \theta = 45°$

35. $y^2 - x^2 = 1, \theta = 45°$

36. $y = \frac{x^2}{2}, \theta = 30°$

37. $x = (y-1)^2, \theta = 30°$

38. $\frac{x^2}{9} + \frac{y^2}{4} = 1, \theta = 30°$

En los siguientes ejercicios, grafique la ecuación relativa al sistema $x'y'$ en el que la ecuación no tiene el término $x'y'$.

39. $xy = 9$

40. $x^2 + 10xy + y^2 - 6 = 0$

41. $x^2 - 10xy + y^2 - 24 = 0$

42. $4x^2 - 3\sqrt{3}xy + y^2 - 22 = 0$

43. $6x^2 + 2\sqrt{3}xy + 4y^2 - 21 = 0$

44. $11x^2 + 10\sqrt{3}xy + y^2 - 64 = 0$

45. $21x^2 + 2\sqrt{3}xy + 19y^2 - 18 = 0$

46. $16x^2 + 24xy + 9y^2 - 130x + 90y = 0$

47. $16x^2 + 24xy + 9y^2 - 60x + 80y = 0$

48. $13x^2 - 6\sqrt{3}xy + 7y^2 - 16 = 0$

49. $4x^2 - 4xy + y^2 - 8\sqrt{5}x - 16\sqrt{5}y = 0$

En los siguientes ejercicios, determine el ángulo de rotación para eliminar el término xy. A continuación, grafique el nuevo conjunto de ejes.

50. $6x^2 - 5\sqrt{3}xy + y^2 + 10x - 12y = 0$

51. $6x^2 - 5xy + 6y^2 + 20x - y = 0$

52. $6x^2 - 8\sqrt{3}xy + 14y^2 + 10x - 3y = 0$

53. $4x^2 + 6\sqrt{3}xy + 10y^2 + 20x - 40y = 0$

54. $8x^2 + 3xy + 4y^2 + 2x - 4 = 0$

55. $16x^2 + 24xy + 9y^2 + 20x - 44y = 0$

En los siguientes ejercicios, determine el valor de k con base en la ecuación dada.

56. Dados $4x^2 + kxy + 16y^2 + 8x + 24y - 48 = 0$, calcule k para que el gráfico sea una parábola.

57. Dados $2x^2 + kxy + 12y^2 + 10x - 16y + 28 = 0$, calcule k para que el gráfico sea una elipse.

58. Dados $3x^2 + kxy + 4y^2 - 6x + 20y + 128 = 0$, calcule k para que el gráfico sea una hipérbola.

59. Dados $kx^2 + 8xy + 8y^2 - 12x + 16y + 18 = 0$, calcule k para que el gráfico sea una parábola.

60. Dados $6x^2 + 12xy + ky^2 + 16x + 10y + 4 = 0$, calcule k para que el gráfico sea una elipse.

10.5 Secciones cónicas en coordenadas polares

Objetivos de aprendizaje

En esta sección, podrá:

- Identificar una sección cónica en forma polar.
- Graficar las ecuaciones polares de secciones cónicas.
- Definir secciones cónicas en términos de un foco y una directriz.

Figura 1 Los planetas que orbitan el sol siguen trayectorias elípticas. (Créditos: NASA Blueshift, Flickr).

La mayoría de nosotros estamos familiarizados con el movimiento orbital, como el de un planeta alrededor del Sol o el de un electrón alrededor de un núcleo atómico. Dentro del sistema planetario, las órbitas de planetas, asteroides y cometas alrededor de un cuerpo celeste mayor suelen ser elípticas. Sin embargo, los cometas pueden adoptar una órbita parabólica o hiperbólica. Y, en realidad, las características de las órbitas de los planetas pueden variar con el tiempo. Cada órbita está ligada a la ubicación del cuerpo celeste que se orbita y a la distancia y dirección del planeta u otro objeto desde ese cuerpo. Por ello, tendemos a utilizar coordenadas polares para representar estas órbitas.

En una órbita elíptica, el periapsis es el punto en el que los dos objetos están más cerca, y la apoapsis es el punto en el que están más alejados. En general, la velocidad del cuerpo en órbita tiende a aumentar a medida que se acerca a la periapsis y a disminuir cuando se acerca a la apoapsis. Algunos objetos alcanzan una velocidad de escape, lo que genera una órbita infinita. Estos cuerpos presentan una órbita parabólica o hiperbólica alrededor de un cuerpo; el cuerpo que orbita se libera de la atracción gravitatoria del cuerpo celeste y sale disparado al espacio. Cada una de estas órbitas se puede modelar mediante una sección cónica en el sistema de coordenadas polares.

Identificar una sección cónica en forma polar.

Cualquier sección cónica puede estar determinada por tres características: un único foco, una línea fija llamada directriz, y la relación de las distancias de cada una a un punto del gráfico. Considere la parábola $x = 2 + y^2$ que se muestra en la Figura 2.

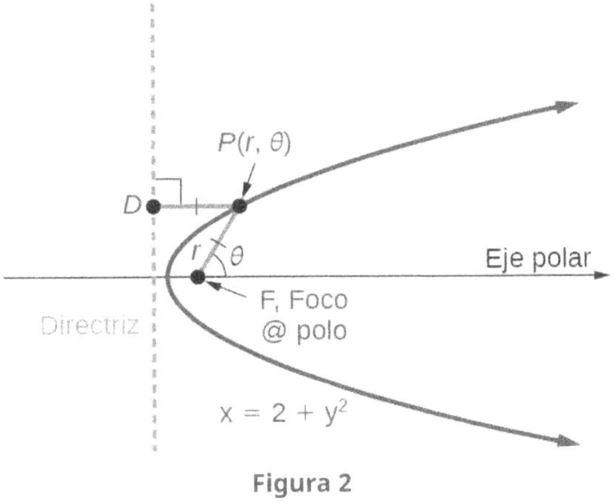

Figura 2

En la sección La parábola aprendimos cómo una parábola está definida por el foco (un punto fijo) y la directriz (una línea fija). En esta sección aprenderemos a definir cualquier cónica en el sistema de coordenadas polares en términos de un punto fijo, el foco $P(r, \theta)$ en el polo, y una línea, la directriz, que es perpendicular al eje polar.

Si los valores de F es un punto fijo, el foco, y D es una línea fija, la directriz, entonces podemos dejar que e sea un número fijo positivo, llamado **excentricidad**, que podemos definir como la relación de las distancias de un punto del gráfico al foco y del punto del gráfico a la directriz. Entonces el conjunto de todos los puntos P de manera que $e = \frac{PF}{PD}$ es una cónica. En otras palabras, podemos definir una cónica como el conjunto de todos los puntos P con la propiedad de que la relación de la distancia de P con F con la distancia de P con D es igual a la constante e.

Para una cónica con excentricidad e,

- si $0 \leq e < 1$, la cónica es una elipse
- si $e = 1$, la cónica es una parábola
- si $e > 1$, la cónica es una hipérbola

Con esta definición, ahora podemos definir una cónica en términos de la directriz, $x = \pm p$, la excentricidad e, y el ángulo θ. Así, cada cónica se puede escribir como una **ecuación polar**, una ecuación escrita en términos de r y θ.

La ecuación polar de una cónica

Para una sección cónica con foco en el origen, si la directriz es $x = \pm p$, donde p es un número real positivo, y la **excentricidad** es un número real positivo e, la cónica tiene una **ecuación polar**

$$r = \frac{ep}{1 \pm e \ \cos \ \theta}$$

Para una sección cónica con foco en el origen, si la directriz es $y = \pm p$, donde p es un número real positivo, y la excentricidad es un número real positivo e, la cónica tiene una ecuación polar

$$r = \frac{ep}{1 \pm e \ \text{sen} \ \theta}$$

CÓMO

Dada la ecuación polar de una cónica, identifique el tipo de cónica, la directriz y la excentricidad.

1. Multiplique el numerador y el denominador por el recíproco de la constante en el denominador para reescribir la ecuación en forma estándar.
2. Identifique la excentricidad e como el coeficiente de la función trigonométrica en el denominador.
3. Compare e con 1 para determinar la forma de la cónica.
4. Determine la directriz como $x = p$ si el coseno está en el denominador y $y = p$ si el seno está en el denominador. Establezca ep igual al numerador en forma estándar para resolver x o y.

EJEMPLO 1

Identificación de una sección cónica dada la forma polar

Para cada una de las siguientes ecuaciones, identifique la cónica con foco en el origen, la directriz y la excentricidad.

a. $r = \frac{6}{3+2 \ \text{sen} \ \theta}$
b. $r = \frac{12}{4+5 \ \cos \ \theta}$
c. $r = \frac{7}{2-2 \ \text{sen} \ \theta}$

Solución

Para cada una de las tres cónicas reescribiremos la ecuación en forma estándar. La forma estándar tiene un 1 como constante en el denominador. Por lo tanto, en las tres partes, el primer paso será multiplicar el numerador y el denominador por el recíproco de la constante de la ecuación original, $\frac{1}{c}$, donde c es esa constante.

a. Multiplique el numerador y el denominador por $\frac{1}{3}$.

$$r=\frac{6}{3+2\,\text{sen}\ \theta}\cdot\frac{\left(\frac{1}{3}\right)}{\left(\frac{1}{3}\right)}=\frac{6\left(\frac{1}{3}\right)}{3\left(\frac{1}{3}\right)+2\left(\frac{1}{3}\right)\text{sen}\ \theta}=\frac{2}{1+\frac{2}{3}\ \ \text{sen}\ \theta}$$

Dado que sen θ está en el denominador, la directriz es $y=p$. En comparación con la forma estándar, tenga en cuenta que $e=\frac{2}{3}$. Por lo tanto, desde el numerador,

$$\begin{aligned}2&=ep\\2&=\tfrac{2}{3}p\\\left(\tfrac{3}{2}\right)2&=\left(\tfrac{3}{2}\right)\tfrac{2}{3}p\\3&=p\end{aligned}$$

Dado que $e<1$, la cónica es una elipse. La excentricidad es $e=\frac{2}{3}$ y la directriz es $y=3$.

b. Multiplique el numerador y el denominador por $\frac{1}{4}$.

$$\begin{aligned}r&=\frac{12}{4+5\ \ \cos\ \theta}\cdot\frac{\left(\frac{1}{4}\right)}{\left(\frac{1}{4}\right)}\\r&=\frac{12\left(\frac{1}{4}\right)}{4\left(\frac{1}{4}\right)+5\left(\frac{1}{4}\right)\cos\ \theta}\\r&=\frac{3}{1+\frac{5}{4}\ \ \cos\ \theta}\end{aligned}$$

Dado que cos θ está en el denominador, la directriz es $x=p$. Comparación con la forma estándar, $e=\frac{5}{4}$. Por lo tanto, desde el numerador,

$$\begin{aligned}3&=ep\\3&=\tfrac{5}{4}p\\\left(\tfrac{4}{5}\right)3&=\left(\tfrac{4}{5}\right)\tfrac{5}{4}p\\\tfrac{12}{5}&=p\end{aligned}$$

Dado que $e>1$, la cónica es una hipérbola. La excentricidad es $e=\frac{5}{4}$ y la directriz es $x=\frac{12}{5}=2{,}4$.

c. Multiplique el numerador y el denominador por $\frac{1}{2}$.

$$\begin{aligned}r&=\frac{7}{2-2\ \ \text{sen}\ \theta}\cdot\frac{\left(\frac{1}{2}\right)}{\left(\frac{1}{2}\right)}\\r&=\frac{7\left(\frac{1}{2}\right)}{2\left(\frac{1}{2}\right)-2\left(\frac{1}{2}\right)\ \ \text{sen}\ \theta}\\r&=\frac{\frac{7}{2}}{1-\text{sen}\ \theta}\end{aligned}$$

Como el seno está en el denominador, la directriz es $y=-p$. Comparación con la forma estándar, $e=1$. Por lo tanto, desde el numerador,

$$\begin{aligned}\tfrac{7}{2}&=ep\\\tfrac{7}{2}&=(1)\,p\\\tfrac{7}{2}&=p\end{aligned}$$

Dado que $e=1$, la cónica es una parábola. La excentricidad es $e=1$ y la directriz es $y=-\frac{7}{2}=-3{,}5$.

INTÉNTELO #1 Identifique la cónica con foco en el origen, la directriz y la excentricidad para $r = \frac{2}{3-\cos\ \theta}$.

Graficar las ecuaciones polares de las cónicas

Al graficar en coordenadas cartesianas, cada sección cónica tiene una ecuación única. Este no es el caso cuando se grafica en coordenadas polares. Debemos utilizar la excentricidad de una sección cónica para determinar el tipo de curva a graficar, y luego determinar sus características específicas. El primer paso es reescribir la cónica en forma estándar como hemos hecho en el ejemplo anterior. En otras palabras, tenemos que reescribir la ecuación para que el denominador empiece por 1. Esto nos permite determinar e y, por lo tanto, la forma de la curva. El siguiente paso es sustituir los valores de θ y resolver para r para trazar algunos puntos clave. Si establecemos que θ igual a $0, \frac{\pi}{2}, \pi,$ y $\frac{3\pi}{2}$ proporciona los vértices para que podamos crear un dibujo aproximado del gráfico.

EJEMPLO 2

Graficar una parábola en forma polar

Grafique $r = \frac{5}{3+3\ \cos\ \theta}$.

Solución

Primero, reescribimos la cónica en forma estándar multiplicando el numerador y el denominador por el recíproco de 3, que es $\frac{1}{3}$.

$$r = \frac{5}{3+3\ \cos\ \theta} = \frac{5\left(\frac{1}{3}\right)}{3\left(\frac{1}{3}\right)+3\left(\frac{1}{3}\right)\cos\ \theta}$$

$$r = \frac{\frac{5}{3}}{1+\cos\ \theta}$$

Dado que $e = 1$, graficaremos una parábola con foco en el origen. La función tiene un $\cos\ \theta$, y hay un signo de suma en el denominador, por lo que la directriz es $x = p$.

$$\frac{5}{3} = ep$$
$$\frac{5}{3} = (1)p$$
$$\frac{5}{3} = p$$

La directriz es $x = \frac{5}{3}$.

Trazar algunos puntos clave como en la Tabla 1 nos permitirá ver los vértices. Vea la Figura 3.

	A	B	C	D
θ	0	$\frac{\pi}{2}$	π	$\frac{3\pi}{2}$
$r = \frac{5}{3+3\ \cos\ \theta}$	$\frac{5}{6} \approx 0{,}83$	$\frac{5}{3} \approx 1{,}67$	indefinida	$\frac{5}{3} \approx 1{,}67$

Tabla 1

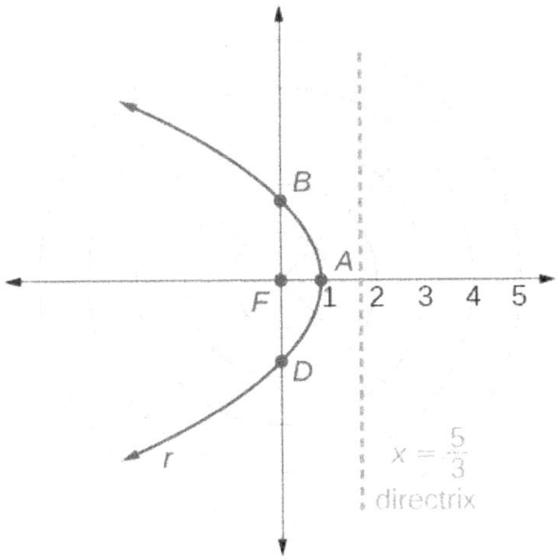

Figura 3

Análisis

Podemos comprobar nuestro resultado con una herramienta gráfica. Vea la Figura 4.

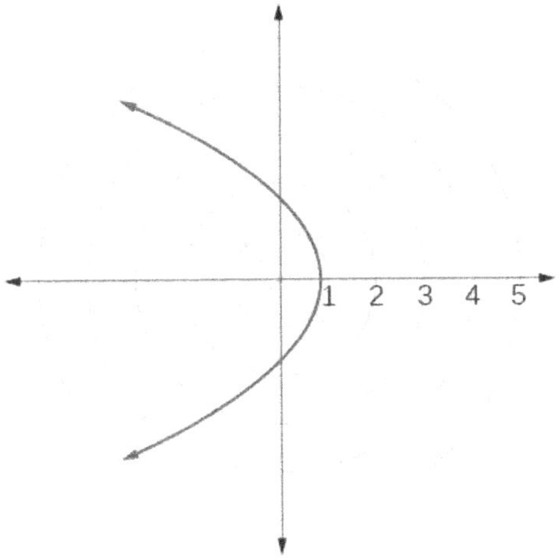

Figura 4

EJEMPLO 3

Graficar una hipérbola en forma polar

Grafique $r = \frac{8}{2-3\ \text{sen}\ \theta}$.

Solución

Primero, reescribimos la cónica en forma estándar multiplicando el numerador y el denominador por el recíproco de 2, que es $\frac{1}{2}$.

$$r = \frac{8}{2-3\,\text{sen}\ \theta} = \frac{8\left(\frac{1}{2}\right)}{2\left(\frac{1}{2}\right)-3\left(\frac{1}{2}\right)\text{sen}\ \theta}$$

$$r = \frac{4}{1-\frac{3}{2}\ \text{sen}\ \theta}$$

Dado que $e = \frac{3}{2}, e > 1$, por lo que graficaremos una hipérbola con foco en el origen. La función tiene un $\text{sen}\ \theta$ y hay un signo de resta en el denominador, por lo que la directriz es $y = -p$.

$$4 = ep$$
$$4 = \left(\frac{3}{2}\right) p$$
$$4\left(\frac{2}{3}\right) = p$$
$$\frac{8}{3} = p$$

La directriz es $y = -\frac{8}{3}$.

Trazar algunos puntos clave como en la Tabla 2 nos permitirá ver los vértices. Vea la Figura 5.

	A	B	C	D
θ	0	$\frac{\pi}{2}$	π	$\frac{3\pi}{2}$
$r = \dfrac{8}{2 - 3\,\text{sen}\ \theta}$	4	-8	4	$\frac{8}{5} = 1{,}6$

Tabla 2

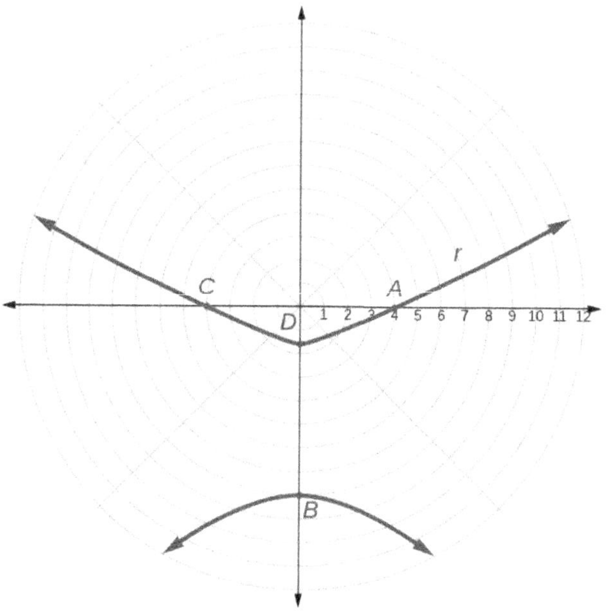

Figura 5

EJEMPLO 4

Graficar una elipse en forma polar

Grafique $r = \frac{10}{5-4\ \cos\ \theta}$.

Solución

Primero, reescribimos la cónica en forma estándar multiplicando el numerador y el denominador por el recíproco de 5, que es $\frac{1}{5}$.

$$r = \frac{10}{5-4\cos\ \theta} = \frac{10\left(\frac{1}{5}\right)}{5\left(\frac{1}{5}\right)-4\left(\frac{1}{5}\right)\cos\ \theta}$$

$$r = \frac{2}{1-\frac{4}{5}\ \ \cos\ \theta}$$

Dado que $e = \frac{4}{5}, e < 1,$ por lo que graficaremos una elipse con un foco en el origen. La función tiene un cos θ, y hay un signo de resta en el denominador, por lo que la directriz es $x = -p$.

$$2 = ep$$
$$2 = \left(\frac{4}{5}\right)p$$
$$2\left(\frac{5}{4}\right) = p$$
$$\frac{5}{2} = p$$

La directriz es $x = -\frac{5}{2}$.

Trazar algunos puntos clave como en la Tabla 3 nos permitirá ver los vértices. Vea la Figura 6.

	A	B	C	D
θ	0	$\frac{\pi}{2}$	π	$\frac{3\pi}{2}$
$r = \frac{10}{5-4\ \cos\ \theta}$	10	2	$\frac{10}{9} \approx 1{,}1$	2

Tabla 3

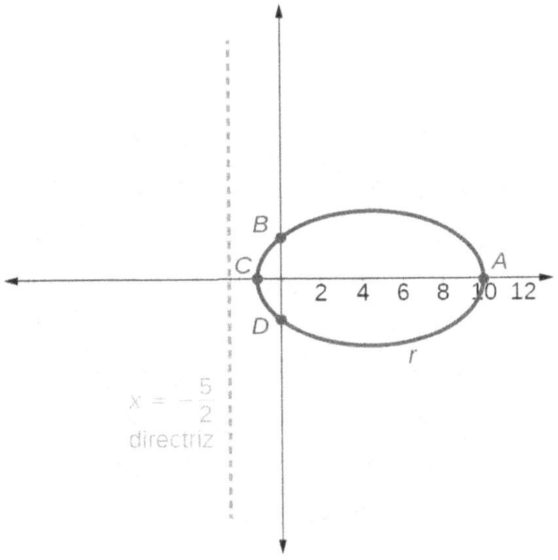

Figura 6

Análisis

Podemos comprobar nuestro resultado utilizando una herramienta gráfica. Vea la Figura 7.

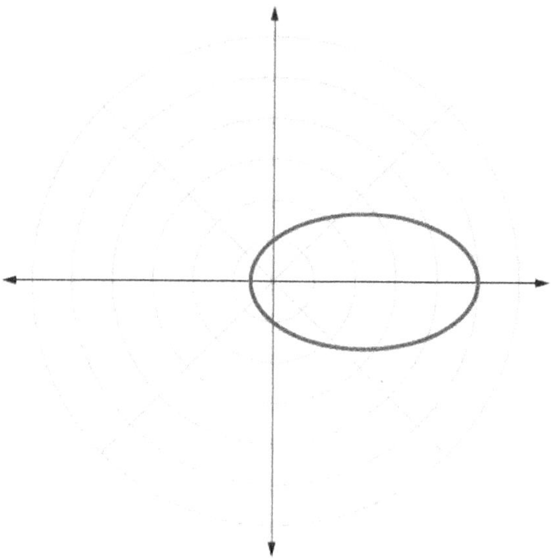

Figura 7 $r = \frac{10}{5-4 \cos \theta}$ graficado en una ventana de visualización de $[-3, 12, 1]$ entre $[-4, 4, 1]$, θ mín. $= 0$ y θ máx. $= 2\pi$.

INTÉNTELO #2 Grafique $r = \frac{2}{4-\cos \theta}$.

Definir cónicas en términos de un foco y una directriz

Hasta ahora hemos utilizado ecuaciones polares de cónicas para describir y graficar la curva. Ahora, trabajaremos a la inversa; utilizaremos la información sobre el origen, la excentricidad y la directriz para determinar la ecuación polar.

CÓMO

Dado el foco, la excentricidad y la directriz de una cónica, determine la ecuación polar.

1. Determine si la directriz es horizontal o vertical. Si la directriz se da en términos de y, utilizamos la forma polar general en términos de seno. Si la directriz se da en términos de x, utilizamos la forma polar general en términos de coseno.
2. Determine el signo del denominador. Si los valores de $p < 0$, utilice la resta. Si los valores de $p > 0$, utilice la adición.
3. Escriba el coeficiente de la función trigonométrica como la excentricidad dada.
4. Escriba el valor absoluto de p en el numerador y simplifique la ecuación.

EJEMPLO 5

Hallar la forma polar de una sección cónica vertical dado un foco en el origen y la excentricidad y la directriz

Halle la forma polar de la cónica dado un foco en el origen, $e = 3$ y directriz $y = -2$.

Solución

La directriz es $y = -p$, por lo que sabemos que la función trigonométrica en el denominador es el seno.

Dado que $y = -2, -2 < 0$, por lo que sabemos que hay un signo de resta en el denominador. Utilizamos la forma estándar de

$$r = \frac{ep}{1 - e \operatorname{sen} \theta}$$

y $e = 3$ y $|-2| = 2 = p$.

Por lo tanto,

$$r = \frac{(3)(2)}{1-3 \ \text{sen} \ \theta}$$
$$r = \frac{6}{1-3 \ \text{sen} \ \theta}$$

EJEMPLO 6

Hallar la forma polar de una sección cónica horizontal dado un foco en el origen y la excentricidad y la directriz

Halle la forma polar de una cónica dado un foco en el origen, $e = \frac{3}{5}$, y directriz $x = 4$.

Solución

Como la directriz es $x = p$, sabemos que la función en el denominador es coseno. Dado que $x = 4, 4 > 0$, entonces sabemos que hay un signo de suma en el denominador. Utilizamos la forma estándar de

$$r = \frac{ep}{1 + e \ \cos \ \theta}$$

y $e = \frac{3}{5}$ y $|4| = 4 = p$.

Por lo tanto,

$$r = \frac{\left(\frac{3}{5}\right)(4)}{1+\frac{3}{5} \ \cos \ \theta}$$
$$r = \frac{\frac{12}{5}}{1+\frac{3}{5} \ \cos \ \theta}$$
$$r = \frac{\frac{12}{5}}{1\left(\frac{5}{5}\right)+\frac{3}{5} \ \cos \ \theta}$$
$$r = \frac{\frac{12}{5}}{\frac{5}{5}+\frac{3}{5} \ \cos \ \theta}$$
$$r = \frac{12}{5} \cdot \frac{5}{5+3 \ \cos \ \theta}$$
$$r = \frac{12}{5+3 \ \cos \ \theta}$$

> **INTÉNTELO** #3 Halle la forma polar de la cónica dado un foco en el origen, $e = 1$, y directriz $x = -1$.

EJEMPLO 7

Convertir una cónica en forma polar a forma rectangular

Convertir la sección cónica $r = \frac{1}{5-5 \ \text{sen} \ \theta}$ a la forma rectangular.

Solución

Reorganizaremos la fórmula para utilizar las identidades $r = \sqrt{x^2 + y^2}, x = r \ \cos \ \theta$, y $y = r \ \text{sen} \ \theta$.

$r = \frac{1}{5-5 \text{ sen } \theta}$	
$r \cdot (5 - 5 \text{ sen } \theta) = \frac{1}{5-5 \text{ sen } \theta} \cdot (5 - 5 \text{ sen } \theta)$	Eliminar la fracción.
$5r - 5r \text{ sen } \theta = 1$	Distribuya.
$5r = 1 + 5r \text{ sen } \theta$	Aísle $5r$.
$25r^2 = (1 + 5r \text{ sen } \theta)^2$	Eleve ambos lados al cuadrado.
$25(x^2 + y^2) = (1 + 5y)^2$	Sustituya $r = \sqrt{x^2 + y^2}$ y $y = r \text{ sen } \theta$.
$25x^2 + 25y^2 = 1 + 10y + 25y^2$	Distribuya y use el método FOIL.
$25x^2 - 10y = 1$	Reordene los términos y establézcalos igual a 1.

INTÉNTELO #4 Convertir la sección cónica $r = \frac{2}{1+2 \text{ cos } \theta}$ a la forma rectangular.

MEDIA

Acceda a estos recursos en línea para obtener más información y practicar las cónicas en coordenadas polares.

Ecuaciones polares de secciones cónicas (http://openstax.org/l/determineconic)
Gráficos de ecuaciones polares de cónicas 1 (http://openstax.org/l/graphconic1)
Gráficos de ecuaciones polares de cónicas 2 (http://openstax.org/l/graphconic2)

10.5 EJERCICIOS DE SECCIÓN

Verbales

1. Explique cómo la excentricidad determina qué sección cónica se da.
2. Si una sección cónica se escribe como una ecuación polar, ¿qué debe ser cierto para el denominador?
3. Si una sección cónica se escribe como una ecuación polar, y el denominador implica sen θ, ¿qué conclusión se puede sacar sobre la directriz?
4. Si la directriz de una sección cónica es perpendicular al eje polar, ¿qué sabemos de la ecuación del gráfico?
5. ¿Qué sabemos sobre los focos de una sección cónica si se escribe como una ecuación polar?

Algebraicos

En los siguientes ejercicios, identifique la cónica con foco en el origen, y luego dé la directriz y la excentricidad.

6. $r = \frac{6}{1-2 \text{ cos } \theta}$
7. $r = \frac{3}{4-4 \text{ sen } \theta}$
8. $r = \frac{8}{4-3 \text{ cos } \theta}$
9. $r = \frac{5}{1+2 \text{ sen } \theta}$
10. $r = \frac{16}{4+3 \text{ cos } \theta}$
11. $r = \frac{3}{10+10 \text{ cos } \theta}$
12. $r = \frac{2}{1-\text{cos } \theta}$
13. $r = \frac{4}{7+2 \text{ cos } \theta}$
14. $r(1 - \cos \theta) = 3$
15. $r(3 + 5 \text{ sen } \theta) = 11$
16. $r(4 - 5 \text{ sen } \theta) = 1$
17. $r(7 + 8 \cos \theta) = 7$

En los siguientes ejercicios, convierta la ecuación polar de una sección cónica en una ecuación rectangular.

18. $r=\frac{4}{1+3\ \text{sen}\ \theta}$

19. $r=\frac{2}{5-3\ \text{sen}\ \theta}$

20. $r=\frac{8}{3-2\ \cos\ \theta}$

21. $r=\frac{3}{2+5\ \cos\ \theta}$

22. $r=\frac{4}{2+2\ \text{sen}\ \theta}$

23. $r=\frac{3}{8-8\ \cos\ \theta}$

24. $r=\frac{2}{6+7\ \cos\ \theta}$

25. $r=\frac{5}{5-11\ \text{sen}\ \theta}$

26. $r(5+2\ \ \cos\ \ \theta)=6$

27. $r(2-\cos\ \ \theta)=1$

28. $r(2{,}5-2{,}5\ \ \text{sen}\ \ \theta)=5$

29. $r=\frac{6\sec\ \theta}{-2+3\ \sec\ \theta}$

30. $r=\frac{6\csc\ \theta}{3+2\ \csc\ \theta}$

En los siguientes ejercicios, grafique la sección cónica dada. Si es una parábola, marque el vértice, el foco y la directriz. Si es una elipse, marque los vértices y los focos. Si es una hipérbola, marque los vértices y los focos.

31. $r=\frac{5}{2+\cos\ \theta}$

32. $r=\frac{2}{3+3\ \text{sen}\ \theta}$

33. $r=\frac{10}{5-4\ \text{sen}\ \theta}$

34. $r=\frac{3}{1+2\ \cos\ \theta}$

35. $r=\frac{8}{4-5\ \cos\ \theta}$

36. $r=\frac{3}{4-4\ \cos\ \theta}$

37. $r=\frac{2}{1-\text{sen}\ \theta}$

38. $r=\frac{6}{3+2\ \text{sen}\ \theta}$

39. $r(1+\cos\ \ \theta)=5$

40. $r(3-4\,\text{sen}\ \ \theta)=9$

41. $r(3-2\,\text{sen}\ \ \theta)=6$

42. $r(6-4\cos\ \ \theta)=5$

En los siguientes ejercicios, halle la ecuación polar de la cónica con foco en el origen y la excentricidad y la directriz dadas.

43. Directriz: $x=4;\ \ e=\frac{1}{5}$

44. Directriz: $x=-4;\ \ e=5$

45. Directriz: $y=2;\ \ e=2$

46. Directriz: $y=-2;\ \ e=\frac{1}{2}$

47. Directriz: $x=1;\ \ e=1$

48. Directriz: $x=-1;\ \ e=1$

49. Directriz: $x=-\frac{1}{4};\ \ e=\frac{7}{2}$

50. Directriz: $y=\frac{2}{5};\ \ e=\frac{7}{2}$

51. Directriz: $y=4;\ \ e=\frac{3}{2}$

52. Directriz: $x=-2;\ \ e=\frac{8}{3}$

53. Directriz: $x=-5;\ \ e=\frac{3}{4}$

54. Directriz: $y=2;\ \ e=2{,}5$

55. Directriz: $x=-3;\ \ e=\frac{1}{3}$

Extensiones

Recordemos que en la sección Rotación de ejes las ecuaciones de las cónicas con un término xy han girado los gráficos. En los siguientes ejercicios, exprese cada ecuación en forma polar con r en función de θ.

56. $xy=2$

57. $x^2+xy+y^2=4$

58. $2x^2+4xy+2y^2=9$

59. $16x^2+24xy+9y^2=4$

60. $2xy+y=1$

Revisión del capítulo

Términos clave

ángulo de rotación un ángulo agudo formado por un conjunto de ejes girados desde el plano cartesiano donde, si $\cot(2\theta) > 0$, entonces θ está entre $(0°, 45°)$; si $\cot(2\theta) < 0$, entonces θ está entre $(45°, 90°)$; y si $\cot(2\theta) = 0$, entonces $\theta = 45°$

centro de una elipse el punto medio de los ejes mayor y menor

centro de una hipérbola el punto medio de los ejes transversal y conjugado de una hipérbola

directriz una línea perpendicular al eje de simetría de una parábola; una línea tal que la relación de la distancia entre los puntos de la cónica y el foco y la distancia a la directriz es constante

ecuación polar una ecuación de una curva en coordenadas polares r y θ

eje conjugado el eje de una hipérbola que es perpendicular al eje transversal y tiene los covértices como puntos extremos

eje mayor el más largo de los dos ejes de una elipse

eje menor el más corto de los dos ejes de una elipse

eje transversal el eje de una hipérbola que incluye los focos y tiene los vértices como puntos extremos

elipse el conjunto de todos los puntos (x, y) en un plano de tal manera que la suma de sus distancias a dos puntos fijos es una constante

excentricidad la relación de las distancias de un punto P en el gráfico al foco F y a la directriz D representado por $e = \frac{PF}{PD}$, donde e es un número real positivo

foco (de una elipse) uno de los dos puntos fijos del eje mayor de una elipse tal que la suma de las distancias de estos puntos a cualquier punto (x, y) en la elipse es una constante

foco (de una parábola) un punto fijo en el interior de una parábola que se encuentra en el eje de simetría

focos plural de foco

hipérbola el conjunto de todos los puntos (x, y) en un plano tal que la diferencia de las distancias entre (x, y) y el foco es una constante positiva

latus rectum el segmento de línea que pasa por el foco de una parábola paralela a la directriz, con puntos extremos en la parábola

parábola el conjunto de todos los puntos (x, y) en un plano que están a la misma distancia de una línea fija, llamada la directriz, y un punto fijo (el foco) que no está en la directriz

sección cónica cualquier forma resultante de la intersección de un cono circular recto con un plano

sección cónica no degenerada forma formada por la intersección de un plano con un doble cono recto de manera que el plano no pasa por el vértice; círculos, elipses, hipérbolas y parábolas son secciones cónicas no degeneradas

secciones cónicas degeneradas cualquiera de las posibles formas que se forman cuando un plano interseca un cono doble por el vértice. Los tipos de secciones cónicas degeneradas incluyen un punto, una línea y líneas de intersección.

Ecuaciones clave

Elipse horizontal, centro en el origen	$\frac{x^2}{a^2} + \frac{y^2}{b^2} = 1, \quad a > b$
Elipse vertical, centro en el origen	$\frac{x^2}{b^2} + \frac{y^2}{a^2} = 1, \quad a > b$
Elipse horizontal, centro (h, k)	$\frac{(x-h)^2}{a^2} + \frac{(y-k)^2}{b^2} = 1, \quad a > b$
Elipse vertical, centro (h, k)	$\frac{(x-h)^2}{b^2} + \frac{(y-k)^2}{a^2} = 1, \quad a > b$

Hipérbola, centro en el origen, eje transversal en el eje de la x	$\frac{x^2}{a^2} - \frac{y^2}{b^2} = 1$
Hipérbola, centro en el origen, eje transversal en el eje y	$\frac{y^2}{a^2} - \frac{x^2}{b^2} = 1$

Hipérbola, centro en (h, k), eje transversal paralelo al eje x	$\frac{(x-h)^2}{a^2} - \frac{(y-k)^2}{b^2} = 1$
Hipérbola, centro en (h, k), eje transversal paralelo al eje y	$\frac{(y-k)^2}{a^2} - \frac{(x-h)^2}{b^2} = 1$
Parábola, vértice en el origen, eje de simetría en el eje de la x	$y^2 = 4px$
Parábola, vértice en el origen, eje de simetría en el eje y	$x^2 = 4py$
Parábola, vértice en (h, k), eje de simetría en el eje x	$(y-k)^2 = 4p(x-h)$
Parábola, vértice en (h, k), eje de simetría en el eje y	$(x-h)^2 = 4p(y-k)$
Ecuación de la forma general de una sección cónica	$Ax^2 + Bxy + Cy^2 + Dx + Ey + F = 0$
Rotación de una sección cónica	$x = x' \cos\ \theta - y' \operatorname{sen}\ \theta$ $y = x' \operatorname{sen}\ \theta + y' \cos\ \theta$
Ángulo de rotación	θ, donde $\cot(2\theta) = \frac{A-C}{B}$

Conceptos clave

10.1 La elipse

- Una elipse es el conjunto de todos los puntos (x, y) en un plano tal que la suma de sus distancias a dos puntos fijos es una constante. Cada punto fijo se llama foco (plural: focos).
- Cuando se dan las coordenadas de los focos y los vértices de una elipse, podemos escribir la ecuación de la elipse en forma estándar. Vea el Ejemplo 1 y el Ejemplo 2.
- Cuando se da una ecuación para una elipse centrada en el origen en forma estándar, podemos identificar sus vértices, covértices, focos y las longitudes y las posiciones de los ejes mayor y menor para graficar la elipse. Vea el Ejemplo 3 y el Ejemplo 4.
- Cuando se da la ecuación de una elipse centrada en algún punto distinto del origen, podemos identificar sus rasgos principales y representarla gráficamente. Vea el Ejemplo 5 y el Ejemplo 6.
- Las situaciones del mundo real se pueden modelar mediante las ecuaciones estándar de las elipses y luego evaluar para hallar las características clave, como las longitudes de los ejes y la distancia entre los focos. Vea el Ejemplo 7.

10.2 La hipérbola

- Una hipérbola es el conjunto de todos los puntos (x, y) en un plano tal que la diferencia de las distancias entre (x, y) y los focos es una constante positiva.
- La forma estándar de una hipérbola se puede usar para hallar sus vértices y sus focos. Vea el Ejemplo 1.
- Cuando se dan las coordenadas de los focos y los vértices de una hipérbola, podemos escribir la ecuación de la hipérbola en forma estándar. Vea el Ejemplo 2 y el Ejemplo 3.
- Cuando se da una ecuación para una hipérbola, podemos identificar sus vértices, covértices, focos, asíntotas y longitudes y posiciones de los ejes transversal y conjugado para graficar la hipérbola. Vea el Ejemplo 4 y el Ejemplo 5.
- Las situaciones del mundo real se pueden modelar utilizando las ecuaciones estándar de las hipérbolas. Por ejemplo, dadas las dimensiones de una torre de refrigeración de tiro natural, podemos hallar una ecuación hiperbólica que modele sus lados. Vea el Ejemplo 6.

10.3 La parábola

- Una parábola es el conjunto de todos los puntos (x, y) en un plano que están a la misma distancia de una línea fija, llamada la directriz, y un punto fijo (el foco) que no está en la directriz.
- La forma estándar de una parábola con vértice $(0, 0)$ y el eje x como su eje de simetría se puede utilizar para

graficar la parábola. Si los valores de $p > 0$, la parábola se abre a la derecha. Si los valores de $p < 0$, la parábola se abre a la izquierda. Vea el Ejemplo 1.

- La forma estándar de una parábola con vértice $(0, 0)$ y el eje y como su eje de simetría se puede utilizar para graficar la parábola. Si los valores de $p > 0$, la parábola se abre. Si los valores de $p < 0$, la parábola se abre hacia abajo. Vea el Ejemplo 2.
- Dados el foco y la directriz de una parábola, podemos escribir su ecuación en forma estándar. Vea el Ejemplo 3.
- La forma estándar de una parábola con vértice (h, k) y el eje de simetría paralelo al eje x se pueden usar para graficar la parábola. Si los valores de $p > 0$, la parábola se abre a la derecha. Si los valores de $p < 0$, la parábola se abre a la izquierda. Vea el Ejemplo 4.
- La forma estándar de una parábola con vértice (h, k) y el eje de simetría paralelo al eje y se pueden usar para graficar la parábola. Si los valores de $p > 0$, la parábola se abre. Si los valores de $p < 0$, la parábola se abre hacia abajo. Vea el Ejemplo 5.
- Las situaciones del mundo real se pueden modelar mediante ecuaciones estándar de parábolas. Por ejemplo, dados el diámetro y el foco de una sección transversal de un reflector parabólico, podemos hallar una ecuación que modele sus lados. Vea el Ejemplo 6.

10.4 Rotación de ejes

- Cuatro formas básicas pueden resultar de la intersección de un plano con un par de conos circulares rectos conectados cola con cola. Se trata de una elipse, un círculo, una hipérbola y una parábola.
- Una sección cónica no degenerada tiene la forma general $Ax^2 + Bxy + Cy^2 + Dx + Ey + F = 0$ donde A, B y C no son todos cero. Los valores de $A, B,$ y C determinan el tipo de sección cónica. Vea el Ejemplo 1.
- Las ecuaciones de secciones cónicas con un término xy se han girado alrededor del origen. Vea el Ejemplo 2.
- La forma general se puede transformar en una ecuación en el sistema de coordenadas x' y y' sin $x'y'$. Vea el Ejemplo 3 y el Ejemplo 4.
- Una expresión se describe como invariante si permanece sin cambios después de la rotación. Como el discriminante es invariable, su observación nos permite identificar la sección cónica. Vea el Ejemplo 5.

10.5 Secciones cónicas en coordenadas polares

- Cualquier cónica puede estar determinada por un único foco, la excentricidad correspondiente y la directriz. También podemos definir una cónica en términos de un punto fijo, el foco $P(r, \theta)$ en el polo, y una línea, la directriz, que es perpendicular al eje polar.
- Una cónica es el conjunto de todos los puntos $e = \frac{PF}{PD}$, donde la excentricidad e es un número real positivo. Cada cónica se puede escribir en términos de su ecuación polar. Vea el Ejemplo 1.
- Las ecuaciones polares de las cónicas se pueden graficar. Vea el Ejemplo 2, el Ejemplo 3 y el Ejemplo 4.
- Las cónicas se pueden definir en términos de un foco, una directriz y una excentricidad. Vea el Ejemplo 5 y el Ejemplo 6.
- Podemos utilizar las identidades $r = \sqrt{x^2 + y^2}, x = r \cos \theta,$ y $y = r \operatorname{sen} \theta$ para convertir la ecuación de una cónica de forma polar a rectangular. Vea el Ejemplo 7.

Ejercicios

Ejercicios de repaso

La elipse

En los siguientes ejercicios, escriba la ecuación de la elipse en forma estándar. A continuación, identifique el centro, los vértices y los focos.

1. $\frac{x^2}{25} + \frac{y^2}{64} = 1$

2. $\frac{(x-2)^2}{100} + \frac{(y+3)^2}{36} = 1$

3. $9x^2 + y^2 + 54x - 4y + 76 = 0$

4. $9x^2 + 36y^2 - 36x + 72y + 36 = 0$

En los siguientes ejercicios, grafique la elipse, tomando en cuenta el centro, los vértices y los focos.

5. $\frac{x^2}{36} + \frac{y^2}{9} = 1$

6. $\frac{(x-4)^2}{25} + \frac{(y+3)^2}{49} = 1$

7. $4x^2 + y^2 + 16x + 4y - 44 = 0$

8. $2x^2 + 3y^2 - 20x + 12y + 38 = 0$

En los siguientes ejercicios, utilice la información dada para hallar la ecuación de la elipse.

9. Centro en $(0, 0)$, foco en $(3, 0)$, vértice en $(-5, 0)$

10. Centro en $(2, -2)$, vértice en $(7, -2)$, foco en $(4, -2)$

11. Se construirá una galería de susurros de forma que los focos se sitúen a 35 pies del centro. Si la longitud de la galería es de 100 pies, ¿cuál debe ser la altura del techo?

La hipérbola

En los siguientes ejercicios, escriba la ecuación de la hipérbola en forma estándar. A continuación, dé el centro, los vértices y los focos.

12. $\frac{x^2}{81} - \frac{y^2}{9} = 1$

13. $\frac{(y+1)^2}{16} - \frac{(x-4)^2}{36} = 1$

14. $9y^2 - 4x^2 + 54y - 16x + 29 = 0$

15. $3x^2 - y^2 - 12x - 6y - 9 = 0$

En los siguientes ejercicios, grafique la hipérbola e identifique los vértices y los focos.

16. $\frac{x^2}{9} - \frac{y^2}{16} = 1$

17. $\frac{(y-1)^2}{49} - \frac{(x+1)^2}{4} = 1$

18. $x^2 - 4y^2 + 6x + 32y - 91 = 0$

19. $2y^2 - x^2 - 12y - 6 = 0$

En los siguientes ejercicios, halle la ecuación de la hipérbola.

20. Centro en $(0, 0)$, vértice en $(0, 4)$, foco en $(0, -6)$

21. Focos en $(3, 7)$ y $(7, 7)$, vértice en $(6, 7)$

La parábola

En los siguientes ejercicios, escriba la ecuación de la parábola en forma estándar. A continuación, dé el vértice, el foco y la directriz.

22. $y^2 = 12x$

23. $(x + 2)^2 = \frac{1}{2}(y - 1)$

24. $y^2 - 6y - 6x - 3 = 0$

25. $x^2 + 10x - y + 23 = 0$

En los siguientes ejercicios, grafique la parábola e identifique el vértice, el foco y la directriz.

26. $x^2 + 4y = 0$

27. $(y - 1)^2 = \frac{1}{2}(x + 3)$

28. $x^2 - 8x - 10y + 46 = 0$

29. $2y^2 + 12y + 6x + 15 = 0$

En los siguientes ejercicios, escriba la ecuación de la parábola utilizando la información dada.

30. Foco en $(-4, 0)$; la directriz es $x = 4$

31. Foco en $\left(2, \frac{9}{8}\right)$; la directriz es $y = \frac{7}{8}$

32. Una antena receptora de televisión por cable tiene la forma de un paraboloide de revolución. Halle la ubicación del receptor, que se coloca en el foco, si la antena parabólica tiene 5 pies de diámetro en su apertura y 1,5 pies de profundidad.

Rotación de ejes

En los siguientes ejercicios, determine cuál de las secciones cónicas está representada.

33. $16x^2 + 24xy + 9y^2 + 24x - 60y - 60 = 0$

34. $4x^2 + 14xy + 5y^2 + 18x - 6y + 30 = 0$

35. $4x^2 + xy + 2y^2 + 8x - 26y + 9 = 0$

En los siguientes ejercicios, determine el ángulo θ que eliminará el término xy, y escriba la ecuación correspondiente sin el término xy.

36. $x^2 + 4xy - 2y^2 - 6 = 0$

37. $x^2 - xy + y^2 - 6 = 0$

En los siguientes ejercicios, grafique la ecuación relativa al sistema $x'y'$ en el que la ecuación no tiene el término $x'y'$.

38. $9x^2 - 24xy + 16y^2 - 80x - 60y + 100 = 0$

39. $x^2 - xy + y^2 - 2 = 0$

40. $6x^2 + 24xy - y^2 - 12x + 26y + 11 = 0$

Secciones cónicas en coordenadas polares

En los siguientes ejercicios, dada la ecuación polar de la cónica con foco en el origen, identifique la excentricidad y la directriz.

41. $r = \frac{10}{1-5 \cos \theta}$

42. $r = \frac{6}{3+2 \cos \theta}$

43. $r = \frac{1}{4+3 \operatorname{sen} \theta}$

44. $r = \frac{3}{5-5 \operatorname{sen} \theta}$

En los siguientes ejercicios, grafique la cónica dada en forma polar. Si es una parábola, marque el vértice, el foco y la directriz. Si es una elipse o una hipérbola, marque los vértices y los focos.

45. $r = \frac{3}{1-\operatorname{sen} \theta}$

46. $r = \frac{8}{4+3 \operatorname{sen} \theta}$

47. $r = \frac{10}{4+5 \cos \theta}$

48. $r = \frac{9}{3-6 \cos \theta}$

En los siguientes ejercicios, dada la información sobre el gráfico de una cónica con foco en el origen, calcule la ecuación en forma polar.

49. La directriz es $x = 3$ y excentricidad $e = 1$

50. La directriz es $y = -2$ y excentricidad $e = 4$

Examen de práctica

En los siguientes ejercicios, escriba la ecuación en forma estándar e indique el centro, los vértices y los focos.

1. $\frac{x^2}{9} + \frac{y^2}{4} = 1$

2. $9y^2 + 16x^2 - 36y + 32x - 92 = 0$

En los siguientes ejercicios, dibuje el gráfico e identifique el centro, los vértices y los focos.

3. $\frac{(x-3)^2}{64} + \frac{(y-2)^2}{36} = 1$

4. $2x^2 + y^2 + 8x - 6y - 7 = 0$

5. Escriba la ecuación en forma estándar de una elipse con centro en $(1, 2)$, vértice en $(7, 2)$, y el foco en $(4, 2)$.

6. Se va a construir una galería de susurros con una longitud de 150 pies. Si los focos deben situarse a 20 pies de la pared, ¿qué altura debe tener el techo?

En los siguientes ejercicios, escriba la ecuación de la hipérbola en forma estándar y dé el centro, los vértices, los focos y las asíntotas.

7. $\frac{x^2}{49} - \frac{y^2}{81} = 1$

8. $16y^2 - 9x^2 + 128y + 112 = 0$

En los siguientes ejercicios, grafique la hipérbola y tome en cuenta su centro, los vértices y los focos. Indique las ecuaciones de las asíntotas.

9. $\frac{(x-3)^2}{25} - \frac{(y+3)^2}{1} = 1$

10. $y^2 - x^2 + 4y - 4x - 18 = 0$

11. Escriba la ecuación en forma estándar de una hipérbola con focos en $(1, 0)$ y $(1, 6)$, y un vértice en $(1, 2)$.

En los siguientes ejercicios, escriba la ecuación de la parábola en forma estándar y dé el vértice, el foco y la ecuación de la directriz.

12. $y^2 + 10x = 0$

13. $3x^2 - 12x - y + 11 = 0$

En los siguientes ejercicios, grafique la parábola y marque el vértice, el foco y la directriz.

14. $(x-1)^2 = -4(y+3)$

15. $y^2 + 8x - 8y + 40 = 0$

16. Escriba la ecuación de una parábola con foco en $(2, 3)$ y directriz $y = -1$.

17. Un reflector tiene forma de paraboloide de revolución. Si la fuente de luz está situada a 1,5 pies de la base a lo largo del eje de simetría y la profundidad del reflector es de 3 pies, ¿cuál debería ser el ancho de la apertura?

En los siguientes ejercicios, determine qué sección cónica está representada por la ecuación dada y, luego, determine el ángulo θ que eliminará el término xy.

18. $3x^2 - 2xy + 3y^2 = 4$

19. $x^2 + 4xy + 4y^2 + 6x - 8y = 0$

En los siguientes ejercicios, reescriba en el sistema $x'y'$ sin el término $x'y'$, y exprese el gráfico rotado.

20. $11x^2 + 10\sqrt{3}xy + y^2 = 4$

21. $16x^2 + 24xy + 9y^2 - 125x = 0$

En los siguientes ejercicios, identifique la cónica con foco en el origen, y luego dé la directriz y la excentricidad.

22. $r = \frac{3}{2 - \text{sen } \theta}$

23. $r = \frac{5}{4 + 6 \ \cos \ \theta}$

En los siguientes ejercicios, grafique la sección cónica dada. Si es una parábola, marque el vértice, el foco y la directriz. Si es una elipse o una hipérbola, marque los vértices y los focos.

24. $r = \frac{12}{4 - 8 \ \text{sen} \ \theta}$

25. $r = \frac{2}{4 + 4 \ \text{sen} \ \theta}$

26. Halle una ecuación polar de la cónica con foco en el origen, excentricidad de $e = 2$, y directriz: $x = 3$.

11 SECUENCIA, PROBABILIDAD Y TEORÍA DEL RECUENTO

(Créditos: Robert Couse-Baker, Flickr).

Esquema del capítulo

Introducción

Un ganador de la lotería tiene que tomar algunas decisiones importantes sobre qué hacer con las ganancias. ¿Comprar una casa nueva? ¿Un descapotable de lujo? ¿Un crucero alrededor del mundo?

La probabilidad de ganar la lotería es escasa, pero a todos nos encanta fantasear con lo que podríamos comprar con las ganancias. Una de las primeras decisiones que tiene que tomar el ganador de la lotería es si va a recibir el premio en forma de pago único o en una serie de pagos regulares, llamados anualidades, durante un largo periodo.

Esta decisión se basa en muchos factores, como las implicaciones fiscales, los tipos de interés y las estrategias de inversión. También hay que tener en cuenta los motivos personales a la hora de elegir, y se pueden dar muchos argumentos para cualquiera de las dos decisiones. Sin embargo, la mayoría de los ganadores de la lotería optan por el pago único.

En este capítulo exploraremos las matemáticas que están detrás de este tipo de situaciones. Analizaremos en profundidad las anualidades. También veremos la rama de las matemáticas que nos permitiría calcular el número de formas de elegir los números de la lotería y la probabilidad de ganar.

11.1 Secuencias y sus notaciones

Objetivos de aprendizaje

En esta sección, podrá:

- Escribir los términos de una secuencia definida por una fórmula explícita.
- Escribir los términos de una secuencia definida por una fórmula recursiva.
- Utilizar la notación factorial.

Una compañía de videojuegos lanza una nueva y emocionante campaña publicitaria. Prevén que el número de visitas en línea a su sitio web, o hits, se duplicará cada día. El modelo que utilizan muestra 2 visitas el primer día, 4 visitas el segundo día, 8 visitas el tercer día, y así sucesivamente. Vea la Tabla 1.

Día	1	2	3	4	5	...
Visitas	2	4	8	16	32	...

Tabla 1

Si su modelo continúa, ¿cuántas visitas habrá al final del mes? Para responder esta pregunta, primero tendremos que saber cómo determinar una lista de números escritos en un orden específico. En esta sección exploraremos estos tipos de listas ordenadas.

Escribir los términos de una secuencia definida por una fórmula explícita

Una forma de describir una lista ordenada de números es como una **secuencia**. La secuencia es una función cuyo dominio es un subconjunto de los números del recuento. La secuencia establecida por el número de visitas al sitio web es

$$\{2, 4, 8, 16, 32, \dots\}.$$

La elipsis (...) indica que la secuencia continúa indefinidamente. Cada uno de los números de la secuencia se denomina **término**. Los cinco primeros términos de esta secuencia son 2, 4, 8, 16 y 32.

Enumerar todos los términos de una secuencia puede ser engorroso. Por ejemplo, para conocer el número de visitas al sitio web a final de mes habría que enumerar hasta 31 términos. La forma más eficaz de determinar un término específico es escribir una fórmula para definir la secuencia.

Un tipo de fórmula es la fórmula explícita, que define los términos de una secuencia utilizando su posición en esta. Las fórmulas explícitas son útiles si queremos hallar un término específico de una secuencia sin hallar todos los términos anteriores. Podemos utilizar la fórmula para hallar el enésimo término de la secuencia, donde n es cualquier número positivo. En nuestro ejemplo, cada número de la secuencia es el doble del anterior, por lo que podemos utilizar potencias de 2 para escribir una fórmula para el enésimo término.

$$\begin{array}{cccccccc} \{2, & 4, & 8, & 16, & 32, & \dots, & ?, & \dots\} \\ \downarrow & \downarrow & \downarrow & \downarrow & \downarrow & & \downarrow & \\ \{2^1, & 2^2, & 2^3, & 2^4, & 2^5, & \dots, & 2^n, & \dots\} \end{array}$$

El primer término de la secuencia es $2^1 = 2$, el segundo término es $2^2 = 4$, el tercer término es $2^3 = 8$, y así sucesivamente. El enésimo término de la secuencia se puede hallar elevando 2 a la n potencia. Una fórmula explícita para una secuencia se denomina con una letra minúscula $a, b, c...$ con el subíndice n. La fórmula explícita para esta secuencia es

$$a_n = 2^n.$$

Ahora que tenemos una fórmula para el enésimo término de la secuencia, podemos responder la pregunta planteada al principio de esta sección. Se nos pidió que halláramos el número de visitas al final del mes, que tomaremos como 31 días. Para hallar el número de visitas en el último día del mes, tenemos que hallar el 31.º término de la secuencia. Sustituiremos 31 por n en la fórmula.

$$\begin{aligned} a_{31} &= 2^{31} \\ &= 2.147.483.648 \end{aligned}$$

Si la tendencia de duplicación continúa, la compañía obtendrá 2.147.483.648 visitas el último día del mes. ¡Son más de 2.100 millones de visitas! La enorme cifra es probablemente un poco irreal porque no tiene en cuenta el interés de los consumidores ni la competencia. No obstante, ofrece a la compañía un punto de partida desde el que considerar decisiones comerciales.

Otra forma de representar la secuencia es mediante una tabla. Los cinco primeros términos de la secuencia y el **enésimo** término de la secuencia se muestran en la Tabla 2.

n	1	2	3	4	5	n
enésimo **término de la secuencia,** a_n	2	4	8	16	32	2^n

Tabla 2

Los gráficos proporcionan una representación visual de la secuencia como un conjunto de puntos distintos. Podemos ver en el gráfico de la Figura 1 que el número de visitas aumenta a un ritmo exponencial. Esta secuencia particular forma una función exponencial.

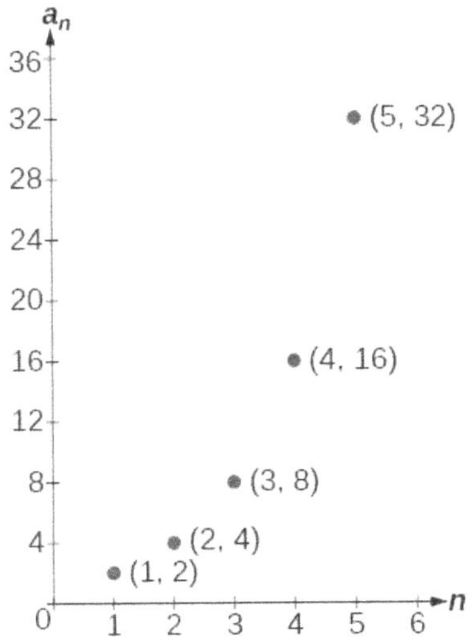

Figura 1

Por último, podemos escribir esta secuencia particular como

$$\{2, 4, 8, 16, 32, \ldots, 2^n, \ldots\}.$$

Una secuencia que continúa indefinidamente se llama **secuencia infinita**. El dominio de una secuencia infinita es el conjunto de los números que se cuentan. Si consideramos solo los 10 primeros términos de la secuencia, podríamos escribir

$$\{2, 4, 8, 16, 32, \ldots, 2^n, \ldots, 1.024\}.$$

Esta secuencia se llama **secuencia finita** porque no continúa indefinidamente.

Secuencia

La **secuencia** es una función cuyo dominio son el conjunto de enteros positivos. La **secuencia finita** es una secuencia cuyo dominio se compone solamente de los primeros n enteros positivos. Los números de una secuencia se llaman **términos**. La variable a con un subíndice numérico se utiliza para representar los términos de una secuencia y para indicar la posición del término en la secuencia.

$$a_1, a_2, a_3, \ldots, a_n, \ldots$$

Llamamos a_1 el primer término de la secuencia, a_2 el segundo término de la secuencia, a_3 el tercer término de la secuencia, y así sucesivamente. El término a_n se llama el **enésimo término de la secuencia**, o el término general de la secuencia. La **fórmula explícita** define el *enésimo* término de una secuencia utilizando la posición del término. Una secuencia que continúa indefinidamente es una **secuencia infinita**.

PREGUNTAS Y RESPUESTAS

¿Una secuencia tiene que empezar siempre por a_1?

No. En ciertos problemas, puede ser útil definir el término inicial como a_0 en vez de a_1. En estos problemas, el dominio de la función incluye 0.

CÓMO

Dada una fórmula explícita, escriba el primer término. n de una secuencia.

1. Sustituya cada valor de n en la fórmula. Comience con $n = 1$ para hallar el primer término, a_1.
2. Para hallar el segundo término, a_2, utilice $n = 2$.
3. Continúe de la misma manera hasta que haya identificado todos los n términos.

EJEMPLO 1

Escribir los términos de una secuencia definida por una fórmula explícita

Escriba los cinco primeros términos de la secuencia definida por la fórmula explícita $a_n = -3n + 8$.

Solución

Sustituya $n = 1$ en la fórmula. Repita con los valores de 2 a 5 para n.

$$\begin{array}{ll} n = 1 & a_1 = -3(1) + 8 = 5 \\ n = 2 & a_2 = -3(2) + 8 = 2 \\ n\ \mathrm{n} = 3 & a_3 = -3(3) + 8 = -1 \\ n = 4 & a_4 = -3(4) + 8 =-4 \\ n = 5 & a_5 = -3(5) + 8 = -7 \end{array}$$

Los cinco primeros términos son $\{5, \ 2, \ -1, \ -4, \ -7\}$.

Análisis

Los valores de la secuencia se pueden enumerar en una tabla. Una tabla, como la Tabla 3, es una forma cómoda de introducir la función en una herramienta gráfica.

n	1	2	3	4	5
a_n	5	2	-1	-4	-7

Tabla 3

A partir de esta tabla de valores se puede hacer un gráfico. A partir del gráfico de la Figura 2, podemos ver que esta secuencia representa una función lineal, pero observe que el gráfico no es continuo porque el dominio es solo sobre los enteros positivos.

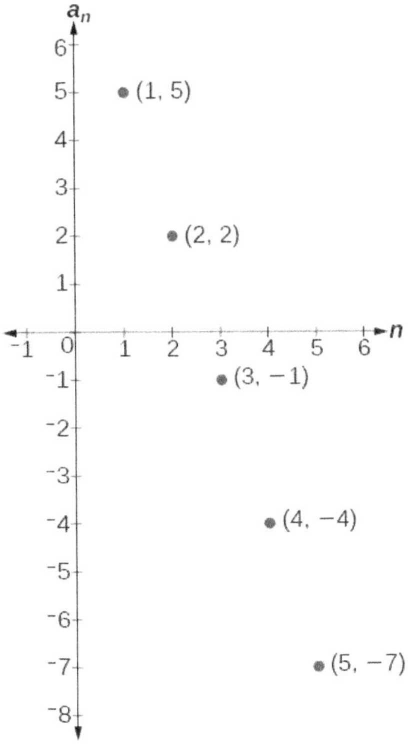

Figura 2

INTÉNTELO #1 Escriba los cinco primeros términos de la secuencia definida por la fórmula explícita $t_n = 5n - 4$.

Investigar secuencias alternas

A veces, las secuencias tienen términos que son alternativos. De hecho, los términos pueden alternarse en el signo. Los pasos para hallar los términos de la secuencia son los mismos que si los signos no se alternaran. Sin embargo, los términos resultantes no mostrarán aumento ni disminución como n aumenta. Veamos la siguiente secuencia.

$$\{2, -4, 6, -8\}$$

Observe que el primer término es mayor que el segundo, el segundo es menor que el tercero y el tercero es mayor que el cuarto. Esta tendencia continúa para siempre. No reordene los términos en orden numérico para interpretar la secuencia.

CÓMO

Dada una fórmula explícita con términos alternos, escriba el primer término n de una secuencia.

1. Sustituya cada valor de n en la fórmula. Comience con $n = 1$ para hallar el primer término, a_1. El signo del término viene dado por el $(-1)^n$ en la fórmula explícita.
2. Para hallar el segundo término, a_2, utilice $n = 2$.
3. Continúe de la misma manera hasta que haya identificado todos los n términos.

EJEMPLO 2

Escribir los términos de una secuencia alterna definida por una fórmula explícita

Escriba los cinco primeros términos de la secuencia.

$$a_n = \frac{(-1)^n n^2}{n+1}$$

Solución

Sustituya $n = 1, n = 2$, y así sucesivamente en la fórmula.

$$\begin{array}{ll} n = 1 & a_1 = \frac{(-1)^1 1^2}{1+1} = -\frac{1}{2} \\ n = 2 & a_2 = \frac{(-1)^2 2^2}{2+1} = \frac{4}{3} \\ n\text{ n} = 3 & a_3 = \frac{(-1)^3 3^2}{3+1} = -\frac{9}{4} \\ n = 4 & a_4 = \frac{(-1)^4 4^2}{4+1} = \frac{16}{5} \\ n = 5 & a_5 = \frac{(-1)^5 5^2}{5+1} = -\frac{25}{6} \end{array}$$

Los cinco primeros términos son $\left\{-\frac{1}{2}, \frac{4}{3}, -\frac{9}{4}, \frac{16}{5}, -\frac{25}{6}\right\}$.

Análisis

El gráfico de esta función que se muestra en la Figura 3 tiene un aspecto diferente a las que hemos visto anteriormente en esta sección porque los términos de la secuencia alternan entre valores positivos y negativos.

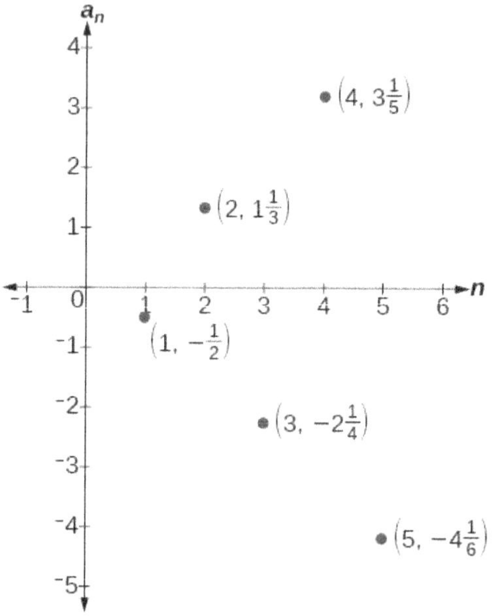

Figura 3

PREGUNTAS Y RESPUESTAS

En el Ejemplo 2, ¿el (–1) elevado a la potencia de n explica las oscilaciones de los signos?

Sí, la potencia puede ser $n, n+1, n-1$, y así sucesivamente, pero cualquier potencia impar generará un término negativo, y cualquier potencia par ocasionará un término positivo.

INTÉNTELO #2 Escriba los cinco primeros términos de la secuencia.

$$a_n = \frac{4n}{(-2)^n}$$

Investigación de fórmulas explícitas definidas por partes

Hemos aprendido que las secuencias son funciones cuyo dominio está sobre los enteros positivos. Esto es cierto para otros tipos de funciones, incluidas algunas funciones definidas por partes. Recordemos que la función definida por partes es aquella definida por múltiples subsecciones. Una fórmula diferente podría representar cada subsección individual.

CÓMO

Dada una fórmula explícita para una función definida por partes, escriba los primeros n términos de una secuencia.

1. Identifique la fórmula a la que $n = 1$ aplica.
2. Para hallar el primer término, a_1, utilice $n = 1$ en la fórmula correspondiente.
3. Identifique la fórmula a la que $n = 2$ aplica.
4. Para hallar el segundo término, a_2, utilice $n = 2$ en la fórmula correspondiente.
5. Continúe de la misma manera hasta que haya identificado todos los n términos.

EJEMPLO 3

Escribir los términos de una secuencia definida por una fórmula definida por partes explícita

Escriba los seis primeros términos de la secuencia.

$$a_n = \begin{cases} n^2 & \text{si } n \text{ no es divisible entre 3} \\ \frac{n}{3} & \text{si } n \text{ es divisible entre 3} \end{cases}$$

Solución

Sustituya $n = 1, n = 2$, y así sucesivamente en la fórmula correspondiente. Utilice n^2 cuando n no es un múltiplo de 3. Utilice $\frac{n}{3}$ cuando n es un múltiplo de 3.

$$\begin{array}{ll} a_1 = 1^2 = 1 & \text{1 no es múltiplo de 3. Uso } n^2. \\ a_2 = 2^2 = 4 & \text{2 no es múltiplo de 3. Uso } n^2. \\ a_3 = \frac{3}{3} = 1 & \text{3 es un múltiplo de 3. Uso } \frac{n}{3}. \\ a_4 = 4^2 = 16 & \text{4 no es un múltiplo de 3. Uso } n^2. \\ a_5 = 5^2 = 25 & \text{5 no es un múltiplo de 3. Uso } n^2. \\ a_6 = \frac{6}{3} = 2 & \text{6 es un múltiplo de 3. Uso } \frac{n}{3}. \end{array}$$

Los seis primeros términos son $\{1, 4, 1, 16, 25, 2\}$.

Análisis

Uno de cada tres puntos del gráfico que se muestra en la Figura 4 se distingue de los dos puntos cercanos. Esto ocurre porque la secuencia fue determinada por una función definida por partes.

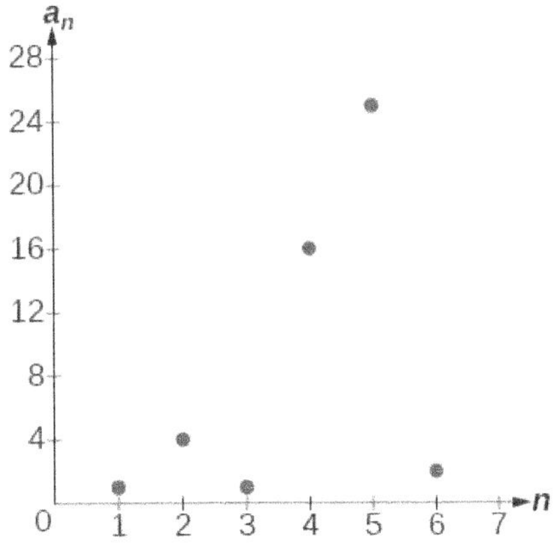

Figura 4

INTÉNTELO #3 Escriba los seis primeros términos de la secuencia.

$$a_n = \begin{cases} 2n^3 & \text{si } n \text{ es impar} \\ \frac{5n}{2} & \text{si } n \text{ es par} \end{cases}$$

Hallar una fórmula explícita

Hasta ahora, se nos ha dado la fórmula explícita y se nos ha pedido que calculemos un número de términos de la secuencia. A veces, la fórmula explícita del enésimo término de una secuencia no se da. En cambio, se nos dan varios términos de la secuencia. Cuando esto ocurre, podemos trabajar a la inversa para hallar una fórmula explícita a partir de los primeros términos de una secuencia. La clave para hallar una fórmula explícita es buscar un patrón en los términos. Tenga en cuenta que el patrón puede involucrar términos alternos, fórmulas para numeradores, fórmulas para denominadores, exponentes o bases.

CÓMO

Dados los primeros términos de una secuencia, halle una fórmula explícita para la secuencia.

1. Busque un patrón entre los términos.
2. Si los términos son fracciones, busque un patrón separado entre los numeradores y los denominadores.
3. Busque un patrón entre los signos de los términos.
4. Escriba una fórmula para a_n en términos de n. Pruebe su fórmula para $n = 1$, $n = 2$, y $n = 3$.

EJEMPLO 4

Escribir una fórmula explícita para el *enésimo* término de una secuencia

Escriba una fórmula explícita para el enésimo término de cada secuencia.

Ⓐ $\left\{-\frac{2}{11}, \frac{3}{13}, -\frac{4}{15}, \frac{5}{17}, -\frac{6}{19}, \ldots\right\}$ Ⓑ $\left\{-\frac{2}{25}, -\frac{2}{125}, -\frac{2}{625}, -\frac{2}{3{,}125}, -\frac{2}{15{,}625}, \ldots\right\}$ Ⓒ $\{e^4, e^5, e^6, e^7, e^8, \ldots\}$

Solución

Busque el patrón en cada secuencia.

Ⓐ Los términos alternan entre positivo y negativo. Podemos utilizar $(-1)^n$ para que los términos se alternen. El numerador se puede representar mediante $n + 1$. El denominador se puede representar mediante $2n + 9$.

$a_n = \frac{(-1)^n(n+1)}{2n+9}$

Ⓑ

Los términos son todos negativos.

$\left\{-\frac{2}{25}, -\frac{2}{125}, -\frac{2}{625}, -\frac{2}{3{,}125}, -\frac{2}{15{,}125}, \ldots\right\}$ El numerador es 2.

$\left\{-\frac{2}{5^2}, -\frac{2}{5^3}, -\frac{2}{5^4}, -\frac{2}{5^5}, -\frac{2}{5^6}, \ldots, -\frac{2}{5^n}\right\}$ Los denominadores son potencias crecientes de 5.

Así, sabemos que la fracción es negativa, el numerador es 2 y el denominador se puede representar mediante 5^{n+1}.

$$a_n = -\frac{2}{5^{n+1}}$$

Ⓒ

Los términos son potencias de e. Para $n = 1$, el primer término es e^4 por lo que el exponente debe ser $n + 3$.

$$a_n = e^{n+3}$$

INTÉNTELO #4 Escriba una fórmula explícita para el enésimo término de la secuencia.

$$\{9, \ -81, \ 729, \ -6.561, \ 59.049, \ \ldots\}$$

INTÉNTELO #5 Escriba una fórmula explícita para el enésimo término de la secuencia.

$$\left\{-\frac{3}{4}, -\frac{9}{8}, -\frac{27}{12}, -\frac{81}{16}, -\frac{243}{20}, \ldots\right\}$$

INTÉNTELO #6 Escriba una fórmula explícita para el enésimo término de la secuencia.

$$\left\{\frac{1}{e^2}, \frac{1}{e}, 1, e, e^2, \ldots\right\}$$

Escribir los términos de una secuencia definida por una fórmula recursiva

Las secuencias se dan de forma natural en los patrones de crecimiento de las conchas de los nautilos, las piñas, las ramas de los árboles y muchas otras estructuras naturales. Podemos ver la secuencia en la disposición de las hojas o las ramas, el número de pétalos de una flor o el patrón de las cámaras de una concha de un nautilo. Su crecimiento sigue la secuencia de Fibonacci, una famosa secuencia en la que cada término se puede hallar mediante la suma de los dos anteriores. Los números de la secuencia son 1, 1, 2, 3, 5, 8, 13, 21, 34, ... Otros ejemplos del mundo natural que muestran la secuencia de Fibonacci son el lirio de cala, que tiene un solo pétalo, la Susana de ojos negros con 13 pétalos y diferentes variedades de margaritas que pueden tener 21 o 34 pétalos.

Cada término de la secuencia de Fibonacci depende de los términos que le preceden. La secuencia de Fibonacci no se puede escribir fácilmente mediante una fórmula explícita. En cambio, describimos la secuencia utilizando una **fórmula recursiva**, una fórmula que define los términos de una secuencia utilizando términos anteriores.

Una fórmula recursiva siempre tiene dos partes: el valor de un término inicial (o términos iniciales) y una ecuación que define a_n según términos anteriores. Por ejemplo, supongamos que sabemos lo siguiente:

$$\begin{aligned} a_1 &= 3 \\ a_n &= 2a_{n-1} - 1 \text{ para } n \geq 2 \end{aligned}$$

Podemos hallar los términos siguientes de la secuencia utilizando el primer término.

$$\begin{aligned} a_1 &= 3 \\ a_2 &= 2a_1 - 1 = 2(3) - 1 = 5 \\ a_3 &= 2a_2 - 1 = 2(5) - 1 = 9 \\ a_4 &= 2a_3 - 1 = 2(9) - 1 = 17 \end{aligned}$$

Así que los cuatro primeros términos de la secuencia son $\{3, \ 5, \ 9, \ 17\}$.

La fórmula recursiva de la secuencia de Fibonacci establece los dos primeros términos y define cada término sucesivo como la suma de los dos términos anteriores.

$$\begin{aligned} a_1 &= 1 \\ a_2 &= 1 \\ a_n &= a_{n-1} + a_{n-2} \text{ para } n \geq 3 \end{aligned}$$

Para hallar el décimo término de la secuencia, por ejemplo, tendríamos que sumar el octavo y el noveno términos. Anteriormente se nos dijo que el octavo y el noveno términos son 21 y 34, por lo que

$$a_{10} = a_9 + a_8 = 34 + 21 = 55$$

Fórmula recursiva

Una **fórmula recursiva** es una fórmula que define cada término de una secuencia utilizando el término anterior (o términos anteriores). Las fórmulas recursivas deben indicar siempre el término o términos iniciales de la secuencia.

PREGUNTAS Y RESPUESTAS **¿Siempre se deben dar los dos primeros términos en una fórmula recursiva?**

No. La secuencia de Fibonacci define cada término utilizando los dos términos anteriores, pero muchas fórmulas recursivas definen cada término utilizando solo un término anterior. Estas secuencias solo necesitan que se defina el primer término.

CÓMO

Dada una fórmula recursiva con solo el primer término proporcionado, escriba los primeros *n* términos de una secuencia.

1. Identifique el término inicial, a_1, que se da como parte de la fórmula. Este es el primer término.
2. Para hallar el segundo término, a_2, sustituya el término inicial en la fórmula de a_{n-1}. Resuelva.
3. Para hallar el tercer término, a_3, sustituya el segundo término en la fórmula. Resuelva.
4. Repita la operación hasta que haya resuelto el enésimo término.

EJEMPLO 5

Escribir los términos de una secuencia definida por una fórmula recursiva

Escriba los cinco primeros términos de la secuencia definida por la fórmula recursiva.

$$a_1 = 9$$
$$a_n \text{ n} = 3a_{n-1} - 20, \text{ para } n \geq 2$$

Solución

El primer término es dado en la fórmula. Para cada término posterior, sustituimos a_{n-1} con el valor del término anterior.

$$\begin{array}{ll} n = 1 & a_1 = 9 \\ n = 2 & a_2 = 3a_1 - 20 = 3(9) - 20 = 27 - 20 = 7 \\ n \text{ n} = 3 & a_3 = 3a_2 - 20 = 3(7) - 20 = 21 - 20 = 1 \\ n = 4 & a_4 = 3a_3 - 20 = 3(1) - 20 = 3 - 20 = -17 \\ n = 5 & a_5 = 3a_4 - 20 = 3(-17) - 20 = -51 - 20 = -71 \end{array}$$

Los cinco primeros términos son $\{9, \ 7, \ 1, \ -17, \ -71\}$. Vea la Figura 5.

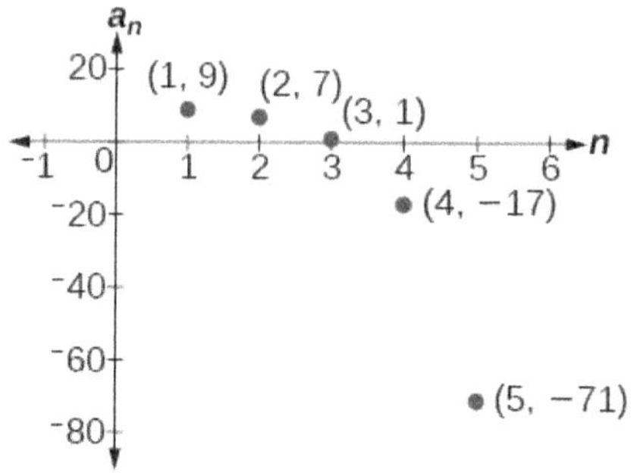

Figura 5

INTÉNTELO #7 Escriba los cinco primeros términos de la secuencia definida por la fórmula recursiva.

$$a_1 = 2$$
$$a_n = 2a_{n-1} + 1, \text{ para } n \geq 2$$

CÓMO

Dada una fórmula recursiva con dos términos iniciales, escriba los primeros *n* términos de una secuencia.

1. Identifique el término inicial, a_1, que se da como parte de la fórmula.
2. Identifique el segundo término, a_2, que se da como parte de la fórmula.

3. Para hallar el tercer término, sustituya el término inicial y el segundo término en la fórmula. Evalúe.
4. Repita la operación hasta que haya evaluado el enésimo término.

EJEMPLO 6

Escribir los términos de una secuencia definida por una fórmula recursiva

Escriba los seis primeros términos de la secuencia definida por la fórmula recursiva.

$$a_1 = 1$$
$$a_2 = 2$$
$$a_n \text{ n} = 3a_{n-1} + 4a_{n-2}, \text{ para } n \geq 3$$

Solución

Se dan los dos primeros términos. Para cada término posterior, sustituimos a_{n-1} y a_{n-2} con los valores de los dos términos anteriores.

$$n \text{ n} = 3 \qquad a_3 = 3a_2 + 4a_1 = 3(2) + 4(1) = 10$$
$$n = 4 \qquad a_4 = 3a_3 + 4a_2 = 3(10) + 4(2) = 38$$
$$n = 5 \qquad a_5 = 3a_4 + 4a_3 = 3(38) + 4(10) = 154$$
$$n = 6 \qquad a_6 = 3a_5 + 4a_4 = 3(154) + 4(38) = 614$$

Los seis primeros términos son $\{1, 2, 10, 38, 154, 614\}$. Vea la Figura 6.

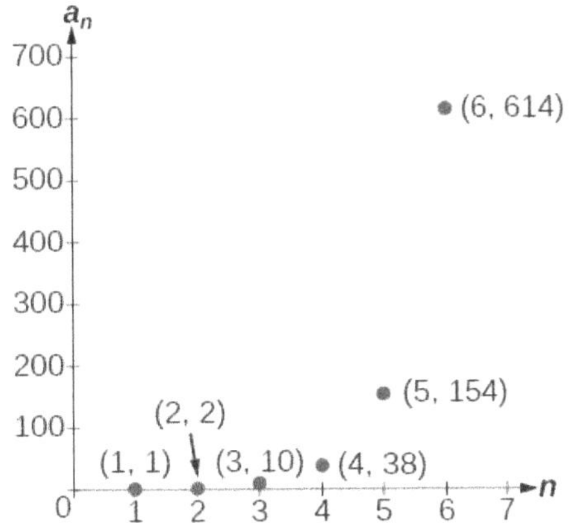

Figura 6

INTÉNTELO #8 Escriba los 8 primeros términos de la secuencia definida por la fórmula recursiva.

$$a_1 = 0$$
$$a_2 = 1$$
$$a_3 = 1$$
$$a_n = \frac{a_{n-1}}{a_{n-2}} + a_{n-3}, \text{ para } n \geq 4$$

Usar notación factorial

Las fórmulas de algunas secuencias incluyen productos de enteros positivos consecutivos. n **factorial**, escrito como $n!$, es el producto de los enteros positivos de 1 a n. Por ejemplo,

$$4! = 4 \cdot 3 \cdot 2 \cdot 1 = 24$$
$$5! = 5 \cdot 4 \cdot 3 \cdot 2 \cdot 1 = 120$$

Un ejemplo de fórmula que contiene un factorial es $a_n = (n + 1)!$. El sexto término de la secuencia se puede hallar al sustituir 6 por n.

$$a_6 = (6+1)! = 7! = 7 \cdot 6 \cdot 5 \cdot 4 \cdot 3 \cdot 2 \cdot 1 = 5040$$

El factorial de cualquier número natural n es $n(n-1)!$ Por lo tanto, también podemos pensar en $5!$ cuando $5 \cdot 4!$.

factorial n

factorial n es una operación matemática que se puede definir mediante una fórmula recursiva. El factorial de n, denotado $n!$, se define para un número entero positivo n como:

$$0! = 1$$
$$1! = 1$$
$$n! = n(n-1)(n-2)\cdots(2)(1),\ \text{para } n \geq 2$$

El caso especial $0!$ se define como $0! = 1$.

PREGUNTAS Y RESPUESTAS

¿Siempre se pueden hallar los factoriales utilizando una calculadora?

No. Los factoriales se hacen grandes muy rápidamente, ¡más rápido incluso que las funciones exponenciales! Si la salida es demasiado grande para la calculadora, esta no podrá calcular el factorial.

EJEMPLO 7

Escribir términos de una secuencia mediante factoriales

Escriba los cinco primeros términos de la secuencia definida por la fórmula explícita $a_n = \frac{5n}{(n+2)!}$.

Solución

Sustituya $n = 1, n = 2$, y así sucesivamente en la fórmula.

$$n = 1 \qquad a_1 = \frac{5(1)}{(1+2)!} = \frac{5}{3!} = \frac{5}{3 \cdot 2 \cdot 1} = \frac{5}{6}$$
$$n = 2 \qquad a_2 = \frac{5(2)}{(2+2)!} = \frac{10}{4!} = \frac{10}{4 \cdot 3 \cdot 2 \cdot 1} = \frac{5}{12}$$
$$n = 3 \qquad a_3 = \frac{5(3)}{(3+2)!} = \frac{15}{5!} = \frac{15}{5 \cdot 4 \cdot 3 \cdot 2 \cdot 1} = \frac{1}{8}$$
$$n = 4 \qquad a_4 = \frac{5(4)}{(4+2)!} = \frac{20}{6!} = \frac{20}{6 \cdot 5 \cdot 4 \cdot 3 \cdot 2 \cdot 1} = \frac{1}{36}$$
$$n = 5 \qquad a_5 = \frac{5(5)}{(5+2)!} = \frac{25}{7!} = \frac{25}{7 \cdot 6 \cdot 5 \cdot 4 \cdot 3 \cdot 2 \cdot 1} = \frac{5}{1{,}008}$$

Los cinco primeros términos son $\left\{\frac{5}{6}, \frac{5}{12}, \frac{1}{8}, \frac{1}{36}, \frac{5}{1.008}\right\}$.

Análisis

La Figura 7 muestra el gráfico de la secuencia. Tome en cuenta que, dado que los factoriales crecen muy rápidamente, la presencia del término factorial en el denominador hace que el denominador sea mucho mayor que el numerador cuando n aumenta. Esto significa que el cociente se hace más pequeño y, como muestra el gráfico de los términos, los términos disminuyen y se acercan a cero.

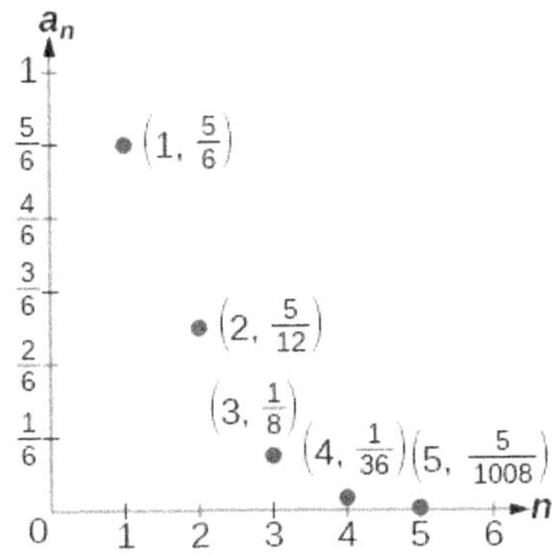

Figura 7

INTÉNTELO #9 Escriba los cinco primeros términos de la secuencia definida por la fórmula explícita $a_n = \frac{(n+1)!}{2n}$.

MEDIA

Acceda a este recurso en línea para obtener instrucciones adicionales y practicar las secuencias.

Hallar términos en una secuencia (http://openstax.org/l/findingterms)

11.1 EJERCICIOS DE SECCIÓN

Verbales

1. Analizar el significado de una secuencia. Si una secuencia finita está definida por una fórmula, ¿cuál es su dominio? ¿Y una secuencia infinita?

2. Describa tres formas de definir una secuencia.

3. ¿El conjunto ordenado de números pares es una secuencia infinita? ¿Y el conjunto ordenado de números impares? Explique por qué sí o por qué no.

4. ¿Qué pasa con los términos a_n de una secuencia cuando hay un factor negativo en la fórmula que se eleva a una potencia que incluye n? ¿Cuál es el término utilizado para describir este fenómeno?

5. ¿Qué es un factorial y cómo se denota? Utilice un ejemplo para ilustrar cómo la notación factorial puede ser beneficiosa.

Algebraicos

En los siguientes ejercicios, escriba los cuatro primeros términos de la secuencia.

6. $a_n = 2^n - 2$

7. $a_n = -\frac{16}{n+1}$

8. $a_n = -(-5)^{n-1}$

9. $a_n = \frac{2^n}{n^3}$

10. $a_n = \frac{2n+1}{n^3}$

11. $a_n = 1{,}25 \cdot (-4)^{n-1}$

12. $a_n = -4 \cdot (-6)^{n-1}$

13. $a_n = \frac{n^2}{2n+1}$

14. $a_n = (-10)^n + 1$

15. $a_n = -\left(\frac{4 \cdot (-5)^{n-1}}{5}\right)$

En los siguientes ejercicios, escriba los ocho primeros términos de la secuencia definida por partes.

16. $a_n = \begin{cases} (-2)^n - 2 & \text{si } n \text{ es par} \\ (3)^{n-1} & \text{si } n \text{ es impar} \end{cases}$

17. $a_n = \begin{cases} \frac{n^2}{2n+1} & \text{si } n \le 5 \\ n^2 - 5 & \text{si } n > 5 \end{cases}$

18. $a_n = \begin{cases} (2n+1)^2 & \text{si } n \text{ es divisible entre 4} \\ \frac{2}{n} & \text{si } n \text{ no es divisible entre 4} \end{cases}$

19. $a_n = \begin{cases} -0{,}6 \cdot 5^{n-1} & \text{si } n \text{ es primo o 1} \\ 2{,}5 \cdot (-2)^{n-1} & \text{si } n \text{ es compuesto} \end{cases}$

20. $a_n = \begin{cases} 4(n^2 - 2) & \text{si } n \le 3 \text{ o } n > 6 \\ \frac{n^2-2}{4} & \text{si } 3 < n \le 6 \end{cases}$

En los siguientes ejercicios, escriba una fórmula explícita para cada secuencia.

21. $4, 7, 12, 19, 28, \ldots$

22. $-4, 2, -10, 14, -34, \ldots$

23. $1, 1, \frac{4}{3}, 2, \frac{16}{5}, \ldots$

24. $0, \frac{1-e^1}{1+e^2}, \frac{1-e^2}{1+e^3}, \frac{1-e^3}{1+e^4}, \frac{1-e^4}{1+e^5}, \ldots$

25. $1, -\frac{1}{2}, \frac{1}{4}, -\frac{1}{8}, \frac{1}{16}, \ldots$

En los siguientes ejercicios, escriba los cinco primeros términos de la secuencia.

26. $a_1 = 9, \quad a_n = a_{n-1} + n$

27. $a_1 = 3, \quad a_n = (-3)\, a_{n-1}$

28. $a_1 = -4, \quad a_n = \frac{a_{n-1} + 2n}{a_{n-1} - 1}$

29. $a_1 = -1, \quad a_n = \frac{(-3)^{n-1}}{a_{n-1} - 2}$

30. $a_1 = -30, \quad a_n = (2 + a_{n-1})\left(\frac{1}{2}\right)^n$

En los siguientes ejercicios, escriba los ocho primeros términos de la secuencia.

31. $a_1 = \frac{1}{24}, \quad a_2 = 1, \quad a_n = (2a_{n-2})(3a_{n-1})$

32. $a_1 = -1, \quad a_2 = 5, \quad a_n = a_{n-2}(3 - a_{n-1})$

33. $a_1 = 2, \quad a_2 = 10, \quad a_n = \frac{2(a_{n-1} + 2)}{a_{n-2}}$

En los siguientes ejercicios, escriba una fórmula recursiva para cada secuencia.

34. $-2{,}5, -5, -10, -20, -40, \ldots$

35. $-8, -6, -3, 1, 6, \ldots$

36. $2, 4, 12, 48, 240, \ldots$

37. $35, 38, 41, 44, 47, \ldots$

38. $15, 3, \frac{3}{5}, \frac{3}{25}, \frac{3}{125}, \ldots$

En los siguientes ejercicios, evalúe el factorial.

39. $6!$

40. $\left(\frac{12}{6}\right)!$

41. $\frac{12!}{6!}$

42. $\frac{100!}{99!}$

En los siguientes ejercicios, escriba los cuatro primeros términos de la secuencia.

43. $a_n = \frac{n!}{n^2}$

44. $a_n \text{ n} = \frac{3 \cdot n!}{4 \cdot n!}$

45. $a_n = \frac{n!}{n^2 - n - 1}$

46. $a_n = \frac{100 \cdot n}{n(n-1)!}$

Gráficos

En los siguientes ejercicios, grafique los cinco primeros términos de la secuencia indicada

47. $a_n = \frac{(-1)^n}{n} + n$

48. $a_n = \begin{cases} \frac{4+n}{2n} & \text{si } n \text{ es par} \\ 3+n & \text{si } n \text{ es impar} \end{cases}$

49. $a_1 = 2, \quad a_n = (-a_{n-1} + 1)^2$

50. $a_1 = 1, \quad a_n = a_{n-1} + 8$

51. $a_n = \frac{(n+1)!}{(n-1)!}$

En los siguientes ejercicios, escriba una fórmula explícita para la secuencia utilizando los cinco primeros puntos mostrados en el gráfico.

52.

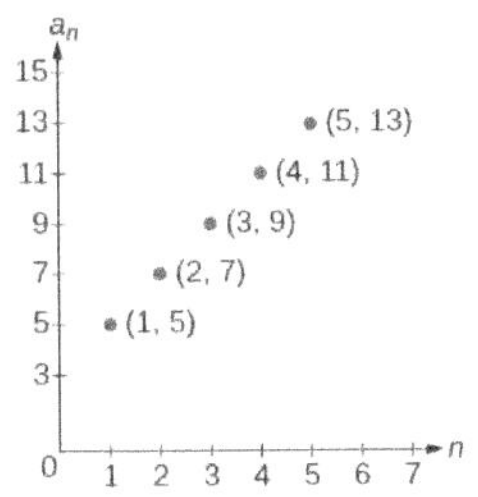

53.

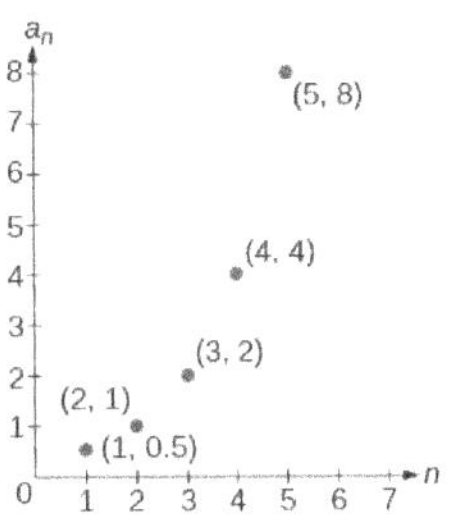

54.

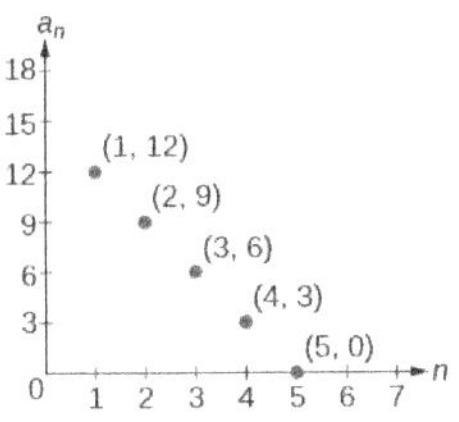

En los siguientes ejercicios, escriba una fórmula recursiva para la secuencia utilizando los cinco primeros puntos mostrados en el gráfico.

55.

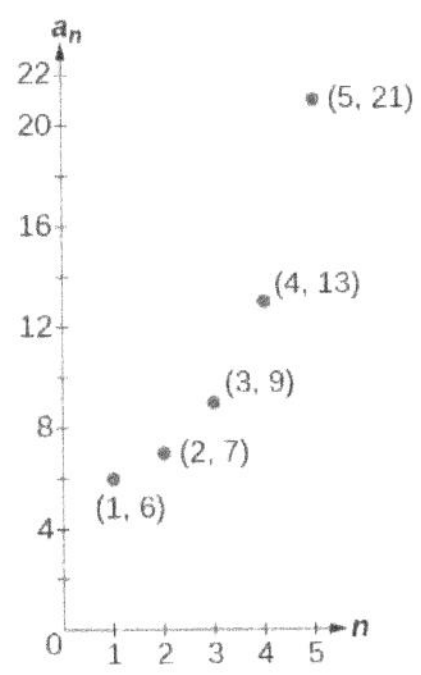

56.

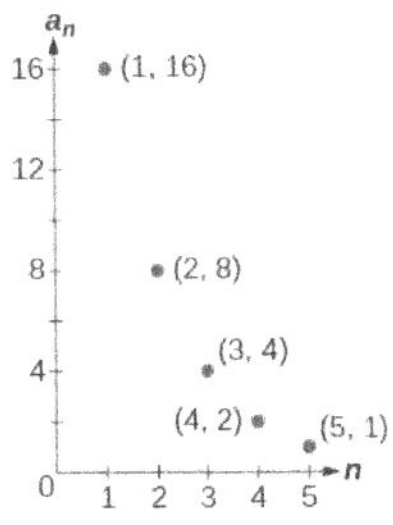

En tecnología

Siga estos pasos para evaluar una secuencia definida recursivamente utilizando una calculadora gráfica:

- *En la pantalla de inicio, introduzca el valor del término inicial a_1 y presione **[ENTER]**.*
- *Introduzca la fórmula recursiva tecleando todos los valores numéricos dados en la fórmula, al pulsar las teclas*

[2ND] ANS para el término anterior a_{n-1}. Presione [ENTER].

- *Continúe pulsando [ENTER] para calcular los valores de cada término sucesivo.*

En los siguientes ejercicios, utilice los pasos anteriores para hallar el término indicado o los términos indicados para la secuencia.

57. Halle los cinco primeros términos de la secuencia $a_1 = \frac{87}{111}$, $a_n = \frac{4}{3}a_{n-1} + \frac{12}{37}$. Utilice la función >**Frac** para dar resultados fraccionados.

58. Halle el 15.º término de la secuencia $a_1 = 625$, $a_n = 0{,}8a_{n-1} + 18$.

59. Halle los cinco primeros términos de la secuencia $a_1 = 2$, $a_n = 2^{[(a_n-1)-1]} + 1$.

60. Halle los diez primeros términos de la secuencia $a_1 = 8$, $a_n = \frac{(a_{n-1}+1)!}{a_{n-1}!}$.

61. Halle el décimo término de la secuencia $a_1 = 2$, $a_n = na_{n-1}$

Siga estos pasos para evaluar una secuencia finita definida por una fórmula explícita. Utilizando una TI-84, haga lo siguiente.

- *En la pantalla de inicio, presione [2ND] LIST.*
- *Desplácese hasta **OPS** y elija **"seq("** en la lista desplegable. Presione [ENTER].*
- *En la línea titulada **"Expr:"** escriba la fórmula explícita, utilizando la tecla $[\mathrm{X,T}, \theta, n]$ para n*
- *En la línea titulada **"Variable:"** introduzca la variable utilizada en el paso anterior.*
- *En la línea titulada **"start":** (inicio) introduzca el valor de n que inicia la secuencia.*
- *En la línea titulada **"end:"** (fin) introduzca el valor de n que termina la secuencia.*
- *Presione [ENTER] 3 veces para volver a la pantalla de inicio. Verá la sintaxis de la secuencia en la pantalla. Presione [ENTER] para ver la lista de términos de la secuencia finita definida. Utilice la tecla de flecha derecha para desplazarse por la lista de términos.*

Utilizando una TI-83, haga lo siguiente.

- *En la pantalla de inicio, presione [2ND] LIST.*
- *Desplácese hasta **OPS** y elija **"seq("** en la lista desplegable. Presione [ENTER].*
- *Introduzca los elementos en el orden **"Expr"**, **"Variable"**, **"start"**, **"end"** separados por comas. Consulte las instrucciones anteriores para ver la descripción de cada elemento.*
- *Presione [ENTER] para ver la lista de términos de la secuencia finita definida. Utilice la tecla de flecha derecha para desplazarse por la lista de términos.*

En los siguientes ejercicios, utilice los pasos anteriores para hallar los términos indicados para la secuencia. Redondea a la milésima más cercana cuando sea necesario.

62. Enumere los cinco primeros términos de la secuencia $a_n = -\frac{28}{9}n + \frac{5}{3}$.

63. Enumere los seis primeros términos de la secuencia $a_n = \frac{n^3-3{,}5n^2+4{,}1n-1{,}5}{2{,}4n}$.

64. Enumere los cinco primeros términos de la secuencia $a_n = \frac{15n\cdot(-2)^{n-1}}{47}$

65. Enumere los cuatro primeros términos de la secuencia $a_n = 5{,}7^n + 0{,}275\,(n-1)!$

66. Enumere los seis primeros términos de la secuencia $a_n = \frac{n!}{n}$.

Extensiones

67. Consideremos la secuencia definida por $a_n = -6 - 8n$. ¿Es $a_n = -421$ un término de la secuencia? Compruebe el resultado.

68. ¿Qué término de la secuencia $a_n = \frac{n^2+4n+4}{2(n+2)}$ tiene el valor 41? Compruebe el resultado.

69. Halle una fórmula recursiva para la secuencia 1, 0, –1, –1, 0, 1, 1, 0, –1, –1, 0, 1, 1, ... (*Pista*: busque un patrón para a_n basado en los dos primeros términos).

70. Calcule los ocho primeros términos de las secuencias $a_n = \frac{(n+2)!}{(n-1)!}$ y $b_n = n^3 + 3n^2 + 2n$, y luego haga una conjetura sobre la relación entre estas dos secuencias.

71. Demuestre la conjetura hecha en el ejercicio anterior.

11.2 Secuencias aritméticas

Objetivos de aprendizaje

En esta sección, podrá:

- Hallar la diferencia común de una secuencia aritmética.
- Escribir términos de una secuencia aritmética.
- Utilizar una fórmula recursiva para una secuencia aritmética.
- Utilizar una fórmula explícita para una secuencia aritmética.

Las empresas suelen hacer grandes compras, como computadoras y vehículos, para uso empresarial. El valor contable de estos suministros disminuye cada año a efectos fiscales. Esta disminución de valor se denomina depreciación. Un método para calcular la depreciación es la depreciación lineal, en la que el valor del activo disminuye en la misma cantidad cada año.

Como ejemplo, consideremos a una mujer que inicia un pequeño negocio de contratación. Compra un camión nuevo por 25.000 dólares. Después de cinco años, calcula que podrá vender el camión por 8.000 dólares. Por lo tanto, la pérdida de valor del camión será de 17.000 dólares, lo que supone 3.400 dólares al año durante cinco años. El camión valdrá 21.600 dólares después del primer año, 18.200 dólares después de dos años, 14.800 dólares después de tres años, 11.400 dólares después de cuatro años y 8.000 dólares al final de cinco años. En esta sección, consideraremos tipos específicos de secuencias que nos permitirán calcular la depreciación, como el valor del camión.

Hallar diferencias comunes

Se dice que los valores del camión del ejemplo forman una **secuencia aritmética** porque cambian en una cantidad constante cada año. Cada término aumenta o disminuye en el mismo valor constante llamado **diferencia común** de la secuencia. Para esta secuencia, la diferencia común es de –3.400.

–3.400 –3.400 –3.400 –3.400 –3.400

{25.000, 21.600, 18.200, 14.800, 11.400, 8.000}

La siguiente secuencia es otro ejemplo de secuencia aritmética. En este caso, la constante es 3. Puede elegir cualquier término de la secuencia y sumar 3 para calcular el término siguiente.

+3 +3 +3 +3

{3, 6, 9, 12, 15, ...}

Secuencia aritmética

La **secuencia aritmética** es aquella en que la diferencia entre términos consecutivos es siempre la misma. Esta constante se denomina la **diferencia común**. Si los valores de a_1 es el primer término de una secuencia aritmética y d es la diferencia común, la secuencia será:

$$\{a_n\} = \{a_1, a_1 + d, a_1 + 2d, a_1 + 3d, ...\}$$

EJEMPLO 1

Hallar diferencias comunes

¿Cada secuencia es aritmética? Si es así, halle la diferencia común.

Ⓐ $\{1, 2, 4, 8, 16, ...\}$ Ⓑ $\{-3, 1, 5, 9, 13, ...\}$

Solución

Reste cada término del término siguiente para determinar si existe una diferencia común.

Ⓐ La secuencia no es aritmética porque no hay diferencia común. $2 - 1 = 1$ $4 - 2 = 2$ $8 - 4 = 4$ $16 - 8 = 8$

Ⓑ La secuencia es aritmética porque hay una diferencia común. La diferencia común es 4.
$1 - (-3) = 4$ $5 - 1 = 4$ $9 - 5 = 4$ $13 - 9 = 4$

Análisis

El gráfico de cada una de estas secuencias se muestra en la Figura 1. Podemos ver en los gráficos que, aunque ambas secuencias muestran crecimiento, *a* no es lineal mientras que *b* es lineal. Las secuencias aritméticas tienen una tasa de cambio constante, por lo que sus gráficos serán siempre puntos sobre una línea.

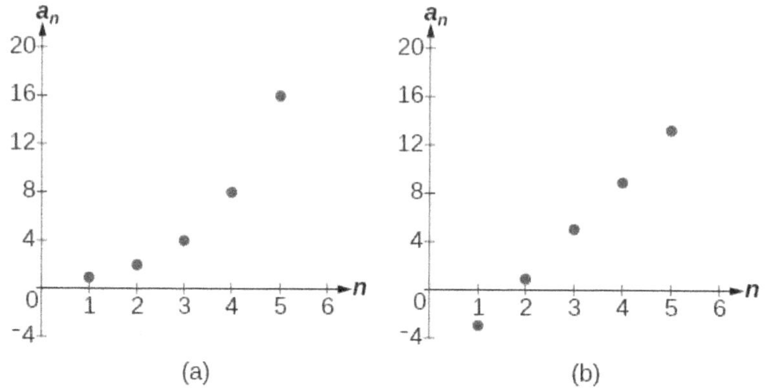

Figura 1

PREGUNTAS Y RESPUESTAS **Si nos dicen que una secuencia es aritmética, ¿tenemos que restar cada término del siguiente para calcular la diferencia común?**

No. Si sabemos que la secuencia es aritmética, podemos elegir un término cualquiera de la secuencia y restarlo del término siguiente para calcular la diferencia común.

INTÉNTELO #1 ¿La secuencia dada es aritmética? Si es así, halle la diferencia común.

$$\{18,\ 16,\ 14,\ 12,\ 10, \ldots\}$$

INTÉNTELO #2 ¿La secuencia dada es aritmética? Si es así, halle la diferencia común.

$$\{1,\ 3,\ 6,\ 10,\ 15, \ldots\}$$

Escribir términos de secuencias aritméticas

Ahora que podemos reconocer una secuencia aritmética, hallaremos los términos si nos dan el primer término y la diferencia común. Los términos se pueden hallar empezando por el primer término y sumando la diferencia común repetidamente. Además, cualquier término se puede hallar también introduciendo los valores de *n* y *d* en la siguiente fórmula.

$$a_n = a_1 + (n-1)d$$

CÓMO

Dado el primer término y la diferencia común de una secuencia aritmética, halle los primeros términos.

1. Sume la diferencia común al primer término para hallar el segundo término.
2. Sume la diferencia común al segundo término para hallar el tercer término.
3. Continúe hasta identificar todos los términos deseados.
4. Escriba los términos separados por comas entre corchetes.

EJEMPLO 2

Escribir términos de secuencias aritméticas

Escriba los cinco primeros términos de la secuencia aritmética con $a_1 = 17$ y $d = -3$.

Solución

Sumar −3 es lo mismo que restar 3. Empezando por el primer término, reste 3 a cada término para hallar el siguiente.

Los cinco primeros términos son $\{17, \ 14, \ 11, \ 8, \ 5\}$

Análisis

Como era de esperar, el gráfico de la secuencia consiste en puntos sobre una línea, como se muestra en la Figura 2.

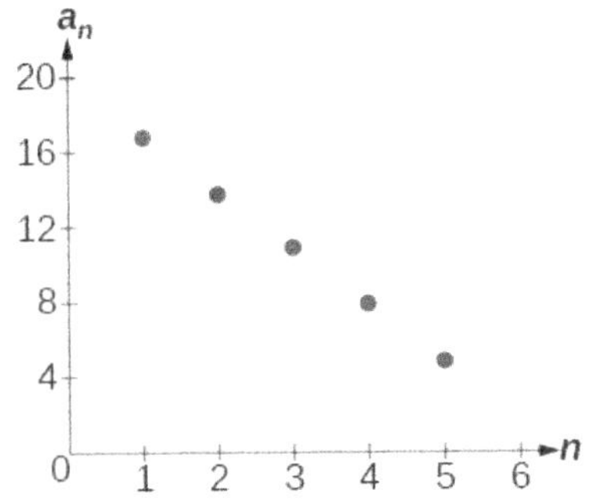

Figura 2

INTÉNTELO #3 Enumere los cinco primeros términos de la secuencia aritmética con $a_1 = 1$ y $d = 5$.

CÓMO

Dado cualquier primer término y cualquier otro término de una secuencia aritmética, halle un término dado.

1. Sustituya los valores dados por a_1 , a_n , n en la fórmula $a_n = a_1 + (n-1)d$ para resolver para d.
2. Halle un término dado sustituyendo los valores apropiados de a_1 , n, y d en la fórmula $a_n = a_1 + (n-1)d$.

EJEMPLO 3

Escribir términos de secuencias aritméticas

Dados $a_1 = 8$ y $a_4 = 14$, calcule a_5.

Solución

La secuencia se puede escribir en términos del término inicial 8 y de la diferencia común d.

$$\{8, 8 + d, 8 + 2d, 8 + 3d\}$$

Sabemos que el cuarto término es igual a 14 y que tiene la forma $a_1 + 3d = 8 + 3d$.

Podemos calcular la diferencia común d.

$a_n = a_1 + (n-1)d$	
$a_4 = a_1 + 3d$	
$a_4 = 8 + 3d$	Escriba el cuarto término de la secuencia en términos de a_1 y d.
$14 = 8 + 3d$	Sustituya 14 para a_4.
$d = 2$	Resolver la diferencia común.

Halle el quinto término sumando la diferencia común al cuarto término.

$$a_5 = a_4 + 2 = 16$$

Análisis

Observe que la diferencia común se suma al primer término una vez para hallar el segundo término, dos veces para hallar el tercero, tres veces para hallar el cuarto, y así sucesivamente. El décimo término se podría hallar al sumar la diferencia común al primer término nueve veces o mediante la ecuación $a_n = a_1 + (n-1)\,d$.

INTÉNTELO #4 Dados $a_3 = 7$ y $a_5 = 17$, calcule a_2.

Usar fórmulas recursivas para secuencias aritméticas

Algunas secuencias aritméticas se definen en términos del término anterior mediante una fórmula recursiva. La fórmula proporciona una regla algebraica para determinar los términos de la secuencia. Una fórmula recursiva nos permite hallar cualquier término de una secuencia aritmética utilizando una función del término anterior. Cada término es la suma del término anterior y la diferencia común. Por ejemplo, si la diferencia común es 5, entonces cada término es el término anterior más 5. Como en cualquier fórmula recursiva, hay que dar el primer término.

$$a_n = a_{n-1} + d \qquad n \geq 2$$

Fórmula recursiva para una secuencia aritmética

La fórmula recursiva para una secuencia aritmética con diferencia común d es:

$$a_n = a_{n-1} + d \qquad n \geq 2$$

CÓMO

Dada una secuencia aritmética, escriba su fórmula recursiva.

1. Reste cualquier término del término siguiente para hallar la diferencia común.
2. Indique el término inicial y sustituya la diferencia común en la fórmula recursiva de las secuencias aritméticas.

EJEMPLO 4

Escribir una fórmula recursiva para una secuencia aritmética

Escriba una fórmula recursiva para la secuencia aritmética.

$$\{-18, \ -7, 4, 15, 26, \ldots\}$$

Solución

El primer término está dado como -18. La diferencia común se puede hallar al restar el primer término del segundo.

$$d = -7 - (-18) = 11$$

Sustituya el término inicial y la diferencia común en la fórmula recursiva de las secuencias aritméticas.

$$a_1 = -18$$
$$a_n = a_{n-1} + 11, \quad \text{para } n \geq 2$$

Análisis

Vemos que la diferencia común es la pendiente de la línea que se forma cuando graficamos los términos de la secuencia, como se muestra en la Figura 3. El patrón de crecimiento de la secuencia muestra la diferencia constante de 11 unidades.

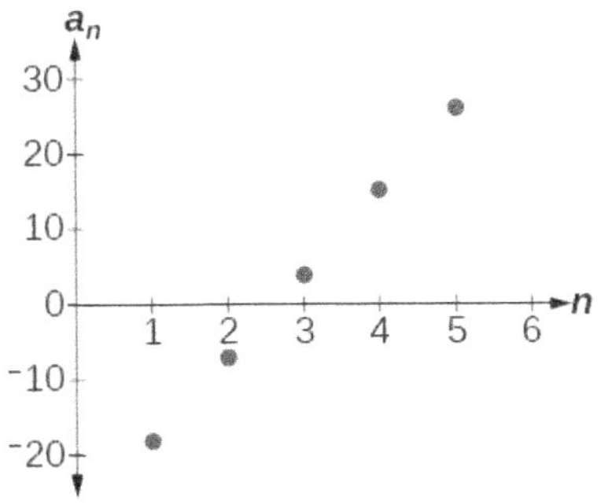

Figura 3

PREGUNTAS Y RESPUESTAS **¿Tenemos que restar el primer término del segundo para calcular la diferencia común?**

No. Podemos restar cualquier término de la secuencia al término siguiente. Sin embargo, lo más habitual es restar el primer término del segundo porque suele ser el método más sencillo para calcular la diferencia común.

INTÉNTELO #5 Escriba una fórmula recursiva para la secuencia aritmética.

$$\{25,\ 37,\ 49,\ 61,\ \ldots\}$$

Usar fórmulas explícitas para secuencias aritméticas

Podemos pensar en una secuencia aritmética como una función en el dominio de los números naturales; es una función lineal porque tiene una tasa de cambio constante. La diferencia común es la tasa de cambio constante, o la pendiente de la función. Podemos construir la función lineal si conocemos la pendiente y la intersección vertical.

$$a_n = a_1 + d(n-1)$$

Para calcular la intersección *y* de la función, podemos restar la diferencia común del primer término de la secuencia. Considere la siguiente secuencia.

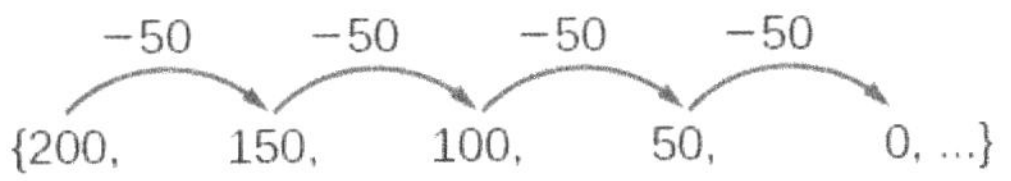

La diferencia común es -50, por lo que la secuencia representa una función lineal con una pendiente de -50. Para calcular la intersección en *y*, restamos -50 a partir de 200 : $200 - (-50) = 200 + 50 = 250$. También puede calcular la intersección *y* al graficar la función y determinar dónde una línea que conecta los puntos intersecaría el eje vertical. El gráfico se muestra en la Figura 4.

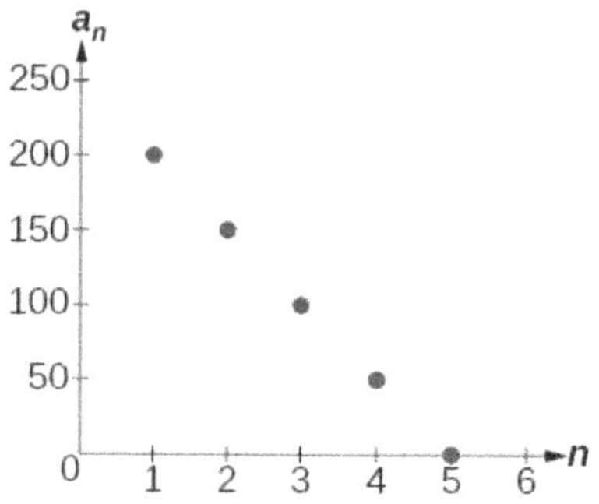

Figura 4

Recordemos que la forma de intersección de la pendiente de una línea es $y = mx + b$. Cuando se trata de secuencias, utilizamos a_n en vez de y y n en vez de x. Si conocemos la pendiente y la intersección vertical de la función, podemos sustituirlas por m y b en la forma de intersección de la pendiente de una línea. Al sustituir -50 para la pendiente y 250 para la intersección vertical, obtenemos la siguiente ecuación:

$$a_n = -50n + 250$$

No necesitamos calcular la intersección vertical para escribir una fórmula explícita para una secuencia aritmética. Otra fórmula explícita para esta secuencia es $a_n = 200 - 50(n-1)$, que se simplifica en $a_n = -50n + 250$.

Fórmula explícita para una secuencia aritmética

Una fórmula explícita para el enésimo término de una secuencia aritmética está dada por

$$a_n = a_1 + d(n-1)$$

CÓMO

Dados los primeros términos de una secuencia aritmética, escriba una fórmula explícita.

1. Halle la diferencia común, $a_2 - a_1$.
2. Sustituya la diferencia común y el primer término en $a_n = a_1 + d(n-1)$.

EJEMPLO 5

Escribir la fórmula explícita del *enésimo* término de una secuencia aritmética
Escriba una fórmula explícita para la secuencia aritmética.

$$\{2, 12, 22, 32, 42, \ldots\}$$

Solución
La diferencia común se puede hallar al restar el primer término del segundo.

$$\begin{aligned} d &= a_2 - a_1 \\ &= 12-2 \\ &= 10 \end{aligned}$$

La diferencia común es 10. Sustituya la diferencia común y el primer término de la secuencia en la fórmula y simplifique.

$$a_n = 2 + 10(n-1)$$
$$a_n = 10n - 8$$

Análisis
El gráfico de esta secuencia, representado en la Figura 5, muestra una pendiente de 10 y una intersección vertical de -8.

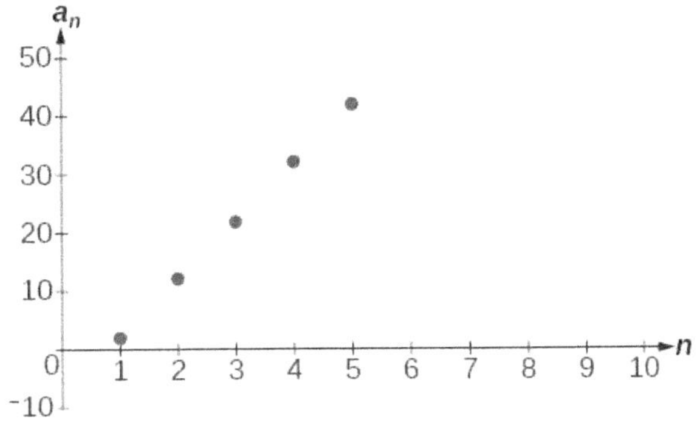

Figura 5

INTÉNTELO #6 Escriba una fórmula explícita para la siguiente secuencia aritmética.

$$\{50, 47, 44, 41, \ldots\}$$

Hallar el número de términos de una secuencia aritmética finita

Se pueden utilizar fórmulas explícitas para determinar el número de términos de una secuencia aritmética finita. Tenemos que hallar la diferencia común y luego determinar cuántas veces hay que sumar la diferencia común al primer término para obtener el término final de la secuencia.

CÓMO

Dados los tres primeros términos y el último término de una secuencia aritmética finita, halle el número total de términos.

1. Halle la diferencia común d.
2. Sustituya la diferencia común y el primer término en $a_n = a_1 + d(n-1)$.
3. Sustituya el último término por a_n y resuelva para n.

EJEMPLO 6

Hallar el número de términos de una secuencia aritmética finita

Halle el número de términos de la secuencia aritmética finita.

$$\{8, 1, -6, ..., -41\}$$

Solución

La diferencia común se puede hallar al restar el primer término del segundo.

$$1 - 8 = -7$$

La diferencia común es −7. Sustituya la diferencia común y el término inicial de la secuencia en la fórmula del enésimo término y simplifique.

$$a_n = a_1 + d(n-1)$$
$$a_n = 8 + (-7)(n-1)$$
$$a_n = 15 - 7n$$

Sustituya -41 por a_n y resuelva para n

$$-41 = 15 - 7n$$
$$8 = n$$

Hay ocho términos en la secuencia.

> INTÉNTELO #7 Halle el número de términos de la secuencia aritmética finita.

$$\{6, 11, 16, ..., 56\}$$

Resolver problemas de aplicación con secuencias aritméticas

En muchos problemas de aplicación, a menudo, tiene sentido utilizar un término inicial de a_0 en vez de a_1. En estos problemas, modificamos ligeramente la fórmula explícita para tener en cuenta la diferencia en los términos iniciales. Utilizamos la siguiente fórmula:

$$a_n = a_0 + dn$$

EJEMPLO 7

Resolver problemas de aplicación con secuencias aritméticas

Un niño de cinco años recibe una asignación de 1 dólar a la semana. Sus padres le prometen un aumento anual de 2 dólares a la semana.

Ⓐ Escriba una fórmula para la asignación semanal del niño en un año determinado.

Ⓑ ¿Cuál será la asignación del niño cuando tenga 16 años?

Solución

Ⓐ

La situación se puede modelar mediante una secuencia aritmética con un término inicial de 1 y una diferencia común de 2.

Supongamos que A sea la cantidad de la asignación y n sea el número de años después de los 5 años. Utilizando la fórmula explícita modificada para una secuencia aritmética obtenemos:

$$A_n = 1 + 2n$$

Ⓑ

Podemos calcular el número de años desde los 5 años mediante la resta.

$$16 - 5 = 11$$

Buscamos la asignación del niño después de 11 años. Sustituya 11 en la fórmula para hallar la asignación del niño a los 16 años.

$$A_{11} = 1 + 2(11) = 23$$

La asignación del niño a los 16 años será de 23 dólares por semana.

> INTÉNTELO #8 Una mujer decide salir a correr 10 minutos todos los días de esta semana y planea aumentar el tiempo de su carrera diaria en 4 minutos cada semana. Escriba una fórmula para el tiempo de su carrera después de n semanas. ¿Cuánto durará su carrera diaria dentro de 8 semanas?

MEDIA

Acceda a este recurso en línea para obtener instrucciones adicionales y practicar las secuencias aritméticas.

Secuencias aritméticas (http://openstax.org/l/arithmeticseq)

11.2 EJERCICIOS DE SECCIÓN

Verbales

1. ¿Qué es una secuencia aritmética?

2. ¿Cómo se halla la diferencia común de una secuencia aritmética?

3. ¿Cómo se determina si una secuencia es aritmética?

4. ¿Cuáles son las principales diferencias entre utilizar una fórmula recursiva y utilizar una fórmula explícita para describir una secuencia aritmética?

5. Describa en qué se parecen las funciones lineales y las secuencias aritméticas. ¿En qué se diferencian?

Algebraicos

En los siguientes ejercicios, halle la diferencia común de la secuencia aritmética proporcionada.

6. $\{5, 11, 17, 23, 29, ...\}$

7. $\left\{0, \frac{1}{2}, 1, \frac{3}{2}, 2, ...\right\}$

En los siguientes ejercicios, determine si la secuencia es aritmética. Si es así, halle la diferencia común.

8. $\{11{,}4, 9{,}3, 7{,}2, 5{,}1, 3, ...\}$

9. $\{4, 16, 64, 256, 1.024, ...\}$

En los siguientes ejercicios, escriba los cinco primeros términos de la secuencia aritmética dado el primer término y la diferencia común.

10. $a_1 = -25$, $d = -9$

11. $a_1 = 0, d = \frac{2}{3}$

En los siguientes ejercicios, escriba los cinco primeros términos de la serie aritmética dados dos términos.

12. $a_1 = 17, \quad a_7 = -31$

13. $a_{13} = -60, \quad a_{33} = -160$

En los siguientes ejercicios, halle el término especificado para la secuencia aritmética dado el primer término y la diferencia común.

14. El primer término es 3, la diferencia común es 4, halle el 5.º término.

15. El primer término es 4, la diferencia común es 5, halle el 4.º término.

16. El primer término es 5, la diferencia común es 6, halle el 8.º término.

17. El primer término es 6, la diferencia común es 7, halle el 6.º término.

18. El primer término es 7, la diferencia común es 8, halle el 7.º término.

En los siguientes ejercicios, halle el primer término dados dos términos de una secuencia aritmética.

19. Halle el primer término o a_1 de una secuencia aritmética si $a_6 = 12$ y $a_{14} = 28$.

20. Halle el primer término o a_1 de una secuencia aritmética si $a_7 = 21$ y $a_{15} = 42$.

21. Halle el primer término o a_1 de una secuencia aritmética si $a_8 = 40$ y $a_{23} = 115$.

22. Halle el primer término o a_1 de una secuencia aritmética si $a_9 = 54$ y $a_{17} = 102$.

23. Halle el primer término o a_1 de una secuencia aritmética si $a_{11} = 11$ y $a_{21} = 16$.

En los siguientes ejercicios, halle el término especificado dados dos términos de una secuencia aritmética.

24. $a_1 = 33$ y $a_7 = -15$. Halle a_4.

25. $a_3 = -17{,}1$ y $a_{10} = -15{,}7$ Halle a_{21}.

En los siguientes ejercicios, utilice la fórmula recursiva para escribir los cinco primeros términos de la secuencia aritmética.

26. $a_1 = 39; \quad a_n = a_{n-1} - 3$

27. $a_1 = -19; \quad a_n = a_{n-1} - 1{,}4$

En los siguientes ejercicios, escriba una fórmula recursiva para cada secuencia aritmética.

28. $a = \{40, 60, 80, ...\}$

29. $a = \{17, 26, 35, ...\}$

30. $a = \{-1, 2, 5, ...\}$

31. $a = \{12, 17, 22, ...\}$

32. $a = \{-15, -7, 1, ...\}$

33. $a = \{8{,}9, 10{,}3, 11{,}7, ...\}$

34. $a = \{-0{,}52, -1{,}02, -1{,}52, ...\}$

35. $a = \left\{\frac{1}{5}, \frac{9}{20}, \frac{7}{10}, ...\right\}$

36. $a = \left\{-\frac{1}{2}, -\frac{5}{4}, -2, ...\right\}$

37. $a = \left\{\frac{1}{6}, -\frac{11}{12}, -2, ...\right\}$

En los siguientes ejercicios, escriba una fórmula recursiva para la secuencia aritmética dada, y luego halle el término especificado.

38. $a = \{7, 4, 1, ...\}$; Halle el 17.º término.

39. $a = \{4, 11, 18, ...\}$; Halle el 14.º término.

40. $a = \{2, 6, 10, ...\}$; Halle el 12.º término.

En los siguientes ejercicios, utilice la fórmula explícita para escribir los cinco primeros términos de la secuencia aritmética.

41. $a_n = 24 - 4n$

42. $a_n = \frac{1}{2}n - \frac{1}{2}$

En los siguientes ejercicios, escriba una fórmula explícita para cada secuencia aritmética.

43. $a = \{3, 5, 7, ...\}$

44. $a = \{32, 24, 16, ...\}$

45. $a = \{-5, 95, 195, ...\}$

46. $a = \{-17, -217, -417, ...\}$

47. $a = \{1{,}8, 3{,}6, 5{,}4, ...\}$

48. $a = \{-18{,}1, -16{,}2, -14{,}3, ...\}$

49. $a = \{15{,}8, 18{,}5, 21{,}2, ...\}$

50. $a = \left\{\frac{1}{3}, -\frac{4}{3}, -3, ...\right\}$

51. $a = \left\{0, \frac{1}{3}, \frac{2}{3}, ...\right\}$

52. $a = \left\{-5, -\frac{10}{3}, -\frac{5}{3}, ...\right\}$

En los siguientes ejercicios, halle el número de términos de la secuencia aritmética finita dada.

53. $a = \{3, -4, -11, ..., -60\}$

54. $a = \{1{,}2, 1{,}4, 1{,}6, ..., 3{,}8\}$

55. $a = \left\{\frac{1}{2}, 2, \frac{7}{2}, ..., 8\right\}$

Gráficos

En los siguientes ejercicios, determine si el gráfico mostrado representa una secuencia aritmética.

56.

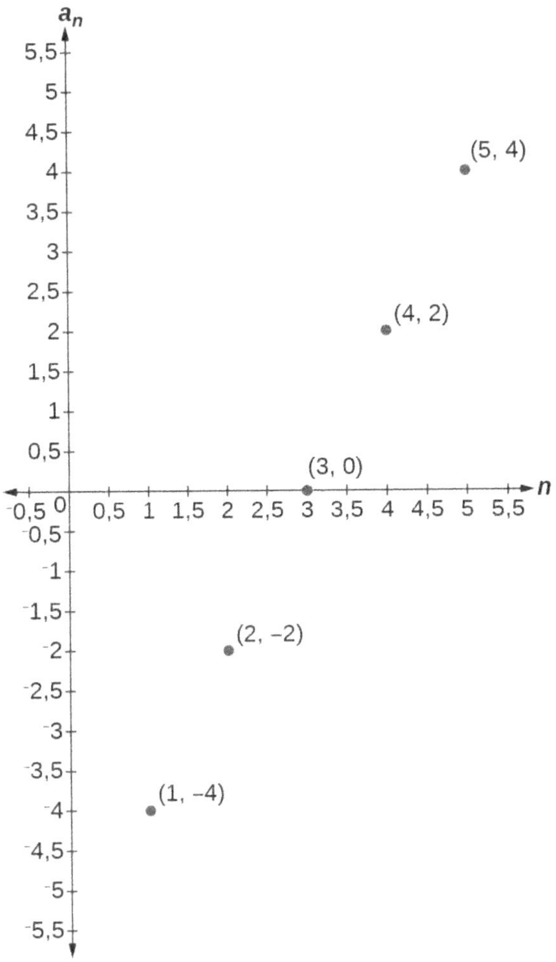

57.

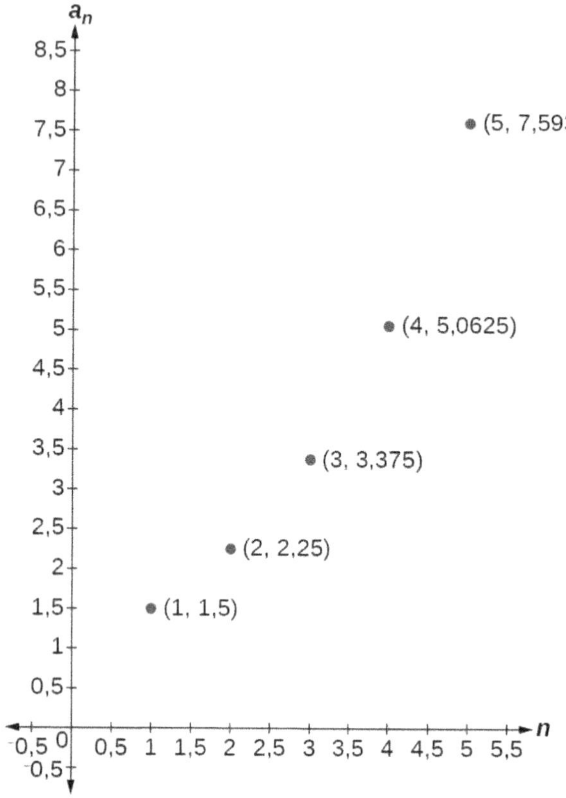

En los siguientes ejercicios, utilice la información proporcionada para graficar los primeros 5 términos de la secuencia aritmética.

58. $a_1 = 0, d = 4$

59. $a_1 = 9; a_n = a_{n-1} - 10$

60. $a_n = -12 + 5n$

En tecnología

En los siguientes ejercicios, siga los pasos para trabajar con la secuencia aritmética a_n n $= 3n-2$ *utilizando una calculadora gráfica:*

- *Presione **[MODE]***
  - *Seleccione SEQ en la cuarta línea*
  - *Seleccione DOT en la quinta línea*
  - *Presione **[ENTER]***
- *Presione **[Y=]***
  - $n\text{Mín.}$ *es el primer número de conteo de la secuencia. Establezca* $n\text{Mín.} = 1$
  - $u(n)$ *es el patrón de la secuencia. Establezca* $u(n) = 3n-2$
  - $u(n\text{Mín.})$ *es el primer número de la secuencia. Establezca* $u(n\text{Mín.}) = 1$
- *Presione **[2ND]** y luego **[WINDOW]** para ir a **TBLSET***
  - *Establezca* $\text{TblStart} = 1$
  - *Establezca* $\Delta\text{Tbl} = 1$
  - *Configure Indpnt: Auto y Depend: Auto*

- *Presione **[2ND]** y luego **[GRAPH]** para ir a **TABLE***

61. ¿Cuáles son los siete primeros términos que aparecen en la columna con el título $u(n)$?

62. Utilice la flecha de desplazamiento hacia abajo para ir a $n = 50$. ¿Qué valor se da para $u(n)$?

63. Presione **[WINDOW]**. Establezca nMín. $= 1$, nMáx. $= 5$, xMín. $= 0$, xMáx. $= 6$, yMín. $= -1$ y yMáx. $= 14$. A continuación, presione **[GRAPH]**. Grafique la secuencia tal y como aparece en la calculadora graficadora.

En los siguientes ejercicios, siga los pasos dados anteriormente para trabajar con la secuencia aritmética $a_n = \frac{1}{2}n + 5$ utilizando una calculadora gráfica.

64. ¿Cuáles son los siete primeros términos que aparecen en la columna con el título $u(n)$ en la función TABLE?

65. Grafique la secuencia tal y como aparece en la calculadora graficadora. Asegúrese de ajustar la configuración de WINDOW según sea necesario.

Extensiones

66. Dé dos ejemplos de secuencias aritméticas cuyos 4.º términos sean 9.

67. Dé dos ejemplos de secuencias aritméticas cuyos 10.º términos sean 206.

68. Halle el 5.º término de la secuencia aritmética $\{9b, 5b, b, \ldots\}$.

69. Halle el 11.º término de la secuencia aritmética $\{3a - 2b, a + 2b, -a + 6b \ldots\}$.

70. ¿En qué término la secuencia $\{5{,}4, 14{,}5, 23{,}6, \ldots\}$ supera 151?

71. ¿En qué término la secuencia $\left\{\frac{17}{3}, \frac{31}{6}, \frac{14}{3}, \ldots\right\}$ comienza a tener valores negativos?

72. ¿Para qué términos la secuencia aritmética finita $\left\{\frac{5}{2}, \frac{19}{8}, \frac{9}{4}, \ldots, \frac{1}{8}\right\}$ tienen valores enteros?

73. Escriba una secuencia aritmética utilizando una fórmula recursiva. Muestre los 4 primeros términos y luego halle el 31.° término.

74. Escriba una secuencia aritmética utilizando una fórmula explícita. Muestre los 4 primeros términos y luego halle el 28.º término.

11.3 Secuencias geométricas

Objetivos de aprendizaje

En esta sección, podrá:

- Hallar el cociente común de una secuencia geométrica.
- Enumerar los términos de una secuencia geométrica.
- Utilizar una fórmula recursiva para una secuencia geométrica.
- Utilizar una fórmula explícita para una secuencia geométrica.

Muchos puestos de trabajo ofrecen un aumento anual por el costo de vida para mantener los salarios en consonancia con la inflación. Supongamos, por ejemplo, que un recién graduado de educación superior encuentra un puesto de gerente de ventas con un salario anual de 26.000 dólares. Se le promete un aumento del 2 % por el costo de la vida cada año. Su salario anual en un año determinado se puede calcular al multiplicar su salario del año anterior por el 102 %. Su salario será de 26.520 dólares al cabo de un año, 27.050,40 dólares al cabo de dos años, 27.591,41 dólares al cabo de tres años, y así sucesivamente. Cuando un salario se incrementa en una tasa constante cada año, el salario crece en un factor constante. En esta sección veremos secuencias que crecen de esta manera.

Hallar razones comunes

Los valores salariales anuales descritos forman una **secuencia geométrica** porque cambian por un factor constante cada año. Cada término de una secuencia geométrica aumenta o disminuye en un factor constante llamado **razón común**. La siguiente secuencia es un ejemplo de secuencia geométrica porque cada término aumenta en un factor constante de 6. La multiplicación de cualquier término de la secuencia por la razón común 6 genera el término siguiente.

$$\{1, \overset{\times 6}{\curvearrowright} 6, \overset{\times 6}{\curvearrowright} 36, \overset{\times 6}{\curvearrowright} 216, \overset{\times 6}{\curvearrowright} 1.296, ...\}$$

Definición de secuencia geométrica

La **secuencia geométrica** es aquella en la que cualquier término dividido entre el anterior es una constante. Esta constante se denomina **cociente común** de la secuencia. La razón común se puede calcular al dividir cualquier término de la secuencia entre el término anterior. Si los valores de a_1 es el término inicial de una secuencia geométrica y r es la razón común, la secuencia será

$$\{a_1, \quad a_1 r, \quad a_1 r^2, \quad a_1 r^3, \quad ...\}.$$

CÓMO

Dado un conjunto de números, determine si representan una secuencia geométrica.

1. Divida cada término entre el término anterior.
2. Compare los cocientes. Si son iguales, existe una razón común y la secuencia es geométrica.

EJEMPLO 1

Hallar razones comunes

¿La secuencia es geométrica? Si es así, halle la razón común.

Ⓐ $1, 2, 4, 8, 16, ...$ Ⓑ $48, 12, 4, 2, ...$

Solución

Divida cada término entre el término anterior para determinar si existe una razón común.

Ⓐ $\frac{2}{1} = 2 \quad \frac{4}{2} = 2 \quad \frac{8}{4} = 2 \quad \frac{16}{8} = 2$

La secuencia es geométrica porque hay una razón común. La razón común es de 2.

Ⓑ $\frac{12}{48} = \frac{1}{4} \quad \frac{4}{12} = \frac{1}{3} \quad \frac{2}{4} = \frac{1}{2}$

La secuencia no es geométrica porque no hay una razón común.

Análisis

El gráfico de cada secuencia se muestra en la Figura 1. A partir de los gráficos parece que tanto (a) como (b) tienen la forma del gráfico de una función exponencial en esta ventana de visualización. Sin embargo, sabemos que (a) es geométrico y, por tanto, esta interpretación es válida, pero (b) no lo es.

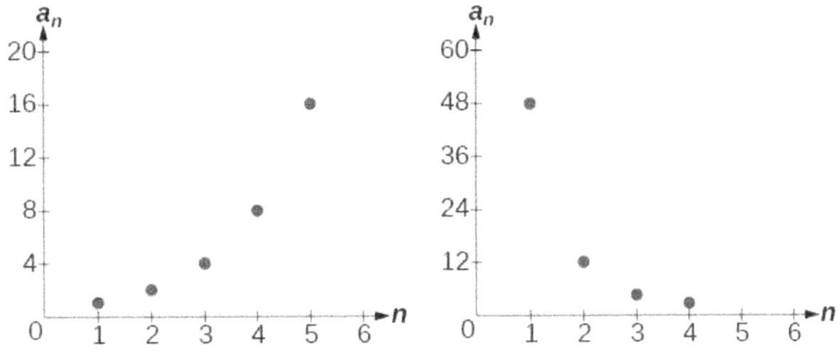

(a) (b)

Figura 1

PREGUNTAS Y RESPUESTAS

Si le dicen que una secuencia es geométrica, ¿tiene que dividir cada término entre el anterior para calcular la razón común?

No. Si sabe que la secuencia es geométrica, puede elegir un término cualquiera de la secuencia y dividirlo entre el término anterior para hallar la razón común.

INTÉNTELO #1 ¿La secuencia es geométrica? Si es así, halle la razón común.

$$5, 10, 15, 20, \ldots$$

INTÉNTELO #2 ¿La secuencia es geométrica? Si es así, halle la razón común.

$$100, 20, 4, \frac{4}{5}, \ldots$$

Escribir términos de secuencias geométricas

Ahora que podemos identificar una secuencia geométrica, aprenderemos a hallar los términos de una secuencia geométrica si nos dan el primer término y la razón común. Los términos de una secuencia geométrica se pueden calcular ao comenzar por el primer término y multiplicar por la razón común repetidamente. Por ejemplo, si el primer término de una secuencia geométrica es $a_1 = -2$ y la razón común es $r = 4$, podemos hallar los términos posteriores multiplicando $-2 \cdot 4$ para obtener -8 y luego multiplicar el resultado $-8 \cdot 4$ para obtener -32 y así sucesivamente.

$$\begin{aligned} a_1 &= -2 \\ a_2 &= (-2 \cdot 4) = -8 \\ a_3 &= (-8 \cdot 4) = -32 \\ a_4 &= (-32 \cdot 4) = -128 \end{aligned}$$

Los cuatro primeros términos son $\{-2, -8, -32, -128\}$.

CÓMO

Dado el primer término y el factor común, halle los cuatro primeros términos de una sucesión geométrica.

1. Multiplique el término inicial, a_1, por la razón común para hallar el siguiente término, a_2.
2. Repita el proceso, utilizando $a_n = a_2$ para calcular a_3 y luego a_3 para calcular a_4, hasta que se hayan identificado los cuatro términos.
3. Escriba los términos separados por comas entre corchetes.

EJEMPLO 2

Escribir los términos de una secuencia geométrica

Enumere los cuatro primeros términos de la secuencia geométrica con $a_1 = 5$ y $r = -2$.

Solución

Multiplique a_1 entre -2 para calcular a_2. Repita el proceso, utilizando a_2 para calcular a_3, y así sucesivamente.

$$\begin{aligned} a_1 &= 5 \\ a_2 &= -2a_1 = -10 \\ a_3 &= -2a_2 = 20 \\ a_4 &= -2a_3 = -40 \end{aligned}$$

Los cuatro primeros términos son $\{5, -10, 20, -40\}$.

> **INTÉNTELO** #3 Enumere los cinco primeros términos de la secuencia geométrica con $a_1 = 18$ y $r = \frac{1}{3}$.

Usar fórmulas recursivas para secuencias geométricas

Una fórmula recursiva nos permite calcular cualquier término de una secuencia geométrica utilizando el término anterior. Cada término es el producto del cociente común y del término anterior. Por ejemplo, supongamos que la razón común es 9. Entonces cada término es nueve veces el término anterior. Como en cualquier fórmula recursiva, hay que dar el término inicial.

Fórmula recursiva para una secuencia geométrica

La fórmula recursiva de una secuencia geométrica con razón común r y primer término a_1 es

$$a_n = ra_{n-1}, n \geq 2$$

CÓMO

Dados los primeros términos de una secuencia geométrica, escriba su fórmula recursiva.

1. Indique el término inicial.
2. Halle la razón común dividiendo un término cualquiera entre el término anterior.
3. Sustituya la razón común en la fórmula recursiva de una secuencia geométrica.

EJEMPLO 3

Usar fórmulas recursivas para secuencias geométricas

Escriba una fórmula recursiva para la siguiente secuencia geométrica.

$$\{6, 9, 13{,}5, 20{,}25, ...\}$$

Solución

El primer término se da como 6. La razón común se puede calcular dividiendo el segundo término entre el primero.

$$r = \frac{9}{6} = 1{,}5$$

Sustituya la razón común en la fórmula recursiva de las secuencias geométricas y defina a_1.

$$\begin{aligned} a_n &= ra_{n-1} \\ a_n &= 1{,}5a_{n-1} \quad \text{para } n \geq 2 \\ a_1 &= 6 \end{aligned}$$

Análisis

La secuencia de puntos de datos sigue un patrón exponencial. La razón común es también la base de una función exponencial, como se muestra en la Figura 2.

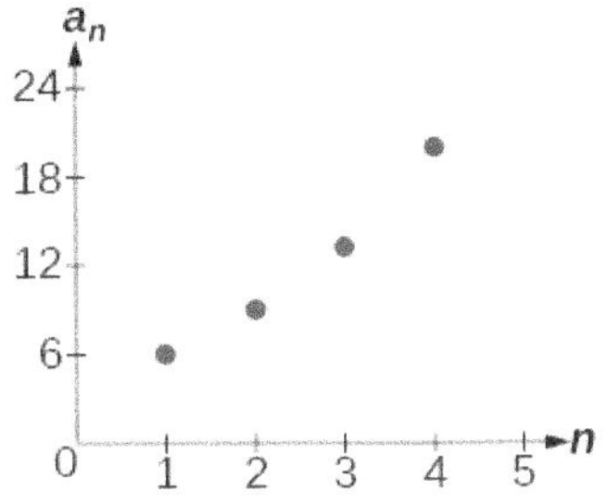

Figura 2

PREGUNTAS Y RESPUESTAS

¿Tenemos que dividir el segundo término entre el primero para hallar la razón común?

No. Podemos dividir cualquier término de la secuencia entre el término anterior. Sin embargo, lo más habitual es dividir el segundo término entre el primero porque suele ser el método más sencillo para hallar la razón común.

INTÉNTELO #4 Escriba una fórmula recursiva para la siguiente secuencia geométrica.

$$\left\{2, \frac{4}{3}, \frac{8}{9}, \frac{16}{27}, \ldots\right\}$$

Usar fórmulas explícitas para secuencias geométricas

Como una secuencia geométrica es una función exponencial cuyo dominio es el conjunto de enteros positivos, y la razón común es la base de la función, podemos escribir fórmulas explícitas que nos permitan hallar términos particulares.

$$a_n = a_1 r^{n-1}$$

Veamos la secuencia $\{18, 36, 72, 144, 288, \ldots\}$. Se trata de una secuencia geométrica con una razón común de 2 y una función exponencial de base 2. Una fórmula explícita para esta secuencia es

$$a_n = 18 \cdot 2^{n-1}$$

El gráfico de la secuencia se muestra en la Figura 3.

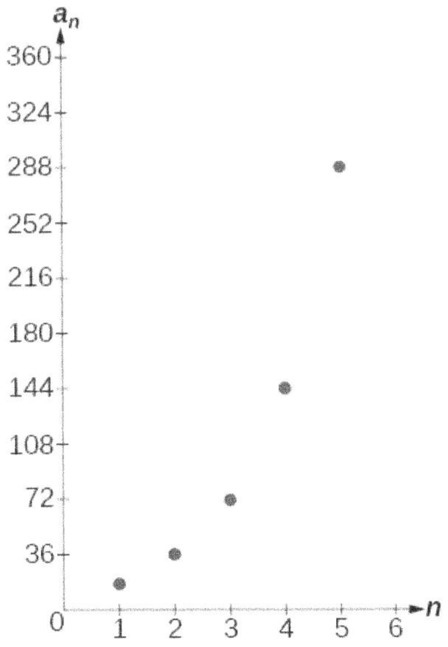

Figura 3

Fórmula explícita para una secuencia geométrica

El *n* término de una secuencia geométrica viene dado por la fórmula explícita:

$$a_n = a_1 r^{n-1}$$

EJEMPLO 4

Escribir términos de secuencias geométricas mediante la fórmula explícita

Dada una secuencia geométrica con $a_1 = 3$ y $a_4 = 24$, calcule a_2.

Solución

La secuencia puede escribirse en términos del término inicial y de la razón común *r*.

$$3, 3r, 3r^2, 3r^3, ...$$

Halle la razón común utilizando el cuarto término dado.

$$\begin{aligned} a_n &= a_1 r^{n-1} & \\ a_4 &= 3r^3 & \text{Escriba el cuarto término de la secuencia en términos de } \alpha_1 \text{ y } r \\ 24 &= 3r^3 & \text{Sustituya 24 para } a_4 \\ 8 &= r^3 & \text{Divida} \\ r &= 2 & \text{Resuelva para obtener la razón común} \end{aligned}$$

Halle el segundo término multiplicando el primer término por la razón común.

$$\begin{aligned} a_2 &= 2a_1 \\ &= 2(3) \\ &= 6 \end{aligned}$$

Análisis

La razón común se multiplica por el primer término una vez para hallar el segundo término, dos veces para hallar el tercer término, tres veces para hallar el cuarto término, y así sucesivamente. El décimo término podría hallarse multiplicando el primer término por la razón común nueve veces o multiplicando por la razón común elevada a la novena potencia.

INTÉNTELO #5 Dada una secuencia geométrica con $a_2 = 4$ y $a_3 = 32$, calcule a_6.

EJEMPLO 5

Escribir una fórmula explícita para el enésimo término de una secuencia geométrica

Escriba una fórmula explícita para el enésimo término de la siguiente secuencia geométrica.

$$\{2, 10, 50, 250, ...\}$$

Solución

El primer término es 2. La razón común se puede calcular al dividir el segundo término entre el primero.

$$\frac{10}{2} = 5$$

La razón común es 5. Sustituya la razón común y el primer término de la secuencia en la fórmula.

$$\begin{aligned} a_n &= a_1 r^{(n-1)} \\ a_n &= 2 \cdot 5^{n-1} \end{aligned}$$

El gráfico de esta secuencia en la Figura 4 muestra un patrón exponencial.

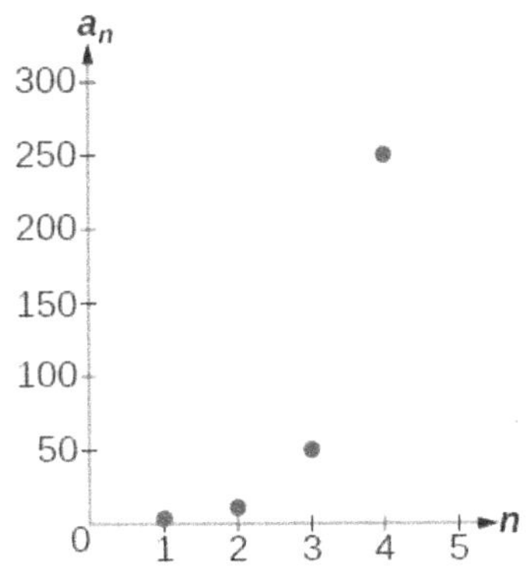

Figura 4

> **INTÉNTELO** #6 Escriba una fórmula explícita para la siguiente secuencia geométrica.

$$\{-1, 3, -9, 27, \ldots\}$$

Resolver problemas de aplicación con secuencias geométricas

En escenarios del mundo real que involucran secuencias geométricas podemos necesitar usar un término inicial de a_0 en vez de a_1. En estos problemas, podemos alterar ligeramente la fórmula explícita utilizando la siguiente fórmula:

$$a_n = a_0 r^n$$

EJEMPLO 6

Resolver problemas de aplicación con secuencias geométricas

En 2013, el número de estudiantes de una escuela pequeña es de 284. Se calcula que la población estudiantil aumentará un 4 % cada año.

Ⓐ Escriba una fórmula para la población estudiantil. Ⓑ Estime la población estudiantil en 2020.

Solución

Ⓐ

La situación puede modelarse mediante una secuencia geométrica con un término inicial de 284. La población estudiantil será el 104 % del año anterior, por lo que la razón común es de 1,04.

Supongamos que P es la población estudiantil y n es el número de años después de 2013. Utilizando la fórmula explícita de una secuencia geométrica obtenemos

$$P_n = 284 \cdot 1{,}04^n$$

Ⓑ

Podemos calcular el número de años desde 2013 mediante la resta.

$$2020 - 2013 = 7$$

Buscamos la población después de 7 años. Podemos sustituir 7 por n para estimar la población en 2020.

$$P_7 = 284 \cdot 1{,}04^7 \approx 374$$

La población estudiantil será de unos 374 estudiantes en 2020.

> **INTÉNTELO** #7 Una empresa pone en marcha un nuevo sitio web. Inicialmente el número de visitas es de 293 debido al factor curiosidad. La empresa estima que el número de visitas aumentará un 2,6 % por semana.
>
> Ⓐ Escriba una fórmula para el número de visitas.
>
> Ⓑ Calcule el número de visitas para dentro de 5 semanas.

MEDIA

Acceda a estos recursos en línea para obtener más información y practicar con las secuencias geométricas.

Secuencias geométricas (http://openstax.org/l/geometricseq)
Determinar el tipo de secuencia (http://openstax.org/l/sequencetype)
Hallar la fórmula de una secuencia (http://openstax.org/l/sequenceformula)

11.3 EJERCICIOS DE SECCIÓN

Verbales

1. ¿Qué es una secuencia geométrica?

2. ¿Cómo se calcula la razón común de una secuencia geométrica?

3. ¿Cuál es el procedimiento para determinar si una secuencia es geométrica?

4. ¿Cuál es la diferencia entre una secuencia aritmética y una secuencia geométrica?

5. Describa en qué se parecen las funciones exponenciales y las secuencias geométricas. ¿En qué se diferencian?

Algebraicos

En los siguientes ejercicios, halle la razón común de la secuencia geométrica.

6. $1, 3, 9, 27, 81, \ldots$

7. $-0{,}125, 0{,}25, -0{,}5, 1, -2, \ldots$

8. $-2, -\frac{1}{2}, -\frac{1}{8}, -\frac{1}{32}, -\frac{1}{128}, \ldots$

En los siguientes ejercicios, determine si la secuencia es geométrica. Si es así, halle la razón común.

9. $-6, -12, -24, -48, -96, \ldots$

10. $5, 5{,}2, 5{,}4, 5{,}6, 5{,}8, \ldots$

11. $-1, \frac{1}{2}, -\frac{1}{4}, \frac{1}{8}, -\frac{1}{16}, \ldots$

12. $6, 8, 11, 15, 20, \ldots$

13. $0{,}8, 4, 20, 100, 500, \ldots$

En los siguientes ejercicios, escriba los cinco primeros términos de la sucesión geométrica, dado el primer término y la razón común.

14. $a_1 = 8, \quad r = 0{,}3$

15. $a_1 = 5, \quad r = \frac{1}{5}$

En los siguientes ejercicios, escriba los cinco primeros términos de la sucesión geométrica, dados dos términos cualesquiera.

16. $a_7 = 64, \quad a_{10} = 512$

17. $a_6 = 25, \quad a_8 = 6{,}25$

En los siguientes ejercicios, halle el término especificado para la secuencia geométrica, dado el primer término y la razón común.

18. El primer término es 2, y la razón común es de 3. Halle el 5.º término.

19. El primer término es 16 y la razón común es de $-\frac{1}{3}$. Halle el 4.º término.

En los siguientes ejercicios, halle el término especificado para la secuencia geométrica, dados los cuatro primeros términos.

20. $a_n = \{-1, 2, -4, 8, ...\}$. Halle a_{12}.

21. $a_n = \left\{-2, \frac{2}{3}, -\frac{2}{9}, \frac{2}{27}, ...\right\}$. Halle a_7.

En los siguientes ejercicios, escriba los cinco primeros términos de la sucesión geométrica.

22. $a_1 = -486, \quad a_n = -\frac{1}{3}\, a_{n-1}$

23. $a_1 = 7, \quad a_n = 0{,}2a_{n-1}$

En los siguientes ejercicios, escriba una fórmula recursiva para cada secuencia geométrica.

24. $a_n = \{-1, 5, -25, 125, ...\}$

25. $a_n = \{-32, -16, -8, -4, ...\}$

26. $a_n = \{14, 56, 224, 896, ...\}$

27. $a_n = \{10, -3, 0{,}9, -0{,}27, ...\}$

28. $a_n = \{0{,}61, 1{,}83, 5{,}49, 16{,}47, ...\}$

29. $a_n = \left\{\frac{3}{5}, \frac{1}{10}, \frac{1}{60}, \frac{1}{360}, ...\right\}$

30. $a_n = \left\{-2, \frac{4}{3}, -\frac{8}{9}, \frac{16}{27}, ...\right\}$

31. $a_n = \left\{\frac{1}{512}, -\frac{1}{128}, \frac{1}{32}, -\frac{1}{8}, ...\right\}$

En los siguientes ejercicios, escriba los cinco primeros términos de la sucesión geométrica.

32. $a_n = -4 \cdot 5^{n-1}$

33. $a_n = 12 \cdot \left(-\frac{1}{2}\right)^{n-1}$

En los siguientes ejercicios, escriba una fórmula explícita para cada secuencia geométrica.

34. $a_n = \{-2, -4, -8, -16, ...\}$

35. $a_n = \{1, 3, 9, 27, ...\}$

36. $a_n = \{-4, -12, -36, -108, ...\}$

37. $a_n = \{0{,}8, -4, 20, -100, ...\}$

38. $a_n = \{-1{,}25, -5, -20, -80, ...\}$

39. $a_n = \left\{-1, -\frac{4}{5}, -\frac{16}{25}, -\frac{64}{125}, ...\right\}$

40. $a_n = \left\{2, \frac{1}{3}, \frac{1}{18}, \frac{1}{108}, ...\right\}$

41. $a_n = \left\{3, -1, \frac{1}{3}, -\frac{1}{9}, ...\right\}$

En los siguientes ejercicios, halle el término especificado para la secuencia geométrica dada.

42. Supongamos que $a_1 = 4$, $a_n = -3a_{n-1}$. Halle a_8.

43. Supongamos que $a_n = -\left(-\frac{1}{3}\right)^{n-1}$. Halle a_{12}.

En los siguientes ejercicios, halle el número de términos de la secuencia geométrica finita dada.

44. $a_n = \{-1, 3, -9, ..., 2187\}$

45. $a_n = \left\{2, 1, \frac{1}{2}, ..., \frac{1}{1.024}\right\}$

Gráficos

En los siguientes ejercicios, determine si el gráfico mostrado representa una secuencia geométrica.

46.

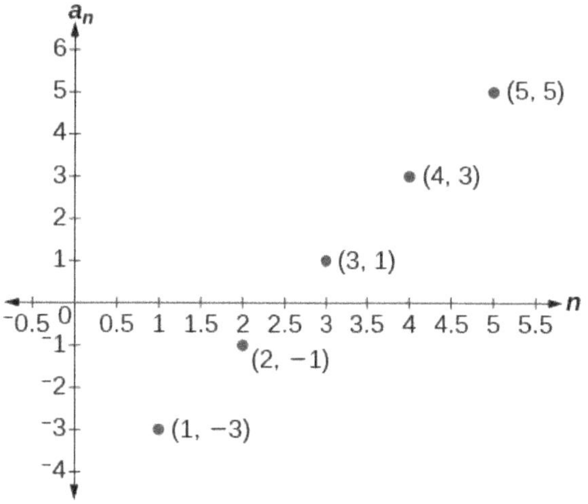

47.

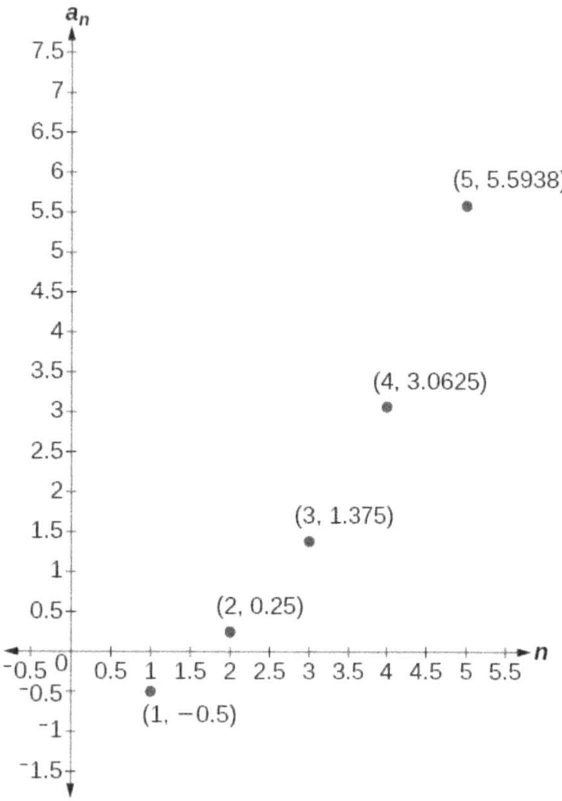

En los siguientes ejercicios, utilice la información proporcionada para graficar los primeros cinco términos de la secuencia geométrica.

48. $a_1 = 1, \quad r = \frac{1}{2}$

49. $a_1 = 3, \quad a_n = 2a_{n-1}$

50. $a_n = 27 \cdot 0{,}3^{n-1}$

Extensiones

51. Utilice fórmulas recursivas para dar dos ejemplos de secuencias geométricas cuyos 3.º términos son 200.

52. Utilice fórmulas explícitas para dar dos ejemplos de secuencias geométricas cuyos 7.º términos son 1.024.

53. Halle el 5.º término de la secuencia geométrica $\{b, 4b, 16b, \ldots\}$.

54. Halle el 7.º término de la secuencia geométrica $\{64a(-b), 32a(-3b), 16a(-9b), \ldots\}$.

55. ¿En qué término la secuencia $\{10, 12, 14{,}4, 17{,}28, \ \ldots\}$ supera el 100?

56. ¿En qué término la secuencia $\left\{\frac{1}{2187}, \frac{1}{729}, \frac{1}{243}, \frac{1}{81} \ \ldots\right\}$ comienza a tener valores enteros?

57. ¿Para cuál término la secuencia geométrica $a_{\mathrm{n}} = -36\left(\frac{2}{3}\right)^{n-1}$ tiene el primer valor no entero?

58. Utilice la fórmula recursiva para escribir una secuencia geométrica cuya razón común sea un número entero. Muestre los cuatro primeros términos, y luego halle el 10.º término.

59. Utilice la fórmula explícita para escribir una secuencia geométrica cuya razón común sea un número decimal entre 0 y 1. Muestre los 4 primeros términos y luego halle el 8.º término.

60. ¿Es posible que una secuencia sea a la vez aritmética y geométrica? Si es así, dé un ejemplo.

11.4 Series y sus notaciones

Objetivos de aprendizaje

En esta sección, podrá:

- Usar notación de sumatoria.
- Utilizar la fórmula de la suma de los primeros n términos de una serie aritmética.
- Utilizar la fórmula de la suma de los primeros n términos de una serie geométrica.
- Utilizar la fórmula de la suma de una serie geométrica infinita.
- Resolver problemas de anualidades.

Un padre decide crear un fondo universitario para su hija. Tiene previsto invertir 50 dólares en el fondo cada mes. El fondo paga el 6 % de interés anual calculado mensualmente. ¿Cuánto dinero tendrán ahorrado cuando su hija esté lista para empezar la universidad dentro de 6 años? En esta sección aprenderemos cómo responder esta pregunta. Para ello, hay que tener en cuenta la cantidad de dinero invertida y el monto de los intereses obtenidos.

Usar la notación de sumatoria

Para calcular la cantidad total de dinero en el fondo universitario y la suma de las cantidades depositadas, tenemos que sumar las cantidades depositadas cada mes y las cantidades ganadas mensualmente. La suma de los términos de una secuencia se llama una **serie**. Consideremos, por ejemplo, la serie siguiente.

$$3 + 7 + 11 + 15 + 19 + \ldots$$

La **suma parcial a la *n*** de una serie es la suma de un número finito de términos consecutivos empezando por el primer término. La notación S_n representa la suma parcial.

$$\begin{aligned} S_1 &= 3 \\ S_2 &= 3 + 7 = 10 \\ S_3 &= 3 + 7 + 11 = 21 \\ S_4 &= 3 + 7 + 11 + 15 = 36 \end{aligned}$$

La **notación de sumatoria** se usa para representar series. La notación de sumatoria se conoce, a menudo, como notación sigma porque utiliza la letra griega mayúscula sigma, Σ, para representar la suma. La notación de sumatoria incluye una fórmula explícita y especifica el primer y el último término de la serie. A la derecha de sigma se da una fórmula explícita para cada término de la serie. Debajo de sigma se escribe una variable llamada **índice de sumatoria**. El índice de sumatoria se establece igual al **límite inferior de sumatoria**, que es el número utilizado para generar el primer término de la serie. El número por encima de sigma, llamado **límite superior de sumatoria**, es el número utilizado para generar el último término de una serie.

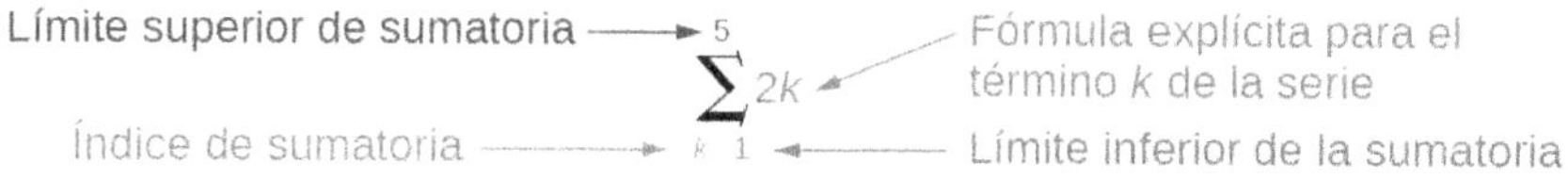

Si interpretamos la notación dada, vemos que nos pide calcular la suma de los términos de la serie $a_k = 2k$ para $k = 1$ hasta $k = 5$. Podemos empezar con la sustitución de los términos de k y enumerar los términos de esta serie.

$$\begin{aligned} a_1 &= 2(1) = 2 \\ a_2 &= 2(2) = 4 \\ a_3 &= 2(3) = 6 \\ a_4 &= 2(4) = 8 \\ a_5 &= 2(5) = 10 \end{aligned}$$

Podemos calcular la suma de la serie y agregar los términos:

$$\sum_{k=1}^{5} 2k = 2 + 4 + 6 + 8 + 10 = 30$$

Notación de sumatoria

La suma de los primeros n términos de una **serie** se puede expresar en **notación de sumatoria** de la siguiente forma:

$$\sum_{k=1}^{n} a_k$$

Esta notación nos dice que hay que calcular la suma de a_k a partir de $k = 1$ con $k = n$.

k se denomina **índice de sumatoria**, 1 es el **límite inferior de sumatoria** y n es el **límite superior de sumatoria**.

PREGUNTAS Y RESPUESTAS

¿El límite inferior de sumatoria tiene que ser 1?

No. El límite inferior de sumatoria puede ser cualquier número, pero con frecuencia se utiliza el 1. Veremos ejemplos con límites inferiores de sumatoria distintos de 1.

CÓMO

Dada la notación de sumatoria de una serie, evalúe el valor.

1. Identifique el límite inferior de sumatoria.
2. Identifique el límite superior de sumatoria.
3. Sustituya cada valor de k del límite inferior al superior en la fórmula.
4. Sume para obtener la suma.

EJEMPLO 1

Usar la notación de sumatoria

Evalúe $\sum_{k=3}^{7} k^2$.

Solución

Según la notación, el límite inferior de sumatoria es 3 y el límite superior es 7. Así que tenemos que calcular la suma de k^2 a partir de $k = 3$ con $k = 7$. Hallamos los términos de la serie al sustituir $k = 3{,}4{,}5{,}6,$ y 7 en la función k^2. Sumamos los términos para calcular la suma.

$$\begin{aligned}\sum_{k=3}^{7} k^2 &= 3^2 + 4^2 + 5^2 + 6^2 + 7^2 \\ &= 9 + 16 + 25 + 36 + 49 \\ &= 135\end{aligned}$$

> **INTÉNTELO** #1 Evalúe $\sum_{k=2}^{5} (3k-1)$.

Usar la fórmula de la serie aritmética

Al igual que hemos estudiado los tipos especiales de secuencias, veremos los tipos especiales de series. Recordemos que una secuencia aritmética es una secuencia en la que la diferencia entre dos términos consecutivos cualesquiera es la diferencia común, d. La suma de los términos de una secuencia aritmética se llama **serie aritmética**. Podemos escribir la suma de los primeros n términos de una serie aritmética como:

$$S_n = a_1 + (a_1 + d) + (a_1 + 2d) + \ldots + (a_n - d) + a_n.$$

También podemos invertir el orden de los términos y escribir la suma como

$$S_n = a_n + (a_n - d) + (a_n - 2d) + \ldots + (a_1 + d) + a_1.$$

Si añadimos estas dos expresiones para la suma de los primeros n términos de una serie aritmética, podemos derivar una fórmula para la suma de los primeros n términos de cualquier serie aritmética.

$$\begin{array}{rl} S_n &= a_1 + (a_1 + d) + (a_1 + 2d) + \ldots + (a_n - d) + a_n \\ + \quad S_n &= a_n + (a_n - d) + (a_n - 2d) + \ldots + (a_1 + d) + a_1 \\ \hline 2S_n &= (a_1 + a_n) + (a_1 + a_n) + \ldots + (a_1 + a_n) \end{array}$$

Debido a que hay n términos en la serie, podemos simplificar esta suma a

$$2S_n = n(a_1 + a_n).$$

Dividimos entre 2 para hallar la fórmula de la suma de los primeros n términos de una serie aritmética.

$$S_n = \frac{n(a_1 + a_n)}{2}$$

Fórmula de la suma de los primeros términos n de una serie aritmética.

Una **serie aritmética** es la suma de los términos de una secuencia aritmética. La fórmula de la suma de los primeros n términos de una secuencia aritmética es

$$S_n = \frac{n(a_1 + a_n)}{2}$$

CÓMO

Dados los términos de una serie aritmética, calcule la suma de los primeros n términos.

1. Identifique a_1 y a_n.
2. Determine n.
3. Sustituya los valores de a_1, a_n, y n en la fórmula $S_n = \frac{n(a_1+a_n)}{2}$.
4. Simplifique para hallar S_n.

EJEMPLO 2

Hallar los primeros n términos de una serie aritmética

Calcule la suma de cada serie aritmética.

Ⓐ $5 + 8 + 11 + 14 + 17 + 20 + 23 + 26 + 29 + 32$ Ⓑ $20 + 15 + 10 + \ldots + -50$ Ⓒ $\sum_{k=1}^{12} 3k - 8$

Solución

Ⓐ

Se nos da $a_1 = 5$ y $a_n = 32$.

Cuente el número de términos de la secuencia para hallar $n = 10$.

Sustituya los valores de a_1, a_n, y n en la fórmula y simplifique.

$$S_n = \frac{n(a_1+a_n)}{2}$$
$$S_{10} = \frac{10(5+32)}{2} = 185$$

Ⓑ

Se nos da $a_1 = 20$ y $a_n = -50$.

Utilice la fórmula del término general de una secuencia aritmética para hallar n.

$$\begin{aligned} a_n &= a_1 + (n-1)d \\ -50 &= 20 + (n-1)(-5) \\ -70 &= (n-1)(-5) \\ 14 &= n-1 \\ 15 &= n \end{aligned}$$

Sustituya los valores de a_1, a_n, n en la fórmula y simplifique.

$$S_n = \frac{n(a_1+a_n)}{2}$$
$$S_{15} = \frac{15(20-50)}{2} = -225$$

ⓒ
Para hallar a_1, sustituya $k = 1$ en la fórmula explícita dada.

$$a_k = 3k - 8$$
$$a_1 = 3(1) - 8 = -5$$

Se nos da que $n = 12$. Para hallar a_{12}, sustituya $k = 12$ en la fórmula explícita dada.

$$a_k = 3k - 8$$
$$a_{12} = 3(12) - 8 = 28$$

Sustituya los valores de a_1, a_n, y n en la fórmula y simplifique.

$$S_n = \frac{n(a_1 + a_n)}{2}$$
$$S_{12} = \frac{12(-5+28)}{2} = 138$$

Utilice la fórmula para calcular la suma de cada serie aritmética.

> **INTÉNTELO** #2 $10{,}4 + 10{,}6 + 10{,}8 + 20{,}0 + 20{,}2 + 20{,}4 + 20{,}6 + 20{,}8 + 30{,}0 + 30{,}2 + 30{,}4$

> **INTÉNTELO** #3 $13 + 21 + 29 + \ldots + 69$

> **INTÉNTELO** #4 $\sum_{k=1}^{10} 5 - 6k$

EJEMPLO 3

Resolver problemas de aplicación con serie aritmética

El domingo después de una cirugía menor, una mujer es capaz de caminar media milla. Cada domingo, camina un cuarto de milla más. Después de 8 semanas, ¿cuál será el número total de millas que habrá caminado?

Solución

Este problema se puede modelar mediante una serie aritmética con $a_1 = \frac{1}{2}$ y $d = \frac{1}{4}$. Buscamos el número total de millas caminadas después de 8 semanas, por lo que sabemos que $n = 8$, y buscamos S_8. Para hallar a_8, podemos utilizar la fórmula explícita de una secuencia aritmética.

$$a_n = a_1 + d(n-1)$$
$$a_8 = \frac{1}{2} + \frac{1}{4}(8 - 1) = \frac{9}{4}$$

Ahora podemos utilizar la fórmula de la serie aritmética.

$$S_n = \frac{n(a_1 + a_n)}{2}$$
$$S_8 = \frac{8(\frac{1}{2} + \frac{9}{4})}{2} = 11$$

Habrá caminado un total de 11 millas.

> **INTÉNTELO** #5 Un hombre gana 100 dólares en la primera semana de junio. Cada semana gana 12,50 dólares más que la semana anterior. Después de 12 semanas, ¿cuánto ha ganado?

Usar la fórmula de la serie geométrica

Así como la suma de los términos de una secuencia aritmética se llama serie aritmética, la suma de los términos de una secuencia geométrica se llama **serie geométrica**. Recordemos que una secuencia geométrica es una sucesión en la que la razón de dos términos consecutivos cualesquiera es la razón común, r. Podemos escribir la suma de los primeros n términos de una serie geométrica como

$$S_n = a_1 + ra_1 + r^2 a_1 + \ldots + r^{n-1} a_1.$$

Al igual que con las series aritméticas, podemos hacer algunas manipulaciones algebraicas para obtener una fórmula para la suma de los primeros n términos de una serie geométrica. Comenzaremos multiplicando ambos lados de la ecuación por r.

$$rS_n = ra_1 + r^2 a_1 + r^3 a_1 + \ldots + r^n a_1$$

Luego, restamos esta ecuación de la ecuación original.

$$\begin{array}{r} S_n = a_1 + ra_1 + r^2 a_1 + \ldots + r^{n-1} a_1 \\ \underline{-rS_n = -(ra_1 + r^2 a_1 + r^3 a_1 + \ldots + r^n a_1)} \\ (1-r)S_n = a_1 - r^n a_1 \end{array}$$

Observe que al restar, se anulan todos los términos de la ecuación superior menos el primero y el último de la ecuación inferior. Para obtener una fórmula para S_n, divida ambos lados entre $(1 - r)$.

$$S_n = \frac{a_1(1 - r^n)}{1 - r} \quad \mathrm{r} \neq 1$$

Fórmula de la suma de los primeros términos n de una serie aritmética.

Una **serie geométrica** es la suma de los términos de una secuencia geométrica. La fórmula de la suma de los primeros n términos de una secuencia geométrica se representa como

$$S_n = \frac{a_1(1 - r^n)}{1 - r} \quad \mathrm{r} \neq 1$$

CÓMO

Dada una serie geométrica, calcule la suma de los primeros *n* términos.

1. Identifique a_1, r, y n.
2. Sustituya los valores de a_1, r, y n en la fórmula $S_n = \frac{a_1(1-r^n)}{1-r}$.
3. Simplifique para hallar S_n.

EJEMPLO 4

Hallar los primeros *n* términos de una serie geométrica

Utilice la fórmula para calcular la suma parcial indicada de cada serie geométrica.

Ⓐ S_{11} para la serie $8 + -4 + 2 + \ldots$ Ⓑ $\sum_{k=1}^{6} 3 \cdot 2^k$

Solución

Ⓐ

$a_1 = 8$, y se nos da que $n = 11$.

Podemos hallar r al dividir el segundo término de la serie entre el primero.

$$r = \frac{-4}{8} = -\frac{1}{2}$$

Sustituya los valores de a_1, r, y n en la fórmula y simplifique.

$$S_n = \frac{a_1(1-r^n)}{1-r}$$

$$S_{11} = \frac{8\left(1-\left(-\frac{1}{2}\right)^{11}\right)}{1-\left(-\frac{1}{2}\right)} \approx 5{,}336$$

Ⓑ

Calcule a_1 sustituyendo $k = 1$ en la fórmula explícita dada.

$$a_1 = 3 \cdot 2^1 = 6$$

De la fórmula explícita dada podemos ver que $r = 2$. El límite superior de sumatoria es 6, por lo que $n = 6$.

Sustituya los valores de a_1, r, y n en la fórmula y simplifique.

$$S_n = \frac{a_1(1-r^n)}{1-r}$$

$$S_6 = \frac{6(1-2^6)}{1-2} = 378$$

Utilice la fórmula para calcular la suma parcial indicada de cada serie geométrica.

INTÉNTELO #6 S_{20} para la serie $1.000 + 500 + 250 + \ldots$

INTÉNTELO #7 $\sum_{k=1}^{8} 3^k$

EJEMPLO 5

Resolver un problema de aplicación con una serie geométrica

En un nuevo trabajo, el salario inicial de un empleado es de 26.750 dólares. Recibe un aumento anual del 1,6 %. Calcule sus ganancias totales al cabo de 5 años.

Solución

El problema se puede representar mediante una serie geométrica con $a_1 = 26.750$; $n = 5$; y $r = 1.016$. Sustituya los valores de a_1, r, y n en la fórmula y simplifique para calcular la cantidad total ganada al cabo de 5 años.

$$S_n = \frac{a_1(1-r^n)}{1-r}$$

$$S_5 = \frac{26.750(1-1.016^5)}{1-1.016} \approx 138.099{,}03$$

Al cabo de 5 años habrá ganado un total de 138.099,03 dólares.

INTÉNTELO #8 En un nuevo trabajo, el salario inicial de una empleada es de 32.100 dólares. Recibe un aumento anual del 2 %. ¿Cuánto habrá ganado al cabo de 8 años?

Usar la fórmula de la suma de una serie geométrica infinita

Hasta ahora, solo hemos examinado las series finitas. Sin embargo, a veces, nos interesa la suma de los términos de una secuencia infinita en vez de la suma de solo los primeros n. Una **serie infinita** es la suma de los términos de una secuencia infinita. Un ejemplo de series infinitas es $2 + 4 + 6 + 8 + ...$

Esta serie también se puede escribir en notación de sumatoria como $\sum_{k=1}^{\infty} 2k$, donde el límite superior de sumatoria es infinito. Como los términos no tienden a cero, la suma de la serie aumenta sin límite a medida que añadimos más términos. Por lo tanto, la suma de esta serie infinita no está definida. Cuando la suma no es un número real, decimos que la serie **diverge**.

Determinar si la suma de una serie geométrica infinita está definida

Si los términos de una secuencia geométrica infinita se acercan a 0, se puede definir la suma de una serie geométrica infinita. Los términos de esta serie se acercan a 0.

$$1 + 0{,}2 + 0{,}04 + 0{,}008 + 0{,}0016 + ...$$

La razón común $r = 0{,}2$. A medida que n se hace muy grande, los valores de r^n se hacen muy pequeños y se acercan a 0. Cada término sucesivo afecta la suma menos que el término anterior. A medida que cada término sucesivo se acerca a 0, la suma de los términos se acerca a un valor finito. Los términos de cualquier serie geométrica infinita con $-1 < r < 1$ se acercan a 0; la suma de una serie geométrica se define cuando $-1 < r < 1$.

Determinar si la suma de una serie geométrica infinita está definida

La suma de una serie infinita está definida si la serie es geométrica y $-1 < r < 1$.

CÓMO

Dados los primeros términos de una serie infinita, determine si la suma de la serie existe.

1. Calcule la razón entre el segundo término y el primero.
2. Calcule la razón entre el tercer término y el segundo.
3. Continúe este proceso para asegurarse de que la razón entre un término y el anterior es constante en todo momento. Si es así, la serie es geométrica.
4. Si una razón común, r, se calculó en el paso 3, compruebe si $-1 < r < 1$. Si es así, la suma está definida. Si no es así, la suma no está definida.

EJEMPLO 6

Determinar si la suma de una serie infinita está definida

Determine si la suma de cada serie infinita está definida.

Ⓐ $12 + 8 + 4 + \ldots$ Ⓑ $\frac{3}{4} + \frac{1}{2} + \frac{1}{3} + \ldots$ Ⓒ $\sum_{k=1}^{\infty} 27 \cdot \left(\frac{1}{3}\right)^k$ Ⓓ $\sum_{k=1}^{\infty} 5k$

Solución

Ⓐ La razón entre el segundo término y el primero es $\frac{2}{3}$, que no es lo mismo que la razón entre el tercer término y el segundo, $\frac{1}{2}$. La serie no es geométrica.

Ⓑ La razón entre el segundo término y el primero es la misma que la razón entre el tercer término y el segundo. La serie es geométrica con una razón común de $\frac{2}{3}$. La suma de la serie infinita está definida.

Ⓒ La fórmula dada es exponencial con una base de $\frac{1}{3}$; la serie es geométrica con una razón común de $\frac{1}{3}$. La suma de la serie infinita está definida.

Ⓓ La fórmula dada no es exponencial; la serie no es geométrica porque los términos son crecientes, por lo que no puede producir una suma finita.

Determine si la suma de la serie infinita está definida.

> **INTÉNTELO** #9 $\frac{1}{3}+\frac{1}{2}+\frac{3}{4}+\frac{9}{8}+\ldots$

> **INTÉNTELO** #10 $24+(-12)+6+(-3)+\ldots$

> **INTÉNTELO** #11 $\sum_{k=1}^{\infty} 15\cdot(-0{,}3)^k$

Calcular sumas de series infinitas

Cuando existe la suma de una serie geométrica infinita, podemos calcular la suma. La fórmula de la suma de una serie infinita está relacionada con la fórmula de la suma de los primeros n términos de una serie geométrica.

$$S_n=\frac{a_1(1-r^n)}{1-r}$$

Examinaremos una serie infinita con $r=\frac{1}{2}$. ¿Qué pasa con r^n a medida que n aumenta?

$$\left(\tfrac{1}{2}\right)^2=\tfrac{1}{4}$$
$$\left(\tfrac{1}{2}\right)^3=\tfrac{1}{8}$$
$$\left(\tfrac{1}{2}\right)^4=\tfrac{1}{16}$$

El valor de r^n disminuye rápidamente. ¿Qué ocurre para valores mayores de n?

$$\left(\tfrac{1}{2}\right)^{10}=\frac{1}{1{,}024}$$
$$\left(\tfrac{1}{2}\right)^{20}=\frac{1}{1{,}048{,}576}$$
$$\left(\tfrac{1}{2}\right)^{30}=\frac{1}{1{,}073{,}741{,}824}$$

A medida que n se hace muy grande, r^n se hace muy pequeño. Decimos que, a medida que n aumenta sin límites, r^n se acerca a 0. A medida que r^n se acerca a 0, $1-r^n$ se acerca a 1. Cuando esto ocurre, el numerador se acerca a a_1. Esto nos da una fórmula para la suma de una serie geométrica infinita.

Fórmula de la suma de una serie geométrica infinita

La fórmula de la suma de una serie geométrica infinita con $-1<r<1$ es

$$S=\frac{a_1}{1-r}$$

CÓMO

Dada una serie geométrica infinita, calcule su suma.

1. Identifique a_1 y r.
2. Confirme que $-1<r<1$.
3. Sustituya los valores de a_1 y r en la fórmula, $S=\frac{a_1}{1-r}$.
4. Simplifique para hallar S.

EJEMPLO 7

Calcular la suma de una serie geométrica infinita

Calcule la suma, si existe, para lo siguiente:

Ⓐ $10+9+8+7+\ldots$ Ⓑ $248{,}6+99{,}44+39{,}776+\ \ldots$ Ⓒ $\sum_{k=1}^{\infty} 4{,}374\cdot(-\frac{1}{3})^{k-1}$

Ⓓ $\sum_{k=1}^{\infty}\frac{1}{9}\cdot(\frac{4}{3})^{k}$

Solución

Ⓐ No hay una razón constante; la serie no es geométrica.

Ⓑ

Hay una razón constante; la serie es geométrica. $a_1 = 248{,}6$ y $r = \frac{99{,}44}{248{,}6} = 0{,}4$, por lo que la suma existe. Sustituya $a_1 = 248{,}6$ y $r = 0{,}4$ en la fórmula y simplifique para calcular la suma:

$$S = \frac{a_1}{1-r}$$
$$S = \frac{248{,}6}{1-0{,}4} = 414{,}\overline{3}$$

Ⓒ

La fórmula es exponencial, por lo que la serie es geométrica con $r = -\frac{1}{3}$. Halle a_1 sustituyendo $k = 1$ en la fórmula explícita dada:

$$a_1 = 4{,}374\cdot(-\frac{1}{3})^{1-1} = 4{,}374$$

Sustituya $a_1 = 4{,}374$ y $r = -\frac{1}{3}$ en la fórmula y simplifique para calcular la suma:

$$S = \frac{a_1}{1-r}$$
$$S = \frac{4{,}374}{1-(-\frac{1}{3})} = 3{,}280{,}5$$

Ⓓ La fórmula es exponencial, por lo que la serie es geométrica, pero $r > 1$. La suma no existe.

EJEMPLO 8

Hallar una fracción equivalente para un decimal repetido

Halle una fracción equivalente para el decimal repetido $0{,}\overline{3}$

Solución

Nos fijamos en la repetición del decimal $0{,}\overline{3} = 0{,}333\ldots$ por lo que podemos reescribir el decimal repetido como una suma de términos.

$$0{,}\overline{3} = 0{,}3 + 0{,}03 + 0{,}003 + \ldots$$

Para identificar un patrón, reescribimos la suma y observamos que vemos el primer término multiplicado por 0,1 en el segundo término, y el segundo término multiplicado por 0,1 en el tercer término.

$$0{,}\overline{3} = 0{,}3 + (0{,}1)\underbrace{(0{,}3)}_{\text{Primer término}} + (0{,}1)\underbrace{(0{,}1)(0{,}3)}_{\text{Segundo término}}$$

Observe el patrón; multiplicamos cada término consecutivo por una razón común de 0,1 empezando por el primer término de 0,3. Así que, al sustituir en nuestra fórmula para una suma geométrica infinita, tenemos

$$S_n = \frac{a_1}{1-r} = \frac{0{,}3}{1-0{,}1} = \frac{0{,}3}{0{,}9} = \frac{1}{3}.$$

Calcule la suma, si existe.

> **INTÉNTELO** #12 $2 + \frac{2}{3} + \frac{2}{9} + \ldots$

> **INTÉNTELO** #13 $\sum_{k=1}^{\infty} 0{,}76k + 1$

> **INTÉNTELO** #14 $\sum_{k=1}^{\infty} \left(-\frac{3}{8}\right)^k$

Solución para problemas de anualidades

Al principio de la sección, vimos un problema en el que un padre invertía una cantidad fija de dinero cada mes en un fondo para la universidad durante seis años. Una **anualidad** es una inversión en la que el comprador realiza una secuencia de pagos periódicos e iguales. Para calcular el importe de una anualidad, tenemos que hallar la suma de todos los pagos y los intereses devengados. En el ejemplo, el padre invierte 50 dólares cada mes. Ese es el valor del depósito inicial. La cuenta pagaba el 6 % de interés anual calculado mensualmente. Para calcular el tipo de interés por periodo de pago, tenemos que dividir la tasa anual equivalente (TAE) del 6 % entre 12. Por lo tanto, la tasa de interés mensual es del 0,5 %. Podemos multiplicar la cantidad en la cuenta cada mes por el 100,5 % para calcular el valor de la cuenta una vez añadidos los intereses.

Podemos calcular el valor de la anualidad justo después del último depósito utilizando una serie geométrica con $a_1 = 50$ y $r = 100{,}5\% = 1{,}005$. Después del primer depósito, el valor de la anualidad será de 50 dólares. Veamos si podemos determinar la cantidad del fondo universitario y los intereses obtenidos.

Podemos calcular el valor de la anualidad después de n depósitos mediante la fórmula de la suma de los primeros n términos de una serie geométrica. En 6 años hay 72 meses, así que $n = 72$. Podemos sustituir $a_1 = 50,\ r = 1{,}005,\ \text{y}\ n = 72$ en la fórmula y simplificar para calcular el valor de la anualidad después de 6 años.

$$S_{72} = \frac{50(1 - 1{,}005^{72})}{1 - 1{,}005} \approx 4.320{,}44$$

Después del último depósito, el padre tendrá un total de 4.320,44 dólares en la cuenta. Nótese que el padre hizo 72 pagos de 50 dólares cada uno por un total de $72(50) = \$3.600$. Esto significa que, gracias a la anualidad, el padre ganó 720,44 dólares de intereses en su fondo universitario.

CÓMO

Dado un depósito inicial y una tasa de interés, calcule el valor de una anualidad.

1. Determine a_1, el valor del depósito inicial.
2. Determine n, el número de depósitos.
3. Determine r.
   a. Divida la tasa de interés anual entre el número de veces al año que se componen los intereses.
   b. Sume 1 a esta cantidad para hallar r.
4. Sustituya los valores de $a_1,\ r,\ \text{y}\ n$ en la fórmula de la suma de los primeros n términos de una serie geométrica, $S_n = \frac{a_1(1-r^n)}{1-r}$.
5. Simplifique para hallar S_n, el valor de la anualidad después de n depósitos.

EJEMPLO 9

Resolver un problema de anualidades

Al principio de cada mes se depositan 100 dólares en un fondo universitario durante 10 años. El fondo gana el 9 % de interés anual calculado mensualmente y se paga a final de mes. ¿Cuánto hay en la cuenta justo después del último depósito?

Solución

El valor del depósito inicial es de 100 dólares, por lo que $a_1 = 100$. En total se realizan 120 depósitos mensuales durante los 10 años, por lo que $n = 120$. Para hallar r, divida la tasa de interés anual entre 12 para calcular la tasa de interés mensual y añada 1 para representar el nuevo depósito mensual.

$$r = 1 + \frac{0{,}09}{12} = 1{,}0075$$

Sustituya $a_1 = 100$, $r = 1{,}0075$, y $n = 120$ en la fórmula de la suma de los primeros n términos de una serie geométrica y simplifique para calcular el valor de la anualidad.

$$S_{120} = \frac{100(1 - 1{,}0075^{120})}{1 - 1{,}0075} \approx 19.351{,}43$$

Por lo que la cuenta tiene 19.351,43 dólares después de hacer el último depósito.

INTÉNTELO #15 Al principio de cada mes, se depositan 200 dólares en un fondo de jubilación. El fondo gana un interés anual del 6 % calculado mensualmente y se ingresa en la cuenta a final de mes. ¿Cuánto hay en la cuenta si se hacen depósitos durante 10 años?

MEDIA

Acceda a estos recursos en línea para obtener instrucciones adicionales y practicar con las series.

Serie aritmética (http://openstax.org/l/arithmeticser)
Serie geométrica (http://openstax.org/l/geometricser)
Notación de sumatoria (http://openstax.org/l/sumnotation)

11.4 EJERCICIOS DE SECCIÓN

Verbales

1. ¿Qué es una suma parcial a la $n$enésimo?
2. ¿Cuál es la diferencia entre una secuencia aritmética y una serie aritmética?
3. ¿Qué es una serie geométrica?
4. ¿En qué se diferencia calcular la suma de una serie geométrica infinita de calcular la suma parcial a la $n$enésimo?
5. ¿Qué es una anualidad?

Algebraicos

En los siguientes ejercicios, exprese cada descripción de una suma mediante notación de sumatoria.

6. La suma de términos $m^2 + 3m$ a partir de $m = 1$ con $m = 5$
7. La suma de $n = 0$ a $n = 4$ de $5n$
8. La suma de $6k - 5$ a partir de $k = -2$ con $k = 1$
9. La suma que resulta de sumar el número 4 cinco veces

En los siguientes ejercicios, exprese cada suma aritmética mediante notación de sumatoria.

10. $5 + 10 + 15 + 20 + 25 + 30 + 35 + 40 + 45 + 50$

11. $10 + 18 + 26 + \ldots + 162$

12. $\frac{1}{2} + 1 + \frac{3}{2} + 2 + \ldots + 4$

En los siguientes ejercicios, utilice la fórmula de la suma de los primeros n términos de cada secuencia aritmética.

13. $\frac{3}{2} + 2 + \frac{5}{2} + 3 + \frac{7}{2}$

14. $19 + 25 + 31 + \ldots + 73$

15. $3{,}2 + 3{,}4 + 3{,}6 + \ldots + 5{,}6$

En los siguientes ejercicios, exprese cada suma geométrica mediante notación de sumatoria.

16. $1 + 3 + 9 + 27 + 81 + 243 + 729 + 2187$

17. $8 + 4 + 2 + \ldots + 0{,}125$

18. $-\frac{1}{6} + \frac{1}{12} - \frac{1}{24} + \ldots + \frac{1}{768}$

En los siguientes ejercicios, utilice la fórmula de la suma de los primeros n términos de cada secuencia geométrica y luego enuncie la suma indicada.

19. $9 + 3 + 1 + \frac{1}{3} + \frac{1}{9}$

20. $\sum_{n=1}^{9} 5 \cdot 2^{n-1}$

21. $\sum_{a=1}^{11} 64 \cdot 0{,}2^{a-1}$

En los siguientes ejercicios, determine si la serie infinita tiene una suma. Si es así, escriba la fórmula de la suma. Si no es así, indique el motivo.

22. $12 + 18 + 24 + 30 + \ldots$

23. $2 + 1{,}6 + 1{,}28 + 1{,}024 + \ldots$

24. $\sum_{m=1}^{\infty} 4^{m-1}$

25. $\sum_{\infty}^{k=1} -\left(-\frac{1}{2}\right)^{k-1}$

Gráficos

En los siguientes ejercicios, utilice el siguiente escenario. Javier hace depósitos mensuales en una cuenta de ahorros. Abrió la cuenta con un depósito inicial de 50 dólares. A partir de entonces, cada mes aumentó en 20 dólares la cantidad del depósito anterior.

26. Grafique la secuencia aritmética que muestra un año de depósitos de Javier.

27. Grafique la serie aritmética que muestra las sumas mensuales de un año de los depósitos de Javier.

En los siguientes ejercicios, utilice la serie geométrica $\sum_{k=1}^{\infty} \left(\frac{1}{2}\right)^{k}$.

28. Grafique las 7 primeras sumas parciales de la serie.

29. ¿A qué número S_n parece acercarse en el gráfico? Calcule la suma para explicar por qué esto tiene sentido.

Numéricos

En los siguientes ejercicios, calcule la suma indicada.

30. $\sum_{a=1}^{14} a$

31. $\sum_{n=1}^{6} n(n-2)$

32. $\sum_{k=1}^{17} k^2$

33. $\sum_{k=1}^{7} 2^k$

En los siguientes ejercicios, utilice la fórmula de la suma de los primeros n *términos de una serie aritmética para calcular la suma.*

34. $-1{,}7 + -0{,}4 + 0{,}9 + 2{,}2 + 3{,}5 + 4{,}8$

35. $6 + \frac{15}{2} + 9 + \frac{21}{2} + 12 + \frac{27}{2} + 15$

36. $-1 + 3 + 7 + ... + 31$

37. $\sum_{k=1}^{11} \left(\frac{k}{2} - \frac{1}{2}\right)$

En los siguientes ejercicios, utilice la fórmula de la suma de los primeros n *términos de una serie geométrica para calcular la suma parcial.*

38. S_6 para la serie $-2 - 10 - 50 - 250$

39. S_7 para la serie $0{,}4 - 2 + 10 - 50...$

40. $\sum_{k=1}^{9} 2^{k-1}$

41. $\sum_{n=1}^{10} -2 \cdot \left(\frac{1}{2}\right)^{n-1}$

En los siguientes ejercicios, calcule la suma de las series geométricas infinitas.

42. $4 + 2 + 1 + \frac{1}{2}...$

43. $-1 - \frac{1}{4} - \frac{1}{16} - \frac{1}{64}...$

44. $\sum_{\infty}^{k=1} 3 \cdot \left(\frac{1}{4}\right)^{k-1}$

45. $\sum_{n=1}^{\infty} 4{,}6 \cdot 0{,}5^{n-1}$

En los siguientes ejercicios, determine el valor de la anualidad para la cantidad indicada del depósito mensual, el número de depósitos y la tasa de interés.

46. Cantidad del depósito: $\$50$; depósitos totales: 60; tasa de interés: 5%, calculado mensualmente

47. Cantidad del depósito: $\$150$; depósitos totales: 24; tasa de interés: 3%, calculado mensualmente

48. Cantidad del depósito: $\$450$; depósitos totales: 60; tasa de interés: $4{,}5\%$, calculado trimestralmente

49. Cantidad del depósito: $\$100$; depósitos totales: 120; tasa de interés: 10%, calculado semestralmente

Extensiones

50. La suma de términos $50 - k^2$ a partir de $k = x$ hasta 7 es 115. ¿Qué es *x*?

51. Escriba una fórmula explícita para a_k de forma que $\sum_{k=0}^{6} a_k = 189.$ Supongamos que se trata de una serie aritmética.

52. Calcule el menor valor de *n* de forma que $\sum_{k=1}^{n}(3k-5) > 100.$

53. ¿Cuántos términos hay que añadir para que la serie $-1 - 3 - 5 - 7....$ tenga una suma inferior a -75?

54. Escriba $0{,}\overline{65}$ como una serie geométrica infinita utilizando la notación de sumatoria. Luego, utilice la fórmula para calcular la suma de una serie geométrica infinita para convertir $0{,}\overline{65}$ a una fracción.

55. La suma de una serie geométrica infinita es cinco veces el valor del primer término. ¿Cuál es la razón común de la serie?

56. Para conseguir los mejores tipos de préstamo disponibles, la familia Coleman quiere ahorrar suficiente dinero para dar un 20 % de inicial para una casa de 160.000 dólares. Planean hacer depósitos mensuales de 125 dólares en una cuenta de inversión que ofrece un 8,5 % de interés anual calculado semestralmente. ¿Tendrán los Coleman lo suficiente para un 20 % de pago inicial después de cinco años de ahorro? ¿Cuánto dinero habrán ahorrado?

57. Karl tiene dos años para ahorrar $\$10.000$ para comprar un auto usado cuando se gradúe. Al dólar más cercano, ¿de cuánto tendrían que ser sus depósitos mensuales si invierte en una cuenta que ofrece una tasa de interés anual del 4,2 % que se calcula mensualmente?

Aplicaciones en el mundo real

58. Keisha ideó un plan de estudio de una semana para prepararse para los finales. El primer día, tiene previsto estudiar durante 1 hora, y cada día sucesivo aumentará su tiempo de estudio en 30 minutos. ¿Cuántas horas habrá estudiado Keisha después de una semana?

59. Una roca rodó por una montaña y se movió 6 pies en el primer segundo. Cada segundo sucesivo su distancia aumentaba en 8 pies. ¿Qué distancia recorrió la roca después de 10 segundos?

60. Un científico coloca 50 células en una placa de Petri. Cada hora la población aumenta un $1{,}5\ \%$. ¿Cuál será el recuento de células después de 1 día?

61. Un péndulo recorre una distancia de 3 pies en su primera oscilación. En cada oscilación sucesiva recorre $\frac{3}{4}$ de la distancia de la oscilación anterior. ¿Cuál es la distancia total recorrida por el péndulo cuando deja de oscilar?

62. Rachael deposita cada año 1.500 dólares en un fondo de pensiones. El fondo gana el 8,2 % de interés anual calculado mensualmente. Si abrió su cuenta a los 19 años, ¿cuánto tendrá a los 55? ¿Qué parte de esa cantidad serán los intereses ganados?

11.5 Principios de conteo

Objetivos de aprendizaje

En esta sección, podrá:

- Resolver problemas de recuento mediante el principio de adición.
- Resolver problemas de conteo mediante el principio de multiplicación.
- Resolver problemas de conteo mediante permutaciones con n objetos distintos.
- Resolver problemas de conteo mediante combinaciones.
- Calcular el número de subconjuntos de un conjunto dado.
- Resolver problemas de conteo mediante permutaciones que incluyan n objetos no distintos.

Una nueva compañía vende fundas personalizables para tabletas y teléfonos inteligentes. Cada funda está disponible en varios colores y se puede personalizar por un precio adicional con imágenes o un monograma. El cliente puede elegir no personalizar o puede elegir una, dos o tres imágenes o un monograma. El cliente puede elegir el orden de las imágenes y las letras del monograma. La compañía está trabajando con una agencia para desarrollar una campaña de marketing centrada en el gran número de opciones que ofrecen. ¡Contar las posibilidades es un reto!

Todos los días nos encontramos con una gran variedad de problemas de conteo. Existe una rama de las matemáticas dedicada al estudio de problemas de conteo como este. Otras aplicaciones del conteo son las contraseñas seguras, los resultados de las carreras de caballos y la elección de los horarios de las universidades. En esta sección examinaremos este tipo de matemáticas.

Utilizar el principio de adición

La compañía que vende fundas personalizables ofrece fundas para tabletas y teléfonos inteligentes. Hay 3 modelos de tabletas y 5 de teléfonos inteligentes compatibles. El **principio de adición** nos dice que podemos sumar el número de opciones de la tableta al número de opciones del teléfono inteligente para hallar el número total de opciones. Por el principio de adición, hay 8 opciones en total, como podemos ver en la Figura 1.

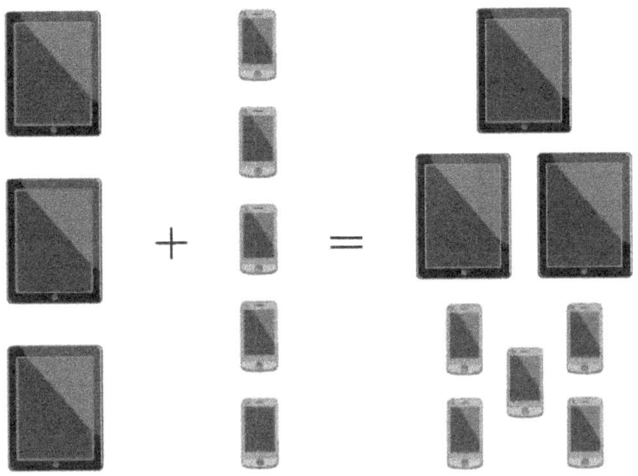

Figura 1

El principio de adición

Según el **principio de adición**, si un evento puede ocurrir de m maneras y un segundo evento sin resultados comunes puede ocurrir en n maneras, entonces el primer *o* el segundo evento puede ocurrir de $m + n$ maneras.

EJEMPLO 1

Utilizar el principio de adición

En el menú de la cena hay 2 opciones de plato principal vegetariano y 5 de carne. ¿Cuál es el número total de opciones de plato principal?

Solución

Podemos sumar el número de opciones vegetarianas al número de opciones de carne para hallar el número total de opciones de platos principales.

$$\begin{array}{ccccccccccccc} \text{Vegetariano} & + & \text{Vegetariano} & + & \text{Carne} & + & \text{Carne} & + & \text{Carne} & + & \text{Carne} & + & \text{Carne} \\ \downarrow & & \downarrow & & \downarrow & & \downarrow & & \downarrow & & \downarrow & & \downarrow \\ \text{Opción 1} & + & \text{Opción 2} & + & \text{Opción 3} & + & \text{Opción 4} & + & \text{Opción 5} & + & \text{Opción 6} & + & \text{Opción 7} \end{array}$$

Hay 7 opciones en total.

> INTÉNTELO #1 Un estudiante está comprando una computadora nueva. Está decidiendo entre 3 computadoras de escritorio y 4 portátiles. ¿Cuál es el número total de opciones de computadora?

Utilización del principio de multiplicación

El **principio de multiplicación** se aplica cuando hacemos más de una selección. Supongamos que elegimos una entrada, un plato principal y un postre. Si hay 2 opciones de entradas, 3 opciones de plato principal y 2 opciones de postre en un menú de cena de precio fijo, hay un total de 12 opciones posibles de cada una, como se muestra en el diagrama de árbol en la Figura 2.

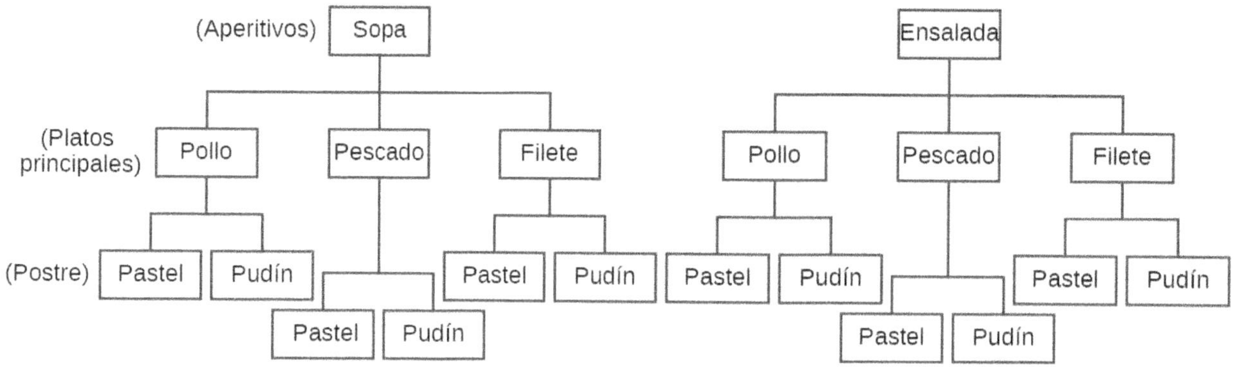

Figura 2

Las opciones posibles son:

1. sopa, pollo, pastel
2. sopa, pollo, pudín
3. sopa, pescado, pastel
4. sopa, pescado, pudín
5. sopa, filete, pastel
6. sopa, filete, pudín
7. ensalada, pollo, pastel
8. ensalada, pollo, pudín
9. ensalada, pescado, pastel
10. ensalada, pescado, pudín
11. ensalada, filete, pastel
12. ensalada, filete, pudín

También podemos hallar el número total de cenas posibles mediante la multiplicación.

También podríamos llegar a la conclusión de que hay 12 posibles opciones de cena simplemente aplicando el principio de multiplicación.

N.º de de opciones de entradas	×	N.º de de opciones de platos principales	×	N.º de de opciones de postres	
2	×	3	×	2	= 12

El principio de multiplicación

Según el **principio de multiplicación**, si un evento puede ocurrir de m maneras y un segundo evento puede ocurrir en n maneras después de que el primer evento haya ocurrido, entonces los dos eventos pueden ocurrir en $m \times n$ maneras. Esto también se conoce como el **principio fundamental de conteo**.

EJEMPLO 2

Utilización del principio de multiplicación

Diane empacó 2 faldas, 4 blusas y un suéter para su viaje de negocios. Tendrá que elegir una falda y una blusa para cada conjunto y decidir si se pone el suéter. Utilice el principio de multiplicación para hallar el número total de conjuntos posibles.

Solución

Para hallar el número total de conjuntos, calcule el producto del número de opciones de falda, el número de opciones de blusa y el número de opciones de suéter.

# de opciones de falda	×	# de opciones de blusas	×	# de opciones de suéter	
2	×	4	×	2	= 16

Hay 16 conjuntos posibles.

INTÉNTELO #2 Un restaurante ofrece un desayuno especial que incluye un sándwich de desayuno, una guarnición y una bebida. Hay 3 tipos de sándwiches de desayuno, 4 opciones de guarniciones y 5 opciones de bebidas. Calcule el número total de desayunos especiales posibles.

Calcular el número de permutaciones de n objetos distintos

El principio de multiplicación se puede usar para resolver diversos tipos de problemas. Un tipo de problema consiste en colocar objetos en orden. Ordenamos las letras en palabras y los dígitos en números, nos alineamos para las fotografías, decoramos las habitaciones y mucho más. Ordenar los objetos se llama una **permutación**.

Hallar el número de permutaciones de n objetos distintos mediante el principio de multiplicación

Para resolver problemas de permutación, suele ser útil dibujar segmentos de línea para cada opción. Eso nos permite determinar el número de cada opción para poder multiplicar. Por ejemplo, supongamos que tenemos cuatro cuadros y queremos hallar el número de maneras en que podemos colgar tres de los cuadros en orden en la pared. Podemos dibujar tres líneas para representar los tres lugares de la pared.

$$\underline{\hspace{1cm}} \times \underline{\hspace{1cm}} \times \underline{\hspace{1cm}}$$

Hay cuatro opciones para el primer lugar, así que escribimos un 4 en la primera línea.

$$\underline{\quad 4 \quad} \times \underline{\hspace{1cm}} \times \underline{\hspace{1cm}}$$

Una vez ocupado el primer lugar, hay tres opciones para el segundo lugar, así que escribimos un 3 en la segunda línea.

$$\underline{\quad 4 \quad} \times \underline{\quad 3 \quad} \times \underline{\hspace{1cm}}$$

Una vez ocupado el segundo lugar, hay dos opciones para el tercer lugar, así que escribimos un 2 en la tercera línea. Por último, calculamos el producto.

$$\underline{\quad 4 \quad} \times \underline{\quad 3 \quad} \times \underline{\quad 2 \quad} = 24$$

Hay 24 permutaciones posibles de los cuadros.

CÓMO

Dadas. n opciones distintas, determine cuántas permutaciones hay.

1. Determine cuántas opciones hay para la primera situación.
2. Determine cuántas opciones quedan para la segunda situación.
3. Continúe hasta que todos los espacios estén llenos.
4. Multiplique los números juntos.

EJEMPLO 3

Hallar el número de permutaciones mediante el principio de multiplicación

En una competencia de natación, nueve nadadores participan en una carrera.

Ⓐ ¿De cuántas maneras se pueden ubicar de primero, segundo y tercero?

Ⓑ ¿De cuántas maneras se pueden ubicar de primero, segundo y tercero si un nadador llamado Ariel gana el primer puesto? (Supongamos que solo hay un participante llamado Ariel).

Ⓒ ¿De cuántas maneras se pueden alinear los nueve nadadores para una foto?

Solución

Ⓐ Dibuje líneas para cada lugar.

opciones para el 1.er puesto X opciones para el 2.º puesto X opciones para el 3.er puesto

Hay 9 opciones para el primer lugar. Una vez que alguien ha ganado el primer lugar, hay 8 opciones restantes para el segundo lugar. Una vez ganados el primer y el segundo puesto, quedan 7 opciones para el tercer lugar.

$$\underline{\ 9\ } \times \underline{\ 8\ } \times \underline{\ 7\ } = 504$$

Multiplique para hallar que hay 504 maneras en que los nadadores se pueden ubicar.

Ⓑ Dibuje líneas para describir cada lugar.

opciones para el 1.er puesto X opciones para el 2.º puesto X opciones para el 3.er puesto

Sabemos que Ariel debe ganar el primer lugar, así que solo hay 1 opción para el primer lugar. Quedan 8 opciones para el segundo puesto y 7 para el tercero.

$$\underline{\ 1\ } \times \underline{\ 8\ } \times \underline{\ 7\ } = 56$$

Multiplique para hallar que hay 56 maneras en que los nadadores se pueden ubicar si Ariel gana el primer lugar.

Ⓒ

Dibuje líneas para describir cada lugar de la foto.

$$\underline{\quad} \times \underline{\quad} \times \underline{\quad} \times \underline{\quad} \times \underline{\quad} \times \underline{\quad} \times \underline{\quad} \times \underline{\quad} \times \underline{\quad}$$

Hay 9 opciones para el primer lugar, luego 8 para el segundo, 7 para el tercero, 6 para el cuarto, y así sucesivamente hasta que solo quede 1 persona para el último puesto.

$$\underline{\ 9\ } \times \underline{\ 8\ } \times \underline{\ 7\ } \times \underline{\ 6\ } \times \underline{\ 5\ } \times \underline{\ 4\ } \times \underline{\ 3\ } \times \underline{\ 2\ } \times \underline{\ 1\ } = 362.880$$

Hay 362.880 permutaciones posibles para que los nadadores se alineen.

Análisis

Observe que en la parte c, hallaremos que hay 9! maneras de que 9 personas se alineen. El número de permutaciones de n objetos distintos siempre puede ser calculado por $n!$.

Una familia de cinco personas se está retratando. Utilice el principio de multiplicación para hallar lo siguiente.

INTÉNTELO #3 ¿De cuántas maneras puede alinearse la familia para el retrato?

INTÉNTELO #4 ¿De cuántas maneras el fotógrafo puede alinear a 3 miembros de la familia?

INTÉNTELO #5 ¿De cuántas maneras se puede alinear la familia para el retrato si los padres deben situarse en cada extremo?

Hallar el número de permutaciones de n objetos distintos mediante una fórmula

Para algunos problemas de permutación es inconveniente utilizar el principio de multiplicación porque hay muchos números que multiplicar. Afortunadamente, podemos resolver estos problemas mediante una fórmula. Antes de aprender la fórmula, veamos dos notaciones comunes para las permutaciones. Si tenemos un conjunto de n objetos y queremos elegir r objetos del conjunto en orden, escribimos $P(n, r)$. Otra forma de escribir esto es nP_r, una notación comúnmente vista en computadoras y calculadoras. Para calcular $P(n, r)$, comenzamos por hallar $n!$, el número de maneras de alinear todos los n objetos. A continuación, dividimos entre $(n-r)!$ para anular los elementos $(n-r)$ que no deseamos alinear.

Veamos cómo funciona con un ejemplo sencillo. Imagine un club de seis personas. Tienen que elegir un presidente, un vicepresidente y un tesorero. Seis personas pueden ser elegidas presidente, cualquiera de las cinco restantes puede ser elegida vicepresidente y cualquiera de las cuatro restantes podría ser elegida tesorero. El número de maneras en que esto se puede hacer es $6 \times 5 \times 4 = 120$. Utilizando los factoriales, obtenemos el mismo resultado.

$$\frac{6!}{3!} = \frac{6 \cdot 5 \cdot 4 \cdot 3!}{3!} = 6 \cdot 5 \cdot 4 = 120$$

Hay 120 maneras de seleccionar 3 ejecutivos en orden de un club con 6 miembros. Nos referimos a esto como una permutación de 6 tomada de 3 en 3. La fórmula general es la siguiente.

$$P(n,r) = \frac{n!}{(n-r)!}$$

Observe que la fórmula sigue funcionando si elegimos todos los n objetos y los colocamos en orden. En ese caso estaríamos dividiendo entre $(n-n)!$ o $0!$, que dijimos antes es igual a 1. Por lo tanto, el número de permutaciones de n objetos tomados n a la vez es $\frac{n!}{1}$ o simplemente $n!$.

Fórmula para permutaciones de n objetos distintos

Dados n objetos distintos, el número de maneras de seleccionar r objetos del conjunto en orden es

$$P(n,r) = \frac{n!}{(n-r)!}$$

CÓMO

Dado un problema de palabras, evalúe las posibles permutaciones.

1. Identifique n a partir de la información dada.
2. Identifique r a partir de la información dada.
3. Sustituya n y r en la fórmula con los valores dados.
4. Evalúe.

EJEMPLO 4

Calcular el número de permutaciones mediante la fórmula

Una profesora está creando un examen de 9 preguntas a partir de un banco de pruebas de 12 preguntas. ¿De cuántas maneras puede seleccionar y ordenar las preguntas?

Solución

Sustituya $n = 12$ y $r = 9$ en la fórmula de permutación y simplifique.

$$P(n,r) = \frac{n!}{(n-r)!}$$

$$P(12,9) = \frac{12!}{(12-9)!} = \frac{12!}{3!} = 79.833.600$$

¡Hay 79.833.600 permutaciones posibles de preguntas de examen!

Análisis

También podemos utilizar una calculadora para hallar permutaciones. Para este problema, introducimos 12, pulsamos la función ${}_nP_r$, introducimos 9 y luego pulsamos el signo de igual. La función ${}_nP_r$ se encuentra en el menú MATH con los comandos de probabilidad.

PREGUNTAS Y RESPUESTAS ¿Podríamos resolver el Ejemplo 4 utilizando el principio de multiplicación?

Sí. Podríamos multiplicar $12 \cdot 11 \cdot 10 \cdot 9 \cdot 8 \cdot 7 \cdot 6 \cdot 5 \cdot 4$ *para hallar la misma respuesta.*

Una obra de teatro tiene un elenco de 7 actores que se preparan para subir el telón. Use la fórmula de permutación para calcular lo siguiente.

INTÉNTELO #6 ¿De cuántas maneras se pueden alinear los 7 actores?

INTÉNTELO #7 ¿De cuántas maneras se puede elegir la alineación de 5 de los 7 actores?

Calcular el número de combinaciones mediante la fórmula

Hasta ahora, hemos visto problemas que nos piden que pongamos los objetos en orden. Hay muchos problemas en los que queremos seleccionar algunos objetos de un grupo de objetos, pero no nos importa el orden. Cuando estamos seleccionando objetos y el orden no importa, estamos tratando con **combinaciones**. Una selección de r objetos de un conjunto de n objetos en los que no importa el orden se puede escribir como $C(n, r)$. Al igual que con las permutaciones, $C(n, r)$ también puede escribirse como ${}_nC_r$. En este caso, la fórmula general es la siguiente.

$$C(n, r) = \frac{n!}{r!(n-r)!}$$

En un problema anterior se trataba de elegir 3 de 4 cuadros posibles para colgar en una pared. Hallamos que había 24 maneras de seleccionar 3 de los 4 cuadros en orden. Pero, ¿y si no nos importa el orden? Esperaríamos un número menor porque seleccionar los cuadros 1, 2, 3 sería lo mismo que seleccionar los cuadros 2, 3, 1. Para hallar el número de maneras de seleccionar 3 de los 4 cuadros, sin tener en cuenta el orden, divida el número de permutaciones entre el número de maneras de ordenar 3 cuadros. Hay $3! = 3 \cdot 2 \cdot 1 = 6$ maneras de ordenar 3 cuadros. Hay $\frac{24}{6}$, o 4 maneras de seleccionar 3 de los 4 cuadros. Este número tiene sentido porque cada vez que seleccionamos 3 cuadros, *no* estamos seleccionando 1 cuadro. Hay 4 cuadros que podríamos elegir *no* seleccionar, por lo que hay 4 maneras de seleccionar 3 de los 4 cuadros.

Fórmula para combinaciones de n objetos distintos

Dados n objetos distintos, el número de maneras de seleccionar r objetos del conjunto es

$$C(n, r) = \frac{n!}{r!(n-r)!}$$

CÓMO

Dado un número de opciones, determine el número posible de combinaciones.

1. Identifique n a partir de la información dada.
2. Identifique r a partir de la información dada.
3. Sustituya n y r en la fórmula con los valores dados.
4. Evalúe.

EJEMPLO 5

Calcular el número de combinaciones utilizando la fórmula

Un restaurante de comida rápida ofrece cinco opciones de guarniciones. Su comida viene con dos guarniciones.

Ⓐ ¿De cuántas maneras puede seleccionar sus guarniciones?

Ⓑ ¿De cuántas maneras puede seleccionar 3 guarniciones?

Solución

Ⓐ Queremos elegir 2 guarniciones de entre 5 opciones.

$$C(5, 2) = \frac{5!}{2!(5-2)!} = 10$$

Ⓑ Queremos elegir 3 guarniciones de entre 5 opciones.

$$C(5, 3) = \frac{5!}{3!(5-3)!} = 10$$

Análisis

También podemos utilizar una calculadora gráfica para hallar combinaciones. Introduzca 5 y presione ${}_nC_r$, introduzca 3 y luego presione el signo de igual. La función $_nC_r$, se encuentra en el menú MATH con los comandos de probabilidad.

PREGUNTAS Y RESPUESTAS **¿Es una coincidencia que las partes (a) y (b) del Ejemplo 5 tengan las mismas respuestas?**

No. Cuando elegimos r objetos entre n objetos, ***no*** *estamos eligiendo $(n-r)$ objetos. Por lo tanto, $C(n, r) = C(n, n-r)$.*

INTÉNTELO #8 Una heladería ofrece 10 sabores de helado. ¿De cuántas maneras se pueden elegir 3 sabores para un banana split?

Hallar el número de subconjuntos de un conjunto

Solo hemos visto problemas de combinación en los que elegimos exactamente r objetos. En algunos problemas, queremos considerar la elección de todos los números posibles de objetos. Pensemos, por ejemplo, en una pizzería que ofrece 5 ingredientes. Se puede pedir cualquier número de ingredientes. ¿Cuántas pizzas diferentes son posibles?

Para responder esta pregunta tenemos que considerar las pizzas con cualquier número de ingredientes. Hay $C(5, 0) = 1$ maneras de pedir una pizza sin ingredientes. Hay $C(5, 1) = 5$ maneras de pedir una pizza con exactamente un ingrediente. Si continuamos este proceso, obtenemos

$$C(5, 0) + C(5, 1) + C(5, 2) + C(5, 3) + C(5, 4) + C(5, 5) = 32$$

Hay 32 pizzas posibles. Este resultado es igual a 2^5.

Se nos presenta una secuencia de opciones. Para cada uno de los n objetos tenemos dos opciones: incluirlo en el subconjunto o no. Así que para todo el subconjunto hemos hecho n elecciones, cada una con dos opciones. Así que hay un total de $2 \cdot 2 \cdot 2 \cdot \ldots \cdot 2$ posibles subconjuntos resultantes, desde el subconjunto vacío, que obtenemos al decir "no" cada vez, hasta el propio conjunto original, que obtenemos al decir "sí" cada vez.

Fórmula del número de subconjuntos de un conjunto

Un conjunto que contiene n objetos distintos tiene 2^n subconjuntos.

EJEMPLO 6

Hallar el número de subconjuntos de un conjunto

Un restaurante ofrece mantequilla, queso, cebolla de verdeo y crema agria como aderezos para una papa al horno. ¿De cuántas maneras diferentes se puede pedir una papa?

Solución

Buscamos el número de subconjuntos de un conjunto con 4 objetos. Sustituya $n = 4$ en la fórmula.

$$\begin{aligned} 2^n &= 2^4 \\ &= 16 \end{aligned}$$

Hay 16 maneras posibles de pedir una papa.

INTÉNTELO #9 Una barra de helados en una boda tiene 6 ingredientes para elegir. Se puede elegir cualquier número de ingredientes. ¿Cuántos helados diferentes son posibles?

Hallar el número de permutaciones de n objetos no distintos

Hemos estudiado permutaciones en las que todos los objetos implicados eran distintos. ¿Qué ocurre si algunos de los objetos no son diferentes? Por ejemplo, supongamos que hay una hoja de 12 pegatinas. Si todas las pegatinas fueran distintas, habría $12!$ maneras de ordenarlas. Sin embargo, 4 de las pegatinas son estrellas idénticas y 3 son lunas idénticas. Debido a que todos los objetos no son diferentes, muchas de las $12!$ permutaciones que hemos contado son duplicados. La fórmula general para esta situación es la siguiente.

$$\frac{n!}{r_1!r_2!\ldots r_k!}$$

En este ejemplo, tenemos que dividir entre el número de maneras de ordenar las 4 estrellas y las maneras de ordenar las 3 lunas para hallar el número de permutaciones únicas de las pegatinas. Hay 4! maneras de ordenar las estrellas y 3! maneras de ordenar las lunas.

$$\frac{12!}{4!3!} = 3.326.400$$

Hay 3.326.400 maneras de ordenar la hoja de pegatinas.

Fórmula para hallar el número de permutaciones de n objetos no distintos

Si hay n elementos de un conjunto y r_1 son iguales, r_2 son iguales, r_3 son iguales, y así hasta r_k, el número de permutaciones se puede calcular mediante

$$\frac{n!}{r_1!r_2!\ldots r_k!}$$

EJEMPLO 7

Hallar el número de permutaciones de *n* objetos no distintos

Calcule el número de reorganizaciones de las letras de la palabra DISTINCT.

Solución

Hay 8 letras. Tanto I como T se repiten 2 veces. Sustituya $n = 8,\ r_1 = 2,\ \text{y}\ r_2 = 2$ en la fórmula.

$$\frac{8!}{2!2!} = 10.080$$

Hay 10.080 organizaciones.

INTÉNTELO #10 Calcule el número de reorganizaciones de las letras de la palabra CARRIER.

MEDIA

Acceda a estos recursos en línea para obtener más información y practicar combinaciones y permutaciones.

Combinaciones (http://openstax.org/l/combinations)
Permutaciones (http://openstax.org/l/permutations)

11.5 EJERCICIOS DE SECCIÓN

Verbales

En los siguientes ejercicios, suponga que hay n maneras en las que un evento A puede ocurrir, m maneras en las que un evento B puede ocurrir, y que A y B no se superponen.

1. Utilice el principio de adición del conteo para explicar de cuántas maneras el evento A o B pueden ocurrir.
2. Utilice el principio de multiplicación de conteo para explicar de cuántas maneras el evento A y B pueden ocurrir.

Responda las siguientes preguntas.

3. Ante dos eventos distintos, ¿cómo sabemos si debemos aplicar el principio de adición o el de multiplicación al calcular los posibles resultados? ¿Qué conjunciones pueden ayudar a determinar qué operaciones hay que utilizar?

4. Describa cómo la permutación de n objetos difiere de la permutación de elegir r objetos de un conjunto de n objetos. Incluya cómo se calcula cada una de ellas.

5. ¿Cómo se denomina el ordenamiento que selecciona r objetos de un conjunto de n objetos cuando el orden de los r objetos no es importante? ¿Cuál es la fórmula para calcular el número de resultados posibles para este tipo de ordenamiento?

Numéricos

En los siguientes ejercicios, determine si debe utilizar el principio de adición o el principio de multiplicación. Luego, realice los cálculos.

6. Supongamos que el conjunto $A = \{-5, -3, -1, 2, 3, 4, 5, 6\}$. ¿De cuántas maneras se puede elegir un número negativo o par de A?

7. Supongamos que el conjunto $B = \{-23, -16, -7, -2, 20, 36, 48, 72\}$. ¿De cuántas maneras se puede elegir un número positivo o impar de A?

8. ¿De cuántas maneras se puede elegir un as rojo o un trébol de una baraja de cartas estándar?

9. ¿De cuántas maneras se puede elegir un color de pintura entre 5 tonos de verde, 4 tonos de azul o 7 tonos de amarillo?

10. ¿Cuántos resultados son posibles al lanzar un par de monedas?

11. ¿Cuántos resultados son posibles al lanzar una moneda y un dado de 6 caras?

12. ¿Cuántas cadenas de dos letras —con la primera letra A y la segunda letra B— se pueden formar a partir de los conjuntos $A = \{b, c, d\}$ y $B = \{a, e, i, i, u\}$?

13. ¿De cuántas maneras se puede construir una cadena de 3 dígitos si los números se pueden repetir?

14. ¿De cuántas maneras se puede construir una cadena de 3 dígitos si los números no se pueden repetir?

En los siguientes ejercicios, calcule el valor de la expresión.

15. $P(5, 2)$

16. $P(8, 4)$

17. $P(3, 3)$

18. $P(9, 6)$

19. $P(11, 5)$

20. $C(8, 5)$

21. $C(12, 4)$

22. $C(26, 3)$

23. $C(7, 6)$

24. $C(10, 3)$

En los siguientes ejercicios, calcule el número de subconjuntos en cada conjunto dado.

25. $\{1, 2, 3, 4, 5, 6, 7, 8, 9, 10\}$

26. $\{a, b, c, \ldots, c\}$

27. Un conjunto que contiene 5 números distintos, 4 letras distintas y 3 símbolos distintos

28. El conjunto de números pares del 2 al 28

29. El conjunto de números de dos dígitos entre 1 y 100 que contienen el dígito 0

En los siguientes ejercicios, calcule el número distinto de ordenaciones.

30. Las letras de la palabra "juggernaut"

31. Las letras de la palabra "academia"

32. Las letras de la palabra "academia" que comienzan y terminan en "a"

33. Los símbolos de la cadena #, #, #, @, @, $, $, $, %, %, %

34. Los símbolos de la cadena #, #, #, @, @, $, $, %, %, % que comienzan y terminan con "%"

Extensiones

35. El conjunto, S se compone de $900.000.000$ números naturales, cada uno de los cuales tiene el mismo número de dígitos. ¿Cuántos dígitos tiene un número de S? (*Pista:* utilice el hecho de que un número natural no puede comenzar con el dígito 0).

36. El número de subconjuntos de 5 elementos de un conjunto que contiene n elementos es igual al número de subconjuntos de 6 elementos del mismo conjunto. ¿Cuál es el valor de n? (*Pista:* el orden en que se eligen los elementos para los subconjuntos no es importante).

37. ¿Puede $C(n, r)$ siempre igualar a $P(n, r)$? Explique.

38. Supongamos que un conjunto A tiene 2.048 subconjuntos. ¿Cuántos objetos distintos contiene A?

39. ¿Cuántas ordenaciones se pueden hacer con las letras de la palabra "mountains" si todas las vocales deben formar una cadena?

Aplicaciones en el mundo real

40. Una familia compuesta por 2 padres y 3 hijos debe posar para una foto con 2 miembros de la familia en la parte delantera y 3 en la trasera.

Ⓐ ¿Cuántas ordenaciones son posibles sin restricciones?
Ⓑ ¿Cuántas ordenaciones son posibles si los padres deben sentarse delante?
Ⓒ ¿Cuántas ordenaciones son posibles si los padres deben estar uno al lado del otro?

41. Una compañía de telefonía móvil ofrece 6 paquetes de voz y 8 de datos diferentes. De ellos, 3 paquetes incluyen tanto voz como datos. ¿De cuántas maneras se puede elegir la voz o los datos, pero no ambos?

42. En las carreras de caballos, se produce una "trifecta" cuando un apostante gana seleccionando a los tres primeros clasificados en el orden exacto (1.er lugar, 2.º lugar y 3.er lugar). ¿Cuántas trifectas diferentes son posibles si hay 14 caballos en una carrera?

43. Una compañía de venta de camisetas al por mayor ofrece tallas pequeñas, medianas, grandes y extragrandes en algodón orgánico o no orgánico y colores blanco, negro, gris, azul y rojo. ¿Cuántas camisetas diferentes hay para elegir?

44. Héctor quiere publicar anuncios en vallas publicitarias por todo el condado para su nuevo negocio. ¿De cuántas maneras Héctor puede elegir 15 vecindarios para anunciarse si hay 30 vecindarios en el condado?

45. Una tienda de arte tiene 4 marcas de rotuladores de 12 colores diferentes y 3 tipos de tinta. ¿Cuántos rotuladores hay para elegir?

46. ¿De cuántas maneras se puede formar un comité de 3 estudiantes de primer año y 4 de tercer año a partir de un grupo de 8 estudiantes de primer año y 11 de tercer año?

47. ¿De cuántas maneras un entrenador de béisbol puede organizar el orden de 9 bateadores si hay 15 jugadores en el equipo?

48. Un director de orquesta necesita 5 violonchelistas y 5 violinistas para tocar en un evento diplomático. Para ello, clasifica a los 10 chelistas y a los 16 violinistas de la orquesta por orden de habilidad musical. ¿Cuál es la proporción entre la clasificación total de violonchelistas posible y la clasificación total de violinistas posible?

49. Una tienda de motocicletas tiene 10 choppers, 6 bobbers y 5 café racers: diferentes tipos de motocicletas de época. ¿De cuántas maneras puede la tienda elegir 3 choppers, 5 bobbers y 2 café racers para una exhibición de fin de semana?

50. Una tienda de patinetas dispone de 10 tipos de tablas, 3 tipos de trucks y 4 tipos de ruedas. ¿Cuántas patinetas diferentes se pueden construir?

51. Just-For-Kicks Sneaker Company ofrece un servicio de personalización en línea. ¿De cuántas maneras se puede diseñar un par de zapatos deportivos personalizados de Just-For-Kicks si un cliente puede elegir desde un zapato básico hasta 11 opciones personalizables?

52. Un autolavado ofrece los siguientes servicios opcionales al lavado básico: cera de capa transparente, pulido de triple espuma, lavado de carrocería inferior, inhibidor de óxido, abrillantador de ruedas, ambientador y champú para interiores. ¿Cuántos lavodas son posibles si se puede añadir cualquier número de opciones al lavado básico?

53. Suni compró 20 plantas para colocarlas en el borde de su jardín. ¿Cuántos arreglos distintos puede hacer si las plantas están compuestas por 6 tulipanes, 6 rosas y 8 margaritas?

54. ¿De cuántas maneras únicas se puede disponer una ristra de luces de Navidad con 9 bombillas rojas, 10 verdes, 6 blancas y 12 doradas?

11.6 Teorema del binomio

Objetivos de aprendizaje

En esta sección, podrá:

- Aplicar el teorema del binomio.

Un polinomio con dos términos se llama binomio. Ya hemos aprendido a multiplicar binomios y a elevar binomios a potencias, pero elevar un binomio a una potencia alta puede ser tedioso y llevar mucho tiempo. En esta sección hablaremos de un atajo que nos permitirá calcular $(x+y)^n$ sin multiplicar el binomio por sí mismo n veces.

Identificación de coeficientes binomiales

En la sección Principios de conteo, estudiamos las combinaciones. En el atajo para calcular $(x+y)^n$, necesitaremos utilizar combinaciones para calcular los coeficientes que aparecerán en la expansión del binomio. En este caso, utilizamos la notación $\binom{n}{r}$ en vez de $C(n,r)$, pero se puede calcular de la misma manera. Así que

$$\binom{n}{r} = C(n,r) = \frac{n!}{r!(n-r)!}$$

La combinación $\binom{n}{r}$ se llama **coeficiente binomial**. Un ejemplo de coeficiente binomial es $\binom{5}{2} = C(5,2) = 10.$

Coeficientes binomiales

Si los valores de n y r son enteros mayores que o iguales a 0 con $n \geq r$, entonces el **coeficiente binomial** es

$$\binom{n}{r} = C(n,r) = \frac{n!}{r!(n-r)!}$$

PREGUNTAS Y RESPUESTAS

¿Un coeficiente binomial es siempre un número natural?

Sí. Al igual que el número de combinaciones debe ser siempre un número natural, el coeficiente binomial será siempre un número natural.

EJEMPLO 1

Calcular coeficientes binomiales

Calcule cada coeficiente binomial.

Ⓐ $\binom{5}{3}$ Ⓑ $\binom{9}{2}$ Ⓒ $\binom{9}{7}$

Solución

Utilice la fórmula para calcular cada coeficiente binomial. También puede utilizar la función nC_r en su calculadora.

$$\binom{n}{r} = C(n,r) = \frac{n!}{r!(n-r)!}$$

Ⓐ $\binom{5}{3} = \frac{5!}{3!(5-3)!} = \frac{5\cdot4\cdot3!}{3!2!} = 10$ Ⓑ $\binom{9}{2} = \frac{9!}{2!(9-2)!} = \frac{9\cdot8\cdot7!}{2!7!} = 36$ Ⓒ $\binom{9}{7} = \frac{9!}{7!(9-7)!} = \frac{9\cdot8\cdot7!}{7!2!} = 36$

Análisis

Observe que hemos obtenido el mismo resultado para las partes (b) y (c). Si observa detenidamente la solución de estas dos partes, verá que acaba con los mismos dos factoriales en el denominador, pero el orden se invierte, igual que con las combinaciones.

$$\binom{n}{r} = \binom{n}{n-r}$$

INTÉNTELO #1 Calcule cada coeficiente binomial.

Ⓐ $\binom{7}{3}$ Ⓑ $\binom{11}{4}$

Usar el teorema del binomio

Cuando expandimos $(x+y)^n$ multiplicando, el resultado se llama **expansión binomial**, e incluye coeficientes binomiales. Si quisiéramos expandir $(x+y)^{52}$, podríamos multiplicar $(x+y)$ por sí mismo cincuenta y dos veces. ¡Esto podría llevar horas! Si examinamos algunas expansiones binomiales simples, podemos hallar patrones que nos lleven a un atajo para calcular expansiones binomiales más complicadas.

$$\begin{aligned}(x+y)^2 &= x^2 + 2xy + y^2\\(x+y)^3 &= x^3 + 3x^2y + 3xy^2 + y^3\\(x+y)^4 &= x^4 + 4x^3y + 6x^2y^2 + 4xy^3 + y^4\end{aligned}$$

Primero, examinemos los exponentes. Con cada término sucesivo, el exponente de x disminuye y el exponente de y aumenta. La suma de los dos exponentes es n para cada término.

A continuación, examinemos los coeficientes. Observe que los coeficientes aumentan y luego disminuyen siguiendo un patrón simétrico. Los coeficientes siguen un patrón:

$$\binom{n}{0}, \binom{n}{1}, \binom{n}{2}, \ldots, \binom{n}{n}.$$

Estos patrones nos llevan al **teorema del binomio**, que se puede usar para expandir cualquier binomio.

$$\begin{aligned}(x+y)^n &= \sum_{k=0}^{n} \binom{n}{k} x^{n-k} y^k\\&= x^n + \binom{n}{1} x^{n-1}y + \binom{n}{2} x^{n-2}y^2 + \ldots + \binom{n}{n-1} xy^{n-1} + y^n\end{aligned}$$

Otra forma de ver los coeficientes es examinar la expansión de un binomio en forma general, $x + y$, a potencias sucesivas 1, 2, 3 y 4.

$$
\begin{aligned}
(x+y)^1 &= x + y \\
(x+y)^2 &= x^2 + 2xy + y^2 \\
(x+y)^3 &= x^3 + 3x^2y + 3xy^2 + y^3 \\
(x+y)^4 &= x^4 + 4x^3y + 6x^2y^2 + 4xy^3 + y^4
\end{aligned}
$$

¿Puede estimar la siguiente expansión del binomio $(x + y)^5$?

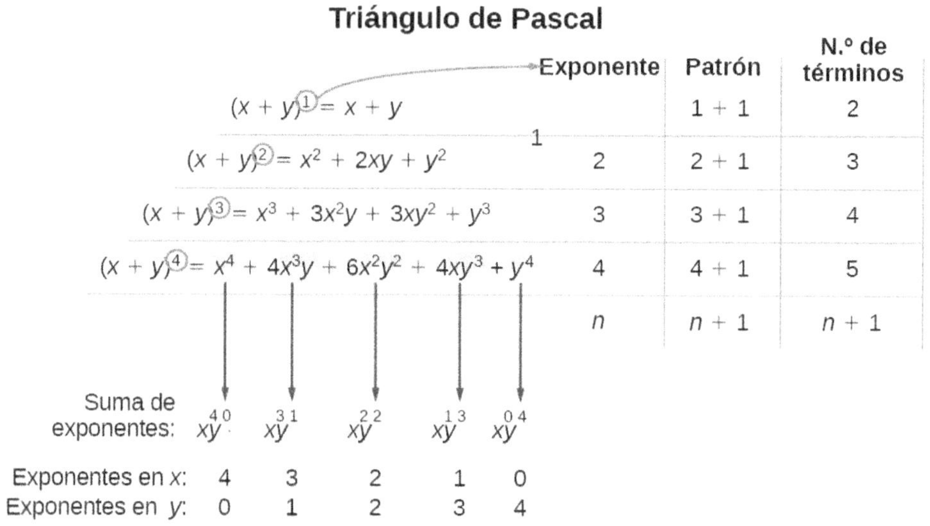

Figura 1

Vea la Figura 1, que ilustra lo siguiente:

- Hay $n + 1$ términos en la expansión de $(x + y)^n$.
- El grado (o suma de los exponentes) de cada término es n.
- Las potencias en x comienzan con n y disminuyen a 0.
- Las potencias en y comienzan con 0 y aumentan hasta n.
- Los coeficientes son simétricos.

Para determinar la expansión en $(x + y)^5$, vemos que $n = 5$, por lo tanto, habrá 5 + 1 = 6 términos. Cada término tiene un grado combinado de 5. En orden descendente para las potencias de x, el patrón es el siguiente:

- Introduzca x^5, y luego para cada término sucesivo reduzca el exponente en x por 1 hasta que $x^0 = 1$ se alcance.
- Introduzca $y^0 = 1$, y luego aumente el exponente en y por 1 hasta que y^5 se alcance.

$$x^5, \quad x^4y, \quad x^3y^2, \quad x^2y^3, \quad xy^4, \quad y^5$$

La siguiente expansión sería

$$(x + y)^5 = x^5 + 5x^4y + 10x^3y^2 + 10x^2y^3 + 5xy^4 + y^5.$$

¿Pero de dónde salen esos coeficientes? Los coeficientes binomiales son simétricos. Observamos estos coeficientes en una matriz conocida como triángulo de Pascal, se muestra en la Figura 2. Pascal no inventó el triángulo. Los principios subyacentes se habían desarrollado y escrito durante más de 1.500 años, primero por el matemático (y poeta) indio Pingala en el siglo II a.C. Otros en Asia y Europa trabajaron con los conceptos a lo largo del tiempo, y el triángulo fue publicado por primera vez en su forma gráfica por Omar Khayyam, un matemático y astrónomo iraní, en cuyo honor el triángulo recibe su nombre en Irán. El matemático francés Blaise Pascal la volvió a popularizar cuando la reeditó y la utilizó para resolver una serie de problemas de probabilidad.

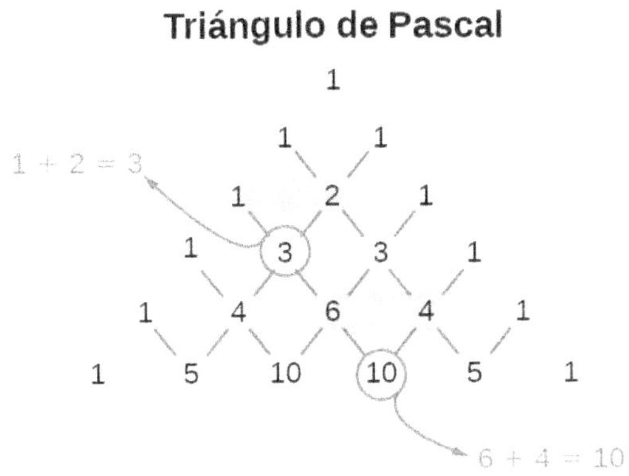

Figura 2

Para generar el triángulo de Pascal, empezamos escribiendo un 1. En la fila de abajo, la fila 2, escribimos dos 1. En la 3.ª fila, flanquee los extremos de las filas con 1, y sume $1 + 1$ para hallar el número del medio, el 2. En la **enésima** fila, flanquee los extremos de la fila con 1. Cada elemento del triángulo es la suma de los dos elementos inmediatamente superiores.

Para ver la conexión entre el triángulo de Pascal y los coeficientes de los binomios, volvamos a ver la expansión de los binomios en forma general.

1 → $(x + y)^0 = 1$

1 1 → $(x + y)^1 = x + y$

1 2 1 → $(x + y)^2 = x^2 + 2xy + y^2$

1 3 3 1 → $(x + y)^3 = x^3 + 3x^2y + 3xy^2 + y^3$

1 4 6 4 1 → $(x + y)^4 = x^4 + 4x^3y + 6x^2y^2 + 4xy^3 + y^4$

1 5 10 10 5 1 → $(x + y)^5 = x^5 + 5x^4y + 10x^3y^2 + 10x^2y^3 + 5xy^4 + y^5$

El teorema del binomio

El **teorema del binomio** es una fórmula que se puede utilizar para expandir cualquier binomio.

$$\begin{aligned}(x+y)^n &= \sum_{k=0}^{n} \binom{n}{k} x^{n-k} y^k \\ &= x^n + \binom{n}{1} x^{n-1} y + \binom{n}{2} x^{n-2} y^2 + \ldots + \binom{n}{n-1} x y^{n-1} + y^n\end{aligned}$$

CÓMO

Dado un binomio, escríbalo en forma expandida.

1. Determine el valor de la n según el exponente.
2. Evalúe los términos $k = 0$ hasta $k = n$ utilizando la fórmula del teorema del binomio.
3. Simplifique.

EJEMPLO 2

Expandir un binomio

Escriba en forma expandida.

Ⓐ $(x + y)^5$ Ⓑ $(3x - y)^4$

Solución

Ⓐ Sustituya $n = 5$ en la fórmula. Evalúe los términos $k = 0$ hasta $k = 5$. Simplifique.

$$(x+y)^5 = \binom{5}{0} x^5 y^0 + \binom{5}{1} x^4 y^1 + \binom{5}{2} x^3 y^2 + \binom{5}{3} x^2 y^3 + \binom{5}{4} x^1 y^4 + \binom{5}{5} x^0 y^5$$

$$(x+y)^5 = x^5 + 5x^4 y + 10x^3 y^2 + 10x^2 y^3 + 5xy^4 + y^5$$

Ⓑ Sustituya $n = 4$ en la fórmula. Evalúe los términos $k = 0$ hasta $k = 4$. Observe que $3x$ está en el lugar que ocupaba x y que $-y$ está en el lugar que ocupaba y. Así que los sustituimos. Simplifique.

$$(3x-y)^4 = \binom{4}{0}(3x)^4(-y)^0 + \binom{4}{1}(3x)^3(-y)^1 + \binom{4}{2}(3x)^2(-y)^2 + \binom{4}{3}(3x)^1(-y)^3 + \binom{4}{4}(3x)^0(-y)^4$$

$$(3x-y)^4 = 81x^4 - 108x^3 y + 54x^2 y^2 - 12xy^3 + y^4$$

Análisis

Observe los signos alternos de la parte b. Esto sucede porque $(-y)$ elevado a potencias impares es negativo, pero $(-y)$ elevado a potencias pares es positivo. Esto ocurrirá siempre que el binomio contenga un signo de resta.

INTÉNTELO #2 Escriba en forma expandida.

Ⓐ $(x-y)^5$ Ⓑ $(2x+5y)^3$

Usar el teorema del binomio para hallar un solo término

Expandir un binomio con un exponente alto como $(x+2y)^{16}$ puede ser un proceso largo.

A veces nos interesa solo un término determinado de una expansión binomial. No necesitamos expandir completamente un binomio para hallar un solo término específico.

Observe el patrón de coeficientes en la expansión de $(x+y)^5$.

$$(x+y)^5 = x^5 + \binom{5}{1} x^4 y + \binom{5}{2} x^3 y^2 + \binom{5}{3} x^2 y^3 + \binom{5}{4} xy^4 + y^5$$

El segundo término es $\binom{5}{1} x^4 y$. El tercer término es $\binom{5}{2} x^3 y^2$. Podemos generalizar este resultado.

$$\binom{n}{r} x^{n-r} y^r$$

El enésimo término (r + 1) de una expansión binomial

El $(r+1)$enésimo término de la expansión binomial de $(x+y)^n$ es:

$$\binom{n}{r} x^{n-r} y^r$$

CÓMO

Dado un binomio, escriba un término específico sin expandirlo completamente.

1. Determine el valor de la n según el exponente.
2. Determine $(r+1)$.
3. Determine r.
4. Sustituya r en la fórmula del $(r+1)$enésimo término de la expansión binomial.

EJEMPLO 3

Escribir un término dado de una expansión binomial

Hale el décimo término de $(x+2y)^{16}$ sin expandir completamente el binomio.

Solución

Dado que buscamos el décimo término, $r+1=10$, utilizaremos $r=9$ en nuestros cálculos.

$$\binom{n}{r} x^{n-r} y^{r}$$

$$\binom{16}{9} x^{16-9}(2y)^{9} = 5{,}857{,}280x^{7}y^{9}$$

INTÉNTELO #3 Halle el sexto término de $(3x-y)^{9}$ sin expandir completamente el binomio.

MEDIA

Acceda a estos recursos en línea para obtener instrucciones adicionales y practicar la expansión binomial.

El teorema del binomio (http://openstax.org/l/binomialtheorem)
Ejemplo de teorema del binomio (http://openstax.org/l/btexample)

11.6 EJERCICIOS DE SECCIÓN

Verbales

1. ¿Qué es un coeficiente binomial y cómo se calcula?
2. ¿Qué papel desempeñan los coeficientes binomiales en una expansión binomial? ¿Están limitados a algún tipo de número?
3. ¿Qué es el teorema del binomio y para qué sirve?
4. ¿Cuándo es una ventaja utilizar el teorema del binomio? Explique.

Algebraicos

En los siguientes ejercicios, evalúe el coeficiente binomial.

5. $\binom{6}{2}$
6. $\binom{5}{3}$
7. $\binom{7}{4}$
8. $\binom{9}{7}$
9. $\binom{10}{9}$
10. $\binom{25}{11}$
11. $\binom{17}{6}$
12. $\binom{200}{199}$

En los siguientes ejercicios, utilice el teorema del binomio para expandir cada binomio.

13. $(4a - b)^3$

14. $(5a + 2)^3$

15. $(3a + 2b)^3$

16. $(2x + 3y)^4$

17. $(4x + 2y)^5$

18. $(3x - 2y)^4$

19. $(4x - 3y)^5$

20. $\left(\frac{1}{x} + 3y\right)^5$

21. $(x^{-1} + 2y^{-1})^4$

22. $(\sqrt{x} - \sqrt{y})^5$

En los siguientes ejercicios, utilice el teorema del binomio para escribir los tres primeros términos de cada binomio.

23. $(a + b)^{17}$

24. $(x-1)^{18}$

25. $(a - 2b)^{15}$

26. $(x - 2y)^8$

27. $(3a + b)^{20}$

28. $(2a + 4b)^7$

29. $(x^3 - \sqrt{y})^8$

En los siguientes ejercicios, halle el término indicado de cada binomio sin expandir completamente el binomio.

30. El cuarto término de $(2x - 3y)^4$

31. El cuarto término de $(3x - 2y)^5$

32. El tercer término de $(6x - 3y)^7$

33. El octavo término de $(7 + 5y)^{14}$

34. El séptimo término de $(a + b)^{11}$

35. El quinto término de $(x - y)^7$

36. El décimo término de $(x-1)^{12}$

37. El noveno término de $(a - 3b^2)^{11}$

38. El cuarto término de $\left(x^3 - \frac{1}{2}\right)^{10}$

39. El octavo término de $\left(\frac{y}{2} + \frac{2}{x}\right)^9$

Gráficos

En los siguientes ejercicios, utilice el teorema del binomio para expandir el binomio $f(x) = (x + 3)^4$. Luego calcule y grafique cada suma indicada en un conjunto de ejes.

40. Calcule y grafique $f_1(x)$, de manera que $f_1(x)$ sea el primer término de la expansión.

41. Calcule y grafique $f_2(x)$, de manera que $f_2(x)$ sea la suma de los dos primeros términos de la expansión.

42. Calcule y grafique $f_3(x)$, de manera que $f_3(x)$ sea la suma de los tres primeros términos de la expansión.

43. Calcule y grafique $f_4(x)$, de manera que $f_4(x)$ sea la suma de los cuatro primeros términos de la expansión.

44. Calcule y grafique $f_5(x)$, de manera que $f_5(x)$ sea la suma de los cinco primeros términos de la expansión.

Extensiones

45. En la expansión de $(5x + 3y)^n$, cada término tiene la forma $\binom{n}{k} a^{n-k} b^k$, donde k toma sucesivamente el valor $0, 1, 2, \ldots, n$. Si $\binom{n}{k} = \binom{7}{2}$, ¿cuál es el término correspondiente?

46. En la expansión de $(a + b)^n$, ¿el coeficiente de $a^{n-k} b^k$ es el mismo que el coeficiente de cuál otro término?

47. Considere la expansión de $(x + b)^{40}$. ¿Cuál es el exponente de b en el plano $k$enésimo término?

48. Halle $\binom{n}{k-1} + \binom{n}{k}$ y escriba la respuesta como un coeficiente binomial en la forma $\binom{n}{k}$. Pruébelo. *Pista:* Utilice el hecho de que para cualquier número entero p, de manera que $p \geq 1, \ \ p! = p(p-1)!$.

49. ¿Qué expresión no se puede expandir utilizando el teorema del binomio? Explique.

- $(x^2 - 2x + 1)$
- $(\sqrt{a} + 4\sqrt{a} - 5)^8$
- $(x^3 + 2y^2 - z)^5$
- $(3x^2 - \sqrt{2y^3})^{12}$

11.7 Probabilidad

Objetivos de aprendizaje

En esta sección, podrá:

- Construir modelos de probabilidades.
- Calcular las probabilidades de resultados igualmente probables.
- Calcular las probabilidades de la unión de dos eventos.
- Utilizar la regla del complemento para encontrar probabilidades.
- Calcular la probabilidad utilizando la teoría del conteo.

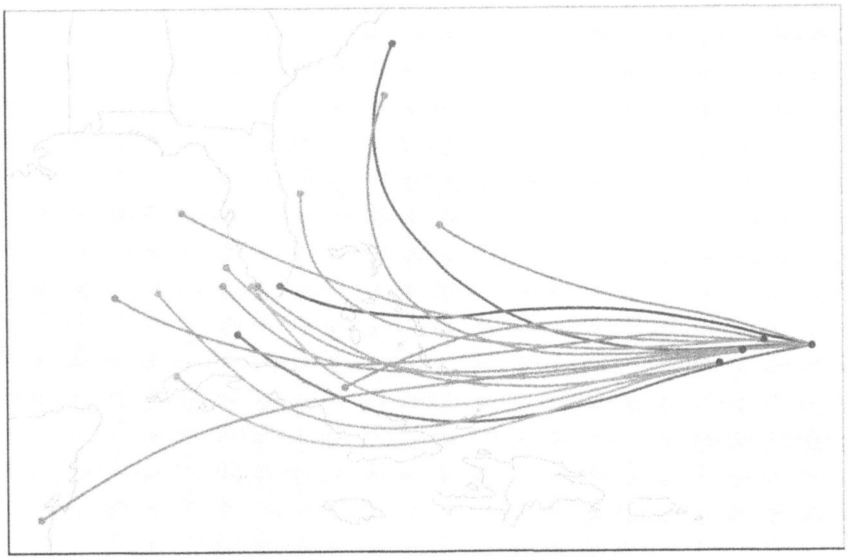

Figura 1 Un ejemplo de "modelo de espagueti", el cual se puede usar para predecir las posibles trayectorias de una tormenta tropical.[1]

Los habitantes del sureste de Estados Unidos están muy familiarizados con los gráficos, conocidos como modelos de espagueti, como el que aparece en la Figura 1. Combinan una colección de datos meteorológicos para predecir la trayectoria más probable de un huracán. Cada línea de color representa un camino posible. El grupo de líneas onduladas

1 La figura es solo a título ilustrativo y no representa ninguna tormenta en particular.

puede empezar a parecerse a hebras de espaguetis, de ahí su nombre. En esta sección investigaremos sobre métodos para hacer este tipo de predicciones.

Construir modelos de probabilidades

Supongamos que lanzamos un cubo numérico de seis caras. Lanzar un cubo numérico es un ejemplo de un **experimento**, o una actividad con un resultado observable. Los números en el cubo son posibles resultados, o **resultados**, de este experimento. El conjunto de todos los resultados posibles de un experimento se denomina **espacio muestral** del experimento. El espacio muestral de este experimento es $\{1, 2, 3, 4, 5, 6\}$. Un **evento** es cualquier subconjunto de un espacio muestral.

La posibilidad de que se produzca un suceso se conoce como **probabilidad**. La probabilidad de un evento p es un número que siempre satisface $0 \leq p \leq 1$, donde 0 indica un suceso imposible y 1 indica un suceso seguro. Un **modelo de probabilidades** es una descripción matemática de un experimento que enumera todos los resultados posibles y sus probabilidades asociadas. Por ejemplo, si hay un 1 % de posibilidad de ganar una rifa y un 99 % de posibilidades de perderla, un modelo de probabilidades se parecería mucho a la Tabla 1.

Resultado	Probabilidad
Ganar la rifa	1 %
Perder la rifa	99 %

Tabla 1

La suma de las probabilidades enumeradas en un modelo de probabilidades debe ser igual a 1, es decir, al 100 %.

CÓMO

Dado un evento de probabilidad en el que cada evento es igualmente posible, construya un modelo de probabilidades.

1. Identifique cada resultado.
2. Determine el número total de resultados posibles.
3. Compare cada resultado con el número total de resultados posibles.

EJEMPLO 1

Construir un modelo de probabilidades

Construya un modelo de probabilidades para lanzar un único dado imparcial, siendo el evento el número que aparece en el dado.

Solución

Comience haciendo una lista de todos los posibles resultados del experimento. Los posibles resultados son los números que se pueden lanzar: 1, 2, 3, 4, 5 y 6. Hay seis resultados posibles que conforman el espacio muestral.

Asigne probabilidades a cada resultado en el espacio muestral determinando una relación entre el resultado y el número de resultados posibles. Hay uno de cada uno de los seis números en el cubo, y no hay ninguna razón para pensar que una cara en particular tenga más probabilidades de aparecer que cualquier otra, por lo que la probabilidad de lanzar cualquier número es $\frac{1}{6}$.

Resultado	Lanzamiento del 1	Lanzamiento del 2	Lanzamiento del 3	Lanzamiento del 4	Lanzamiento del 5	Lanzamiento del 6
Probabilidad	$\frac{1}{6}$	$\frac{1}{6}$	$\frac{1}{6}$	$\frac{1}{6}$	$\frac{1}{6}$	$\frac{1}{6}$

Tabla 2

PREGUNTAS Y RESPUESTAS

¿Hay que expresar siempre las probabilidades en forma de fracciones?

No. Las probabilidades se pueden expresar como fracciones, decimales o porcentajes. La probabilidad debe ser siempre un número entre 0 y 1, incluso 0 y 1.

INTÉNTELO #1 Construya un modelo de probabilidades para lanzar una moneda justa.

Calcular probabilidades de resultados igualmente probables

Supongamos que S es un espacio muestral para un experimento. Al investigar la probabilidad, un evento es cualquier subconjunto de S. Cuando los resultados de un experimento son todos igual de posibles, podemos calcular la probabilidad de un evento al dividir el número de resultados del evento entre el número total de resultados en S. Supongamos que se lanza un cubo numérico, y nos interesa calcular la probabilidad del evento "sacar un número menor que o igual a 4". Hay 4 posibles resultados en el evento y 6 posibles resultados en S, por lo que la probabilidad del evento es $\frac{4}{6} = \frac{2}{3}$.

Calcular la probabilidad de un evento con resultados igualmente probables

La probabilidad de un evento E en un experimento con espacio muestral S con resultados igualmente probables está dada por

$$P(E) = \frac{\text{número de elementos en } E}{\text{número de elementos en } S} = \frac{n(E)}{n(S)}$$

E es un subconjunto de S, por lo que siempre es cierto que $0 \leq P(E) \leq 1$.

EJEMPLO 2

Calcular la probabilidad de un evento con resultados igualmente probables

Se lanza un cubo numérico de seis caras. Calcule la probabilidad de lanzar un número impar.

Solución

El evento "lanzar un número impar" contiene tres resultados. Hay 6 resultados igualmente probables en el espacio muestral. Divida para calcular la probabilidad del evento.

$$P(E) = \frac{3}{6} = \frac{1}{2}$$

INTÉNTELO #2 Se lanza un cubo numérico. Calcule la probabilidad de lanzar un número mayor que 2.

Calcular la probabilidad de la unión de dos eventos

A menudo nos interesa calcular la probabilidad de que ocurra uno de los múltiples eventos. Supongamos que estamos jugando un juego de cartas, y que ganaremos si la siguiente carta extraída es un corazón o un rey. Nos interesa calcular la probabilidad de que la siguiente carta sea un corazón o un rey. La **unión de dos eventos** E y F, escrita como $E \cup F$, es el evento que se produce si se da uno de los dos eventos o ambos.

$$P(E \cup F) = P(E) + P(F) - P(E \cap F)$$

Supongamos que se hace girar la ruleta de la Figura 2. Queremos calcular la probabilidad de girar a anaranjado o girar a b.

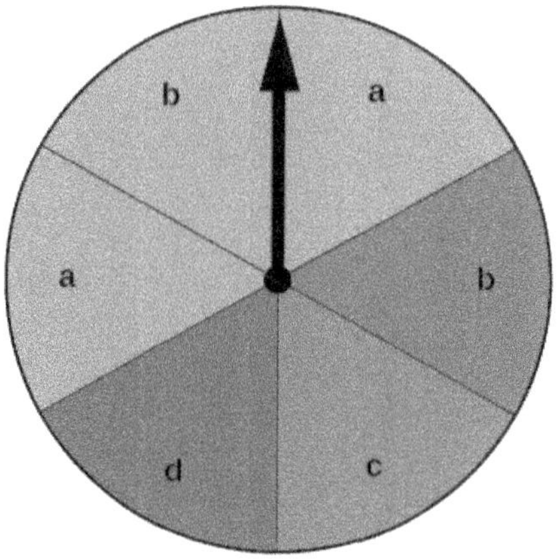

Figura 2

Hay un total de 6 secciones, y 3 de ellas son de color anaranjado. Así que la probabilidad de girar a anaranjado es $\frac{3}{6} = \frac{1}{2}$. Hay un total de 6 secciones, y 2 de ellas tienen una b. Así que la probabilidad de girar a b es $\frac{2}{6} = \frac{1}{3}$. Si sumamos estas dos probabilidades, estaríamos contando el sector que es a la vez anaranjado y b dos veces. Para calcular la probabilidad de hacer girar a anaranjado o a b, tenemos que restar la probabilidad de que el sector sea a la vez anaranjado y b.

$$\frac{1}{2} + \frac{1}{3} - \frac{1}{6} = \frac{2}{3}$$

La probabilidad de girar a anaranjado o a b es $\frac{2}{3}$.

Probabilidad de la unión de dos eventos

La probabilidad de la unión de dos eventos E y F (escrita como $E \cup F$) es igual a la suma de la probabilidad de E y la probabilidad de F menos la probabilidad de que E y F ocurran juntos (lo cual se llama la intersección de E y F y se escribe como $E \cap F$).

$$P(E \cup F) = P(E) + P(F) - P(E \cap F)$$

EJEMPLO 3

Calcular la probabilidad de la unión de dos eventos

Se extrae una carta de una baraja estándar. Calcule la probabilidad de sacar un corazón o un 7.

Solución

Una baraja estándar contiene el mismo número de corazones, diamantes, tréboles y picas. Así que la probabilidad de sacar un corazón es $\frac{1}{4}$. Hay cuatro 7 en una baraja estándar, y hay un total de 52 cartas. Así que la probabilidad de sacar un 7 es $\frac{1}{13}$.

La única carta de la baraja que es a la vez un corazón y un 7 es el 7 de corazones, por lo que la probabilidad de sacar tanto un corazón como un 7 es $\frac{1}{52}$. Sustituya $P(H) = \frac{1}{4}$, $P(7) = \frac{1}{13}$, y $P(H \cap 7) = \frac{1}{52}$ en la fórmula.

$$\begin{aligned} P(E \cup F) &= P(E) + P(F) - P(E \cap F) \\ &= \frac{1}{4} + \frac{1}{13} - \frac{1}{52} \\ &= \frac{4}{13} \end{aligned}$$

La probabilidad de sacar un corazón o un 7 es $\frac{4}{13}$.

INTÉNTELO #3 Se extrae una carta de una baraja estándar. Calcule la probabilidad de sacar una carta roja o un as.

Calcular la probabilidad de eventos mutuamente excluyentes

Supongamos que se hace girar de nuevo la ruleta de la Figura 2, pero esta vez nos interesa la probabilidad de hacer girar a anaranjado o a d. No hay sectores que sean a la vez de color anaranjado y que contengan una d, por lo que estos dos sucesos no tienen resultados en común. Se dice que los eventos son **mutuamente excluyentes** cuando no tienen resultados en común. Ya que no hay superposición, no hay nada que restar, por lo que la fórmula general es

$$P(E \cup F) = P(E) + P(F)$$

Observe que con eventos mutuamente excluyentes la intersección de E y F es el conjunto vacío. La probabilidad de hacer girar a anaranjado es $\frac{3}{6} = \frac{1}{2}$ y la probabilidad de girar a d es $\frac{1}{6}$. Podemos calcular la probabilidad de girar a anaranjado o a d simplemente al sumar las dos probabilidades.

$$\begin{aligned} P(E \cup F) &= P(E) + P(F) \\ &= \frac{1}{2} + \frac{1}{6} \\ &= \frac{2}{3} \end{aligned}$$

La probabilidad de hacer girar a anaranjado o a d es $\frac{2}{3}$.

Probabilidad de la unión de eventos mutuamente excluyentes

La probabilidad de la unión de dos *eventos mutuamente excluyentes* E y F viene dada por

$$P(E \cup F) = P(E) + P(F)$$

CÓMO

Dado un conjunto de eventos, calcule la probabilidad de la unión de eventos mutuamente excluyentes.

1. Determine el número total de resultados del primer evento.
2. Calcule la probabilidad del primer evento.
3. Determine el número total de resultados del segundo evento.
4. Calcule la probabilidad del segundo evento.
5. Sume las probabilidades.

EJEMPLO 4

Calcular la probabilidad de la unión de eventos mutuamente excluyentes

Se extrae una carta de una baraja estándar. Calcule la probabilidad de sacar un corazón o una pica.

Solución

Los eventos "sacar un corazón" y "sacar una pica" son mutuamente excluyentes porque no pueden ocurrir al mismo tiempo. La probabilidad de sacar un corazón es $\frac{1}{4}$, y la probabilidad de sacar una pica también es $\frac{1}{4}$, por lo que la probabilidad de sacar un corazón o una pica es

$$\frac{1}{4} + \frac{1}{4} = \frac{1}{2}$$

INTÉNTELO #4 Se extrae una carta de una baraja estándar. Calcule la probabilidad de sacar un as o un rey.

Usar la regla del complemento para calcular probabilidades

Hemos hablado de cómo calcular la probabilidad de que se produzca un evento. A veces, nos interesa calcular la probabilidad de que un evento *no* ocurra. El **complemento de un evento** E, denotado E', es el conjunto de resultados en el espacio muestral que no están en E. Por ejemplo, supongamos que nos interesa la probabilidad de que un caballo pierda una carrera. Si el evento W es que el caballo gane la carrera, entonces el complemento del evento W es que el caballo pierda la carrera.

Para calcular la probabilidad de que el caballo pierda la carrera, tenemos que utilizar el hecho de que la suma de todas las probabilidades en un modelo de probabilidad debe ser 1.

$$P(E') = 1 - P(E)$$

La probabilidad de que el caballo gane sumada a la probabilidad de que pierda debe ser igual a 1. Por lo tanto, si la probabilidad de que el caballo gane la carrera es $\frac{1}{9}$, la probabilidad de que el caballo pierda la carrera es simplemente

$$1 - \frac{1}{9} = \frac{8}{9}$$

La regla del complemento

La probabilidad de que se produzca el **complemento de un evento** está dada por

$$P(E') = 1 - P(E)$$

EJEMPLO 5

Usar la regla del complemento para calcular probabilidades

Se lanzan dos cubos numéricos de seis caras.

Ⓐ Calcule la probabilidad de que la suma de los números lanzados sea menor que o igual a 3.

Ⓑ Calcule la probabilidad de que la suma de los números lanzados sea mayor que 3.

Solución

El primer paso es identificar el espacio muestral, que consiste en todos los resultados posibles. Hay dos cubos numéricos, y cada cubo numérico tiene seis resultados posibles. Utilizando el principio de multiplicación, hallamos que hay 6×6, o 36 resultados posibles totales. Así, por ejemplo, el 1-1 representa un 1 sacado en cada cubo numérico.

1-1	1-2	1-3	1-4	1-5	1-6
2-1	2-2	2-3	2-4	2-5	2-6
3-1	3-2	3-3	3-4	3-5	3-6
4-1	4-2	4-3	4-4	4-5	4-6
5-1	5-2	5-3	5-4	5-5	5-6
6-1	6-2	6-3	6-4	6-5	6-6

Tabla 3

Ⓐ Tenemos que contar el número de maneras de lanzar una suma de 3 o menos. Esto incluiría los siguientes resultados: 1-1, 1-2 y 2-1. Así que solo hay tres maneras de sacar una suma de 3 o menos. La probabilidad es

$$\frac{3}{36} = \frac{1}{12}$$

Ⓑ En vez de enumerar todas las posibilidades, podemos utilizar la regla del complemento. Como ya hemos calculado la probabilidad del complemento de este evento, podemos simplemente restar esa probabilidad de 1 para calcular la probabilidad de que la suma de los números lanzados sea mayor que 3.

$$\begin{aligned} P(E') &= 1 - P(E) \\ &= 1 - \tfrac{1}{12} \\ &= \tfrac{11}{12} \end{aligned}$$

INTÉNTELO #5 Se lanzan dos cubos numéricos. Utilice la regla del complemento para calcular la probabilidad de que la suma sea menor que 10.

Calcular la probabilidad mediante la teoría del conteo

Muchos problemas interesantes de probabilidad implican principios de conteo, permutaciones y combinaciones. En estos problemas, utilizaremos permutaciones y combinaciones para hallar el número de elementos en eventos y espacios muestrales. Estos problemas pueden ser complicados, pero pueden hacerse más fáciles si se dividen en problemas de conteo más pequeños.

Supongamos, por ejemplo, que una tienda tiene 8 teléfonos móviles y que 3 de ellos están defectuosos. Podríamos querer calcular la probabilidad de que una pareja que compra 2 teléfonos reciba 2 teléfonos que no estén defectuosos. Para resolver este problema, tenemos que calcular todas las maneras de seleccionar 2 teléfonos que no estén defectuosos, así como todas las maneras de seleccionar 2 teléfonos. Hay 5 teléfonos que no están defectuosos, por lo que hay $C(5, 2)$ maneras de seleccionar 2 teléfonos que no estén defectuosos. Hay 8 teléfonos, por lo que hay $C(8, 2)$ maneras de seleccionar 2 teléfonos. La probabilidad de seleccionar 2 teléfonos que no estén defectuosos es:

$$\begin{aligned} \frac{\text{maneras de seleccionar 2 teléfonos que no estén defectuosos}}{\text{maneras de seleccionar 2 teléfonos}} &= \frac{C(5,2)}{C(8,2)} \\ &= \frac{10}{28} \\ &= \frac{5}{14} \end{aligned}$$

EJEMPLO 6

Calcular la probabilidad mediante la teoría del conteo

Un niño selecciona al azar 5 juguetes de una caja que contiene 3 conejos, 5 perros y 6 osos.

Ⓐ Calcule la probabilidad de que solo se elijan osos.

Ⓑ Calcule la probabilidad de que se elijan 2 osos y 3 perros.

Ⓒ Calcule la probabilidad de que, al menos, se elijan 2 perros.

Solución

Ⓐ Tenemos que contar el número de maneras de elegir solo osos y el número total de maneras posibles de seleccionar 5 juguetes. Hay 6 osos, así que hay $C(6, 5)$ maneras de elegir 5 osos. Hay 14 juguetes, por lo que hay $C(14, 5)$ maneras de elegir 5 juguetes cualesquiera.

$$\frac{C(6,5)}{C(14,5)} = \frac{6}{2.002} = \frac{3}{1.001}$$

Ⓑ Tenemos que contar el número de maneras de elegir 2 osos y 3 perros y el número total de maneras posibles de elegir 5 juguetes. Hay 6 osos, así que hay $C(6, 2)$ maneras de elegir 2 osos. Hay 5 perros, así que hay $C(5, 3)$ maneras de elegir 3 perros. Como estamos eligiendo tanto osos como perros al mismo tiempo, utilizaremos el principio de multiplicación. Hay $C(6, 2) \cdot C(5, 3)$ maneras de elegir 2 osos y 3 perros. Podemos utilizar este resultado para calcular la probabilidad.

$$\frac{C(6,2)C(5,3)}{C(14,5)} = \frac{15 \cdot 10}{2.002} = \frac{75}{1.001}$$

Ⓒ A menudo es más fácil resolver los problemas de "al menos" utilizando la regla del complemento. Empezaremos por calcular la probabilidad de que se elijan menos de 2 perros. Si se eligen menos de 2 perros, entonces o bien no se puede elegir ningún perro, o bien se puede elegir 1 perro.
Cuando no se eligen perros, los 5 juguetes provienen de los 9 juguetes que no son perros. Hay $C(9,5)$ maneras de elegir juguetes de los 9 juguetes que no son perros. Dado que hay 14 juguetes, hay $C(14,5)$ maneras de elegir los 5 juguetes de entre todos los juguetes.

$$\frac{C(9,5)}{C(14,5)} = \frac{63}{1.001}$$

Si se elige 1 perro, entonces 4 juguetes deben proceder de los 9 juguetes que no son perros, y 1 debe proceder de los 5 perros. Como estamos eligiendo tanto perros como otros juguetes al mismo tiempo, utilizaremos el principio de multiplicación. Hay $C(5,1) \cdot C(9,4)$ maneras de elegir 1 perro y 1 otro juguete.

$$\frac{C(5,1)C(9,4)}{C(14,5)} = \frac{5 \cdot 126}{2.002} = \frac{315}{1.001}$$

Dado que estos sucesos no ocurrirían juntos y, por tanto, son mutuamente excluyentes, sumamos las probabilidades para calcular la probabilidad de que se elijan menos de 2 perros.

$$\frac{63}{1.001} + \frac{315}{1.001} = \frac{378}{1.001}$$

A continuación, restamos esa probabilidad de 1 para hallar la probabilidad de que se elijan, al menos, 2 perros.

$$1 - \frac{378}{1.001} = \frac{623}{1.001}$$

INTÉNTELO #6 Un niño selecciona al azar 3 bolas de chicle de un recipiente que contiene 4 bolas de chicle moradas, 8 amarillas y 2 verdes.

Ⓐ Calcule la probabilidad de que las 3 bolas de chicle seleccionadas sean moradas.
Ⓑ Calcule la probabilidad de que no se seleccione ninguna bola de chicle amarilla.
Ⓒ Calcule la probabilidad de que se seleccione, al menos, 1 bola de chicle amarilla.

MEDIA

Acceda a estos recursos en línea para obtener más información y practicar con la probabilidad.

Introducción a la probabilidad (http://openstax.org/l/introprob)
Determinar la probabilidad (http://openstax.org/l/determineprob)

11.7 EJERCICIOS DE SECCIÓN

Verbales

1. ¿Qué término se utiliza para expresar la posibilidad de que se produzca un evento? ¿Hay restricciones en sus valores? Si es así, ¿cuáles son? Si no es así, explique.

2. ¿Qué es un espacio muestral?

3. ¿Qué es un experimento?

4. ¿Cuál es la diferencia entre eventos y resultados? Dé un ejemplo de ambos utilizando el espacio muestral de lanzar una moneda 50 veces.

5. La *unión de dos conjuntos* se define como un conjunto de elementos que están presentes en, al menos, uno de los conjuntos. ¿En qué se parece esto a la definición utilizada para la *unión de dos eventos* de un modelo de probabilidades? ¿En qué se diferencia?

Numéricos

En los siguientes ejercicios, use la ruleta que se muestra en la Figura 3 para calcular las probabilidades indicadas.

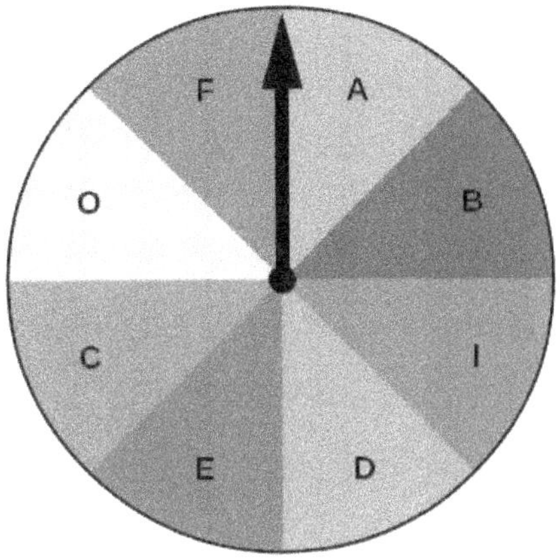

Figura 3

6. Cae en rojo

7. Cae en una vocal

8. No cae en azul

9. Cae en morado o en una vocal

10. Cae en azul o en una vocal

11. Cae en verde o en azul

12. Cae en amarillo o en una consonante

13. No cae en amarillo ni en una consonante

En los siguientes ejercicios, se lanzan dos monedas.

14. ¿Cuál es el espacio muestral?

15. Calcule la probabilidad de lanzar dos caras.

16. Calcule la probabilidad de lanzar exactamente una cruz.

17. Calcule la probabilidad de lanzar, al menos, una cruz.

En los siguientes ejercicios, se lanzan cuatro monedas.

18. ¿Cuál es el espacio muestral?

19. Calcule la probabilidad de lanzar exactamente dos caras.

20. Calcule la probabilidad de lanzar exactamente tres caras.

21. Calcule la probabilidad de lanzar cuatro caras o cuatro cruces.

22. Calcule la probabilidad de lanzar todas cruces.

23. Calcule la probabilidad de lanzar no todas cruces.

24. Calcule la probabilidad de lanzar exactamente dos caras o, al menos, dos cruces.

25. Calcule la probabilidad de lanzar dos caras o tres caras.

En los siguientes ejercicios, se extrae una carta de una baraja estándar de 52 cartas. Calcule la probabilidad de sacar lo siguiente:

26. Un trébol

27. Un dos

28. Seis o siete

29. Seis rojo

30. Un as o un diamante

31. Una carta que no sea as

32. Un corazón o una carta que no sea jota

En los siguientes ejercicios, se lanzan dos dados y se suman los resultados.

33. Construya una tabla que muestre el espacio muestral de los resultados y las sumas.

34. Calcule la probabilidad de sacar una suma de 3.

35. Calcule la probabilidad de sacar, al menos, un cuatro o una suma de 8.

36. Calcule la probabilidad de sacar una suma impar menor que 9.

37. Calcule la probabilidad de sacar una suma mayor que o igual a 15.

38. Calcule la probabilidad de sacar una suma menor que 15.

39. Calcule la probabilidad de sacar una suma menor que 6 o mayor que 9.

40. Calcule la probabilidad de sacar una suma entre 6 y 9,, inclusive.

41. Calcule la probabilidad de sacar una suma de 5 ni 6.

42. Calcule la probabilidad de sacar cualquier suma que no sea 5 ni 6.

En los siguientes ejercicios, se lanza una moneda y se saca una carta de una baraja estándar. Calcule la probabilidad de lo siguiente:

43. Una cara en la moneda o un trébol

44. Una cruz en la moneda o un as rojo

45. Una cara en la moneda o una carta con cara

46. No hay ases

En los siguientes ejercicios, utilice este escenario: una bolsa de M&M contiene 12 azules, 6 marrones, 10 anaranjados, 8 amarillos, 8 rojos y 4 M&M verdes. Una persona mete la mano en la bolsa y agarra 5 M&M.

47. ¿Cuál es la probabilidad de obtener todos los M&M azules?

48. ¿Cuál es la probabilidad de obtener 4 M&M azules?

49. ¿Cuál es la probabilidad de obtener 3 M&M azules?

50. ¿Cuál es la probabilidad de no obtener M&M marrones?

Extensiones

Utilice el siguiente escenario para los próximos ejercicios: En el juego de Keno, un jugador comienza con la selección de 20 números de los números del 1 al 80. Después de que el jugador haga sus selecciones, 20 números ganadores se seleccionan al azar entre los números del 1 al 80. Hay una victoria si el jugador ha seleccionado correctamente 3, 4, o 5 de los 20 números ganadores (redondee todas las respuestas a la centésima de porcentaje más cercana).

51. ¿Cuál es el porcentaje de probabilidad de que un jugador seleccione exactamente 3 números ganadores?

52. ¿Cuál es el porcentaje de probabilidad de que un jugador seleccione exactamente 4 números ganadores?

53. ¿Cuál es el porcentaje de probabilidad de que un jugador seleccione los 5 números ganadores?

54. ¿Cuál es el porcentaje de posibilidades de ganar?

55. ¿Qué tan menor es la probabilidad de que un jugador seleccione 3 números ganadores comparada a la probabilidad de que seleccione 4 o 5 números ganadores?

Aplicaciones en el mundo real

Utilice estos datos para los próximos ejercicios: En 2013, había unos 317 millones de ciudadanos en Estados Unidos, y unos 40 millones eran de edad avanzada (mayores de 65 años).[2]

56. Si conoce a un ciudadano estadounidense, ¿cuál es el porcentaje de probabilidad de que esa persona sea de edad avanzada? (Redondee a la décima de porcentaje más cercana).

57. Si conoce a cinco ciudadanos estadounidenses, ¿cuál es el porcentaje de probabilidad de que exactamente uno sea de edad avanzada? (Redondee a la décima de porcentaje más cercana).

58. Si conoce a cinco ciudadanos estadounidenses, ¿cuál es el porcentaje de probabilidad de que tres sean de edad avanzada? (Redondee a la décima de porcentaje más cercana).

---

2 Oficina del Censo de Estados Unidos. http://www.census.gov

59. Si conoce a cinco ciudadanos estadounidenses, ¿cuál es el porcentaje de probabilidad de que cuatro sean de edad avanzada? (Redondee a la milésima de porcentaje más cercana).

60. Se prevé que en 2030 uno de cada cinco ciudadanos estadounidenses será de edad avanzada. ¿Cuántas más posibilidades habrá de conocer a una persona de edad avanzada en ese momento? ¿Qué cambios políticos prevé si se cumplen estas estadísticas?

Revisión del capítulo

Términos clave

anualidad una inversión en la que el comprador realiza una secuencia de pagos periódicos e iguales
coeficiente binomial el número de maneras de elegir *r* objetos de entre *n* objetos donde el orden no importa; equivalente a $C(n, r)$, denotado $\binom{n}{r}$
combinación una selección de objetos en la que no importa el orden
complemento de un evento el conjunto de resultados en el espacio muestral que no están en el evento E
diferencia común la diferencia entre dos términos consecutivos cualesquiera de una secuencia aritmética
divergir se dice que una serie diverge si la suma no es un número real
enésimo término de una secuencia una fórmula para el término general de una secuencia
espacio muestral el conjunto de todos los resultados posibles de un experimento
evento cualquier subconjunto de un espacio muestral
eventos mutuamente excluyentes eventos que no tienen resultados en común
expansión binomial el resultado de expandir $(x + y)^n$ mediante multiplicación
experimento una actividad con un resultado observable
factorial n el producto de todos los enteros positivos de 1 al
fórmula explícita una fórmula que define cada término de una secuencia en términos de su posición en la secuencia
fórmula recursiva una fórmula que define cada término de una secuencia utilizando los términos anteriores
índice de sumatoria en notación de sumatoria, la variable utilizada en la fórmula explícita de los términos de una serie y escrita debajo del sigma con el límite inferior de la sumatoria
límite inferior de sumatoria el número utilizado en la fórmula explícita para calcular el primer término de una serie
límite superior de sumatoria el número utilizado en la fórmula explícita para calcular el último término de una serie
modelo de probabilidades una descripción matemática de un experimento que enumera todos los resultados posibles y sus probabilidades asociadas
notación de sumatoria una notación para series que utiliza la letra griega sigma; incluye una fórmula explícita y especifica el primer y el último término de la serie
permutación una selección de objetos en la que el orden es importante
Principio de adición si un evento puede ocurrir en m maneras y un segundo evento sin resultados comunes puede ocurrir en n maneras, entonces el primer o el segundo evento puede ocurrir de $m + n$ maneras
principio de multiplicación si un evento puede ocurrir en m maneras y un segundo evento puede ocurrir en n maneras después de que el primer evento haya ocurrido, entonces los dos eventos pueden ocurrir en $m \times n$ maneras; también conocido como el principio fundamental de conteo
principio fundamental de conteo si un evento puede ocurrir en m maneras y un segundo evento puede ocurrir en n maneras después de que el primer evento haya ocurrido, entonces los dos eventos pueden ocurrir en $m \times n$ maneras; también conocido como el principio de multiplicación
probabilidad un número del 0 al 1 que indica la posibilidad de un evento
razón común la razón entre dos términos consecutivos cualesquiera de una secuencia geométrica
resultados los posibles resultados de un experimento
secuencia una función cuyo dominio es un subconjunto de los enteros positivos
secuencia aritmética una secuencia en la que la diferencia entre dos términos consecutivos cualesquiera es una constante
secuencia finita una función cuyo dominio consiste en un subconjunto finito de los enteros positivos $\{1, 2, \ldots n\}$ para algún número entero positivo n
secuencia geométrica una secuencia en la que la razón entre un término y un término anterior es una constante
secuencia infinita una función cuyo dominio es el conjunto de enteros positivos
serie la suma de los términos de una secuencia
serie aritmética la suma de los términos de una secuencia aritmética
serie geométrica la suma de los términos de una secuencia geométrica
serie infinita la suma de los términos de una secuencia infinita
suma parcial a la n la suma de los primeros n términos de una secuencia
teorema del binomio una fórmula que se puede usar para expandir cualquier binomio
término un número en una secuencia
unión de dos eventos el evento que se produce si se produce uno o ambos eventos

Ecuaciones clave

Fórmulas para un factorial	$0! = 1$ $1! = 1$ $n! = n(n-1)(n-2)\cdots(2)(1)$, para $n \geq 2$
fórmula recursiva para el enésimo término de una secuencia aritmética	$a_n = a_{n-1} + d, n \geq 2$
fórmula explícita para el enésimo término de una secuencia aritmética	$a_n = a_1 + d(n-1)$
fórmula recursiva para nth término de una secuencia geométrica	$a_n = ra_{n-1}, n \geq 2$
fórmula explícita para nth término de una secuencia geométrica	$a_n = a_1 r^{n-1}$
suma de los primeros n términos de una serie aritmética	$S_n = \frac{n(a_1 + a_n)}{2}$
suma de los primeros n términos de una serie geométrica	$S_n = \frac{a_1(1-r^n)}{1-r}, r \neq 1$
suma de una serie geométrica infinita con $-1 < r < 1$	$S_n = \frac{a_1}{1-r}, r \neq 1$
número de permutaciones de n objetos distintos tomados r a la vez	$P(n, r) = \frac{n!}{(n-r)!}$
número de combinaciones de n objetos distintos tomados r a la vez	$C(n, r) = \frac{n!}{r!(n-r)!}$
número de permutaciones de n objetos no distintos	$\frac{n!}{r_1!r_2!\ldots r_k!}$
Teorema del binomio	$(x+y)^n = \sum_{k-0}^{n} \binom{n}{k} x^{n-k} y^k$
$(r+1)$ené simo término de una expansión binomial	$\binom{n}{r} x^{n-r} y^r$
probabilidad de un suceso con resultados igualmente probables	$P(E) = \frac{n(E)}{n(S)}$
probabilidad de la unión de dos eventos	$P(E \cup F) = P(E) + P(F) - P(E \cap F)$
probabilidad de la unión de eventos mutuamente excluyentes	$P(E \cup F) = P(E) + P(F)$
probabilidad del complemento de un evento	$P(E') = 1 - P(E)$

Conceptos clave

11.1 Secuencias y sus notaciones

- Una secuencia es una lista de números, llamados términos, escritos en un orden específico.
- Las fórmulas explícitas definen cada término de una secuencia utilizando la posición del término. Vea el Ejemplo 1, el Ejemplo 2 y el Ejemplo 3.
- Una fórmula explícita para el enésimo término de una secuencia se puede escribir analizando el patrón de varios términos. Vea el Ejemplo 4.
- Las fórmulas recursivas definen cada término de una secuencia utilizando los términos anteriores.
- Las fórmulas recursivas deben indicar el término o los términos iniciales de una secuencia.
- Un conjunto de términos se puede escribir mediante una fórmula recursiva. Vea el Ejemplo 5 y el Ejemplo 6.
- Un factorial es una operación matemática que se puede definir de forma recursiva.
- El factorial de n es el producto de todos los enteros de 1 a n Vea el Ejemplo 7.

11.2 Secuencias aritméticas

- Una secuencia aritmética es una secuencia en la que la diferencia entre dos términos consecutivos cualesquiera es una constante.
- La constante entre dos términos consecutivos se llama diferencia común.
- La diferencia común es el número añadido a un término cualquiera de una secuencia aritmética que genera el término siguiente. Vea el Ejemplo 1.
- Los términos de una secuencia aritmética se pueden hallar empezando por el término inicial y luego sumar la diferencia común repetidamente. Vea el Ejemplo 2 y el Ejemplo 3.
- Una fórmula recursiva para una secuencia aritmética con diferencia común d viene dada por $a_n = a_{n-1} + d, n \geq 2$. Vea el Ejemplo 4.
- Como en cualquier fórmula recursiva, hay que dar el término inicial de la secuencia.
- Una fórmula explícita para una secuencia aritmética con diferencia común d viene dada por $a_n = a_1 + d(n-1)$. Vea el Ejemplo 5.
- Se puede usar una fórmula explícita para hallar el número de términos de una secuencia. Vea el Ejemplo 6.
- En los problemas de aplicación, a veces modificamos ligeramente la fórmula explícita por $a_n = a_0 + dn$. Vea el Ejemplo 7.

11.3 Secuencias geométricas

- Una sucesión geométrica es una secuencia en la que la razón entre dos términos consecutivos cualesquiera es una constante.
- La razón constante entre dos términos consecutivos se llama razón común.
- La razón común se puede calcular la dividir cualquier término de la secuencia entre el término anterior. Vea el Ejemplo 1.
- Los términos de una secuencia geométrica se pueden calcular al empezar por el primer término y multiplicar por la razón común repetidamente. Vea el Ejemplo 2 y el Ejemplo 4.
- Una fórmula recursiva para una secuencia geométrica con razón común r viene dada por $a_n = ra_{n-1}$ para $n \geq 2$.
- Como en cualquier fórmula recursiva, hay que dar el término inicial de la secuencia. Vea el Ejemplo 3.
- Una fórmula explícita para una secuencia geométrica con razón común r viene dada por $a_n = a_1 r^{n-1}$. Vea el Ejemplo 5.
- En los problemas de aplicación, a veces alteramos ligeramente la fórmula explícita por $a_n = a_0 r^n$. Vea el Ejemplo 6.

11.4 Series y sus notaciones

- La suma de los términos de una secuencia se llama serie.
- Una notación común para las series es la llamada notación de sumatoria, que utiliza la letra griega sigma para representar la suma. Vea el Ejemplo 1.
- La suma de los términos de una secuencia aritmética se llama serie aritmética.
- La suma de los primeros n términos de una serie aritmética se puede calcular utilizando una fórmula. Vea el Ejemplo 2 y el Ejemplo 3.
- La suma de los términos de una secuencia geométrica se llama serie geométrica.
- La suma de los primeros n términos de una serie geométrica se puede calcular utilizando una fórmula. Vea el Ejemplo 4 y el Ejemplo 5.
- La suma de una serie infinita existe si la serie es geométrica con $-1 < r < 1$.
- Si la suma de una serie infinita existe, se puede calcular mediante una fórmula. Vea el Ejemplo 6, el Ejemplo 7 y el Ejemplo 8.

- Una anualidad es una cuenta en la que el inversor realiza una serie de pagos periódicos. El valor de una anualidad se puede calcular mediante series geométricas. Vea el Ejemplo 9.

11.5 Principios de conteo

- Si un evento puede ocurrir en m maneras y un segundo evento sin resultados comunes puede ocurrir en n maneras, entonces el primer o el segundo evento puede ocurrir de $m + n$ maneras. Vea el Ejemplo 1.
- Si un evento puede ocurrir en m maneras y un segundo evento puede ocurrir en n maneras después de que el primer evento haya ocurrido, entonces los dos eventos pueden ocurrir en $m \times n$ maneras. Vea el Ejemplo 2.
- Una permutación es una ordenación de n objetos.
- Si tenemos un conjunto de n objetos y queremos elegir r objetos del conjunto en orden, escribimos $P(n, r)$.
- Los problemas de permutación se pueden resolver utilizando el principio de multiplicación o la fórmula de $P(n, r)$. Vea el Ejemplo 3 y el Ejemplo 4.
- Una selección de objetos cuyo orden no importa es una combinación.
- Dados n objetos distintos, el número de maneras de seleccionar r objetos del conjunto es $C(n, r)$ y se puede calcular mediante una fórmula. Vea el Ejemplo 5.
- Un conjunto que contiene n objetos distintos tiene 2^n subconjuntos. Vea el Ejemplo 6.
- Para los problemas de conteo que implican objetos no distintos, necesitamos dividir para evitar contar permutaciones duplicadas. Vea el Ejemplo 7.

11.6 Teorema del binomio

- $\binom{n}{r}$ se llama coeficiente binomial y es igual a $C(n, r)$. Vea el Ejemplo 1.
- El teorema del binomio nos permite expandir los binomios sin multiplicar. Vea el Ejemplo 2.
- Podemos hallar un término dado de una expansión binomial sin expandir completamente el binomio. Vea el Ejemplo 3.

11.7 Probabilidad

- La probabilidad es siempre un número entre 0 y 1, donde 0 significa que un evento es imposible y 1 significa que un evento es seguro.
- Las probabilidades de un modelo de probabilidad deben sumar 1. Vea el Ejemplo 1.
- Cuando los resultados de un experimento son todos igual de probables, podemos calcular la probabilidad de un suceso al dividir el número de resultados del suceso entre el número total de resultados en el espacio muestral del experimento. Vea el Ejemplo 2.
- Para calcular la probabilidad de la unión de dos eventos, sumamos las probabilidades de los dos eventos y restamos la probabilidad de que ambos ocurran simultáneamente. Vea el Ejemplo 3.
- Para calcular la probabilidad de la unión de dos eventos mutuamente excluyentes, sumamos las probabilidades de cada uno de los eventos. Vea el Ejemplo 4.
- La probabilidad del complemento de un evento es la diferencia entre 1 y la probabilidad de que el evento ocurra. Vea el Ejemplo 5.
- En algunos problemas de probabilidad, necesitamos utilizar permutaciones y combinaciones para hallar el número de elementos en los eventos y espacios muestrales. Vea el Ejemplo 6.

Ejercicios

Ejercicios de repaso

Secuencias y su notación

1. Escriba los cuatro primeros términos de la secuencia definida por la fórmula recursiva $a_1 = 2, \quad a_n = a_{n-1} + n$.

2. Evalúe $\frac{6!}{(5-3)!3!}$.

3. Escriba los cuatro primeros términos de la secuencia definida por la fórmula explícita $a_n = 10^n + 3$.

4. Escriba los cuatro primeros términos de la secuencia definida por la fórmula explícita $a_n = \frac{n!}{n(n+1)}$.

Secuencias aritméticas

5. ¿Es la secuencia $\frac{4}{7}, \frac{47}{21}, \frac{82}{21}, \frac{39}{7}, \ldots$ aritmética? Si es así, halle la diferencia común.

6. ¿Es la secuencia $2, 4, 8, 16, \ldots$ aritmética? Si es así, halle la diferencia común.

7. Una secuencia aritmética tiene el primer término $a_1 = 18$ y la diferencia común $d = -8$. ¿Cuáles son los cinco primeros términos?

8. Una secuencia aritmética tiene términos $a_3 = 11{,}7$ y $a_8 = -14{,}6$. ¿Cuál es el primer término?

9. Escriba una fórmula recursiva para la secuencia aritmética $-20, -10, 0, 10, \ldots$

10. Escriba una fórmula recursiva para la secuencia aritmética $0, \ -\frac{1}{2}, \ -1, \ -\frac{3}{2}, \ldots,$ y luego calcule el 31.° término.

11. Escriba una fórmula explícita para la secuencia aritmética $\frac{7}{8}, \ \frac{29}{24}, \ \frac{37}{24}, \ \frac{15}{8}, \ldots$

12. ¿Cuántos términos hay en la secuencia aritmética finita $12, 20, 28, \ldots, 172$?

Secuencias geométricas

13. Calcule la razón común de la secuencia geométrica $2{,}5, \ 5, \ 10, \ 20, \ldots$

14. ¿La secuencia 4, 16, 28, 40 ... es geométrica? Si es así, calcule la razón común. Si no es así, explique por qué.

15. Una secuencia geométrica tiene términos $a_7 = 16{,}384$ y $a_9 = 262{,}144$. ¿Cuáles son los cinco primeros términos?

16. Una secuencia geométrica tiene el primer término $a_1 = -3$ y razón común $r = \frac{1}{2}$. ¿Cuál es el 8.° término?

17. ¿Cuáles son los cinco primeros términos de la secuencia geométrica $a_1 = 3, \ a_n = 4 \cdot a_{n-1}$?

18. Escriba una fórmula recursiva para la secuencia geométrica $1, \ \frac{1}{3}, \ \frac{1}{9}, \ \frac{1}{27}, \ldots$

19. Escriba una fórmula explícita para la secuencia geométrica $-\frac{1}{5}, \ -\frac{1}{15}, \ -\frac{1}{45}, \ -\frac{1}{135}, \ldots$

20. Cuántos términos hay en la secuencia geométrica finita $-5, \ -\frac{5}{3}, \ -\frac{5}{9}, \ldots, \ -\frac{5}{59{,}049}$?

Las series y su notación

21. Utilice la notación sumatoria para escribir la suma de términos $\frac{1}{2}m + 5$ a partir de $m = 0$, 0 con $m = 5$.

22. Utilice la notación de sumatoria para escribir la suma que resulta de sumar el número 13 veinte veces.

23. Utilice la fórmula de la suma de los primeros n términos de una serie aritmética para hallar la suma de los once primeros términos de la serie aritmética 2,5, 4, 5,5, ...

24. Una escalera tiene 15 peldaños cónicos, cuyas longitudes aumentan por una diferencia común. El primer peldaño mide 5 pulgadas y el último 20 pulgadas de largo. ¿Cuál es la suma de las longitudes de los peldaños?

25. Use la fórmula de la suma de los primeros *n* términos de una serie geométrica para calcular S_9 para la serie $12,\ 6,\ 3,\ \frac{3}{2},\ldots$

26. Las cuotas de los tres primeros años de afiliación a un club de caza se indican en la Tabla 1. Si las cuotas siguen aumentando al mismo ritmo, ¿cuál será el costo total de los diez primeros años de afiliación?

Año	Cuotas de afiliación
1	\$ 1.500
2	\$ 1.950
3	\$ 2.535

Tabla 1

27. Calcule la suma de la serie geométrica infinita $\sum_{k=1}^{\infty} 45 \cdot \left(-\frac{1}{3}\right)^{k-1}$.

28. Una pelota tiene una razón de rebote de $\frac{3}{5}$ la altura del rebote anterior. Escriba una serie que represente la distancia total recorrida por la pelota, suponiendo que se dejó caer inicialmente desde una altura de 5 pies. ¿Cuál es la distancia total? (*Pista*: la distancia total que recorre la pelota en cada rebote es la suma de las alturas de la subida y la bajada).

29. Alejandro deposita 80 dólares de sus ingresos mensuales en una anualidad que gana un interés anual del 6,25 %, calculado mensualmente. ¿Cuánto dinero habrá ahorrado después de 5 años?

30. Los gemelos Hoa y Binh abrieron cuentas de jubilación cuando cumplieron 21 años. Hoa deposita 4.800,00 dólares cada año, ganando un $5{,}5\ \%$ de interés anual, calculado mensualmente. Binh deposita 3.600,00 dólares cada año, ganando un $8{,}5\ \%$ de interés anual, calculado mensualmente. Qué gemelo ganará más intereses al momento en que tengan 55 años? ¿Cuánto más?

Principios de conteo

31. ¿Cuántas maneras hay de elegir un número del conjunto $\{-10, -6, 4, 10, 12, 18, 24, 32\}$ que es divisible entre 4 o 6?

32. En un grupo de 20 músicos, 12 tocan el piano, 7 tocan la trompeta y 2 tocan tanto el piano como la trompeta. ¿Cuántos músicos tocan el piano o la trompeta?

33. ¿De cuántas maneras se puede construir un código de 4 dígitos si los números se pueden repetir?

34. Una paleta de pinturas de acuarela tiene 3 tonos de verde, 3 tonos de azul, 2 tonos de rojo, 2 tonos de amarillo y 1 tono de negro. ¿De cuántas maneras se puede elegir un tono de cada color?

35. Calcule $P(18, 4)$.

36. En un grupo de 5 del primer año, 10 del segundo año, 3 del tercer año, y 2 estudiantes del cuarto año, ¿de cuántas maneras se puede elegir al presidente, al vicepresidente y al tesorero?

37. Calcule $C(15, 6)$.

38. Una cafetería tiene 7 tostados guatemaltecos, 4 cubanos y 10 costarricenses. ¿De cuántas maneras puede la tienda elegir 2 tostados guatemaltecos, 2 cubanos y 3 costarricenses para una degustación de café?

39. ¿Cuántos subconjuntos tiene el conjunto $\{1, 3, 5, \ldots, 99\}$?

40. Un spa cobra una tarifa básica por día que incluye el uso del sauna, de la piscina y de las duchas. Por un costo suplementario, los visitantes pueden elegir entre los siguientes servicios adicionales: masaje, exfoliación corporal, manicura, pedicura, tratamiento facial y afeitado con cuchilla. ¿De cuántas maneras se puede pedir servicios adicionales en el spa?

41. ¿De cuántas maneras distintas se puede ordenar la palabra DEADWOOD?

42. ¿Cuántas reorganizaciones distintas de las letras de la palabra DEADWOOD hay si la palabra debe comenzar y terminar con la letra D?

Teorema del binomio

43. Evalúe el coeficiente binomial $\binom{23}{8}$.

44. Utilice el teorema del binomio para expandir $\left(3x + \frac{1}{2}y\right)^6$.

45. Utilice el teorema del binomio para escribir los tres primeros términos de $(2a + b)^{17}$.

46. Halle el cuarto término de $(3a^2 - 2b)^{11}$ sin expandir completamente el binomio.

Probabilidad

En los siguientes ejercicios, suponga que se lanzan dos dados.

47. Construya una tabla que muestre el espacio muestral.

48. ¿Cuál es la probabilidad de que un lanzamiento incluya un 2?

49. ¿Cuál es la probabilidad de lanzar un par?

50. ¿Cuál es la probabilidad de que un lanzamiento incluya un 2 o resulte en un par?

51. ¿Cuál es la probabilidad de que un lanzamiento no incluya un 2 o resulte en un par?

52. ¿Cuál es la probabilidad de lanzar un 5 o un 6?

53. ¿Cuál es la probabilidad de que un lanzamiento no incluya ni un 5 ni un 6?

En los siguientes ejercicios, utilice estos datos: Una encuesta realizada en una escuela primaria reveló que 350 de los 500 estudiantes preferían las gaseosas a la leche. Supongamos que 8 niños de la escuela asisten a una fiesta de cumpleaños (Muestre los cálculos y redondee a la décima de porcentaje más cercana).

54. ¿Cuál es el porcentaje de probabilidad de que todos los niños que asisten a la fiesta prefieran gaseosas?

55. ¿Cuál es el porcentaje de probabilidad de que, al menos, uno de los niños que asisten a la fiesta prefiera leche?

56. ¿Cuál es el porcentaje de probabilidad de que exactamente 3 de los niños que asisten a la fiesta prefieran gaseosas?

57. ¿Cuál es el porcentaje de probabilidad de que exactamente 3 de los niños que asisten a la fiesta prefieran leche?

Examen de práctica

1. Escriba los cuatro primeros términos de la secuencia definida por la fórmula recursiva $a =- 14, a_n = \frac{2+a_{n-1}}{2}$.

2. Escriba los cuatro primeros términos de la secuencia definida por la fórmula explícita $a_n = \frac{n^2-n-1}{n!}$.

3. ¿Es la secuencia $0{,}3,\ 1{,}2,\ 2{,}1,\ 3, \ldots$ aritmética? Si es así, halle la diferencia común.

4. Una secuencia aritmética tiene el primer término $a_1 = -4$ y la diferencia común $d = -\frac{4}{3}$. ¿Cuál es el 6.º término?

5. Escriba una fórmula recursiva para la secuencia aritmética $-2, \ -\frac{7}{2}, \ -5, \ -\frac{13}{2}, \ldots$ y luego halle el 22.º término.

6. Escriba una fórmula explícita para la secuencia aritmética $15{,}6, \ 15, \ 14{,}4, \ 13{,}8, \ldots$ y luego halle el 32.º término.

7. ¿Es la secuencia $-2, -1, -\frac{1}{2}, -\frac{1}{4}, \ldots$ geométrica? Si es así, halle la razón común. Si no es así, explique por qué.

8. ¿Cuál es el 11.º término de la secuencia geométrica $-1{,}5, -3, -6, -12, \ldots$?

9. Escriba una fórmula recursiva para la secuencia geométrica $1, \ -\frac{1}{2}, \ \frac{1}{4}, \ -\frac{1}{8}, \ldots$

10. Escriba una fórmula explícita para la secuencia geométrica $4, \ -\frac{4}{3}, \ \frac{4}{9}, \ -\frac{4}{27}, \ldots$

11. Utilice la notación sumatoria para escribir la suma de términos $3k^2 - \frac{5}{6}k$ a partir de $k = -3$ con $k = 15$.

12. Un estadio de béisbol comunitario tiene 10 asientos en la primera fila, 13 en la segunda, 16 en la tercera, y así sucesivamente. Hay 56 filas en total. ¿Cuál es el aforo del estadio?

13. Utilice la fórmula de la suma de los primeros n términos de una serie geométrica para calcular $\sum_{k=1}^{7} -0{,}2 \cdot (-5)^{k-1}$.

14. Calcule la suma de la serie geométrica infinita $\sum_{k=1}^{\infty} \frac{1}{3} \cdot \left(-\frac{1}{5}\right)^{k-1}$.

15. Ramla deposita cada año 3.600 dólares en un fondo de jubilación. El fondo gana un 7,5 % de interés anual, compuesto mensualmente. Si abrió su cuenta a los 20 años, ¿cuánto tendrá a los 55? ¿Qué parte de esa cantidad era ganancia de intereses?

16. En una competencia de 50 bailarines de salón profesionales, 22 participan en la competencia de fox-trot, 18 en la de tango y 6 en ambas. ¿Cuántos bailarines participan en las competencias de fox-trot o tango?

17. El comprador de un sedán nuevo puede encargar el auto a su gusto y tiene para elegir entre 5 colores exteriores diferentes, 3 colores interiores distintos, 2 sistemas de sonido, 3 diseños de motor y una transmisión manual o automática. ¿Cuántas opciones tiene el comprador?

18. Para asignar las primas anuales, un gerente debe elegir a sus cuatro mejores empleados y clasificarlos del primero al cuarto. ¿De cuántas maneras puede crear la lista de los "cuatro mejores" entre los 32 empleados?

19. Un grupo musical tiene que elegir 3 canciones para tocar en la Guerra de Bandas anual. ¿De cuántas maneras pueden elegir su set si tienen 15 canciones para escoger?

20. Una tienda de yogur helado de autoservicio tiene 8 ingredientes de dulces y 4 de fruta para elegir. ¿De cuántas maneras se pueden agregar ingredientes a un yogur helado?

21. ¿De cuántas formas distintas se puede ordenar la palabra EVANESCENCE si el anagrama debe terminar con la letra E?

22. Utilice el teorema del binomio para expandir $\left(\frac{3}{2}x-\frac{1}{2}y\right)^5$.

23. Halle el séptimo término de $\left(x^2-\frac{1}{2}\right)^{13}$ sin expandir completamente el binomio.

En los siguientes ejercicios, utilice la ruleta de la Figura 1.

Figura 1

24. Construya un modelo de probabilidades que muestre cada resultado posible y su probabilidad asociada (Utilice la primera letra para los colores).

25. ¿Cuál es la probabilidad de caer en un número impar?

26. ¿Cuál es la probabilidad de caer en el azul?

27. ¿Cuál es la probabilidad de caer en el azul o en un número impar?

28. ¿Cuál es la probabilidad de caer en algo que no sea el azul ni un número impar?

29. Un bol de dulces contiene 16 caramelos de menta, 14 de mantequilla y 10 de fresa. Supongamos que una persona toma un puñado de 7 caramelos. ¿Cuál es el porcentaje de probabilidad de que exactamente 3 sean de mantequilla? (Muestre los cálculos y redondee a la décima de porcentaje más cercana).

12 INTRODUCCIÓN A CÁLCULO

La corredora holandesa Sifan Hassan pasa por delante de sus competidoras principales en su camino hacia la victoria.

Esquema del capítulo

Introducción

La holandesa oriunda de Etiopía Sifan Hassan ha dominado las carreras de distancia durante varios años. Fue la primera en ganar las carreras de 1.500 y 10.000 metros en un campeonato mundial. Durante los Juegos Olímpicos de Tokio, se unió a la única corredora en la historia al obtener una medalla en la rara vez intentada distancia del triple: ganó la medalla de oro en los 5.000 y 10.000 metros y el bronce en los 1.500. El estilo característico de Hassan es permanecer en la retaguardia durante gran parte de la carrera, para luego avanzar en las últimas vueltas.

Hassan no corre a su máxima velocidad a cada instante. ¿Cómo podemos entonces calcular su velocidad en un instante dado? En este capítulo hallaremos la respuesta a esta y muchas otras preguntas semejantes.

12.1 Hallar los límites: enfoques numéricos y gráficos

Objetivos de aprendizaje

En esta sección, podrá:

- Comprender la notación de límites.
- Hallar un límite mediante un gráfico.
- Hallar un límite mediante una tabla.

Intuitivamente, sabemos lo que es un límite. Un automóvil solo puede ir hasta cierta velocidad y no más rápido. Un cubo de basura puede contener 33 galones y no más. Es natural que las cantidades medidas tengan límites. ¿Cuál es, por ejemplo, el límite de la altura de una mujer? La mujer más alta de quien se tiene constancia es Jinlian Zeng, de China, que mide 8 ft, 1 in.[1] ¿Este es el límite de altura que pueden alcanzar las mujeres? Tal vez no, pero es probable que haya un límite que podríamos describir en pulgadas si fuéramos capaces de determinar cuál es.

Por decirlo de forma matemática, la función cuya entrada es una mujer y cuya salida es una altura medida en pulgadas tiene un límite. En esta sección examinaremos enfoques numéricos y gráficos para identificar límites.

Comprender la notación de límites

Hemos visto cómo una secuencia puede tener un límite, un valor hacia el que se mueve la secuencia de términos a medida que aumenta el número de términos. Por ejemplo, los términos de la secuencia

1 https://en.wikipedia.org/wiki/Human_height y http://en.wikipedia.org/wiki/List_of_tallest_people

$$1, \frac{1}{2}, \frac{1}{4}, \frac{1}{8}...$$

se acercan cada vez más a 0. Una secuencia es un tipo de función, pero las funciones que no son secuencias también pueden tener límites. Podemos describir el comportamiento de la función a medida que los valores de entrada se acercan a un valor específico. Si el límite de una función $f(x) = L$, entonces a medida que la entrada x se acerca cada vez más a a, la coordenada *y* de salida se acerca cada vez más a L. Decimos que la salida "se acerca a" L.

La Figura 1 proporciona una representación visual del concepto matemático de límite. A medida que el valor de entrada x se acerca a a, el valor de salida $f(x)$ se acerca a L.

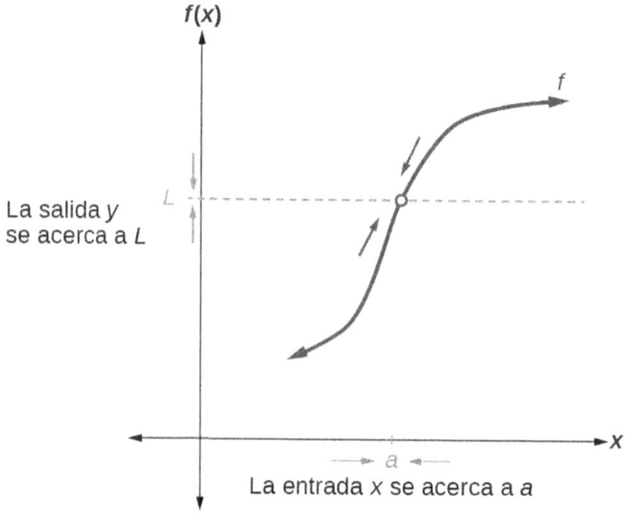

Figura 1 La salida (coordenada *y*) se acerca a L a medida que la entrada (coordenada *x*) se acerca a a.

Escribimos la ecuación de un límite como

$$\lim_{x \to a} f(x) = L.$$

Esta notación indica que a medida que x se acerca a a tanto desde la izquierda de $x = a$ y desde la derecha de $x = a$, el valor de salida se acerca a L.

Considere la función

$$f(x) = \frac{x^2 - 6x - 7}{x - 7}.$$

Podemos factorizar la función como se muestra.

$$f(x) = \frac{\cancel{(x-7)}(x+1)}{\cancel{x-7}} \quad \text{Anule los factores similares en el numerador y el denominador.}$$

$$f(x) = x + 1, x \neq 7 \quad \text{Simplifique.}$$

Observe que x no puede ser 7, o estaríamos dividiendo entre 0, por lo que 7 no está en el dominio de la función original. Para no cambiar la función cuando simplificamos, ponemos la misma condición, $x \neq 7$, para la función simplificada. Podemos representar la función gráficamente como se muestra en la Figura 2.

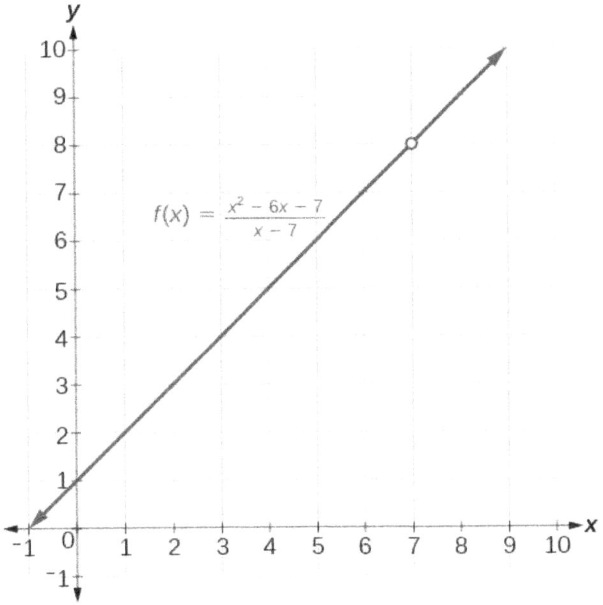

Figura 2 Como el 7 no está permitido como entrada, no hay ningún punto en $x = 7$.

Lo que sucede en $x = 7$ es completamente diferente de lo que ocurre en los puntos cercanos a $x = 7$ a cada lado. La notación

$$\lim_{x \to 7} f(x) = 8$$

indica que a medida que la entrada x se acerca a 7 desde la izquierda o desde la derecha, la salida se acerca a 8. La salida puede acercarse tanto a 8 como queramos si la entrada está lo suficientemente cerca de 7.

¿Qué sucede en $x = 7$? Cuando $x = 7$, no hay ninguna salida correspondiente. Lo escribimos como

$$f(7) \text{ no existe.}$$

Esta notación indica que 7 no está en el dominio de la función. Ya lo habíamos indicado cuando escribimos la función como

$$f(x) = x + 1, \quad x \neq 7.$$

Observe que el límite de una función puede existir incluso cuando $f(x)$ no está definida en $x = a$. Gran parte de nuestro trabajo posterior consistirá en determinar límites de funciones a medida que x se acerca a a, aunque la salida en $x = a$ no existe.

El límite de una función

Una cantidad L es el **límite** de una función $f(x)$ cuando x se acerca a a si, a medida que los valores de entrada de x se acercan a a (pero no son iguales a a), los valores de salida correspondientes de $f(x)$ se acercan a L. Observe que el valor del límite no se ve afectado por el valor de salida de $f(x)$ en a. Ambos a y L deben ser números reales. Lo escribimos como

$$\lim_{x \to a} f(x) = L$$

EJEMPLO 1

Entender el límite de una función

Para el siguiente límite, defina a, $f(x)$, y L.

$$\lim_{x \to 2} (3x + 5) = 11$$

Solución

Primero, reconocemos la notación de un límite. Si el límite existe, a medida que x se acerca a a, escribimos

$$\lim_{x \to a} f(x) = L.$$

Se nos da

$$\lim_{x \to 2} (3x + 5) = 11.$$

Esto significa que $a = 2, f(x) = 3x + 5,$ y $L = 11.$

Análisis

Recordemos que $y = 3x + 5$ es una línea sin interrupciones. A medida que los valores de entrada se acerquen a 2, los valores de salida se acercarán a 11. Esto se puede expresar con la ecuación $\lim_{x \to 2}(3x + 5) = 11,$ lo que significa que a medida que x se acerca a 2 (pero no es exactamente 2), la salida de la función $f(x) = 3x + 5$ se acerca todo lo que queramos a $3(2) + 5$, u 11, que es el límite L, al tomar valores de x suficientemente cerca de 2 pero no en $x = 2$.

INTÉNTELO #1 Para el siguiente límite, defina a, $f(x)$, y L.

$$\lim_{x \to 5} \left(2x^2 - 4\right) = 46$$

Comprender los límites izquierdo y derecho

Podemos acercarnos a la entrada de una función desde cualquier lado de un valor, desde la izquierda o la derecha. La Figura 3 muestra los valores de

$$f(x) = x + 1, x \neq 7$$

como se han descrito anteriormente y se han representado en la Figura 2.

	Los valores de x se acercan a 7 desde la izquierda ($x < 7$)			$x = 7$	Los valores de x se acercan a 7 desde la derecha ($x > 7$)		
x	6,9	6,99	6,999	7	7,001	7,01	7,1
$f(x)$	7,9	7,99	7,999	Indefinido	8,001	8,01	8,1

Los valores de salida se acercan al límite, 8 → ← Los valores de salida se acercan al límite, 8

Figura 3

Los valores descritos como "desde la izquierda" son menores que el valor de entrada 7 y, por lo tanto, aparecerían a la izquierda del valor en una línea numérica. Los valores de entrada que se acercan a 7 desde la izquierda en la Figura 3 son $6{,}9$, $6{,}99$, y $6{,}999$. Las salidas correspondientes son $7{,}9$, $7{,}99$, y $7{,}999$. Estos valores se acercan a 8. El límite de los valores de $f(x)$ cuando x se acerca por la izquierda se conoce como el límite izquierdo. Para esta función, 8 es el límite izquierdo de la función $f(x) = x + 1, x \neq 7$ a medida que x se acerca a 7.

Los valores descritos como "desde la derecha" son mayores que el valor de entrada 7 y, por tanto, aparecerían a la derecha del valor en una línea numérica. Los valores de entrada que se acercan a 7 desde la derecha en la Figura 3 son $7{,}1$, $7{,}01$, y $7{,}001$. Las salidas correspondientes son $8{,}1$, $8{,}01$, y $8{,}001$. Estos valores se acercan a 8. El límite de los valores de $f(x)$ cuando x se acerca por la derecha se conoce como el límite derecho. Para esta función, 8 es también el límite derecho de la función $f(x) = x + 1, x \neq 7$ a medida que x se acerca a 7.

La Figura 3 muestra que podemos obtener la salida de la función a una distancia de 0,1 de 8 utilizando una entrada a una distancia de 0,1 de 7. En otras palabras, necesitamos una entrada de x dentro del intervalo $6{,}9 < x < 7{,}1$ para producir un valor de salida de $f(x)$ dentro del intervalo $7{,}9 < f(x) < 8{,}1$.

También vemos que podemos obtener valores de salida de $f(x)$ sucesivamente más cerca de 8 al seleccionar valores de entrada más cercanos a 7. De hecho, podemos obtener valores de salida dentro de cualquier intervalo especificado si elegimos los valores de entrada adecuados.

La Figura 4 proporciona una representación visual de los límites izquierdo y derecho de la función. A partir del gráfico de $f(x)$, observamos que la salida puede acercarse infinitesimalmente a $L = 8$ a medida que x se acerca a 7 por la izquierda y a medida que x se acerca a 7 por la derecha.

Para indicar el límite izquierdo, escribimos

$$\lim_{x \to 7^-} f(x) = 8.$$

Para indicar el límite derecho, escribimos

$$\lim_{x \to 7^+} f(x) = 8.$$

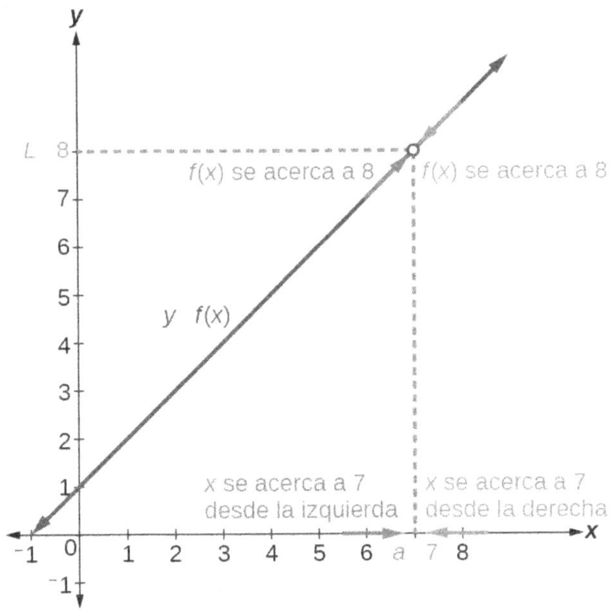

Figura 4 Los límites izquierdo y derecho son los mismos para esta función.

Límites izquierdo y derecho

El **límite izquierdo** de una función $f(x)$ cuando x se acerca a a desde la izquierda es igual a L, denotado por

$$\lim_{x \to a^-} f(x) = L.$$

Los valores de $f(x)$ pueden acercarse al límite L tanto como queramos tomando valores de x lo suficientemente cerca de a de manera que $x < a$ y $x \neq a$.

El **límite derecho** de una función $f(x)$, a medida que x se acerca a a desde la derecha, es igual a L, denotado por

$$\lim_{x \to a^+} f(x) = L.$$

Los valores de $f(x)$ pueden acercarse al límite L tanto como queramos tomando valores de x lo suficientemente cerca de a pero mayores que a. Ambos a y L son números reales.

Comprender los límites laterales

En el ejemplo anterior, los límites izquierdo y derecho a medida que x se acerca a a son iguales. Si los límites izquierdo y derecho son iguales, decimos que la función $f(x)$ tiene un **límites laterales** a medida que x se acerca a a. Más comúnmente, nos referimos a un límite lateral simplemente como un límite. Si el límite izquierdo no es igual al límite derecho, o si uno de ellos no existe, decimos que el límite no existe.

Los límites laterales de la función a medida que x se acerca a a

El límite de una función $f(x)$, a medida que x se acerca a a, es igual a L, es decir,

$$\lim_{x \to a} f(x) = L$$

si y solo si

$$\lim_{x \to a^-} f(x) = \lim_{x \to a^+} f(x).$$

En otras palabras, el límite izquierdo de una función $f(x)$ cuando x se acerca a a es igual al límite derecho de la misma función a medida que x se acerca a a. Si existe tal límite, nos referimos al límite como límites laterales. En caso contrario, diremos que el límite no existe.

Hallar un límite utilizando un gráfico

Para determinar visualmente si existe un límite a medida que x se acerca a a, observamos el gráfico de la función cuando x está muy cerca de $x = a$. En la Figura 5 observamos el comportamiento del gráfico a ambos lados de a.

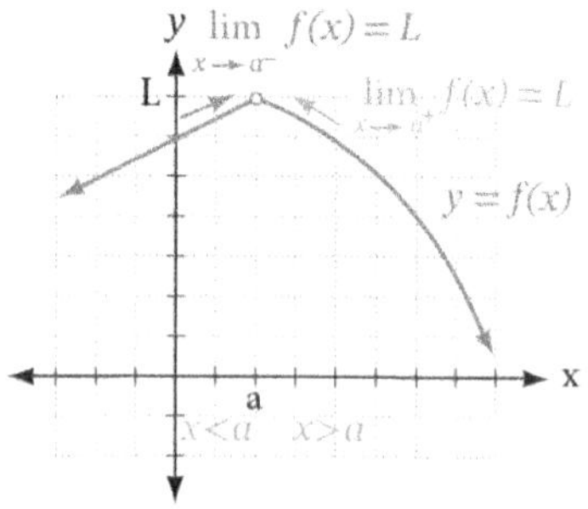

Figura 5

Para determinar si existe un límite izquierdo, observamos la rama del gráfico a la izquierda de $x = a$, pero cerca de $x = a$. Aquí es donde $x < a$. Vemos que las salidas se acercan a algún número real L por lo que hay un límite izquierdo.

Para determinar si existe un límite derecho, observe la rama del gráfico a la derecha de $x = a$, pero cerca de $x = a$. Aquí es donde $x > a$. Vemos que las salidas se acercan a algún número real L, por lo que hay un límite derecho.

Si el límite izquierdo y el límite derecho son iguales, como ocurre en la Figura 5, entonces sabemos que la función tiene límites laterales. Normalmente, cuando nos referimos a un "límite", nos referimos a límites laterales, a menos que lo llamemos límite de un lado.

Por último, podemos buscar un valor de salida para la función $f(x)$ cuando el valor de entrada x es igual a a. El par de coordenadas del punto sería $(a, f(a))$. Si ese punto existe, entonces $f(a)$ tiene un valor. Si el punto no existe, como en la Figura 5, entonces decimos que $f(a)$ no existe.

CÓMO

Dada una función $f(x)$, utilice un gráfico para hallar los límites y el valor de una función a medida que x se acerca a a.

1. Examine el gráfico para determinar si existe un límite izquierdo.
2. Examine el gráfico para determinar si existe un límite derecho.
3. Si los dos límites de un lado existen y son iguales, entonces hay límites laterales, lo que normalmente llamamos "límite".
4. Si hay un punto en $x = a$, entonces $f(a)$ es el valor de la función correspondiente.

EJEMPLO 2

Hallar un límite utilizando un gráfico

a. Determine los siguientes límites y el valor de la función f como se muestra en la Figura 6.

   i. $\lim_{x \to 2^-} f(x)$

   ii. $\lim_{x \to 2^+} f(x)$

iii. $\lim_{x \to 2} f(x)$
iv. $f(2)$

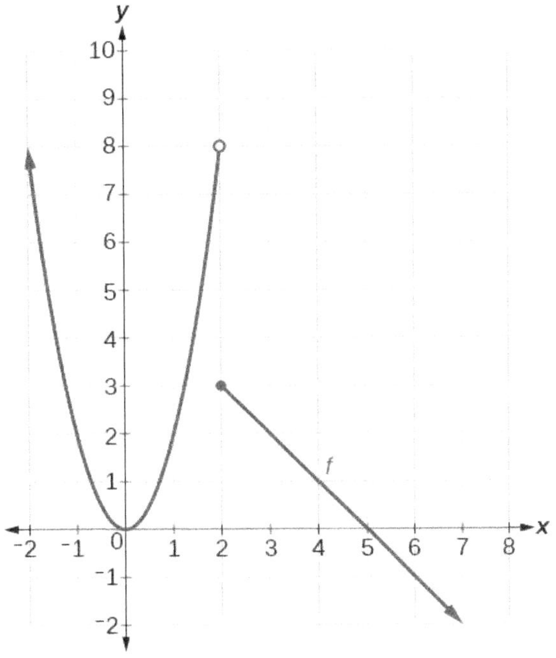

Figura 6

b. Determine los siguientes límites y el valor de la función f como se muestra en la Figura 7.
   i. $\lim_{x \to 2^-} f(x)$
   ii. $\lim_{x \to 2^+} f(x)$
   iii. $\lim_{x \to 2} f(x)$
   iv. $f(2)$

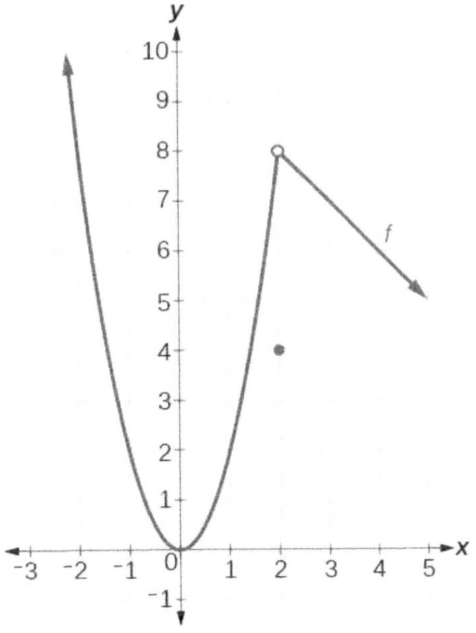

Figura 7

Solución

a. Si miramos la Figura 6:

i. $\lim_{x\to 2^-} f(x) = 8$; cuando $x < 2$, pero infinitesimalmente cerca de 2, los valores de salida se acercan a $y = 8$.

ii. $\lim_{x\to 2^+} f(x) = 3$; cuando $x > 2$, pero infinitesimalmente cerca de 2, los valores de salida se acercan a $y = 3$.

iii. $\lim_{x\to 2} f(x)$ no existe porque $\lim_{x\to 2^-} f(x) \neq \lim_{x\to 2^+} f(x)$; los límites izquierdo y derecho no son iguales.

iv. $f(2) = 3$ porque el gráfico de la función f pasa por el punto $(2, f(2))$ o $(2, 3)$.

b. Si miramos la Figura 7:

i. $\lim_{x\to 2^-} f(x) = 8$; cuando $x < 2$ pero infinitesimalmente cerca de 2, los valores de salida se acercan a $y = 8$.

ii. $\lim_{x\to 2^+} f(x) = 8$; cuando $x > 2$ pero infinitesimalmente cerca de 2, los valores de salida se acercan a $y = 8$.

iii. $\lim_{x\to 2} f(x) = 8$ porque $\lim_{x\to 2^-} f(x) = \lim_{x\to 2^+} f(x) = 8$; los límites izquierdo y derecho son iguales.

iv. $f(2) = 4$ porque el gráfico de la función f pasa por el punto $(2, f(2))$ o $(2, 4)$.

INTÉNTELO #2 Utilizando el gráfico de la función $y = f(x)$ que se muestra en la Figura 8, estime los siguientes límites.

$\lim_{x\to 0} f(x)$ $\lim_{x\to 0^+} f(x)$ $\lim_{x\to 0} f(x)$ $\lim_{x\to 2} f(x)$ $\lim_{x\to 2^+} f(x)$ $\lim_{x\to 2} f(x)$

$\lim_{x\to 4} f(x)$ $\lim_{x\to 4^+} f(x)$ $\lim_{x\to 4} f(x)$

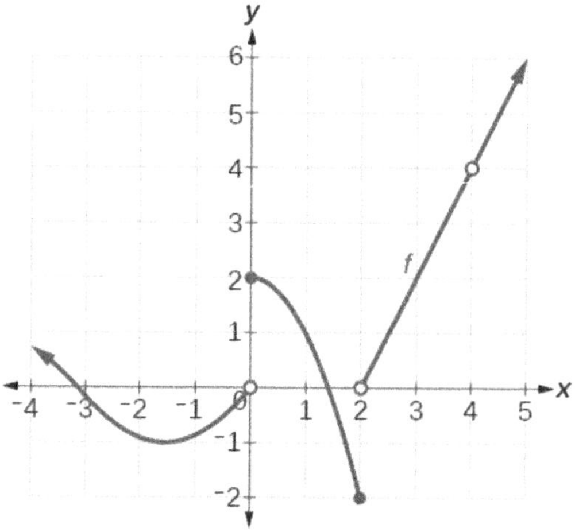

Figura 8

Hallar un límite utilizando una tabla

La creación de una tabla es una forma de determinar límites mediante información numérica. Creamos una tabla de valores en la que los valores de entrada de x se acercan a a de ambos lados. Luego determinamos si los valores de salida se acercan cada vez más a algún valor real, el límite L.

Veamos un ejemplo con la siguiente función:

$$\lim_{x\to 5}\left(\frac{x^3 - 125}{x - 5}\right)$$

Para crear la tabla, evaluamos la función en valores cercanos a $x = 5$. Utilizamos algunos valores de entrada menores que 5 y otros mayores que 5 como en la Figura 9. Los valores de la tabla muestran que cuando $x > 5$ pero acercándose a 5, la salida correspondiente se acerca a 75. Cuando $x > 5$ pero acercándose a 5, la salida correspondiente también se acerca a 75.

x	4,9	4,99	4.999	5	5,001	5,01	5,1
$f(x)$	73,51	74,8501	74,985001	Indefinido	75,015001	75,1501	76,51

$\lim_{x \to 5^-} f(x) = 75$ $\lim_{x \to 5^+} f(x) = 75$

Figura 9

Dado que

$$\lim_{x \to 5^-} f(x) = 75 = \lim_{x \to 5^+} f(x),$$

entonces

$$\lim_{x \to 5} f(x) = 75.$$

Recuerde que $f(5)$ no existe.

CÓMO

Dada una función f, utilice una tabla para hallar el límite a medida que x se acerca a a y el valor de $f(a)$, si existe.

1. Elija varios valores de entrada que se acerquen a a tanto desde la izquierda como desde la derecha. Anótelos en una tabla.
2. Evalúe la función en cada valor de entrada. Anótelos en la tabla.
3. Determine si los valores de la tabla indican un límite izquierdo y un límite derecho.
4. Si los límites izquierdo y derecho existen y son iguales, hay límites laterales.
5. Sustituya x con la a para calcular el valor de $f(a)$.

EJEMPLO 3

Hallar un límite utilizando una tabla

Estime numéricamente el límite de la siguiente expresión mediante una tabla de valores a ambos lados del límite.

$$\lim_{x \to 0} \left(\frac{5 \operatorname{sen}(x)}{3x} \right)$$

Solución

Podemos estimar el valor de un límite, si existe, evaluando la función en valores cercanos a $x = 0$, No podemos hallar un valor de la función para $x = 0$ directamente porque el resultado tendría un denominador igual a 0, y por lo tanto sería indefinido.

$$f(x) = \frac{5 \operatorname{sen}(x)}{3x}$$

Para crear la Figura 10 elegimos varios valores de entrada cercanos a $x = 0$, con la mitad de ellos menores que $x = 0$ y la mitad de ellos mayores que $x = 0$, Tenga en cuenta que tenemos que estar seguros de que estamos utilizando el modo radián. Evaluamos la función en cada valor de entrada para completar la tabla.

Los valores de la tabla indican que cuando $x < 0$ pero acercándose a 0, la salida correspondiente se acerca a $\frac{5}{3}$.

Cuando $x > 0$ pero acercándose a 0, la salida correspondiente también se acerca a $\frac{5}{3}$.

x	−0,1	−0,01	−0,001	0	0,001	0,01	0,1
$f(x)$	1,66389	1,666639	1,666666	Indefinido	1,666666	1,666639	1,66389

$\lim\limits_{x \to 0^-} f(x) = \frac{5}{3}$ $\lim\limits_{x \to 0^+} f(x) = \frac{5}{3}$

Figura 10

Dado que

$$\lim_{x \to 0^-} f(x) = \frac{5}{3} = \lim_{x \to 0^+} f(x),$$

entonces

$$\lim_{x \to 0} f(x) = \frac{5}{3}.$$

PREGUNTAS Y RESPUESTAS

¿Es posible comprobar nuestra respuesta utilizando una herramienta gráfica?

Sí. Anteriormente utilizamos una tabla para hallar un límite de 75 para la función $f(x) = \frac{x^3 - 125}{x - 5}$ a medida que x se acerca a 5. Para comprobarlo, graficamos la función en una ventana de visualización como se muestra en la Figura 11. Una comprobación gráfica muestra que ambas ramas del gráfico de la función se acercan a la salida 75 a medida que x se acerca a 5. Además, podemos utilizar la función de "trace" de una calculadora gráfica. Al acercarse a $x = 5$ podemos observar numéricamente que las salidas correspondientes se acercan a 75.

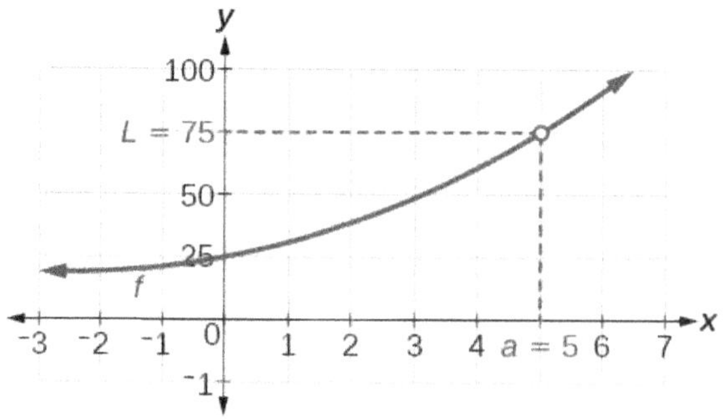

Figura 11

INTÉNTELO #3 Estime numéricamente el límite de la siguiente función mediante una tabla:

$$\lim_{x \to 0} \left(\frac{20 \operatorname{sen}(x)}{4x} \right)$$

PREGUNTAS Y RESPUESTAS

¿Hay un método para determinar un límite mejor que el otro?

No. Ambos métodos tienen ventajas. Los gráficos permiten una inspección rápida. Las tablas se pueden usar cuando no se dispone de herramientas gráficas, y se pueden calcular con una precisión mayor que la que podría verse a simple vista inspeccionando un gráfico.

EJEMPLO 4

Usar una herramienta gráfica para determinar un límite

Con el uso de una herramienta gráfica, si es posible, determine los límites izquierdo y derecho de la siguiente función a medida que x se acerca a 0. Si la función tiene un límite a medida que x se acerca a 0, indíquelo. Si no es así, discuta por qué no hay límite.

$$f(x) = 3\,\text{sen}\left(\frac{\pi}{x}\right)$$

Solución

Podemos utilizar una herramienta gráfica para investigar el comportamiento del gráfico cerca de $x = 0$, Centrándonos alrededor de $x = 0$, elegimos dos ventanas de visualización de manera que la segunda se amplíe más cerca de $x = 0$ que la primera. El resultado se parecería a la Figura 12 para $[-2, 2]$ entre $[-3, 3]$.

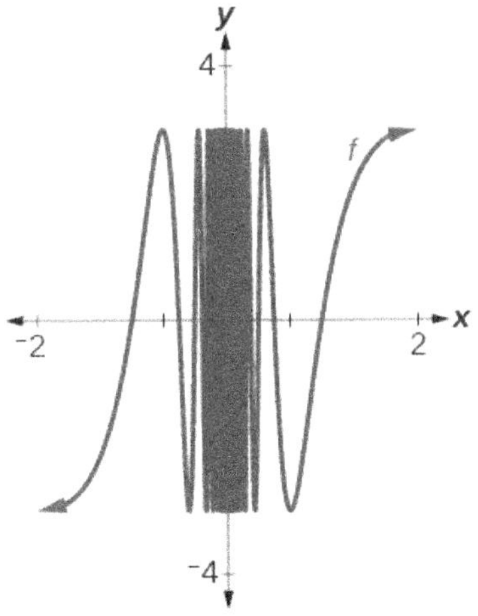

Figura 12

El resultado se parecería a la Figura 13 para $[-0{,}1, 0{,}1]$ entre $[-3, 3]$.

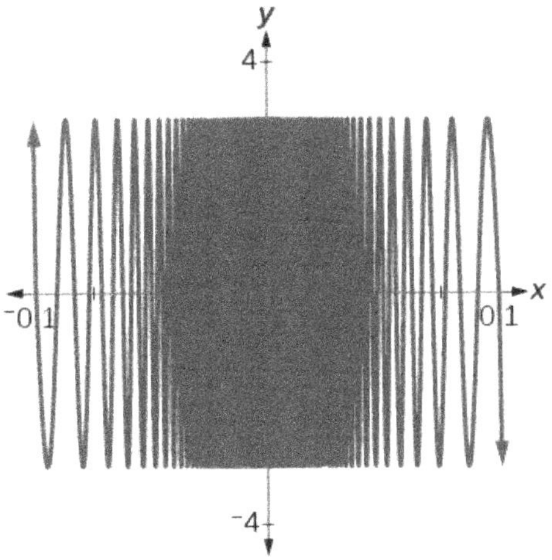

Figura 13 Incluso más cerca de cero, somos aún menos capaces de distinguir cualquier límite.

Cuanto más nos acerquemos a 0, mayores serán las oscilaciones de los valores de salida. Ese no es el comportamiento de una función con límite izquierdo o derecho. Y si no hay límite izquierdo ni derecho, ciertamente no hay límite para la función $f(x)$ cuando x se acerca a 0.

Escribimos

$$\lim_{x \to 0^-} \left(3\,\text{sen}\left(\frac{\pi}{x}\right)\right) \text{ no existe.}$$

$$\lim_{x \to 0^+} \left(3\,\text{sen}\left(\frac{\pi}{x}\right)\right) \text{ no existe.}$$

$$\lim_{x \to 0} \left(3\,\text{sen}\left(\frac{\pi}{x}\right)\right) \text{ no existe.}$$

INTÉNTELO #4 Estime numéricamente el siguiente límite $\lim\limits_{x \to 0} \left(\operatorname{sen}\left(\frac{2}{x}\right)\right)$.

MEDIA

Acceda a estos recursos en línea para obtener instrucciones adicionales y practicar el cálculo de límites.

Introducción a los límites (http://openstax.org/l/introtolimits)
Definición formal de un límite (http://openstax.org/l/formaldeflimit)

12.1 EJERCICIOS DE SECCIÓN

Verbales

1. Explique la diferencia entre un valor en $x = a$ y el límite a medida que x se acerca a a.

2. Explique por qué decimos que una función no tiene límite a medida que x se acerca a a si, a medida que x se acerca a a, el límite izquierdo no es igual al límite derecho.

Gráficos

En los siguientes ejercicios, estime los valores funcionales y los límites a partir del gráfico de la función f proporcionado en la Figura 14.

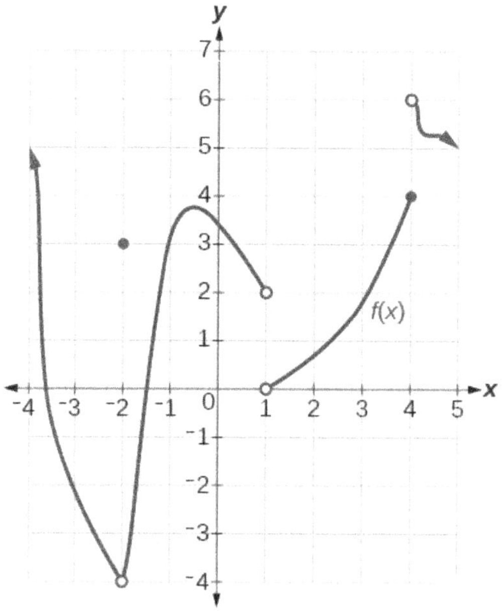

Figura 14

3. $\lim\limits_{x \to -2^-} f(x)$

4. $\lim\limits_{x \to -2^+} f(x)$

5. $\lim\limits_{x \to -2} f(x)$

6. $f(-2)$

7. $\lim\limits_{x \to 1^-} f(x)$

8. $\lim\limits_{x \to 1^+} f(x)$

9. $\lim_{x \to 1} f(x)$

10. $f(1)$

11. $\lim_{x \to 4^-} f(x)$

12. $\lim_{x \to 4^+} f(x)$

13. $\lim_{x \to 4} f(x)$

14. $f(4)$

En los siguientes ejercicios, dibuje el gráfico de una función a partir de los valores funcionales y los límites proporcionados.

15. $\lim_{x \to 0^-} f(x) = 2,$
$\lim_{x \to 0^+} f(x) = -3,$
$\lim_{x \to 2} f(x) = 2, \quad f(0) = 4,$
$f(2) = -1,$
$f(-3)$ no existe.

16. $\lim_{x \to 2^-} f(x) = 0,$
$\lim_{x \to 2^+} = -2,$
$\lim_{x \to 0} f(x) = 3, \quad f(2) = 5,$
$f(0)$

17. $\lim_{x \to 2^-} f(x) = 2,$
$\lim_{x \to 2^+} f(x) = -3,$
$\lim_{x \to 0} f(x) = 5, \quad f(0) = 1,$
$f(1) = 0$

18. $\lim_{x \to 3^-} f(x) = 0,$
$\lim_{x \to 3^+} f(x) = 5,$
$\lim_{x \to 5} f(x) = 0, \quad f(5) = 4,$
$f(3)$ no existe.

19. $\lim_{x \to 4} f(x) = 6,$
$\lim_{x \to 6^+} f(x) = -1,$
$\lim_{x \to 0} f(x) = 5, \quad f(4) = 6,$
$f(2) = 6$

20. $\lim_{x \to -3} f(x) = 2,$
$\lim_{x \to 1^+} f(x) = -2,$
$\lim_{x \to 3} f(x) = -4,$
$f(-3) = 0, \quad f(0) = 0$

21. $\lim_{x \to \pi} f(x) = \pi^2,$
$\lim_{x \to -\pi} f(x) = \frac{\pi}{2},$
$\lim_{x \to 1^-} f(x) = 0,$
$f(\pi) = \sqrt{2},$
$f(0)$ no existe.

En los siguientes ejercicios, utilice una calculadora gráfica para determinar el límite con 5 decimales a medida que x se acerca a 0.

22. $f(x) = (1 + x)^{\frac{1}{x}}$

23. $g(x) = (1 + x)^{\frac{2}{x}}$

24. $h(x) = (1 + x)^{\frac{3}{x}}$

25. $i(x) = (1 + x)^{\frac{4}{x}}$

26. $j(x) = (1 + x)^{\frac{5}{x}}$

27. Basándose en el patrón que ha observado en los ejercicios anteriores, haga una conjetura sobre el límite de $f(x) = (1 + x)^{\frac{6}{x}}$, $g(x) = (1 + x)^{\frac{7}{x}}$, y $h(x) = (1 + x)^{\frac{n}{x}}$.

En los siguientes ejercicios, utilice una herramienta gráfica para hallar pruebas gráficas para determinar los límites izquierdo y derecho de la función dada a medida que x se acerca a a. Si la función tiene un límite a medida que x se acerca a a, indíquelo. Si no es así, discuta por qué no hay límite.

28. $(x) = \begin{cases} |x| - 1, & \text{si } x \neq 1 \\ x^3, & \text{si } x = 1 \end{cases} \quad a = 1$

29. $(x) = \begin{cases} \frac{1}{x+1}, & \text{si } x = -2 \\ (x + 1)^2, & \text{si } x \neq -2 \end{cases} \quad a = -2$

Numéricos

En los siguientes ejercicios, utilice evidencias numéricas para determinar si el límite existe en $x = a$. En caso contrario, describa el comportamiento del gráfico de la función cerca de $x = a$. Redondee las respuestas a dos decimales.

30. $f(x) = \frac{x^2-4x}{16-x^2}; a = 4$

31. $f(x) = \frac{x^2-x-6}{x^2-9}; a = 3$

32. $f(x) = \frac{x^2-6x-7}{x^2-\ 7x}; a = 7$

33. $f(x) = \frac{x^2-1}{x^2-3x+2}; a = 1$

34. $f(x) = \frac{1-x^2}{x^2-3x+2}; a = 1$

35. $f(x) = \frac{10-10x^2}{x^2-3x+2}; a = 1$

36. $f(x) = \frac{x}{6x^2-5x-6}; a = \frac{3}{2}$

37. $f(x) = \frac{x}{4x^2+4x+1}; a = -\frac{1}{2}$

38. $f(x) = \frac{2}{x-4}; \quad a = 4$

En los siguientes ejercicios, utilice una calculadora para estimar el límite preparando una tabla de valores. Si no hay límite, describa el comportamiento de la función a medida que x se acerca al valor dado.

39. $\lim_{x\to 0} \frac{7 \tan x}{3x}$

40. $\lim_{x\to 4} \frac{x^2}{x-4}$

41. $\lim_{x\to 0} \frac{2 \operatorname{sen} x}{4 \tan x}$

En los siguientes ejercicios, utilice una herramienta gráfica para hallar pruebas numéricas o gráficas para determinar los límites izquierdo y derecho de la función dada a medida que x se acerca a a. Si la función tiene un límite a medida que x se acerca a a, indíquelo. Si no es así, discuta por qué no hay límite.

42. $\lim_{x\to 0} e^{e^{\frac{1}{x}}}$

43. $\lim_{x\to 0} e^{e^{-\frac{1}{x^2}}}$

44. $\lim_{x\to 0} \frac{|x|}{x}$

45. $\lim_{x\to -1} \frac{|x+1|}{x+1}$

46. $\lim_{x\to 5} \frac{|x-5|}{5-x}$

47. $\lim_{x\to -1} \frac{1}{(x+1)^2}$

48. $\lim_{x\to 1} \frac{1}{(x-1)^3}$

49. $\lim_{x\to 0} \frac{5}{1-e^{\frac{2}{x}}}$

50. Utilice pruebas numéricas y gráficos para comparar y contrastar los límites de dos funciones cuyas fórmulas parecen similares: $f(x) = \left|\frac{1-x}{x}\right|$ y $g(x) = \left|\frac{1+x}{x}\right|$ a medida que x se acerca a 0. Utilice una herramienta gráfica, si es posible, para determinar los límites izquierdo y derecho de las funciones $f(x)$ y $g(x)$ cuando x se acerca a 0. Si las funciones tienen un límite a medida que x se acerca a 0, indíquelo. Si no es así, discuta por qué no hay límite.

Extensiones

51. Según la teoría de la relatividad, la masa m de una partícula depende de su velocidad v. Es decir,

$$m = \frac{m_i}{\sqrt{1 - (v^2/c^2)}}$$

donde m_i es la masa cuando la partícula está en reposo y c es la velocidad de la luz. Halle el límite de la masa, m, a medida que v se acerca a c^-.

52. Permita que la velocidad de la luz, c, sea igual a 1,0. Si la masa, m, es 1, ¿qué ocurre con m a medida que $v \to c$? Utilizando los valores que aparecen en la Tabla 1, haga una conjetura sobre cuál es la masa a medida que v se acerca a 1,00.

v	m
0,5	1,15
0,9	2,29
0,95	3,20
0,99	7,09
0,999	22,36
0,99999	223,61

Tabla 1

12.2 Hallar los límites: propiedades de los límites

Objetivos de aprendizaje

En esta sección, podrá:

- Hallar el límite de una suma, una diferencia y un producto.
- Hallar el límite de un polinomio.
- Hallar el límite de una potencia o una raíz.
- Hallar el límite de un cociente.

Considere la función racional

$$f(x) = \frac{x^2 - 6x - 7}{x - 7}$$

La función se puede factorizar de la siguiente manera:

$$f(x) = \frac{\cancel{(x-7)}\,(x+1)}{\cancel{x-7}}, \text{que nos da} f(x) = x + 1, x \neq 7.$$

¿Esto significa que la función f es lo mismo que la función $g(x) = x + 1$?

La respuesta es no. La función f no tiene $x = 7$ en su dominio, pero g sí lo tiene. Gráficamente, observamos que hay un agujero en el gráfico de $f\,(x)$ en $x = 7$, como se muestra en la Figura 1 y no hay tal agujero en el gráfico de $g\,(x)$, como se muestra en la Figura 2.

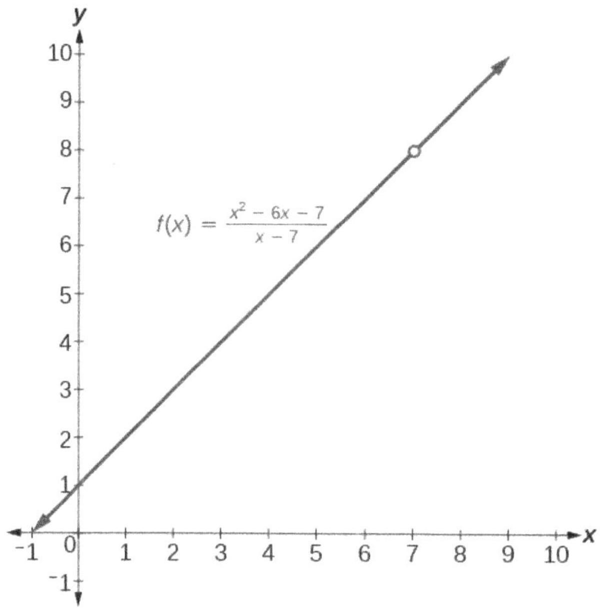

Figura 1 El gráfico de la función f contiene una interrupción en $x = 7$ y por lo tanto no es continuo en $x = 7$.

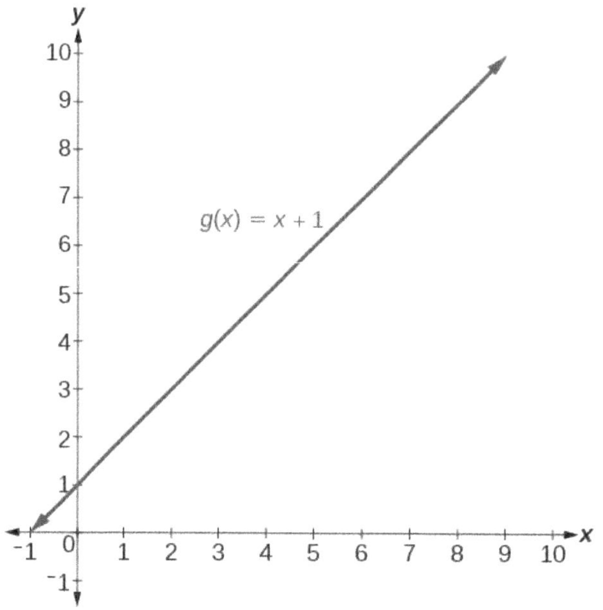

Figura 2 El gráfico de la función g es continuo.

Entonces, ¿estas dos funciones diferentes también tienen límites diferentes a medida que x se acerca a 7?

No necesariamente. Recuerde que al determinar el límite de una función a medida que x se acerca a a, lo que importa es si la salida se acerca a un número real a medida que nos acercamos a $x = a$. La existencia de un límite no depende de lo que ocurra cuando x es igual a a.

Mire de nuevo la Figura 1 y la Figura 2. Observe que en ambos gráficos, a medida que x se acerca a 7, los valores de salida se acercan a 8. Esto significa que

$$\lim_{x \to 7} f(x) = \lim_{x \to 7} g(x).$$

Recuerde que cuando se determina un límite, la preocupación es lo que ocurre cerca de $x = a$, no en $x = a$. En esta sección utilizaremos una variedad de métodos, como reescribir funciones por factorización, para evaluar el límite. Estos métodos nos permitirán verificar formalmente lo que antes conseguíamos por intuición.

Hallar el límite de una suma, una diferencia y un producto

Graficar una función o explorar una tabla de valores para determinar un límite puede ser engorroso y llevar mucho tiempo. Cuando es posible, es más eficiente utilizar las **propiedades de los límites**, lo cual es una colección de teoremas para hallar límites.

Conocer las propiedades de los límites nos permite calcularlos directamente. Podemos sumar, restar, multiplicar y dividir los límites de las funciones como si estuviéramos realizando las operaciones sobre las propias funciones para hallar el límite del resultado. Del mismo modo, podemos hallar el límite de una función elevada a una potencia llevando el límite a esa potencia. También podemos hallar el límite de la raíz de una función tomando la raíz del límite. Utilizando estas operaciones sobre los límites, podemos hallar los límites de funciones más complejas hallando los límites de sus funciones componentes más simples.

Propiedades de los límites

Supongamos que $a,\ \ k,\ \ A,$ y B representan números reales, y f y g son funciones, de manera que $\lim\limits_{x \to a} f(x) = A$ y $\lim\limits_{x \to a} g(x) = B$. Para los límites que existen y son finitos, las propiedades de los límites se resumen en la Tabla 1

Constante k	$\lim\limits_{x \to a} k = k$
Constante por una función	$\lim\limits_{x \to a} [k \cdot f(x)] = k \lim\limits_{x \to a} f(x) = kA$
Suma de funciones	$\lim\limits_{x \to a} [f(x) + g(x)] = \lim\limits_{x \to a} f(x) + \lim\limits_{x \to a} g(x) = A + B$
Diferencia de funciones	$\lim\limits_{x \to a} [f(x) - g(x)] = \lim\limits_{x \to a} f(x) - \lim\limits_{x \to a} g(x) = A - B$
Producto de funciones	$\lim\limits_{x \to a} [f(x) \cdot g(x)] = \lim\limits_{x \to a} f(x) \cdot \lim\limits_{x \to a} g(x) = A \cdot B$
Cociente de funciones	$\lim\limits_{x \to a} \frac{f(x)}{g(x)} = \frac{\lim\limits_{x \to a} f(x)}{\lim\limits_{x \to a} g(x)} = \frac{A}{B},\ B \neq 0$
Función elevada a un exponente	$\lim\limits_{x \to a} [f(x)]^n = \left[\lim\limits_{x \to a} f(x)\right]^n = A^n$, donde n es un número entero positivo
raíz *enésima* de una función, donde n es un número entero positivo	$\lim\limits_{x \to a} \sqrt[n]{f(x)} = \sqrt[n]{\lim\limits_{x \to a} [f(x)]} = \sqrt[n]{A}$
Función polinómica	$\lim\limits_{x \to a} p(x) = p(a)$

Tabla 1

EJEMPLO 1

Evaluar el límite de una función de forma algebraica

Evalúe $\lim\limits_{x \to 3} (2x + 5)$.

Solución

$$\begin{aligned}\lim_{x\to 3}(2x+5) &= \lim_{x\to 3}(2x) + \lim_{x\to 3}(5) && \text{Propiedad de la suma de funciones}\\ &= 2\lim_{x\to 3}(x) + \lim_{x\to 3}(5) && \text{Constante por una propiedad de la función}\\ &= 2(3)+5 && \text{Evalúe}\\ &= 11\end{aligned}$$

INTÉNTELO #1 Evalúe el siguiente límite: $\lim_{x\to -12}(-2x+2)$.

Hallar el límite de un polinomio

No todas las funciones o sus límites implican una simple suma, resta o multiplicación. Algunos pueden incluir polinomios. Recordemos que un polinomio es una expresión que consiste en la suma de dos o más términos, cada uno de los cuales está formado por una constante y una variable elevada a una potencia entera no negativa. Para hallar el límite de una función polinómica, podemos encontrar los límites de cada uno de los términos de la función y luego sumarlos. Además, el límite de una función polinómica a medida que x se acerca a a equivale a evaluar simplemente la función para a.

CÓMO

Dada una función que contiene un polinomio, halle su límite.

1. Utilice las propiedades de los límites para descomponer el polinomio en términos individuales.
2. Halle los límites de los términos individuales.
3. Sume los límites.
4. Alternativamente, evalúe la función para a.

EJEMPLO 2

Evaluar el límite de una función de forma algebraica
Evalúe $\lim_{x\to 3}\left(5x^2\right)$.

Solución

$$\begin{aligned}\lim_{x\to 3}(5x^2) &= 5\lim_{x\to 3}(x^2) && \text{Constante por una propiedad de la función}\\ &= 5(3^2) && \text{Función elevada a una propiedad de exponente}\\ &= 45\end{aligned}$$

INTÉNTELO #2 Evalúe $\lim_{x\to 4}(x^3-5)$.

EJEMPLO 3

Evaluar el límite de un polinomio de forma algebraica
Evalúe $\lim_{x\to 5}\left(2x^3-3x+1\right)$.

Solución

$$\begin{aligned}\lim_{x\to 5}(2x^3-3x+1) &= \lim_{x\to 5}(2x^3)-\lim_{x\to 5}(3x)+\lim_{x\to 5}(1) && \text{Suma de funciones}\\ &= 2\lim_{x\to 5}(x^3)-3\lim_{x\to 5}(x)+\lim_{x\to 5}(1) && \text{Constante por una función}\\ &= 2(5^3)-3(5)+1 && \text{Función elevada a un exponente}\\ &= 236 && \text{Evalúe}\end{aligned}$$

> **INTÉNTELO** #3 Evalúe el siguiente límite: $\lim_{x\to -1}\left(x^4-4x^3+5\right)$.

Hallar el límite de una potencia o una raíz

Cuando un límite incluye una potencia o una raíz, necesitamos otra propiedad que nos permita evaluarlo. El cuadrado del límite de una función es igual al límite del cuadrado de la función; lo mismo ocurre con las potencias superiores. Asimismo, la raíz cuadrada del límite de una función es igual al límite de la raíz cuadrada de la función; lo mismo ocurre con las raíces superiores.

EJEMPLO 4

Evaluar el límite de una potencia

Evalúe $\lim_{x\to 2}(3x+1)^5$.

Solución

Tomaremos el límite de la función a medida cuando x se acerca a 2 y elevaremos el resultado a la 5.ª potencia.

$$\begin{aligned}\lim_{x\to 2}(3x+1)^5 &= \left(\lim_{x\to 2}(3x+1)\right)^5\\ &= (3(2)+1)^5\\ &= 7^5\\ &= 16.807\end{aligned}$$

> **INTÉNTELO** #4 Evalúe el siguiente límite: $\lim_{x\to -4}(10x+36)^3$.

PREGUNTAS Y RESPUESTAS

Si no podemos aplicar directamente las propiedades de un límite, por ejemplo en $\lim_{x\to 2}\left(\frac{x^2+6x+8}{x-2}\right)$, ¿podemos aún determinar el límite de la función a medida que x se acerca a a?

Sí. Algunas funciones se pueden reordenar algebraicamente de modo que se pueda evaluar el límite de una forma equivalente simplificada de la función.

Hallar el límite de un cociente

Hallar el límite de una función expresada como cociente puede ser más complicado. A menudo, tenemos que reescribir la función algebraicamente antes de aplicar las propiedades de un límite. Si el denominador se evalúa a 0 cuando aplicamos las propiedades de un límite directamente, debemos reescribir el cociente en una forma diferente. Un enfoque es escribir el cociente en forma factorizada y simplificar.

CÓMO

Dado el límite de una función en forma de cociente, utilice la factorización para evaluarla.

1. Factorice completamente el numerador y el denominador.

2. Simplifique dividiendo los factores comunes al numerador y al denominador.
3. Evalúe el límite resultante, y recuerde utilizar el dominio correcto.

EJEMPLO 5

Evaluar el límite de un cociente mediante factorización

Evalúe $\lim_{x\to 2}\left(\frac{x^2-6x+8}{x-2}\right)$.

Solución

Factorice cuando sea posible, y simplifique.

$$\begin{aligned} \lim_{x\to 2}\left(\frac{x^2-6x+8}{x-2}\right) &= \lim_{x\to 2}\left(\frac{(x-2)(x-4)}{x-2}\right) && \text{Factorice el numerador.} \\ &= \lim_{x\to 2}\left(\frac{\cancel{(x-2)}(x-4)}{\cancel{x-2}}\right) && \text{Anule los factores comunes.} \\ &= \lim_{x\to 2}(x-4) && \text{Evalúe.} \\ &= 2-4=-2 \end{aligned}$$

Análisis

Cuando el límite de una función racional no se puede evaluar directamente, las formas factorizadas del numerador y del denominador se pueden simplificar a un resultado que puede ser evaluado.

Observe que la función

$$f(x)=\frac{x^2-6x+8}{x-2}$$

es equivalente a la función

$$f(x)=x-4, x\neq 2.$$

Observe que el límite existe aunque la función no esté definida en $x=2$.

INTÉNTELO #5 Evalúe el siguiente límite: $\lim_{x\to 7}\left(\frac{x^2-11x+28}{7-x}\right)$.

EJEMPLO 6

Evaluar el límite de un cociente hallando el mínimo común denominador

Evalúe $\lim_{x\to 5}\left(\frac{\frac{1}{x}-\frac{1}{5}}{x-5}\right)$.

Solución

Halle el mínimo común denominador para los denominadores de los dos términos del numerador y convierta ambas fracciones para que tengan el mínimo común denominador como denominador.

$$\lim_{x\to 5}\left(\frac{\frac{1}{x}-\frac{1}{5}}{x-5}\right)=\lim_{x\to 5}\left(\frac{5x\frac{1}{x}-}{5x(x-5)}\right)$$ Multiplique el numerador y el denominador por LCD.

$$=\lim_{x\to 5}\left(\frac{5x\left(\frac{1}{x}\right)-5x\frac{1}{5}}{5x(x-5)}\right)$$ Aplique la propiedad distributiva.

$$=\lim_{x\to 5}\left(\frac{5-x}{5x(x-5)}\right)$$ Simplifique.

$$=\lim_{x\to 5}\left(\frac{-1(x-5)}{5x(x-5)}\right)$$ Factorice el numerador.

$$=\lim_{x\to 5}-\frac{1}{5x}$$ Cancele las fracciones similares.

$$=-\frac{1}{5(5)}$$ Evalúe para $x = 5$.

$$=-\frac{1}{25}$$

Análisis

Cuando se determina el límite de una función racional que tiene términos sumados o restados en el numerador o en el denominador, el primer paso es hallar el denominador común de los términos sumados o restados; luego, convertir ambos términos para que tengan ese denominador o simplificar la función racional multiplicando numerador y denominador por el mínimo común denominador. Luego compruebe si el numerador y el denominador resultantes tienen algún factor común.

INTÉNTELO #6 Evalúe $\lim\limits_{x\to -5}\left(\frac{\frac{1}{5}+\frac{1}{x}}{10+2x}\right)$.

CÓMO

Dado un límite de una función que contiene una raíz, utilice un conjugado para evaluar.

1. Si el cociente dado no está en forma indeterminada $\left(\frac{0}{0}\right)$ evalúe directamente.
2. En caso contrario, reescriba la suma (o diferencia) de dos cocientes como un único cociente, utilizando el mínimo común denominador.
3. Si el numerador incluye una raíz, racionalice el numerador; multiplique el numerador y el denominador por el conjugado del numerador. Recordemos que $a \pm \sqrt{b}$ son conjugados.
4. Simplifique.
5. Evalúe el límite resultante.

EJEMPLO 7

Evaluar un límite que contiene una raíz mediante un conjugado

Evalúe $\lim\limits_{x\to 0}\left(\frac{\sqrt{25-x}-5}{x}\right)$.

Solución

$$\lim_{x\to 0}\left(\frac{\sqrt{25-x}-5}{x}\right) = \lim_{x\to 0}\left(\frac{\left(\sqrt{25-x}-5\right)}{x}\cdot\frac{\left(\sqrt{25-x}+5\right)}{\left(\sqrt{25-x}+5\right)}\right)$$ Multiplique el numerador y el denominador por el conjugado.

$$= \lim_{x\to 0}\left(\frac{(25-x)-25}{x\left(\sqrt{25-x}+5\right)}\right)$$ Multiplique: $\left(\sqrt{25-x}-5\right)\cdot\left(\sqrt{25-x}+5\right) = (25-x)-25.$

$$= \lim_{x\to 0}\left(\frac{-x}{x\left(\sqrt{25-x}+5\right)}\right)$$ Combine términos similares.

$$= \lim_{x\to 0}\left(\frac{-\cancel{x}}{\cancel{x}\left(\sqrt{25-x}+5\right)}\right)$$ Simplifique $\frac{-x}{x} = -1.$

$$= \frac{-1}{\sqrt{25-0}+5}$$ Evalúe.

$$= \frac{-1}{5+5} = -\frac{1}{10}$$

Análisis

Al determinar un **límite** de una función con una raíz como uno de los dos términos en los que no podemos evaluar directamente, piense en multiplicar el numerador y el denominador por el conjugado de los términos.

INTÉNTELO #7 Evalúe el siguiente límite: $\lim_{h\to 0}\left(\frac{\sqrt{16-h}-4}{h}\right)$.

EJEMPLO 8

Evaluar el límite de un cociente de una función mediante factorización

Evalúe $\lim_{x\to 4}\left(\frac{4-x}{\sqrt{x}-2}\right)$.

Solución

$$\lim_{x\to 4}\left(\frac{4-x}{\sqrt{x}-2}\right) = \lim_{x\to 4}\left(\frac{(2+\sqrt{x})(2-\sqrt{x})}{\sqrt{x}-2}\right)$$ Factorice.

$$= \lim_{x\to 4}\left(\frac{(2+\sqrt{x})\cancel{(2-\sqrt{x})}}{-\cancel{(2-\sqrt{x})}}\right)$$ Factorice -1 fuera del denominador. Simplifique.

$$= \lim_{x\to 4} -(2+\sqrt{x})$$ Evalúe.

$$= -(2+\sqrt{4})$$

$$=-4$$

Análisis

Multiplicar por un conjugado ampliaría el numerador; busque en cambio factores en el numerador. El cuatro es un cuadrado perfecto por lo que el numerador tiene la forma

$$a^2 - b^2$$

y se puede factorizar como

$$(a+b)(a-b).$$

INTÉNTELO #8 Evalúe el siguiente límite: $\lim_{x\to 3}\left(\frac{x-3}{\sqrt{x}-\sqrt{3}}\right)$.

CÓMO

Dado un cociente con valores absolutos, evalúe su límite.

1. Intente factorizar o calcular el mínimo común denominador.
2. Si no se puede hallar el **límite**, elija varios valores cercanos y a ambos lados de la entrada donde la función es indefinida.
3. Utilice las pruebas numéricas para calcular los límites de ambos lados.

EJEMPLO 9

Evaluar el límite de un cociente con valores absolutos

Evalúe $\lim_{x\to 7} \frac{|x-7|}{x-7}$.

Solución

La función es indefinida en $x = 7$, así que probaremos valores cercanos a 7 por la izquierda y por la derecha.

Límite por la izquierda: $\frac{|6{,}9-7|}{6{,}9-7} = \frac{|6{,}99-7|}{6{,}99-7} = \frac{|6{,}999-7|}{6{,}999-7} = -1$

Límite por la derecha: $\frac{|7{,}1-7|}{7{,}1-7} = \frac{|7{,}01-7|}{7{,}01-7} = \frac{|7{,}001-7|}{7{,}001-7} = 1$

Como los límites izquierdo y derecho no son iguales, no hay límite.

INTÉNTELO #9 Evalúe $\lim_{x\to 6^+} \frac{6-x}{|x-6|}$.

MEDIA

Acceda al siguiente recurso en línea para obtener instrucciones adicionales y practicar con las propiedades de los límites.

Determinar un límite de forma analítica (http://openstax.org/l/limitanalytic)

12.2 EJERCICIOS DE SECCIÓN

Verbales

1. Dé un ejemplo de un tipo de función f cuyo límite, a medida que x se acerca a a, es $f(a)$.

2. Cuando se utiliza la sustitución directa para evaluar el límite de una función racional a medida que x se acerca a a y el resultado es $f(a) = \frac{0}{0}$, ¿esto significa que el límite de f no existe?

3. ¿Qué significa decir el límite de $f(x)$, a medida que x se acerca a c, es indefinido?

Algebraicos

En los siguientes ejercicios, evalúe los límites algebraicamente.

4. $\lim_{x\to 0} (3)$

5. $\lim_{x\to 2} \left(\frac{-5x}{x^2-1}\right)$

6. $\lim_{x\to 2} \left(\frac{x^2-5x+6}{x+2}\right)$

7. $\lim\limits_{x\to 3}\left(\frac{x^2-9}{x-3}\right)$

8. $\lim\limits_{x\to -1}\left(\frac{x^2-2x-3}{x+1}\right)$

9. $\lim\limits_{x\to \frac{3}{2}}\left(\frac{6x^2-17x+12}{2x-3}\right)$

10. $\lim\limits_{x\to -\frac{7}{2}}\left(\frac{8x^2+18x-35}{2x+7}\right)$

11. $\lim\limits_{x\to 3}\left(\frac{x^2-9}{x-5x+6}\right)$

12. $\lim\limits_{x\to -3}\left(\frac{-7x^4-21x^3}{-12x^4+108x^2}\right)$

13. $\lim\limits_{x\to 3}\left(\frac{x^2+2x-3}{x-3}\right)$

14. $\lim\limits_{h\to 0}\left(\frac{(3+h)^3-27}{h}\right)$

15. $\lim\limits_{h\to 0}\left(\frac{(2-h)^3-8}{h}\right)$

16. $\lim\limits_{h\to 0}\left(\frac{(h+3)^2-9}{h}\right)$

17. $\lim\limits_{h\to 0}\left(\frac{\sqrt{5-h}-\sqrt{5}}{h}\right)$

18. $\lim\limits_{x\to 0}\left(\frac{\sqrt{3-x}-\sqrt{3}}{x}\right)$

19. $\lim\limits_{x\to 9}\left(\frac{x^2-81}{3-\sqrt{x}}\right)$

20. $\lim\limits_{x\to 1}\left(\frac{\sqrt{x}-x^2}{1-\sqrt{x}}\right)$

21. $\lim\limits_{x\to 0}\left(\frac{x}{\sqrt{1+2x}-1}\right)$

22. $\lim\limits_{x\to \frac{1}{2}}\left(\frac{x^2-\frac{1}{4}}{2x-1}\right)$

23. $\lim\limits_{x\to 4}\left(\frac{x^3-64}{x^2-16}\right)$

24. $\lim\limits_{x\to 2^-}\left(\frac{|x-2|}{x-2}\right)$

25. $\lim\limits_{x\to 2^+}\left(\frac{|x-2|}{x-2}\right)$

26. $\lim\limits_{x\to 2}\left(\frac{|x-2|}{x-2}\right)$

27. $\lim\limits_{x\to 4^-}\left(\frac{|x-4|}{4-x}\right)$

28. $\lim\limits_{x\to 4^+}\left(\frac{|x-4|}{4-x}\right)$

29. $\lim\limits_{x\to 4}\left(\frac{|x-4|}{4-x}\right)$

30. $\lim\limits_{x\to 2}\left(\frac{-8+6x-x^2}{x-2}\right)$

Para el siguiente ejercicio, utilice la información dada para evaluar los límites: $\lim\limits_{x\to c} f(x)=3$, $\lim\limits_{x\to c} g(x)=5$.

31. $\lim\limits_{x\to c}\left[\,2f(x)+\sqrt{g(x)}\,\right]$

32. $\lim\limits_{x\to c}\left[\,3f(x)+\sqrt{g(x)}\,\right]$

33. $\lim\limits_{x\to c}\frac{f(x)}{g(x)}$

En los siguientes ejercicios, evalúe los siguientes límites.

34. $\lim\limits_{x\to 2}\cos(\pi x)$

35. $\lim\limits_{x\to 2}\operatorname{sen}(\pi x)$

36. $\lim\limits_{x\to 2}\operatorname{sen}\left(\frac{\pi}{x}\right)$

37. $f(x)=\begin{cases}2x^2+2x+1, & x\le 0\\ x-3, & x>0\end{cases};\ \lim\limits_{x\to 0^+} f(x)$

38. $f(x)=\begin{cases}2x^2+2x+1, & x\le 0\\ x-3, & x>0\end{cases};\ \lim\limits_{x\to 0^-} f(x)$

39. $f(x)=\begin{cases}2x^2+2x+1, & x\le 0\\ x-3, & x>0\end{cases};\ \lim\limits_{x\to 0} f(x)$

40. $\lim\limits_{x\to 4}\frac{\sqrt{x+5}-3}{x-4}$

41. $\lim\limits_{x\to 2^+}(2x-[x])$

42. $\lim\limits_{x\to 2}\frac{\sqrt{x+7}-3}{x^2-x-2}$

43. $\lim\limits_{x\to 3^+}\frac{x^2}{x^2-9}$

En los siguientes ejercicios, calcule la tasa media de cambio $\frac{f(x+h)-f(x)}{h}$.

44. $f(x) = x + 1$

45. $f(x) = 2x^2 - 1$

46. $f(x) = x^2 + 3x + 4$

47. $f(x) = x^2 + 4x - 100$

48. $f(x) = 3x^2 + 1$

49. $f(x) = \cos(x)$

50. $f(x) = 2x^3 - 4x$

51. $f(x) = \frac{1}{x}$

52. $f(x) = \frac{1}{x^2}$

53. $f(x) = \sqrt{x}$

Gráficos

54. Halle una ecuación que se pueda representar por la Figura 3.

55. Halle una ecuación que se pueda representar por la Figura 4.

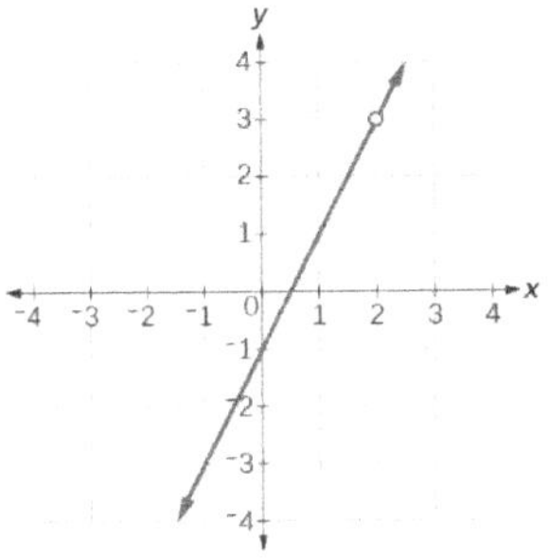

Figura 3

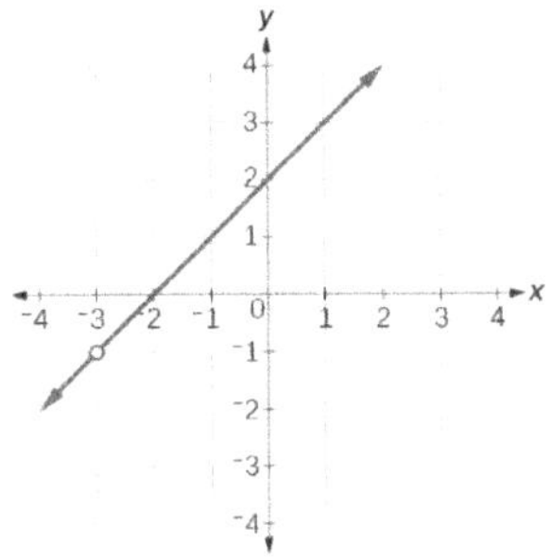

Figura 4

En los siguientes ejercicios, consulte la Figura 5.

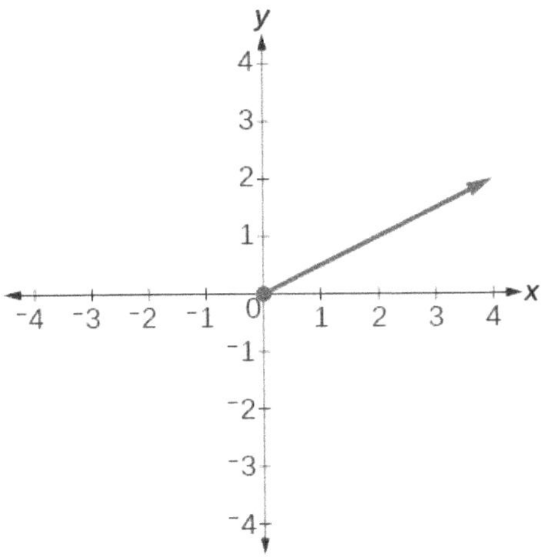

Figura 5

56. ¿Cuál es el límite derecho de la función a medida que x se acerca a 0?

57. ¿Cuál es el límite izquierdo de la función a medida que x se acerca a 0?

Aplicaciones en el mundo real

58. La función de posición $s(t) = -16t^2 + 144t$ da la posición de un proyectil como una función de tiempo. Halle la velocidad media (tasa media de cambio) en el intervalo $[1, 2]$.

59. La altura de un proyectil está dada por $s(t) = -64t^2 + 192t$ Halle la tasa media de cambio de la altura de $t = 1$ segundo a $t = 1,5$ segundos.

60. La cantidad de dinero en una cuenta después de t años calculada continuamente a un interés del 4,25 % está dada por la fórmula $A = A_0 e^{0,0425t}$, donde A_0 es la cantidad inicial invertida. Halle la tasa media de cambio del saldo de la cuenta de $t = 1$ año a $t = 2$ años si la cantidad inicial invertida es de 1.000,00 dólares.

12.3 Continuidad

Objetivos de aprendizaje

En esta sección, podrá:

- Determinar si una función es continua en un número.
- Determinar los números para los cuales una función es discontinua.
- Determinar si una función es continua.

Arizona es conocida por su calor seco. En un día determinado, la temperatura puede subir hasta $118°F$ y bajar solo rápidamente a $95°F$. La Figura 1 muestra la función T, donde la salida de $T(x)$ es la temperatura en grados Fahrenheit y la entrada x es la hora del día, utilizando un reloj de 24 horas en un día determinado de verano.

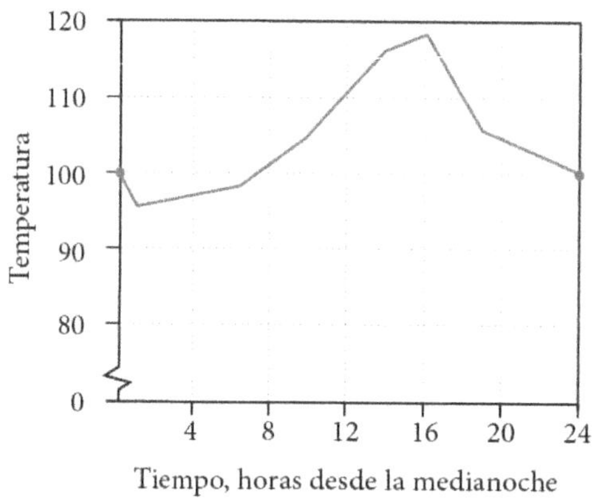

Figura 1 La temperatura como una función de tiempo forma una función continua.

Al analizar este gráfico, observamos una característica específica. No hay interrupciones en el gráfico. Podríamos trazar el gráfico sin levantar el lápiz. Esta única observación nos dice mucho sobre la función. En esta sección investigaremos funciones con y sin interrupciones.

Determinar si una función es continua en un número

Consideremos un ejemplo específico de temperatura en términos de fecha y ubicación, como el 27 de junio de 2013, en Phoenix, AZ. El gráfico en la Figura 1 indica que a las 2 a. m. la temperatura era $96\ °F$. A las 2 p. m., la temperatura había subido a $116\ °F$, y para las 4 p. m. era de $118\ °F$. En algún momento entre las 2 a. m. y las 4 p. m., la temperatura exterior debió ser exactamente $110,5\ °F$. De hecho, cualquier temperatura entre $96\ °F$ y $118\ °F$ se produjo en algún momento de ese día. Esto significa que todos los números reales en la salida entre $96\ °F$ y $118\ °F$ se generan en algún momento por la función según el teorema del valor intermedio,

Mire de nuevo la Figura 1. No hay interrupciones en el gráfico de la función para este periodo de 24 horas. En ningún momento la temperatura dejó de existir, ni hubo un punto en el que la temperatura saltara instantáneamente varios grados. Una función que no tiene agujeros ni interrupciones en su gráfico se conoce como **función continua**. La temperatura en función del tiempo es un ejemplo de función continua.

Si la temperatura representa una función continua, ¿qué tipo de función no sería continua? Consideremos un ejemplo de dólares expresados como función de horas de estacionamiento. Vamos a crear la función D, donde $D(x)$ es el resultado que representa el costo en dólares del estacionamiento por x número de horas. Vea la Figura 2.

Supongamos que un estacionamiento tiene una tarifa de 4,00 dólares por hora o fracción de hora, con una tarifa máxima de 25 dólares por día. Si se estaciona durante dos horas y cinco minutos, la tarifa es de 12 dólares. Si se aparca una hora más, la tarifa es de 16 dólares. Nunca nos pueden cobrar 13, 14 o 15 dólares. Hay números reales entre el 12 y el 16 que la función nunca produce. En este periodo de 24 horas, el gráfico de la función presenta interrupciones, puntos en los cuales el precio del estacionamiento salta instantáneamente en varios dólares.

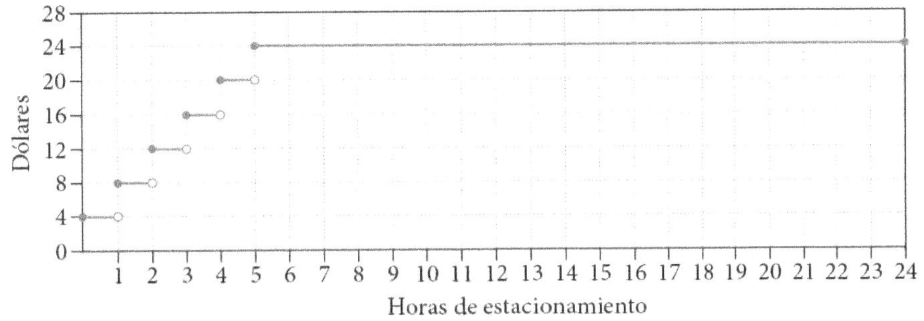

Figura 2 Las tarifas de estacionamiento forman una función discontinua.

Una función que permanece nivelada durante un intervalo y luego salta instantáneamente a un valor superior se llama función escalonada. Esta función es un ejemplo.

Una función que tiene algún agujero o interrupción en su gráfico se conoce como **función discontinua**. La función escalonada, como las tarifas de estacionamiento en función de las horas utilizadas, es un ejemplo de función discontinua.

Entonces, ¿cómo podemos decidir si una función es continua en un número determinado? Podemos comprobar tres condiciones diferentes. Utilicemos la función $y = f(x)$ representada en la Figura 3 como ejemplo.

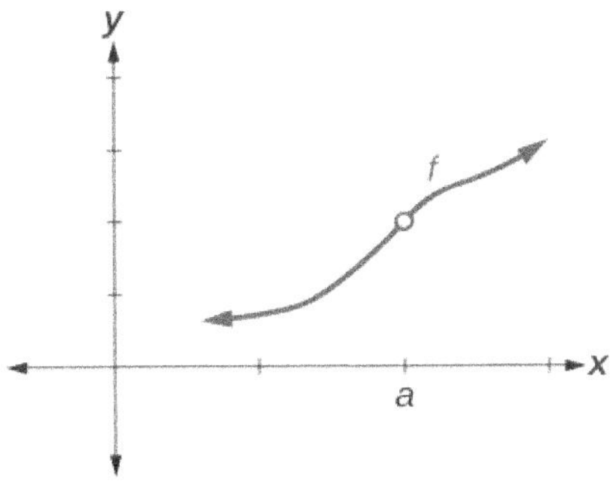

Figura 3

Condición 1 Según la condición 1, la función $f(a)$ definida en $x = a$ debe existir. En otras palabras, hay una coordenada *y* en $x = a$ como en la Figura 4.

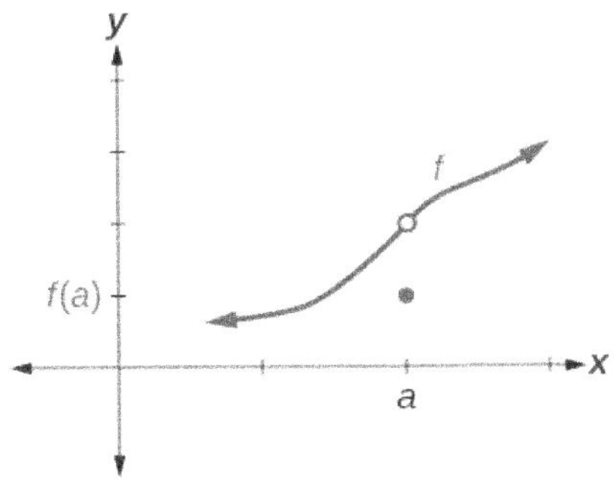

Figura 4

Condición 2 Según la condición 2, en $x = a$ el límite, escrito $\lim_{x \to a} f(x)$, debe existir. Esto significa que en $x = a$ el límite izquierdo debe ser igual al límite derecho. Observe como el gráfico de f en la Figura 3 se acerca a $x = a$ desde la izquierda y la derecha, se acerca a la misma coordenada y. Por lo tanto, se cumple la condición 2. Sin embargo, todavía podría existir un agujero en el gráfico en $x = a$.

Condición 3 Según la condición 3, la coordenada y coordenadas en $x = a$ rellena el agujero en el gráfico de f. Esto se escribe $\lim_{x \to a} f(x) = f(a)$.

El cumplimiento de las tres condiciones significa que la función es continua. Las tres condiciones se cumplen para la función representada en la Figura 5, por lo que la función es continua, ya que $x = a$.

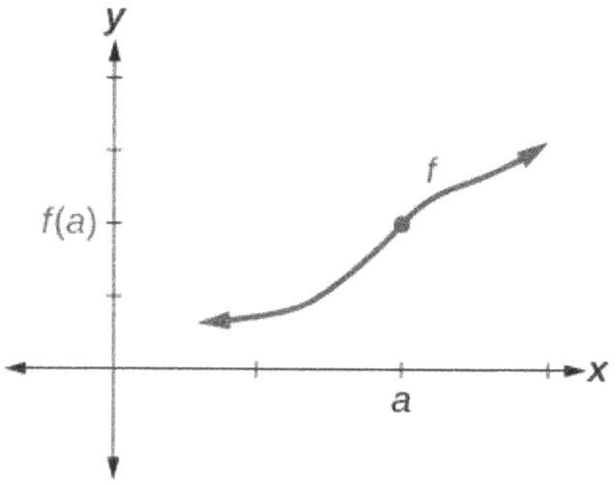

Figura 5 Se cumplen las tres condiciones. La función es continua en $x = a$.

De la Figura 6 a la Figura 9 se ofrecen varios ejemplos de gráficos de funciones que no son continuas en $x = a$ y la condición o condiciones que fallan.

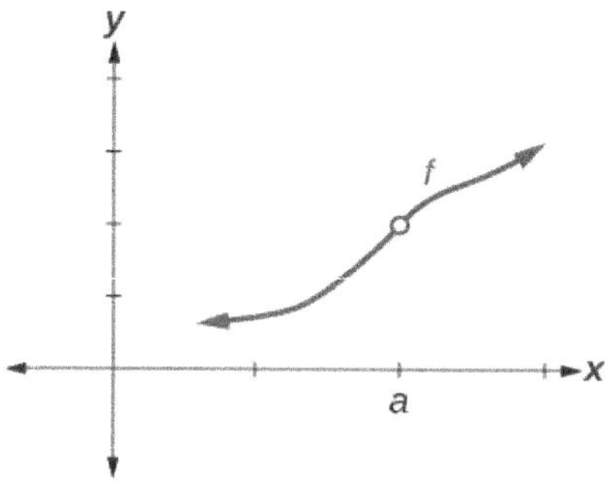

Figura 6 Se cumple la condición 2. Las condiciones 1 y 3 fallan.

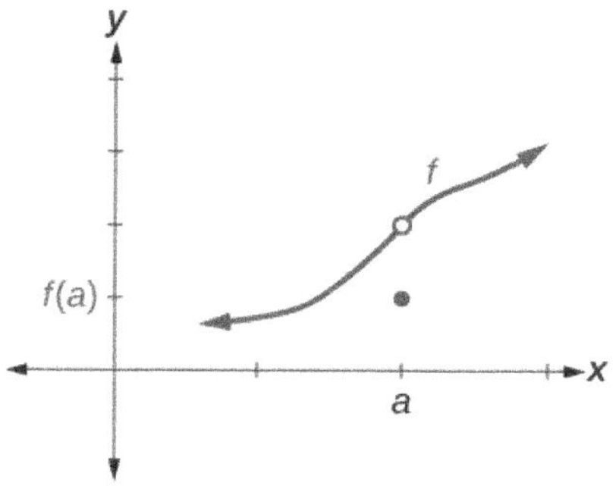

Figura 7 Se cumplen las condiciones 1 y 2. La condición 3 falla.

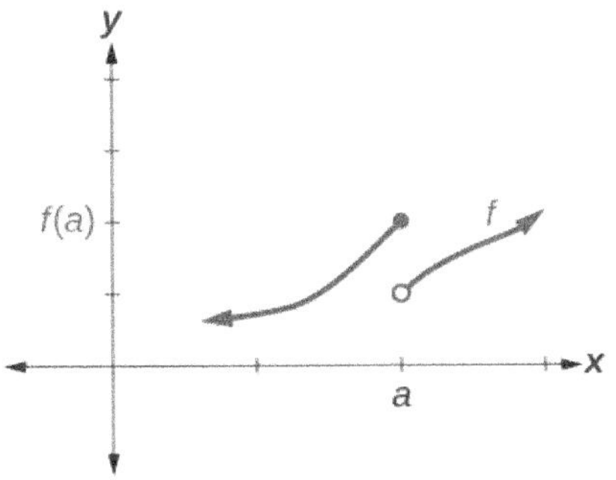

Figura 8 Se cumple la condición 1. Las condiciones 2 y 3 fallan.

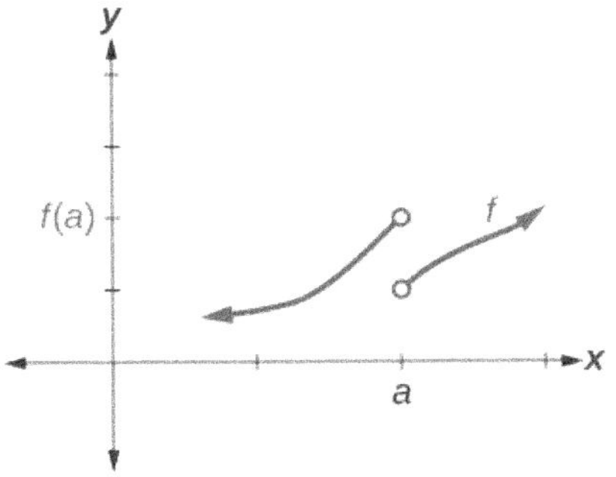

Figura 9 Las condiciones 1, 2 y 3 fallan.

Definición de continuidad

Una función $f(x)$ es **continua** en $x = a$ siempre que se cumplan las tres condiciones siguientes:

- Condición 1: $f(a)$.
- Condición 2: $\lim\limits_{x \to a} f(x)$ existe en $x = a$.
- Condición 3: $\lim\limits_{x \to a} f(x) = f(a)$

Si una función $f(x)$ no es continua en $x = a$, la función es **discontinua** en $x = a$.

Identificar una discontinuidad de salto

La discontinuidad se genera de diferentes maneras. Hemos visto en la sección anterior que una función puede tener un límite izquierdo y un límite derecho aunque no sean iguales. Si los límites por la izquierda y por la derecha existen pero son diferentes, el gráfico "salta" en $x = a$. Se dice que la función tiene una discontinuidad de salto.

Como ejemplo, mire el gráfico de la función $y = f(x)$ en la Figura 10. Observe como x se acerca a a cómo la salida se acerca a diferentes valores desde la izquierda y desde la derecha.

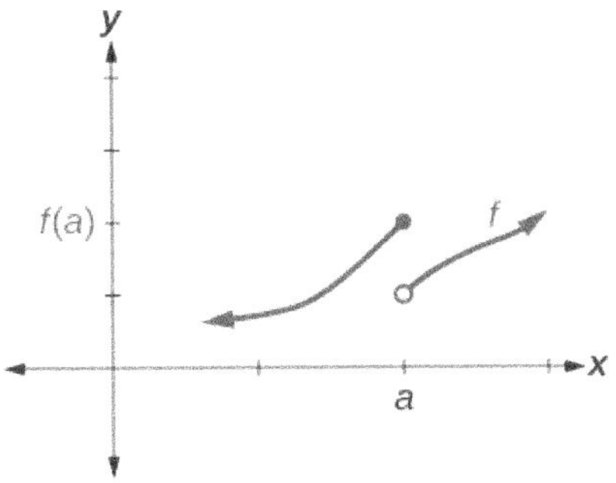

Figura 10 Gráfico de una función con una discontinuidad de salto.

Discontinuidad de salto

Una función $f(x)$ tiene una **discontinuidad de salto** en $x = a$ si los límites izquierdo y derecho existen pero no son iguales: $\lim_{x \to a^-} f(x) \neq \lim_{x \to a^+} f(x)$.

Identificar discontinuidad removible

Algunas funciones tienen una discontinuidad, pero es posible redefinir la función en ese punto para hacerla continua. Se dice que este tipo de función tiene una discontinuidad removible. Veamos la función $y = f(x)$ representada por el gráfico en la Figura 11. La función tiene un límite. Sin embargo, hay un agujero en $x = a$. El agujero se puede rellenar si se amplía el dominio para incluir la entrada $x = a$ y se define la salida correspondiente de la función en ese valor como el límite de la función en $x = a$.

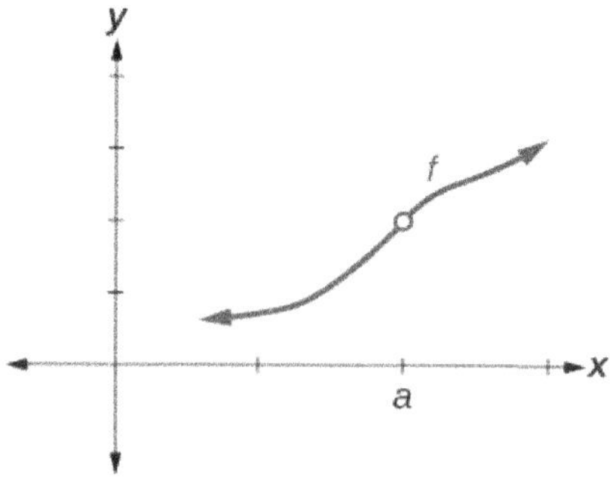

Figura 11 Gráfico de la función f con una discontinuidad removible en $x = a$.

Discontinuidad removible

Una función $f(x)$ tiene una **discontinuidad removible** en $x = a$ si el límite, $\lim_{x \to a} f(x)$, existe, pero ya sea que

1. $f(a)$ no existe *o*
2. $f(a)$, el valor de la función en $x = a$ no es igual al límite, $f(a) \neq \lim_{x \to a} f(x)$.

EJEMPLO 1

Identificar discontinuidades

Identifique todas las discontinuidades de las siguientes funciones como un salto o una discontinuidad removible.

Ⓐ $f(x) = \frac{x^2-2x-15}{x-5}$ Ⓑ $g(x) = \begin{cases} x+1, & x < 2 \\ -x, & x \geq 2 \end{cases}$

Solución

Ⓐ

Observe que la función está definida en todas partes excepto en $x = 5$.

Así, $f(5)$ no existe, la condición 2 no se cumple. Dado que se cumple la condición 1, el límite cuando x se acerca a 5 es 8, y la condición 2 no se cumple. Esto significa que hay una discontinuidad removible en $x = 5$.

Ⓑ
La condición 2 se cumple porque $g(2) = -2$.

Observe que la función es una función definida por partes, y para cada parte, la función está definida en todas partes de su dominio. Examinemos la condición 1 determinando los límites por la izquierda y por la derecha cuando x se acerca a 2.

Límite por la izquierda: $\lim\limits_{x \to 2^-} (x + 1) = 2 + 1 = 3$. El límite izquierdo existe.

Límite por la derecha: $\lim\limits_{x \to 2^+} (-x) = -2$. El límite derecho existe. Pero

$$\lim_{x \to 2^-} f(x) \neq \lim_{x \to 2^+} f(x).$$

Así que, $\lim\limits_{x \to 2} f(x)$ no existe y la condición 2 falla: No hay ninguna discontinuidad removible. Sin embargo, como los límites izquierdo y derecho existen pero no son iguales, se cumplen las condiciones para una discontinuidad de salto en $x = 2$.

INTÉNTELO #1 Identifique todas las discontinuidades de las siguientes funciones como un salto o una discontinuidad removible.

Ⓐ $f(x) = \frac{x^2 - 6x}{x - 6}$ Ⓑ $g(x) = \begin{cases} \sqrt{x}, & 0 \leq x < 4 \\ 2x, & x \geq 4 \end{cases}$

Reconocer funciones continuas y discontinuas de números reales

Muchas de las funciones que hemos encontrado en capítulos anteriores son continuas en todas partes. Nunca tienen un agujero y nunca saltan de un valor a otro. Para todas estas funciones, el límite de $f(x)$ cuando x se acerca a a es el mismo que el valor de $f(x)$ cuando $x = a$. Así que $\lim\limits_{x \to a} f(x) = f(a)$. Hay algunas funciones que son continuas en todas partes y otras que solo son continuas donde están definidas en su dominio porque no están definidas para todos los números reales.

Ejemplos de funciones continuas

Las siguientes funciones son continuas en todas partes:

Funciones polinómicas	Ej.: $f(x) = x^4 - 9x^2$
Funciones exponenciales	Ej.: $f(x) = 4^{x+2} - 5$
Funciones de seno	Ej.: $f(x) = \operatorname{sen}(2x) - 4$
Funciones de coseno	Ej.: $f(x) = -\cos\left(x + \frac{\pi}{3}\right)$

Tabla 1

Las siguientes funciones son continuas en todos los lugares en los que están definidas en su dominio:

Funciones logarítmicas	Ej.: $f(x) = 2\ln(x),\ x > 0$
Funciones tangentes	Ej.: $f(x) = \tan(x) + 2,\ x \neq \frac{\pi}{2} + k\pi,\ k$ es un número entero
Funciones racionales	Ej.: $f(x) = \frac{x^2-25}{x-7},\ x \neq 7$

Tabla 2

CÓMO

Dada una función $f(x)$, determine si la función es continua en $x = a$.

1. Compruebe la condición 1: $f(a)$.
2. Compruebe la condición 2: $\lim\limits_{x\to a} f(x)$ existe en $x = a$.
3. Compruebe la condición 3: $\lim\limits_{x\to a} f(x) = f(a)$.
4. Si se cumplen las tres condiciones, la función es continua en $x = a$. Si no se cumple alguna de las condiciones, la función no es continua en $x = a$.

EJEMPLO 2

Determinar si una función definida por partes es continua en un número dado

Determine si la función $f(x) = \begin{cases} 4x, & x \leq 3 \\ 8 + x, & x > 3 \end{cases}$ es continua en

Ⓐ $x = 3$ Ⓑ $x = \frac{8}{3}$

Solución

Para determinar si la función f es continua en $x = a$, determinaremos si se cumplen las tres condiciones de continuidad en $x = a$.

Ⓐ

Condición 1: ¿Existe $f(a)$?

$$f(3) = 4(3) = 12$$
$$\Rightarrow \text{Se cumple la condición 1.}$$

Condición 2: ¿Existe el $\lim\limits_{x\to 3} f(x)$?

A la izquierda de $x = 3$, $f(x) = 4x$; a la derecha de $x = 3$, $f(x) = 8 + x$. Tenemos que evaluar los límites por la izquierda y por la derecha cuando x se acerca a 1.

- Límite por la izquierda: $\lim\limits_{x\to 3^-} f(x) = \lim\limits_{x\to 3^-} 4(3) = 12$
- Límite por la derecha: $\lim\limits_{x\to 3^+} f(x) = \lim\limits_{x\to 3^+} (8 + x) = 8 + 3 = 11$

Dado que $\lim\limits_{x\to 3^-} f(x) \neq \lim\limits_{x\to 3^+} f(x)$, $\lim\limits_{x\to 3} f(x)$ no existe.

$$\Rightarrow \text{La condición 2 no se cumple.}$$

No es necesario seguir adelante. La condición 2 no se cumple en $x = 3$. Si alguna de las condiciones de continuidad no se cumple en $x = 3$, la función $f(x)$ no es continua en $x = 3$.

Ⓑ
$x = \frac{8}{3}$

Condición 1: ¿Existe $f\left(\frac{8}{3}\right)$?

$$f\left(\frac{8}{3}\right) = 4\left(\frac{8}{3}\right) = \frac{32}{3}$$
$$\Rightarrow \text{Se cumple la condición 1.}$$

Condición 2: ¿Existe el $\lim\limits_{x \to \frac{8}{3}} f(x)$?

A la izquierda de $x = \frac{8}{3}$, $f(x) = 4x$; a la derecha de $x = \frac{8}{3}$, $f(x) = 8 + x$. Tenemos que evaluar los límites por la izquierda y por la derecha cuando x se acerca a $\frac{8}{3}$.

- Límite por la izquierda: $\lim\limits_{x \to \frac{8}{3}^-} f(x) = \lim\limits_{x \to \frac{8}{3}^-} 4\left(\frac{8}{3}\right) = \frac{32}{3}$
- Límite por la derecha: $\lim\limits_{x \to \frac{8}{3}^+} f(x) = \lim\limits_{x \to \frac{8}{3}^+} (8 + x) = 8 + \frac{8}{3} = \frac{32}{3}$

Dado que $\lim\limits_{x \to \frac{8}{3}} f(x)$ existe,

$$\Rightarrow \text{Se cumple la condición 2.}$$

Condición 3: ¿Es $f\left(\frac{8}{3}\right) = \lim\limits_{x \to \frac{8}{3}} f(x)$?

$$f\left(\frac{32}{3}\right) = \frac{32}{3} = \lim_{x \to \frac{8}{3}} f(x)$$
$$\Rightarrow \text{Se cumple la condición 3.}$$

Dado que se cumplen las tres condiciones de continuidad en $x = \frac{8}{3}$, la función $f(x)$ es continua en $x = \frac{8}{3}$.

INTÉNTELO #2 Determine si la función $f(x) = \begin{cases} \frac{1}{x}, & x \leq 2 \\ 9x - 11{,}5, & x > 2 \end{cases}$ es continua en $x = 2$.

EJEMPLO 3

Determinar si una función racional es continua en un número dado

Determine si la función $f(x) = \frac{x^2 - 25}{x - 5}$ es continua en $x = 5$.

Solución

Para determinar si la función f es continua en $x = 5$, determinaremos si se cumplen las tres condiciones de continuidad en $x = 5$.

Condición 1:

$$f(5) \text{ no existe.}$$
$$\Rightarrow \text{La condición 1 no se cumple.}$$

No es necesario seguir adelante. La condición 2 no se cumple en $x = 5$. Si alguna de las condiciones de continuidad no se cumple en $x = 5$, la función f no es continua en $x = 5$.

Análisis

Vea la Figura 12. Observe que para la condición 2 tenemos

$$\begin{aligned}\lim_{x\to 5}\frac{x^2-25}{x-5} &= \lim_{x\to 3}\frac{\cancel{(x-5)}(x+5)}{\cancel{x-5}}\\ &= \lim_{x\to 5}(x+5)\\ &= 5+5=10\\ &\Rightarrow \text{Se cumple la condición 2.}\end{aligned}$$

A $x = 5$, existe una discontinuidad removible. Vea la Figura 12.

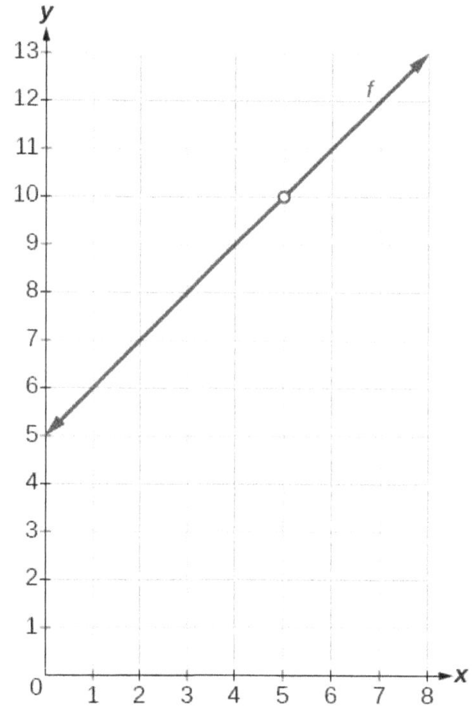

Figura 12

INTÉNTELO #3 Determine si la función $f(x) = \frac{9-x^2}{x^2-3x}$ es continua en $x = 3$. En caso contrario, indique el tipo de discontinuidad.

Determinar los valores de entrada para los cuales una función es discontinua

Ahora que podemos identificar funciones continuas, discontinuidades de salto y discontinuidades removibles veremos funciones más complejas para hallar discontinuidades. Aquí analizaremos una función definida por partes para determinar si existe algún número real en el que la función no sea continua. Una **función definida por partes** puede tener discontinuidades en los puntos límite de la función, así como dentro de las funciones que la componen.

Para determinar los números reales para los que una función definida por partes compuesta por funciones polinómicas no es continua, recordemos que las propias funciones polinómicas son continuas en el conjunto de los números reales. Cualquier discontinuidad estaría en los puntos límite. Por lo tanto, tenemos que explorar las tres condiciones de continuidad en los puntos límite de la función definida por partes.

CÓMO

Dada una función definida por partes, determinar si es continua en los puntos límite.

1. Para cada punto límite a de la función definida por partes, determine los límites izquierdo y derecho cuando x se acerca a a, así como el valor de la función en a.

2. Compruebe cada condición para cada valor para determinar si se cumplen las tres condiciones.
3. Determine si cada valor satisface la condición 1: $f(a)$.
4. Determine si cada valor satisface la condición 2: $\lim_{x \to a} f(x)$.
5. Determine si cada valor satisface la condición 3: $\lim_{x \to a} f(x) = f(a)$.
6. Si se cumplen las tres condiciones, la función es continua en $x = a$. Si falla alguna de las condiciones, la función no es continua en $x = a$.

EJEMPLO 4

Determinar los valores de entrada para los cuales una función definida por partes es discontinua

Determine si la función f es discontinua para cualquier número real.

$$f(x) = \begin{cases} x + 1, & x < 2 \\ 3, & 2 \le x < 4 \\ x^2 - 11, & x \ge 4 \end{cases}$$

Solución

La función definida por partes está definida por tres funciones, todas ellas polinómicas, $f(x) = x + 1$ sobre $x < 2$, $f(x) = 3$ sobre $2 \le x < 4$, y $f(x) = x^2 - 5$ sobre $x \ge 4$. Las funciones polinómicas son continuas en todas partes. Las discontinuidades estarían en los puntos límite, $x = 2$ y $x = 4$.

A $x = 2$, comprobemos las tres condiciones de continuidad.

Condición 1:

$$f(2) = 3$$
$$\Rightarrow \text{Se cumple la condición 1.}$$

Condición 2: Dado que una función diferente define la salida a la izquierda y a la derecha de $x = 2$, $\lim_{x \to 2^-} f(x) = \lim_{x \to 2^+} f(x)$?

- Límite por la izquierda: $\lim_{x \to 2^-} f(x) = \lim_{x \to 2^-} (x + 1) = 2 + 1 = 3$
- Límite por la derecha: $\lim_{x \to 2^+} f(x) = \lim_{x \to 2^+} 3 = 3$

Dado que $3 = 3$, $\lim_{x \to 2^-} f(x) = \lim_{x \to 2^+} f(x)$

$$\Rightarrow \text{Se cumple la condición 2.}$$

Condición 3:

$$\lim_{x \to 2} f(x) = 3 = f(2)$$
$$\Rightarrow \text{Se cumple la condición 3.}$$

Dado que las tres condiciones se cumplen en $x = 2$, la función $f(x)$ es continua en $x = 2$.

A $x = 4$, comprobemos las tres condiciones de continuidad.

Condición 2: Dado que una función diferente define la salida a la izquierda y a la derecha de $x = 4$, $\lim_{x \to 4^-} f(x) = \lim_{x \to 4^+} f(x)$?

- Límite por la izquierda: $\lim_{x \to 4^-} f(x) = \lim_{x \to 4^-} 3 = 3$
- Límite por la derecha: $\lim_{x \to 4^+} f(x) = \lim_{x \to 4^+} \left(x^2 - 11\right) = 4^2 - 11 = 5$

Dado que $3 \ne 5$, $\lim_{x \to 4^-} f(x) \ne \lim_{x \to 4^+} f(x)$, por lo que $\lim_{x \to 4} f(x)$ no existe.

$$\Rightarrow \text{La condición 2 no se cumple.}$$

Dado que una de las tres condiciones no se cumple en $x = 4$, la función $f(x)$ es discontinuo en $x = 4$.

Análisis

Vea la Figura 13. A $x = 4$, existe una discontinuidad de salto. Observe que la función es continua en $x = 2$.

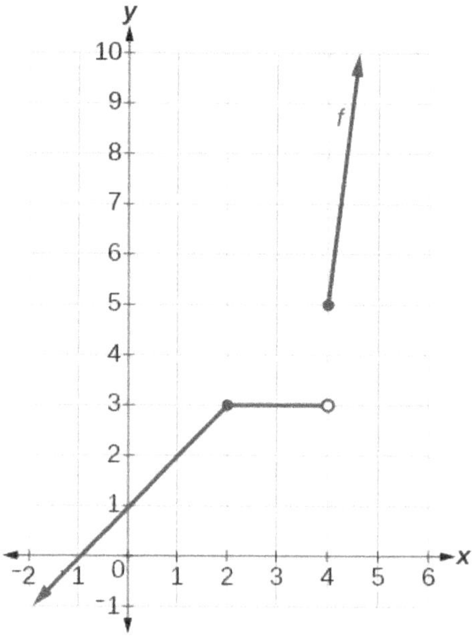

Figura 13 El gráfico es continuo en $x = 2$ pero muestra una discontinuidad de salto en $x = 4$.

INTÉNTELO #4 Determine dónde la función $f(x) = \begin{cases} \frac{\pi x}{4}, & x < 2 \\ \frac{\pi}{x}, & 2 \leq x \leq 6 \\ 2\pi x, & x > 6 \end{cases}$ es discontinua.

Cómo determinar si una función es continua

Para determinar si una función definida por partes es continua o discontinua, además de comprobar los puntos límite, debemos comprobar si cada una de las funciones que componen la función definida por partes es continua.

CÓMO

Dada una función definida por partes, determine si es continua.

1. Determine si cada función componente de la función definida por partes es continua. Si hay discontinuidades, ¿se producen dentro del dominio donde se aplica esa función componente?
2. Para cada punto límite $x = a$ de la función definida por partes, determine si se cumple cada una de las tres condiciones.

EJEMPLO 5

Determinar si una función definida por partes es continua

Determine si la siguiente función es continua. Si no es así, indique la ubicación y el tipo de cada discontinuidad.

$$f(x) = \begin{cases} \text{sen}(x), & x < 0 \\ x^3, & x > 0 \end{cases}$$

Solución

Las dos funciones que componen esta función definida por partes son $f(x) = \text{sen}(x)$ sobre $x < 0$ y $f(x) = x^3$ sobre

$x > 0$. La función de seno y todas las funciones polinómicas son continuas en todas partes. Cualquier discontinuidad se produciría en el punto límite,

A $x = 0$, comprobemos las tres condiciones de continuidad.

Condición 1:

$$f(0) \text{ no existe.}$$
$$\Rightarrow \text{La condición 1 no se cumple.}$$

Dado que las tres condiciones no se cumplen en $x = 0$, la función $f(x)$ es discontinuo en $x = 0$.

Análisis

Vea la Figura 14. Existe una discontinuidad removible en $x = 0$; $\lim\limits_{x\to 0} f(x) = 0$, por lo tanto el límite existe y es finito, pero $f(a)$ no existe.

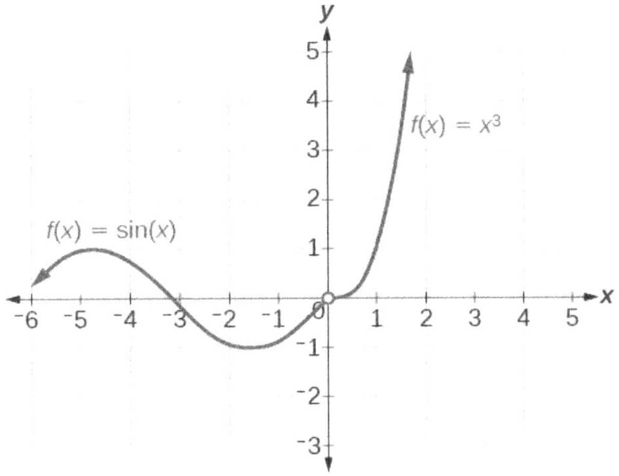

Figura 14 La función tiene una discontinuidad removible en 0.

MEDIA

Acceda a estos recursos en línea para obtener instrucción adicional y practicar con continuidad.

Continuidad en un punto (http://openstax.org/l/continuitypoint)
Continuidad en un punto: Comprobación de conceptos (http://openstax.org/l/contconcept)

12.3 EJERCICIOS DE SECCIÓN

Verbales

1. Indique con sus propias palabras lo que significa para una función f ser continua en $x = c$.

2. Indique con sus propias palabras lo que significa que una función sea continua en el intervalo (a, b).

Algebraicos

En los siguientes ejercicios, determine por qué la función f es discontinua en un punto determinado a en el gráfico. Indique cuál condición falla.

3. $f(x) = \ln \mid x + 3 \mid, a = -3$

4. $f(x) = \ln \left| 5x - 2 \right|, a = \frac{2}{5}$

5. $f(x) = \frac{x^2-16}{x+4}, a = -4$

6. $f(x) = \frac{x^2-16x}{x}, a = 0$

7. $f(x) = \begin{cases} x, & x \neq 3 \\ 2x, & x = 3 \end{cases} a = 3$

8. $f(x) = \begin{cases} 5, & x \neq 0 \\ 3, & x = 0 \end{cases} \quad a = 0$

9. $f(x) = \begin{cases} \frac{1}{2-x}, & x \neq 2 \\ 3, & x = 2 \end{cases} \quad a = 2$

10. $f(x) = \begin{cases} \frac{1}{x+6}, & x = -6 \\ x^2, & x \neq -6 \end{cases} \quad a = -6$

11. $f(x) = \begin{cases} 3 + x, & x < 1 \\ x, & x = 1 \\ x^2, & x > 1 \end{cases} \quad a = 1$

12. $f(x) = \begin{cases} 3 - x, & x < 1 \\ x, & x = 1 \\ 2x^2, & x > 1 \end{cases} \quad a = 1$

13. $f(x) = \begin{cases} 3 + 2x, & x < 1 \\ x, & x = 1 \\ -x^2, & x > 1 \end{cases} \quad a = 1$

14. $f(x) = \begin{cases} x^2, & x < -2 \\ 2x + 1, & x = -2 \\ x^3, & x > -2 \end{cases} \quad a = -2$

15. $f(x) = \begin{cases} \frac{x^2-9}{x+3}, & x < -3 \\ x - 9, & x = -3 \\ \frac{1}{x}, & x > -3 \end{cases} \quad a = -3$

16. $f(x) = \begin{cases} \frac{x^2-9}{x+3}, & x < -3 \\ x - 9, & x = -3 \\ -6, & x > -3 \end{cases} \quad a = 3$

17. $f(x) = \frac{x^2-4}{x-2}, \quad a = 2$

18. $f(x) = \frac{25-x^2}{x^2-10x+25}, \quad a = 5$

19. $f(x) = \frac{x^3-9x}{x^2+11x+24}, \quad a = -3$

20. $f(x) = \frac{x^3-27}{x^2-3x}, \quad a = 3$

21. $f(x) = \frac{x}{|x|}, \quad a = 0$

22. $f(x) = \frac{2|x+2|}{x+2}, \quad a = -2$

En los siguientes ejercicios, determine si la función dada f es continua en todas partes. Si es continua en todos los lugares en los que está definida, indique para qué rango es continua. Si es discontinua, indique dónde lo es.

23. $f(x) = x^3 - 2x - 15$

24. $f(x) = \frac{x^2-2x-15}{x-5}$

25. $f(x) = 2 \cdot 3^{x+4}$

26. $f(x) = \text{-sen}(3x)$

27. $f(x) = \frac{|x-2|}{x^2-2x}$

28. $f(x) = \tan(x) + 2$

29. $f(x) = 2x + \frac{5}{x}$

30. $f(x) = \log_2(x)$

31. $f(x) = \ln \ x^2$

32. $f(x) = e^{2x}$

33. $f(x) = \sqrt{x - 4}$

34. $f(x) = \sec(x) - 3.$

35. $f(x) = x^2 + \text{sen}(x)$

36. Determine los valores de b y c de manera tal que la siguiente función sea continua en toda la línea de los números reales.

$$f(x) = \begin{cases} x + 1, & 1 < x < 3 \\ x^2 + bx + c, & |x - 2| \geq 1 \end{cases}$$

Gráficos

En los siguientes ejercicios, consulte la Figura 15. Cada cuadrado representa una unidad cuadrada. Para cada valor de a, determine cuáles de las tres condiciones de continuidad se cumplen en $x = a$ y cuáles no.

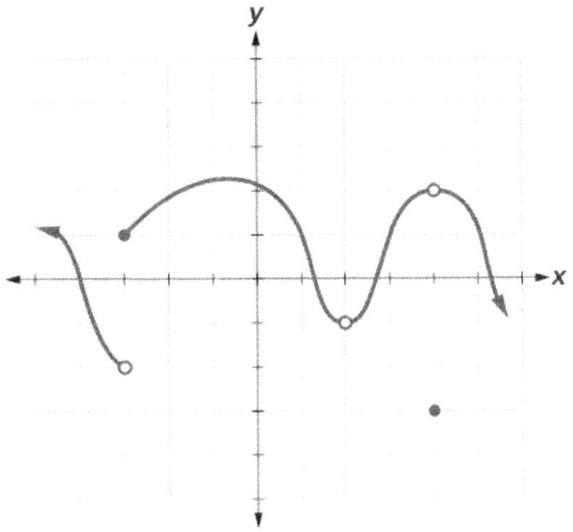

Figura 15

37. $x = -3$

38. $x = 2$

39. $x = 4$

En los siguientes ejercicios, utilice una herramienta gráfica para graficar la función $f(x) = \text{sen}\left(\frac{12\pi}{x}\right)$ como en la Figura 16. Coloque el eje x a una corta distancia antes y después de 0 para ilustrar el punto de discontinuidad.

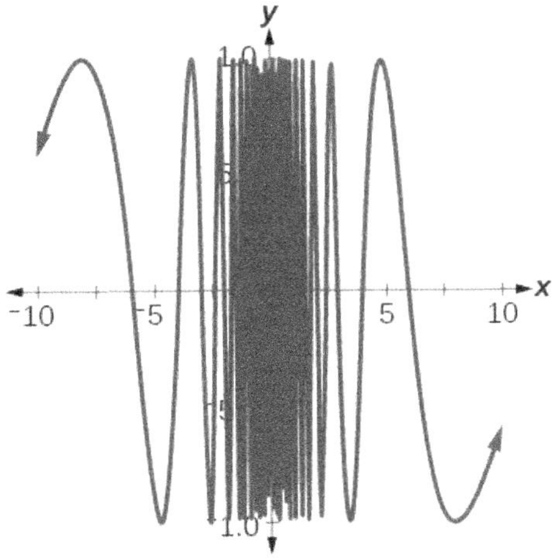

Figura 16

40. ¿Cuáles condiciones de continuidad fallan en el punto de discontinuidad?

41. Evalúe $f(0)$.

42. Resuelva para x si $f(x) = 0$.

43. ¿Cuál es el dominio de $f(x)$?

En los siguientes ejercicios, considere la función mostrada en la Figura 17.

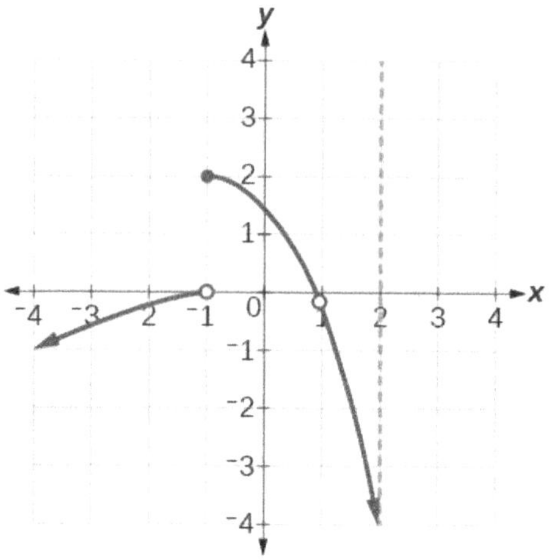

Figura 17

44. ¿En qué coordenadas *x* es discontinua la función?

45. ¿Qué condición de continuidad se viola en estos puntos?

46. Considere la función mostrada en la Figura 18. ¿En qué coordenadas *x* es discontinua la función? ¿Cuáles condiciones de continuidad se han violado?

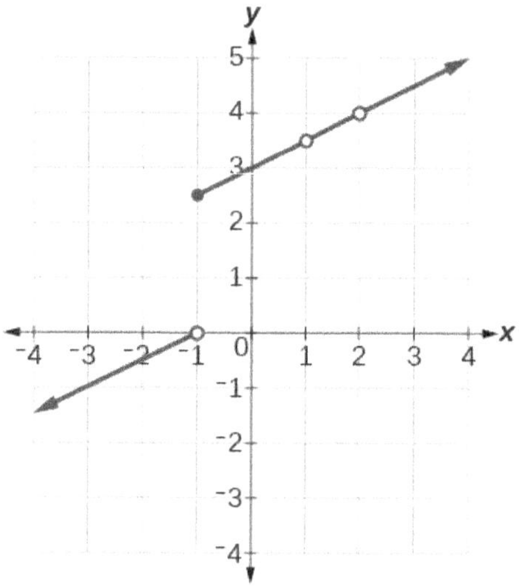

Figura 18

47. Construya una función que pase por el origen con una pendiente constante de 1, con discontinuidades removibles en $x = -7$ y $x = 1$.

48. La función $f(x) = \frac{x^3-1}{x-1}$ se representa gráficamente en la Figura 19. Parece ser continua en el intervalo $[-3, 3]$, pero hay un valor x en ese intervalo en el cual la función es discontinua. Determine el valor de la x en el que la función es discontinua, y explique la dificultad de utilizar la tecnología al considerar la continuidad de una función al examinar su gráfico.

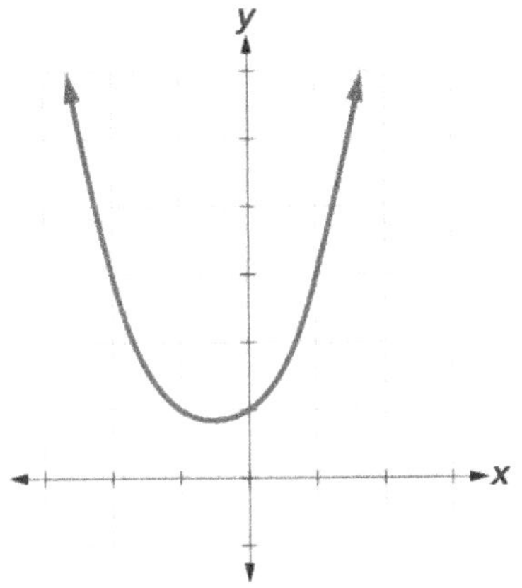

Figura 19

49. Calcule el límite $\lim_{x \to 1} f(x)$ y determine si la siguiente función es continua en $x = 1$:

$$fx = \begin{cases} x^2 + 4 & x \neq 1 \\ 2 & x = 1 \end{cases}$$

50. El gráfico de $f(x) = \frac{\text{sen}(2x)}{x}$ se muestra en la Figura 20. ¿La función $f(x)$ continua en $x = 0$? ¿Por qué sí o por qué no?

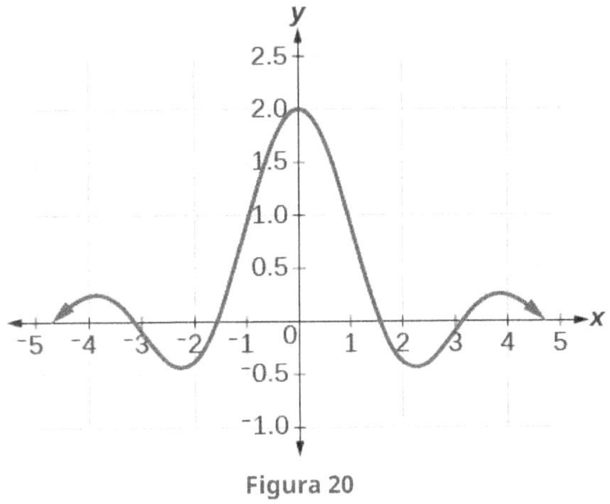

Figura 20

12.4 Derivadas

Objetivos de aprendizaje

En esta sección, podrá:

- Calcular la derivada de una función.
- Calcular tasas instantáneas de cambio.
- Hallar la ecuación de la línea tangente al gráfico de una función en un punto.
- Hallar la velocidad instantánea de una partícula.

El uso de los dispositivos y los medios de comunicación cambia a ritmos diferentes según los grupos de personas. Las empresas de comunicación y tecnología, los comercializadores, los educadores y sus defensores mantienen una estrecha vigilancia sobre las tendencias y preferencias. Según datos del Pew Research Center, la posesión de teléfonos inteligentes por parte de los *millennials* solo aumentó un 1 % de 2018 a 2019 (del 92 % al 93 %). No obstante, en el caso de los mayores de 74 años, el número pasó del 30 % al 40 % en el mismo periodo.

Las tendencias de propiedad y uso de otros dispositivos pueden ir en direcciones diferentes según la generación. De 2018 a 2019, la posesión de tabletas por parte de los *millennials* cayó del 64 % al 52 %. Sin embargo, durante el mismo periodo, la generación de los *baby boom* se mantuvo exactamente igual, con un 52 % de propietarios de tabletas. Además, el grupo de mayores de 74 años ha aumentado la posesión de tabletas del 25 % al 33 %.[2]

¿Qué tienen en común estas situaciones? Las funciones que los representan han cambiado con el tiempo. En esta sección consideraremos métodos para calcular dichos cambios a lo largo del tiempo.

Hallar la tasa media de cambio de una función

Las funciones que describen los ejemplos anteriores implican un cambio en el tiempo. El cambio dividido entre el tiempo es un ejemplo de tasa. Las tasas de cambio en los ejemplos anteriores son diferentes. En otras palabras, algunos cambiaron más rápido que otros. Si hiciéramos un gráfico de las funciones, podríamos comparar las tasas determinando las pendientes de los gráficos.

Una **línea tangente** a una curva es una línea que interseca la curva en un solo punto pero no la cruza en él (La línea tangente puede intersecar la curva en otro punto alejado del punto de interés). Si acercamos la curva en ese punto, la curva parece lineal, y la pendiente de la curva en ese punto es cercana a la pendiente de la línea tangente en ese punto.

Figura 1 representa la función $f(x) = x^3 - 4x$. Podemos ver la pendiente en varios puntos de la curva.

- pendiente en $x = -2$ es 8
- pendiente en $x = -1$ es -1
- pendiente en $x = 2$ es 8

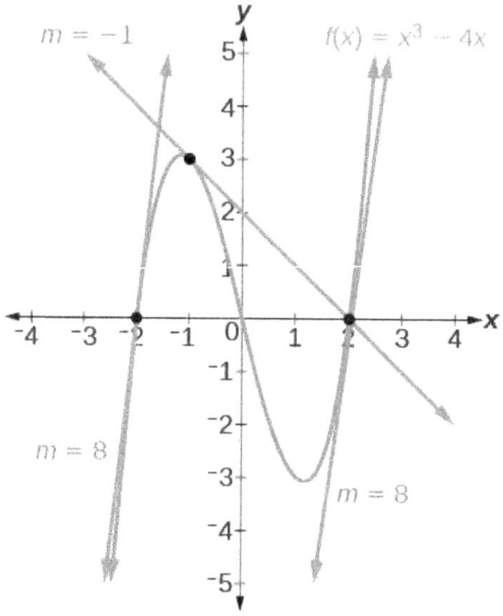

Figura 1 Gráfico que muestra las tangentes a la curva en -2, -1 y 2.

Imaginemos un punto en la curva de la función f en $x = a$ como se muestra en la Figura 2. Las coordenadas del punto son $(a, f(a))$. Conecte este punto con un segundo punto de la curva un poco a la derecha de $x = a$, con un valor x incrementado en algún pequeño número real h. Las coordenadas de este segundo punto son $(a + h, f(a + h))$ para algún valor positivo h.

2 https://www.pewresearch.org/fact-tank/2019/09/09/us-generations-technology-use/

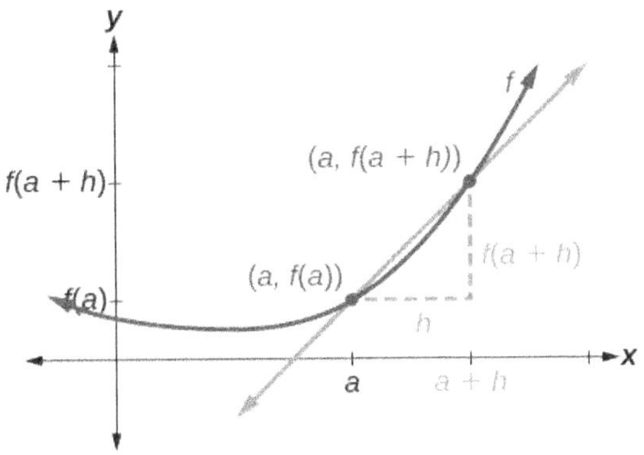

Figura 2 Punto de conexión a con un punto justo más allá nos permite medir una pendiente cercana a la de una línea tangente en $x = a$.

Podemos calcular la pendiente de la línea que conecta los dos puntos $(a, f(a))$ y $(a + h, f(a + h))$, llamada una **línea secante**, si aplicamos la fórmula de la pendiente,

$$\text{pendiente} = \frac{\text{cambio en } y}{\text{cambio en } x}$$

Utilizamos la notación m_{sec} para representar la pendiente de la línea secante que une dos puntos.

$$\begin{aligned} m_{\text{sec}} &= \frac{f(a+h)-f(a)}{(a+h)-(a)} \\ &= \frac{f(a+h)-f(a)}{\cancel{a}+h-\cancel{a}} \end{aligned}$$

La pendiente m_{sec} es igual a la *tasa media de cambio* entre dos puntos $(a, f(a))$ y $(a + h, f(a + h))$.

$$m_{\text{sec}} = \frac{f(a+h) - f(a)}{h}$$

La tasa promedio de cambio entre dos puntos en una curva

La **tasa media de cambio** (Average Rate of Change, AROC) entre dos puntos $(a, f(a))$ y $(a + h, f(a + h))$ en la curva de f es la pendiente de la línea que conecta los dos puntos y está dada por

$$\text{AROC} = \frac{f(a+h) - f(a)}{h}$$

EJEMPLO 1

Hallar la tasa media de cambio

Halle la tasa media de cambio que conecta los puntos $(2, -6)$ y $(-1, 5)$.

Solución

Sabemos que la tasa media de cambio que conecta dos puntos puede estar dada por

$$\text{AROC} = \frac{f(a+h) - f(a)}{h}.$$

Si un punto es $(2, -6)$, o $(2, f(2))$, entonces $f(2) = -6$.

El valor h es el desplazamiento desde 2 con -1, que es igual a $-1 - 2 = -3$.

Para el otro punto, $f(a + h)$ es la coordenada y en $a + h$, que es $2 + (-3)$ o -1, por lo que $f(a + h) = f(-1) = 5$.

$$\begin{aligned} \text{AROC} &= \frac{f(a+h)-f(a)}{h} \\ &= \frac{5-(-6)}{-3} \\ &= \frac{11}{-3} \\ &= -\frac{11}{3} \end{aligned}$$

INTÉNTELO #1 Halle la tasa media de cambio que conecta los puntos $(-5, 1{,}5)$ y $(-2{,}5, 9)$.

Comprender la tasa instantánea de cambio

Ahora que podemos hallar la tasa media de cambio, supongamos que hacemos h en la Figura 2 cada vez más pequeño. Luego $a+h$ se acercarán a a a medida que h se hace más pequeño, acercándose cada vez más a 0. Asimismo, el segundo punto $(a+h, f(a+h))$ se acercará al primer punto, $(a, f(a))$. Como consecuencia, la línea de conexión entre los dos puntos, llamada línea secante, se acercará cada vez más a ser una tangente a la función en $x=a$, y la pendiente de la línea secante se acercará cada vez más a la pendiente de la tangente en $x=a$. Vea la Figura 3.

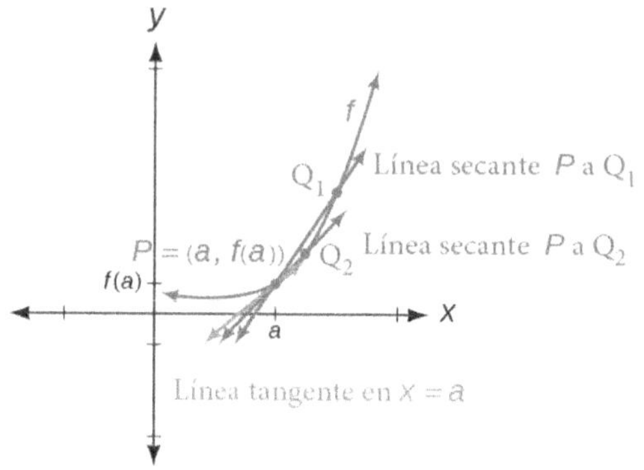

Figura 3 La línea de conexión entre dos puntos se acerca a ser una línea tangente en $x=a$.

Dado que estamos buscando la pendiente de la tangente en $x=a$, podemos pensar en la medida de la pendiente de la curva de una función f en un punto determinado como la tasa de cambio en un instante específico. Llamamos a esta pendiente la **tasa instantánea de cambio**, o la **derivada** de la función en $x=a$. Ambas se pueden hallar calculando el límite de la pendiente de una línea que conecta el punto en $x=a$ con un segundo punto infinitesimalmente cercano a lo largo de la curva. Para una función f tanto la tasa instantánea de cambio de la función como la derivada de la función en $x=a$ se escriben como $f'(a)$, y podemos definirlas como límites laterales que tienen el mismo valor tanto si se acercan desde la izquierda como desde la derecha.

$$f'(a) = \lim_{h\to 0} \frac{f(a+h)-f(a)}{h}$$

La expresión por la que se halla el límite se conoce como cociente de diferencia.

Definición de tasa instantánea de cambio y derivada

La **derivada**, o **tasa instantánea de cambio**, de una función f en $x=a$, viene dada por

$$f'(a) = \lim_{h\to 0} \frac{f(a+h)-f(a)}{h}$$

La expresión $\frac{f(a+h)-f(a)}{h}$ se denomina cociente de diferencia.

Utilizamos el cociente de diferencia para evaluar el límite de la tasa de cambio de la función a medida que h se acerca a 0.

Derivadas: interpretaciones y notación

La derivada de una función se puede interpretar de diferentes maneras. Se observa como el comportamiento de un gráfico de la función o se calcula como una tasa de cambio numérica de la función.

- La derivada de una función $f(x)$ en un punto $x = a$ es la pendiente de la línea tangente a la curva $f(x)$ en $x = a$. La derivada de $f(x)$ en $x = a$ se escribe $f'(a)$.
- La derivada $f'(a)$ mide cómo cambia la curva en el punto $(a, f(a))$.
- La derivada $f'(a)$ se puede considerar como la tasa instantánea de cambio de la función $f(x)$ en $x = a$.
- Si una función mide la distancia como una función de tiempo, la derivada mide la velocidad instantánea en el tiempo $t = a$.

Notaciones para la derivada

La ecuación de la derivada de una función $f(x)$ se escribe como $y' = f'(x)$, donde $y = f(x)$. La notación $f'(x)$ se lee como " f primo de x. " . Las notaciones alternativas para la derivada son las siguientes:

$$f'(x) = y' = \frac{dy}{dx} = \frac{df}{dx} = \frac{d}{dx}f(x) = Df(x)$$

La expresión $f'(x)$ es ahora una función de x; esta función da la pendiente de la curva $y = f(x)$ a cualquier valor de x. La derivada de una función $f(x)$ en un punto $x = a$ se denota $f'(a)$.

CÓMO

Dada una función f, halle la derivada aplicando la definición de la derivada.

1. Calcule $f(a+h)$.
2. Calcule $f(a)$.
3. Sustituya y simplifique $\frac{f(a+h)-f(a)}{h}$.
4. Evalúe el límite si existe: $f'(a) = \lim\limits_{h \to 0} \frac{f(a+h)-f(a)}{h}$.

EJEMPLO 2

Hallar la derivada de una función polinómica
Halle la derivada de la función $f(x) = x^2 - 3x + 5$ a las $x = a$.

Solución
Tenemos:

$$f'(a) = \lim_{h \to 0} \frac{f(a+h)-f(a)}{h} \qquad \text{Definición de una derivada}$$

Sustituya $f(a+h) = (a+h)^2 - 3(a+h) + 5$ y $f(a) = a^2 - 3a + 5$.

$$\begin{aligned}
f'(a) &= \lim_{h \to 0} \frac{(a+h)(a+h)-3(a+h)+5-(a^2-3a+5)}{h} \\
&= \lim_{h \to 0} \frac{a^2+2ah+h^2-3a-3h+5-a^2+3a-5}{h} && \text{Evalúe para eliminar los paréntesis.} \\
&= \lim_{h \to 0} \frac{\cancel{a^2}+2ah+h^2\cancel{-3a}-3h\cancel{+5}\cancel{-a^2}\cancel{+3a}\cancel{-5}}{h} && \text{Simplifique.} \\
&= \lim_{h \to 0} \frac{2ah+h^2-3h}{h} \\
&= \lim_{h \to 0} \frac{\cancel{h}(2a+h-3)}{\cancel{h}} && \text{Factorice un } h. \\
&= 2a+0-3 && \text{Evalúe el límite.} \\
&= 2a-3
\end{aligned}$$

> **INTÉNTELO** #2 Halle la derivada de la función $f(x) = 3x^2 + 7x$ en $x = a$.

Hallar derivadas de funciones racionales

Para hallar la derivada de una función racional, a veces, simplificaremos la expresión utilizando técnicas algebraicas que ya hemos aprendido.

EJEMPLO 3

Hallar la derivada de una función racional

Halle la derivada de la función $f(x) = \frac{3+x}{2-x}$ en $x = a$.

Solución

$$f'(a) = \lim_{h\to 0} \frac{f(a+h)-f(a)}{h}$$

$$= \lim_{h\to 0} \frac{\frac{3+(a+h)}{2-(a+h)} - \left(\frac{3+a}{2-a}\right)}{h} \quad \text{Sustituya } f(a+h) \text{ y } f(a)$$

$$= \lim_{h\to 0} \frac{(2-(a+h))(2-a)\left[\frac{3+(a+h)}{2-(a+h)} - \left(\frac{3+a}{2-a}\right)\right]}{(2-(a+h))(2-a)(h)} \quad \text{Multiplique el numerador y el denominador por } (2-(a+h))(2-a)$$

$$= \lim_{h\to 0} \frac{\cancel{(2-(a+h))}(2-a)\left(\frac{3+(a+h)}{\cancel{(2-(a+h))}}\right) - (2-(a+h))\cancel{(2-a)}\left(\frac{3+a}{\cancel{2-a}}\right)}{(2-(a+h))(2-a)(h)} \quad \text{Distribuya}$$

$$= \lim_{h\to 0} \frac{6-3a+2a-a^2+2h-ah-6+3a+3h-2a+a^2+ah}{(2-(a+h))(2-a)(h)} \quad \text{Multiplique}$$

$$= \lim_{h\to 0} \frac{5\cancel{h}}{(2-(a+h))(2-a)(\cancel{h})} \quad \text{Combine términos similares}$$

$$= \lim_{h\to 0} \frac{5}{(2-(a+h))(2-a)} \quad \text{Anule factores similares}$$

$$= \frac{5}{(2-(a+0))(2-a)} = \frac{5}{(2-a)(2-a)} = \frac{5}{(2-a)^2} \quad \text{Evalúe el límite}$$

> **INTÉNTELO** #3 Halle la derivada de la función $f(x) = \frac{10x+11}{5x+4}$ en $x = a$.

Hallar derivadas de funciones con raíces

Para hallar derivadas de funciones con raíces utilizamos los métodos que hemos aprendido para hallar límites de funciones con raíces, lo que incluye multiplicación por un conjugado.

EJEMPLO 4

Hallar la derivada de una función con una raíz

Halle la derivada de la función $f(x) = 4\sqrt{x}$ en $x = 36$.

Solución

Tenemos

$$f'(a) = \lim_{h\to 0} \frac{f(a+h)-f(a)}{h}$$

$$= \lim_{h\to 0} \frac{4\sqrt{a+h}-4\sqrt{a}}{h} \quad \text{Sustituya } f(a+h) \text{ y } f(a)$$

Multiplique el numerador y el denominador por el conjugado: $\frac{4\sqrt{a+h}+4\sqrt{a}}{4\sqrt{a+h}+4\sqrt{a}}$.

$$f'(a) = \lim_{h \to 0} \left(\frac{4\sqrt{a+h} - 4\sqrt{a}}{h} \right) \cdot \left(\frac{4\sqrt{a+h} + 4\sqrt{a}}{4\sqrt{a+h} + 4\sqrt{a}} \right)$$

$$= \lim_{h \to 0} \left(\frac{16(a+h) - 16a}{h4\left(\sqrt{a+h} + 4\sqrt{a}\right)} \right)$$ Multiplique.

$$= \lim_{h \to 0} \left(\frac{\cancel{16a} + 16h - \cancel{16a}}{h4\left(\sqrt{a+h} + 4\sqrt{a}\right)} \right)$$ Distribuya y combine términos similares.

$$= \lim_{h \to 0} \left(\frac{16\cancel{h}}{\cancel{h}\left(4\sqrt{a+h} + 4\sqrt{a}\right)} \right)$$ Simplifique.

$$= \lim_{h \to 0} \left(\frac{16}{4\sqrt{a+h} + 4\sqrt{a}} \right)$$ Evalúe el límite suponiendo que $h = 0$.

$$= \frac{16}{8\sqrt{a}} = \frac{2}{\sqrt{a}}$$

$$f'(36) = \frac{2}{\sqrt{36}}$$ Evalúe la derivada en $x = 36$.

$$= \frac{2}{6}$$

$$= \frac{1}{3}$$

> **INTÉNTELO** #4 Halle la derivada de la función $f(x) = 9\sqrt{x}$ en $x = 9$.

Hallar tasas instantáneas de cambio

Muchas aplicaciones de la derivada implican la determinación de la tasa de cambio en un instante dado de una función con la variable independiente tiempo, por lo que se utiliza el término *instantánea*. Consideremos la altura de una pelota lanzada hacia arriba con una velocidad inicial de 64 pies por segundo, dada por $s(t) = -16t^2 + 64t + 6$, donde t se mide en segundos y $s(t)$ se mide en pies. Sabemos que la trayectoria es la de una parábola. La derivada nos dirá cómo está cambiando la altura en cualquier punto dado en el tiempo. La altura de la pelota se muestra en la Figura 4 como una función de tiempo. En física, lo llamamos "gráfico *s*-*t*".

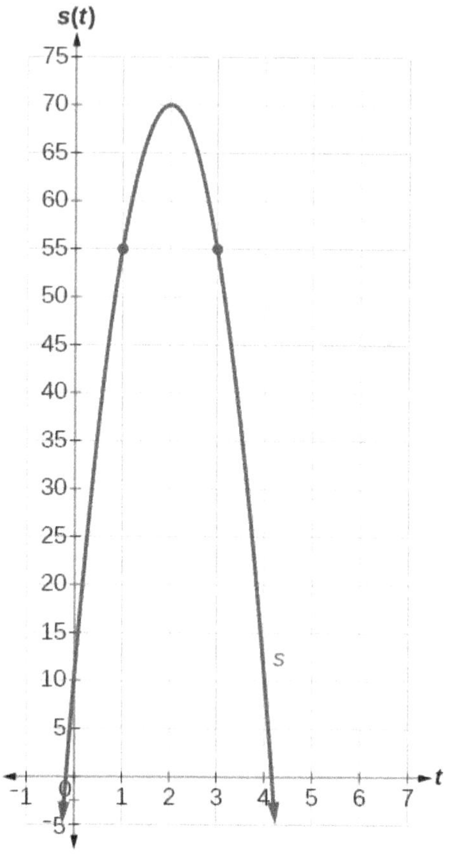

Figura 4

EJEMPLO 5

Hallar la tasa instantánea de cambio

Utilizando la función anterior, $s(t) = -16t^2 + 64t + 6$, ¿cuál es la velocidad instantánea de la pelota a los 1 y 3 segundos de su vuelo?

Solución

La velocidad en $t = 1$ y $t = 3$ es la tasa instantánea de cambio de la distancia por el tiempo, o la velocidad. Observe que la altura inicial es de 6 pies. Para calcular la velocidad instantánea, hallamos la derivada y la evaluamos en $t = 1$ y $t = 3$:

$$\begin{aligned}
f'(a) &= \lim_{h \to 0} \frac{f(a+h)-f(a)}{h} \\
&= \lim_{h \to 0} \frac{-16(t+h)^2+64(t+h)+6-(-16t^2+64t+6)}{h} && \text{Sustituya } s(t+h) \text{ y } s(t). \\
&= \lim_{h \to 0} \frac{-16t^2-32ht-h^2+64t+64h+6+16t^2-64t-6}{h} && \text{Distribuya.} \\
&= \lim_{h \to 0} \frac{-32ht-h^2+64h}{h} && \text{Simplifique.} \\
&= \lim_{h \to 0} \frac{\cancel{h}(-32t-h+64)}{\cancel{h}} && \text{Factorice el numerador.} \\
&= \lim_{h \to 0} -32t-h+64 && \text{Anule el factor común } h. \\
s'(t) &= -32t+64 && \text{Evalúe el límite suponiendo que } h = 0.
\end{aligned}$$

Para cualquier valor de t, $s'(t)$ nos dice la velocidad en ese valor de t.

Evalúe $t = 1$ y $t = 3$.

$$s'(1) = -32(1) + 64 = 32$$
$$s'(3) = -32(3) + 64 = -32$$

La velocidad de la pelota después de 1 segundo es de 32 pies por segundo, ya que va subiendo.

La velocidad de la pelota después de 3 segundos es −32 pies por segundo, ya que va bajando.

> **INTÉNTELO** #5 La posición de la pelota viene dada por $s(t) = -16t^2 + 64t + 6$. ¿Cuál es su velocidad a los 2 segundos de vuelo?

Usar gráficos para hallar tasas instantáneas de cambio

Podemos estimar una tasa instantánea de cambio en $x = a$ al observar la pendiente de la curva de la función $f(x)$ en $x = a$. Lo hacemos trazando una línea tangente a la función en $x = a$ y al calcular su pendiente.

CÓMO

Dado un gráfico de una función $f(x)$, halle la tasa instantánea de cambio de la función en $x = a$.

1. Localice $x = a$ en el gráfico de la función $f(x)$.
2. Dibuje una línea tangente, una línea que pasa por $x = a$ a las a y en ningún otro punto de esa sección de la curva. Extienda la línea lo suficiente para calcular su pendiente a medida que
$$\frac{\text{cambio en } y}{\text{cambio en } x}.$$

EJEMPLO 6

Estimar la derivada en un punto del gráfico de una función

A partir del gráfico de la función $y = f(x)$ presentado en la Figura 5, estime cada uno de los siguientes:

Ⓐ $f(0)$ Ⓑ $f(2)$ Ⓒ $f'(0)$ Ⓓ $f'(2)$

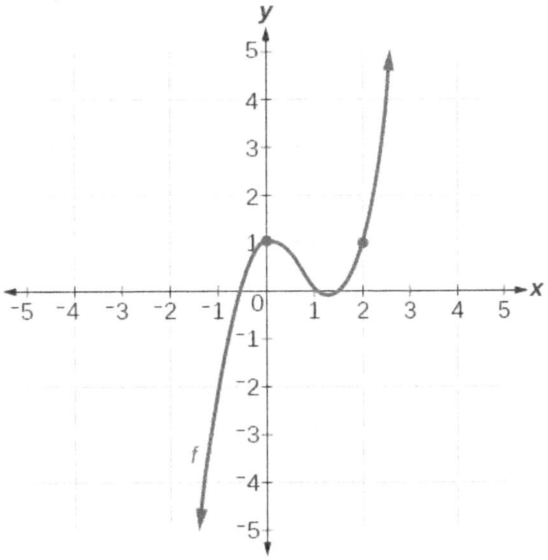

Figura 5

Solución

Para calcular el valor funcional, $f(a)$, halle la coordenada y en $x = a$.

Para hallar la derivada en $x = a$, $f'(a)$, dibuje una línea tangente en $x = a$, y estime la pendiente de esa línea tangente. Vea la Figura 6.

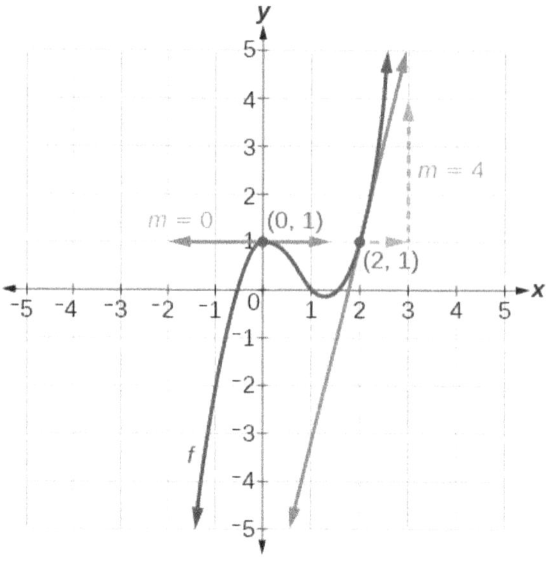

Figura 6

Ⓐ $f(0)$ es la coordenada *y* en $x = 0$. El punto tiene coordenadas $(0, 1)$, por lo tanto $f(0) = 1$.
Ⓑ $f(2)$ es la coordenada *y* en $x = 2$. El punto tiene coordenadas $(2, 1)$, por lo tanto $f(2) = 1$.
Ⓒ $f'(0)$ se halla estimando la pendiente de la línea tangente a la curva en $x = 0$. La línea tangente a la curva en $x = 0$ aparece en horizontal. Las líneas horizontales tienen una pendiente de 0, por lo tanto $f'(0) = 0$.
Ⓓ $f'(2)$ se halla estimando la pendiente de la línea tangente a la curva en $x = 2$. Observe la trayectoria de la línea tangente a la curva en $x = 2$. A medida que el valor x se desplaza una unidad a la derecha, el valor y se desplaza cuatro unidades a otro punto de la línea. Por lo tanto, la pendiente es 4, así que $f'(2) = 4$.

INTÉNTELO #6 Utilizando el gráfico de la función $f(x) = x^3 - 3x$ que se muestra en la Figura 7, estime: $f(1)$, $f'(1)$, $f(0)$, y $f'(0)$.

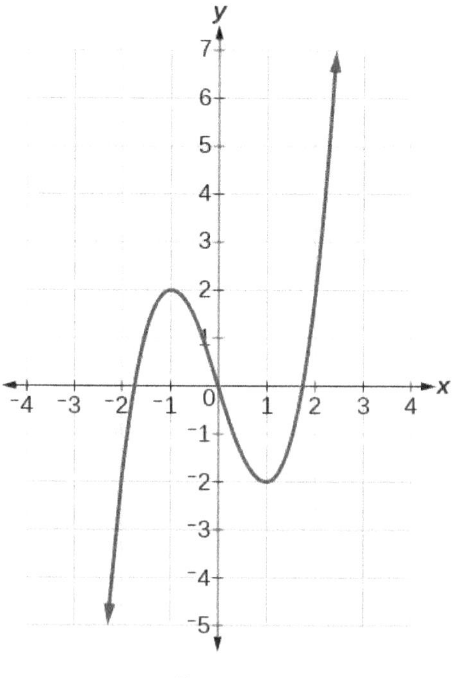

Figura 7

Usar tasas instantáneas de cambio para resolver problemas del mundo real

Otra forma de interpretar una tasa instantánea de cambio en $x = a$ es observar la función en un contexto del mundo real. La unidad de la derivada de una función $f(x)$ es

$$\frac{\text{unidades de salida}}{\text{unidad de entrada}}$$

Esta unidad muestra en cuántas unidades cambia la salida por cada cambio de una unidad de entrada. La tasa instantánea de cambio en un instante dado muestra lo mismo: las unidades de cambio de salida por una unidad de cambio de entrada.

Un ejemplo de tasa instantánea de cambio es el costo marginal. Por ejemplo, supongamos que el costo de producción de una compañía para producir x artículos viene dado por $C(x)$, en miles de dólares. La función derivada nos dice cómo cambia el costo para cualquier valor de x en el dominio de la función. En otras palabras, $C'(x)$ se interpreta como un costo marginal, el costo adicional en miles de dólares de producir un artículo más cuando x artículos se han producido. Por ejemplo, $C'(11)$ es el costo adicional aproximado, en miles de dólares, de producir el 12.º artículo después de producir 11 artículos. $C'(11) = 2{,}50$ significa que cuando se han producido 11 artículos, la producción del 12.º artículo aumentaría el costo total en aproximadamente $ 2.500,00 dólares.

EJEMPLO 7

Hallar un costo marginal

El costo en dólares de producir x computadoras portátiles en dólares es $f(x) = x^2 - 100x$. En el momento en que se han producido 200 computadoras, ¿cuál es el costo aproximado de producir la unidad 201.ª?

Solución

Si los valores de $f(x) = x^2 - 100x$ describe el costo de producción de x computadoras, $f'(x)$ describirá el costo marginal. Tenemos que calcular la derivada. Para calcular la derivada, podemos utilizar las siguientes funciones:

$$f(a+b) = (x+h)^2 - 100(x+h)$$
$$f(a) = a^2 - 100a$$

$f'(x) = \frac{f(a+h)-f(a)}{h}$	Fórmula de una derivada
$= \frac{(x+h)^2-100(x+h)-(x^2-100x)}{h}$	Sustituya $f(a+h)$ y $f(a)$.
$= \frac{x^2+2xh+h^2-100x-100h-x^2+100x}{h}$	Multiplique polinomios, distribuya.
$= \frac{2xh+h^2-100h}{h}$	Recopile términos similares.
$= \frac{\cancel{h}(2x+h-100)}{\cancel{h}}$	Factorice y anule términos similares.
$= 2x + h - 100$	Simplifique.
$= 2x - 100$	Evalúe cuando $h = 0$.
$f'(x) = 2x - 100$	Fórmula del costo marginal.
$f'(200) = 2(200) - 100 = 300$	Evalúe para 200 unidades.

El costo marginal de producir la 201.ª unidad será de aproximadamente 300 dólares.

EJEMPLO 8

Interpretar una derivada en su contexto

Un auto sale de un cruce. La distancia que recorre en millas está dada por la función $f(t)$, donde t representa las horas. Explique las siguientes notaciones:

Ⓐ $f(0) = 0$ Ⓑ $f'(1) = 60$ Ⓒ $f(1) = 70$ Ⓓ $f(2{,}5) = 150$

Solución

Primero tenemos que evaluar la función $f(t)$ y la derivada de la función $f'(t)$, y distinguir entre ambas. Cuando evaluamos la función $f(t)$, estamos hallando la distancia que el auto ha recorrido en t horas. Cuando evaluamos la derivada $f'(t)$, estamos hallando la velocidad del auto después de t horas.

Ⓐ $f(0) = 0$ significa que en cero horas, el auto ha recorrido cero millas.
Ⓑ $f'(1) = 60$ significa que una hora después del viaje, el auto va a 60 millas por hora.
Ⓒ $f(1) = 70$ significa que una hora después del viaje, el auto ha recorrido 70 millas. Por lo tanto, en algún momento de la primera hora, el auto debió viajar más rápido que en la marca de 1 hora.
Ⓓ $f(2{,}5) = 150$ significa que a las dos horas y treinta minutos de viaje, el auto ha recorrido 150 millas.

INTÉNTELO #7 Una corredora corre por una carretera recta de este a oeste. La función $f(t)$ da a cuántos pies hacia el este de su punto de partida se encuentra después de t segundos. Interprete cada uno de los siguientes puntos en relación con la corredora.

Ⓐ $f(0) = 0$ Ⓑ $f(10) = 150$ Ⓒ $f'(10) = 15$ Ⓓ $f'(20) = -10$
Ⓔ $f(40) = -100$

Hallar puntos en los que no existe la derivada de una función

Para entender dónde no existe la derivada de una función, tenemos que recordar lo que ocurre normalmente cuando una función $f(x)$ tiene una derivada en $x = a$. Supongamos que utilizamos una herramienta gráfica para ampliar en $x = a$. Si se grafica la función $f(x)$ es **diferenciable**, es decir, si se trata de una función que puede ser diferenciada, cuanto más amplíe uno, más se acercará el gráfico a una línea recta. Esta característica se llama *linealidad.*

Mire el gráfico en la Figura 8. Cuanto más ampliamos en el punto, más lineal parece la curva.

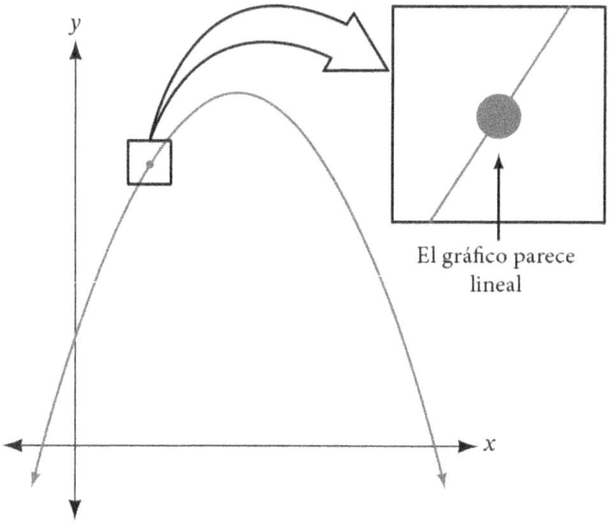

Figura 8

Podríamos suponer que lo mismo ocurriría con cualquier función continua, pero no es así. La función $f(x) = |x|$, por ejemplo, es continua en $x = 0$, pero no diferenciable en $x = 0$. A medida que ampliamos en el 0 en la Figura 9, el gráfico no se acerca a una línea recta. Por mucho que lo ampliemos, el gráfico mantiene su ángulo agudo.

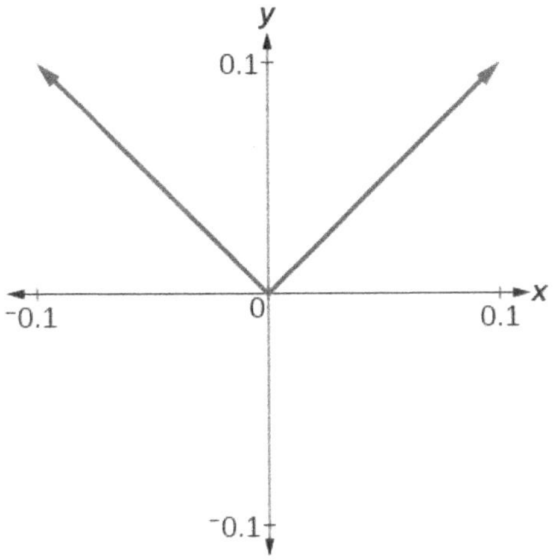

Figura 9 Gráfico de la función $f(x) = |x|$, con el eje x de –0,1 a 0,1 y el eje y de –0,1 a 0,1.

Ampliamos más al estrechar el rango para producir la Figura 10 y seguimos observando la misma forma. Este gráfico no parece lineal en $x = 0$.

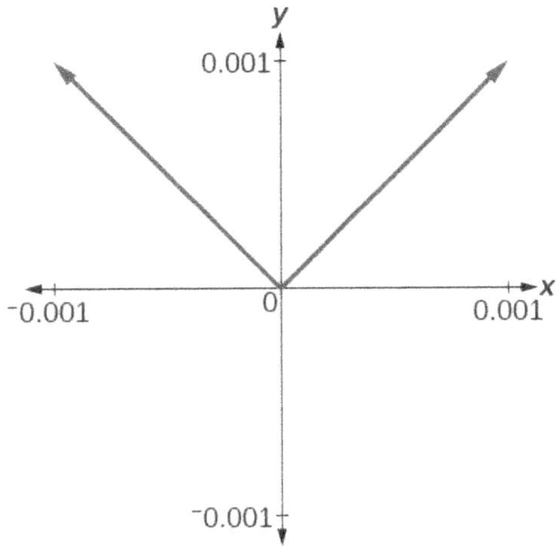

Figura 10 Gráfico de la función $f(x) = |x|$, con el eje x de –0,001 a 0,001 y el eje y de –0,001 a 0,001.

¿Cuáles son las características de un gráfico que no es diferenciable en un punto? Estos son algunos ejemplos en los que la función $f(x)$ no es diferenciable en $x = a$.

En la Figura 11, vemos el gráfico de

$$f(x) = \begin{cases} x^2, & x \leq 2 \\ 8 - x, & x > 2 \end{cases}.$$

Observe que, a medida que x se acerca a 2 desde la izquierda, se puede observar que el límite izquierdo es 4, mientras que a medida que x se acerca a 2 desde la derecha, se puede observar que el límite derecho es 6. Vemos que tiene una discontinuidad en $x = 2$.

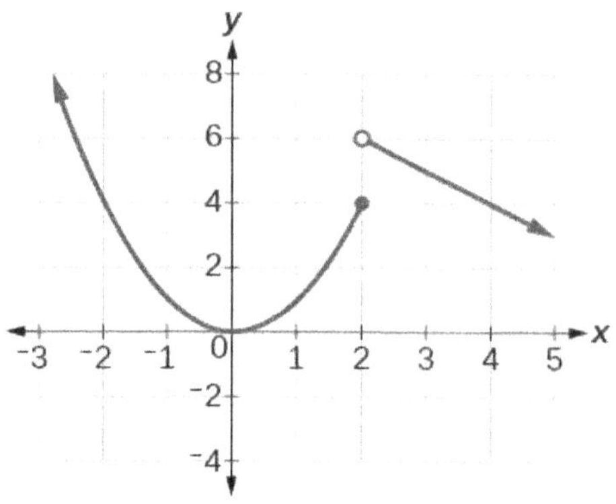

Figura 11 El gráfico de $f(x)$ tiene una discontinuidad en $x = 2$.

En la Figura 12, vemos el gráfico de $f(x) = |x|$. Vemos que el gráfico tiene un vértice en $x = 0$.

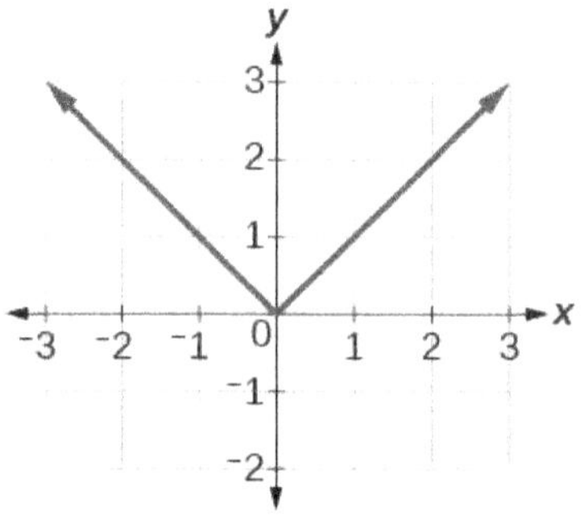

Figura 12 El gráfico de $f(x) = |x|$ tiene un vértice en $x = 0$.

En la Figura 13, vemos que el gráfico de $f(x) = x^{\frac{2}{3}}$ tiene una cúspide en $x = 0$. Una cúspide tiene una característica única. Al alejarse de la cúspide, tanto el límite izquierdo como el derecho se acercan al infinito o al infinito negativo. Observe las líneas tangentes a medida que x se acerca a 0 tanto desde la izquierda como desde la derecha parece que se hacen cada vez más pronunciadas, pero una tiene una pendiente negativa, la otra tiene una pendiente positiva.

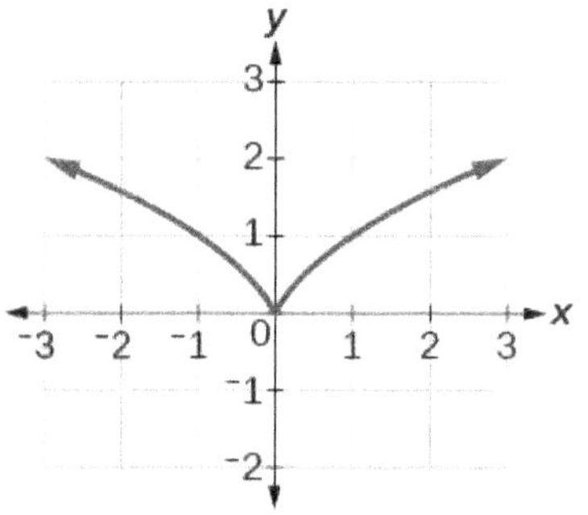

Figura 13 El gráfico de $f(x) = x^{\frac{2}{3}}$ tiene una cúspide en $x = 0$.

En la Figura 14, vemos que el gráfico de $f(x) = x^{\frac{1}{3}}$ tiene una tangente vertical en $x = 0$. Recordemos que las tangentes verticales son líneas verticales, por lo que cuando existe una tangente vertical, la pendiente de la línea es indefinida. Por eso la derivada, que mide la pendiente, no existe allí.

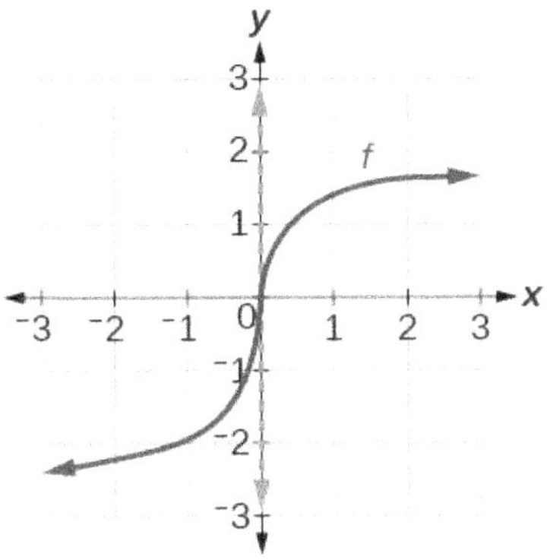

Figura 14 El gráfico de $f(x) = x^{\frac{1}{3}}$ tiene una tangente vertical en $x = 0$.

Diferenciabilidad

Una función $f(x)$ es diferenciable en $x = a$ si la derivada existe en $x = a$, lo que significa que $f'(a)$.

Hay cuatro casos en los que una función $f(x)$ no es diferenciable en un punto $x = a$.

1. Cuando hay una discontinuidad en $x = a$.
2. Cuando hay un vértice en $x = a$.
3. Cuando hay una cúspide en $x = a$.
4. En cualquier otro momento en que haya una tangente vertical en $x = a$.

EJEMPLO 9

Determinar si una función es continua y diferenciable a partir de un gráfico

Utilizando la Figura 15, determine en que parte la función es

a. continua
b. discontinua
c. diferenciable
d. no diferenciable

En los puntos en los que el gráfico es discontinuo o no diferenciable, indique por qué.

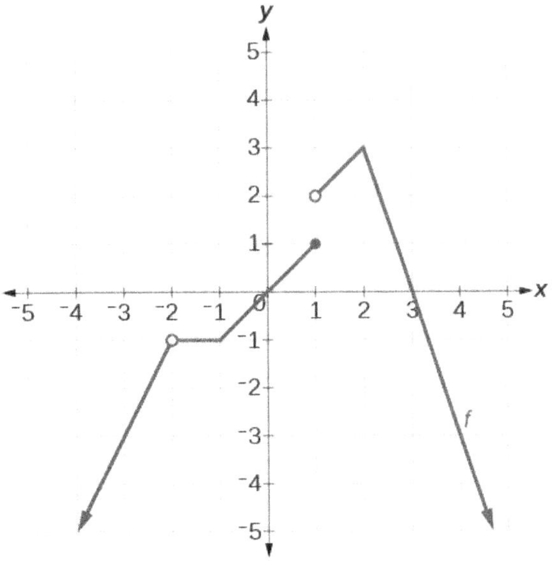

Figura 15

Solución

El gráfico de $f(x)$ es continuo en $(-\infty,-2) \cup (-2, 1) \cup \left(1,\infty\right)$. El gráfico de $f(x)$ tiene una discontinuidad removible en $x = -2$ y una discontinuidad de salto en $x = 1$. Vea la Figura 16.

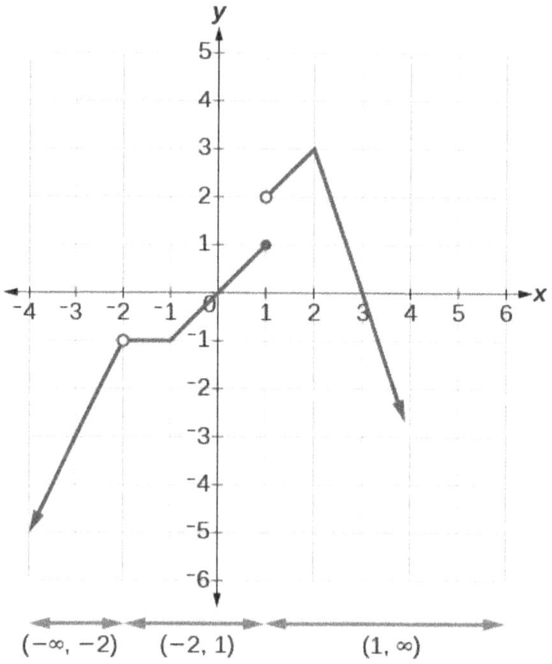

Figura 16 Tres intervalos en los que la función es continua

El gráfico de f (x) es diferenciable en $(-\infty,-2) \cup (-2,-1) \cup (-1,1) \cup (1,2) \cup \left(2,\infty\right)$. El gráfico de $f(x)$ no es diferenciable en $x = -2$ porque es un punto de discontinuidad, en $x = -1$ a causa de un ángulo agudo, en $x = 1$ porque es un punto de discontinuidad, y en $x = 2$ a causa de un ángulo agudo. Vea la Figura 17.

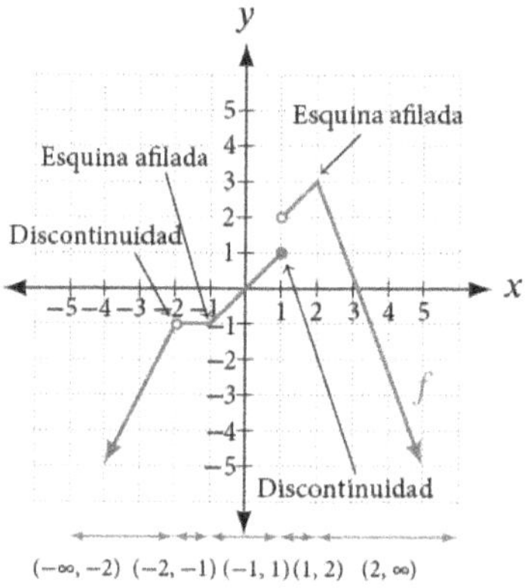

Figura 17 Cinco intervalos en los que la función es diferenciable

---

INTÉNTELO #8 Determine en que parte la función $y = f(x)$ mostrada en la Figura 18 es continua y diferenciable a partir del gráfico.

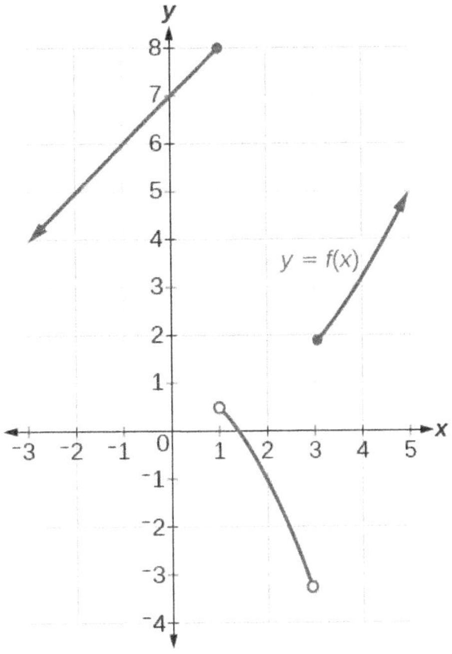

Figura 18

Hallar la ecuación de una línea tangente al gráfico de una función

La ecuación de una línea tangente a una curva de la función $f(x)$ en $x = a$ se deriva de la forma punto-pendiente de una línea, $y = m(x - x_1) + y_1$. La pendiente de la línea es la pendiente de la curva en $x = a$ y por lo tanto es igual a $f'(a)$, la derivada de $f(x)$ en $x = a$. El par de coordenadas del punto de la línea en $x = a$ es $(a, f(a))$.

Si sustituimos en la forma punto-pendiente, tenemos

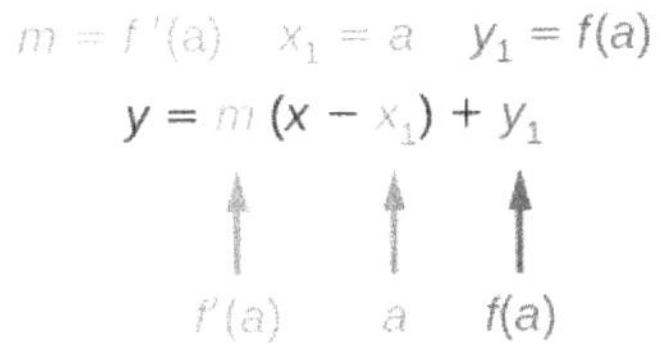

La ecuación de la línea tangente es

$$y = f'(a)(x - a) + f(a)$$

La ecuación de una línea tangente a una curva de la función f

La ecuación de una línea tangente a la curva de una función f en un punto $x = a$ es

$$y = f'(a)(x - a) + f(a)$$

CÓMO

Dada una función f, halle la ecuación de una línea tangente a la función en $x = a$.

1. Calcule la derivada de $f(x)$ en $x = a$ utilizando $f'(a) = \lim_{h \to 0} \frac{f(a+h) - f(a)}{h}$.
2. Evalúe la función en $x = a$. Esto es $f(a)$.
3. Sustituya $(a, f(a))$ y $f'(a)$ en $y = f'(a)(x - a) + f(a)$.
4. Escriba la ecuación de la línea tangente en la forma $y = mx + b$.

EJEMPLO 10

Hallar la ecuación de una línea tangente a una función en un punto

Halle la ecuación de una línea tangente a la curva $f(x) = x^2 - 4x$ en $x = 3$.

Solución

Utilizando:

$$f'(a) = \lim_{h \to 0} \frac{f(a+h) - f(a)}{h}$$

Sustituya $f(a+h) = (a+h)^2 - 4(a+h)$ y $f(a) = a^2 - 4a$.

$$\begin{aligned} f'(a) &= \lim_{h\to 0} \frac{(a+h)(a+h)-4(a+h)-(a^2-4a)}{h} \\ &= \lim_{h\to 0} \frac{a^2+2ah+h^2-4a-4h-a^2+4a}{h} && \text{Elimine los paréntesis.} \\ &= \lim_{h\to 0} \frac{\cancel{a^2}+2ah+h^2\cancel{-4a}-4h\cancel{-a^2}\cancel{+4a}}{h} && \text{Combine términos similares.} \\ &= \lim_{h\to 0} \frac{2ah+h^2-4h}{h} \\ &= \lim_{h\to 0} \frac{\cancel{h}(2a+h-4)}{\cancel{h}} && \text{Factorice } h. \\ &= 2a+0-4 \\ f'(a) &= 2a-4 && \text{Evalúe el límite.} \\ f'(3) &= 2(3)-4 = 2 \end{aligned}$$

Ecuación de la línea tangente en $x = 3$

$$\begin{aligned} y &= f'(a)(x-a) + f(a) \\ y &= f'(3)(x-3) + f(3) \\ y &= 2(x-3) + (-3) \\ y &= 2x - 9 \end{aligned}$$

Análisis

Podemos utilizar una herramienta gráfica para graficar la función y la línea tangente. Al hacerlo, podemos observar el punto de tangencia en $x = 3$ como se muestra en la Figura 19.

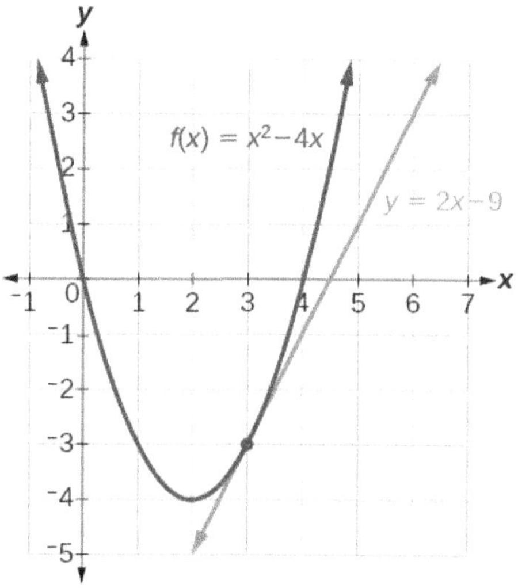

Figura 19 El gráfico confirma el punto de tangencia en $x = 3$.

INTÉNTELO #9 Halle la ecuación de una línea tangente a la curva de la función $f(x) = 5x^2 - x + 4$ en

$x = 2.$

Hallar la velocidad instantánea de una partícula

Si una función mide la posición en función del tiempo, la derivada mide el desplazamiento en función del tiempo, o la velocidad del objeto. Un cambio en la velocidad o la dirección en relación con un cambio en el tiempo se conoce como *velocidad*. La velocidad en un instante determinado se conoce como **velocidad instantánea**.

Al tratar de calcular la velocidad de un objeto en un instante dado, parece que nos encontramos con una contradicción. Normalmente definimos la velocidad como la distancia recorrida dividida entre el tiempo transcurrido. Pero en un instante, no se recorre ninguna distancia ni transcurre ningún tiempo. ¿Cómo vamos a dividir cero entre cero? El uso de una derivada resuelve este problema. Una derivada nos permite decir que, aunque la velocidad del objeto cambia constantemente, tiene una velocidad determinada en un instante dado. Esto significa que si el objeto viajara a esa velocidad exacta durante una unidad de tiempo, recorrería la distancia especificada.

Velocidad instantánea

Supongamos que la función $s(t)$ representa la posición de un objeto en el tiempo t. La **velocidad instantánea** o velocidad del objeto en el tiempo $t = a$ viene dada por

$$s'(a) = \lim_{h \to 0} \frac{s(a+h) - s(a)}{h}$$

EJEMPLO 11

Hallar la velocidad instantánea

Una pelota se lanza hacia arriba desde una altura de 200 pies con una velocidad inicial de 36 ft/s. Si la altura de la pelota en pies después de t segundos viene dada por $s(t) = -16t^2 + 36t + 200$, halle la velocidad instantánea de la pelota en $t = 2$.

Solución

Primero debemos calcular la derivada $s'(t)$. Luego evaluamos la derivada en $t = 2$, utilizando $s(a+h) = -16(a+h)^2 + 36(a+h) + 200$ y $s(a) = -16a^2 + 36a + 200$.

$$\begin{aligned}
s'(a) &= \lim_{h\to 0}\frac{s(a+h)-s(a)}{h}\\
&= \lim_{h\to 0}\frac{-16(a+h)^2+36(a+h)+200-(-16a^2+36a+200)}{h}\\
&= \lim_{h\to 0}\frac{-16(a^2+2ah+h^2)+36(a+h)+200-(-16a^2+36a+200)}{h}\\
&= \lim_{h\to 0}\frac{-16a^2-32ah-16h^2+36a+36h+200+16a^2-36a-200}{h}\\
&= \lim_{h\to 0}\frac{\cancel{-16a^2}-32ah-16h^2\cancel{+36a}+36h\cancel{+200}\cancel{+16a^2}\cancel{-36a}\cancel{-200}}{h}\\
&= \lim_{h\to 0}\frac{-32ah-16h^2+36h}{h}\\
&= \lim_{h\to 0}\frac{\cancel{h}(-32a-16h+36)}{\cancel{h}}\\
&= \lim_{h\to 0}(-32a-16h+36)\\
&= -32a-16\cdot 0+36\\
s'(a) &= -32a+36\\
s'(2) &= -32(2)+36\\
&= -28
\end{aligned}$$

Análisis

Este resultado significa que en el tiempo $t = 2$ segundos, la pelota cae a una velocidad de 28 ft/s.

INTÉNTELO #10 Un cohete de fuegos artificiales es disparado hacia arriba desde un pozo a 12 ft bajo el suelo a una velocidad de 60 ft/s. Su altura en pies después de t segundos viene dada por $s = -16t^2 + 60t - 12$. ¿Cuál es su velocidad instantánea después de 4 segundos?

MEDIA

Acceda a estos recursos en línea para obtener más información y practicar con las derivadas.

Estimar la derivada (http://openstax.org/l/estimatederiv)
Estimar la derivada Ex. 4 (http://openstax.org/l/estimatederiv4)

12.4 EJERCICIOS DE SECCIÓN

Verbales

1. ¿En qué se parece la pendiente de una función lineal a la derivada?

2. ¿Cuál es la diferencia entre la tasa media de cambio de una función en el intervalo $[x, x + h]$ y la derivada de la función en x?

3. Un auto recorrió 110 millas durante el periodo comprendido entre las 2:00 p. m. y las 4:00 p. m. ¿Cuál fue la velocidad media del auto? A las 2:30 p. m. exactamente, la velocidad del auto registró exactamente 62 millas por hora. ¿Cuál es otro nombre para la velocidad del auto a las 2:30 p. m.? ¿Por qué esta velocidad difiere de la velocidad media?

4. Explique el concepto de pendiente de una curva en el punto x.

5. Supongamos que el agua entra en un tanque a una tasa media de 45 galones por minuto. Traduzca este enunciado al lenguaje de las matemáticas.

Algebraicos

En los siguientes ejercicios, utilice la definición de derivada $\lim\limits_{h \to 0} \frac{f(x+h)-f(x)}{h}$ *para calcular la derivada de cada función.*

6. $f(x) = 3x - 4$

7. $f(x) = -2x + 1$

8. $f(x) = x^2 - 2x + 1$

9. $f(x) = 2x^2 + x - 3$

10. $f(x) = 2x^2 + 5$

11. $f(x) = \frac{-1}{x-2}$

12. $f(x) = \frac{2+x}{1-x}$

13. $f(x) = \frac{5-2x}{3+2x}$

14. $f(x) = \sqrt{1 + 3x}$

15. $f(x) = 3x^3 - x^2 + 2x + 5$ **16**. $f(x) = 5$ **17**. $f(x) = 5\pi$

En los siguientes ejercicios, halle la tasa media de cambio entre los dos puntos.

18. $(-2, 0)$ y $(-4, 5)$ **19**. $(4, -3)$ y $(-2, -1)$ **20**. $(0, 5)$ y $(6, 5)$

21. $(7, -2)$ y $(7, 10)$

En las siguientes funciones polinómicas, halle las derivadas.

22. $f(x) = x^3 + 1$ **23**. $f(x) = -3x^2 - 7x = 6$ **24**. $f(x) = 7x^2$

25. $f(x) = 3x^3 + 2x^2 + x - 26$

En las siguientes funciones, halle la ecuación de la línea tangente a la curva en el punto dado x en la curva.

26. $f(x) = 2x^2 - 3x \quad x = 3$ **27**. $f(x) = x^3 + 1 \quad x = 2$ **28**. $f(x) = \sqrt{x} \quad x = 9$

En el siguiente ejercicio, halle k de tal manera que la línea dada sea tangente al gráfico de la función.

29. $f(x) = x^2 - kx, \quad y = 4x - 9$

Gráficos

En los siguientes ejercicios, considere el gráfico de la función f y determine en qué parte la función es continua/discontinua y diferenciable/no diferenciable.

30.

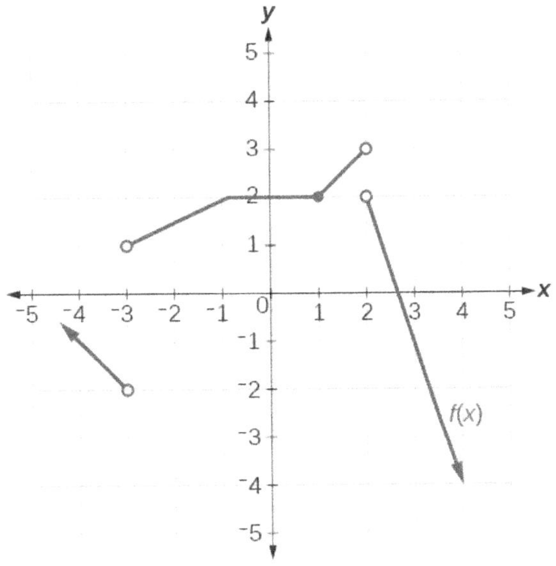

31.

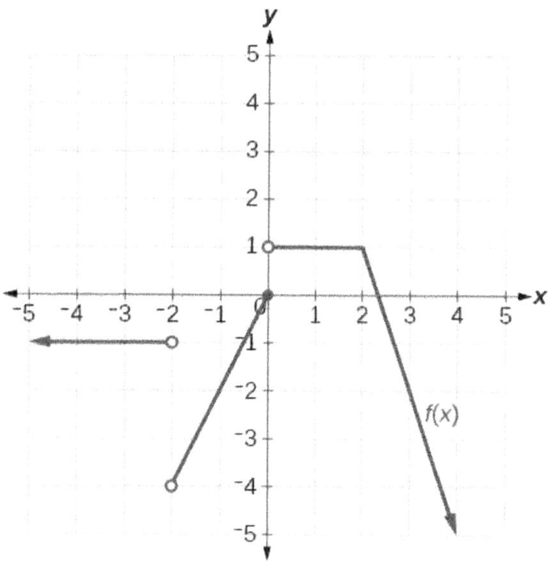

32.

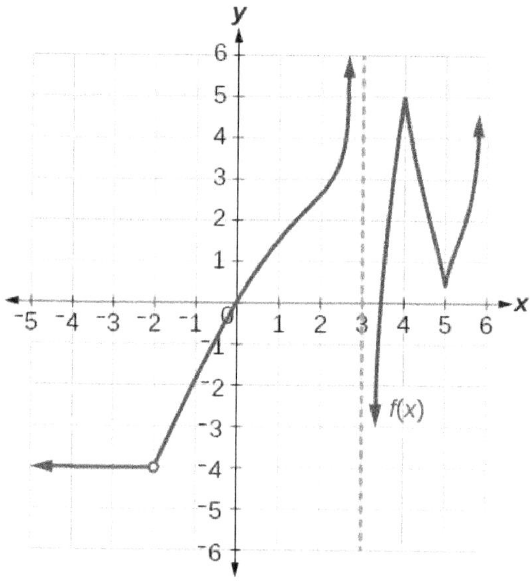

33.

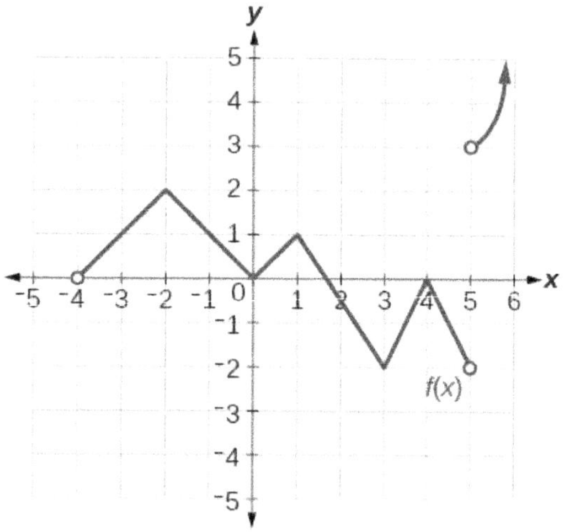

En los siguientes ejercicios, utilice la Figura 20 para estimar la función en un valor dado de x o la derivada a un valor determinado de x, según se indique.

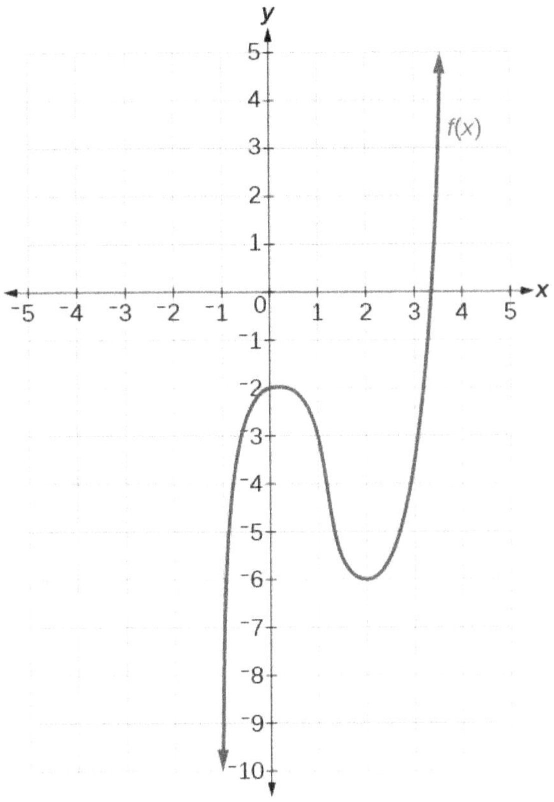

Figura 20

34. $f(-1)$

35. $f(0)$

36. $f(1)$

37. $f(2)$

38. $f(3)$

39. $f'(-1)$

40. $f'(0)$

41. $f'(1)$

42. $f'(2)$

43. $f'(3)$

44. Dibuje la función a partir de la siguiente información:

$f'(x) = 2x,\ f(2) = 4$

En tecnología

45. Evalúe numéricamente la derivada. Explore el comportamiento del gráfico de $f(x) = x^2$ alrededor de $x = 1$ y grafique la función en los siguientes dominios: $[0{,}9, 1{,}1]$, $[0{,}99, 1{,}01]$, $[0{,}999, 1{,}001]$, y $[0{,}9999,\ 1{,}0001]$. Podemos utilizar la función de nuestra calculadora que establece automáticamente Ymin y Ymax a los valores Xmin y Xmax que preestablezcamos (en algunas de las calculadoras gráficas más utilizadas, esta función puede llamarse ZOOM FIT o ZOOM AUTO). Examine los valores de rango correspondientes a esta ventana de visualización y aproxime cómo cambia la curva en $x = 1$, es decir, aproxime la derivada en $x = 1$.

Aplicaciones en el mundo real

En los siguientes ejercicios, explique la notación con palabras. El volumen $f(t)$ de un tanque de gasolina, en galones, t minutos después del mediodía.

46. $f(0) = 600$

47. $f'(30) = -20$

48. $f(30) = 0$

49. $f'(200) = 30$

50. $f(240) = 500$

En los siguientes ejercicios, explique las funciones con palabras. La altura, s, de un proyectil después de t segundos viene dada por $s(t) = -16t^2 + 80t$.

51. $s(2) = 96$

52. $s'(2) = 16$

53. $s(3) = 96$

54. $s'(3) = -16$

55. $s(0) = 0, s(5) = 0.$

En los siguientes ejercicios, el volumen V de una esfera con respecto a su radio r viene dado por $V = \frac{4}{3}\pi r^3$.

56. Halle la tasa media de cambio de V a medida que r cambia de 1 a 2 cm.

57. Halle la tasa instantánea de cambio de V cuando $r = 3$ cm.

En los siguientes ejercicios, los ingresos generados por la venta de x artículos vienen dados por $R(x) = 2x^2 + 10x$.

58. Halle la tasa media de cambio de la función de ingresos a medida que x cambia de $x = 10$ con $x = 20$.

59. Halle $R'(10)$ e interprete.

60. Halle $R'(15)$ e interprete. Compare $R'(15)$ con $R'(10)$, y explique la diferencia.

En los siguientes ejercicios, el costo de producción de x teléfonos móviles se describe mediante la función $C(x) = x^2 - 4x + 1.000$.

61. Halle la tasa media de cambio del costo total a medida que x cambia de $x = 10$ para $x = 15$.

62. Calcule el costo marginal aproximado de producir el 16.º teléfono móvil, cuando se han producido 15 teléfonos móviles.

63. Calcule el costo marginal aproximado de producir el 21.º teléfono móvil, cuando se han producido 20 teléfonos móviles.

Extensión

En los siguientes ejercicios, utilice la definición de la derivada en un punto $x = a$, $\lim\limits_{x \to a} \frac{f(x)-f(a)}{x-a}$, para hallar la derivada de las funciones.

64. $f(x) = \frac{1}{x^2}$

65. $f(x) = 5x^2 - x + 4$

66. $f(x) = -x^2 + 4x + 7$

67. $f(x) = \frac{-4}{3-x^2}$

Revisión del capítulo

Términos clave

derivada la pendiente de una función en un punto determinado; se denota $f'(a)$, en un punto $x = a$ es $f'(a) = \lim\limits_{h \to 0} \frac{f(a+h)-f(a)}{h}$, siempre que el límite exista.

diferenciable una función $f(x)$ para la que existe la derivada en $x = a$. En otras palabras, si $f'(a)$.

discontinuidad de salto un punto de discontinuidad en una función $f(x)$ en $x = a$ donde existen los límites izquierdo y derecho, pero $\lim\limits_{x \to a^-} f(x) \neq \lim\limits_{x \to a^+} f(x)$

discontinuidad removible un punto de discontinuidad en una función $f(x)$ donde la función es discontinua, pero se puede redefinir para hacerla continua

función continua una función que no tiene agujeros ni interrupciones en su gráfico

función discontinua una función que no es continua en $x = a$

límite cuando existe, el valor, L, al que la salida de una función $f(x)$ se acerca a medida que la entrada x se acerca cada vez más a a pero no es igual a a. El valor de la salida, $f(x)$, puede acercarse tanto a L como decidamos hacerlo utilizando los valores de entrada de x suficientemente cerca de $x = a$, pero no necesariamente en $x = a$. Ambos a y L son números reales, y L se denota $\lim\limits_{x \to a} f(x) = L$.

límite derecho el límite de los valores de $f(x)$ cuando x se acerca a a desde la derecha, denotado como $\lim\limits_{x \to a^+} f(x) = L$. Los valores de $f(x)$ pueden acercarse al límite L tanto como queramos tomando valores de x lo suficientemente cerca de a donde $x > a$, y $x \neq a$. Ambos a y L son números reales.

límite izquierdo el límite de los valores de $f(x)$ cuando x se acerca a a desde la izquierda, denotado como $\lim\limits_{x \to a^-} f(x) = L$. Los valores de $f(x)$ pueden acercarse al límite L tanto como queramos tomando valores de x lo suficientemente cerca de a de manera que $x < a$ y $x \neq a$. Ambos a y L son números reales.

límites laterales el límite de una función $f(x)$, a medida que x se acerca a a, es igual a L, es decir, $\lim\limits_{x \to a} f(x) = L$ si y solo si $\lim\limits_{x \to a^-} f(x) = \lim\limits_{x \to a^+} f(x)$.

línea secante una línea que interseca dos puntos de una curva

línea tangente una línea que interseca una curva en un solo punto

propiedades de los límites una colección de teoremas para hallar los límites de las funciones mediante la realización de operaciones matemáticas en los límites

tasa instantánea de cambio la pendiente de una función en un punto determinado; en $x = a$ está dada por $f'(a) = \lim\limits_{h \to 0} \frac{f(a+h)-f(a)}{h}$.

tasa media de cambio la pendiente de la línea que conecta los dos puntos $(a, f(a))$ y $(a + h, f(a + h))$ en la curva de $f(x)$; está dada por $\text{AROC} = \dfrac{f(a+h) - f(a)}{h}$.

velocidad instantánea el cambio de velocidad o dirección en un instante dado; una función $s(t)$ representa la posición de un objeto en el tiempo t, y la velocidad instantánea o velocidad del objeto en el tiempo $t = a$ viene dada por $s'(a) = \lim\limits_{h \to 0} \frac{s(a+h)-s(a)}{h}$.

Ecuaciones clave

tasa media de cambio	$\text{AROC} = \frac{f(a+h)-f(a)}{h}$
derivada de una función	$f'(a) = \lim\limits_{h \to 0} \frac{f(a+h)-f(a)}{h}$

Conceptos clave

12.1 Hallar los límites: enfoques numéricos y gráficos

- Una función tiene un límite si los valores de salida se acercan a algún valor L a medida que los valores de entrada se acercan a alguna cantidad a. Vea el Ejemplo 1.
- Se utiliza una notación abreviada para describir el límite de una función según la forma $\lim\limits_{x \to a} f(x) = L$, que indica que a medida que x se acerca a a, tanto desde la izquierda de $x = a$ y desde la derecha de $x = a$, el valor de salida

se acerca a L.

- Una función tiene un límite izquierdo si $f(x)$ se acerca a L a medida que x se acerca a a donde $x < a$. Una función tiene un límite derecho si $f(x)$ se acerca a L a medida que x se acerca a a donde $x > a$.
- Existen límites laterales si el límite izquierdo y el límite derecho de una función son iguales. Se dice que una función tiene un límite si tiene límites laterales.
- Un gráfico proporciona un método visual para determinar el límite de una función.
- Si la función tiene un límite a medida que x se acerca a a, las ramas del gráfico se acercarán a la misma coordenada y cerca de $x = a$ desde la izquierda y desde la derecha. Vea el Ejemplo 2.
- Se puede utilizar una tabla para determinar si una función tiene un límite. La tabla debe mostrar los valores de entrada que se acercan a a desde ambas direcciones para poder evaluar los valores de salida resultantes. Si los valores de salida se acercan a algún número, la función tiene un límite. Vea el Ejemplo 3.
- También se puede utilizar una herramienta gráfica para hallar un límite. Vea el Ejemplo 4.

12.2 Hallar los límites: propiedades de los límites

- Las propiedades de los límites se pueden utilizar para realizar operaciones sobre los límites de las funciones en vez de las propias funciones. Vea el Ejemplo 1.
- El límite de una función polinómica puede hallarse calculando la suma de los límites de los términos individuales. Vea el Ejemplo 2 y el Ejemplo 3.
- El límite de una función elevada a una potencia es igual a la misma potencia del límite de la función. Otro método es la sustitución directa. Vea el Ejemplo 4.
- El límite de la raíz de una función es igual a la raíz correspondiente del límite de la función.
- Una forma de hallar el límite de una función expresada como cociente es escribir el cociente en forma factorizada y simplificar. Vea el Ejemplo 5.
- Otro método para hallar el límite de una fracción compleja es hallar el mínimo común denominador. Vea el Ejemplo 6.
- Un límite que contenga una función que contenga una raíz se puede evaluar mediante un conjugado. Vea el Ejemplo 7.
- Los límites de algunas funciones expresadas como cocientes se pueden hallar mediante la factorización. Vea el Ejemplo 8.
- Una forma de evaluar el límite de un cociente que contenga valores absolutos es utilizando evidencias numéricas. También puede ser útil configurarlas por partes. Vea el Ejemplo 9.

12.3 Continuidad

- Una función continua se puede representar mediante un gráfico sin agujeros ni interrupciones.
- Una función cuyo gráfico tiene agujeros es una función discontinua.
- Una función es continua en un número determinado si se cumplen tres condiciones:
  - Condición 1: $f(a)$.
  - Condición 2: $\lim\limits_{x \to a} f(x)$ existe en $x = a$.
  - Condición 3: $\lim\limits_{x \to a} f(x) = f(a)$.
- Una función tiene una discontinuidad de salto si los límites izquierdo y derecho son diferentes, lo que hace que el gráfico "salte".
- Una función tiene una discontinuidad removible si puede ser redefinida en su punto discontinuo para hacerla continua. Vea el Ejemplo 1.
- Algunas funciones, como las polinómicas, son continuas en todas partes. Otras funciones, como las logarítmicas, son continuas en su dominio. Vea el Ejemplo 2 y el Ejemplo 3.
- Para que una función definida por partes sea continua, cada parte debe ser continua en su parte del dominio y la función en su conjunto debe ser continua en los límites. Vea el Ejemplo 4 y el Ejemplo 5.

12.4 Derivadas

- La pendiente de la línea secante que une dos puntos es la tasa media de cambio de la función entre esos puntos. Vea el Ejemplo 1.
- La derivada, o tasa instantánea de cambio, es una medida de la pendiente de la curva de una función en un punto determinado, o la pendiente de la línea tangente a la curva en ese punto. Vea el Ejemplo 2, el Ejemplo 3 y el Ejemplo 4.
- El cociente de diferencia es el cociente en la fórmula de la tasa instantánea de cambio: $\frac{f(a+h)-f(a)}{h}$

- Las tasas instantáneas de cambio se pueden usar para hallar soluciones a muchos problemas del mundo real. Vea el Ejemplo 5.
- La tasa instantánea de cambio se puede hallar al observar la pendiente de una función en un punto de un gráfico y dibujar una línea tangente a la función en ese punto. Vea el Ejemplo 6.
- Las tasas instantáneas de cambio se pueden interpretar para describir situaciones del mundo real. Vea el Ejemplo 7 y el Ejemplo 8.
- Algunas funciones no son diferenciables en un punto o puntos. Vea el Ejemplo 9.
- La forma punto-pendiente de una línea se puede usar para hallar la ecuación de una línea tangente a la curva de una función. Vea el Ejemplo 10.
- La velocidad es un cambio de posición en relación con el tiempo. La velocidad instantánea describe la velocidad de un objeto en un instante dado. La velocidad media describe la velocidad mantenida durante un intervalo de tiempo.
- El uso de la derivada permite calcular la velocidad instantánea aunque no haya tiempo transcurrido. Vea el Ejemplo 11.

Ejercicios

Ejercicios de repaso

Hallar los límites: enfoque numérico y gráfico

En los siguientes ejercicios, utilice la Figura 1.

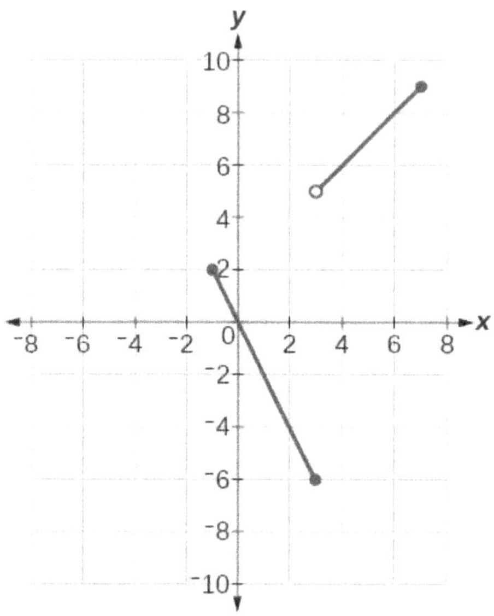

Figura 1

1. $\lim_{x\to -1^+} f(x)$

2. $\lim_{x\to -1^-} f(x)$

3. $\lim_{x\to -1} f(x)$

4. $\lim_{x \to 3} f(x)$

5. ¿En qué valores de x la función es discontinua? ¿Qué condición de continuidad se viola?

6. Utilizando la Tabla 1, estime $\lim_{x \to 0} f(x)$.

x	$F(x)$
-0,1	2,875
-0,01	2,92
-0,001	2,998
0	Indefinida
0,001	2,9987
0,01	2,865
0,1	2,78145
0,15	2,678

Tabla 1

En los siguientes ejercicios, con el uso de una herramienta gráfica, utilice evidencias numéricas o gráficas para determinar los límites por la izquierda y por la derecha de la función dada a medida que x se acerca a a. Si la función tiene límite a medida que x se acerca a a, indíquelo. Si no es así, discuta por qué no hay límite.

7. $f(x) = \begin{cases} |x| - 1, & if \quad x \neq 1 \\ x^3, & if \quad x = 1 \end{cases} \quad a = 1$

8. $f(x) = \begin{cases} \frac{1}{x+1}, & if \quad x = -2 \\ (x+1)^2, & if \quad x \neq -2 \end{cases} \quad a = -2$

9. $f(x) = \begin{cases} \sqrt{x+3}, & if \quad x < 1 \\ -\sqrt[3]{x}, & if \quad x > 1 \end{cases} \quad a = 1$

Hallar los límites: propiedades de los límites

En los siguientes ejercicios, halle los límites si $\lim_{x \to c} f(x) = -3$ y $\lim_{x \to c} g(x) = 5$.

10. $\lim_{x \to c} (f(x) + g(x))$

11. $\lim_{x \to c} \frac{f(x)}{g(x)}$

12. $\lim_{x \to c} (f(x) \cdot g(x))$

13. $\lim_{x \to 0^+} f(x), f(x) = \begin{cases} 3x^2 + 2x + 1 & x > 0 \\ 5x + 3 & x < 0 \end{cases}$

14. $\lim_{x \to 0^-} f(x), f(x) = \begin{cases} 3x^2 + 2x + 1 & x > 0 \\ 5x + 3 & x < 0 \end{cases}$

15. $\lim_{x \to 3^+} (3x - [x])$

En los siguientes ejercicios, evalúe los límites mediante técnicas algebraicas.

16. $\lim_{h \to 0} \left(\frac{(h+6)^2 - 36}{h} \right)$

17. $\lim_{x \to 25} \left(\frac{x^2 - 625}{\sqrt{x} - 5} \right)$

18. $\lim_{x \to 1} \left(\frac{-x^2 - 9x}{x} \right)$

19. $\lim_{x \to 4} \frac{7-\sqrt{12x+1}}{x-4}$

20. $\lim_{x \to -3} \left(\frac{\frac{1}{3}+\frac{1}{x}}{3+x} \right)$

Continuidad

En los siguientes ejercicios, utilice evidencias numéricas para determinar si el límite existe en $x = a$. En caso contrario, describa el comportamiento del gráfico de la función en $x = a$.

21. $f(x) = \frac{-2}{x-4};\ a = 4$

22. $f(x) = \frac{-2}{(x-4)^2};\ a = 4$

23. $f(x) = \frac{-x}{x^2-x-6};\ a = 3$

24. $f(x) = \frac{6x^2+23x+20}{4x^2-25};\ a = -\frac{5}{2}$

25. $f(x) = \frac{\sqrt{x}-3}{9-x};\ a = 9$

En los siguientes ejercicios, determine en qué parte la función dada $f(x)$ es continuo. Si no es continua, indique qué condiciones fallan y clasifique las discontinuidades.

26. $f(x) = x^2 - 2x - 15$

27. $f(x) = \frac{x^2-2x-15}{x-5}$

28. $f(x) = \frac{x^2-2x}{x^2-4x+4}$

29. $f(x) = \frac{x^3-125}{2x^2-12x+10}$

30. $f(x) = \frac{x^2-\frac{1}{x}}{2-x}$

31. $f(x) = \frac{x+2}{x^2-3x-10}$

32. $f(x) = \frac{x+2}{x^3+8}$

Derivados

En los siguientes ejercicios, calcule la tasa media de cambio $\frac{f(x+h)-f(x)}{h}$.

33. $f(x) = 3x + 2$

34. $f(x) = 5$

35. $f(x) = \frac{1}{x+1}$

36. $f(x) = \ln(x)$

37. $f(x) = e^{2x}$

En los siguientes ejercicios, halle la derivada de la función.

38. $f(x) = 4x - 6$

39. $f(x) = 5x^2 - 3x$

40. Halle la ecuación de la línea tangente al gráfico de $f(x)$ en el valor x indicado.

$f(x) = -x^3 + 4x;\ x = 2.$

En los siguientes ejercicios, con la ayuda de una herramienta gráfica, explique por qué la función no es diferenciable en todas partes de su dominio. Especifique los puntos en los que la función no es diferenciable.

41. $f(x) = \frac{x}{|x|}$

42. Dado que el volumen de un cono circular recto es $V = \frac{1}{3}\pi r^2 h$ y que un cono dado tiene una altura fija de 9 cm y una longitud de radio variable, calcule la tasa instantánea de cambio del volumen con respecto a la longitud del radio cuando este es de 2 cm. Dé una respuesta exacta en términos de π

Examen de práctica

En los siguientes ejercicios, utilice el gráfico de f en la Figura 1.

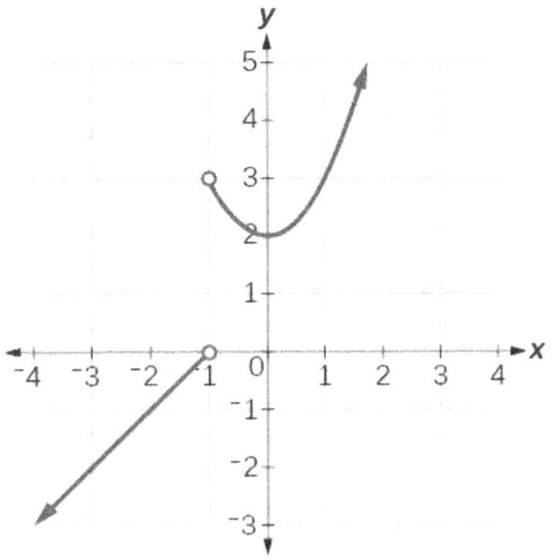

Figura 1

1. $f(1)$

2. $\lim\limits_{x \to -1^+} f(x)$

3. $\lim\limits_{x \to -1^-} f(x)$

4. $\lim\limits_{x \to -1} f(x)$

5. $\lim\limits_{x \to -2} f(x)$

6. ¿En qué valores de x es f discontinua? ¿Qué propiedad de la continuidad se viola?

En los siguientes ejercicios, con el uso de una herramienta gráfica, utilice evidencias numéricas o gráficas para determinar los límites por la izquierda y por la derecha de la función dada a medida que x se acerca a a. Si la función tiene un límite a medida que x se acerca a a, indíquelo. Si no es así, analice por qué no hay límite

7. $f(x) = \begin{cases} \frac{1}{x} - 3, \; if & x \le 2 \\ x^3 + 1, if & x > 2 \end{cases}$ $a = 2$

8. $f(x) = \begin{cases} x^3 + 1, & if \quad x < 1 \\ 3x^2 - 1, & if \quad x = 1 \; a = 1 \\ -\sqrt{x+3} + 4, & if \quad x > 1 \end{cases}$

En los siguientes ejercicios, evalúe cada límite mediante técnicas algebraicas.

9. $\lim\limits_{x \to -5} \left(\frac{\frac{1}{5} + \frac{1}{x}}{10 + 2x} \right)$

10. $\lim\limits_{h \to 0} \left(\frac{\sqrt{h^2+25} - 5}{h^2} \right)$

11. $\lim\limits_{h \to 0} \left(\frac{1}{h} - \frac{1}{h^2 + h} \right)$

En los siguientes ejercicios, determine si la función dada f es continua. Si es continua, demuestre por qué. Si no es continua, indique cuáles condiciones fallan.

12. $f(x) = \sqrt{x^2 - 4}$

13. $f(x) = \frac{x^3-4x^2-9x+36}{x^3-3x^2+2x-6}$

En los siguientes ejercicios, utilice la definición de derivada para hallar la derivada de la función dada en $x = a$.

14. $f(x) = \frac{3}{5+2x}$

15. $f(x) = \frac{3}{\sqrt{x}}$

16. $f(x) = 2x^2 + 9x$

17. Para el gráfico en la Figura 2, determine en qué parte la función es continua/discontinua y diferenciable/no diferenciable.

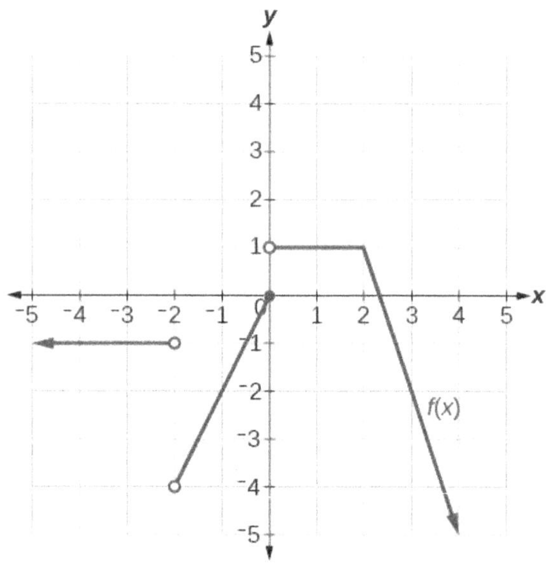

Figura 2

En los siguientes ejercicios, con la ayuda de una herramienta gráfica, explique por qué la función no es diferenciable en todas partes de su dominio. Especifique los puntos en los que la función no es diferenciable.

18. $f(x) = |x-2| - |x+2|$

19. $f(x) = \frac{2}{1+e^{\frac{2}{x}}}$

En los siguientes ejercicios, explique la notación en palabras cuando la altura de un proyectil en pies, s, es una función de tiempo t en segundos después del lanzamiento y está dada por la función $s(t)$.

20. $s(0)$

21. $s(2)$

22. $s'(2)$

23. $\frac{s(2)-s(1)}{2-1}$

24. $s(t) = 0$

En los siguientes ejercicios, utilice la tecnología para evaluar el límite.

25. $\lim_{x \to 0} \frac{\text{sen}(x)}{3x}$

26. $\lim_{x \to 0} \frac{\tan^2(x)}{2x}$

27. $\lim_{x \to 0} \frac{\text{sen}(x)(1-\cos(x))}{2x^2}$

28. Evalúe el límite a mano.

$$\lim_{x \to 1} f(x), \text{ donde } f(x) = \begin{cases} 4x - 7 & x \neq 1 \\ x^2 - 4 & x = 1 \end{cases}$$

¿En qué valor(es) de x la siguiente función es discontinua?

$$f(x) = \begin{cases} 4x - 7 & x \neq 1 \\ x^2 - 4 & x = 1 \end{cases}$$

En los siguientes ejercicios, considere la función cuyo gráfico aparece en la Figura 3.

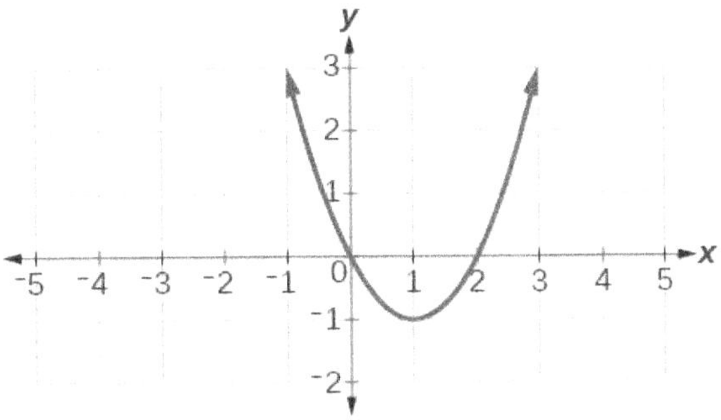

Figura 3

29. Halle la tasa media de cambio de la función de $x = 1$ para $x = 3$.

30. Halle todos los valores de x en los que $f'(x) = 0$.

31. Halle todos los valores de x en los que $f'(x)$ no existe.

32. Halle una ecuación de la línea tangente al gráfico de f del punto indicado: $f(x) = 3x^2 - 2x - 6, \quad x = -2$

En los siguientes ejercicios, utilice la función $f(x) = x(1 - x)^{\frac{2}{5}}$.

33. Grafique la función $f(x) = x(1 - x)^{\frac{2}{5}}$ e introduzca $f(x) = x\left((1 - x)^2\right)^{\frac{1}{5}}$ y luego introduzca $f(x) = x\left((1 - x)^{\frac{1}{5}}\right)^2$.

34. Explore el comportamiento del gráfico de $f(x)$ alrededor de $x = 1$ y haga un gráfico de la función en los siguientes dominios, [0,9, 1,1], [0,99, 1,01], [0,999, 1,001] y [0,9999, 1,0001]. Utilice esta información para determinar si la función parece ser diferenciable en $x = 1$.

En los siguientes ejercicios, halle la derivada de cada una de las funciones utilizando la definición: $\lim_{h \to 0} \frac{f(x+h) - f(x)}{h}$

35. $f(x) = 2x - 8$

36. $f(x) = 4x^2 - 7$

37. $f(x) = x - \frac{1}{2}x^2$

38. $f(x) = \frac{1}{x+2}$

39. $f(x) = \frac{3}{x-1}$

40. $f(x) = -x^3 + 1$

41. $f(x) = x^2 + x^3$

42. $f(x) = \sqrt{x - 1}$

A FUNCIONES E IDENTIDADES BÁSICAS

Gráficos de funciones matriz

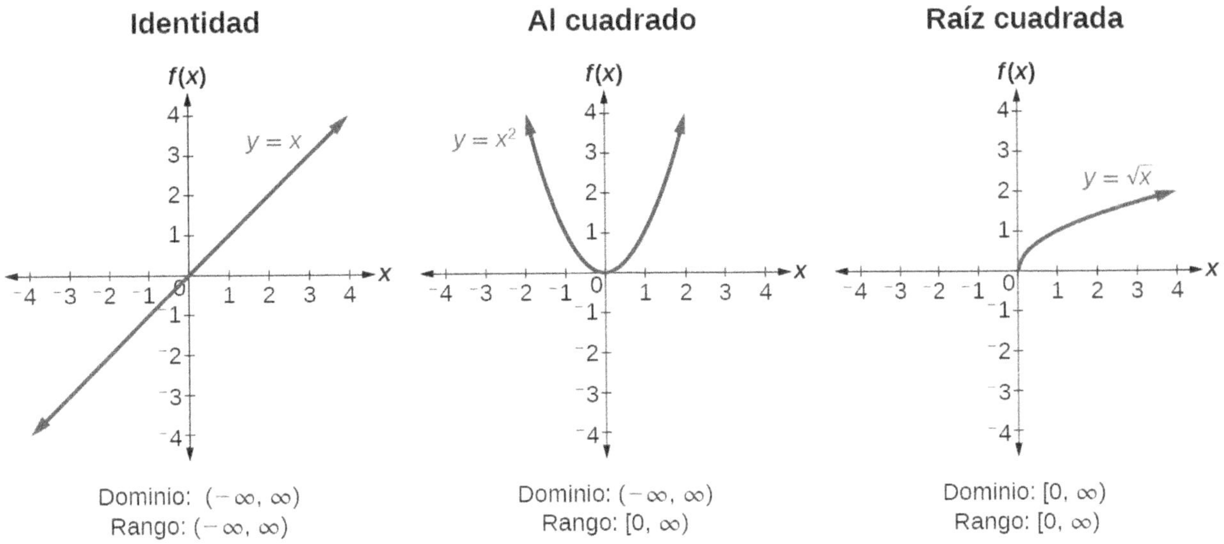

Figura A1

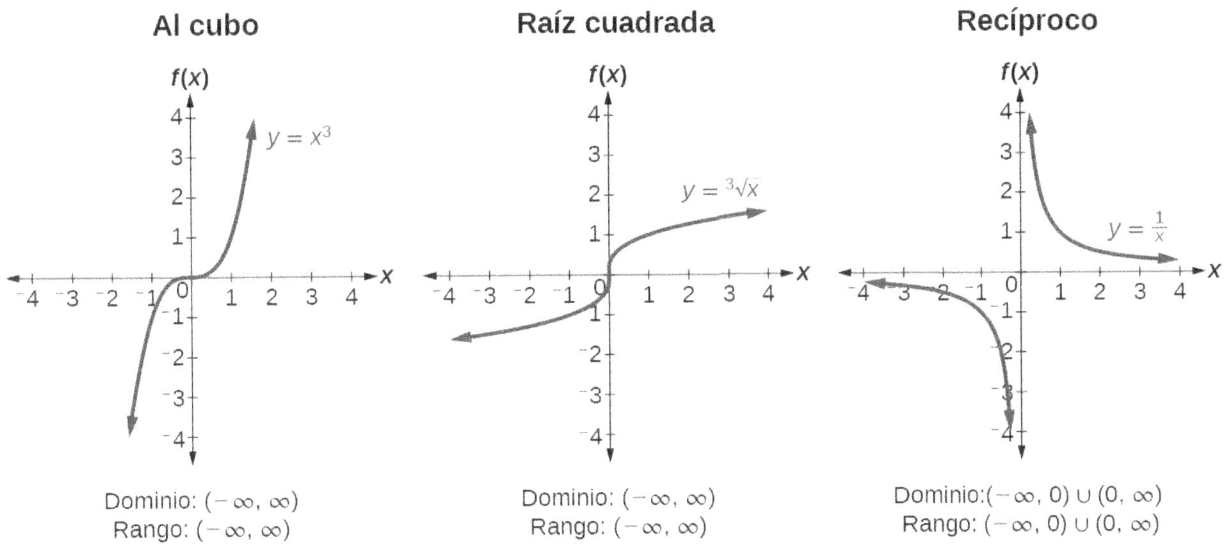

Figura A2

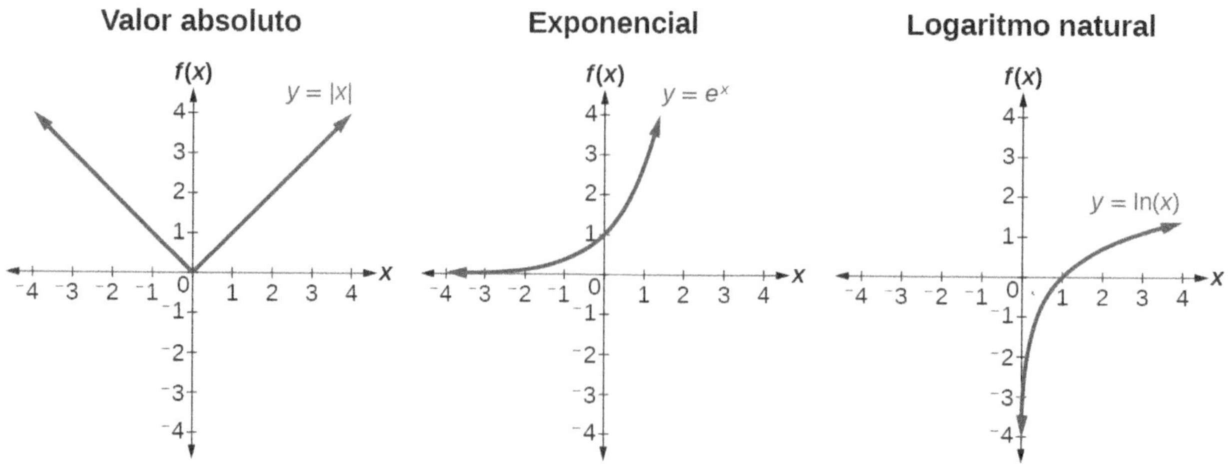

Dominio: $(-\infty, \infty)$
Rango: $[0, \infty)$

Dominio: $(-\infty, \infty)$
Rango: $(0, \infty)$

Dominio: $(0, \infty)$
Rango: $(- , \infty)$

Figura A3

Gráficos de las funciones trigonométricas

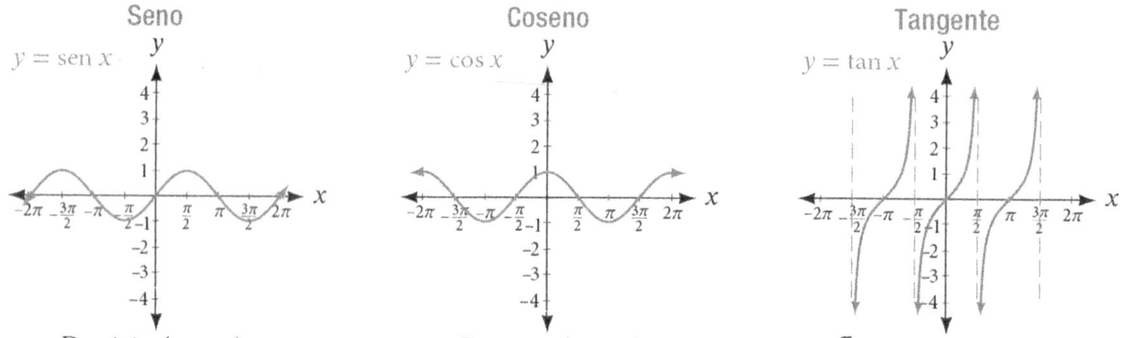

Dominio: $(-\infty, \infty)$
Rango: $(-1, 1)$

Dominio: $(-\infty, \infty)$
Rango: $(-1, 1)$

Dominio: $x \neq \frac{\pi}{2} k$ donde k es un número entero impar
Rango: $(-\infty, -1] \cup [1, \infty)$

Figura A4

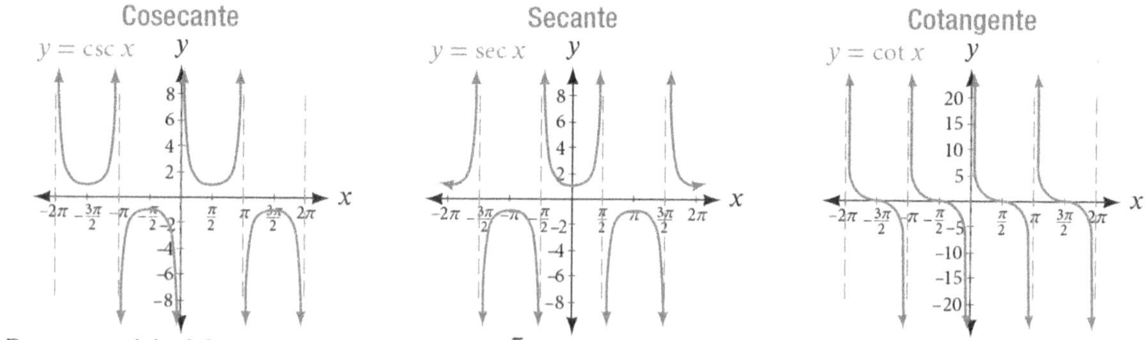

Dominio: $x \neq \pi k$ donde k es un número entero
Rango: $(-\infty, -1] \cup [1, \infty)$

Dominio: $x \neq \frac{\pi}{2} k$ donde k es un número entero impar
Rango: $(-\infty, -1] \cup [1, \infty)$

Dominio: $x \neq \pi k$ donde k es un número entero
Rango: $(-\infty, \infty)$

Figura A5

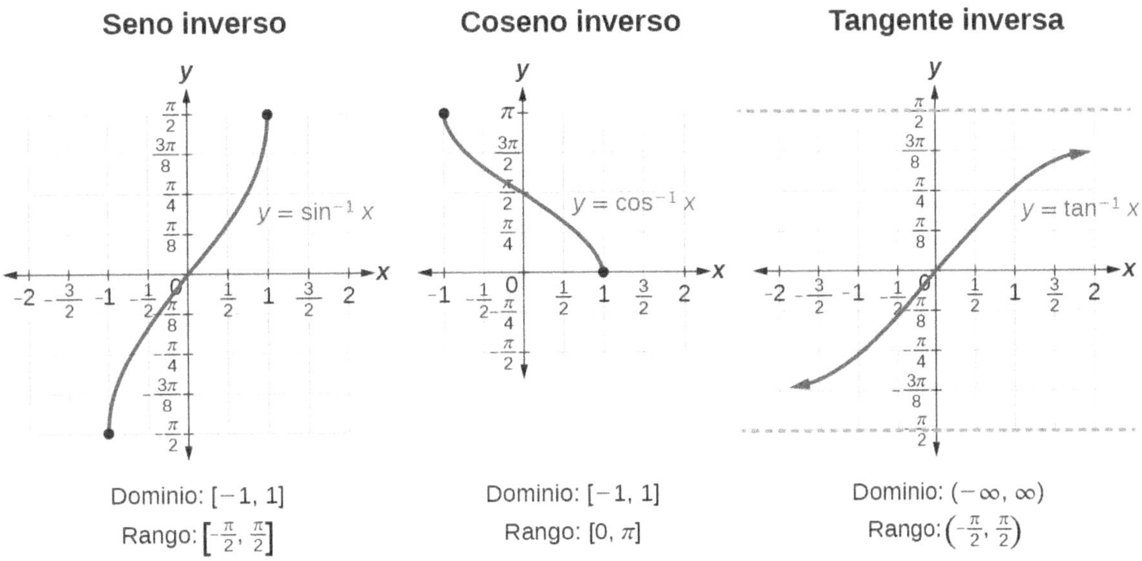

Figura A6

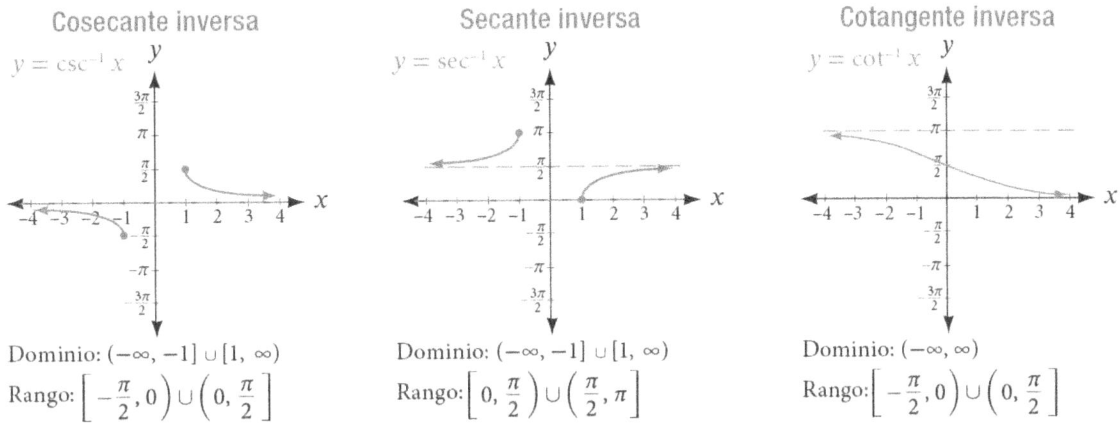

Figura A7

Identidades trigonométricas

Identidades de Pitágoras	$\cos^2 \theta + \text{sen}^2 \theta = 1$ $1 + \tan^2 \theta = \sec^2 \theta$ $1 + \cot^2 \theta = \csc^2 \theta$
Identidades par-impar	$\cos(-\theta) = \cos \theta$ $\sec(-\theta) = \sec \theta$ $\text{sen}(-\theta) = -\text{sen}\ \theta$ $\tan(-\theta) = -\tan \theta$ $\csc(-\theta) = -\csc \theta$ $\cot(-\theta) = -\cot \theta$

Tabla A1

Identidades de la cofunción	$\cos\ \theta = \text{sen}\left(\frac{\pi}{2} - \theta\right)$ $\text{sen}\ \theta = \cos\left(\frac{\pi}{2} - \theta\right)$ $\tan\ \theta = \cot\left(\frac{\pi}{2} - \theta\right)$ $\cot\ \theta = \tan\left(\frac{\pi}{2} - \theta\right)$ $\sec\ \theta = \csc\left(\frac{\pi}{2} - \theta\right)$ $\csc\ \theta = \sec\left(\frac{\pi}{2} - \theta\right)$
Identidades fundamentales	$\tan\ \theta = \frac{\text{sen}\ \theta}{\cos\ \theta}$ $\sec\ \theta = \frac{1}{\cos\ \theta}$ $\csc\ \theta = \frac{1}{\text{sen}\ \theta}$ $\cot\ \theta = \frac{1}{\tan\ \theta} = \frac{\cos\ \theta}{\text{sen}\ \theta}$
Identidades de suma y resta	$\cos(\alpha + \beta) = \cos\ \alpha\ \cos\ \beta - \text{sen}\ \alpha\ \text{sen}\ \beta$ $\cos(\alpha - \beta) = \cos\ \alpha\ \cos\ \beta + \text{sen}\ \alpha\ \text{sen}\ \beta$ $\text{sen}(\alpha + \beta) = \text{sen}\ \alpha\ \cos\ \beta + \cos\ \alpha\ \text{sen}\ \beta$ $\text{sen}(\alpha - \beta) = \text{sen}\ \alpha\ \cos\ \beta - \cos\ \alpha\ \text{sen}\ \beta$ $\tan(\alpha + \beta) = \frac{\tan\ \alpha + \tan\ \beta}{1 - \tan\ \alpha\ \tan\ \beta}$ $\tan(\alpha - \beta) = \frac{\tan\ \alpha - \tan\ \beta}{1 + \tan\ \alpha\ \tan\ \beta}$
Fórmulas del ángulo doble	$\text{sen}(2\theta) = 2\ \text{sen}\ \theta\ \cos\ \theta$ $\cos(2\theta) = \cos^2\theta - \text{sen}^2\theta$ $\cos(2\theta) = 1 - 2\ \text{sen}^2\theta$ $\cos(2\theta) = 2\ \cos^2\theta - 1$ $\tan(2\theta) = \frac{2\ \tan\ \theta}{1 - \tan^2\theta}$
Fórmulas de medio ángulo	$\text{sen}\ \frac{\alpha}{2} = \pm\sqrt{\frac{1 - \cos\ \alpha}{2}}$ $\cos\ \frac{\alpha}{2} = \pm\sqrt{\frac{1 + \cos\ \alpha}{2}}$ $\tan\ \frac{\alpha}{2} = \pm\sqrt{\frac{1 - \cos\ \alpha}{1 + \cos\ \alpha}}$ $\tan\ \frac{\alpha}{2} = \frac{\text{sen}\ \alpha}{1 + \cos\ \alpha}$ $\tan\ \frac{\alpha}{2} = \frac{1 - \cos\ \alpha}{\text{sen}\ \alpha}$
Fórmulas de reducción	$\text{sen}^2\ \theta = \frac{1 - \cos(2\theta)}{2}$ $\cos^2\ \theta = \frac{1 + \cos(2\theta)}{2}$ $\tan^2\ \theta = \frac{1 - \cos(2\theta)}{1 + \cos(2\theta)}$
Fórmulas producto a suma	$\cos\ \alpha\ \cos\ \beta = \frac{1}{2}[\cos(\alpha - \beta) + \cos(\alpha + \beta)]$ $\text{sen}\ \alpha\ \cos\ \beta = \frac{1}{2}[\text{sen}(\alpha + \beta) + \text{sen}(\alpha - \beta)]$ $\text{sen}\ \alpha\ \text{sen}\ \beta = \frac{1}{2}[\cos(\alpha - \beta) - \cos(\alpha + \beta)]$ $\cos\ \alpha\ \text{sen}\ \beta = \frac{1}{2}[\text{sen}(\alpha + \beta) - \text{sen}(\alpha - \beta)]$

Tabla A1

Fórmulas de suma a producto	$\text{sen}\ \alpha + \text{sen}\ \beta = 2\ \text{sen}\left(\frac{\alpha+\beta}{2}\right)\ \cos\left(\frac{\alpha-\beta}{2}\right)$ $\text{sen}\ \alpha - \text{sen}\ \beta = 2\ \text{sen}\left(\frac{\alpha-\beta}{2}\right)\ \cos\left(\frac{\alpha+\beta}{2}\right)$ $\cos\ \alpha - \cos\ \beta = -2\ \text{sen}\left(\frac{\alpha+\beta}{2}\right)\ \text{sen}\left(\frac{\alpha-\beta}{2}\right)$ $\cos\ \alpha + \cos\ \beta = 2\ \cos\left(\frac{\alpha+\beta}{2}\right)\ \cos\left(\frac{\alpha-\beta}{2}\right)$
Ley de senos	$\frac{\text{sen}\ \alpha}{a} = \frac{\text{sen}\ \beta}{b} = \frac{\text{sen}\ \gamma}{c}$ $\frac{a}{\text{sen}\ \alpha} = \frac{b}{\text{sen}\ \beta} = \frac{c}{\text{sen}\ \gamma}$
Ley de cosenos	$a^2 = b^2 + c^2 - 2bc\ \cos\ \alpha$ $b^2 = a^2 + c^2 - 2ac\ \cos\ \beta$ $c^2 = a^2 + b^2 - 2ab\ \cos\ \gamma$

Tabla A1

Clave de respuestas, capítulos 7–12

Capítulo 7

Inténtelo

7.1 Resolver ecuaciones trigonométricas con identidades

1. $$\begin{aligned}\csc\ \theta\cos\ \theta\tan\ \theta &= \left(\frac{1}{\text{sen}\ \theta}\right)\cos\ \theta\left(\frac{\text{sen}\ \theta}{\cos\ \theta}\right)\\ &= \frac{\cos\ \theta}{\text{sen}\ \theta}\left(\frac{\text{sen}\ \theta}{\cos\ \theta}\right)\\ &= \frac{\text{sen}\ \theta\cos\ \theta}{\text{sen}\ \theta\cos\ \theta}\\ &= 1\end{aligned}$$

2. $$\begin{aligned}\frac{\cot\ \theta}{\csc\ \theta} &= \frac{\frac{\cos\ \theta}{\text{sen}\ \theta}}{\frac{1}{\text{sen}\ \theta}}\\ &= \frac{\cos\ \theta}{\text{sen}\ \theta}\cdot\frac{\text{sen}\ \theta}{1}\\ &= \cos\ \theta\end{aligned}$$

3. $$\begin{aligned}\frac{\text{sen}^2\theta-1}{\tan\ \theta\,\text{sen}\ \theta-\tan\ \theta} &= \frac{(\text{sen}\ \theta+1)(\text{sen}\ \theta-1)}{\tan\ \theta(\text{sen}\ \theta-1)}\\ &= \frac{\text{sen}\ \theta+1}{\tan\ \theta}\end{aligned}$$

4. Esta es una fórmula de diferencia de cuadrados: $25-9\ \text{sen}^2\ \theta=(5-3\ \ \text{sen}\ \theta)(5+3\ \ \text{sen}\ \theta)$.

5. $$\begin{aligned}\frac{\cos\ \theta}{1+\text{sen}\ \theta}\left(\frac{1-\text{sen}\ \theta}{1-\text{sen}\ \theta}\right) &= \frac{\cos\ \theta(1-\text{sen}\ \theta)}{1-\text{sen}^2\theta}\\ &= \frac{\cos\ \theta(1-\text{sen}\ \theta)}{\cos^2\theta}\\ &= \frac{1-\text{sen}\ \theta}{\cos\ \theta}\end{aligned}$$

7.2 Identidades de suma y resta

1. $\frac{\sqrt{2}+\sqrt{6}}{4}$
2. $\frac{\sqrt{2}-\sqrt{6}}{4}$
3. $\frac{1-\sqrt{3}}{1+\sqrt{3}}$
4. $\cos\left(\frac{5\pi}{14}\right)$
5. $$\begin{aligned}\tan(\pi-\theta) &= \frac{\tan(\pi)-\tan\ \theta}{1+\tan(\pi)\tan\theta}\\ &= \frac{0-\tan\ \theta}{1+0\cdot\tan\ \theta}\\ &= -\tan\ \theta\end{aligned}$$

7.3 Fórmulas del ángulo doble, el ángulo medio y la reducción

1. $\cos(2\alpha)=\frac{7}{32}$
2. $\cos^4\theta-\text{sen}^4\theta=\left(\cos^2\theta+\text{sen}^2\theta\right)\left(\cos^2\theta-\text{sen}^2\theta\right)=\cos(2\theta)$
3. $\cos(2\theta)\cos\ \theta=\left(\cos^2\theta-\text{sen}^2\theta\right)\cos\ \theta=\cos^3\theta-\cos\ \theta\text{sen}^2\theta$
4. $$\begin{aligned}10\cos^4 x = 10\cos^4 x &= 10(\cos^2 x)^2\\ &= 10\left[\frac{1+\cos(2x)}{2}\right]^2 && \text{Sustituya la fórmula de reducción para el coseno}^2 x.\\ &= \frac{10}{4}[1+2\cos(2x)+\cos^2(2x)]\\ &= \frac{10}{4}+\frac{10}{2}\cos(2x)+\frac{10}{4}\left(\frac{1+\cos 2(2x)}{2}\right) && \text{Sustituya la fórmula de reducción para el coseno}^2 x.\\ &= \frac{10}{4}+\frac{10}{2}\cos(2x)+\frac{10}{8}+\frac{10}{8}\cos(4x)\\ &= \frac{30}{8}+5\cos(2x)+\frac{10}{8}\cos(4x)\\ &= \frac{15}{4}+5\cos(2x)+\frac{5}{4}\cos(4x)\end{aligned}$$
5. $-\frac{2}{\sqrt{5}}$

7.4 Fórmulas de suma a producto y de producto a suma

1. $\frac{1}{2}(\cos 6\theta+\cos 2\theta)$
2. $\frac{1}{2}(\text{sen}\,2x+\text{sen}\,2y)$
3. $\frac{-2-\sqrt{3}}{4}$
4. $2\,\text{sen}\,(2\theta)\cos(\theta)$
5. $$\begin{aligned}\tan\ \theta\ \cot\ \theta-\cos^2\theta &= \left(\frac{\text{sen}\ \theta}{\cos\ \theta}\right)\left(\frac{\cos\ \theta}{\text{sen}\ \theta}\right)-\cos^2\theta\\ &= 1-\cos^2\theta\\ &= \text{sen}^2\theta\end{aligned}$$

7.5 Resolver ecuaciones trigonométricas

1. $x = \frac{7\pi}{6}, \frac{11\pi}{6}$

2. $\frac{\pi}{3} \pm \pi k$

3. $\theta \approx 1{,}7722 \pm 2\pi k$ y $\theta \approx 4{,}5110 \pm 2\pi k$

4. $\cos\ \theta = -1,\ \ \theta = \pi$

5. $\frac{\pi}{2}, \frac{2\pi}{3}, \frac{4\pi}{3}, \frac{3\pi}{2}$

7.6 Modelado con funciones trigonométricas

1. La amplitud es 3, y el periodo es $\frac{2}{3}$.

2.

x	$3\ \text{sen}\,(3x)$
0	0
$\frac{\pi}{6}$	3
$\frac{\pi}{3}$	0
$\frac{\pi}{2}$	−3
$\frac{2\pi}{3}$	0

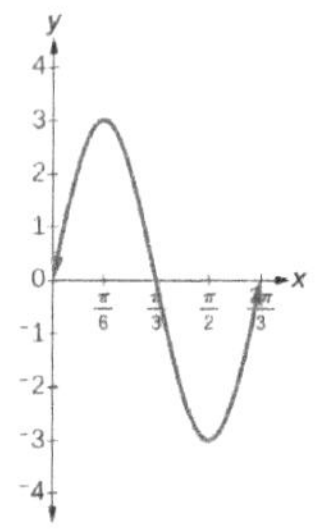

3. $y = 8\ \text{sen}\left(\frac{\pi}{12}t\right) + 32$
La temperatura alcanza el punto de congelación al mediodía y a medianoche.

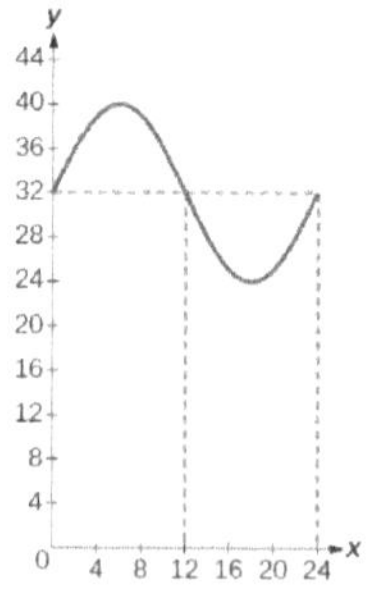

4. desplazamiento inicial =6, constante de amortiguamiento = -6, frecuencia = $\frac{2}{\pi}$

5. $y = 10e^{-0{,}5t}\cos(\pi t)$

6. $y = 5\cos(6\pi t)$

7.1 Ejercicios de sección

1. Las tres funciones, F, G y H, son pares.

Esto se debe a que
$F(-x) = \text{sen}(-x)\,\text{sen}(-x) = (-\text{sen}\ \ x)(-\text{sen}\ \ x) = \text{sen}^2 x = F(x), G(-x) = \cos(-x)\cos(-x) = \cos\ \ x\cos\ \ x = \cos^2 x = G(x)$
y $H(-x) = \tan(-x)\tan(-x) = (-\tan\ \ x)(-\tan\ \ x) = \tan^2 x = H(x)$.

3. Cuando $\cos\ \ t = 0$, entonces $\sec\ \ t = \frac{1}{0}$, que es indefinida.

5. $\text{sen}\ \ x$

7. $\sec\ \ x$

9. $\csc\ \ t$

11. -1

13. $\sec^2 x$

15. $\text{sen}^2 x + 1$

17. $\frac{1}{\text{sen}\ \ x}$

19. $\frac{1}{\cot\ \ x}$

21. $\tan\ x$

23. $-4\sec\ x\tan\ x$

25. $\pm\sqrt{\frac{1}{\cot^2 x}+1}$

27. $\frac{\pm\sqrt{1-\text{sen}^2 x}}{\text{sen}\, x}$

29. Las respuestas variarán. Una prueba de ejemplo:

$\cos\ x-\cos^3 x=\cos\ x\left(1-\cos^2 x\right)$

$=\cos x\,\text{sen}^2\, x$

31. Las respuestas variarán. Una prueba de ejemplo:
$\frac{1+\text{sen}^2 x}{\cos^2 x}=\frac{1}{\cos^2 x}+\frac{\text{sen}^2 x}{\cos^2 x}=\sec^2 x+\tan^2 x=\tan^2 x+1+\tan^2 x=1+2\tan^2 x$

33. Las respuestas variarán. Una prueba de ejemplo:
$\cos^2 x-\tan^2 x=1-\text{sen}^2 x-\left(\sec^2 x-1\right)=1-\text{sen}^2 x-\sec^2 x+1=2-\text{sen}^2 x-\sec^2 x$

35. Falso

37. Falso

39. Comprobado con identidades negativas y pitagóricas

41. Verdadera
$3\ \text{sen}^2\theta+4\ \cos^2\theta=3\ \text{sen}^2\theta+3\ \cos^2\theta+\cos^2\theta=3\left(\text{sen}^2\theta+\cos^2\theta\right)+\cos^2\theta=3+\cos^2\theta$

7.2 Ejercicios de sección

1. Las identidades de la cofunción se aplican a los ángulos complementarios. Al ver los dos ángulos agudos de un triángulo rectángulo, si uno de esos ángulos mide x, el segundo ángulo mide $\frac{\pi}{2}-x$. Entonces $\text{sen}\, x=\cos\left(\frac{\pi}{2}-x\right)$. Lo mismo ocurre con las demás identidades de cofunción. La clave es que los ángulos sean complementarios.

3. $\text{sen}\,(-x)=-\,\text{sen}\, x$, por lo que $\text{sen}\, x$ es impar.
$\cos\,(-x)=\cos\,(0-x)=\cos x$, por lo que $\cos x$ es par.

5. $\frac{\sqrt{2}+\sqrt{6}}{4}$

7. $\frac{\sqrt{6}-\sqrt{2}}{4}$

9. $-2-\sqrt{3}$

11. $-\frac{\sqrt{2}}{2}\text{sen}\, x-\frac{\sqrt{2}}{2}\cos x$

13. $-\frac{1}{2}\cos x-\frac{\sqrt{3}}{2}\text{sen}\, x$

15. $\csc\theta$

17. $\cot x$

19. $\tan\left(\frac{x}{10}\right)$

21. $\text{sen}(a-b)=\left(\frac{4}{5}\right)\left(\frac{1}{3}\right)-\left(\frac{3}{5}\right)\left(\frac{2\sqrt{2}}{3}\right)=\frac{4-6\sqrt{2}}{15}$

$\cos(a+b)=\left(\frac{3}{5}\right)\left(\frac{1}{3}\right)-\left(\frac{4}{5}\right)\left(\frac{2\sqrt{2}}{3}\right)=\frac{3-8\sqrt{2}}{15}$

23. $\frac{\sqrt{2}-\sqrt{6}}{4}$

25. $\operatorname{sen} x$

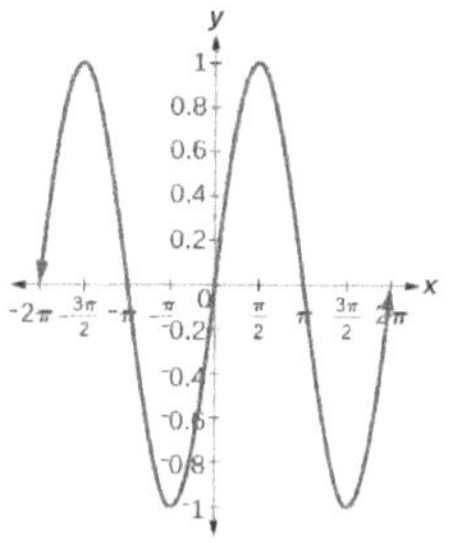

27. $\cot\left(\frac{\pi}{6}-x\right)$

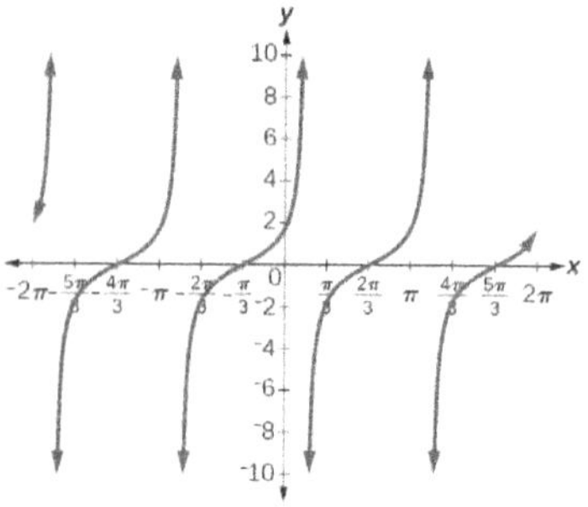

29. $\cot\left(\frac{\pi}{4}+x\right)$

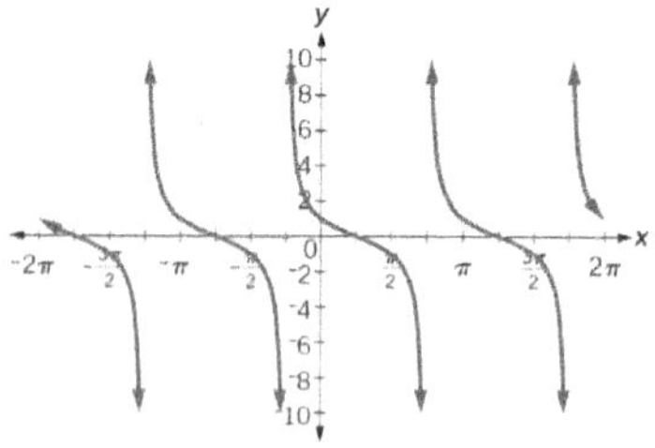

31. $\frac{\operatorname{sen} x}{\sqrt{2}}+\frac{\cos x}{\sqrt{2}}$

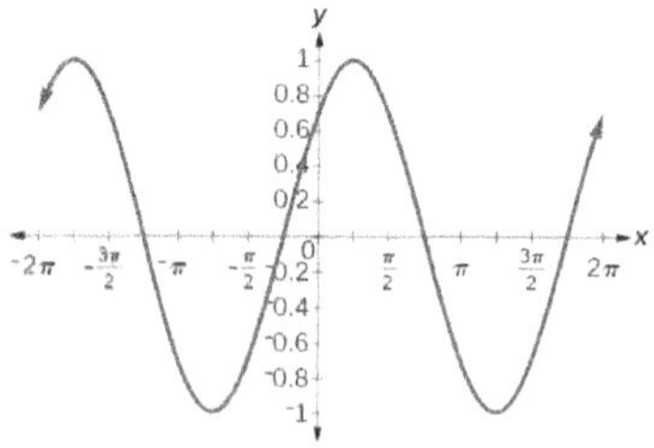

33. Son iguales.

35. Son los diferentes; pruebe $g(x)=\operatorname{sen}(9x)-\cos(3x)\operatorname{sen}(6x)$.

37. Son iguales.

39. Son los diferentes; pruebe $g(\theta)=\frac{2\ \tan\theta}{1-\tan^2\theta}$.

41. Son diferentes; pruebe $g(x)=\frac{\tan x-\tan(2x)}{1+\tan x\tan(2x)}$.

43. $-\frac{\sqrt{3}-1}{2\sqrt{2}}$, o $-0{,}2588$

45. $\frac{1+\sqrt{3}}{2\sqrt{2}}$, o 0,9659

47.
$$\tan\left(x+\frac{\pi}{4}\right)=$$
$$\frac{\tan x+\tan\left(\frac{\pi}{4}\right)}{1-\tan x\tan\left(\frac{\pi}{4}\right)}=$$
$$\frac{\tan x+1}{1-\tan x(1)}=\frac{\tan x+1}{1-\tan x}$$

49.
$$\frac{\cos(a+b)}{\cos a\cos b}=$$
$$\frac{\cos a\cos b}{\cos a\cos b}-\frac{\operatorname{sen} a\operatorname{sen} b}{\cos a\cos b}=1-\tan a\tan b$$

51.
$$\frac{\cos(x+h)-\cos x}{h}=$$
$$\frac{\cos x\cosh-\operatorname{sen} x\operatorname{senoh}-\cos x}{h}=$$
$$\frac{\cos x(\cosh-1)-\operatorname{sen} x\operatorname{senoh}}{h}=\cos x\frac{\cos h-1}{h}-\operatorname{sen} x\frac{\operatorname{sen} h}{h}$$

53. Verdadero

55. Verdadero. Observe que $\operatorname{sen}(\alpha+\beta)=\operatorname{sen}(\pi-\gamma)$ y expanda el lado derecho.

7.3 Ejercicios de sección

1. Utilice las identidades pitagóricas y aísle el término del cuadrado.

3. $\frac{1-\cos x}{\operatorname{sen} x}, \frac{\operatorname{sen} x}{1+\cos x}$, al multiplicar la parte superior e inferior por $\sqrt{1-\cos x}$ y $\sqrt{1+\cos x}$, respectivamente.

5. a) $\frac{3\sqrt{7}}{32}$ b) $\frac{31}{32}$ c) $\frac{3\sqrt{7}}{31}$

7. a) $\frac{\sqrt{3}}{2}$ b) $-\frac{1}{2}$ c) $-\sqrt{3}$

9. $\cos \theta = -\frac{2\sqrt{5}}{5}, \operatorname{sen} \theta = \frac{\sqrt{5}}{5}, \tan \theta = -\frac{1}{2}, \csc \theta = \sqrt{5}, \sec \theta = -\frac{\sqrt{5}}{2}, \cot \theta = -2$

11. $2 \operatorname{sen}\left(\frac{\pi}{2}\right)$

13. $\frac{\sqrt{2-\sqrt{2}}}{2}$

15. $\frac{\sqrt{2-\sqrt{3}}}{2}$

17. $2+\sqrt{3}$

19. $-1-\sqrt{2}$

21. a) $\frac{3\sqrt{13}}{13}$ b) $-\frac{2\sqrt{13}}{13}$ c) $-\frac{3}{2}$

23. a) $\frac{\sqrt{10}}{4}$ b) $\frac{\sqrt{6}}{4}$ c) $\frac{\sqrt{15}}{3}$

25. $\frac{120}{169}, -\frac{119}{169}, -\frac{120}{119}$

27. $\frac{2\sqrt{13}}{13}, \frac{3\sqrt{13}}{13}, \frac{2}{3}$

29. $\cos(74°)$

31. $\cos(18x)$

33. $3 \operatorname{sen}(10x)$

35. $-2 \operatorname{sen}(-x)\cos(-x) = -2(-\operatorname{sen}(x)\cos(x)) = \operatorname{sen}(2x)$

37. $\frac{\operatorname{sen}(2\theta)}{1+\cos(2\theta)}\tan^2\theta = \frac{2\operatorname{sen}(\theta)\cos(\theta)}{1+\cos^2\theta-\operatorname{sen}^2\theta}\tan^2\theta = \frac{2\operatorname{sen}(\theta)\cos(\theta)}{2\cos^2\theta}\tan^2\theta = \frac{\operatorname{sen}(\theta)}{\cos\theta}\tan^2\theta = \tan\theta\tan^2\theta = \tan^3\theta$

39. $\frac{1+\cos(12x)}{2}$

41. $\frac{3+\cos(12x)-4\cos(6x)}{8}$

43. $\frac{2+\cos(2x)-2\cos(4x)-\cos(6x)}{32}$

45. $\frac{3+\cos(4x)-4\cos(2x)}{3+\cos(4x)+4\cos(2x)}$

47. $\frac{1-\cos(4x)}{8}$

49. $\frac{3+\cos(4x)-4\cos(2x)}{4(\cos(2x)+1)}$

51. $\frac{(1+\cos(4x))\operatorname{sen} x}{2}$

53. $4\operatorname{sen} x\cos x\left(\cos^2 x-\operatorname{sen}^2 x\right)$

55. $\frac{2\tan x}{1+\tan^2 x} = \frac{\frac{2\operatorname{sen} x}{\cos x}}{1+\frac{\operatorname{sen}^2 x}{\cos^2 x}} = \frac{\frac{2\operatorname{sen} x}{\cos x}}{\frac{\cos^2 x+\operatorname{sen}^2 x}{\cos^2 x}} = \frac{2\operatorname{sen} x}{\cos x}\cdot\frac{\cos^2 x}{1} = 2\operatorname{sen} x\cos x = \operatorname{sen}(2x)$

57. $\frac{2\operatorname{sen} x\cos x}{2\cos^2 x-1} = \frac{\operatorname{sen}(2x)}{\cos(2x)} = \tan(2x)$

59.
$$\begin{aligned}
&\operatorname{sen}(x+2x) = \operatorname{sen} x\cos(2x)+\operatorname{sen}(2x)\cos x\\
&= \operatorname{sen} x(\cos^2 x-\operatorname{sen}^2 x)+2\operatorname{sen} x\cos x\cos x\\
&= \operatorname{sen} x\cos^2 x-\operatorname{sen}^3 x+2\operatorname{sen} x\cos^2 x\\
&= 3\operatorname{sen} x\cos^2 x-\operatorname{sen}^3 x
\end{aligned}$$

61.
$$\begin{aligned}
&\frac{1+\cos(2t)}{\operatorname{sen}(2t)-\cos t} = \frac{1+2\cos^2 t-1}{2\operatorname{sen} t\cos t-\cos t}\\
&= \frac{2\cos^2 t}{\cos t(2\operatorname{sen} t-1)}\\
&= \frac{2\cos t}{2\operatorname{sen} t-1}
\end{aligned}$$

63. $$\begin{aligned}&\left(\cos^2(4x)-\operatorname{sen}^2(4x)-\operatorname{sen}(8x))(\cos^2(4x)-\operatorname{sen}^2(4x)+\operatorname{sen}(8x)\right)=\\&=(\cos(8x)-\operatorname{sen}(8x))(\cos(8x)+\operatorname{sen}(8x))\\&=\cos^2(8x)-\operatorname{sen}^2(8x)\\&=\cos(16x)\end{aligned}$$

7.4 Ejercicios de sección

1. Sustituya α en coseno y β en seno y evalúe.

3. Las respuestas variarán. Hay algunas ecuaciones que implican la suma de dos expresiones trigonométricas y que, al convertirlas en producto, son más fáciles de resolver. Por ejemplo: $\frac{\operatorname{sen}(3x)+\operatorname{sen}\ x}{\cos\ x}=1.$ Al convertir el numerador en un producto, la ecuación se convierte en: $\frac{2\ \operatorname{sen}(2x)\cos\ x}{\cos\ x}=1$

5. $8\left(\cos(5x)-\cos(27x)\right)$

7. $\operatorname{sen}(2x)+\operatorname{sen}(8x)$

9. $\frac{1}{2}(\cos(6x)-\cos(4x))$

11. $2\ \cos(5t)\cos\ t$

13. $2\ \cos(7x)$

15. $2\ \cos(6x)\cos(3x)$

17. $\frac{1}{4}\left(1+\sqrt{3}\right)$

19. $\frac{1}{4}\left(\sqrt{3}-2\right)$

21. $\frac{1}{4}\left(\sqrt{3}-1\right)$

23. $\cos(80°)-\cos(120°)$

25. $\frac{1}{2}(\operatorname{sen}(221°)+\operatorname{sen}(205°))$

27. $\sqrt{2}\ \cos(31°)$

29. $2\ \cos(66{,}5°)\operatorname{sen}(34{,}5°)$

31. $2\ \operatorname{sen}(-1{,}5°)\cos(0{,}5°)$

33. $$\begin{aligned}&2\ \operatorname{sen}(7x)-2\ \operatorname{sen} x=2\ \operatorname{sen}(4x+3x)-2\ \operatorname{sen}(4x-3x)=\\&2(\operatorname{sen}(4x)\cos(3x)+\operatorname{sen}(3x)\cos(4x))-2(\operatorname{sen}(4x)\cos(3x)-\operatorname{sen}(3x)\cos(4x))=\\&2\ \operatorname{sen}(4x)\cos(3x)+2\ \operatorname{sen}(3x)\cos(4x))-2\ \operatorname{sen}(4x)\cos(3x)+2\ \operatorname{sen}(3x)\cos(4x))=\\&4\ \operatorname{sen}(3x)\cos(4x)\end{aligned}$$

35. $\operatorname{sen}\ x+\operatorname{sen}(3x)=2\ \operatorname{sen}\left(\frac{4x}{2}\right)\cos\left(\frac{-2x}{2}\right)=$ $2\ \operatorname{sen}(2x)\cos\ x=2(2\ \operatorname{sen}\ x\ \cos\ x)\cos\ x=$ $4\ \operatorname{sen}\ x\ \cos^2\ x$

37. $2\ \tan\ x\ \cos(3x)=\frac{2\ \operatorname{sen}\ x\ \cos(3x)}{\cos\ x}=\frac{2(0{,}5(\operatorname{sen}(4x)-\operatorname{sen}(2x)))}{\cos\ x}$ $=\frac{1}{\cos\ x}(\operatorname{sen}(4x)-\operatorname{sen}(2x))=\sec\ x\left(\operatorname{sen}(4x)-\operatorname{sen}(2x)\right)$

39. $2\ \cos(35°)\cos(23°),\ 10{,}5081$

41. $-2\ \operatorname{sen}(33°)\operatorname{sen}(11°),\ -0{,}2078$

43. $\frac{1}{2}(\cos(99°)-\cos(71°)),\ -0{,}2410$

45. Es una identidad.

47. No es una identidad, sino $2\ \cos^3 x$.

49. $\tan(3t)$

51. $2\ \cos(2x)$

53. $-\operatorname{sen}(14x)$

55. Comience con $\cos\ x+\cos\ y$. Haga una sustitución; supongamos que $x=\alpha+\beta$ y supongamos que $y=\alpha-\beta$, por lo que $\cos\ x+\cos\ y$ se convierte en
$\cos(\alpha+\beta)+\cos(\alpha-\beta)=\cos\alpha\cos\beta-\operatorname{sen}\alpha\operatorname{sen}\beta+\cos\alpha\cos\beta+\operatorname{sen}\alpha\operatorname{sen}\beta=2\cos\ \alpha\cos\ \beta$

Dado que $x=\alpha+\beta$ y $y=\alpha-\beta$, podemos resolver para α y β en términos de *x* y de *y*, sustituir por $2\cos\alpha\cos\beta$ y obtener $2\cos\left(\frac{x+y}{2}\right)\cos\left(\frac{x-y}{2}\right)$.

57. $\frac{\cos(3x)+\cos\ x}{\cos(3x)-\cos\ x}=\frac{2\ \cos(2x)\cos\ x}{-2\ \operatorname{sen}(2x)\operatorname{sen}\ x}=-\cot(2x)\cot\ x$

59. $\frac{\cos(2y)-\cos(4y)}{\operatorname{sen}(2y)+\operatorname{sen}(4y)}=\frac{-2\ \operatorname{sen}(3y)\operatorname{sen}(-y)}{2\ \operatorname{sen}(3y)\cos\ y}=\frac{2\ \operatorname{sen}(3y)\operatorname{sen}(y)}{2\ \operatorname{sen}(3y)\cos\ y}=\tan\ y$

61. $\cos\ x-\cos(3x)=-2\ \operatorname{sen}(2x)\operatorname{sen}(-x)=2(2\ \operatorname{sen}\ x\ \cos\ x)\operatorname{sen}\ x=4\ \operatorname{sen}^2\ x\ \cos\ x$

63. $\tan\left(\frac{\pi}{4}-t\right)=\frac{\tan\left(\frac{\pi}{4}\right)-\tan t}{1+\tan\left(\frac{\pi}{4}\right)\tan(t)}=\frac{1-\tan t}{1+\tan t}$

7.5 Ejercicios de sección

1. No siempre habrá soluciones a las ecuaciones de las funciones trigonométricas. Para un ejemplo básico, $\cos(x)=-5$.

3. Si la función seno o coseno tiene un coeficiente de uno, aísle el término a un lado del signo de igualdad. Si el número al que se iguala tiene un valor absoluto menor o igual que uno, la ecuación tiene solución, en caso contrario, no. Si el seno o el coseno no tienen un coeficiente igual a uno, aísle el término, pero divida ambos lados de la ecuación entre el coeficiente principal. Entonces, si el número al que se iguala tiene un valor absoluto mayor que uno, la ecuación no tiene solución.

5. $\frac{\pi}{3},\frac{2\pi}{3}$

7. $\frac{3\pi}{4},\frac{5\pi}{4}$

9. $\frac{\pi}{4},\frac{5\pi}{4}$

11. $\frac{\pi}{4},\frac{3\pi}{4},\frac{5\pi}{4},\frac{7\pi}{4}$

13. $\frac{\pi}{4},\frac{7\pi}{4}$

15. $\frac{7\pi}{6},\frac{11\pi}{6}$

17. $\frac{\pi}{18},\frac{5\pi}{18},\frac{13\pi}{18},\frac{17\pi}{18},\frac{25\pi}{18},\frac{29\pi}{18}$

19. $\frac{3\pi}{12},\frac{5\pi}{12},\frac{11\pi}{12},\frac{13\pi}{12},\frac{19\pi}{12},\frac{21\pi}{12}$

21. $\frac{1}{6},\frac{5}{6},\frac{13}{6},\frac{17}{6},\frac{25}{6},\frac{29}{6},\frac{37}{6}$

23. $0,\frac{\pi}{3},\pi,\frac{5\pi}{3}$

25. $\frac{\pi}{3},\pi,\frac{5\pi}{3}$

27. $\frac{\pi}{3},\frac{3\pi}{2},\frac{5\pi}{3}$

29. $0,\pi$

31. $\pi - \text{sen}^{-1}\left(-\frac{1}{4}\right), \frac{7\pi}{6}, \frac{11\pi}{6}, 2\pi + \text{sen}^{-1}\left(-\frac{1}{4}\right)$

33. $\frac{1}{3}\left(\text{sen}^{-1}\left(\frac{9}{10}\right)\right)$,
$\frac{\pi}{3} - \frac{1}{3}\left(\text{sen}^{-1}\left(\frac{9}{10}\right)\right)$,
$\frac{2\pi}{3} + \frac{1}{3}\left(\text{sen}^{-1}\left(\frac{9}{10}\right)\right)$,
$\pi - \frac{1}{3}\left(\text{sen}^{-1}\left(\frac{9}{10}\right)\right)$,
$\frac{4\pi}{3} + \frac{1}{3}\left(\text{sen}^{-1}\left(\frac{9}{10}\right)\right)$,
$\frac{5\pi}{3} - \frac{1}{3}\left(\text{sen}^{-1}\left(\frac{9}{10}\right)\right)$

35. 0

37. $\theta = \text{sen}^{1}\left(\frac{2}{3}\right), \pi\,\text{sen}^{1}\left(\frac{2}{3}\right),$
$\pi + \text{sen}^{1}\left(\frac{2}{3}\right), 2\pi\,\text{sen}^{1}\left(\frac{2}{3}\right)$

39. $\frac{3\pi}{2}, \frac{\pi}{6}, \frac{5\pi}{6}$

41. $0, \frac{\pi}{3}, \pi, \frac{4\pi}{3}$

43. No hay soluciones.

45. $\cos^{-1}\left(\frac{1}{3}\left(1-\sqrt{7}\right)\right), 2\pi - \cos^{-1}\left(\frac{1}{3}\left(1-\sqrt{7}\right)\right)$

47. $\tan^{-1}\left(\frac{1}{2}\left(\sqrt{29}-5\right)\right), \pi + \tan^{-1}\left(\frac{1}{2}\left(-\sqrt{29}-5\right)\right), \pi + \tan^{-1}\left(\frac{1}{2}\left(\sqrt{29}-5\right)\right), 2\pi + \tan^{-1}\left(\frac{1}{2}\left(-\sqrt{29}-5\right)\right)$

49. No hay soluciones.

51. No hay soluciones.

53. $0, \frac{2\pi}{3}, \frac{4\pi}{3}$

55. $\frac{\pi}{4}, \frac{3\pi}{4}, \frac{5\pi}{4}, \frac{7\pi}{4}$

57. $\text{sen}^{-1}\left(\frac{3}{5}\right), \frac{\pi}{2}, \pi - \text{sen}^{-1}\left(\frac{3}{5}\right), \frac{3\pi}{2}$

59. $\cos^{-1}\left(-\frac{1}{4}\right)$,
$2\pi - \cos^{-1}\left(-\frac{1}{4}\right)$

61. $\frac{\pi}{3}, \cos^{-1}\left(-\frac{3}{4}\right), 2\pi - \cos^{-1}\left(-\frac{3}{4}\right), \frac{5\pi}{3}$

63. $\cos^{-1}\left(\frac{3}{4}\right), \cos^{-1}\left(-\frac{2}{3}\right), 2\pi - \cos^{-1}\left(-\frac{2}{3}\right),$
$2\pi - \cos^{-1}\left(\frac{3}{4}\right)$

65. $0, \frac{\pi}{2}, \pi, \frac{3\pi}{2}$

67. $\frac{\pi}{3}, \cos^{-1}\left(-\frac{1}{4}\right), 2\pi - \cos^{-1}\left(-\frac{1}{4}\right), \frac{5\pi}{3}$

69. No hay soluciones.

71. $\pi + \tan^{-1}(-2)$,
$\pi + \tan^{-1}\left(-\frac{3}{2}\right)$,
$2\pi + \tan^{-1}(-2)$,
$2\pi + \tan^{-1}\left(-\frac{3}{2}\right)$

73. $2\pi k + 0{,}2734, 2\pi k + 2{,}8682$

75. $\pi k - 0{,}3277$

77. $0{,}6694, 1{,}8287, 3{,}8110, 4{,}9703$

79. $1{,}0472, 3{,}1416, 5{,}2360$

81. $0{,}5326, 1{,}7648, 3{,}6742, 4{,}9064$

83. $\text{sen}^{-1}\left(\frac{1}{4}\right), \pi - \text{sen}^{-1}\left(\frac{1}{4}\right), \frac{3\pi}{2}$

85. $\frac{\pi}{2}, \frac{3\pi}{2}$

87. No hay soluciones.

89. $0, \frac{\pi}{2}, \pi, \frac{3\pi}{2}$

91. No hay soluciones.

93. $7{,}2°$

95. $5{,}7°$

97. $82{,}4°$

99. $31{,}0°$

101. $88{,}7°$

103. $59{,}0°$

105. $36{,}9°$

7.6 Ejercicios de sección

1. El comportamiento físico debería ser periódico o cíclico.

3. Dado que el índice pluviométrico acumulado siempre va en ascenso, la función sinusoidal no sería lo ideal en este caso.

5. $y = -3\cos\left(\frac{\pi}{6}x\right) - 1$

7. $5\,\text{sen}(2x) + 2$

8. $y = 46\cos\left(\frac{x\pi}{2}\right)$

10. $y = \tan\left(\frac{x\pi}{8}\right)$

12. $\tan\left(\frac{x\pi}{12}\right)$

13.

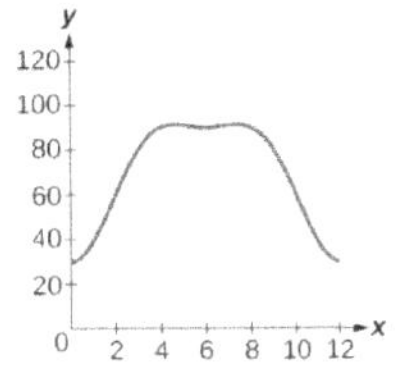

15.

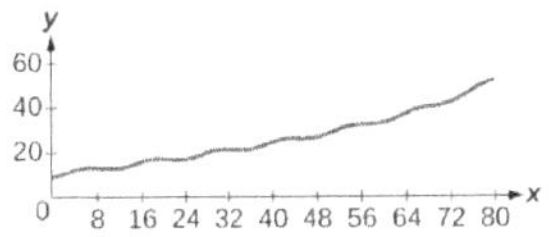

17. 75 °F

19. 8 a. m.

21. 2:49

23. Desde el 15 de junio hasta el 16 de noviembre.

25. Desde el día 31 hasta el día 58.

27. Temporada lluviosa: del 16 de abril al 15 de julio. Temporada seca: del 16 de octubre al 15 de enero.

29. Amplitud: 8, periodo: $\frac{1}{3}$, frecuencia: 3 Hz

31. Amplitud: 4, periodo: 4, frecuencia: $\frac{1}{4}$ Hz

33. $P(t) = -19\cos\left(\frac{\pi}{6}t\right) + 800 + \frac{160}{12}t P(t) = -19\cos\left(\frac{\pi}{6}t\right) + 800 + \frac{40}{3}t$

35. $P(t) = -33\cos\left(\frac{\pi}{6}t\right) + 900 + (1{,}07)t$

37. $D(t) = 10(0{,}85)^t\cos(36\pi t)$

39. $D(t) = 17(0{,}9145)^t\cos(28\pi t)$

41. 6 años

43. 15,4 segundos

45. El resorte 2 entra en reposo después de 7,3 segundos.

47. 234,3 millas, a 72,2°

49. $y = 6(4)^x + 5\,\text{sen}\left(\frac{\pi}{2}x\right)$

51. $y = 4(-2)^x + 8\,\text{sen}\left(\frac{\pi}{2}x\right)$

53. $y = 3(2)^x\cos\left(\frac{\pi}{2x}\right) + 1$

Ejercicios de repaso

1. $\text{sen}^{-1}\left(\frac{\sqrt{3}}{3}\right), \pi - \text{sen}^{-1}\left(\frac{\sqrt{3}}{3}\right), \pi + \text{sen}^{-1}\left(\frac{\sqrt{3}}{3}\right), 2\pi - \text{sen}^{-1}\left(\frac{\sqrt{3}}{3}\right)$

3. $\frac{7\pi}{6}, \frac{11\pi}{6}$

5. $\text{sen}^{-1}\left(\frac{1}{4}\right), \pi - \text{sen}^{-1}\left(\frac{1}{4}\right)$

7. 1

9. Sí

11. $-2 - \sqrt{3}$

13. $\frac{\sqrt{2}}{2}$

15.
$$\begin{aligned}\cos(4x) - \cos(3x)\cos x &= \cos(2x+2x) - \cos(x+2x)\cos\ x\\ &= \cos(2x)\cos(2x) - \operatorname{sen}(2x)\operatorname{sen}(2x) - \cos\ x\ \cos(2x)\cos\ x + \operatorname{sen}\ x\ \operatorname{sen}(2x)\cos\ x\\ &= \left(\cos^2 x - \operatorname{sen}^2 x\right)^2 - 4\ \cos^2 x\ \operatorname{sen}^2 x - \cos^2 x\left(\cos^2 x - \operatorname{sen}^2 x\right) + \operatorname{sen}\ x(2)\operatorname{sen}\ x\ \cos\ x\ \cos\ x\\ &= \left(\cos^2 x - \operatorname{sen}^2 x\right)^2 - 4\ \cos^2 x\ \operatorname{sen}^2 x - \cos^2 x\left(\cos^2 x - \operatorname{sen}^2 x\right) + 2\ \operatorname{sen}^2 x\ \cos^2 x\\ &= \cos^4 x - 2\ \cos^2 x\ \operatorname{sen}^2 x + \operatorname{sen}^4 x - 4\ \cos^2 x\ \operatorname{sen}^2 x - \cos^4 x + \cos^2 x\ \operatorname{sen}^2 x + 2\ \operatorname{sen}^2 x\ \cos^2 x\\ &= \operatorname{sen}^4 x - 4\ \cos^2 x\ \operatorname{sen}^2 x + \cos^2 x\ \operatorname{sen}^2 x\\ &= \operatorname{sen}^2 x\left(\operatorname{sen}^2 x + \cos^2 x\right) - 4\ \cos^2 x\ \operatorname{sen}^2 x\\ &= \operatorname{sen}^2 x - 4\ \cos^2 x \operatorname{sen}^2 x\end{aligned}$$

17. $\tan\left(\frac{5}{8}x\right)$

19. $\frac{\sqrt{3}}{3}$

21. $-\frac{24}{25}, -\frac{7}{25}, \frac{24}{7}$

23. $\sqrt{2\left(2+\sqrt{2}\right)}$

25. $\frac{\sqrt{2}}{10}, \frac{7\sqrt{2}}{10}, \frac{1}{7}, \frac{3}{5}, \frac{4}{5}, \frac{3}{4}$

27.
$$\begin{aligned}\cot x\cos(2x) &= \cot x(1 - 2\operatorname{sen}^2 x)\\ &= \cot x - \frac{\cos x}{\operatorname{sen} x}(2)\operatorname{sen}^2 x\\ &= -2\operatorname{sen} x\cos x + \cot x\\ &= -\operatorname{sen}(2x) + \cot x\end{aligned}$$

29. $\frac{10\operatorname{sen} x - 5\operatorname{sen}(3x) + \operatorname{sen}(5x)}{8(\cos(2x)+1)}$

31. $\frac{\sqrt{3}}{2}$

33. $-\frac{\sqrt{2}}{2}$

35. $\frac{1}{2}(\operatorname{sen}(6x) + \operatorname{sen}(12x))$

37. $2\operatorname{sen}\left(\frac{13}{2}x\right)\cos\left(\frac{9}{2}x\right)$

39. $\frac{3\pi}{4}, \frac{7\pi}{4}$

41. $0, \frac{\pi}{6}, \frac{5\pi}{6}, \pi$

43. $\frac{3\pi}{2}$

45. No hay solución

47. 0,2527, 2,8889, 4,7124

49. 1,3694, 1,9106, 4,3726, 4,9137

51. $3\operatorname{sen}\left(\frac{x\pi}{2}\right) - 2$

53. 71,6°

55. $P(t) = 950 - 450\operatorname{sen}\left(\frac{\pi}{6}t\right)$

57. Amplitud: 3, periodo: 2, frecuencia: $\frac{1}{2}$ Hz

59. $C(t) = 20\operatorname{sen}(2\pi t) + 100(1{,}4427)^t$

Examen de práctica

1. 1

3. $\frac{\sqrt{2}-\sqrt{6}}{4}$

5. $-\sqrt{2} - \sqrt{3}$

7. $0, \pi$

9. $\frac{\pi}{2}, \frac{3\pi}{2}$

11. $2\cos(3x)\cos(5x)$

13. $x = \cos^{-1}\left(\frac{1}{5}\right)$

15. $\frac{3}{5}, -\frac{4}{5}, -\frac{3}{4}$

17.
$$\begin{aligned}\tan^3 x - \tan x \sec^2 x &= \tan x(\tan^2 x - \sec^2 x)\\ &= \tan x(\tan^2 x - (1+\tan^2 x))\\ &= \tan x(\tan^2 x - 1 - \tan^2 x)\\ &= -\tan x = \tan(-x) = \tan - x)\end{aligned}$$

19.
$$\begin{aligned}\frac{\text{sen}(2x)}{\text{sen}x} - \frac{\cos(2x)}{\cos x} &= \frac{2\text{sen}x\cos x}{\text{sen}x} - \frac{2\cos^2 x - 1}{\cos x}\\ &= 2\cos x - 2\cos x + \frac{1}{\cos x}\\ &= \frac{1}{\cos x} = \sec x = \sec x\end{aligned}$$

21. Amplitud: $\frac{1}{4}$, periodo $\frac{1}{60}$, frecuencia: 60 Hz

23. Amplitud: 8 , periodo rápido: $\frac{1}{500}$, frecuencia rápida: 500 Hz, periodo lento: $\frac{1}{10}$, frecuencia lenta: 10 Hz

25. $D(t) = 20(0{,}9086)^t \cos(4\pi t)$, 31 segundos

Capítulo 8

Inténtelo

8.1 Triángulos no rectángulos: ley de senos

1. $\alpha = 98°$ $a = 34{,}6$; $\beta = 39°$ $b = 22$; $\gamma = 43°$ $c = 23{,}8$

2. Solución 1

$\alpha = 80°$ $a = 120$
$\beta \approx 83{,}2°$ $b = 121$
$\gamma \approx 16{,}8°$ $c \approx 35{,}2$

Solución 2

$\alpha' = 80°$ $a' = 120$
$\beta' \approx 96{,}8°$ $b' = 121$
$\gamma' \approx 3{,}2°$ $c' \approx 6{,}8$

3. $\beta \approx 5{,}7°, \gamma \approx 94{,}3°, c \approx 101{,}3$

4. dos

5. alrededor de 8,2 pies cuadrados

6. 161,9 yardas.

8.2 Triángulos no rectángulos: ley de cosenos

1. $a \approx 14{,}9$, $\beta \approx 23{,}8°$, $\gamma \approx 126{,}2°$.

2. $\alpha \approx 27{,}7°$, $\beta \approx 40{,}5°$, $\gamma \approx 111{,}8°$

3. Área = 552 pies cuadrados

4. unos 8,15 pies cuadrados

8.3 Coordenadas polares

1.

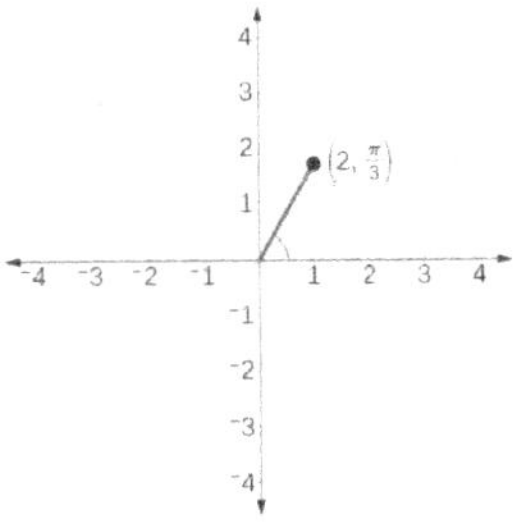

2.

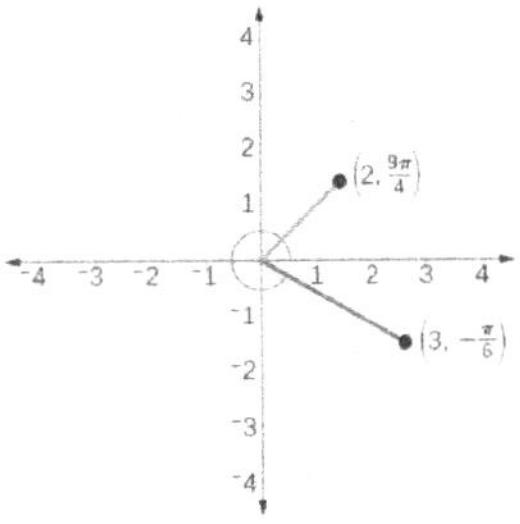

3. $(x, y) = \left(\frac{1}{2}, -\frac{\sqrt{3}}{2}\right)$

4. $r = \sqrt{3}$

5. $x^2 + y^2 = 2y$ o, en la forma estándar para un círculo, $x^2 + (y-1)^2 = 1$

8.4 Coordenadas polares: gráficos

1. La ecuación no supera la prueba de simetría con respecto a la línea $\theta = \frac{\pi}{2}$ y con respecto al polo. Pasa la prueba de simetría del eje polar.

2. Las pruebas revelarán la simetría alrededor del eje polar. El cero es $\left(0, \frac{\pi}{2}\right)$, y el valor máximo es $(3, 0)$.

3.

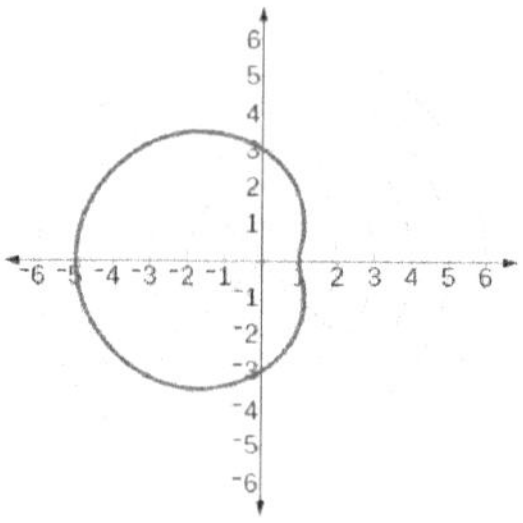

4. El gráfico es una curva rosa polar, n par

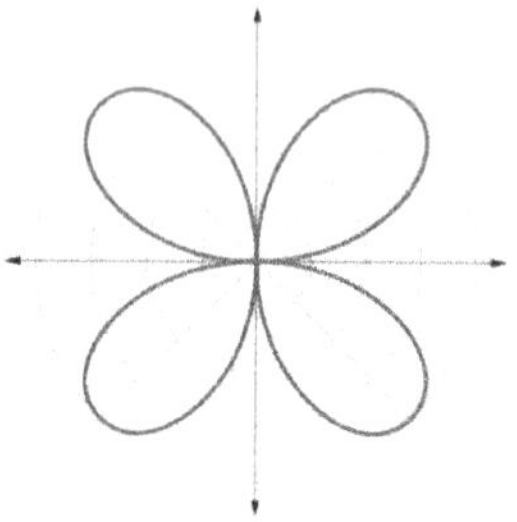

5.

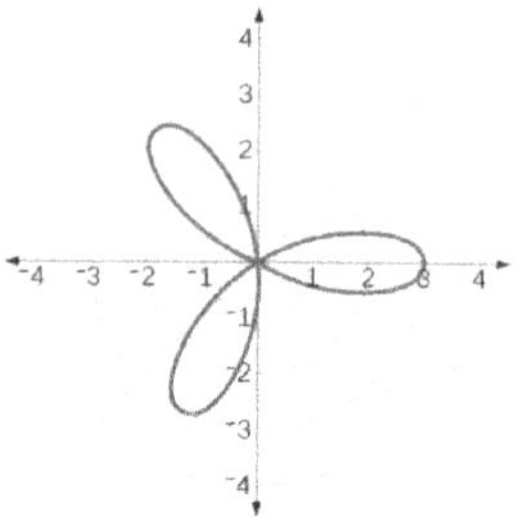

Curva rosa polar, n impar

6.

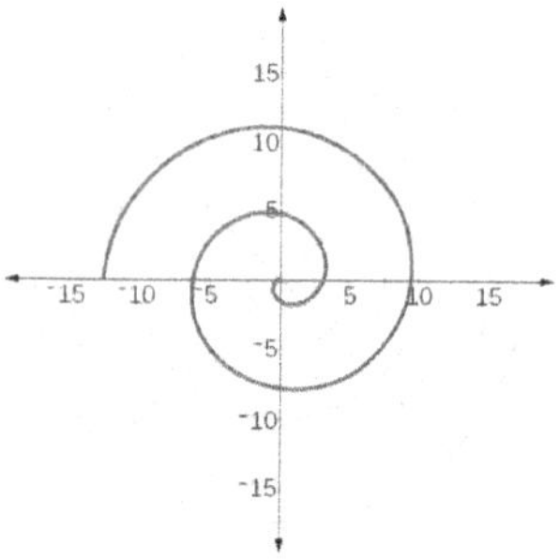

8.5 Forma polar de los números complejos

1.

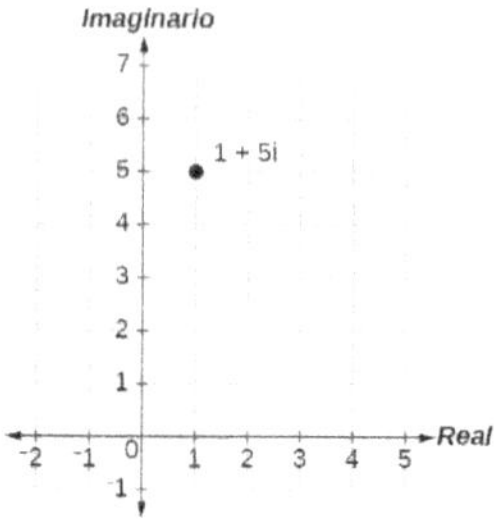

2. 13

3. $|z| = \sqrt{50} = 5\sqrt{2}$

4. $z = 3\left(\cos\left(\frac{\pi}{2}\right) + i \operatorname{sen}\left(\frac{\pi}{2}\right)\right)$

5. $z = 2\left(\cos\left(\frac{\pi}{6}\right) + i \operatorname{sen}\left(\frac{\pi}{6}\right)\right)$

6. $z = 2\sqrt{3} - 2i$

7. $z_1 z_2 = -4\sqrt{3}; \frac{c_1}{z_2} = -\frac{\sqrt{3}}{2} + \frac{3}{2}i$

8. $z_0 = 2(\cos(30°) + i \operatorname{sen}(30°))$

$z_1 = 2(\cos(120°) + i \operatorname{sen}(120°))$

$z_2 = 2(\cos(210°) + i \operatorname{sen}(210°))$

$c_3 = 2(\cos(300°) + i \operatorname{sen}(300°))$

8.6 Ecuaciones paramétricas

1.

t	$x(t)$	$y(t)$
-1	-4	2
0	-3	4
1	-2	6
2	-1	8

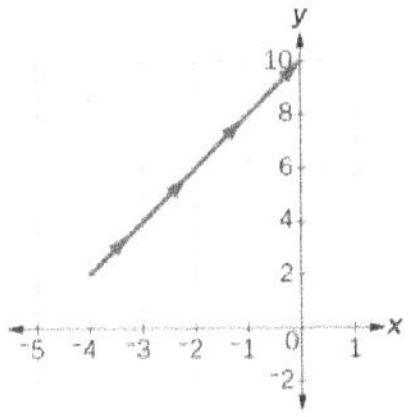

2. $x(t) = t^3 - 2t$
$y(t) = t$

3. $y = 5 - \sqrt{\frac{1}{2}x - 3}$

4. $y = \ln \sqrt{x}$

5. $\frac{x^2}{4} + \frac{y^2}{9} = 1$

6. $y = x^2$

8.7 Ecuaciones paramétricas: gráficos

1.

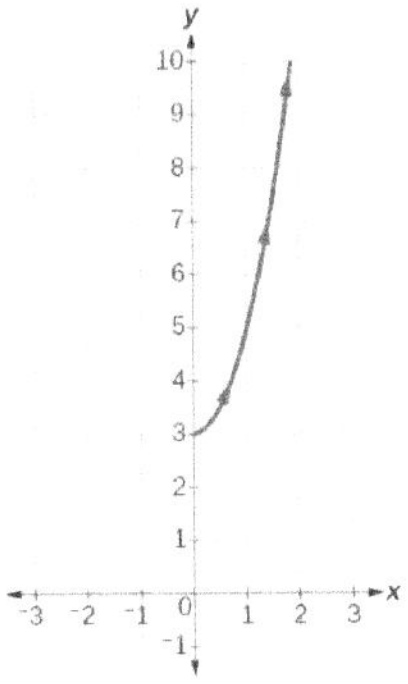

2.

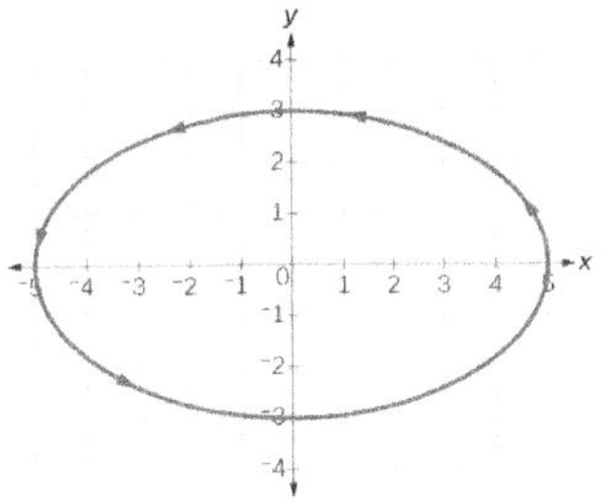

3. El gráfico de las ecuaciones paramétricas está en rojo y el gráfico de la ecuación rectangular está dibujado en puntos azules sobre las ecuaciones paramétricas.

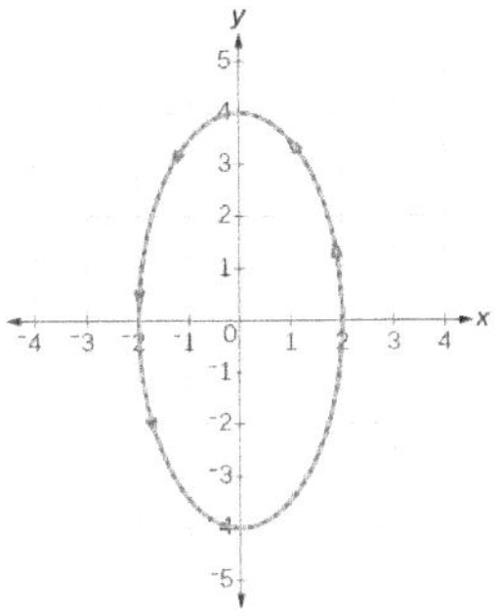

8.8 Vectores

1.

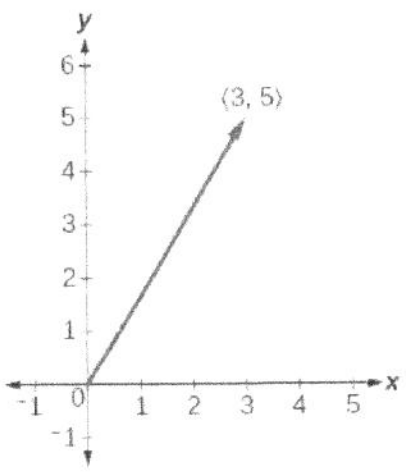

2. $3\mathbf{u} = \langle 15, 12 \rangle$

3. $\mathbf{u} = 8\mathbf{i} - 11\mathbf{j}$

4. $\mathbf{v} = \sqrt{34}\cos(59°)\mathbf{i} + \sqrt{34}\,\text{sen}(59°)\mathbf{j}$

Magnitud = $\sqrt{34}$

$\theta = \tan^{-1}\left(\frac{5}{3}\right) = 59{,}04\ °$

8.1 Ejercicios de sección

1. La altitud se extiende desde cualquier vértice hasta el lado opuesto o hasta la línea que contiene al lado opuesto en un ángulo de 90°.

3. Cuando los valores conocidos son el lado opuesto al ángulo que falta y otro lado y su ángulo opuesto.

5. Un triángulo con dos lados dados y un ángulo no incluido.

7. $\beta = 72°, a \approx 12{,}0, b \approx 19{,}9$

9. $\gamma = 20°, b \approx 4{,}5, c \approx 1{,}6$

11. $b \approx 3{,}78$

13. $c \approx 13{,}70$

15. un triángulo, $\alpha \approx 50{,}3°, \beta \approx 16{,}7°, a \approx 26{,}7$

17. dos triángulos, $\gamma \approx 54{,}3°, \beta \approx 90{,}7°, b \approx 20{,}9$ o $\gamma' \approx 125{,}7°, \beta' \approx 19{,}3°, b' \approx 6{,}9$

19. dos triángulos, $\beta \approx 75{,}7°,\ \gamma \approx 61{,}3°, b \approx 9{,}9$ o $\beta' \approx 18{,}3°, \gamma' \approx 118{,}7°, b' \approx 3{,}2$

21. dos triángulos, $\alpha \approx 143{,}2°, \beta \approx 26{,}8°, a \approx 17{,}3$ o $\alpha' \approx 16{,}8°, \beta' \approx 153{,}2°, a' \approx 8{,}3$

23. no hay triángulo posible.

25. $A \approx 47{,}8°$ o $A' \approx 132{,}2°$

27. 8,6

29. 370,9

31. 12,3

33. 12,2

35. 16,0

37. 29,7°

39. $x = 76{,}9°$o $x = 103{,}1°$

41. 110,6°

43. $A \approx 39{,}4,\ C \approx 47{,}6,\ BC \approx 20{,}7$

45. 57,1

47. 42,0

49. 430,2

51. 10,1

53. $AD \approx\ 13{,}8$

55. $AB \approx 2{,}8$

57. $L \approx 49{,}7,\ N \approx 56{,}3,\ LN \approx 5{,}8$

59. 51,4 pies.

61. La distancia del satélite a la estación A es de aproximadamente 1.716 millas. El satélite se encuentra a unas 1.706 millas del suelo.

63. 2,6 pies

65. 5,6 km

67. 371 pies.

69. 5.936 pies.

71. 24,1 pies.

73. 19.056 pies cuadrados.

75. 445.624 millas cuadradas

77. 8,65 pies cuadrados.

8.2 Ejercicios de sección

1. dos lados y el ángulo opuesto al lado que falta.

3. s es el semiperímetro, que es la mitad del perímetro del triángulo.

5. La ley de cosenos debe utilizarse para cualquier triángulo oblicuo (no rectángulo).

7. 11,3

9. 34,7

11. 26,7

13. 257,4

15. no es posible

17. 95,5°

19. 26,9°

21. $B \approx 45{,}9°, C \approx 99{,}1°, a \approx 6{,}4$

23. $A \approx 20{,}6°, B \approx 38{,}4°, c \approx 51{,}1$

25. $A \approx 37{,}8°, B \approx 43{,}8, C \approx 98{,}4°$

27. 177,56 in^2

29. 0,04 m^2

31. 0,91 $yardas^2$

33. 3,0

35. 29,1

37. 0,5

39. 70,7°

41. 77,4°

43. 25,0

45. 9,3

47. 43,52

49. 1,41

51. 0,14

53. 18,3

55. 48,98

57.

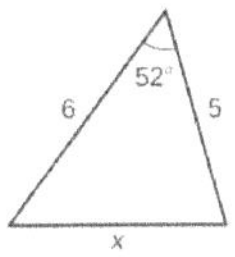

59. 7,62

61. 85,1

63. 24,0 km

65. 99,9 pies

67. 37,3 millas

69. 2.371 millas

71.

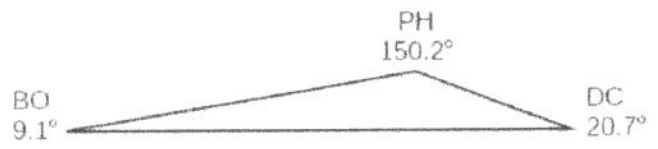

73. 292,4 millas

75. 65,4 cm^2

77. 468 $pies^2$

8.3 Ejercicios de sección

1. En las coordenadas polares, el punto en el plano depende del ángulo respecto al eje positivo *x* y de la distancia desde el origen, mientras que en las coordenadas cartesianas, el punto representa las distancias horizontal y vertical desde el origen. Por cada punto en el plano de las coordenadas hay una representación, pero por cada punto en el plano polar hay infinitas representaciones.

3. Determine θ para el punto y luego mueva r unidades del polo para trazar el punto. Si los valores de r es negativo, mueva r unidades desde el polo en la dirección opuesta, pero a lo largo del mismo ángulo. El punto es una distancia de r desde el origen en un ángulo de θ desde el eje polar.

5. El punto $\left(-3, \frac{\pi}{2}\right)$ tiene un ángulo positivo, pero un radio negativo, y se traza al desplazarse a un ángulo de $\frac{\pi}{2}$ y luego se mueve 3 unidades en la dirección negativa. Esto coloca el punto 3 unidades por debajo del eje negativo de *y*. El punto $\left(3, -\frac{\pi}{2}\right)$ tiene un ángulo negativo y un radio positivo y se traza al moverlo primero a un ángulo de $-\frac{\pi}{2}$ y luego al moverlo 3 unidades hacia abajo, que es la dirección positiva para un ángulo negativo. El punto también está a 3 unidades del eje negativo *y*.

7. $(-5, 0)$

9. $\left(-\frac{3\sqrt{3}}{2}, -\frac{3}{2}\right)$

11. $\left(2\sqrt{5},\ 0{,}464\right)$

13. $\left(\sqrt{34}, 5{,}253\right)$

15. $\left(8\sqrt{2}, \frac{\pi}{4}\right)$

17. $r = 4\csc\theta$

19. $r = \sqrt[3]{\frac{sen\theta}{2cos^4\theta}}$

21. $r = 3\cos\theta$

23. $r = \frac{3\,\text{sen}\,\theta}{\cos(2\theta)}$

25. $r = \frac{9\,\text{sen}\,\theta}{\cos^2\theta}$

27. $r = \sqrt{\frac{1}{9\cos\theta\,\text{sen}\,\theta}}$

29. $x^2 + y^2 = 4x$ o $\frac{(x-2)^2}{4} + \frac{y^2}{4} = 1$; círculo

31. $3y + x = 6$; línea

33. $y = 3$; línea

35. $xy = 4$; hipérbola

37. $x^2 + y^2 = 4$; círculo

39. $x - 5y = 3$; línea

41. $\left(3, \frac{3\pi}{4}\right)$

43. $(5, \pi)$

45.

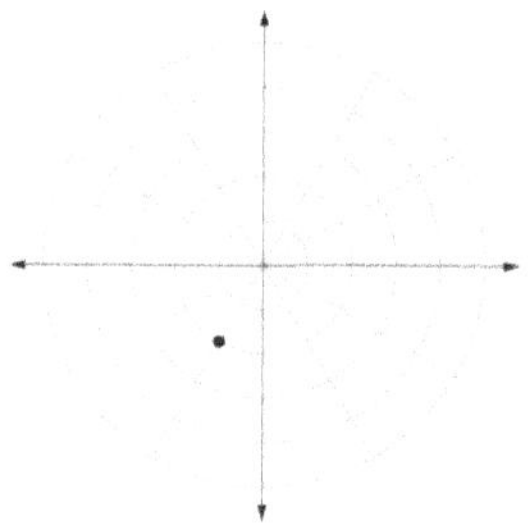

47.

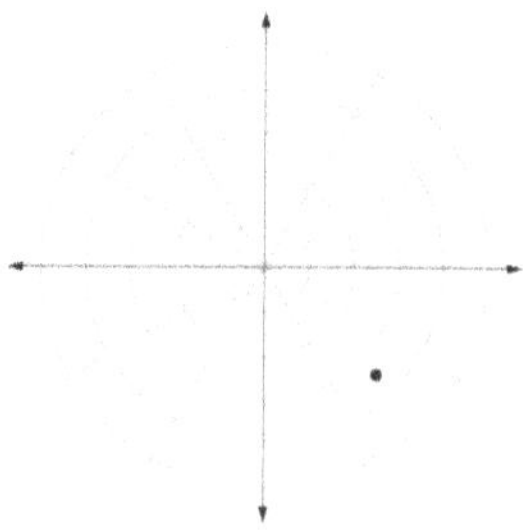

49.

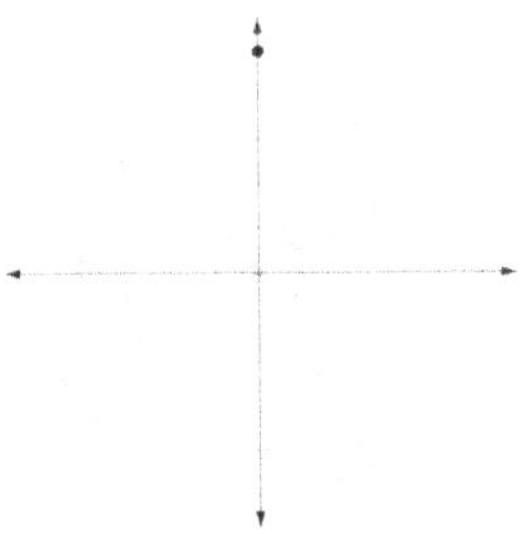

51.

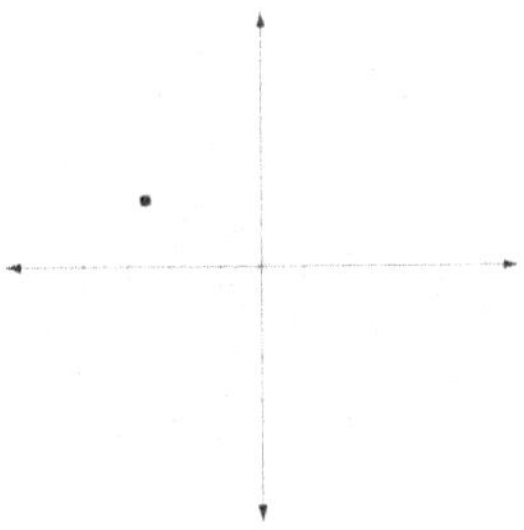

53.

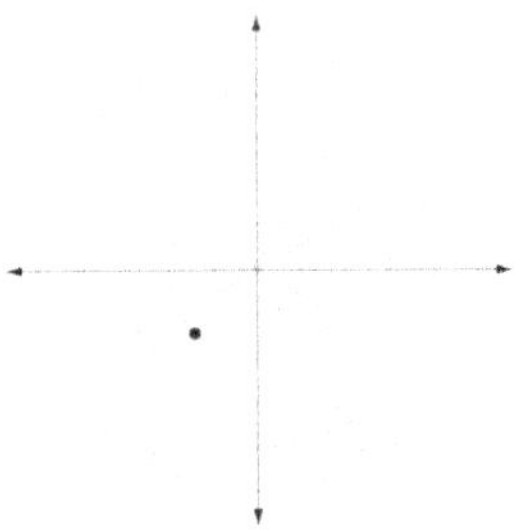

55. $r = \frac{6}{5\cos\theta - \operatorname{sen}\theta}$

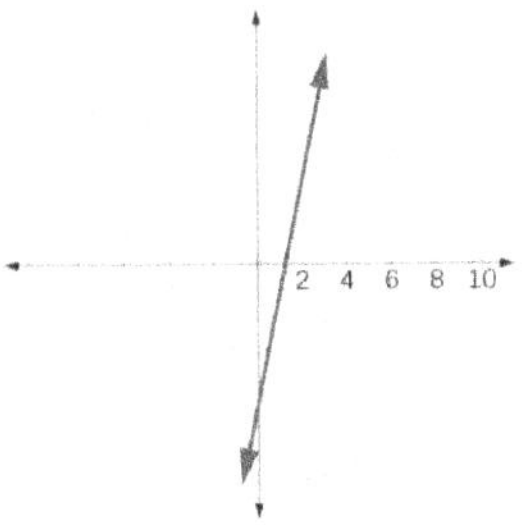

57. $r = 2\operatorname{sen}\theta$

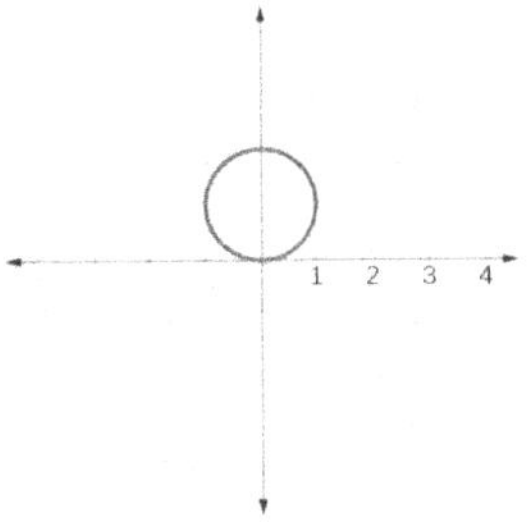

59. $r = \frac{2}{\cos\theta}$

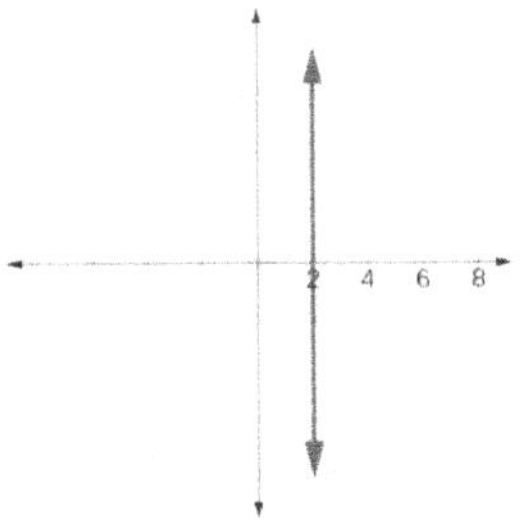

61. $r = 3\cos\theta$

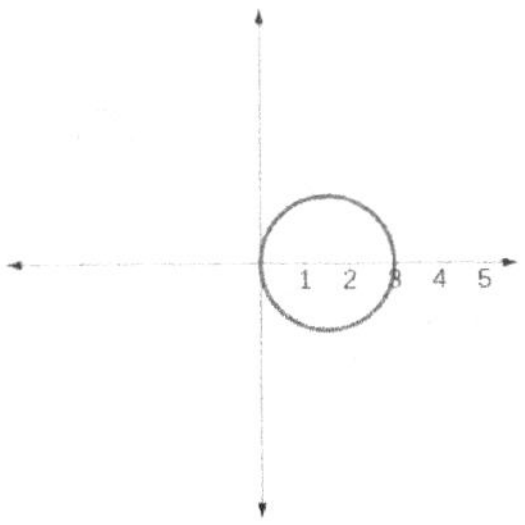

63. $x^2 + y^2 = 16$

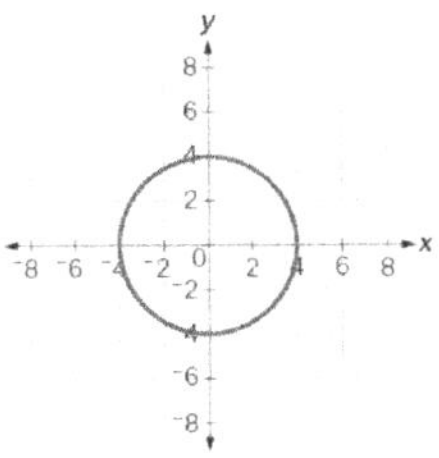

65. $y = x$

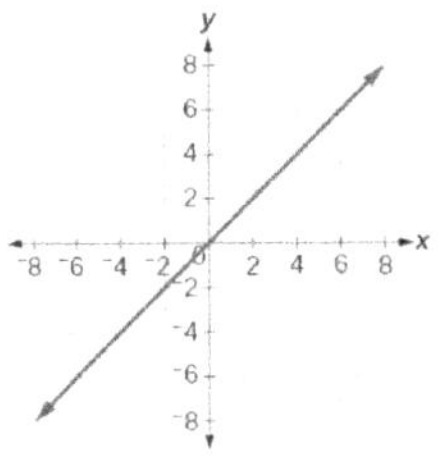

67. $x^2 + (y+5)^2 = 25$

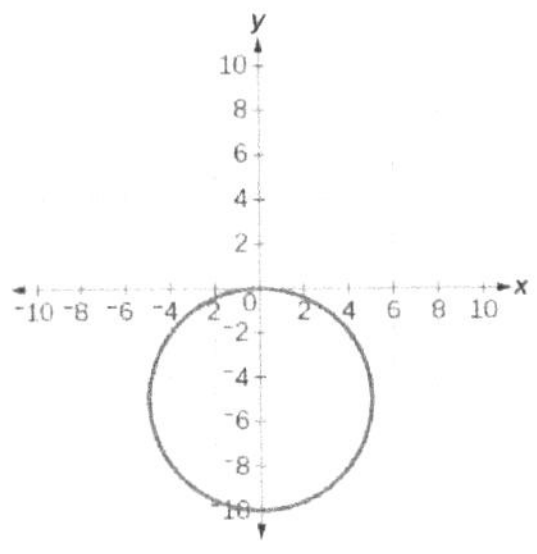

69. $(1{,}618, -1{,}176)$

71. $(10{,}630, 131{,}186°)$

73. $(2, 3{,}14)\ ir\ (2, \pi)$

75. Línea vertical con *a* unidades a la izquierda del eje *y*.

77. Línea horizontal con *a* unidades por debajo del eje *x*.

79.

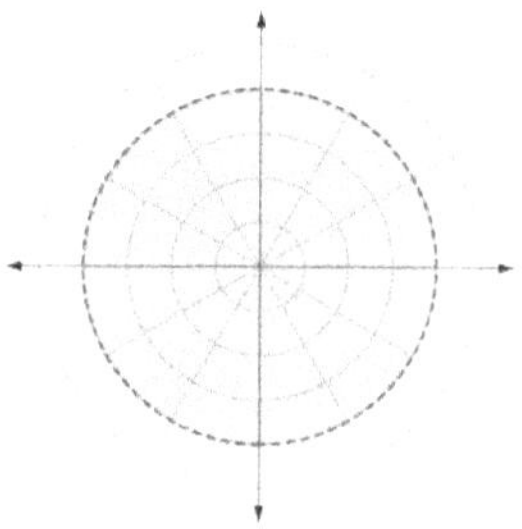

81.

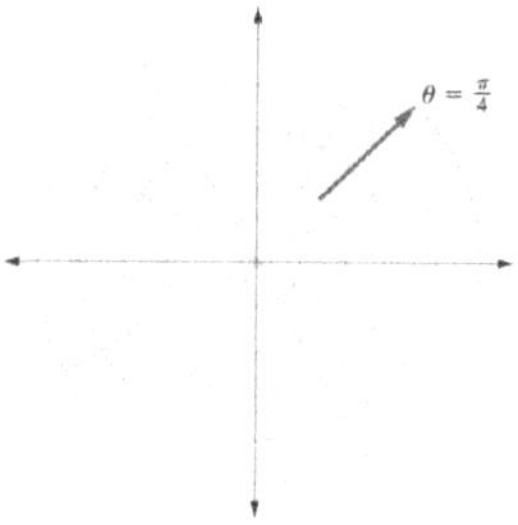

83.

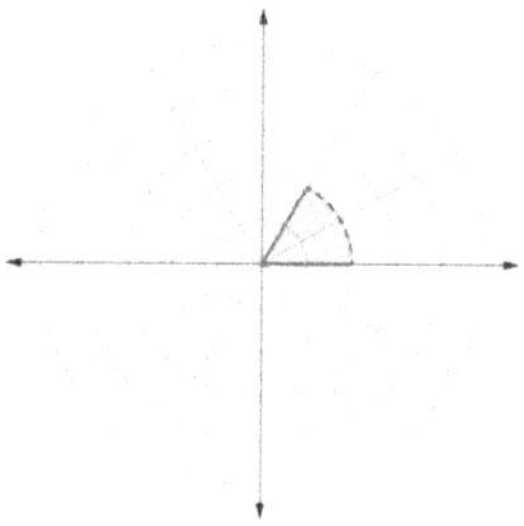

8.4 Ejercicios de sección

1. La simetría respecto al eje polar es similar a la simetría alrededor del eje x, la simetría con respecto al polo es similar a la simetría con respecto al origen y la simetría con respecto a la línea $\theta = \frac{\pi}{2}$ es similar a la simetría alrededor del eje y.

3. Comprobar la simetría, hallar ceros, intersecciones y máximos, hacer una tabla de valores. Decidir el tipo general de gráfico, cardioide, caracol de Pascal, lemniscata, etc., y luego trazar los puntos en $\theta = 0,\ \frac{\pi}{2}, \pi$ y $\frac{3\pi}{2}$, y dibujar el gráfico.

5. La forma del gráfico polar está determinada por la inclusión o no de un seno, un coseno y unas constantes en la ecuación.

7. simétrica con respecto al eje polar

9. simétrica con respecto al eje polar, simétrica con respecto a la línea $\theta = \frac{\pi}{2}$, simétrica con respecto al polo

11. sin simetría

13. sin simetría

15. simétrica con respecto al polo

17. círculo

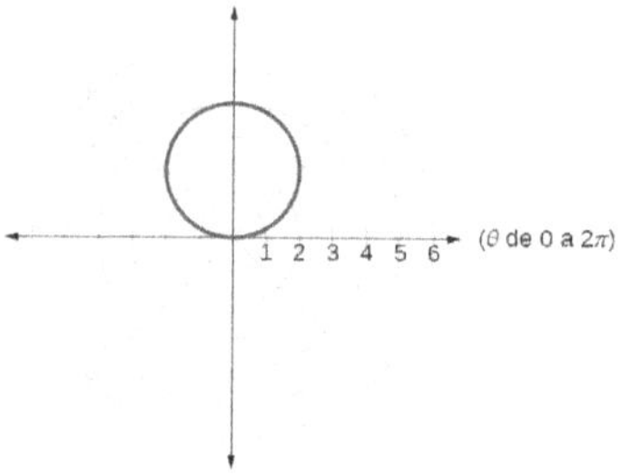

19. cardioide

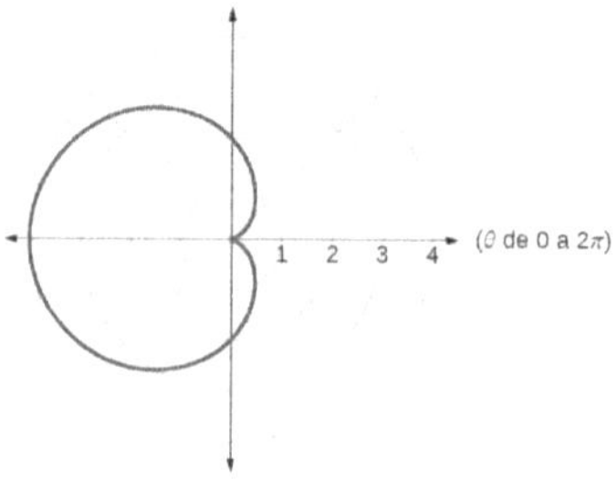

21. cardioide

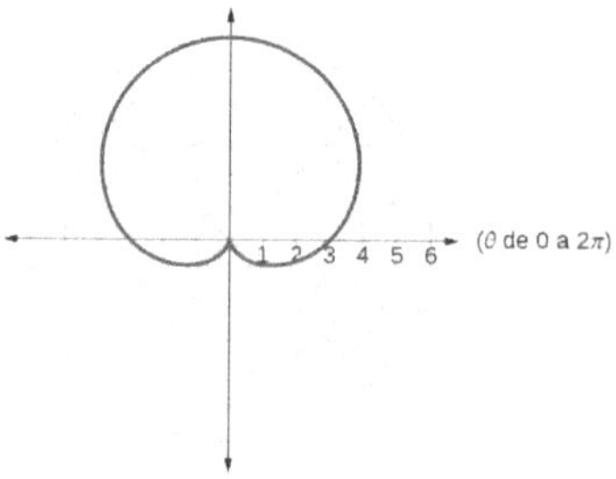

23. caracol de Pascal de un lazo/con hoyuelos

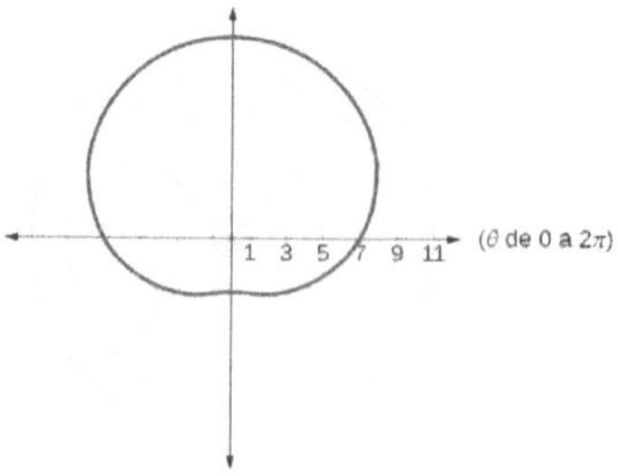

25. caracol de Pascal de un lazo/con hoyuelos

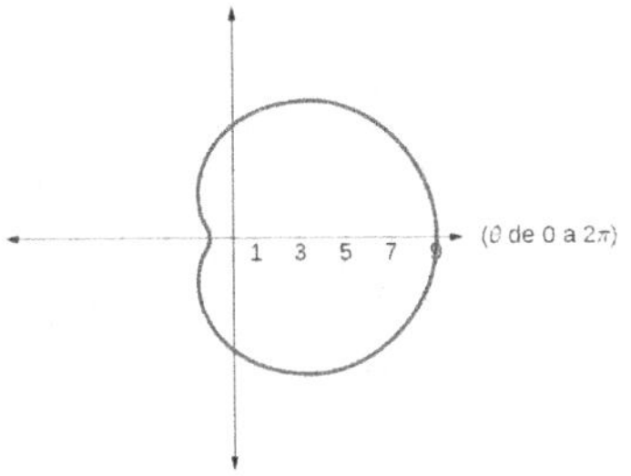

27. caracol de Pascal de lazo interno/dos lazos

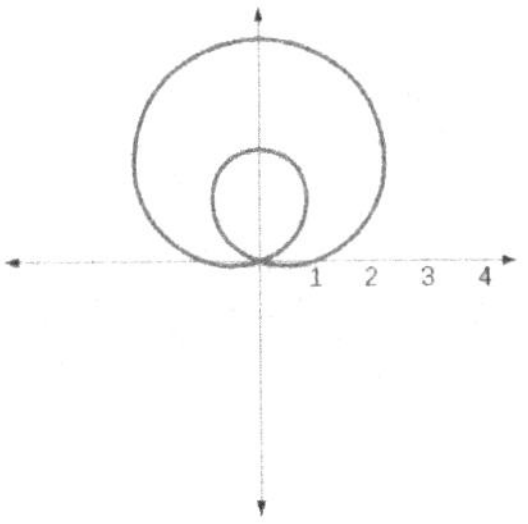

29. caracol de Pascal de lazo interno/dos lazos

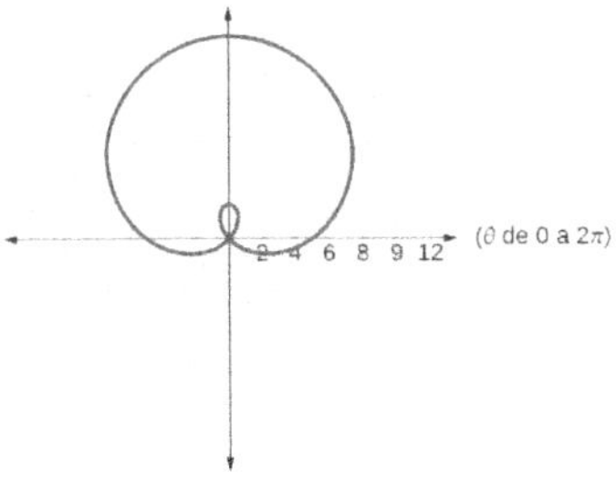

31. caracol de Pascal de lazo interno/dos lazos

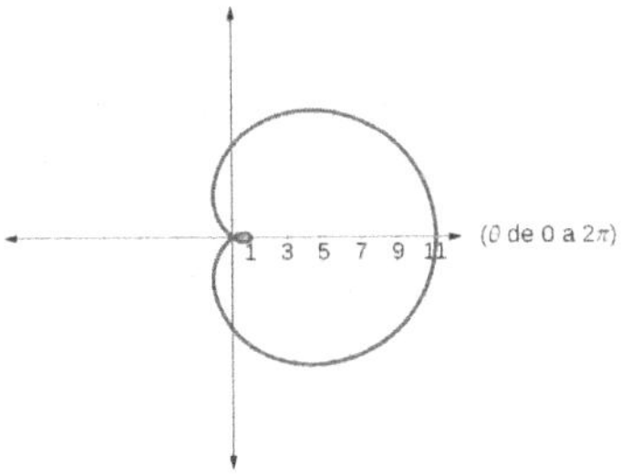

33. lemniscata

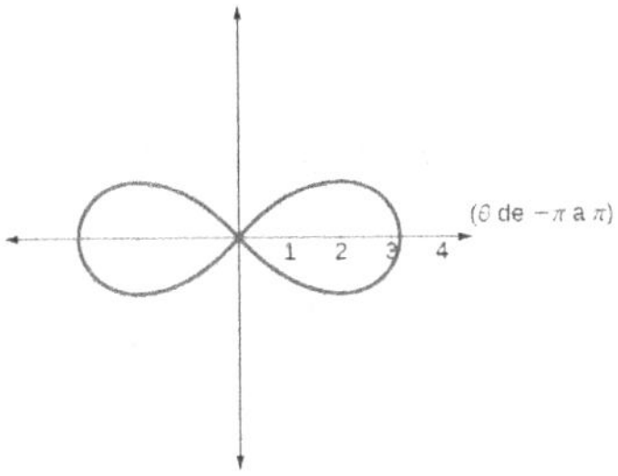

35. lemniscata

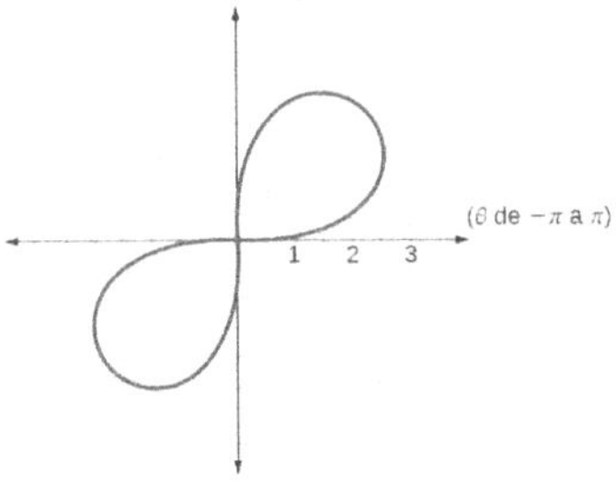

37. curva rosa polar

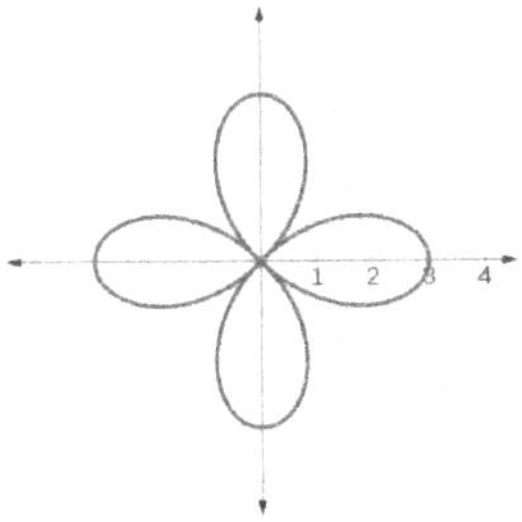

39. curva rosa polar

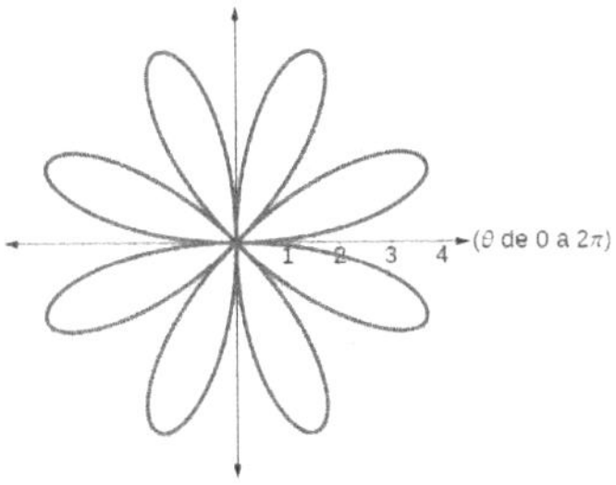

41. espiral de Arquímedes

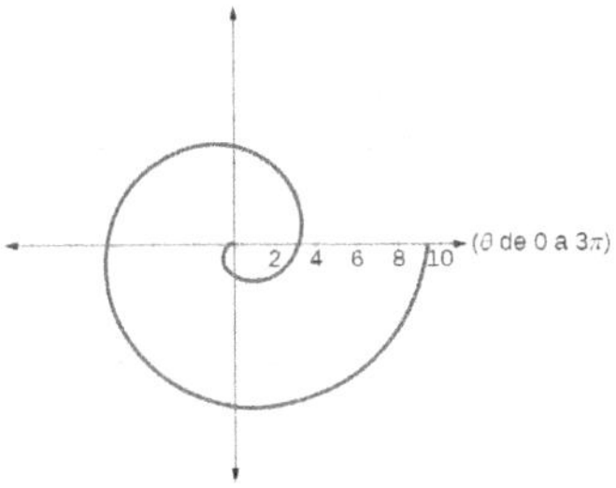

43. espiral de Arquímedes

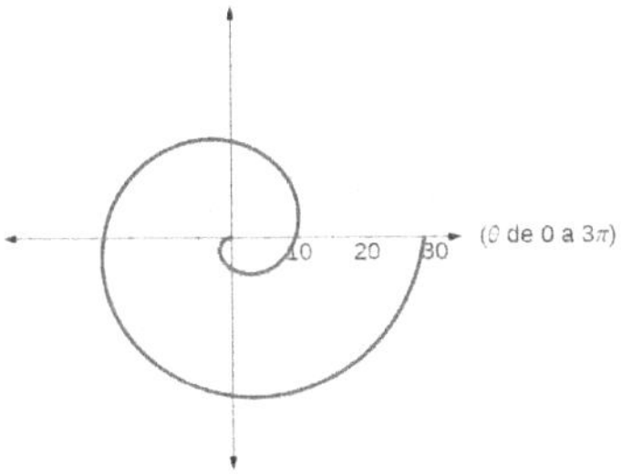

45.

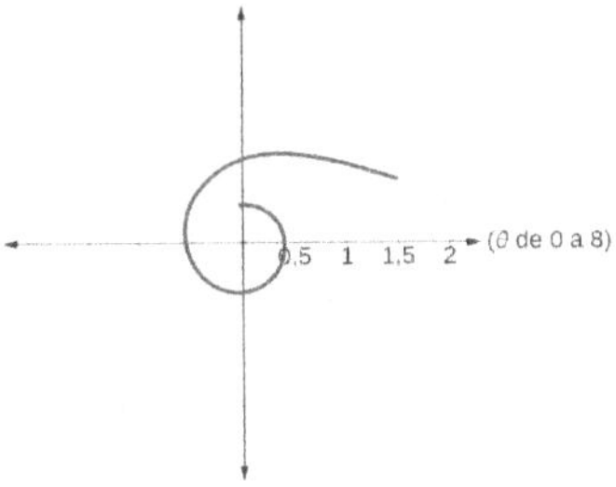

47.

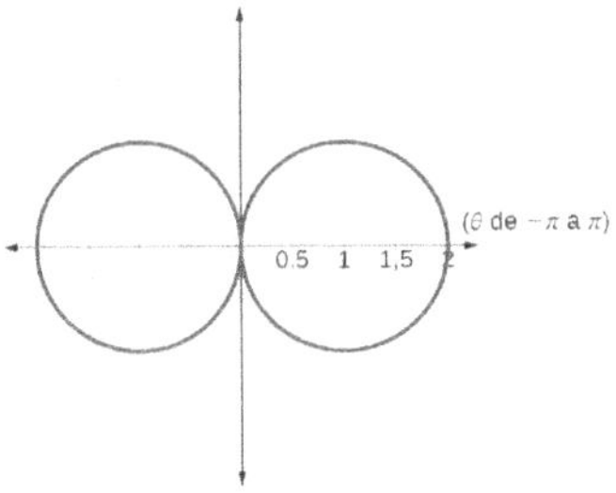

49.

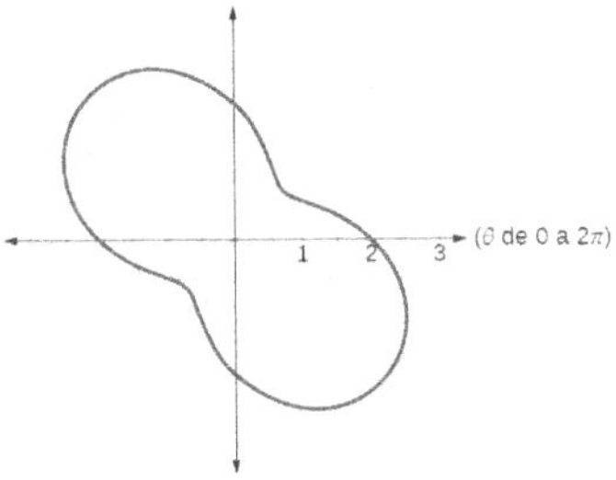

51.

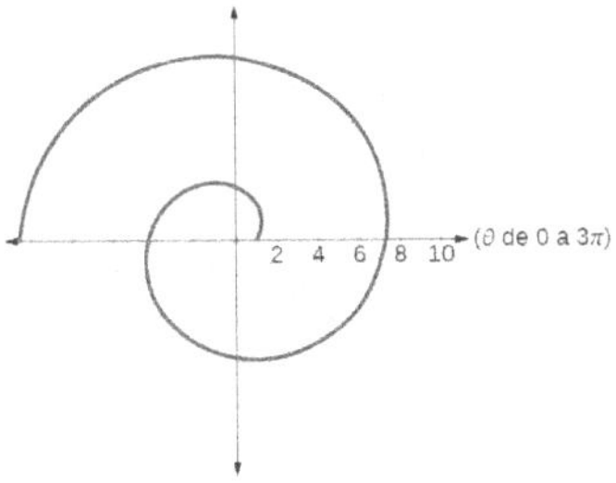

53.

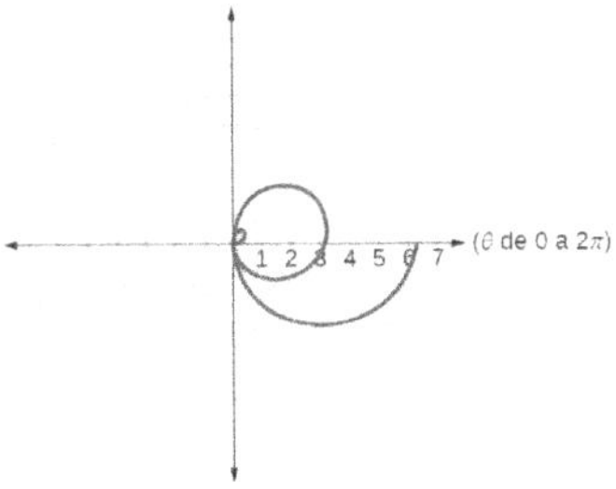

55. Ambos son espirales, pero no iguales.

57. Ambos gráficos son curvas con 2 lazos. La ecuación con un coeficiente de θ tiene dos lazos a la izquierda, la ecuación con un coeficiente de 2 tiene dos lazos al lado. Grafíquelos de 0 a 4π para obtener una mejor imagen.

59. Cuando se aumenta la anchura del dominio, se ven más pétalos de la flor.

61. Los gráficos son curvas rosa polar de tres pétalos. Cuanto mayor sea el coeficiente, mayor será la distancia de la curva al polo.

63. Los gráficos son espirales. Cuanto más pequeño sea el coeficiente, más estrecha será la espiral.

65. $\left(4, \frac{\pi}{3}\right), \left(4, \frac{5\pi}{3}\right)$

67. $\left(\frac{3}{2}, \frac{\pi}{3}\right), \left(\frac{3}{2}, \frac{5\pi}{3}\right)$

69. $\left(0, \frac{\pi}{2}\right),\ (0, \pi),\ \left(0, \frac{3\pi}{2}\right),\ (0, 2\pi)$

71. $\left(\frac{\sqrt[4]{8}}{2}, \frac{\pi}{4}\right), \left(\frac{\sqrt[4]{8}}{2}, \frac{5\pi}{4}\right)$ y en $\theta = \frac{3\pi}{4}, \frac{7\pi}{4}$ dado que r está elevada al cuadrado

8.5 Ejercicios de sección

1. a es la parte real, b es la parte imaginaria y $i = \sqrt{-1}$

3. La forma polar convierte las partes real e imaginaria del número complejo en forma polar usando $x = r\cos\theta$ y $y = r\,\text{sen}\,\theta$.

5. $c^n = r^n\left(\cos(n\theta) + i\,\text{sen}\,(n\theta)\right)$ Se usa para simplificar la forma polar cuando un número ha sido elevado a una potencia.

7. $5\sqrt{2}$

9. $\sqrt{38}$

11. $\sqrt{14{,}45}$

13. $4\sqrt{5}\,\text{cis}\,(333{,}4°)$

15. $2\,\text{cis}\left(\frac{\pi}{6}\right)$

17. $\frac{7\sqrt{3}}{2} + i\frac{7}{2}$

19. $-2\sqrt{3} - 2i$

21. $-1{,}5 - i\frac{3\sqrt{3}}{2}$

23. $4\sqrt{3}\,\text{cis}\,(198°)$

25. $\frac{3}{4}\text{cis}\,(180°)$

27. $5\sqrt{3}\,\text{cis}\left(\frac{17\pi}{24}\right)$

29. $7\,\text{cis}\,(70°)$

31. $5\,\text{cis}\,(80°)$

33. $5\,\text{cis}\left(\frac{\pi}{3}\right)$

35. $125\,\text{cis}\,(135°)$

37. $9\,\text{cis}\,(240°)$

39. $\text{cis}\left(\frac{3\pi}{4}\right)$

41. $3\,\text{cis}\,(80°), 3\,\text{cis}\,(200°), 3\,\text{cis}\,(320°)$

43. $2\sqrt[3]{4}\,\text{cis}\left(\frac{2\pi}{9}\right), 2\sqrt[3]{4}\,\text{cis}\left(\frac{8\pi}{9}\right), 2\sqrt[3]{4}\,\text{cis}\left(\frac{14\pi}{9}\right)$

45. $2\sqrt{2}\,\text{cis}\left(\frac{7\pi}{8}\right), 2\sqrt{2}\,\text{cis}\left(\frac{15\pi}{8}\right)$

47.

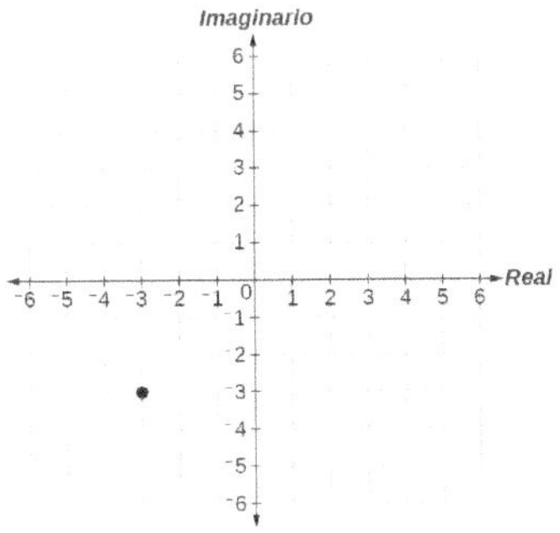

49.

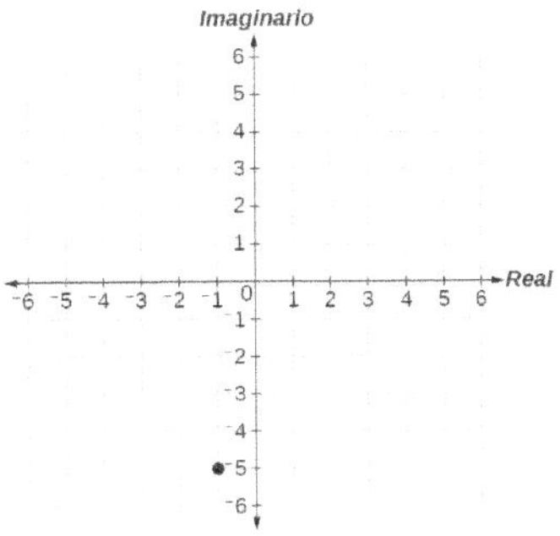

51.

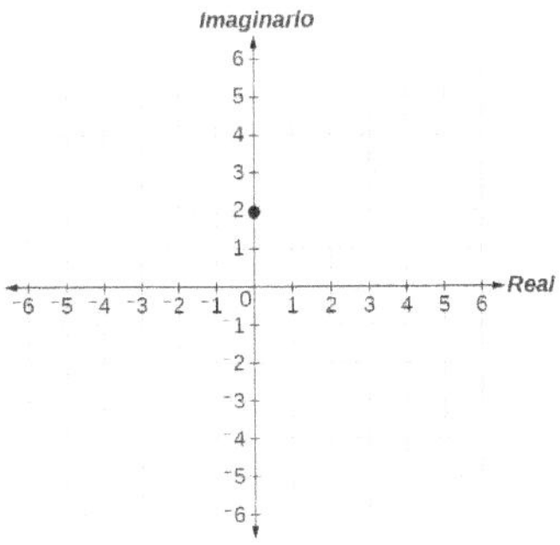

53.

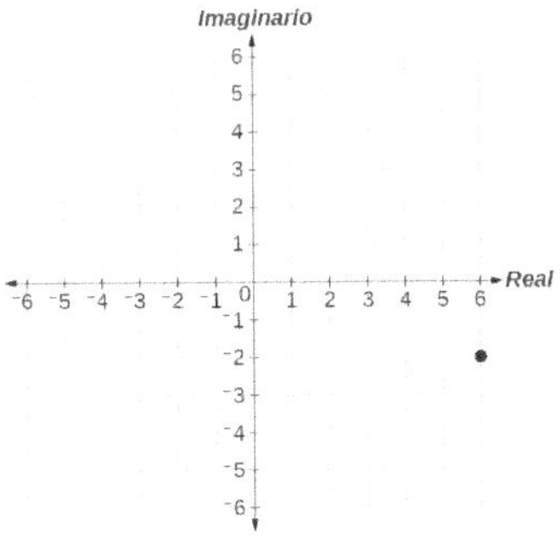

55.

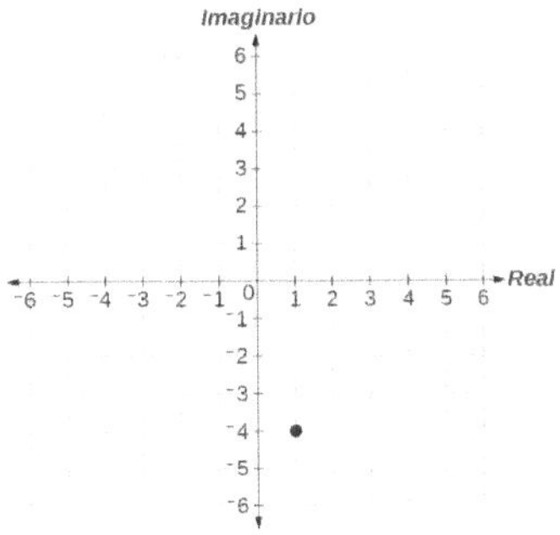

57. $3{,}61e^{-0{,}59i}$

59. $-2 + 3{,}46i$

61. $-4{,}33 - 2{,}50i$

8.6 Ejercicios de sección

1. Un par de funciones que depende de un factor externo. Las dos funciones están escritas en términos del mismo parámetro. Por ejemplo, $x = f(t)$ y $y = f(t)$.

3. Elija una ecuación para resolver t, sustituya en la otra ecuación y simplifique.

5. Algunas ecuaciones no se pueden escribir como funciones, como un círculo. Sin embargo, cuando se escriben como dos ecuaciones paramétricas, por separado, las ecuaciones son funciones.

7. $y = -2 + 2x$

9. $y = 3\sqrt{\frac{x-1}{2}}$

11. $x = 2e^{\frac{1-y}{5}}$ o $y = 1 - 5ln\left(\frac{x}{2}\right)$

13. $x = 4\log\left(\frac{y-3}{2}\right)$

15. $x = \left(\frac{y}{2}\right)^3 - \frac{y}{2}$

17. $y = x^3$

19. $\left(\frac{x}{4}\right)^2 + \left(\frac{y}{5}\right)^2 = 1$

21. $y^2 = 1 - \frac{1}{2}x$

23. $y = x^2 + 2x + 1$

25. $y = \left(\frac{x+1}{2}\right)^3 - 2$

27. $y = -3x + 14$

29. $y = x + 3$

31. $\begin{cases} x(t) = t \\ y(t) = 2\,\text{sen}\,t + 1 \end{cases}$

33. $\begin{cases} x(t) = \sqrt{t} + 2t \\ y(t) = t \end{cases}$

35. $\begin{cases} x(t) = 4\cos t \\ y(t) = 6\,\text{sen}\,t \end{cases}$; Elipse

37. $\begin{cases} x(t) = \sqrt{10}\cos t \\ y(t) = \sqrt{10}\,\mathrm{sen}\, t \end{cases}$;
Círculo

39. $\begin{cases} x(t) = -1 + 4t \\ y(t) = -2t \end{cases}$

41. $\begin{cases} x(t) = 4 + 2t \\ y(t) = 1 - 3t \end{cases}$

43. sí, en $t = 2$

45.

t	x	y
1	-3	1
2	0	7
3	5	17

47. las respuestas pueden variar
$\begin{cases} x(t) = t - 1 \\ y(t) = t^2 \end{cases}$ y $\begin{cases} x(t) = t + 1 \\ y(t) = (t + 2)^2 \end{cases}$

49. las respuestas pueden variar:
$\begin{cases} x(t) = t \\ y(t) = t^2 - 4t + 4 \end{cases}$ y $\begin{cases} x(t) = t + 2 \\ y(t) = t^2 \end{cases}$

8.7 Ejercicios de sección

1. trazar puntos con la flecha de orientación y una calculadora gráfica

3. Las flechas muestran la orientación, la dirección del movimiento según los valores crecientes de t.

5. Las ecuaciones paramétricas muestran los diferentes movimientos verticales y horizontales en el tiempo.

7.
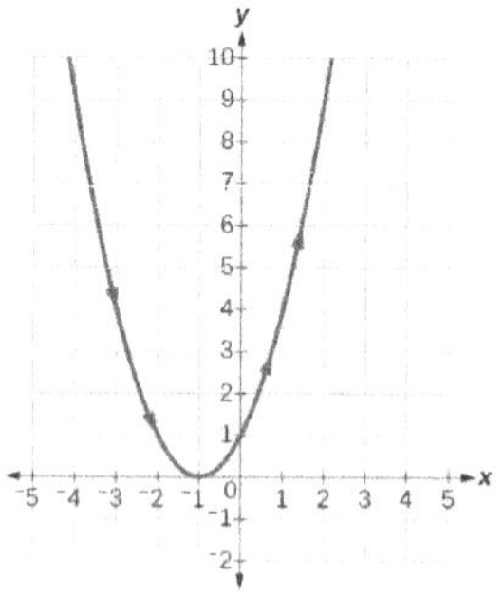

9.
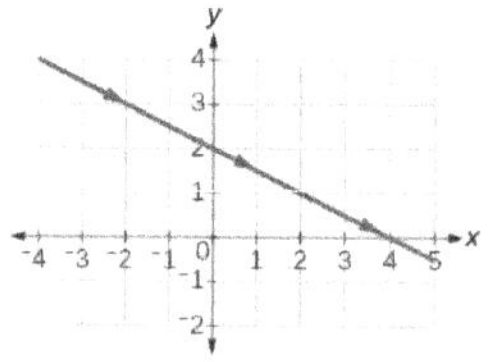

11.
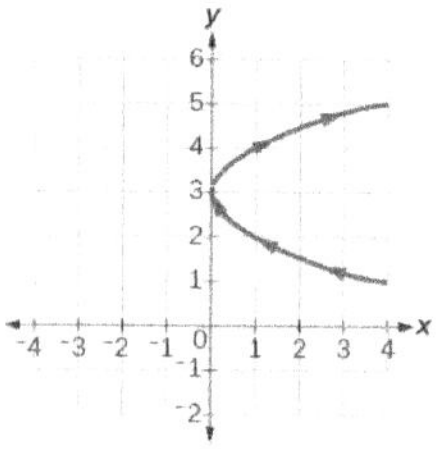

13.
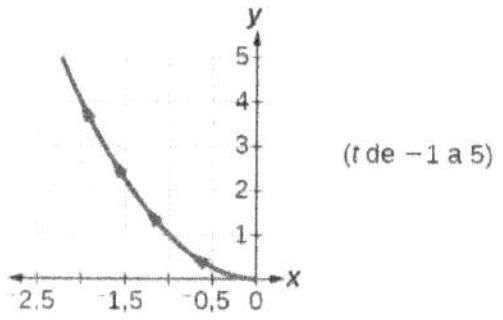

15.
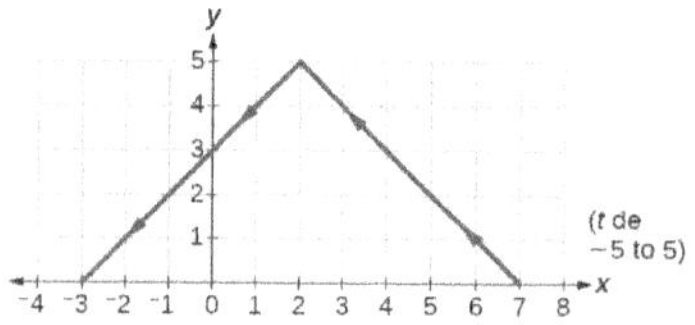

17.
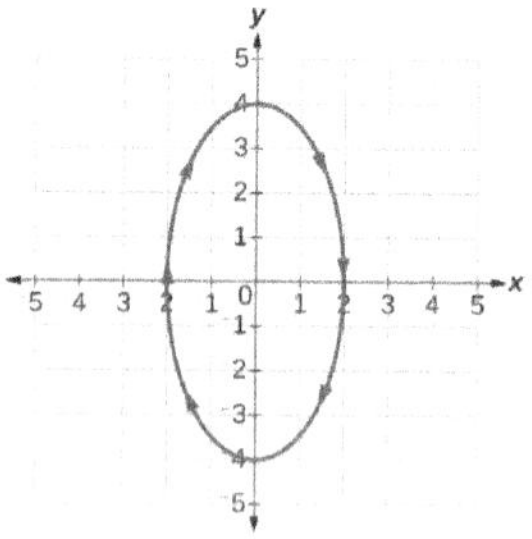

19.

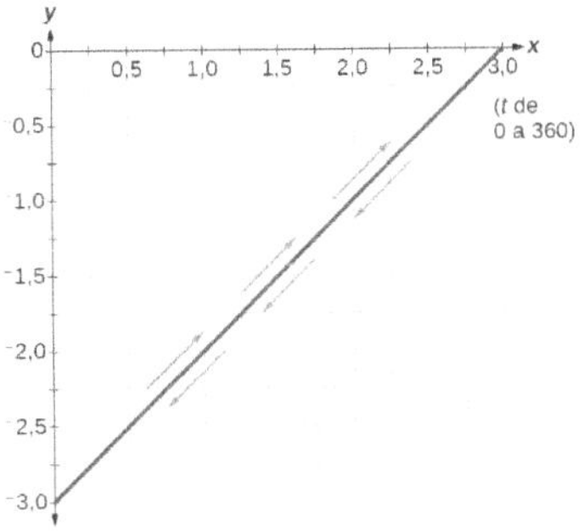

21.

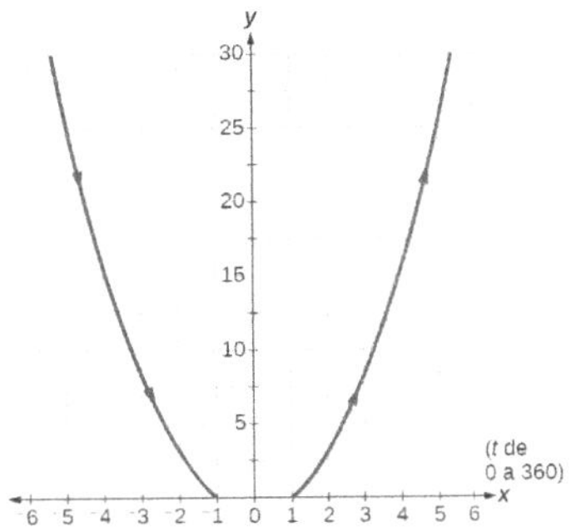

23.

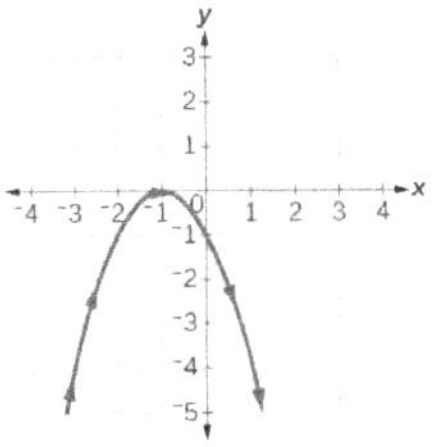

25.

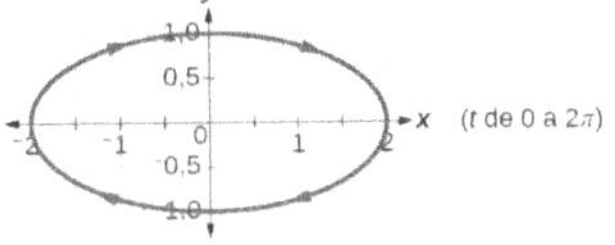

27.

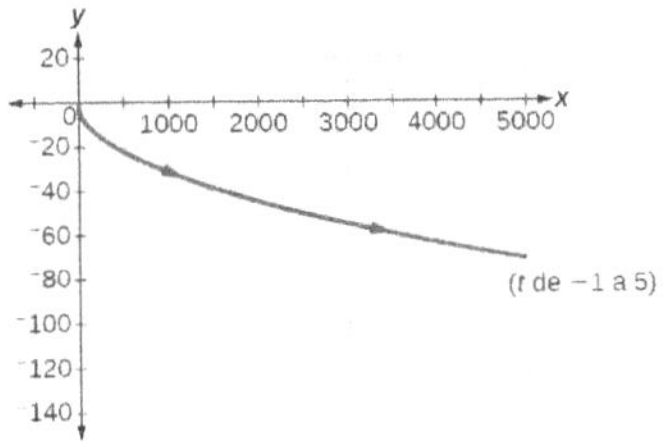

29.

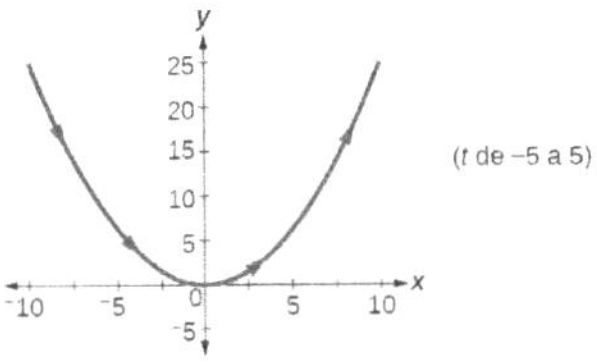

31.

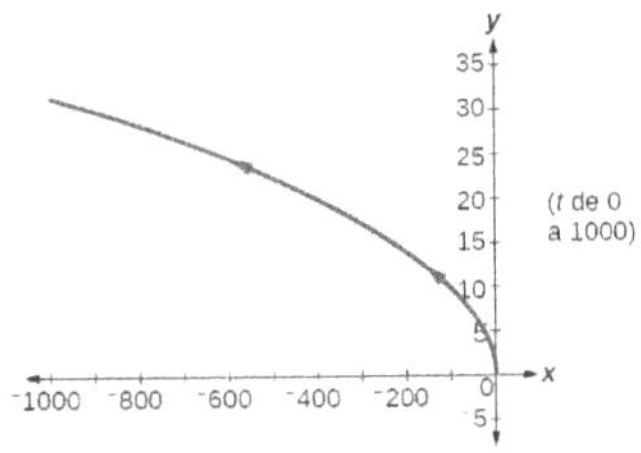

33.

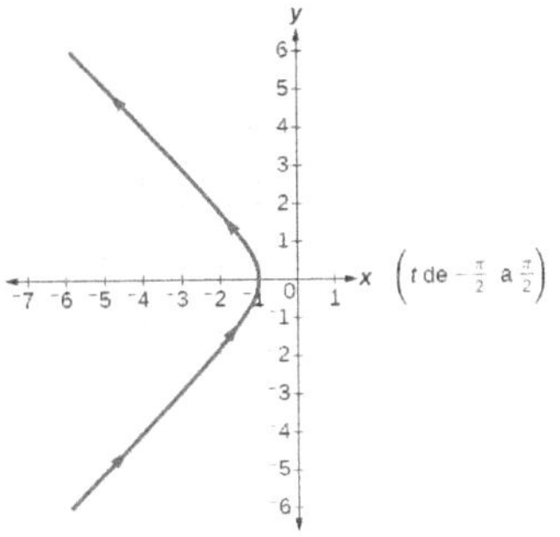

35.

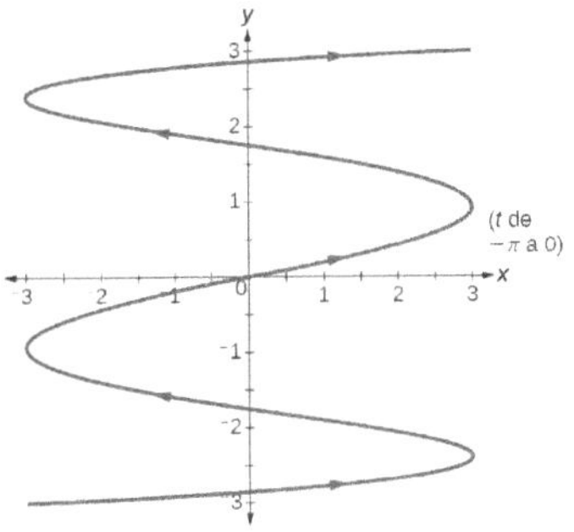

37.

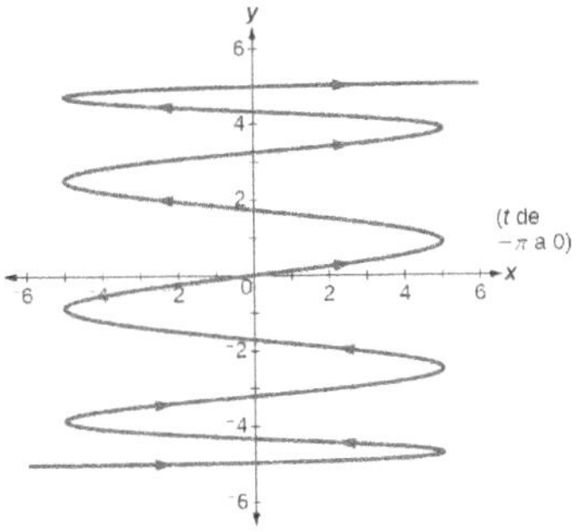

39. Habrá 100 movimientos de ida y vuelta.

41. Tome lo contrario de la ecuación $x(t)$.

43. La parábola se abre.

45. $\begin{cases} x(t) = 5 \cos t \\ y(t) = 5 \operatorname{sen} t \end{cases}$

47.

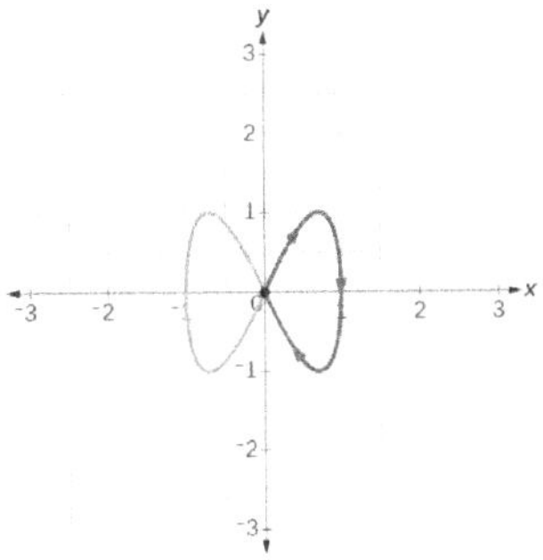

49.

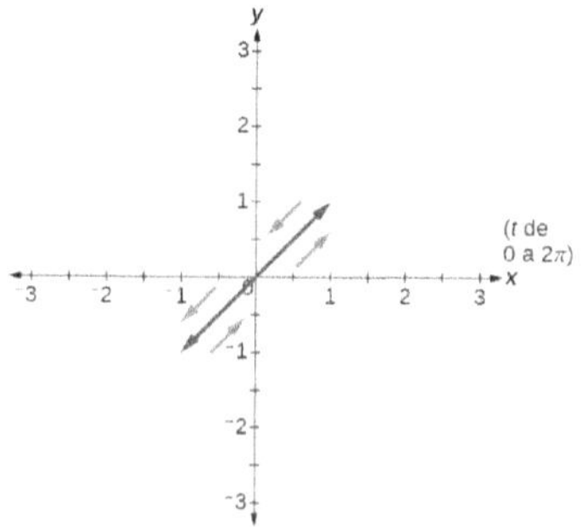

51.

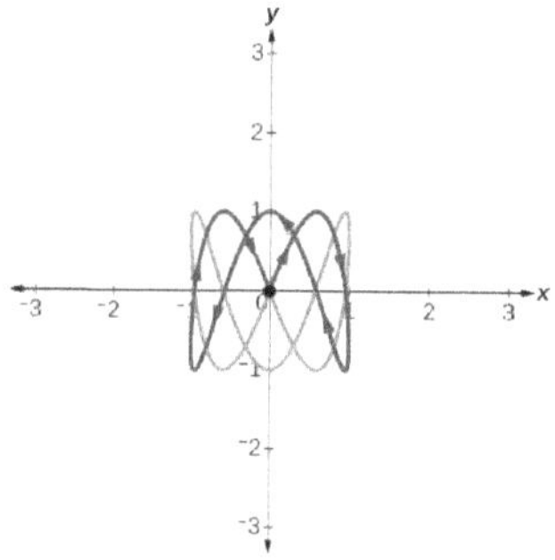

53. $a = 4, b = 3, c = 6, d = 1$

55. $a = 4, b = 2, c = 3, d = 3$

57.

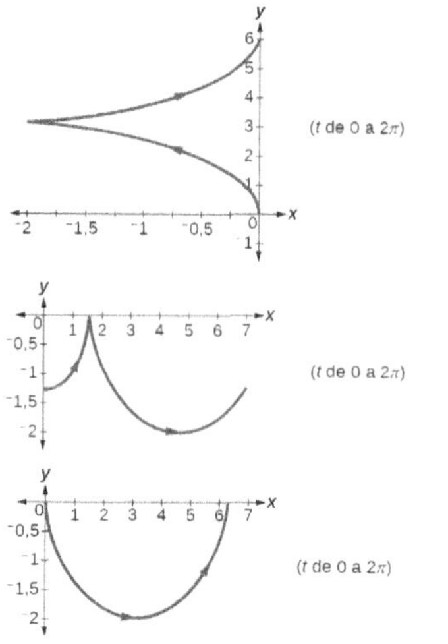

59.

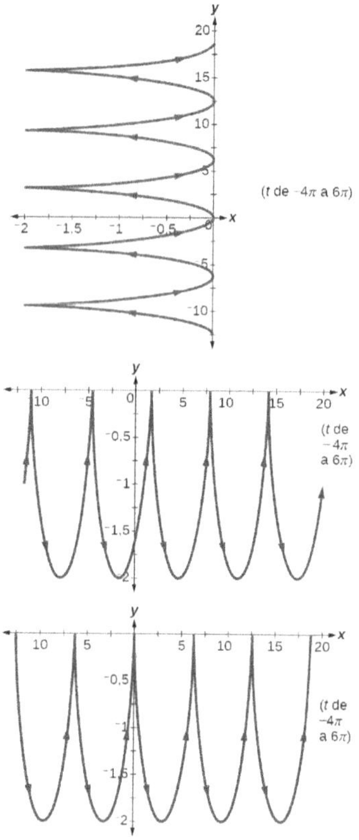

61. La intersección en y cambia.

63. $y(x) = -16\left(\frac{x}{15}\right)^2 + 20\left(\frac{x}{15}\right)$

65. $\begin{cases} x(t) = 64t\cos(52°) \\ y(t) = -16t^2 + 64t\,\text{sen}(52°) \end{cases}$

67. aproximadamente en 3,2 segundos

69. 1,6 segundos

71.

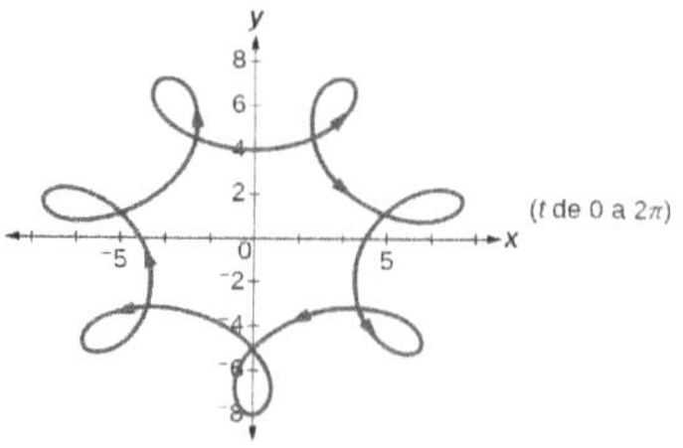

73.

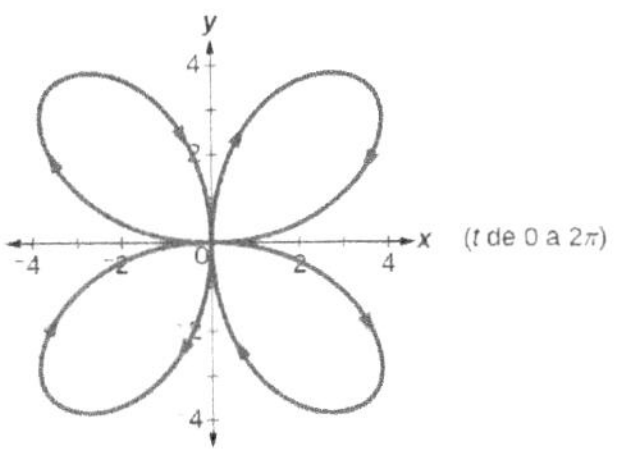

8.8 Ejercicios de sección

1. letra minúscula, en negrita, generalmente $\mathbf{u}$, $\mathbf{v}$, w

3. Son vectores unitarios. Se utilizan para representar los componentes horizontales y verticales de un vector. Cada uno de ellos tiene una magnitud de 1.

5. El primer número representa siempre el coeficiente de la $\mathbf{i}$, y el segundo representa el coeficiente de la $\mathbf{j}$.

7. $\langle 7, -5 \rangle$

9. no es igual

11. igual

13. igual

15. $7\mathbf{i} - 3\mathbf{j}$

17. $-6\mathbf{i} - 2\mathbf{j}$

19. $\mathbf{u} + \mathbf{v} = \langle -5, 5 \rangle, \mathbf{u} - \mathbf{v} = \langle -1, 3 \rangle, 2\mathbf{u} - 3\mathbf{v} = \langle 0, 5 \rangle$

21. $-10\mathbf{i}-4\mathbf{j}$

23. $-\frac{2\sqrt{29}}{29}\mathbf{i} + \frac{5\sqrt{29}}{29}\mathbf{j}$

25. $-\frac{2\sqrt{229}}{229}\mathbf{i} + \frac{15\sqrt{229}}{229}\mathbf{j}$

27. $-\frac{7\sqrt{2}}{10}\mathbf{i} + \frac{\sqrt{2}}{10}\mathbf{j}$

29. $|\mathbf{v}| = 7{,}810, \theta = 39{,}806°$

31. $|\mathbf{v}| = 7{,}211, \theta = 236{,}310\ °$

33. -6

35. -12

37.

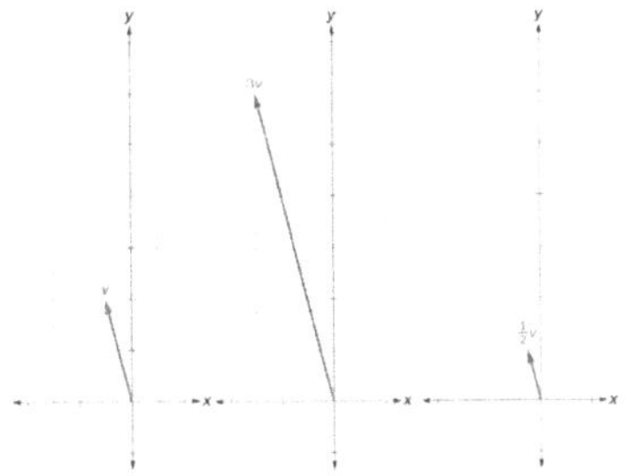

39.

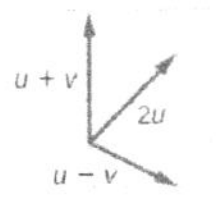

41.

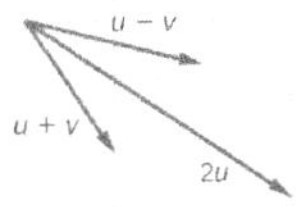

43.

45.

47. $\langle 4, 1\rangle$

49. $\mathbf{v} = -7\mathbf{i} + 3\mathbf{j}$

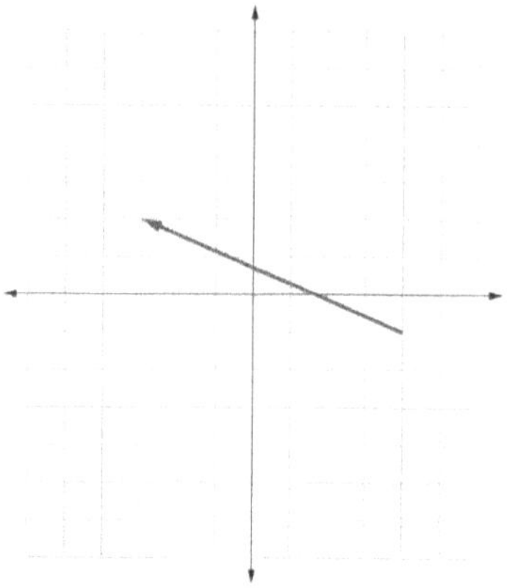

51. $3\sqrt{2}\mathbf{i} + 3\sqrt{2}\mathbf{j}$

53. $\mathbf{i} - \sqrt{3}\mathbf{j}$

55. Ⓐ 58,7 Ⓑ 12,5

57. $x = 7{,}13$ libras, $y = 3{,}63$ libras

59. $x = 2{,}87$ libras, $y = 4{,}10$ libras

61. 4,635 millas, 17,764° N del E

63. 17 millas. 10,318 millas.

65. Distancia: 4,62 Dirección: 86,474° al norte del oeste, o 3,526° al oeste del norte.

67. 4,924°. 659 km/h

69. 4,424°

71. $(0{,}081, 8{,}602)$

73. 21,801°, respecto a la dirección de avance del automóvil

75. paralelos: 16,28, perpendicular: 47,28 libras

77. 19,35 libras, 231,54° de la horizontal

79. 5,1583 libras, 75,8° desde la horizontal

Ejercicios de repaso

1. No es posible

3. $C = 120°, a = 23{,}1, c = 34{,}1$

5. distancia del avión al punto A : 2,2 km, elevación del avión: 1,6 km

7. $\mathbf{b} = 71{,}0°, C = 55{,}0°, a = 12{,}8$

9. 40,6 km

11.

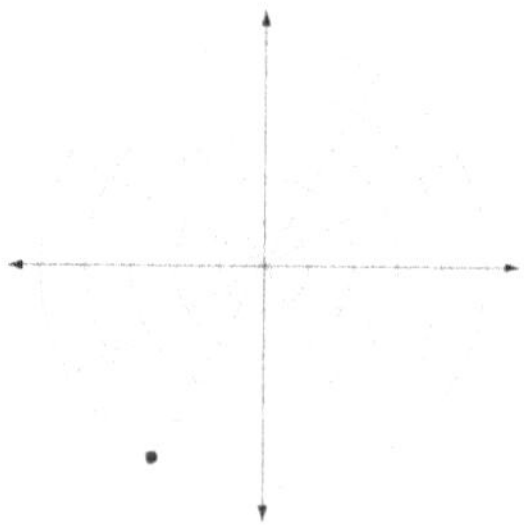

13. $(0, 2)$

15. $(9{,}8489, 203{,}96°)$

17. $r = 8$

19. $x^2 + y^2 = 7x$

21. $y = -x$

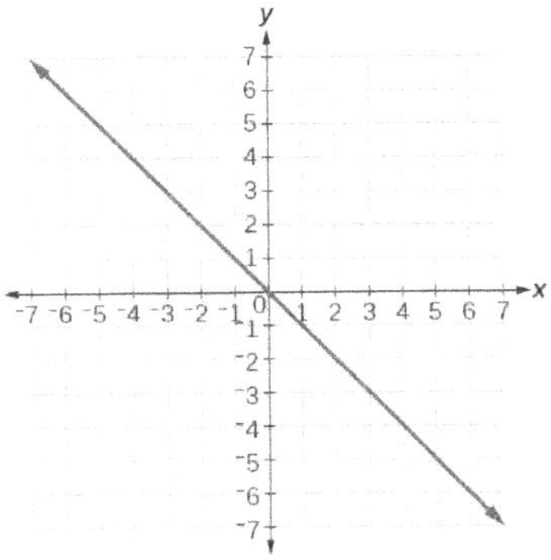

23. es simétrica con respecto a la línea $\theta = \frac{\pi}{2}$

25.

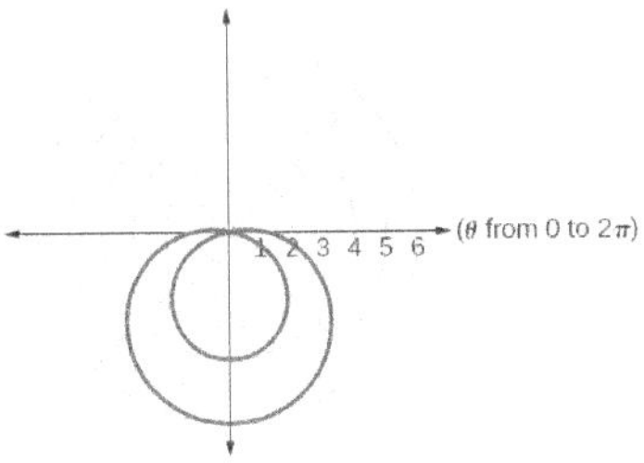

27.

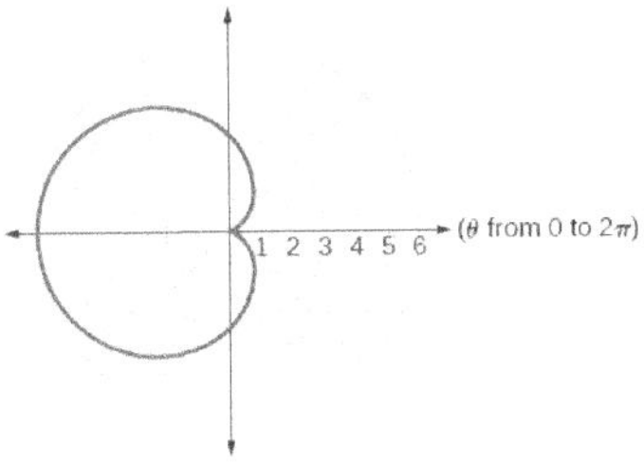

29. 5

31. $\text{cis}\left(-\frac{\pi}{3}\right)$

33. $2{,}3 + 1{,}9\mathbf{i}$

35. $60\,\text{cis}\left(\frac{\pi}{2}\right)$

37. $3\,\text{cis}\left(\frac{4\pi}{3}\right)$

39. $25\,\text{cis}\left(\frac{3\pi}{2}\right)$

41. $5\,\text{cis}\left(\frac{3\pi}{4}\right), 5\,\text{cis}\left(\frac{7\pi}{4}\right)$

43.

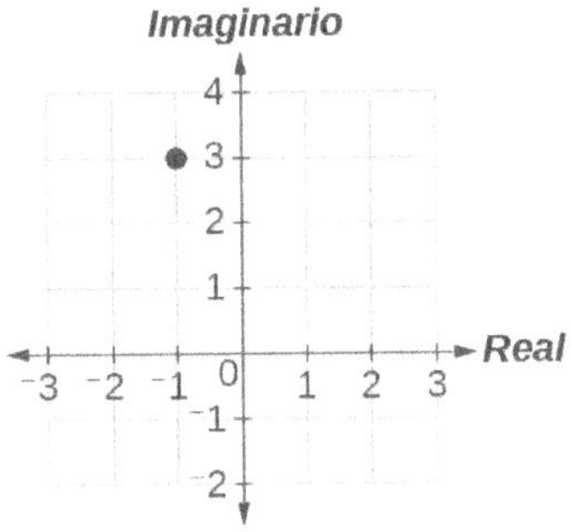

45. $x^2 + \frac{1}{2}y = 1$

47. $\begin{cases} x(t) = -2 + 6t \\ y(t) = 3 + 4t \end{cases}$

49. $y = -2x^5$

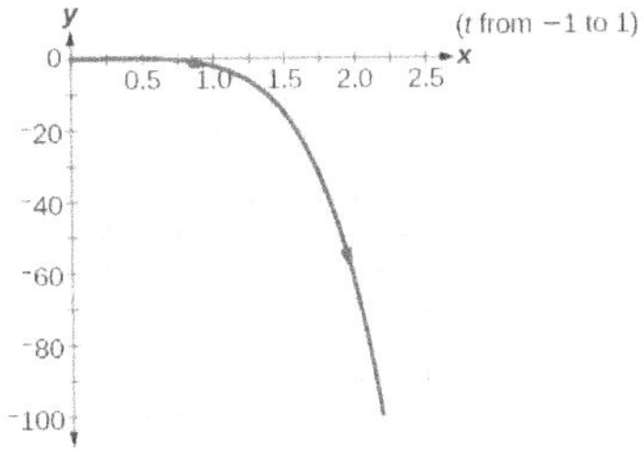

51. a. $\begin{cases} x(t) = (80\cos(40°))\,t \\ y(t) = -16t^2 + (80\,\text{sen}(40°))\,t + 4 \end{cases}$

b. La pelota tiene 14 pies de altura y 184 pies desde donde se lanzó.

c. 3,3 segundos

53. no es igual

55. $4\boldsymbol{i}$

57. $-\frac{3\sqrt{10}}{10}\boldsymbol{i} - \frac{\sqrt{10}}{10}\boldsymbol{j}$

59. Magnitud: $3\sqrt{2}$, Dirección: $225°$

61. 16

63.

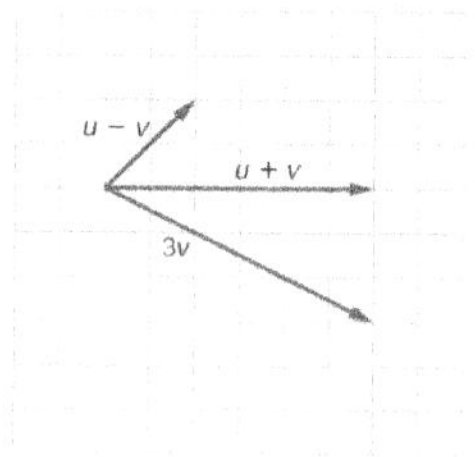

Examen de práctica

1. $\alpha = 67{,}1°, \gamma = 44{,}9°, a = 20{,}9$

3. 1.712 millas

5. $\left(1, \sqrt{3}\right)$

7. $y = -3$

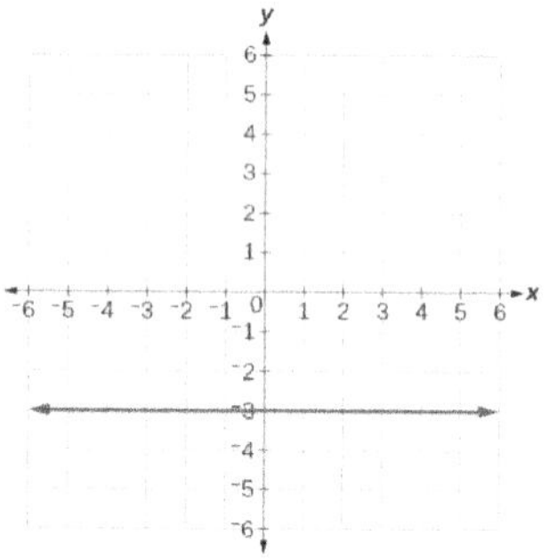

9.

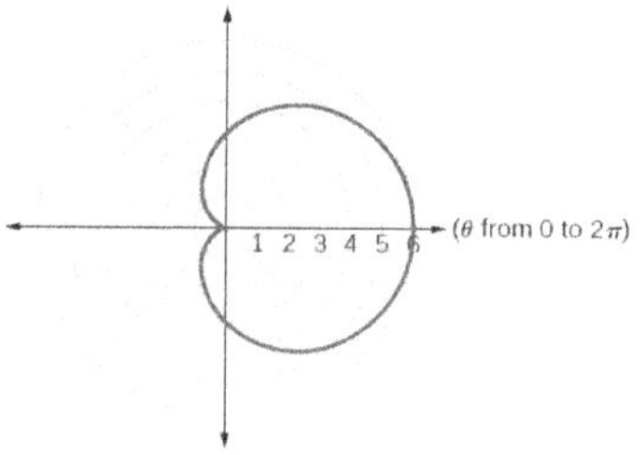

11. $\sqrt{106}$

13. $\frac{-5}{2} + \mathbf{i}\frac{5\sqrt{3}}{2}$

15. $4\,\mathrm{cis}\,(21°)$

17. $2\sqrt{2}\,\mathrm{cis}\,(18°), 2\sqrt{2}\,\mathrm{cis}\,(198°)$

19. $y = 2(x-1)^2$

21.

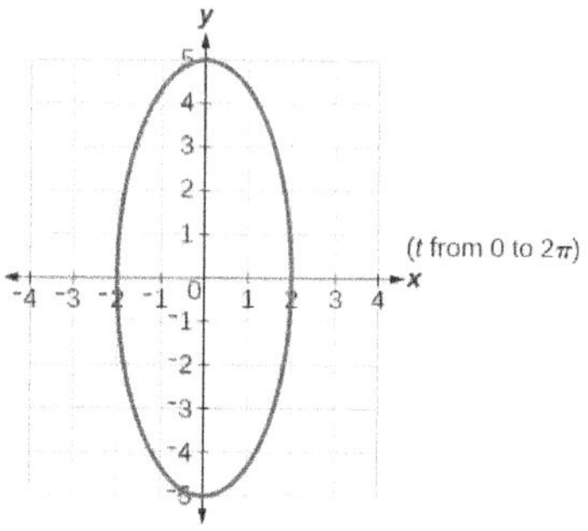

23. $-4\boldsymbol{i} - 15\boldsymbol{j}$

25. $\frac{2\sqrt{13}}{13}\mathbf{i} + \frac{3\sqrt{13}}{13}\mathbf{j}$

Capítulo 9

Inténtelo

9.1 Sistemas de ecuaciones lineales: dos variables

1. No es una solución.
2. La solución del sistema es el par ordenado $(-5, 3)$.

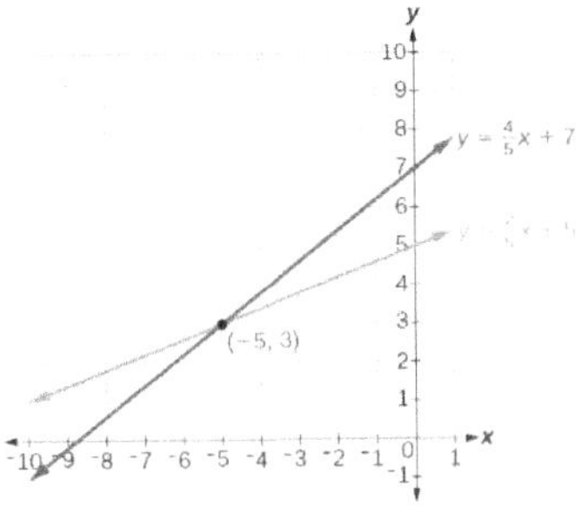

3. $(-2, -5)$
4. $(-6, -2)$
5. $(10, -4)$
6. No hay solución. Es un sistema inconsistente.
7. El sistema es dependiente, por lo que existen infinitas soluciones de la forma $(x, 2x + 5)$.
8. 700 niños y 950 adultos

9.2 Sistemas de ecuaciones lineales: tres variables

1. $(1, -1, 1)$
2. No hay solución.
3. Número infinito de soluciones de la forma $(x, 4x - 11, -5x + 18)$.

9.3 Sistemas de ecuaciones e inecuaciones no lineales: dos variables

1. $\left(-\frac{1}{2}, \frac{1}{2}\right)$ y $(2, 8)$
2. $(-1, 3)$
3. $\{(1, 3), (1, -3), (-1, 3), (-1, -3)\}$
4.

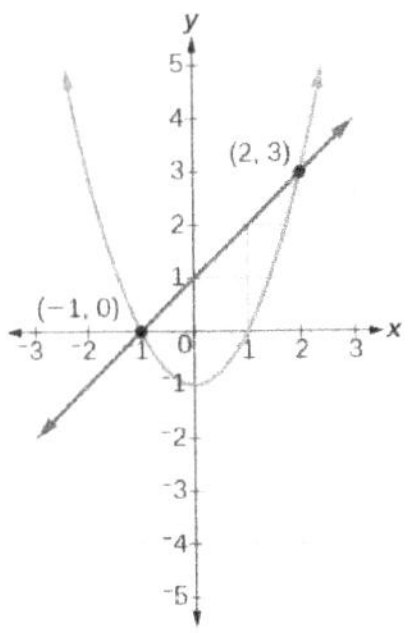

9.4 Fracciones parciales

1. $\frac{3}{x-3} - \frac{2}{x-2}$
2. $\frac{6}{x-1} - \frac{5}{(x-1)^2}$
3. $\frac{3}{x-1} + \frac{2x-4}{x^2+1}$

4. $\frac{x-2}{x^2-2x+3}+\frac{2x+1}{\left(x^2-2x+3\right)^2}$

9.5 Matrices y operaciones con matrices

1. $$A+B=\begin{bmatrix}2 & 6\\ 1 & 0\\ 1 & -3\end{bmatrix}+\begin{bmatrix}3 & -2\\ 1 & 5\\ -4 & 3\end{bmatrix}$$
$$=\begin{bmatrix}2+3 & 6+(-2)\\ 1+1 & 0+5\\ 1+(-4) & -3+3\end{bmatrix}=\begin{bmatrix}5 & 4\\ 2 & 5\\ -3 & 0\end{bmatrix}$$

2. $-2B=\begin{bmatrix}-8 & -2\\ -6 & -4\end{bmatrix}$

9.6 Resolver sistemas con eliminación de Gauss-Jordan

1. $\left[\begin{array}{cc|c}4 & -3 & 11\\ 3 & 2 & 4\end{array}\right]$

2. $$\begin{aligned}x-y+z&=5\\ 2x-y+3z&=1\\ y+z&=-9\end{aligned}$$

3. $(2,\ 1)$

4. $\left[\begin{array}{ccc|c}1 & -\frac{5}{2} & \frac{5}{2} & \frac{17}{2}\\ 0 & 1 & 5 & 9\\ 0 & 0 & 1 & 2\end{array}\right]$

5. $(1,\ 1,\ 1)$

6. 150.000 dólares al 7 %, 750.000 dólares al 8 %, 600.000 dólares al 10 %

9.7 Resolver sistemas con inversas

1. $$AB=\begin{bmatrix}1 & 4\\ -1 & -3\end{bmatrix}\begin{bmatrix}-3 & -4\\ 1 & 1\end{bmatrix}=\begin{bmatrix}1(-3)+4(1) & 1(-4)+4(1)\\ -1(-3)+-3(1) & -1(-4)+-3(1)\end{bmatrix}=\begin{bmatrix}1 & 0\\ 0 & 1\end{bmatrix}$$
$$BA=\begin{bmatrix}-3 & -4\\ 1 & 1\end{bmatrix}\begin{bmatrix}1 & 4\\ -1 & -3\end{bmatrix}=\begin{bmatrix}-3(1)+-4(-1) & -3(4)+-4(-3)\\ 1(1)+1(-1) & 1(4)+1(-3)\end{bmatrix}=\begin{bmatrix}1 & 0\\ 0 & 1\end{bmatrix}$$

2. $A^{-1}=\begin{bmatrix}\frac{3}{5} & \frac{1}{5}\\ -\frac{2}{5} & \frac{1}{5}\end{bmatrix}$

3. $A^{-1}=\begin{bmatrix}1 & 1 & 2\\ 2 & 4 & -3\\ 3 & 6 & -5\end{bmatrix}$

4. $X=\begin{bmatrix}4\\ 38\\ 58\end{bmatrix}$

9.8 Resolver sistemas con la regla de Cramer

1. $(3,-7)$

2. -10

3. $\left(-2,\frac{3}{5},\frac{12}{5}\right)$

9.1 Ejercicios de sección

1. No, puede tener cero, uno o infinitos. Examine los gráficos.

3. Esto significa que no hay un punto de equilibrio realista. En el momento en que la compañía produce una unidad ya está obteniendo ganancias.

5. Se puede resolver por sustitución (aísle x o y), gráficamente o por adición.

7. Sí

9. Sí

11. $(-1, 2)$

13. $(-3, 1)$

15. $\left(-\frac{3}{5}, 0\right)$

17. No existe una solución.

19. $\left(\frac{72}{5}, \frac{132}{5}\right)$

21. $(6, -6)$

23. $\left(-\frac{1}{2}, \frac{1}{10}\right)$

25. No existe una solución.

27. $\left(-\frac{1}{5}, \frac{2}{3}\right)$

29. $\left(x, \frac{x+3}{2}\right)$

31. $(-4, 4)$

33. $\left(\frac{1}{2}, \frac{1}{8}\right)$

35. $\left(\frac{1}{6}, 0\right)$

37. $(x, 2(7x-6))$

39. $\left(-\frac{5}{6}, \frac{4}{3}\right)$

41. Consistente con una solución

43. Consistente con una solución

45. Dependiente con infinitas soluciones

47. $(-3{,}08, 4{,}91)$

49. $(-1{,}52, 2{,}29)$

51. $\left(\frac{A+B}{2}, \frac{A-B}{2}\right)$

53. $\left(\frac{-1}{A-B}, \frac{A}{A-B}\right)$

55. $\left(\frac{CE-BF}{BD-AE}, \frac{AF-CD}{BD-AE}\right)$

57. Nunca obtienen ganancias.

59. $(1, 250, 100, 000)$

61. Los números son 7,5 y 20,5.

63. 24.000

65. 790 estudiantes de segundo año, 805 estudiantes de primer año

67. 56 hombres, 74 mujeres

69. 10 galones de solución al 10 %, 15 galones de solución al 60 %

71. Swan Peak: 750.000 dólares, Riverside: 350.000 dólares.

73. 12.500 dólares en la primera cuenta, 10.500 dólares en la segunda.

75. Los zapatos de caña alta: 45, los de corte bajo: 15

77. Infinitas soluciones. Necesitamos más información.

9.2 Ejercicios de sección

1. No, solo puede haber una, cero o infinitas soluciones.

3. No necesariamente. Puede haber cero, una o infinitas soluciones. Por ejemplo, $(0, 0, 0)$ no es una solución al sistema que está a continuación, pero eso no significa que no tenga solución.

$$\begin{aligned} 2x + 3y - 6c &= 1 \\ -4x - 6y + 12c &= -2 \\ x + 2y + 5z &= 10 \end{aligned}$$

5. Todo sistema de ecuaciones se puede resolver gráficamente, por sustitución y por adición. Sin embargo, los sistemas de tres ecuaciones se vuelven muy complejos de resolver gráficamente, por lo que se suelen preferir otros métodos.

7. No

9. Sí

11. $(-1, 4, 2)$

13. $\left(-\frac{85}{107}, \frac{312}{107}, \frac{191}{107}\right)$

15. $\left(1, \frac{1}{2}, 0\right)$

17. $(4, -6, 1)$

19. $\left(x, \frac{1}{27}(65-16x), \frac{x+28}{27}\right)$

21. $\left(-\frac{45}{13}, \frac{17}{13}, -2\right)$

23. No existen soluciones

25. $(0, 0, 0)$

27. $\left(\frac{4}{7}, -\frac{1}{7}, -\frac{3}{7}\right)$

29. $(7, 20, 16)$

31. $(-6, 2, 1)$

33. $(5, 12, 15)$

35. $(-5, -5, -5)$

37. $(10, 10, 10)$

39. $\left(\frac{1}{2}, \frac{1}{5}, \frac{4}{5}\right)$

41. $\left(\frac{1}{2}, \frac{2}{5}, \frac{4}{5}\right)$

43. $(2, 0, 0)$

45. $(1, 1, 1)$

47. $\left(\frac{128}{557}, \frac{23}{557}, \frac{28}{557}\right)$

49. $(6, -1, 0)$

51. 24, 36, 48

53. 70 abuelos, 140 padres, 190 niños

55. Su parte era de 19,95 dólares, la de Shani de 40 dólares y la de su otro compañero de piso de 22,05 dólares.

57. Hay infinitas soluciones; necesitamos más información

59. 500 de estudiantes, 225 de niños y 450 de adultos

61. El BMW costaba 49.636 dólares, el jeep 42.636 dólares y el Toyota 47.727 dólares.

63. 400.000 dólares en la cuenta que paga el 3 % de interés, 500.000 dólares en la cuenta que paga el 3 % de interés y 100.000 dólares en la cuenta que paga el 3 % de interés.

65. Estados Unidos consumió el 26,3 %, Japón el 7,1 % y China el 6,4 % del petróleo mundial.

67. Arabia Saudita importó el 16,8 %, Canadá el 15,1 % y México el 15,0 %.

69. Las aves representan el 19,3 %, los peces el 18,6 % y los mamíferos el 17,1 % de las especies en peligro.

9.3 Ejercicios de sección

1. Un sistema no lineal podría ser representativo de dos círculos que se superponen y se intersecan en dos lugares, por lo tanto, dos soluciones. Un sistema no lineal podría ser representativo de una parábola y un círculo, donde el vértice de la parábola se encuentra con el círculo y las ramas también se intersecan con el círculo, por lo tanto, tres soluciones.

3. No es necesario que haya una región factible. Consideremos un sistema delimitado por dos líneas paralelas. Una inecuación representa la región por encima de la línea superior; la otra representa la región por debajo de la línea inferior. En este caso, ningún punto del plano está ubicado en ambas regiones; por lo tanto, no hay ninguna región factible.

5. Elija cualquier número entre cada solución y conéctelo a $C(x)$ y $R(x)$. Si $C(x) < R(x)$, entonces hay ganancias.

7. $(0,-3),(3,0)$

9. $\left(-\frac{3\sqrt{2}}{2},\frac{3\sqrt{2}}{2}\right),\left(\frac{3\sqrt{2}}{2},-\frac{3\sqrt{2}}{2}\right)$

11. $(-3,0),(3,0)$

13. $\left(\frac{1}{4},-\frac{\sqrt{62}}{8}\right),\left(\frac{1}{4},\frac{\sqrt{62}}{8}\right)$

15. $\left(-\frac{\sqrt{398}}{4},\frac{199}{4}\right),\left(\frac{\sqrt{398}}{4},\frac{199}{4}\right)$

17. $(0,2),(1,3)$

19. $\left(-\sqrt{\frac{1}{2}\left(\sqrt{5}-1\right)},\frac{1}{2}\left(1-\sqrt{5}\right)\right),\left(\sqrt{\frac{1}{2}\left(\sqrt{5}-1\right)},\frac{1}{2}\left(1-\sqrt{5}\right)\right)$

21. $(5,0)$

23. $(0,0)$

25. $(3,0)$

27. No existen soluciones

29. No existen soluciones

31. $\left(-\frac{\sqrt{2}}{2},-\frac{\sqrt{2}}{2}\right),\left(-\frac{\sqrt{2}}{2},\frac{\sqrt{2}}{2}\right),\left(\frac{\sqrt{2}}{2},-\frac{\sqrt{2}}{2}\right),\left(\frac{\sqrt{2}}{2},\frac{\sqrt{2}}{2}\right)$

33. $(2,0)$

35. $\left(-\sqrt{7},-3\right),\left(-\sqrt{7},3\right),\left(\sqrt{7},-3\right),\left(\sqrt{7},3\right)$

37. $\left(-\sqrt{\frac{1}{2}\left(\sqrt{73}-5\right)},\frac{1}{2}\left(7-\sqrt{73}\right)\right),\left(\sqrt{\frac{1}{2}\left(\sqrt{73}-5\right)},\frac{1}{2}\left(7-\sqrt{73}\right)\right)$

39.

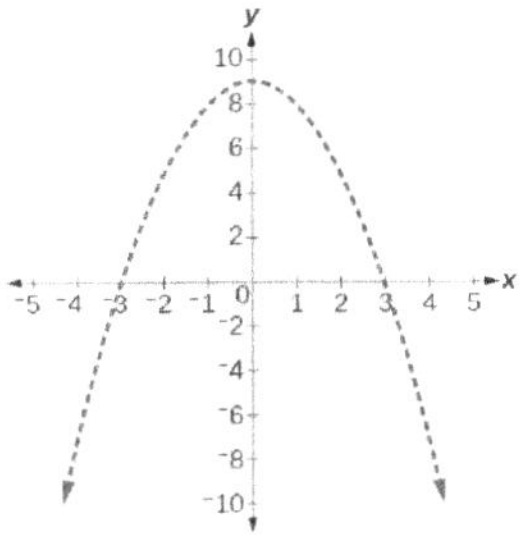

41.

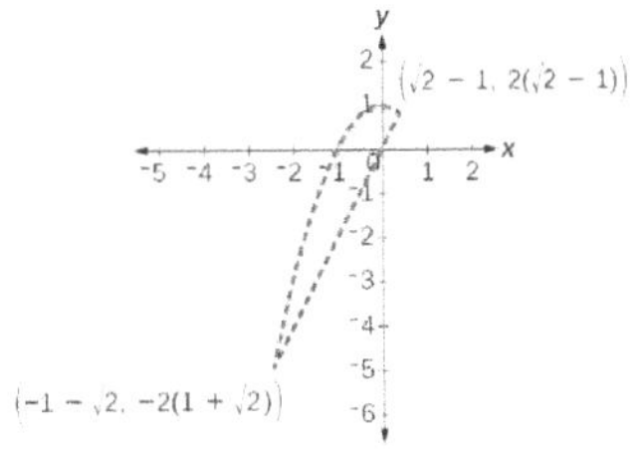

43.

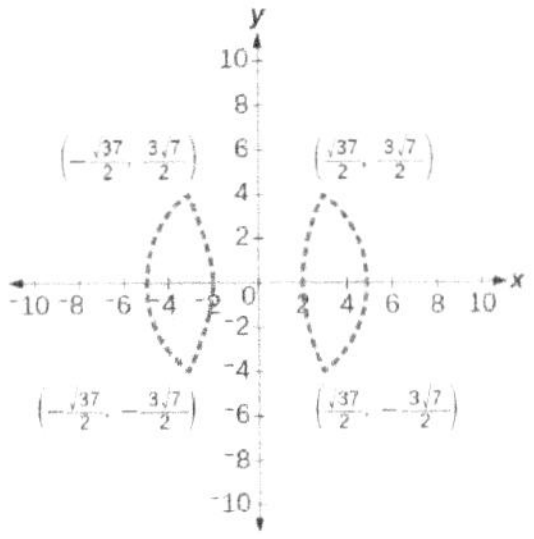

45.

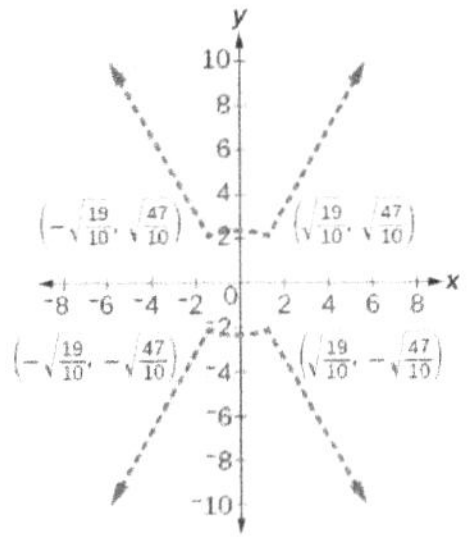

47.

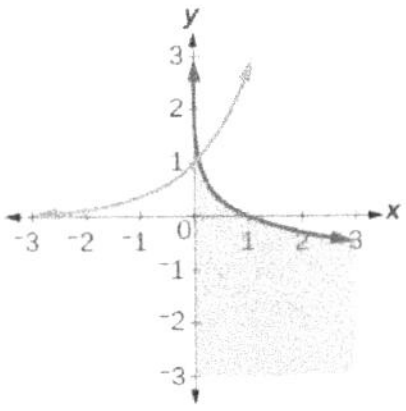

49. $\left(-2\sqrt{\frac{70}{383}},-2\sqrt{\frac{35}{29}}\right),\left(-2\sqrt{\frac{70}{383}},2\sqrt{\frac{35}{29}}\right),\left(2\sqrt{\frac{70}{383}},-2\sqrt{\frac{35}{29}}\right),\left(2\sqrt{\frac{70}{383}},2\sqrt{\frac{35}{29}}\right)$

51. No existe ninguna solución

53. $x=0, y>0$ y
$0<x<1, \sqrt{x}<y<\frac{1}{x}$

55. 12.288

57. De 2 a 20 computadoras

9.4 Ejercicios de sección

1. No, un cociente de polinomios solo se puede descomponer si el denominador se puede factorizar. Por ejemplo, $\frac{1}{x^2+1}$ no se puede descomponer porque el denominador no se puede factorizar.

3. Haga un gráfico de ambos lados y asegúrese de que son iguales.

5. Si elegimos $x=-1$, entonces el término B desaparece, dejándonos saber inmediatamente que $A=3$. También podríamos introducir $x=-\frac{5}{3}$, lo que nos da un valor B de -2.

7. $\frac{8}{x+3}-\frac{5}{x-8}$

9. $\frac{1}{x+5}+\frac{9}{x+2}$

11. $\frac{3}{5x-2}+\frac{4}{4x-1}$

13. $\frac{5}{2(x+3)}+\frac{5}{2(x-3)}$

15. $\frac{3}{x+2}+\frac{3}{x-2}$

17. $\frac{9}{5(x+2)}+\frac{11}{5(x-3)}$

19. $\frac{8}{x-3}-\frac{5}{x-2}$

21. $\frac{1}{x-2}+\frac{2}{(x-2)^2}$

23. $-\frac{6}{4x+5}+\frac{3}{(4x+5)^2}$

25. $-\frac{1}{x-7}-\frac{2}{(x-7)^2}$

27. $\frac{4}{x}-\frac{3}{2(x+1)}+\frac{7}{2(x+1)^2}$

29. $\frac{4}{x}+\frac{2}{x^2}-\frac{3}{3x+2}+\frac{7}{2(3x+2)^2}$

31. $\frac{x+1}{x^2+x+3}+\frac{3}{x+2}$

33. $\frac{4-3x}{x^2+3x+8}+\frac{1}{x-1}$

35. $\frac{2x-1}{x^2+6x+1}+\frac{2}{x+3}$

37. $\frac{1}{x^2+x+1}+\frac{4}{x-1}$

39. $\frac{2}{x^2-3x+9}+\frac{3}{x+3}$

41. $-\frac{1}{4x^2+6x+9}+\frac{1}{2x-3}$

43. $\frac{1}{x}+\frac{1}{x+6}-\frac{4x}{x^2-6x+36}$

45. $\frac{x+6}{x^2+1}+\frac{4x+3}{\left(x^2+1\right)^2}$

47. $\frac{x+1}{x+2}+\frac{2x+3}{(x+2)^2}$

49. $\frac{1}{x^2+3x+25}-\frac{3x}{\left(x^2+3x+25\right)^2}$

51. $\frac{1}{8x}-\frac{x}{8\left(x^2+4\right)}+\frac{10-x}{2\left(x^2+4\right)^2}$

53. $-\frac{16}{x}-\frac{9}{x^2}+\frac{16}{x-1}-\frac{7}{(x-1)^2}$

55. $\frac{1}{x+1}-\frac{2}{(x+1)^2}+\frac{5}{(x+1)^3}$

57. $\frac{5}{x-2}-\frac{3}{10(x+2)}+\frac{7}{x+8}-\frac{7}{10(x-8)}$

59. $-\frac{5}{4x}-\frac{5}{2(x+2)}+\frac{11}{2(x+4)}+\frac{5}{4(x+4)}$

9.5 Ejercicios de sección

1. No, deben tener las mismas dimensiones. Un ejemplo sería el de dos matrices de diferentes dimensiones. No se pueden sumar las dos matrices siguientes porque la primera es una matriz 2×2 y la segunda es una matriz 2×3. $\begin{bmatrix} 1 & 2 \\ 3 & 4 \end{bmatrix} + \begin{bmatrix} 6 & 5 & 4 \\ 3 & 2 & 1 \end{bmatrix}$ no tiene suma.

3. Sí, si las dimensiones de A son $m \times n$ y las dimensiones de B son $n \times m$, ambos productos se definirán.

5. No necesariamente. Para hallar AB, multiplicamos la primera fila de A por la primera columna de B para obtener la primera entrada de AB. Para calcular BA, multiplicamos la primera fila de B por la primera columna de A para obtener la primera entrada de BA. Por lo tanto, si estos no son iguales, entonces la multiplicación de matrices no es conmutativa.

7. $\begin{bmatrix} 11 & 19 \\ 15 & 94 \\ 17 & 67 \end{bmatrix}$

9. $\begin{bmatrix} -4 & 2 \\ 8 & 1 \end{bmatrix}$

11. No identificado; las dimensiones no coinciden

13. $\begin{bmatrix} 9 & 27 \\ 63 & 36 \\ 0 & 192 \end{bmatrix}$

15. $\begin{bmatrix} -64 & -12 & -28 & -72 \\ -360 & -20 & -12 & -116 \end{bmatrix}$

17. $\begin{bmatrix} 1,800 & 1,200 & 1,300 \\ 800 & 1,400 & 600 \\ 700 & 400 & 2,100 \end{bmatrix}$

19. $\begin{bmatrix} 20 & 102 \\ 28 & 28 \end{bmatrix}$

21. $\begin{bmatrix} 60 & 41 & 2 \\ -16 & 120 & -216 \end{bmatrix}$

23. $\begin{bmatrix} -68 & 24 & 136 \\ -54 & -12 & 64 \\ -57 & 30 & 128 \end{bmatrix}$

25. Es indefinido; las dimensiones no coinciden.

27. $\begin{bmatrix} -8 & 41 & -3 \\ 40 & -15 & -14 \\ 4 & 27 & 42 \end{bmatrix}$

29. $\begin{bmatrix} -840 & 650 & -530 \\ 330 & 360 & 250 \\ -10 & 900 & 110 \end{bmatrix}$

31. $\begin{bmatrix} -350 & 1,050 \\ 350 & 350 \end{bmatrix}$

33. Es Indefinido; las dimensiones interiores no coinciden.

35. $\begin{bmatrix} 1,400 & 700 \\ -1,400 & 700 \end{bmatrix}$

37. $\begin{bmatrix} 332,500 & 927,500 \\ -227,500 & 87,500 \end{bmatrix}$

39. $\begin{bmatrix} 490,000 & 0 \\ 0 & 490,000 \end{bmatrix}$

41. $\begin{bmatrix} -2 & 3 & 4 \\ -7 & 9 & -7 \end{bmatrix}$

43. $\begin{bmatrix} -4 & 29 & 21 \\ -27 & -3 & 1 \end{bmatrix}$

45. $\begin{bmatrix} -3 & -2 & -2 \\ -28 & 59 & 46 \\ -4 & 16 & 7 \end{bmatrix}$

47. $\begin{bmatrix} 1 & -18 & -9 \\ -198 & 505 & 369 \\ -72 & 126 & 91 \end{bmatrix}$

49. $\begin{bmatrix} 0 & 1,6 \\ 9 & -1 \end{bmatrix}$

51. $\begin{bmatrix} 2 & 24 & -4,5 \\ 12 & 32 & -9 \\ -8 & 64 & 61 \end{bmatrix}$

53. $\begin{bmatrix} 0,5 & 3 & 0,5 \\ 2 & 1 & 2 \\ 10 & 7 & 10 \end{bmatrix}$

55. $\begin{bmatrix} 1 & 0 & 0 \\ 0 & 1 & 0 \\ 0 & 0 & 1 \end{bmatrix}$

57. $\begin{bmatrix} 1 & 0 & 0 \\ 0 & 1 & 0 \\ 0 & 0 & 1 \end{bmatrix}$

59. $B^n = \begin{cases} \begin{bmatrix} 1 & 0 & 0 \\ 0 & 1 & 0 \\ 0 & 0 & 1 \end{bmatrix}, & n \text{ par,} \\ \begin{bmatrix} 1 & 0 & 0 \\ 0 & 0 & 1 \\ 0 & 1 & 0 \end{bmatrix}, & n \text{ impar.} \end{cases}$

9.6 Ejercicios de sección

1. Sí. Para cada fila, se escriben los coeficientes de las variables a lo largo de la fila correspondiente y se coloca una barra vertical; a continuación, se colocan las constantes a la derecha de la barra vertical.

3. No, existen numerosos métodos correctos para utilizar las operaciones de fila en una matriz. Dos posibles formas son las siguientes: (1) Intercambie las filas 1 y 2. Luego $R_2 = R_2 - 9R_1$. (2) $R_2 = R_1 - 9R_2$. Luego, divida la fila 1 entre 9.

5. No. Una matriz con 0 entradas para toda una fila tendría cero o infinitas soluciones.

7. $\left[\begin{array}{cc|c} 0 & 16 & 4 \\ 9 & -1 & 2 \end{array}\right]$

9. $\left[\begin{array}{ccc|c} 1 & 5 & 8 & 16 \\ 12 & 3 & 0 & 4 \\ 3 & 4 & 9 & -7 \end{array}\right]$

11. $\begin{aligned} -2x + 5y &= 5 \\ 6x - 18y &= 26 \end{aligned}$

13. $\begin{aligned} 3x + 2y &= 3 \\ -x - 9y + 4z &= -1 \\ 8x + 5y + 7z &= 8 \end{aligned}$

15. $\begin{aligned} 4x + 5y - 2c &= 12 \\ y + 58c &= 2 \\ 8x + 7y - 3c &= -5 \end{aligned}$

17. No son soluciones.

19. $(-1, -2)$

21. $(6, 7)$

23. $(3, 2)$

25. $\left(\frac{1}{5}, \frac{1}{2}\right)$

27. $\left(x, \frac{4}{15}(5x + 1)\right)$

29. $(3, 4)$

31. $\left(\frac{196}{39}, -\frac{5}{13}\right)$

33. $(31, -42, 87)$

35. $\left(\frac{21}{40}, \frac{1}{20}, \frac{9}{8}\right)$

37. $\left(\frac{18}{13}, \frac{15}{13}, -\frac{15}{13}\right)$

39. $\left(x, y, \frac{1}{2}(1 - 2x - 3y)\right)$

41. $\left(x, -\frac{x}{2}, -1\right)$

43. $(125, -25, 0)$

45. $(8, 1, -2)$

47. $(1, 2, 3)$

49. $\left(x, \frac{31}{28} - \frac{3x}{4}, \frac{1}{28}(-7x - 3)\right)$

51. No existe una solución.

53. 860 de red velvet y 1.340 de chocolate

55. El 4 % para la cuenta 1 y el 6 % para la cuenta 2

57. 126 dólares

59. Banana fue del 3 %, calabaza del 7 % y rocky road del 2 %

61. 100 almendras, 200 anacardos y 600 pistachos

9.7 Ejercicios de sección

1. Si A^{-1} es la inversa de A, entonces $AA^{-1} = I$, la matriz identidad. Dado que A es también la inversa de A^{-1}, $A^{-1}A = I$. También puede comprobarlo probando esto para una matriz 2×2.

3. No, porque ad y bc son ambos 0, por lo que $ad - bc = 0$, lo que nos obliga a dividir entre 0 en la fórmula.

5. Sí. Considere la matriz $\begin{bmatrix} 0 & 1 \\ 1 & 0 \end{bmatrix}$. La inversa se despeja con el siguiente cálculo: $A^{-1} = \frac{1}{0(0)-1(1)}\begin{bmatrix} 0 & -1 \\ -1 & 0 \end{bmatrix} = \begin{bmatrix} 0 & 1 \\ 1 & 0 \end{bmatrix}$.

7. $AB = BA = \begin{bmatrix} 1 & 0 \\ 0 & 1 \end{bmatrix} = I$

9. $AB = BA = \begin{bmatrix} 1 & 0 \\ 0 & 1 \end{bmatrix} = I$

11. $AB = BA = \begin{bmatrix} 1 & 0 & 0 \\ 0 & 1 & 0 \\ 0 & 0 & 1 \end{bmatrix} = I$

13. $\frac{1}{29}\begin{bmatrix} 9 & 2 \\ -1 & 3 \end{bmatrix}$

15. $\frac{1}{69}\begin{bmatrix} -2 & 7 \\ 9 & 3 \end{bmatrix}$

17. No tiene inversa

19. $\frac{4}{7}\begin{bmatrix} 0{,}5 & 1{,}5 \\ 1 & -0{,}5 \end{bmatrix}$

21. $\frac{1}{17}\begin{bmatrix} -5 & 5 & -3 \\ 20 & -3 & 12 \\ 1 & -1 & 4 \end{bmatrix}$

23. $\frac{1}{209}\begin{bmatrix} 47 & -57 & 69 \\ 10 & 19 & -12 \\ -24 & 38 & -13 \end{bmatrix}$

25. $\begin{bmatrix} 18 & 60 & -168 \\ -56 & -140 & 448 \\ 40 & 80 & -280 \end{bmatrix}$

27. $(-5, 6)$

29. $(2, 0)$

31. $\left(\frac{1}{3}, -\frac{5}{2}\right)$

33. $\left(-\frac{2}{3}, -\frac{11}{6}\right)$

35. $\left(7, \frac{1}{2}, \frac{1}{5}\right)$

37. $(5, 0, -1)$

39. $\frac{1}{34}(-35, -97, -154)$

41. $\frac{1}{690}(65, -1.136, -229)$

43. $\left(-\frac{37}{30}, \frac{8}{15}\right)$

45. $\left(\frac{10}{123}, -1, \frac{2}{5}\right)$

47. $\frac{1}{2}\begin{bmatrix} 2 & 1 & -1 & -1 \\ 0 & 1 & 1 & -1 \\ 0 & -1 & 1 & 1 \\ 0 & 1 & -1 & 1 \end{bmatrix}$

49. $\frac{1}{39}\begin{bmatrix} 3 & 2 & 1 & -7 \\ 18 & -53 & 32 & 10 \\ 24 & -36 & 21 & 9 \\ -9 & 46 & -16 & -5 \end{bmatrix}$

51. $\begin{bmatrix} 1 & 0 & 0 & 0 & 0 & 0 \\ 0 & 1 & 0 & 0 & 0 & 0 \\ 0 & 0 & 1 & 0 & 0 & 0 \\ 0 & 0 & 0 & 1 & 0 & 0 \\ 0 & 0 & 0 & 0 & 1 & 0 \\ -1 & -1 & -1 & -1 & -1 & 1 \end{bmatrix}$

53. Soluciones infinitas.

55. 50 % naranjas, 25 % plátanos, 20 % manzanas

57. 10 sombreros de paja, 50 gorros, 40 sombreros de vaquero

59. Micah se comió 6, Joe 3 y Albert 3.

61. 124 naranjas, 10 limones, 8 granadas

9.8 Ejercicios de sección

1. Un determinante es la suma y el producto de las entradas de la matriz, por lo que siempre se puede evaluar ese producto, aunque acabe siendo 0.
3. La inversa no existe.
5. -2
7. 7
9. -4
11. 0
13. $-7,990{,}7$
15. 3
17. -1
19. 224
21. 15
23. $-17{,}03$
25. $(1,1)$
27. $\left(\frac{1}{2},\frac{1}{3}\right)$
29. $(2,5)$
31. $\left(-1,-\frac{1}{3}\right)$
33. $(15,12)$
35. $(1,3,2)$
37. $(-1,0,3)$
39. $\left(\frac{1}{2},1,2\right)$
41. $(2,1,4)$
43. Soluciones infinitas
45. 24
47. 1
49. Sí; 18, 38
51. Sí; 33, 36, 37
53. 7.000 dólares en la primera cuenta, 3.000 en la segunda.
55. 120 niños, 1.080 adultos
57. 4 galones de amarillo, 6 galones de azul
59. 13 tomates verdes, 17 tomates rojos
61. Fresas 18 %, naranjas 9 %, kiwi 10 %
63. 100 para la película 1, 230 para la película 2, 312 para la película 3
65. 300 almendras, 400 arándanos, 300 anacardos

Ejercicios de repaso

1. No
3. $(-2,3)$
5. $(4,-1)$
7. No existe una solución.
9. $(300,60,000)$
11. Soluciones infinitas
13. No existe una solución.
15. $(-1,-2,3)$
17. $\left(x,\frac{8x}{5},\frac{14x}{5}\right)$
19. 11, 17 y 33
21. $(2,-3),(3,2)$
23. No hay solución

25. No hay solución

27.

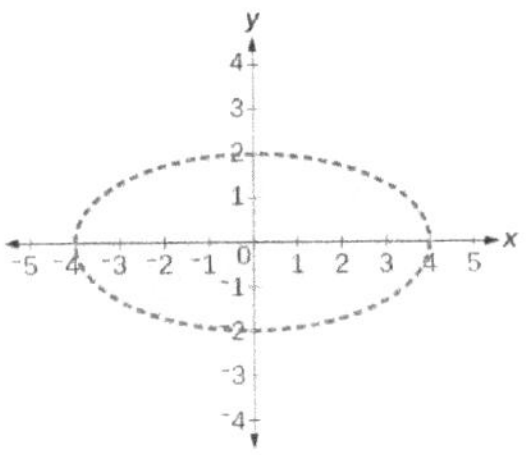

29.

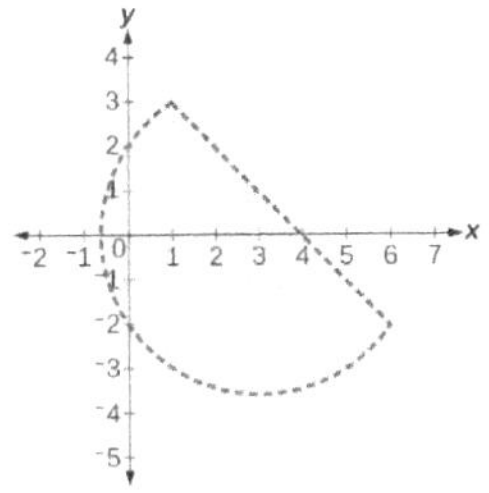

31. $\frac{2}{x+2}, \frac{-4}{x+1}$

33. $\frac{7}{x+5}, \frac{-15}{(x+5)^2}$

35. $\frac{3}{x-5}, \frac{-4x+1}{x^2+5x+25}$

37. $\frac{x-4}{(x^2-2)}, \frac{5x+3}{(x^2-2)^2}$

39. $\begin{bmatrix} -16 & 8 \\ -4 & -12 \end{bmatrix}$

41. indefinido; las dimensiones no coinciden

43. indefinido; las dimensiones interiores no coinciden

45. $\begin{bmatrix} 113 & 28 & 10 \\ 44 & 81 & -41 \\ 84 & 98 & -42 \end{bmatrix}$

47. $\begin{bmatrix} -127 & -74 & 176 \\ -2 & 11 & 40 \\ 28 & 77 & 38 \end{bmatrix}$

49. indefinido; las dimensiones interiores no coinciden

51. $\begin{array}{l} x - 3z = 7 \\ y + 2z = -5 \end{array}$ con infinitas soluciones

53. $\left[\begin{array}{ccc|c} -2 & 2 & 1 & 7 \\ 2 & -8 & 5 & 0 \\ 19 & -10 & 22 & 3 \end{array}\right]$

55. $\left[\begin{array}{ccc|c} 1 & 0 & 3 & 12 \\ -1 & 4 & 0 & 0 \\ 0 & 1 & 2 & -7 \end{array}\right]$

57. No existe una solución.

59. No existe una solución.

61. $\frac{1}{8}\begin{bmatrix} 2 & 7 \\ 6 & 1 \end{bmatrix}$

63. No existe ningún inverso.

65. $(-20, 40)$

67. $(-1, 0{,}2, 0{,}3)$

69. 17 % naranjas, 34 % plátanos, 39 % manzanas

71. 0

73. 6

75. $\left(6, \frac{1}{2}\right)$

77. $(x, 5x + 3)$

79. $\left(0, 0, -\frac{1}{2}\right)$

Examen de práctica

1. Sí

3. No existe una solución.

5. $\frac{1}{20}(10, 5, 4)$

7. $\left(x, \frac{16x}{5} - \frac{13x}{5}\right)$

9. $(-2\sqrt{2}, -\sqrt{17}), \left(-2\sqrt{2}, \sqrt{17}\right), \left(2\sqrt{2}, -\sqrt{17}\right), \left(2\sqrt{2}, \sqrt{17}\right)$

11.

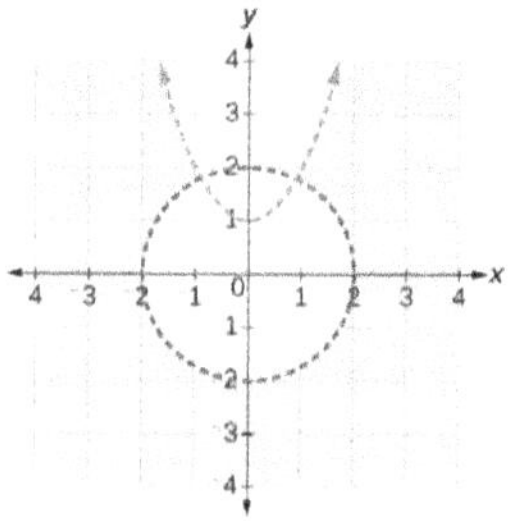

13. $\frac{5}{3x+1} - \frac{2x+3}{(3x+1)^2}$

15. $\begin{bmatrix} 17 & 51 \\ -8 & 11 \end{bmatrix}$

17. $\begin{bmatrix} 12 & -20 \\ -15 & 30 \end{bmatrix}$

19. $-\frac{1}{8}$

21. $\left[\begin{array}{ccc|c} 14 & -2 & 13 & 140 \\ -2 & 3 & -6 & -1 \\ 1 & -5 & 12 & 11 \end{array}\right]$

23. No existe una solución.

25. $(100, 90)$

27. $\left(\frac{1}{100}, 0\right)$

29. 32 o más teléfonos móviles al día

Capítulo 10

Inténtelo

10.1 La elipse

1. $x^2 + \frac{y^2}{16} = 1$

2. $\frac{(x-1)^2}{16} + \frac{(y-3)^2}{4} = 1$

3. centro: $(0, 0)$; vértices: $(\pm 6, 0)$; covértices: $(0, \pm 2{,}2)$; focos: $\left(\pm 4\sqrt{2}, 0\right)$

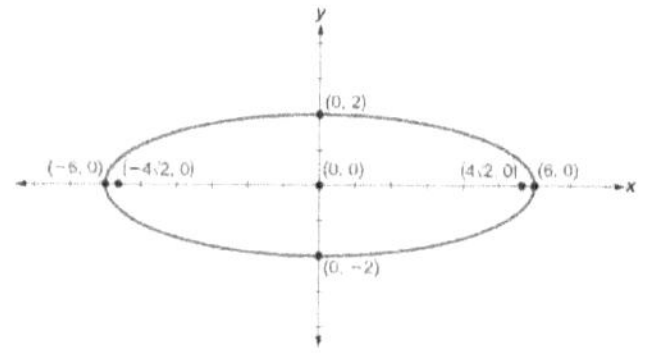

4. Forma estándar: $\frac{x^2}{16} + \frac{y^2}{49} = 1$; centro: $(0, 0)$; vértices: $(0, \pm 7)$; covértices: $(\pm 4, 0)$; focos: $\left(0, \pm\sqrt{33}\right)$

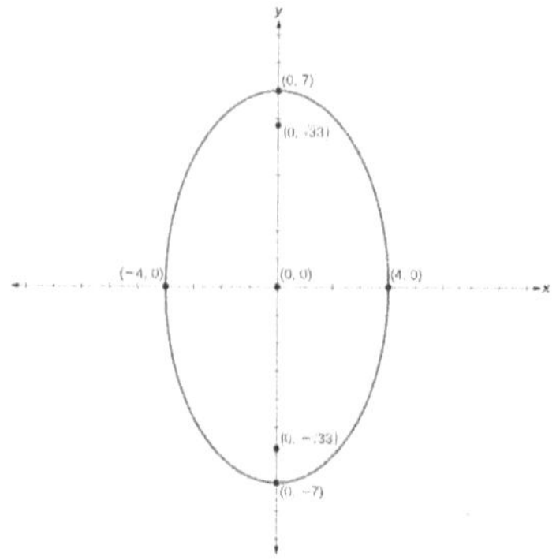

5. Centro: $(4, 2)$; vértices: $(-2, 2)$ y $(10, 2)$; covértices: $\left(4, 2 - 2\sqrt{5}\right)$ y $\left(4, 2 + 2\sqrt{5}\right)$; focos: $(0, 2)$ y $(8, 2)$

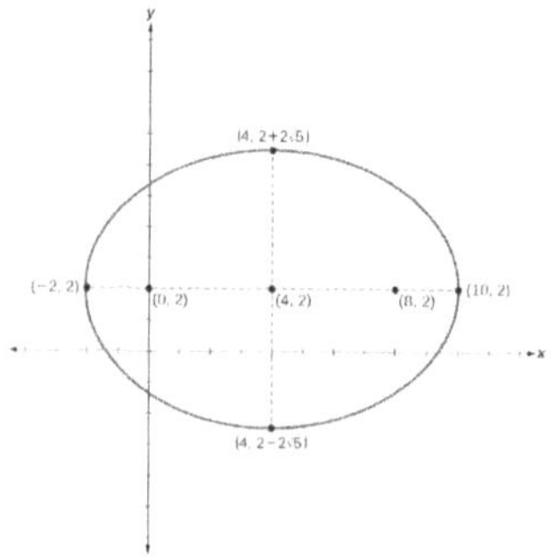

6. $\frac{(x-3)^2}{4} + \frac{(y+1)^2}{16} = 1$; centro: $(3, -1)$; vértices: $(3, -5)$ y $(3, 3)$; covértices: $(1, -1)$ y $(5, -1)$; focos: $\left(3, -1 - 2\sqrt{3}\right)$ y $\left(3, -1+2\sqrt{3}\right)$

7. Ⓐ $\frac{x^2}{57,600} + \frac{y^2}{25,600} = 1$
Ⓑ Las personas están de pie a 358 pies de distancia.

10.2 La hipérbola

1. Vértices: $(\pm 3, 0)$; Focos: $\left(\pm\sqrt{34}, 0\right)$

2. $\frac{y^2}{4} - \frac{x^2}{16} = 1$

3. $\frac{(y-3)^2}{25} + \frac{(x-1)^2}{144} = 1$

4. vértices: $(\pm 12, 0)$; covértices: $(0, \pm 9)$; focos: $(\pm 15, 0)$; asíntotas: $y = \pm\frac{3}{4}x$;

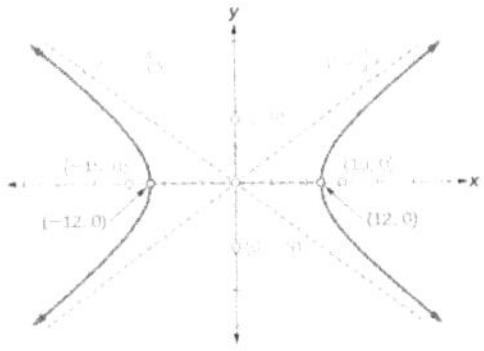

5. centro: $(3, -4)$; vértices: $(3, -14)$ y $(3, 6)$; covértices: $(-5, -4)$; y $(11, -4)$; focos: $\left(3, -4-2\sqrt{41}\right)$ y $\left(3, -4+2\sqrt{41}\right)$; asíntotas: $y = \pm\frac{5}{4}(x-3) - 4$

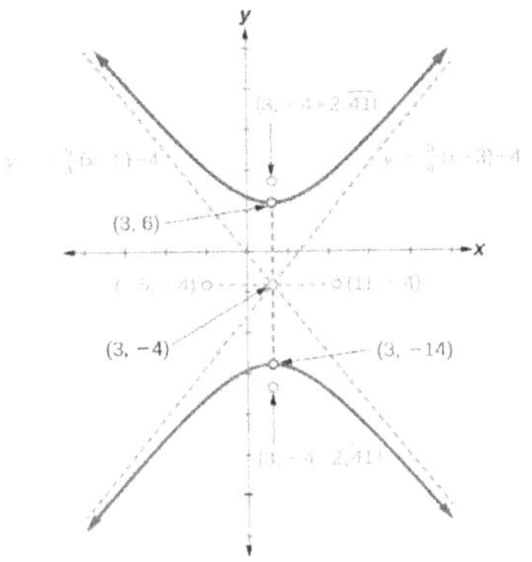

6. Los lados de la torre se pueden modelar mediante la ecuación hiperbólica.
$\frac{x^2}{400} - \frac{y^2}{3.600} = 1$o $\frac{x^2}{20^2} - \frac{y^2}{60^2} = 1.$

10.3 La parábola

1. Foco: $(-4, 0)$; Directriz: $x = 4$; Puntos finales del latus rectum: $(-4, \pm 8)$

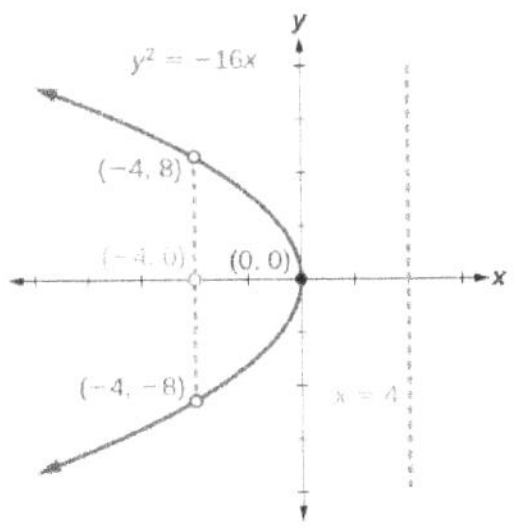

2. Foco: $(0, 2)$; Directriz: $y = -2$; Puntos finales del latus rectum: $(\pm 4, 2)$.

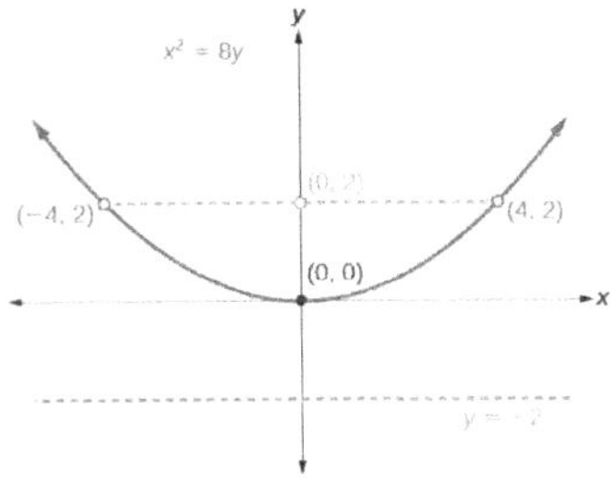

3. $x^2 = 14y$.

4. Vértice $(8, -1)$; Eje de simetría: $y = -1$; Foco: $(9, -1)$; Directriz: $x = 7$; Puntos finales del latus rectum: $(9, -3)$ y $(9, 1)$.

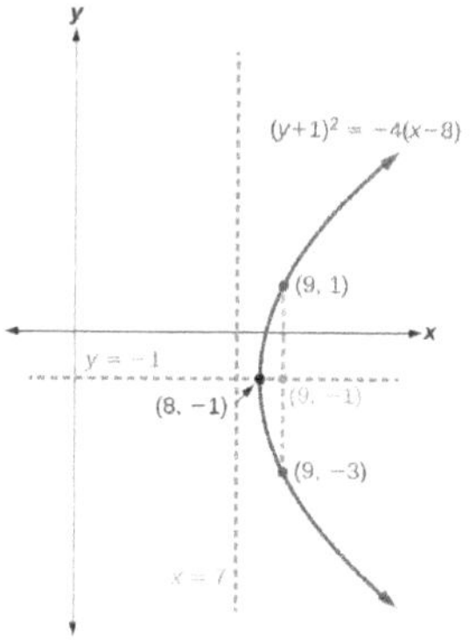

5. Vértice $(-2, 3)$; Eje de simetría: $x = -2$; Foco: $(-2, -2)$; Directriz: $y = 8$; Puntos finales del latus rectum: $(-12, -2)$ y $(8, -2)$.

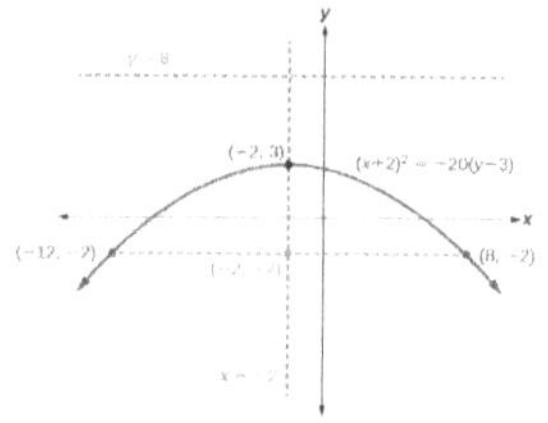

6. Ⓐ $y^2 = 1280x$
Ⓑ La profundidad de la cocina es de 500 mm

10.4 Rotación de ejes

1. Ⓐ hipérbola Ⓑ elipse
2. $\frac{x'^2}{4} + \frac{y'^2}{1} = 1$
3. Ⓐ hipérbola Ⓑ elipse

10.5 Secciones cónicas en coordenadas polares

1. elipse; $e = \frac{1}{3}$; $x = -2$
2.

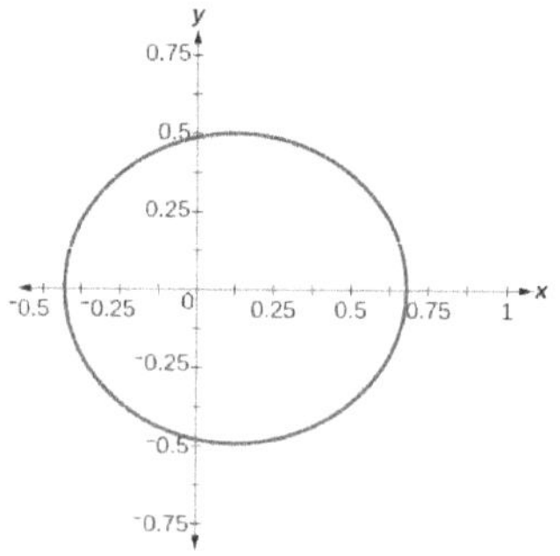

3. $r = \frac{1}{1-\cos\theta}$
4. $4 - 8x + 3x^2 - y^2 = 0$

10.1 Ejercicios de sección

1. Una elipse es el conjunto de todos los puntos del plano cuya suma de distancias a dos puntos fijos, llamados focos, es una constante.
3. Este caso especial sería un círculo.
5. Es simétrico respecto al eje *x*, al eje *y* y al origen.

7. sí; $\frac{x^2}{3^2} + \frac{y^2}{2^2} = 1$

9. sí; $\frac{x^2}{\left(\frac{1}{2}\right)^2} + \frac{y^2}{\left(\frac{1}{3}\right)^2} = 1$

11. $\frac{x^2}{2^2} + \frac{y^2}{7^2} = 1$; Puntos finales del eje mayor $(0,7)$ y $(0,-7)$. Puntos finales del eje menor $(2,0)$ y $(-2,0)$. Focos en $\left(0, 3\sqrt{5}\right), \left(0, -3\sqrt{5}\right)$.

13. $\frac{x^2}{(1)^2} + \frac{y^2}{\left(\frac{1}{3}\right)^2} = 1$; Puntos finales del eje mayor $(1,0)$ y $(-1,0)$. Puntos finales del eje menor $\left(0, \frac{1}{3}\right), \left(0, -\frac{1}{3}\right)$. Focos en $\left(\frac{2\sqrt{2}}{3}, 0\right), \left(-\frac{2\sqrt{2}}{3}, 0\right)$.

15. $\frac{(x-2)^2}{7^2} + \frac{(y-4)^2}{5^2} = 1$; Puntos finales del eje mayor $(9,4), (-5,4)$. Puntos finales del eje menor $(2,9), (2,-1)$. Focos en $\left(2+2\sqrt{6}, 4\right), \left(2-2\sqrt{6}, 4\right)$.

17. $\frac{(x+5)^2}{2^2} + \frac{(y-7)^2}{3^2} = 1$; Puntos finales del eje mayor $(-5,10), (-5,4)$. Puntos finales del eje menor $(-3,7), (-7,7)$. Focos en $\left(-5, 7+\sqrt{5}\right), \left(-5, 7-\sqrt{5}\right)$.

19. $\frac{(x-1)^2}{3^2} + \frac{(y-4)^2}{2^2} = 1$; Puntos finales del eje mayor $(4,4), (-2,4)$. Puntos finales del eje menor $(1,6), (1,2)$. Focos en $\left(1+\sqrt{5}, 4\right), \left(1-\sqrt{5}, 4\right)$.

21. $\frac{(x-3)^2}{\left(3\sqrt{2}\right)^2} + \frac{(y-5)^2}{\left(\sqrt{2}\right)^2} = 1$; Puntos finales del eje mayor $\left(3+3\sqrt{2}, 5\right), \left(3-3\sqrt{2}, 5\right)$. Puntos finales del eje menor $\left(3, 5+\sqrt{2}\right), \left(3, 5-\sqrt{2}\right)$. Focos en $(7,5), (-1,5)$.

23. $\frac{(x+5)^2}{(5)^2} + \frac{(y-2)^2}{(2)^2} = 1$; Puntos finales del eje mayor $(0,2), (-10,2)$. Puntos finales del eje menor $(-5,4), (-5,0)$. Focos en $\left(-5+\sqrt{21}, 2\right), \left(-5-\sqrt{21}, 2\right)$.

25. $\frac{(x+3)^2}{(5)^2} + \frac{(y+4)^2}{(2)^2} = 1$; Puntos finales del eje mayor $(2,-4), (-8,-4)$. Puntos finales del eje menor $(-3,-2), (-3,-6)$. Focos en $\left(-3+\sqrt{21}, -4\right), \left(-3-\sqrt{21}, -4\right)$.

27. Focos $\left(-3, -1+\sqrt{11}\right), \left(-3, -1-\sqrt{11}\right)$

29. Foco $(0,0)$

31. Focos $(-10,30), (-10,-30)$

33. Centro $(0,0)$, Vértices $(4,0), (-4,0), (0,3), (0,-3)$, Focos $\left(\sqrt{7}, 0\right), \left(-\sqrt{7}, 0\right)$

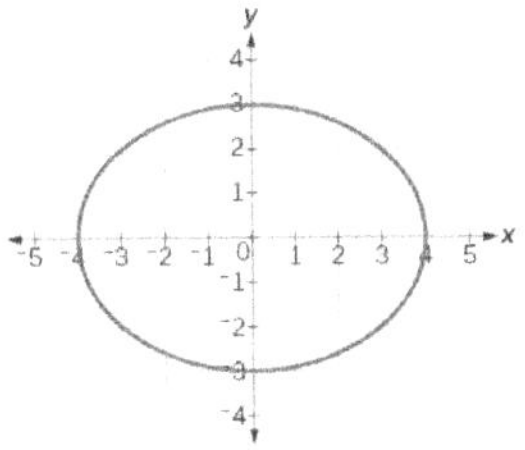

35. Centro $(0,0)$, Vértices $\left(\frac{1}{9},0\right),\left(-\frac{1}{9},0\right),\left(0,\frac{1}{7}\right),\left(0,-\frac{1}{7}\right)$, Focos $\left(0,\frac{4\sqrt{2}}{63}\right),\left(0,-\frac{4\sqrt{2}}{63}\right)$

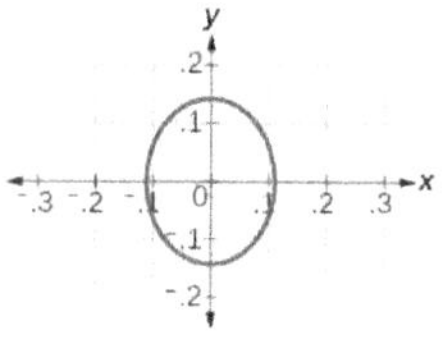

37. Centro $(-3,3)$, Vértices $(0,3),(-6,3),(-3,0),(-3,6)$, Foco $(-3,3)$

Observe que esta elipse es un círculo. El círculo solo tiene un foco, que coincide con el centro.

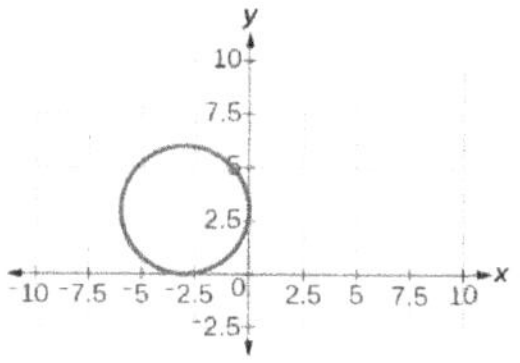

39. Centro $(1,1)$, Vértices $(5,1),(-3,1),(1,3),(1,-1)$, Focos $\left(1,1+2\sqrt{3}\right),\left(1,1-2\sqrt{3}\right)$

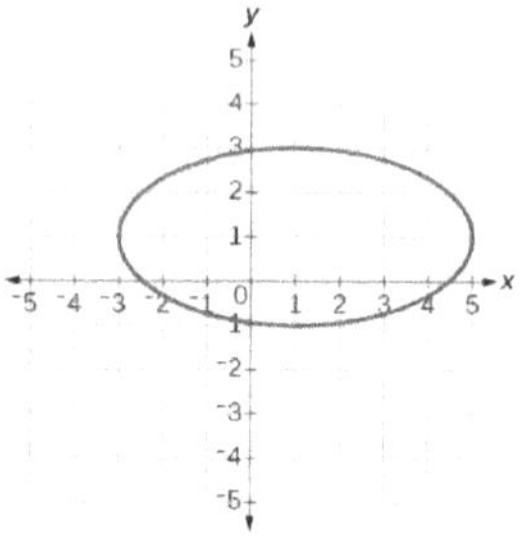

41. Centro $(-4,5)$, Vértices $(-2,5),(-6,4),(-4,6),(-4,4)$, Focos $\left(-4+\sqrt{3},5\right),\left(-4-\sqrt{3},5\right)$

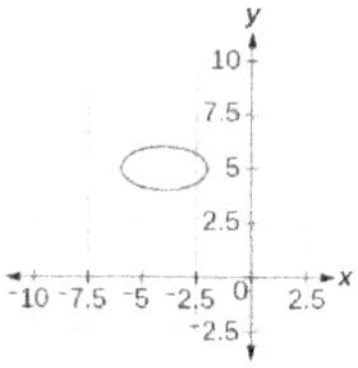

43. Centro $(-2,1)$, Vértices $(0,1),(-4,1),(-2,5),(-2,-3)$, Focos $\left(-2,1+2\sqrt{3}\right),\left(-2,1-2\sqrt{3}\right)$

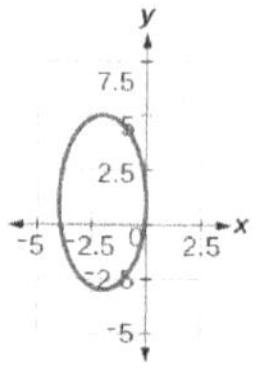

45. Centro $(-2,-2)$, Vértices $(0,-2),(-4,-2),(-2,0),(-2,-4)$, Foco $(-2,-2)$

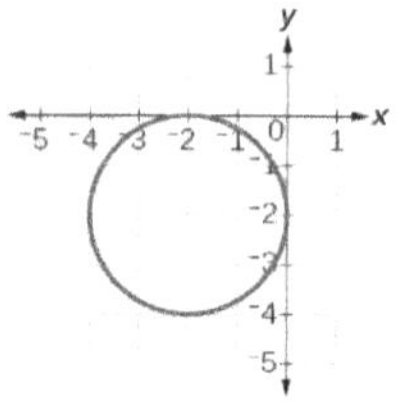

47. $\frac{x^2}{25}+\frac{y^2}{29}=1$

49. $\frac{(x-4)^2}{25}+\frac{(y-2)^2}{1}=1$

51. $\frac{(x+3)^2}{16}+\frac{(y-4)^2}{4}=1$

53. $\frac{x^2}{81}+\frac{y^2}{9}=1$

55. $\frac{(x+2)^2}{4}+\frac{(y-2)^2}{9}=1$

57. $\text{Área}=12\pi$ unidades al cuadrado

59. $\text{Área}=2\sqrt{5}\pi$ unidades cuadradas.

61. $\text{Área}=9\pi$ unidades cuadradas.

63. $\frac{x^2}{4h^2}+\frac{y^2}{\frac{1}{4}h^2}=1$

65. $\frac{x^2}{400}+\frac{y^2}{144}=1$. Distancia = 17,32 pies

67. Aproximadamente 51,96 pies

10.2 Ejercicios de sección

1. Una hipérbola es el conjunto de puntos de un plano cuya diferencia de distancias a dos puntos fijos (focos) es una constante positiva.

3. Los focos deben estar en el eje transversal y en el interior de la hipérbola.

5. El centro debe ser el punto medio del segmento de línea que une los focos.

7. sí $\frac{x^2}{6^2} - \frac{y^2}{3^2} = 1$

9. sí $\frac{x^2}{4^2} - \frac{y^2}{5^2} = 1$

11. $\frac{x^2}{5^2} - \frac{y^2}{6^2} = 1$; vértices: $(5, 0), (-5, 0)$; focos: $\left(\sqrt{61}, 0\right), \left(-\sqrt{61}, 0\right)$; asíntotas: $y = \frac{6}{5}x, y = -\frac{6}{5}x$

13. $\frac{y^2}{2^2} - \frac{x^2}{9^2} = 1$; vértices: $(0, 2), (0, -2)$; focos: $\left(0, \sqrt{85}\right), \left(0, -\sqrt{85}\right)$; asíntotas: $y = \frac{2}{9}x, y = -\frac{2}{9}x$

15. $\frac{(x-1)^2}{3^2} - \frac{(y-2)^2}{4^2} = 1$; vértices: $(4, 2), (-2, 2)$; focos: $(6, 2), (-4, 2)$; asíntotas: $y = \frac{4}{3}(x-1) + 2, y =- \frac{4}{3}(x-1) + 2$

17. $\frac{(x-2)^2}{7^2} - \frac{(y+7)^2}{7^2} = 1$; vértices: $(9, -7), (-5, -7)$; focos: $\left(2 + 7\sqrt{2}, -7\right), \left(2 - 7\sqrt{2}, -7\right)$; asíntotas: $y = x - 9, y = -x - 5$

19. $\frac{(x+3)^2}{3^2} - \frac{(y-3)^2}{3^2} = 1$; vértices: $(0, 3), (-6, 3)$; focos: $\left(-3 + 3\sqrt{2}, 1\right), \left(-3 - 3\sqrt{2}, 1\right)$; asíntotas: $y = x + 6, y = -x$

21. $\frac{(y-4)^2}{2^2} - \frac{(x-3)^2}{4^2} = 1$; vértices: $(3, 6), (3, 2)$; focos: $\left(3, 4 + 2\sqrt{5}\right), \left(3, 4 - 2\sqrt{5}\right)$; asíntotas: $y = \frac{1}{2}(x - 3) + 4, y = -\frac{1}{2}(x - 3) + 4$

23. $\frac{(y+5)^2}{7^2} - \frac{(x+1)^2}{70^2} = 1$; vértices: $(-1, 2), (-1, -12)$; focos: $\left(-1, -5 + 7\sqrt{101}\right), \left(-1, -5 - 7\sqrt{101}\right)$; asíntotas: $y = \frac{1}{10}(x + 1) - 5, y = -\frac{1}{10}(x + 1) - 5$

25. $\frac{(x+3)^2}{5^2} - \frac{(y-4)^2}{2^2} = 1$; vértices: $(2, 4), (-8, 4)$; focos: $\left(-3 + \sqrt{29}, 4\right), \left(-3 - \sqrt{29}, 4\right)$; asíntotas: $y = \frac{2}{5}(x + 3) + 4, y = -\frac{2}{5}(x + 3) + 4$

27. $y = \frac{2}{5}(x - 3) - 4, y = -\frac{2}{5}(x - 3) - 4$

29. $y = \frac{3}{4}(x-1) + 1, y = -\frac{3}{4}(x-1) + 1$

31.

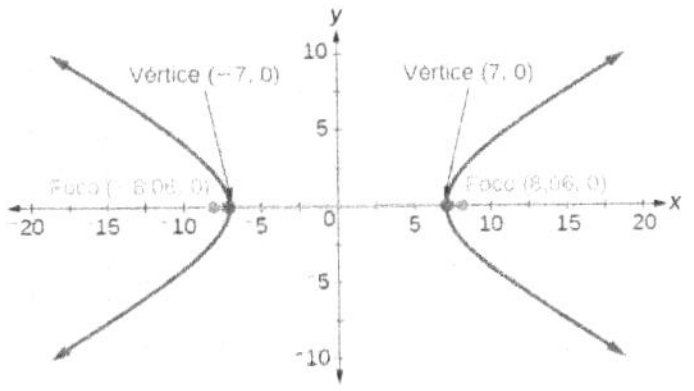

33.

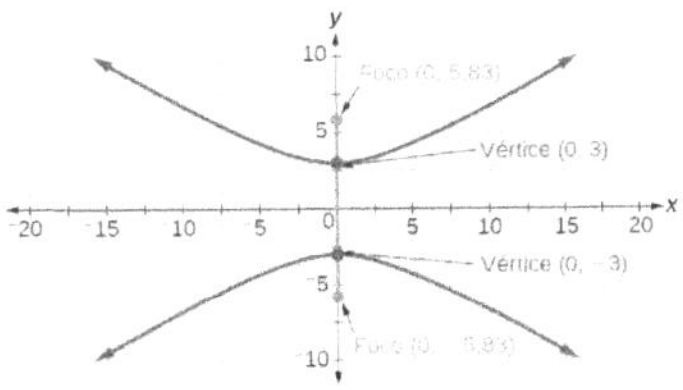

35.

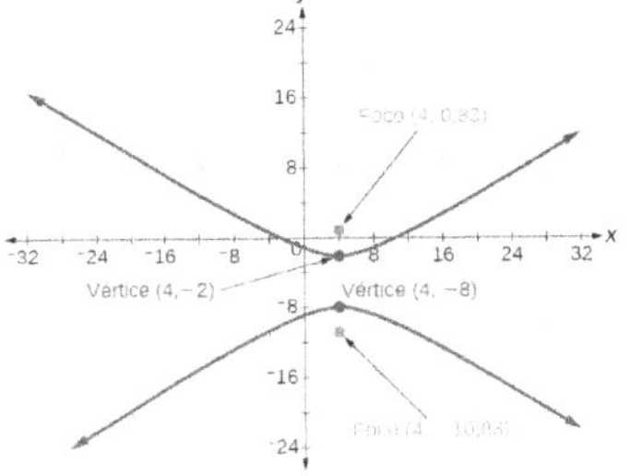

37.

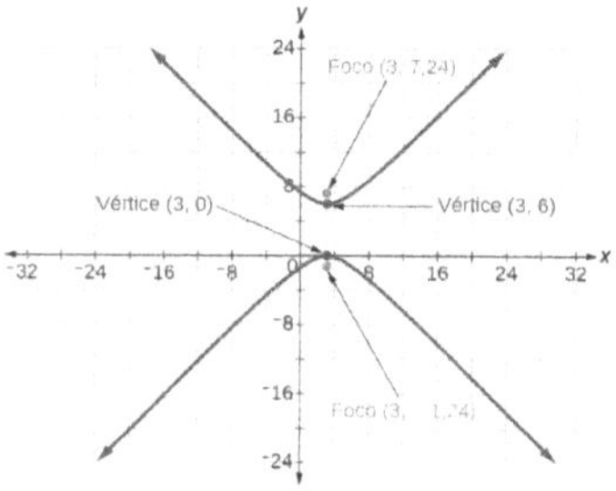

39.

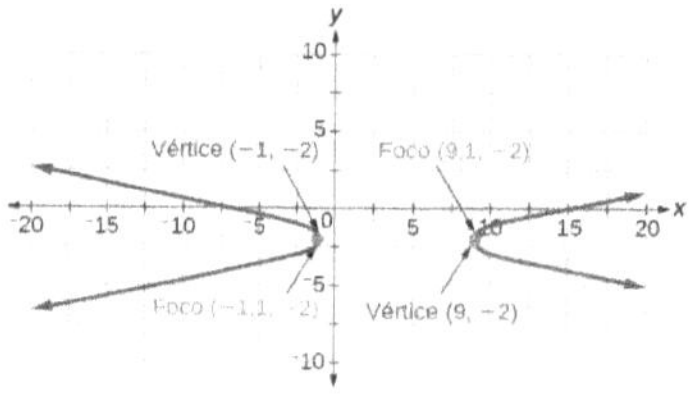

41.

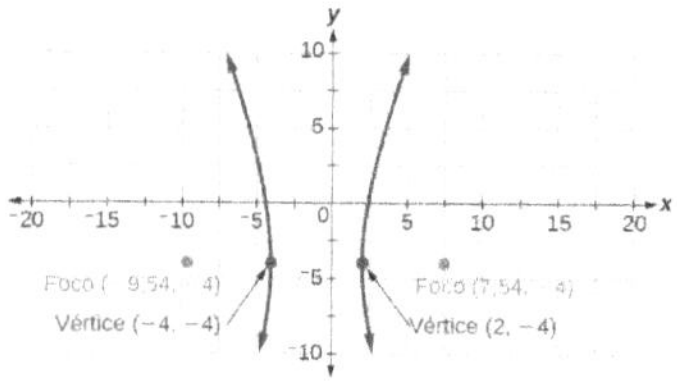

43.

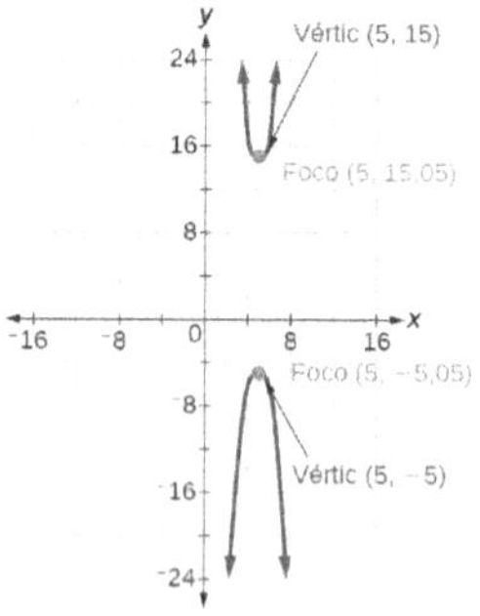

45. $\frac{x^2}{9} - \frac{y^2}{16} = 1$

47. $\frac{(x-6)^2}{25} - \frac{(y-1)^2}{11} = 1$

49. $\frac{(x-4)^2}{25} - \frac{(y-2)^2}{1} = 1$

51. $\frac{y^2}{16} - \frac{x^2}{25} = 1$

53. $\frac{y^2}{9} - \frac{(x+1)^2}{9} = 1$

55. $\frac{(x+3)^2}{25} - \frac{(y+3)^2}{25} = 1$

57. $y(x) = 3\sqrt{x^2+1}, y(x) = -3\sqrt{x^2+1}$

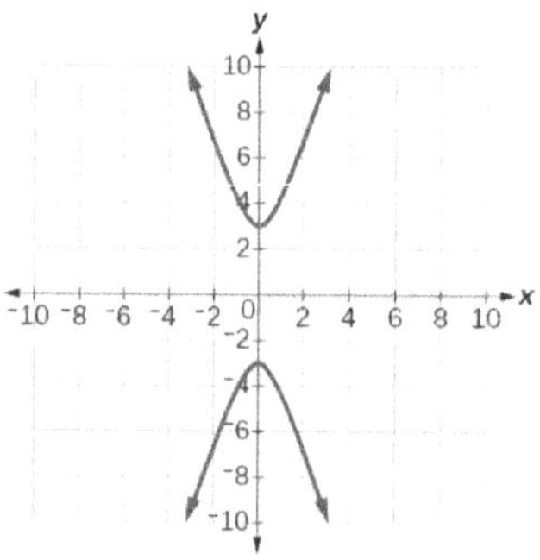

59. $y(x) = 1 + 2\sqrt{x^2+4x+5}, y(x) = 1 - 2\sqrt{x^2+4x+5}$

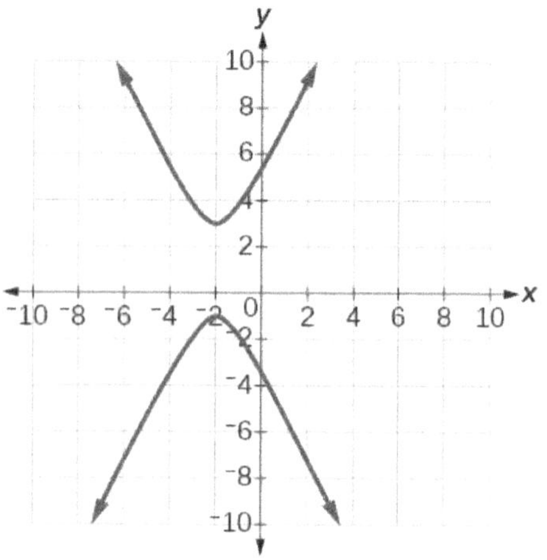

61. $\frac{x^2}{25} - \frac{y^2}{25} = 1$

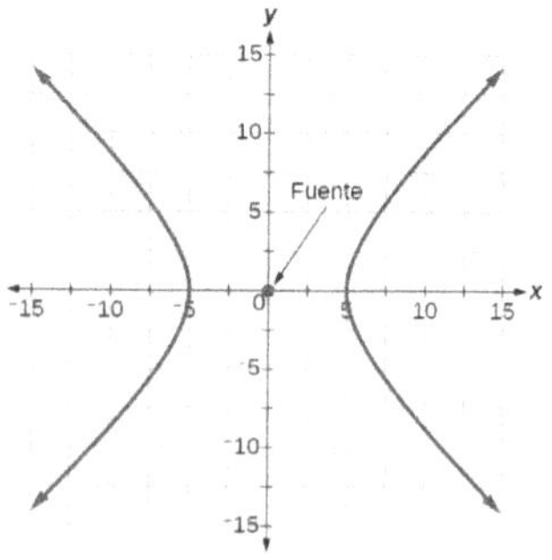

63. $\frac{x^2}{100} - \frac{y^2}{25} = 1$

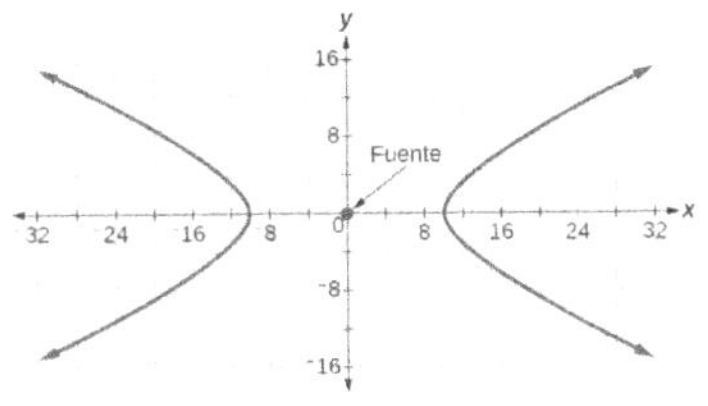

65. $\frac{x^2}{400} - \frac{y^2}{225} = 1$

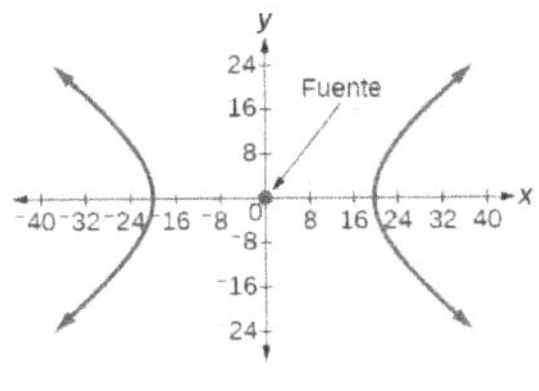

67. $4\left(x1\right)^2 y2^2 = 16$

69. $\frac{(x-h)^2}{a^2} \frac{\left(yk\right)^2}{b^2} = \left(x3\right)^2 9y^2 = 4$

10.3 Ejercicios de sección

1. Una parábola es el conjunto de puntos del plano que equidistan de un punto fijo, el foco, y de una línea fija, la directriz.

3. El gráfico se abrirá hacia abajo.

5. La distancia entre el foco y la directriz aumentará.

7. sí $x^2 = 4\left(\frac{1}{16}\right)y$

9. sí $(y-3)^2 = 4(2)(x-2)$

11. $y^2 = \frac{1}{8}x, V : (0,0); F : \left(\frac{1}{32}, 0\right); d : x = -\frac{1}{32}$

13. $x^2 = -\frac{1}{4}y, V : (0,0); F : \left(0, -\frac{1}{16}\right); d : y = \frac{1}{16}$

15. $y^2 = \frac{1}{36}x, V : (0,0); F : \left(\frac{1}{144}, 0\right); d : x = -\frac{1}{144}$

17. $(x-1)^2 = 4(y-1), V : (1,1); F : (1,2); d : y = 0$

19. $(y-4)^2 = 2(x+3), V : (-3,4); F : \left(-\frac{5}{2}, 4\right); d : x = -\frac{7}{2}$

21. $(x+4)^2 = 24(y+1), V : (-4,-1); F : (-4,5); d : y = -7$

23. $(y-3)^2 = -12(x+1), V : (-1,3); F : (-4,3); d : x = 2$

25. $(x-5)^2 = \frac{4}{5}(y+3), V : (5,-3); F : \left(5, -\frac{14}{5}\right); d : y = -\frac{16}{5}$

27. $(x-2)^2 = -2(y-5), V : (2,5); F : \left(2, \frac{9}{2}\right); d : y = \frac{11}{2}$

29. $(y-1)^2 = \frac{4}{3}(x-5), V : (5,1) ; F : \left(\frac{16}{3}, 1\right) ; d : x = \frac{14}{3}$

31.

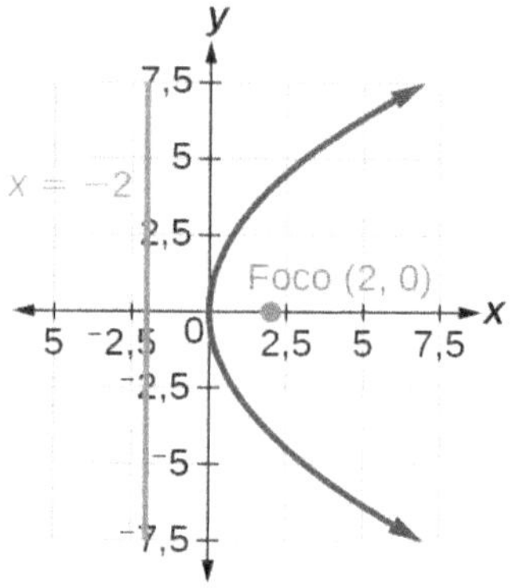

33.

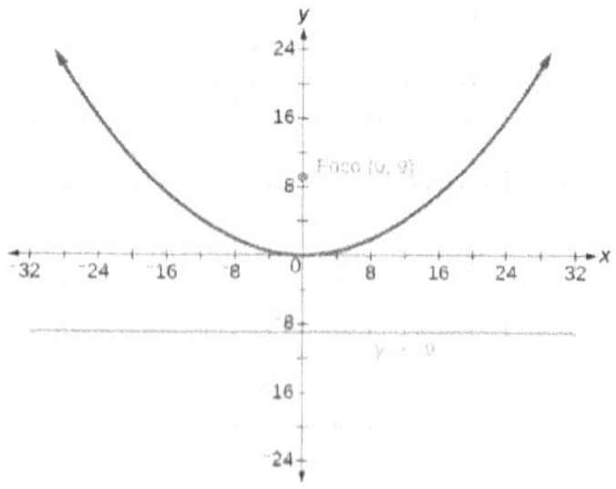

35.

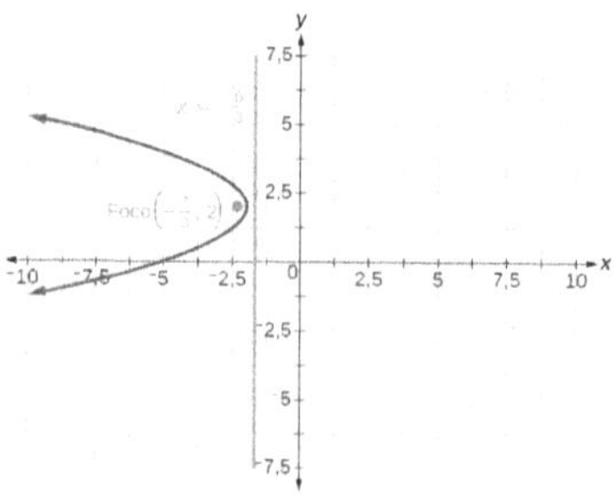

37.

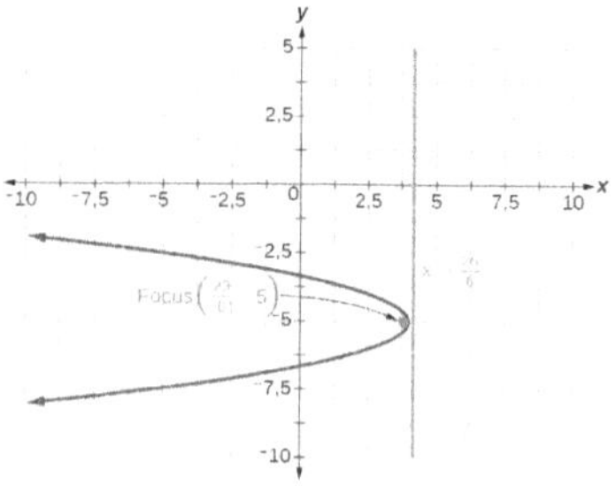

39.

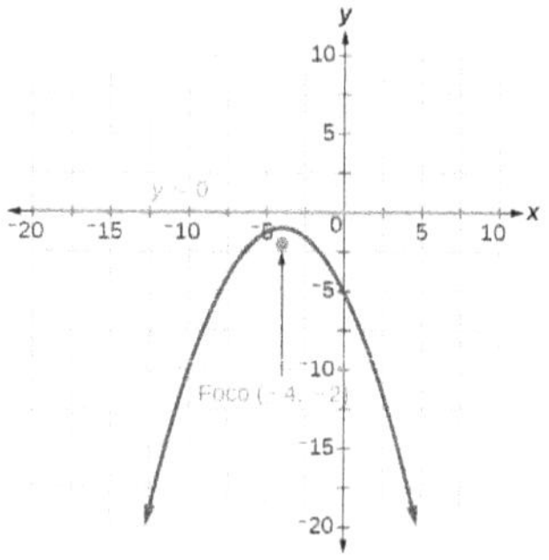

41.

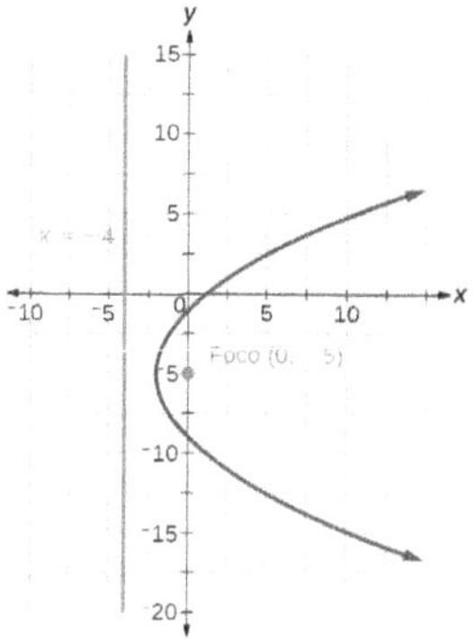

43.

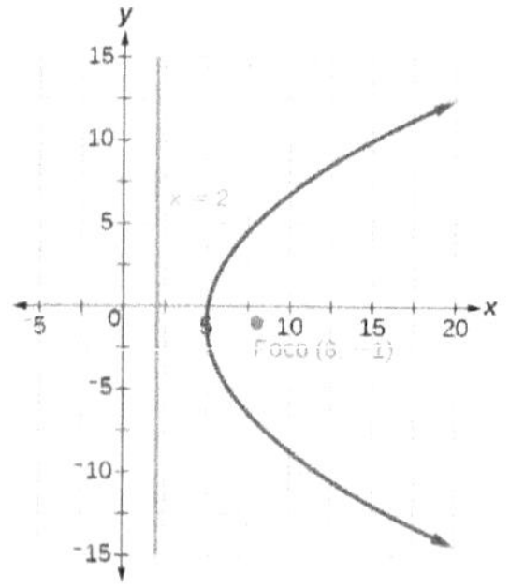

45. $x^2 = -16y$

47. $(y-2)^2 = 4\sqrt{2}(x-2)$

49. $\left(y+\sqrt{3}\right)^2 = -4\sqrt{2}\left(x-\sqrt{2}\right)$

51. $x^2 = y$

53. $(y-2)^2 = \frac{1}{4}(x+2)$

55. $\left(y-\sqrt{3}\right)^2 = 4\sqrt{5}\left(x+\sqrt{2}\right)$

57. $y^2 = -8x$

59. $(y+1)^2 = 12(x+3)$

61. $(0,1)$

63. En el punto 2,25 pies por encima del vértice.

65. 0,5625 pies

67. $x^2 = -125(y-20)$, la altura es de 7,2 pies

69. 2.304 pies

10.4 Ejercicios de sección

1. El término xy hace que se produzca una rotación del gráfico.

3. La sección cónica es una hipérbola.

5. Da el ángulo de rotación de los ejes para eliminar el término xy.

7. $AB = 0$, parábola

9. $AB = -4 < 0$, hipérbola

11. $AB = 6 > 0$, elipse

13. $B^2 - 4AC = 0$, parábola

15. $B^2 - 4AC = 0$, parábola

17. $B^2 - 4AC = -96 < 0$, elipse

19. $7x'^2 + 9y'^2 - 4 = 0$

21. $3x'^2 + 2x'y' - 5y'^2 + 1 = 0$

23. $\theta = 60°, 11x'^2 - y'^2 + \sqrt{3}x' + y' - 4 = 0$

25. $\theta = 150°, 21x'^2 + 9y'^2 + 4x' - 4\sqrt{3}y' - 6 = 0$

27. $\theta \approx 36{,}9°, 125x'^2 + 6x' - 42y' + 10 = 0$

29. $\theta = 45°, 3x'^2 - y'^2 - \sqrt{2}x' + \sqrt{2}y' + 1 = 0$

31. $\frac{\sqrt{2}}{2}(x' + y') = \frac{1}{2}(x' - y')^2$

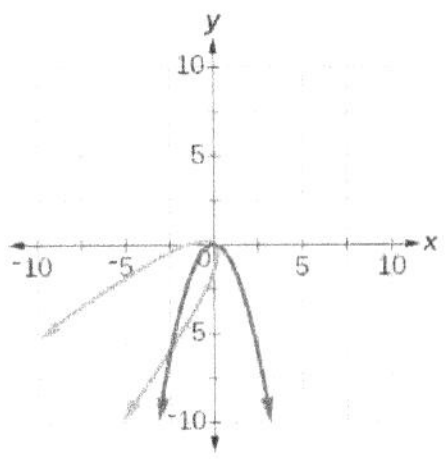

33. $\frac{(x'-y')^2}{8} + \frac{(x'+y')^2}{2} = 1$

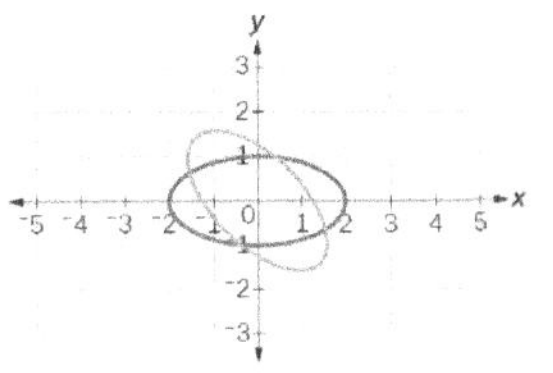

35. $\frac{(x'+y')^2}{2} - \frac{(x'-y')^2}{2} = 1$

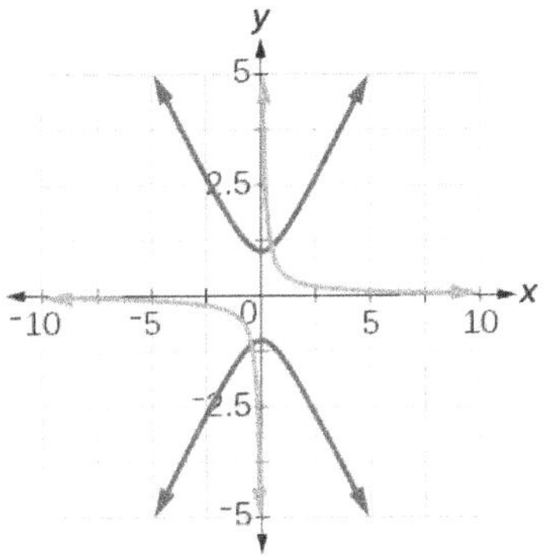

37. $\frac{\sqrt{3}}{2}x' - \frac{1}{2}y' = \left(\frac{1}{2}x' + \frac{\sqrt{3}}{2}y' - 1\right)^2$

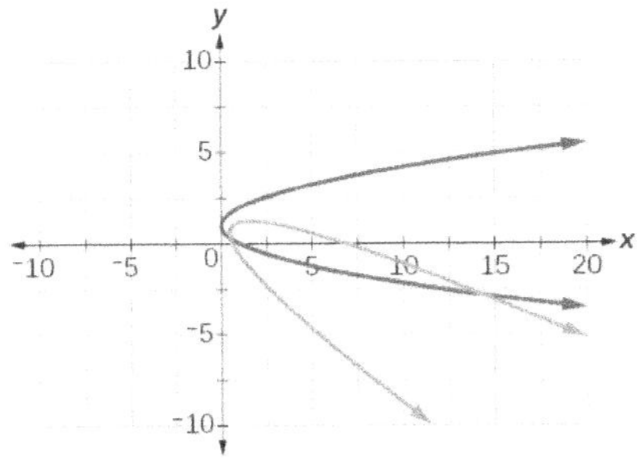

39.

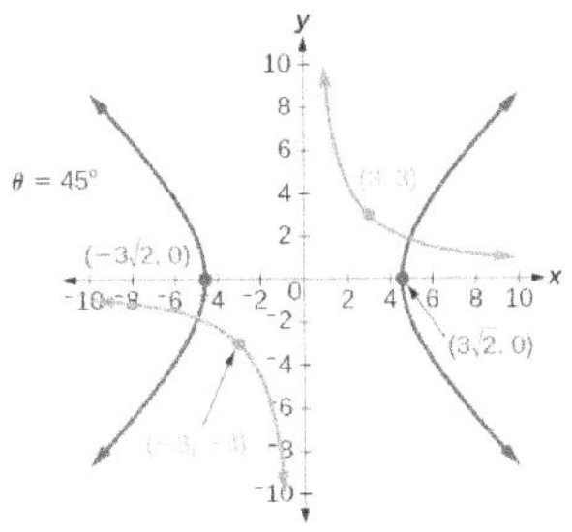

41.

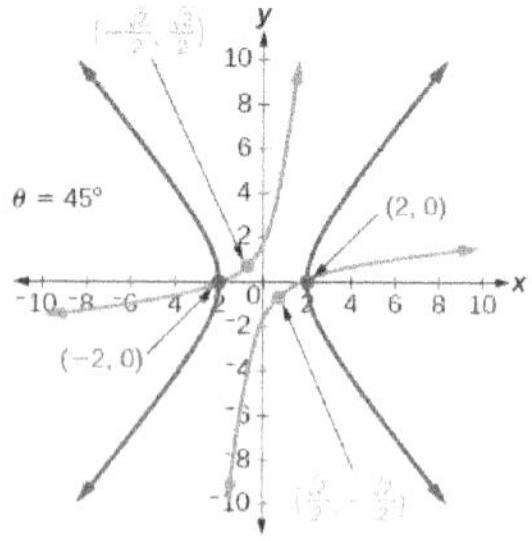

43.

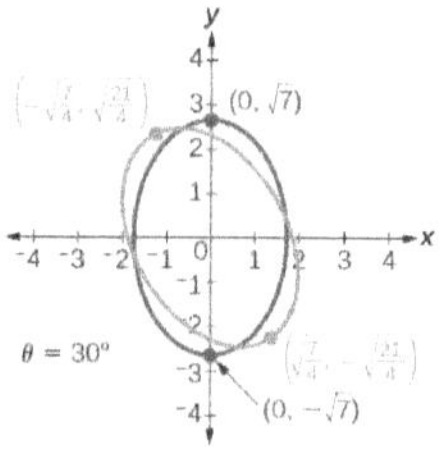

45.

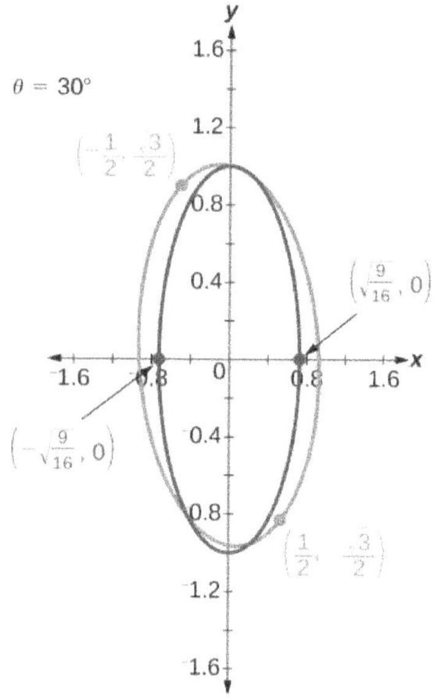

47.

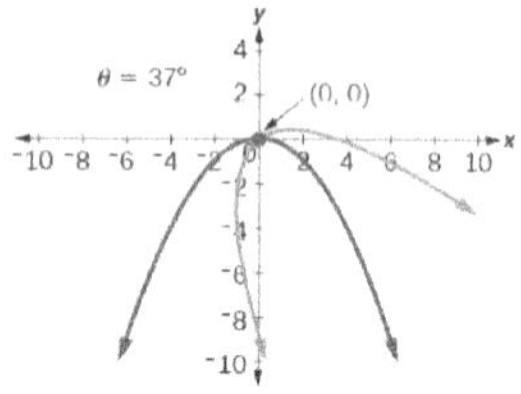

49.

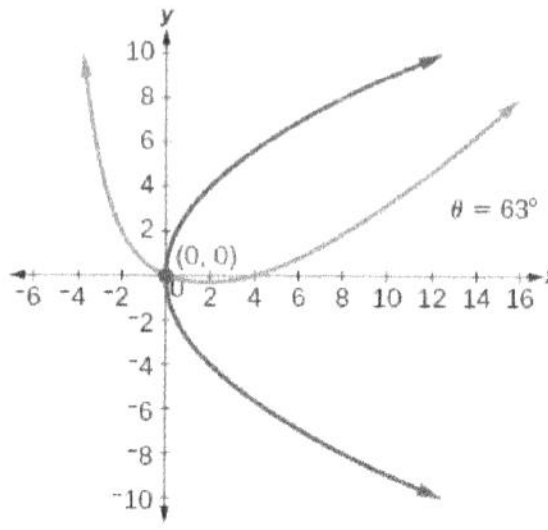

51. $\theta = 45°$

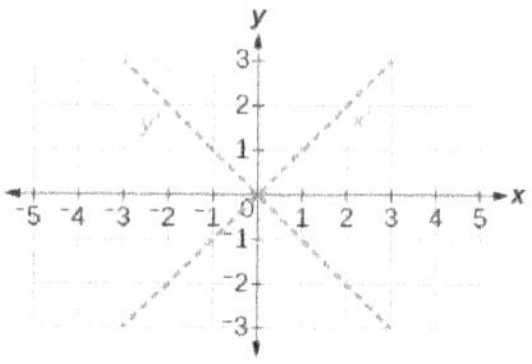

53. $\theta = 60°$

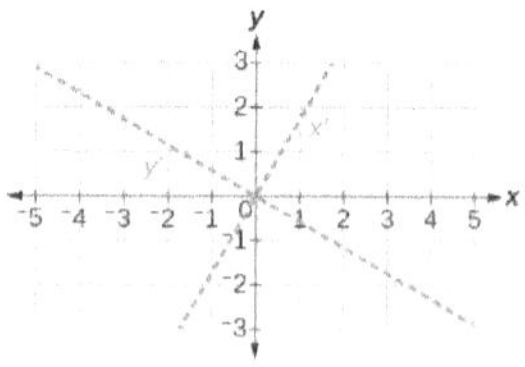

55. $\theta \approx 36{,}9°$

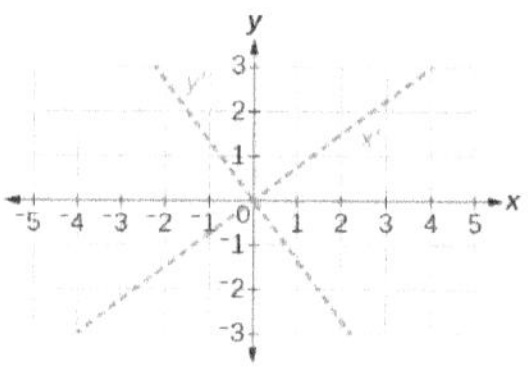

57. $-4\sqrt{6} < k < 4\sqrt{6}$

59. $k = 2$

10.5 Ejercicios de sección

1. Si la excentricidad es menor que 1, es una elipse. Si la excentricidad es igual a 1, es una parábola. Si la excentricidad es mayor que 1, es una hipérbola.

3. La directriz será paralela al eje polar.

5. Uno de los focos se situará en el origen.

7. Parábola con $e = 1$ y directriz $\frac{3}{4}$ unidades por debajo del polo.

9. Hipérbola con $e = 2$ y directriz $\frac{5}{2}$ unidades por encima del polo.

11. Parábola con $e = 1$ y directriz $\frac{3}{10}$ unidades a la derecha del polo.

13. Elipse con $e = \frac{2}{7}$ y directriz 2 unidades a la derecha del polo.

15. Hipérbola con $e = \frac{5}{3}$ y directriz $\frac{11}{5}$ unidades por encima del polo.

17. Hipérbola con $e = \frac{8}{7}$ y directriz $\frac{7}{8}$ unidades a la derecha del polo.

19. $25x^2 + 16y^2 - 12y - 4 = 0$

21. $21x^2 - 4y^2 - 30x + 9 = 0$

23. $64y^2 = 48x + 9$

25. $96y^2 - 25x^2 + 110y + 25 = 0$

27. $3x^2 + 4y^2 - 2x - 1 = 0$

29. $5x^2 + 9y^2 - 24x - 36 = 0$

31.

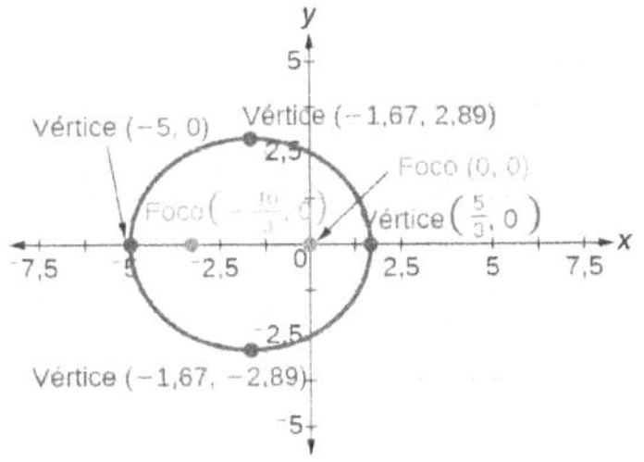

33.

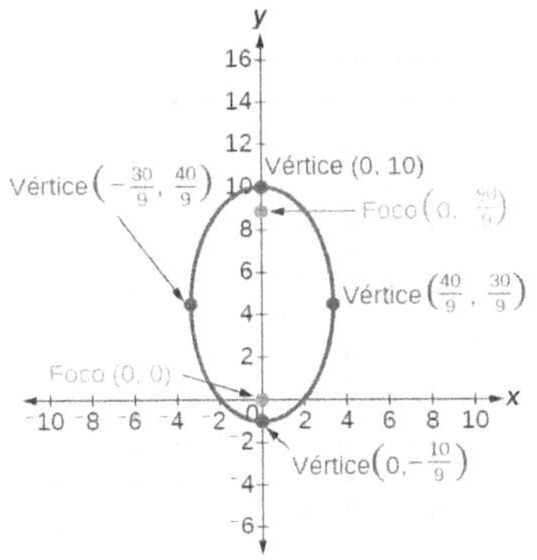

35.

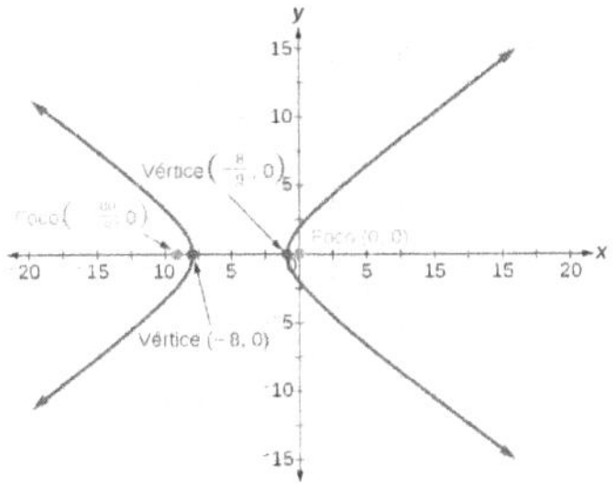

37.

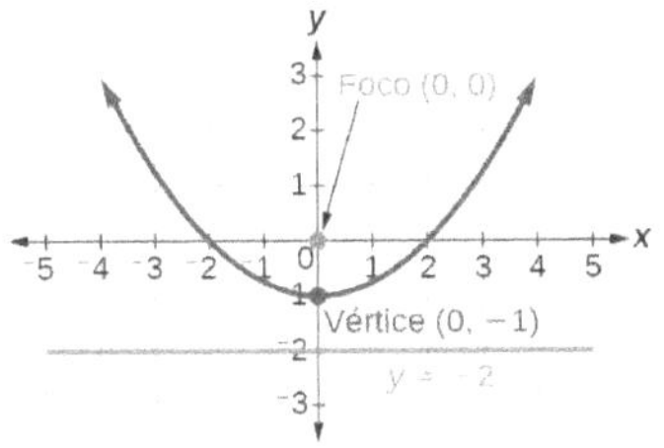

39.

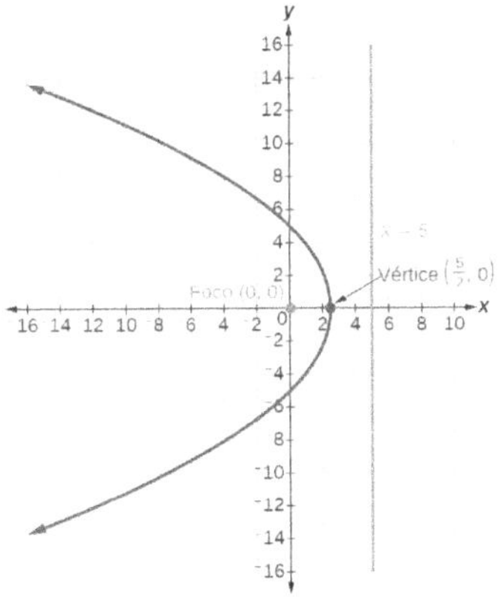

41.

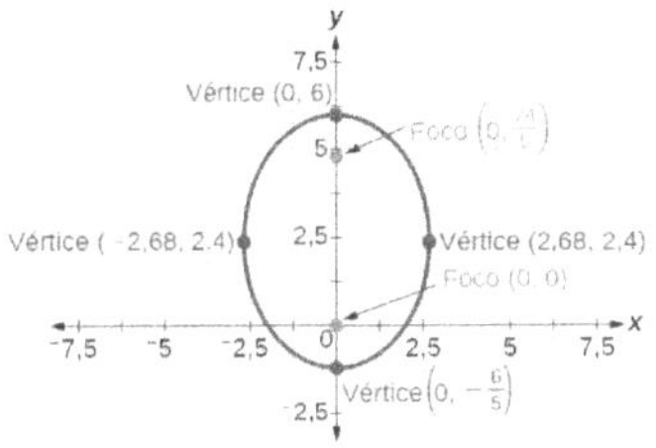

43. $r = \frac{4}{5+\cos\theta}$

45. $r = \frac{4}{1+2\,\text{sen}\,\theta}$

47. $r = \frac{1}{1+\cos\theta}$

49. $r = \frac{7}{8-28\cos\theta}$

51. $r = \frac{12}{2+3\,\text{sen}\,\theta}$

53. $r = \frac{15}{4-3\cos\theta}$

55. $r = \frac{3}{3-3\cos\theta}$

57. $r = \pm\frac{2}{\sqrt{1+\text{sen}\,\theta\cos\theta}}$

59. $r = \pm\frac{2}{4\cos\theta+3\,\text{sen}\,\theta}$

Ejercicios de repaso

1. $\frac{x^2}{5^2} + \frac{y^2}{8^2} = 1$; centro: $(0, 0)$; vértices: $(5, 0), (-5, 0), (0, 8), (0, -8)$; focos: $\left(0, \sqrt{39}\right), \left(0, -\sqrt{39}\right)$

3. $\frac{(x+3)^2}{1^2} + \frac{(y-2)^2}{3^2} = 1 \quad (-3, 2); \quad (-2, 2), (-4, 2), (-3, 5), (-3, -1); \quad \left(-3, 2 + 2\sqrt{2}\right), \left(-3, 2 - 2\sqrt{2}\right)$

5. centro: $(0, 0)$; vértices: $(6, 0)$, $(-6, 0)$, $(0, 3)$, $(0, -3)$; focos: $\left(3\sqrt{3}, 0\right)$, $\left(-3\sqrt{3}, 0\right)$

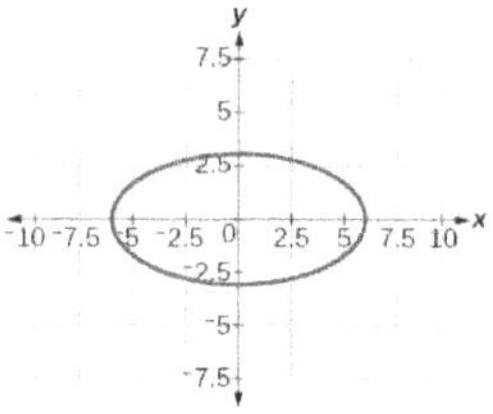

7. centro: $(-2, -2)$; vértices: $(2, -2)$, $(-6, -2)$, $(-2, 6)$, $(-2, -10)$; focos: $\left(-2, -2 + 4\sqrt{3}, \right)$, $\left(-2, -2 - 4\sqrt{3}\right)$

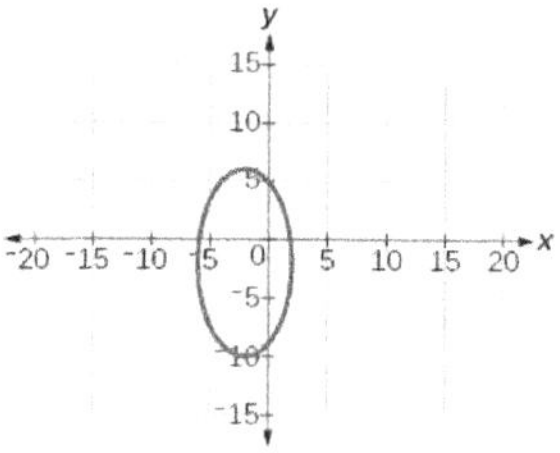

9. $\frac{x^2}{25} + \frac{y^2}{16} = 1$

11. Aproximadamente 35,71 pies.

13. $\frac{(y+1)^2}{4^2} - \frac{(x-4)^2}{6^2} = 1$; centro: $(4, -1)$; vértices: $(4, 3)$, $(4, -5)$; focos: $\left(4, -1 + 2\sqrt{13}\right)$, $\left(4, -1 - 2\sqrt{13}\right)$

15. $\frac{(x-2)^2}{2^2} - \frac{(y+3)^2}{\left(2\sqrt{3}\right)^2} = 1$; centro: $(2, -3)$; vértices: $(4, -3)$, $(0, -3)$; focos: $(6, -3)$, $(-2, -3)$

17.

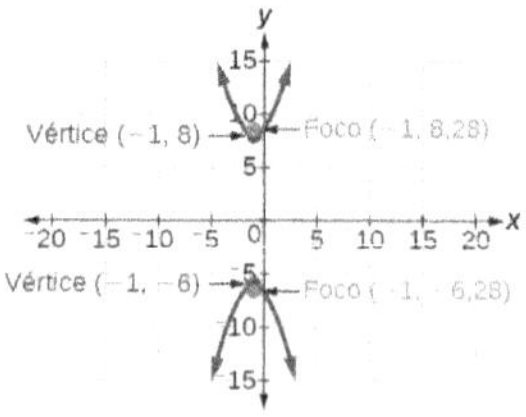

19.

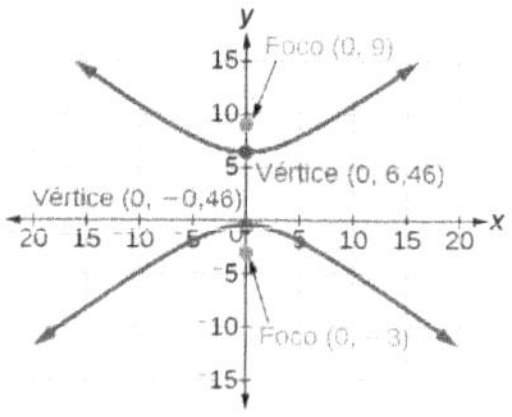

21. $\frac{(x-5)^2}{1} - \frac{(y-7)^2}{3} = 1$

23. $(x+2)^2 = \frac{1}{2}(y-1)$; vértice: $(-2, 1)$; foco: $\left(-2, \frac{9}{8}\right)$; directriz: $y = \frac{7}{8}$

25. $(x+5)^2 = (y+2)$; vértice: $(-5, -2)$; foco: $\left(-5, -\frac{7}{4}\right)$; directriz: $y = -\frac{9}{4}$

27.

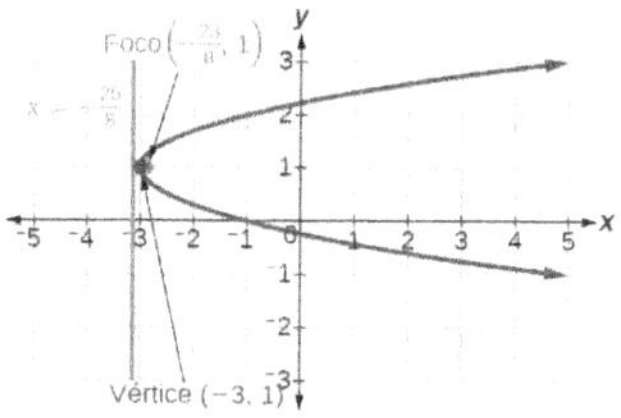

29.

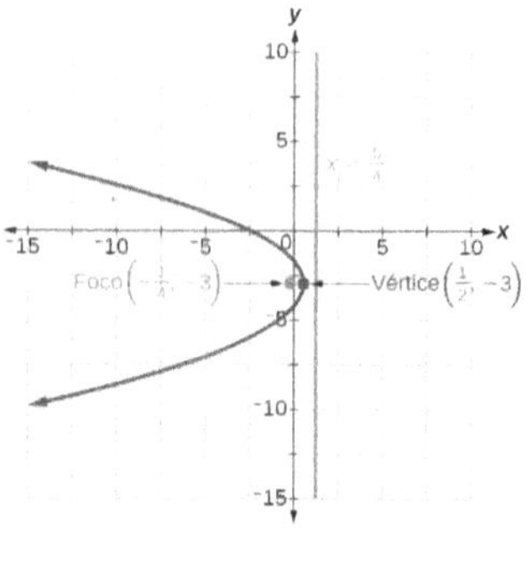

31. $(x-2)^2 = \left(\frac{1}{2}\right)(y-1)$

33. $B^2 - 4AC = 0$, parábola

35. $B^2 - 4AC = -31 < 0$, elipse

37. $\theta = 45°, x'^2 + 3y'^2 - 12 = 0$

39. $\theta = 45°$

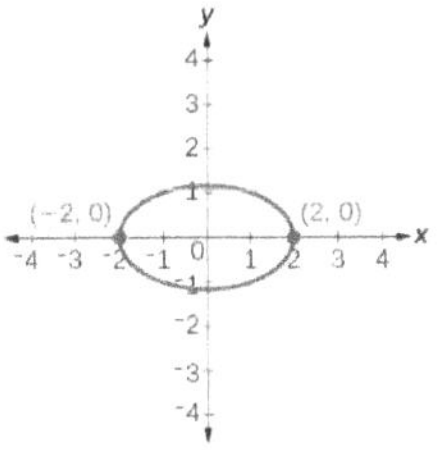

41. Hipérbola con $e = 5$ y directriz 2 unidades a la izquierda del polo.

43. Elipse con $e = \frac{3}{4}$ y directriz $\frac{1}{3}$ unidad por encima del polo.

45.

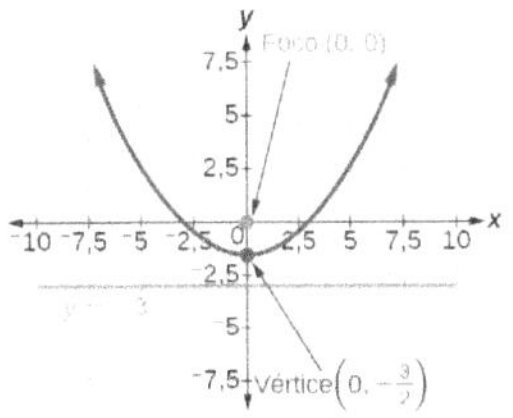

47.

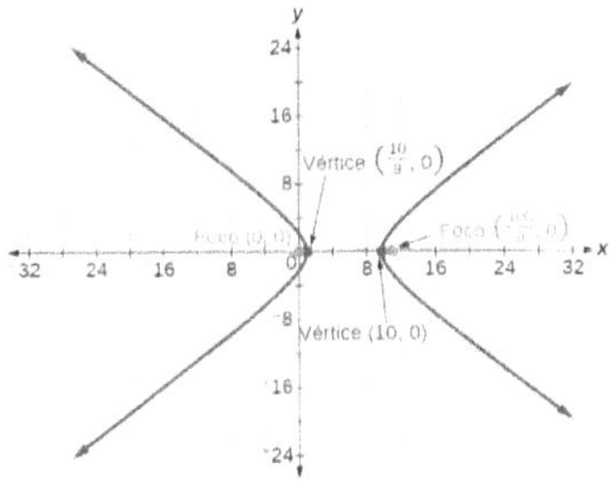

49. $r = \frac{3}{1+\cos\ \theta}$

Examen de práctica

1. $\frac{x^2}{3^2} + \frac{y^2}{2^2} = 1$; centro: $(0, 0)$; vértices: $(3, 0), (-3, 0), (0, 2), (0, -2)$; focos: $\left(\sqrt{5}, 0\right), \left(-\sqrt{5}, 0\right)$

3. centro: $(3, 2)$; vértices: $(11, 2), (-5, 2), (3, 8), (3, -4)$; focos: $\left(3 + 2\sqrt{7}, 2\right), \left(3 - 2\sqrt{7}, 2\right)$

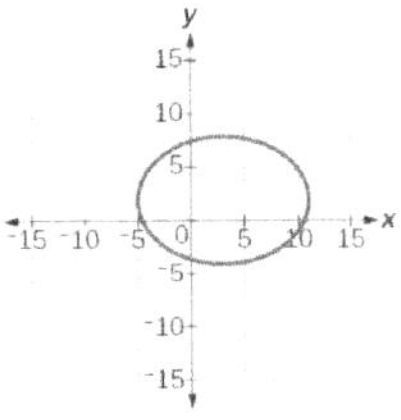

5. $\frac{(x-1)^2}{36} + \frac{(y-2)^2}{27} = 1$

7. $\frac{x^2}{7^2} - \frac{y^2}{9^2} = 1$; centro: $(0,0)$; vértices $(7,0)$, $(-7,0)$; focos: $\left(\sqrt{130},0\right)$, $\left(-\sqrt{130},0\right)$; asíntotas: $y = \pm\frac{9}{7}x$

9. centro: $(3,-3)$; vértices: $(8,-3)$, $(-2,-3)$; focos: $\left(3+\sqrt{26},-3\right)$, $\left(3-\sqrt{26},-3\right)$; asíntotas: $y = \pm\frac{1}{5}(x-3)-3$

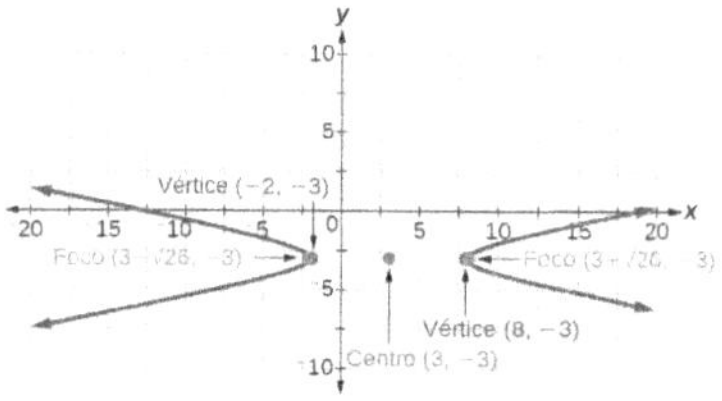

11. $\frac{(y-3)^2}{1} - \frac{(x-1)^2}{8} = 1$

13. $(x-2)^2 = \frac{1}{3}(y+1)$; vértice: $(2,-1)$; foco: $\left(2,-\frac{11}{12}\right)$; directriz: $y = -\frac{13}{12}$

15.

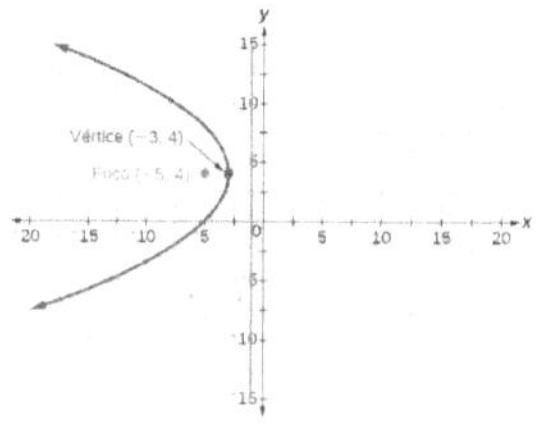

17. Aproximadamente 8,49 pies

19. parábola; $\theta \approx 63{,}4°$

21. $x'^2 - 4x' + 3y' = 0$

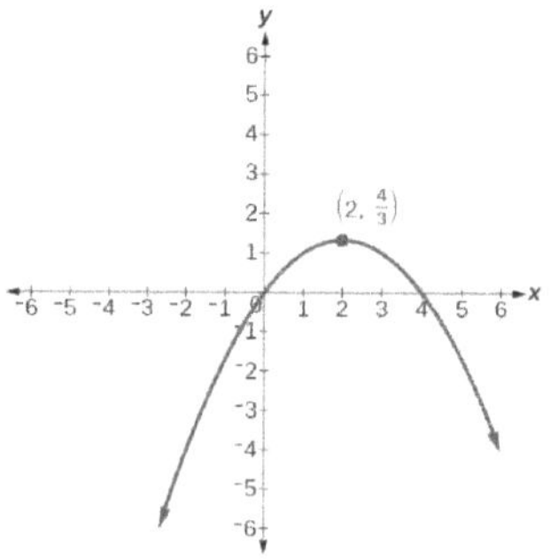

23. Hipérbola con $e = \frac{3}{2}$, y directriz $\frac{5}{6}$ unidades a la derecha del polo.

25.

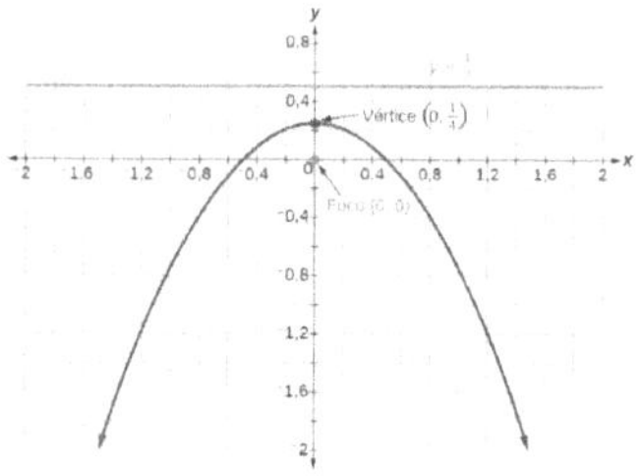

Capítulo 11

Inténtelo

11.1 Secuencias y sus notaciones

1. Los cinco primeros términos son $\{1, 6,\ 11,\ 16,\ 21\}$.

2. Los cinco primeros términos son $\left\{-2,\ 2,\ -\frac{3}{2},\ 1,\ -\frac{5}{8}\right\}$.

3. Los seis primeros términos son $\{2,\ 5,\ 54,\ 10,\ 250,\ 15\}$.

4. $a_n = (-1)^{n+1} 9^n$

5. $a_n = -\frac{3^n}{4n}$

6. $a_n = e^{n-3}$

7. $\{2,\ 5,\ 11,\ 23,\ 47\}$

8. $\left\{0,\ 1,\ 1,\ 1,\ 2,\ 3,\ \frac{5}{2},\ \frac{17}{6}\right\}$.

9. Los cinco primeros términos son $\left\{1,\ \frac{3}{2},\ 4,\ 15,\ 72\right\}$.

11.2 Secuencias aritméticas

1. La secuencia es aritmética. La diferencia común es -2.

2. La secuencia no es aritmética porque $3 - 1 \neq 6 - 3$,

3. $\{1,\ 6,\ 11,\ 16,\ 21\}$

4. $a_2 = 2$

5. $$\begin{aligned} a_1 &= 25 \\ a_n &= a_{n-1} + 12, \quad \text{para } n \geq 2 \end{aligned}$$

6. $a_n = 53 - 3n$

7. Hay 11 términos en la secuencia.

8. La fórmula es $T_n = 10 + 4n$, y le llevará 42 minutos.

11.3 Secuencias geométricas

1. La secuencia no es geométrica porque $\frac{10}{5} \neq \frac{15}{10}$.

2. La secuencia es geométrica. La razón común es $\frac{1}{5}$.

3. $\left\{18, 6, 2, \frac{2}{3}, \frac{2}{9}\right\}$

4. $$\begin{aligned} a_1 &= 2 \\ a_n &= \tfrac{2}{3} a_{n-1} \quad \text{para } n \geq 2 \end{aligned}$$

5. $a_6 = 16{,}384$

6. $a_n = -(-3)^{n-1}$

7. Ⓐ $P_n = 293 \cdot 1{,}026a^n$
Ⓑ El número de visitas será de unas 333.

11.4 Series y sus notaciones

1. 38

2. 260,4

3. 328

4. -280

5. $ 2.025

6. $\approx 2{,}000{,}00$

7. 9.840

8. $ 275.513,31

9. La suma no está definida.

10. La suma de las series infinitas está definida.

11. La suma de la serie infinita está definida.

12. 3

13. La serie no es geométrica.

14. $-\frac{3}{11}$

15. $ 32.775,87

11.5 Principios de conteo

1. 7
2. Hay 60 desayunos especiales posibles.
3. 120
4. 60
5. 12
6. $P(7, 7) = 5{,}040$
7. $P(7, 5) = 2{,}520$
8. $C(10, 3) = 120$
9. 64 helados
10. 840

11.6 Teorema del binomio

1. Ⓐ 35 Ⓑ 330
2. Ⓐ $x^5 - 5x^4y + 10x^3y^2 - 10x^2y^3 + 5xy^4 - y^5$ Ⓑ $8x^3 + 60x^2y + 150xy^2 + 125y^3$
3. $-10{,}206x^4y^5$

11.7 Probabilidad

1.

Resultado	Probabilidad
Cara	$\frac{1}{2}$
Cruz	$\frac{1}{2}$

2. $\frac{2}{3}$
3. $\frac{7}{13}$
4. $\frac{2}{13}$
5. $\frac{5}{6}$
6. a. $\frac{1}{91}$; b. $\frac{5}{91}$; c. $\frac{86}{91}$

11.1 Ejercicios de sección

1. Una secuencia es una lista ordenada de números que puede ser finita o infinita. Cuando una secuencia finita está definida por una fórmula, su dominio es un subconjunto de los enteros no negativos. Cuando una secuencia infinita está definida por una fórmula, su dominio es todos los enteros positivos o todos los enteros no negativos.
3. Sí, ambos conjuntos continúan indefinidamente, por lo que ambos son secuencias infinitas.
5. Un factorial es el producto de un entero positivo por todos los enteros positivos inferiores a él. Se utiliza un signo de exclamación para indicar la operación. Las respuestas pueden variar. Un ejemplo de la ventaja de utilizar la notación factorial es cuando se indica el producto. Es mucho más fácil de escribir que $13 \cdot 12 \cdot 11 \cdot 10 \cdot 9 \cdot 8 \cdot 7 \cdot 6 \cdot 5 \cdot 4 \cdot 3 \cdot 2 \cdot 1.$
7. Los cuatro primeros términos: $-8, \ -\frac{16}{3}, \ -4, \ -\frac{16}{5}$
9. Los cuatro primeros términos: $2, \ \frac{1}{2}, \ \frac{8}{27}, \ \frac{1}{4}.$
11. Los cuatro primeros términos: $1{,}25, \ -5, \ 20, \ -80.$

13. Los cuatro primeros términos: $\frac{1}{3}, \frac{4}{5}, \frac{9}{7}, \frac{16}{9}$.

15. Los cuatro primeros términos: $-\frac{4}{5}, 4, -20, 100$

17. $\frac{1}{3}, \frac{4}{5}, \frac{9}{7}, \frac{16}{9}, \frac{25}{11}, 31, 44, 59$

19. $-0{,}6, -3, -15, -20, -375, -80, -9375, -320$

21. $a_n = n^2 + 3$

23. $a_n = \frac{2^n}{2n}$ o $\frac{2^{n-1}}{n}$

25. $a_n = \left(-\frac{1}{2}\right)^{n-1}$

27. Los cinco primeros términos: $3, -9, 27, -81, 243$

29. Los cinco primeros términos: $-1, 1, -9, \frac{27}{11}, \frac{891}{5}$

31. $\frac{1}{24}, 1, \frac{1}{4}, \frac{3}{2}, \frac{9}{4}, \frac{81}{4}, \frac{2187}{8}, \frac{531{,}441}{16}$

33. $2, 10, 12, \frac{14}{5}, \frac{4}{5}, 2, 10, 12$

35. $a_1 = -8, a_n = a_{n-1} + n$

37. $a_1 = 35, a_n = a_{n-1} + 3$

39. 720

41. $665{,}280$

43. Los cuatro primeros términos: $1, \frac{1}{2}, \frac{2}{3}, \frac{3}{2}$

45. Los cuatro primeros términos: $-1, 2, \frac{6}{5}, \frac{24}{11}$

47.

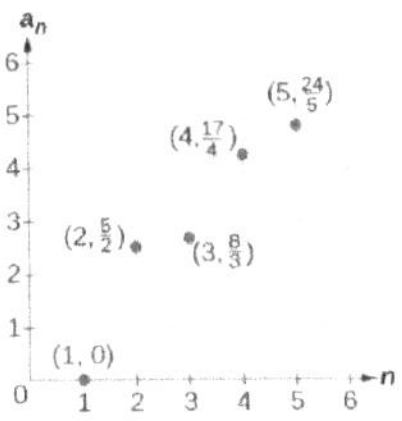

49.

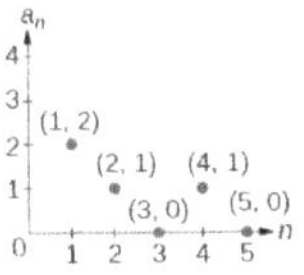

51.

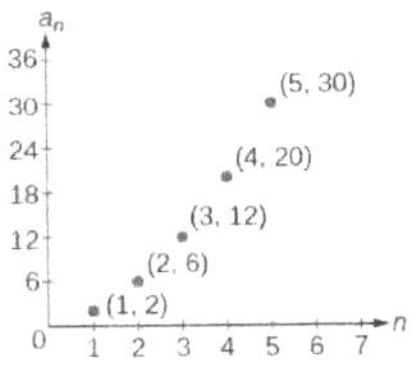

53. $a_n = 2^{n-2}$

55. $a_1 = 6, \quad a_n = 2a_{n-1} - 5$

57. Los cinco primeros términos: $\frac{29}{37}, \frac{152}{111}, \frac{716}{333}, \frac{3188}{999}, \frac{13724}{2997}$

59. Los cinco primeros términos: 2, 3, 5, 17, 65537

61. $a_{10} = 7{,}257{,}600$

63. Los seis primeros términos: 0,042, 0,146, 0,875, 2,385, 4,708

65. Los cuatro primeros términos: 5,975, 2,765, 185,743, 1057,25, 6023,521

67. Si los valores de $a_n = -421$ es un término de la secuencia, entonces se resuelve la ecuación $-421 = -6 - 8n$ para n dará un número entero no negativo. Sin embargo, si $-421 = -6 - 8n$, entonces $n = 51{,}875$ por lo que $a_n = -421$ no es un término de la secuencia.

69. $a_1 = 1, a_2 = 0, a_n = a_{n-1} - a_{n-2}$

71. $\frac{(n+2)!}{(n-1)!} = \frac{(n+2)\cdot(n+1)\cdot(n)\cdot(n-1)\cdot\ldots\cdot3\cdot2\cdot1}{(n-1)\cdot\ldots\cdot3\cdot2\cdot1} = n(n+1)(n+2) = n^3 + 3n^2 + 2n$

11.2 Ejercicios de sección

1. Una secuencia en la que cada término sucesivo de la secuencia aumenta (o disminuye) en un valor constante.

3. Hallamos si la diferencia entre todos los términos consecutivos es la misma. Esto es lo mismo que decir que la secuencia tiene una diferencia común.

5. Tanto las secuencias aritméticas como las funciones lineales tienen una tasa de cambio constante. Son diferentes porque sus dominios no son los mismos, las funciones lineales se definen para todos los números reales y las secuencias aritméticas se definen para los números naturales o un subconjunto de los números naturales.

7. La diferencia común es $\frac{1}{2}$

9. La secuencia no es aritmética porque $16 - 4 \neq 64 - 16$.

11. $0, \frac{2}{3}, \frac{4}{3}, 2, \frac{8}{3}$

13. $0, -5, -10, -15, -20$

15. $a_4 = 19$

17. $a_6 = 41$

19. $a_1 = 2$

21. $a_1 = 5$

23. $a_1 = 6$

25. $a_{21} = -13{,}5$

27. $-19, -20{,}4, -21{,}8, -23{,}2, -24{,}6$

29. $a_1 = 17;\ a_n = a_{n-1} + 9 \quad n \geq 2$

31. $a_1 = 12;\ a_n = a_{n-1} + 5 \quad n \geq 2$

33. $a_1 = 8{,}9;\ a_n = a_{n-1} + 1{,}4 \quad n \geq 2$

35. $a_1 = \frac{1}{5};\ a_n = a_{n-1} + \frac{1}{4} \quad n \geq 2$

37. ${}_1 = \frac{1}{6};\ a_n = a_{n-1} - \frac{13}{12} \quad n \geq 2$

39. $a_1 = 4;\ \ a_n = a_{n-1} + 7;\ \ a_{14} = 95$

41. Los cinco primeros términos: $20, 16, 12, 8, 4$.

43. $a_n = 1 + 2n$

45. $a_n = -105 + 100n$

47. $a_n = 1{,}8n$

49. $a_n = 13{,}1 + 2{,}7n$

51. $a_n = \frac{1}{3}n - \frac{1}{3}$

53. Hay 10 términos en la secuencia.

55. Hay 6 términos en la secuencia.

57. El gráfico no representa una secuencia aritmética.

59.

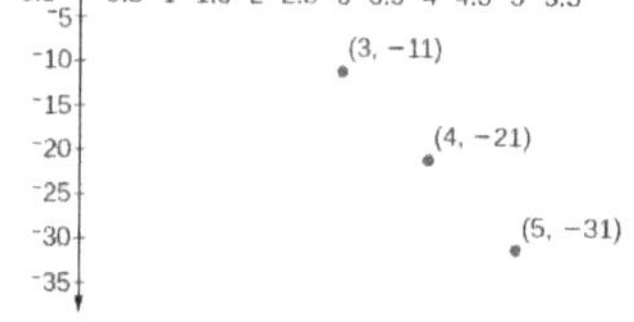

61. $1, 4, 7, 10, 13, 16, 19$

63.

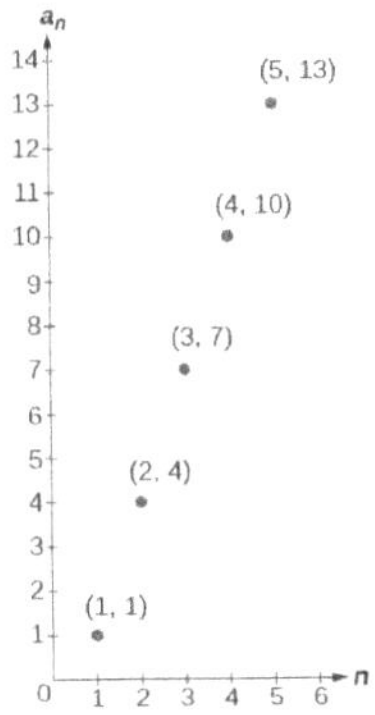

65.

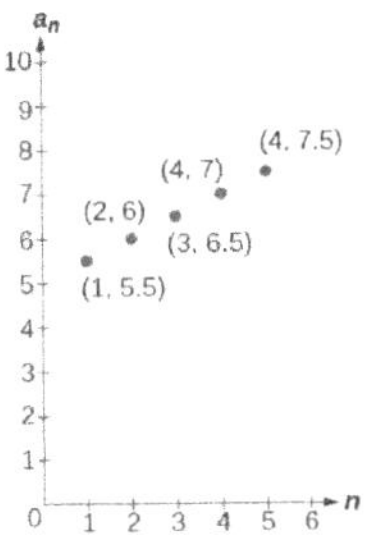

67. Las respuestas variarán. Ejemplos: $a_n = 20{,}6n$ y $a_n = 2 + 20{,}4n$.

69. $a_{11} = -17a + 38b$

71. La secuencia comienza a tener valores negativos en el 13.º término, $a_{13} = -\frac{1}{3}$

73. Las respuestas variarán. Compruebe que la secuencia es aritmética. Ejemplo: Fórmula recursiva: $a_1 = 3, a_n = a_{n-1} - 3$. Primeros 4 términos: $3, 0, -3, -6 \quad a_{31} = -87$

11.3 Ejercicios de sección

1. Una secuencia en la que la razón entre dos términos consecutivos cualesquiera es constante.

3. Dividir cada término de una secuencia entre el término anterior. Si los cocientes resultantes son iguales, la secuencia es geométrica.

5. Tanto las secuencias geométricas como las funciones exponenciales tienen una razón constante. Sin embargo, sus dominios no son los mismos. Las funciones exponenciales se definen para todos los números reales, y las secuencias geométricas se definen solo para los enteros positivos. Otra diferencia es que la base de una secuencia geométrica (la razón común) puede ser negativa, pero la base de una función exponencial debe ser positiva.

7. La razón común es -2

9. La secuencia es geométrica. La razón común es de 2.

11. La secuencia es geométrica. La razón común es de $-\frac{1}{2}$.

13. La secuencia es geométrica. La razón común es de 5.

15. $5, 1, \frac{1}{5}, \frac{1}{25}, \frac{1}{125}$

17. $800, 400, 200, 100, 50$

19. $a_4 = -\frac{16}{27}$

21. $a_7 = -\frac{2}{729}$

23. $7, 1{,}4, 0{,}28, 0{,}056, 0{,}0112$

25. $a_1 = -32, \quad a_n = \frac{1}{2}a_{n-1}$

27. $a_1 = 10, \quad a_n = -0{,}3a_{n-1}$

29. $a_1 = \frac{3}{5}, \quad a_n = \frac{1}{6}a_{n-1}$

31. $a_1 = \frac{1}{512}, a_n = -4a_{n-1}$

33. $12, -6, 3, -\frac{3}{2}, \frac{3}{4}$

35. a_n n $= 3^{n-1}$

37. $a_n = 0{,}8 \cdot (-5)^{n-1}$

39. $a_n = -\left(\frac{4}{5}\right)^{n-1}$

41. a_n n $= 3 \cdot \left(-\frac{1}{3}\right)^{n-1}$

43. $a_{12} = \frac{1}{177{,}147}$

45. Hay 12 términos en la secuencia.

47. El gráfico no representa una secuencia geométrica.

49.

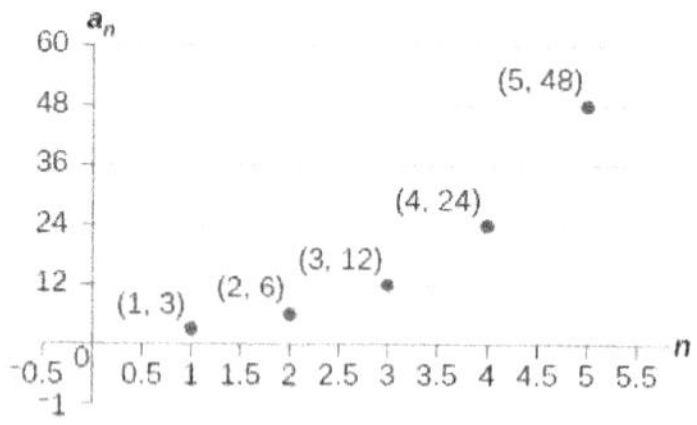

51. Las respuestas variarán. Ejemplos:
$a_1 = 800, \quad a_n = 0{,}5a_{n-1}$ y
$a_1 = 12{,}5, \quad a_n = 4a_{n-1}$

53. $a_5 = 256b$

55. La secuencia supera el 100 en el 14.º término, $a_{14} \approx 107$.

57. $a_4 = -\frac{32}{3}$ es el primer valor no entero

59. Las respuestas variarán. Ejemplo: Fórmula explícita con una razón común decimal: $a_n = 400 \cdot 0{,}5^{n-1}$; Primeros 4 términos: $400, 200, 100, 50; \quad a_8 = 3{,}125$

11.4 Ejercicios de sección

1. Una suma parcial a la ***n*enésimo** es la suma de los primeros ***n*** de una secuencia.

3. Una serie geométrica es la suma de los términos de una secuencia geométrica.

5. Una anualidad es una serie de pagos regulares iguales que ganan un interés compuesto constante.

7. $\sum_{n=0}^{4} 5n$

9. $\sum_{k=1}^{5} 4$

11. $\sum_{k=1}^{20} 8k + 2$

13. $S_5 = \frac{5\left(\frac{3}{2}+\frac{7}{2}\right)}{2}$

15. $S_{13} = \frac{13(3{,}2+5{,}6)}{2}$

17. $\sum_{k=1}^{7} 8 \cdot 0{,}5^{k-1}$

19. $S_5 = \frac{9\left(1-\left(\frac{1}{3}\right)^5\right)}{1-\frac{1}{3}} = \frac{121}{9} \approx 13{,}44$

21. $S_{11} = \frac{64\left(1-0{,}2^{11}\right)}{1-0{,}2} = \frac{781{,}249{,}984}{9{,}765{,}625} \approx 80$

23. La serie está definida.
$S = \frac{2}{1-0,8}$

25. La serie está definida.
$S = \frac{-1}{1-\left(-\frac{1}{2}\right)}$

27.
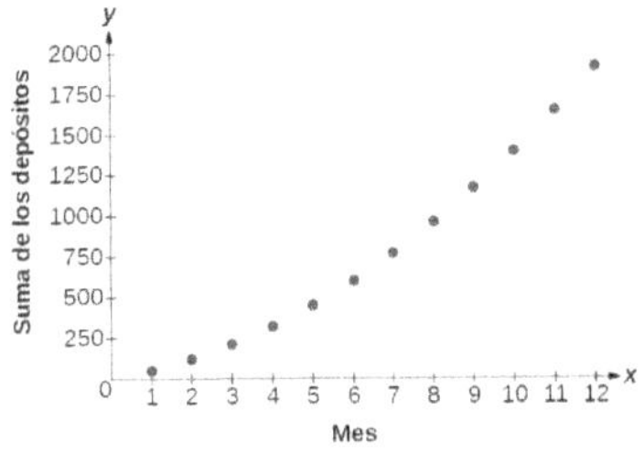

29. Ejemplo de respuesta: El gráfico de S_n parece acercarse al 1. Esto tiene sentido porque $\sum_{k=1}^{\infty}\left(\frac{1}{2}\right)^k$ es una serie geométrica infinita definida con $S = \frac{\frac{1}{2}}{1-\left(\frac{1}{2}\right)} = 1.$

31. 49

33. 254

35. $S_7 = \frac{147}{2}$

37. $S_{11} = \frac{55}{2}$

39. $S_7 = 5208,4$

41. $S_{10} = -\frac{1.023}{256}$

43. $S =-\frac{4}{3}$

45. $S = 9,2$

47. $ 3.705,42

49. $ 695.823,97

51. $a_k = 30 - k$

53. 9 términos

55. $r = \frac{4}{5}$

57. 400 dólares al mes

59. 420 pies

61. 12 pies

11.5 Ejercicios de sección

1. Hay $m + n$ maneras para que ocurra tanto el evento A como el evento B.

3. El principio de adición se aplica para determinar el total de resultados posibles de cualquiera de los dos eventos. El principio de multiplicación se aplica para determinar el total de resultados posibles de que se produzcan ambos eventos. La palabra "o" suele implicar un problema de adición. La palabra "y" suele implicar un problema de multiplicación.

5. Una combinación; $C(n, r) = \frac{n!}{(n-r)!r!}$

7. $4 + 2 = 6$

9. $5 + 4 + 7 = 16$

11. $2 \times 6 = 12$

13. $10^3 = 1.000$

15. $P(5, 2) = 20$

17. $P(3, 3) = 6$

19. $P(11,5) = 55{,}440$

21. $C(12,4) = 495$

23. $C(7,6) = 7$

25. $2^{10} = 1.024$

27. $2^{12} = 4096$

29. $2^9 = 512$

31. $\frac{8!}{3!} = 6720$

33. $\frac{12!}{3!2!3!4!}$

35. 9

37. Sí, para los casos triviales $r = 0$ y $r = 1$. Si $r = 0$, entonces $C(n,r) = P(n,r) = 1$. Si $r = 1$, entonces $r = 1$, $C(n,r) = P(n,r) = n$.

39. $\frac{6!}{2!} \times 4! = 8640$

41. $6 - 3 + 8 - 3 = 8$

43. $4 \times 2 \times 5 = 40$

45. $4 \times 12 \times 3 = 144$

47. $P(15,9) = 1{,}816{,}214{,}400$

49. $C(10,3) \times C(6,5) \times C(5,2) = 7{,}200$

51. $2^{11} = 2.048$

53. $\frac{20!}{6!6!8!} = 116{,}396{,}280$

11.6 Ejercicios de sección

1. Un coeficiente binomial es una forma alternativa de denotar la combinación $C(n, r)$. Se define como $\binom{n}{r} = C(n,r) = \frac{n!}{r!(n-r)!}$.

3. El teorema del binomio se define como $(x+y)^n = \sum_{k=0}^{n} \binom{n}{k} x^{n-k} y^k$ y se puede usar para expandir cualquier binomio.

5. 15

7. 35

9. 10

11. 12.376

13. $64a^3 - 48a^2b + 12ab^2 - b^3$

15. $27a^3 + 54a^2b + 36ab^2 + 8b^3$

17. $1.024x^5 + 2.560x^4y + 2.560x^3y^2 + 1280x^2y^3 + 320xy^4 + 32y^5$

19. $1.024x^5 - 3840x^4y + 5760x^3y^2 - 4320x^2y^3 + 1620xy^4 - 243y^5$

21. $\frac{1}{x^4} + \frac{8}{x^3y} + \frac{24}{x^2y^2} + \frac{32}{xy^3} + \frac{16}{y^4}$

23. $a^{17} + 17a^{16}b + 136a^{15}b^2$

25. $a^{15} - 30a^{14}b + 420a^{13}b^2$

27. $3{,}486{,}784{,}401a^{20} + 23{,}245{,}229{,}340a^{19}b + 73{,}609{,}892{,}910a^{18}b^2$

29. $x^{24} - 8x^{21}\sqrt{y} + 28x^{18}y$

31. $-720x^2y^3$

33. $220{,}812{,}466{,}875{,}000y^7$

35. $35x^3y^4$

37. $1,082,565a^3b^{16}$

39. $\frac{1152y^2}{x^7}$

41. $f_2(x) = x^4 + 12x^3$

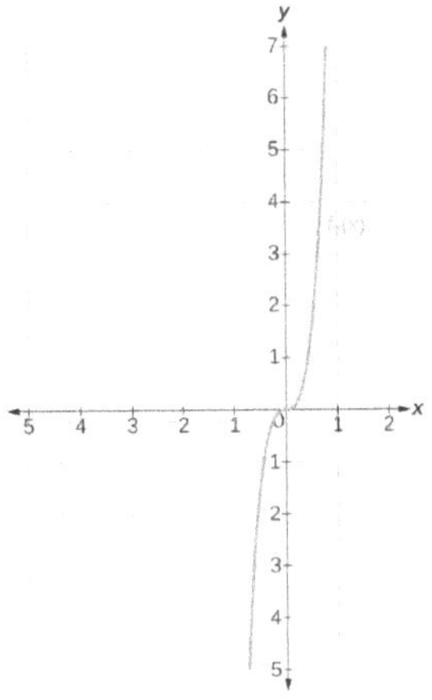

43. $f_4(x) = x^4 + 12x^3 + 54x^2 + 108x$

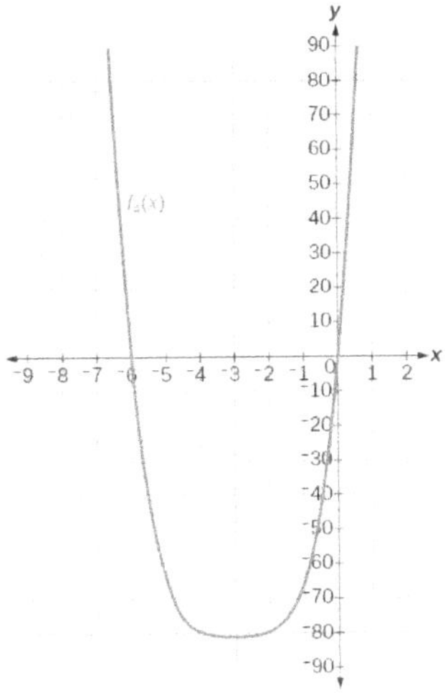

45. $590,625x^5y^2$

47. $k - 1$

49. La expresión $(x^3 + 2y^2 - z)^5$ no se puede expandir utilizando el teorema del binomio porque no se puede reescribir como un binomio.

Examen de práctica

1. $-14, -6, -2, 0$

3. La secuencia es aritmética. La diferencia común es $d = 0{,}9$.

5. $a_1 = -2,\ a_n = a_{n-1} - \frac{3}{2};\ a_{22} = -\frac{67}{2}$

7. La secuencia es geométrica. La razón común es $r = \frac{1}{2}$.

9. $a_1 = 1,\ a_n = -\frac{1}{2} \cdot a_{n-1}$

11. $\sum_{k=-3}^{15} \left(3k^2 - \frac{5}{6}k\right)$

13. $S_7 = -2.604{,}2$

15. Total en la cuenta: $\$140,355{,}75$; Intereses ganados: $\$14,355{,}75$

17. $5 \times 3 \times 2 \times 3 \times 2 = 180$

19. $C(15, 3) = 455$

21. $\frac{10!}{2!3!2!} = 151{,}200$

23. $\frac{429x^{14}}{16}$

25. $\frac{4}{7}$

27. $\frac{5}{7}$

29. $\frac{C(14{,}3)C(26{,}4)}{C(40{,}7)} \approx 29{,}2\%$

Capítulo 12

Inténtelo

12.1 Hallar los límites: enfoques numéricos y gráficos

1. $a = 5$, $f(x) = 2x^2 - 4$, y $L = 46$.

2. a. 0; b. 2; c. no existe; d. -2; e. 0; f. no existe; g. 4; h. 4; i. 4

3. $\lim\limits_{x \to 0} \left(\frac{20\,\text{sen}(x)}{4x}\right) = 5$

x	$f(x)$	
−0,1	4,9916708	$\lim\limits_{x \to 0^-} \left(\frac{20\,\text{sen}(x)}{4x}\right)$
−0,01	4,9999167	↓
−0,001	4,9999992	5
0	Error	
0,001	4,9999992	5
0,01	4,9999167	↑
0,1	4,9916708	$\lim\limits_{x \to 0^+} \left(\frac{20\,\text{sen}(x)}{4x}\right)$

4. no existe

12.2 Hallar los límites: propiedades de los límites

1. 26

2. 59

3. 10

4. -64

5. -3

6. $-\frac{1}{50}$

7. $-\frac{1}{8}$

8. $2\sqrt{3}$

9. -1

37. $1,082,565a^3b^{16}$

39. $\frac{1152y^2}{x^7}$

41. $f_2(x) = x^4 + 12x^3$

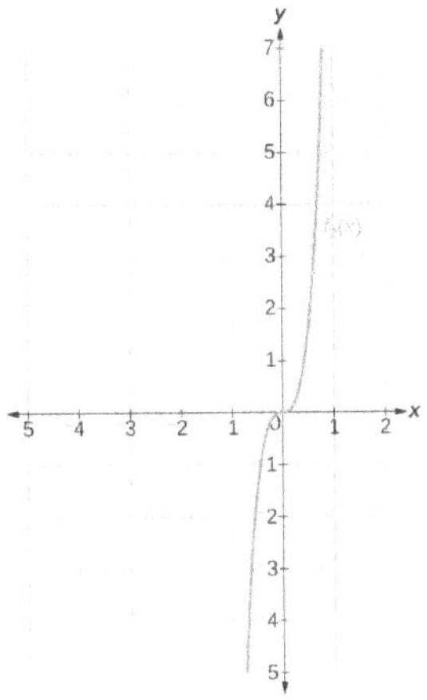

43. $f_4(x) = x^4 + 12x^3 + 54x^2 + 108x$

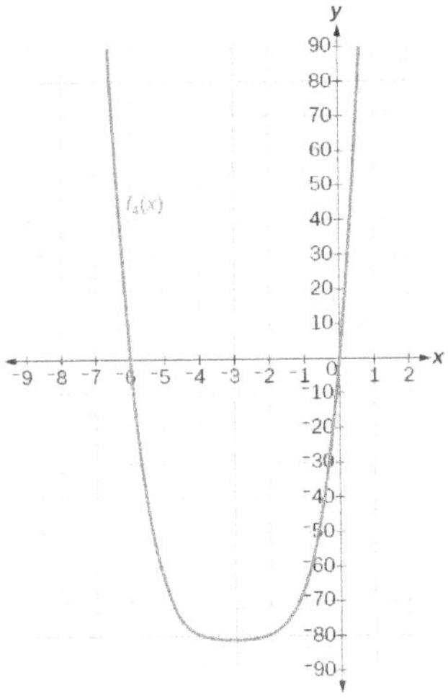

45. $590,625x^5y^2$

47. $k - 1$

49. La expresión $(x^3 + 2y^2 - z)^5$ no se puede expandir utilizando el teorema del binomio porque no se puede reescribir como un binomio.

11.7 Ejercicios de sección

1. probabilidad; la probabilidad de un evento se restringe a valores entre 0 y 1, incluso 0 y 1.

3. Un experimento es una actividad con un resultado observable.

5. La probabilidad de que se produzca la *unión de dos eventos* es un número que describe la posibilidad de que se produzca, al menos, uno de los eventos de un modelo de probabilidades. En una unión de conjuntos A y B y una unión de eventos A y B, la unión incluye A o B o ambos. La diferencia es que una unión de conjuntos da como resultado otro conjunto, mientras que la unión de eventos es una probabilidad, por lo que siempre es un valor numérico entre 0 y 1.

7. $\frac{1}{2}$.

9. $\frac{5}{8}$.

11. $\frac{1}{2}$.

13. $\frac{3}{8}$.

15. $\frac{1}{4}$.

17. $\frac{3}{4}$.

19. $\frac{3}{8}$.

21. $\frac{1}{8}$.

23. $\frac{15}{16}$.

25. $\frac{5}{8}$.

27. $\frac{1}{13}$.

29. $\frac{1}{26}$.

31. $\frac{12}{13}$.

33.

	1	2	3	4	5	6
1	(1, 1) 2	(1, 2) 3	(1, 3) 4	(1, 4) 5	(1, 5) 6	(1, 6) 7
2	(2, 1) 3	(2, 2) 4	(2, 3) 5	(2, 4) 6	(2, 5) 7	(2, 6) 8
3	(3, 1) 4	(3, 2) 5	(3, 3) 6	(3, 4) 7	(3, 5) 8	(3, 6) 9
4	(4, 1) 5	(4, 2) 6	(4, 3) 7	(4, 4) 8	(4, 5) 9	(4, 6) 10
5	(5, 1) 6	(5, 2) 7	(5, 3) 8	(5, 4) 9	(5, 5) 10	(5, 6) 11
6	(6, 1) 7	(6, 2) 8	(6, 3) 9	(6, 4) 10	(6, 5) 11	(6, 6) 12

35. $\frac{5}{12}$.

37. 0.

39. $\frac{4}{9}$.

41. $\frac{1}{4}$.

43. $\frac{5}{8}$

45. $\frac{8}{13}$

47. $\frac{C(12{,}5)}{C(48{,}5)} = \frac{1}{2.162}$

49. $\frac{C(12{,}3)C(36{,}2)}{C(48{,}5)} = \frac{175}{2.162}$

51. $\frac{C(20{,}3)C(60{,}17)}{C(80{,}20)} \approx 12{,}49\%$

53. $\frac{C(20{,}5)C(60{,}15)}{C(80{,}20)} \approx 23{,}33\%$

55. $20{,}50 + 23{,}33 - 12{,}49 = 31{,}34\%$

57. $\frac{C(40.000.000{,}1)C(277.000.000{,}4)}{C(317.000.000{,}5)} = 36{,}78\%$

59. $\frac{C(40.000.000{,}4)C(277.000.000{,}1)}{C(317.000.000{,}5)} = 0{,}11\%$

Ejercicios de repaso

1. $2, 4, 7, 11$

3. $13, 103, 1.003, 10.003$

5. La secuencia es aritmética. La diferencia común es $d = \frac{5}{3}$.

7. $18, 10, 2, -6, -14$

9. $a_1 = -20, \quad a_n = a_{n-1} + 10$

11. $a_n = \frac{1}{3}n + \frac{13}{24}$

13. $r = 2$

15. 4, 16, 64, 256, 1.024

17. $3, \quad 12, \quad 48, \quad 192, \quad 768$

19. $a_n = -\frac{1}{5} \cdot \left(\frac{1}{3}\right)^{n-1}$

21. $\sum_{m=0,0}^{5} \left(\frac{1}{2}m + 5\right)$.

23. $S_{11} = 110$

25. $S_9 \approx 23{,}95$

27. $S = \frac{135}{4}$

29. 5.617,61 dólares.

31. 6

33. $10^4 = 10.000$

35. $P(18, 4) = 73{,}440$

37. $C(15, 6) = 5005$

39. $2^{50} = 1{,}13 \times 10^{15}$

41. $\frac{8!}{3!2!} = 3360$

43. 490,314

45. $131{,}072a^{17} + 1{,}114{,}112a^{16}b + 4{,}456{,}448a^{15}b^2$

47.

	1	2	3	4	5	6
1	1;1	1;2	1;3	1;4	1;5	1;6
2	2;1	2;2	2;3	2;4	2;5	2;6
3	3;1	3;2	3;3	3;4	3;5	3;6
4	4;1	4;2	4;3	4;4	4;5	4;6
5	5;1	5;2	5;3	5;4	5;5	5;6
6	6;1	6;2	6;3	6;4	6;5	6;6

49. $\frac{1}{6}$

51. $\frac{5}{9}$

53. $\frac{4}{9}$

55. $1 - \frac{C(350{,}8)}{C(500{,}8)} \approx 94{,}4\%$

57. $\frac{C(150{,}3)C(350{,}5)}{C(500{,}8)} \approx 25{,}6\%$

Examen de práctica

1. $-14, -6, -2, 0$

3. La secuencia es aritmética. La diferencia común es $d = 0{,}9$.

5. $a_1 = -2,\ a_n = a_{n-1} - \frac{3}{2};\ a_{22} = -\frac{67}{2}$

7. La secuencia es geométrica. La razón común es $r = \frac{1}{2}$.

9. $a_1 = 1,\ a_n = -\frac{1}{2} \cdot a_{n-1}$

11. $\sum_{k=-3}^{15} \left(3k^2 - \frac{5}{6}k\right)$

13. $S_7 = -2.604{,}2$

15. Total en la cuenta: $\$140, 355{,}75$; Intereses ganados: $\$14, 355{,}75$

17. $5 \times 3 \times 2 \times 3 \times 2 = 180$

19. $C(15, 3) = 455$

21. $\frac{10!}{2!3!2!} = 151{,}200$

23. $\frac{429x^{14}}{16}$

25. $\frac{4}{7}$

27. $\frac{5}{7}$

29. $\frac{C(14,3)C(26,4)}{C(40,7)} \approx 29{,}2\%$

Capítulo 12

Inténtelo

12.1 Hallar los límites: enfoques numéricos y gráficos

1. $a = 5, f(x) = 2x^2 - 4$, y $L = 46$.

2. a. 0; b. 2; c. no existe; d. −2; e. 0; f. no existe; g. 4; h. 4; i. 4

3. $\lim_{x \to 0} \left(\frac{20\,\text{sen}(x)}{4x}\right) = 5$

x	$f(x)$
−0,1	4,9916708
−0,01	4,9999167
−0,001	4,9999992
0	Error
0,001	4,9999992
0,01	4,9999167
0,1	4,9916708

$\lim_{x \to 0^-} \left(\frac{20\,\text{sen}(x)}{4x}\right) \to 5$

$\lim_{x \to 0^+} \left(\frac{20\,\text{sen}(x)}{4x}\right) \to 5$

4. no existe

12.2 Hallar los límites: propiedades de los límites

1. 26

2. 59

3. 10

4. -64

5. -3

6. $-\frac{1}{50}$

7. $-\frac{1}{8}$

8. $2\sqrt{3}$

9. -1

12.3 Continuidad

1. Ⓐ discontinuidad removible en $x = 6$; Ⓑ discontinuidad de salto en $x = 4$

2. No. La función no es continua en $x = 2$ porque el límite izquierdo es $\frac{1}{2}$ y el límite derecho es 6.5.

3. No, la función no es continua en $x = 3$. Existe una discontinuidad removible en $x = 3$.

4. $x = 6$

12.4 Derivadas

1. 3

2. $f'(a) = 6a + 7$

3. $f'(a) = \frac{-15}{(5a+4)^2}$

4. $\frac{3}{2}$

5. 0

6. $-2, 0, 0, -3$

7. Ⓐ Después de cero segundos, se ha movido 0 pies.
Ⓑ Después de 10 segundos, se ha movido 150 pies al este.
Ⓒ Después de 10 segundos, se mueve hacia el este a una tasa de 15 ft/s.
Ⓓ Después de 20 segundos, se mueve hacia el oeste a una tasa de 10 ft/s.
Ⓔ Después de 40 segundos, está a 100 pies al oeste de su punto de partida.

8. El gráfico de f es continuo en $\left(-\infty, 1\right) \cup (1, 3) \cup \left(3, \infty\right)$. El gráfico de f es discontinuo en $x = 1$ y $x = 3$. El gráfico de f es diferenciable en $\left(-\infty, 1\right) \cup (1, 3) \cup \left(3, \infty\right)$. El gráfico de f no es diferenciable en $x = 1$ y $x = 3$.

9. $y = 19x - 16$

10. –68 ft/s, está cayendo a la Tierra a una velocidad de 68 ft/s.

12.1 Ejercicios de sección

1. El valor de la función, la salida, en $x = a$ es $f(a)$. Cuando el $\lim_{x \to a} f(x)$ se toma, los valores de x se acercan infinitamente a a pero nunca son iguales a a. A medida que los valores de x se acercan a a desde la izquierda y desde la derecha, el límite es el valor al que se acerca la función.

3. -4

5. -4

7. 2

9. no existe

11. 4

13. no existe

15. Las respuestas variarán.

16. Las respuestas variarán.

17. Las respuestas variarán.

18. Las respuestas variarán.

19. Las respuestas variarán.

20. Las respuestas variarán.

21. Las respuestas variarán.

23. 7,38906

25. 54,59815

27. $e^6 \approx 403{,}428794$, $e^7 \approx 1.096{,}633158$, e^n

29. $\lim\limits_{x \to -2} f(x) = 1$

31. $\lim\limits_{x \to 3} \left(\frac{x^2-x-6}{x^2-9} \right) = \frac{5}{6} \approx 0{,}83$

33. $\lim\limits_{x \to 1} \left(\frac{x^2-1}{x^2-3x+2} \right) = -2{,}00$

35. $\lim\limits_{x \to 1} \left(\frac{10-10x^2}{x^2-3x+2} \right) = 20{,}00$

37. $\lim\limits_{x \to \frac{-1}{2}} \left(\frac{x}{4x^2+4x+1} \right)$ no existe. Los valores de la función disminuyen sin límite a medida que x se acerca a –0,5 desde la izquierda o desde la derecha.

39. $\lim\limits_{x \to 0} \frac{7 \tan x}{3x} = \frac{7}{3}$

x	$f(x)$
−0,1	2,34114234
−0,01	2,33341114
−0,001	2,33333411
0	Error
0,001	2,33333411
0,01	2,33341114
0,1	2,34114234

$\lim\limits_{x \to 0^-} \frac{7 \tan x}{3x} \to \frac{7}{3}$

$\frac{7}{3} \leftarrow \lim\limits_{x \to 0^+} \frac{7 \tan x}{3x}$

40.

x	$f(x)$
3,9	−152,1
3,99	−1592,01
3,999	−15992,001
4	Error
4,001	16008,001
4,01	1608,1
4,1	168,1

$\lim\limits_{x \to 4^-} \frac{x^2}{x-4} \to -\infty$

$\infty \leftarrow \lim\limits_{x \to 4^+} \frac{x^2}{x-4}$

43. $\lim\limits_{x \to 0} e^{e^{-\frac{1}{x^2}}} = 1{,}0$

45. $\lim\limits_{x \to -1^-} \frac{|x+1|}{x+1} = \frac{-(x+1)}{(x+1)} = -1$ y $\lim\limits_{x \to -1^+} \frac{|x+1|}{x+1} = \frac{(x+1)}{(x+1)} = 1$; ya que el límite derecho no es igual al límite izquierdo, $\lim\limits_{x \to -1} \frac{|x+1|}{x+1}$ no existe.

47. $\lim\limits_{x \to -1} \frac{1}{(x+1)^2}$ no existe. La función aumenta sin límite a medida que x se acerca a -1 desde cualquier lado.

49. $\lim\limits_{x \to 0} \frac{5}{1-e^{\frac{2}{x}}}$ no existe. Los valores de la función se acercan a 5 por la izquierda y se acercan a 0 por la derecha.

51. Mediante el examen de los postulados y la comprensión de la física relativista, a medida que $v \to c$, $m \to \infty$. Lleve esto un paso más allá de la solución,

$$\lim_{v \to c^-} m = \lim_{v \to c^-} \frac{m_i}{\sqrt{1-(v^2/c^2)}} = \infty$$

12.2 Ejercicios de sección

1. Si f es una función polinómica, el límite de una función polinómica a medida que x se acerca a a siempre será $f(a)$.

3. Puede significar (1) que los valores de la función aumentan o disminuyen sin límite a medida que x se acerca a c, o (2) los límites izquierdo y derecho no son iguales.

5. $\frac{-10}{3}$

7. 6

9. $\frac{1}{2}$

11. 6

13. no existe

15. -12

17. $-\frac{\sqrt{5}}{10}$

19. -108

21. 1

23. 6

25. 1

27. 1

29. no existe

31. $6+\sqrt{5}$

33. $\frac{3}{5}$

35. 0

37. -3

39. no existe; el límite derecho no es el mismo que el límite izquierdo.

41. 2

43. El límite no existe; el límite se acerca al infinito.

45. $4x+2h$

47. $2x+h+4$

49. $\frac{\cos(x+h)-\cos(x)}{h}$

51. $\frac{-1}{x(x+h)}$

53. $\frac{-1}{\sqrt{x+h}+\sqrt{x}}$

55. $f(x)=\frac{x^2+5x+6}{x+3}$

57. no existe

59. 52

12.3 Ejercicios de sección

1. Informalmente, si una función es continua en $x=c$, entonces no hay interrupción en el gráfico de la función en $f(c)$, y $f(c)$ está definida.

3. discontinua en $a=-3$; $f(-3)$ no existe

5. discontinuidad removible en $a=-4$; $f(-4)$ no está definida

7. Discontinua en $a=3$; $\lim_{x\to 3} f(x)=3$, pero $f(3)=6$, lo cual no es igual al límite.

9. $\lim_{x\to 2} f(x)$ no existe.

11. $\lim_{x\to 1^-} f(x)=4$; $\lim_{x\to 1^+} f(x)=1$. Por lo tanto, $\lim_{x\to 1} f(x)$ no existe.

13. $\lim_{x\to 1^-} f(x) = 5 \neq \lim_{x\to 1^+} f(x) = -1$. Por lo tanto, $\lim_{x\to 1} f(x)$ no existe.

15. $\lim_{x\to -3^-} f(x) = -6$, $\lim_{x\to -3^+} f(x) = -\frac{1}{3}$

Por lo tanto, $\lim_{x\to -3} f(x)$ no existe.

17. $f(2)$ no está definido.

19. $f(-3)$ no está definido.

21. $f(0)$ no está definido.

23. Continua en $(-\infty, \infty)$

25. Continua en $(-\infty, \infty)$

27. Discontinua en $x = 0$ y $x = 2$

29. Discontinua en $x = 0$

31. Continua en $(0, \infty)$

33. Continua en $[4, \infty)$

35. Continua en $(-\infty, \infty)$.

37. 1, pero no 2 ni 3

39. 1 y 2, pero no 3

41. $f(0)$ es indefinida.

43. $(-\infty, 0) \cup (0, \infty)$

45. A $x = -1$, el límite no existe. A $x = 1$, $f(1)$ no existe.

A $x = 2$, parece ser una asíntota vertical, y el límite no existe.

47. $\frac{x^3+6x^2-7x}{(x+7)(x-1)}$

49. La función es discontinua en $x = 1$ porque el límite cuando x se acerca a 1 es 5 y $f(1) = 2$.

12.4 Ejercicios de sección

1. La pendiente de una función lineal se mantiene igual. La derivada de una función general varía según x. Tanto la pendiente de una línea como la derivada en un punto miden la tasa de cambio de la función.

3. La velocidad media es de 55 millas por hora. La velocidad instantánea a las 2:30 p. m. es de 62 millas por hora. La velocidad instantánea mide la velocidad del auto en un instante de tiempo mientras que la velocidad media da la velocidad del auto a lo largo de un intervalo.

5. La tasa media de cambio de la cantidad de agua en el tanque es de 45 galones por minuto. Si los valores de $f(x)$ es la función que da la cantidad de agua en el tanque en cualquier tiempo t, entonces la tasa media de cambio de $f(x)$ entre $t = a$ y $t = b$ es $f(a) + 45(b-a)$.

7. $f'(x) = -2$

9. $f'(x) = 4x + 1$

11. $f'(x) = \frac{1}{(x-2)^2}$

13. $\frac{-16}{(3+2x)^2}$

15. $f'(x) = 9x^2 - 2x + 2$

17. $f'(x) = 0$

19. $-\frac{1}{3}$

21. indefinida

23. $f'(x) = -6x - 7$

25. $f'(x) = 9x^2 + 4x + 1$

27. $y = 12x - 15$

29. $k = -10$ o $k = 2$

31. Discontinua en $x = -2$ y $x = 0$. No es diferenciable en -2, 0, 2.

33. Discontinua en $x = 5$. No es diferenciable en -4, -2, 0, 1, 3, 4, 5.

35. $f(0) = -2$

37. $f(2) = -6$

39. $f'(-1) = 9$

41. $f'(1) = -3$

43. $f'(3) = 9$

45. Las respuestas varían. La pendiente de la línea tangente cerca de $x = 1$ es 2.

47. A las 12:30 p. m., la tasa de cambio del número de galones en el tanque es de -20 galones por minuto. Es decir, el tanque está perdiendo 20 galones por minuto.

49. A los 200 minutos después del mediodía, el volumen de galones en el tanque está cambiando a una tasa de 30 galones por minuto.

51. La altura del proyectil después de 2 segundos es de 96 pies.

53. La altura del proyectil en $t = 3$ segundos son 96 pies.

55. La altura del proyectil es cero en $t = 0$ y de nuevo en $t = 5$. En otras palabras, el proyectil comienza en el suelo y vuelve a caer a la Tierra después de 5 segundos.

57. 36π

59. 50,00 dólares por unidad, que es la tasa instantánea de cambio de los ingresos cuando se venden exactamente 10 unidades.

61. 21 dólares por unidad

63. $ 36 dólares

65. $f'(x) = 10a - 1$

67. $\frac{4}{(3-x)^2}$

Ejercicios de repaso

1. 2

3. no existe

5. Discontinua en $x = -1$($\lim_{x\to a} f(x)$ no existe), $x = 3$ (discontinuidad de salto), y$x = 7$ ($\lim_{x\to a} f(x)$ no existe).

7. $\lim_{x\to -2} f(x) = 0$

9. No existe

11. $\frac{3}{5}$

13. 1

15. 6

17. 500

19. $\frac{6}{7}$

21. A $x = 4$, la función tiene una asíntota vertical.

23. A $x = 3$, la función tiene una asíntota vertical.

25. Discontinuidad removible en $a = 9$

27. Discontinuidad removible en $x = 5$

29. Discontinuidad removible en $x = 5$, discontinuidad en $x = 1$

31. Discontinuidad removible en $x = 2$, discontinuidad en $x = 5$

33. 3

35. $\frac{1}{(x+1)(x+h+1)}$

37. $\frac{e^{2x+2h}e^{2x}}{h}$

39. $10x3$

41. La función no sería diferenciable en 0, sin embargo, 0 no está en su dominio. Por lo tanto, es diferenciable en todo su dominio.

Examen de práctica

1. 3

3. 0

5. -1

7. $\lim\limits_{x\to 2^-} f(x) = -\frac{5}{2}a$ y $\lim\limits_{x\to 2^+} f(x) = 9$ Por lo tanto, el límite de la función a medida que x se acerca a 2 no existe.

10. $\frac{1}{50}$

12. 1

14. Discontinuidad removible en $x = 3$

16. $f'\left(x\right) = \frac{3}{2a^{\frac{3}{2}}}$

18. Discontinua en -2, 0, no diferenciable en -2, 0, 2

20. No es diferenciable en $x = 0$ (sin límite)

22. La altura del proyectil en $t = 2$ Segundos

24. La velocidad media de $t = 1$ $t = 2$

26. $\frac{1}{3}$

28. 0

29. 2

30. $x = 1$

32. $y = -14x - 18$

34. El gráfico no es diferenciable en $x = 1$ (cúspide).

36. $f'(x) = 8x$

38. $f'(x) = -\frac{1}{(2+x)^2}$

40. $f'(x) = -3x^2$

42. $f'(x) = \frac{1}{2\sqrt{x-1}}$

Índice

A

B

C

D

E

J

K

L

M

N

O

P

R

S

T

U

V